机械设计零件与实用装置图册

［美］Robert O. Parmley，P. E. 主编
邹平　译

机 械 工 业 出 版 社

极具典型性和启发性的一本图册，经过数十年搜集与总结，提供了多类型设备中的上千张机构装置图，以及实用的关键数据和方程。

本图册按照装置、动力传动机构和单体零件三大部分安排内容，第1章~第5章包括精巧结构，创新装置，连杆，连接，锁紧装置与方法；第6章~第10章图解了机械动力传动机构，包括齿轮与齿轮传动，离合器，链、链轮和棘轮，带和带传动装置，轴与联轴器；第11章~第20章收录了标准机械零件的常规用法和创新用法，包括螺纹元件，自锁螺钉，销，弹簧，凸轮，橡胶垫圈、垫片和衬套，垫圈，O形密封圈，挡圈，滚珠，轴套与轴承。

本图册供快速查阅，工作时借鉴，目的在于解决机械设计师工作中的各类设计问题，并激发产生创新设计思路。

Robert O. Parmley, P. E.
Machine devices and components illustrated sourcebook
ISBN: 0-07-143687-1

北京市版权局著作权合同登记号：01-2010-6146

译 者 序

自从2007年机械工业出版社出版了我翻译的《机械设计实用机构与装置图册》以来，引起了巨大响应，受到了读者广泛欢迎，目前已进行了多次印刷。为了满足读者的需求，机械工业出版社希望再出版一本类似的图册。这本《机械设计零件与实用装置图册》可以看作是《机械设计实用机构与装置图册》的姐妹篇。

本书由Robert O. Parmley, P. E. 所编的《Machines Devices and Components Illustrated Sourcebook》翻译而成。该书与《机械设计实用机构与装置图册》(《Mechanisms and Mechanical Devices Sourcebook》)的共同特点是书中的图例均是从过去半个世纪中出版的大量书籍、杂志和专利中精选出来的，极具典型性和启发性。它们的不同之处在于前者更侧重于机械零件的基础知识与理论计算以及这些零件如何在机械装置中进行应用，而后者主要通过大量实用的机构与装置来介绍零件的具体应用。

在对《机械设计实用机构与装置图册》进行翻译时，将书中过于基础和陈旧，或内容虽然较新，但介绍得过于简略，对从事机械设计的人员参考价值有限的部分在与出版社协商后进行了删减。而本书为了保持原书的全貌，使读者了解原汁原味的国外原版图册，对全书进行了未删减的翻译。由于书中的很多图表和理论计算公式的单位都是英制单位，所以翻译换算成国际单位后会给读者带来一些阅读的麻烦，请读者谅解。同翻译《机械设计实用机构与装置图册》的初衷一样，翻译本书也是供国内从事机械设计的技术人员和相关的教师、学生参考，并希冀其对国内同行在新产品的设计和发明创造上有所启迪和帮助。

由于译者水平有限和时间的仓促，译文中一定会有不少错误或不妥之处，请读者批评指正。

在翻译过程中，博士生高兴军、硕士生关祥龙、曹秀娟和柳青等做了大量工作，在此表示感谢。

最后，我要感谢机械工业出版社的理解和支持，才使此书完成翻译并得以出版。

邹平
2012年12月于东北大学
pzou@me.neu.edu.cn

本 书 献 给：

Regin & Spencer

主编简介

Robert O. Parmley，P. E. 是美国威斯康星州莱迪史密斯市 Morgan & Parmley 职业咨询工程师有限公司的联合创始人、主席和首席咨询工程师。他也是美国国家职业工程师协会、美国机械工程师协会、美国土木工程师协会、建筑标准研究所、美国图形设计协会、美国加热、制冷和空调协会和制造工程师协会的会员，并且被世界名人录在工程类中列入。Parmley 先生在哥伦比亚太平洋大学分别获得了学士学位和硕士学位，并且是威斯康星州、加利福尼亚州和加拿大的注册职业工程师。他也是获得美国制造工程师协会认证的注册制造工程师和威斯康星州注册的废水处理厂工作人员。在四十多年的职业生涯中，Parmley 先生从事各种结构、系统和设备——从堤坝和桥梁到城市污水处理设备和城市水工程项目的设计和建筑监理。作者已在著名的专业学报上发表了 40 多篇技术论文，他也是 McGraw Hill 出版社出版的下列图书的主编:《机械零件图册》《空调系统手册》《液压系统手册》（现已出了第 2 版）《空调系统设计数据手册》《机械零件手册》《土木工程师图册》《紧固与连接标准手册》（现已出了第 3 版）和《电磁工程师手册》（现已出了第 3 版）。

前　言

保存文献尤其是技术数据对任何技术学科的持续发展都是十分重要的。如果缺乏相关的基础知识，工程师、设计师、工艺师及技术人员的设计工作将受到很大局限。许多时候他们不得不纯粹做些重复性的设计工作，因此浪费了许多宝贵的时间、资源和精力，而这些本该可以用来进行创新设计。

古埃及和史前南美洲的金字塔都是在没有使用滑轮和齿轮的条件下建造的，而这些机械零件都是自从古希腊和罗马时代以来建筑工作中不可或缺的。这些宏伟的建筑已经巍然耸立，但是没有文献来描述这些古迹的建造方法和建造工具，或许建造者们采用了一些至今我们还不知道的机械零件、装置或机构。

基础设计或标准设计的价值都是不可估量的，往往这些设计可以激发人们的创造力，从而促使一些新机械零件和新机构装置的诞生。但是如果这些新设计没有被适当保存以便将来他人借鉴，那么它们很容易就会被淡忘。幸运的是，现代出版的很多工具书、手册和标准等工程文献已对绝大部分标准设计进行了记载。然而，一些创新的机构设备和独特的零件应用常常在技术文献中被遗漏，《生产工程》杂志中的两页带有插图的设计就是这方面的典型例子。过去的数十年来，这本半月刊已记载了数千个创新的机械设计和应用，但不幸的是，这本杂志在20世纪70年代初期停刊了，但在50年代末期和60年代中一些原创文献在Greenwood出版社出版的书中被重新刊登。Chironis主编的《机械设计实用机构与装置图册》和最近我有幸担任主编出版的《机械设计零件与实用装置图册》也选取了许多《生产工程》中的文献。其他一些技术杂志也会定期刊登一些从各专业协会的各种技术报告中选取的创新机械设计。此外的这类文献和创新设计多数逐渐被人们所遗忘。

鉴于上述的理由，有人提议编辑一本摘选的创新设计图册，以供机械设计者参考。因此，这本图册作为《机械零件图册》的修订和压缩版被编写出来，重点集中在机械装置和机械零件的特殊应用。本书大部分资料都是选自《机械零件图册》，并进行了重新排版，还有许多资料是引用别的参考书籍，为了便于理解，对原稿进行了适当修改。

通读这本图册后，会看到许多不同的制图形式和技术方法。这些资料纵跨数十年，选择范围非常广泛。主编认为不同的制图形式可客观、真实地表达所选择机械装置和零件的特征。

这本图册吸取了许多个人、组织、咨询公司、出版物以及技术协会的智慧、技巧和知识，自始至终在适当的章节如实记录了这些资源。在此向所有相关人士都表示感谢。

我的儿子Wanye再一次担任这本书插图设计，他的技术和职业技能一如既往的优秀。

希望这本图册能继续继承前期出版的一些图册的传统。这类文献的保存和传播是一项专业性的工作，不应该轻率对待，我们一直忠于这个使命。

Robert O. Parmley，P. E.
Ladysmith，Wisconsin
2004年5月

本书简介

如前言所述，这本图册中所包含文献的绝大部分都是从超过五十年的技术出版物上选取的。因而，读者将会注意到图册中绘图技术和印刷风格的较大差异。由于这些差异并没有影响到技术数据，我们选择按照原有的印刷形式保留这些差异，相信这本图册在呈现给读者的整个过程中会透露出历史的痕迹。

这本图册的章节是按三个部分进行安排的，即装配、动力传输和单体零件。

第1章～第5章包括了新型机构、创新装配、连杆、连接和相关的锁紧装置。最终的产品来自于将各种机械零件装配成能执行所需要功能的机构、装置、机器或者系统。

第6章～第10章图解了机械动力传动机构，即齿轮与齿轮传动、离合器、传动链、链轮、棘轮、带和带传动装置、轴与联轴器。这些章节主要包括了一些将动力从动力源传送到其他位置的一些基本机械组合。一些机械设计是基础的，但另外一些创新的机械设计通过图解的方式得以呈现。

第11章～第20章介绍了标准机械零件的常规用法和创新用法。这些单个零件是构建机械装置和装配体的标准构件。

在每一个机器或机构中，任何一个零件都必须进行正确挑选并精确地安装在预订的位置上，从而形成一个能正确工作的功能单元或装置。当每一个装配件都需要被安装到大型或者更复杂的机器中时，每个单独零件都很少被注意，直到整个系统出现问题，然后不能正常工作的零件将成为关注的焦点。所以，设计者必须牢记机器或者机构中每一个零件都是非常重要的。

这本图册既不是教科书，也不是机械设计标准手册，它是为机械设计者进行创造性设计而准备的参考书。在这里所包含的图例均选自于一些独特的设计和巧妙的应用，这些设计和应用都是摘录于发行量很小的技术期刊、绝版的出版物以及一些专业顾问的成果，他们的职业性质使其创新设计常常无法为外界所熟知。

好的设计和创造性的发明很少是天生的，往往需要花费长久的时间借鉴以前的设计或发明而产生。所以，这本图册的主要目的就是在有关独特设计和不寻常的零件应用方面提供给读者一个更广泛地参考。希望这本图册中的图例能激发读者创造性的思维并且有助于解决他们所遇到的各种设计问题。

主编认为：要想成为一个好的机械设计师，必须广泛地掌握有关机械设计方面的资源。希望这本图册成为机械设计师藏书中的一部重要图书。对这本图册的快速查阅到全面系统阅读，都将会激励使用者研究出新的机械装置和帮助使用者面对各种各样的机械设计挑战并获得有价值的解决方法。

图册中展示的成百上千的插图都是由工程师、设计师、发明家、技术员以及技工们在数十年内设计发展而来的。请仔细思考这些图例，从中领会他们的实际设计思想。将这些设计思想重新融入到新的、创新性的机械设计中。这是对那些花很多时间来忠实记录原始文献并使原始的设计思想和理念得以保存的人的最大尊敬。

Robert O. Parmley，P. E.
主编

目　录

第4章 连 接

第5章 锁紧装置与方法

第 6 章 齿轮与齿轮传动

第 7 章 离 合 器

第 8 章 链、链轮和棘轮

第9章　带和带传动装置

第10章　轴与联轴器

第11章　螺纹元件

第12章　销

第13章　弹　簧

第14章 凸轮

第15章 橡胶垫圈、垫片和衬套

第16章 垫圈

第 17 章 O 形密封圈

第 18 章 挡圈

第 19 章 滚珠

第 20 章 轴套与轴承

第 1 章

精巧机构

1.1 改进槽轮机构和专用机械装置

下面选用的均为不常用机构的实例简图，但原理十分有效。大部分机构都可以用来增加常用槽轮机构的分速度。

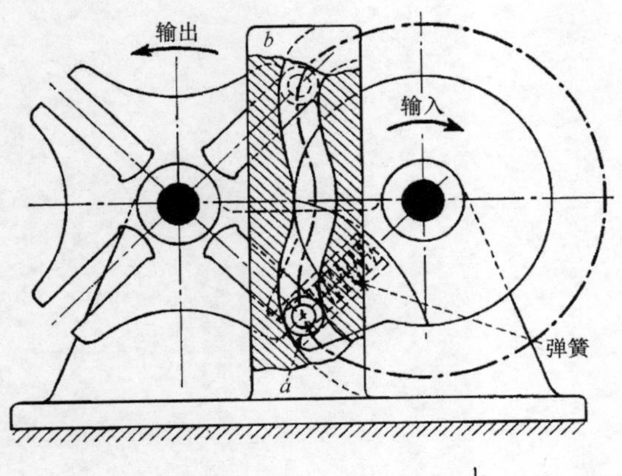

图 1.1-1 槽轮机构 1。在常用的槽轮机构中，输入匀速运动，将输出变速运动和歇停。在这个改进的槽轮机构中，输入匀速运动，也将间隔地输出匀速运动，且这个间隔时间可以在一定范围内改变。当弹簧驱动滚子 a 进入固定的凸轮 b 时，输出轴的速度为零。当滚子沿着凸轮轨迹运动时，输出速度增大到一个恒定速度值，但这个速度小于具有同样槽数而未经改进的槽轮机构；匀速运动输出的持续时间在一定范围内是任意的。当滚子离开凸轮后，输出速度为零；之后输出轴保持歇停直到滚子重新进入凸轮机构。运动时驱动滚子与输入轴之间通过弹簧产生一个可变的径向距离。输出匀速运动时滚子的路径轨迹是根据速比要求确定的。

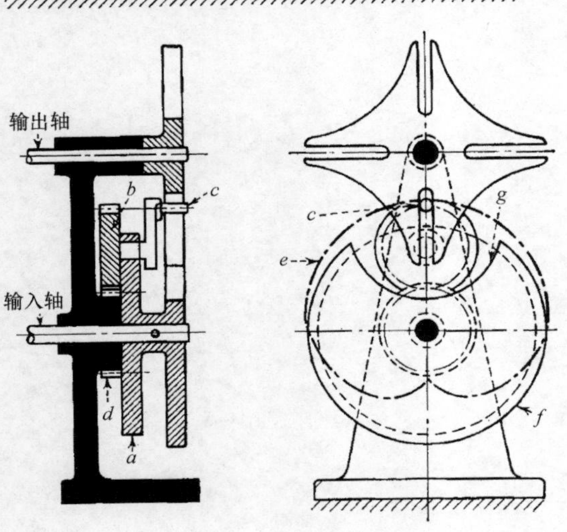

图 1.1-2 槽轮机构 2。该设计在驱动装置中使用了一个行星齿轮。与相同槽数而未经改进的槽轮机构相比，该机构的输出轴运动时间减小而最大角速度增加。曲柄齿轮 a 驱动由行星齿轮 b 和驱动滚子 c 构成的组件。驱动滚子的轴线与行星齿轮节圆的一点相一致；因为行星齿轮绕固定的中心轮 d 旋转，所以滚子 c 运动轨迹为心形曲线 e。为防止滚子被锁定盘 f 干扰，间隙弧 g 的弧长应大于未经改进的槽轮机构的相应弧长。

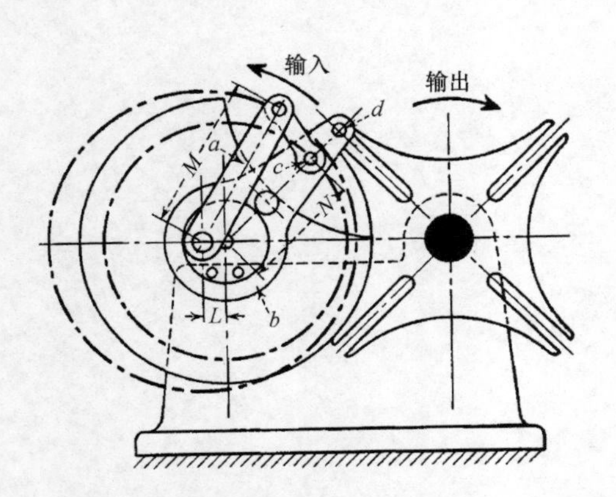

图 1.1-3 槽轮机构 3。运动轨迹曲线与图 1.1-2 的相似，该运动轨迹可以通过双曲柄连杆机构驱动一个槽轮得到。输入曲柄 a 通过连杆 c 驱动曲柄 b。安装在 b 上的驱动滚子的角速度取决于中心距离 L 以及曲柄的半径 M 与 N。这个速度与被椭圆齿轮驱动的输出轴所产生的速度等效。

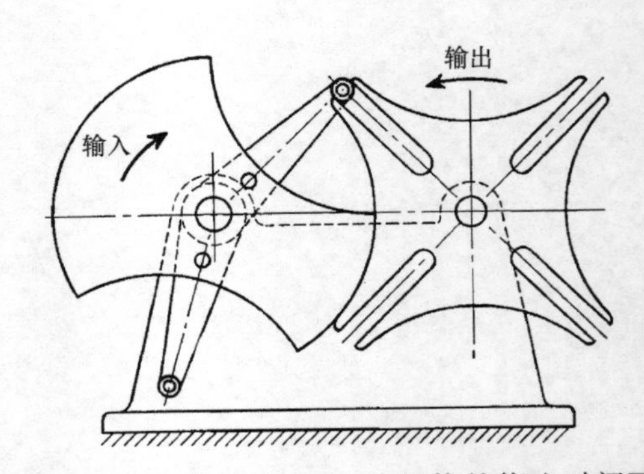

图 1.1-4 槽轮机构 4。该机构的停止时间可通过滚子对输入轴的非对称安装来调整。这种方法不会影响机构的运动周期。如果需要不同运动周期和停止时间，那么滚子的曲柄长度应不相等，并且中心轮应进行适当的修改，这种机构称为“不规则槽轮机构”。

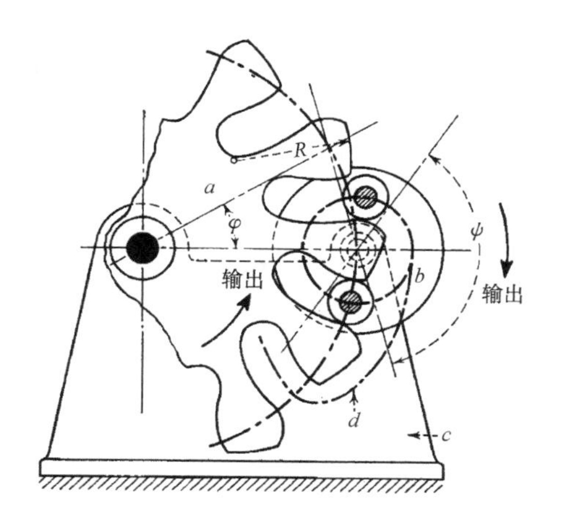

图 1.1-5　槽轮机构 5。在这个间歇运动中，两个滚子驱动输出轴，并在停滞时间锁定输出轴。对输入轴的每个回转运动，输出轴有两段运动时间。输出位移 ϕ 由齿数决定；驱动角度 ψ 在一定范围内可变。齿轮 a 被安放在齿轮 b 上的两个驱动滚子间歇驱动，其中轮 b 通过轴承安装在机架 c 上。在停滞时间内，滚子沿齿顶回转。在运动时间内，相对于驱动齿轮的滚子轨迹 d 是倾向于输出轴的直线。齿的轮廓是平行于路径 d 的曲线。齿顶为半径为 R 的一段圆弧，该圆弧近似为滚子路径的一部分。

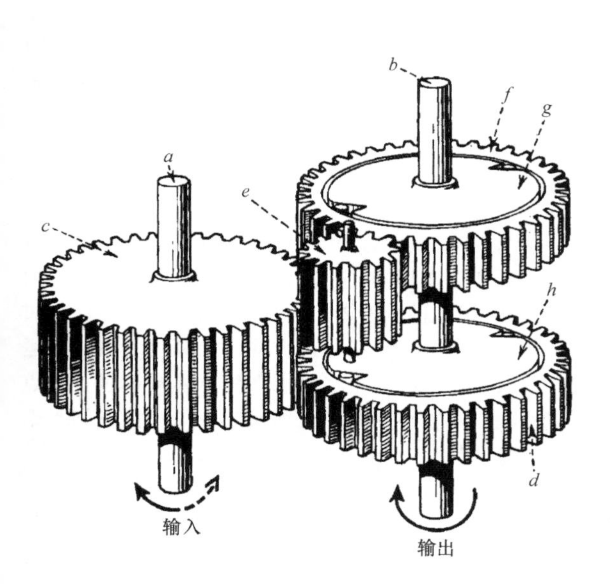

图 1.1-6　齿轮机构。开发这个单向驱动的设计理念很新颖。在不考虑输入轴旋转方向的前提下，输出轴沿一个方向一直旋转，输出轴的角速度与输入轴的角速度成简单的线性关系。输入轴 a 带动直齿轮 c，其齿面宽大约为直齿轮 f 与 d 的二倍，f 与 d 安装在输出轴 b 上。直齿轮 c 与惰轮 e 和直齿轮 d 啮合。惰轮 e 与直齿圆柱齿轮 c 和 f 啮合，输出轴 b 带动单向转动自由轮盘 g 与 b。

当输入轴沿顺时针方向转动（粗箭头）时，直齿轮 d 沿逆时针方向转动，此时为沿自由轮 b 的空转。与此同时，惰轮 e（同样沿逆时针方向转动）引起直齿轮 f 顺时针转动，并促使轮盘上的滚筒 g 转动，这样轴 b 就沿顺时针方向转动。另一方面，如果输入轴逆时针方向转动（虚线箭头），直齿轮 f 将空转而直齿轮 d 将驱动自由轮盘 b，这将再一次引起轴 b 逆时针方向转动。

1.2 低转矩传动的过载弹簧机构

在机构的设计与控制中，机构的扩展应用由可调弹簧完成。下面所列的任何一个已达到运动极限的装置都可通过引入一个运动对机构的输出运动进行调节。例如，在机械中弹簧装置布置在传感元件与指示元件之间才能去执行过量程保护。度盘指针正向达到极限后停止；当输入轴空转时继续。在此所列六种机构为不同的回转情况，最后一种是小线性位移。

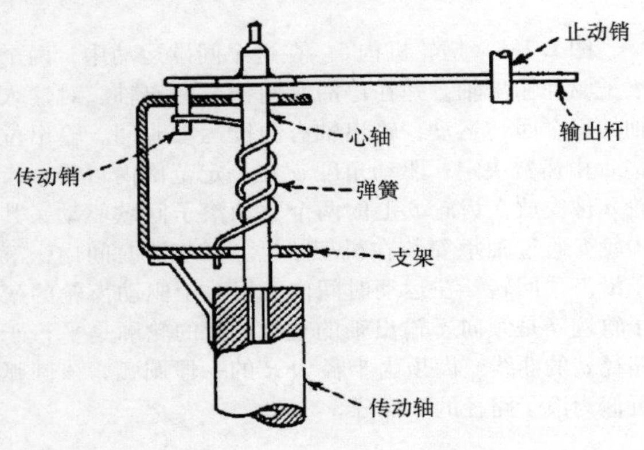

图 1.2-1 单向过载调整装置。这个结构的输出杆可旋转近 360°。它的运动只被定位销限制。在单方向上，传动轴的运动同样被定位销所限制。但在相反的方向上，传动轴能够旋过定位销大约 270°。在运行过程中，当传动轴顺时针运行时，运动通过支架传递给输出杆。弹簧利用支架限制传动销，当输出杆运行到预要求极限位置时，使止动销停止工作。然而，传动销可以通过移开支架而继续旋转并扭紧弹簧。过载调节机制在防止大驱动部件驱动情况下的超量程时非常必要，如双金属部件的情况。

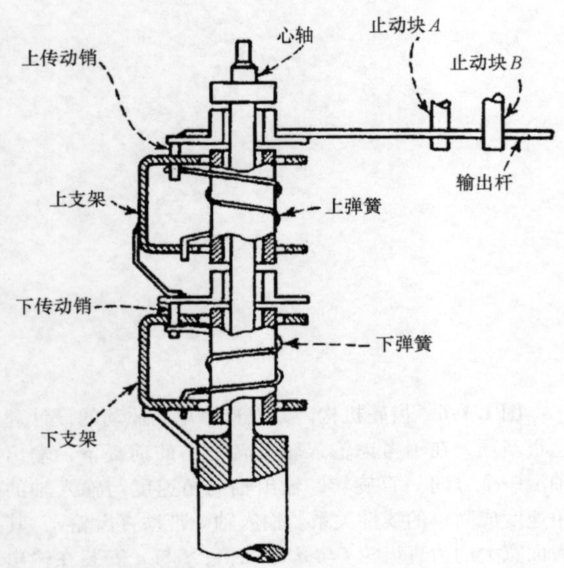

图 1.2-2 双向过载调整机构。该机构原理与图 1.2-1 机构相似，但这种结构具有两个止动销来限制输出杆量程。同样，输入运动可在另一个方向超越输出运动。利用这种结构，传动轴整个旋转运动的一小部分需要被传递到输出杆上，并且这一小部分传递可以处于行程中的任意位置。传动轴的运动可由下支架传递到下传动销，下传动销通过弹簧来控制支架。反过来，下传动销通过上支架将运动传递给上传动销。第二个弹簧通过上传动销限制上支架。因为上传动销被连接在输出杆上，传动轴的任何转动都可传递到输出杆上，使其不能被止动块 *A* 或 *B* 限制。当传动轴沿逆时针方向转动时，输出杆在可调止动块 *A* 的作用下并不工作。然后，上支架远离上传动销，且上弹簧张紧。当传动轴沿顺时针方向转动时，输出杆碰到可调止动块 *B* 且下支架远离下传动块，拉紧其他的弹簧。尽管过载调整弹簧装置主要应用在测试装置中，但增加弹簧与其他元件后，该装置也可在其他主要驱动机构中使用。

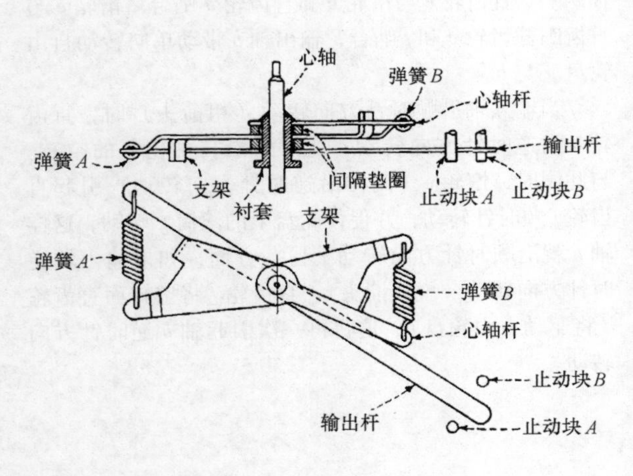

图 1.2-3 双向有限行程过载调节装置。这个装置完成与图 1.2-2 相同的功能，但最大过载在每个方向被限制在 40°，而图 1.2-2 所示的装置中每个方向的过载能力为 270°。这种机构适合使用在利用多数输入运动以及仅有一小部分位移要求在任意方向越过止动点的场合。当心轴转动时，运动通过心轴杆传递到支架上。心轴杆与支架通过弹簧 *B* 保持接触。支架的运动以同样的方式传递到输出杆，同时弹簧 *A* 将输出杆与支架连在一起。这样心轴的旋转运动被传输到输出杆上，直到杆接触到止动销 *A* 或 *B*。当心轴沿逆时针方向转动时，输出杆最终被止动块 *B* 挡住。如果心轴继续驱动支架，弹簧 *A* 将被拉紧。

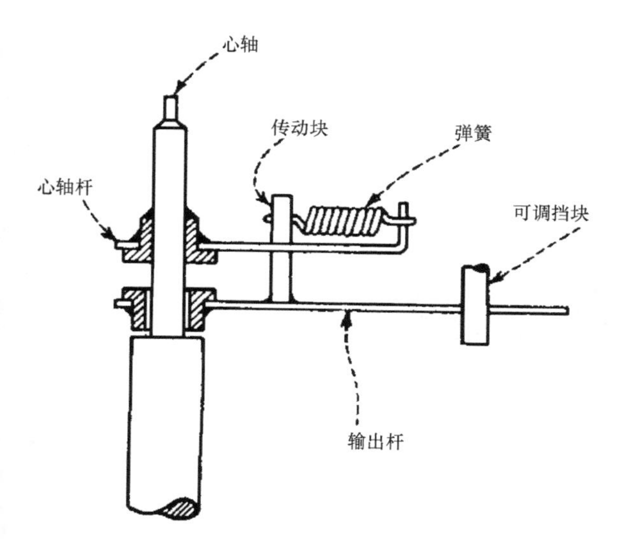

图 1.2-4 单向 90°过载调节装置。该图为单向过载调节装置，允许超过其止动点 90°最大行程。图中所示装置设计为在顺时针方向越程，同样也可设为逆时针方向。连接心轴的心轴杆将旋转运动传递给输出杆，弹簧通过传动块控制心轴杆直到输出杆碰到可调止动块为止。此时，如果心轴继续转动，弹簧将被拉伸。在逆时针方向，传动块直接接触到心轴杆，所以没有过载的可能。

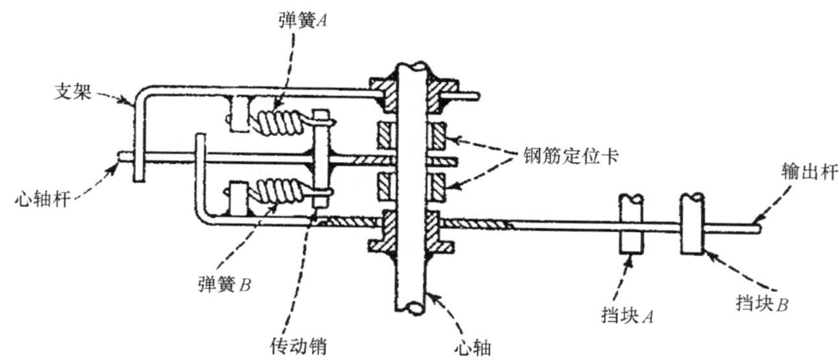

图 1.2-5 双向 90°过载调节装置。此双向过载装置允许在每一个方向的最大行程范围为 90°。当心轴转动时，支架将旋转运动传递到心轴杆上，再传递到输出杆上。支架与输出杆均被心轴杆通过弹簧 *A* 和 *B* 牵引。当心轴逆时针方向转动时，输出杆触碰到挡块 *A*，心轴杆接触到输出杆而保持静止。支架与心轴焊在一起，当其旋转绕离心轴杆时，使弹簧 *A* 处于张紧状态。当心轴顺时针转动时，输出杆被止动挡块 *B* 挡住，支架带动心轴杆使弹簧 *B* 处于张紧状态。

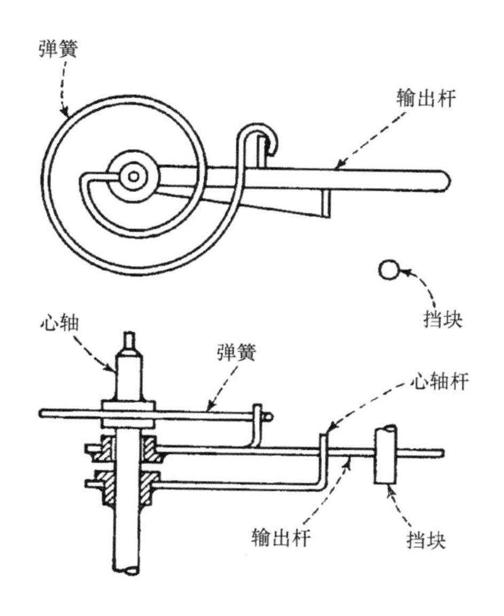

图 1.2-6 单向 90°行程过载调节装置。此机构原理与图 1.2-4 相同。但该装置配有板面螺线弹簧来替换在图 1.2-4 中所使用的弹簧。板弹簧的优点是其允许大的过载且可减少占地空间。弹簧将输出杆与心轴杆联系起来。当输出轴与挡块接触时，心轴可继续转动并扭紧弹簧。

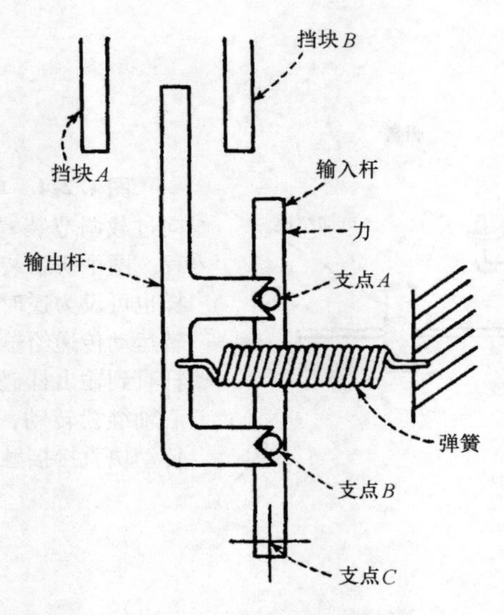

图 1.2-7 双向直线运动过载调节装置。前面所述装置适用于回转运动。图 1.2-7 所示装置虽然也能用于回转运动，但主要用于双向微小直线行程的过载。当力施加于以 C 为支点的输入杆时，通过两支点 A 与 B 直接将运动传递到输出杆。输出杆位置由弹簧牵引。当直线运动行程碰触到可调挡块 A 时，输出杆将绕支点 A 旋转，此时输出杆远离支点 B，弹簧张紧。当力逐渐减弱时，输出杆向相反方向移动，直到输出杆碰到挡块 B。此时输出杆绕支点 B 进行转动，支点 A 将远离输出杆。

1.3 放大机械运动的10种方法

本节讲述设计时，如何布置杆、膜、凸轮与齿轮来进行测量、称重、调节与控制。

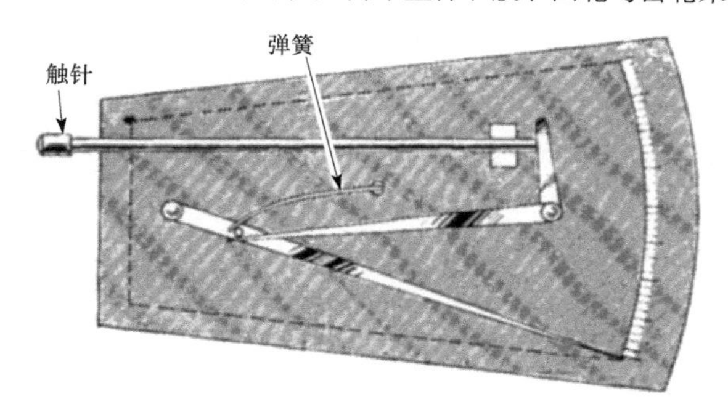

图1.3-1 基于双杠杆原理高效扩增简易装置，精度高达0.0025mm。

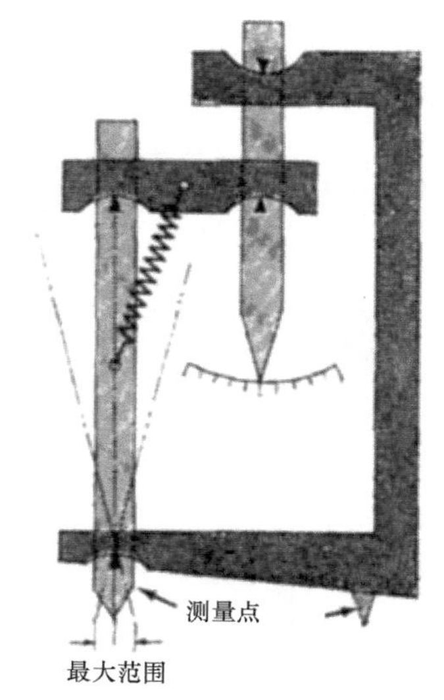

图1.3-2 用以测量的比较仪装置中允许转动杆非常精确的运动，但测量范围很小。

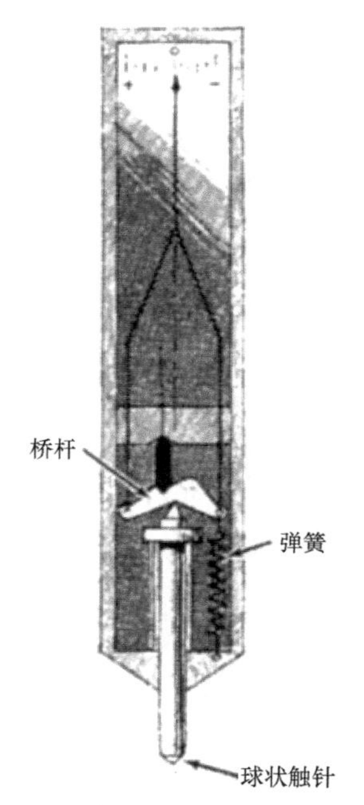

图1.3-3 在Hirth指针测微计中使用了仅一个杆的超高扩增装置。当然，其调节范围很小。

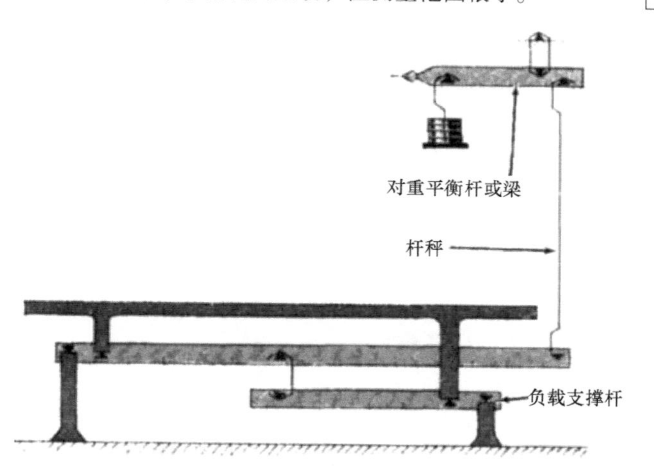

图1.3-4 杠杆驱动的磅秤不需要弹簧来维持平衡。安装在刃口的杠杆系统非常敏感。

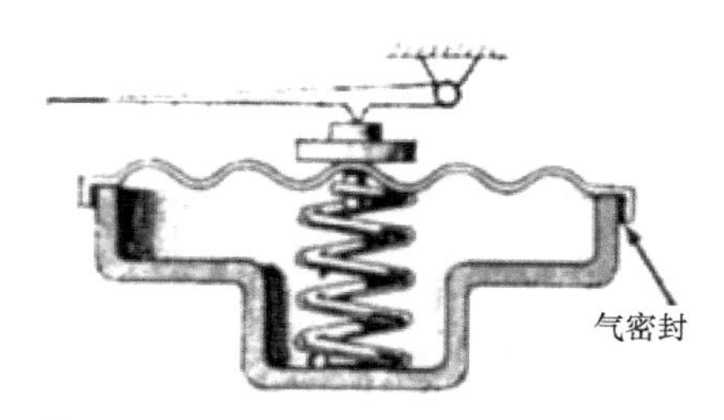

图1.3-5 用压簧作为气压指示器的压缩元件，通过预压薄膜来获得更多作用。

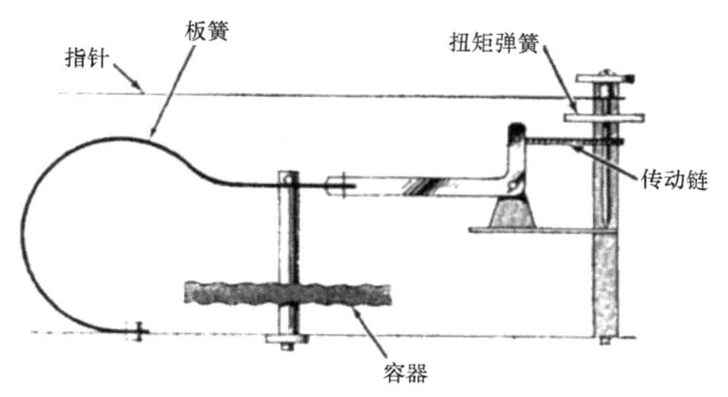

图1.3-6 可获得扩增薄膜运动的装置。小链轮与杠杆系统连接。

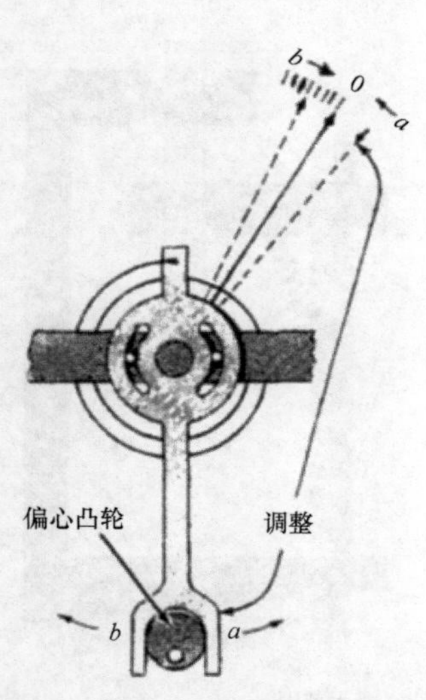

图 1.3-7　对闭环调整的电力调整装置采用偏心凸轮机构，这样可使运动速度减小而不是被扩增。

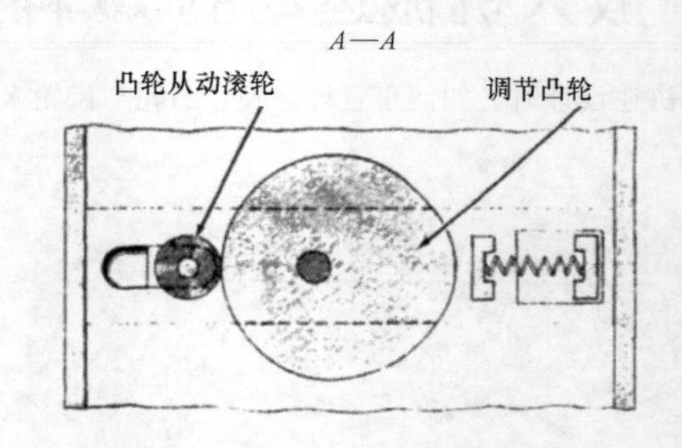

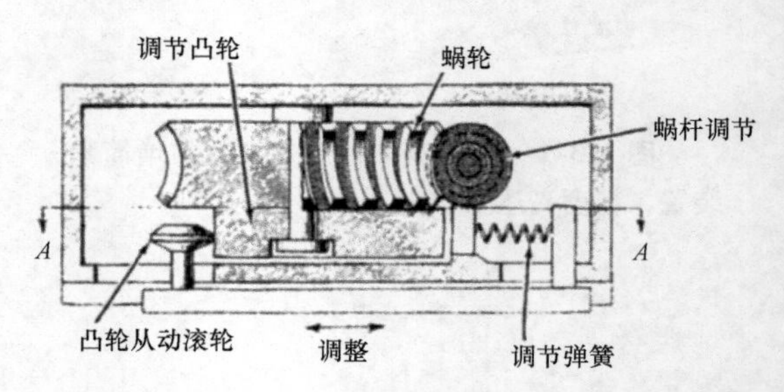

图 1.3-8　通过采用偏心凸轮与蜗轮蜗杆传动进行耦合实现微调整的装置。能达到平滑、精密调整的结果。

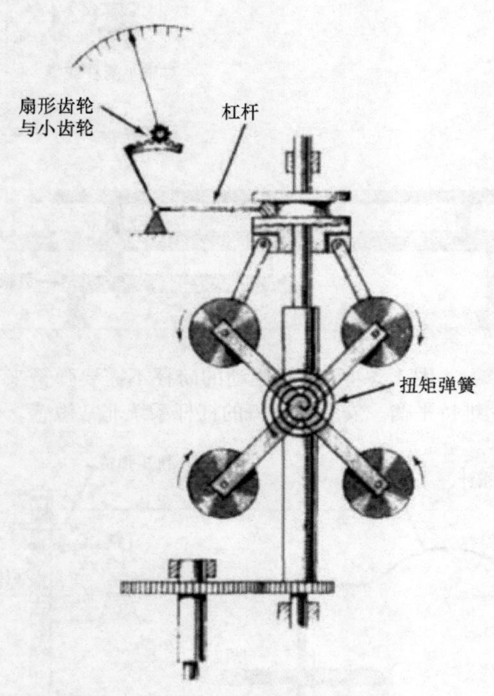

图 1.3-9　与 L 形杆连接的扇形齿轮和小齿轮，使调速器速度的小变化就让指示器指针有足够的运动。

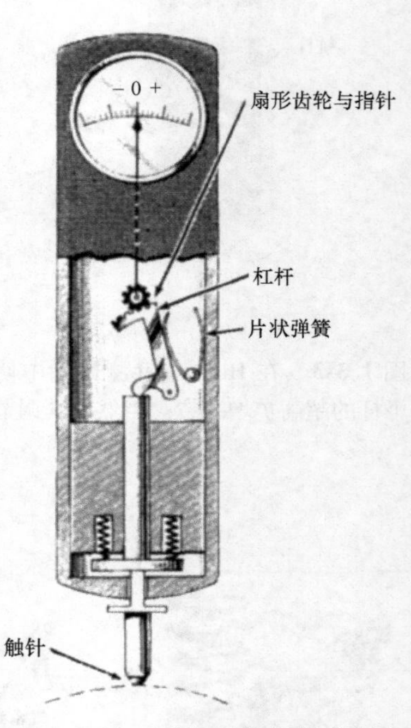

图 1.3-10　可通过使用组合杆与扇形齿轮来获得比较仪的最大灵敏度和强度。

1.4 增大机械作用的 10 种方式

利用杠杆、电线、金属丝和金属带为调整和测量提供高速度比。

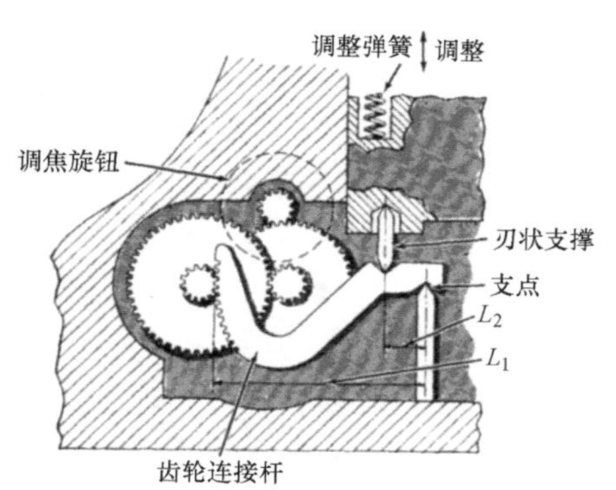

图 1.4-1 杠杆和齿轮机构放大了显微镜调节旋钮的运动幅度。刃状支撑为杆提供了无摩擦力的支点。

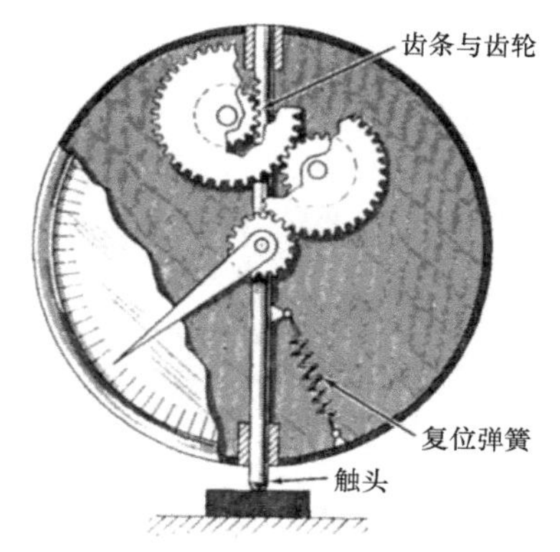

图 1.4-2 齿轮传动链增大了通过齿轮齿条工作的表盘指示器的运动。复位弹簧用于消除间隙。

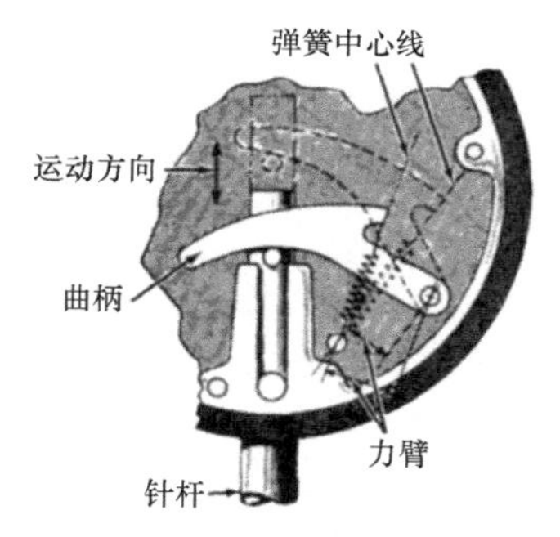

图 1.4-3 曲杆是楔形且为回转运动，以使驱动力能施加到针杆，从而使针压能保持常数。

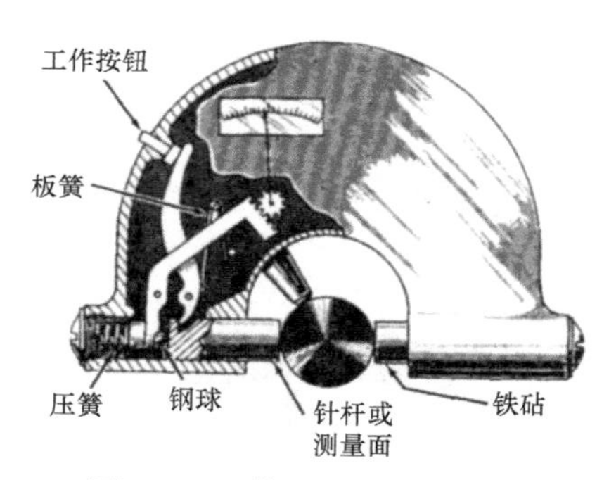

图 1.4-4 蔡司比较仪利用专门的杠杆使针杆离开工件，其中钢球大大减小了摩擦力。

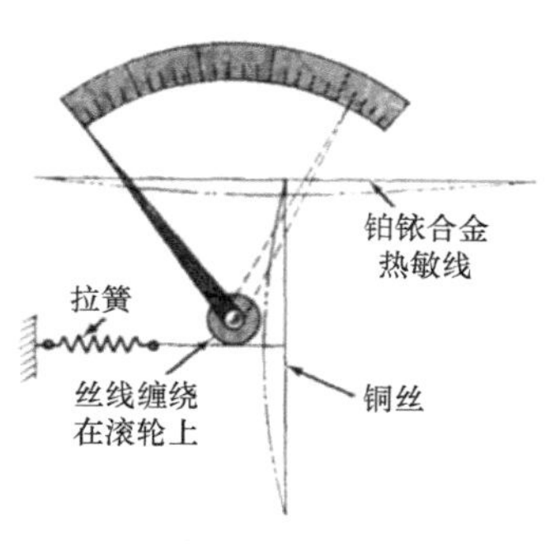

图 1.4-5 “热线”电流计依靠电流负载线的热膨胀工作，使指针有很大幅度的运动。

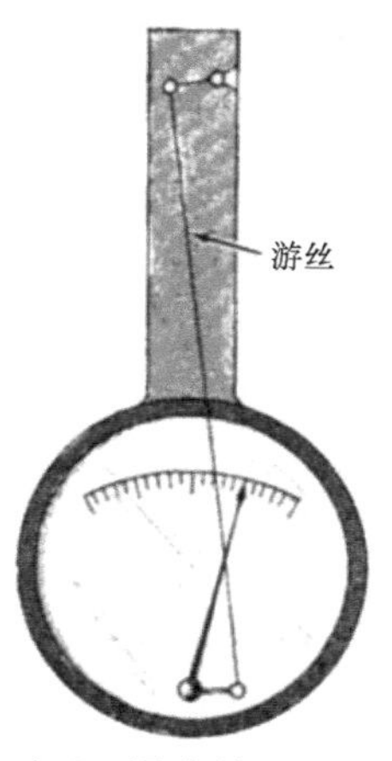

图 1.4-6 湿度计通过游丝驱动。当湿气引起游丝膨胀后，通过控制杆放大了运动幅度。

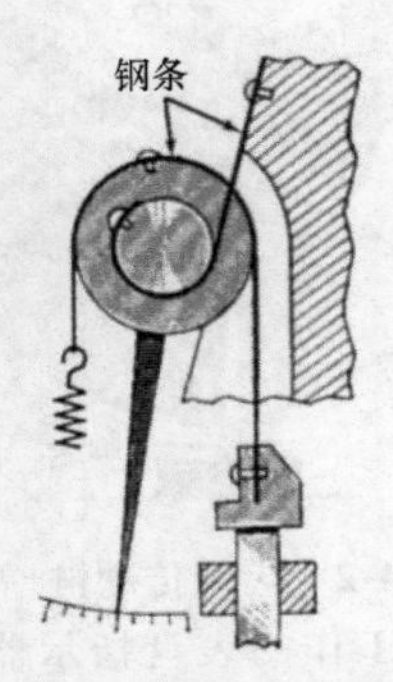

图 1.4-7 这个装置利用钢条实现没有间隙的运动传动。通过改变钢条缠绕轮的直径比来实现运动的放大。

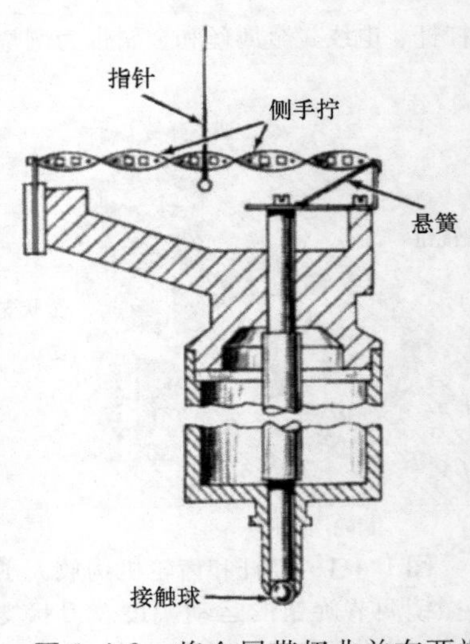

图 1.4-8 将金属带扭曲并在两端固定，接触球的微小运动都会导致指针大幅度运动。

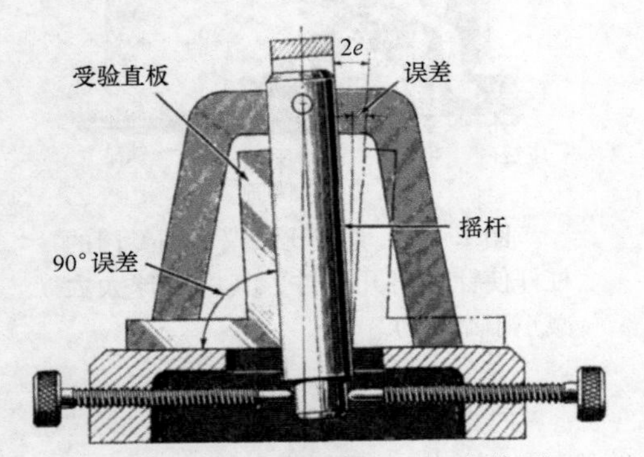

图 1.4-9 图示装置可以用来检测 90° 直角板的精度。摇杆更容易显示误差。

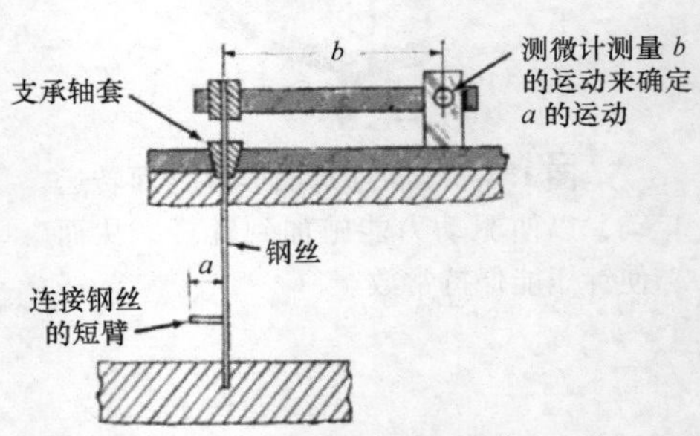

图 1.4-10 短支架的扭转变形通过低摩擦力传递到千分尺测量装置的长支架上。

1.5　减缓轴向运动和回转运动的方法

流体摩擦设备包含两个液压和两个气压运动；摆动叶片消耗能量和控制速度。

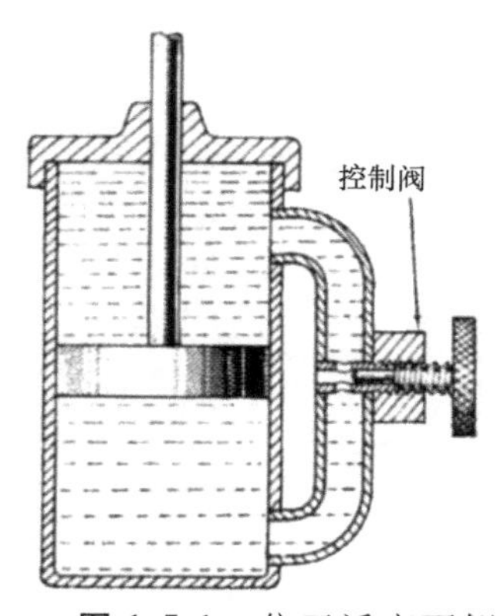

图 1.5-1　位于活塞两侧的可调旁通管控制着活塞移动时的液体流动速度。

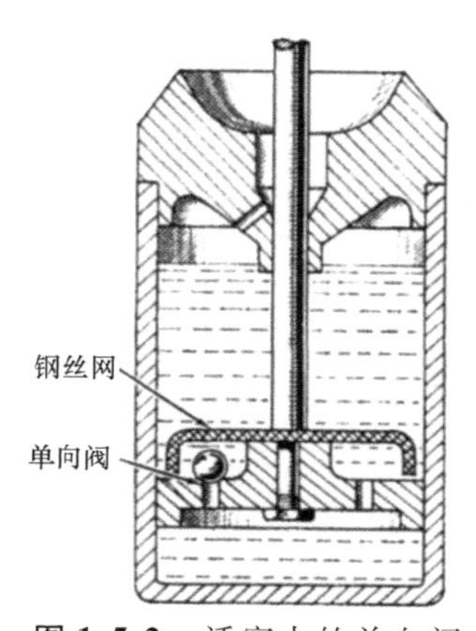

图 1.5-2　活塞中的单向阀控制活塞向一个方向运动的速度快于向另一个方向运动的速度。

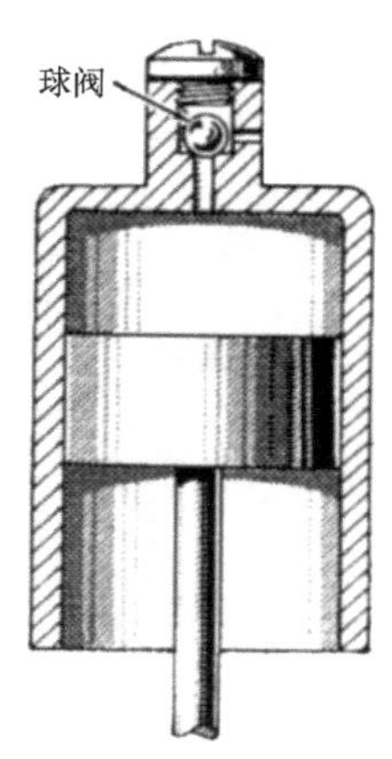

图 1.5-3　气动单向阀工作方式与前面装置相似。当然它必须垂直放置。

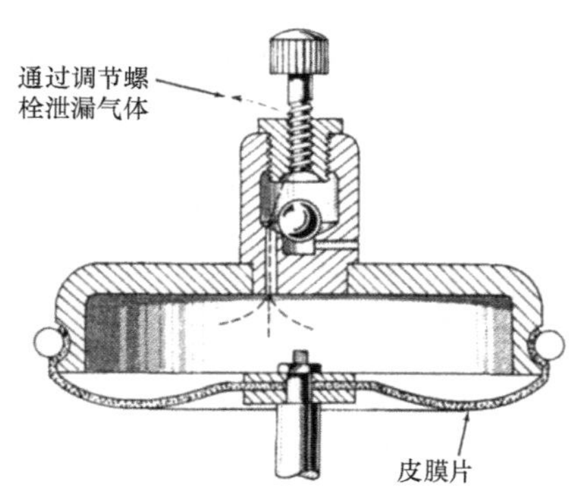

图 1.5-4　柔性膜片可以控制短距离运动。运动速度在一个方向上很快，但在回程方向却非常慢。

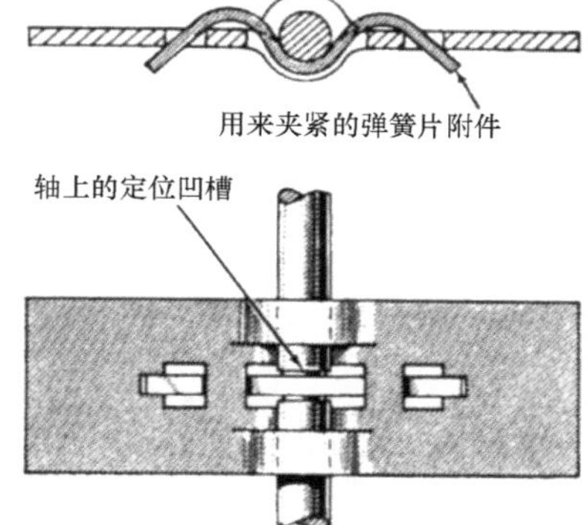

图 1.5-5　旋转叶片在旋转时会受到空气的阻力。增加一个弹簧片可以进行紧急制动。

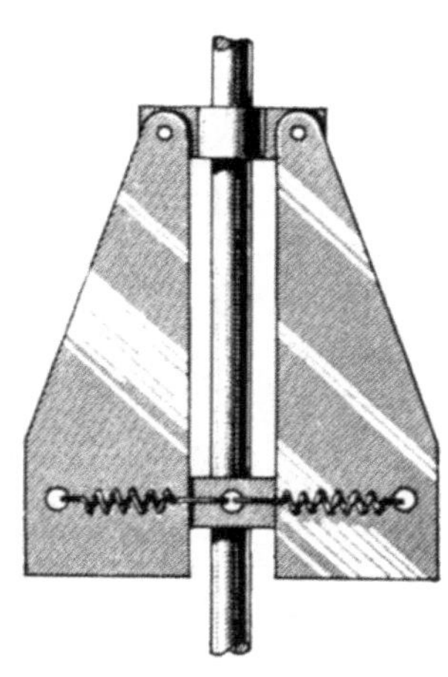

图 1.5-6　由于离心力作用，摆动叶片的半径增大，受到空气的阻力更大。

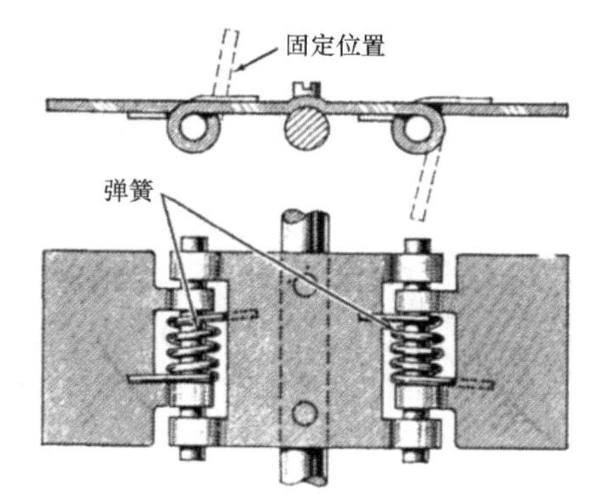

图 1.5-7　当装有弹簧的叶片摆动时，叶片面积增加。力在顺风和逆风时大小不同。

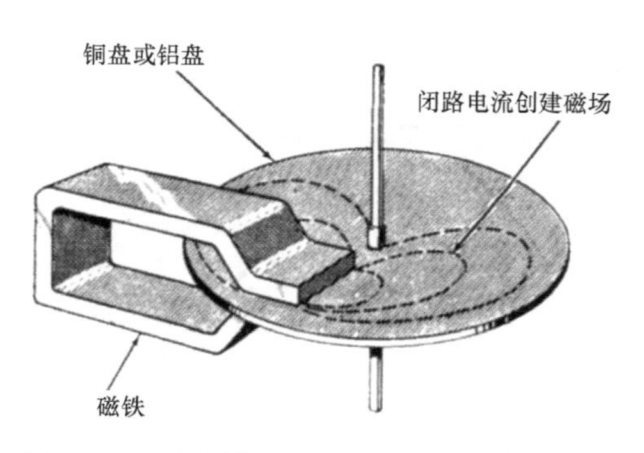

图 1.5-8　当圆盘通过磁场运动时将会产生涡电流。涡电流阻尼与速度成正比。

1.6 隔膜片的应用

隔膜片的用途比想象的要多。这里展示了简单弹性纤维膜片，它们设计简单而且经济。

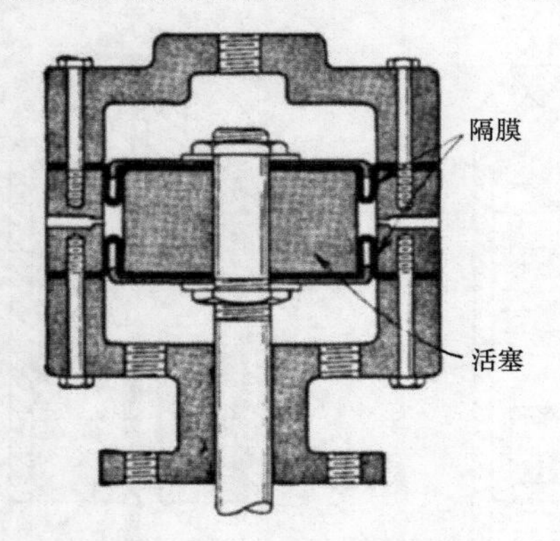

图 1.6-1 往复式油缸通过背对背安装两个隔膜装置可以向任一方向的运动提供推力。

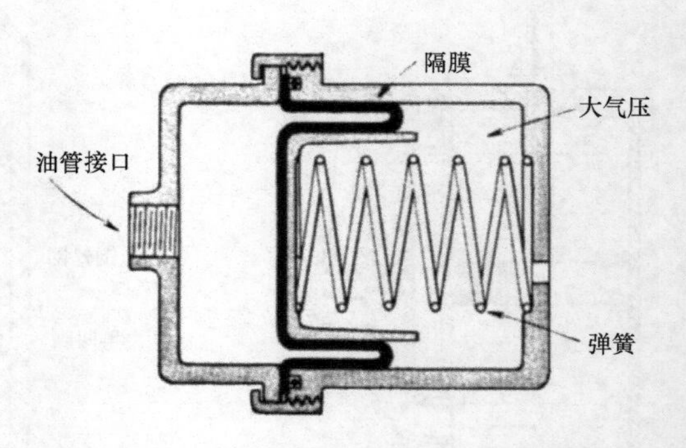

图 1.6-2 液体膨胀补偿器可以处理这些液体的热膨胀以及各个系统的能量损失。

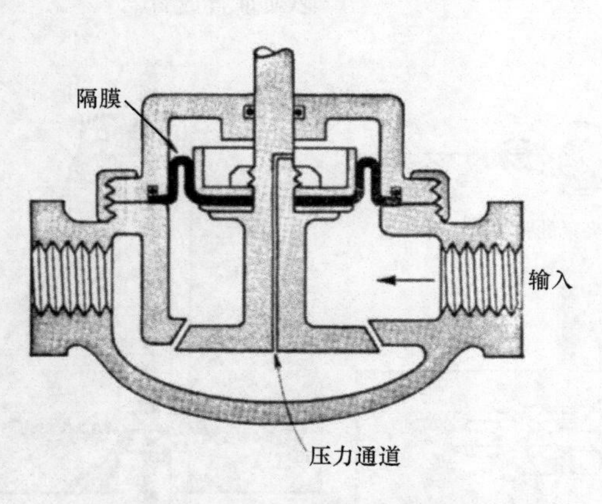

图 1.6-3 平衡阀通过弹性纤维隔膜实现提升阀以及阀头流体静平衡。

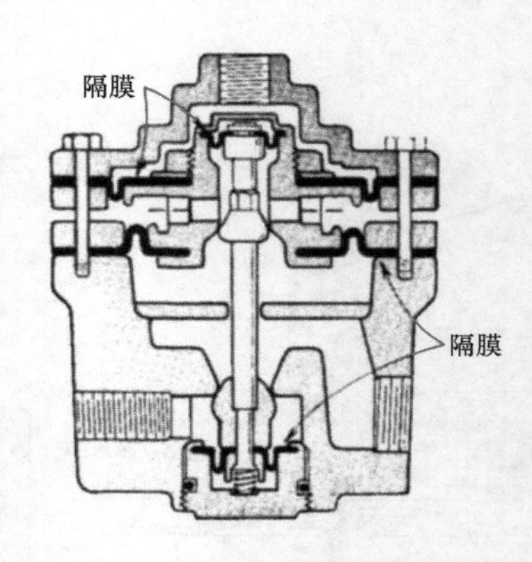

图 1.6-4 调节阀通过隔膜平衡阀和两个控制隔膜的方式来调节气压值的大小。

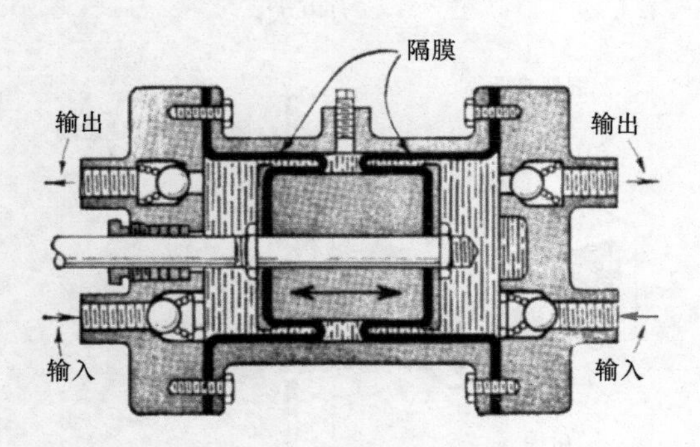

图 1.6-5 双作用泵通过两个隔膜在安全的工作压力下向设备提供平稳的连续流动的液体。

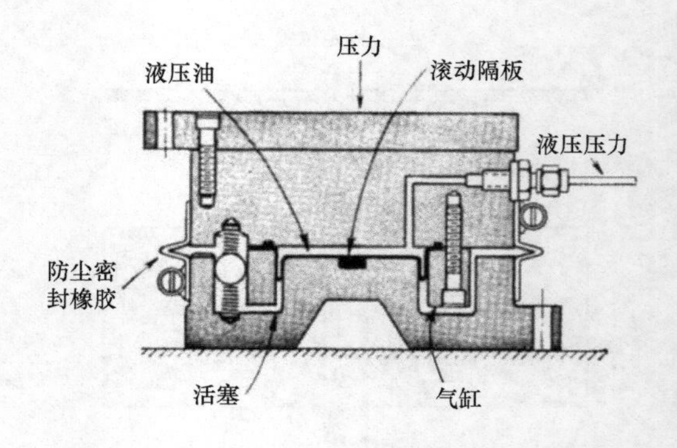

图 1.6-6 力平衡测压元件将任何物体的重量或压力转换为在远程点的准确读数。

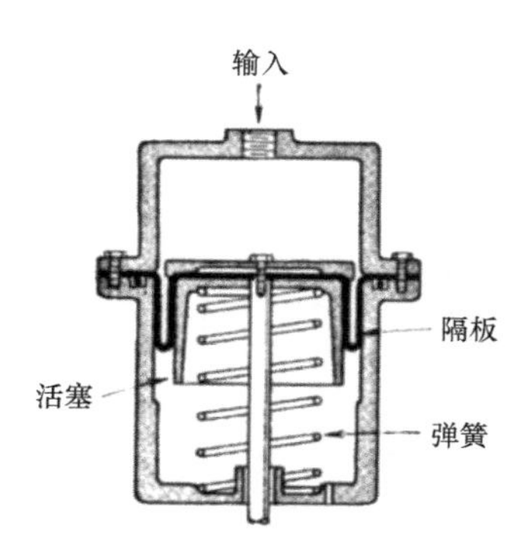

图 1.6-7 线性驱动器将气体或液体压力转换为没有泄漏或摩擦影响的线性行程。

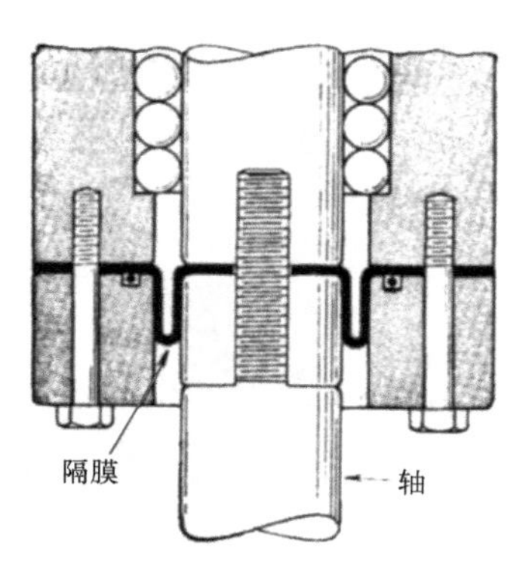

图 1.6-8 主轴密封装置通过润滑油施加给隔膜的侧壁压力迫使滚轮靠近轴和设备壳体。

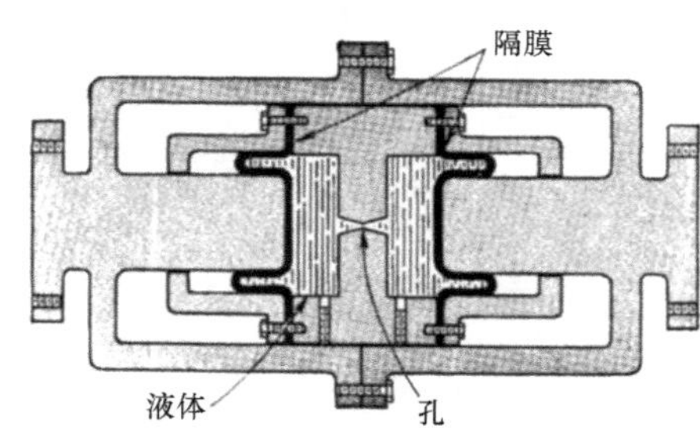

图 1.6-9 减振机构阻止机器产生突然的意外动作。阻尼量的大小由节流孔的尺寸控制。

1.7 4种消除间隙的方法

在螺纹和齿轮中的楔形影响间隙和控制轴与轴承紧贴。

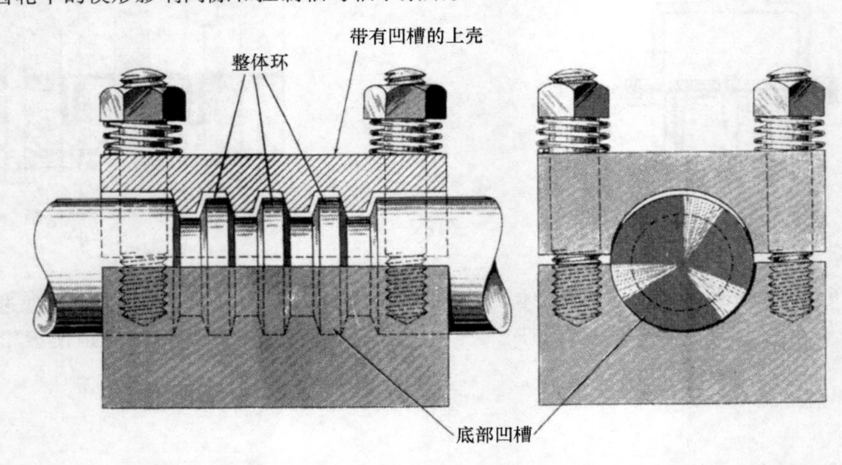

图1.7-1 在凹槽中轴上的三个整体环阻止轴的轴向运动。壳体上的凹槽是补偿轴向偏移的。

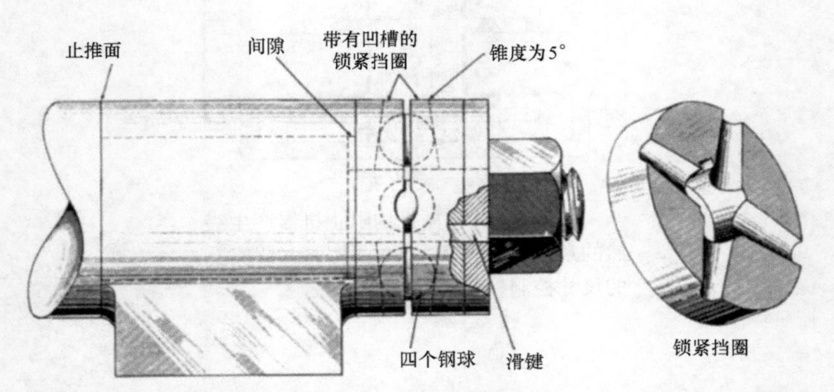

图1.7-2 当轴转动时，由于离心力使钢球对带有凹槽的锁紧挡圈施加力的作用，并靠近止推面。

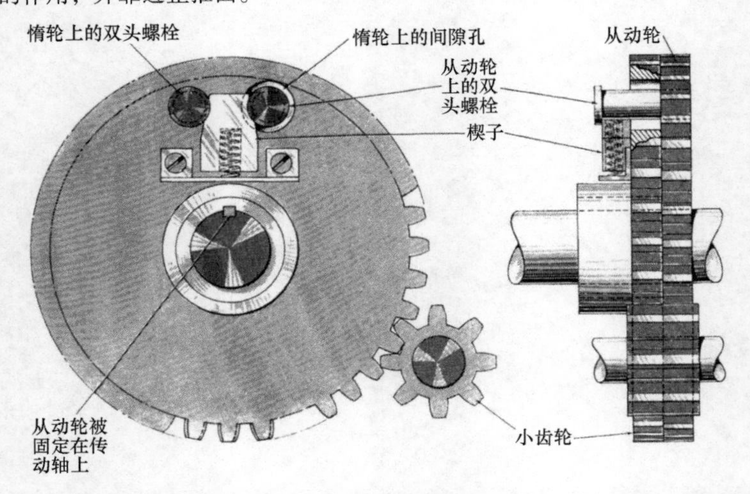

图1.7-3 弹簧承载的楔子使从动轮和惰轮相对运动，以消除齿轮副的间隙。

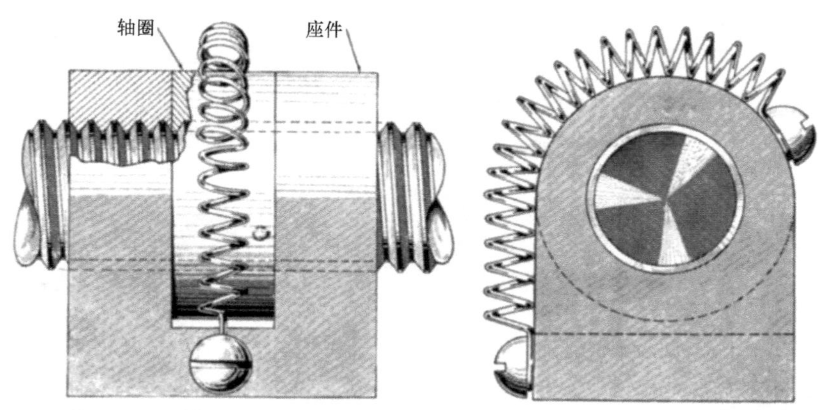

图 1.7-4 轴圈和座件上有连续三角螺纹。在导螺杆发生磨损后，轴圈可以一直保持螺纹上有压力。

1.8　4 种防止侧隙的方法

弹簧结合楔块作用将确保螺纹、齿轮和肘节动作平稳。

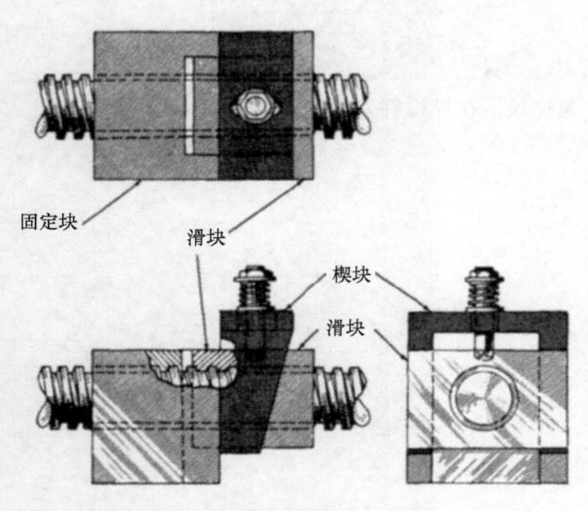

图 1.8-1　滑块在弹簧加压的楔块作用下远离固定块。丝杠两侧面受压，以确保滑动配合。

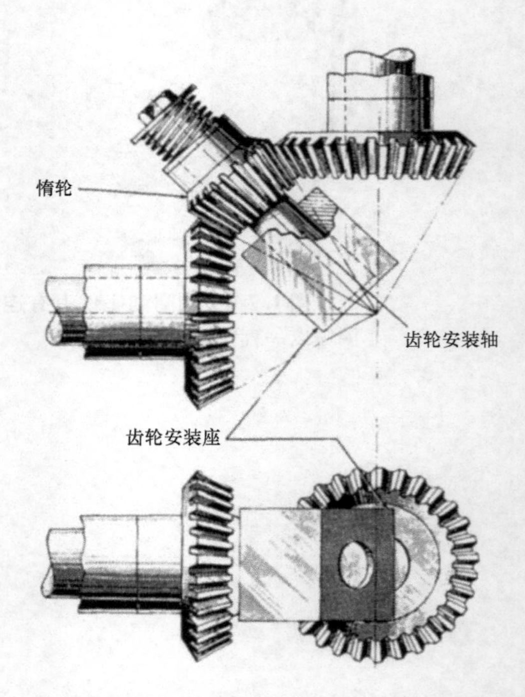

图 1.8-2　装有受载弹簧的小齿轮安装在固定轴上，因此弹簧驱动小齿轮轮齿进入大齿轮轮齿，从而消除空位和间隙。

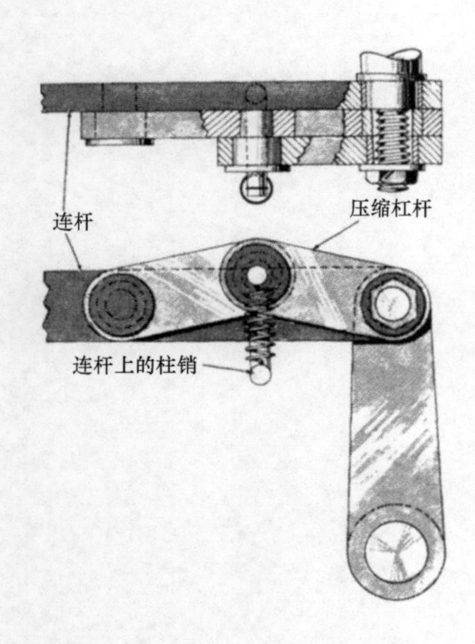

图 1.8-3　肘式连杆加装了弹簧，当连接点发生磨损后能够进行校核处理。

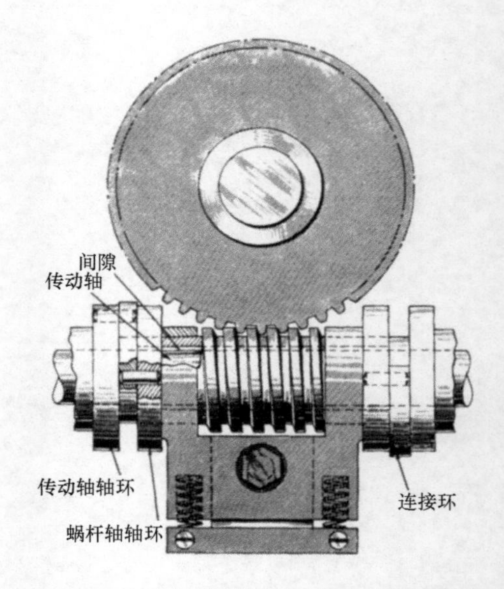

图 1.8-4　圆弧圆柱蜗杆在传动轴上的间隙会使蜗杆沿固定轴圈移动。在磨损发生后，弹簧会使蜗轮向轮齿移动。

1.9 限位开关调整间隙

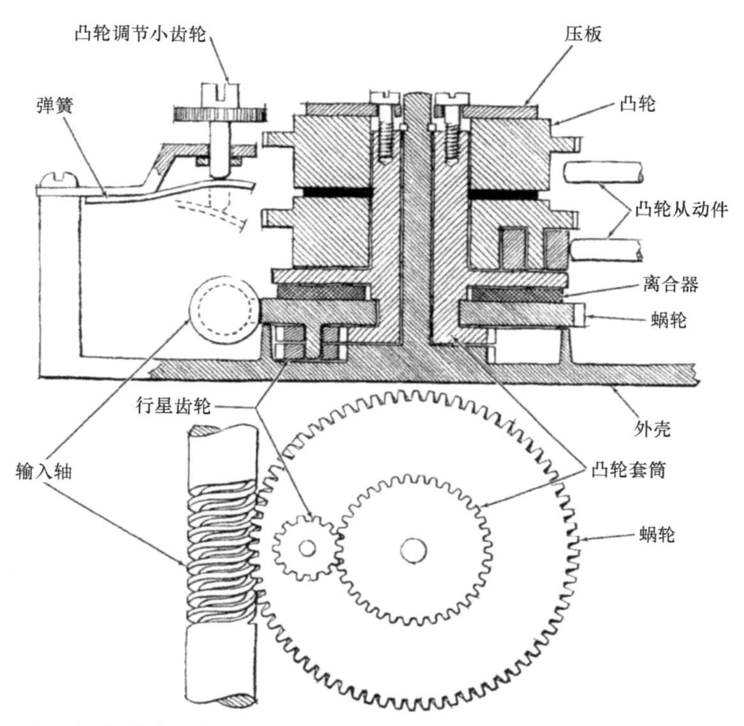

图 1.9-1 由双级齿轮减速装置驱动转换凸轮机构。第一级是通过输入蜗杆和配套蜗轮驱动。第二部分减速装置由一个包含两个在蜗轮上转动的行星齿轮（这两个行星齿轮的齿数不同）的行星齿轮系组成。当蜗轮带动行星齿轮绕着中心轮在其表面转动时，上面的行星齿轮与凸轮套筒上的轮齿相啮合。安装在套筒上的凸轮启动减速转换开关。减速行星齿轮的减速比可以通过改变行星齿轮来实现。

套筒法兰盘和蜗轮之间的摩擦离合器对改变输入蜗轮的转向非常方便。当转换开关改变输入方向时，凸轮通过摩擦离合器直接由输入蜗杆和行星齿轮驱动直到行程结束。此时离合器开始滑动。凸轮根据涡轮与行星齿轮的减速比反向快速旋转 1/3～1 圈使转换开关复位。

为得到不同减速比，通常采用不匹配的行星齿轮尺寸。当输入轴的最大转速（3500r/min）通过蜗杆蜗轮传动而降低后，这些有意的尺寸不匹配是不会使传动速度出现问题的。而控制凸轮要求的低转矩又会减小任何由于错配所产生的过大压力。在高的减速比传动中，需要这种由错配而增大的行程，从而允许摩擦离合器能够在行程结束前重置转换开关。尽管齿轮减速比最高可达到 1280:1，但允许转换开关在低于 1r/min 的条件下重置。

第 2 章

创新装置

2.1 旋转式活塞发动机

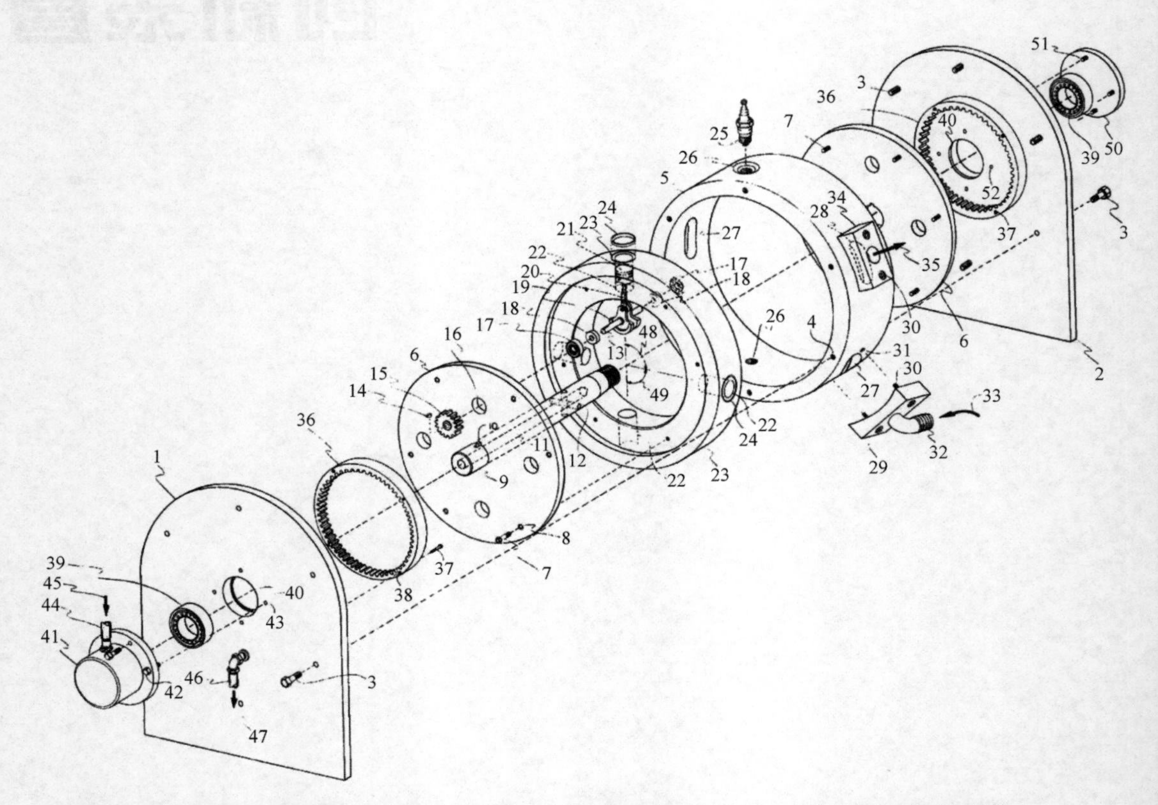

图 2.1-1　在发动机的爆炸图中有许多标准机械零件，这些零件以一种新形式发挥其功能。

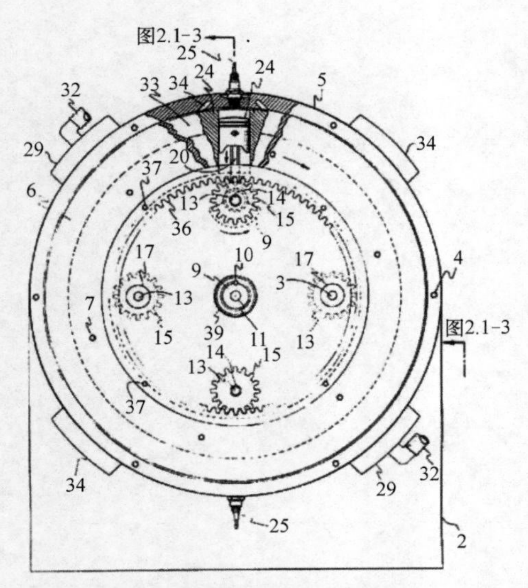

图 2.1-2　旋转式活塞发动机端视图。

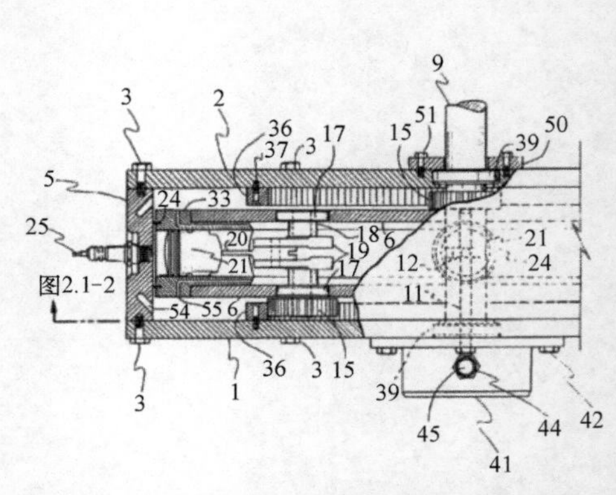

图 2.1-3　旋转式活塞发动机剖视图。

2.2 牛奶传送系统

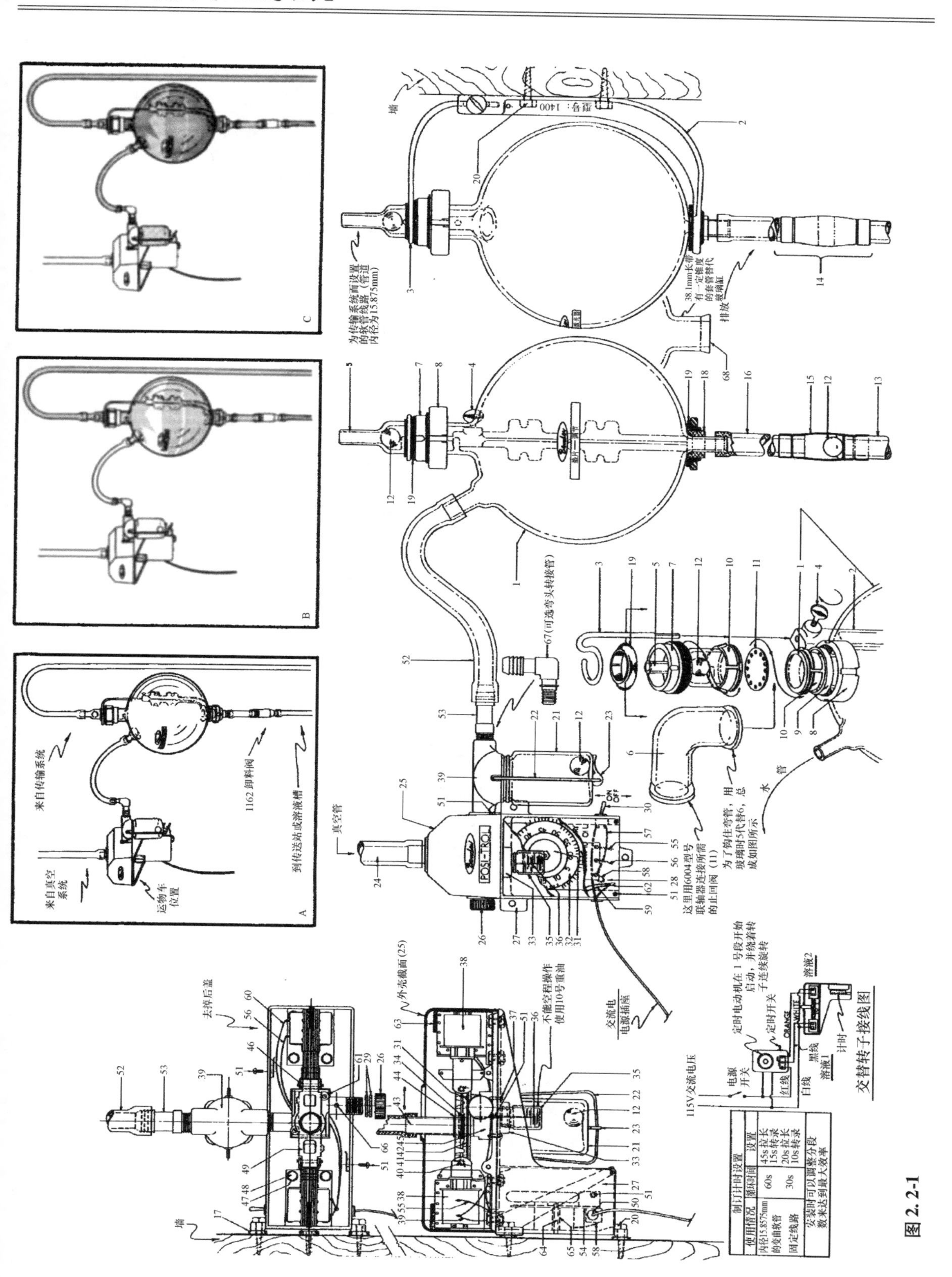

制订计时设置

使用情况	循环时间	设置
内径15.8575mm的变曲软管	60s	45s拉长 15s转录
固定线路	30s	20s拉长 10s转录
安装时可以调整分段数来达到最大效率		

图 2.2-1

2.3 液压马达

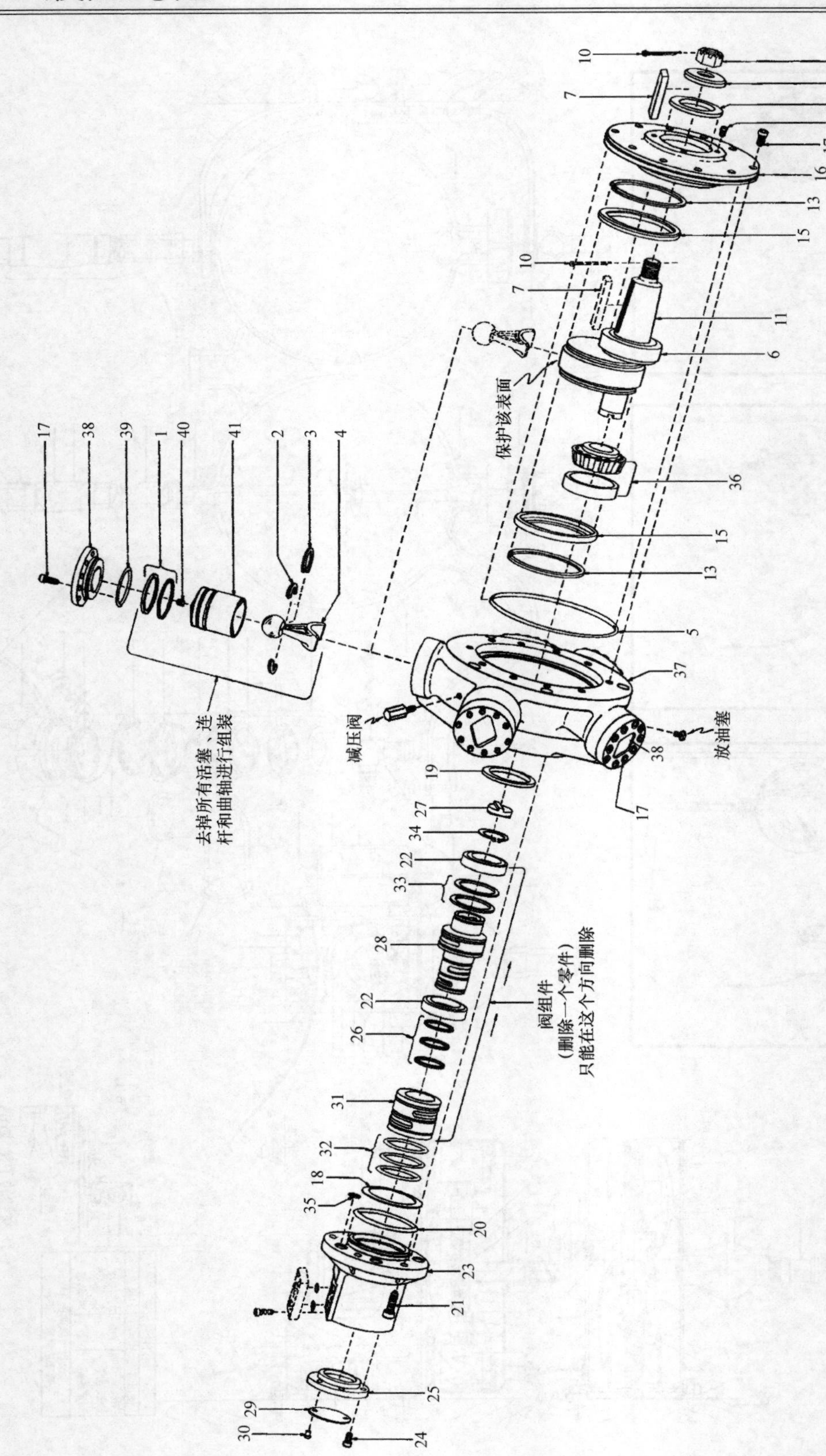
保护该表面
减压阀
放油塞
去掉所有活塞、连杆和曲轴进行组装
阀组件
（删除一个零件）
只能在这个方向删除
1
2
3
4
5
6
7
8
9
10
11
12
13
14
15
16
17
18
19
20
21
22
23
24
25
26
27
28
29
30
31
32
33
34
35
36
37
38
39
40
41

图2.3-1

2.4 利用精密平衡装置降低误差

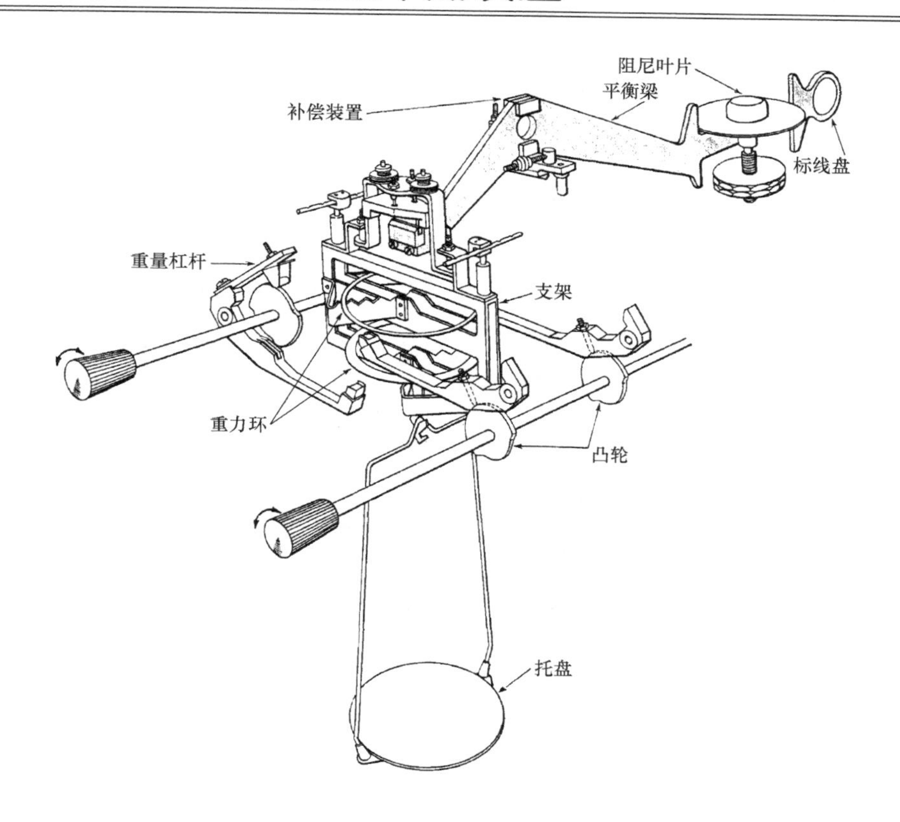

图 2.4-1 此平衡装置的灵敏度不受温度波动的影响。为了保持重心位置不变，在铝合金平衡杆上铆接了两个温度敏感元件，并在平衡点正上方形成一个桥联槽。其膨胀系数将补偿由温度变化所产生的梁的挠曲。

平衡梁尾部有一个叶片被封装在一个圆柱筒内，这个叶片用来阻止横梁运动，防止产生振荡。秤前方的悬杆带动着一副重力环，并且通过凸轮杠杆来提升。安装有凸轮的轴与机械读数装置相连。

此平衡装置通过有效重量差来保持平衡，当平衡盘上没有载荷时，它就靠压着悬杆上的重力环。测量未知物的重量时，重力环通过悬杆被提升起来。被提升物体的总重量显示在机械读数装置的前三位。总重量是机械读数加上光学系统投射到标线片上的读数。

2.5 控制锁定机构防止振动和冲击

这个重要的调节装置能够使机构在意外的转动或故意的摆弄下保持安全与稳定。

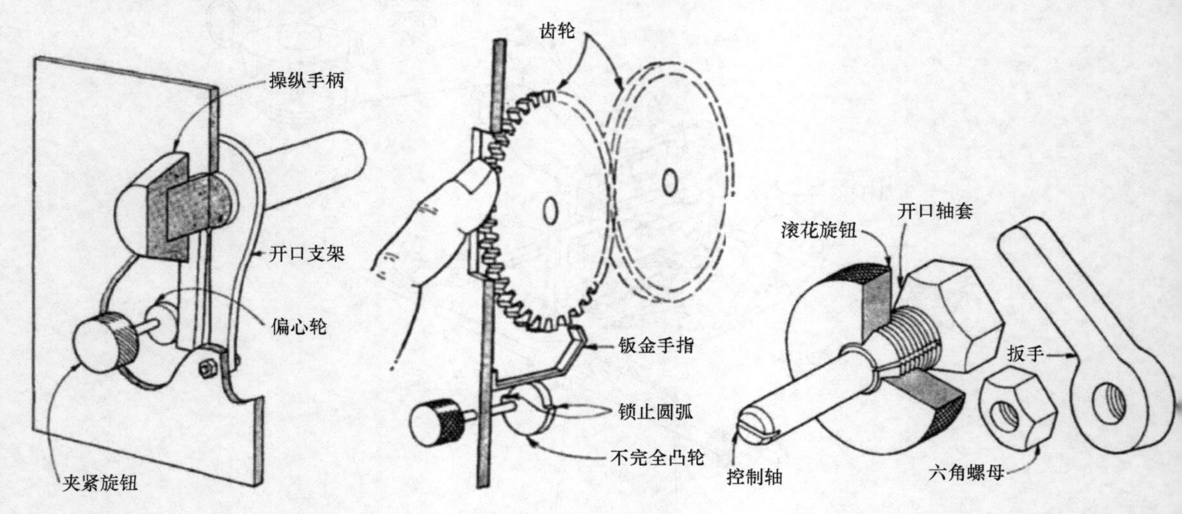

图 2.5-1 当偏心轮滚到开口支架的下端时，支架上端就会把轴夹紧。夹紧旋钮不需要其他工具就能够方便连续地滚动。此装置的另一个好处是：它能产生很大的转矩。它的缺点是需要占用面板上很大的空间。

图 2.5-2 当转动不完全凸轮时，钣金手指就可以进入齿轮的齿间空隙中。虽然齿轮锁理论上适合直角驱动器，但是轮齿的大小限制了定位精度。

图 2.5-3 因为滚花旋钮具有锥形螺纹，所以开口轴套能够被紧紧地安装在控制轴上。由于衬套也被安装在控制板上，因此就需要一个孔。扳手如同手柄一样，并不需要其他工具就能把螺母更牢更快地锁紧。对于六角螺母来说，虽然可以用扳手来调节，但依然给操作者带来困难。但是，如果不需要经常进行控制调整，其缺点就变成了一个优点。

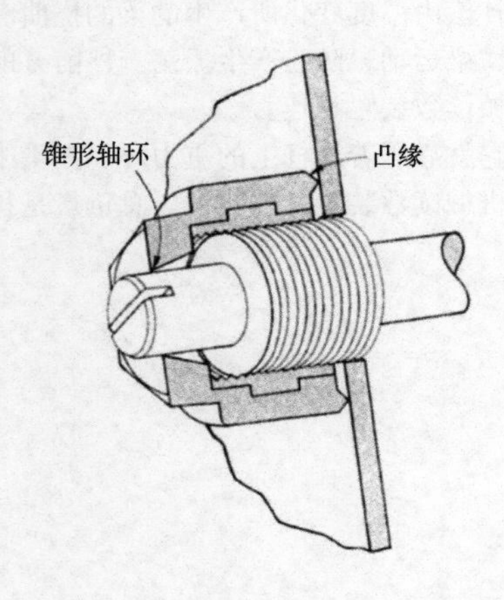

图 2.5-4 由于轴上安装的锥形轴环能够提供持续不断的拉力来控制刚性，所以这个装置不需要其他的锁紧和解锁装置。压紧套不仅能够防尘，而且还可以阻止成型锁紧螺母的转动。

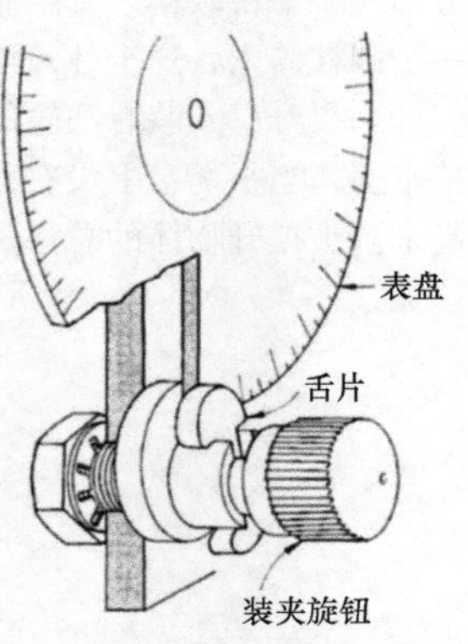

图 2.5-5 舌片在沟槽中移动，并锁紧表盘下端。如果表盘不被锁紧，可能会划伤表盘。

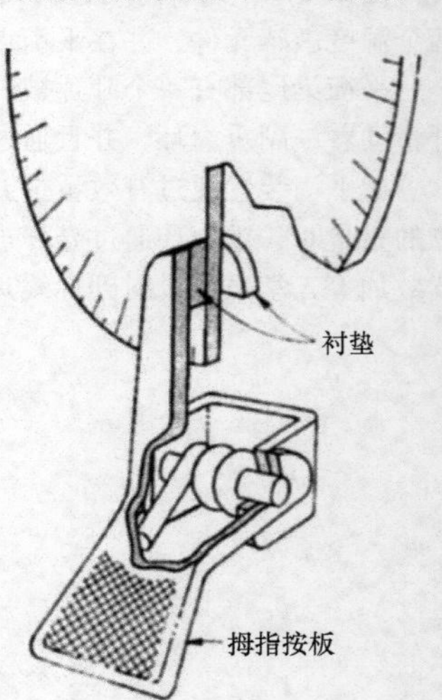

图 2.5-6 点刹锁紧装置具有自锁性，并可以实现两个调整，一是打开锁紧装置，另一个是拨动表盘。

2.6 减速器的一种输出方法

当改变输入方向时，以下5种减速机构都不会产生逆转。

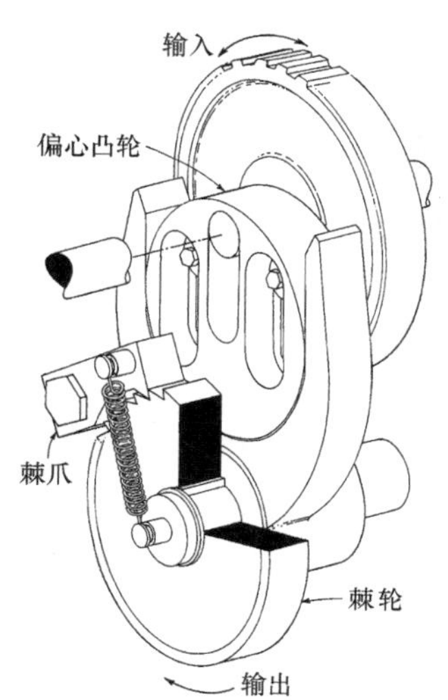

图 2.6-1 此装置可通过偏心凸轮的调整实现一系列高减速比，但是它的不平衡性限制了它的减速。当输入方向改变时，输出转动不会产生延迟。由于棘轮是通过安装在U形跟随装置上的棘爪来带动的，所以输出轴的转动是同步的。

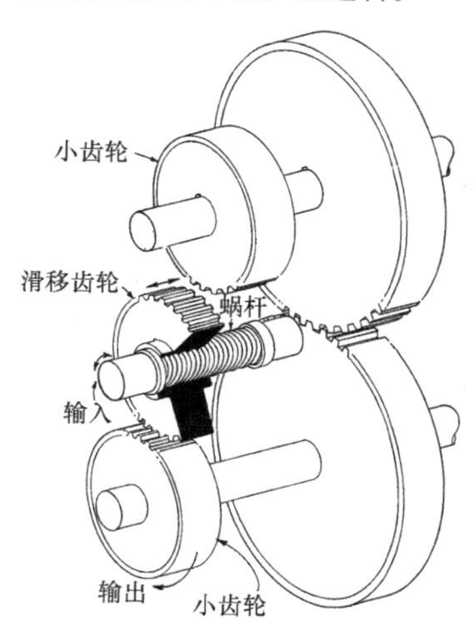

图 2.6-2 当输入转动的方向改变时，滑移齿轮就会在蜗杆上移动，并且其旋转运动从一个小齿轮传递到另一个小齿轮上。为了使它们方便地进行啮合，齿轮齿宽方向的两端都做成了锥形。输出转动平稳，但是当输入转向的变化导致齿轮传动发生变换时，输出会产生滞后。滑移齿轮的齿宽不能比两个小齿轮内端面之间的轴向偏移量大，否则运动将会产生干涉。

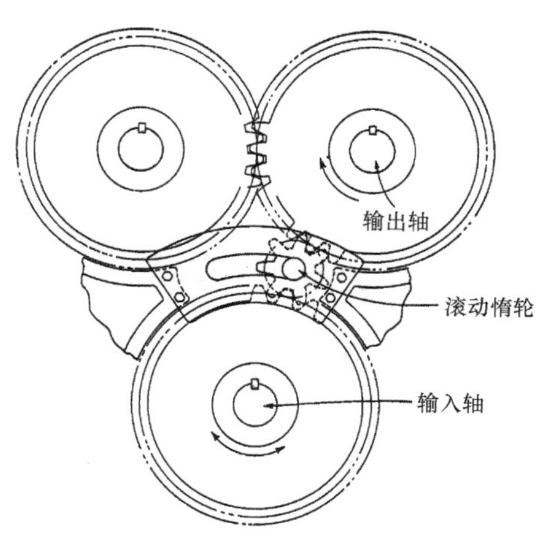

图 2.6-3 输入方向改变之后，滚动惰轮也提供稳定的输出及轻微滞后。在惰轮上稍微加载一定的拉力是必需的，以使它不产生自转进而可将运动传递给与它啮合的其他齿轮。

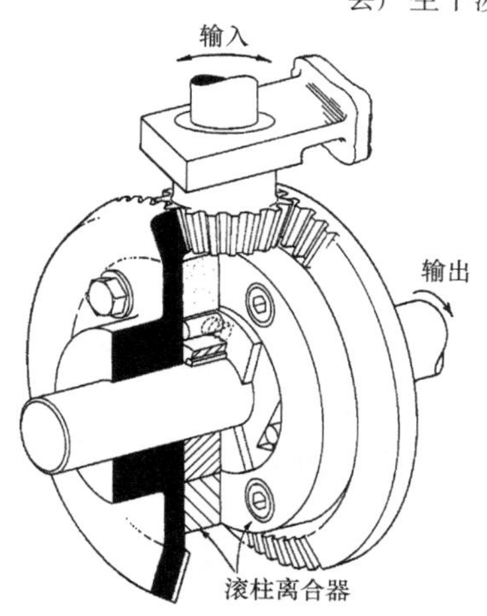

图 2.6-4 两个滚柱离合器来驱动锥齿轮运动。这两个离合器分别负责驱动不同方向的运动。输入方向的改变对输出平稳性的影响很小，不需要考虑。

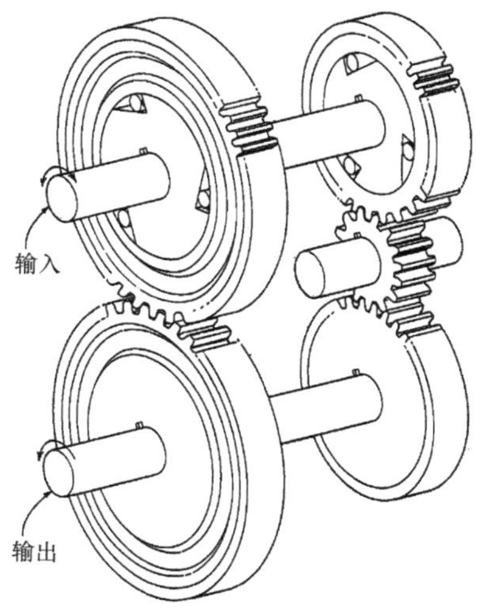

图 2.6-5 滚柱离合器与输入轴上的齿轮相啮合。当输入方向发生改变时，它可以提供稳定的输出速度但稍有滞后。

2.7 保护轻载传动的转矩限制器

当机械装置过载时，一些脆弱的零部件很容易产生破坏。下面的八种装置可以被用来连接这些脆弱的零部件，以防止转矩突变而产生危险。

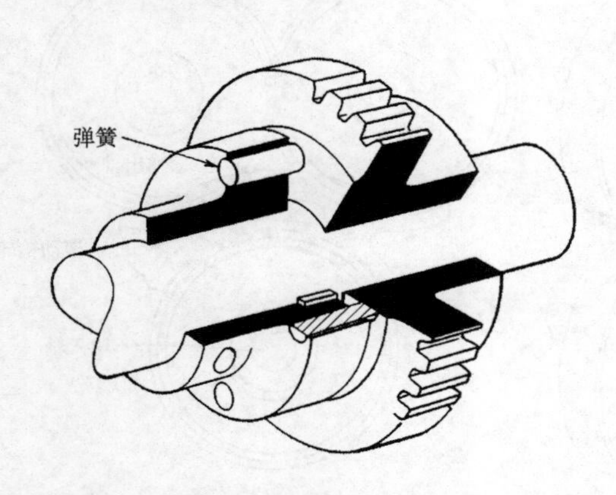

图 2.7-1 磁铁传递的转矩与离合器盘四周分布磁铁的数量和尺寸大小有关。通过移动磁铁来限制和降低传递转矩的能力。

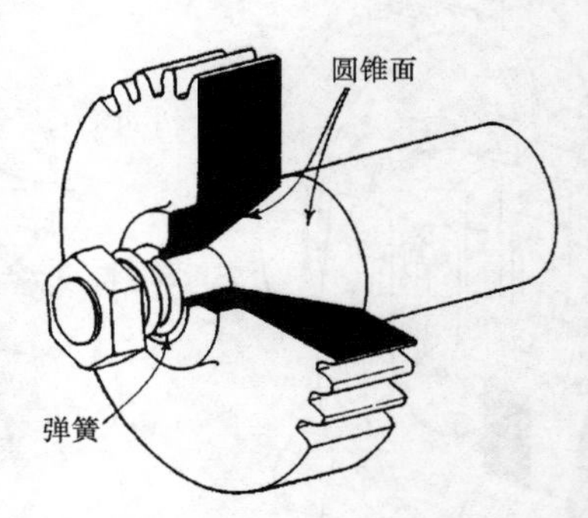

图 2.7-2 锥形离合器是通过锥形轴和齿轮上的锥形中心孔相配合形成的。通过拧紧螺母压缩弹簧来增加传递转矩的能力。

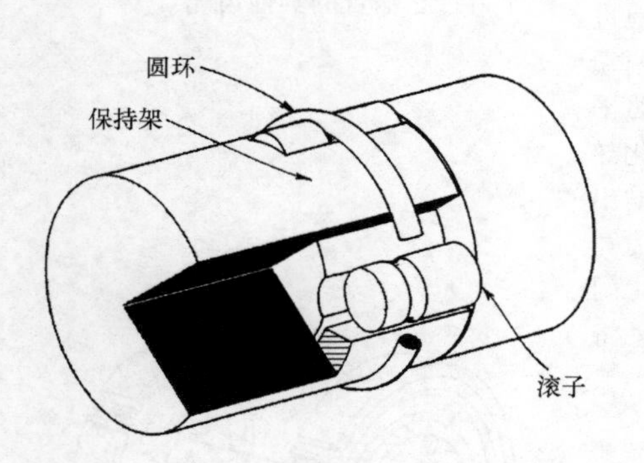

图 2.7-3 图中的圆环被用来阻止滚子从轴端的槽中滑出。一端开槽的空心轴起到保持架的作用。

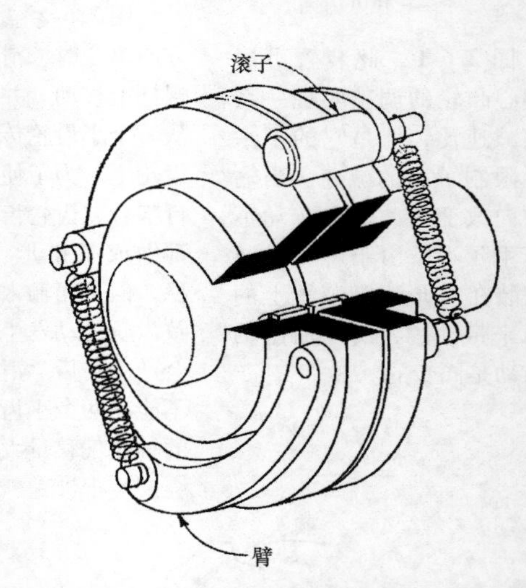

图 2.7-4 臂支撑槽内的滚子，该槽横跨安装在对接轴两端的两个圆盘。弹簧使滚子保持在槽内，但是过大的转矩迫使它们出来。

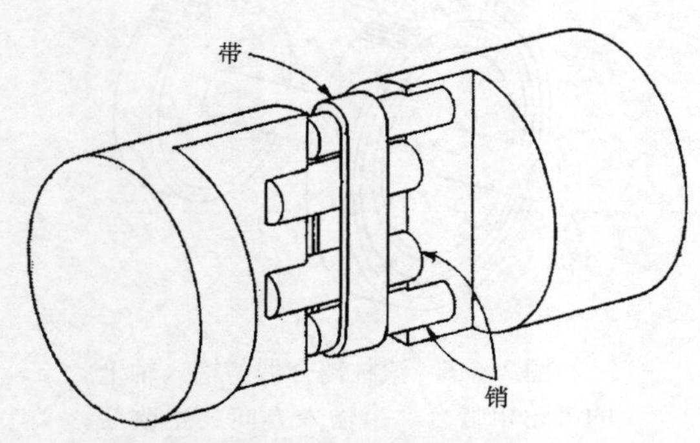

图 2.7-5 缠绕在四个销轴上的柔性带只传递最轻的载荷。为了确保带和销轴的接触，外面的销轴比里面的销轴要小一些。

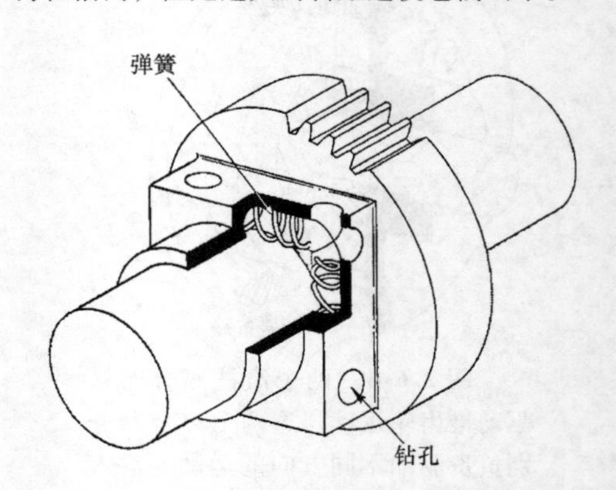

图 2.7-6 箱体中的弹簧夹紧轴。安装齿轮的过程中弹簧发生变形，从而将轴夹紧。

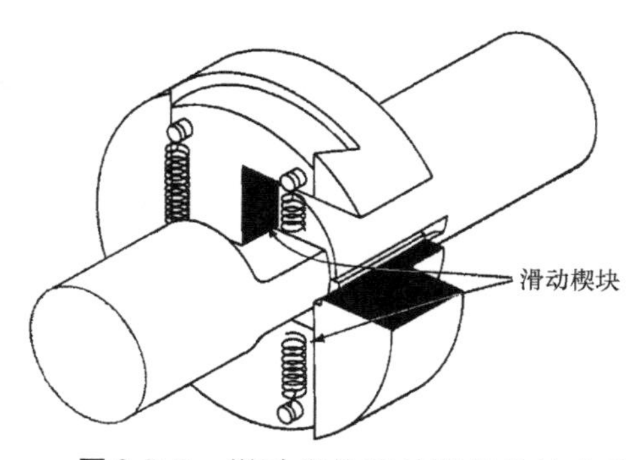

图 2.7-7 滑动楔块通过弹簧的拉力作用被压紧在两根轴的轴端平面上。当力矩产生过载时，滑动楔块就会从轴端平面分离出去，从而可以有效地防止过载。此装置的最大载荷可以通过选择弹簧的强度来设定。

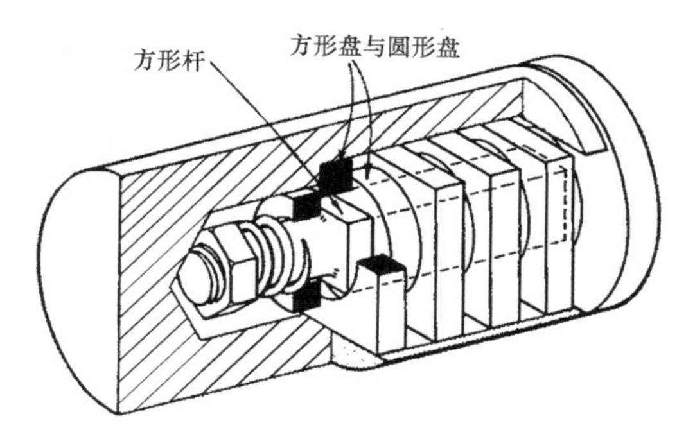

图 2.7-8 可以通过调整弹簧来压紧摩擦盘。方形盘被锁紧在左半轴的方形孔内，圆形盘则被锁紧在右半轴的方形杆上。

2.8　防止过载的 6 种限制器

如果机器卡住、转不动，这里的安全阀能发挥作用，防止机器发生严重损坏。

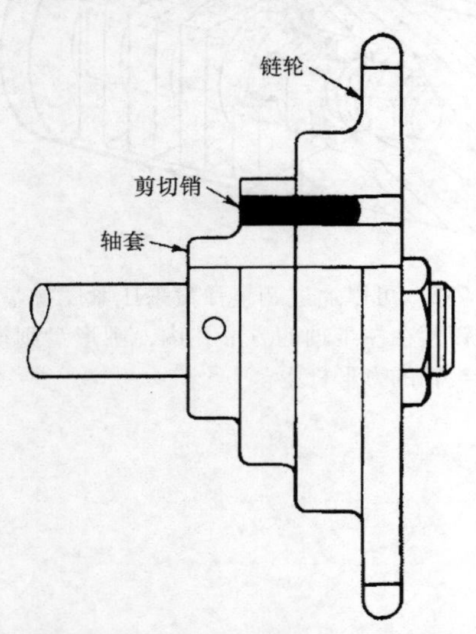

图 2.8-1　剪切销设计简单并且使用稳定可靠。但是一旦发生过载，剪切销就必须更换，这需要相对较长的时间，并且新销不一定总能满足要求。

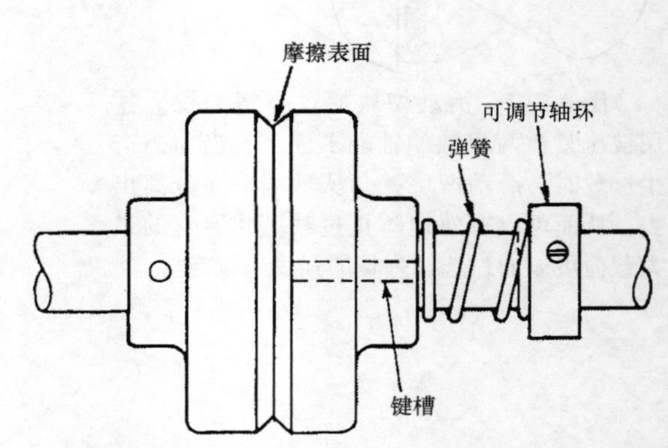

图 2.8-2　摩擦离合器。两个摩擦端片的表面通过调节弹簧被压在一起，并且其过载极限可以通过调节弹簧来设定。一旦过载消除，离合器就能够重新工作。此设备的一个缺点是，如果不能及时地发现过载，其中的一个摩擦片就会自损。

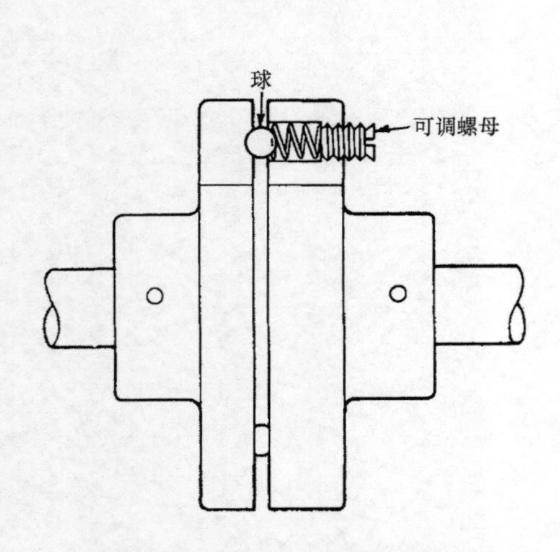

图 2.8-3　机械键。钢球通过调节弹簧被压在对面另一个平面的凹坑内，当过载发生时，钢球就会从凹坑内滑出。一旦钢球开始滑动，将非常迅速地产生磨损，所以在过载频繁的场合下不能使用该装置。

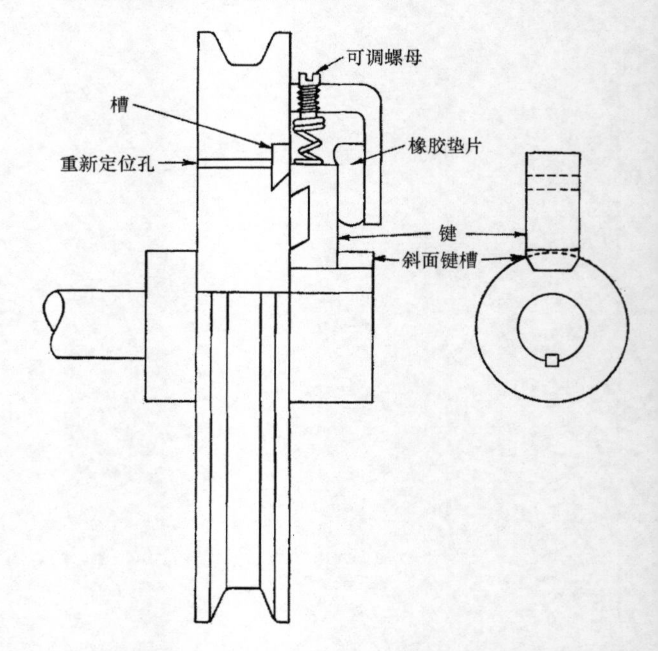

图 2.8-4　可缩回键。斜面键槽使键向外运动从而压在可调节弹簧上。当键向外运动时，橡胶垫片或另一个弹簧迫使键进入滑轮的槽中。这样键与键槽分离，从而防止了磨损。要使机构复位，只需要从滑轮的复位孔中用工具推出键即可。

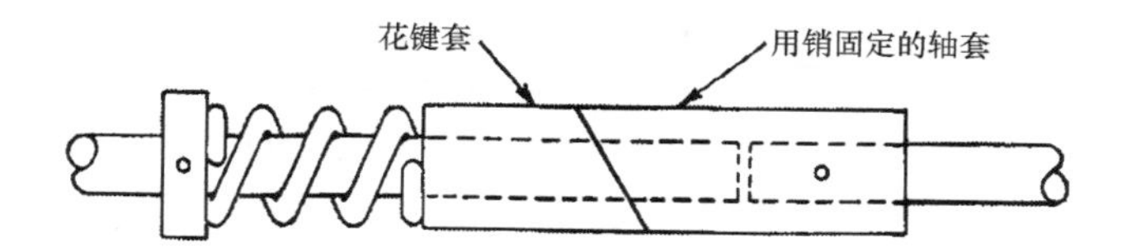

图 2.8-5 角度切割轴套。这是只有一个齿的简化了的爪式离合器。过载极限通过调节弹簧来设定。

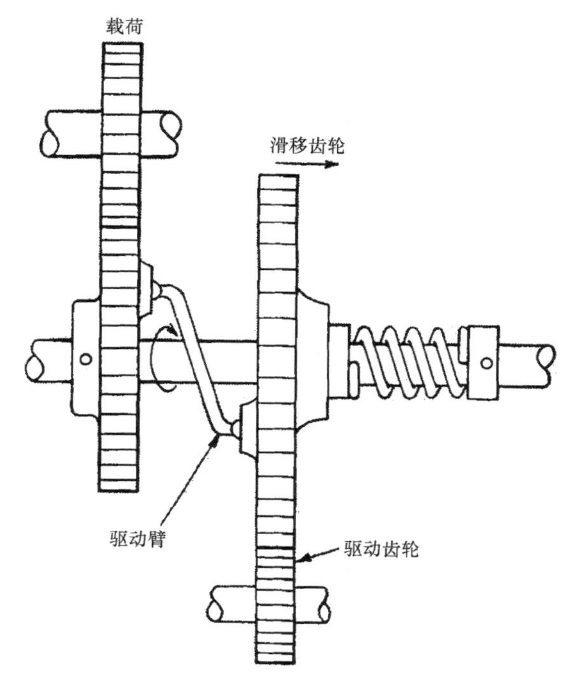

图 2.8-6 脱离啮合齿轮。此装置正常工作时，弹簧和驱动臂的轴向载荷处于平衡状态。过载时，驱动臂的作用力大于弹簧的作用力，弹簧被压缩，滑移齿轮向右移动并脱离啮合。过载一旦消失，滑移齿轮将恢复原位，重新进入啮合状态，除非有外力迫使滑移齿轮脱离啮合。

2.9 防止过载的其他7种限制器

对于那些希望能出乎意料的设计者来说，这里有一些防止粗心或意外的保护装置。

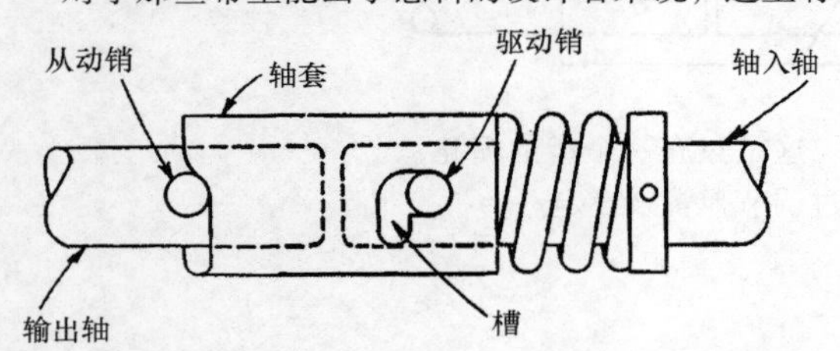

图2.9-1 该机构中，凸轮形轴套将这个转矩限制器的输入轴和输出轴连接起来。从动销向右推动轴套顶住弹簧。当过载发生时，驱动销会掉到槽里，使两个轴分离。通过向后转动输出轴来使限制器复位。

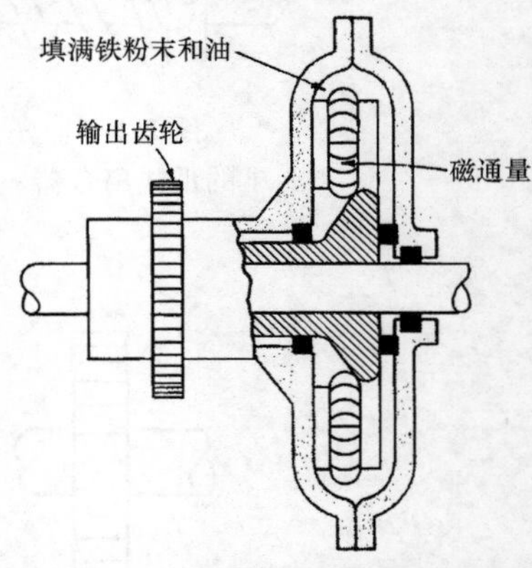

图2.9-2 磁流体限制器中充满了由铁、镍和油组成的混合泥浆。通过控制穿过混合泥浆的磁通量来控制泥浆的粘度，所以其最大载荷具有一个很宽的范围。通过滑环可以将磁场电流传递给叶片。

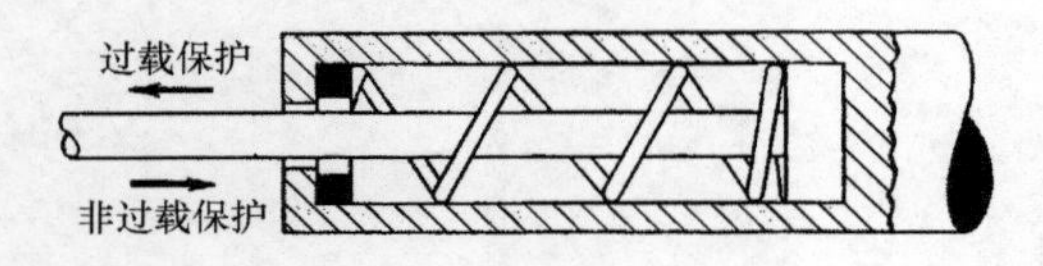

图2.9-3 弹簧柱塞提供往复运动，当柱塞向左移动时，可以避免过载运行。过载时弹簧被压缩。

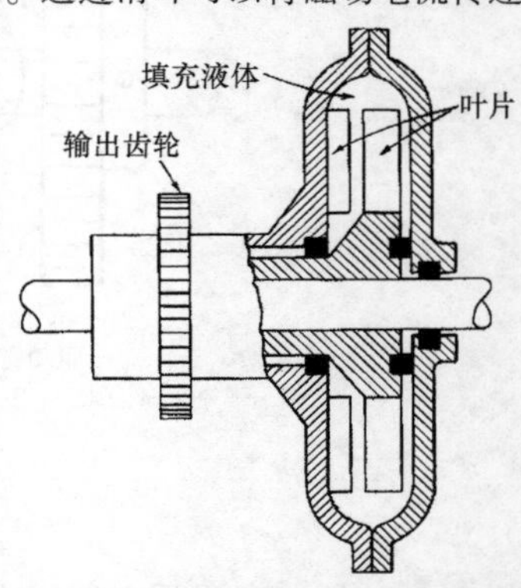

图2.9-4 液体联轴器。通过改变液体的粘度和高度可以很方便地控制最大载荷。另外该联轴器能平稳传动而且滑动时产生很少热量。

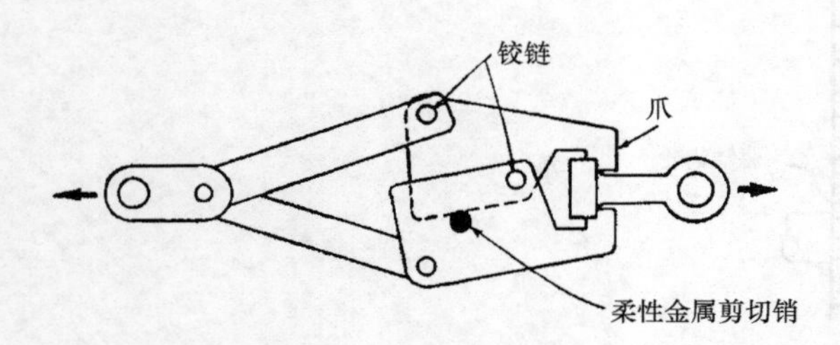

图2.9-5 张力释放器。当肘节控制的刀片剪切软性销时，夹爪将打开并释放张力。可以用弹簧代替柔性销使张开的爪闭合。

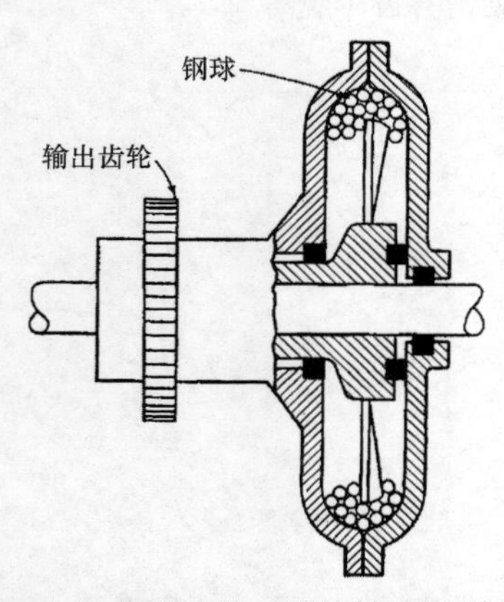

图2.9-6 钢球联轴器。随着转速的增大，钢球联轴器所传递的转矩也会随之增加。离心力使钢球顶在腔的外表面上，从而提高了滑动阻力。另外，增加钢球的数量也可以提高滑动阻力。

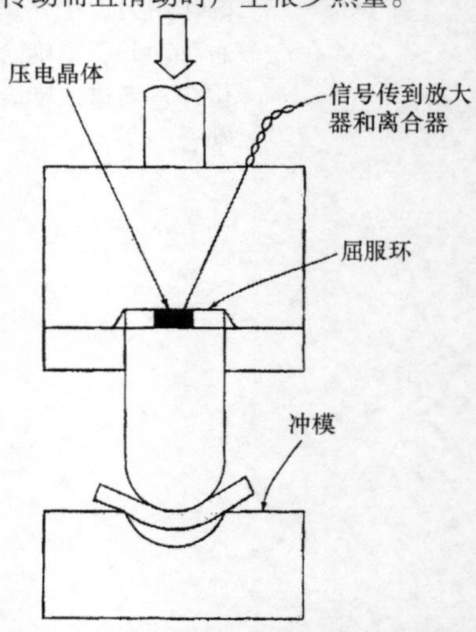

图2.9-7 压电晶体在这个金属成型压力机内产生一个随着压力变化而变化的电信号。当压电晶体产生的输出电信号放大后达到与压力限制相对应的值时，电子离合器分离。一个应变环控制着压电晶体的压缩。

2.10 限制轴旋转的7种方法

移动螺母、离合器、指形齿轮和销连接零件构成了下面这些精巧机构的基础部件。

在自动机械和伺服机构中，常常需要用机械制动来限制轴只旋转给定的圈数。当机械制动产生倒转时，必须采取保护措施来克服突然制动和需要大转矩时产生的过大的力。

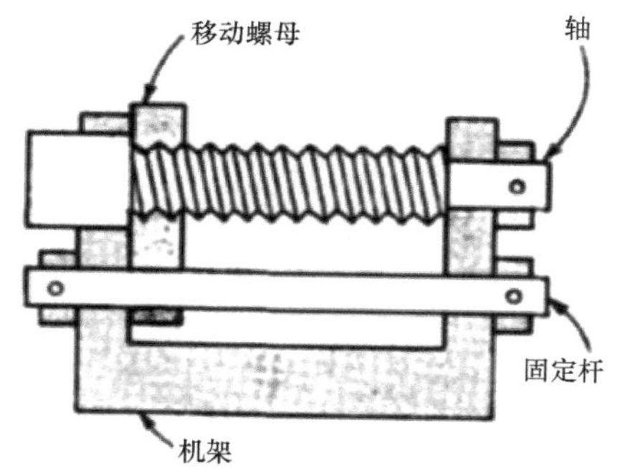

图2.10-1 移动螺母在没有碰到机架之前，会一直沿着螺纹轴移动，当碰到机架时，机架将阻止它的进一步旋转，从而使它停止运动。此装置很简单，但是由于螺母被牢固地锁紧，所以需要很大的转矩才能将停在固定位置上的轴旋转起来。通过在此装置的移动螺母上安装一个止动销来增加装置的长度，可以克服这一缺点。

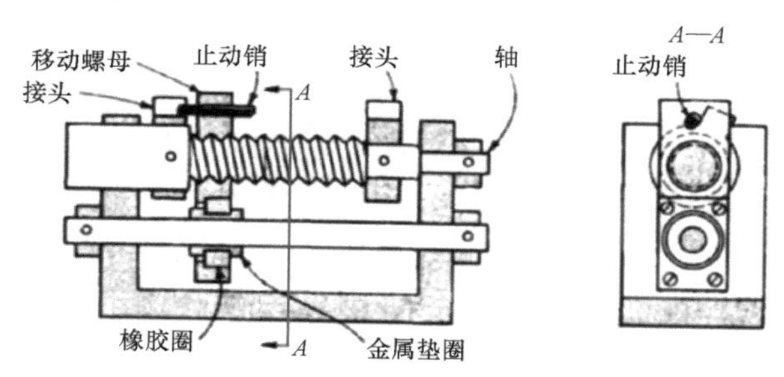

图2.10-2 销和旋转接头之间的距离必须短于螺距，这样销才能够在第一圈反转时与接头脱离接触。橡胶垫和密封圈不仅能够有效地减少碰撞，还可提供一个滑动表面。密封圈可以用浸油的金属制造。

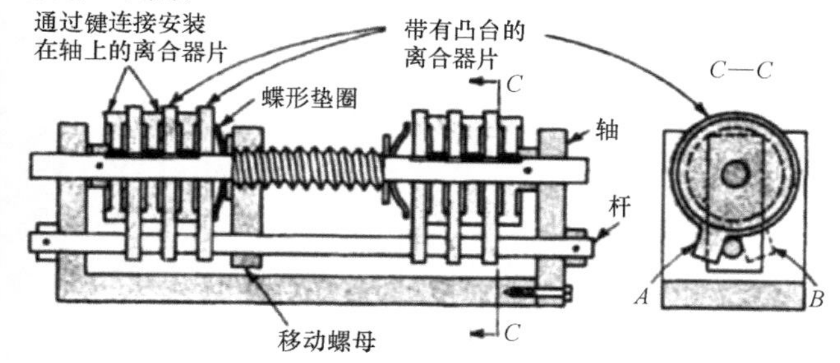

图2.10-3 当旋转轴使螺母接触到垫圈时，离合器盘就会被夹紧并停止旋转。当反向旋转时，离合器盘可以随着旋转轴一起从*A*点旋转到*B*点。在此运动过程中，只需很小的转矩就可以使螺母与离合器盘脱离。此后，接下来的运动使离合器脱离摩擦，直到在轴的另一端重复上一动作。由于离合器盘能够很好地吸收能量，所以这一装置被推荐应用于大转矩场合。

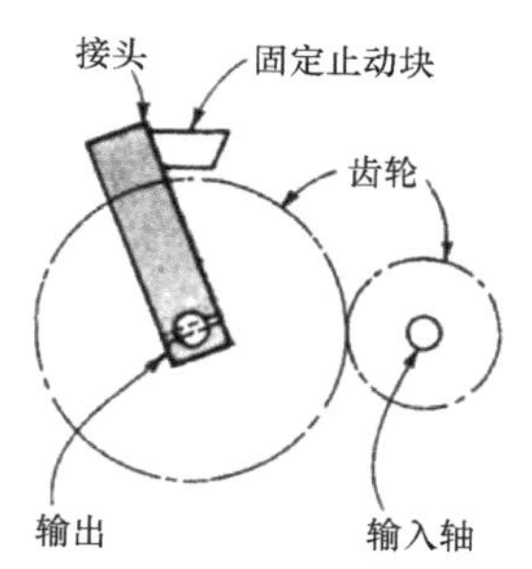

图2.10-4 当旋转不到一圈的时候，输出轴上的接头将与固定止动块发生撞击。止动块所受力的大小取决于齿轮的传动比。因此，除非采用蜗轮蜗杆传动，否则此装置只能用于小传动比和转动圈数较少的场合。

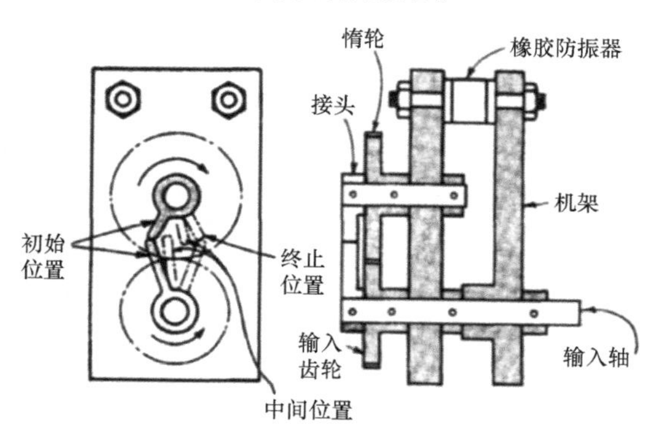

图2.10-5 两个接头在初始位置和终止位置时发生相互碰撞，以防止相互啮合的两齿轮因继续旋转而超出限定圈数。橡胶防振器可以吸收冲击载荷。由于传动比几乎是1:1，这样就能够保证相互啮合的两齿轮上的接头只能在最后一圈的终止位置上发生碰撞，而在其他任何情况下都不会发生干涉。例如：齿数为30和32的一对相互啮合的齿轮，它们上的接头只在第25圈的终止位置上发生碰撞。此装置的优点是节省空间，缺点是齿轮造价高。

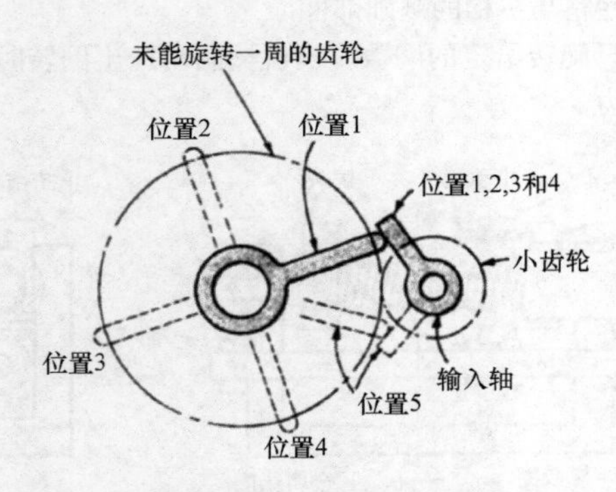

图 2.10-6 大的齿数比使惰轮的旋转少于1圈。有时为了简化设计，止动接头还可以被安装在现有的齿轮上。然而，输入齿轮的转数则被限制在5圈以内。

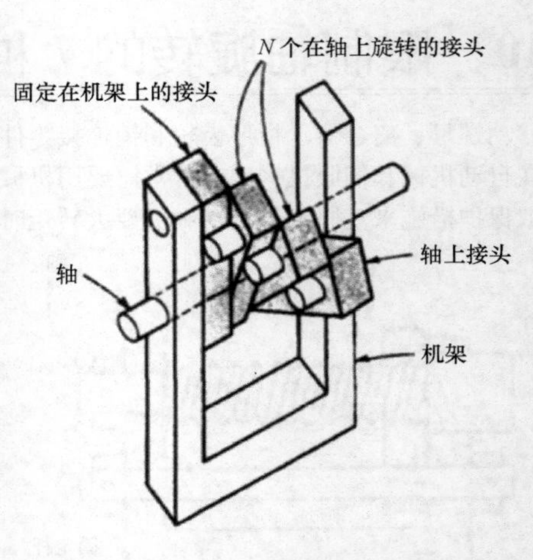

图 2.10-7 装有销的接头几乎将轴在任何一个方向的旋转圈数都限制在 $N+1$ 圈。弹性销套将有助于减少冲击力。

2.11 分度和压紧装置

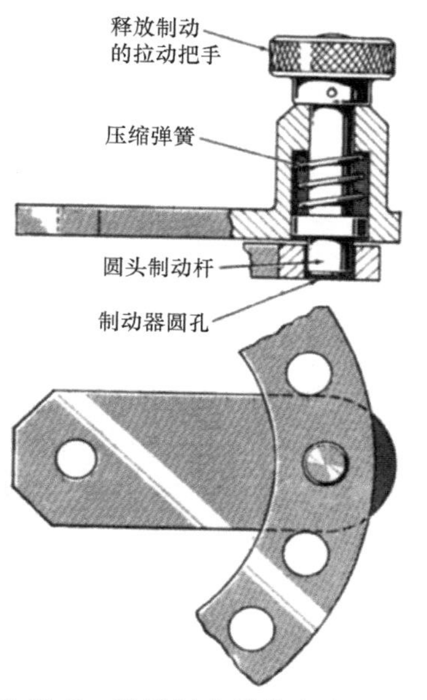

图 2.11-1 通过制动器分度盘上的确定位置的孔来轴向定位（分度）。

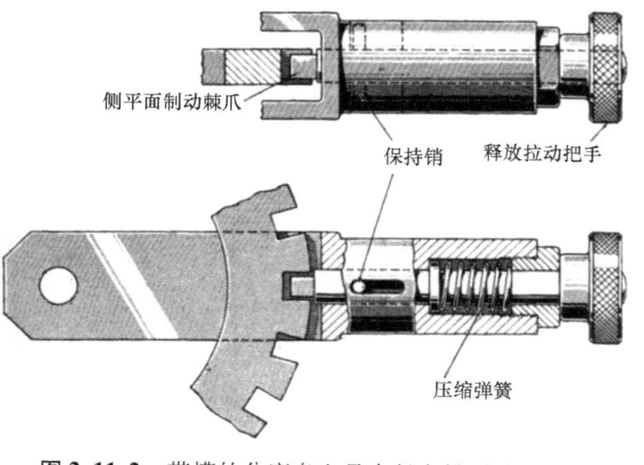

图 2.11-2 带槽的分度盘上具有径向排列孔的制动器。

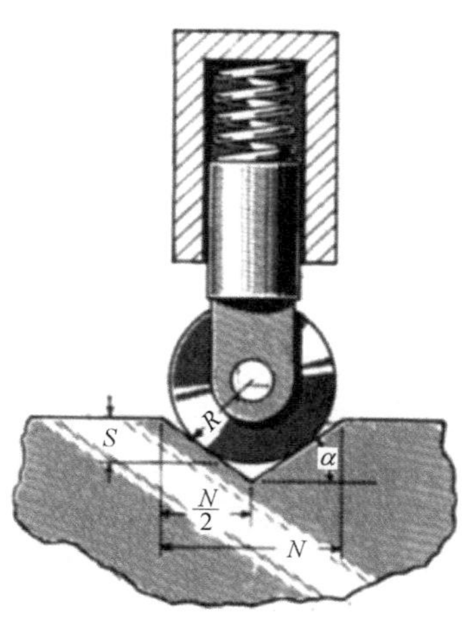

图 2.11-3 置于槽中的制动器。推程 $S=\frac{N\tan\alpha}{2}-R\times\frac{1-\cos\alpha}{\cos\alpha}$，滚子半径 $R=\left(\frac{N\tan\alpha}{2}-S\right)\left(\frac{\cos\alpha}{1-\cos\alpha}\right)$。

2.12 自动电锯装置

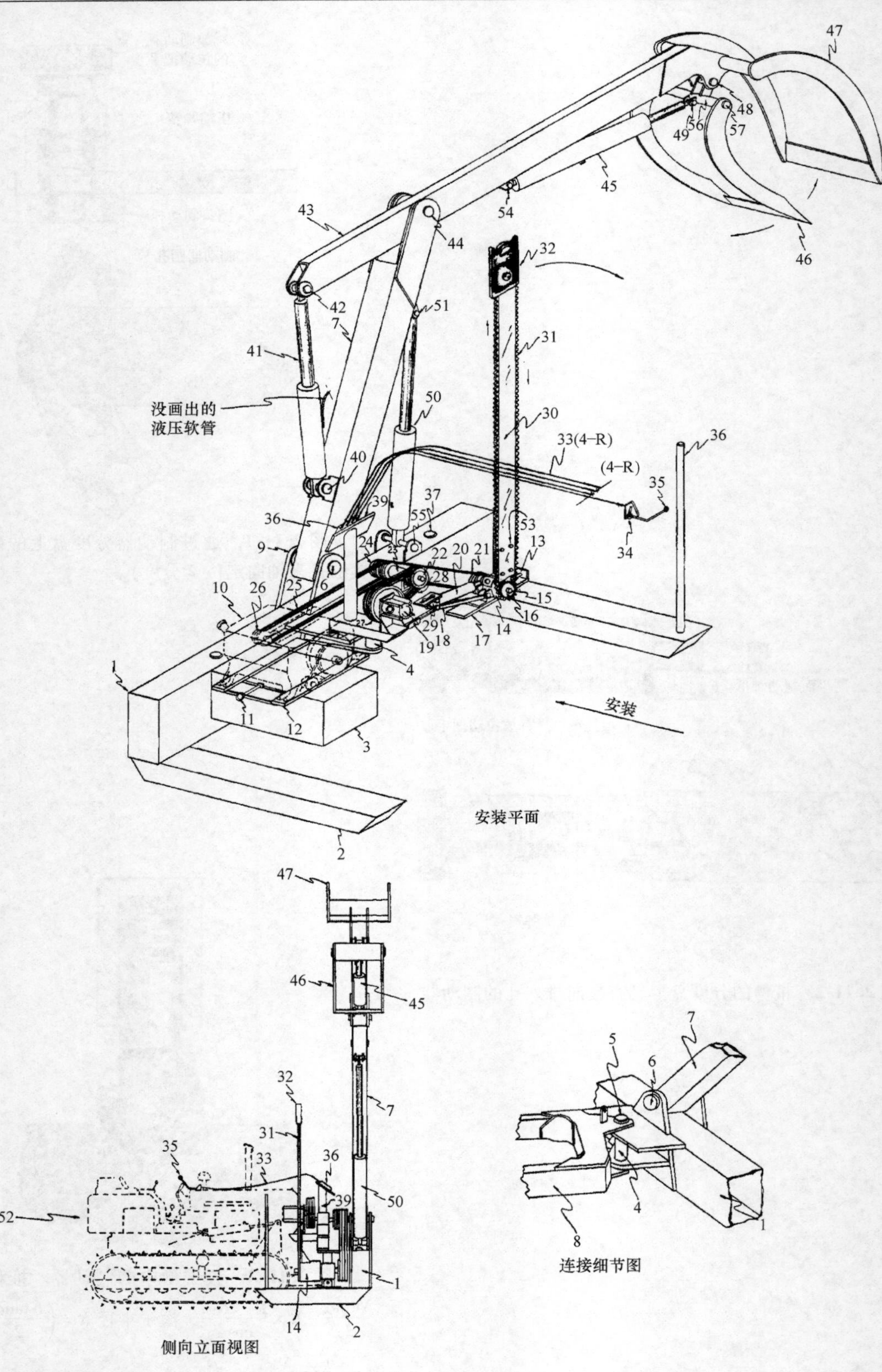

图 2.12-1

2.13　污水处理装置的管道安装

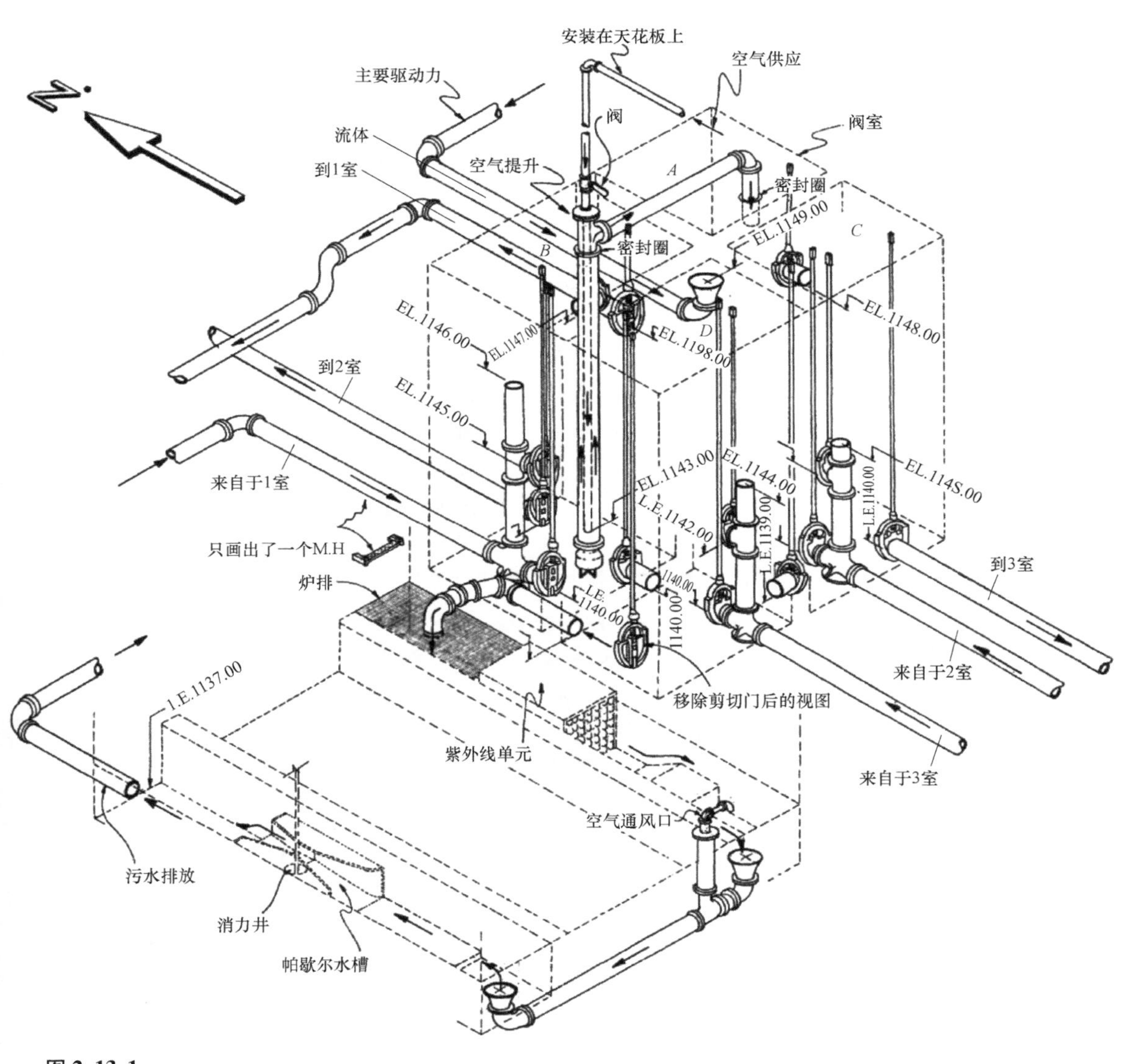

图 2.13-1

2.14 水车装置

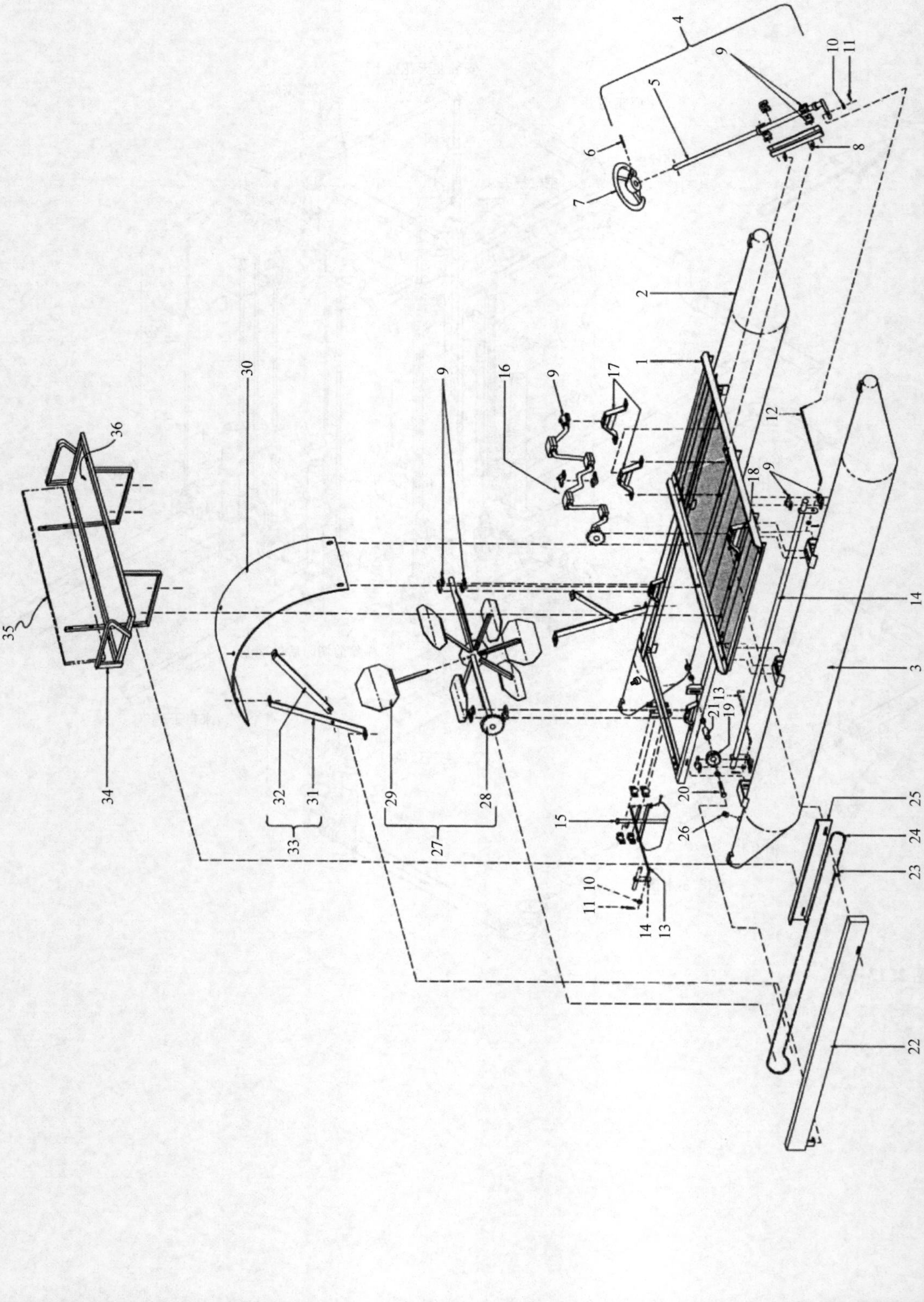

图 2.14-1

第 3 章

连杆

3.1　8 种基本的推拉连杆机构

这些零件是构成连杆机构的基本元件。

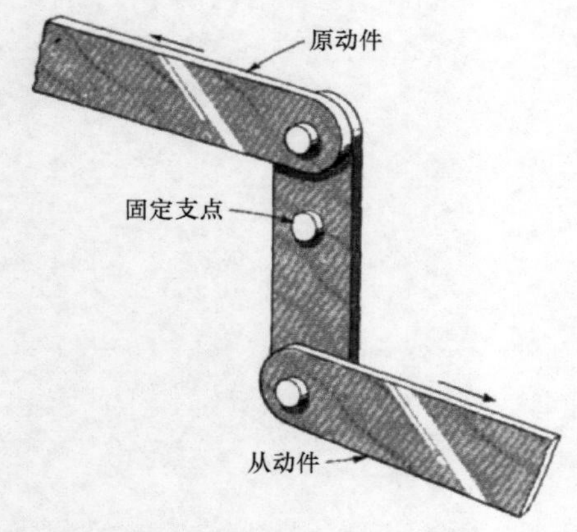

图 3.1-1　固定支点在连杆臂长度方向上的位置决定着这种推拉联动装置输入和输出的运动比。机构中的构件可以是扁钢或者圆杆，这些杆件要有足够的厚度以防止在压力作用下发生弯曲变形。

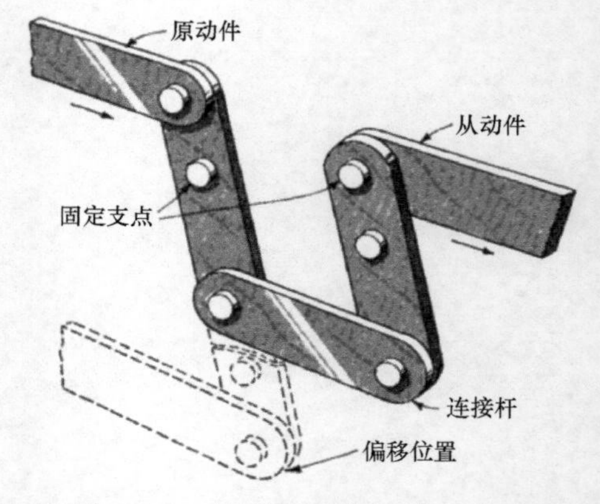

图 3.1-2　针对原先的设计，通过增加连接杆的长度来获得同向运动的推拉连杆机构。在这两种设计中，如果连接杆是钢条，则最好能将它们交叉布置而不是仅仅在连接杆头平直布置。

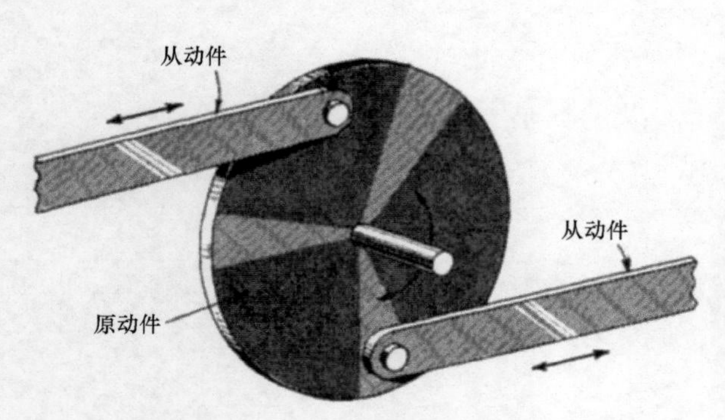

图 3.1-3　旋转驱动的连杆机构能够输出两个相反方向的运动，它也可以设计成三连杆机构，用一根杆代替圆盘作为原动件，此时固定支点位于中间杆件（原动件）的中点。使用圆盘的好处在于它可以使机构具有足够的承载能力。

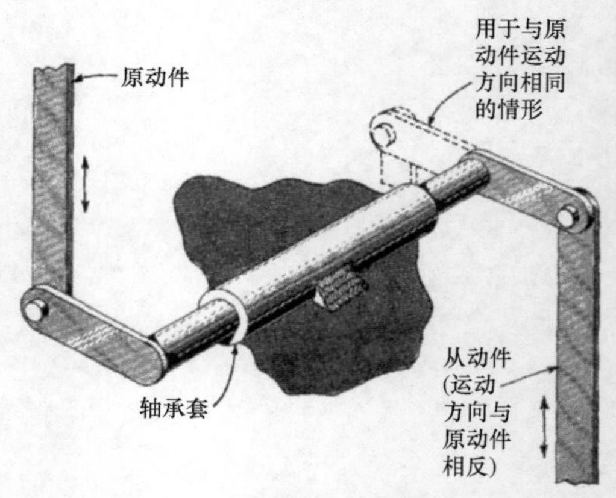

图 3.1-4　图中转动连杆机构可获得同向运动，当最左端的原动构件与最右端的从动构件在轴承套同一侧时，它们的运动方向相同；当两端构件在轴承套两侧时，它们的运动方向相反。这种机构主要应用于输入和输出端有一定跨度的场合。

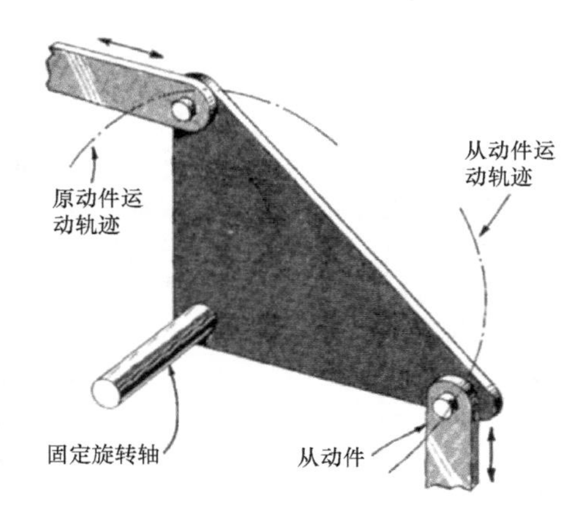

图 3.1-5 这种推拉连杆机构可以把水平方向输入运动转化成垂直方向输出运动。虽然这里的三角形平板可以用 *L* 形的构件代替，但是三角形平板可以使原动件和从动件拥有更大的自由空间。

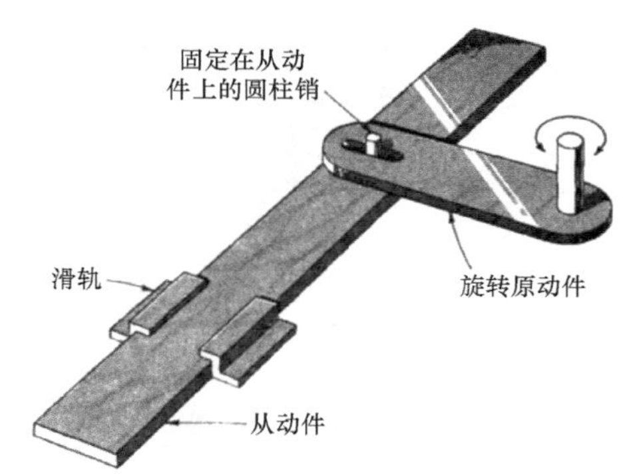

图 3.1-6 有时候为了限制直线运动的两个方向，可以使用图中所示的依靠旋转力驱动的连杆机构。由于柱销与槽边缘之间存在着摩擦，所以这种设计一般只适用于轻负载的场合。柱销上安装的轴承可以减小摩擦，使槽的磨损减小，从而可以忽略不计。

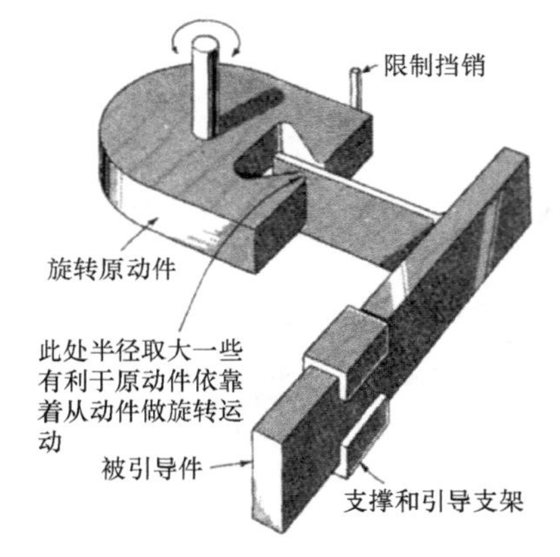

图 3.1-7 在旋转驱动连杆机构中，被引导件可以做两个方向的直线运动，旋转原动件上有一个燕尾形的开口槽，这个开口槽能够很好地和平板或杆件配合。当原动件旋转时，从动件在开口槽中作往复运动。

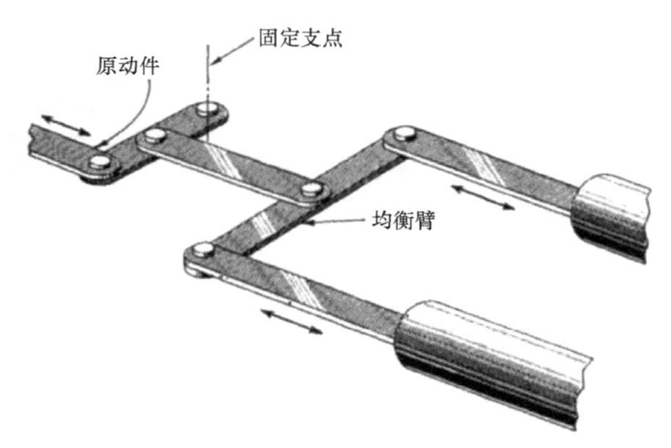

图 3.1-8 在均衡连杆机构中有一个均衡臂，它可以将输入的力平均地分配到两个输出力臂上，这种装置最适合应用于需要在分开的气缸中作用相等大小的力的气压或液压系统中。

3.2 用于直线运动的 5 种连杆机构

这些装置可以在无需引导的条件下将转动变为直线运动。

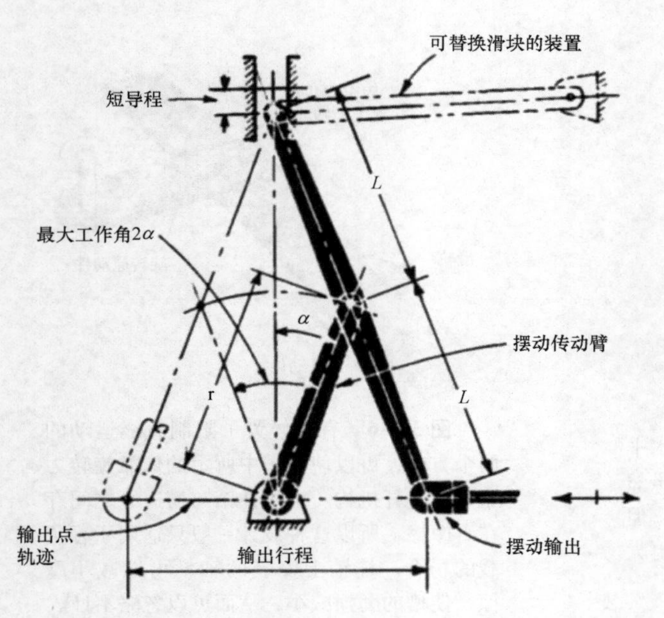

图 3.2-1 埃文斯连杆机构有一个最大工作角约为 40°的摆动驱动臂。对于一个相对短的导程来说，该机构的往复输出行程是很大的。在谐振运动中，输出运动是真正的直线运动。如果不需要精确的直线运动，则可用一个连杆来代替滑块。连杆件越长，输出运动就越接近直线运动——如果构件长度等于输出行程，则输出行程的直线运动的偏差仅有输出行程的 0.03%。

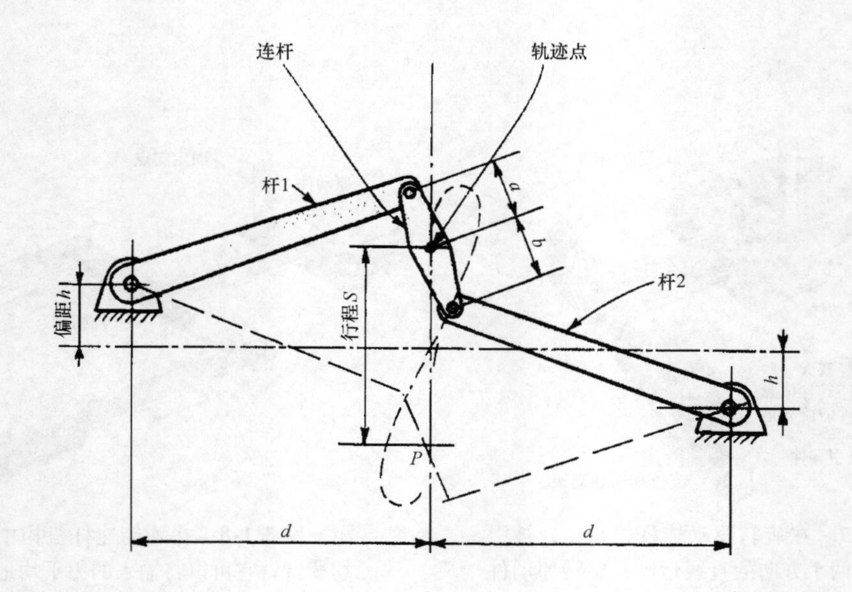

图 3.2-2 简化的瓦特连杆机构会产生一个近乎直线的运动。如果两个杆的长度相等，其轨迹点以一条近乎直线的行程将画出一个对称的数字 8 的形状。当连杆的长度为行程的 2/3 且杆长度 1.5 倍的行程时，此时行程最长最直。偏心距应该等于连杆长度的一半。如果两个杆长不相等，8 字形曲线的一部分比另一部分要直。当 a/b 等于（杆 2）/（杆 1）时，8 字的这部分曲线是最直的。

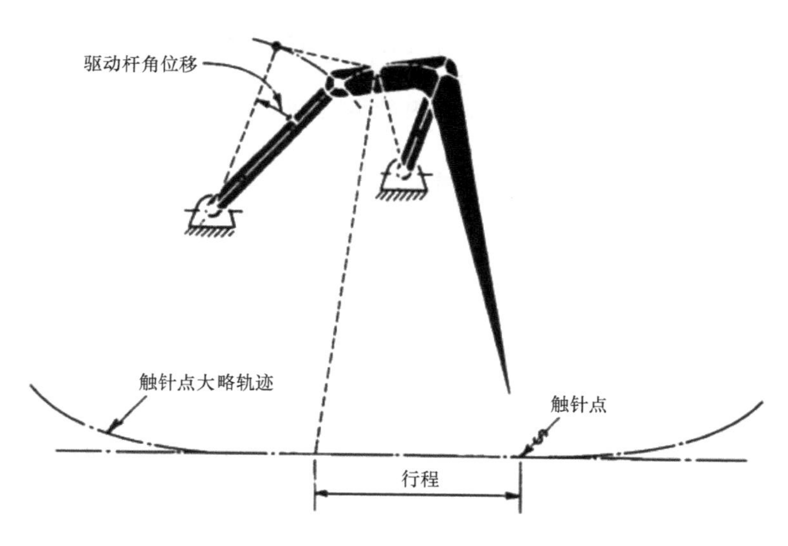

图 3.2-3 四杆机构产生一个近似直线的运动。这种机构可驱动自动记录测量仪的指针运动，一个相对较小的驱动位移可以产生一个比较长的近似直线的运动。

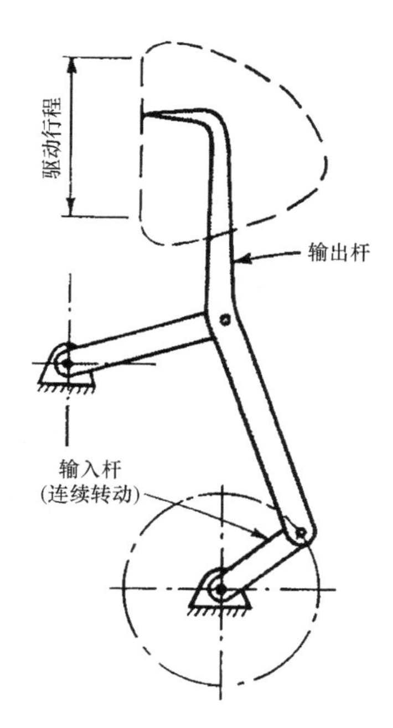

图 3.2-4 当如图所示安装连杆臂时，会产生 D 字形的行程轨迹。输出杆点的轨迹类似于字母 D，因此它包含了一段直线运动和一段曲线运动。这个运动在直线运动前后可产生快速约束和分离的理想运动，例如在投影仪中的间歇胶片驱动。

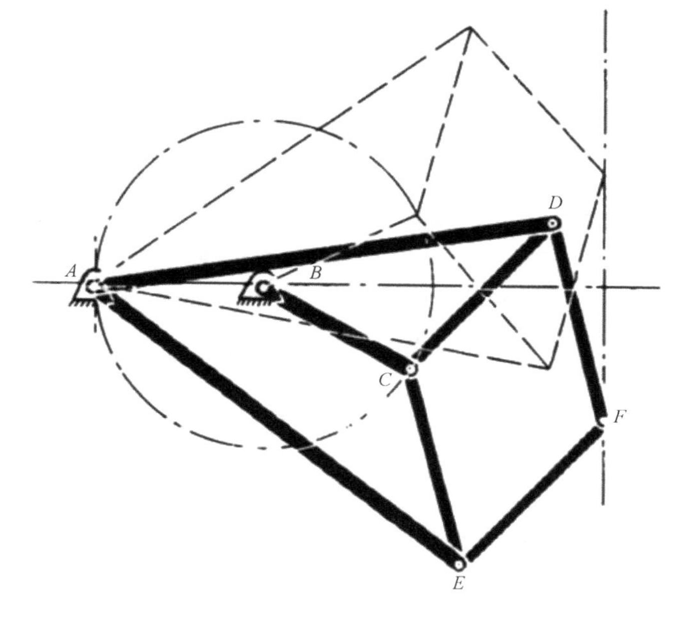

图 3.2-5 “纺织单元”是第一个能够解决通过连杆机构产生直线运动这个经典问题的机构。其原理是，在运动的极限内，构件长度 $AC \times AF$ 为定值。因此 C 点和 F 点所描绘的曲线是相反的；若 C 点的轨迹经过了 A 点，则 F 点轨迹的半径为无限大——即一条与 AB 相垂直的直线。要求仅仅为 $AB = BC$、$AD = AE$，且 CD、DF、FE、EC 都相等。该连杆机构可以通过将 A 点放置在 C 点的圆形轨迹外侧，来产生大半径的圆弧轨迹。

3.3 改变直线运动方向的10种方法

这些连杆、滑块、摩擦驱动和齿轮机构可以成为很多独特装置的基础构件。

3.3.1 连杆机构

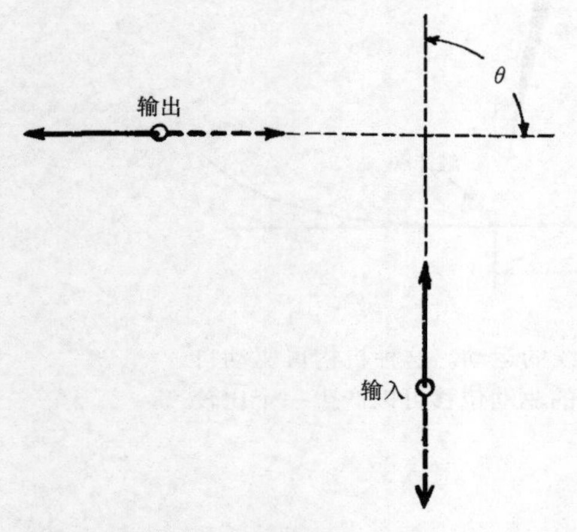

图3.3-1 基本问题（θ一般为90°）。

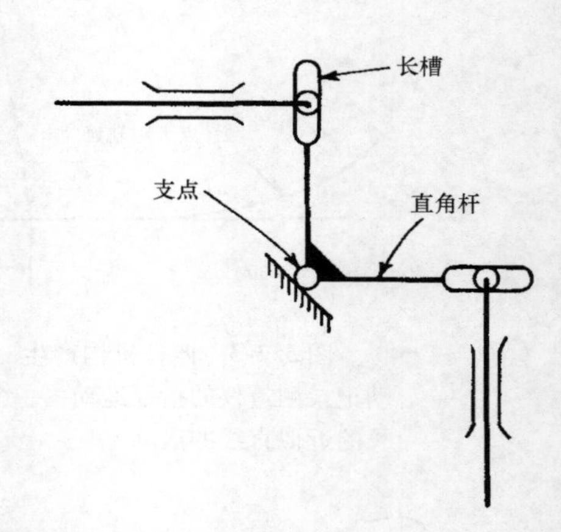

图3.3-2 槽杆。

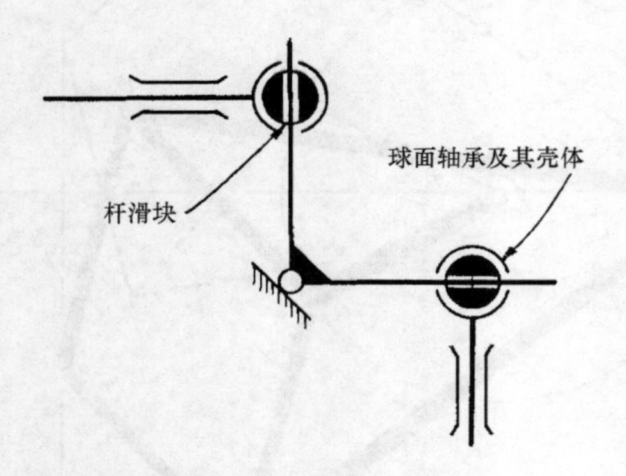

图3.3-3 球轴承。

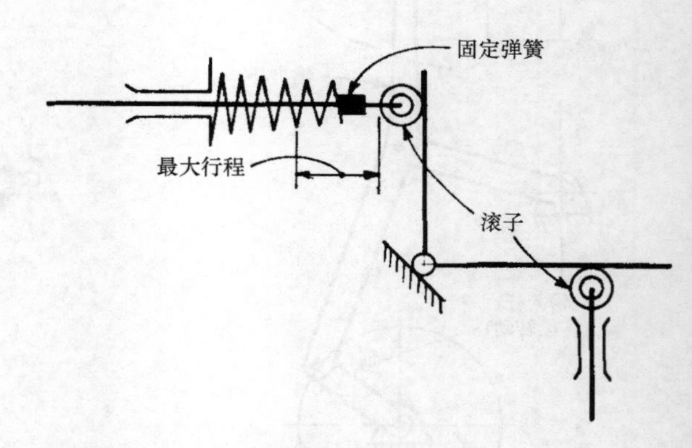

图3.3-4 弹簧驱动杆。

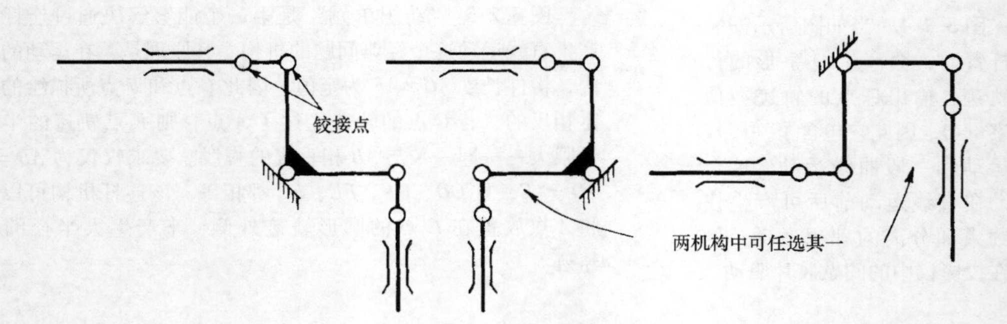

图3.3-5 带有可选择机构的铰接杆。

3.3.2 导轨

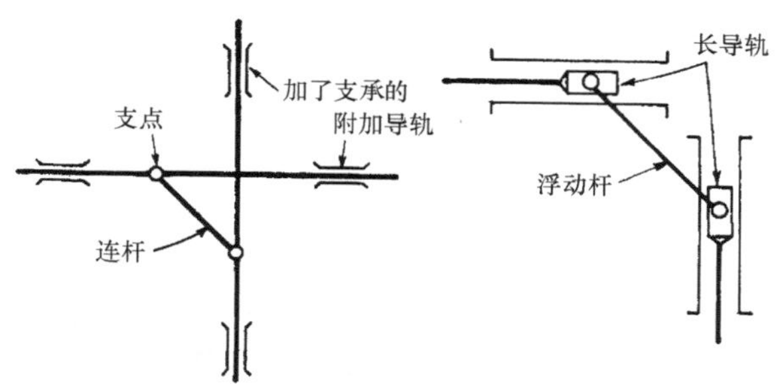

图 3.3-6 单连杆（左图）经过重新设置（右图），省去了额外导轨。

3.3.3 摩擦驱动

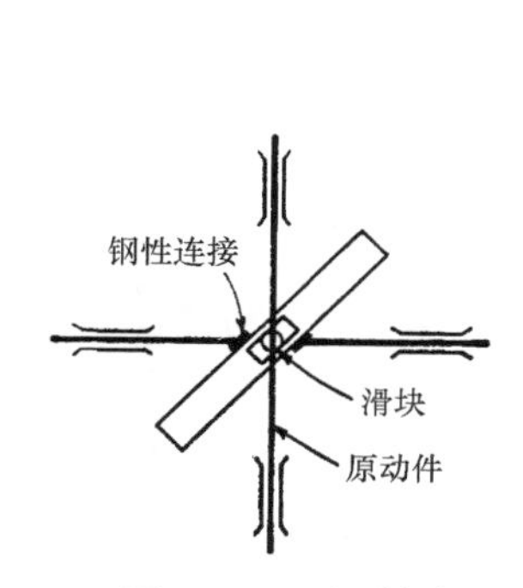

图 3.3-7 倾斜支承导轨。

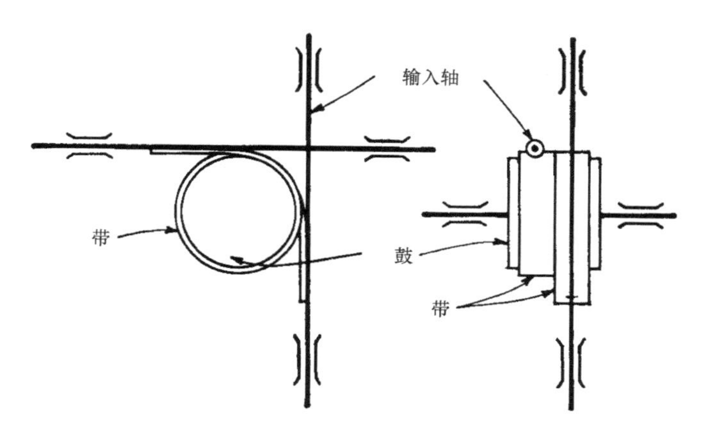

图 3.3-8 带、钢条或者绳索绕过鼓系于原动件或者从动件上，链轮和链条可以取代鼓和带。

3.3.4 齿轮机构

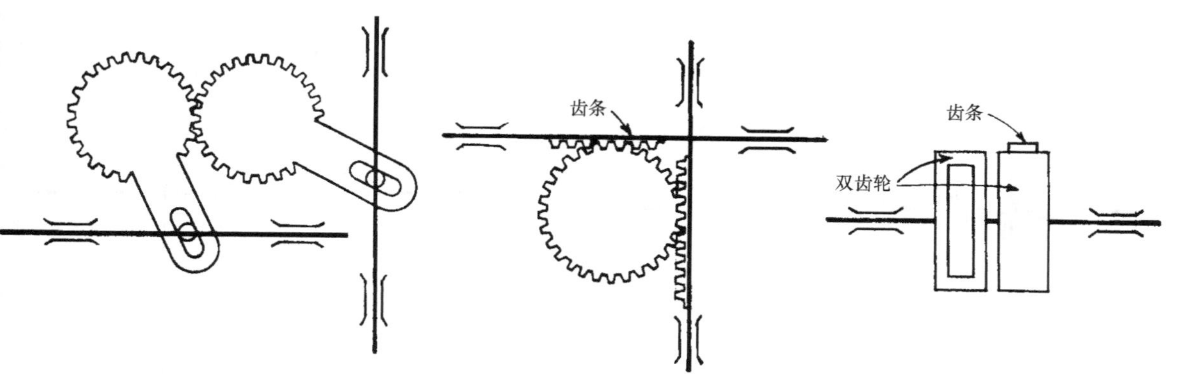

图 3.3-9 匹配的扇形齿轮。

图 3.3-10 齿条—双齿轮（在低成本机构中可以用摩擦面代替）。

3.4 另外9种改变直线运动方向的方法

下面各图介绍了一些基于齿轮、凸轮、活塞和电磁阀的机械装置，它们是对由连杆、滑块、摩擦驱动和齿轮驱动所构成的类似机构的一些补充机构。

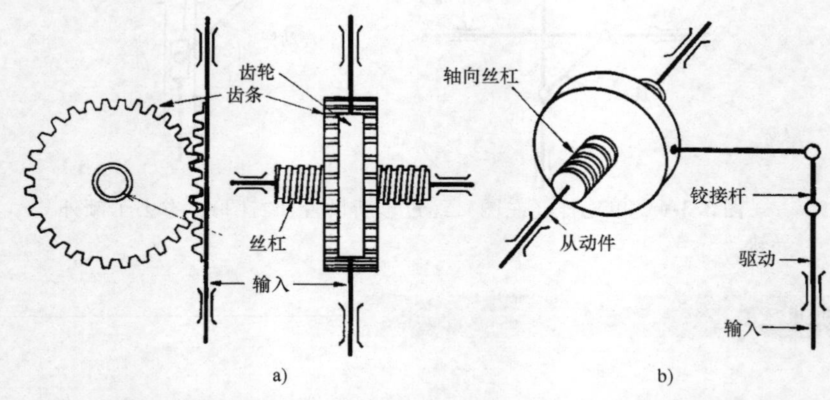

图 3.4-1　带有驱动齿条的轴向丝杠（图 3.4-1a）和铰接杆（图 3.4-1b）都在进行不可逆的运动，也就是说驱动件总是在驱动。

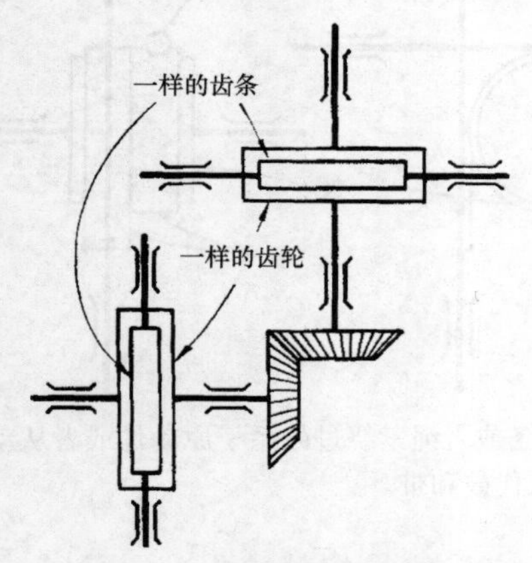

图 3.4-2　带有相应斜齿条的斜齿轮可进行可逆运动。

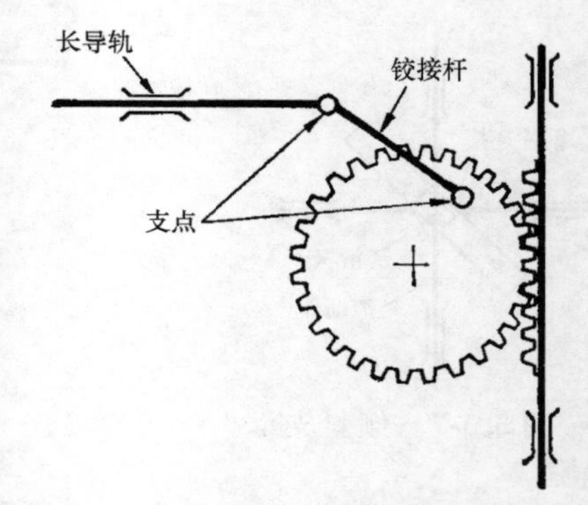

图 3.4-3　用齿条驱动的曲柄机构，包括一个铰接杆，其运动被限制在一个很小的范围内。

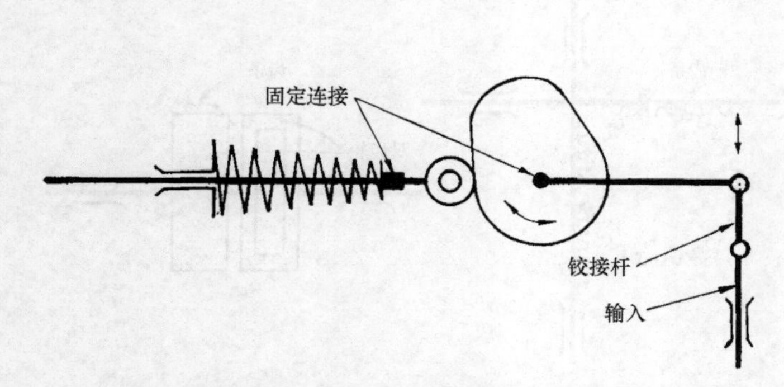

图 3.4-4　凸轮和一个弹簧加载的从动件机构，凸轮旋转时可以改变输入或输出的传动比，这个运动通常是不可逆的。

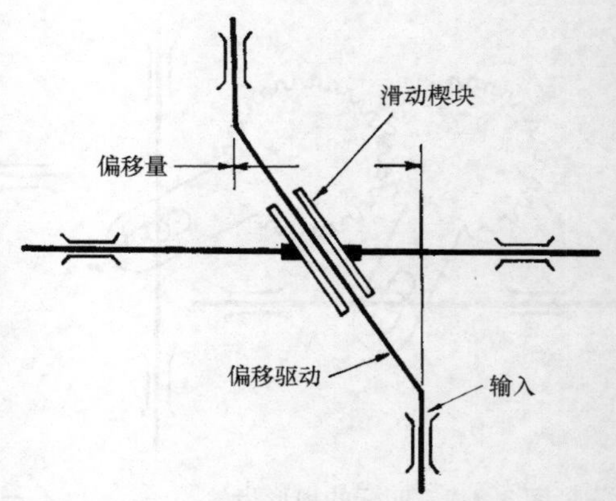

图 3.4-5　偏移驱动装置通过楔块的运动驱动从动件。进行润滑或者使用低摩擦系数的材料可以使偏移距离最大化。

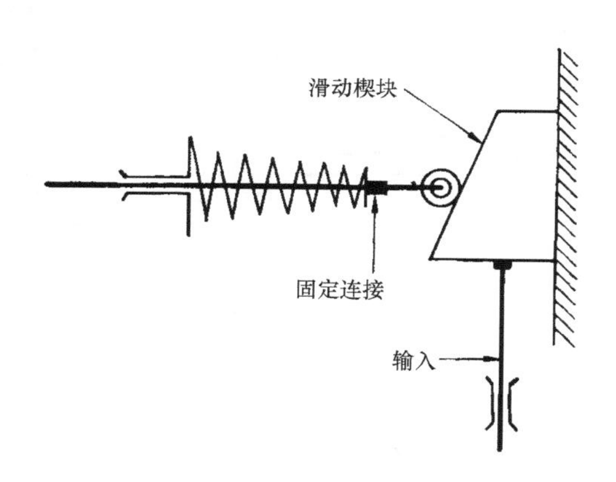

图 3.4-6　滑动楔块与偏移驱动相似，只是由弹簧加载从动件；由于采用了滚子从动件，对摩擦的要求不那么苛刻。

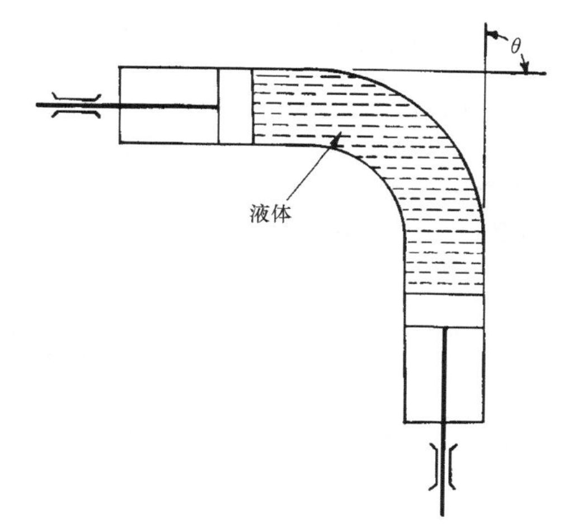

图 3.4-7　液体允许通过任何角度传递运动，液体的泄漏和活塞的精确装配要求使得这种方法比它看起来贵得多。而且，虽然运动可逆，但是必须一直保持压力才能达到最好效果。

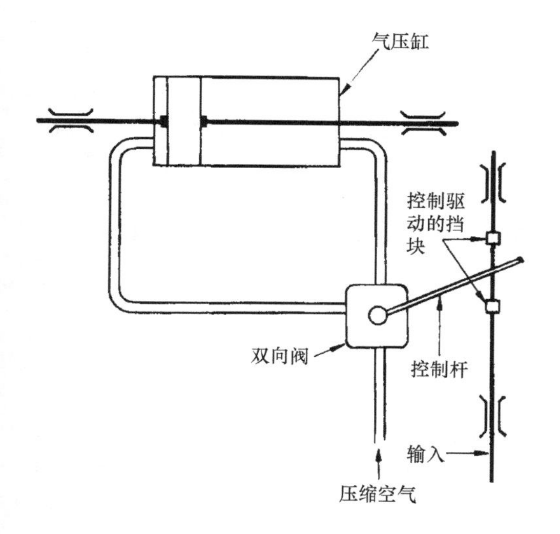

图 3.4-8　只有需要两个极端位置时，选用带有双向阀的气压系统才是理想的，这种系统是不可逆的。驱动件的速度可以通过调节输入气缸的气体来控制。

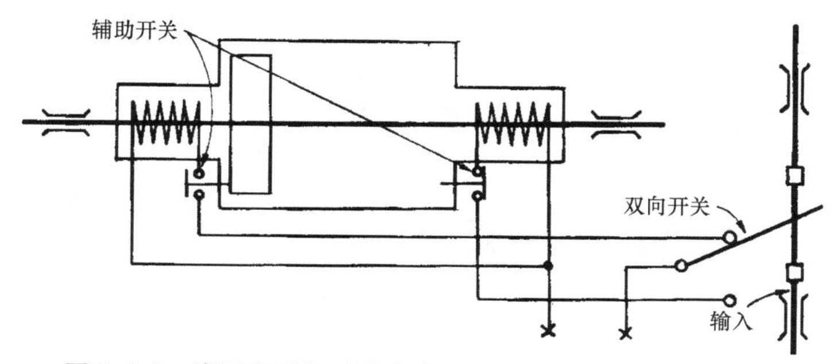

图 3.4-9　线圈和两相开关成为一个模拟气压系统，在行程的最后中断与励磁线圈的接触。此过程不可逆。

3.5 在直线行程中实现加速减速的连杆机构

当不方便应用普通旋转凸轮时，下面的这些机构或这类机构的改进装置可获得加速、减速或加减速性能。

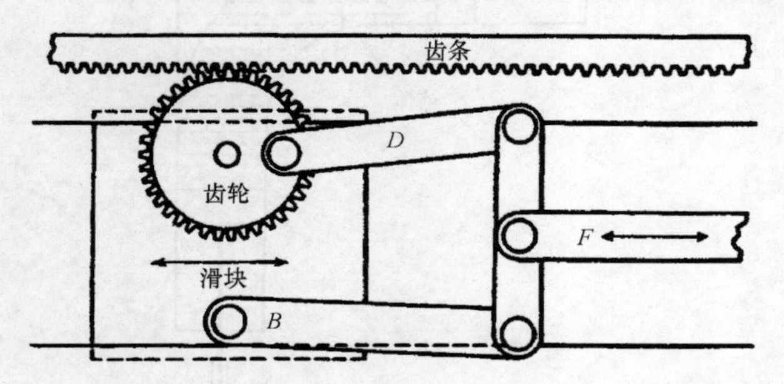

图 3.5-1 带有一个小齿轮和通过销连接的连杆 B 的滑块以恒定速率往复运动。小齿轮上有一个曲柄销用于连接 D 杆，同时它也与固定齿条相啮合。在滑块每一次前进滑动行程中，小齿轮将旋转一整周，返回行程时再次旋转一周。但是，如果滑块不在正常行程范围内移动，小齿轮不能转动一周。通过调整与连杆 F 相连的杆 B 和 D 的长度，可以得到该机构的多种变形。此外，与 D 杆连接的曲柄销的位置可根据齿轮半径的大小进行调节，或连杆和销均设计成可调整的。

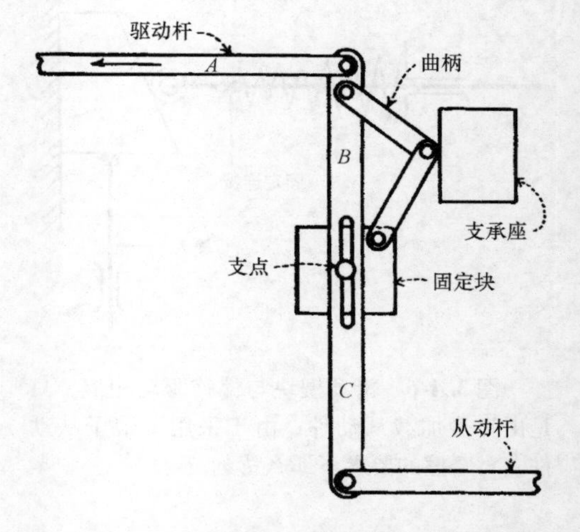

图 3.5-2 以恒定速率往复运动的驱动杆 A，带动 BC 杆在固定块的支点上摆动。B 杆与固定块之间的曲柄与支承座连接。驱动杆的运动通过曲柄使从动杆 B 减速。当驱动杆向右运动时，曲柄通过与支座接触而被驱动。开有滑槽的 BC 杆在旋转时会沿着支点滑动，这样会增大 B 杆的长度并缩短 C 杆，其结果是使从动杆减速。曲柄通过回程弹簧（图中未标出）复位，作用是加速从动杆返程速度。

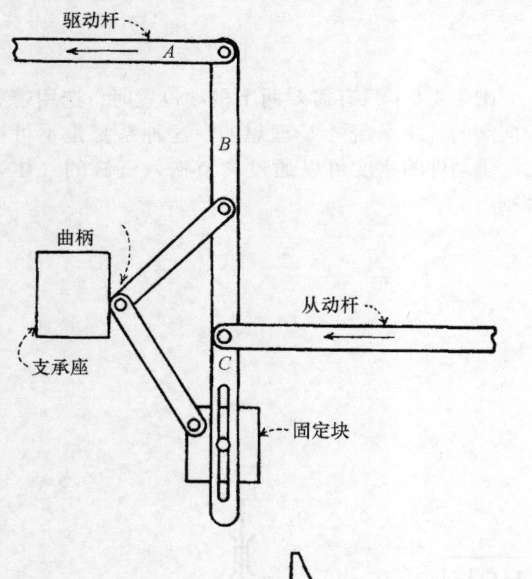

图 3.5-3 通过对图 3.5-2 机构的修改，可以获得驱动杆与从动杆运动方向相一致的新机构。在图中，箭头所示为加速方向，减速运动在回程方向。加速效果随着曲柄趋直而减小。

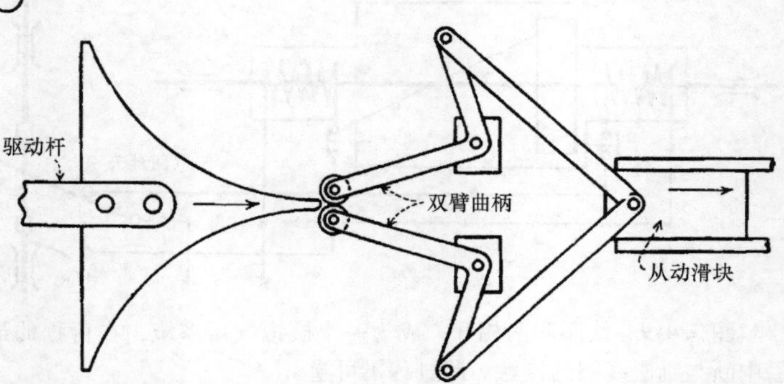

图 3.5-4 当驱动杆端部的曲面构件使两个滚子产生分离时，双臂曲柄产生加速运动，同时也使滑块产生加速运动。必须用弹簧使从动件返回以便构成完整系统。

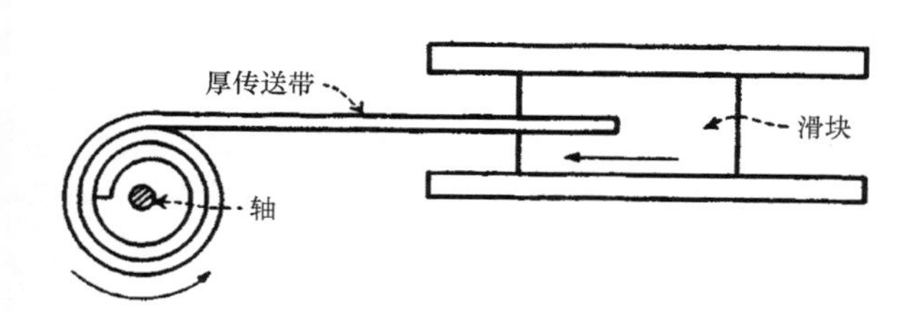

图 3.5-5 恒速轴卷起一条厚传送带或类似的柔韧连接件，随着转动半径的显著增大，滑块将被加速。轴必须通过弹簧或在反方向上添加重物实现回程运动。

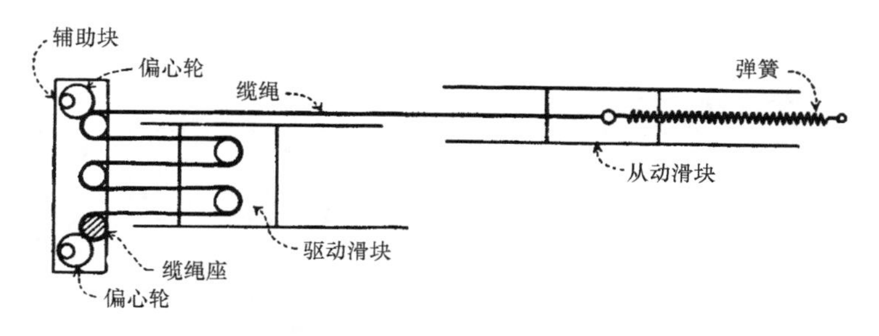

图 3.5-6 带有滑轮组的辅助块被安装在两个同步偏心轮上，滑轮组上的缆绳连接着驱动滑块和从动滑块。被驱动滑块的运动行程将会与伸出滑轮组的绳索长度相等，从动滑块的运动是驱动滑块和辅助块的附加运动。

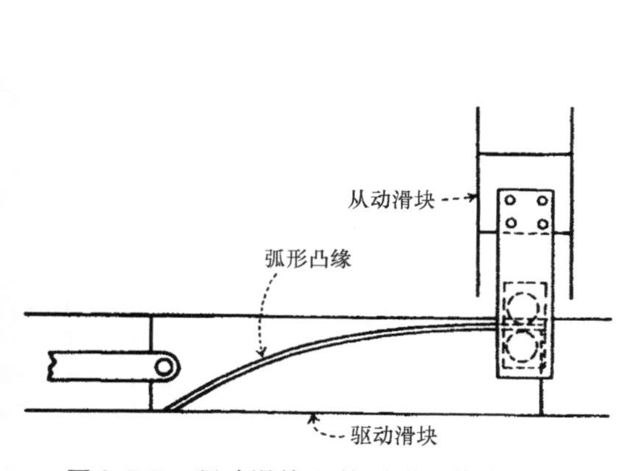

图 3.5-7 驱动滑块上的弧形凸缘夹在两个滚子之间，滚子通过支架安装在从动滑块上。通过弧形凸缘角度得到不同的加速或减速效果，此外该机构能够实现自动回程。

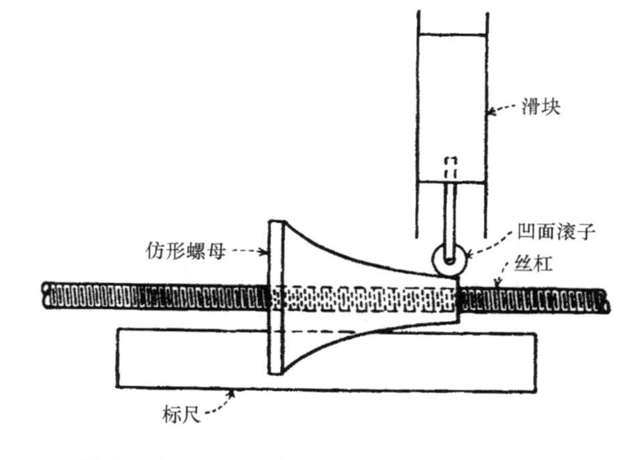

图 3.5-9 通过丝杠的反向转动驱动开槽的仿形螺母在标尺上移动，从而推动凹形滚子上下运动，使滑块实现加速或减速。

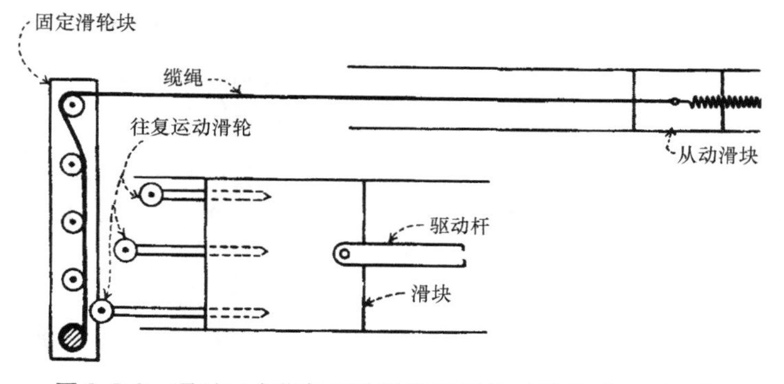

图 3.5-8 通过三个往复运动滑轮逐渐拉动缆绳时，可以实现从动滑块的递增加速。当达到第三级变速时，从动滑块的速度是驱动杆的六倍。

3.6 放大短程运动的连杆机构

下列图中所示的是典型的放大短程线性运动的连杆机构，它们通常把线性运动转化为旋转运动，虽然这些特殊机构是用来实现隔膜或波纹管的运动的，但是这些相同或相似的机构也可以应用于其他需要获得放大运动的机构中。这些机构的传动主要是依靠凸轮、扇形齿轮和小齿轮、杠杆和曲柄、绳索或链条、螺线或螺旋进给、磁力等构件或者这些构件的组合来完成的。

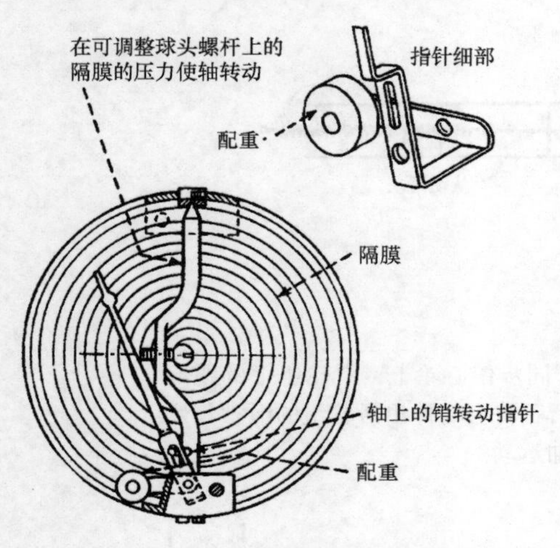

图 3.6-1　压力测力计中的杠杆传动。

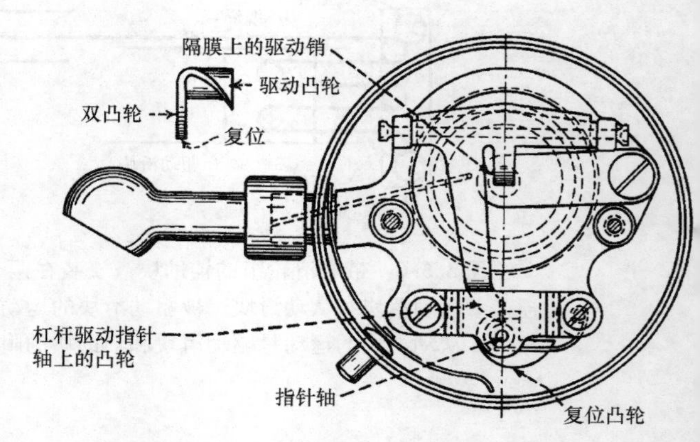

图 3.6-2　轮胎气压表中的杠杆和凸轮驱动。

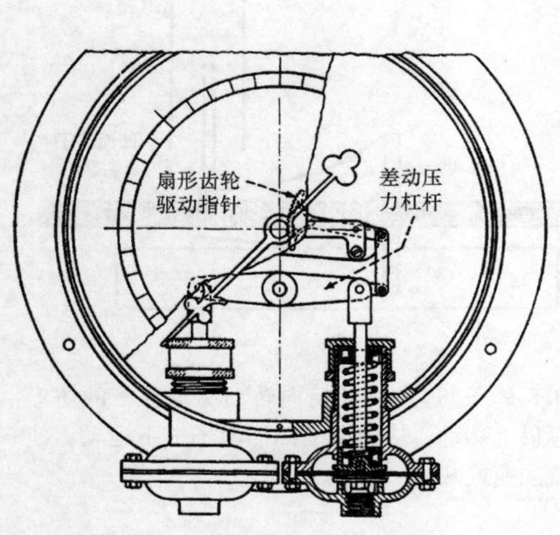

图 3.6-3　在差动压力测力仪中的杠杆和扇形齿轮。

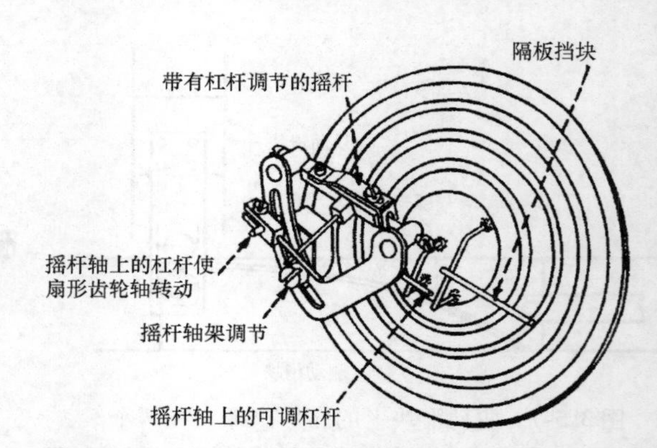

图 3.6-4　用于飞机扇形速度指示器上的扇形齿轮驱动。

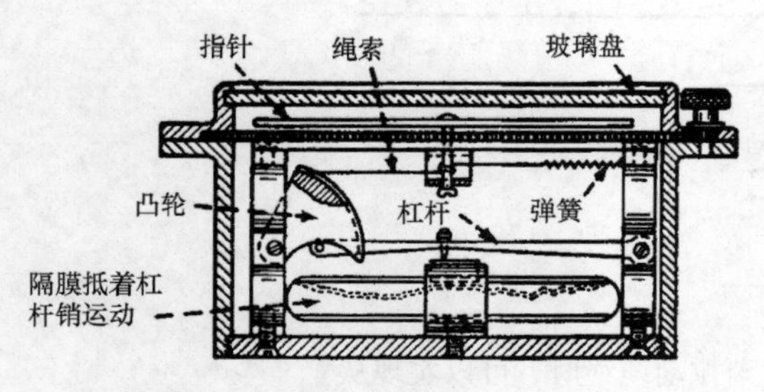

图 3.6-5　在气压计中的杠杆、凸轮、绳索传动。

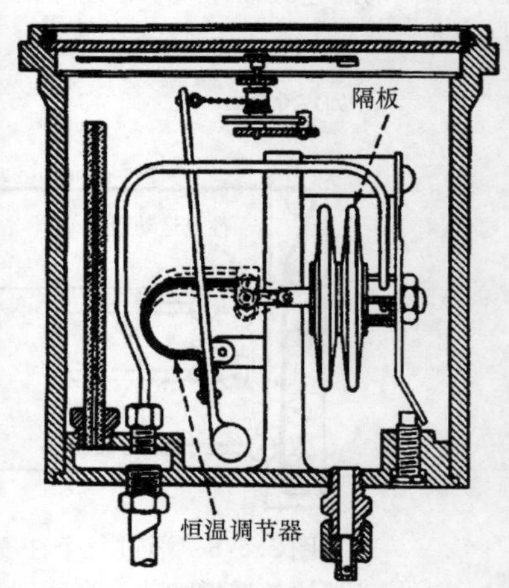

图 3.6-6　飞机爬升速度指示器的连杆和链传动。

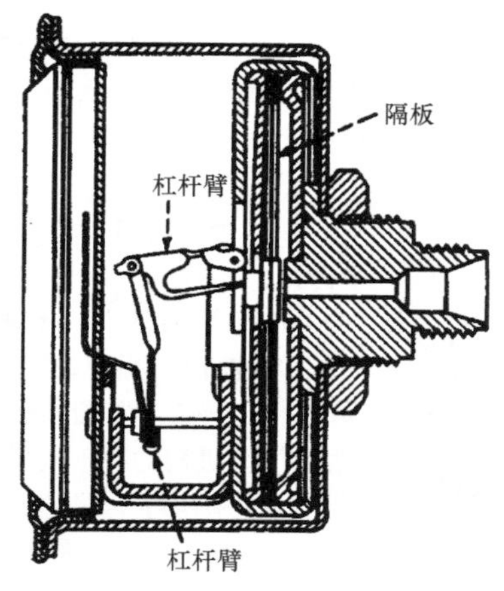

图 3.6-7 汽车油箱中的杠杆系统。

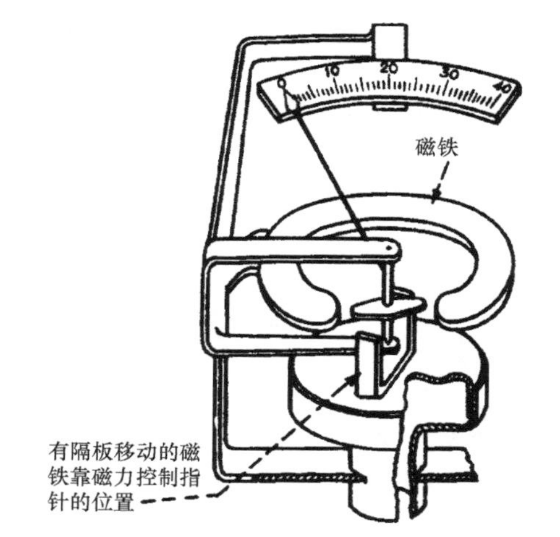

图 3.6-8 用于流体压力测量的干涉磁力场。

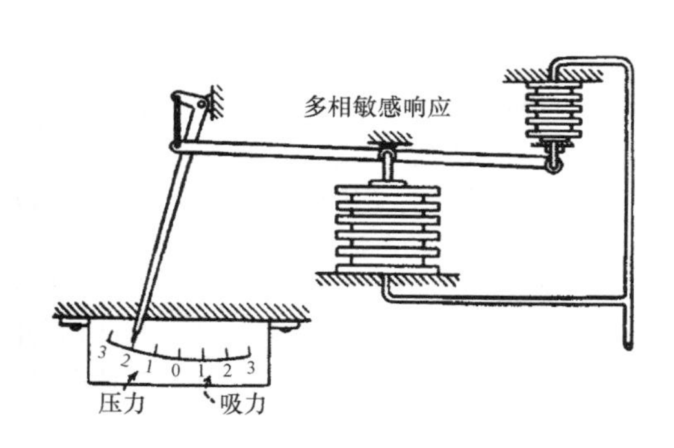

图 3.6-9 用于测量气压变化的杠杆系统。

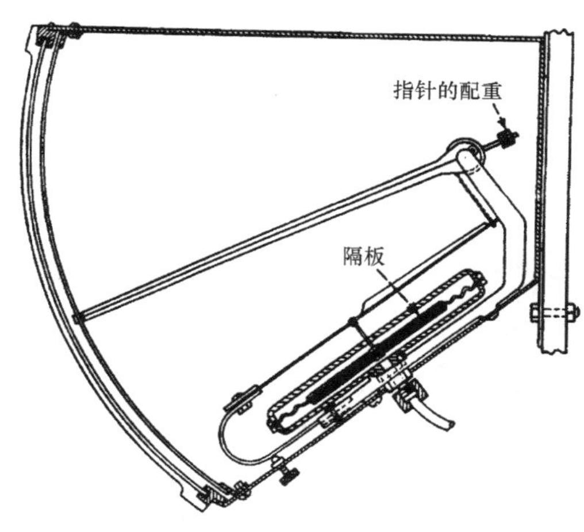

图 3.6-10 风压表中的杆件系统。

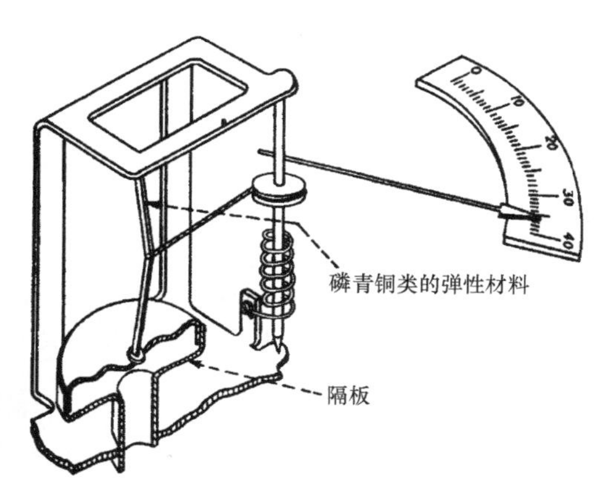

图 3.6-11 用于液压测量装置的曲柄，绳索驱动。

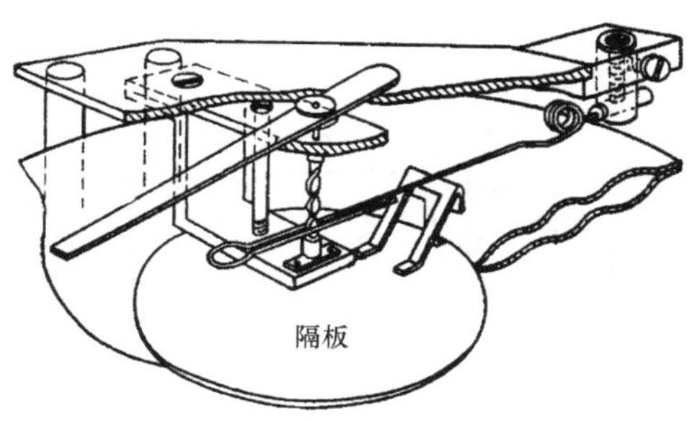

图 3.6-12 万能模拟装置中的螺旋进给传动。

3.7　7种典型三维空间驱动机构

三维驱动机构的最大优点是它们能够实现非平行轴之间的运动传递，此外它们还可以形成其他的一些有用运动类型。这里主要描述了该种驱动机构的7个工业应用。

1. 球面曲柄驱动机构

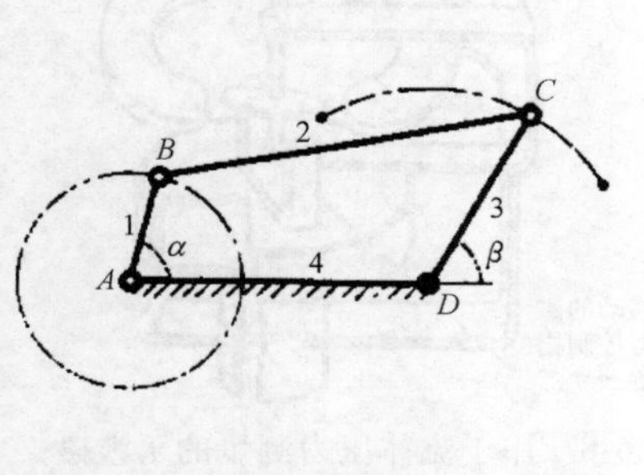

a) 四杆机构

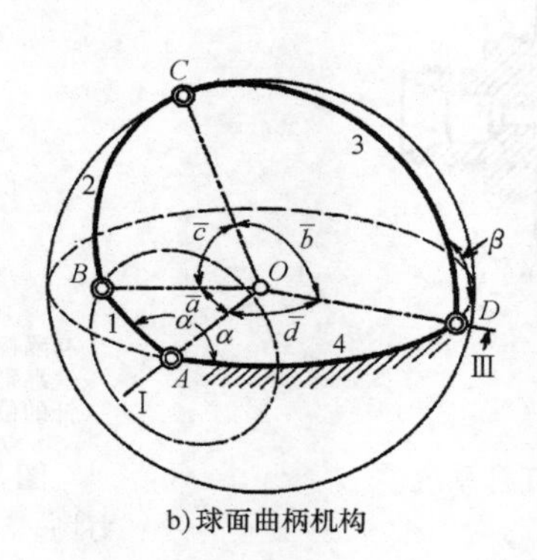

b) 球面曲柄机构

图3.7-1　球面曲柄驱动机构。

这种类型的驱动机构是大多数三维连杆机构的基础，正如四连杆机构是平面连杆机构的基础，这两种类型机构的原理是类似的。在所附示意图中，α是输入角，β是输出角，本节中均采用这种符号定义。

在图3.7-1a所示四杆机构中，驱动曲柄1的旋转运动被转换为输出连杆3的往复摆动。如果固定杆4是四个杆中最短的，这时候就会得到双曲柄机构，此时驱动杆和从动杆都做整周运动。

在图3.7-1b球面曲柄驱动机构中，1杆是输入杆，3杆是输出杆，两杆的旋转轴在O点相交；连线AB、BC、CD和DA可以想象成球体中环上的一部分，各杆的长度最好通过角a、b、c和d的大小来确定。

2. 球形滑动摆动机构

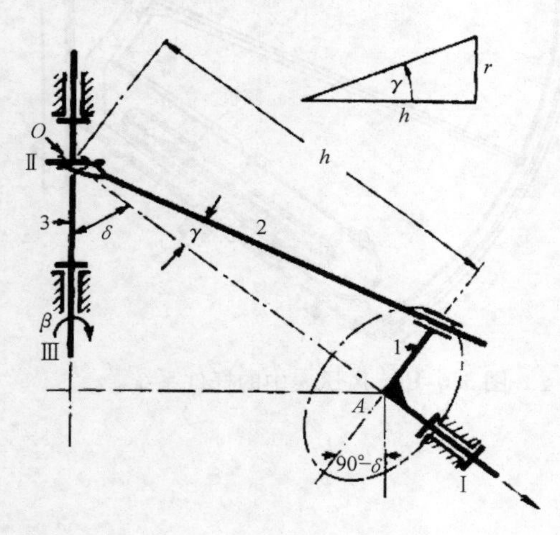

图3.7-2　球形滑动摆动机构。

将平面曲柄摇杆机构的摇杆长度无限延长，就可以得到曲柄滑块机构。通过对球面曲柄机构做类似变换，就可以获得如图3.7-2所示的球面滑动摆动机构。

输入轴Ⅰ的匀速圆周运动转换为输出轴Ⅲ的非匀速摆动或转动。两个旋转轴形成交角δ，与球面曲柄机构的4杆相一致。γ角与输入轴Ⅰ和轴Ⅱ的长度相关。轴Ⅱ与轴Ⅲ垂直。

当γ角小于δ角时，输出摆动，当γ角大于δ角时，输出圆周运动。

输入角α与输出角β之间的关系如下面公式所示：

$$\tan\beta = \frac{\tan\gamma\sin\alpha}{\sin\delta + \tan\gamma\cos\delta\cos\alpha}$$

3. 斜虎克铰驱动机构

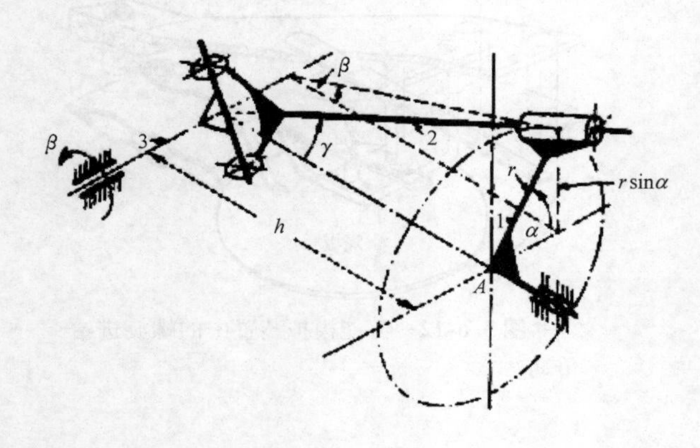

图3.7-3　斜虎克铰。

这个球面曲柄的衍变机构通常被用于大部分转动过程中输入角与输出角几乎呈线性关系的运动。

斜虎克铰驱动机构输出与输入关系的方程可从上述方程获得，在上述公式中，令$\delta = 90°$，从而得到$\sin\delta = 1$，$\cos\delta = 0$，$\tan\beta = \tan\gamma\sin\alpha$。

斜虎克铰的原理最近已应用于洗衣机驱动器中，如图3.7-4所示。

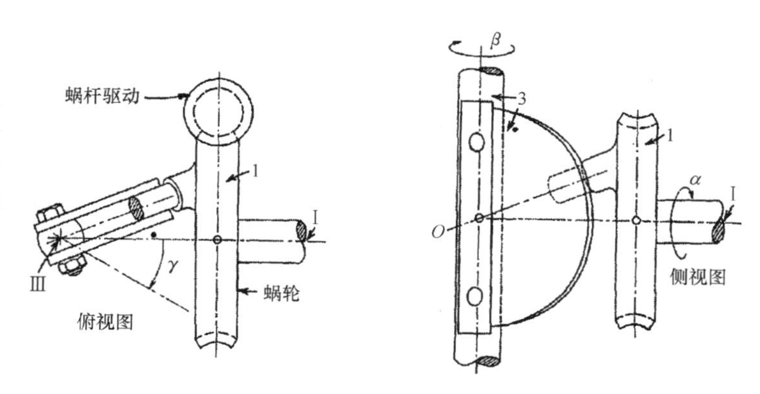

图 3.7-4 洗衣机机构。

这里，蜗杆驱动蜗轮 1，蜗轮上的曲柄与蜗轮轴成 γ 角，曲柄处于两个平板之间，并使得输出轴Ⅲ按照方程的原理摆动。

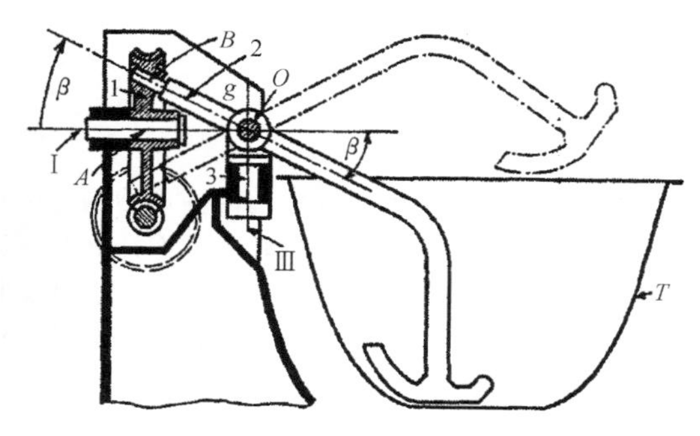

图 3.7-5 揉面机构。

如图 3.7-5 所示，揉面机构也是以虎克铰为基础的，但是它跟随杆 2 的轨迹产生摆动，从而在容器里揉面。

4. 万向联轴器

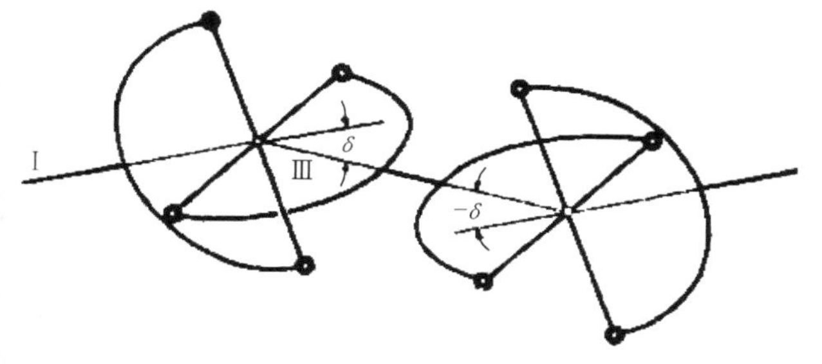

图 3.7-6 双万向联轴器传动机构。

万向联轴器是球面滑块摆动机构的变形结构，但它的角 $\gamma = 90°$。如图 3.7-6 所示，这个机构提供了一个完整的旋转输出运动并可以成对工作。

对于单个万向联轴器来说，输入与输出的关系如下面方程所示：

$$\tan\beta = \tan\alpha\cos\delta$$

式中，δ 是连杆与轴 I 的夹角。

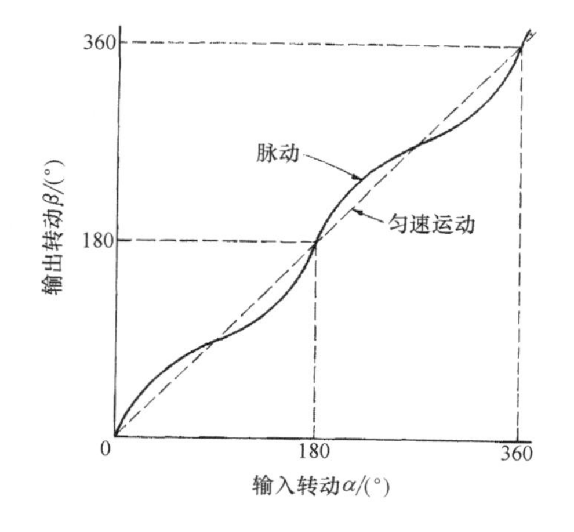

图 3.7-7 万向联轴器传动机构输入输出关系。

输出运动是变速运动，如图 3.7-7 所示中的曲线，只有万向联轴器成对工作时才会得到匀速运动。

5. 三维曲柄滑块传动机构

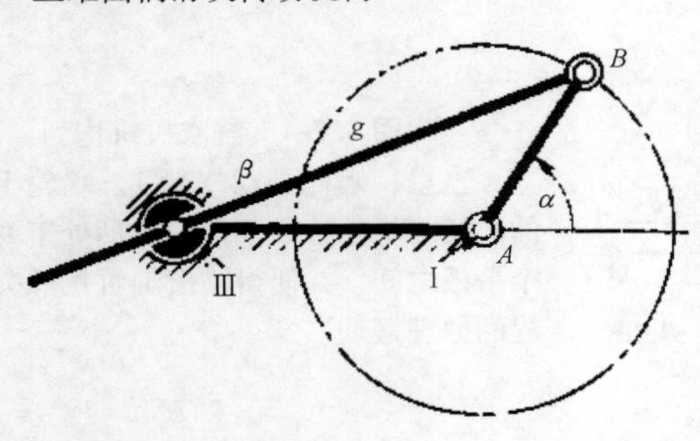

图 3.7-8 平面曲柄滑块机构。

三维曲柄滑块是平面曲柄滑块的变形，如图所示。当连杆 g 上的点 B 走一个圆形轨迹时，连杆 g 总是通过一个球点转动。在这个机构中，改变输出轴Ⅲ的位置，使其避免与圆的平面垂直，从而获得一个三维曲柄；另一个获得三维曲柄的方法是使轴Ⅰ和轴Ⅲ不平行。

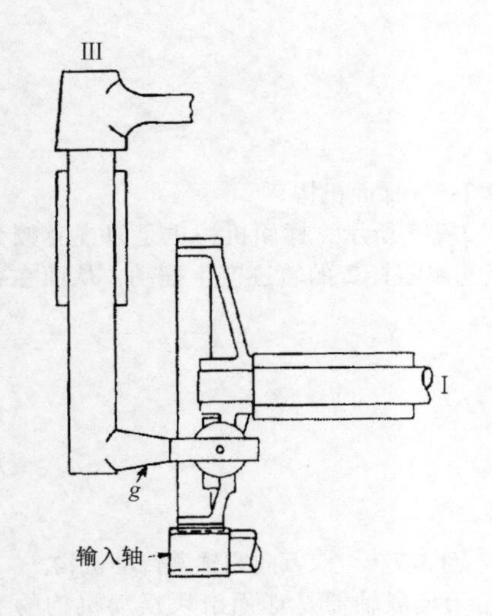

图 3.7-9 搅拌机。

三维曲柄滑块机构的一种实用的变形结构是搅拌机，如图所示。当输入齿轮Ⅰ旋转时，连杆 g 绕着轴Ⅲ旋转，因此，垂直连杆既有摆动旋转，又在其旋转轴方向有一个正弦谐波运动，连杆在每个周期循环中进行最关键的扭曲运动。

6. 椭圆滑块驱动机构

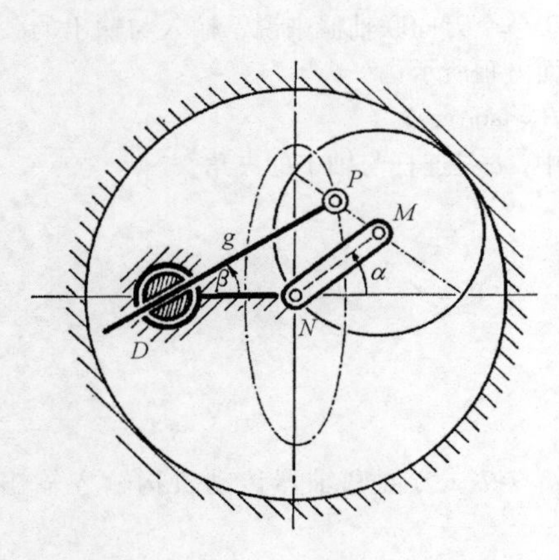

图 3.7-10 椭圆滑块机构。

在图示机构中，一个球形摆块机构的输出运动 β 角可以借用二维"椭圆滑块机构"，这个机构有一个沿着支点 D 滑动的连杆 g，并且这个连杆 g 被固定到沿着椭圆形轨迹移动的 P 点上，这个椭圆运动可以通过万向联轴器传递装置产生，这个装置是一个行星齿轮系统，它的行星齿轮的直径等于内齿轮齿圈直径的一半。行星齿轮的中点 M 的运动轨迹是一个圆；在其圆周上任何点的轨迹都是直线，而在 M 点和其圆周之间的任何点的轨迹都是椭圆，例如 P 点。

在三维球形滑块和二维椭圆滑块之间有特殊的联系：$\tan\gamma/\sin\delta = a/d$，$\tan\gamma/\cot\delta = b/d$，其中 a 是长轴半径，b 是短轴半径，d 是固定连杆 DN 的长度，椭圆的短轴在 DN 上。

如果将 D 点在椭圆内部移动，那么旋转的球形曲柄滑块输出的是一个完整的周转运动。

7. 空间曲柄驱动机构

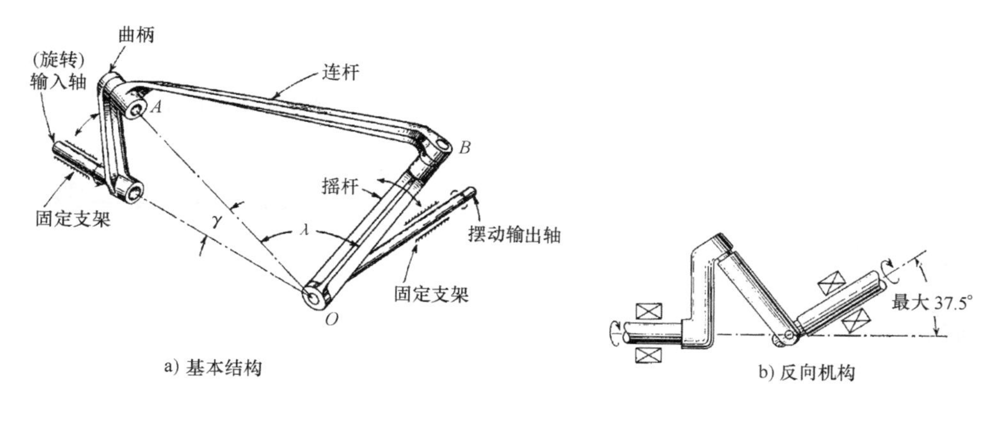

a) 基本结构

b) 反向机构

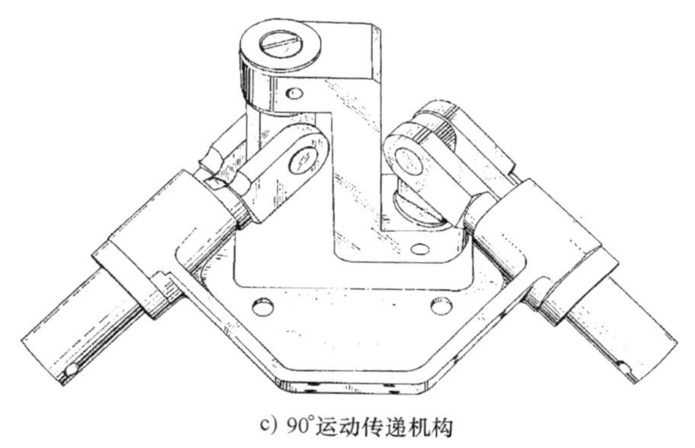

c) 90°运动传递机构

图 3.7-11 空间曲柄驱动机构。

在三维连杆机构中最新发展的是如图所示的空间曲柄连杆机构。它类似于球形曲柄机构，但是有不同的输出特性。其输入与输出之间的关系如下：

$$\cos\beta = \tan\gamma\cos\alpha\sin\beta - \frac{\cos\lambda}{\cos\gamma}$$

速度比是

$$\frac{\omega_0}{\omega_i} = \frac{\tan\lambda\sin\alpha}{1 + \tan\gamma\cos\alpha\cot\beta}$$

这里 ω_0是输出速度，ω_i是恒定的输入速度。

空间曲柄机构的反向机构如图 3.7-11b 所示，它连接着两个相交叉的轴，并且任意一轴都可以实现360°旋转。最大可以 37.5°传递运动。

通过两个反向机构的组合（图 3.7-11c），可以得到传递 90°精确运动的一种方法。这种机构也可以成对工作。如果用齿轮替换中心连杆，它可以驱动两个输出轴；除此之外，它还可以在弯曲处传递一样的运动。

3.8 推力连杆及其应用

短程推力直线运动机构可以应用在许多机构和设备当中来完成特定的工作，蒸汽、气动或液压推动可以作为动力，也可以使用自给式电动机，例如一般的电动推力器，这些推力器可以通过手动按钮、自动机械装置或者光电继电器开关来启动。这些装置还有其他更多的用途。

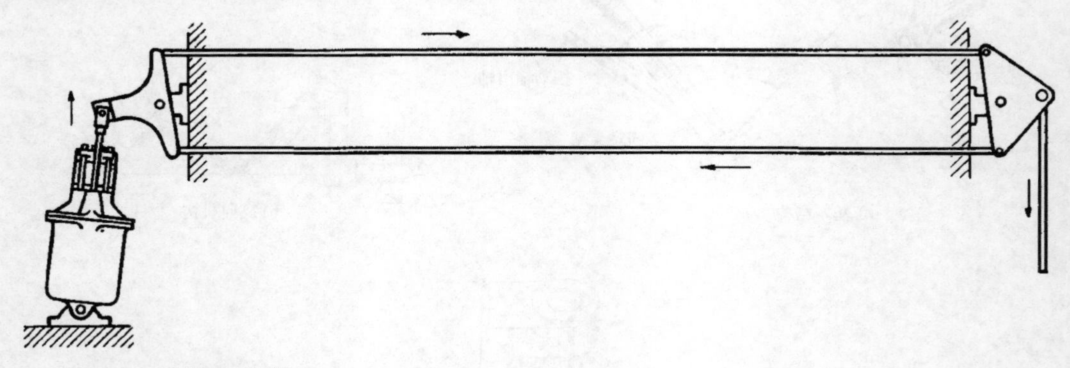

图 3.8-1　远距离的传动。

图 3.8-2　双向推力的快速应用。

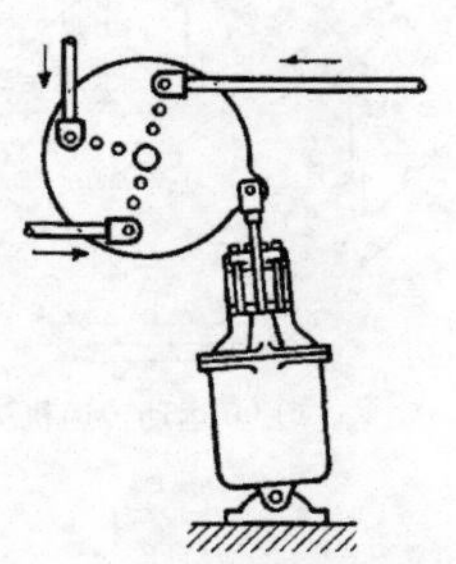

图 3.8-3　椭圆规平板划分作用力并改变运动方向。

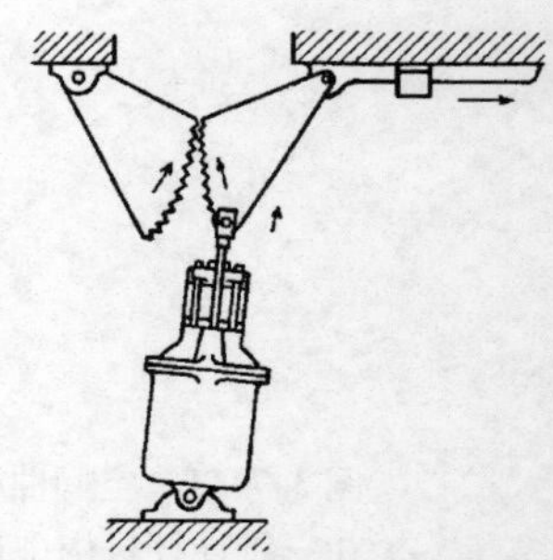

图 3.8-4　恒推力肘节，扇形齿轮上任意一点所受的力大小都是相等的。

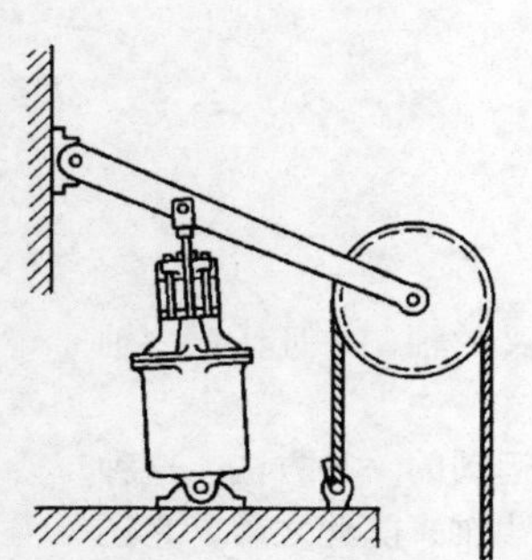

图 3.8-5　6 到 1 倍的增速运动可以用于升降屏幕。

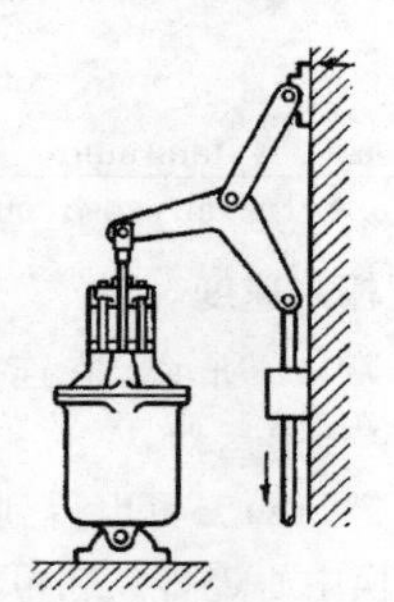

图 3.8-6　钟形曲柄和肘节可应用于压花机、挤压机或者压铸机。

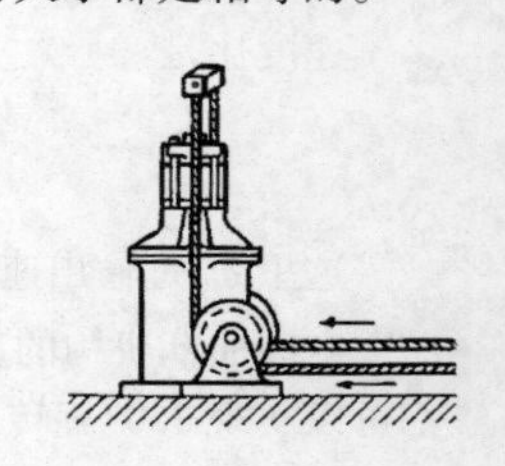

图 3.8-7　水平拉力可用在泥鸽（靶子）投射器、装料斗和带有弹簧的滑块或配重回程中。

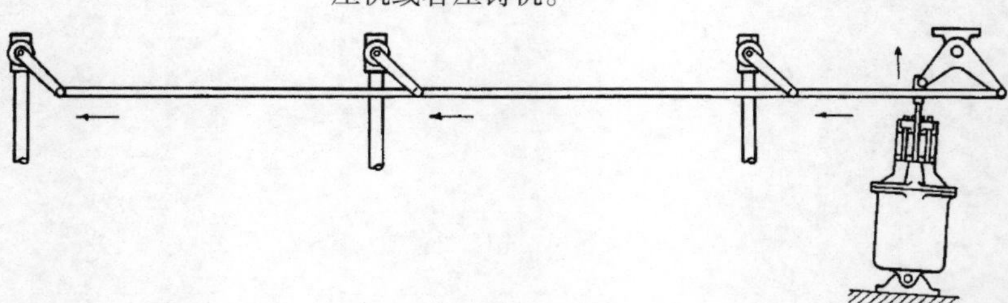

图 3.8-8　推动杆适用于多样的远距离操作的机构中，如阀门系列。

图 3.8-9　开门器，向上推动螺旋架使得齿轮和支架旋转。

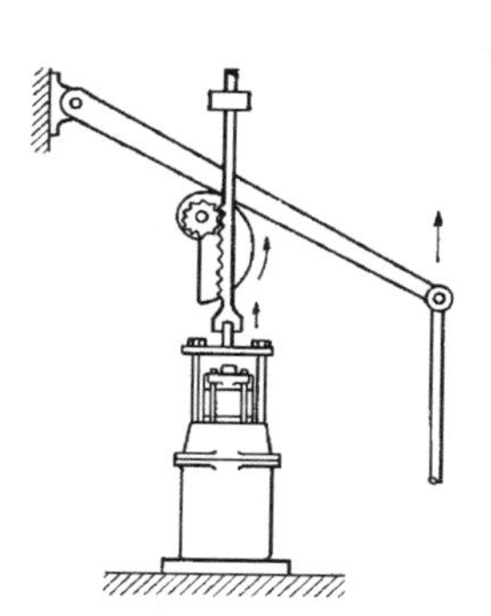

图 3.8-10　凸轮形状的模型可实现加速运动，如锻锤。

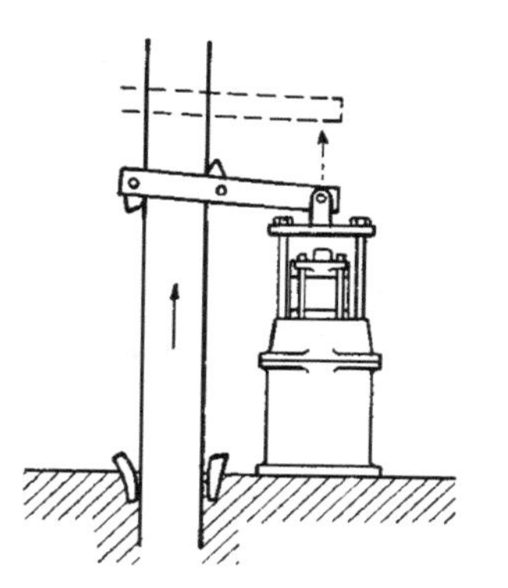

图 3.8-11　间歇式提升，用于从矿井中提升管道。

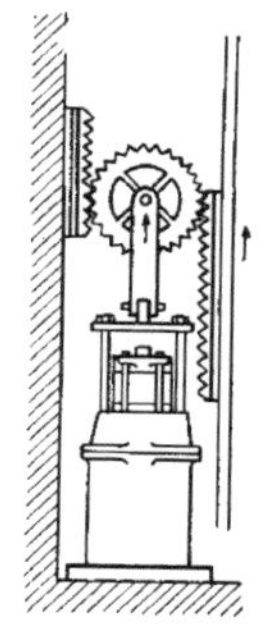

图 3.8-12　通过齿轮和齿条实现直线运动。

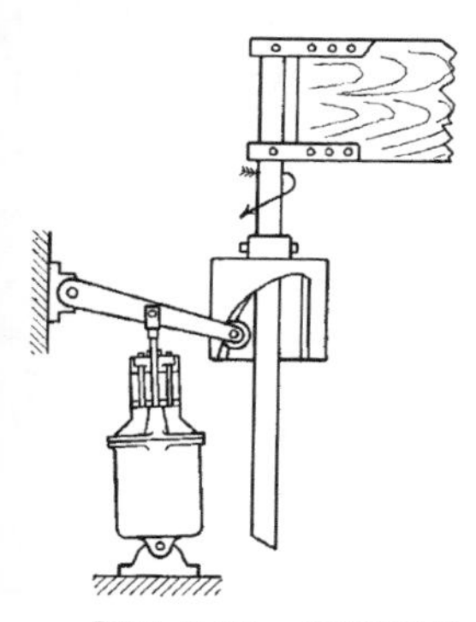

图 3.8-13　利用圆柱凸轮实现旋转运动，用在运输机中操纵大门。

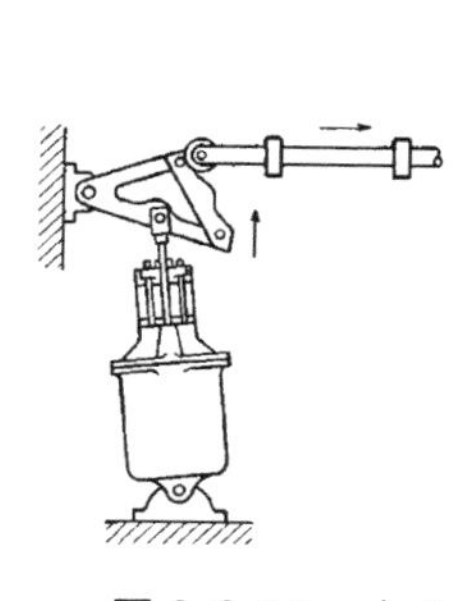

图 3.8-14　由凸轮控制牵引运动和停歇的规律。

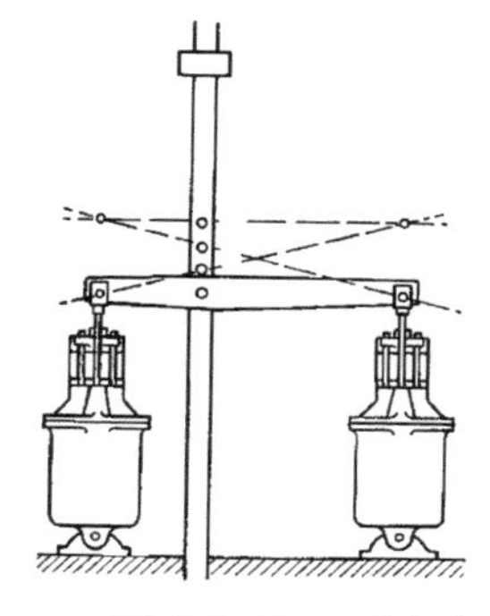

图 3.8-15　两个牵引器可以控制四个实际位置。

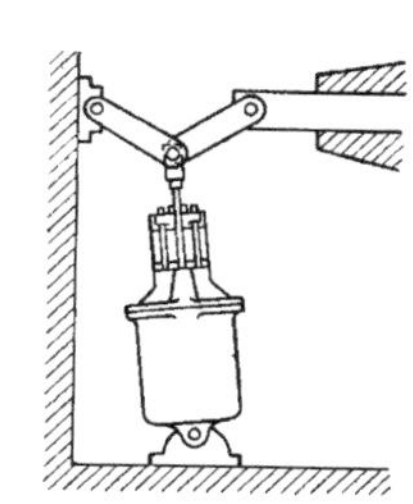

图 3.8-16　可以在直角时增加肘节推力。

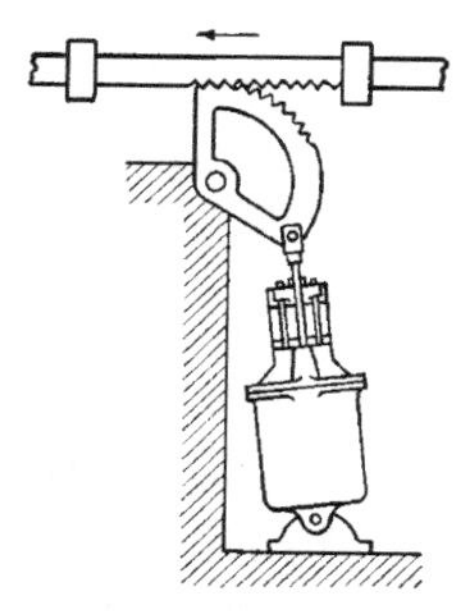

图 3.8-17　实现水平直线运动，可用于门锁舌头出入。

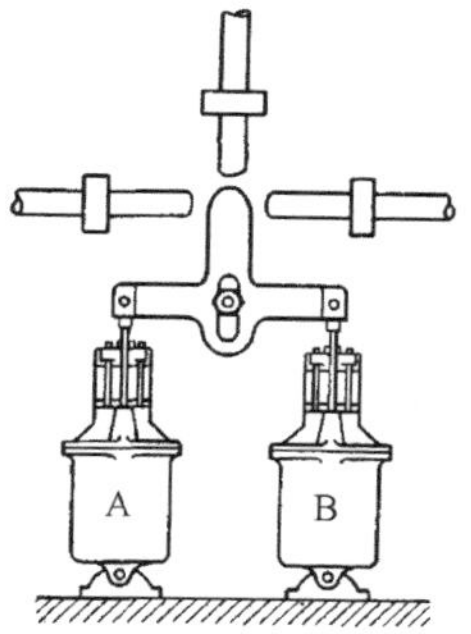

图 3.8-18　双推进器可控制三个方向的推力。

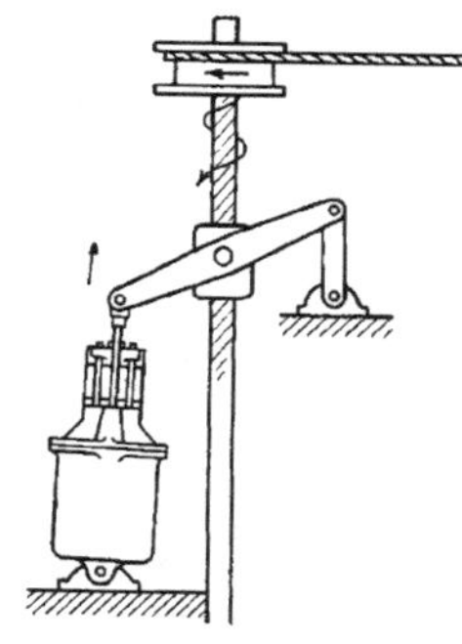

图 3.8-19　用止推螺杆和螺母实现快速旋转。

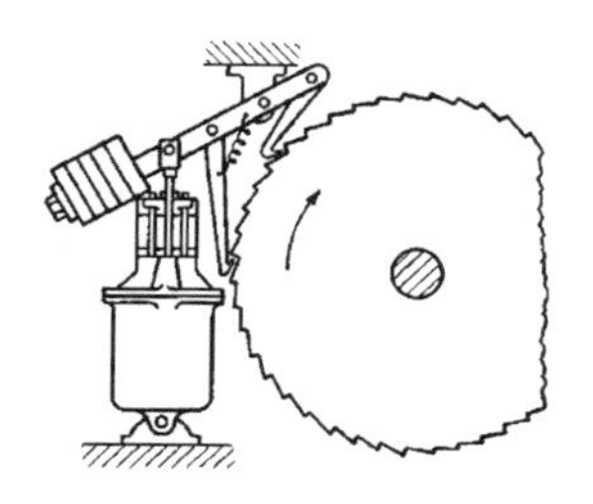

图 3.8-20　间歇旋转运动，可以通过连续闭合和断开开关来操控，可以手动也可以机动。

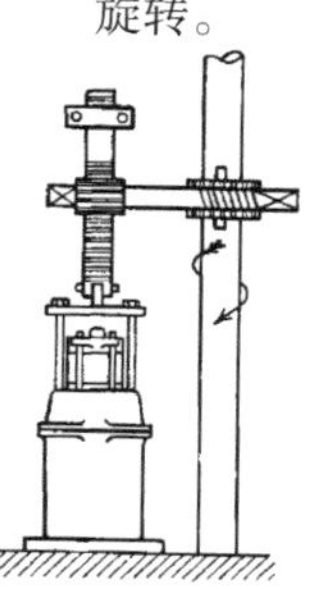

图 3.8-21　用齿轮和齿条驱动，实现缓慢的旋转运动。

3.9 曲柄连杆在不同机构中的应用

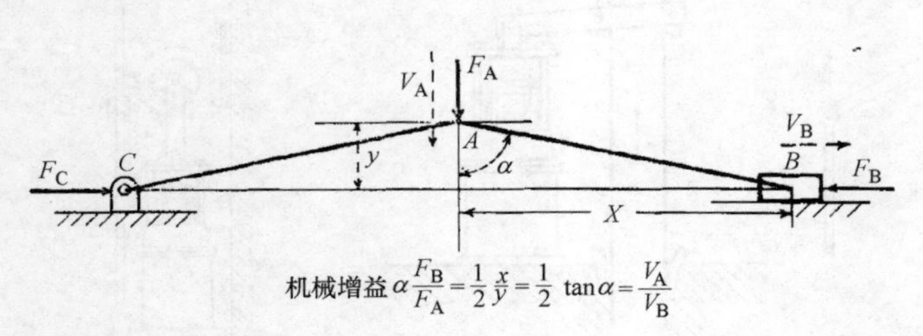

图 3.9-1 许多机械连杆结构是基于简单的曲柄结构，它包含两个连杆，且这两个连杆在它们运动轨迹的某一点会趋近于一条直线。这种机械增益是输入点 A 与输出点 B 的传动比，即 V_A/V_B，当夹角 α 接近 90° 时，连杆进入极限转换点，此时机械增益和传动比均达到无穷大。由于摩擦效应的存在，这种增益会被大大削弱，但依然会很高。

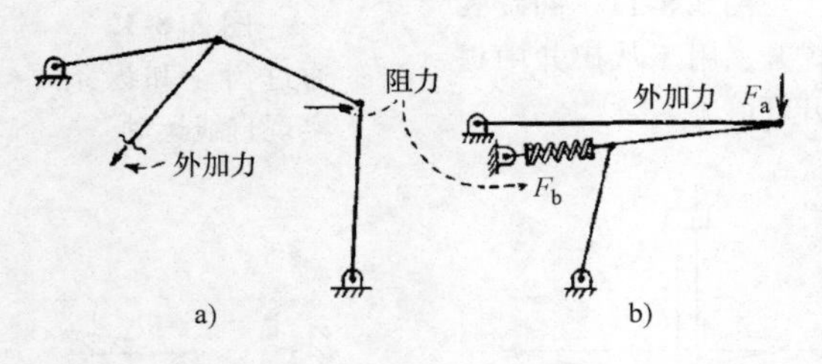

图 3.9-2 这种增益也可以通过其他连杆机构得到，且连杆不用互相垂直。图 3.9-2a 中的一个曲柄连杆可以与另外一个连杆相连，而不是一个固定的点或滑块。图 3.9-2b 中的两个曲柄连杆的顶部连接起来就可以得到曲柄机构，而不用彼此延长对方，恢复力可由弹簧提供。

3.9.1 高机械增益

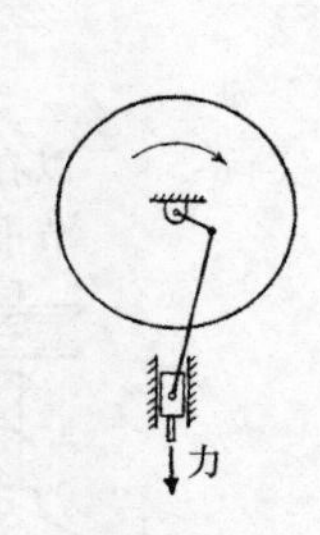

图 3.9-3 在冲压机中，工作冲程的最底端需要巨大的力，而余下的行程则只需要很小的力。在冲程的最底端，曲柄与连杆到达极限转换位置，从而需要在准确的时机给予所需要的较高的机械增益。

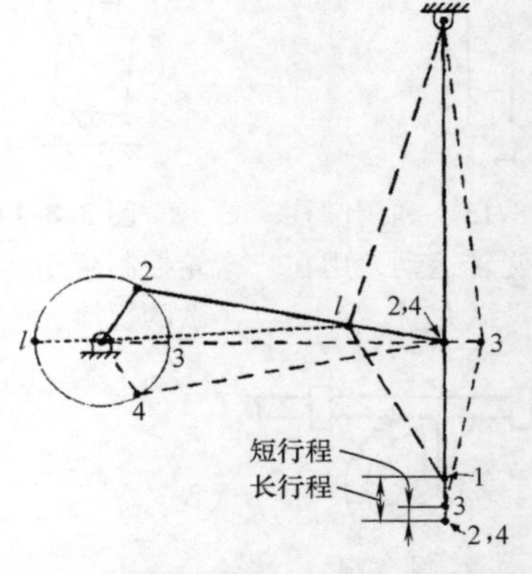

图 3.9-4 冷镦铆钉机的设计目的是给每个铆钉连续两次的打击。继第一次打击（2 点）后，锤子向上移动一小段距离（至 3 点），为移动工件提供空间。第二次打击（4 点）后，锤子将向上移动较长距离（至 1 点）。这两个冲程都由曲柄的旋转运动所产生，在每个冲程的最低点（点 2 和点 4），连杆都到达极限转换位置。

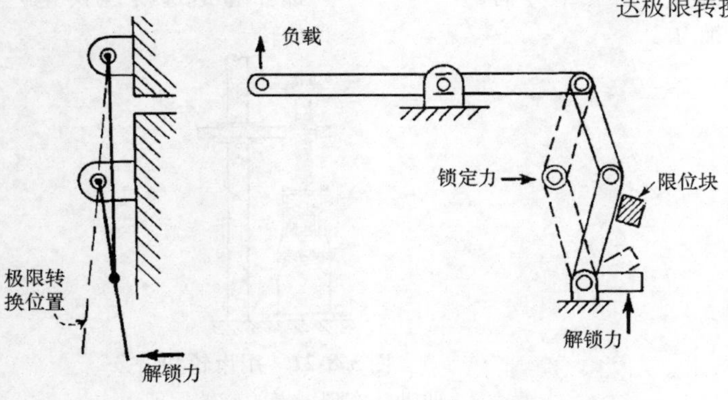

图 3.9-5 锁紧装置在行程的极限转换位置会产生很高的机械增益。图 3.9-5a 插销会在自锁位置产生一个很大的力。图 3.9-5b 的强制连锁机构，其插销的闭合位置要稍微超出极限转换点，这样只需很小的解锁力量就可打开连杆机构。

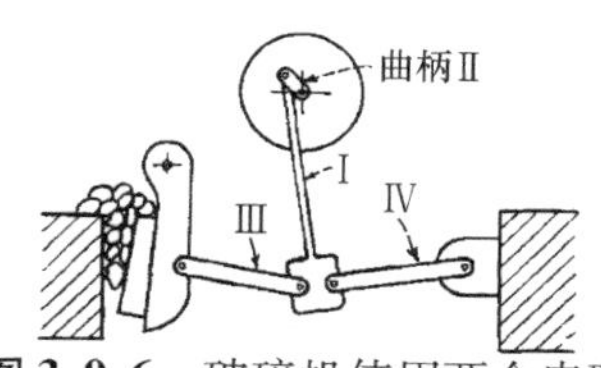

图 3.9-6　破碎机使用两个串联的肘杆机构，以获得较高的机械增益。当杆Ⅰ运动至垂直位置的最高点时，它将与曲柄Ⅱ到达极限转换位置；与此同时，杆Ⅲ与杆Ⅳ到达极限转换点，这种增益会产生一个非常大的破碎力。

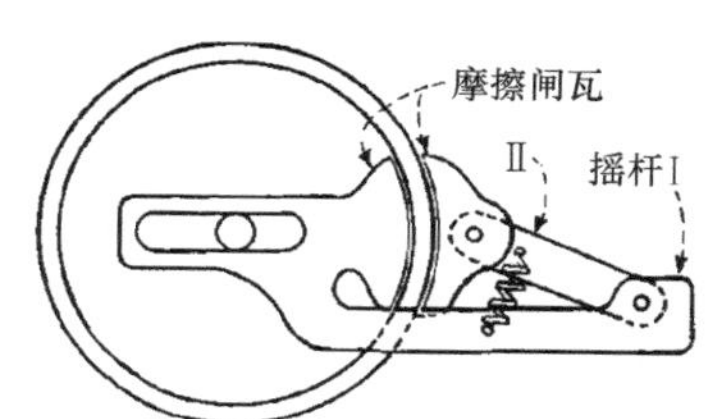

图 3.9-7　摩擦棘轮机构装在一个轮子上，轻弹簧使摩擦闸瓦与轮缘始终保持接触。这种装置允许摇杆Ⅰ沿顺时针方向运动，但反向旋转产生的摩擦力会促使连杆Ⅱ与摩擦闸瓦到达极限转换位置，从而大大增加锁紧压力。

3.9.2　高传动比

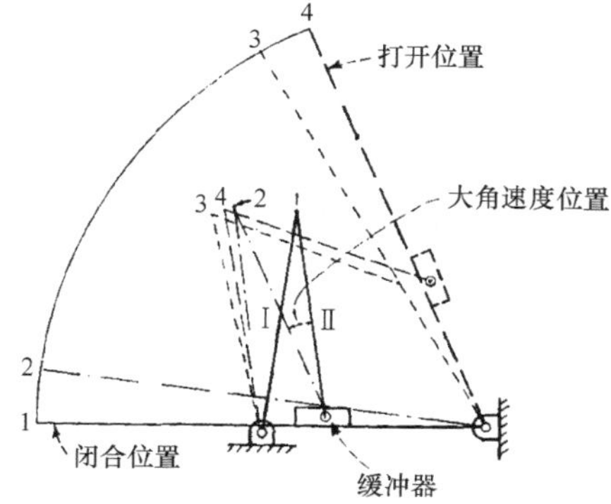

图 3.9-8　门制连杆机构在行程某一点处会产生高传动比，随着门的旋转关闭，连接杆Ⅰ与缓冲臂Ⅱ到达极限转换位置，并提供给门一个大角速度。因此在门的闭合位置，缓冲臂能够有效地迟滞关门动作。

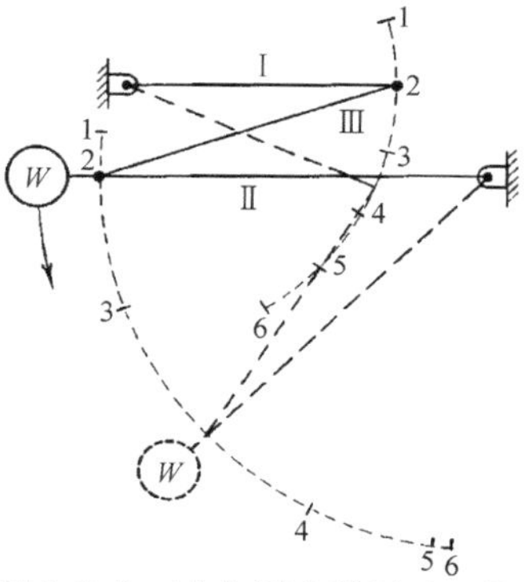

图 3.9-9　冲击缓冲器用于一些大型的电路断路器。曲轴Ⅰ匀速旋转，同时下一级的曲柄在行程的开始和结束位置缓慢移动，而在行程的中间位置会快速运动，此时连杆Ⅱ与连杆Ⅲ到达极限转换位置。随着落锤速度的减小，它将会吸收能量并将其返回到系统。

3.9.3　可变的机械增益

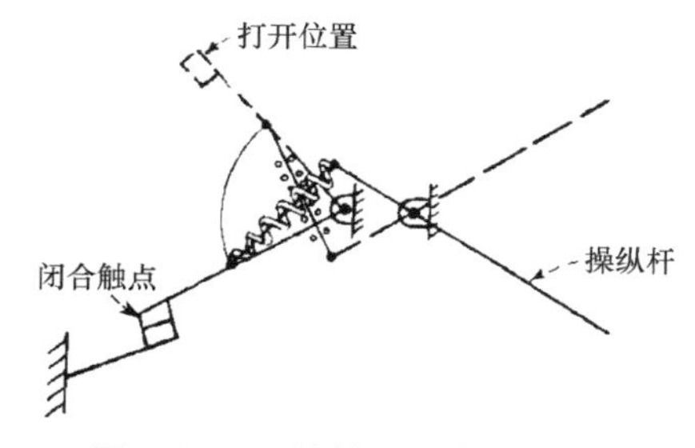

图 3.9-10　烤箱开关使用渐增的机械增益，以帮助压缩弹簧。在关闭的位置，弹簧触点闭合且操纵杆在靠下位置。当操作杆向上移动时，弹簧被压缩并与接触臂、操作杆到达极限转换位置，只需很小的力就可以让连杆通过转换点；越过此点时，弹簧扣的触点闭合。

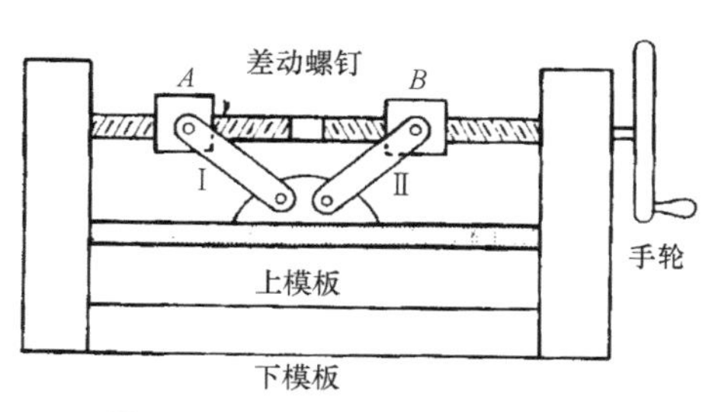

图 3.9-11　肘杆式压力机会产生渐增的机械增益，以抵消被压缩物质的阻力。旋转手轮通过差动螺钉使螺母 A 和 B 一起运动，从而使连杆Ⅰ与连杆Ⅱ到达极限转换位置。

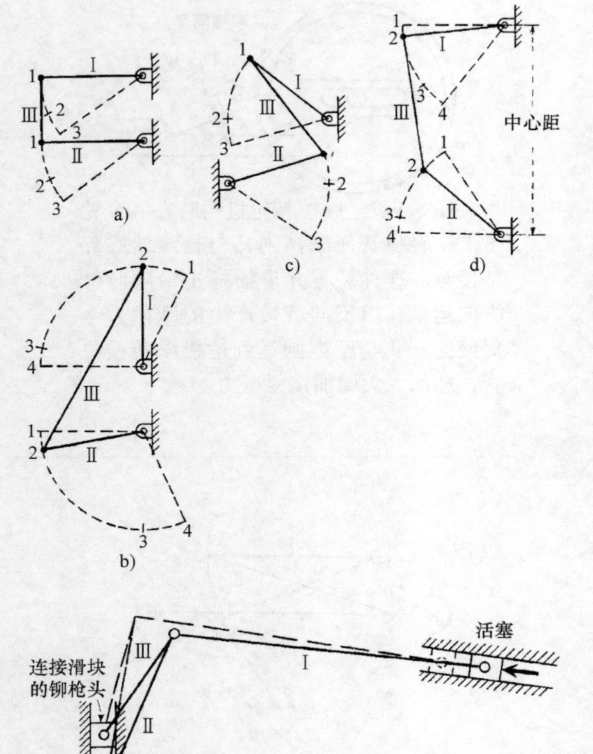

图 3.9-12 四杆机构可以进行改进，以得到可变传动比（或机械增益）。图 3.9-12a 中因为曲柄Ⅰ和曲柄Ⅱ同时与连杆Ⅲ到达极限转换位置，没有机械增益。图 3.9-12b 中增加连杆Ⅲ的长度，位置 1 和 2 之间可以得到增大的机械增益，因为曲柄Ⅰ与连杆Ⅲ接近极限转换位置。图 3.9-12c 中将其中一个支点移到左边，会得到与图 3.9-12b 中类似的效果。图 3.9-12d 中增大两支点的中心距，会使曲柄Ⅱ与连杆Ⅲ在位置 1 接近极限转换位置；曲柄Ⅰ与连杆Ⅲ在位置 4 达到极限转换位置。

活塞
连接滑块的铆枪头

图 3.9-13 通过如图所示连杆装置，拥有往复运动活塞的铆钉机可以产生很高的机械增益。活塞驱动力恒定，当连杆Ⅱ与连杆Ⅲ到达极限转换位置时，铆枪头的力增至最大。

3.10 四杆机构和典型工业应用

以下所有机构都可以拆分成四杆机构，这些都是基本的机构并且可以应用在很多机械设备中。

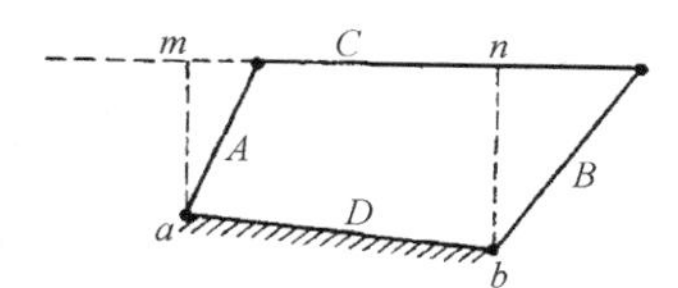

图 3.10-1 四杆机构。两个曲柄，一根连杆和在同一直线上的两个曲柄的固定中心点的连线构成了一个基本的四杆机构。如果 A 杆的长度小于 B、C 或 D 的话，那么曲柄可以做周转运动。可以预测该机构中杆的运动。

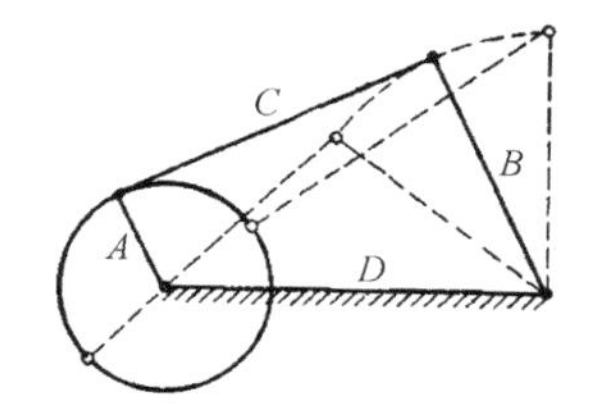

图 3.10-2 曲柄摇杆机构。正常工作时必须保持下面关系：$A+B+C>D$，$A+D+B>C$，$A+C-B<D$ 和 $C-A+B>D$。

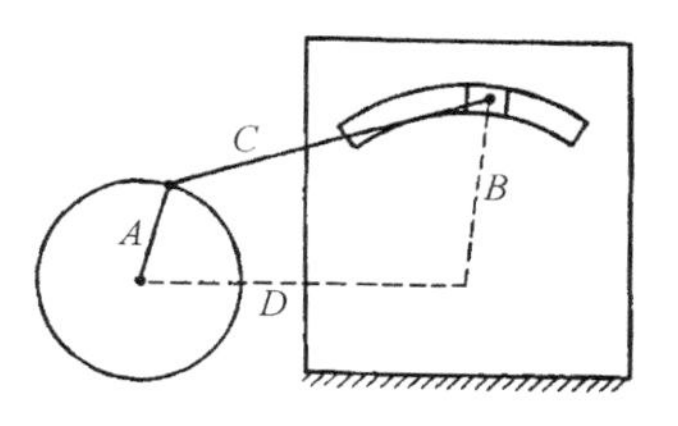

图 3.10-3 带有滑动构件的四杆构件。一个曲柄被一个等效长度为 B 的圆弧槽代替。

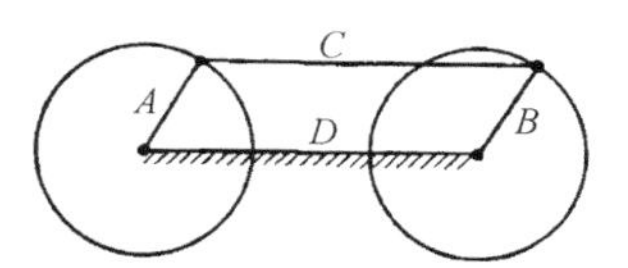

图 3.10-4 平行曲柄四杆机构。四杆机构的两个平行曲柄总是以相同的角速度转动，但是这种机构具有两个死点。该机构可以用在机车发动机上。

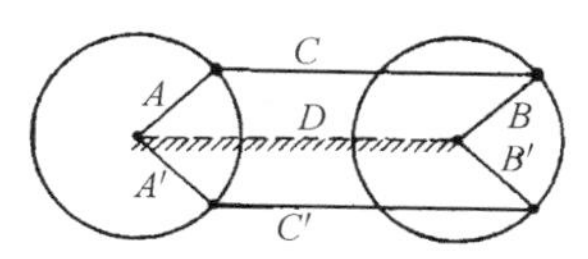

图 3.10-5 双平行曲柄机构。这种机构中有两个组成 90° 夹角的曲柄机构，从而避免了中心出现死点位置，机构中的连杆始终是水平的。它可以应用在机车的驱动轮上。

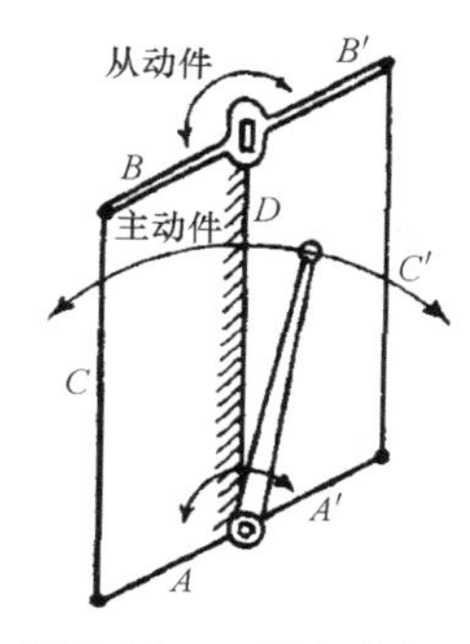

图 3.10-6 平行曲柄机构。蒸汽控制的连杆机构确保阀同时打开。

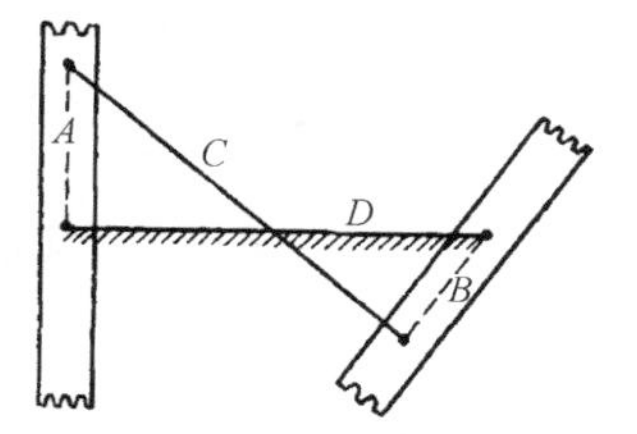

图 3.10-7 不平行的等曲柄机构。瞬心轨迹是当齿轮通过死点时形成的，它还可以代替椭圆传递机构。

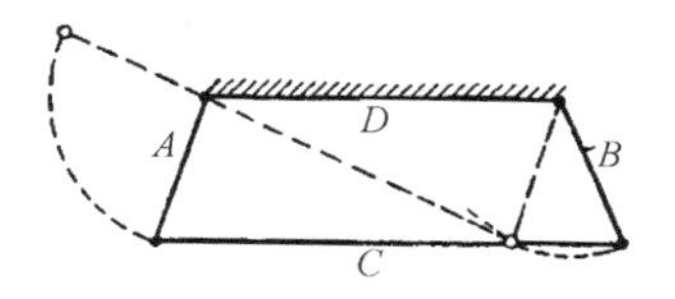

图 3.10-8 减速运动连杆机构。当曲柄 A 向上运动时，它将运动传递给曲柄 B。当曲柄 A 达到死点位置时，曲柄 B 的角速度减小到零。这一机构可以应用于柯立斯摆动阀。

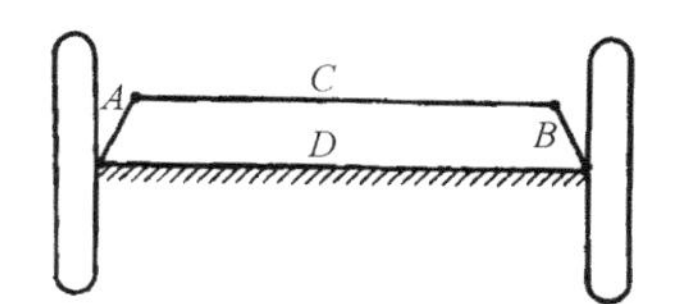

图 3.10-9 梯形连杆机构。这种连杆机构一般不能用于实现完全旋转运动，但是可以用于一些特殊的控制。用于车辆时，在后尾所形成的法向截面上，内侧比外侧移动的角度大。

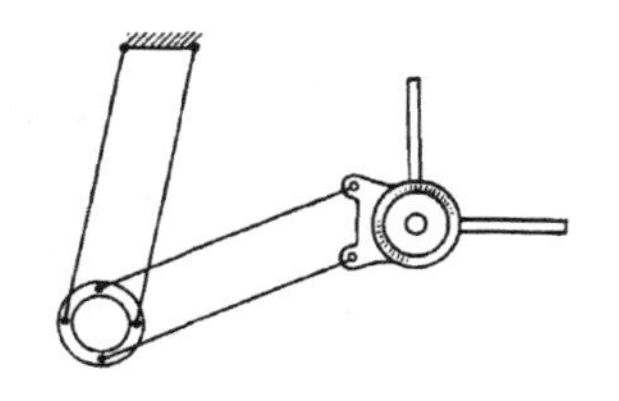

图 3.10-10 双平行曲柄机构。这种机构是通用绘图机的基础。

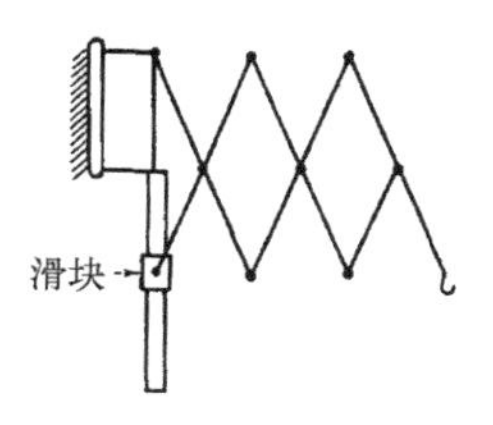

图 3.10-11 等边牵引连杆机构。这个“同步机构”由几个等边的连杆组成，通常被用作可移动的灯支架。

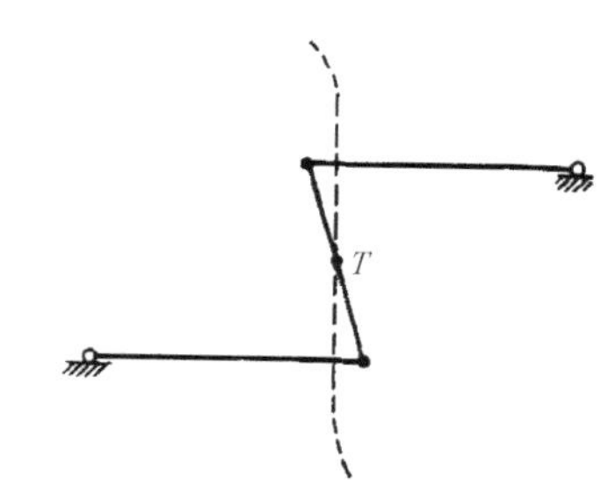

图 3.10-12 瓦特直线机构。T 点沿着垂直于曲柄平行位置的直线运动。

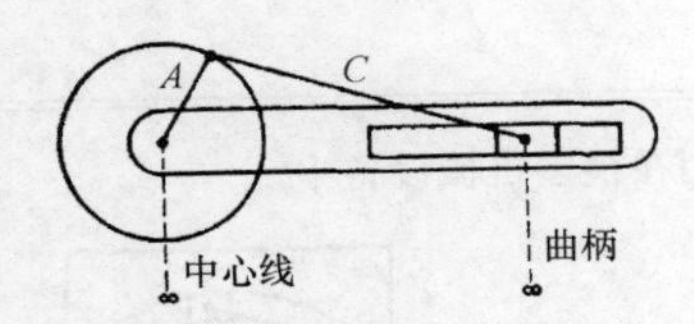

图 3.10-13　直线滑动连杆机构。在这种机构形式当中常用一个滑块代替一个连杆，中心线和曲柄 B 都是无限长的。

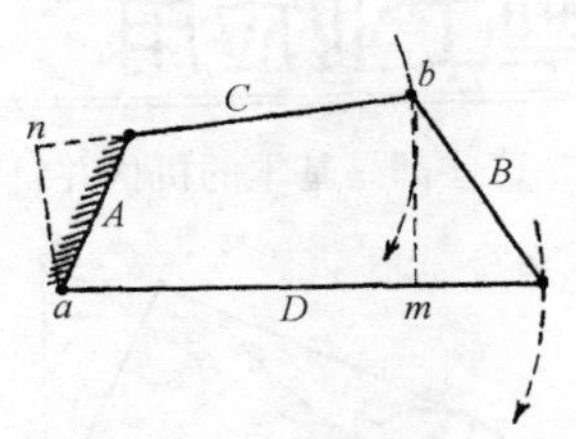

图 3.10-14　牵引连杆机构。这种机构可用于插床的驱动，若要实现完全旋转运动需要满足如下条件：$B>A+D-C$ 和 $B<D+C-A$。

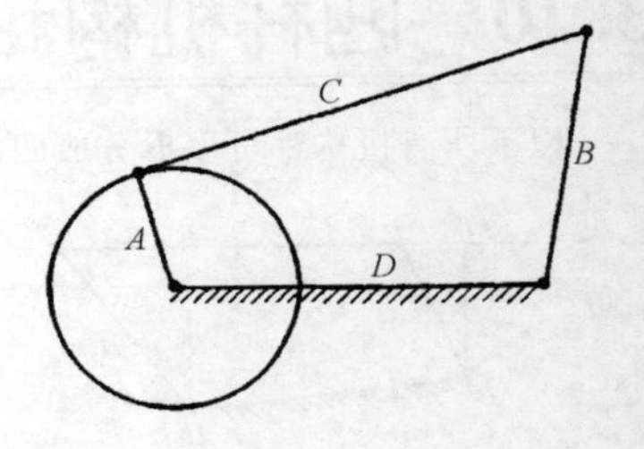

图 3.10-15　旋转曲柄机构。这种连杆机构通常用于将旋转运动转换成摇摆运动。

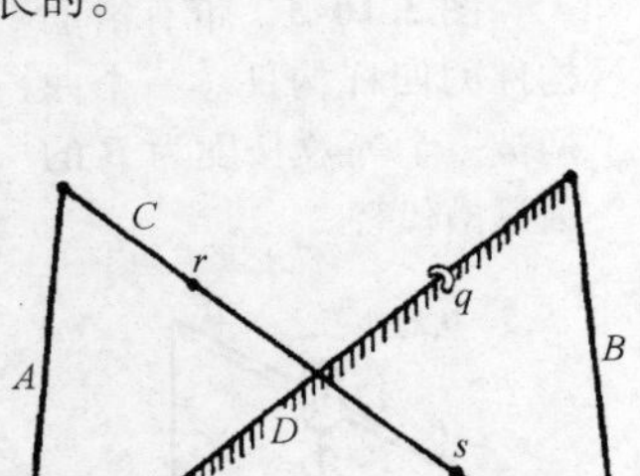
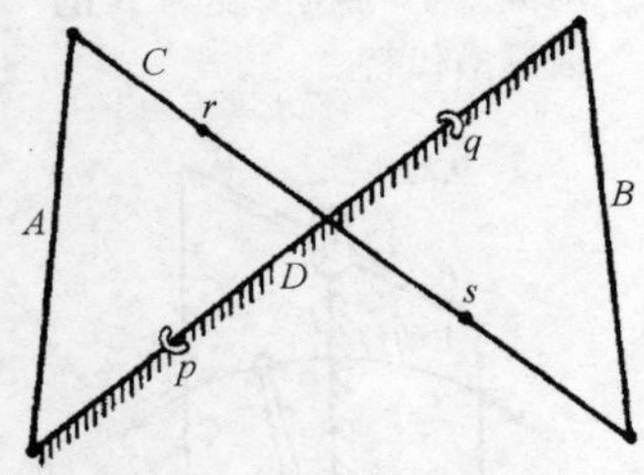

图 3.10-16　不平行的等臂曲柄。当 A 以恒定的角速度运动时，曲柄 B 的角速度是变化的。

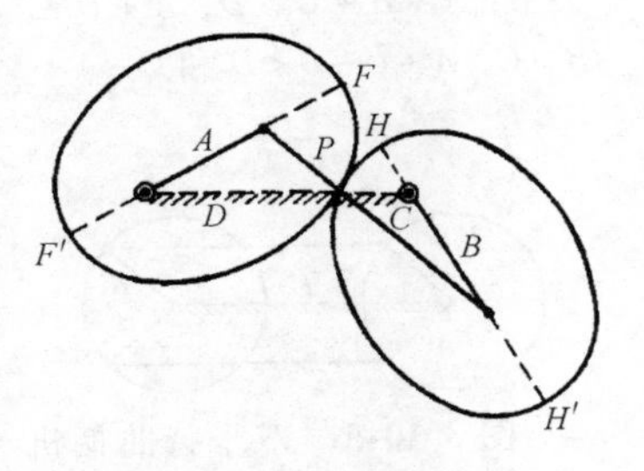

图 3.10-17　椭圆齿轮。它可以产生像不平行曲柄机构一样的运动。

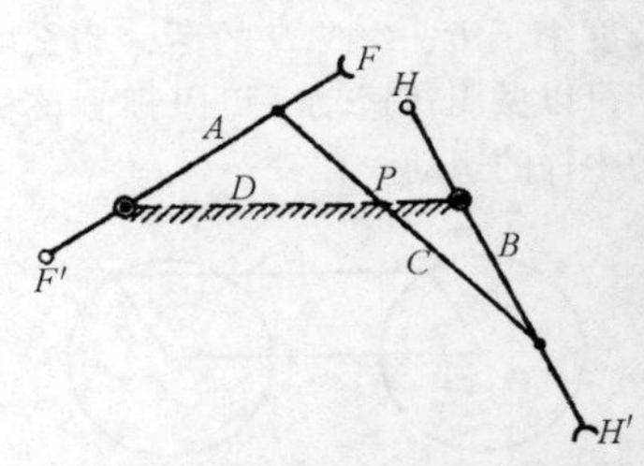

图 3.10-18　不平行等臂曲柄。与第一个不平行等臂曲柄相似，只不过在曲柄的末端有交叉点。

图 3.10-19　踏板驱动机构。这个四杆机构通常用于驱动砂轮或者缝纫机。

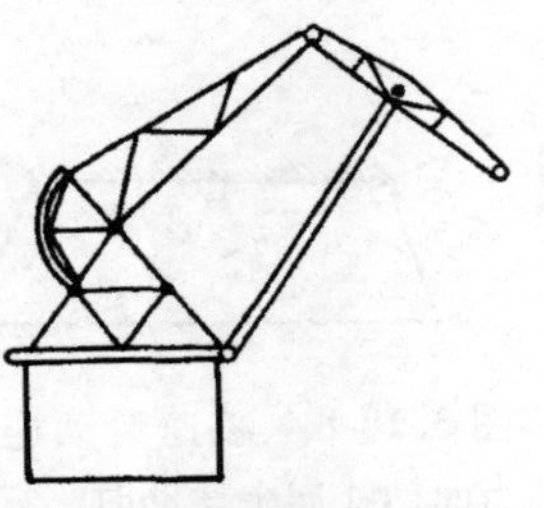

图 3.10-20　双杠杆机构。这个旋转起重机可以通过顶部弯曲的 D 形部分在水平方向移动重物。

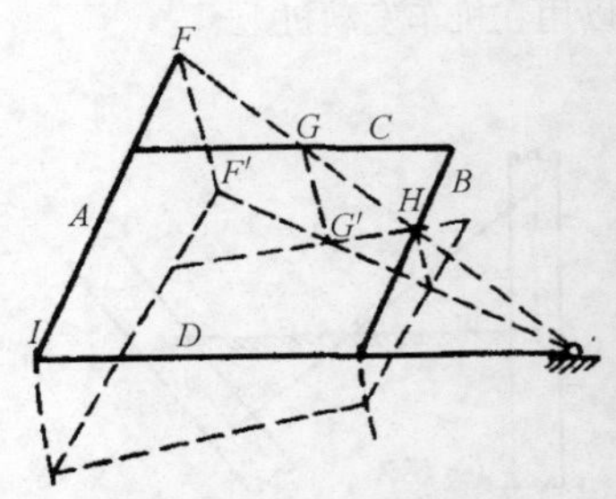

图 3.10-21　缩放仪器。缩放仪是一个平行四边形机构，在这机构中通过 F、G、H 点的线必须总交于一公共点。

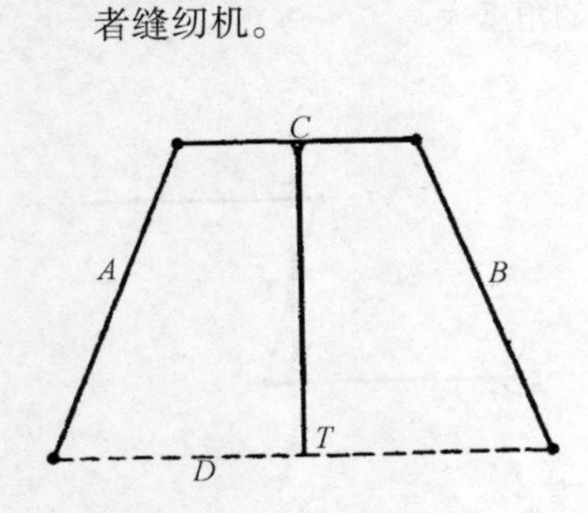

图 3.10-22　罗伯茨直线机构。曲柄 A、B 的长度不应小于 $0.6D$，且 $C=0.5D$。

图 3.10-23　双摇杆机构。连杆是成比例制造的：$AB=CD=20$，$AD=16$，$BC=8$。

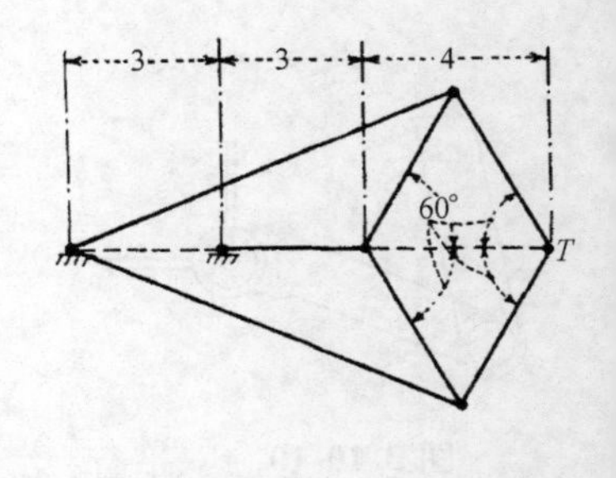

图 3.10-24　连杆机构。当尺寸成如图所示的比例时，点 T 的运动轨迹是一条与轴线相垂直的直线。

第 4 章

连接

4.1 把轮毂固定在轴上的 14 种方法

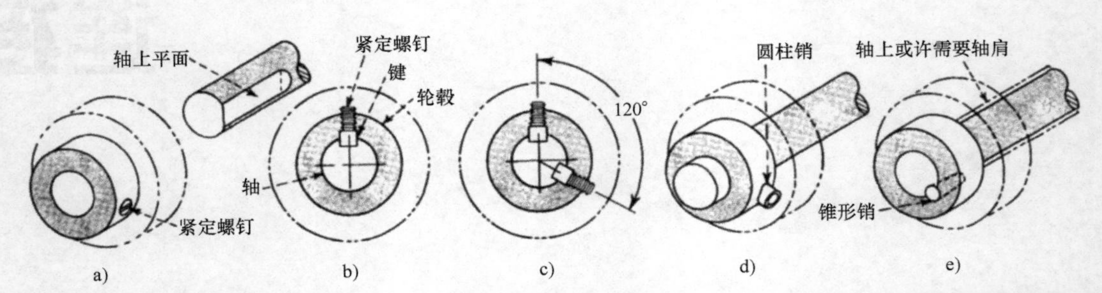

图 4.1-1 用紧定螺钉固定。图 4.1-1a 中的轮毂通过紧定螺钉与轴上的平面固定。这种情况适用于受力不大、冲击载荷较小或不需要经常拆装的场合。图 4.1-1b 所示的方法可以防止因经常拆卸而导致轴的破坏。这种情况不适合对轴的同轴度要求较高的场合，但它可以承受较大的冲击载荷。图 4.1-1c 中的两个键沿周向相隔 120°，可以传递极大的重载荷。图 4.1-1d 中的圆柱销或锥形销可以有效预防轴向间隙。图 4.1-1e 中平行于轴的锥形销需要有轴肩，这种情况适用于齿轮或带轮没有轮毂的情况。

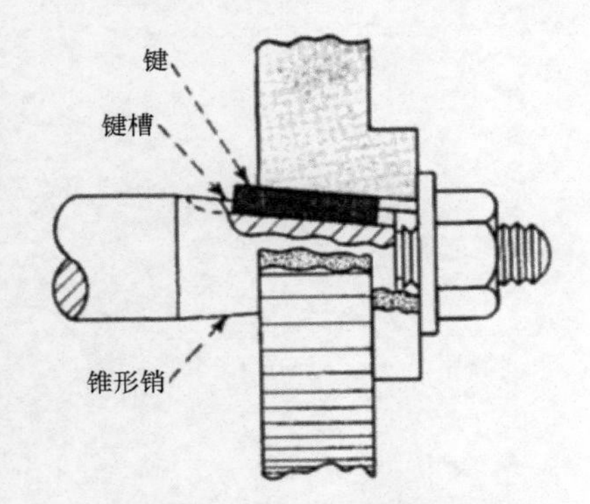

图 4.1-2 锥形轴轮毂的固定。带有键和末端有螺纹的锥形轴能提供良好的装配精度和同轴度，适用于重载的，这种结构也很容易拆卸。

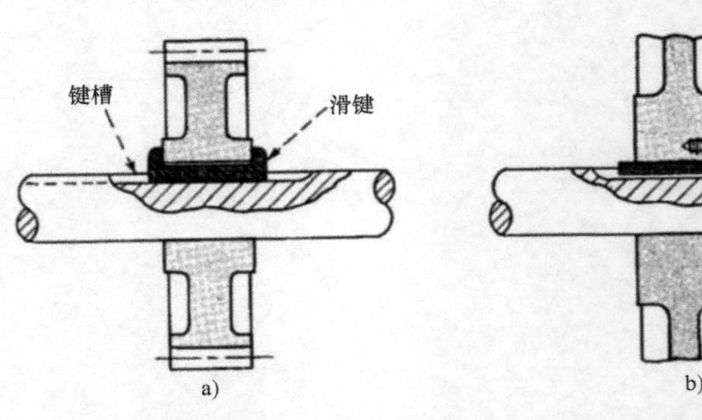

图 4.1-3 轴上有滑键轮毂的固定。图 4.1-3a 允许齿轮轴向移动，键槽必须加工至轴的末端。图 4.1-3b 所示的轮毂和键上必须钻孔以及攻螺纹，这种设计可以使轴只有一小段的键槽而齿轮却可以安装在轴上的任何位置。

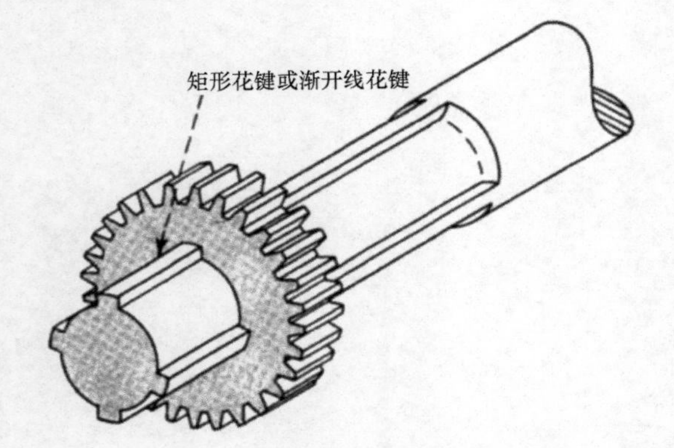

图 4.1-4 花键轴。花键轴多用于齿轮需要在轴上移动的情况，矩形花键的定心精度高，渐开线花键可以自动定心并有较大的强度。固定的带有轮毂的齿轮可以通过销钉与轴固定。

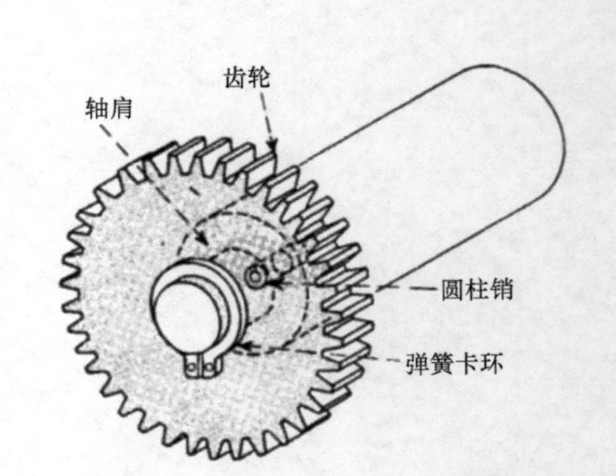

图 4.1-5 轴端挡圈。弹簧卡环允许在受轻载时应用，但必须有轴肩，如果轴向力过大可用圆柱销将齿轮固定在轴上，从而确保齿轮不从轴上脱离。

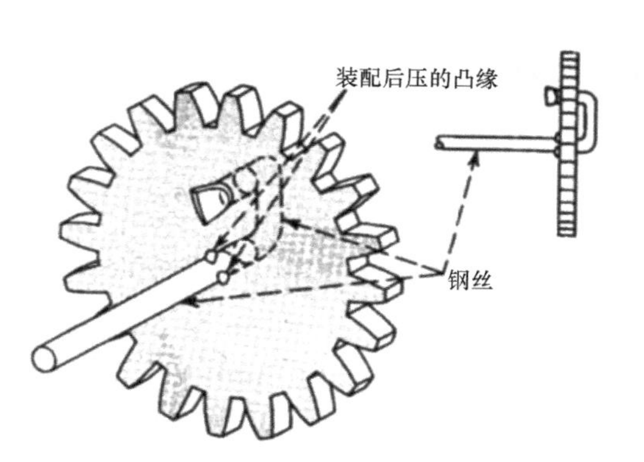

图 4.1-6 冲压齿轮。冲压齿轮和成形钢丝轴可以用于载荷较小的场合，如玩具内部。在钢丝的两条腿上的凸缘能够阻止其分离，钢丝轴的弯曲半径应该足够小，使得齿轮能够就位。

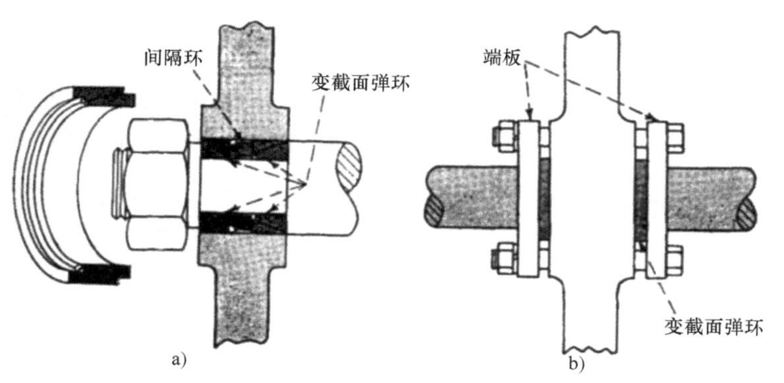

图 4.1-7 连锁锥形环。螺母拧紧时锥形环紧紧固定在中心轴。当采用销钉和键装配时，轮毂与轴的粗加工精度不影响其同轴度。轴端的安装需要一个轴肩（图 4.1-7a），端板和四个螺栓（图 4.1-7b）可以使轮毂被安装在轴的任意位置上。

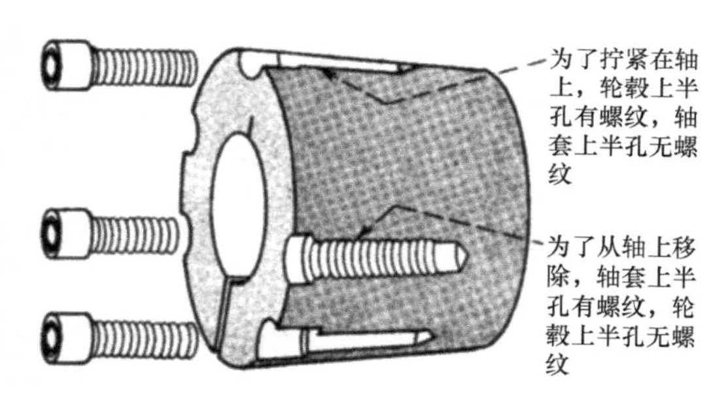

图 4.1-8 裂口衬套。这种裂口衬套有锥形外径，轴套上的裂口孔与轮毂上的裂口孔对齐。为了预紧，轮毂孔的一半有螺纹，衬套上孔一半是没有螺纹。因此，随着螺栓拧入轮毂时螺栓将推动衬套进入轮毂，反向过程可实现拆卸。衬套尺寸可供 2～10in（50.8～254mm）直径轴使用。衬套也可用于没有锥度的轮毂。

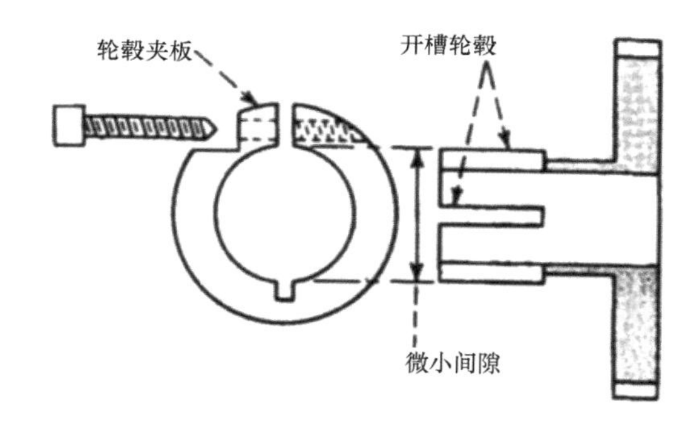

图 4.1-9 裂口轮毂。为使常用的精密齿轮被夹紧到不同的轮毂与轴钳，制造商列出了轮毂和夹钳的标准尺寸，以便能够把它们有效地固定到一根精磨的轴上。

4.2 无轮毂齿轮固定在轴上的方法

薄齿轮和凸轮能节省空间，但是怎样将它们固定在轴上呢？本节给出了几个简单而有效的方法。

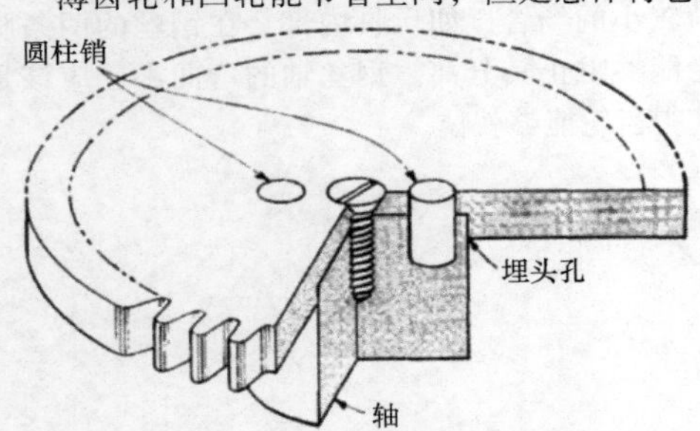

图 4.2-1 与轴紧密配合的埋头孔能确保装配的同心性，转矩通过圆柱销传递，正面的固定由沉头螺钉实现。

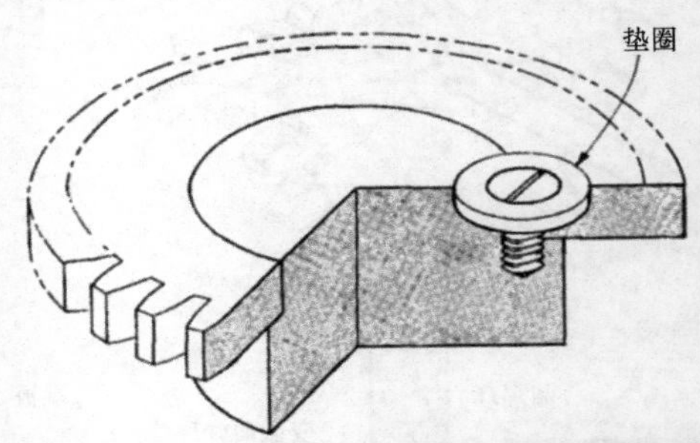

图 4.2-2 埋头孔中的密封连接垫圈可以承受径向载荷，它的轮齿部分足够承受很大的载荷。

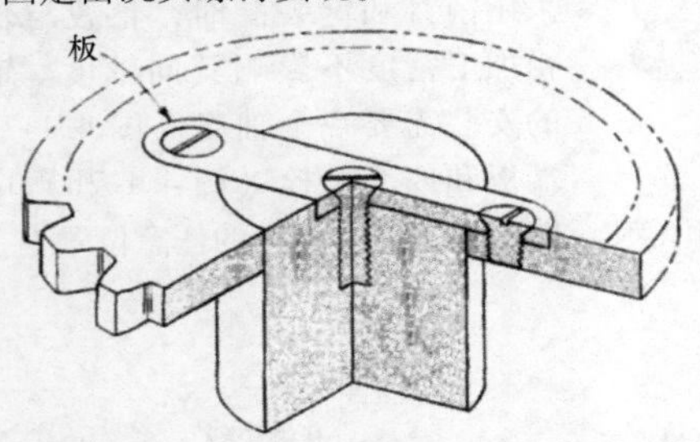

图 4.2-3 当径向作用很大载荷时，板承受较大的应力。固定齿轮时，板可以当作传动器，而中心螺钉保持不动。

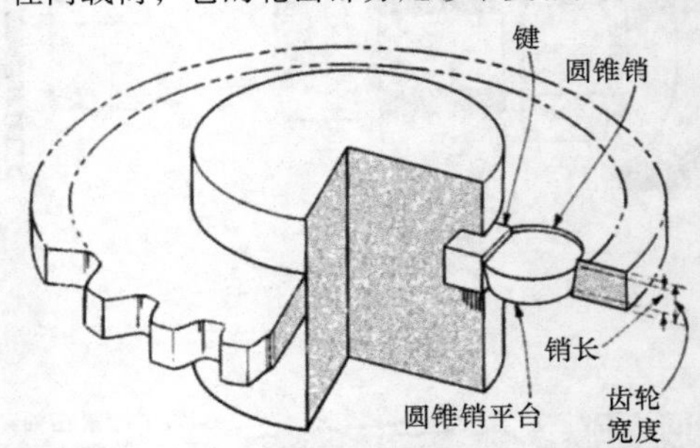

图 4.2-4 键和圆锥销上的平台不能伸出齿轮的表面，销的长度应该比齿轮的宽度略短，说明一点，这种连接不是主动的，齿轮是靠摩擦力来保持的。

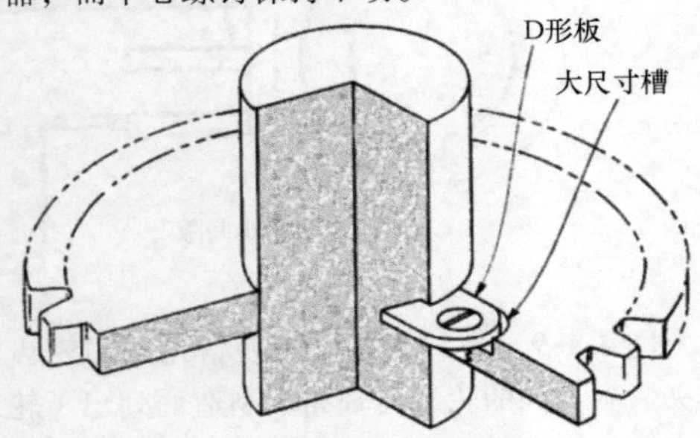

图 4.2-5 D 形板将齿轮和轴楔紧，轴上槽的最大深度取决于轴所受的转矩和其他条件，持续小的转矩只需要很小的槽深；在重载的情况下则需要较深的槽深。

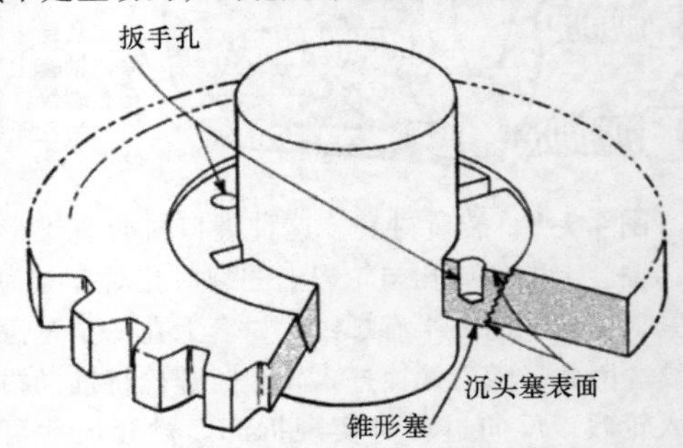

图 4.2-6 锥形塞是另外一种摩擦保持机构，这种形式必须用在轴向才能使锥形塞楔紧，为了增加安全性，必须左旋以减小干涉危险。

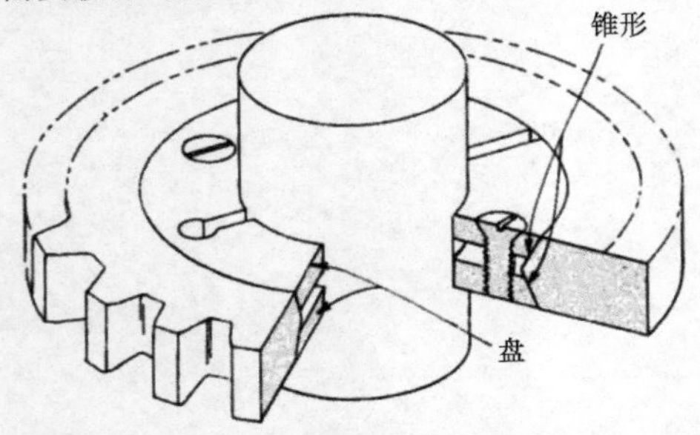

图 4.2-7 两个摩擦盘，两边带有 5° 的锥形角，能与轴张紧。沉头螺钉提供张紧力，它还能很快地对齿轮进行轴向和径向定位。

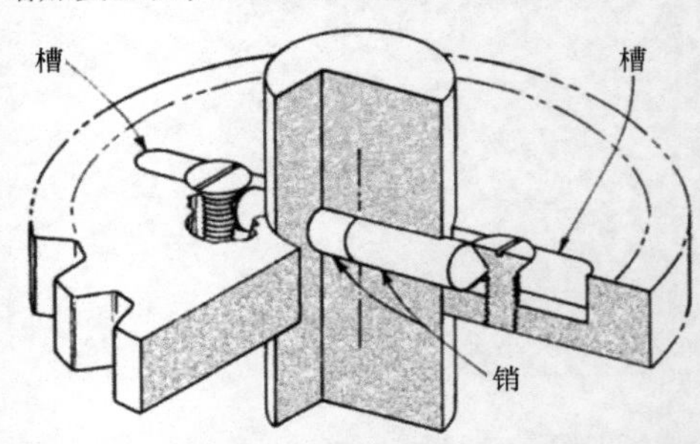

图 4.2-8 两个在轴上径向孔里的销可以提供正向力，使齿轮容易拆装。带有锥形末端的销被两个沉头螺钉紧紧固定。槽应该足够长才能让销撤出。

4.3 10种不同类型的花键连接

1. 圆柱形花键

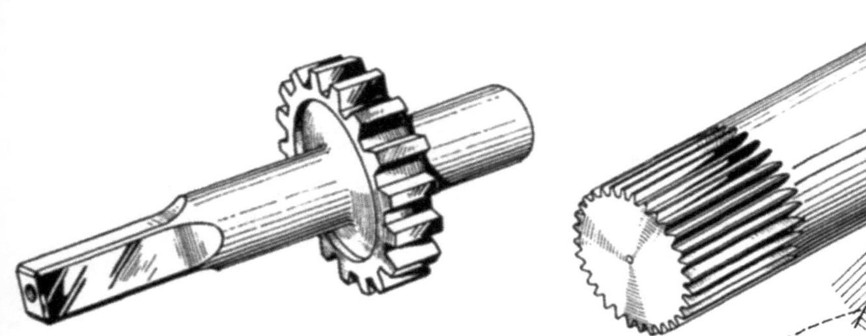

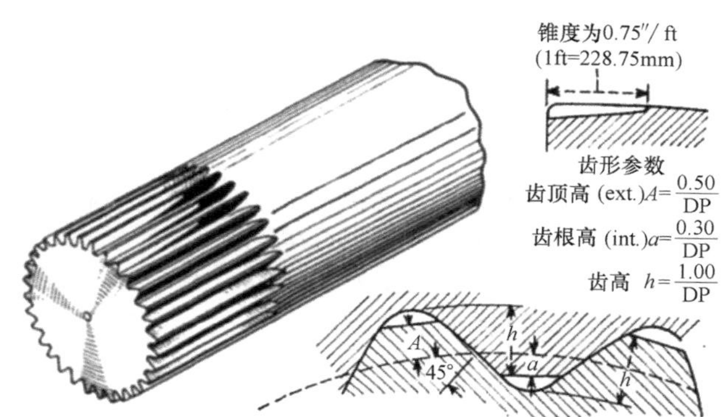

图 4.3-1 矩形花键可以实现简单连接，主要用于轻载、精度要求不高的场合。这种类型花键通常用于机床，且需要一个止动螺钉固定连接件。

图 4.3-2 锯状口细齿花键主要用于轻负载连接，花键轴与由较软材料制成的孔形成过盈配合，这种连接方式成本很低。最初花键被做成直齿的而且仅限于小节距，然后45 °细齿被标准化（美国汽车工程师协会），且具有大的节距，直径最大可以达到254mm，为实现过盈配合，细齿被做成锥形的。

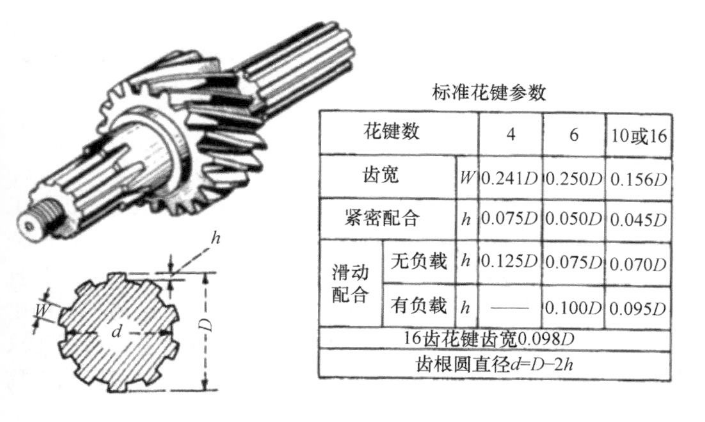

标准花键参数

花键数			4	6	10或16
齿宽		W	0.241D	0.250D	0.156D
紧密配合		h	0.075D	0.050D	0.045D
滑动配合	无负载	h	0.125D	0.075D	0.070D
	有负载	h	——	0.100D	0.095D
16齿花键齿宽0.098D					
齿根圆直径d=D−2h					

图 4.3-3 直齿花键已被广泛应用于汽车领域。这种花键通常用于相对滑动构件的连接。根部的锐角限制了转矩承受能力，即在花键投影面积上约6.89MPa的压力。在不同的应用场合，花键齿高也会随之改变，如图中表格所示。

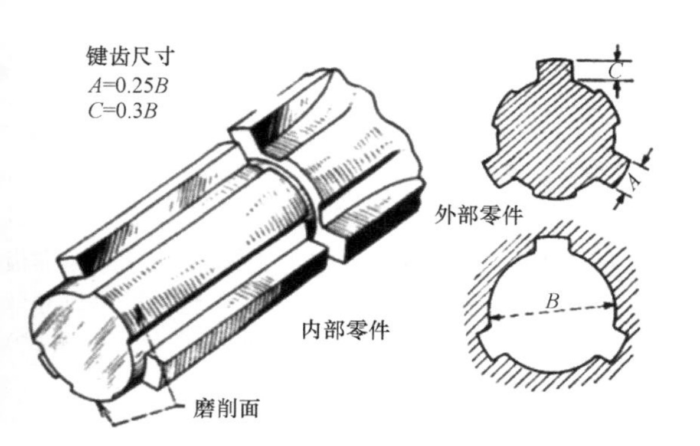

图 4.3-4 机床花键的齿与齿之间有很大的间隙，这允许外圆柱接触面精确磨削，以便精确定位。内部零件通过简易磨削，就可以与外件的接触面形成紧密配合。

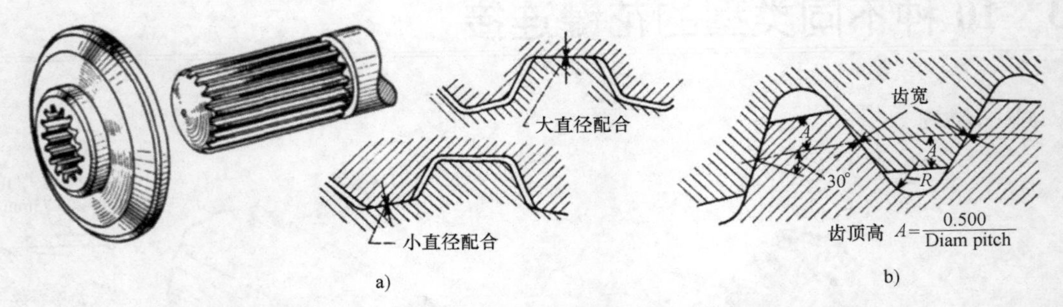

图 4.3-5 渐开线花键用于传递高负载，齿轮面积取决于倾斜 30°的短齿根。图 4.3-5a 中花键能够靠大直径或小直径的过盈配合来定位。图 4.3-5b 中齿宽或侧定位的使用对大齿根圆角半径具有优势。齿形线可平行或成螺旋形。为了保证连接准确，接触应力大约是 27.56MPa，图示的径节等于齿与节圆直径之比。

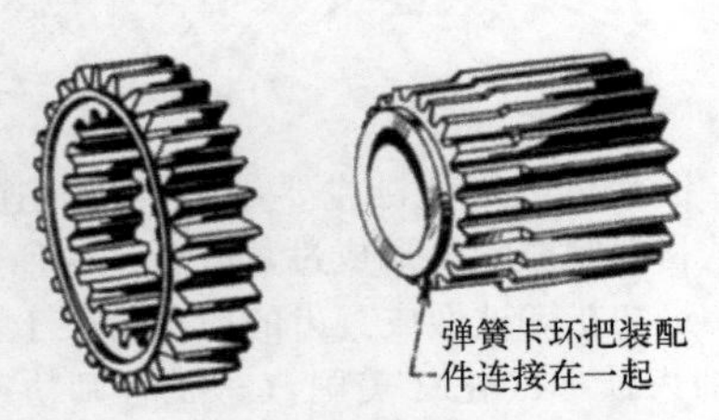

图 4.3-6 特殊的渐开线花键可通过改变轮齿的大小加工。使用大切深的齿轮，接触面积可能就大。图中所示的复合齿轮，是由修整过的小齿轮齿高和里面做成花键的大一点的齿轮齿组成。

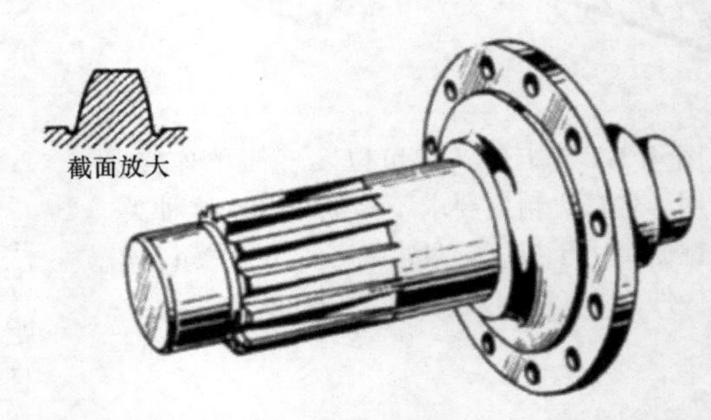

图 4.3-7 根部是锥齿的花键，用于需要精确定位的驱动装置，这种方法可以使零件牢固配合。这种带有 30°展开角的渐开线短齿的花键比平行齿根花键具有更高的强度，并可在一定锥度范围内使用滚刀滚齿。

2. 面花键

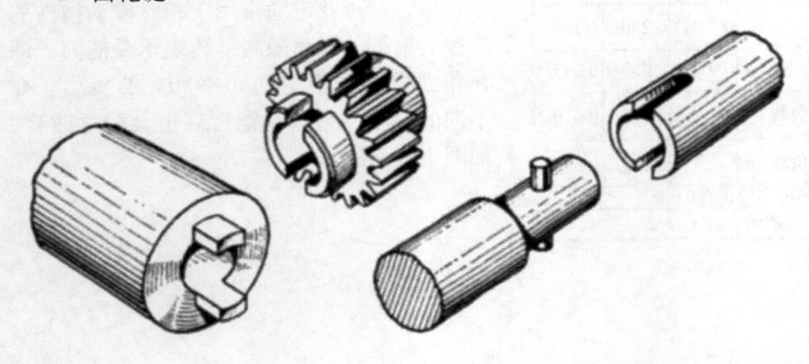

图 4.3-8 在轴心或轴上机加工出来的槽可以用于成本较低的连接。这种花键仅限于较轻的载荷，并且需要一套锁紧装置来保持正确的啮合。对较小的转矩和定位精度要求不高的场合，可以采用销钉和套筒的方法。

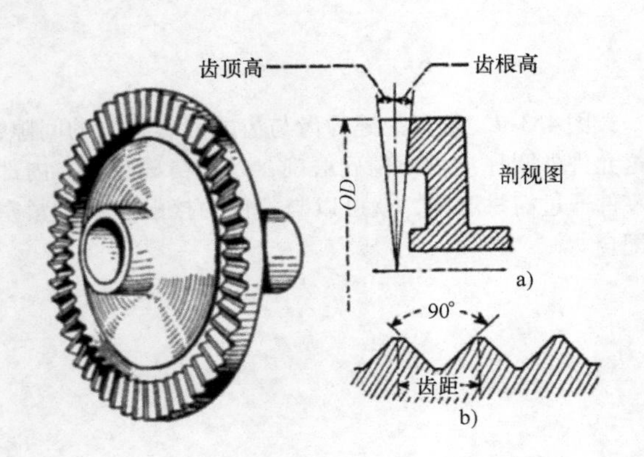

图 4.3-9 通过铣削或成形工艺加工齿得到锥齿轮，可获得简单的连接。图 4.3-9a 中轮齿径向尺寸减小。图 4.3-9b 中齿与齿的夹角可能是直角（牙嵌式）或趋于倾斜的，但最常见的为 90°角。

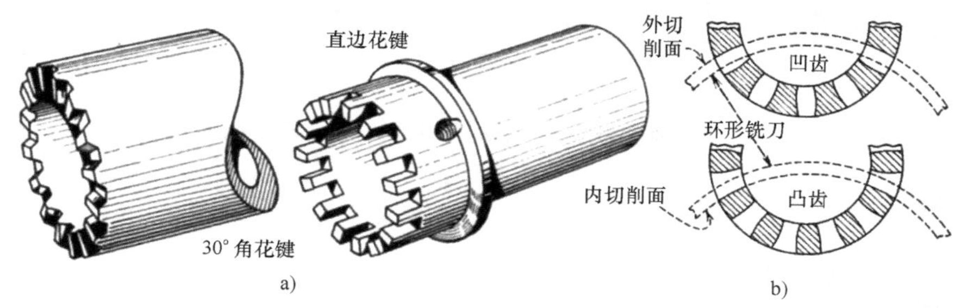

图 4. 3-10 弯曲齿联轴器的齿由平面铣刀加工。对一些需要精确定位的淬硬部件，这些齿需要被精磨。图 4. 3-10a 中这个加工过程可获得相同深度的齿，能铣削任意大小的压力角，但 30°角是最常见的。图 4. 3-10b 中由于切削的作用，某一零件上齿的形状是凹形的（沙漏状），而对另一需要与其装配在一起的零件上可以加工成凸形的。

4.4 不用螺栓紧固的一些紧固方法

如果不用螺栓或销钉而想固定或者定位圆形或方形的零件，可用如下一些简单的方法。

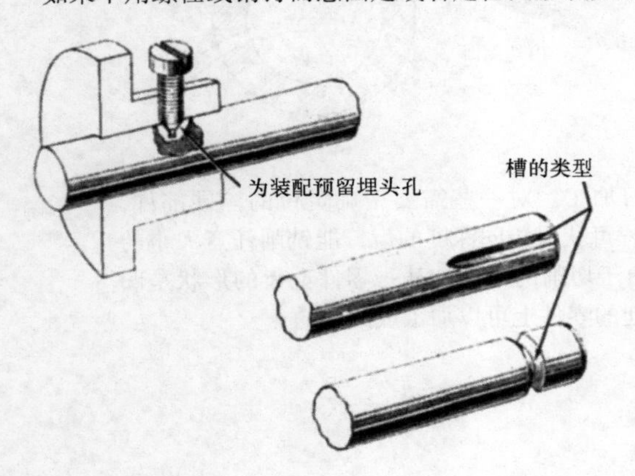

图 4.4-1 当有角度调整的需要时，用定位螺钉穿过轮毂或者环状零件以达到相互固定的效果比选用螺栓更优，这里请注意槽的类型。

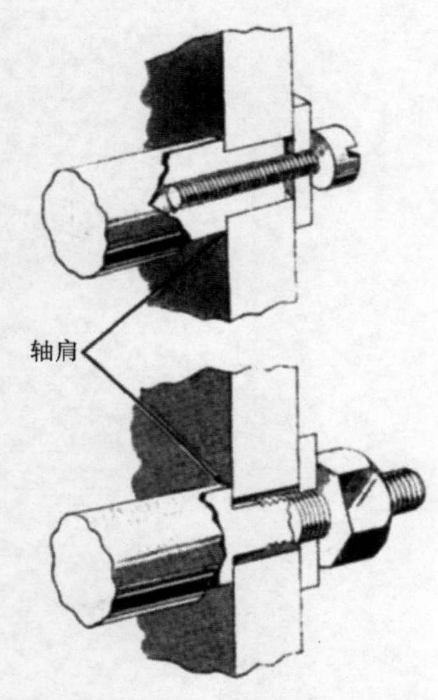

图 4.4-2 轴肩可以使齿轮或者盘状零件装在轴端。上图所示为两种方式均可选用，螺栓连接不适合在这里应用。

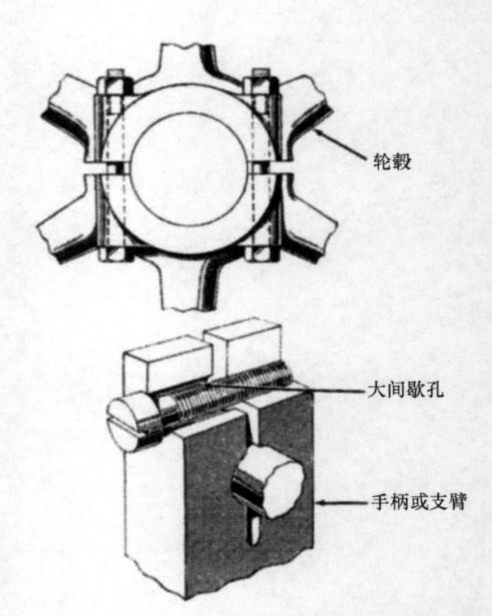

图 4.4-3 当仅用一个或者两个螺栓来将组合轮或其他类似零件等固定到其主轴上时，挤压连接方式是最好的选择。

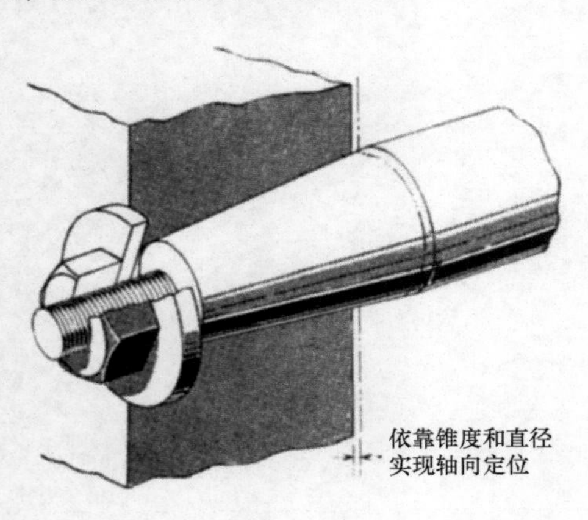

图 4.4-4 当轮毂与轴之间不允许有间隙时，锥度连接是理想的选择，由于配合问题，此处不宜选用螺栓连接。

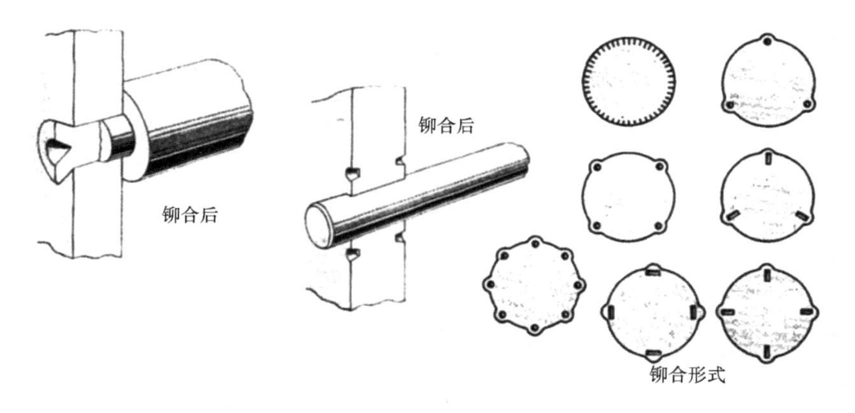

图 4.4-5　在轻载作用下，这种铆合固定轴或者相连零件的方式是理想的，上图所示为多种铆合固定方式，可以通过手工或者机械的手段来实现上述固定。这种将零件固定在轴上的方法有两个优点——低成本、高装配速度。

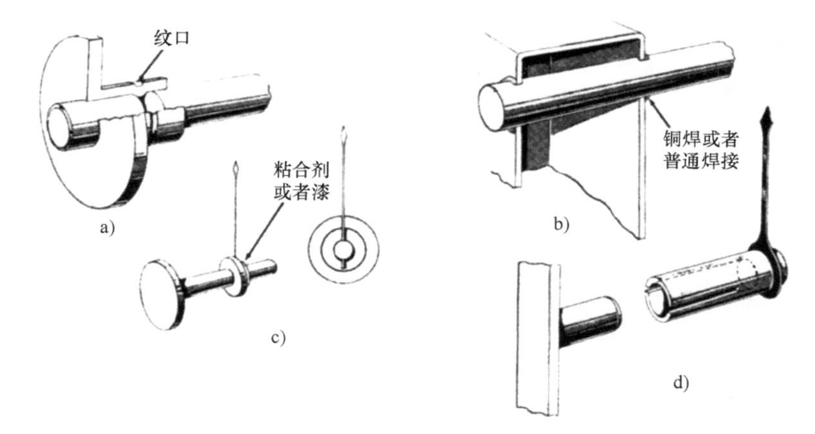

图 4.4-6　将零件永久紧固地装配到轴上有以下几种方式：图 4.4-6a 中的纹口压接；图 4.4-6b 中的铜焊或者普通焊接；图 4.4-6c 中的粘合剂；图 4.4-6d中的通过提供适当较小推力将小的方向指示器非永久性地配合固定。如果需要正确的位置，则在装配之后处理表面微凹的轮毂零件。

4.5 其他6种不用螺栓紧固的紧固方法

不用螺栓或销钉即可用这些简单却有效的方法将圆形或者方形的平面固定或定位。

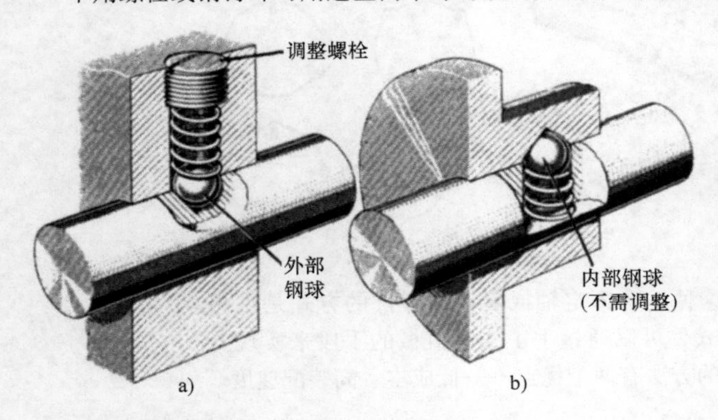

图4.5-1 很多情况下都需要使用转矩限制器，但是一个暗榫紧固往往是无效的。如果主轴的载荷过多，超过转矩限制器脱开载荷，一个低成本的解决方法就是在外部（图4.5-1a）或者内部（图4.5-1b）安装一个受载的弹簧钢球。

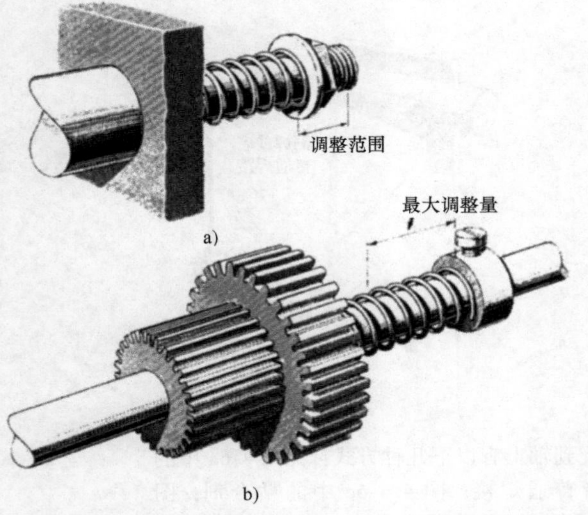

图4.5-2 当转矩超过安全值时，一般的摩擦离合器也可以使接触分离。基本上，环轴（图4.5-2a）和环状轴（图4.5-2b）之间是没有区别的，但环轴上的张力调整却受到轴端螺纹圈数的限制。

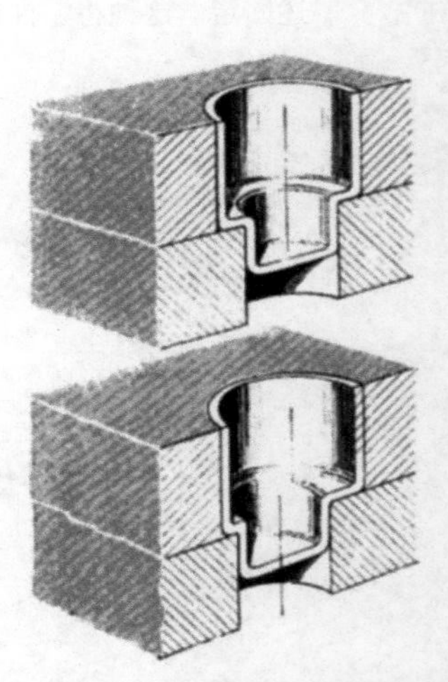

图4.5-3 当两个零件的定位部位不需要精确的定位孔时，可以使用片状金属销钉；装配完毕后，会有杯形出现。

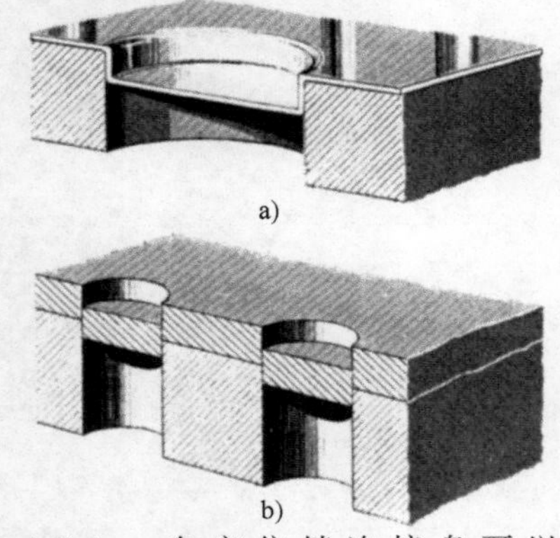

图4.5-4 自定位销连接盘可以用钣金（图4.5-4a）或者其他薄金属材料（图4.5-4b）制作。仅仅需要施力或者重击至一半的位置即可使其定位到孔中。

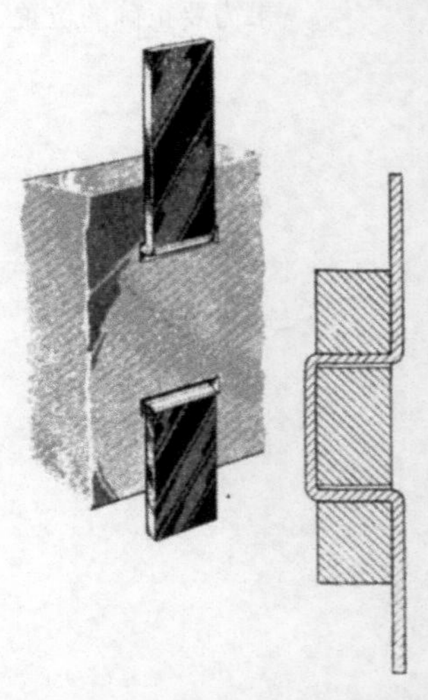

图4.5-5 折叠装配不需要销或其他定位紧固件，图示是一个装在隔热板上的末端装置。

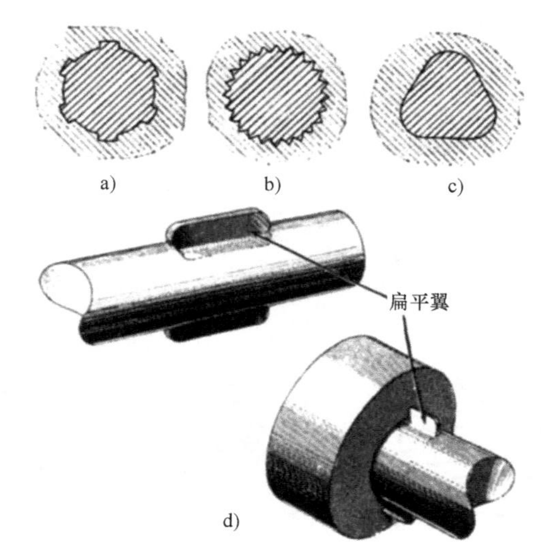

图 4. 5-6　花键连接是用来安装定位和控制轮毂的最好方法，如图 4. 5-6a 中的方形花键和图 4. 5-6b 中的渐开线花键。当然，图 4. 5-6c与图 4. 5-6d 中的简单方法也是不容小觑的。

4.6　固定弹簧的29种方法

本节介绍了拉伸弹簧、压缩弹簧和扭转弹簧的若干种独创性的连接方式。

4.6.1　拉伸弹簧

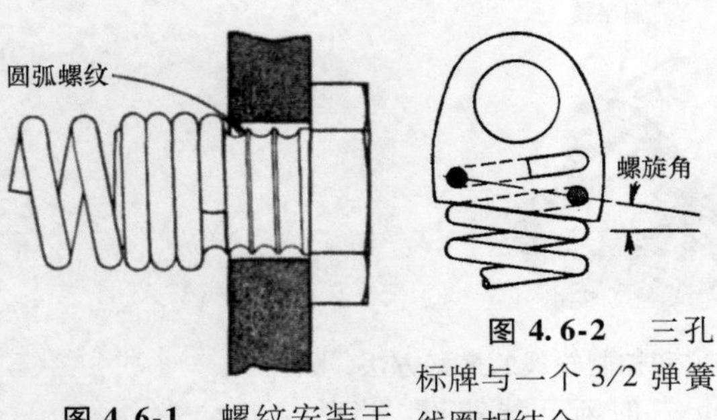

图4.6-1　螺纹安装于弹簧末端。

图4.6-2　三孔标牌与一个3/2弹簧线圈相结合。

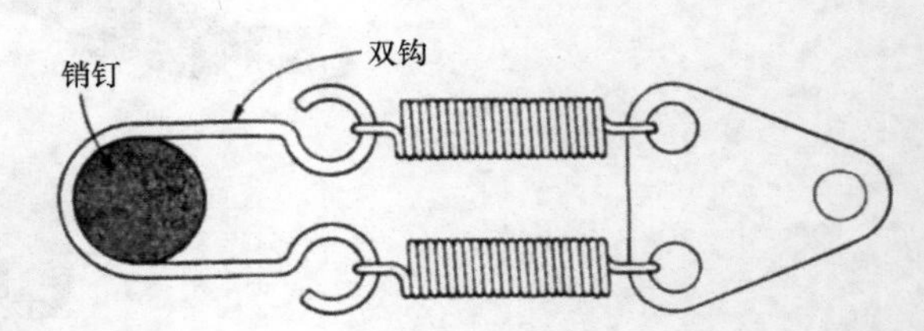

图4.6-3　双弹簧装置包括复合双钩和三角形标牌。

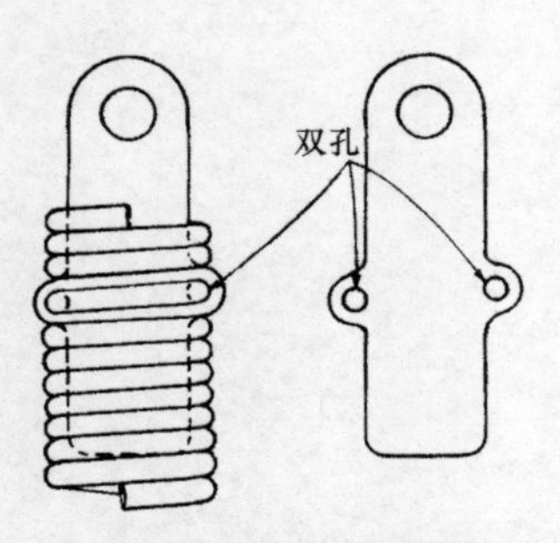

图4.6-4　在中间部位设置双孔的长标有充足的调整空间。

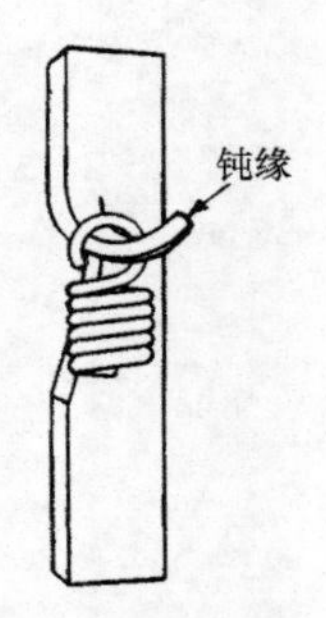

图4.6-5　有狭缝的成形钣金件可以用来悬挂弹簧。

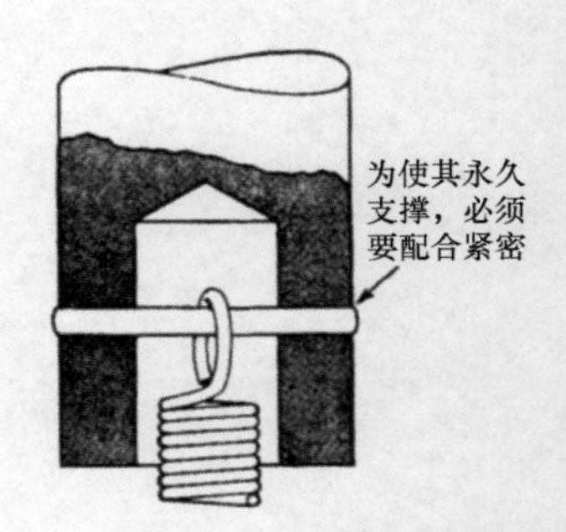

图4.6-6　横销控制弹簧在孔中的深度。

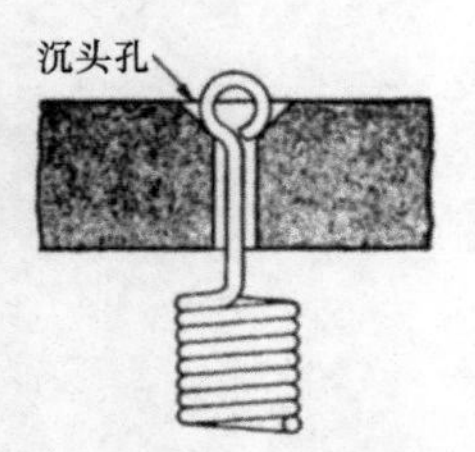

图4.6-7　沉头孔可使板簧自由转动。

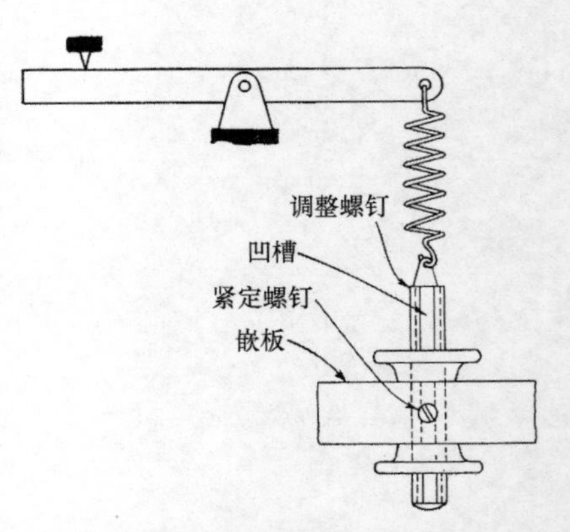

图4.6-8　调整弹簧拉力不需要旋转螺钉。

4.6.2 压缩弹簧

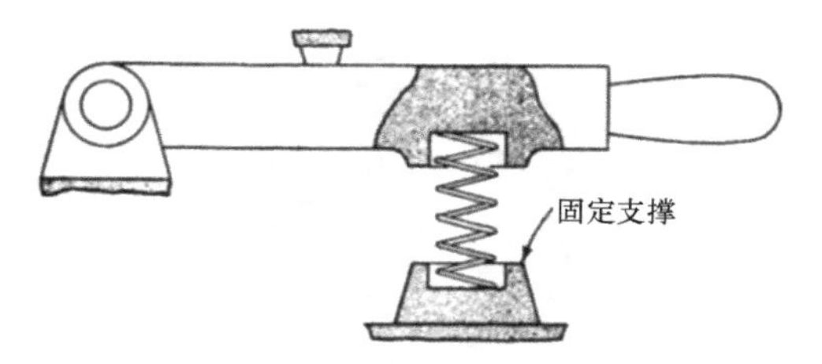

图 4.6-9 弹簧固定支撑。弹簧体装夹在固定支撑上时（图 4.6-9）所受到的阻力比装在转动支撑上时（图 4.6-10）要大一些。

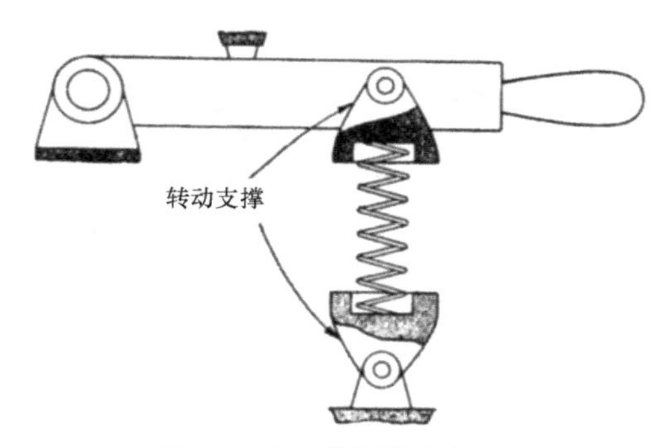

图 4.6-10 弹簧转动支撑。

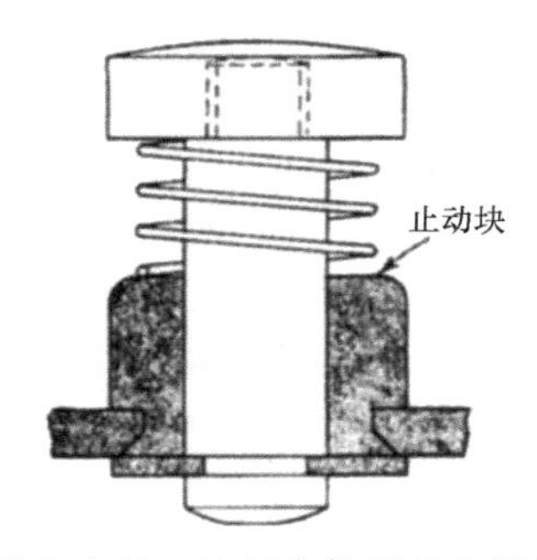

图 4.6-11 按钮中使用的支撑弹簧。

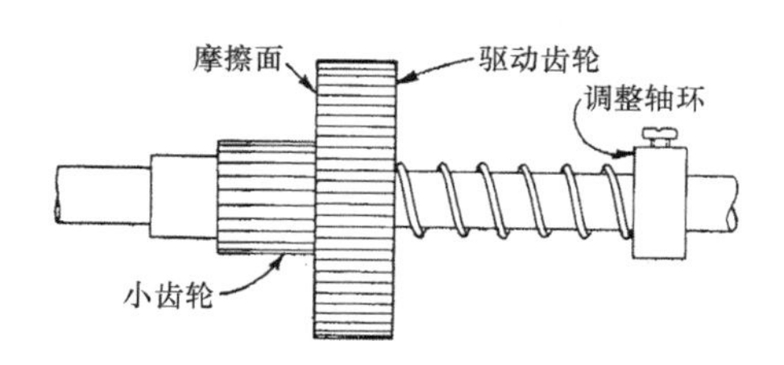

图 4.6-12 摩擦离合器中使用的支撑弹簧。

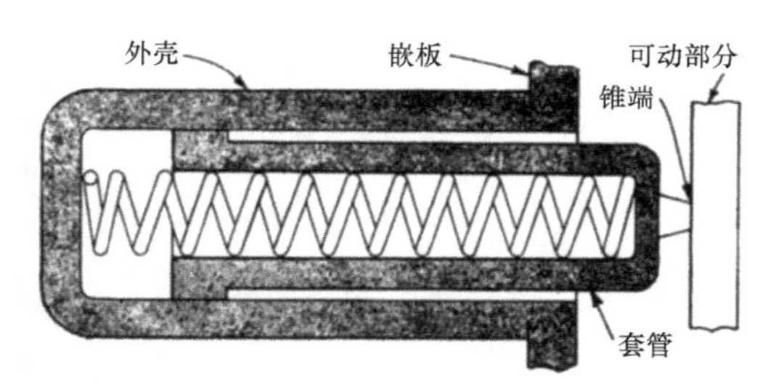

图 4.6-13 通过外部封闭的轴套来支撑内置弹簧，轴套同时也决定了弹簧的压缩量。

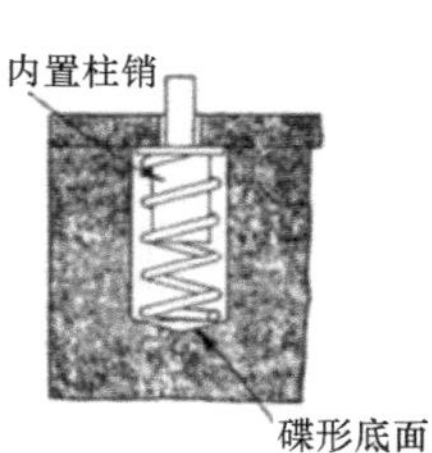

图 4.6-14 双向导向的例证如图所示，孔碟形底面支撑弹簧末端，内置柱销支撑弹簧体。

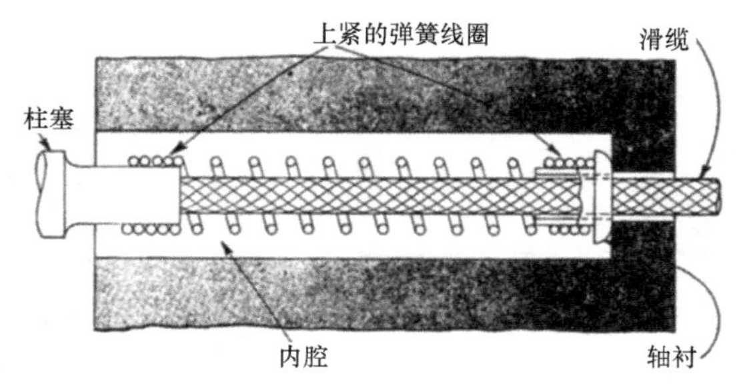

图 4.6-15 上紧的弹簧末端线圈控制交换机的芯杆的轴衬，操作结束的指令发出后，操作者将柱塞分离，之后滑缆整体会被猛地装回内腔，产生振动，而弹簧正可以吸收此振动。

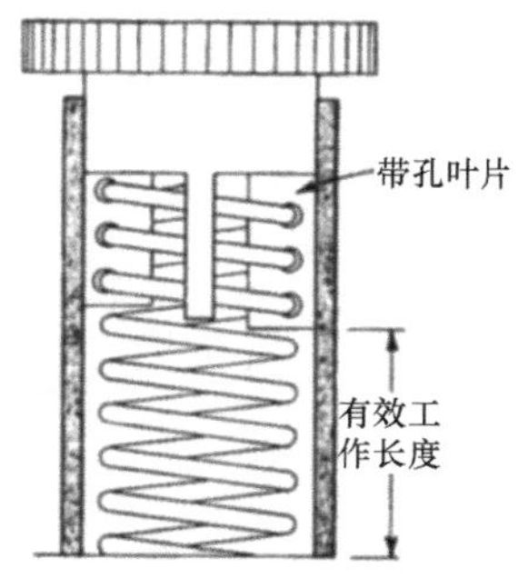

图 4.6-16 调整叶片上开有与弹簧芯径相匹配的孔。弹簧圈穿过叶片然后固定，可改变弹簧工作的有效长度。

4.6.3 平面扭簧

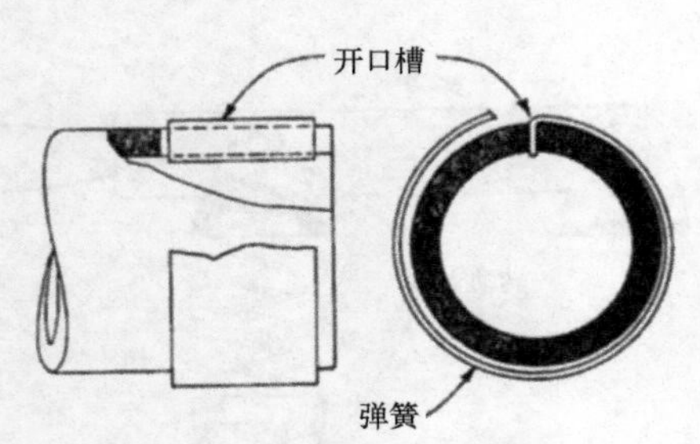

图 4.6-17 如果接合端是用锤头敲打而成或者根本就是封闭的，那么这样的接合端经过锯切后，仍然保留了弹簧的弹性。

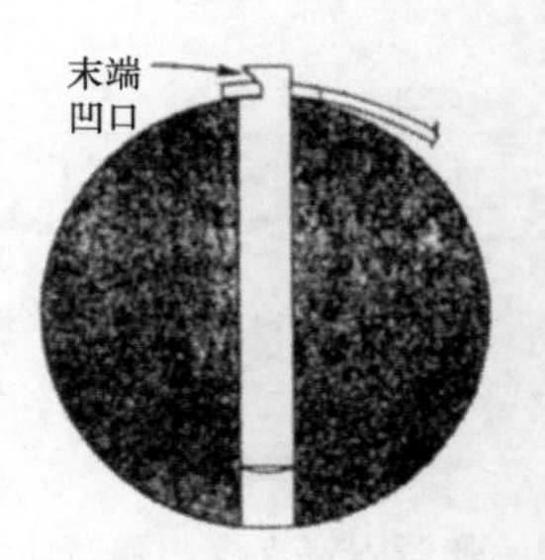

图 4.6-18 凹口销上的钩形部分可以连接弹簧的末端孔。

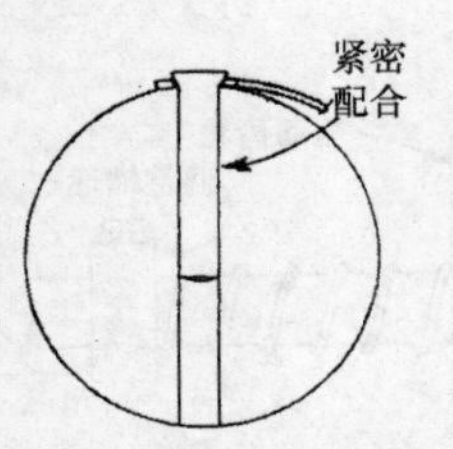

图 4.6-19 端部传动销穿过弹簧孔后使拆卸变得困难。

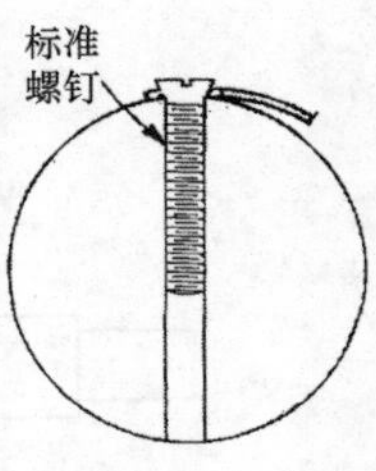

图 4.6-20 使用标准螺纹可以简化拆卸。

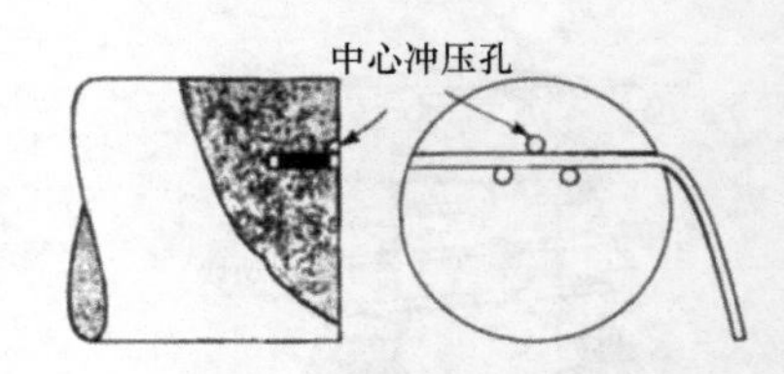

图 4.6-21 通过移动中心冲孔上的金属件使轴上的弦杆保持永久的弹力张紧状态。

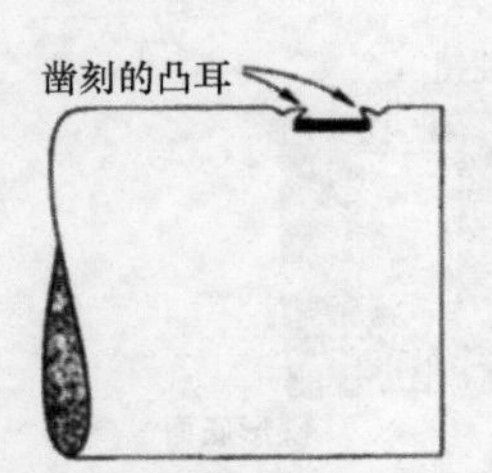

图 4.6-22 当装配后通过凿切或拉切形成凸耳，其弦槽可有效装夹弹簧。

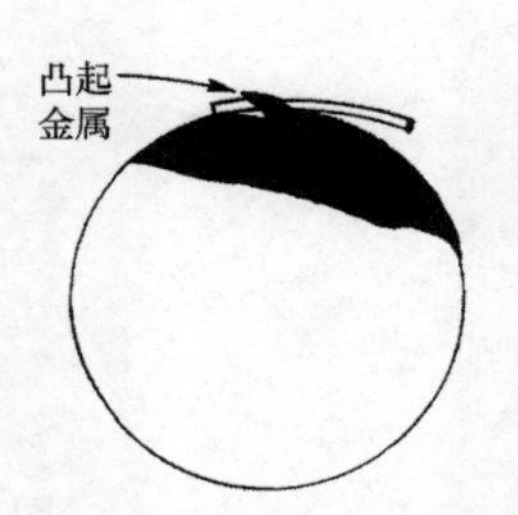

图 4.6-23 通过冲击作用形成的凸起金属为轴提供了低成本却很牢靠的挂钩。

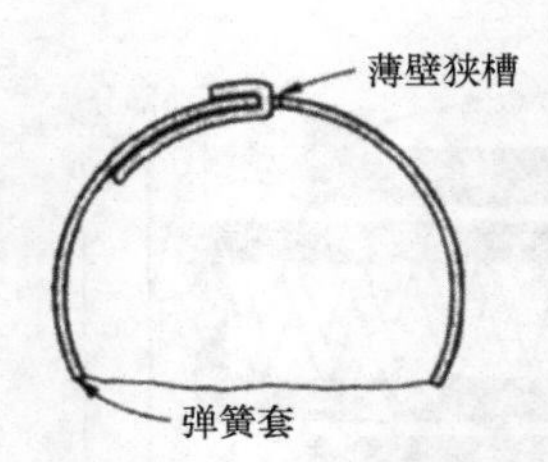

图 4.6-24 开槽的弹簧套结构很简单，但是工作时弹簧套旋转且无保护措施，那么弹簧末端将会变得危险。

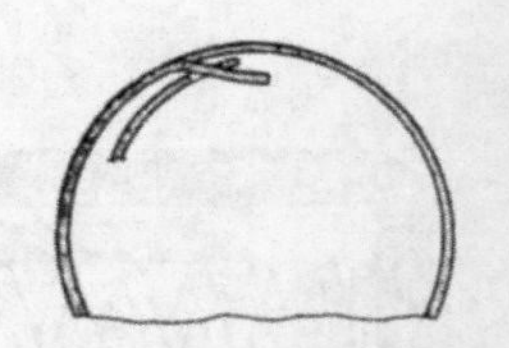

图 4.6-25 开封弹簧卡片能消除外部弹簧末端对工作的不良影响，但是灰尘容易侵入弹簧套中。

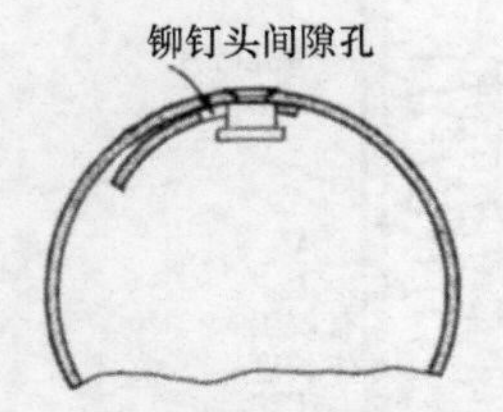

图 4.6-26 肩铆钉可以提供防尘。

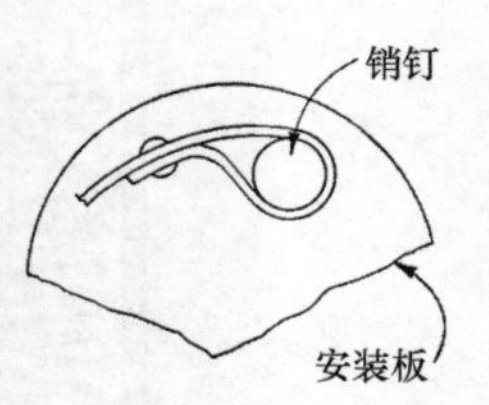

图 4.6-27 对于弹性限度更大的弹簧而言，将销钉安装在金属板上是较简单的。

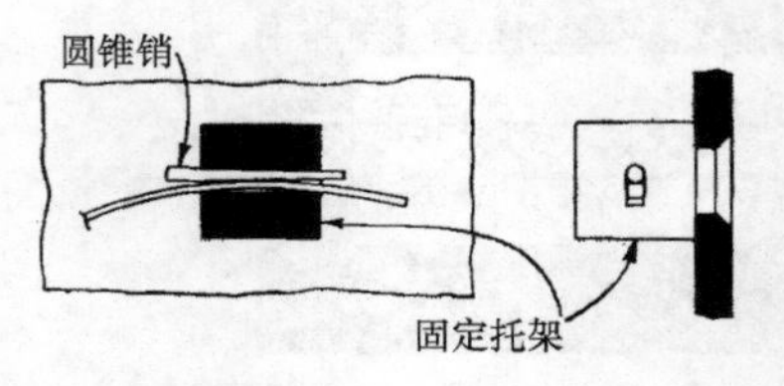

图 4.6-28 圆锥销后可用于高精度和低扭矩弹簧的最终调节。

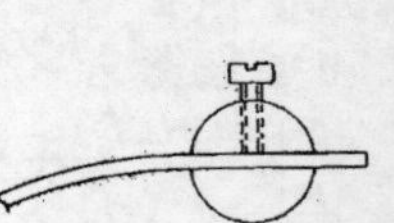

图 4.6-29 固定螺旋和带沟槽托架也可用来调整，但是如果弹簧末端出现浅沟，那么上述调节将会无效。

4.7 20种抗干扰紧固件

以下紧固件装置都可用在自动售货机、器械、收音机、电视机以及其他元件中来保护零件或提示不能拆除。其中包括明确保留的紧固件以防止元件丢失，这样取回紧固件也有些困难。

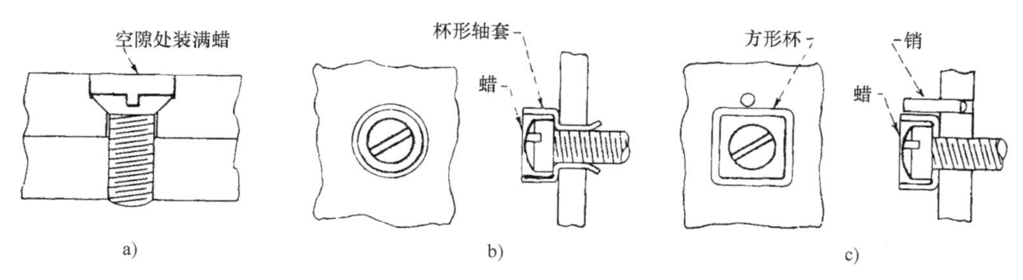

图 4.7-1 图 4.7-1a 中在螺钉上部的空隙处填满蜡或其他适合的材料。如果表面涂漆那么填充的蜡能够将螺钉隐藏，也就是与上平板平齐。图 4.7-1b 所示为在连接板太薄而无法开槽时设计与螺钉孔铆接杯形轴套来填充蜡。图 4.7-1c 中的销钉可防止方形杯旋转，使用方形杯可在不破坏蜡的情况下拆卸螺钉。

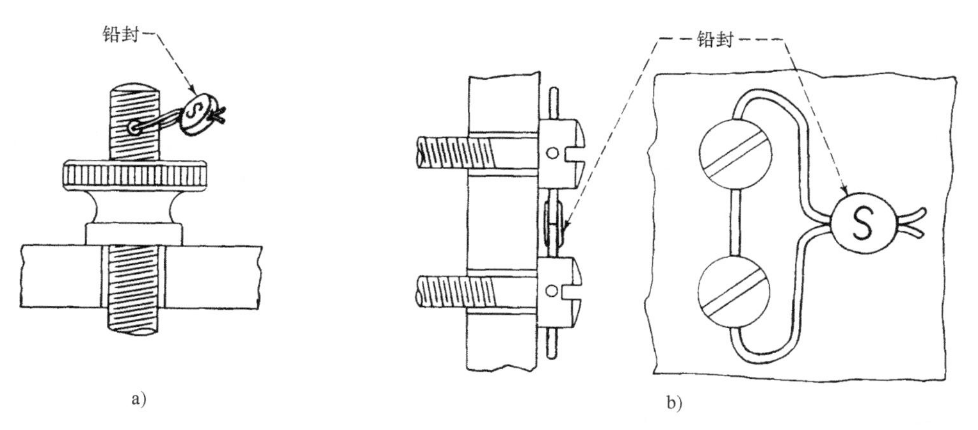

图 4.7-2 图 4.7-2a 中将铅封穿在螺栓的一端的孔中并卷绕金属线，可以提供螺母很有限的旋转空间。图 4.7-2b 中两个或两个以上的螺栓可以通过串联钢丝和一个铅封来保护未授权的拆卸。在铅封的压制过程中可以印制代码或其他符号。

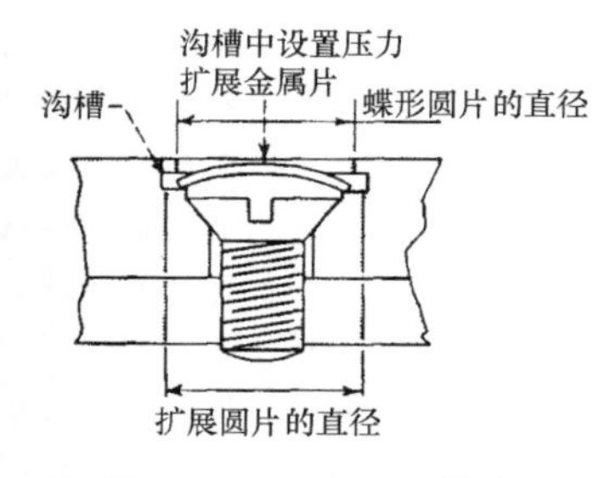

图 4.7-3 压入凹槽中的金属薄片很难于被拆除并防止被干扰。

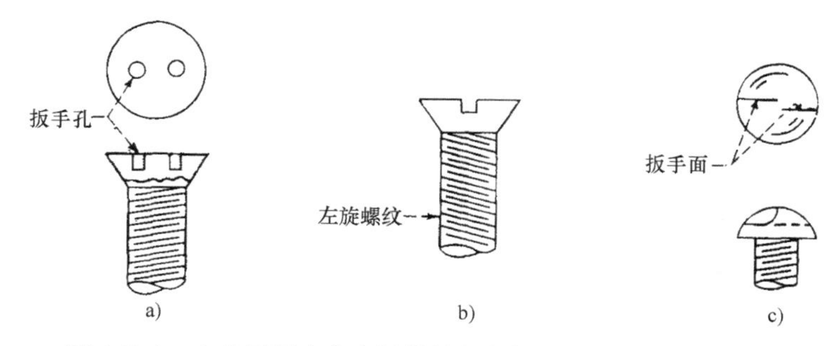

图 4.7-4 在美国制造商中提供的所有标准头和尺寸中扳手头螺栓可以使用（图 4.7-4a），除图中的 0.25in 直径的螺钉以外，其他螺钉均需要特殊的扳手。有些时候用左旋螺纹也可阻止未授权的拆卸（图 4.7-4b）。特殊的螺钉头可以使螺钉拧紧但不能松开（图 4.7-4c）。

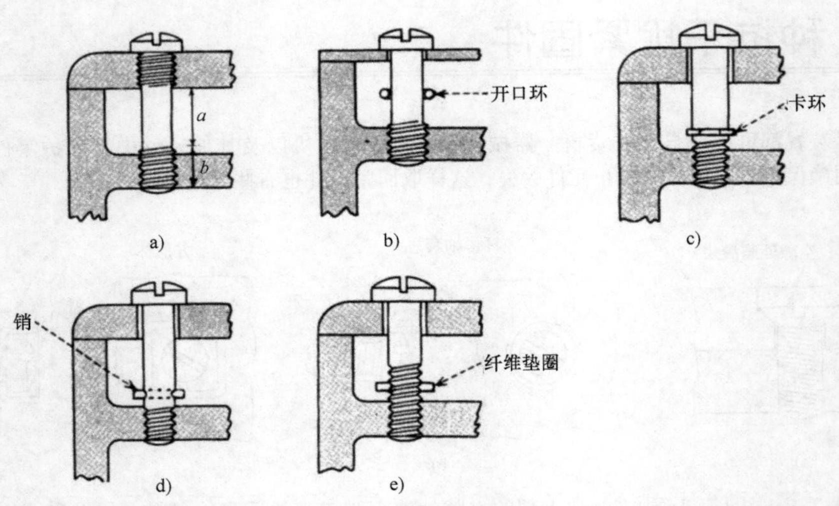

图 4.7-5 攻丝机外壳允许螺栓（$a > b$）减小螺杆的直径，从而完全从外壳上松开，同时保留正确的位置（图 4.7-5a）。对于薄的金属封盖来说，在减小直径的螺杆上使用开口环（图 4.7-5b）是更好的；而在未减小蜗杆上使用卡环（图 4.7-5c）或横销（图 4.7-5d）是有效的方法。图 4.7-5e 所示是一种简单且便宜的方式，即使用纤维垫圈压入螺纹里。

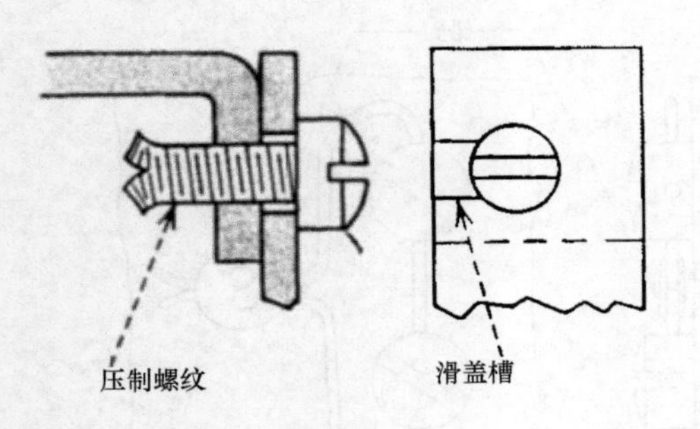

图 4.7-6 滑盖上的开口槽保证螺纹末端分开，所以一旦装配完毕，螺钉就再不能被拆下。

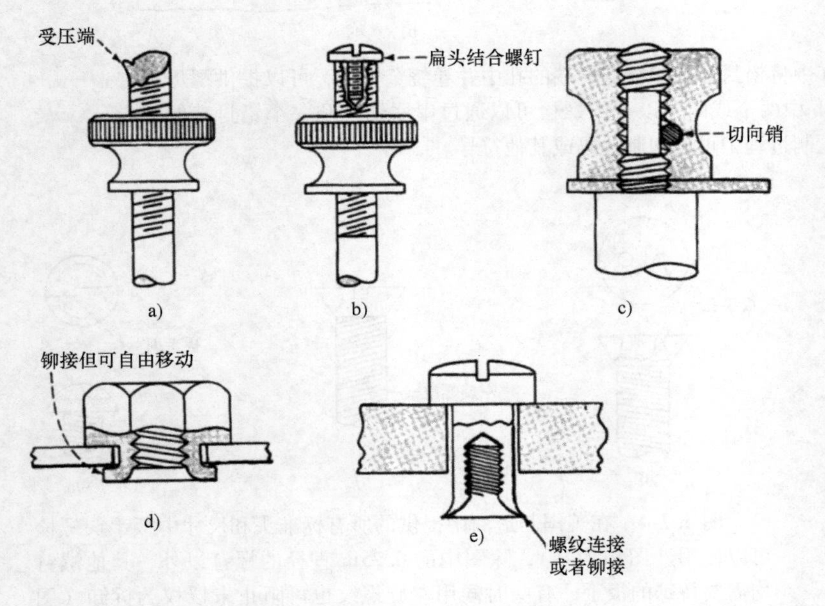

图 4.7-7 用施压或者类似的方式将螺母保留在螺栓上（图 4.7-7a），但是螺母偶尔也需要拆下，这时就可以使用同轴扁头结合螺钉（图 4.7-7b）；当螺钉的末段需要旋入到螺母中时，可以使用通过螺母切线但不切入螺钉（图 4.7-7c）的销来限制螺母运动。当使用两个或更多的螺钉时，为适应位置上的微小变化，旋转螺母（图 4.7-7d）或者螺栓（图 4.7-7e）应当有足够的横向空间。

4.8　15种消除配合金属间隙的连接方式

用钣金板、钣金耳和钣金凸台来实现连接和定位的15种方式。

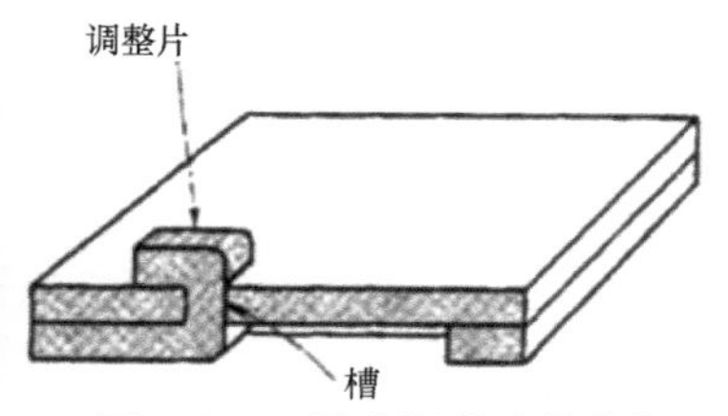

图4.8-1　卷曲调整片能将超过四层的钣金板聚集在一起。

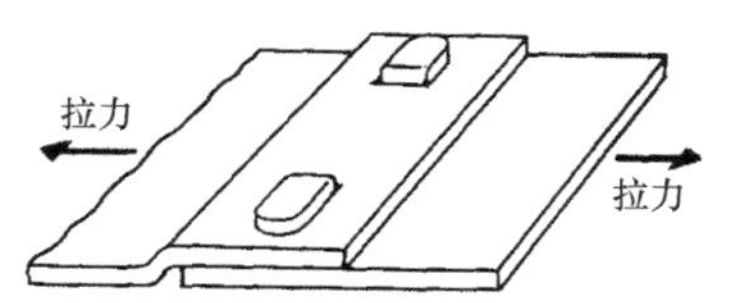

图4.8-2　调整片设计较大的变形可以提高控制钣金的强度。

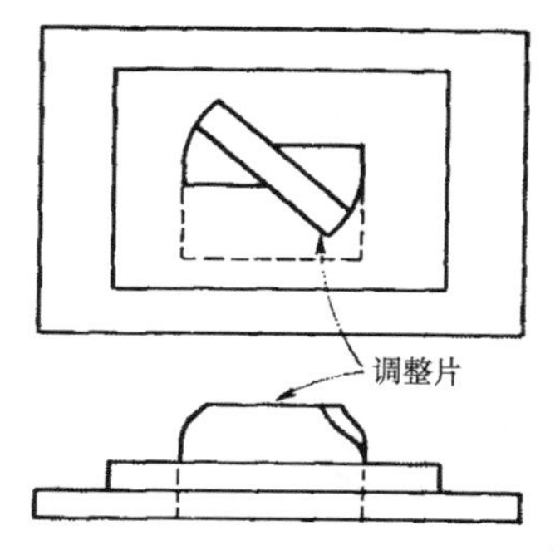

图4.8-3　扭曲调整片要比弯曲调整片更少见。

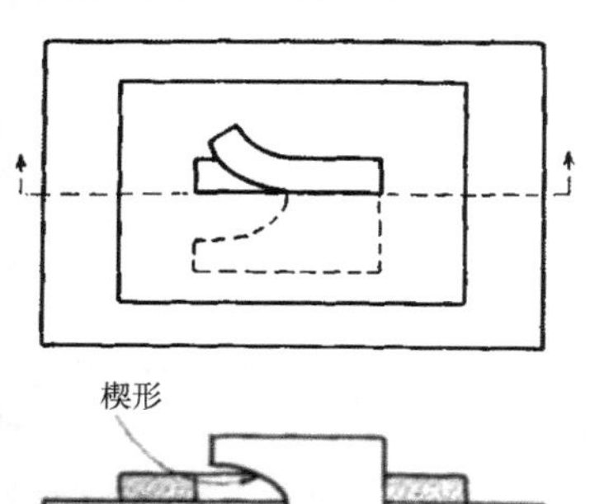

图4.8-4　当使用扭曲调整片时，楔形调整片能更紧地楔入。

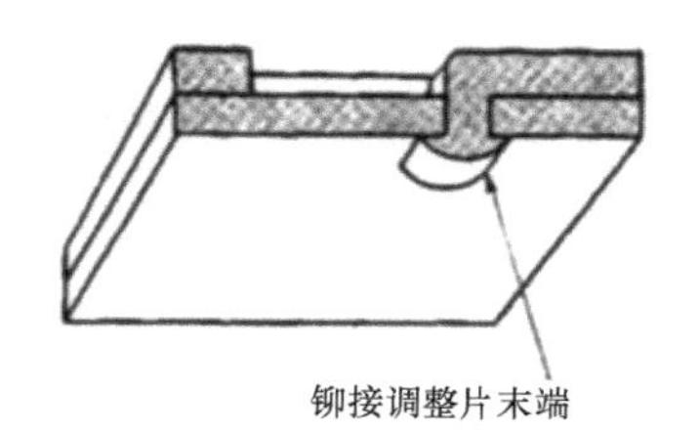

图4.8-5　使用后的调整片，其末端可以铆接。

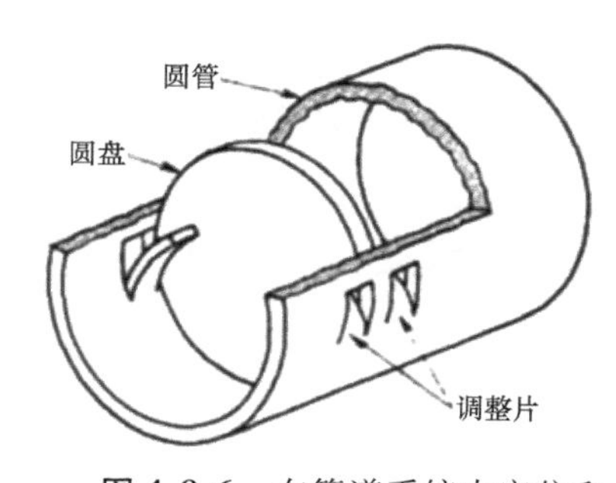

图4.8-6　在管道系统中定位和控制圆盘片可以使用这些调整片。

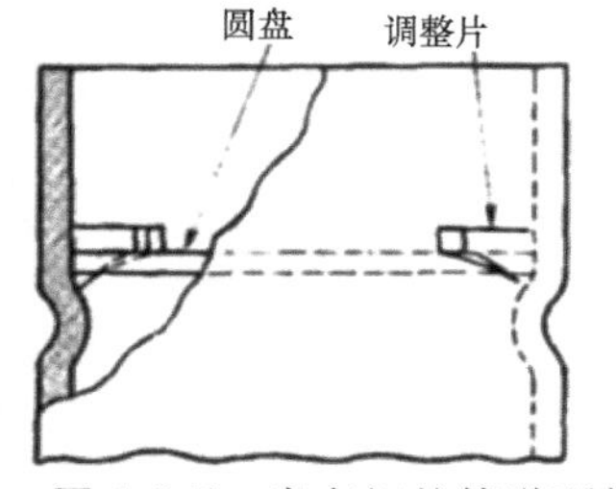

图4.8-7　当变细的管道颈部定位圆盘时，调整片仅仅通过楔形运动来调整控制圆盘。

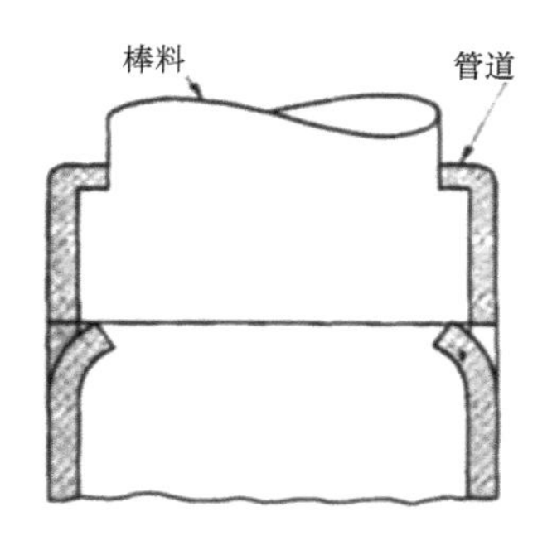

图4.8-8　将凸缘和调整片结合在一起，这样使得棒料和管道得以连接。

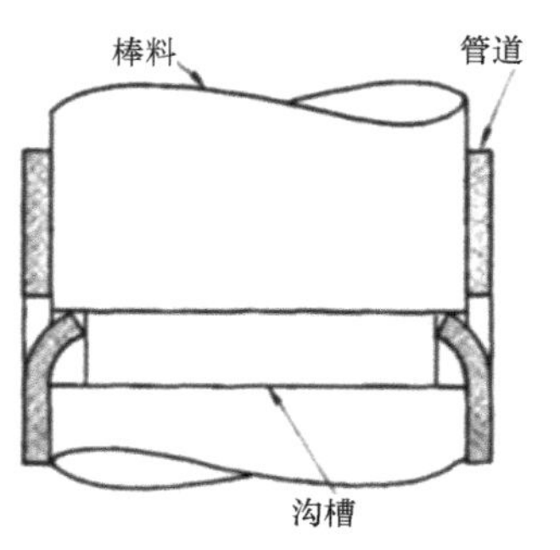

图4.8-9　对较长的棒料，将调整片放入沟槽中。如果调整片被稍微压入槽内，棒料可以在管道内转动。

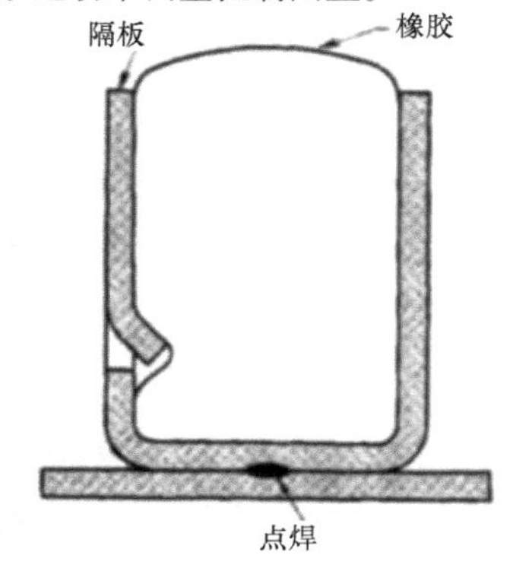

图4.8-10　对开口外壳使用调整片可以保护装在缓冲器或者仪表工具底部的橡胶。

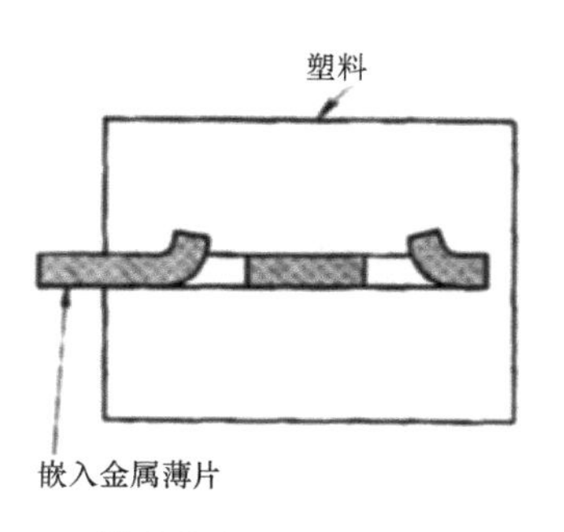

图4.8-11

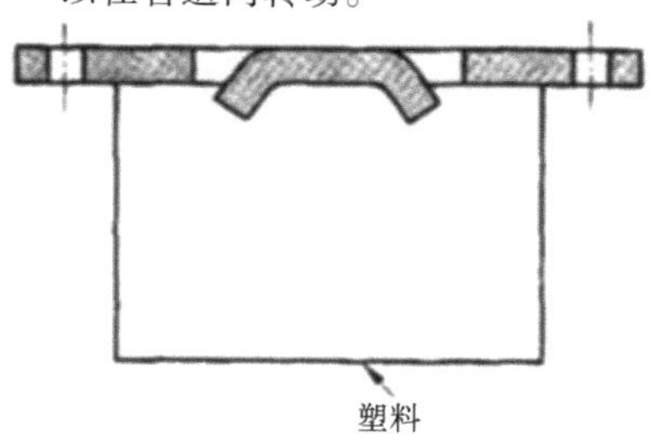

图4.8-12

在图 4. 8-11 和图 4. 8-12 中，如果塑料需要开槽，使用金属加固物和安装垫片都会更好地夹紧塑料。

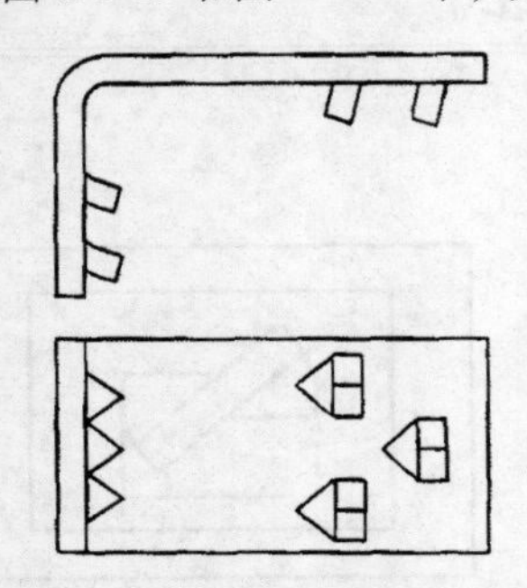

图 4. 8-13 角加强件会通过槽齿夹紧木料、塑料或者纤维；同样，标志牌或标签通过被压入表面的方式很容易被安装到设备或仪器的面板上。

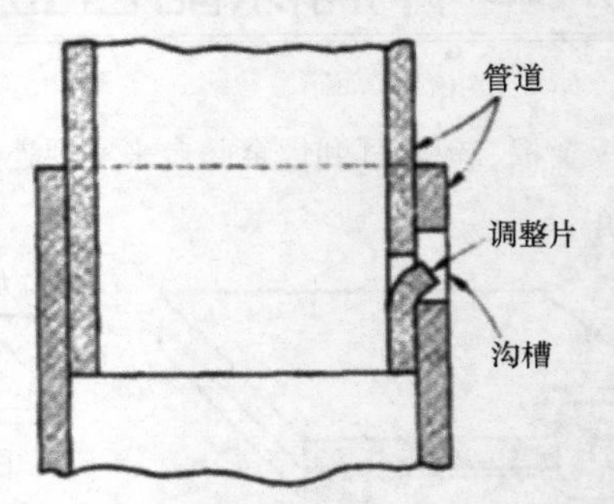

图 4. 8-14 连锁槽和调整片连接两片管道。如果内部管道壁厚，那么连接就较稳定；而若壁薄，调整片就可以被推下，管道就可以在需要的时候分开。

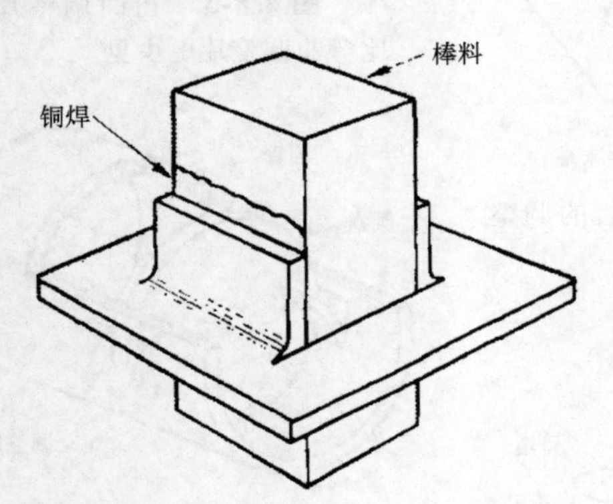

图 4. 8-15 开缝挡板为棒料和管道提供铜焊或者结实的钣金片的大接触区域。圆棒或者管道的另一种可选方式是在洞口做压花轴环。而对于矩形口来说，折板实现起来会更加简单。

4.9 圆形零件不用连接件连接的方法

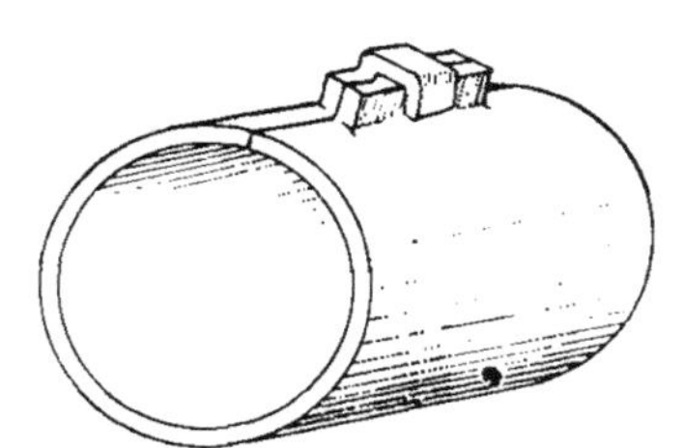

图 4.9-1 圆形截面的连接。薄板上使用两个完整的调整片。一个金属片比另一个长，在装配时可以使其弯曲以固定。

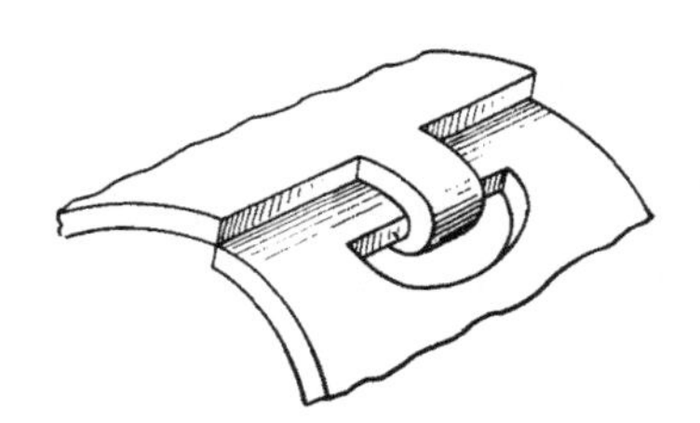

图 4.9-2 与图 4.9-1 结构类似，不同之处在于图中的管道是由弯曲关节形成的。调整片被弯曲，然后插入装配体上的沟槽内。为了保持锁紧，需要一定的拉力。

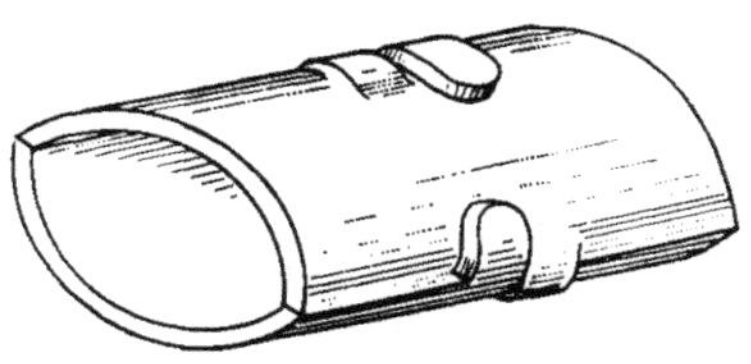

图 4.9-3 椭圆截面的连接。调整片是薄板形成的。为实现最优结果，调整片之间应该相互靠近，如图所示。

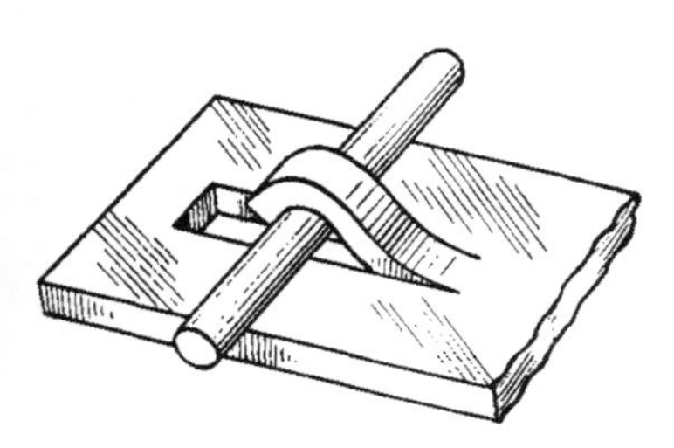

图 4.9-4 将棒料固定于平板。调整片是在装配时用棒料辅助弯曲形成的；通过楔入动作将棒料固定在平板上。如果不受限制，棒料可自由移动。

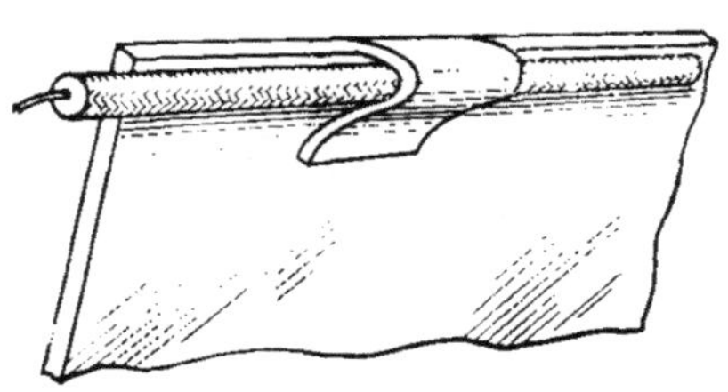

图 4.9-5 类似于图 4.9-4，只是此处是支撑电线。调整片是完整的，装配时有些折边。

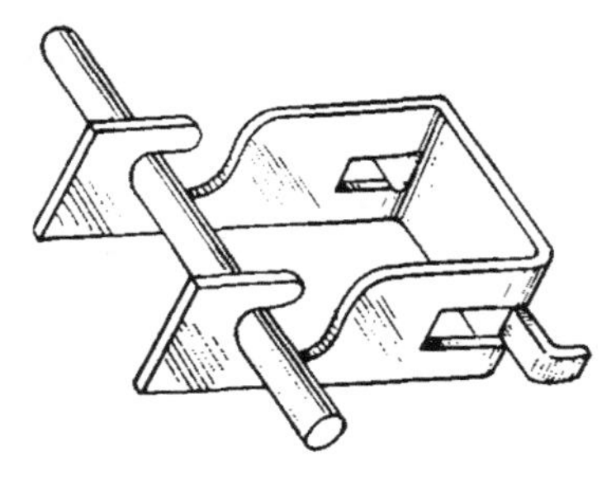

图 4.9-6 支撑棒料或者管道。安装可以是永久的或暂时的；弯曲签头用来固定钣金架。

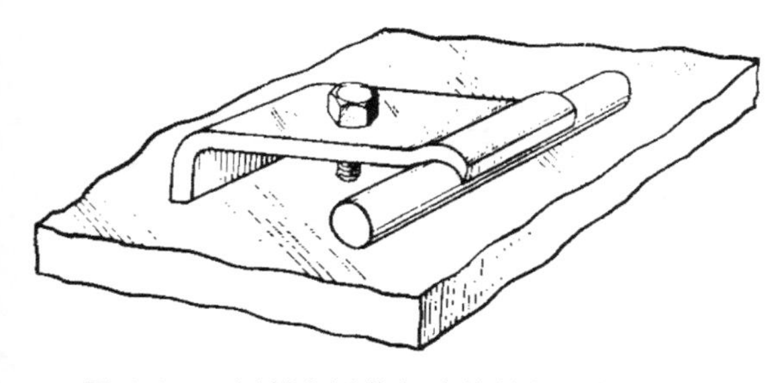

图 4.9-7 压制金属薄板支撑棒料、管道或绳索。螺钉旋入下平面后提供了压力。

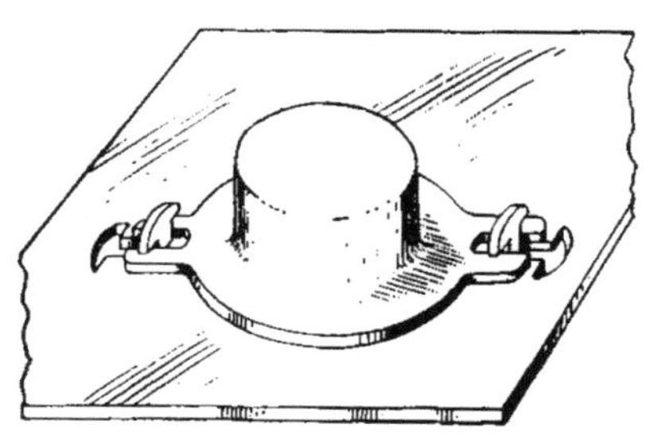

图 4.9-8 将柱形件连接于平板上。将柱形件通过槽孔焊接在平板上；装配时将底板上的调整片弯曲。

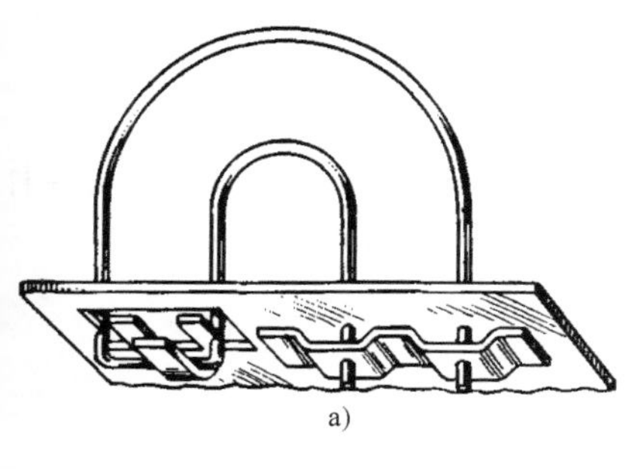

a)

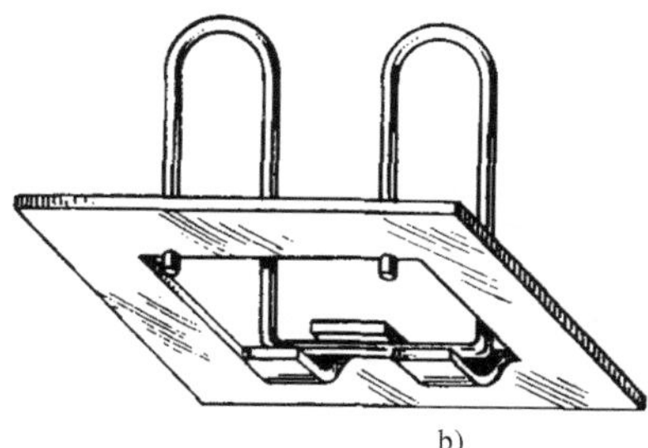

b)

图 4.9-9 调整片和支架用来支撑圆棒（图 4.9-9a）；支架可以焊接在平板上。图 4.9-9b 中，圆棒有开槽位置；对于大批量生产来说，调整片和插槽可以固定在金属片上；而对于小批量生产来说，调整片和插槽可以先加工。

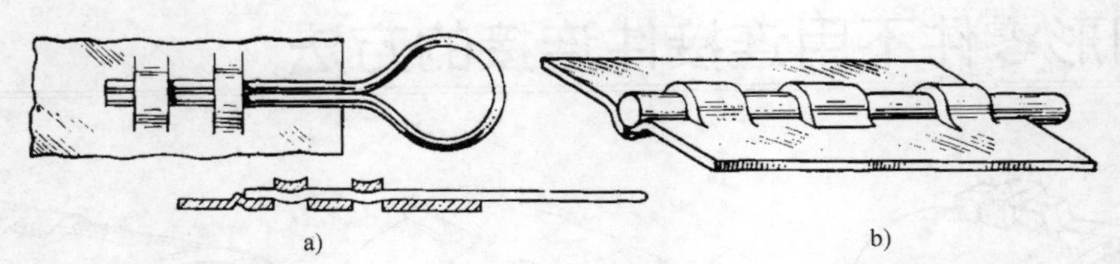

图 4.9-10 装配时要压制平板面，调整片会变得弯曲。如果两个板面有调整片边缘（图 4.9-10b），就会形成钢琴形的枢纽。可以将图 4.9-10a 和图 4.9-10b 结合起来，这样就可形成一个快速释放的开关门机构。图 4.9-10a 中，线缆穿过铰链门闩的眼孔，手柄会接触到线缆。

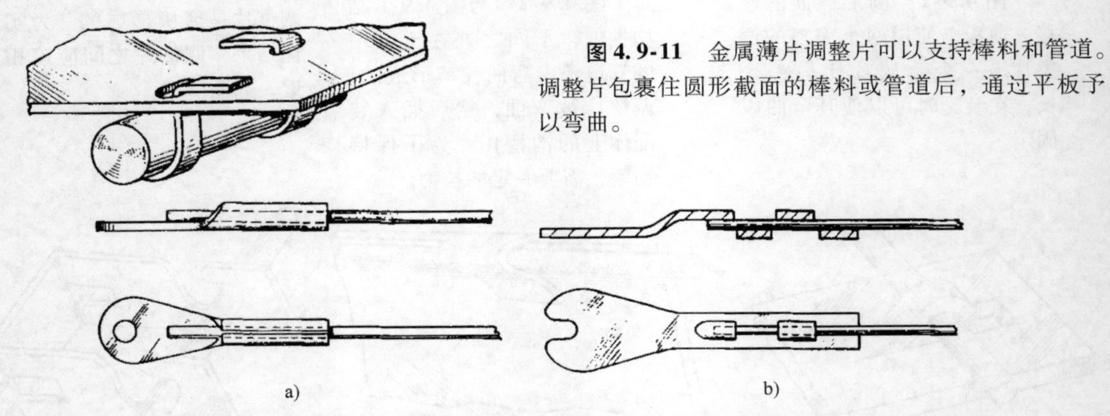

图 4.9-11 金属薄片调整片可以支持棒料和管道。调整片包裹住圆形截面的棒料或管道后，通过平板予以弯曲。

图 4.9-12 连接电线圈末端到接线端子。金属片采用卷曲或焊接的适当方式来固定电线。可适用于多种接线端子。如果需要其他连接，电线端口和接线端子需要注意安全，否则会发生火灾，因此通常增加一个点焊。

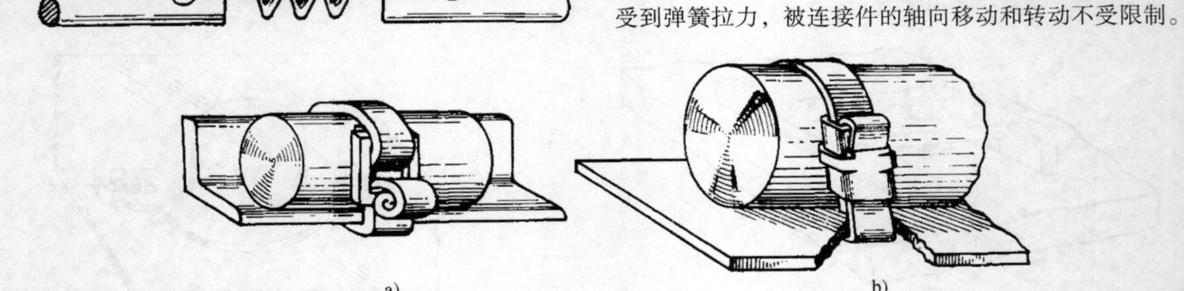

图 4.9-13 两个棒料或者管道间使用弹簧。除了受到弹簧拉力，被连接件的轴向移动和转动不受限制。

图 4.9-14 搭接片将一截面为圆形的物件紧紧固定在结构件上。方形棒（图 4.9-14a）或者钣金件（图 4.9-14b）可以形成锁状结构。若要其他锁紧装置，可以把搭接片弯折。为了防止撕裂，金属板上的开槽孔的位置应该与棒料平行。

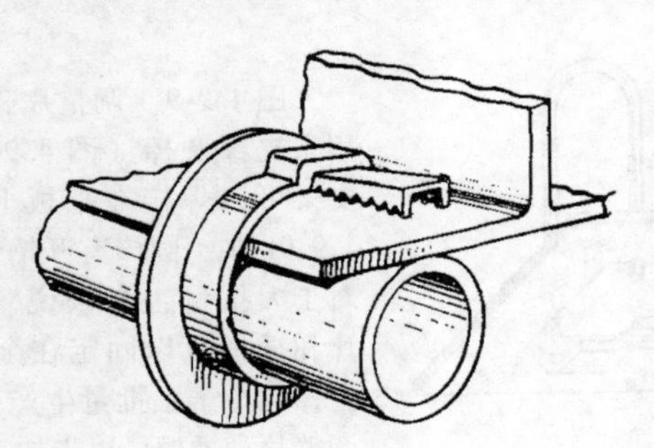

图 4.9-15 C 形夹持体经常用于管道。轻轻锤打形成锯齿形楔子，其锯齿可防止楔子松脱。

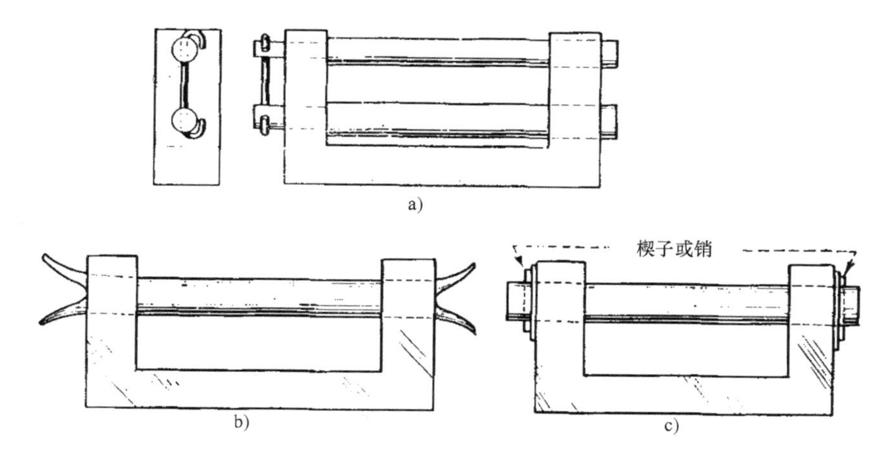

图 4. 9-16　在机器支撑架上固定圆柱状物件的方法。图 4. 9-16a 中锁杆的一端加工成小的直径。轴肩和弯曲件阻止锁杆从支架中滑出。图 4. 9-16b 中末端开口锁杆限制轴向运动，但允许转动，装配时锁杆的末端被劈开。图 4. 9-16c 中楔子和销不利于使用垫圈。轴向移动被限制但是可以转动；如果锁杆是滚筒，那么可以安装轴承。

第 5 章

锁紧装置与方法

5.1 靠摩擦力夹紧的装置

为了利用机械的优势，在摩擦力夹具的设计中用到了多种设备。这些夹具能用相当小的光滑面夹紧受较大载荷的零件，并且只需要简单的控制就能将受载荷的零件夹紧或松开。如图 5.1-1 所示，这些夹具可以用螺钉杠杆、曲轴、楔形块以及它们的组合来实现夹紧或松开。

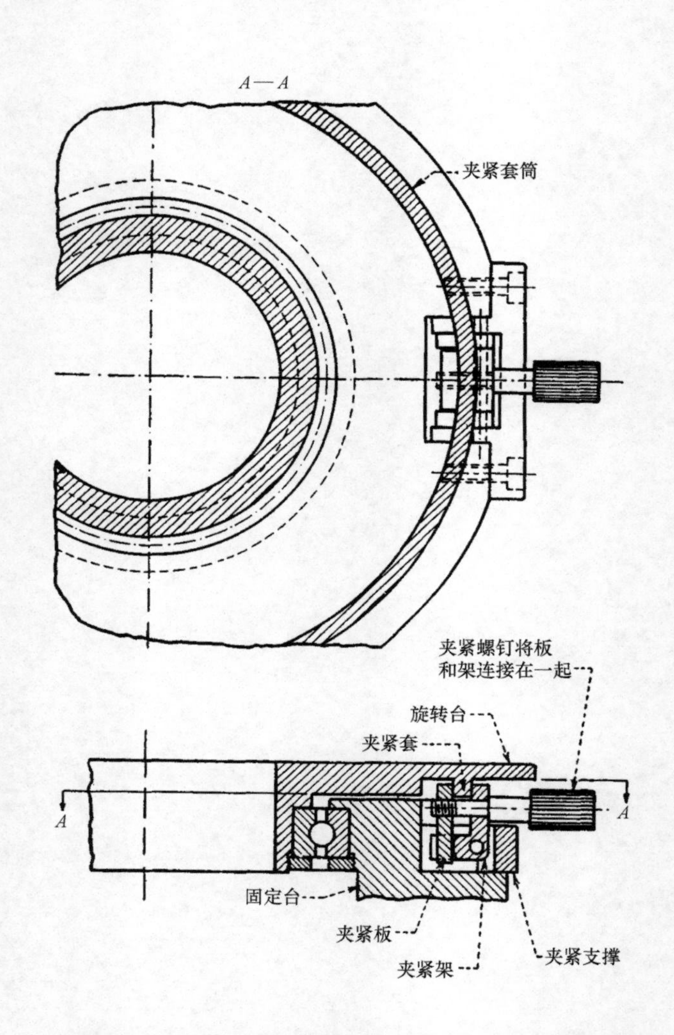

图 5.1-1 转盘式夹具。这套夹具用销连接在装配台上，因而不会打乱台面布局。

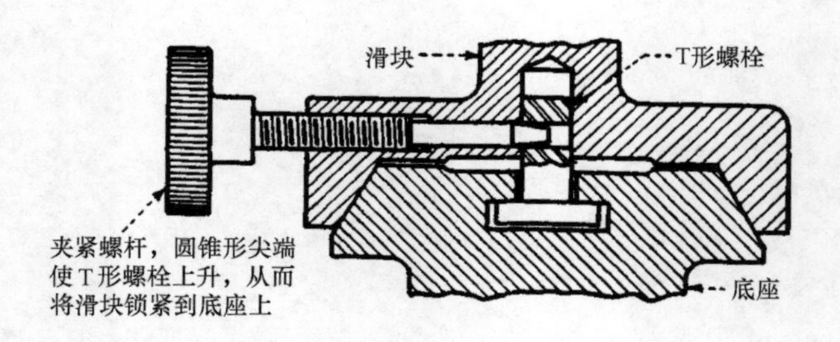

图 5.1-2 滑动夹具。

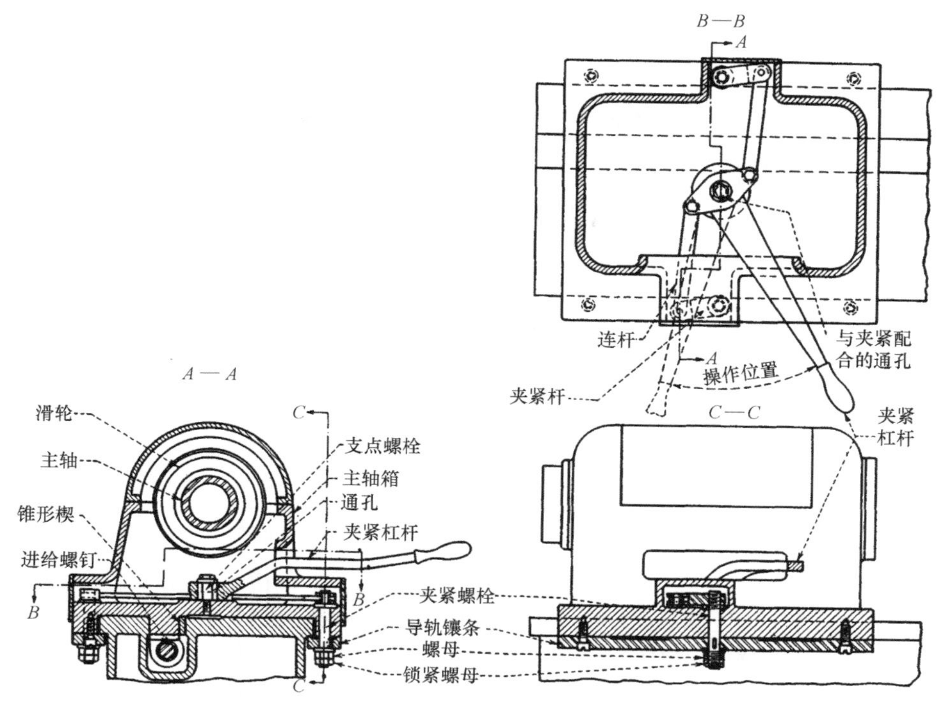

图 5.1.3　为主轴头设计的双夹紧装置。

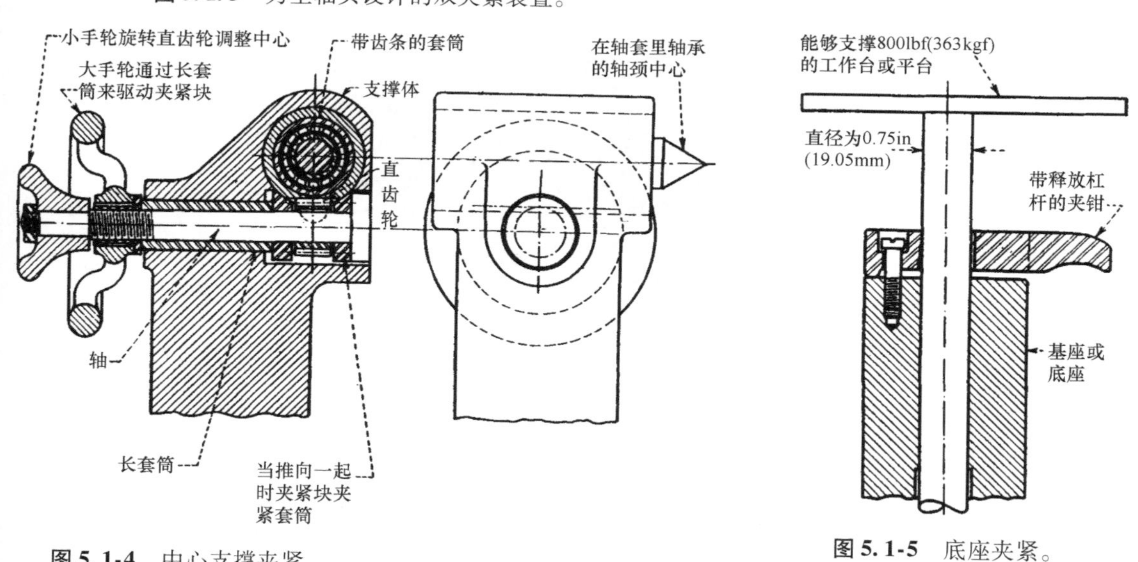

图 5.1-4　中心支撑夹紧。

图 5.1-5　底座夹紧。

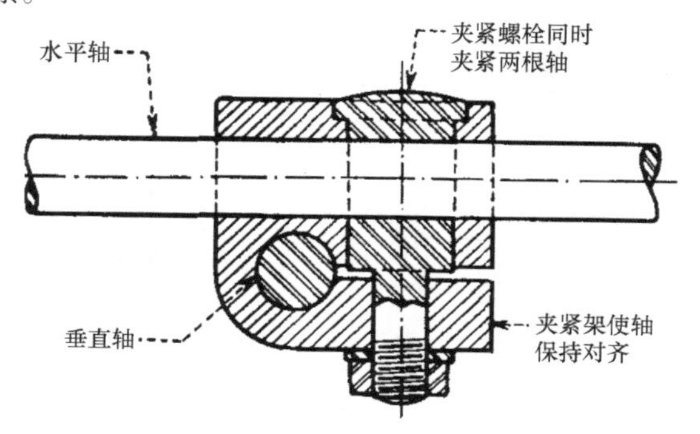

图 5.1-6　直角夹紧。

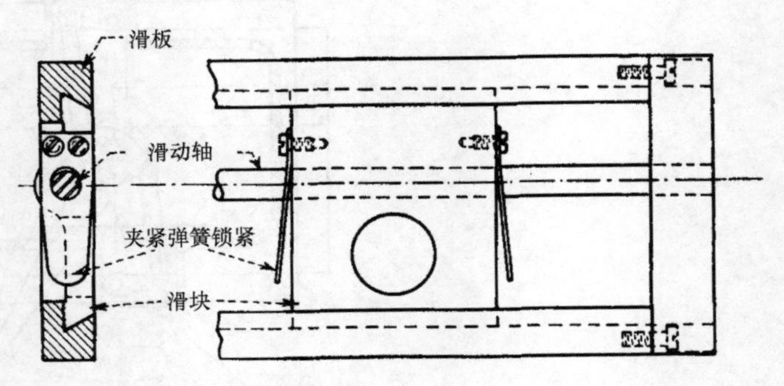

图 5.1-7　滑动夹紧。

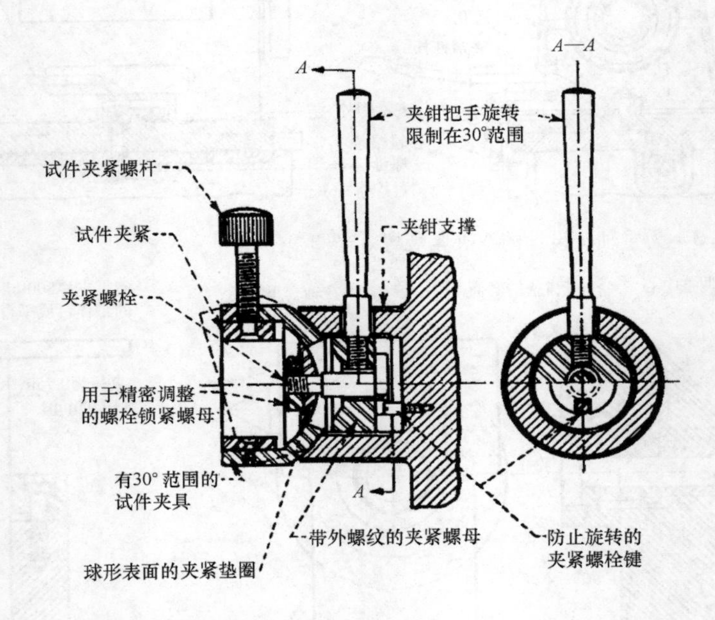

图 5.1-8　试件夹具夹紧。

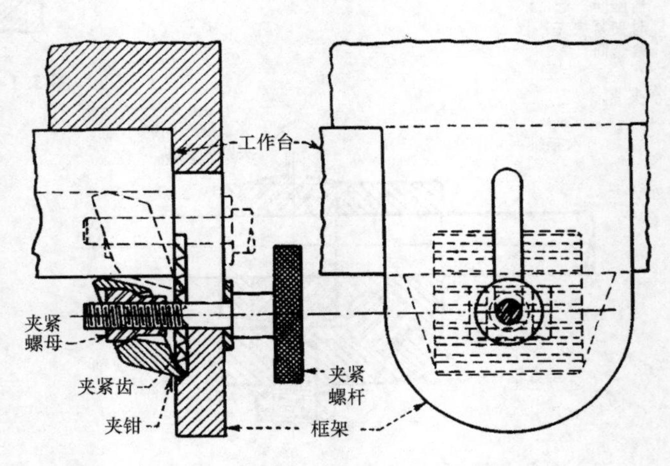

图 5.1-9　工作台夹紧。

5.2　保持和锁紧制动器

许多形式的止动爪常用于定位齿轮、杠杆、带、封盖等类似的零件。大多数止动爪由不同张紧度弹簧的形式来体现，止动爪的末端具有一定的强度以防止过度磨损。

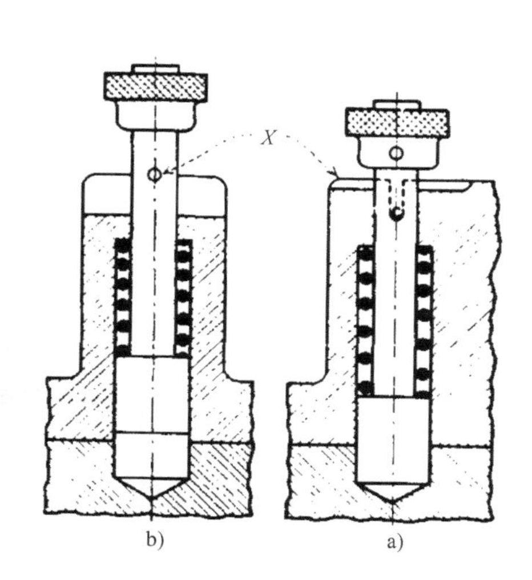

图 5.2-1　图 5.2-1a 中用来连接的驱动柱塞被拉出并旋转 90°，销钉 X 将滑进浅槽，如图 5.2-1b，从而使两连接件分开。

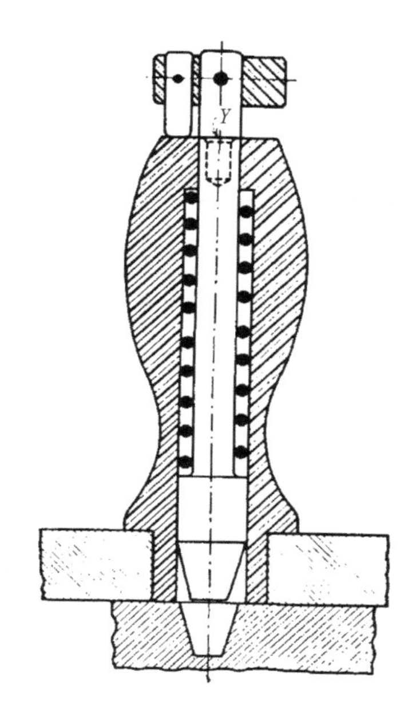

图 5.2-2　当柱塞处于松开位置时其轴环上安装的销钉停靠在手柄的末端，而当销钉进入 Y 孔后柱塞处于连接位置。

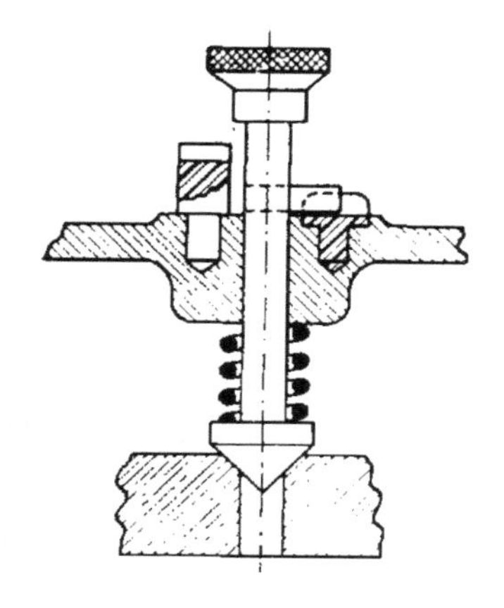

图 5.2-3　打入铸件中的长槽销钉和短槽销钉给出了两个柱塞的位置。

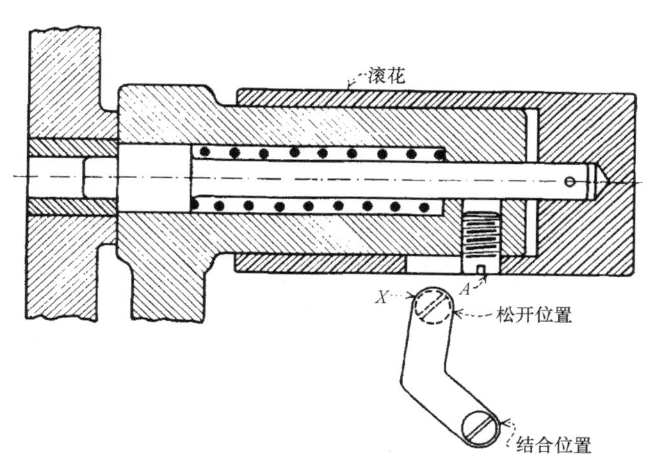

图 5.2-4　当螺钉 A 旋入到卡口槽 X 的锁紧位置后，压制滚花手柄的柱塞将可被拔出并扭转。

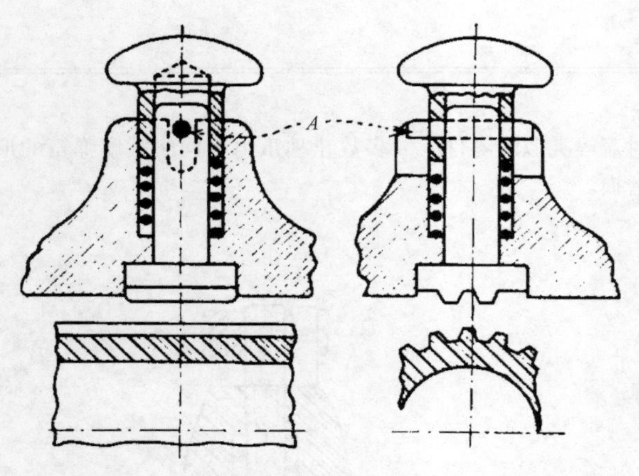

图 5.2-5　这个设计中与槽连接的销钉 A 阻止了柱塞的反转。这个止动爪被用做临时的齿轮锁，通过齿轮可使弹簧杆松开。

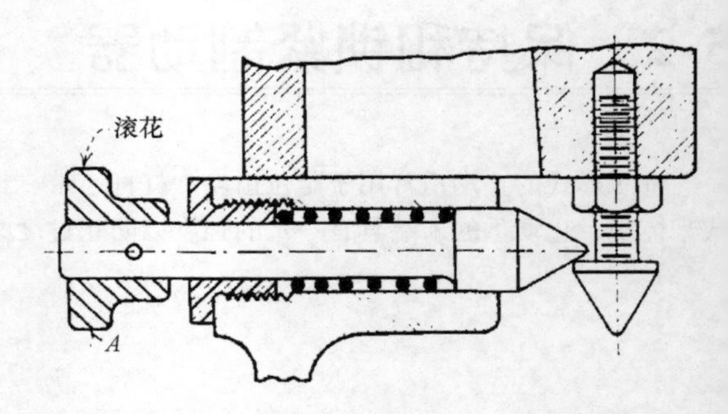

图 5.2-6　调整齿轮箱盖锁紧装置。推动门关闭将实现自动上锁，拔出手柄 A 后，门锁松开。

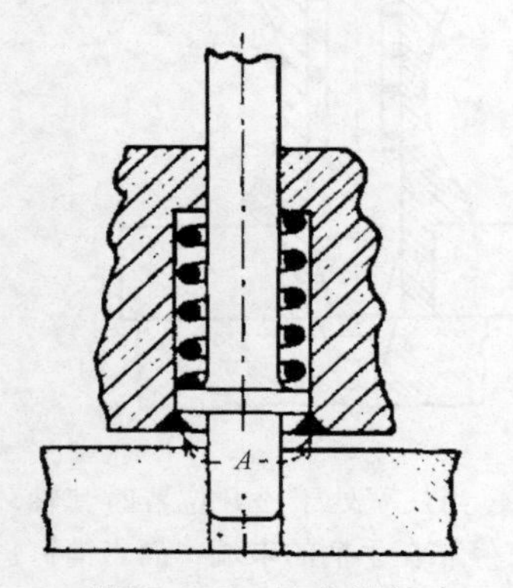

图 5.2-7　这个设计中，通过冲或扩 A 孔来控制柱塞的位置。

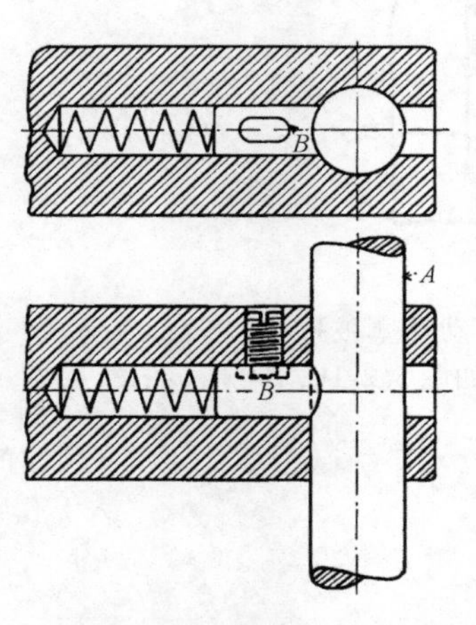

图 5.2-8　柱塞 B 支撑手柄 A，其头部是凹形的，通过紧定螺钉与键槽相配合防止柱塞 B 转动。控制可调节手柄 A 位置的唯一途径就是摩擦力。

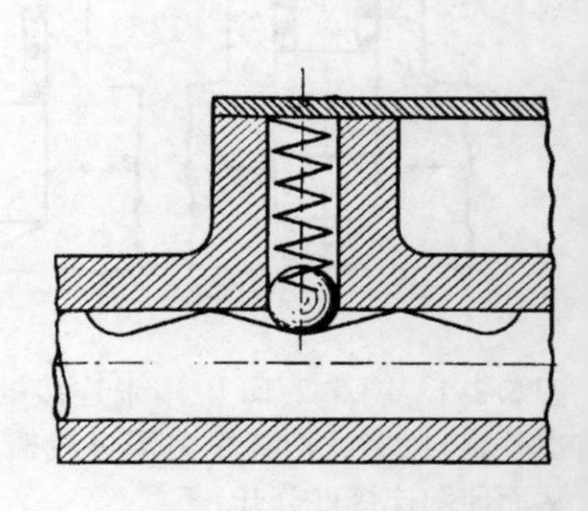

图 5.2-9　弹簧连接钢球是一个既便宜又有效的止动爪，杆上的沟槽比较长并呈曲线形状。

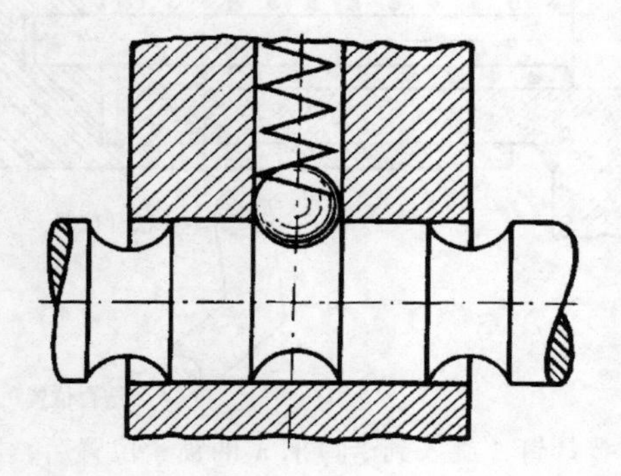

图 5.2-10　杆的四周都被切成沟槽，杆就可自由地转动到任何位置上。

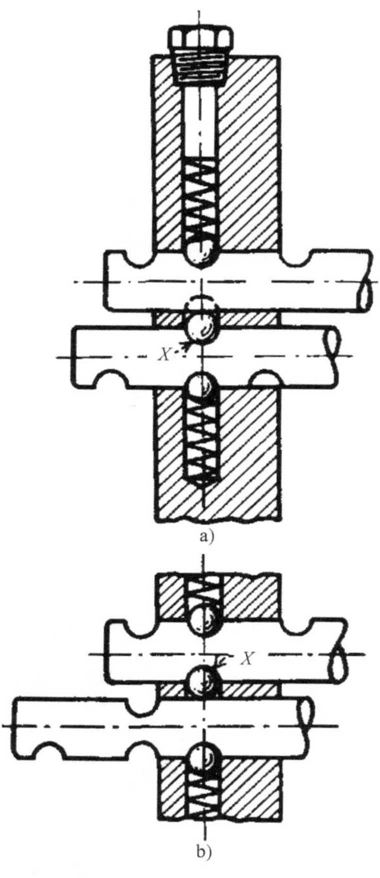

图 5.2-11 变速杆的双向锁定装置。图5.2-11a是在中间位置上球 *X* 可自由进入孔中。从图 5.2-11b 中可看出，当移动下面的杆时，推动钢球 *X* 向上运动，促使上面的杆处于中间位置。在上面杆移动之前下面的杆必须处于中间位置。

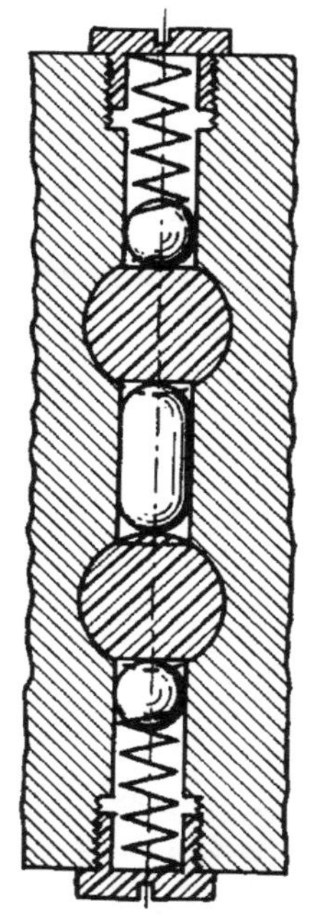

图 5.2-12 上图变速杆的双向锁定装置结构与图 5.2-11 类似。其中，在钢球 *X* 的位置上使用的杆是半球面的。

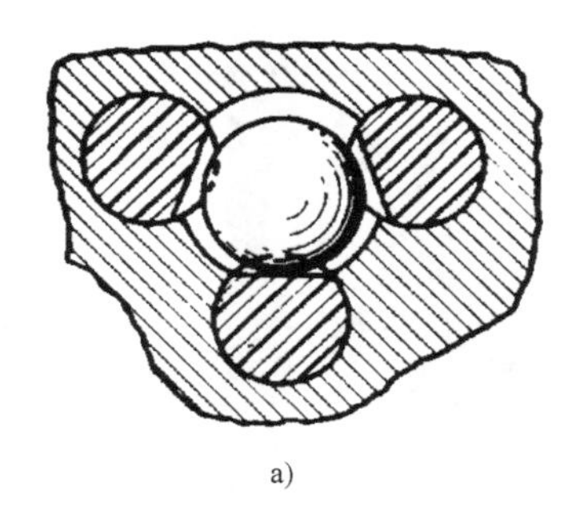

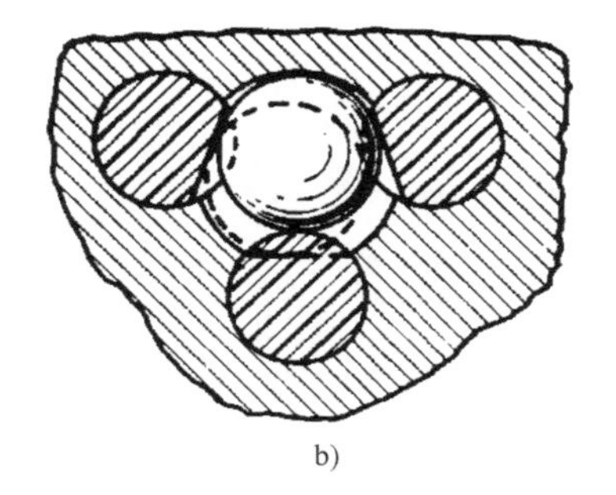

图 5.2-13 这里没有使用任何类型的弹簧，通过一个很大的钢球将三个变速杆锁定。图 5.2-13a 显示的是其处于中间位置。图 5.2-13b 中，下面的杆已经被移动，从而推动钢球向上运动，将其他两个变速杆锁定。虚线圆环表示的是当右边变速杆移动后钢球所处的位置。

5.3 弹簧夹紧工件的方法

在这里浏览一下弹簧夹紧装置的工作方式，从而帮助我们理解设计的关键。

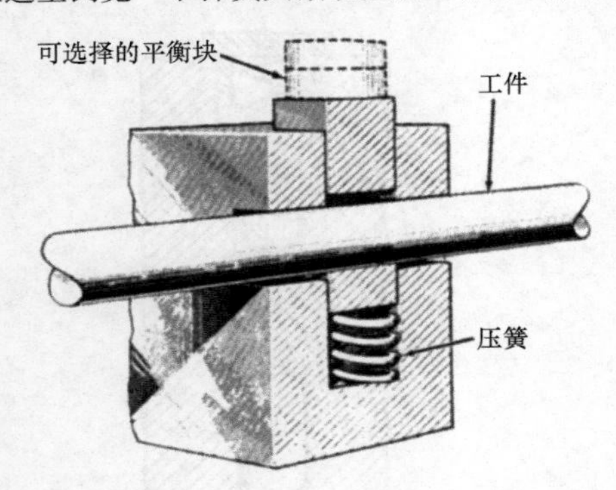

图 5.3-1 这个装置可以很容易地夹紧杆的任何部位。需要的话可以调节夹紧力的大小。

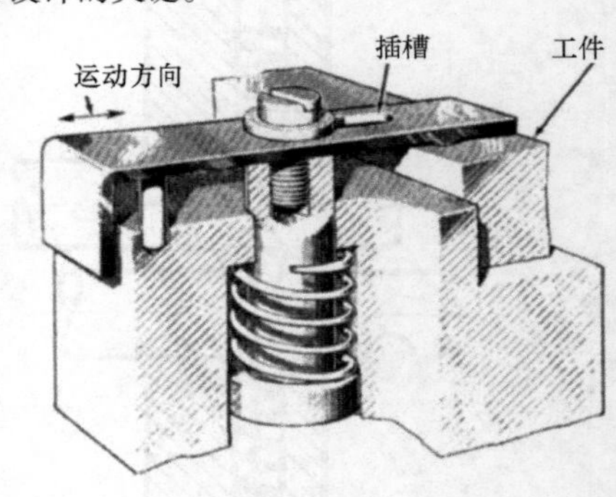

图 5.3-2 第二个杠杆可以提供给容易标记或需要平稳夹紧的零件较低的夹紧力。

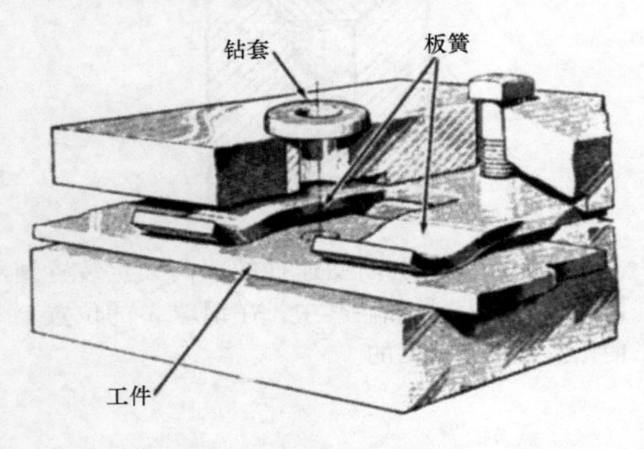

图 5.3-3 对厚度不变的平面工件，可以用一对板簧结合夹具工作台来夹紧。

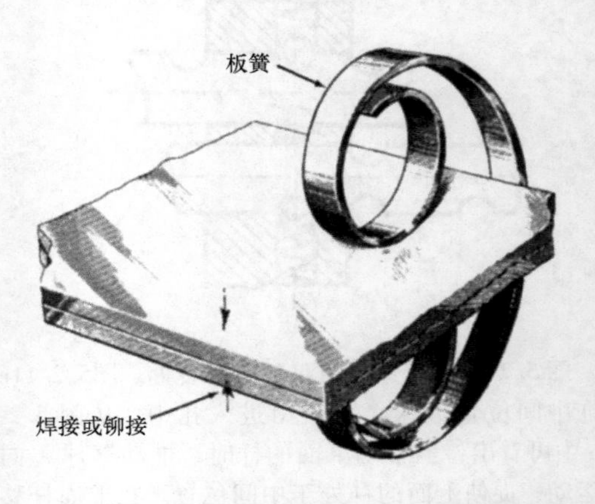

图 5.3-4 图示夹紧装置是有助于两个平板材料通过焊接或铆接连接到一起的简单夹具。

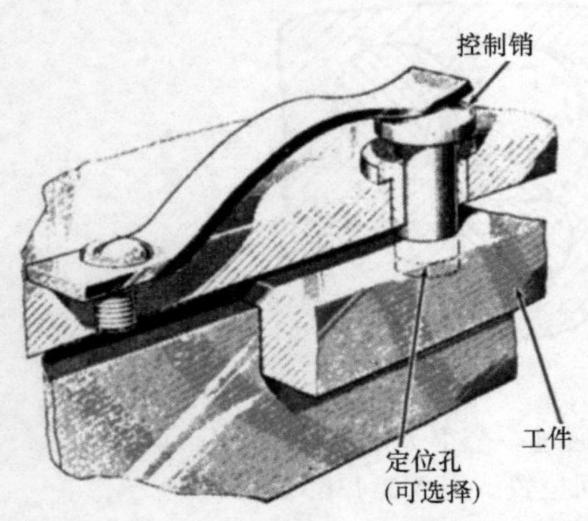

图 5.3-5 在夹具中可用通过销工作的板簧来夹紧工件。这个装置也可用来定位零件。

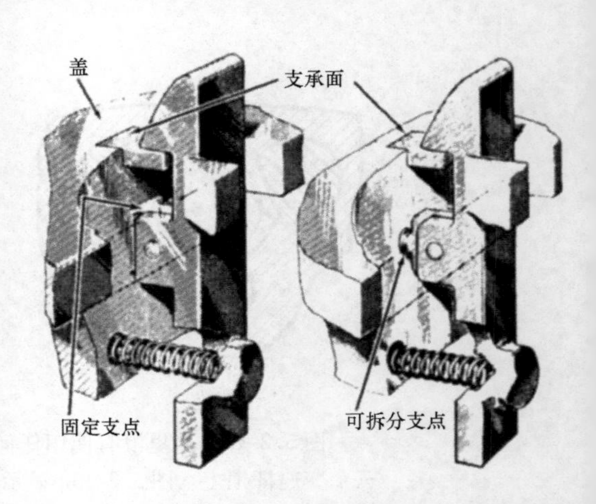

图 5.3-6 盖闩是利用弹簧和凹口杠杆结合的最好应用例子。如果要解开盖闩进行维修，只需要调整可拆分的支点。

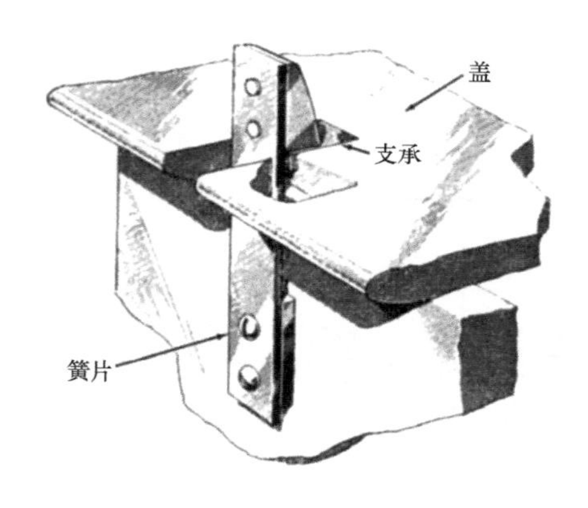

图 5.3-7 片弹簧闩的形式可制作成图示结构，或者让弹簧本身形成自己的锁紧凹口。

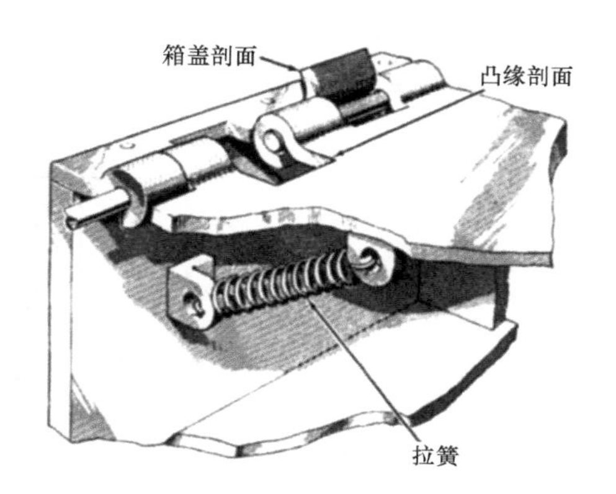

图 5.3-8 依靠弹簧实现凸缘的开启和关闭。中心弹簧的运动可使凸缘变成简单的触发器。

5.4 工件的夹具

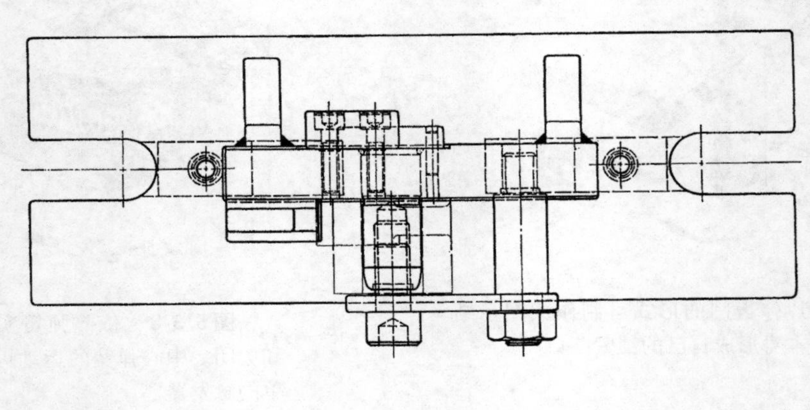

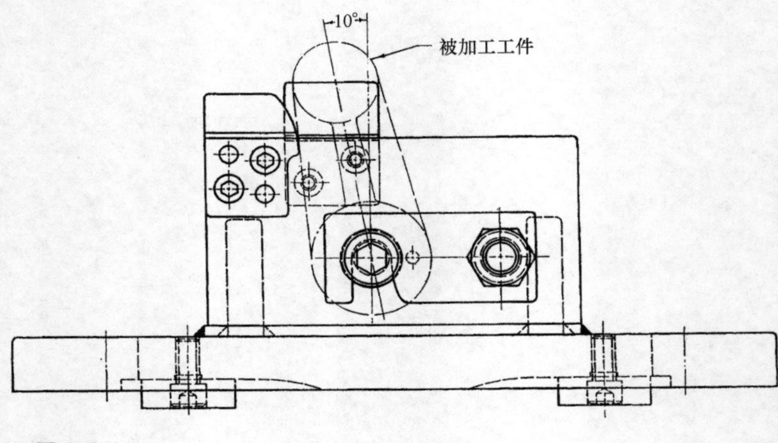

图 5.4-1

5.5 15 种把齿轮固定在轴上的方法

如果你为你的装置选择了一套很好的齿轮，那么应该考虑是如何将这些齿轮固定到轴上。下面总结了一些方法，其中有的方法比较旧，有的方法比较新。最后制订了一个表格进行对比，以供读者选择。

5.5.1 销钉

通过销将齿轮固定到轴的方法仍然被认为是最好的方法之一。销钉的型式包括定位销、圆锥销、槽销、柱形插销或螺旋销。这些销有些穿过主轴（图 5.5-1a），有些平行于主轴（图 5.5-1b）。后一种方法需要轴肩和挡圈来防止轴端间隙，但要求能快速拆卸。当齿轮过载时，要求设计的销轴能承受剪力。

销连接的主要缺点：销减少了主轴的横截面积；一旦销连接了齿轮再调整就比较困难；如果齿轮的硬度较大，在齿轮上钻销孔也是比较困难的。

建议操作要求如下：

1）孔和轴的同轴度误差控制在 0.00508 ~ 0.00762mm。

2）不考虑齿轮的材料，销的材料选钢料。在安装过程中通过调整螺钉调节齿轮在轴上的位置。

3）销的直径不应大于主轴直径的 1/3，推荐尺寸为 $0.20D \sim 0.25D$。

4）用销固定齿轮的最大转矩的简化公式如下：

$$T = 0.787Sd^2D$$

式中，S 是销的安全剪切应力；d 是销的平均直径。

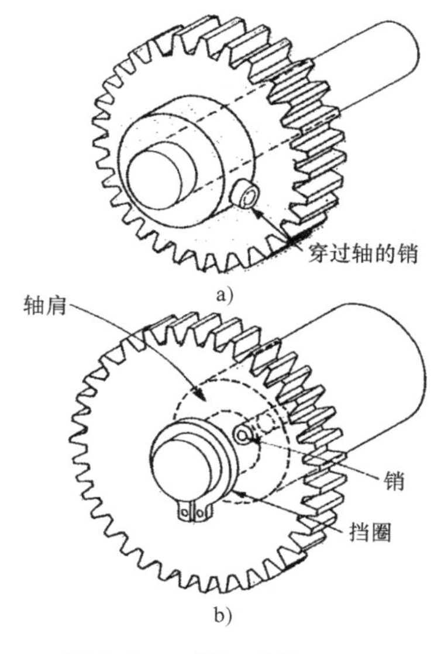

图 5.5-1 销钉连接。

5.5.2 夹钳和夹筒

夹钳受到仪器齿轮使用者的欢迎，因为这些齿轮可以与夹钳一起购买或制造，夹钳作为齿轮的一部分被同时加工（图 5.5-2a），或者被装配进齿轮孔中。齿轮也可以夹钳与轮毂组件组装（图 5.5-2b）。夹钳也可作为一个单独的零件购买。

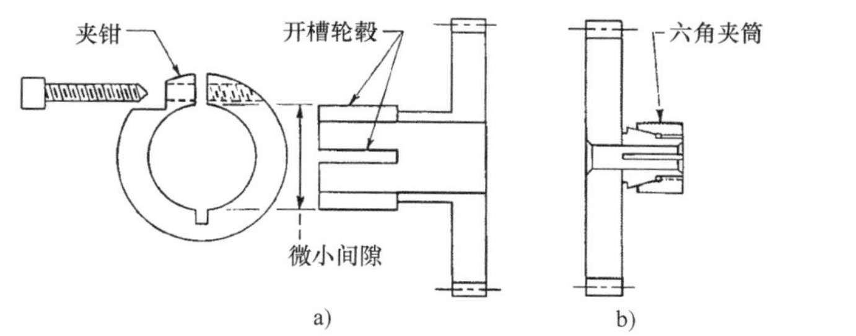

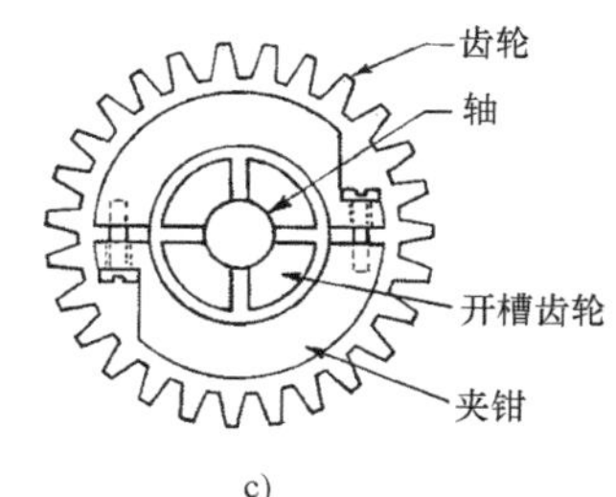

图 5.5-2 夹钳和夹筒。

在过大夹紧力作用下，整体结构的夹钳可能被破坏，因此上剖分式的夹钳应用更广泛。这样可以将压力转移到连接上下夹钳的螺栓上，避免了夹钳本身断裂的可能性。齿轮毂应开槽为三个或四个相等的部分，利用薄壁部分以减少夹钳的尺寸。硬齿面齿轮也可以用夹钳固定，但齿轮毂在淬火之前应先开槽。

其他要求如下：齿轮毂的长度大致等于被销固定齿轮；通过齿面槽夹角约 90 °。虽然夹钳可以将齿轮固定在一个花键轴上，但轴和齿轮孔最好都是光滑的。如果被固定的是两个花键，夹钳可阻止齿轮横向移动。

夹钳的材料应和齿轮相同，特别是军事装备，因为不同金属材料其规格标准也是不同的。但如果有重量限制，也可以采用铝合金材料。夹钳和开齿轮槽的成本相对来说比较低。

5.5.3 压入配合

当轴径太小无法开键槽，或传递转矩相对较低时，可采用压入法装配齿轮到轴。这种方法虽然成本很低，但在需经常调整或拆卸的场合不宜使用。

最大转矩为

$$T = 0.785 f D_1 L e E\left[1-\left(\frac{D_1}{D_2}\right)^2\right]$$

齿轮孔的拉伸应力为

$$S = eE/D_1$$

式中，f 是摩擦系数（对金属装配一般为 0.1 和 0.2）；D_1 是轴径，D_2 是齿轮的外径；L 是齿轮宽度；e 是配合系数（大小随孔和轴变化），E 是弹性模量。

装配件最好采用同种金属（在仪器中通常采用不锈钢），以避免因温度变化而带来的问题。钢制轮毂与轴之间的装配压力如图 5.5-3 所示（出自机械工程师标准手册），此曲线也适用于空心轴，前提是 d 的大小不超过 0.25D。

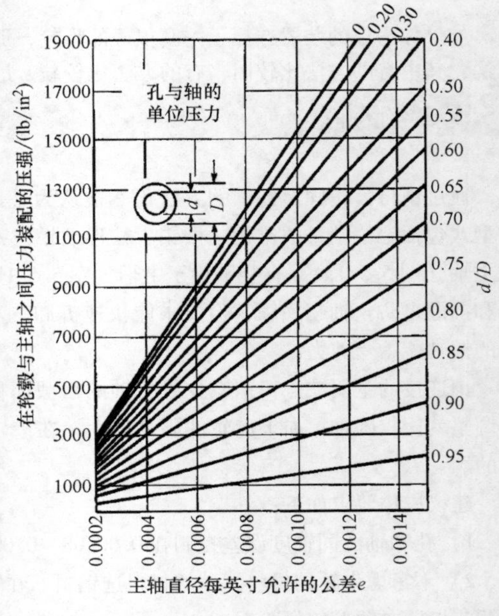

图 5.5-3 主轴公差与装配压强的关系。

5.5.4 化合物

有几种化合物可以将齿轮固定在轴上，其中之一是美国密封胶有限公司生产的“乐泰”。这种胶水暴露于空气外之前会保持液态，但当在狭小的紧密配合金属部件间时会变硬，如螺母与螺栓的紧密配合（MIL-S-40083 军事规格批准使用此固定化合物）。

“乐泰”密封剂提供了几种胶合剪切强度等级，强度等级加上接触面积决定了可传输转矩的大小。例如，将一个 9.525mm 长齿轮与 4.763mm 直径轴配合，结合面积为 141.935mm²。使用胶合剪切强度达 6.895N/mm² 的 A 级“乐泰”，固定力是 2.26N·m。

“乐泰”可以渗入 0.003mm 或更小的间隙，填补间隙可达 0.254mm。它大约需要 6h 硬化，但有催化剂时只需 10min，如果加热的话则只需 2min。有时在轴承处需要一个定位螺丝精确并长久的固定齿轮，直至密封胶完全固化。

齿轮可以很容易地从轴上拆下，或通过强力破坏粘合区，然后在新的位置重新应用密封胶，从而实现齿轮在轴上的调整。胶水可以粘合任意两种金属，成本相对于其他方法比较低，因为可减少额外的机械加工及误差。

5.5.5 紧定螺钉

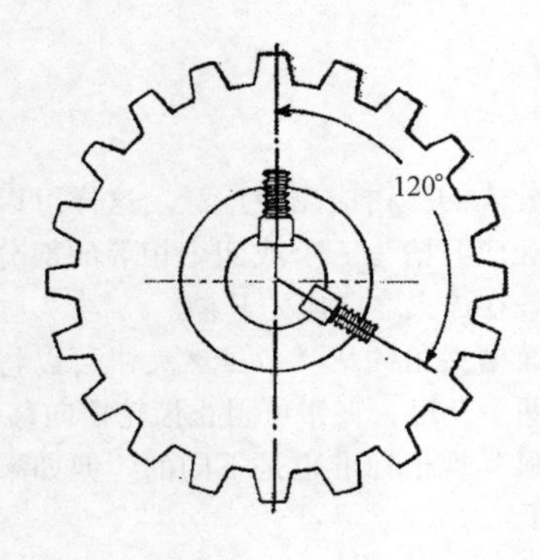

图 5.5-4 紧定螺钉。

两个成90°或120°夹角的紧定螺钉通常就足以牢牢将齿轮固定在轴上。更可靠的固定是在轴上加工一个小平面，这样还可以防止损坏轴。这个小平面可以增加最大转矩并有利于频繁拆卸，用在紧定螺丝上的密封胶可防止振动产生的松动。

5.5.6 齿轮轴

当从小齿轮的外径加工出轴的费用不是很高时，用一块材料整体加工出齿轮和轴有时会很经济。此方法也适用于铸件材料，或因为空间限制而无法加工出齿轮毂的情况。在没有传递转矩大小受到限制时，通常在其他损伤发生之前轮齿就会扭曲。

5.5.7 花键轴

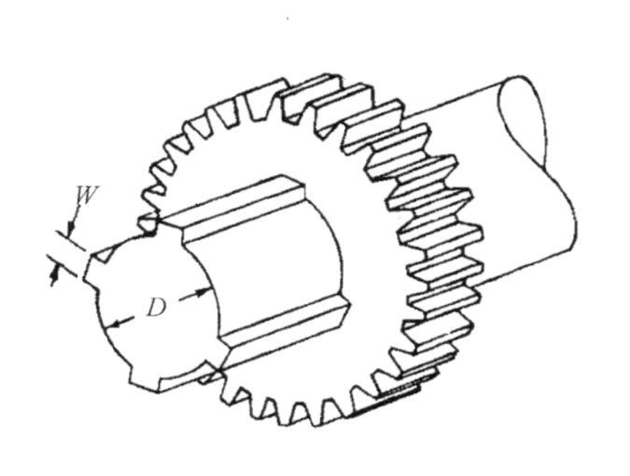

	4-花键	6-花键
D	W	W
$\frac{1}{2}$	0.120	0.125
$\frac{3}{4}$	0.181	0.188
$\frac{7}{8}$	0.211	0.219
1	0.241	0.250
$\frac{5}{4}$	0.301	0.313

图5.5-5 花键轴。

理论上这种花键齿轮在旋转过程中要能够实现轴向移动。经常使用矩形花键，但是渐开线花键具有更好的导向性和承载能力。非滑移齿轮通过螺母或挡圈来固定或控制。

花键的扭转强度比较高，其大小和使用花键的数目有关。尽管其他花键类型有时使用，但一般可使用图5.5-5中推荐的4齿花键和6齿花键。建议轴和齿轮的材料使用不锈钢，避免使用其他金属或者铝，其相对成本较高。

5.5.8 滚花

滚花轴可以压入齿轮内孔，由于滚花本身是开口的，从而与齿轮孔能实现紧密配合。这就避免了需要补充锁定装置，如锁环扣和螺纹螺母。

这种滚花一般用于直径6.35mm或更小的轴上，这种轴将不会因为沟槽加工或孔洞而使其强度削弱或扭曲。它价格低廉，不需要额外部件。

滚花能增大轴的直径0.0508～0.127mm。通常在轴的滚花后面设计一越程刀槽。除非要求很高的同轴度，轴和孔的直径公差一般都不做特殊要求。这个装置能设计成在特定载荷下可以滑动，因而可以作为一个安装装置使用。

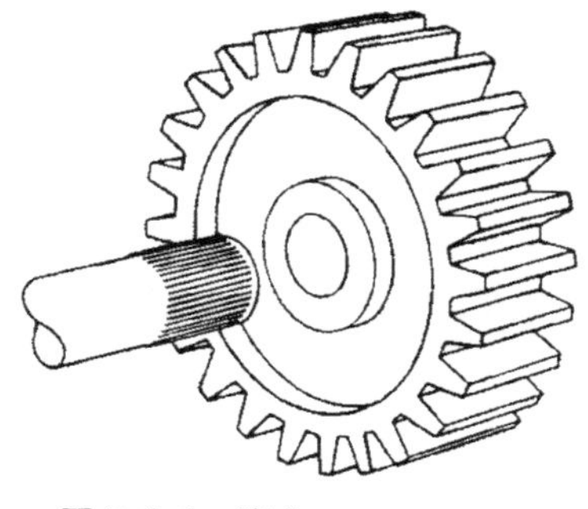

图5.5-6 滚花。

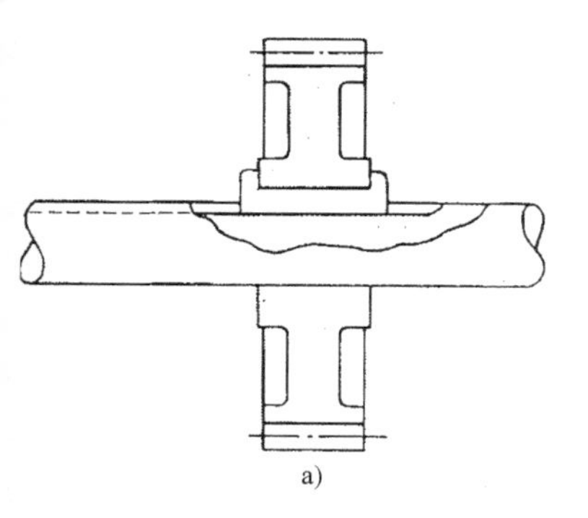

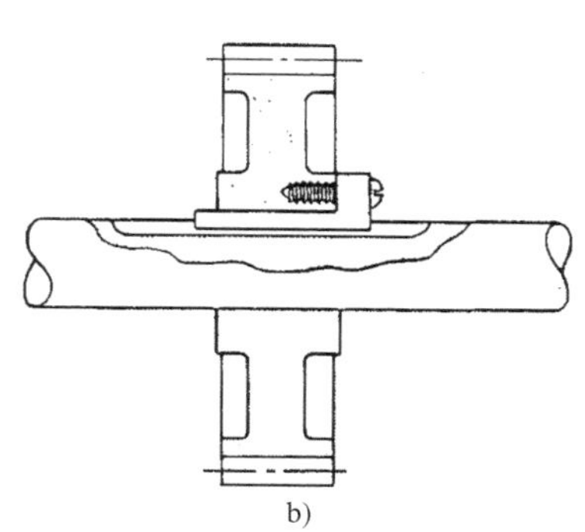

图5.5-7 键连接。

5.5.9 键

键通常与大齿轮配合使用，但是偶尔也会考虑用在小齿轮上。导向键（图5.5-7a）允许轴向运动，但键槽必须磨到末端。对挡键（图5.5-7b）可使用固定螺栓来固定键，但允许在轴的长度方向的任何位置定位齿轮。

键连接的齿轮可以承受很高的转矩，比销连接或者滚花轴连接更大，有时也远超过花键轴，因为键能更好地延伸到轴和齿轮内孔中，转矩承载能力可以与整个齿轮和轴有直接关系。因为键可以拆卸并且能保持齿轮位置不变，故维修工作很方便。

齿轮、轴和键的材料应该相似，最好选择钢，较大的齿轮可以铸造或者锻造。键可热轧或冷轧。然而，在仪器齿轮中，最适合选用不锈钢，尽量避免使用铝材料。

5.5.10 凿缝

很难预测凿缝连接的强度，但是当齿轮处于轴的末端时这种连接方法是既快速又经济的。

图5.5-8为在轮毂0.375in（9.525mm）处凿缝连接齿轮的5个测试结果，其表中典型符号参数见左侧组合图中表示。凿缝为0.062in（1.575mm）宽并且具有斜度15°斜面。试验中的变量有凿缝的深度、凿缝的数量、轮毂和齿轮之间的间隙。断裂转矩的范围为20~52lbf·in（2.26~5.88N·m）。

由于轴凿缝后已经遭到破坏，用这种方法进行更换齿轮显得并不简单，但是可以降低生产成本。

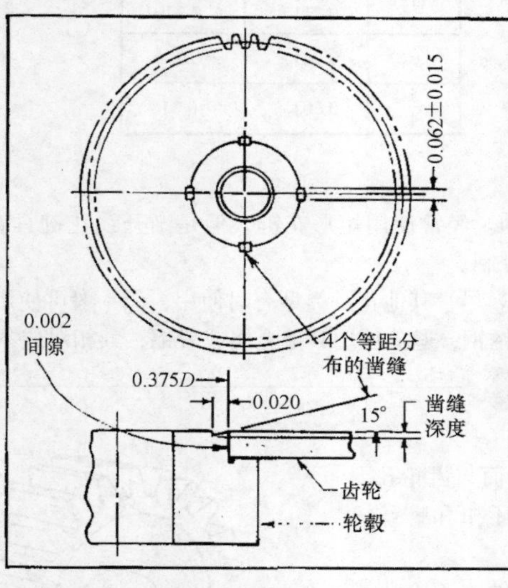

凿缝数目	凿缝深度	轮毂和齿轮之间的间隙	转矩
4	0.015	0.0020	27
4	0.015	0.0025	20
4	0.020	0.0020	28
4	0.020	0.0020	30
8	0.020	0	52

图5.5-8 凿缝连接。

5.5.11 弹簧垫圈

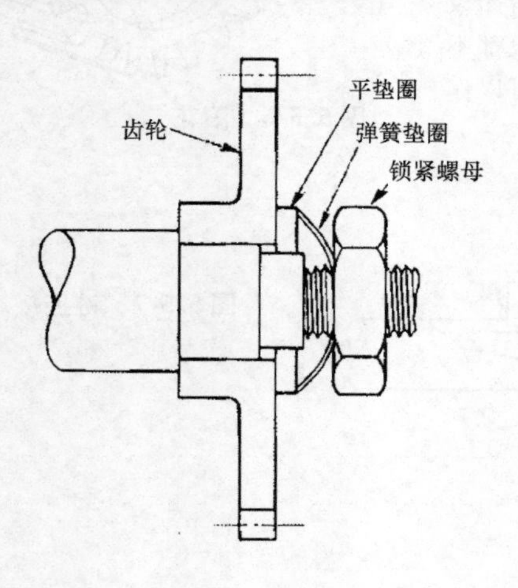

图5.5-9 弹簧垫圈。

该组件由锁紧螺母、弹簧、垫圈、平垫圈和齿轮组成。锁紧螺母须调整以适应齿轮的预紧力。这样允许齿轮在超载的情况下滑动，从而避免齿轮破损或保护驱动器电动机过热。

这种结构简单而且成本远小于使用滑动离合器。这种连接方式在实验板模型中应用广泛。

5.5.12 锥轴

齿轮内锥孔以及与之配合的锥形轴需要键提供高的转矩，通过螺母拧紧固将齿轮固定到锥轴上。这种连接方法成本较高，所以适用于大齿轮，且要求具有一定刚度、同轴度，还要容易拆卸的地方。这种方法对轴的直径要求比其他方法都要大很多。由于螺纹末端需要伸出，其空间是个问题，同时必须保持拧紧螺母。

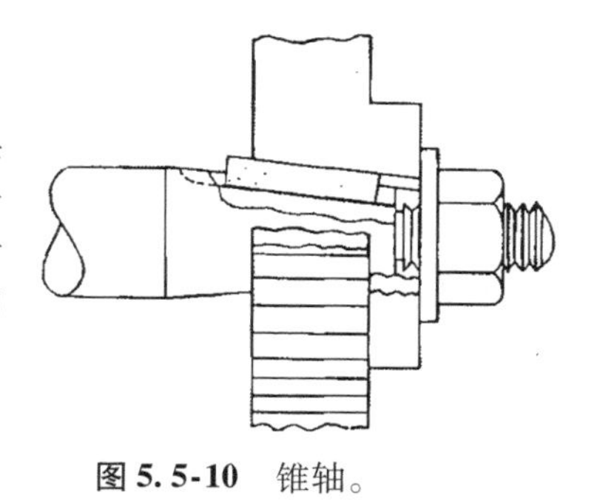

图 5.5-10 锥轴。

5.5.13 锥形环

当需要将齿轮锁紧到轴时，锥形环可以实现互锁和扩展。锥形环能简便快捷地投入使用，并且不需要轴或孔的紧公差，无需特殊加工，转矩的承载能力很高。如果采用锁紧垫圈，齿轮可以在特定转矩内任意滑动。

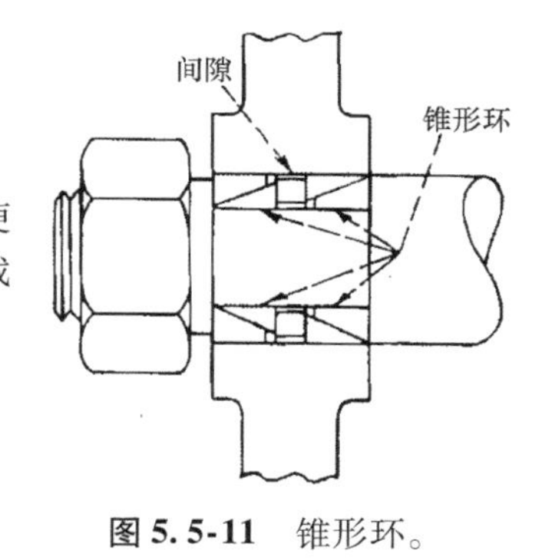

图 5.5-11 锥形环。

5.5.14 锥形衬套

这个衬套的直径轴颈通常大于等于 12.7mm。衬套也适用于非锥孔齿轮。衬套上没有螺纹的那一半孔与齿轮孔上有螺纹的那一半孔对齐。螺栓将衬套拧入到孔中，防止齿轮在负载的作用下滑移。

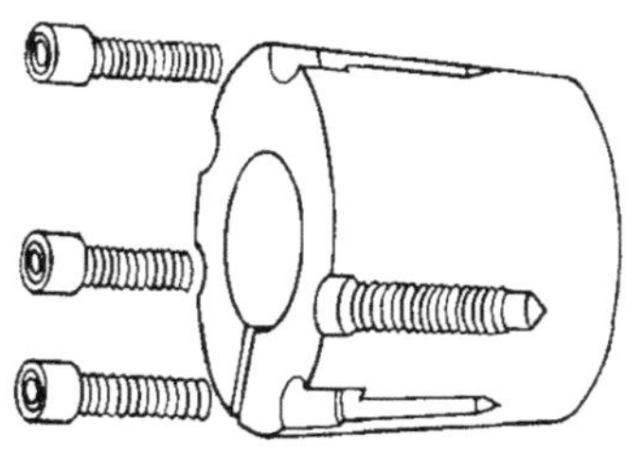

图 5.5-12 锥形衬套。

5.5.15 压铸配合

通常也可使用压铸法连接，首先齿轮在轴上自动组装和定位，然后在齿轮两侧压铸金属以固定齿轮。这种方法在装配时可以取代凿缝。齿轮由料斗、轴则由料台供料。这种方法可以良好地保持轴的摆动公差、同轴度和位置度。该方法生产质量高，压膜一旦完成成本会很低。

表 5.5-1　固定齿轮方法的比较。

方法	转矩传送能力	可拆换性	可靠性	实用性	环境适应性	加工要求	使用预淬硬件的能力	成本
销钉	极佳	差	极佳	极佳	极佳	高	差	高
夹钳	优秀	极佳	一般	一般	优秀	一般	极佳	适中
压入配合	一般	一般	优秀	一般	优秀	一般	极佳	适中
乐泰胶水	优秀	优秀	优秀	极佳	极佳	低	极佳	低
紧定螺钉	一般	极佳	差	优秀	一般	一般	优秀	低
花键轴	极佳	极佳	极佳	一般	极佳	高	极佳	高
齿轮轴	极佳	差	极佳	优秀	极佳	高	极佳	高
滚花	优秀	差	优秀	差	优秀	一般	差	适中
键	极佳	极佳	极佳	差	极佳	高	极佳	高
凿缝	差	一般	差	差	优秀	一般	差	低
弹性垫片	差	极佳	优秀	一般	优秀	一般	极佳	适中
锥形轴	极佳	极佳	极佳	优秀	极佳	高	极佳	高
锥形定位环	优秀	极佳	优秀	极佳	优秀	一般	极佳	适中
锥形衬套	极佳	极佳	极佳	优秀	优秀	一般	极佳	高
压铸配合	优秀	差	优秀	极佳	优秀	低	一般	低

5.6　8种控制板安装方法

下面介绍设计控制面板时需要的8种指导和检查的方法。

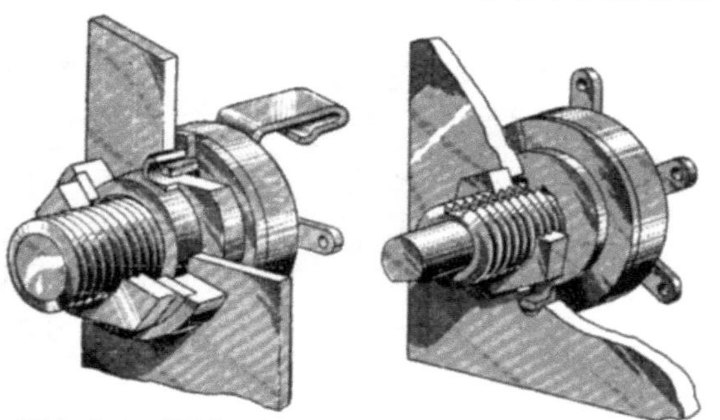

图5.6-1　锁紧。由于工作时存在振动和轴向力，所以控制板需要进行固定。右图中的垫圈有两个调整片，一个安装在板上，另一个安装到控制衬套内。左图中垫圈有一个凸起部分，装在控制板的横截面上，并套在从控制器输出的轴上。

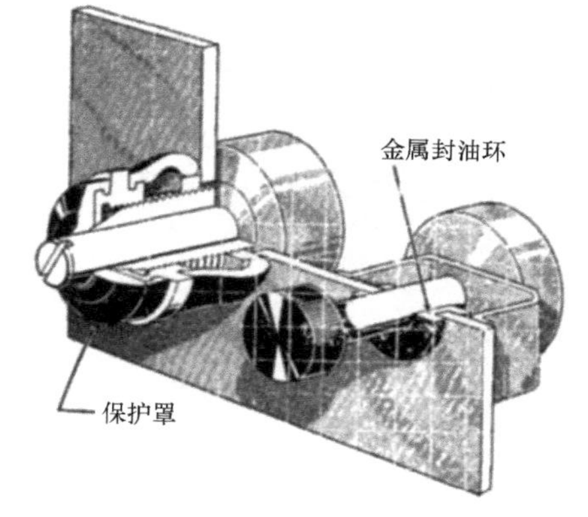

图5.6-2　密封。密封装置能防止灰尘和水的侵入。轴和套管以及套管和面板之间保护罩能起到密封效果。为控制背后面板则仅需要橡胶环密封。

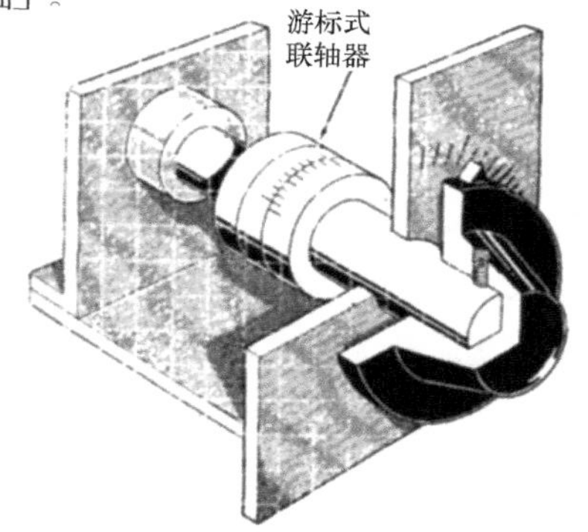

图5.6-3　可重新设置于仪表板标记相配的控制器。粗调整的话一个紧定螺钉就可满足要求。这里的关键就是使用三片游标式联轴器将获得更精确的校准。

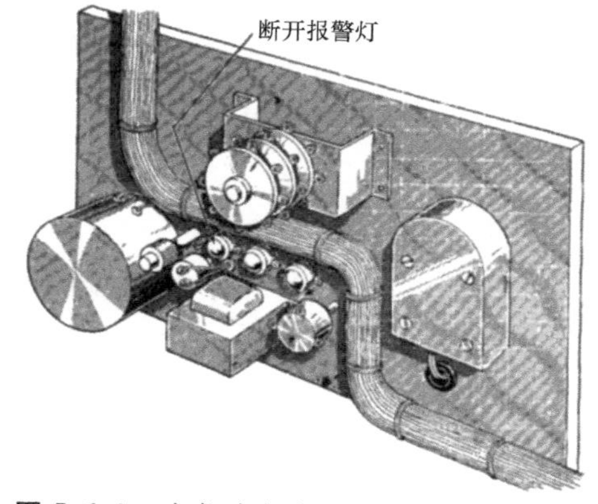

图5.6-4　在仪表板的后面的设计也是可以的。如果一个人可以单独完成很多工作，那么仪表板设计成便于接近的可以节省时间和维修成本。这里如果没有拆卸其他零件，技术员不能完全取代报警灯。

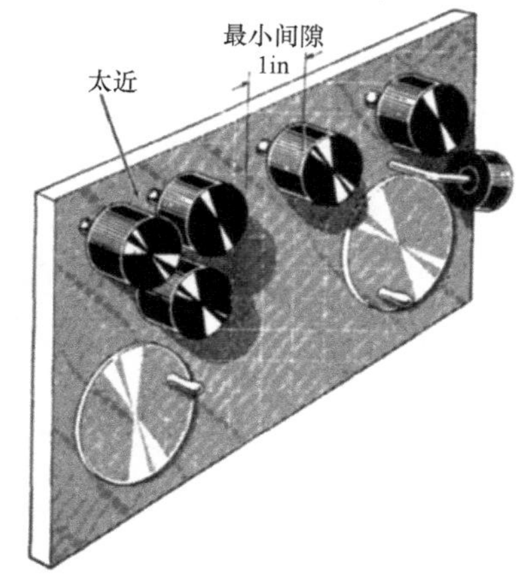

图5.6-5　仪表板前面的手操作空间。每个按钮之间的间距至少25.4mm。为了节省空间，操作者应该可以将按钮向仪表板方向推入或使按钮的轴可以弯曲。最好的方法就是让轴尽可能的短。

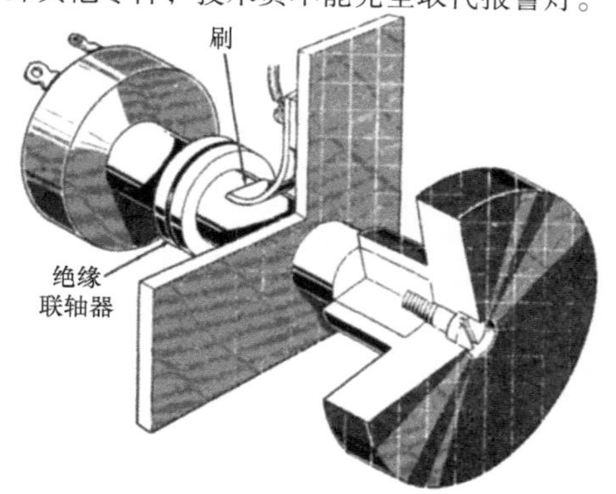

图5.6-6　热控制手柄。一种方法是通过在轴上安装刷子来固定按钮。另一个方法是通过安装绝缘联轴器或带有嵌入螺栓的塑料按钮使控制电路绝缘。

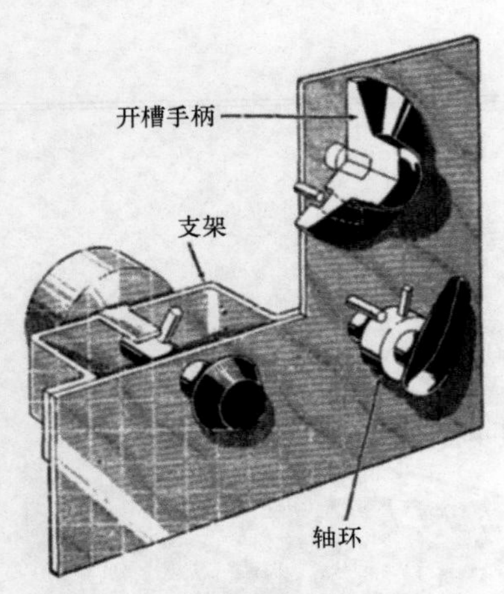

图 5.6-7　限制开关比较结实，通常在较大的力作用下也不至于被扳动，否则当开关移动时其设置都要发生改变。轴环和开槽手柄允许调整，支架上的垫圈是不可调整的。

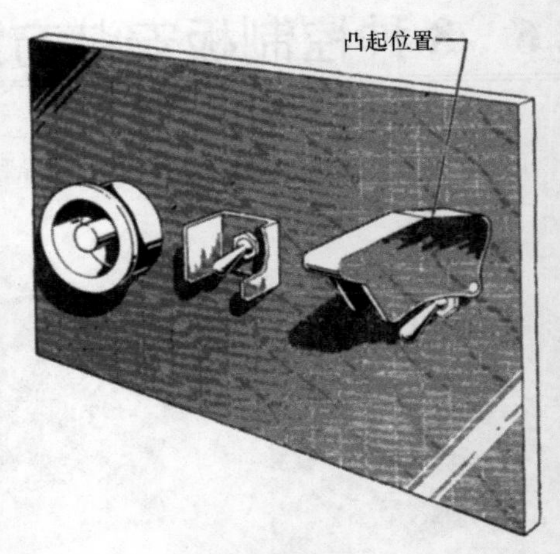

图 5.6-8　安全罩可以防止开关运动时发生意外。按钮的钟式安全罩仅有手指那么大。U 形安全罩能将靠近的拨动开关分开。摆动安全罩能控制专门的开关。

5.7 8种连锁钢板的连接

下面介绍不使用螺钉或螺栓而使用简单工具对钢板连接的8种方法。

图5.7-1 挤压夹将两个重叠的板料压在一起。压夹的两侧挤入板料的两个平行槽内，然后将其弯曲，如同订书钉一样。

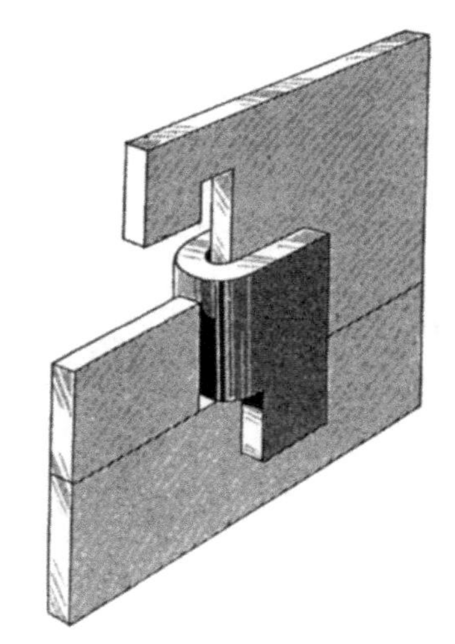

图5.7-2 当对齐的板料被定位后，调整片先处于长狭槽的上部，接着滑到下面的板料中实现连接。

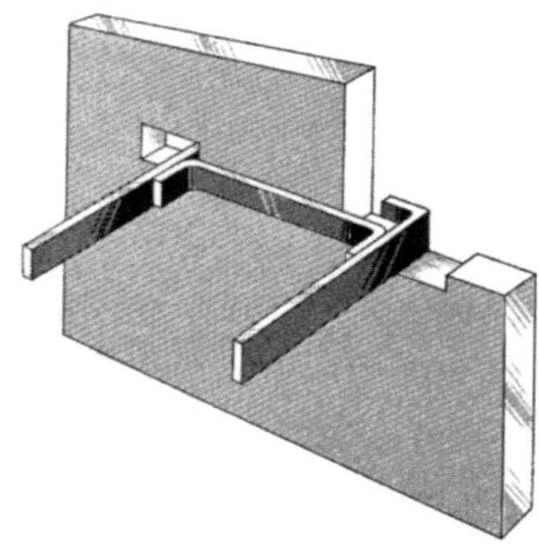

图5.7-3 使用托架可为箱子提供移动空间。为了方便安装和拆卸，将两边压在一起，并推动托架的钩端穿过插槽。

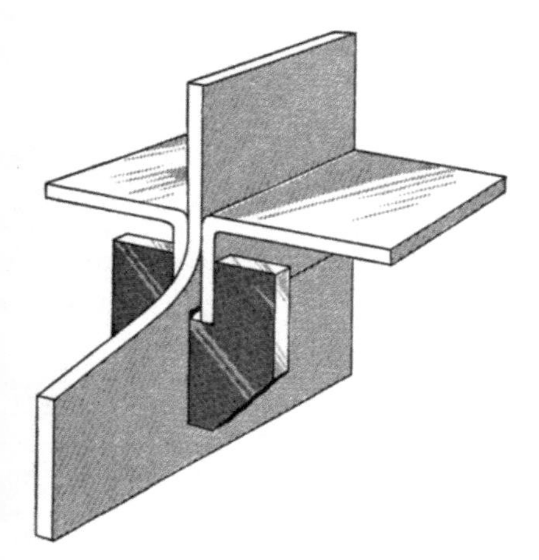

图5.7-4 凸缘夹持板具有双重作用，其控制搁架位于隔板两侧，同时其通过狭缝的拐角固定搁架，以防止搁架倾斜。

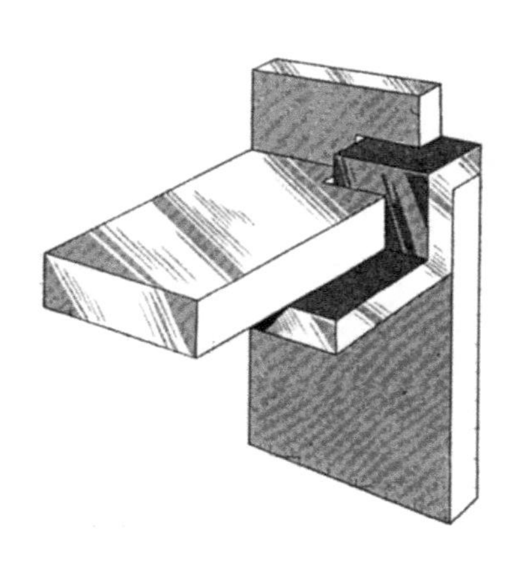

图5.7-5 在直柱之间可以使用S形支撑架。如同键一样，支撑架与直柱上凹槽配合，从而确保支撑架能前后滑动并提供直柱正确的位置。

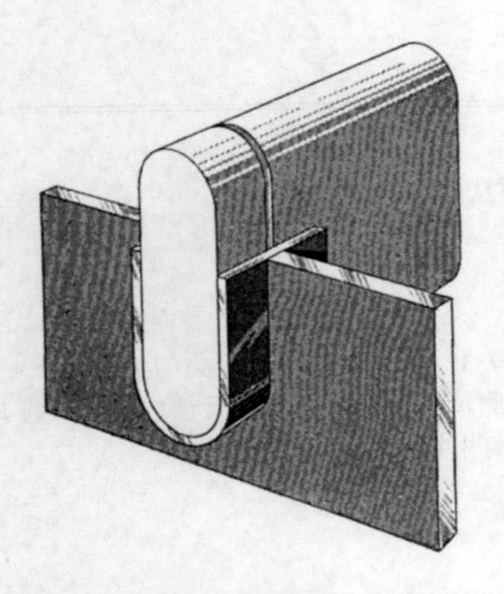

图 5.7-6 杯形板协同长条板压在分开件的两个侧面上。长条板放置于最外面，但是由于切口较深，大大降低了它们本身的强度，其工作至被压坏或倒下为止。

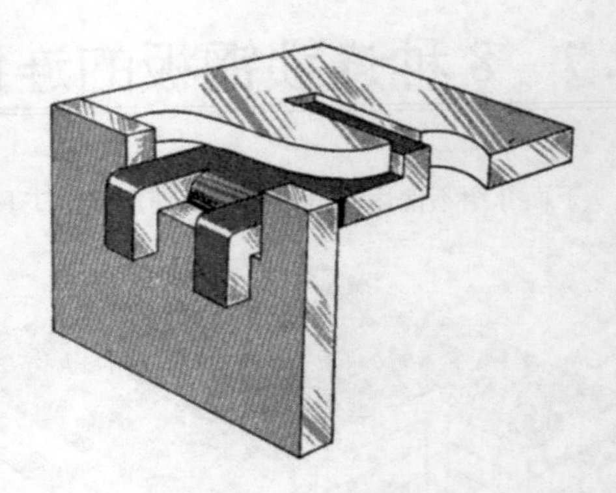

图 5.7-7 爪钳控制两个端板，处于薄板上面。尾部与插槽咬合，其爪在棱边锤击弯曲从而夹持薄板。爪钳板侧面带有凹口，上面带有侧壁。

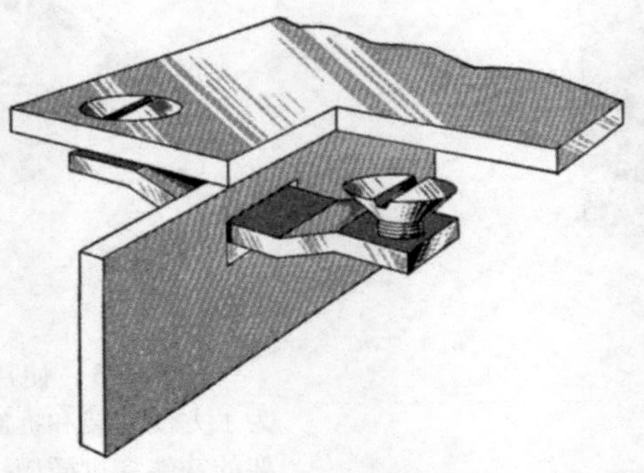

图 5.7-8 此处用狭钢板夹持隔板。在板上挤压沉孔以供安装螺钉，保证螺钉表面和水平板的上表面平齐。

5.8 利用舌片、搭钩或弹簧夹连接金属板零件

不用铆钉、螺栓和螺钉，完成金属板零件可拆卸和不可拆卸的装配。

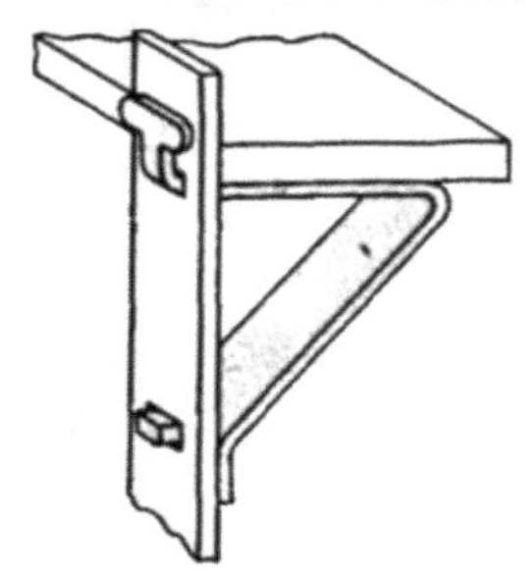

图 5.8-1 支撑架由金属板组成，调整片和支架是一体的，调整片上部插入装置后弯曲，下面的结构由壁架的重力来决定。

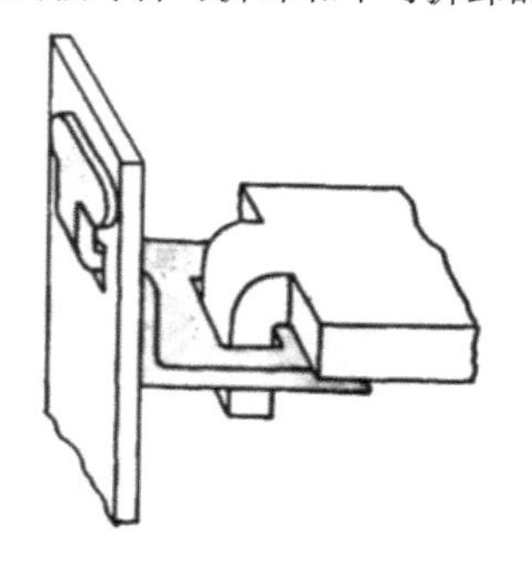

图 5.8-2 该托架与图 5.8-1 结构类似，但其能控制上面的搁板或侧面的壁架。调整片和金属板是一体的，安装后弯曲以固定壁架。

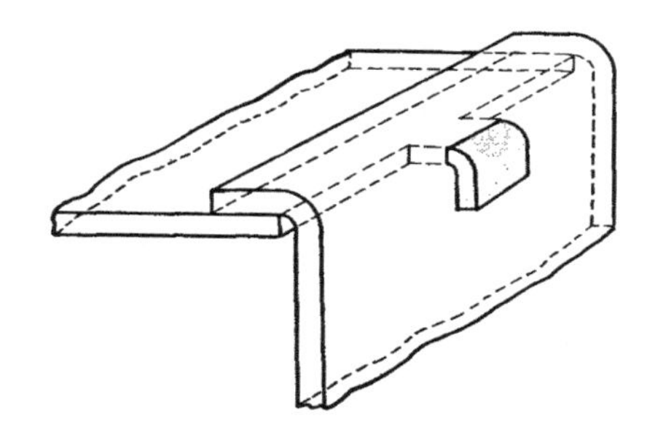

图 5.8-3 通过直接接触来支持壁架或搁板。调整片和搁板是一个整体，安装后弯曲。如果金属板被安装在凸缘或边缘处时就可能需要增加额外的支撑。

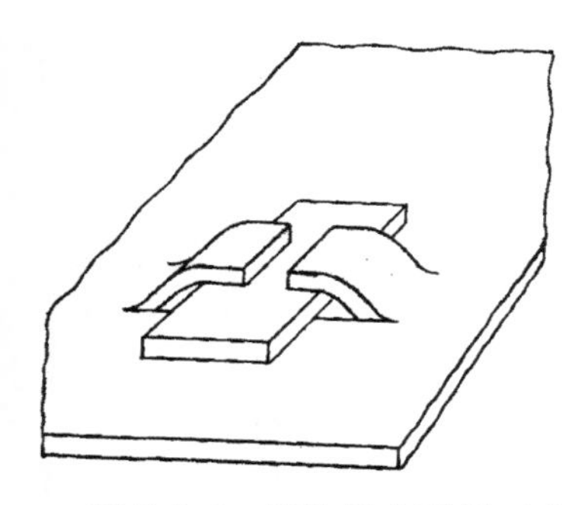

图 5.8-4 该装置主要用于在大平板上连接或支撑平金属板。两边的调整片和大平板是一个整体，装配时弯曲。该连接仅限制了侧向运动。

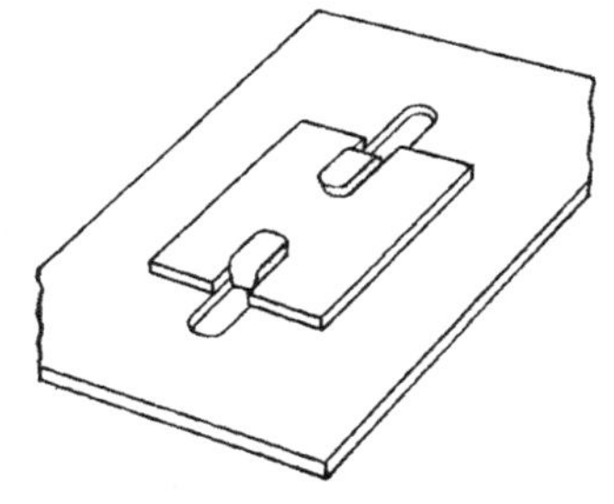

图 5.8-5 该装置与图 5.8-4结构类似，但该装置所有运动方向均不受限制。上面的金属板有个插槽，装配时调整片插入插槽内并弯曲从而固定。

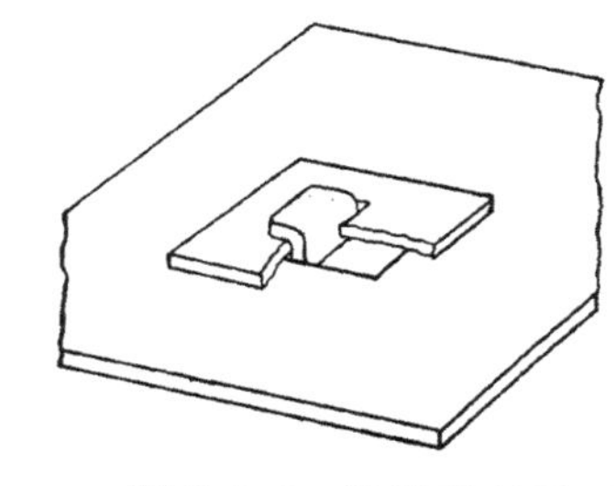

图 5.8-6 该装置只需要设计一个调整片就可以完全限制所有方向的运动。上面金属板有个拉伸孔，下面平板的调整片有一定的宽度和厚度，并与拉伸孔配合。

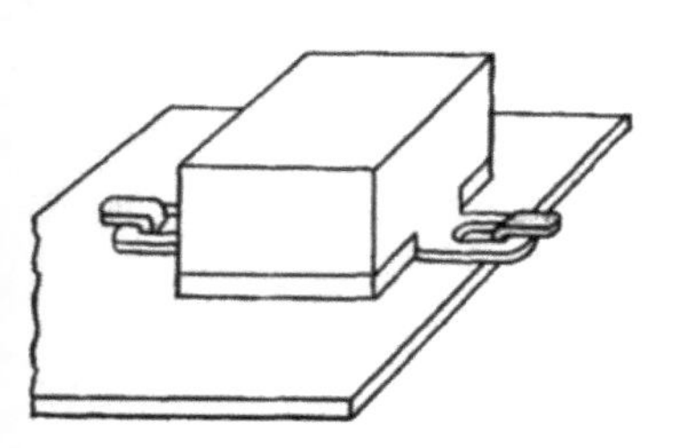

图 5.8-7 连接方形盒需要一个平板或平面。在方形盒的两侧边开设拉伸孔，调整翼片和平板是一整体。设计时不受边缘位置的限制。

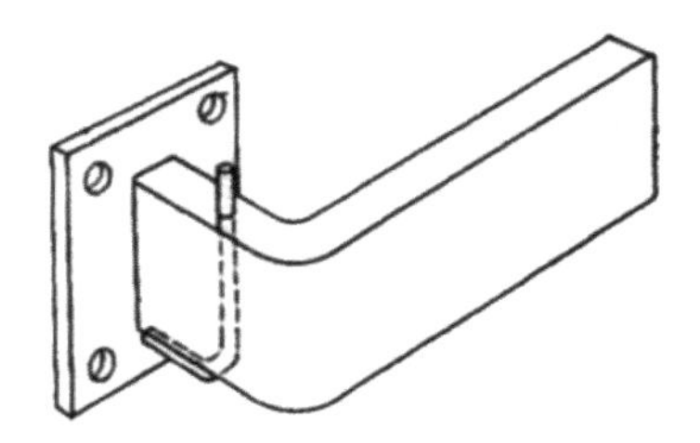

图 5.8-8 平板通过销或杆连接到金属板支架上。插销向里弯成直角来限制平板向侧面弯或产生摆动。通过锤击将插销的末端插入支架上。

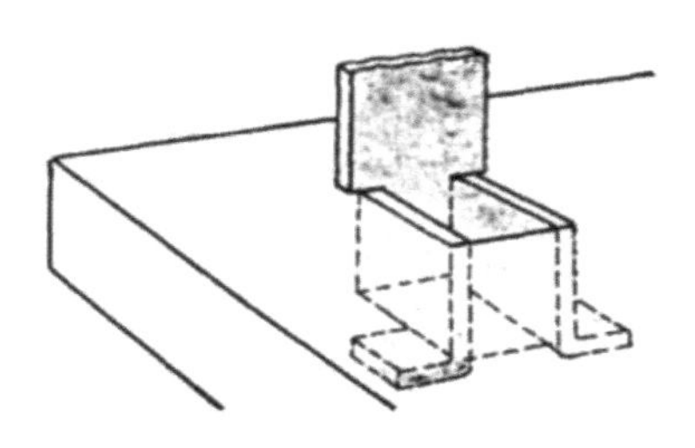

图 5.8-9 为了支撑和连接金属板，选择直角板作为支撑物。在各个方向的运动都能受到限制。底平面设有沟槽而便于安装调整片。

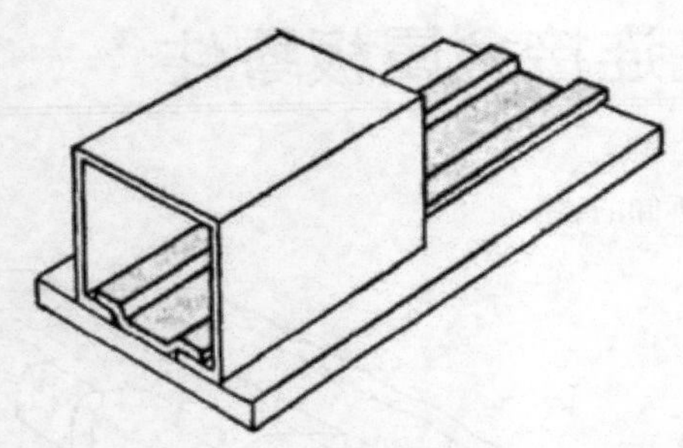

图 5.8-10 槽钢点焊到底板的上表面上，并将外壳与平板连接。槽钢设计折边或点焊从而来控制外壳的运动。

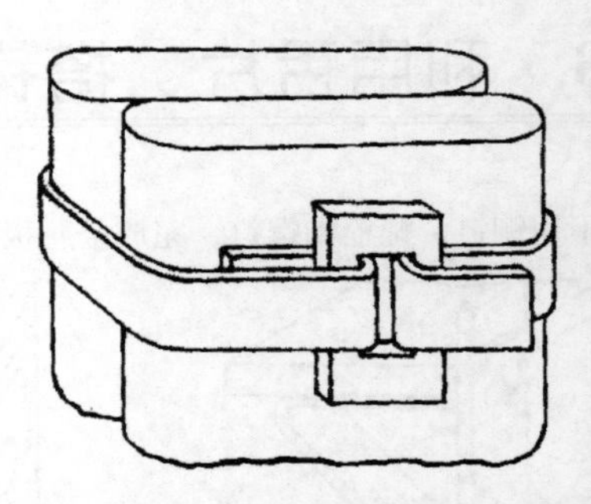

图 5.8-11 用金属板条连接两个平板，两个平板的边缘设计一定的角度，从而允许金属板条绕在其外轮廓上，防止金属板条被平板切断。

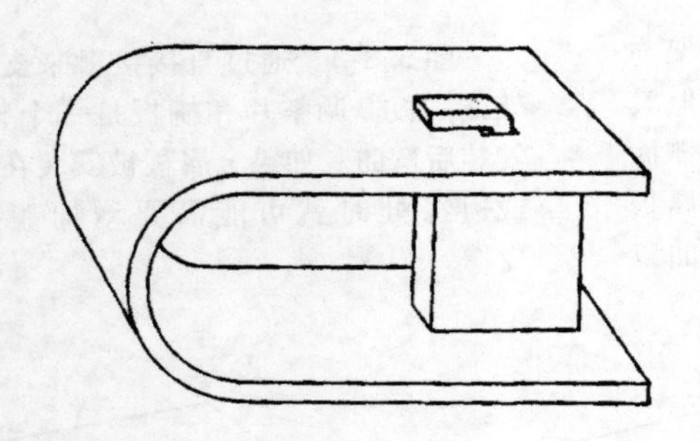

图 5.8-12 通过调整块将金属板分隔开。如图所示，调整块迫使金属板形成 U 形。

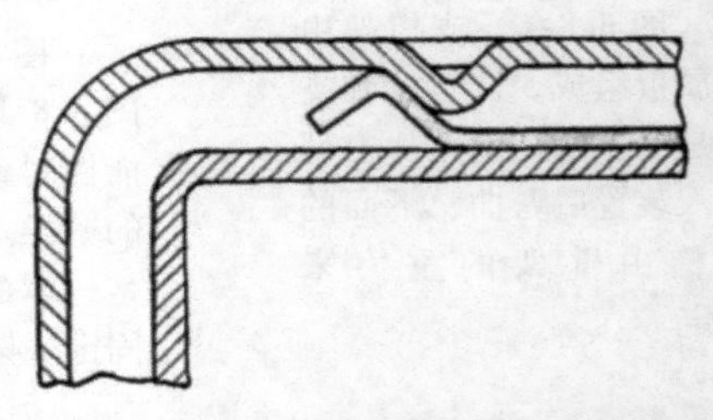

图 5.8-13 对圆形截面的连接件可以使用留间隔的方法。成形金属板在固定的位置上支撑外部结构。压条位于结构的中心。

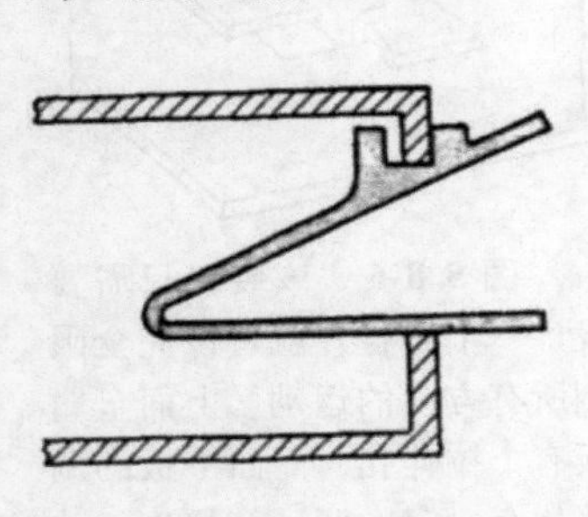

图 5.8-14 使用弹性材料支撑可移动截面结构。图中显示的是在金属板零件上设计一个具有长槽孔的临时的或可移动的外壳。

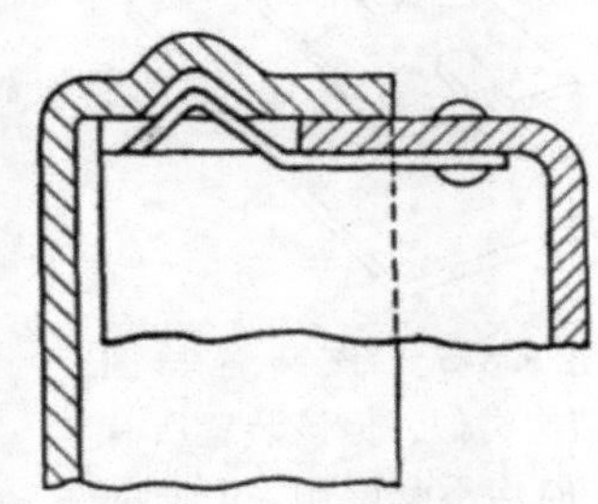

图 5.8-15 通过压条或成型板保持外壳在适当位置的装置。该装置能阻止外壳移动但可以旋转。所使用的外壳必须设计成可拆卸的。

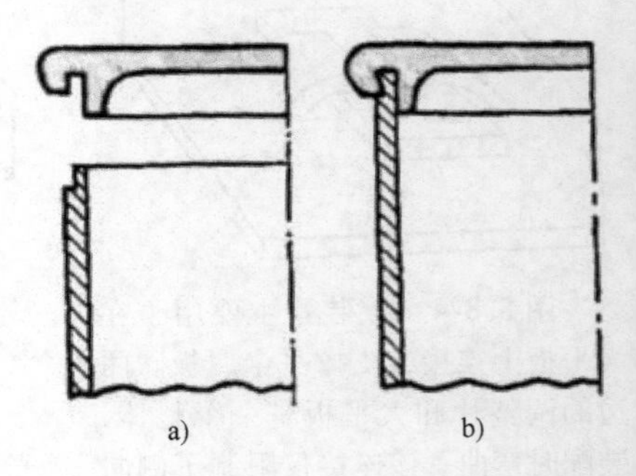

图 5.8-16 图 5.8-16a 设计为固定的端盖。容器带有凹口，装配时端盖壳与凹口咬合。这是一个长久的端盖装配法。

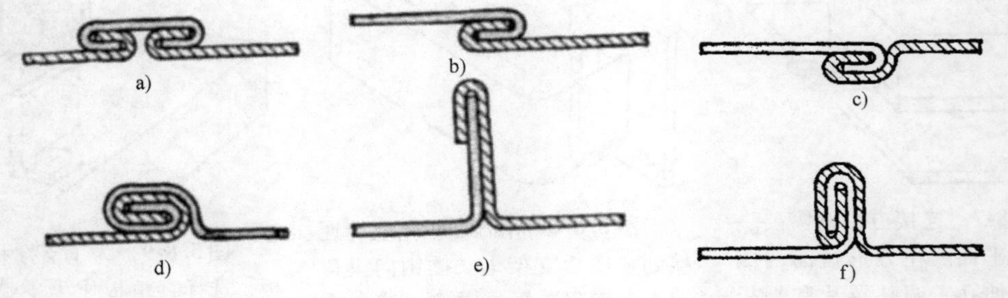

图 5.8-17 以上为 6 种连接两个金属板零件的方法。这些方法中有些是暂时性连接，有些是永久性连接。如有必要，接头可以通过铆接、螺栓连接、螺钉连接或焊接等方法来增加强度和支撑。在金属板箱体零件或金属板容器的顶部和底部连接时也可设计成直角连接。

5.9 聚乙烯板的按扣连接

聚乙烯零件很难粘合到一起，所以可以通过设计按扣装置来减小单独设计连接装置的额外成本。

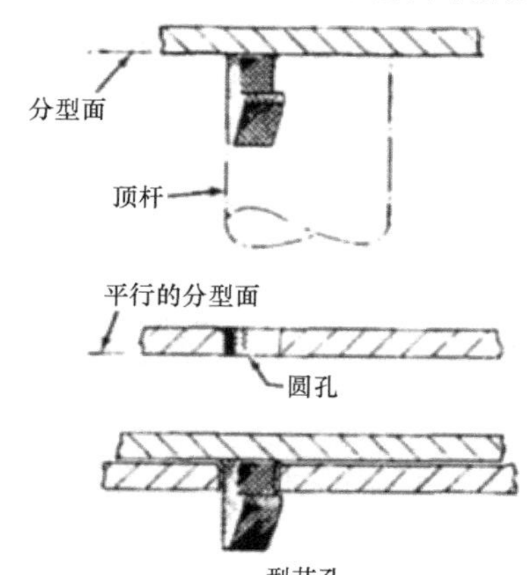

图 5.9-1 铸模的顶杆被加工成按扣的形状。当顶针被弹出后，零件从顶针上滑开。

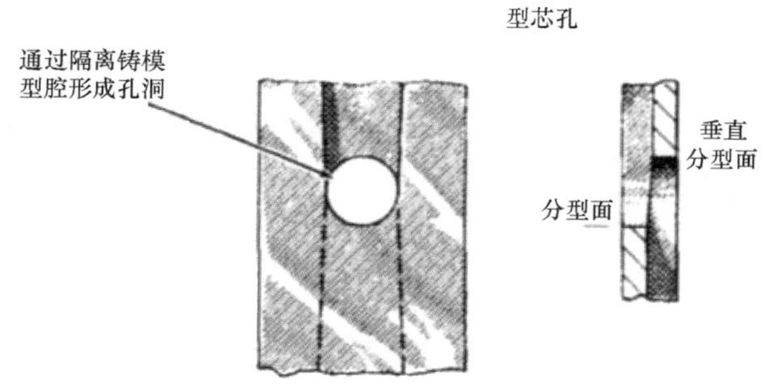

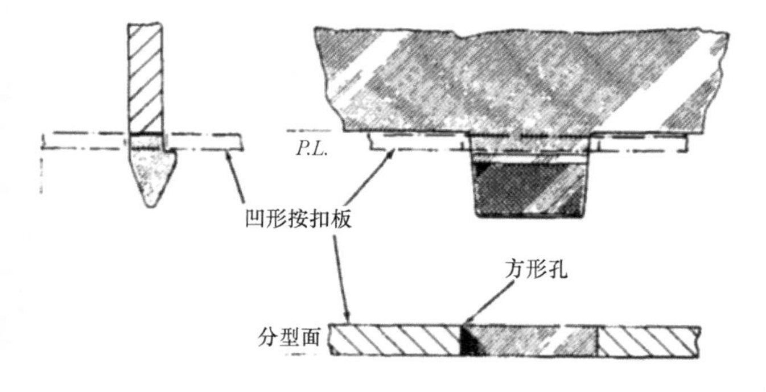

图 5.9-2 端面按扣比顶杆按扣更容易移动模子，按扣的最好长度为 0.25 ~0.5in（6.35 ~12.7mm）。

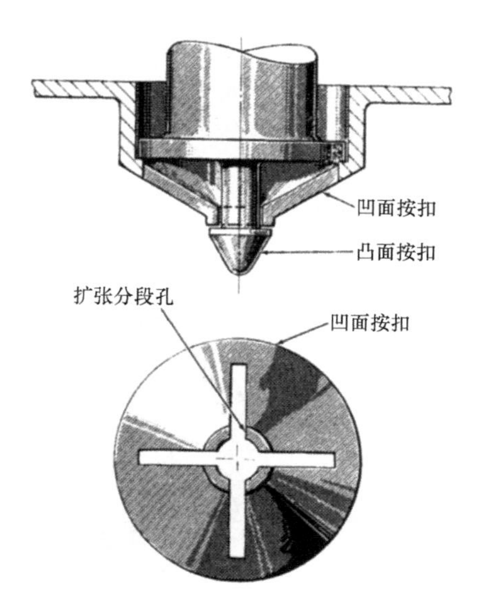

图 5.9-3 阴嵌合件的分段面允许大头的阳嵌合件自由进入，这个按扣在轻载下是不能拉开的。

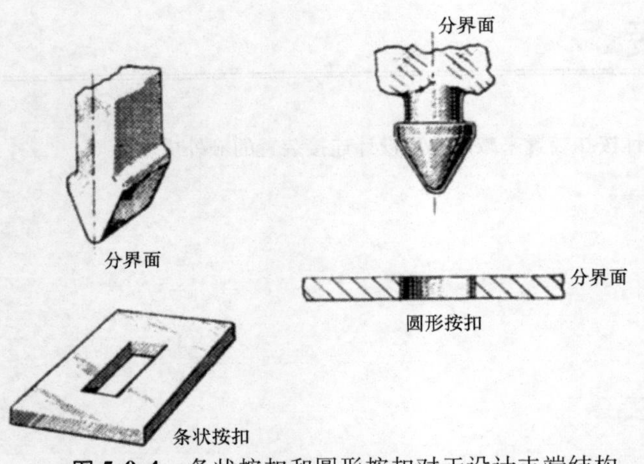

图 5.9-4　条状按扣和圆形按扣对于设计末端结构都是相似的，对把小工件组装到大工件上很理想。

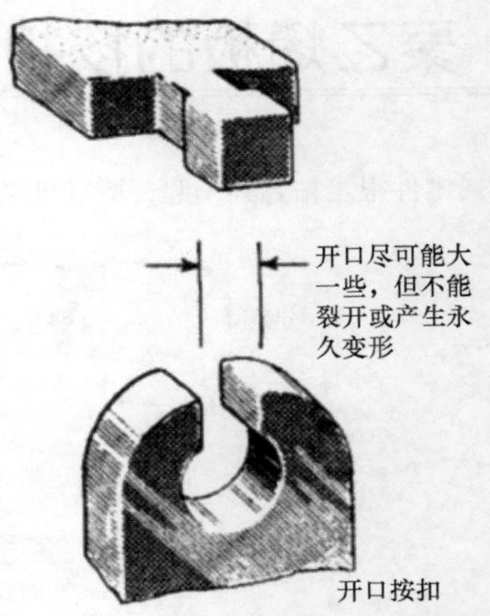

图 5.9-5　开口按扣主要依靠模子中的凹口和聚乙烯变形的能力工作，拔出后恢复原形。

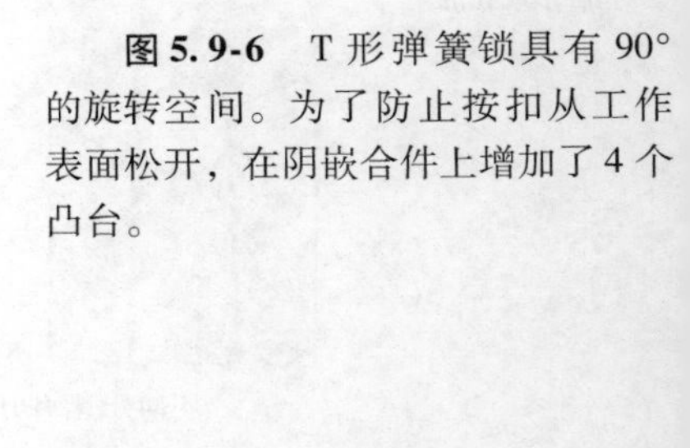

图 5.9-6　T 形弹簧锁具有 90°的旋转空间。为了防止按扣从工作表面松开，在阴嵌合件上增加了 4 个凸台。

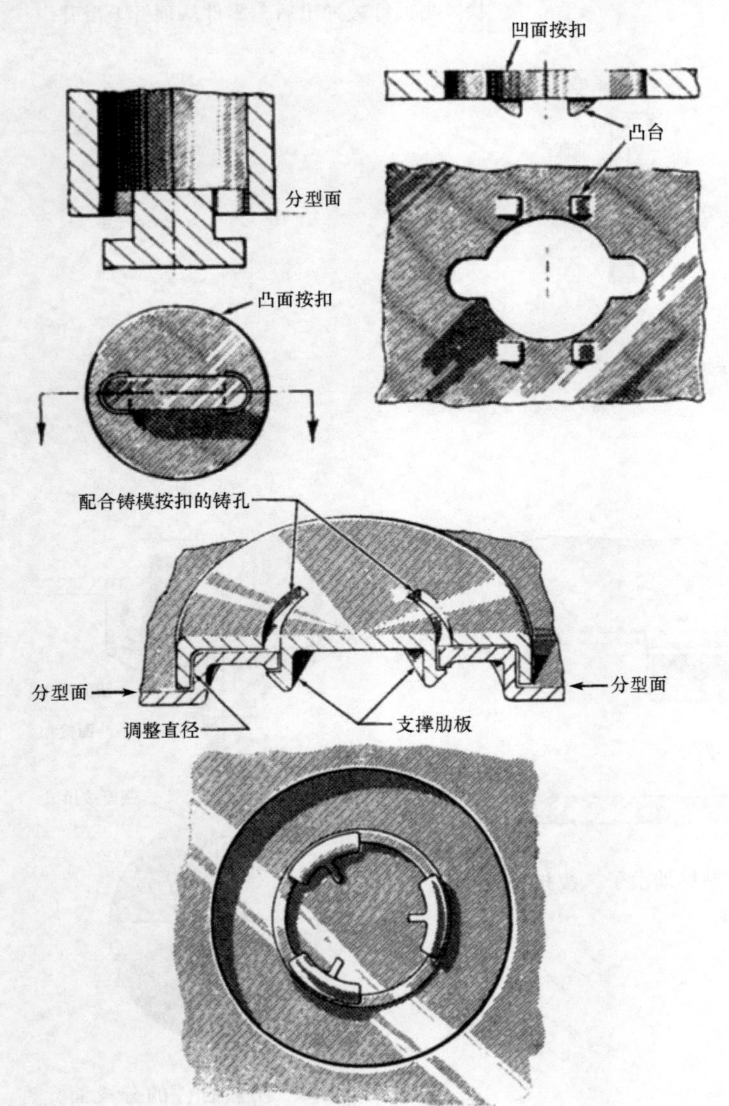

图 5.9-7　旋转零件可以牢固地与三个或两个按扣进行咬合。对于大多数线性聚乙烯来说，这个链接强度很好。

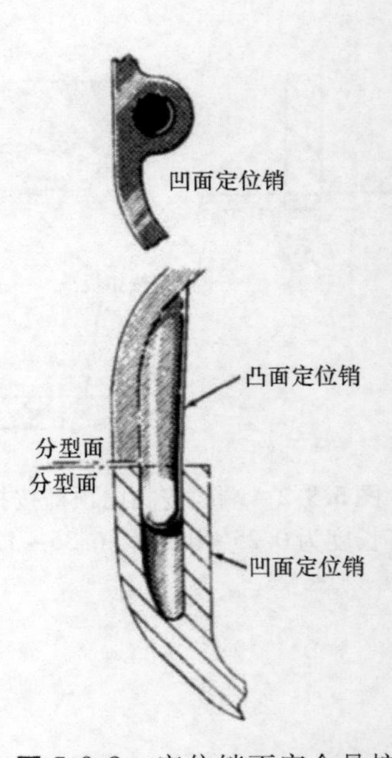

图 5.9-8　定位销不完全是按扣，但可与随后的打孔、铆合或者互相协调的其他按扣的零件相匹配。

5.10　聚苯乙烯零件的按扣连接

这里介绍不使用单独的扣件或溶剂来连接注射模聚苯乙烯零件的方法，这些连接方法成本较低。

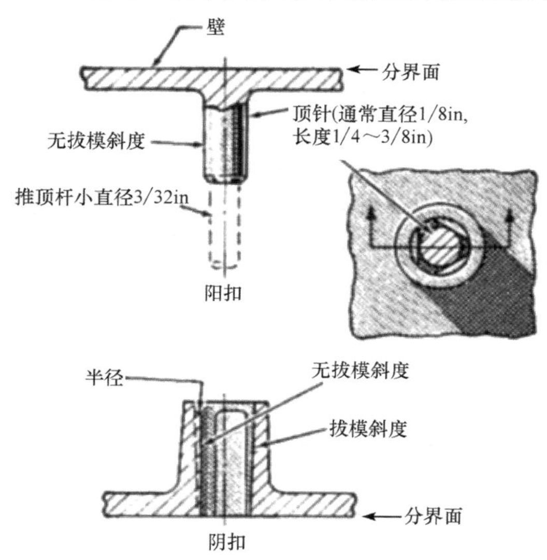

图 5.10-1　三角形纽扣经常依靠摩擦力，但有一定的强度并容易装配。其零件周围的空间较大，便于连接，把手也容易调整到适合的位置。

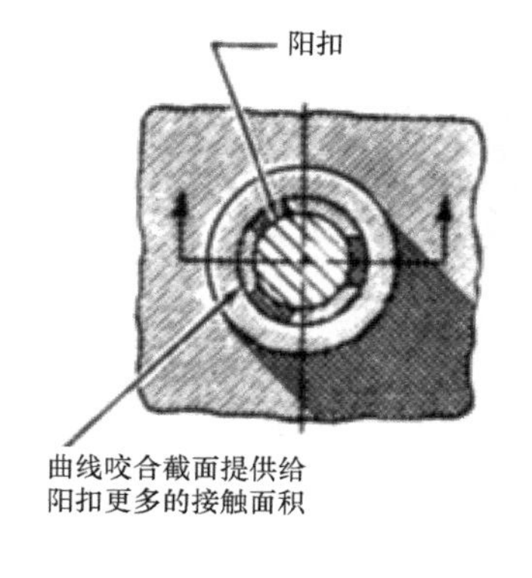

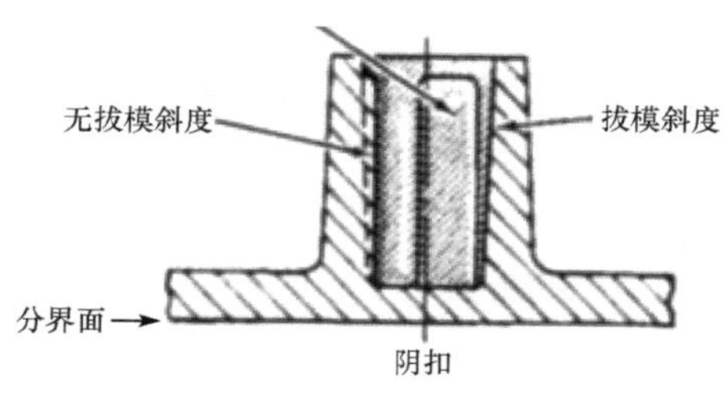

图 5.10-2　虽然按扣不需要接合剂也能接合很好，但是如果必要的话，胶结按扣也允许在阴阳扣之间使用溶剂粘合剂。通常在零件接合的周围需要两个或更多的按扣进行定位。阳扣事实上几乎和三角形按扣一样。设计中不需要切断盲孔和型芯孔。

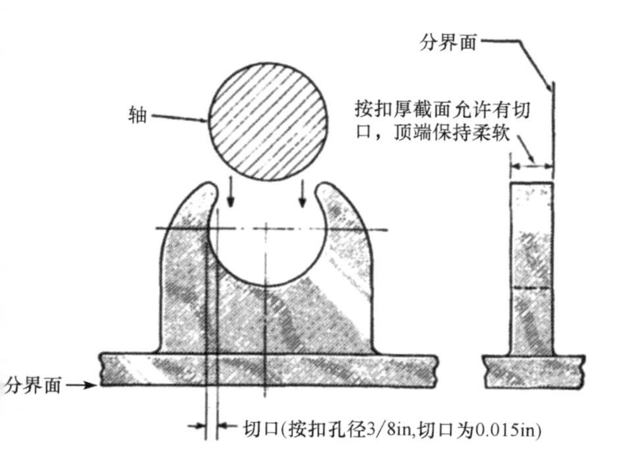

图 5.10-3　直径 3/8in（1.191mm）开口按扣上有大约 0.015in（0.381mm）的切口。尽管切口很小，具有一定刚性的聚苯乙烯也能很好地夹紧轴。这个按扣不适合规则的无压聚苯乙烯。如果分界面被安排在其他平面上，如右图所示，从模子中拔出就显得很容易，因而应避免过多变形。

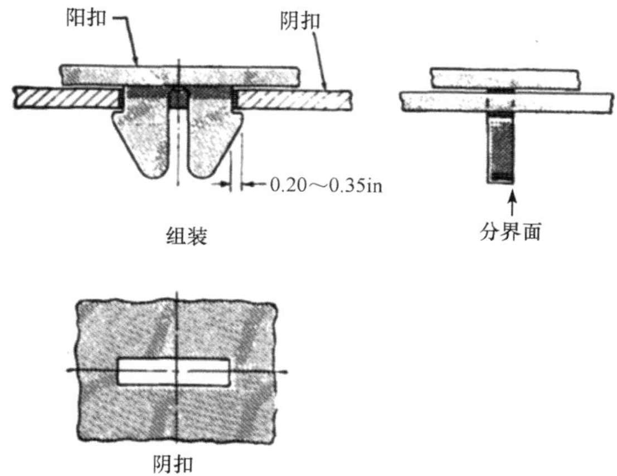

图 5.10-4　在一个较大的装配体上扣紧一些小零件，选择叉形按扣比较理想。阳扣经常设计为小零件，阴扣上的插槽的长度必须设计能承受足够大的夹紧力，而不能使阳扣上的叉头破裂。

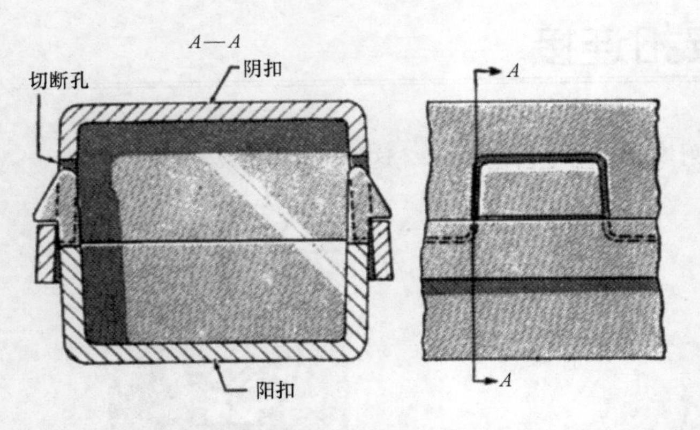

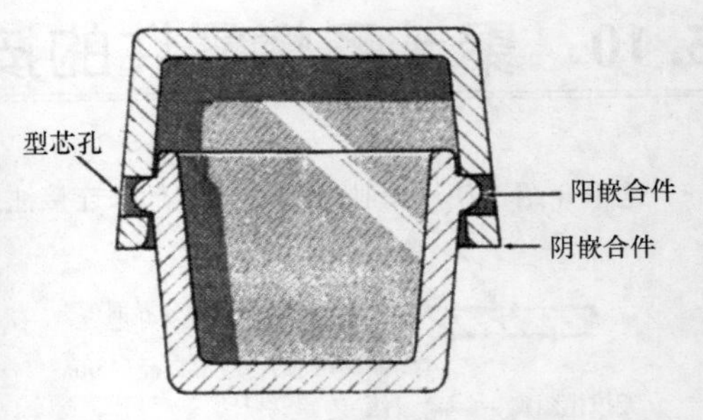

图 5.10-5　箱型按扣需要在阴扣上设置切断孔，其孔要足够大以容纳阳扣装入，阳扣能在箱体肩部后滑动和锁紧。

图 5.10-6　如果按扣需要经常解开，棘爪式按扣是比较理想的，当然这里不需要控制太紧密。棘爪本身就是一个半球的凸块或较长的形件。

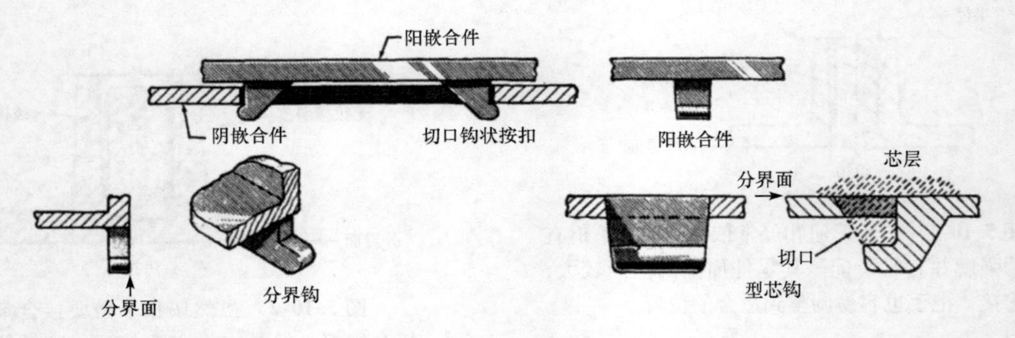

图 5.10-7　钩状按扣。切口钩状按扣依靠模子中的切口。为了防止聚苯乙烯从模子中拔出发生破裂，要求钩头必须比其他零件厚，而且必须能承受更多热量并保持柔软。虽然大切口不能加工，但按扣还是很容易松开的。

分界钩必须应用简单、设计容易。在图中显示的平面上不管什么时候安排分界线都可选择该按扣。它需要一定的强度和需求的形状，并要求结构简单好容易切入模子中。

型芯钩要求型芯从另一个半模中取下，从而产生内部按扣。壁上将会留出一个孔以供钩连接。在铸模结构中需要三个切口的表面。

第 6 章

齿轮与齿轮传动

6.1 齿轮的各部分名称

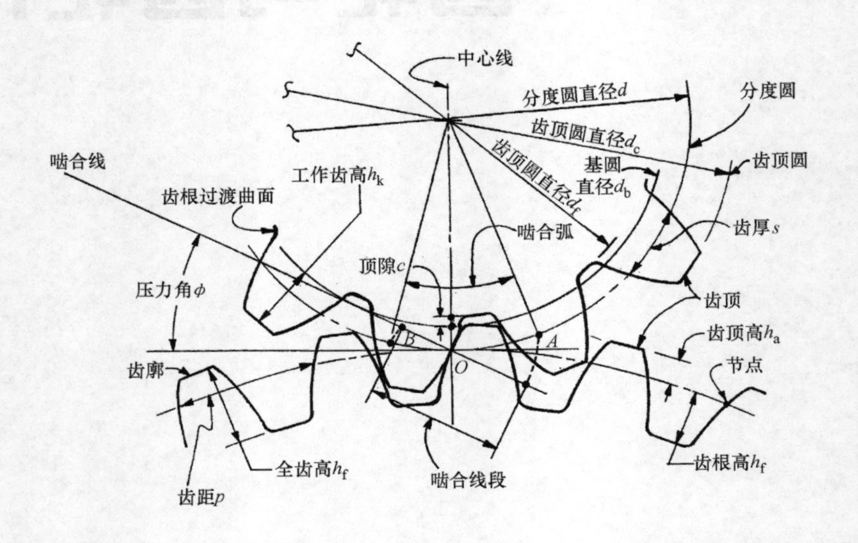

图 6.1-1　斜齿圆柱齿轮。

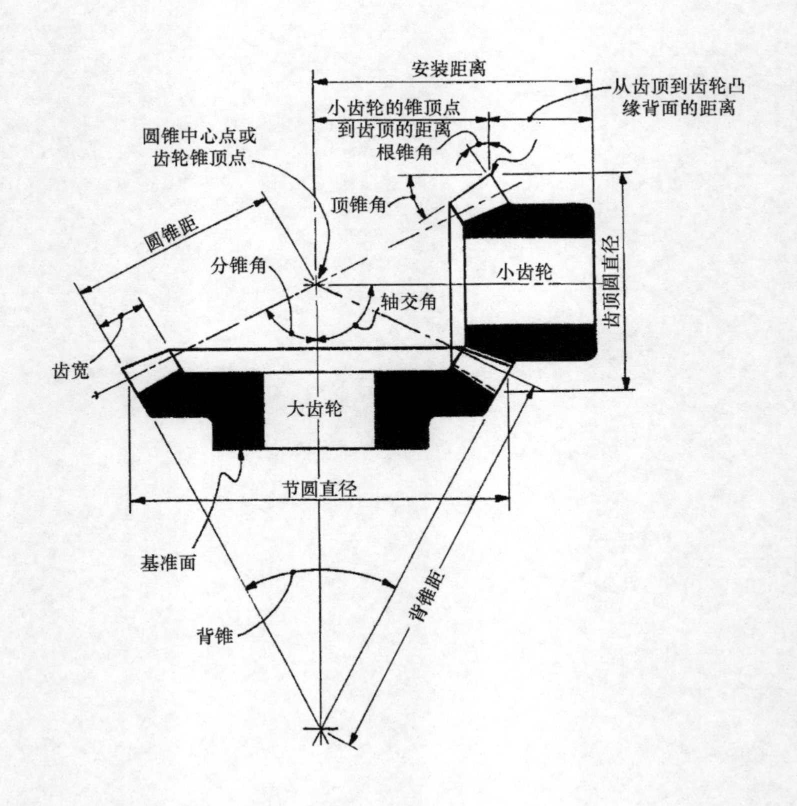

图 6.1-2　锥齿轮。

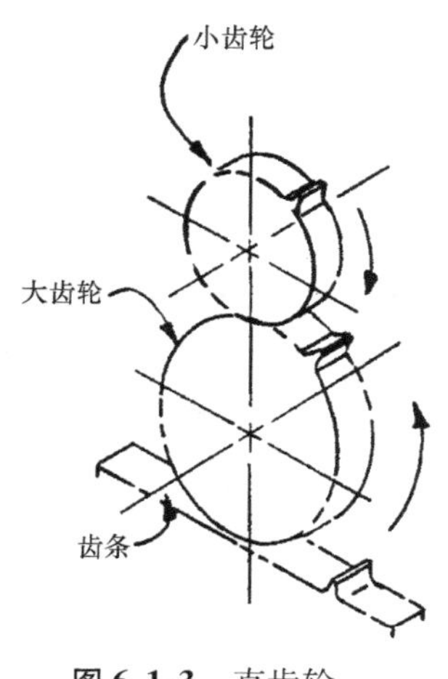

图 6.1-3　直齿轮。

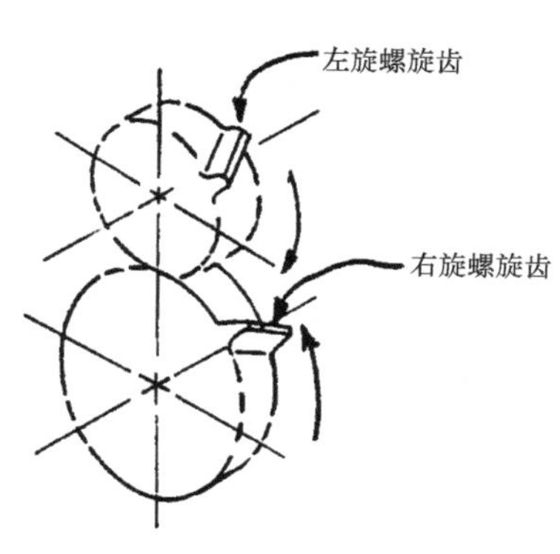

图 6.1-4　斜齿轮。

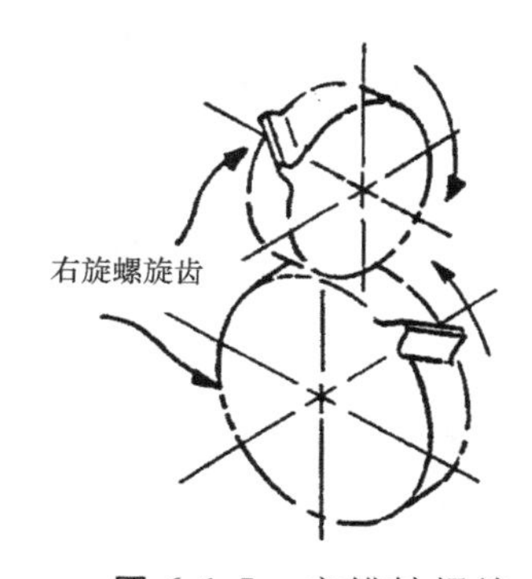

图 6.1-5　交错轴螺旋齿轮。

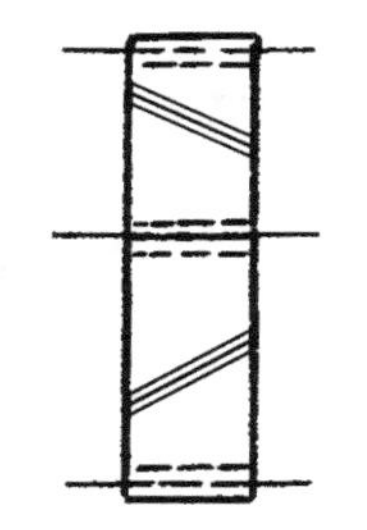

图 6.1-6　斜齿圆柱齿轮。

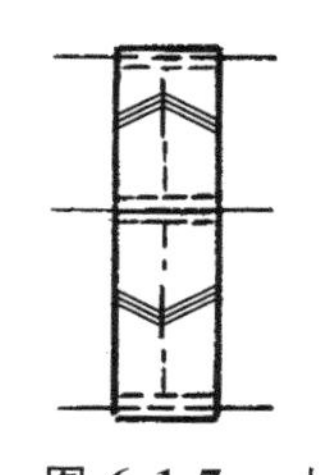

图 6.1-7　人字齿轮。

图 6.1-8　斜齿齿条。

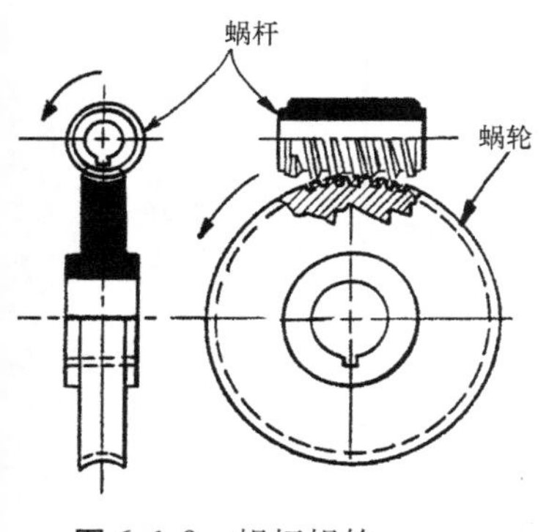

图 6.1-9　蜗杆蜗轮。

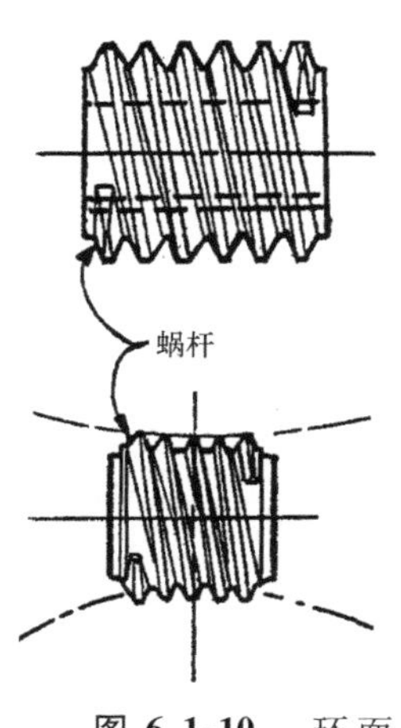

图 6.1-10　环面蜗杆。

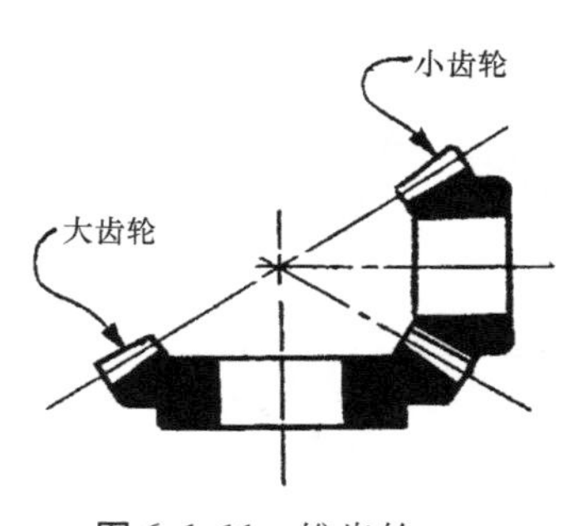

图 6.1-11　锥齿轮。

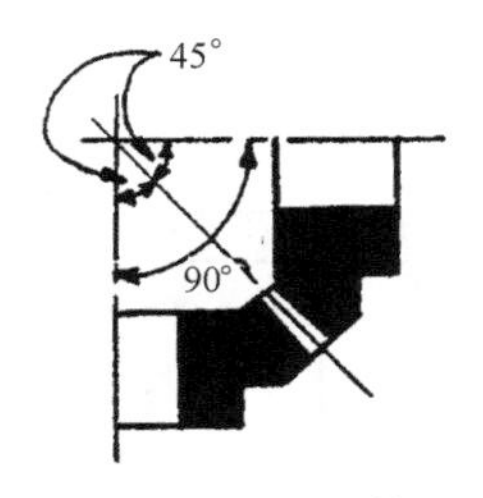

图 6.1-12　等径锥齿轮。

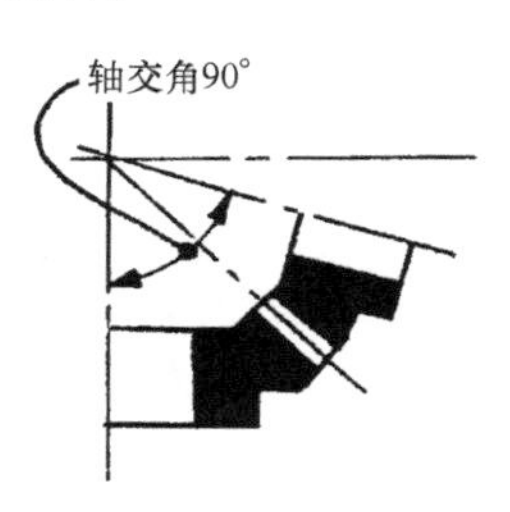

图 6.1-13　角锥齿轮。

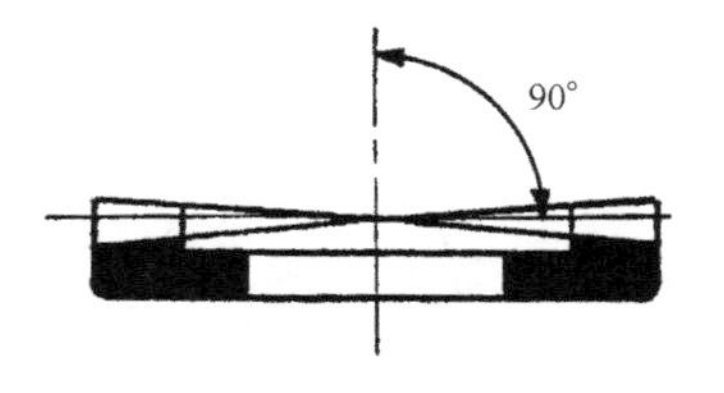

图 6.1-14　冠状齿轮。

6.2　齿轮尺寸的图解表示法

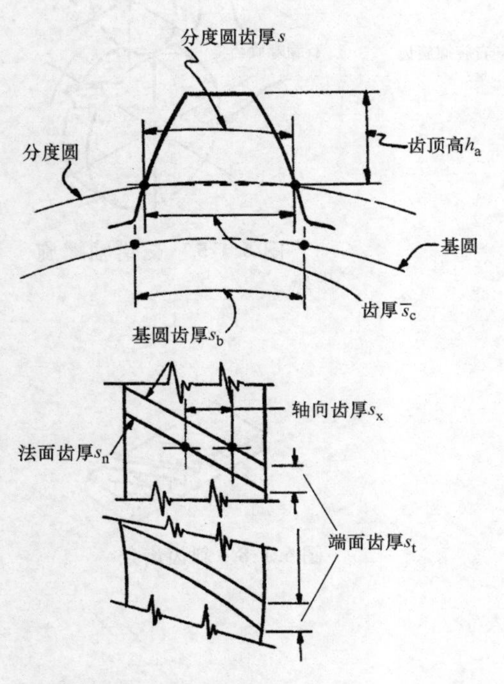

图 6.2-1　齿轮截面。

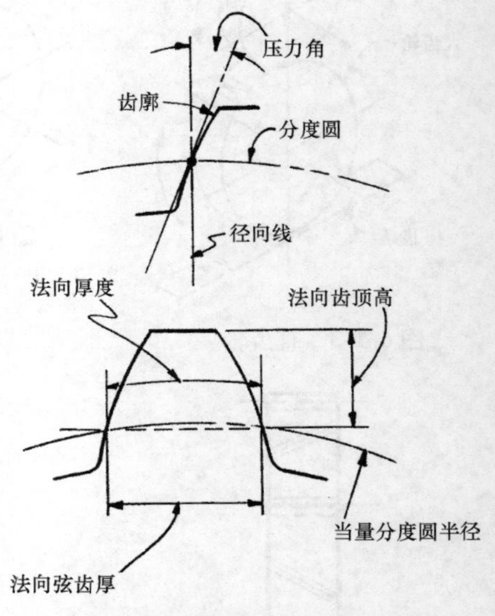

图 6.2-2　螺旋齿中心的法向平面。

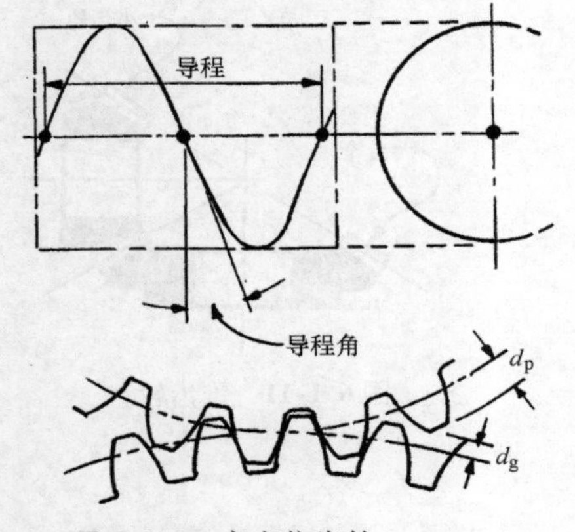

图 6.2-3　高变位齿轮。

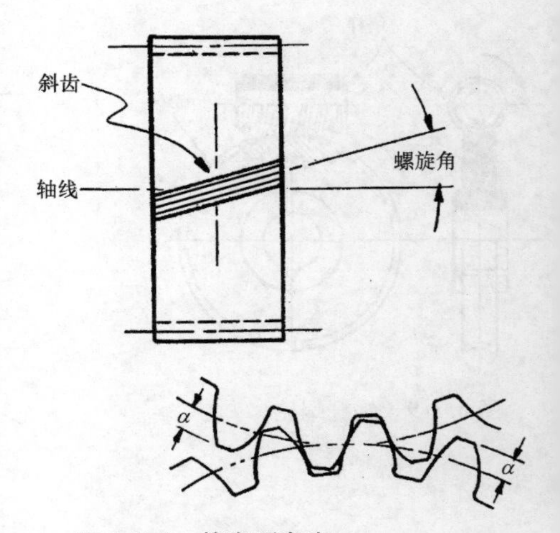

图 6.2-4　等齿顶高齿。

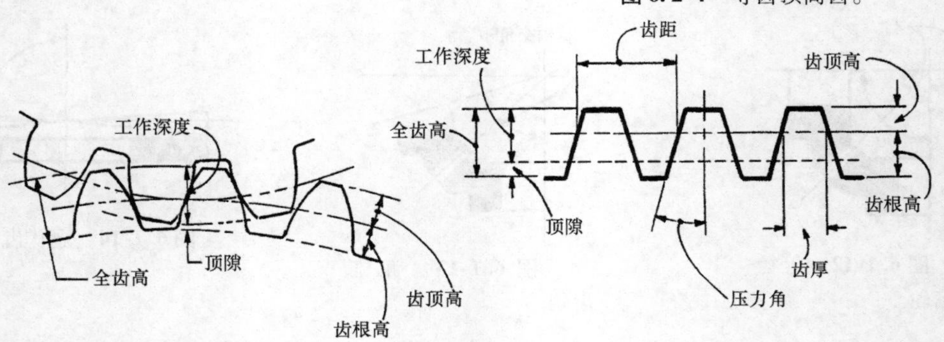

图 6.2-5　齿轮与齿条。

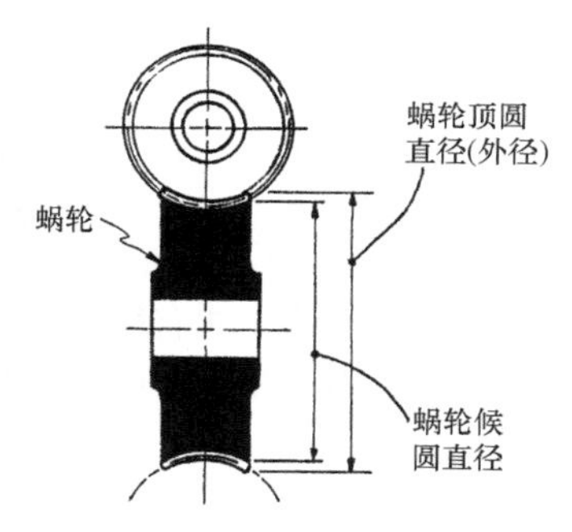

图 6.2-6　蜗轮蜗杆。

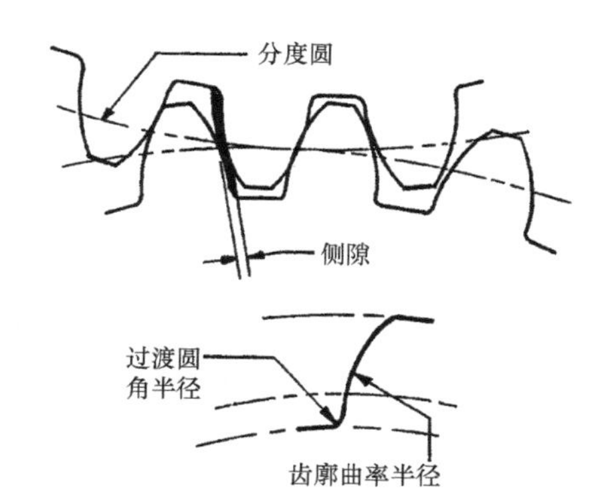

图 6.2-7　齿轮侧隙。

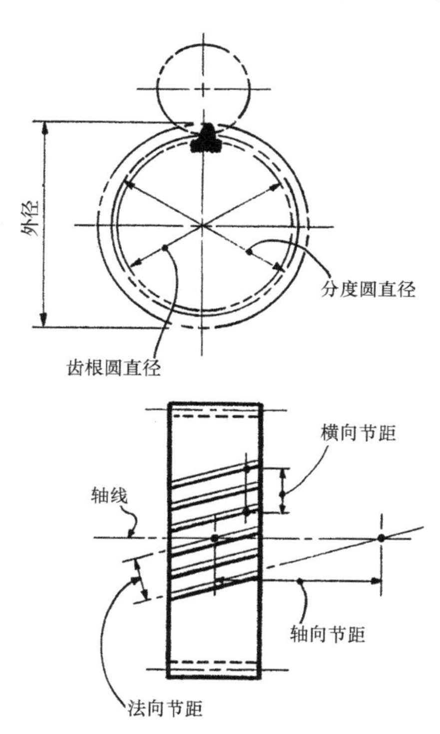

图 6.2-8　斜齿圆柱齿轮。

6.3 锥齿轮计算表格

以下表格概述了在设计直齿锥齿轮时需要解决的数学问题。这些数据按照一定的顺序进行排列，这就避免了使用通常直齿锥齿轮表格查询公式时的到处查找现象。事实上，这里并没有列出真正的公式，避免了查询公式时遇到许多希腊字母的问题。

相反，这里的表中内容是根据实际工作需要使用的。例如，从表中（9）行可以发现要想获得小齿轮的分度圆直径，只需要用（1）行的值除以（3）行的值；想要获得大齿轮的齿根锥角，你需要用（14）行的值减去（24）行的值。每一个括号中的数要参考以前所填写的数值。

只需要在开始的八个表格中填写小齿轮和大齿轮的已知参数值，然后根据90°直齿圆锥齿轮的格里森体系计算表格中的值。最终结果就是所需要的齿轮尺寸。

带有粗下划线的数值是例题中使用这种方法计算出的值。

1	小齿轮齿数	40	5	工作深度 $=\frac{2.000}{(3)}$	0.200in
2	大齿轮齿数	80	6	全齿高 $=\frac{2.188}{(3)}+0.002$	0.2208in
3	径节	10	7	压力角	20°
4	齿宽	0.750in	8	总侧隙	0.003in

（下面带有粗下划线的数值表示的是工作尺寸）

小齿轮			大齿轮		
9	分度圆直径$\frac{(1)}{(3)}$	4in	10	分度圆直径$\frac{(2)}{(3)}$	8in
11	齿数比$\frac{(1)}{(2)}$	0.5000	12	齿数比$\frac{(2)}{(1)}$	2.0000
13	分度圆锥角(11)	26°34′	14	分度圆锥角(12)	63°26′
15	2cos(13)	1.7888	16	锥距$\frac{(10)}{(15)}$	4.4722 in
17	齿顶高 (5)－(17)	0.135in	18	齿顶高 $=\frac{(见表)}{(3)}$	0.065in

齿轮的齿顶高

比率＝大齿轮的齿数/小齿轮的齿数

比率		齿顶	比率		齿顶	比率		齿顶	比率		齿顶
从	到	高 in	从	到	高 in	从	到	高 in	从	到	高 in
1.00	1.00	0.850	1.15	1.17	0.750	1.41	1.44	0.650	1.99	2.10	0.550
1.00	1.02	0.840	1.17	1.19	0.740	1.44	1.48	0.640	2.10	2.23	0.540
1.02	1.03	0.830	1.19	1.21	0.730	1.48	1.52	0.630	2.23	2.38	0.530
1.03	1.05	0.820	1.21	1.23	0.720	1.52	1.57	0.620	2.38	2.58	0.520
1.05	1.06	0.810	1.23	1.26	0.710	1.57	1.63	0.610	2.58	2.82	0.510
1.06	1.08	0.800	1.26	1.28	0.700	1.63	1.68	0.600	2.82	3.17	0.500
1.08	1.09	0.790	1.28	1.31	0.690	1.68	1.75	0.590	3.17	3.67	0.490
1.09	1.11	0.780	1.31	1.34	0.680	1.75	1.82	0.580	3.67	4.56	0.480
1.11	1.13	0.770	1.34	1.37	0.670	1.82	1.90	0.570	4.56	7.00	0.470
1.13	1.15	0.760	1.37	1.41	0.660	1.90	1.99	0.560	7.00		0.460

（续）

19	齿根高 = $\frac{2.188}{(3)}$ − (18)	0.0838
20	齿根高 = $\frac{2.188}{(3)}$ − (17)	0.1538
21	tan $\frac{(19)}{(16)}$	0.0187
22	tan $\frac{(20)}{(16)}$	0.0343
23	齿根角(21)	1°4′
24	齿根角(22)	1°58′
25	顶锥角(13) + (24)	28°32′
26	顶锥角(14) + (23)	64°30′
27	根锥角(13) − (23)	25°30′
28	根锥角(14) − (24)	61°28′
29	cos(13)	0.8944
30	cos(14)	0.4472
31	[2 × (18)] × (29)	0.2414
32	[2 × (17)] × (30)	0.0581
33	齿顶圆直径 = (9) + (31)	4.2415
34	齿顶圆直径 = (10) + (32)	8.0581
35	(18) × (30)	0.0603
36	(17) × (29)	0.0581
37	齿顶到锥点的距离 = [0.5 × (10)] − (35)	3.9396
38	齿顶到锥点的距离 = [0.5 × (9)] − (36)	1.9419
39	节距 = $\frac{3.1416}{(3)}$	0.3141
40	(18) − (17)	0.0700

41	0.5 × (39)	0.1570
42	(41) × tan(7)	0.0254
43	齿厚 = (39) − (43)	0.1825
44	齿厚 = (40) − (42)	0.1316
45	$(44)^3$	0.0060
46	$(44)^3$	0.0022
47	$(9)^2$	16.0000
48	$(10)^2$	64.0000
49	6 × (47)	96.0000
50	6 × (48)	384.000
51	$\frac{(45)}{(49)}$	0.00006
52	$\frac{(46)}{(50)}$	0.0000
53	弦齿厚 = (44) − (51) − [0.5 × (8)]	0.181
54	弦齿厚 = (43) − (52) − [0.5 × (8)]	0.1301
55	$(44)^2$ × (29)	0.0298
56	$(43)^2$ × (30)	0.0077
57	4 × (9)	16.0000
58	4 × (10)	32.0000
59	$\frac{(55)}{(57)}$	0.0019
60	$\frac{(56)}{(58)}$	0.0002
61	弦齿高(18) + (59)	0.1369
62	弦齿高(17) + (60)	0.0652
63	sin(28)	0.8785
64	sin(27)	0.4771
65	cos(28)	0.4776
66	cos(27)	0.8788

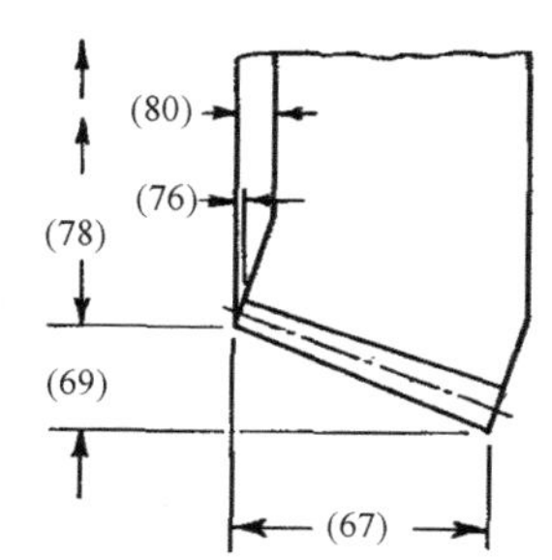

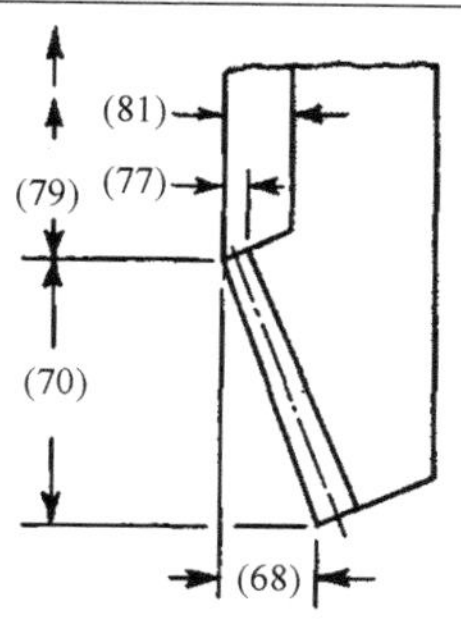

小齿轮　　　　　　　　　　　　　　　　　　大齿轮

67	(4) × (63)	0.6589	69	(4) × (65)	0.3583
68	(4) × (64)	0.3579	70	(4) × (66)	0.6591
71	$\frac{(16)-(4)}{(16)}$	0.8323			
72	(18) × (71)	0.1124	77	[(73) + (75)] × (29)	0.1629
73	(17) × (71)	0.0541	78	(33) − [2 × (69)]	3.5249
74	(19) × (71)	0.0697	79	(34) − [2 × (70)]	6.7399
75	(20) × (71)	0.1280	80	(76) + 啮合直齿轮标准	0.125
76	[(72) + (74)] × (30)	0.0815	81	(77) + 啮合直齿轮标准	0.250

6.4 端面齿轮的列线图

端面齿轮最大实际直径是轮齿顶点处的直径。限定的内径为轮齿修整处的直径。这种定义总是比工作压力角为零处的直径大。在大齿轮和小齿轮的齿数已知的情况下，以下的两个列线图可以用来查找最大的外径和最小的内径。这样的直线图避免了长度计算。

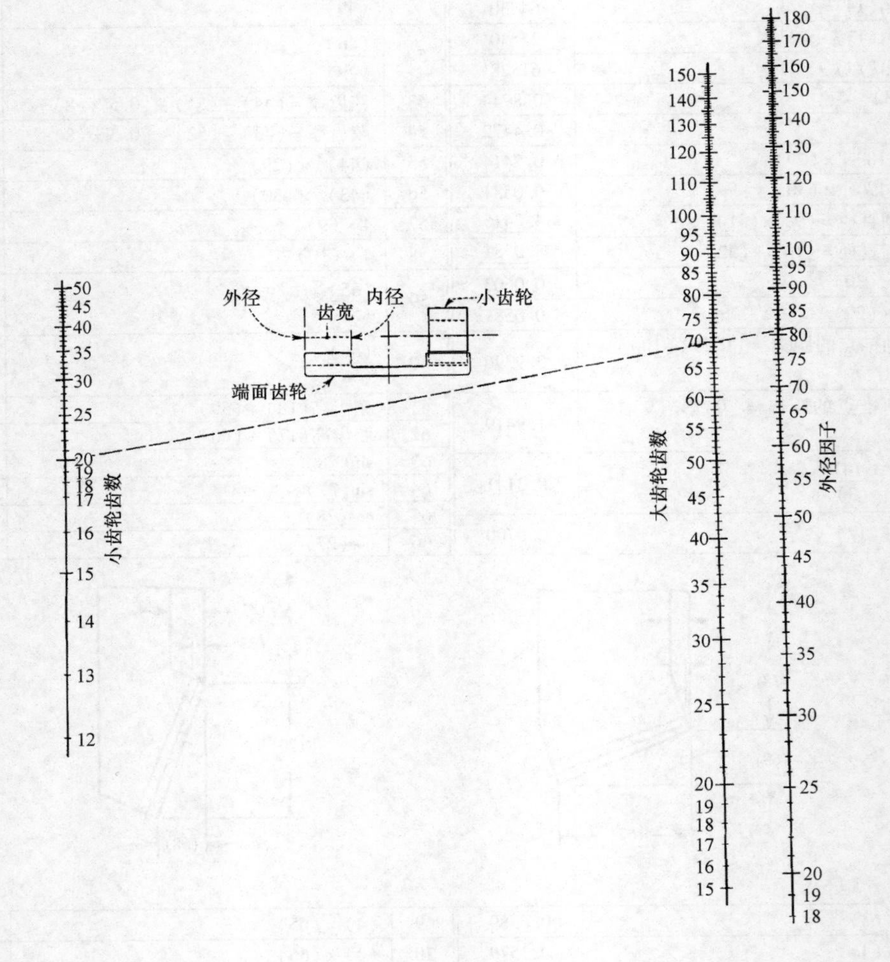

图 6.4-1

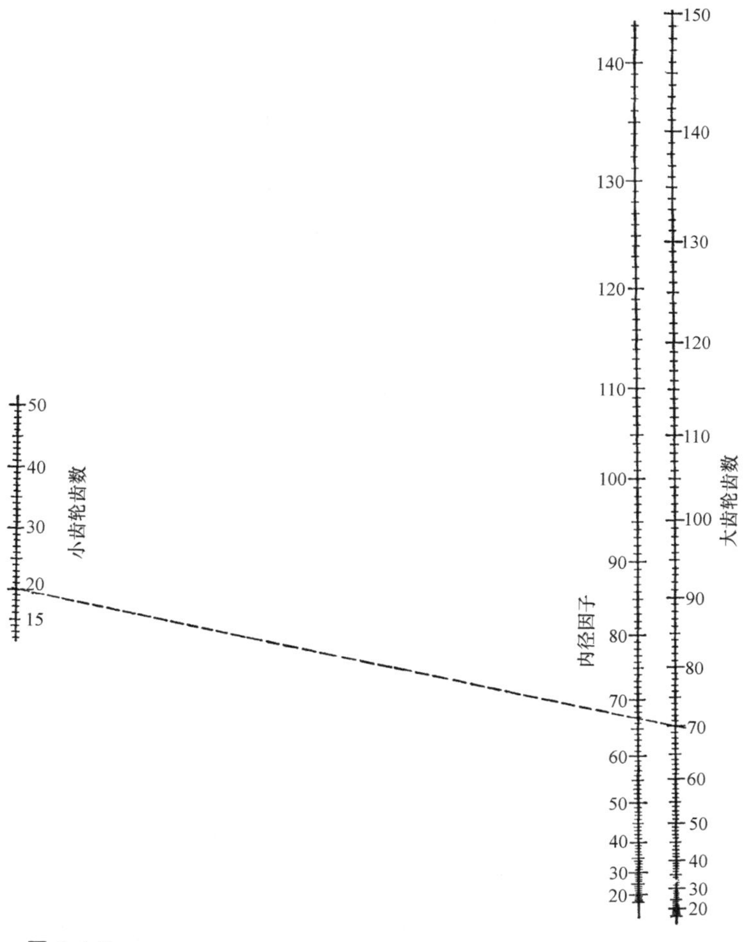

图 6.4-2

在这两个图中，小齿轮都是被假定为符合美国齿轮制造协会标准比例的直齿轮，并且大齿轮和小齿轮的轴被假定相交成直角。这两个图都只是用于轮齿比率为 1 ~ 1.5 或者更大比率的时候。小的比率需要修改小齿轮，不允许使用图中数据。在这两个图中，通过小齿轮的径节在图中划分因子来确定合适的大齿轮的直径。

例：确定齿数为 70 的一个平面齿轮的最大外径和最小内径，这个齿轮和齿数为 20 的标准小齿轮相配合，小齿轮的压力角为 20，径节为 32。

解：从图 6.4-1 知：外径因子 =81in，最大外径 $=\dfrac{81}{32}=2.531\text{in}$（64.287mm）

从图 6.4-2 知：内径因子 =66.9in，最小内径 $=\dfrac{66.9}{32}=2.090\text{in}$（53.086mm）

6.5 直齿圆柱齿轮的功率

齿轮可以安全传输的最大额定功率取决于齿轮是短周期运转还是连续运转。如果齿轮只是周期性运转，其传递的功率以轮齿强度为基础；连续运转时的额定功率则取决于齿轮的耐用性与耐磨损能力。

测试齿轮的强度和齿面耐用性是一个漫长的过程。下图简化了工作量并且给出可以精确到5% ~10%的值。这些值是以美国齿轮制造协会对直线齿轮的强度与耐用性所制定的标准为基础的。

首先使用强度列线图，如图6.5-1所示。除了通常设计时，齿距、齿数和分度圆直径三个所需常量知道其中两个。使用图表把两个已知因子用直线连接起来，直到第三列停止。从这一列上的这一点继续通过已知因子画直线，直到枢轴这一列停止。在两个枢轴列之间所画的线应该与临近的线相平行。

耐用度列线图解应该从 X 标尺开始，其 X 标尺与强度图表 X 标尺值是相同的。如果大小齿轮使用不同的材料制造，则都需要进行测试，并且使用所获得的较小值。

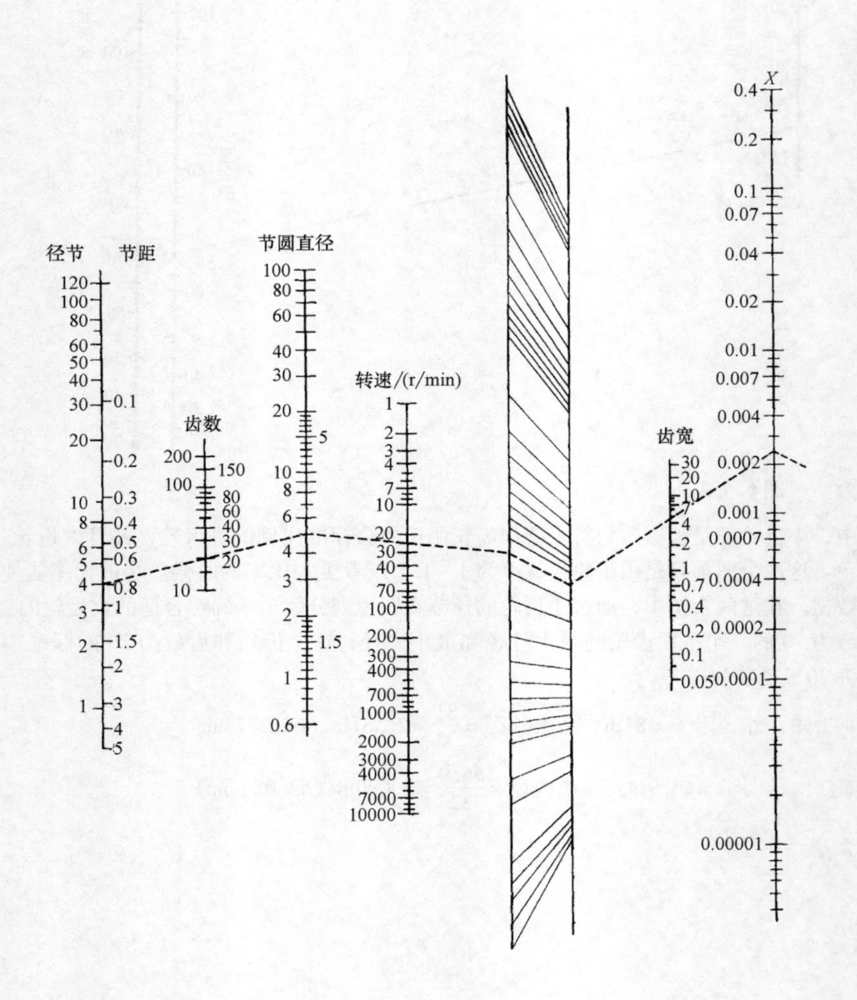

图6.5-1 直齿圆柱齿轮强度列线图（基于AGMA220.01标准）1。

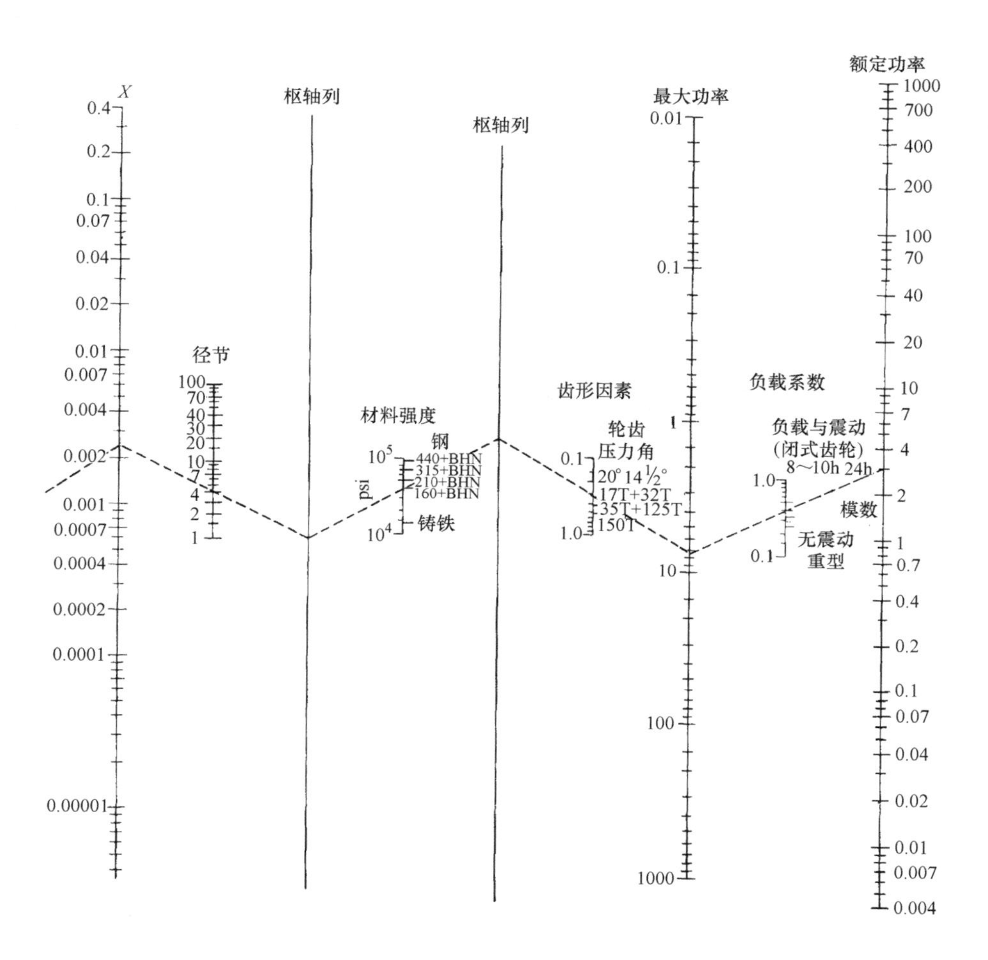

图 6.5-2　直齿圆柱齿轮强度列线图（基于 AGMA220.01 标准）2。

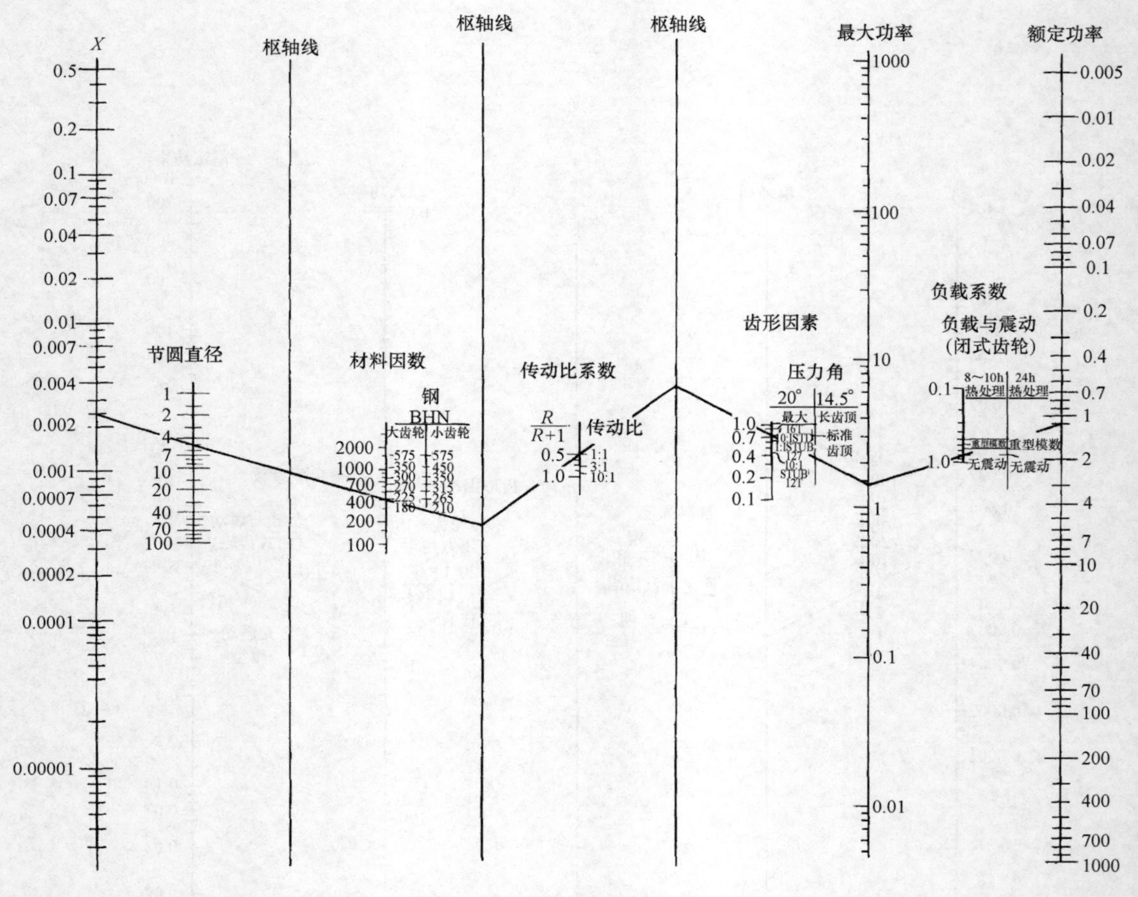

图 6.5-3 直齿圆柱齿轮表面耐用度（以 AGMA210.01 为基础）。

6.6 将齿轮齿的线性分度误差换算成角度误差

对达到200in（5080mm）的分度圆直径，图表迅速地把分度误差从万分之一英寸（in）转化为秒（″）或者弧（rad）。

例： 1. 齿轮分度圆直径 = 141in（3581.4mm）。

分度误差 = 0.001in（0.025mm）。

B 列中把误差转化为了 3″。

2. 分度圆直径 = 41in（1041.4mm）。

分度误差 = 0.001in（0.025mm）。

A 列中把误差转化为了 10″。

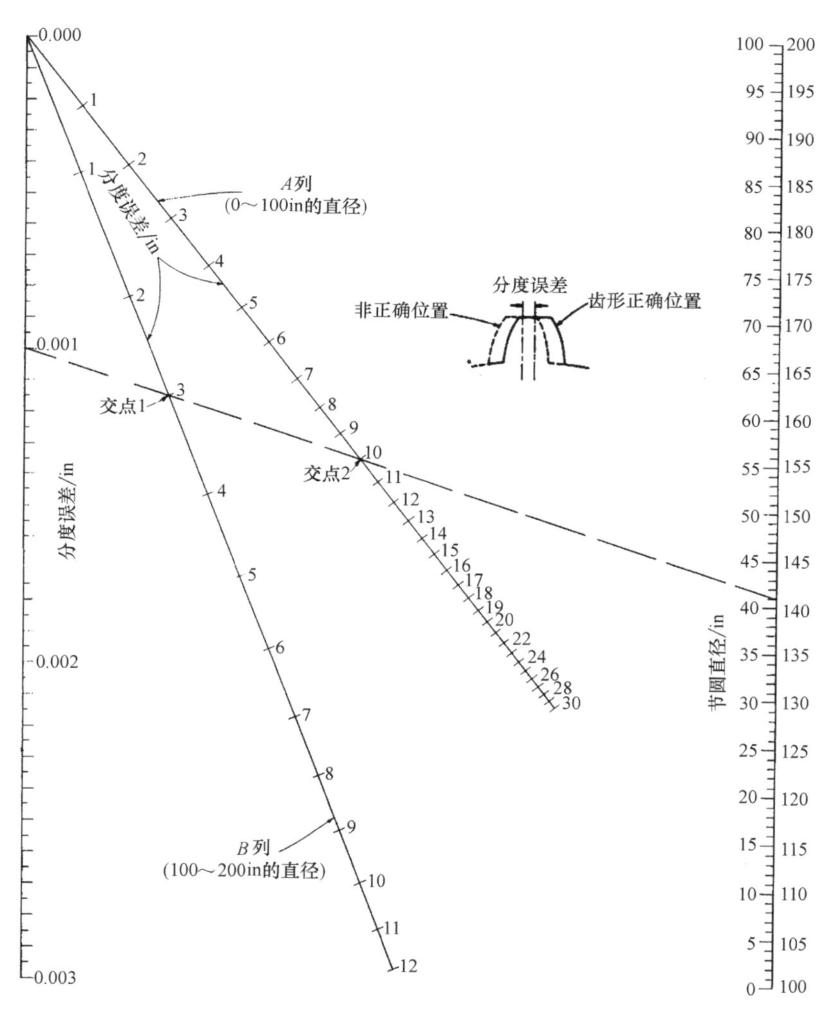

图 6.6-1

6.7 行星齿轮组的检查表

这里介绍5种快速检测齿轮是否啮合以及是否有足够的空间对它们进行装配的方法。

涉及的符号如下：

CP——齿距/in；

L——太阳齿轮与行星齿轮中心的距离/in；

M——齿轮的最大直径或外径/in；

DP——小齿轮的径节/(齿数/in)；

m——齿轮的工作深度/in；

N——齿数；

PD——分度圆直径/in；

x——太阳齿轮的齿数被行星齿轮个数相除所得的整数；

y——内齿轮齿圈的齿数被行星齿轮个数相除所得的整数；

z——定位行星齿轮的增量；

α——行星齿轮位置夹角。

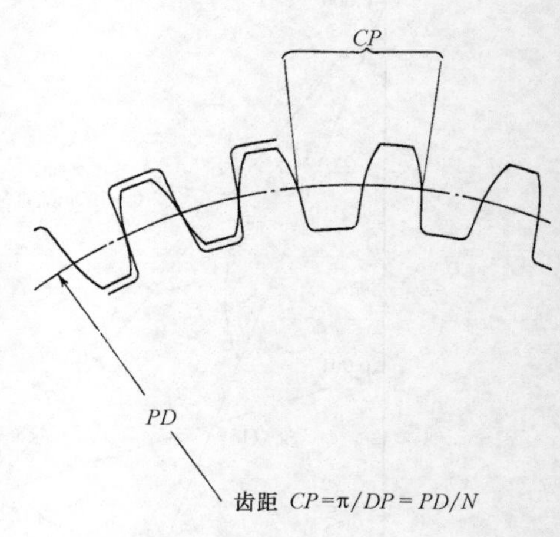

图6.7-1 齿距。

在设计具有一定传动比的行星齿轮系时，需要选择每个齿轮的齿数来获得这样传动比。齿轮能否正常工作？齿轮组合能否一起工作？如果这些齿轮通过以下5个方面的检测则合格。

1）所有齿轮是否有相同的齿距？

如果没有相同的齿距，那么齿轮不会啮合。齿距和齿数决定了分度圆直径，这就导致了下一个检测项目。

2）齿轮在分度圆直径处是否配合？

下面方程显示了行星齿轮是否能填满太阳齿轮和内齿轮齿圈之间的间隙。

3）轮齿是否啮合？

通过前两个检测的齿轮不一定能符合这个要求。如果齿轮的齿数错误，行星齿轮不会同时与太阳齿轮和内齿轮齿圈正确啮合。拥有3的整数倍齿数的齿轮可以正确啮合。有以下两种情况：

第一种情况——太阳齿轮的齿数可以被内齿轮齿圈齿数整除。如果行星齿轮绕中心轮间隔不均匀但在允许的范围内，这种情况可以啮合。

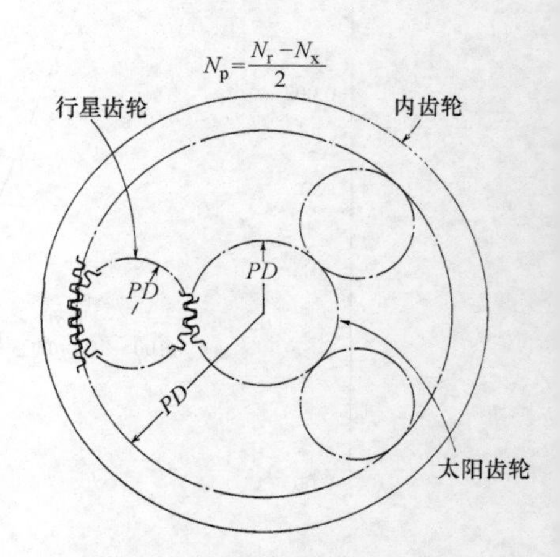

图6.7-2 行星齿轮系。

例如：一组行星齿轮系，内齿轮齿圈有70个齿，太阳齿轮有14个齿，并且3个行星齿轮的每个齿轮都是28个齿。每隔120°安放行星齿轮，但是在这种情况它们必须在呈120°处啮合。由于太阳齿轮的齿数被内齿轮齿圈的齿数整除，因此内齿轮齿圈上的每个轮齿都能与太阳齿轮的轮齿啮合。因此在太阳齿轮每一个轮齿上都可以安装一个行星齿轮。选择从第一个轮齿到第六个轮齿的5个齿距，这因为它是最近接1/3圆的路径。由于 $N_s/N_r=70/14=25/5$，所以它与齿圈上的第26个齿相对。

第二种情况——太阳齿轮的齿数不能被内齿轮齿圈齿数整除。这种情况不确定能否啮合。下面的例子展示了如何辨别。

例如：一组行星齿轮系，有3个行星齿轮，内齿轮齿圈有134个齿，太阳齿轮齿数为14，行星齿轮齿数为60。$N_s/3=14/3=4.67$，整数 $x=4$。$N_r/3=134/3=44.67$，整数 $y=44$。

将这些数据代入方程：

$$(x+z)N_r/N_s=y+(1-z)$$

$$(4+z)134/14=44+(1-z)$$
$$10.57z=6.72$$
$$z=0.636$$

作为轮系中圆周距离小数部分的行星齿轮位置可以表达为

$$(x+z)/N_s=4.636/14=0.3311$$
$$y+(1-z)/N_r=44.364/134=0.3311$$

这个结果给出了四个位置，所以轮系可以啮合。如果结果没有符合的四个位置，齿轮将会互相干涉。角度 $\alpha=0.3311\times360°=119.2°$。

4）太阳齿轮周围能否啮合三个行星齿轮？

如果齿轮行星齿轮的最大直径满足 $M_p+m_s/2<m_r$ 并且其安全间隙超过最大误差的 1/32in（0.794mm），那么三个行星齿轮就可以在太阳齿轮周围啮合。

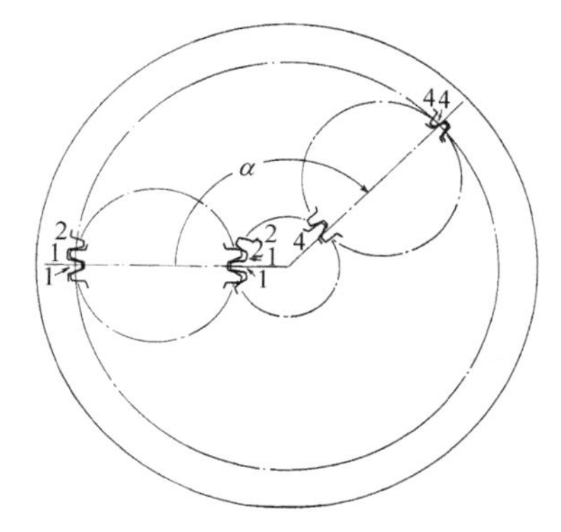

图 6.7-3　轮齿啮合。

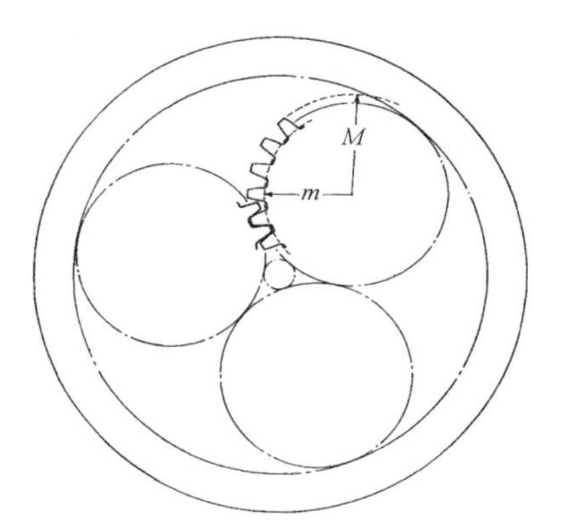

图 6.7-4　三个行星齿轮充满太阳齿轮周围。

5）不规则的分隔行星齿轮是否产生碰撞？

如果两个相邻的行星齿轮安全间隙为 $2L\sin(180°-\alpha)>M_p+\frac{1}{32}\text{in}$，则这两个齿轮不会产生碰撞。太阳齿轮和行星齿轮中心的距离为 $L=(PD_s+PD_p)/2$。

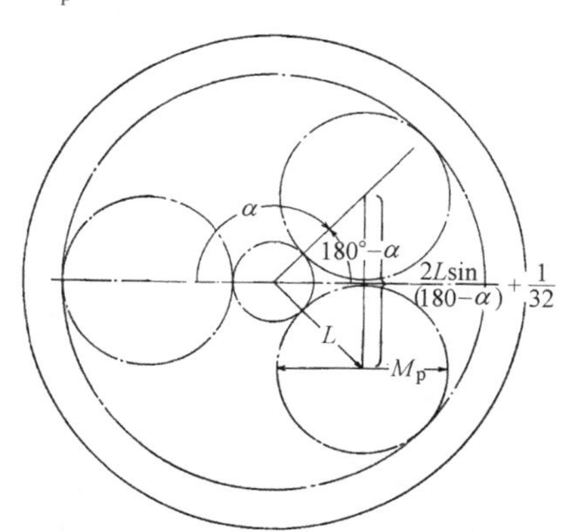

图 6.7-5　不规则的分隔行星齿轮是否产生碰撞。

6.8 行星齿轮系

图 6.8-1 所示为行星齿轮系，系杆 A 与右轴连接在一起。齿轮 C 和 D 通过键与短轴连接，该轴通过轴承与系杆 A 固定。齿轮 C 与固定的内齿轮齿圈啮合。齿轮 D 与内齿轮 E 啮合，齿轮 E 通过键与左轴连接。

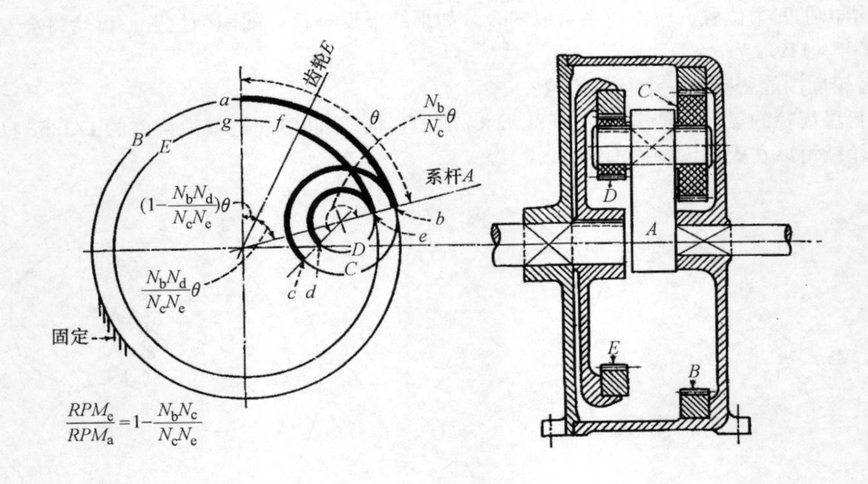

图 6.8-1 行星齿轮系（输入轴与输出轴转向相同）。

下面分析计算齿轮 E 的轴和系杆 A 的轴转速之比。齿轮 B 的齿数记为 N_b，齿轮 C 的齿数记为 N_c，以此类推。系杆 A 从起始的垂直位置旋转一个角度 θ，齿轮 C 将在齿轮 B 上转过弧 ab，齿轮 C 上的弧 bc 与齿轮 B 上的弧 ab 相等。由于角度与半径或齿数成反比，齿轮 C 和 D 将产生转角 $\theta N_b/N_c$。

当出现上述情况时，齿轮 E 和齿轮 D 各自以等同弧 ed 和 ef 相互转动。齿轮 E 将通过角度 $\theta(N_b/N_c)(N_d/N_e)$ 在反方向进行转动。

这两项操作最直接的影响就是移动了齿轮 E 上的点，即原来垂直位置的 g 点移动到了位置 f 处。齿轮 E 因此被旋转角度 $[1-(N_bN_d)/(N_cN_e)]\theta$。

用后者的值除以轴 A 的角位移 θ 时，分别得到了轴 E 和 A 的传动比。

这种分析方法可对所有零件进行图解表示，它适用于包括圆锥齿轮的所有类型的周转轮系，具体例子见图 6.8-2 ~ 图 6.8-6。齿轮轴 A 或轴 E 都可作为输入轴。

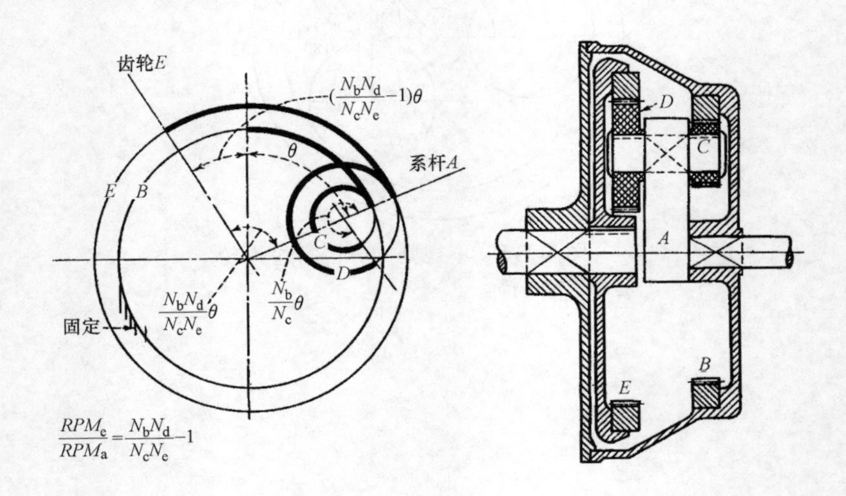

图 6.8-2 行星齿轮系（输入轴与输出轴转向相反）。

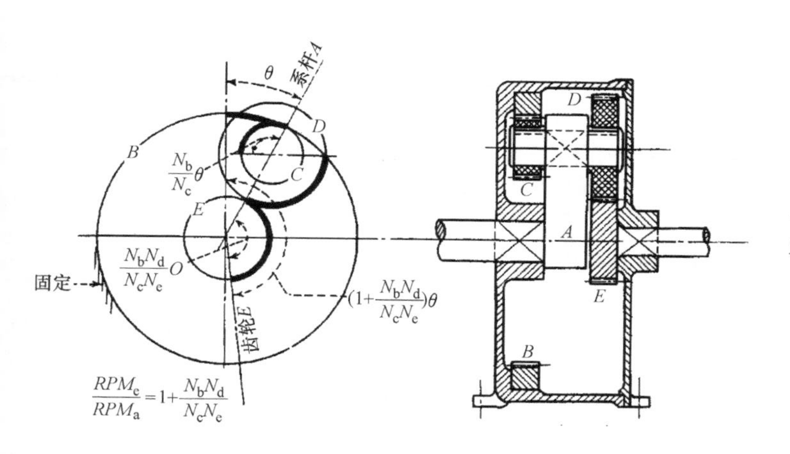

图 6.8-3 行星齿轮系（输入轴与输出轴转向相同）。方程对 $N_c = N_d$ 和 $N_c > N_d$ 均有效。

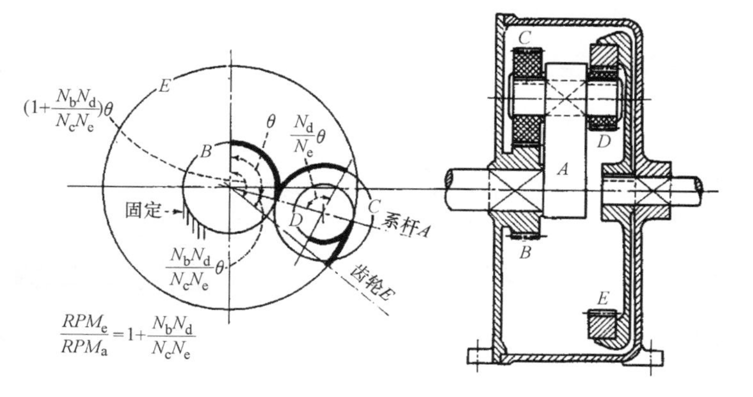

图 6.8-4 行星齿轮系（输入轴与输出轴转向相同）。方程对 $N_c = N_d$ 和 $N_c > N_d$ 均有效。

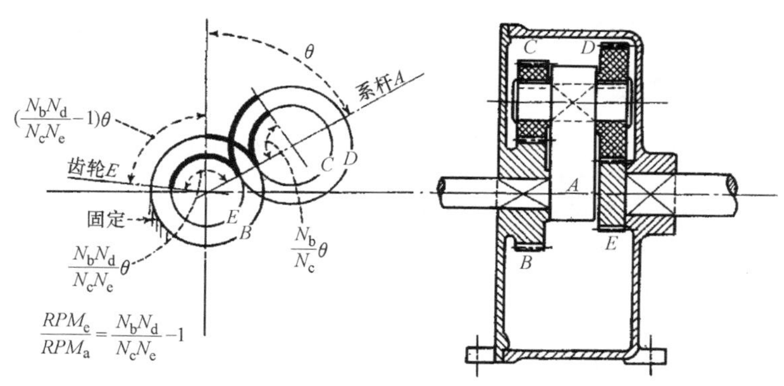

图 6.8-5 行星齿轮系（输入轴与输出轴转向相反）。

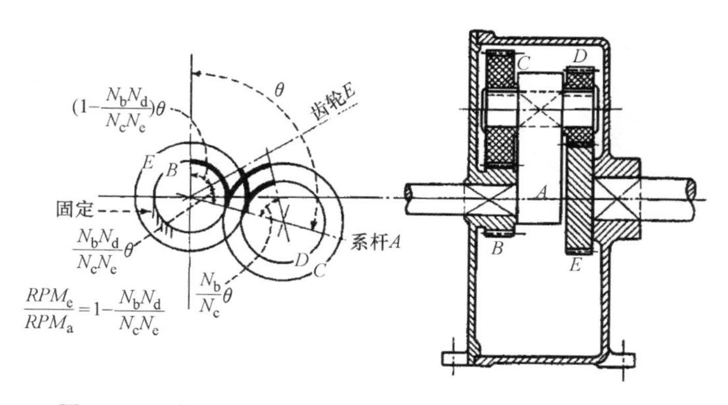

图 6.8-6 行星齿轮系（输入轴与输出轴转向相同）。

6.9 摆线齿轮机构

摆线运动在送料机和自动机械中应用较多，这里列出了安装、计算公式和布局方法。

摆线机的优点是它可以轻易地进行调整以供以下 3 种常用的运动需要：

1）间歇运动——伴随短期或长期的间歇停留。

2）渐进摆动的旋转运动——在进程运动远大于回程运动时，其输出是个摆线运动。

3）在一个往复的周期内旋转转变直线运动。

在这里叙述的所有摆线运动机构都是齿轮转化的机构。其结构紧凑，并能在有间隙或“坡度”的情况下高速运转。该结构可以划分成以下 3 部分：

内摆线：其中摆线曲线的轮廓点位于环形齿轮内部滚齿上，齿圈通常固定并且安装在框架上。

外摆线：其中摆线的轨迹点位于外齿轮上，其滚压在另一个外齿轮（固定）上。

周摆线：其中摆线的轨迹点位于内齿轮上，其滚压在另一个固定外齿轮上。

6.9.1 内摆线机构

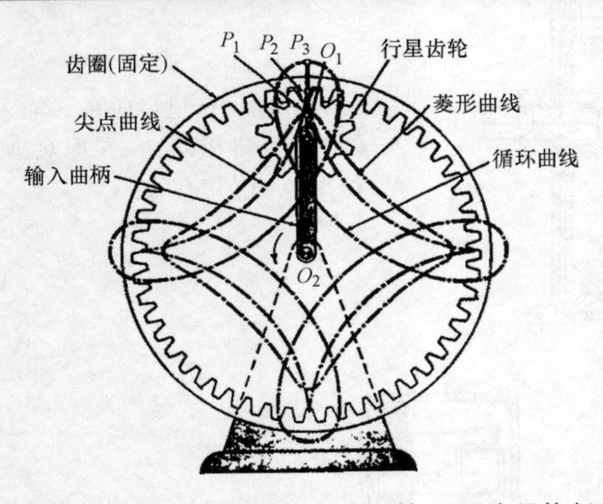

图 6.9-1 基本内摆线曲线。输入运动驱使行星齿轮与内齿轮齿圈相啮合。行星齿轮上的 P_1 点描绘了菱形曲线，在行星齿轮节线的 P_2 点描绘了常用的尖点曲线，并且与行星齿轮固定的转臂杆的 P_3 点描绘了环形曲线。这种摆线机构的一个应用是：立铣床上 P_1 点将可以加工菱形轮廓面。

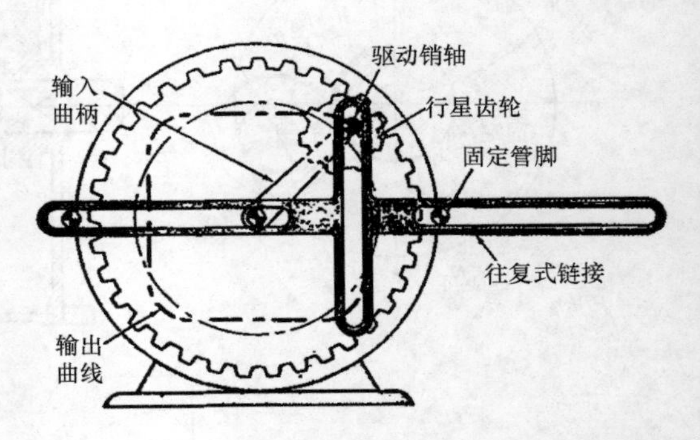

图 6.9-2 双向间歇摆线机构。将输出销与槽相结合，就可以在每一个极限位置处生成较长时间的停留。这就是菱形摆线曲线的另一种应用形式。

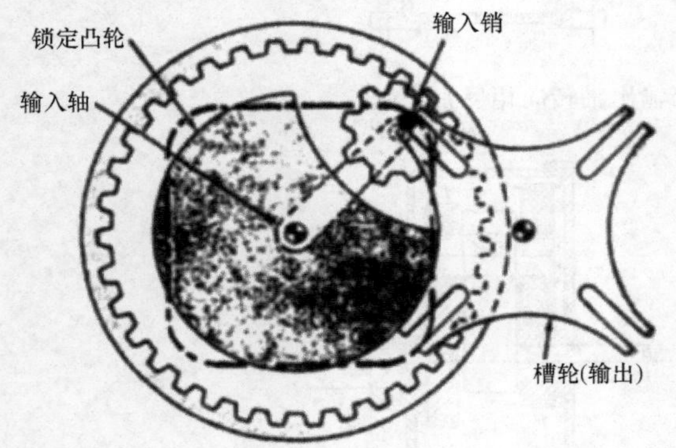

图 6.9-3 长停留的槽轮机构。该机构具有四个槽的槽轮，每一个输入的旋转运动都会导致槽轮转动 90°。通过将销轴固定在行星齿轮上以获得矩形形状的摆线。由于驱动销做非圆周运动，所以很容易获得稳定的运动。

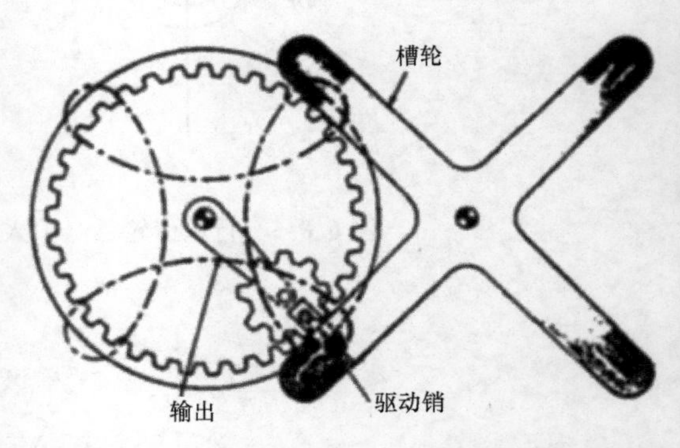

图 6.9-4 内槽轮机构。环形曲线允许驱动销进入一个从中心向外放射的插槽中，然后快速循环索引十字架槽轮。与前面的槽轮机构相比，该机构输出件能旋转 90°旋转，然后在输入连续转动 270°期间输出处于停歇状态。

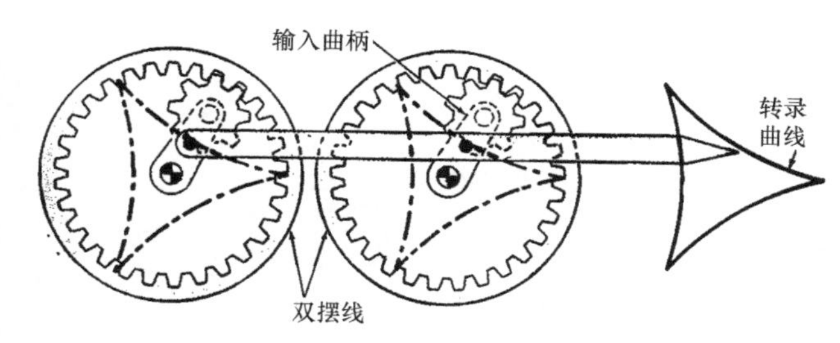

图 6.9-5　摆线针轮平行四边形。两个相同的内摆线机构共同操纵棒料的顶点沿三角形路径运动。他们也适用于空间有限但还必须描绘曲线的地方。这种双摆线机构也可用来生成其他类型的曲线。

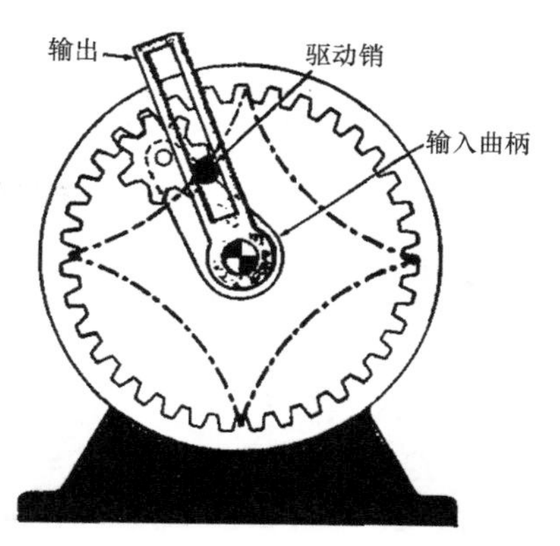

图 6.9-6　短间隙转动机构。这里行星齿轮的节圆正好是齿圈的 1/4，行星齿轮上的销轴将导致输入轴的每一次旋转过程中输入的槽有四处瞬间驻留。

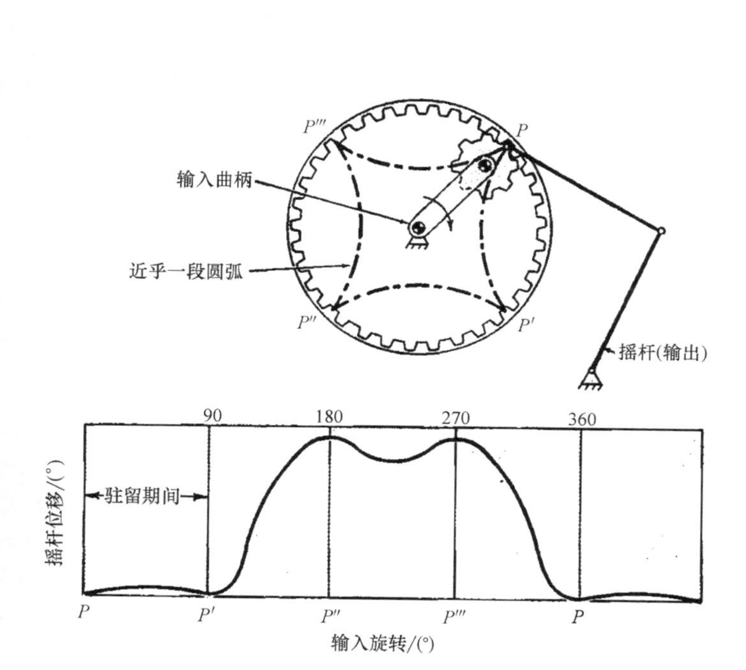

图 6.9-7　摆线摇杆机构。曲柄尖点的轨迹约是一段圆弧，因此在点 P 移动到 P' 的过程中，摇杆在极限位置有长时间的驻留。从 P' 快速返回 P'' 的结束阶段也会伴随一个短暂的停留。摇杆在从 P'' 到 P''' 过程便会出现一个轻微震荡。

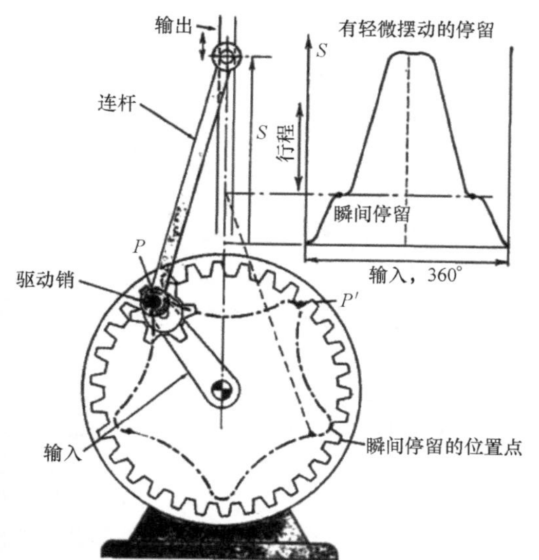

图 6.9-8　往复摆线机构。部分曲线 P'-P 产生较长的停留时间（如前面所示），但是五叶摆轮曲线可以避免在行程结束产生的震荡。在垂直于连杆的曲线位置处还有两个瞬时停留点。

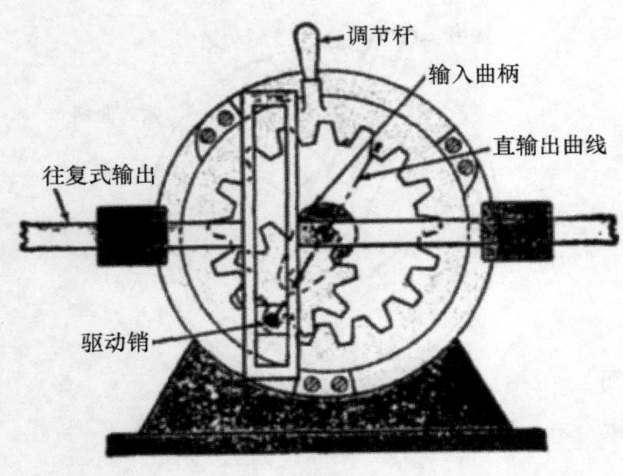

图 6.9-9 可调节的谐波驱动机构。当制定行星齿轮为内部齿轮的一半时，通过固定在行星齿轮上的驱动销来产生线性输出曲线。驱动销引导插槽输出来回地往复运动并且伴随着简谐波动。通过调整杠杆改变齿圈的位置，反过来影响直线输出曲线。当曲线是水平时，行程最大；当曲线垂直时，行程为零。

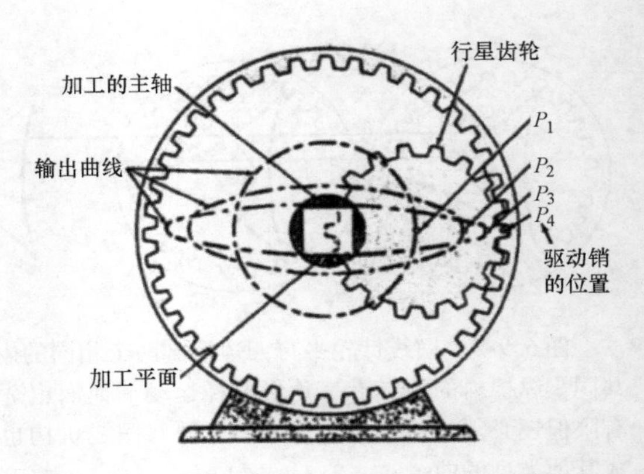

图 6.9-10 椭圆运动驱动机构。通过确定行星齿轮的分度圆直径等于齿圈分度圆的半径，行星齿轮上的每一个点（如 P_2 和 P_3 点）将会描述类似于选择接近分度圆的椭圆曲线。行星齿轮中心的 P_1 点描述一个圆，分度圆上的 P_4 点用来描述一条直线。当切削工具放置在 P_3 点上，它将会几乎切掉所有来自于轮毂的平面部分，如螺栓加工。螺栓的其他面可以通过旋转螺栓切除，或将切削设备调整 90°加工。

6.9.2 外摆线机构

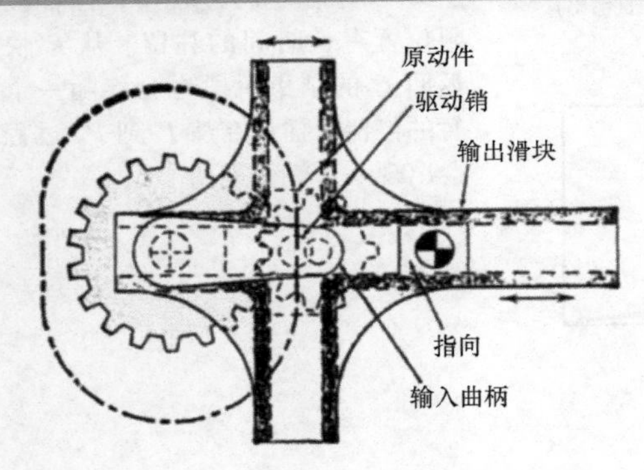

图 6.9-11 外摆线往复机构。在这里中心轮是固定的，并且行星齿轮通过各种输入构件带动中心轮。与内摆线机制类似，这里没有内齿轮齿圈，行星齿轮上的驱动销描绘了两个几乎平滑的曲线。通过让驱动销接在开槽的支架中，在两个输出端的极限位置就产生了短暂停留。支架上的水平插槽在导轨的上面。

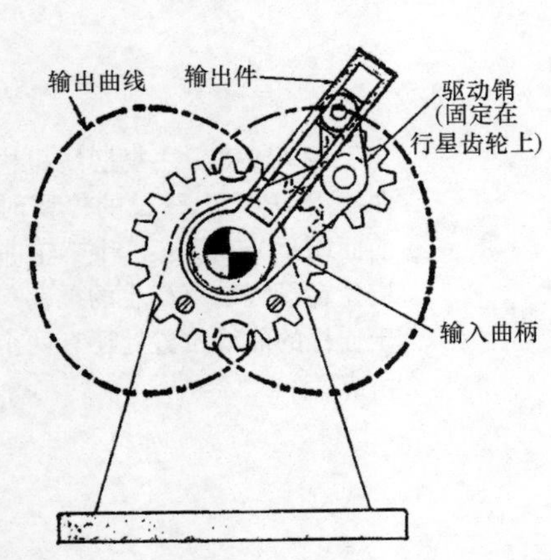

图 6.9-12 逐步振动驱动机构。通过将曲柄固定在行星齿轮上，P 点就可以用来描述双环曲线图，带沟槽的输出曲柄产生垂直分量的短暂振动。

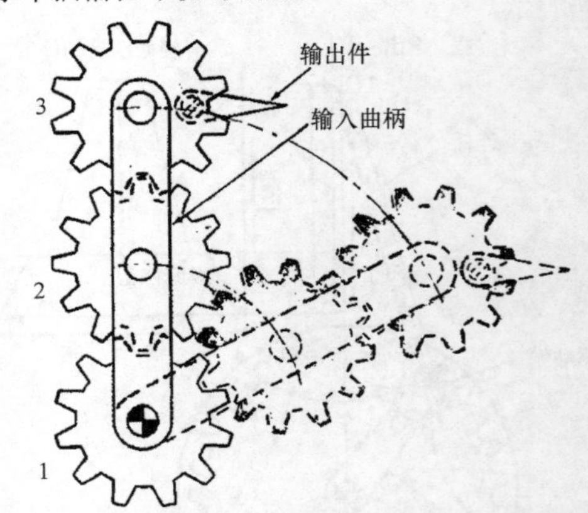

图 6.9-13 平行导引机构。输入齿轮包括两个行星齿轮，与前面的摆线机制类似，该中心轮是固定的，三个齿轮的直径相等并且以齿轮 2 作为参照，任何固定在齿轮 3 上的部件都会通过输入曲柄而与原来的位置保持平行。

6.9.3 运动方程

图 6.9-14 外摆线驱动方程。基本行星驱动机构的角位移、速度、加速度的公式如下：

角位移

$$\tan\beta=\frac{(R+r)\sin\theta-b\sin(\theta+\gamma)}{(R+r)\cos\theta-b\cos(\theta+\gamma)}$$

角速度

$$V=\omega\frac{1+\dfrac{b^2}{r(R+r)}-\left(\dfrac{2r+R}{r}\right)\left(\dfrac{b}{R+r}\right)\left(\cos\dfrac{R}{r}\theta\right)}{1+\left(\dfrac{b}{R+r}\right)^2-\left(\dfrac{2b}{R+r}\right)\left(\cos\dfrac{R}{r}\theta\right)}$$

角加速度

$$A=\omega^2\frac{\left(1-\dfrac{b^2}{(R+r)^2}\right)\left(\dfrac{R^2}{r^2}\right)\left(\dfrac{b}{R+r}\right)\left(\sin\dfrac{R}{r}\theta\right)}{\left[1+\dfrac{b^2}{(R+r)^2}-\left(\dfrac{2b}{R+r}\right)\left(\cos\dfrac{R}{r}\theta\right)\right]^2}$$

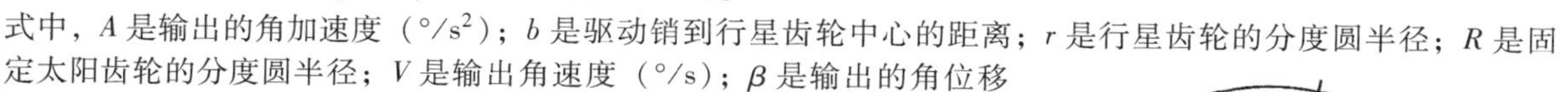

式中，A 是输出的角加速度（°/s²）；b 是驱动销到行星齿轮中心的距离；r 是行星齿轮的分度圆半径；R 是固定太阳齿轮的分度圆半径；V 是输出角速度（°/s）；β 是输出的角位移（°）；$\gamma=\theta R/r$；θ 是输入角位移（°）；ω 是输入角速度（°/s）。

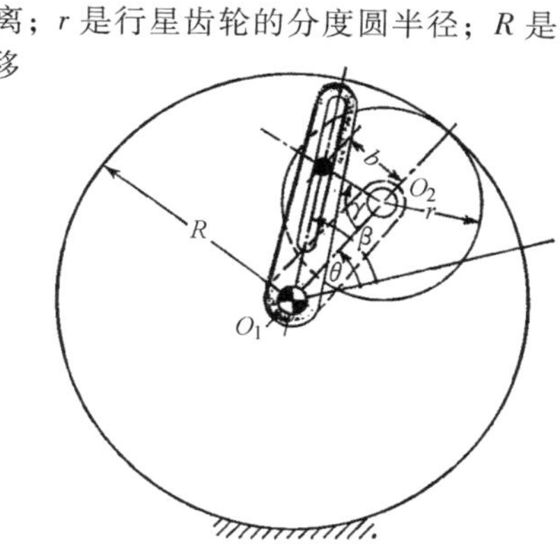

图 6.9-15 内摆线驱动方程。上面的公式改变为

$$\tan\beta=\frac{\sin\theta-\left(\dfrac{b}{R-r}\right)\left(\sin\dfrac{R-r}{r}\theta\right)}{\cos\theta+\left(\dfrac{b}{R-r}\right)\left(\cos\dfrac{R-r}{r}\theta\right)}$$

$$V=\omega\frac{1-\left(\dfrac{R-r}{r}\right)\left[\dfrac{b^2}{(R+r)^2}\right]+\left(\dfrac{2r-R}{r}\right)\left(\cos\dfrac{R}{r}\theta\right)}{1+\dfrac{b^2}{(R+r)^2}+\left(\dfrac{2b}{R+r}\right)\left(\cos\dfrac{R}{r}\theta\right)}$$

$$A=\omega^2\frac{\left[1-\dfrac{b^2}{(R+r)^2}\right]\left(\dfrac{b}{R+r}\right)\left(\dfrac{R^2}{r^2}\right)\left(\sin\dfrac{R}{r}\theta\right)}{\left[1+\dfrac{b^2}{(R+r)^2}+\left(\dfrac{2b}{R+r}\right)\left(\cos\dfrac{R}{r}\theta\right)\right]^2}$$

6.9.4 近似直线的描绘

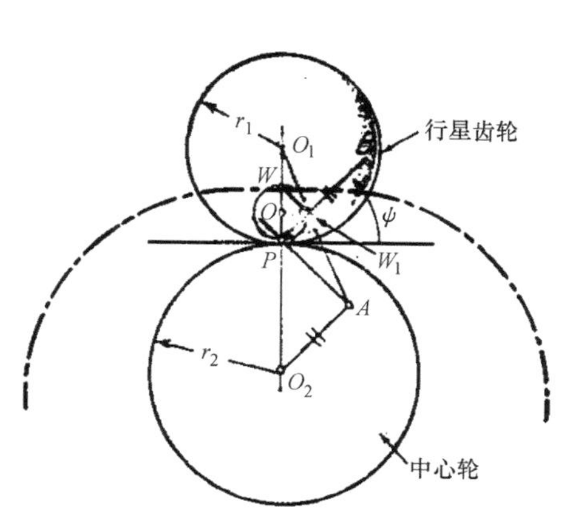

图 6.9-16 齿轮滚动的平滑曲线。通常希望能够找到行星齿轮上那些可以用来描述输出曲线中近乎直线部分的点。这样的点将会产生驻留机制，如图 6.9-2 和图 6.9-11 所示。绘图步骤如下：

1）绘制任意一条线 PB；

2）绘制平行线 O_2A；

3）在 P 点绘制 PB 的垂直线 PA，垂足为 P，交 O_2A 于 A 点；

4）绘制 O_1A，与 PB 相交于 W_1 点；

5）在 W_1 点绘制垂直于 PW_1 的线，与 O_1O_2 相交于 W 点；

6）以 PW 为直径绘制一个圆。

这个圆上所绘制的曲线部分地方近似一条直线。这个圆也被称为反曲点圆，因为所绘制的圆在图示位置都有一个拐点（如图中通过 W 点的曲线）

1）过点 P 画任意一条线 PB；

2）画 PB 的平行线 O_2A 和 PB 的垂直线 PA，相交于 A；

3）画 AO_1，并通过滚动齿轮中心，交圆于 W_1；

4）过 W_1 画 PB 的垂线，交 O_2P 于 W 点，以 PW 为反曲点圆的直径。点 W_1 为圆上的任意一点，将会绘制出一个重复直线部分的圆。

对于齿轮的扩展点 C 来说，其在另一个齿轮上滚动，通过下列步骤的图解法来确定曲率中心：

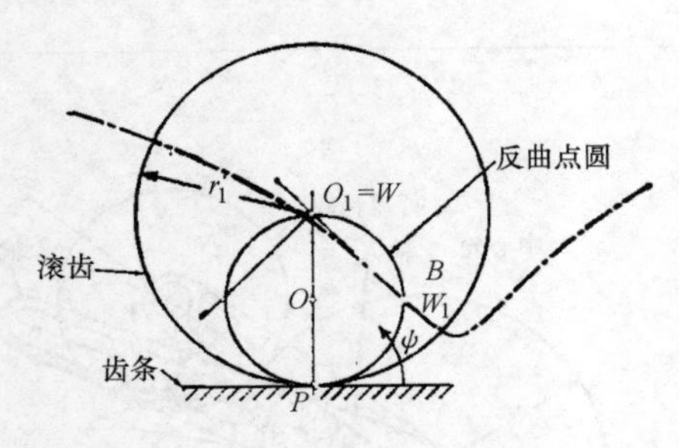

图 6.9-17 齿轮在齿条上滚动——V 形曲线。这是一个特例，以齿轮半径的一半为直径画圆，得到的就是反曲点圆。在任意一点如点 W_1 选定的位置附近描述一个近乎直的曲线段，切线始终通过齿轮中心 O_1 点。

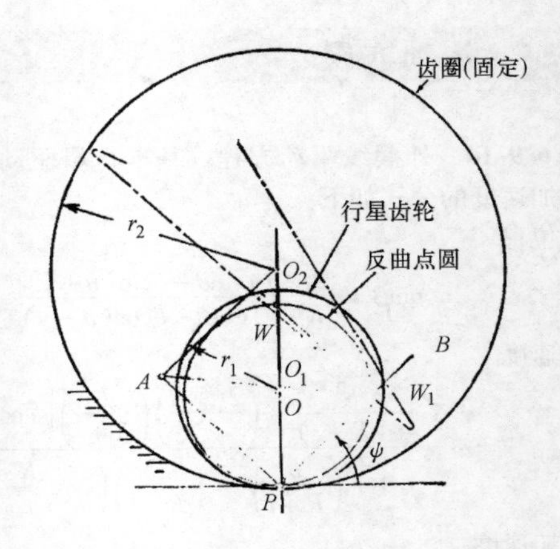

图 6.9-18 内齿轮啮合齿轮的曲线——Z 形曲线。为了找出齿在齿轮内的反曲点圆，绘图步骤如下：

1）绘制一条直线通过点 C 和 P。

2）绘制一条直线通过点 C 和 O_1。

3）通过 P 点绘制一条 CP 的垂直线，与 CO_1 线交点 A。

4）绘制一条直线 AO_2，与 CP 线交与 C_0 点，该点即为曲率中心。

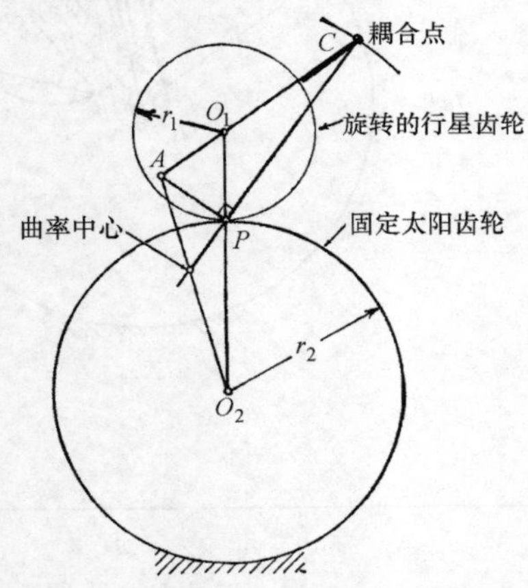

图 6.9-19 外齿轮啮合齿轮曲率中心。通过各点的曲率中心，可以确定适当摇摆或往复旋转的系杆长度，为行星齿轮提供长时间的停歇（如图 6.9-7 和图 6.9-8 中的机构），或者提供适当的输入条件（如图 6.9-3 机构中的驱动销）。

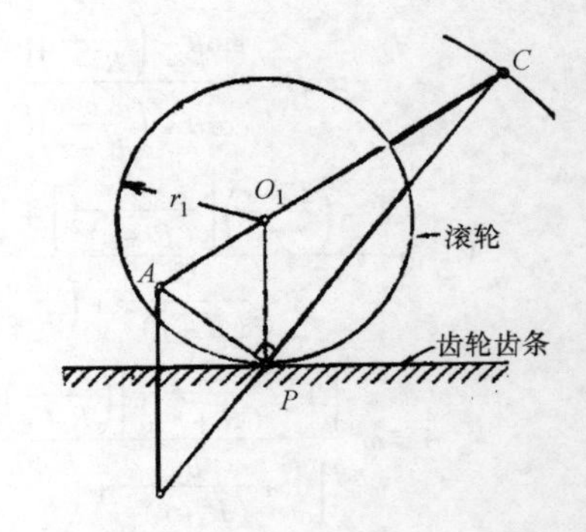

图 6.9-20 齿条啮合齿轮的曲率中心。绘制方法与前面的图类似。

1）连接 CP 并延长。

2）在 P 点绘制 CP 的垂直线，交 CO_1 线于 A。

3）从 A 绘制垂直于水平线的直线，与 CP 线交与 C_0 点，该点即为曲率中心。

1）连接 CP 和 CO_1 并延长。

2）在 P 点绘制 CP 的垂直线，交 CO_1 线于 A。

3）连接 AO_2 与 CP 线交与 C_0 点，该点即为曲率中心。

$$\left(\frac{1}{r}-\frac{1}{r_c}\right)\sin\psi = 常数$$

其中，角度 ψ 和 r 是用来定位 C 点位置的。

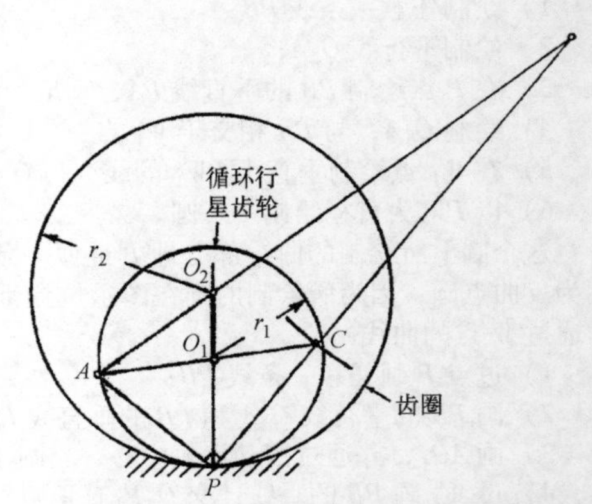

图 6.9-21 内齿轮上啮合齿轮的曲率中心。绘图步骤如下：

通过两次应用此方程，点 O_1 和 O_2 有各自中心旋转，从下面的公式可以得到：

$$\left(\frac{1}{r_2}+\frac{1}{r_1}\right)\sin 90^\circ=\left(\frac{1}{r}+\frac{1}{r_c}\right)\sin\psi$$

或

$$\frac{1}{r_2}+\frac{1}{r_1}=\left(\frac{1}{r}+\frac{1}{r_c}\right)\sin\psi$$

这是最后的设计公式。所有参数除 r_c 外都是已知的，从而计算 r_c 来确定点 C 的位置。对内齿轮啮合齿轮，其欧拉-萨瓦里公式：

$$\left(\frac{1}{r}+\frac{1}{r_c}\right)\sin\psi=\text{常数}$$

得

$$\frac{1}{r_2}-\frac{1}{r_1}=\left(\frac{1}{r}-\frac{1}{r_0}\right)\sin\psi$$

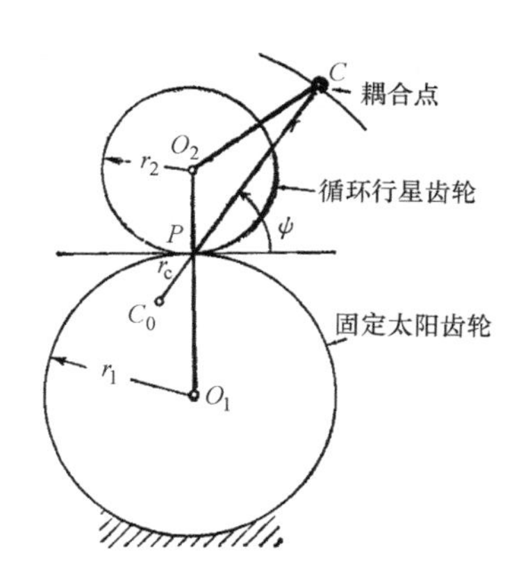

图 6.9-22 解析法。与外齿轮啮合齿轮的曲率中心可以直接从欧拉-萨瓦里方程计算：

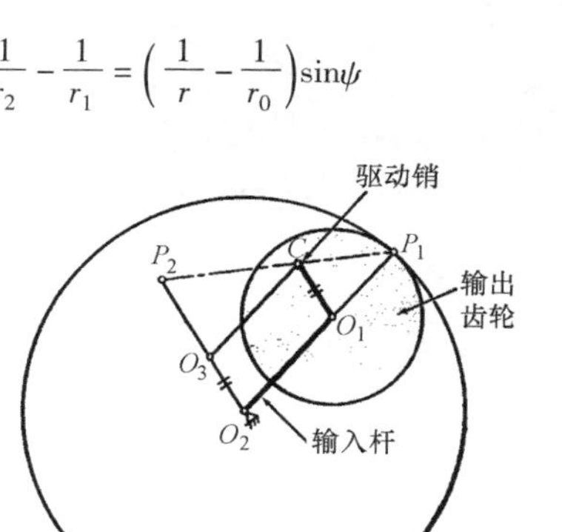

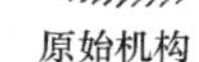

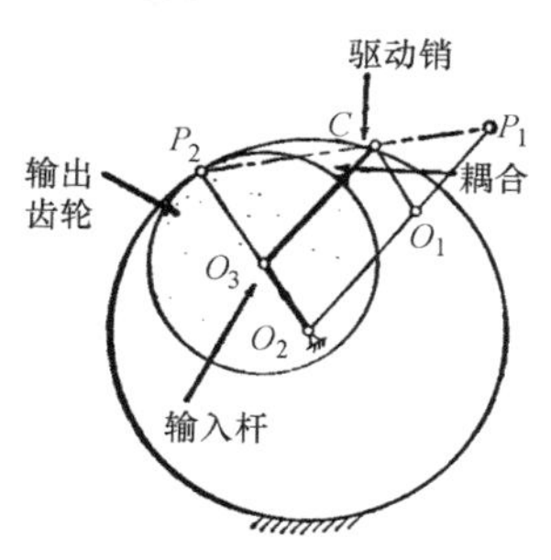

图 6.9-23 内摆线替代机构。并不是所有的摆线机构都能经常被其他摆线机构所替代并产生相同运动且能使结构更紧凑的。

该图是一个典型的内摆线机构。齿轮 1 与内齿轮 2 啮合，而 C 点则描绘了内摆线曲线。要找到替代的机构，画平行线 O_2O_3 和 O_3C，确定点 P_2，然后选择 O_2P_2 为大型内齿轮的新半径。直线 P_2O_3 成为小齿轮半径，C 点具有相同的相对位置，可以通过完成三角形获得。新的机构约是原来机构大小的三分之二。

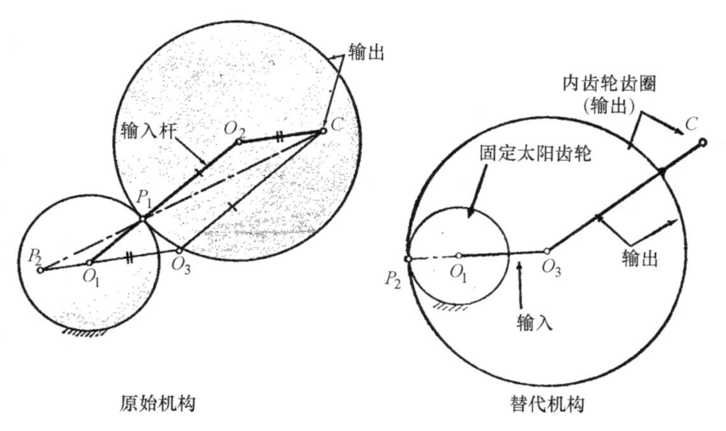

图 6.9-24 外摆线替代机构。对外摆线的等效机构是周摆线，其中行星齿轮是静止不动的，输出采取内齿轮齿圈。这样的安排通常导致结构设计更紧凑。

在上述机构中，C 点的轨迹是外摆线曲线，画出适当的平行线，确定点 P_2，然后用 P_2O_3 绘制结构紧凑的等效机构

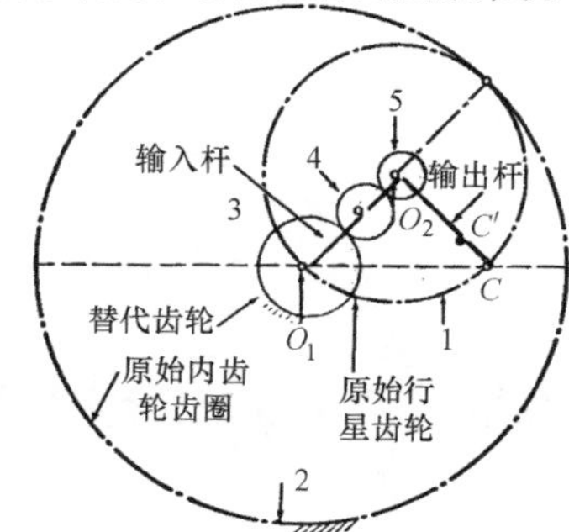

图 6.9-25 多齿轮替代机构。这是另一种生产结构紧凑内摆线机构的替代方式。原有的机构（点画线所示）。齿轮 1 与齿轮 2 啮合，点 C 的轨迹即为内摆线曲线。新机构中用三个外齿轮（齿轮 3、4、5）代替齿轮 1 和 2，显著地节约了运动轨迹空间。唯一的要求是齿轮 5 的大小必须是齿轮 3 的一半。齿轮 4 是惰轮，因此，新机构已减少到大约有原始机构大小的一半。

6.10 万向接头齿轮传动装置

这些传动装置没有使用滑道将旋转运动转换为直线运动。

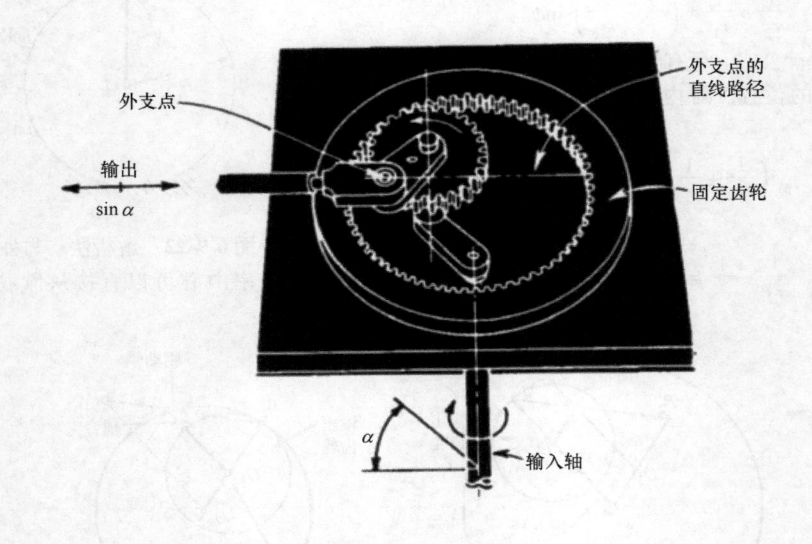

图 6.10-1 万向接头齿轮。该机构的原理是任何一个圆的边缘点在另一个圆的轨迹上滚动，一般轨迹为内摆线。如果两个圆的直径比为 1∶2 那么这条曲线将转变成一个直线运动轨迹（直径较大的圆）。旋转输入轴导致小齿轮绕着固定的大齿轮内部旋转，销位于小齿轮的分度圆上，形成直线轨迹。其线性位移与理论上旋转输入轴转角的正弦或余弦成正比。该机构有很多的应用，如万向传动装置可作为组件求解（分角器）用于电脑上。

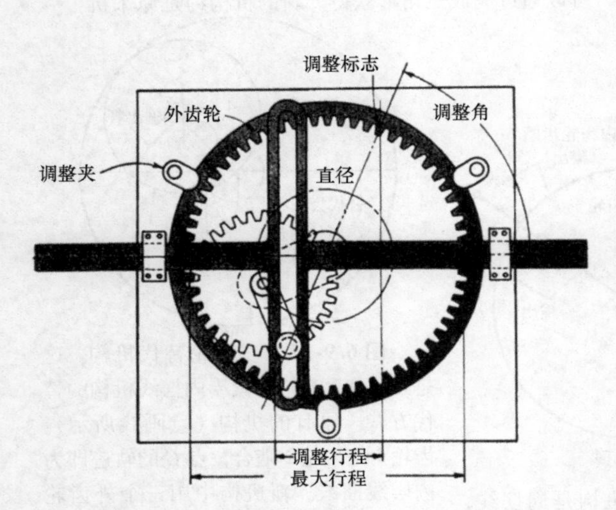

图 6.10-2 万向传动装置和苏格兰轭。该组合机构能提供一个可调节的行程。外齿轮角位置是可调的。调整后的行程等于大直径沿着驱动销在苏格兰轭的中心线上运动的投影。苏格兰轭做简谐运动。

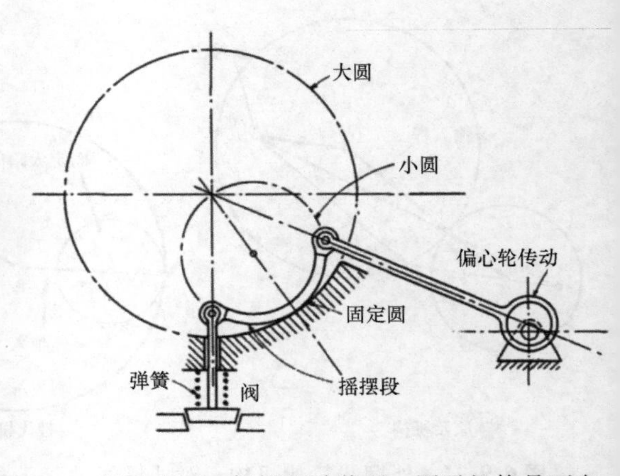

图 6.10-3 阀门驱动装置。图示机构是万向接头齿轮传动原理的应用，小圆圈的一部分在直径是其两倍的大圆圈上往复摆动。输入和输出杆分别被连接到小圈上的某一点。这些点的运动轨迹为直线。阀杆起到防止摆动打滑的导向作用。

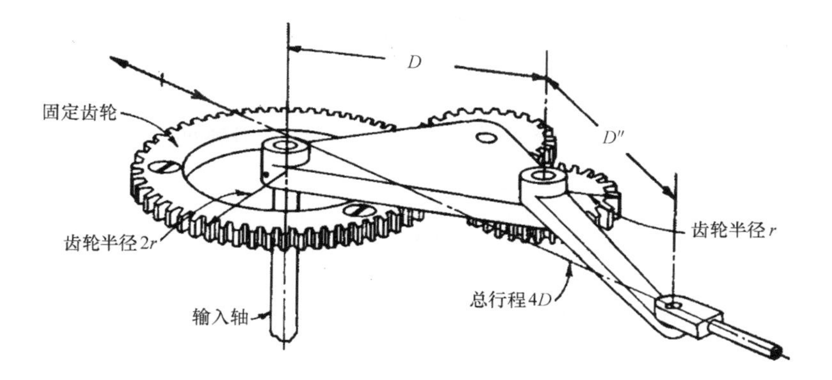

图 6.10-4 万向原理的简图。放弃使用相对较昂贵的内齿轮，这里只需要直齿轮和满足传动比为 1∶2 以及合适的旋转方向这样的基本要求。后者的要求比较容易实现，只需通过加入一个尺寸非严格要求的惰轮就可以。除了价廉以外，相对于齿轮大小来说这种传动也提供了较大的行程。

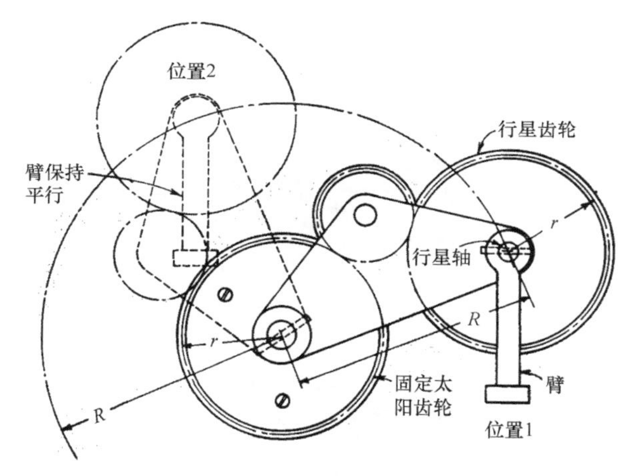

图 6.10-5 齿轮传动的重布置。这是借鉴图 4 机构的另一种运动机构。如果固定的太阳齿轮和行星齿轮的传动比为 1∶1，那么固定在行星轴上的转臂在旋转过程中将会相对于自身保持平行，同时臂上任一点的轨迹为半径 R 的圆。应用实例：相互啮合的齿轮在移动的环形纸上打孔。

6.11 齿轮传动系统润滑的典型方法

在齿轮传动装置设计成功后，还需要一定的润滑系统，以下所示的各种润滑方式可以作为参考。

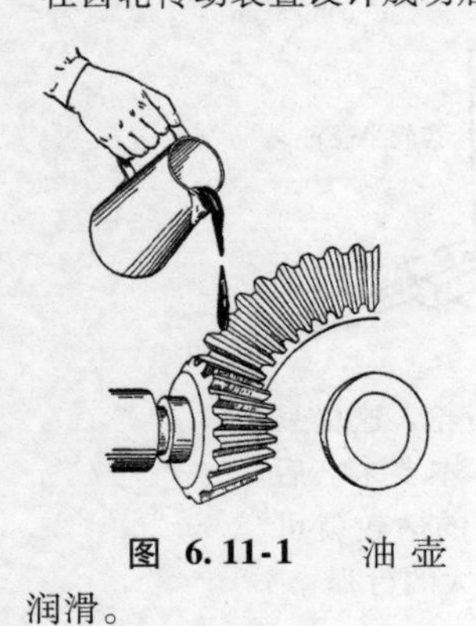

图 6.11-1 油壶润滑。

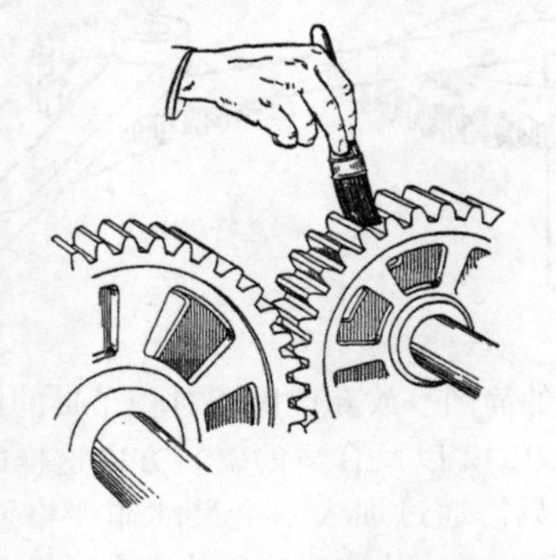

图 6.11-2 涂油润滑。

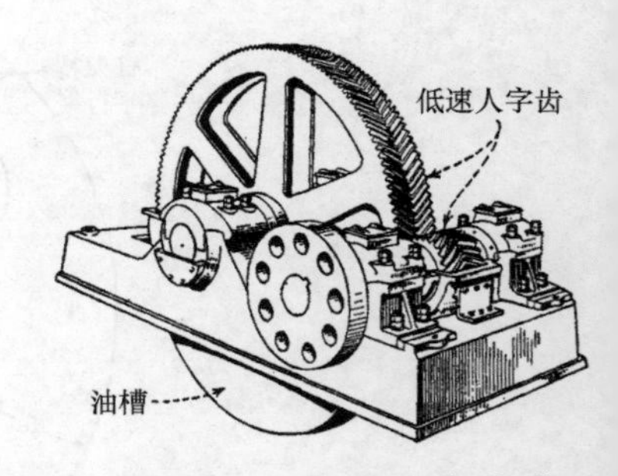

图 6.11-3 油杯滴油润滑。

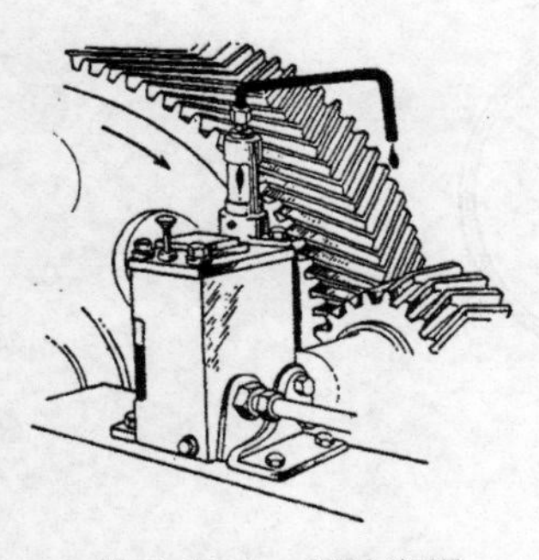

图 6.11-4 压油润滑。

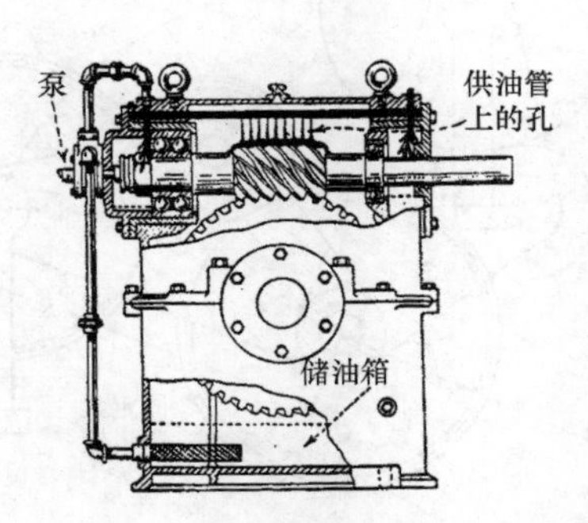

图 6.11-5 蜗轮传动装置润滑。

图 6.11-6 开式齿轮装置润滑。

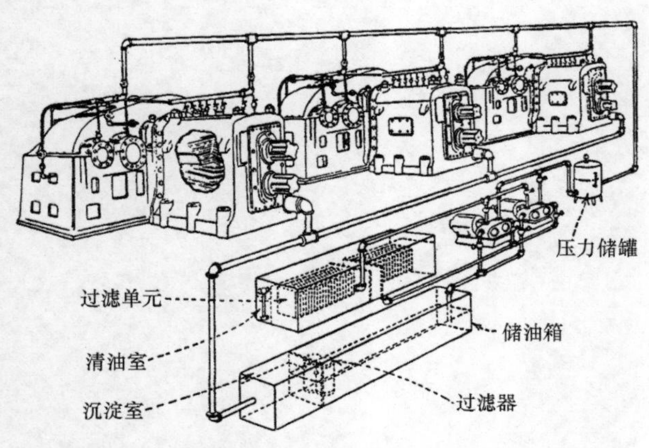

图 6.11-7 中央加油系统。

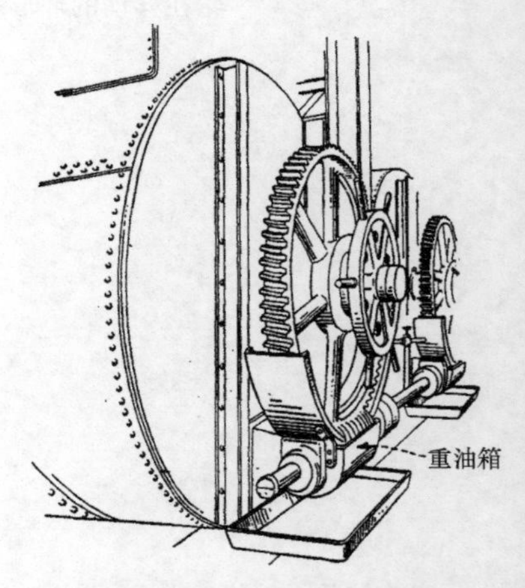

图 6.11-8 开式蜗轮传动装置润滑。

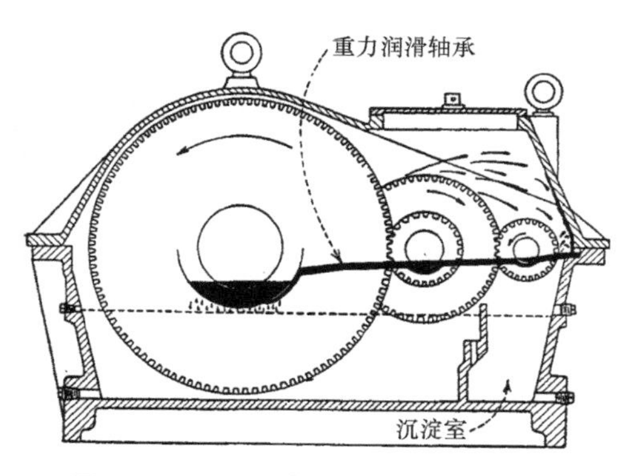

图 6.11-9　甩油润滑系统。

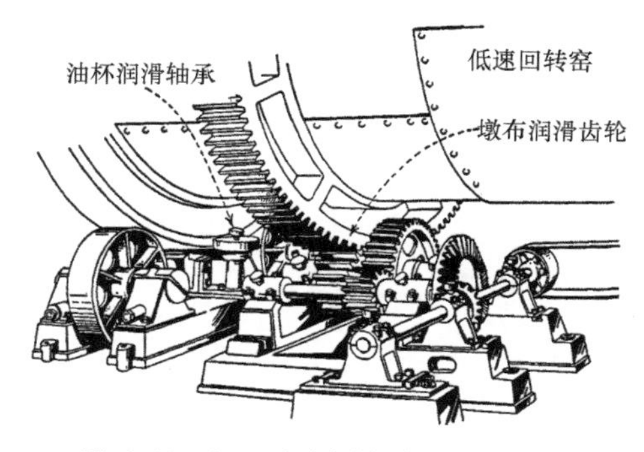

图 6.11-10　开式圆柱斜齿轮减速润滑系统。

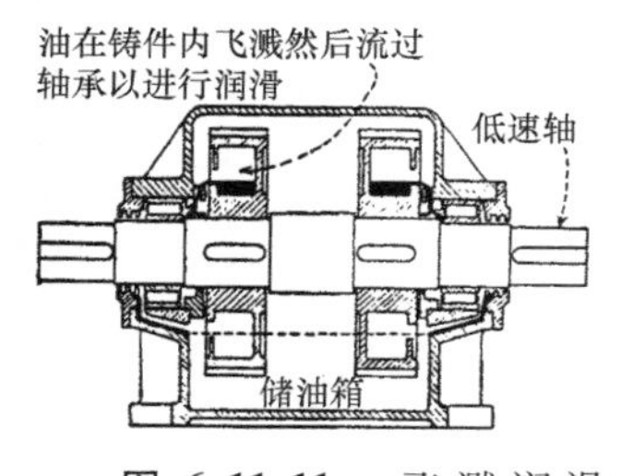

图 6.11-11　飞溅润滑系统。

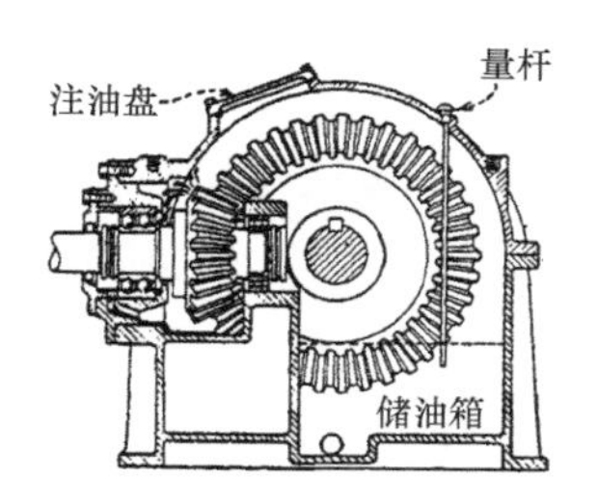

图 6.11-12　直接喷油润滑。

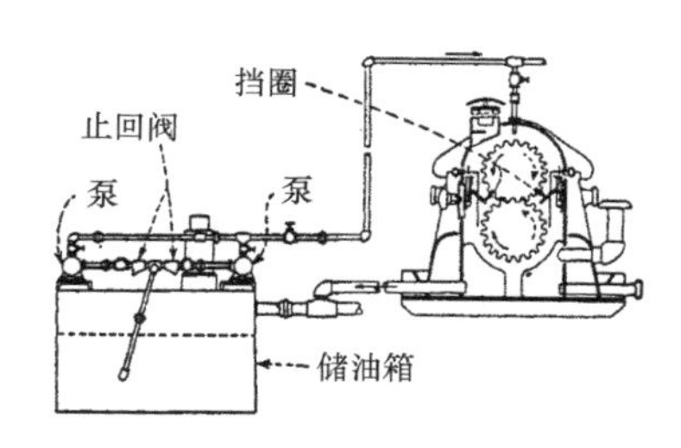

图 6.11-13　双向润滑。

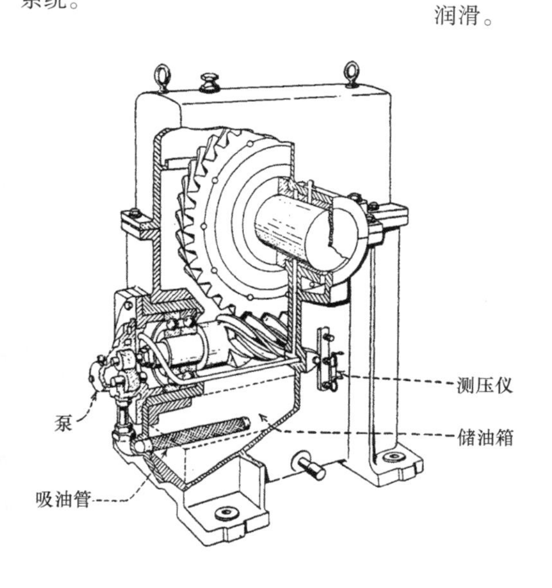

图 6.11-14　压流循环润滑系统。

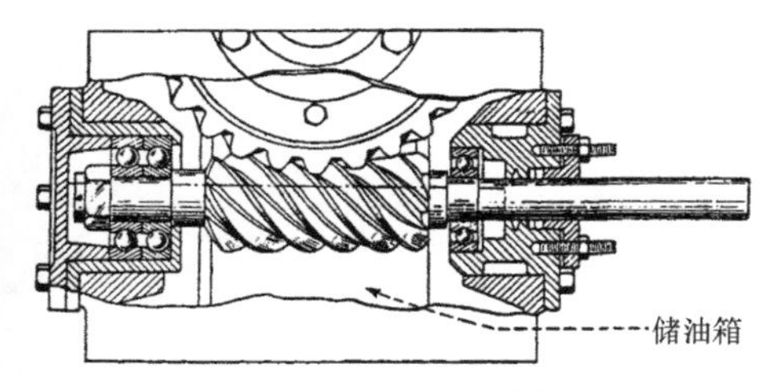

图 6.11-15　下置式蜗杆润滑系统。

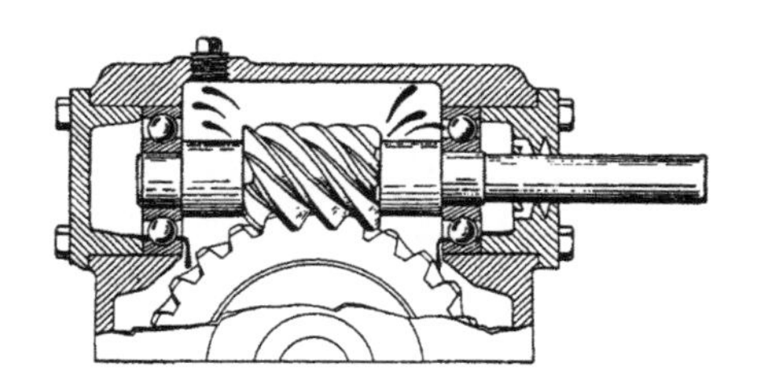
图 6.11-16　上置式蜗杆润滑系统。

第 7 章
离合器

7.1 机械离合器的基本类型

摩擦离合器和刚性离合器在这里都进行了图解。图 7.1-1 ~ 图 7.1-7 介绍了外部控制离合器。图 7.1-8 ~ 图 7.1-12 介绍了内部控制离合器，其中内部控制离合器又被进一步划分为过载安全式、超越式和离心式离合器。

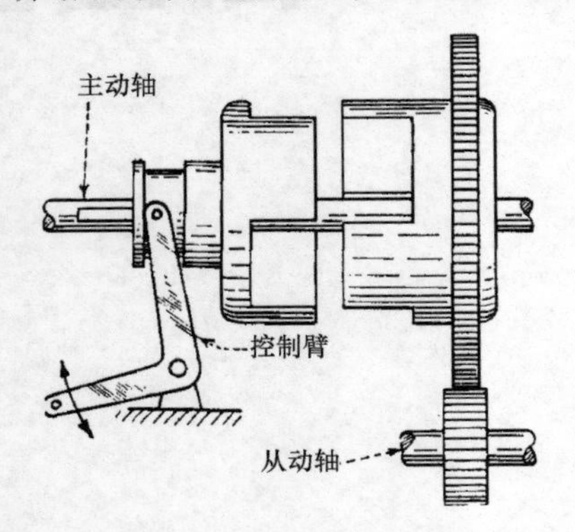

图 7.1-1 牙嵌离合器（爪形离合器）。当离合器的右半部分能自由转动时，左边可滑动的部分被安装到驱动轴上。控制臂控制滑动部分使离合器接合和分离。尽管这种离合器功能强大、结构简单，但在运转过程中常常会遇到一些不利因素的影响，如离合器在接合和分离时表现出较高的惯量，从而容易产生高冲击，并且，离合器接合时也需要相当大的轴向运动。

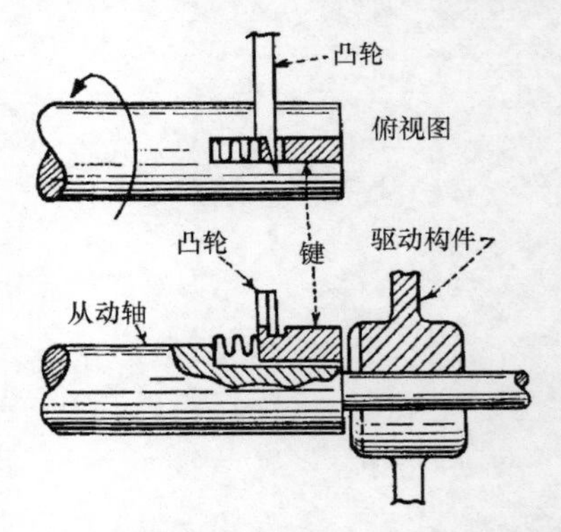

图 7.1-2 滑动键离合器。带有键槽的从动轴上装有自由旋转构件，这个构件沿其中心开有径向槽。滑动键通过弹簧装载，但是在啮合槽中受到控制凸轮的控制。为使离合器啮合，需要把控制凸轮抬高，使滑键进入其中的一个槽内。为使离合器分离，凸轮降低进入键的槽深，从动轴的旋转迫使键从驱动构件上的槽中滑出。通过控制凸轮来限制键的轴向运动。

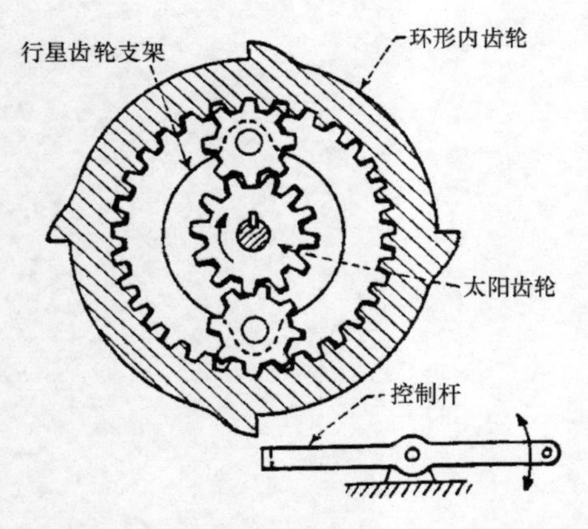

图 7.1-3 行星齿轮传动离合器。在图中所示的分离位置，当从动行星齿轮支架保持不动时，主动太阳齿轮使自由转动的环形内齿轮逆时针空转。当控制杆锁住环形内齿轮时，从动行星齿轮支架将沿着顺时针方向转动。

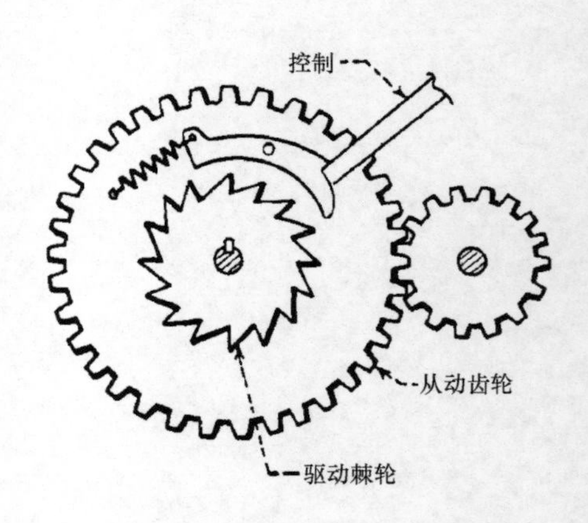

图 7.1-4 棘爪棘轮离合器（外部控制）。这种离合器的驱动棘轮与驱动轴之间用键连接，棘爪与从动齿轮之间用销连接，从动齿轮能在驱动轴上自由地旋转。当控制臂抬起时，棘爪上的弹簧拉伸棘爪与棘轮相啮合，驱动齿轮传动。当控制部件的运动位置低于棘爪的凸轮表面的路径时，啮合运动停止。从动齿轮的运动将会使棘爪脱离啮合过程，并且会使被驱动构件相对于控制部件保持固定静止。这种离合器通过取消移动外部控制臂并在驱动杆上用一个滑动元件替代，从而可以转化为一个内部控制离合器。

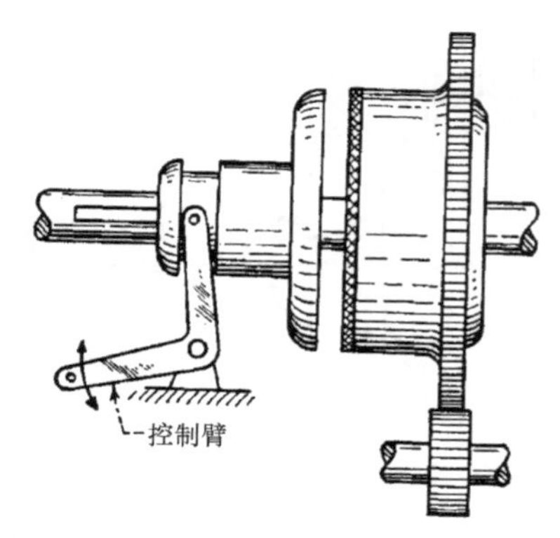

图 7.1-5 盘式离合器。盘式离合器可应用于很多类型的变速器，有单片和多片两种类型，这种机构通过装有键的左滑动部分和在轴上自由转动的右半部分表面产生的摩擦力传递动力。转矩的大小取决于控制部件驱动滑动部分时产生的轴向力。

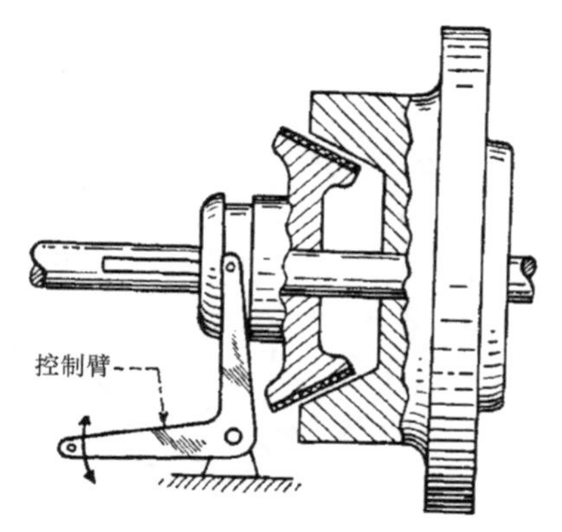

图 7.1-6 锥面离合器。这种类型的离合器的啮合过程需要轴向运动，但所需要的轴向力比盘式离合器所需要的少。通常配合表面的其中一个面采用摩擦材料。这种离合器安装自由构件抵抗轴向推力。

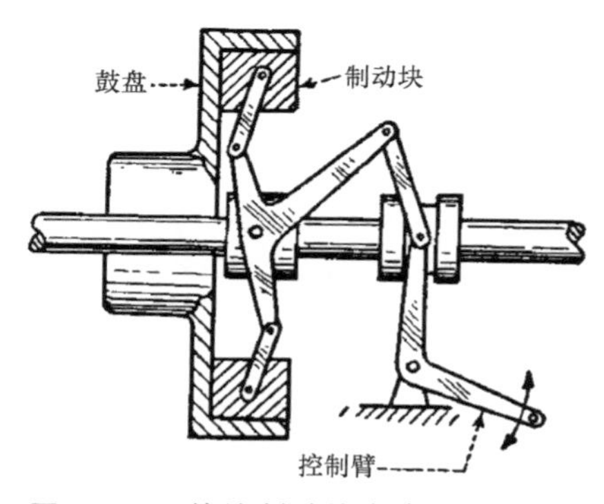

图 7.1-7 伸缩制动块离合器。在上图中，这个离合器啮合靠控制臂的运动来完成。它控制连杆机构来迫使摩擦制动块沿径向伸展，以便使它们与轮毂的内表面相接触。

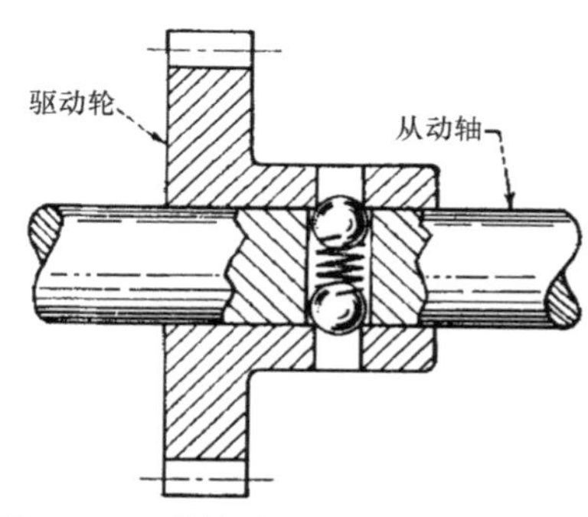

图 7.1-8 弹簧球径向制动离合器。这个离合器能够保持驱动和从动部分同步运转，直到转矩很大为止。这时球将被迫向内运动压缩弹簧，球与轮毂上的孔脱离啮合。因而驱动齿轮将继续旋转，而从动轴保持静止。

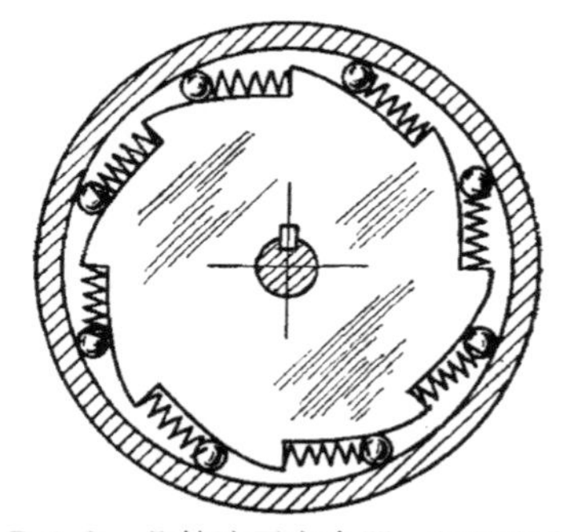

图 7.1-9 凸轮滚子离合器。超越离合器比棘爪棘轮离合器更适于高速自由旋转。内部的驱动构件在其外轮缘上有凸轮表面，在外轮缘上的轻弹簧迫使滚子楔入到凸轮表面和从动构件的内圆柱表面之间。在传动时，是靠摩擦力而不是弹簧力使滚子仅仅楔入两表面之间，提供直接的顺时针方向的驱动，弹簧能够保证迅速的离合动作。如果从动件转速开始超过驱动构件，摩擦力将迫使滚子离开楔紧的位置并且断开连接。

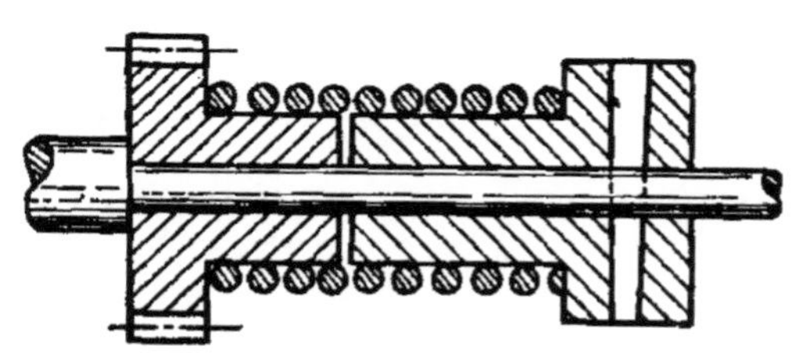

图 7.1-10 缠绕弹簧离合器。这种结构简单、价格便宜的单向离合器由两个转动的轮毂组成，而两个轮毂被恰好缠绕它们的螺旋形弹簧连接。在驱动方向上，弹簧绕着轮毂拧紧，产生一个自驱动摩擦夹紧力；在相反方向上，弹簧将松开，并使得离合器滑动。

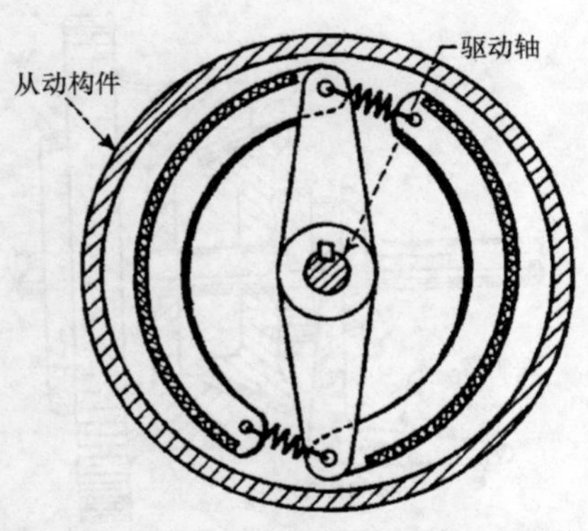

图 7.1-11　伸缩块离心离合器。这种离合器的工作方式与图 7.1-7 所示的类似，只不过该离合器没有外部控制。与驱动件相连的两个摩擦块被弹簧向里拉，直到它们到达“离合”速度。在那个速度下，离心力将使摩擦块向外运动与鼓轮接触。传动轴转动得越快，摩擦块与轮鼓间的压力越大，于是增大了离合器的转矩。

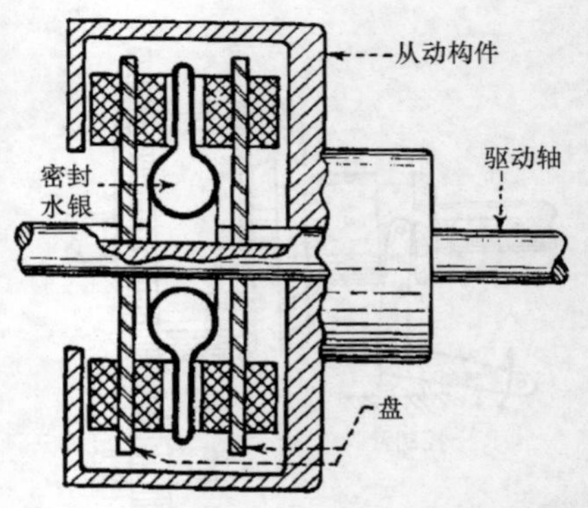

图 7.1-12　水银密封离合器。这种离合器包括两个摩擦盘和一个充有水银的橡胶囊，它们都通过键与驱动轴连接。不工作时，水银充满在一个绕轴的环形腔中；当以足够高的速度旋转时，水银在离心力的作用下向外运动。此时，水银使橡胶囊轴向扩张，迫使摩擦盘与相对的壳体表面接触，并使其运动。

7.2 超越离合器的结构介绍

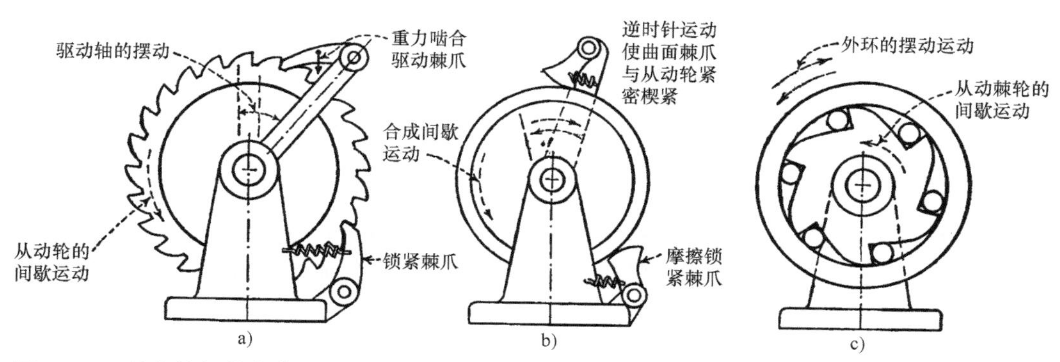

图 7.2-1 基本的超越离合器。图 7.2-1a 中，一个棘轮棘爪机构将往复运动或摆动转换成间歇转动。这种运动是直接的，但是受到齿节倍数的限制。图 7.2-1b 中，摩擦型离合器噪声小，但是它要求用弹簧装置来保持偏心棘爪处于啮合状态。在图 7.2-1c 装置中，球或滚子代替了棘爪，外滚道的运动将滚子楔入棘轮的倾斜表面。

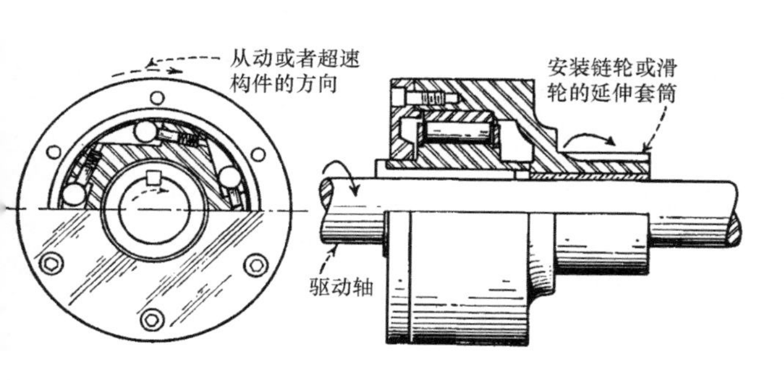

图 7.2-2 一种商业化的超越离合器带有弹簧连接，其弹簧能保持滚子始终在凸轮表面和外滚道之间相接触，因此不存在反弹或失去运动。这种设计是合理可靠的且工作平稳。在反方向操作时，滚子机构能轻松地在机壳内反转。

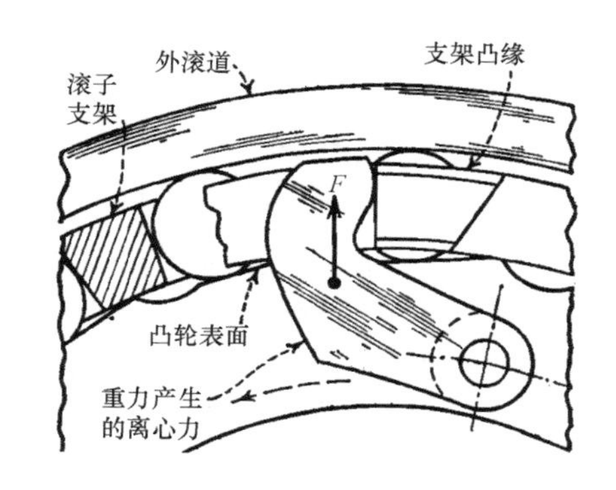

图 7.2-3 离心力能使滚子与凸轮和外滚道保持接触。外力施加在用来控制滚子位置的支架凸缘上。

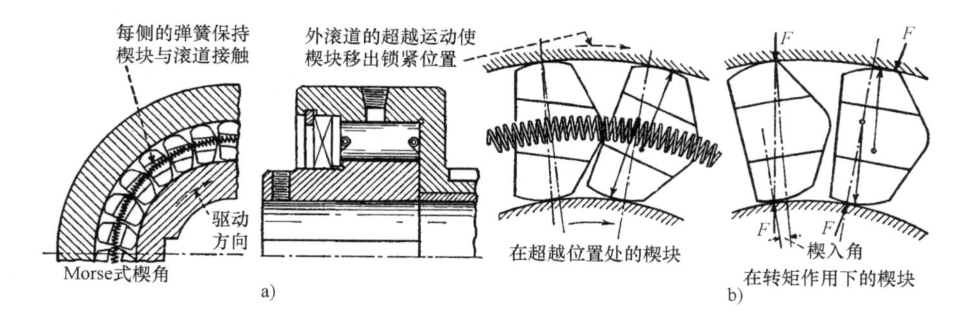

图 7.2-4 楔块能够在圆柱形的内外滚道间传递转矩。弹簧能够起到楔块支架的作用。图 7.2-4a 中圆柱内外圈楔形装置用于传递转矩，弹簧像一个笼子固定楔形机构，相比于辊，楔块形状在有限的空间较多；因此较高的转矩负载是可能的。不需要特殊的凸轮表面，这种类型可以安装在齿轮或轮毂中。轧制运动的楔子紧紧地楔在驱动和被动机构之间，较大的楔入角确保可以啮合。

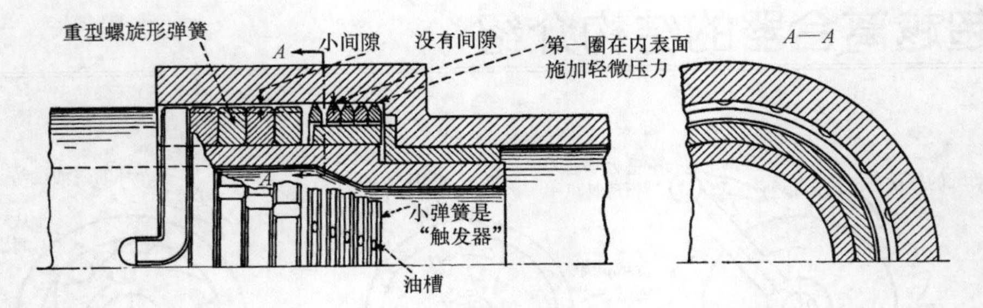

图 7.2-5 啮合装置中有一个螺旋弹簧，该弹簧由两部分组成：一个轻载触发弹簧，另一个重载螺旋形弹簧。它与内轴相连并受其驱动。外部构件在触发器上摩擦的相对运动使弹簧卷起，这将使弹簧直径变小，并将占用小的间隙，对内表面施加压力，直到整个弹簧紧紧地接触在一起。能够改变弹簧螺旋角的方向，使其与超越方向相反。

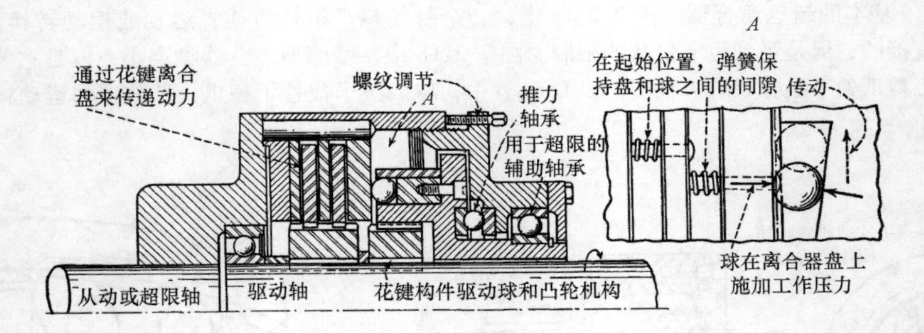

图 7.2-6 多盘离合器的驱动由几个烧结青铜盘通过表面摩擦的方法来实现。压力由凸轮装置施加，它迫使一系列球与圆盘相接触。传递转矩的一小部分是由驱动构件带来的，所以传递转矩的能力不会受到接触球局部变形的限制。摩擦表面的滑动决定了承载能力，并且防止冲击载荷。圆盘弹簧轻微的压力确保了平稳的接触。

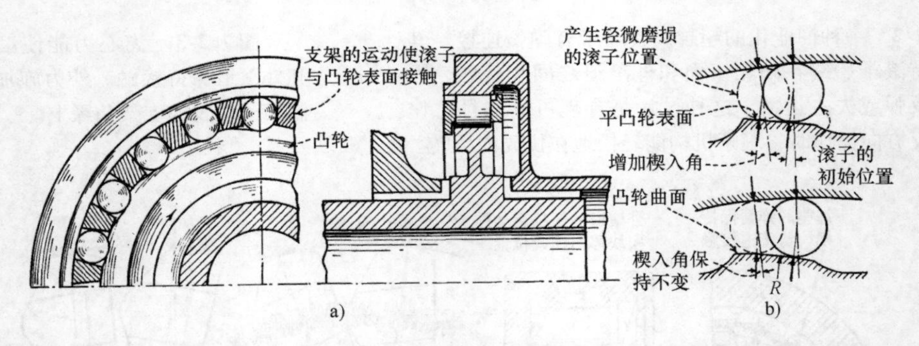

图 7.2-7 自由轮离合器广泛应用在动力传动机构中，该装置具有一系列的直边凸轮表面。采用的啮合角为3°。当大啮合角不起作用时，应用更小的啮合角来锁紧，并且不易脱离。图7.2-7a 中浮动支架的惯性使滚子在凸轮和外滚道之间楔紧。图 7.2-7b 显示：连续的工作导致表面的磨损，磨损量为0.001in（0.0254mm）时将改变直边凸轮上的啮合角为8.5°。曲线凸轮表面保持恒定的啮合角。

7.3 超越离合器的10种应用

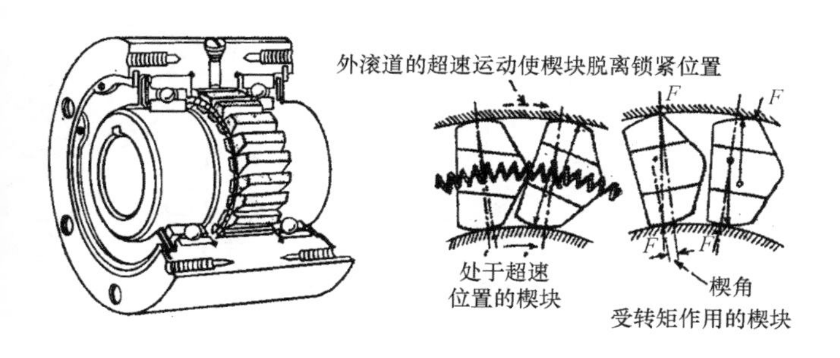

图7.3-1 精密楔块机构。精密楔块起楔紧作用，由经过硬化处理的钢合金制造而成。在楔块离合器中，转矩通过楔块在滚道间沿一个方向的楔入运动被从一滚道传到另一滚道。在另一个方向上，离合器靠惯性转动。

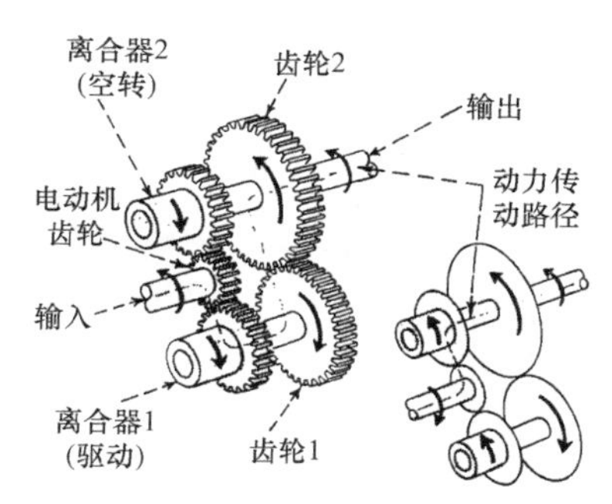

图7.3-2 双向速度传动机构Ⅰ。速度传动装置要求输入转动能实现反转。逆时针输入运动通过离合器1驱动齿轮1，逆时针输出，离合器2空转。顺时针输入运动通过离合器2驱动齿轮2，输出依然是逆时针的，离合器1空转。

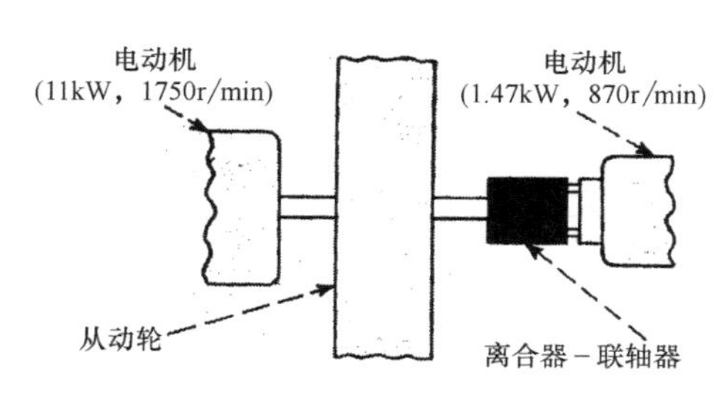

图7.3-3 双向速度传动机构Ⅱ。如果超速离合器连接了两个电动机，这种用于砂轮的速度传动装置可以成为一个简单、共轴的装置。离合器的外滚道通过一个电动机驱动，内滚道与砂轮轴通过键连接。当电动机驱动时，离合器啮合。当选用较大功率电动机驱动时，内滚道空转。

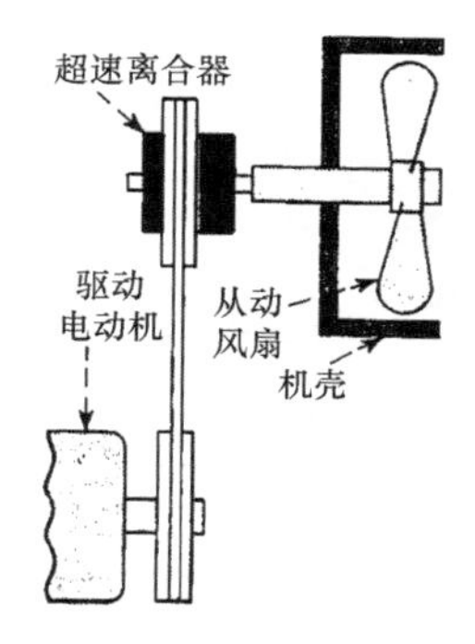

图7.3-4 风扇自由转动轮。当驱动动力停止时，这个风扇自由转动。如果没有超速离合器，风扇的动量能将带拉断。若驱动能量是一个通过齿轮传动的电动机，风扇动能的反馈也能使齿轮产生过大的应力。

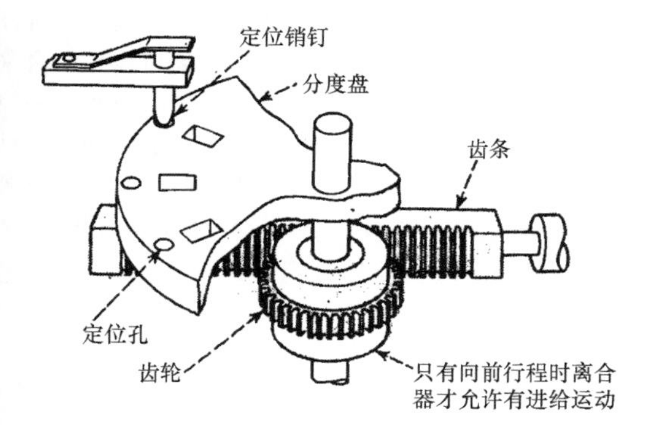

图7.3-5 分度台。这个分度工作台与离合器轴通过键连接。工作台随齿条的行程而转动。只有在齿条的行程运动时，动力才会通过外环形齿轮传过离合器。分度只有很短的位置要求。工作台确切的位置是由受弹簧力作用的销确定的，该销拉着工作台向前到达最终的位置。然后销将保持工作台的位置不变，直到液压缸的下次工作行程开始。

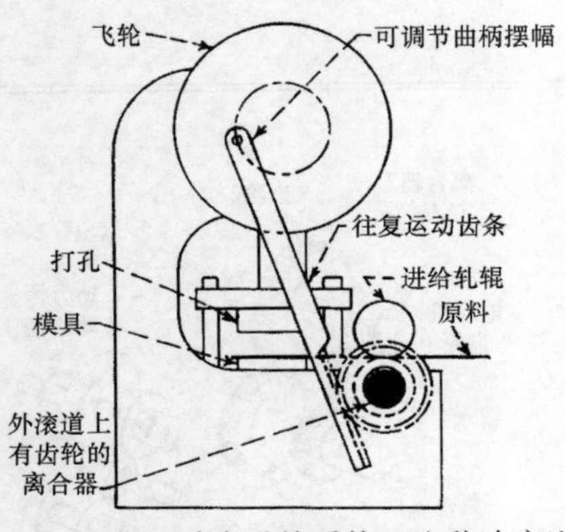

图 7.3-6 冲床进给系统。这种冲床进给被设计成在冲孔时的下行程阶段（离合器空转）原料板保持不动，在上行程离合器传递转矩时产生进给。进给机构能够很容易地调节来改变进给量。

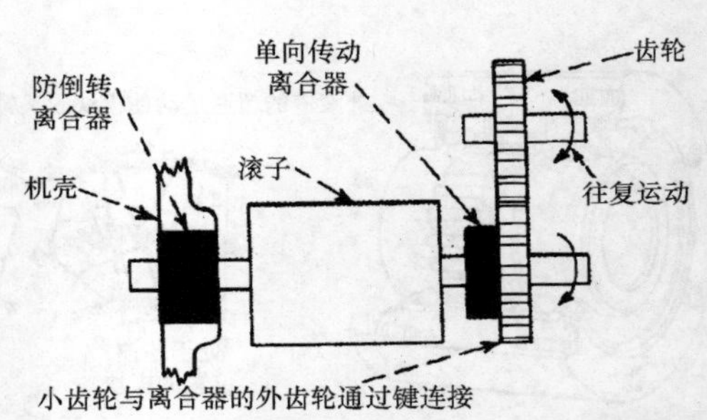

图 7.3-7 分度和逆止离合器。通过设置两个离合器实现分度和止退，这样当一个离合器传动时，另一个空转。图示的这种应用是在胶囊制造机械上，通过滚子涂胶并间歇地停止，这样刀片能够准确地剪切材料，以形成胶囊盒。

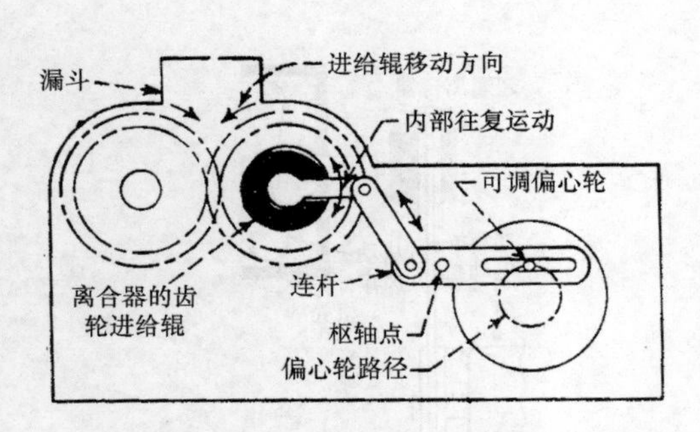

图 7.3-8 间歇运动机构。这种糖果制造机械的间歇运动是可调的。离合器通过棘轮使进给滚子实现转动，使原料在加料斗中摇动。

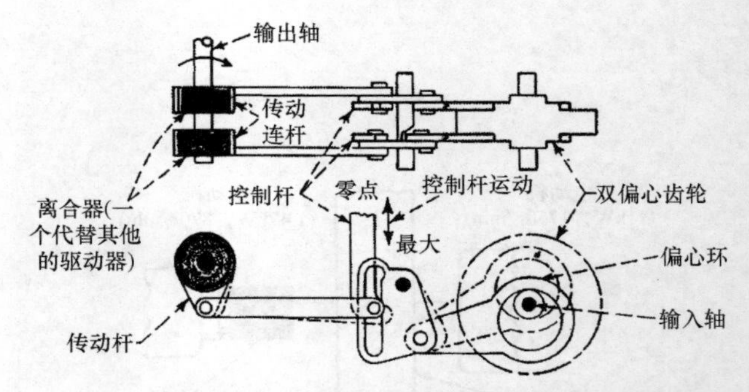

图 7.3-9 双推动传动装置。该装置具有两个偏心机构和传动离合器。两个离合器的输出呈 180°相位状态。每个偏心机构的转动将产生两个驱动行程。于是，行程长度即输出转动能够通过控制杆在 0 到最大值之间调节。

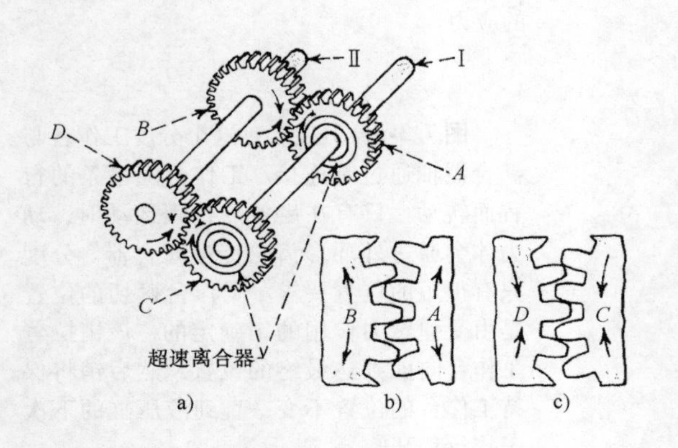

图 7.3-10 无齿隙装置。该装置使用超速离合器从而确保装置中不产生侧隙。齿轮 A 通过齿轮啮合来驱动齿轮 B 和轴Ⅱ，其侧隙如图 7.3-10b 所示。在齿轮 C 中的超速离合器允许齿轮 D（由轴Ⅱ驱动）驱动齿轮 C，其啮合和侧隙如图 7.3-10c 所示。超速离合器实际上从未超速旋转。他们通过轴 I 和齿轮 A、C 之间的柔性连接来吸收所有的齿隙。

7.4 超越离合器的低成本设计

这些简单的装置都可以在车间中以很低的成本制造出来。

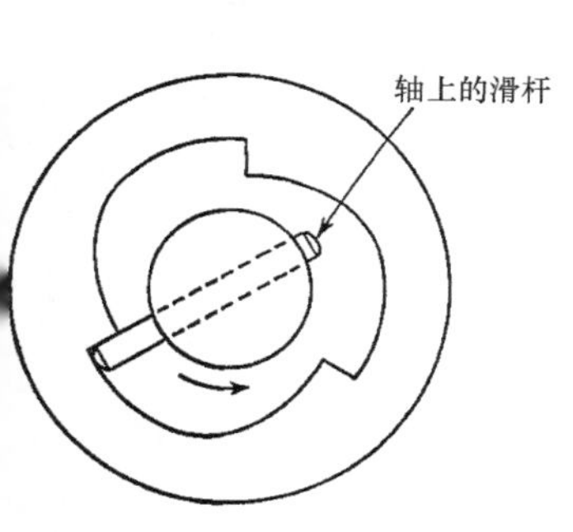

图 7.4-1　剪草机类型。

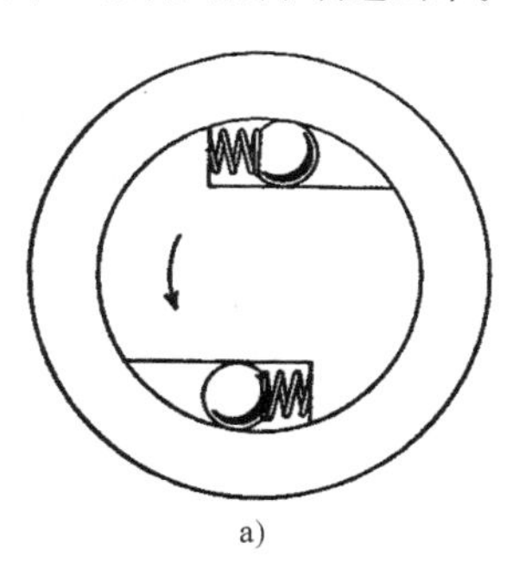

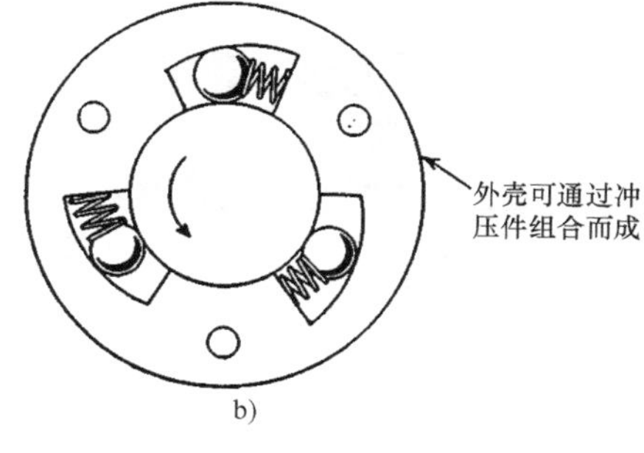

图 7.4-2　球楔或滚子楔：内部离合器（7.4-2a）；外部离合器（7.4-2b）。

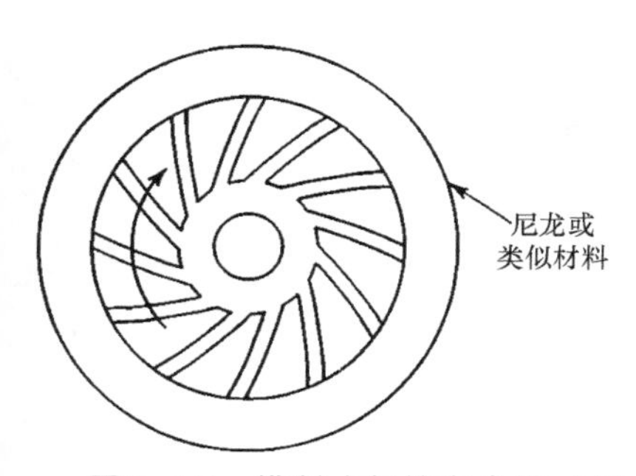

图 7.4-3　模制式斜撑离合器（用于轻载）。

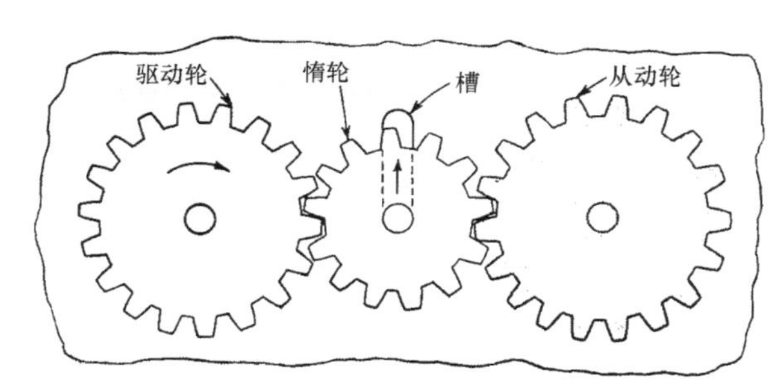

图 7.4-4　当驱动方向改变时，脱离啮合的惰轮在槽内上升。

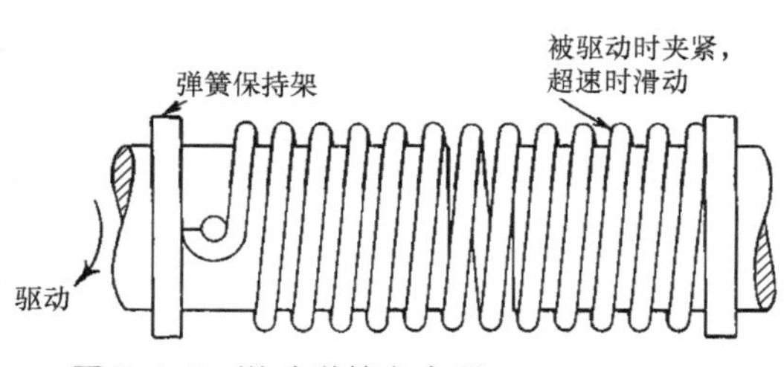

图 7.4-5　滑动弹簧离合器。

图 7.4-6　内棘轮和受弹簧作用的棘爪。

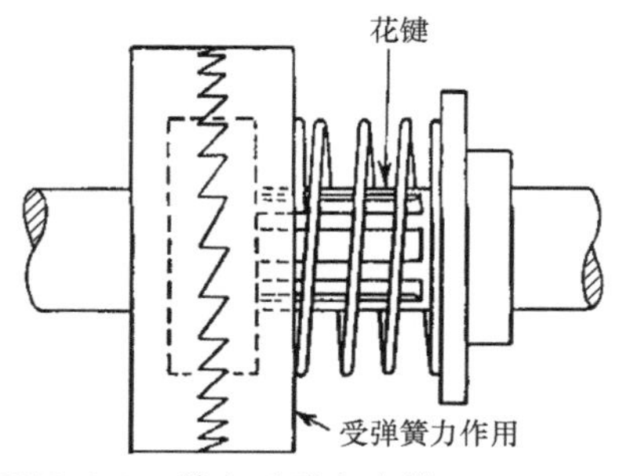

图 7.4-7　单向爪形离合器。

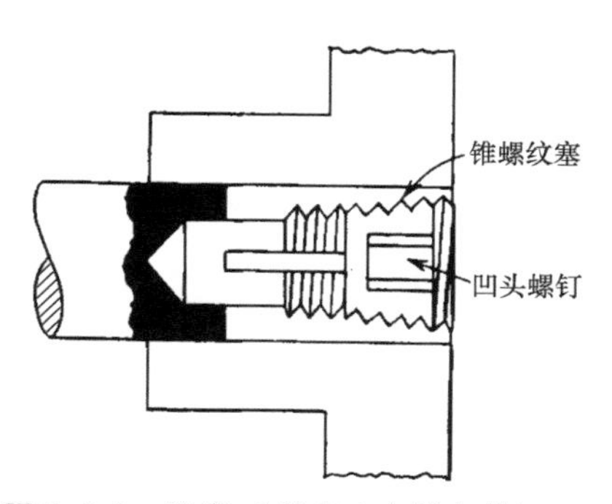

图 7.4-8　柱塞（带有 4 个轴向槽）。

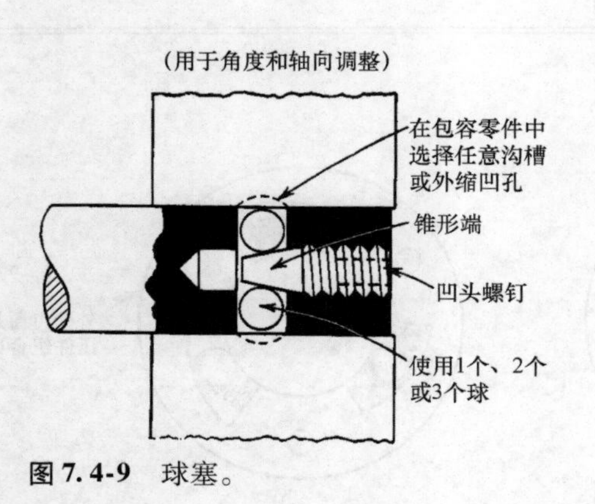

图 7.4-9 球塞。

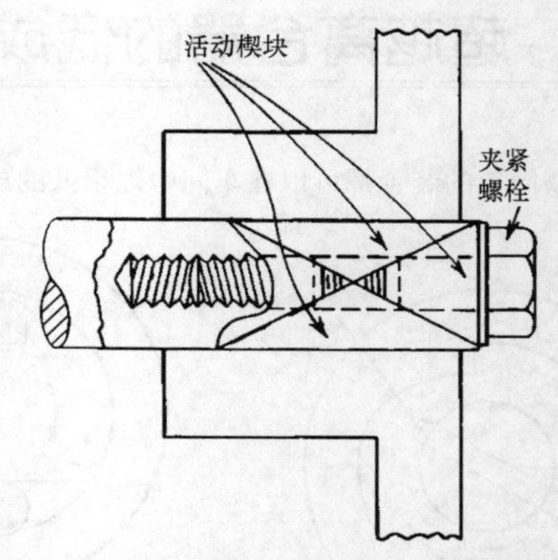

图 7.4-10 夹紧楔块（只适用于轴向调整）。

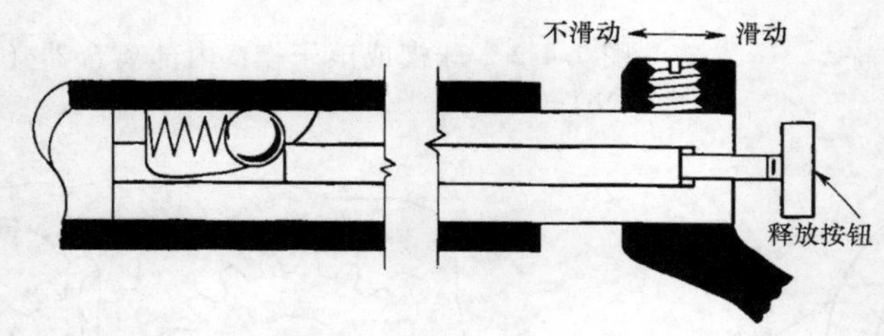

图 7-4-11 单向滑锁。

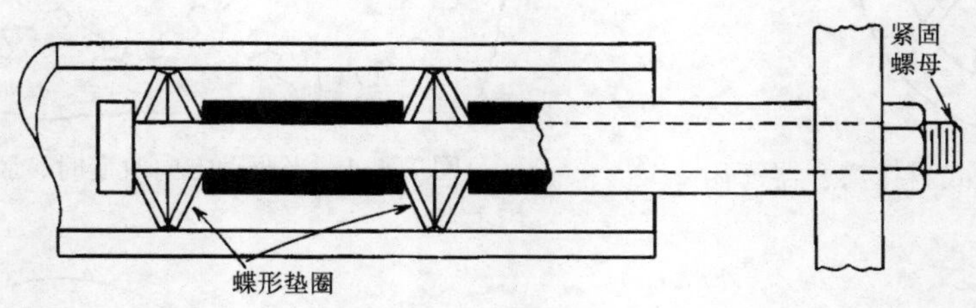

图 7.4-12 蝶形垫圈夹钳。

7.5　用于精密设备的小型机械离合器

用于计算仪器的离合器必须有以下特性：快速响应——灵敏轻巧的运动部件；灵活性——允许多个构件的控制操作；紧凑性——等效的非摩擦离合器比摩擦离合器结构小；可靠性；耐用性。

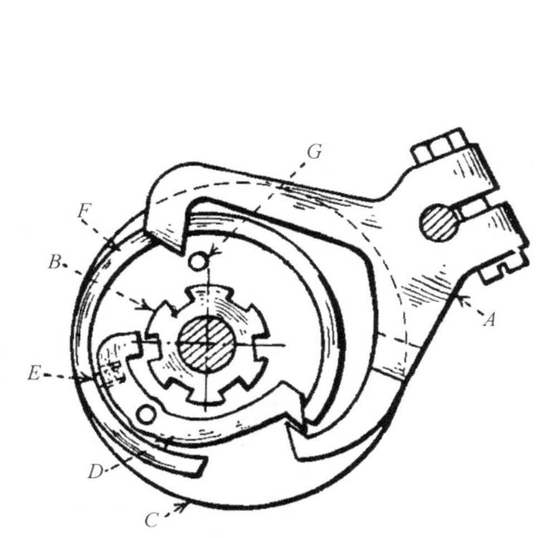

图 7.5-1　棘轮棘爪单循环离合器。这种离合器以 Dennis 离合器比较有名，它主要部分有驱动棘轮 *B*、从动凸轮 *C* 和由凸轮盘带动的连接棘爪 *D*。离合器臂 *A* 的下面的齿一般使棘爪脱离啮合状态。当被驱动时，臂 *A* 逆时针摆动直到它脱离凸轮盘 *C* 的边缘 *F* 的轨迹为止。在弹簧 *E* 的作用下，棘爪 *D* 与棘轮 *B* 相啮合。然后，凸轮盘 *C* 顺时针转动，直到一圈的末尾，盘上的销 *G* 撞击臂 *A* 的上部，凸轮带动它顺时针返回到正常位置。然后 *A* 的下半部分执行以下两个功能：使棘爪 *D* 脱离与驱动棘轮 *B* 的啮合；阻止边缘 *F* 和凸轮盘的更进一步运动。

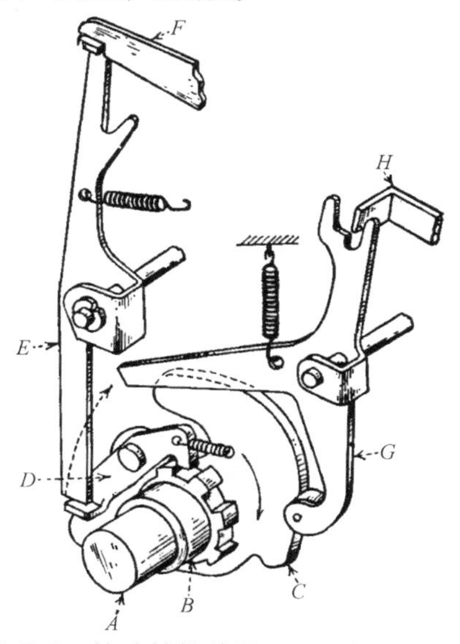

图 7.5-2　棘爪棘轮单循环双重控制离合器。该离合器的主要零件是驱动棘轮 *B*、从动曲柄 *C* 和受弹簧力作用的棘爪 *D*。驱动棘轮 *B* 直接连接到电动机并且绕连杆 *A* 自由旋转。从动曲柄 *C* 直接连接到机床的主轴并且同样在杆 *A* 上自由旋转。受弹簧力作用的棘爪 *D* 由曲柄 *C* 带动，它一般与弹簧销 *E* 保持脱离状态。为了启动离合器，臂 *F* 被抬高，使弹簧销 *E* 移动，并且使棘爪 *D* 与棘轮 *B* 相啮合。离合器弹簧锁 *G* 的左臂处在棘爪 *D* 的凸缘的轨迹上，它通常通过曲柄 *C* 的凸轮边缘的转动实现移动。对特定的操作，挡板 *H* 被暂时放下，这防止了弹簧销 *G* 的运动，导致在循环的后部分离合器脱离啮合。它一直保持脱离，直到挡板 *H* 被抬起，允许弹簧销 *G* 运动和恢复循环。

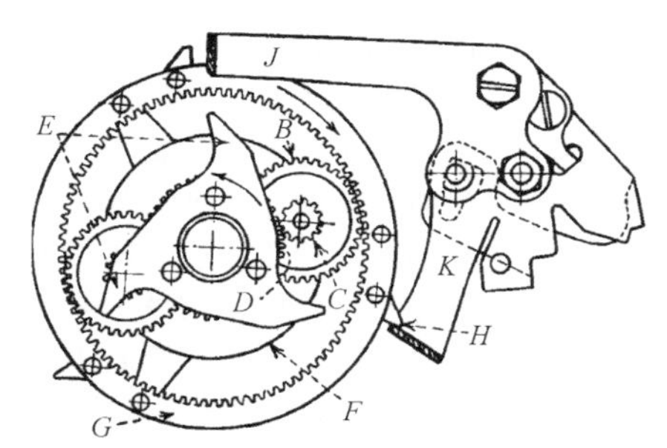

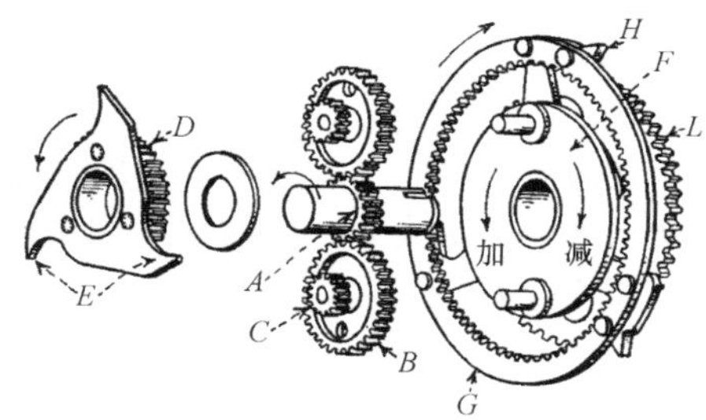

图 7.5-3　行星传动离合器。这是一种外部控制的刚性离合器。两个齿轮传动链给计数器提供一个双向传动以使机器循环和移动支架。齿轮 *A* 是驱动件，从动齿轮 *L* 与行星齿轮支架 *F* 直接相连。行星齿轮是由一体的齿轮 *B* 和 *C* 组成的。齿轮 *B* 与惰轮 *D* 啮合。齿轮 *D* 和 *G* 分别带动凸耳 *E* 和 *H*。那些凸耳可以与控制叉的臂 *J* 和 *K* 上的端面相接触。当机械停止时，控制叉被定位在中央，这样臂 *J* 和 *K* 脱离凸耳的轨迹，允许 *D* 和 *G* 空转。为了实现啮合传动，控制叉顺时针摆动，如图所示，直到在臂 *K* 上的端面与凸耳 *H* 啮合，阻止环形齿轮 *G* 的进一步运动，所以，可以建立一个纯齿轮传动链，沿着同一个方向驱动 *F* 和 *L*，就像驱动 *A* 一样。同时，当齿轮链持续逆时针转动时，它使 *D* 的速度发生改变。一个反转的发生器使控制叉逆时针旋转，直到臂 *J* 遇到凸耳 *E*，阻止 *D* 的进一步运动。这将驱动另一个具有相同传动比的齿轮链。

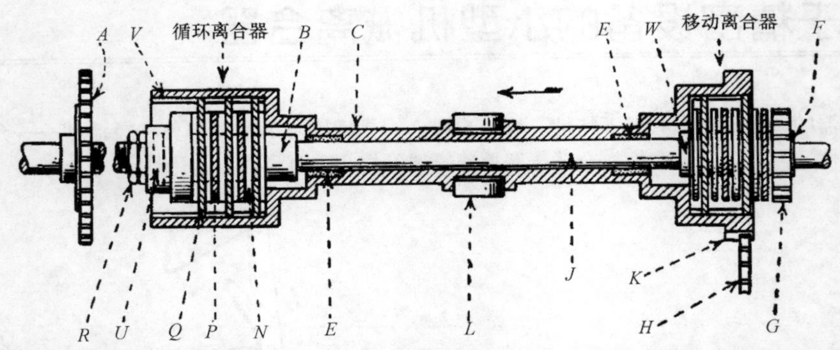

图 7.5-4 多盘摩擦离合器。两个多盘摩擦离合器组合到一起形成具有两个位置的一个装置，图中所示的是装置在左侧位置时的情况。一个梯形圆柱机壳 C 中装进了这两个离合器。内部自润滑轴承支撑在同轴的轴 J 上的机壳，轴 J 靠与机壳齿轮齿 K 啮合的传动齿轮 H 驱动。在另一端，机壳装有多金属盘 Q，这些金属盘与键槽 V 啮合，并且与树脂片状盘 N 产生摩擦接触。然后，它们将与一组金属盘 P 接触，这些金属盘上开有槽用来与套 B 和 W 上的平面相连。

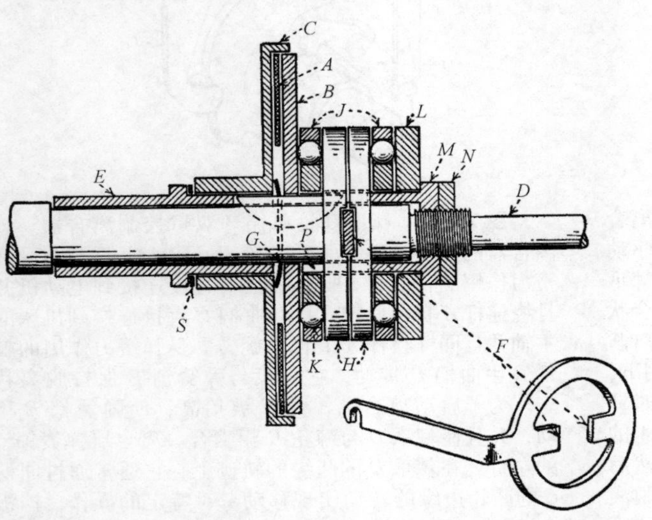

图 7.5-5 单盘摩擦离合器。这个离合器的基本零件是树脂片状离合器盘 A、钢盘 B 和圆筒 C。通常它们被弹簧垫圈 G 分离。为了进行啮合传动，抬高控制杆的左端，使处于盘 H 的槽中的突耳 F 顺时针摆动。这个运动使盘沿着轴套 P 轴向移动。轴套 E 和 P 及盘 B 通过键与驱动轴相连；所有其他的零件都能自由旋转。通过与板 L 相对的推力球轴承 K 和调节螺母 M 使装配件产生右移的轴向运动。通过 A、B、C 上的摩擦面相对 D 轴上的轴肩推动垫圈 S、轴套 E，也可以使装配件向左移动。然后，就会使树脂片状盘 A 来驱动圆筒 C。

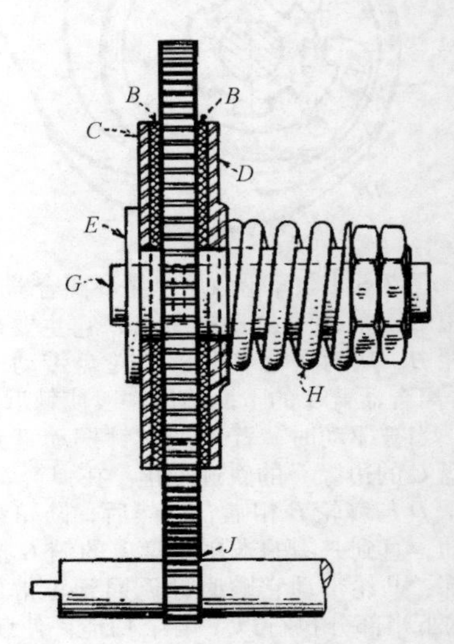

图 7.5-6 过载释放离合器。这是一个简单的、受弹簧力作用的双盘摩擦离合器。轴 G 驱动螺栓 E，E 驱动开有沟槽的盘 C 和 D，盘 C 和 D 均与树脂片状盘 B 相对。通过调节在螺栓 E 带螺纹的端部上的两个螺母，弹簧 H 保持压缩状态。这使得装置在轴向压力的作用下与 E 左端的轴肩相接触。这样使树脂片状盘 B 通过与齿轮两面的摩擦来传递动力，该齿轮能自由地在螺栓 E 上旋转。齿轮的这一运动导致输出小齿轮 J 旋转。如果使用该离合器的机械装置发生故障，并且齿轮 J 不能转动，电动机在无过载的情况下能继续转动。然而，树脂片状离合器盘 B 和大齿轮间可能会有滑动。

7.6 离心式离合器

这些简单的设备在快速改变负载的条件下对操作机器实现低成本的连接和离合。

当需要频繁的停车和启动时，如果想用一个简单实用的方法去连接电动机或其他形式的原动机，那么离心式离合器是不错的选择。离心式离合器的原始成本低，可以节省购买另一种形式的电动机的费用，也不需要添加辅助的启动设备。离心式离合器的尺寸和类型很多——从集市的道路上运行的小型汽油车（这种车低速下发动机停止工作，而按下油门时汽车开始移动）到500hp（372.85kW）的柴油发动机。

其他优点：这些离合器是良好的高惯性负载起动器。它们经受了制造业的历史考验，也非常适于承受振动和大冲击载荷的驱动装置。通过改变离合器弹簧力来调节延迟时间，安装和工作成本都很低。

典型的离心式离合器有一套闸瓦，利用离心力闸瓦和外滚筒挤压接触。闸瓦可以和外滚筒是松配合（图7.6-1），但在更精确的设计中，闸瓦是通过一个浮动连杆（图7.6-2）或固定芯轴和输入构件连接的。

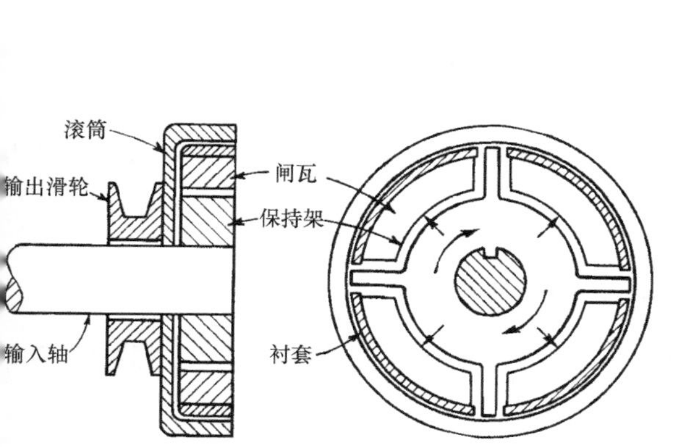

图7.6-1 自由闸瓦离心离合器。

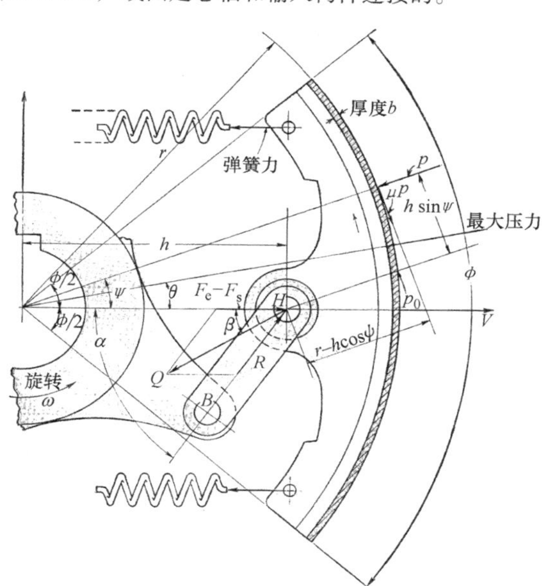

图7.6-2 浮动连杆设计。

这里分析了附加闸瓦设计（图7.6-2）。但是迄今为止，设计程序已经基本是图解分析的过程。这里的推导出的设计公式可避免使用图解布局（图解法可用作检查）。

7.6.1 浮动连杆设计

这种类型的离心瓦（图7.6-2）支持在浮动连杆 BH 上的自由端 H。连杆的 B 端附在驱动件的轮毂中心上。衬套与从动件的滚筒接触，其衬套面的圆角为 ϕ，决定离心瓦的 V 轴和 W 轴的中点的 H 端的支撑。由于角度 ϕ 很大，所以衬和滚筒间的压力 P 不是常数，其公式为

$$p = p_0 \cos(\psi - \theta) \tag{7.6-1}$$

式中，p_0 是与 V 轴成 θ 角处的衬套压力的最大值；ψ 是考虑施加的元件位置与 V 轴的夹角。

将衬上的压力 p 乘以单元衬套的面积 $brd\psi$，就可以得到滚筒和衬之间的法向力。乘以 $\cos\psi$ 就可得到法向力在平行于 V 轴方向上的分力。用公式（7.6-1）来代替 p，并考虑衬的整体长度，在 $-\dfrac{\phi}{2} \sim \dfrac{\phi}{2}$ 范围内积分，就可以得到法向力在 V 轴的分力 N_v。

$$N_v = \int_{-\frac{\phi}{2}}^{\frac{\phi}{2}} pbr\cos\psi \mathrm{d}\psi$$

$$N_v = -\frac{1}{2} brp_0 \cos\theta(\phi + \sin\phi) \tag{7.6-2}$$

用类似的方法，平行于 W 轴方向的分力 N_w 可以通过乘以 $\sin\psi$ 得到，公式如下：

$$N_w = -\int_{-\frac{\phi}{2}}^{\frac{\phi}{2}} pbr\sin\psi d\psi$$

$$N_w = -\frac{1}{2}brp_0\sin\theta(\phi - \sin\phi) \tag{7.6-3}$$

随之而来的摩擦力是

$$F_v = \int \mu pbr\sin\psi d\psi = -\mu N_w \tag{7.6-4}$$

$$F_w = -\int \mu pbr\cos\psi d\psi = \mu N_v \tag{7.6-5}$$

由于离心瓦产生的转矩可以通过法向力乘以摩擦系数 μ，再乘以回转半径 r 得到：

转矩公式：
$$T = \int_{-\frac{\phi}{2}}^{\frac{\phi}{2}} \mu br^2 d\psi = 2\mu br^2 p_0\cos\theta\sin\frac{\phi}{2} \tag{7.6-6}$$

离合瓦在下面三个力的作用下保持平衡：

外部径向的力是作用在瓦上的离心力 F_c 和弹簧内力 F_s 的差。

力 Q 是由前面确定的力 N_r、N_w、F_r 和 F_w 的合力组成。

反作用力 R 必须指向 BH 方向，因为它们是一对相互作用的力。

当一个物体受到三个力的作用保持平衡时，这三个作用力必相交于一点。因为力 R 和力 $F_e - F_s$ 相交于点 H，则力 Q 也必通过这个点。由图7.6-3 知道，通过点 H 的力 Q 是由另外两个力作用的结果。

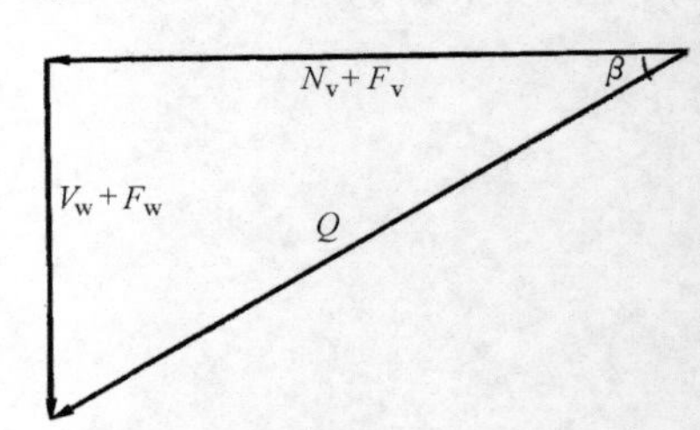

图 7.6-3 合力 Q 的分力。

既然力 Q 也是由 p 和 μp 合力所产生的，那么这些力对 H 点力矩必为零。这些条件可以找出 θ，即最大压力的倾角。p 和 μp 对 H 点的力臂已在图上标出。

那么有

$$\int pbrh\sin\psi d\psi - \int \mu pbr\ (r - h\cos\psi)\ d\psi = 0$$

公式（7.6-1）中的变量值 p 可被替代。且这个结果表达式在极限值 $-\frac{\phi}{2} \sim \frac{\phi}{2}$ 范围内积分。这样可以求出 $\tan\theta$ 的结果：

$$\text{最大压力线 } \tan\theta = \frac{4\mu r\sin\frac{\phi}{2} - \mu h(\phi + \sin\phi)}{h(\phi - \sin\phi)} \tag{7.6-7}$$

当 θ 确定后，式（7.6-2）~式（7.6-5）中的力就都能求出，其矢量图如图 7.6-3 所示。

这里给出合力 Q：

$$Q = \sqrt{(N_v + F_v)^2 + (N_w + F_w)^2} \tag{7.6-8}$$

合力 Q 的倾角 β 为

$$\tan\beta = \frac{N_w + F_w}{N_v + F_v} \tag{7.6-9}$$

在低速或空转的情况下，金属支撑板被弹簧力 F_s 向内挤压，作用在金属支撑板上的外力 F_c：

$$\text{离心力 } F_c = \frac{W}{g}r_0\omega^2 \tag{7.6-10}$$

式中，W 是假定半径为 r_0 的金属板重力；ω 是角速度（rad/s）；g 是重力加速度，9.8m/s^2。

如图 7.6-2 所示，连接 BH 对坐标轴 V 轴的倾角为 α。由正弦定理给出如下方程：

其中，力 R 和 $F_c - F_s$ 构成矢量三角形。

$$R = \frac{Q\sin\beta}{\sin\alpha} \tag{7.6-11}$$

$$F_c - F_s = \frac{Q\sin(\alpha - \beta)}{\sin\alpha} \tag{7.6-12}$$

本书符号意义如下：

b：衬套厚度；
F_c：离心力；
F_s：弹簧力；
F_v：摩擦力在 V 轴的分量；
F_w：摩擦力在 W 轴的分量；
g：重力加速度，$9.8\mathrm{m/s^2}$；
h：闸瓦中心点到回转中心的距离；
hp：传输功率；
M_f：固定支点的摩擦力矩；
M_n：固定支点的法向力矩；
n：每分钟转数；
N_v：衬套法向力沿 V 轴的分量；
N_w：衬套法向力沿 W 轴的分量；
p：衬套和滚筒之间的压力；
p_0：衬套最大压力；
Q：由 N_v、N_w、F_v 和 F_w 产生的合力；
r：滚筒半径；
r_0：闸瓦重心的半径；固定支点瓦片外层半径；
r_i：固定支点瓦片内层半径；
r_p：从回转中心到固定支点的距离；
R：沿浮动杆的反作用力；
T：回转中心转矩；
W：闸瓦的重力；
α：浮动杆和 V 轴之间的倾角；
β：合力 Q 与 V 轴之间的倾角；
γ：每英寸重量；
θ：最大压力线与 V 轴的倾角；
μ：摩擦系数；
ϕ：衬套的角度范围；
ω：出现滑动之前的角速度。

7.6.2 数例

离心式离合器的闸瓦的半径为 5.25in（133.35mm），宽度有 2.50in（63.5mm）。闸瓦压力不超过 100psi（689kPa），角度 $\phi=108°$，连接的角度 $\alpha=48°$。闸瓦在离中心距离 $h=4\text{in}$ 的范围内旋转。两个弹簧的总内部弹簧力为 15lb（66.68N）。闸瓦的重量为 3lb（13.34N），重心集中在半径 4.6in（116.84mm）范围内。

由于市场里的衬套具有不同的摩擦系数，μ 的值根据力 Q、R 和 F_c-F_s 相应的值分别取值为 0.1、0.2、0.3、0.4 和 0.5。根据每个闸瓦相应的下滑转速和功率查找对应的转矩 T。绘制曲线 hp-μ 来决定 μ 的最佳值。

解决方案：

按方程（7.6-7）：

$$\tan\theta=\frac{\mu[4\times5.25\times0.80902)-4\times(1.88496+0.95106)]}{4\times(1.88496-0.95106)}=1.511\mu$$

按方程（7.6-2）：

$$N_v=-\left(\frac{1}{2}\times2.5\times5.25\times100\times2.83602\right)\cos\theta=-1861\cos\theta$$

按方程（7.6-3）：

$$N_w=-612.9\sin\theta$$

按方程（7.6-6）：

$$T=2\mu\times2.5\times5.25^2\times100\times0.80902\times\cos\theta=11149\mu\cos\theta$$

从方程（7.6-10）：

$$\omega=\sqrt{\frac{gF_c}{Wr_0}}=\sqrt{\frac{386F_c}{3\times4.6}}=5.29\sqrt{F_c}$$

然后

$$n=\frac{\omega}{2\pi}60=9.55\omega=50.5\sqrt{F_c}$$

$$hp=\frac{Tn}{63000}$$

计算以图表形式展现出来（图 7.6-4），$\mu=0.1$

$$\tan\theta=0.1511$$

$$\theta=8°35.6';\cos=0.9888$$

$$N_v=-1861\times0.9888\text{lbf}=-1840.2\text{lbf}=-8185.2\text{N}$$

$$N_w=-612.9\times0.1494\text{lbf}=-91.6\text{lbf}=-407.4\text{N}$$

按式（7.6-4）、式（7.6-5）和式（7.6-8），有

$$F_v = -0.1 \times (-91.6)\text{lbf} = 9.16\text{lbf} = 40.74\text{N}$$

$$F_w = 0.1 \times -1840.2\text{lbf} = -184.0\text{lbf} = -818.43\text{N}$$

$$Q = \sqrt{(-1840.2 + 9.16)^2 + (-9.16 - 184.0)^2}\text{lbf} = 1852\text{lbf} = 8237.70\text{N}$$

按式（7.6-9）：

$$\tan\beta = \frac{-275.6}{-1831} = 0.15052$$

$$\beta = 8°33.6'$$

按式（7.6-11）和式（7.6-12）：

$$R = \frac{1852 \times \sin 8°33.6'}{\sin 48°}\text{lbf} = 371\text{lbf} = 1650.2\text{N}$$

$$F_c - F_s = \frac{1852\sin(48° - 8°33.6')}{\sin 48°}\text{lbf} = 1583\text{lbf} = 7041.2\text{N}$$

$$F_c = (1583 + 15)\text{lbf} = 1598\text{lbf} = 7107.9\text{N}$$

因此

$$T = 11.149 \times 0.1 \times 0.9888\text{lbf} \cdot \text{in} = 1102\text{lbf} \cdot \text{in} = 124.5\text{N} \cdot \text{m}$$

$$n = 50.5\sqrt{1598}\text{r/min} = 2019\text{r/min}$$

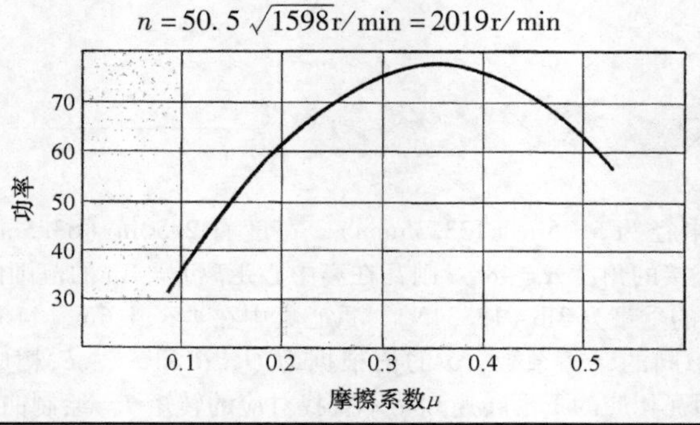

不同衬套的计算										
μ	$\tan\theta$	θ	N_v	N_w	F_v	F_w	$N_v + F_v$	$N_w + F_w$	$(N_w + F_w)^2$	Q
0.1	0.15112	8°35.6′	−1840.2	−91.6	9.2	−184.0	−1831.0	−275.6	75960	1852
0.2	0.30225	16°49.0′	−1774.1	−177.3	35.5	−354.8	−1738.6	−532.1	283130	1818
0.3	0.45337	24°23.3′	−1695.1	−253.1	75.9	−508.5	−1619.2	−761.6	580030	1789
0.4	0.60449	31°9.2′	−1592.7	−317.1	126.8	−637.1	−1465.9	−954.2	910500	1749
0.5	0.75562	37°4.5′	−1484.9	−369.5	184.7	−742.4	−1300.2	−1111.9	1236320	1711
μ	$\tan\beta$	β	R	$\alpha-\beta$	$\sin(\alpha-\beta)$	$F_e - F_s$	T	F_e	n/(r/min)	hp
0.1	0.15052	8°33.6′	371	39°26.4′	0.63527	1583	1102	1598	2019	35.3
0.2	0.30605	17°1.0′	716	30°59.0′	0.51478	1259	2126	1274	1803	60.8
0.3	0.47036	25°11.4′	1024	22°48.6′	0.38768	933	3046	948	1556	75.2
0.4	0.65093	33°3.7′	1284	14°56.3′	0.25795	607	3817	622	1260	76.3
0.5	0.85518	40°32.2′	1496	7°27.8′	0.12990	299	4448	314	1011	63.2

图 7.6-4 数例中分析了浮动链接不同摩擦系数对应的功率。当闸瓦和衬套的摩擦系数大约为 0.35%时功率达到最大。

7.7 锯齿形离合器和制动器

在直齿组件如锯齿离合器和制动轮的设计中，有效分度圆半径通常是在考虑尺寸大小时设定的。离合器传递转矩的能力或制动轮抗转矩的能力是通过分配给作用力、齿形角和摩擦系数的适当值来获得的。

设计的诺模图（图 7.7-2）方便分析齿形角和摩擦系数值变化的关系。对给定的摩擦系数，必存在一个离合器或制动器的齿形角使其自锁，并传递只限于它结构强度的转矩。在力平衡的条件，离合器的齿形会导出下列公式

$$T = RFK \tag{7.7-1}$$

类似的，在一个力平衡的条件下，制动轮的齿形会导出下面的公式（见图 7.7-1b）：

$$T = \frac{RF}{[(\cos\varphi)/K] - \sin\varphi} \tag{7.7-2}$$

根据式（7.7-1）及式（7.7-2），当所有其他参数均为常值时，很明显所需的轴向力或者径向力随 K 的增加而减小。根据 θ 和 μ 的值，K 值可以从零增大到无穷大。

式中，T 是离合器无滑动时传递的转矩，或制动轮的抗转矩（lbf · in）；R 是有效的离合器或制动轮半径（in）；F 是轴向或径向力（lbf）；f 是半径方向切向力（lbf）；N 是作用在驱动齿或制动器的正常齿面的反作用力（lbf）；μ 是齿形材料的摩擦系数；θ 是齿面角度，见图 7.7-1b；

$$K = (1 + \mu\tan\theta)/(\tan\theta - \mu)$$

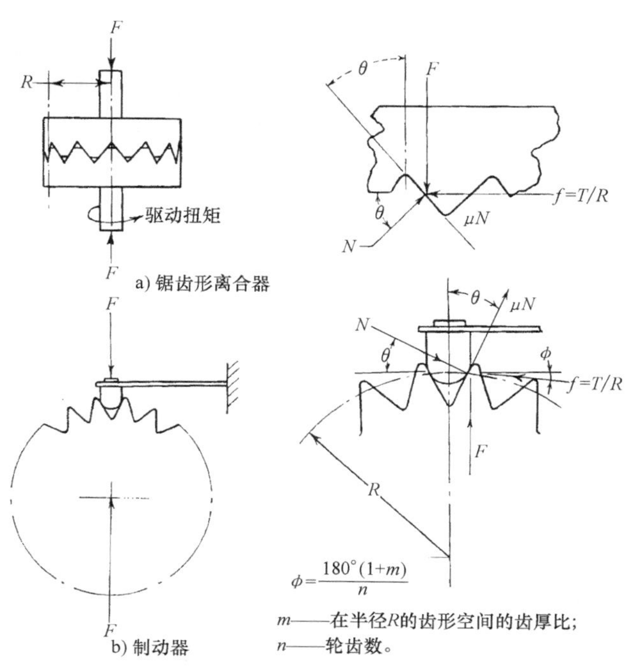

图 7.7-1 锯齿形离合器和制动器。

如图 7.7-2 所示圆形诺模图涉及的参数 K、θ、μ 的值满足基本方程：

$$K = (1 + \mu\tan\theta)/(\tan\theta - \mu)$$

例 1：求自锁离合器中最大的齿角，其中 K 为无穷大，摩擦系数最低为 0.4。

解 1：线条 Ⅰ 通过诺模图上的 K 和 μ 的值，得出自锁离合器的最大齿形角，即略小于 22°。

例 2：求 k 的最小值，要求离合器有一个 30°齿形角，摩擦系数最小值为 0.2。

解 2：线条 Ⅱ 通过诺模图上的 θ 和 μ 的值，得到 K 值约为 3。

例 3：求一个平面摩擦离合器的 K 值（$\theta = 90°$），其齿面材料摩擦系数为 0.2。比较例 2 中齿型离合器传递转矩的能力的大小。

解 3：线条 Ⅲ 通过诺模图上的 θ 和 μ 的值，此时 K 值约为 0.2。

平面离合器转矩的传输能力为

$$T = 0.2RF$$

齿型离合器转矩传输能力为

$$T = 3RF$$

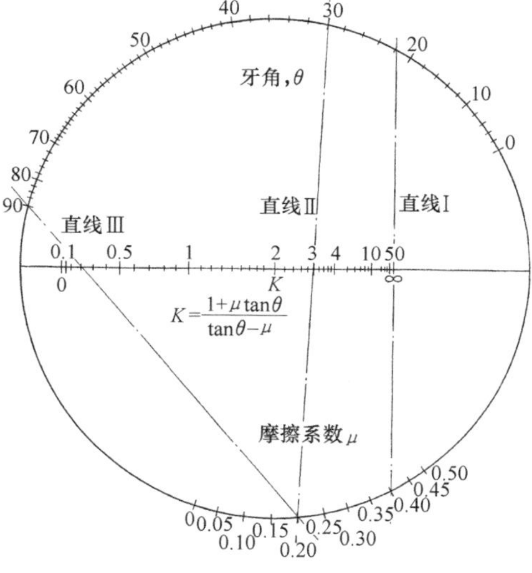

图 7.7-2 诺模图。

因此，对于有效半径和外力来说，齿形离合器最大转矩远大于 3/0.2 即 15 倍的平面离合器值。

7.8 通过弹簧带控制超越离合器

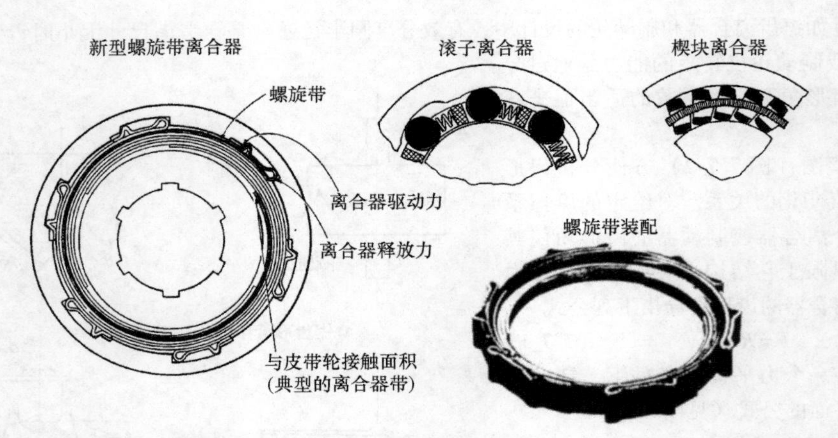

图 7.8-1 螺旋带离合器中随外环逆时针转动螺旋带向内直接产生作用力。滚子和楔块离合器直接向外产生作用力。

一个新型的超越离合器只占用以往超越离合器的一半空间，其采用了螺旋系列代替传统的滚筒或楔块式螺旋盘绕带传递高转矩。新的设计（如图 7.8-1）简化了装配，通过减少传统离合器一半以上的零件来削减成本，降低成本达 40%。

成本节约和体积的缩小的关键很大程度上是新设计免除高强度座圈的需要。而滚子和楔块类型必须有强化的座圈，因为它们在内外滚道之间需要通过楔形运动来传递功率。

弹簧带的作用。当反向转动，并且外部构件沿顺时针方向转动，而内环作为从动件时，超越离合器（包括螺旋带型离合器在内）将产生滑移和超越。

新的离合器由位于密歇根州奈尔斯市的国家标准公司开发。该离合器包含一组高含碳量的弹簧钢带（图 7.8-1 的设计中有 6 个），这些弹簧钢带在离合器驱动时能夹紧内部构件。外部构件仅仅起到固定弹簧和驱动离合器的作用。由于它不受楔形块的作用，所以可以由多种材料制成，这方面考虑如何节约成本。例如，在图 7.8-2 的自动转矩变换器中，弹簧带安装在铸铝的反应器中。

减少磨损。该带的弹簧承载能力超过离合器的内部件，但是需要通过外部件控制和旋转。带上的离心力释放出内部构件的许多作用力，并降低了很多超限转矩，因此磨损大大减少。

该带内适合凹槽成 V 形的构件。当外部件反转时带发生缠绕，起到了 V 形槽楔形作用。这个动作类似一个螺旋弹簧离合器线圈弹簧，但与螺旋线圈类型相比较，在超越之前，螺旋带离合器已经少有放松，因而响应速度更快。

带边的离合器执行全部负载，也有其中一个带对另一个带做复合动作。由于转矩积聚，每个带都向下推动到其下方，所以每一端都是被迫更加紧密地进入 V 形槽。

国家标准计划带作为单独的组成部分出售，而不是作为离合器的内外组件（用户习惯将它作为其产品的一部分）。该带的额定转矩容量为 85 ~ 400lbf · ft（115.3 ~ 542.8N · m）。应用范围包括汽车变速器和起动器以及工业机械。

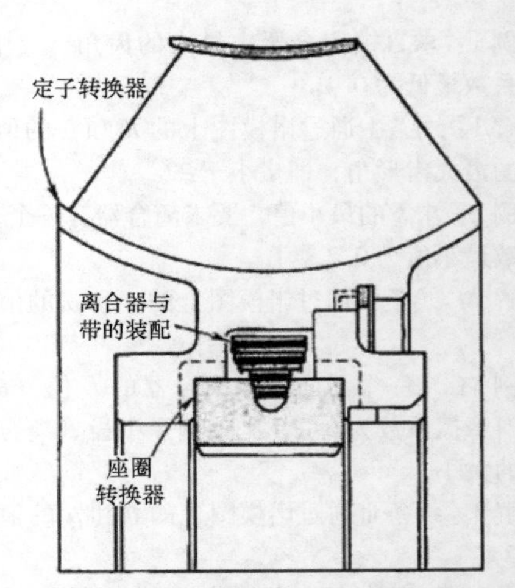

图 7.8-2 螺旋离合器中的带可以根据使用者的装配要求单独购买。

7.9 盘式离合器最大转矩的精确解

在计算最大转矩时，最常用到的是盘式离合器的最大半径 R，转矩方程可写成如下形式：

$$T = P\mu Rn \tag{7.9-1}$$

式中，T 是转矩（lbf · in）；P 是压力（lbf）；μ 是摩擦系数；R 是盘式离合器的最大半径（in）；n 是摩擦表面的数量。

然而这个公式在数学意义上并不正确，应该慎用。方程的精确性随着 D_1 与 D_0 的比率而变化，当 D_1/D_0 接近 1 的时候，方程基本是完全正确的，但是当这个比值减小的时候，误差将会增大，其增大幅度最大可以达到 33%。

通过引入一个修正系数 ϕ，式（7.9-1）可以写成：

$$T = P\mu Rn\phi \tag{7.9-2}$$

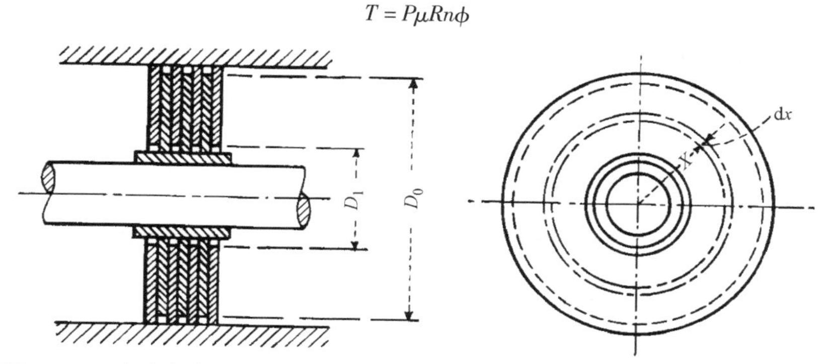

图 7.9-1 盘式离合器。

图 7.9-1 是有 n 个摩擦表面的离合器，每个摩擦片之间的压力为 p（lbf/in^2），内外有效摩擦直径分别为 D_1 和 D_0（in），因此，与中心相距 x 的单位面积 dA 上的最大压力为 pdA，摩擦力为 $pdA\mu$，此时中心点周围的受力为 $pdA\mu x$。

从极限值 $D_1/2$ 到 $D_0/2$ 积分，再乘以 n，获得了最终转矩（lbf · in）的表达式。

因此有

$$T = \int_{\frac{D_1}{2}}^{\frac{D_0}{2}} p\mathrm{d}A\mu xn \tag{7.9-3}$$

但是

$$\mathrm{d}A = 2\pi x\mathrm{d}x \tag{7.9-4}$$

带入式（7.9-3），得

$$T = \int_{\frac{D_1}{2}}^{\frac{D_0}{2}} p(2\pi x\mathrm{d}x)\mu xn = \frac{2}{3}\pi p\mu n\left[\left(\frac{D_0}{2}\right)^3 - \left(\frac{D_1}{2}\right)^3\right]$$

或者

$$T = 0.262p\mu n(D_0^3 - D_1^3) \tag{7.9-5}$$

如果加在盘式离合器上的总压力为 P（lbf），那么单位面积压力的表达式为

$$p = \frac{P}{(\pi/4)(D_0^2 - D_1^2)}$$

将 p 的值带入式（7.9-5），得

$$T = 0.333P\mu n\frac{D_0^2 + D_0D_1 + D_1^2}{D_0 + D_1} \tag{7.9-6}$$

现在令

$$D_1/D_0 = m, \text{那么 } D_1 = mD_0 \tag{7.9-7}$$

带入式（7.9-6），得

$$T = 0.333P\mu nD_0\frac{1 + m^2 + m}{1 + m} \tag{7.9-8}$$

类似的，将 D_1从式（7.9-7）带入式（7.9-2），有

$$R=\frac{D_0+D_1}{4}$$

$$T=P\mu\frac{D_0+mD_0}{4}n\phi$$

或者

$$T=0.25P\mu n\phi D_0(1+m) \tag{7.9-9}$$

令式（7.9-8）和式（7.9-9）相等，有

$$0.25P\mu n\phi D_0(1+m)=0.333P\mu nD_0\frac{1+m^2+m}{1+m}$$

解出 ϕ，结果为

$$\phi=1.333\times\frac{1+m^2+m}{(1+m)^2} \tag{7.9-10}$$

ϕ 的值随着直径比的变化可以计算出来，如图 7.9-2 所示。通过图 7.9-2 和式（7.9-2），转矩的精确解可以很容易得出。

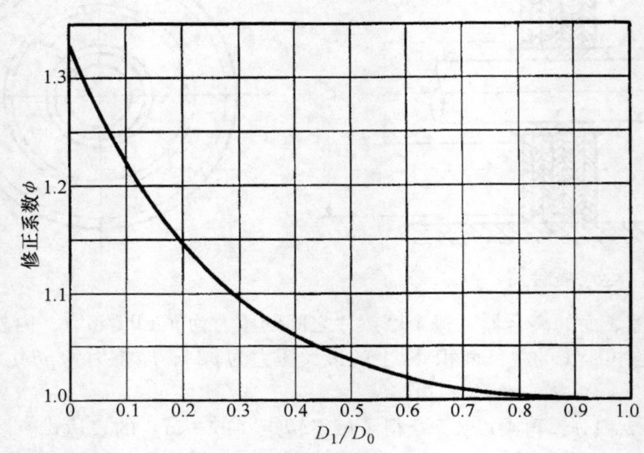

图 7.9-2 修正系数与直径比的关系。

7.10 单向离合器中带有受力弹簧销的楔块机构

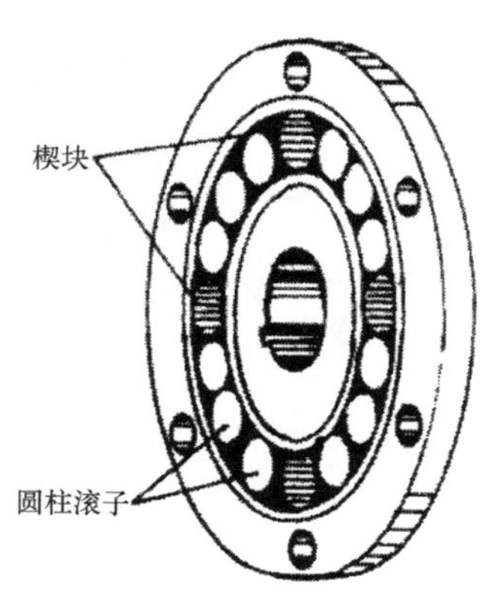

图 7.10-1 轴承装置中，圆柱滚子与楔块结合可以提供一种简单低成本的方法来满足大部分机械应用中的转矩和支撑要求。该装置是由法国的 Est. Nicot 设计制造，本机在超越离合器中只提供了单向转矩传递，此外，它也可以作为滚子轴承。

离合器的额定转矩取决于楔块数量。至少三个楔块均匀分布在滚道的圆周上，以便在滚道上获得合理分布的切向力。

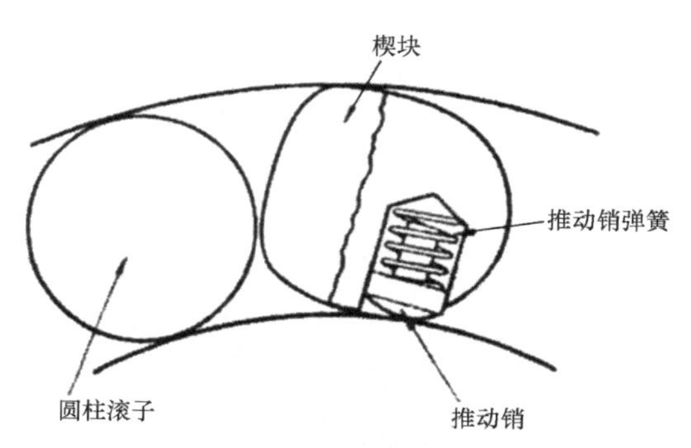

图 7.10-2 滚道是同心的：楔块的轮廓能够锁紧弯道，它的轮廓是由两条不同半径的非同心曲线组成，弹簧销支撑着楔块处于锁定位置，直到运动方向上施加了转矩。滚子轴承不能倒转，因为轴承滚道的硬化处理钢太脆而不能承受楔块锁紧的冲击。楔块和滚子混合可以得到任何需要的转矩。

7.11 滚子离合器

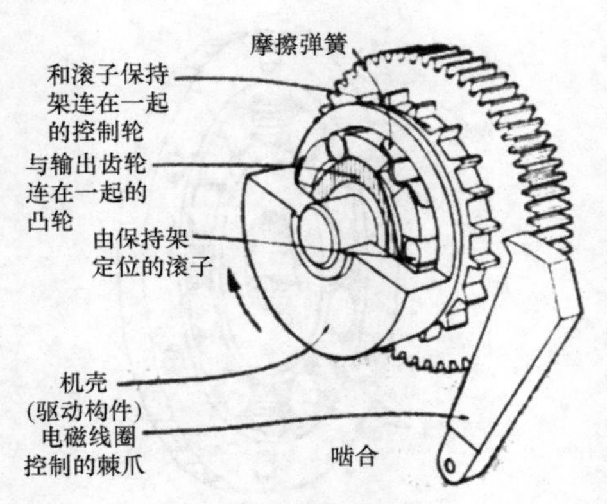

图 7.11-1 这种滚子离合器提供了一个正传动。

这种离合器即可由电驱动，也可由机械驱动。只需要采用功率为 7W 的电磁线圈就可在转速为 1500r/min 时传递 0.5hp（0.373kW）。滚子靠驱动机壳和凸轮轮毂（与输出齿轮连在一起）间的支架（与带有齿的控制轮连在一起，如图 7.11-1 所示）来定位。

当棘爪脱离啮合时，机壳在摩擦弹簧上的拉力使滚子支架旋转，并且使滚子楔入啮合，这使得机壳通过凸轮驱动齿轮。

当机壳旋转而棘爪与控制轮啮合时，摩擦弹簧在机壳内滑动，滚子被推回，脱离啮合，于是动力被中断。

根据制造者——英国的 Tiltman Langley 有限公司介绍，该装置能在 -40℉（-40℃）~200℉（93.333℃）范围内工作。

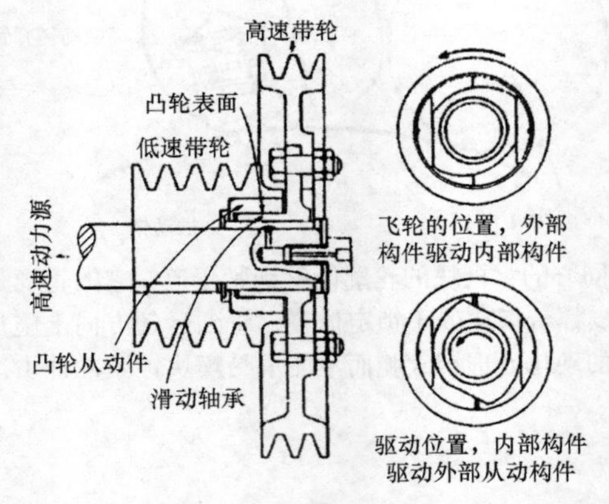

图 7.11-2 这种新型凸轮离合器提供了两种速度操作。

该离合器由两种旋转构件（图 7.11-2）组成，这种布局是为了只有当内部构件驱动时外部构件（从动）作用于自己的带轮。当外部构件驱动时，内部构件将空转。其应用之一就是在甩干机内部。这种离合器在普通电动机和高速电动机之间作为调解来提供两种输出速度交换使用。

第 8 章

链、链轮和棘轮

8.1 链的发展历史

由连续系列的单独链环连接在一起来制造一个既坚固又柔韧的链结构的基本思想可以追溯到人类最早应用金属的时代。大约公元前8世纪，铁就已经应用到这方面了。

发展过程的第二步是轮的加工，提供轮周围的齿和槽使轮能与柔性链条发生相互作用，这些专门的轮称为“链轮”。大约2200年前，希腊的军事工程师首先开发出这些链轮。从公元前200年的Philo of Byzantium的著作中，我们可以了解到链和链轮的传动装置被用于水车轮中用来传递动力，一副装备水桶的链可以把水提高到更高的高度，一副具有往复运动的链传动装置可以作为拉力连杆机构来对连发的投石器进行加载和发射。

上面列举的链和链轮相互作用的例子的前两种情况是利用了简单的圆环链，然而第三种情况涉及了平板链的概念，这种概念由狄奥尼修斯提出，现在这种构思被应用到所谓的倒齿和链轮的啮合原理，相对于粗糙圆环连接设计来说，有很大的进步。

虽然它的起源很早，但是直到19世纪工业革命前，利用链和链轮相互作用来传递动力或者传送物料的实际应用还相当少。随着纺织生产、农业生产和金属加工生产的机械化，机器的发展带来了对动力传动可靠性和运动同步精确度的需求，这两者只有链传动装置能够提供。

最早在美国制造的链条采用了铸件，通常是可锻铸铁，并大量生产扁节和铰接链等多种结构。随着对高强度和高的抗耐磨性要求的提高，开始热处理钢件的链。由于使用未加工的轧钢或冷拔钢材料需要能够提供比铸造生产过程更好的尺寸精度的机械制造设备，其结果是某些新型的链成被称为“精密链”。从1864年斯莱特链在英国获得专利权看来，链在英国的发展要比美国稍微早一些。随着精密滚链的发展，斯莱特的设计被汉斯·瑞诺德进一步完善，并于1880年在英国取得专利权。

美国的链制造一直主要与铸件和可拆卸链环设计有关，直到1888年引进“安全自行车”。这种压铸件可拆卸链的模锻钢的加工形式首先被使用，然后精密钢车链被应用到自行车的驱动，而且逐渐加大尺寸的链在美国被陆续制造出来，到19世纪90年代，自动无马四轮车热潮开始席卷全国。

在19世纪90年代后期，出现了精密逆齿链，通俗称为“无声链”，到了二十世纪早期发展了很多不同的类型。

滚子链的标准化的最初尝试是在20世纪20年代开始的，最终第一个链标准即美国标准B29a在1930年7月22日被发布。自此开始，有18个B29标准得到制定，包含了齿形链、活络链、铰接链、扁环节链与侧边补偿链、铸造链、锻造链和混合链、轧机和牵引链和许多其他类型的链。

普遍使用中的与各种类型的链相关的美国国家标准存在18种之多，这一系列标准是超过50年的标准化工作的成果。这些工作的研究最终带来了1930年美国滚子链、链轮和刀具的B29a标准的诞生。在现行标准中，链的种类包含如下：

ANSI B29.1　精密滚子链
ANSI B29.2　逆齿（无声）链和链轮
ANSI B29.3　动力传动双节距滚子链
ANSI B29.4　输送使用双节距滚子链
ANSI B29.6　钢制活络链
ANSI B29.7　可锻铸铁活络链
ANSI B29.8　板式链
ANSI B29.10　重型弯板链
ANSI B29.11　组合链
ANSI B29.12　钢套筒无滚链
ANSI B29.14　H型碾磨链
ANSI B29.15　重型辊式传送链
ANSI B29.16　焊接式碾磨链
ANSI B29.17　铰链型平定传送链
ANSI B29.18　焊接式牵引链
ANSI B29.19　A和CA型农用滚子链
ANSI B29.21　水、污水处理设备用链

ANSI B29. 22　锻造悬挂链

所有类型的链条的基本定形尺寸是链节距，即两个铰链中心的距离。其尺寸范围为 3/16in（最小的逆齿链条）到 30in（最大重载滚子运输链）。

链条和链轮之间的啮合把线性运动转变为回转运动或是把回转运动变为直线运动，链在两链轮之间是以直线方式运动，在与链轮齿啮合时的运动是圆周运动。虽然齿型设计已经发展了很多年，但是任何一个齿型必须具备以下必要条件：

1）保证和运动着的链节能平稳地啮合和脱离。

2）传递载荷应分布在多个链轮齿上。

3）能够调节在使用过程中由磨损导致的链伸长而引起的变化量。

链轮设计的基础是分度圆，其圆周应该通过当链接和链轮齿相互啮合的时候每个铰链的中心。因为每个链接都是刚性的，当链绕在链轮上时，链节与链轮啮合区段的链条将曲折成一个边长和链节距等长的多边形。链轮的分度圆通过节距多边形的每个顶点。链轮分度圆的直径的计算遵循几何的基本原则，即运用链轮的节距 p 和齿数 z。公式如下：

$$d = \frac{p}{\sin(180°/z)}$$

随着链条与转动的链轮啮合实现链条的移动，其运动为连续啮合。在下一个链节开始啮合之前，每一个链条都必须相互链接或摆动一定的角度以调节自己来适应节距多边形。同时每个链节必须完全啮合或就位。

8.2 滚子链的创新性应用

这种低成本的工业链能够以多种方式执行任务，而不只是传递动力。

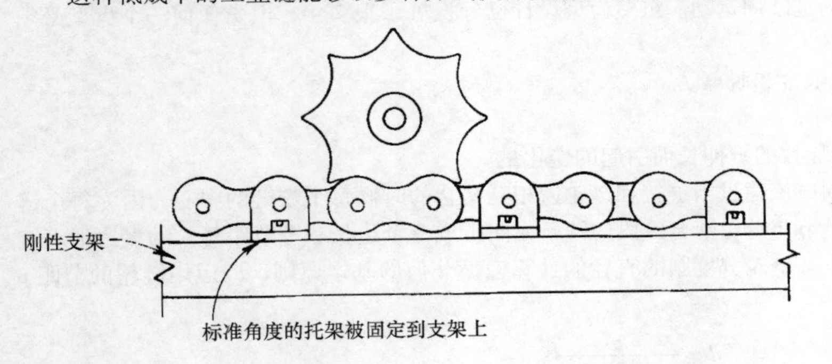

图 8.2-1 这种低成本的齿条和小齿轮装置很容易用标准零件来装配。

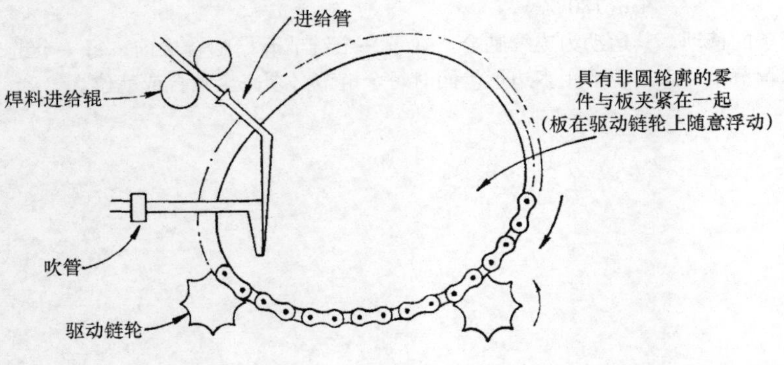

图 8.2-2 齿条和小齿轮的原理的灵活应用：这是一个用于非圆外壳的焊料夹具。也可以设计出类似地主动工作的凸轮。标准角度托架使滚子与凸轮（或者夹紧板）相连接。

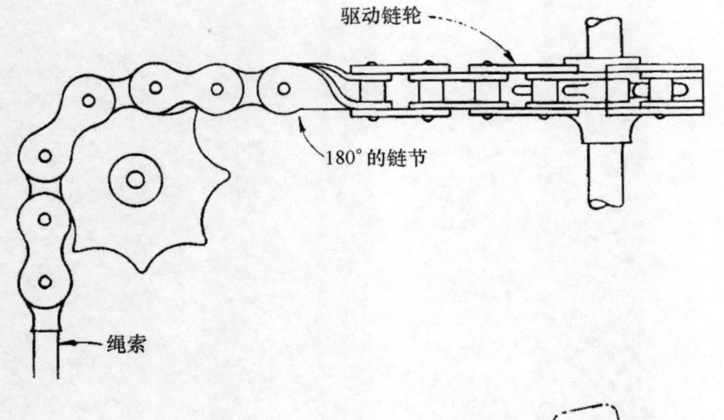

图 8.2-3 这种可控制绳索方向的转换器被广泛地应用在飞行器上。

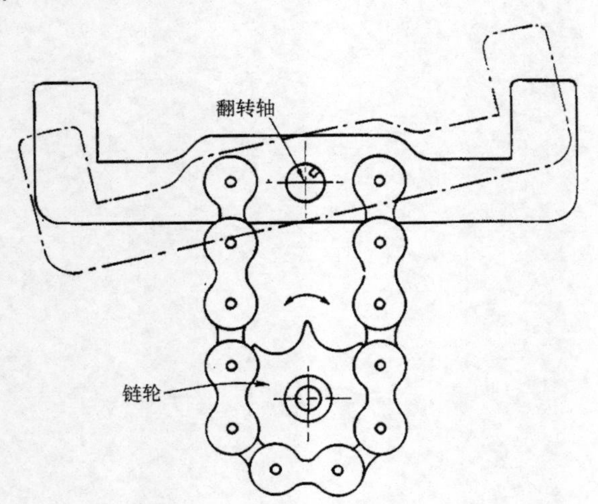

图 8.2-4 机构与图 8.2-3 中机构一起可用于翻转或摆动的传递，可以实现远距离传输并且能绕过障碍物。翻转角度不能超过 40°。

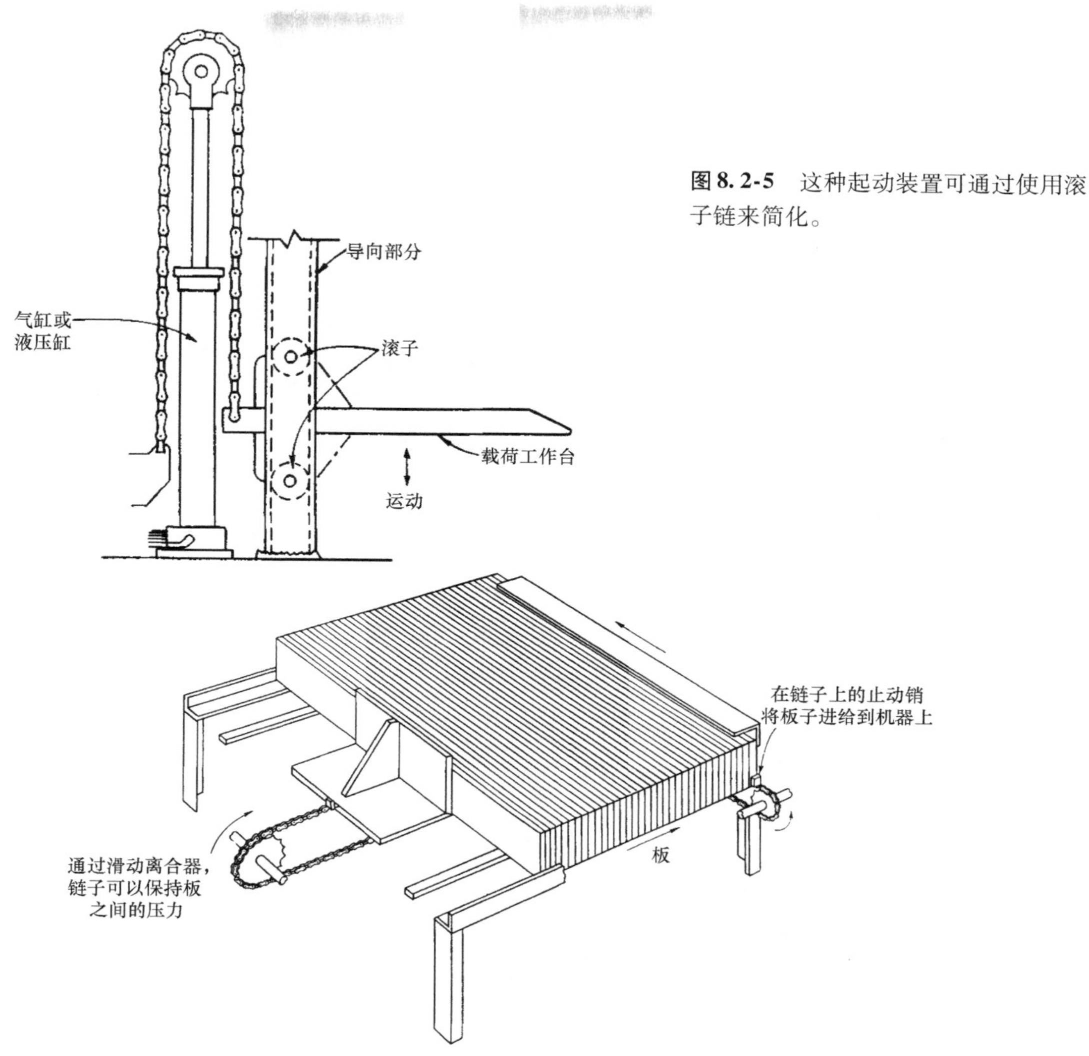

图 8. 2-5 这种起动装置可通过使用滚子链来简化。

图 8. 2-6 这里是滚子链的转位和进给应用的两个例子。这种装置将胶合板进给到机器上。这里采用了滚子链中柔性和进给长的优点。

还有其他一些关于这种低成本但制造精确的滚子链执行任务，而不是简单传递动力的例子。

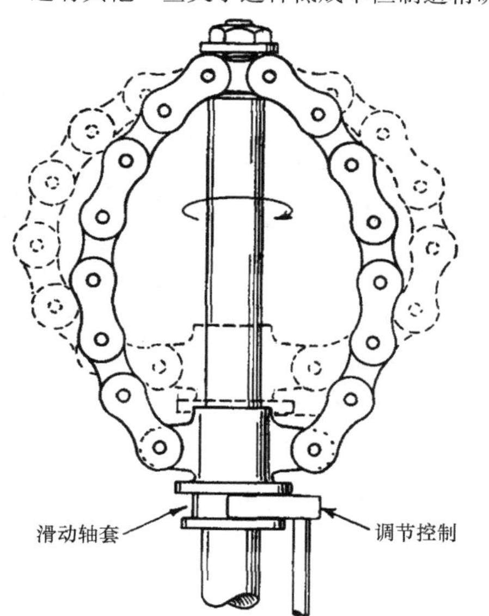

图 8. 2-7 当旋转速度慢下来时，用标准托架可简单地附加上控制重量，从而增加反作用力。

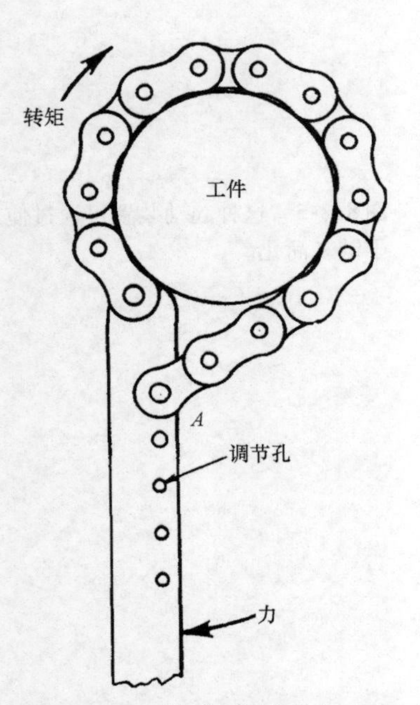

图 8.2-8 可以调节扳手支点 A，以便能夹住各种规则或不规则形状的物体。

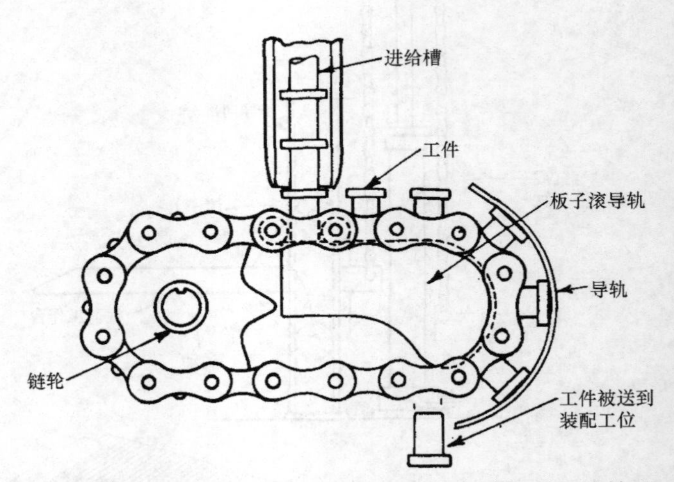

图 8.2-9 在滚子链的空位之间，较小零件可以被输送、进给或者导向。

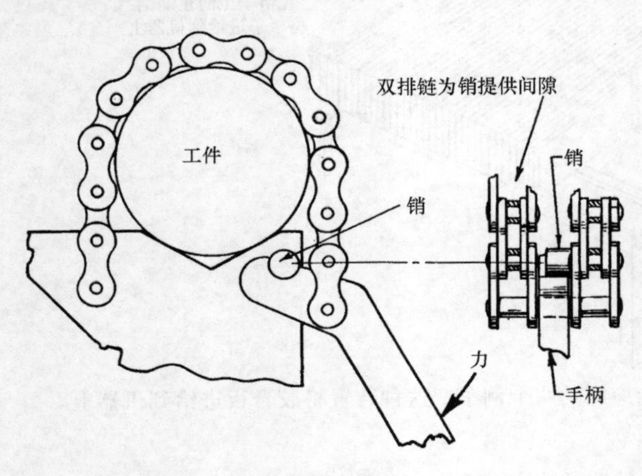

图 8.2-10 用两个链子来完成夹紧肘杆的工作，此时销在支点位置上。

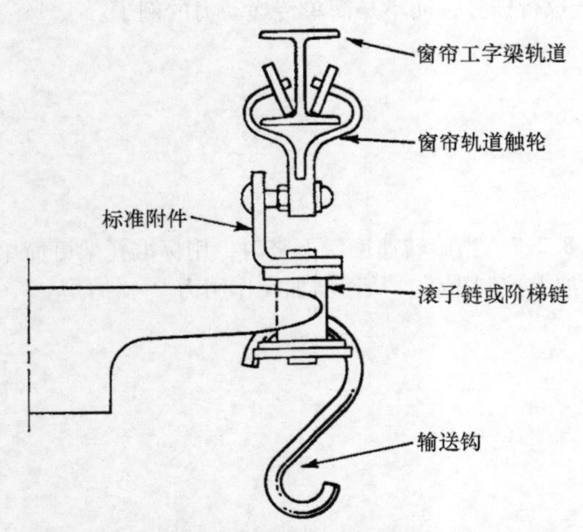

图 8.2-11 通过将标准滚子链零件和标准窗帘轨道零件组合，可以获得轻载触轮输送装置。小齿轮电动机通常来驱动输送装置。

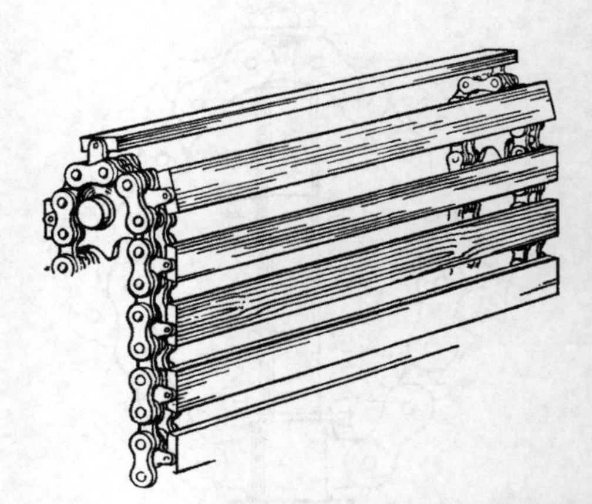

图 8.2-12 装有由木头、塑料或者金属板制造的板条的链条带，可以用作可调整的保险装置和传送带可快速动作的安全门窗。

8.3 用于轻载的珠链

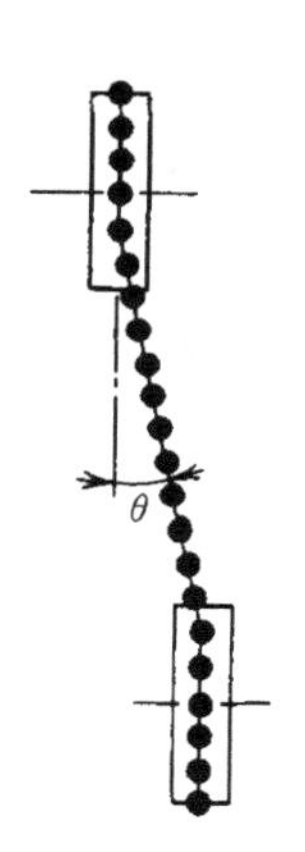

图 8.3-1 错位链轮。在某些时候，校准两链轮回转面是否在同一平面的费用昂贵，在这种情况下往往采取非平行平面来代替。珠链可以在两平面角度成20°的情况下工作。

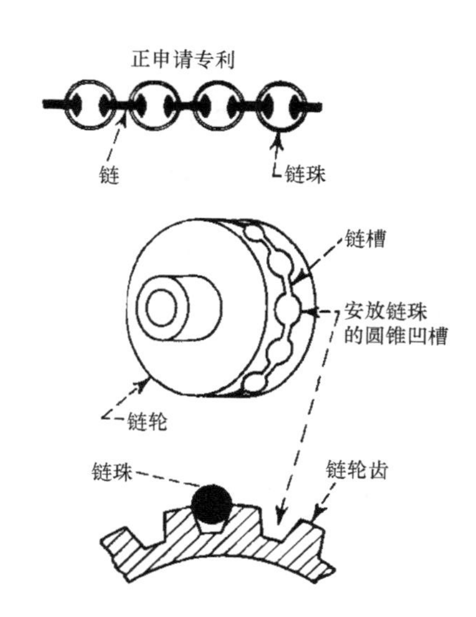

图 8.3-2 珠链链条和链轮的部件图。链珠牢牢地安放在链轮表面的锥形凹槽内。链节自由地靠在链轮凹槽之间的切口中。

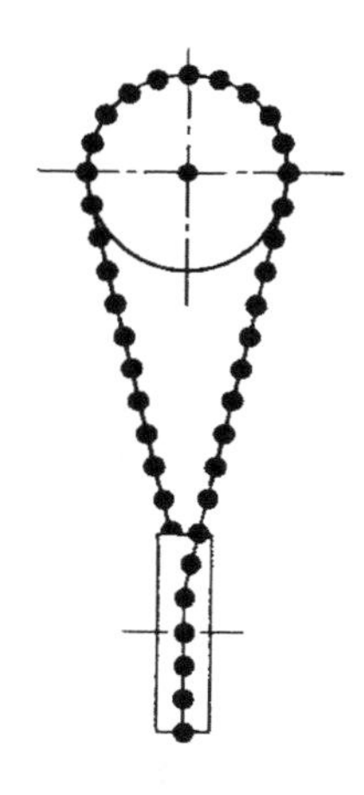

图 8.3-3 交叉轴。一般需要两副斜齿轮来连接轴之间的空间。角度偏差并不影响符合条件的珠链在链轮上的运转。

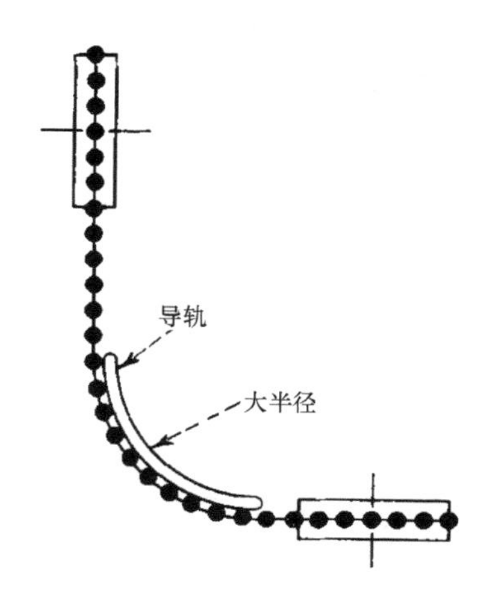

图 8.3-4 直角传动链。直角传动不需要把张紧轮放在转弯处。上图在转弯处利用了导轨，这种情况仅适用于低转矩应用，因为导轨对珠链有摩擦阻力。

表 8.3-1 珠链的承载能力。不同链珠的直径、链速和润滑会导致不同的传递功率。

链珠直径/in	每英尺的链珠数	最大工作拉力/lbf
$\frac{3}{32}$	102～103	20
$\frac{1}{8}$	72～73	35
$\frac{3}{16}$	50～51	70
$\frac{1}{4}$	36～37	150

最大拉力的百分数(%)
100
50
未润滑链
润滑链
0 50 100 150 200
链速/(ft/min)

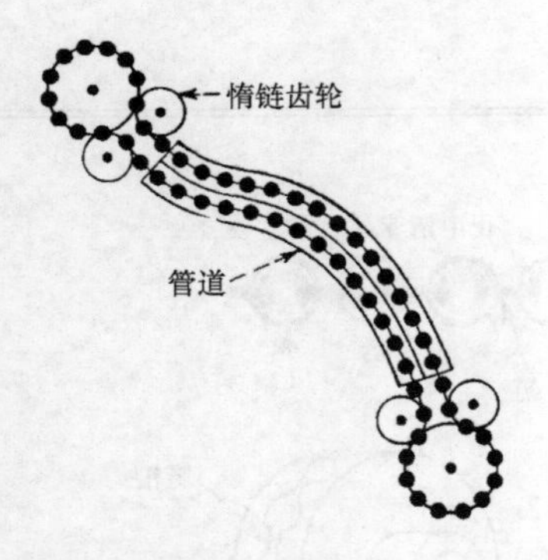

图 8.3-5　通过刚性或柔性管进行的远距离操作几乎没有间隙，并且能够保持输入和输出轴的同步性。

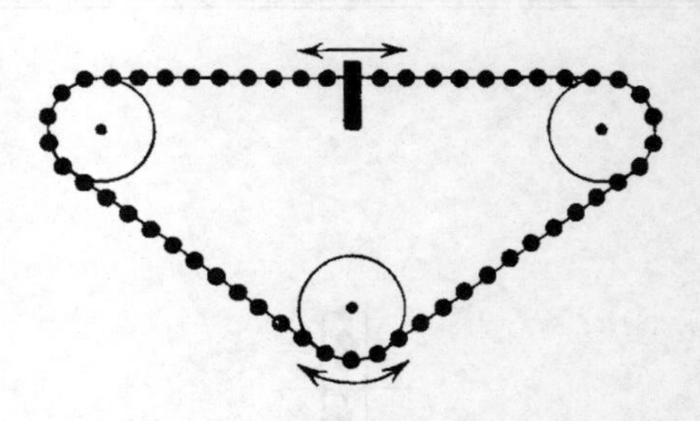

图 8.3-6　由旋转运动转化为直线运动。链珠能够防止滑动和保证精确的输入和输出位移传动比。

这里转矩和工作速度要求并不高，符合条件的珠链能够提供一种快速、经济的方法去实现：连接数个未对齐的轴，把一种运动方式转换成另一方式，反向旋转轴，获得高的传动比和过载保护，控制切换和作为机械计数器来使用。

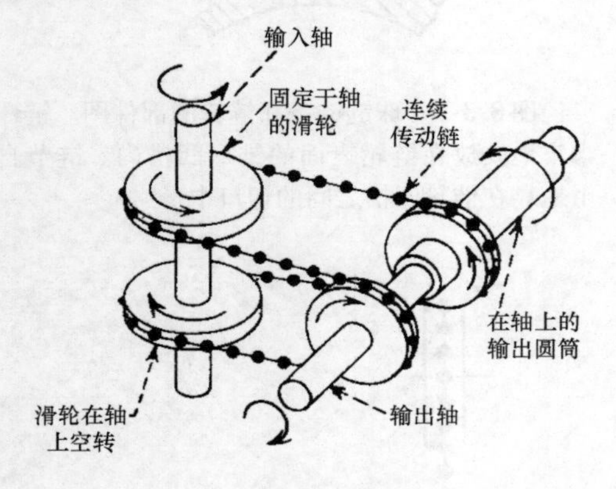

图 8.3-7　反向旋转轴。输入轴通过一条连续链带动实现两个反向（轴和卷筒）输出。

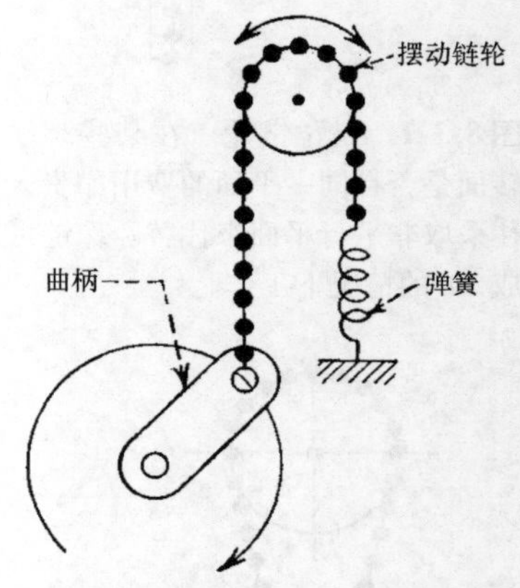

图 8.3-8　旋转运动转变成角摆动。曲柄的整周旋转运动将使链轮实现摆动。弹簧保持链条处于张紧状态。

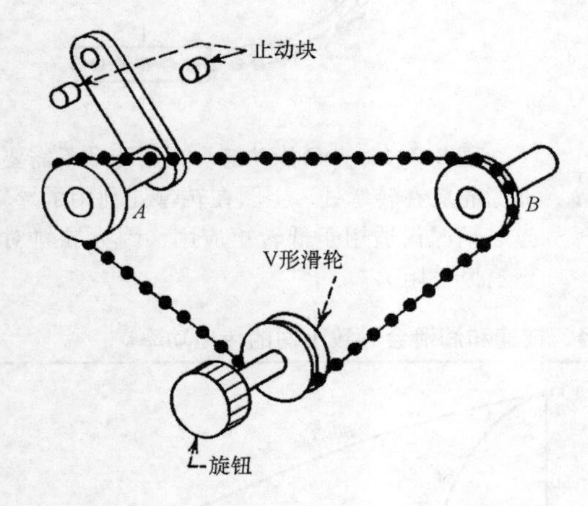

图 8.3-9　有限制的角运动。当摇杆触碰到止动块时，靠旋钮转动的滑轮就会滑动。轴 A 和轴 B 保持静止和同步性。

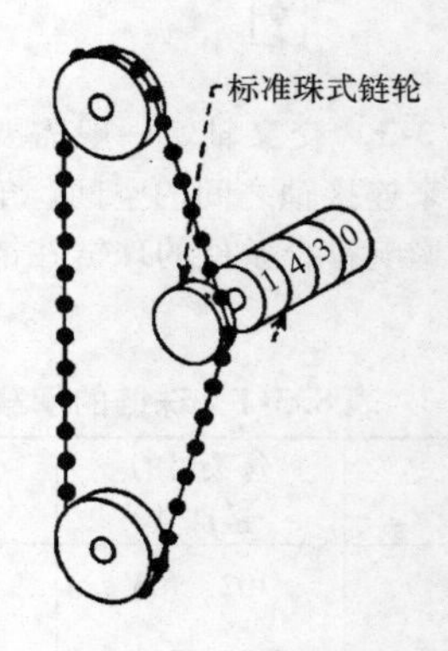

图 8.3-10　计数器的远程控制。在计数器不能直接安装在轴上的情况下，往往可以采用珠链和链轮。

图 8.3-11　比齿轮链传动成本低的高速比传动。合格的珠链和链轮能够传送功率而不发生滑移。

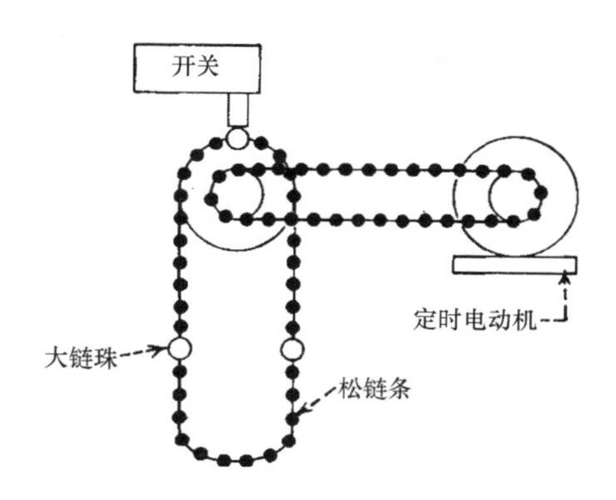

图 8.3-12　定时链条包含了大的珠链以供需要时能间隔触碰到微型开关。链条可以加长控制成千上万的间隔时间以满足复杂定时。

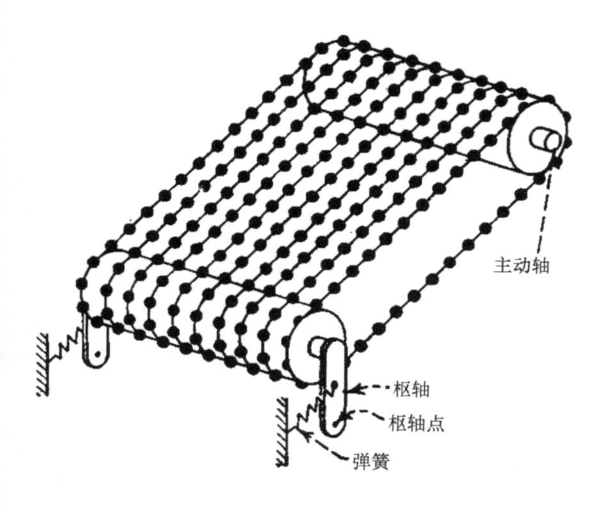

图 8.3-13　由多条链条和链轮组成的传送带。链条的张紧是由枢杆和弹簧来实现的。传送带的宽度很容易调整。

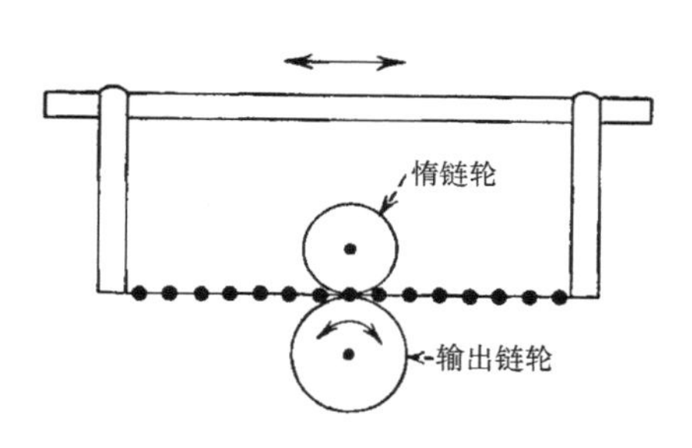

图 8.3-14　由一条链和两个链轮替代齿轮和齿条，能够把线性运动转换为回转运动。

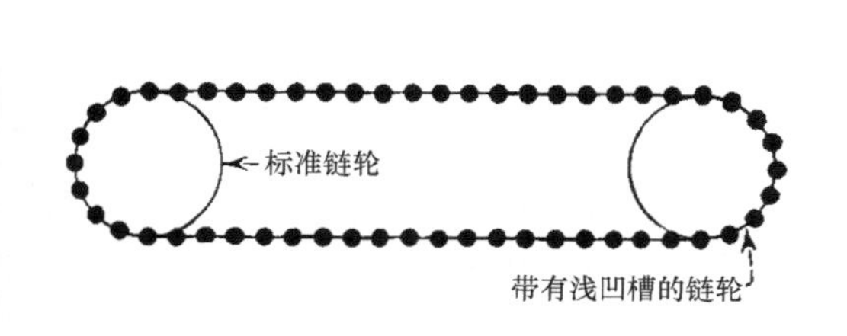

图 8.3-15　过载保护。浅齿链轮能在低载时提供正传动，过载时，链珠将在链轮上滑行。

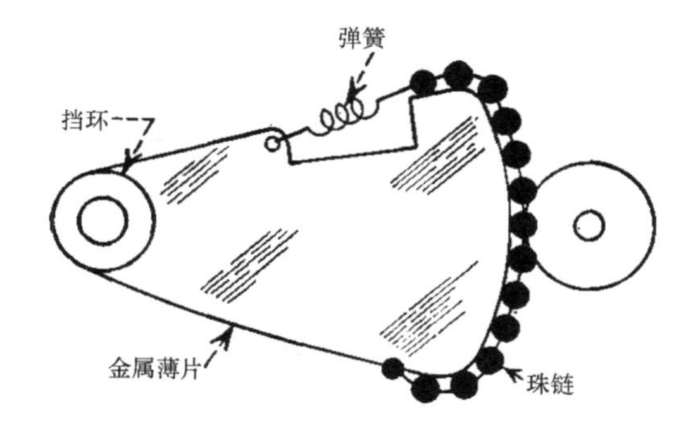

图 8.3-16　由珠链和弹簧包裹在薄金属板边缘组成的扇形齿轮。挡环可以维持薄扇形金属围绕轴旋转。

8.4 链传动减少波动的方法

链传动的运动波动是由链和链轮的多边形效应造成的，在驱动链轮引入一种循环补偿运动可以把运动的波动降到最小甚至可以避免，为了减小链传动中链条上下抖动和由动态载荷造成的振动，所设计的机构包括非圆齿轮、偏心齿轮、凸轮驱动的中间轴。

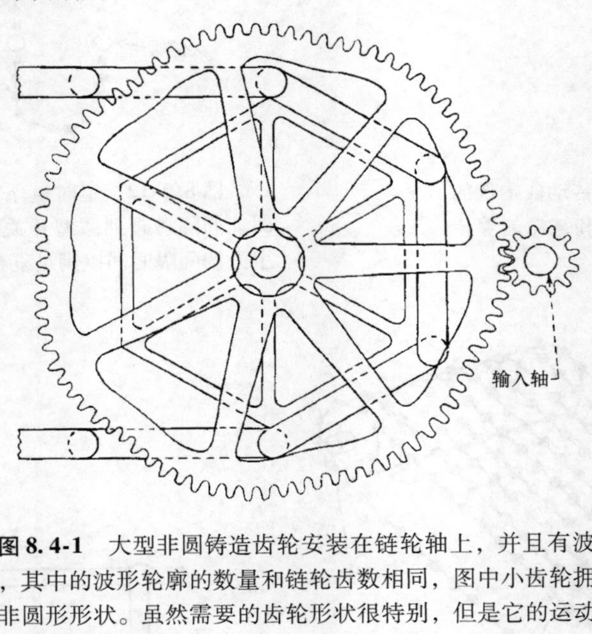

图 8.4-1 大型非圆铸造齿轮安装在链轮轴上，并且有波形的轮廓，其中的波形轮廓的数量和链轮齿数相同，图中小齿轮拥有对应的非圆形形状。虽然需要的齿轮形状很特别，但是它的运动完全地补偿了链条的波动。

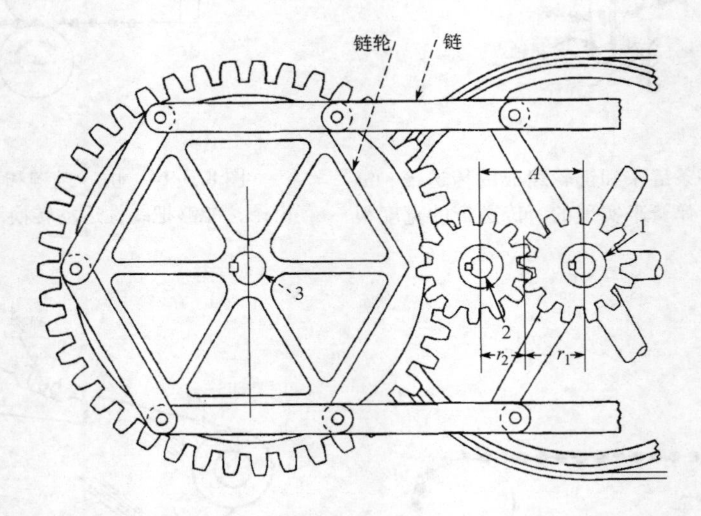

图 8.4-2 这种传动有两个偏心安装的直齿小齿轮（1 和 2），输入的动力通过带轮传递，带轮靠键连接到与小齿轮 1 相同的轴上。通过键与小齿轮 2 的轴相连接的小齿轮 3（未画出）驱动大齿轮和链轮。然而，只有当小齿轮 1 和 2 的节线是非圆的而不是偏心的时，该机构才完全等于传送链的速度。

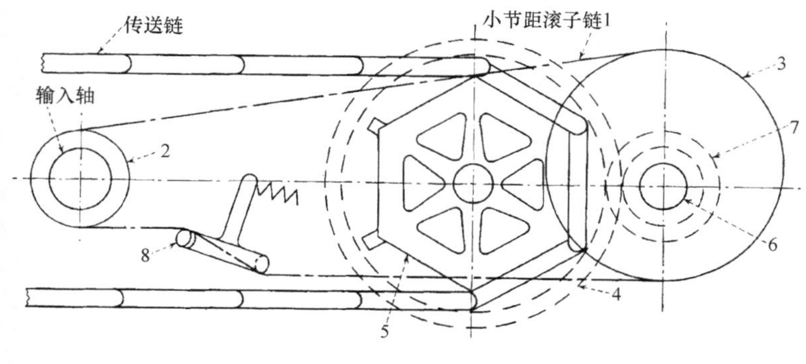

图 8.4-3　附加的链轮 2 通过小节距链条 1 驱动非圆链轮 3，这将使速度波动通过小齿轮 7 和齿轮 4 传向轴 6 和长节距输送机链轮 5。这对齿轮的齿数比和链轮 5 齿数相等。受弹簧作用的杠杆和滚子 8 起拉紧作用。输送带的运动是均衡的，但是因为必须保持链 1 的节距很小，所以该机构限制了承载能力。通过使用多股小节距链可以提高承载能力。

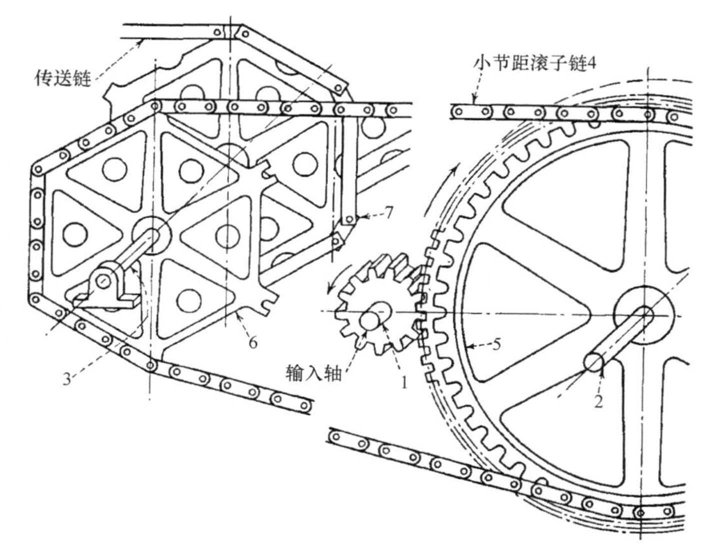

图 8.4-4　动力是通过链 4 从轴 2 传到链轮 6 的，于是将波动速度传向轴 3，并通过它传到链轮 7。因为链 4 节距小，链轮 5 相应地较大，所以链 4 的速度接近匀速。这就得到了几乎恒定的传送速度。该机构需要滚子拉紧链的松边，否则将限制承载能力。

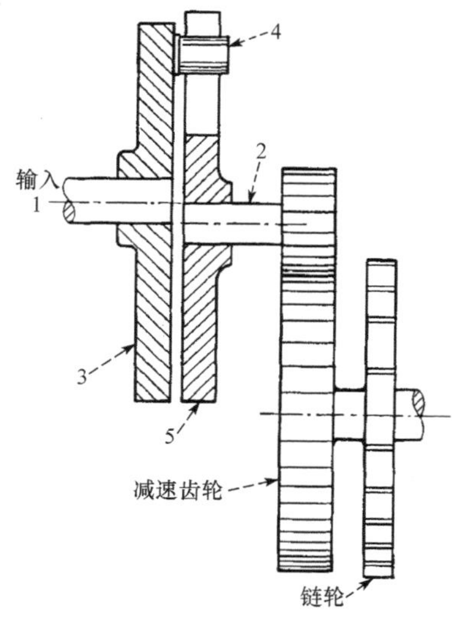

图 8.4-5　圆盘 3 使链轮产生可变的运动。它支撑销、滚子和圆盘 5。盘 5 上有径向槽并偏心地安装在轴 2 上。轴 2 与链轮的转速比值等于链轮上的齿数。链速并不完全等速。

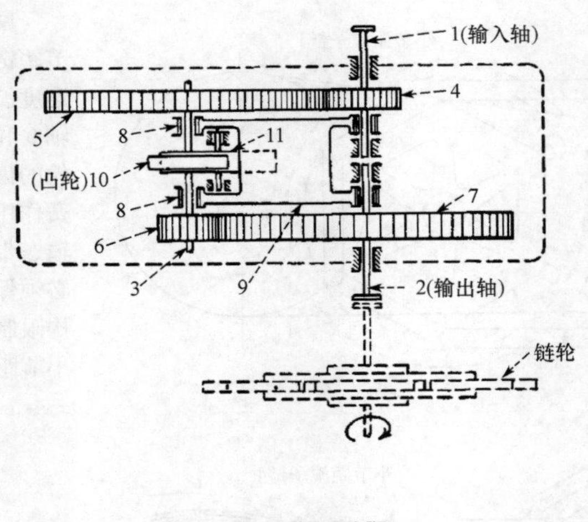

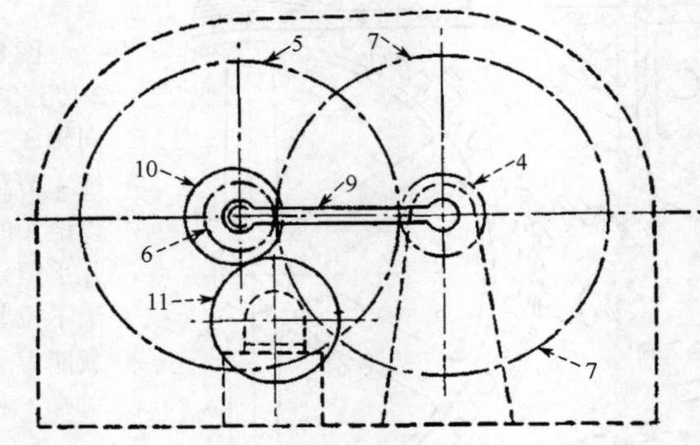

图 8.4-6 “行星齿轮”系（齿轮 4、5、6 和 7）由凸轮 10 驱动，并且将波动速度传给链轮，而链轮通过轴 2 与链的波动保持同步，于是系统完全等于链速。凸轮 10 处于一个圆形惰轮滚子 11 上。由于力的平衡，凸轮保持与滚子直接接触。该装置具有标准的齿轮，可以同时起到减速器的作用，并且能传递很大的动力。

8.5 滚子链的润滑

链的使用寿命短往往是不充分润滑的结果，润滑不当带来的损坏比正常使用时要多。下面列举了 9 种滚子链润滑方法，可以根据链条的速度进行选择，如表 8.5-1 所示，表 8.5-2 是推荐的润滑剂。

表 8.5-1　推荐的润滑方法。

链速/(ft/min)	润 滑 方 法
0 ~ 600	人工定期润滑：毛刷，油壶 慢滴：4 ~ 10 滴/min 连续润滑：油绳、油轮
600 ~ 1500	快滴：20 滴/min
>1500	压力润滑

表 8.5-2　推荐的润滑油。

节距/in	粘度 37.8℃(100F)	粘度号
1/4 ~ 5/8	240 ~ 420	20
3/4 ~ 5/4	420	30
3/2 ~ 更大	620 ~ 1300	40

注：环境温度在 100 ~ 500℉（37.8 ~ 260℃），粘度号为 50。

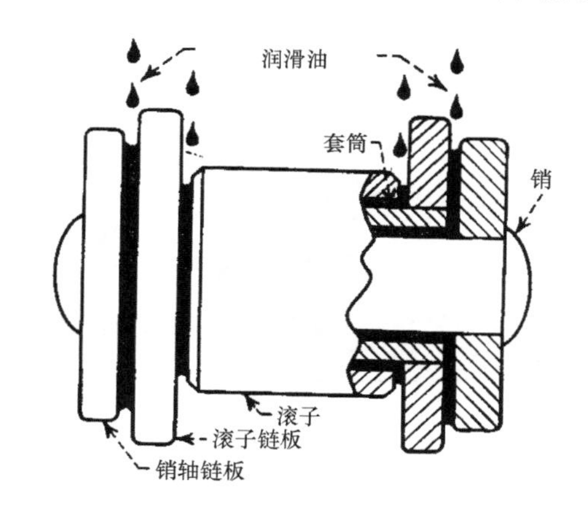

图 8.5-1　在链条和链轮啮合之前，把油滴在链条松边上的滚子和销轴连接之间，凭借离心力的作用，润滑油能够渗入间隙中。施加在滚子面中心的润滑油很难渗入到套筒和滚子之间的区域。

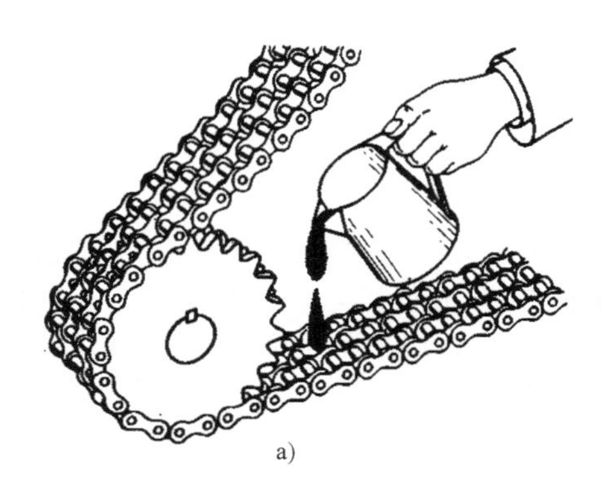

a)

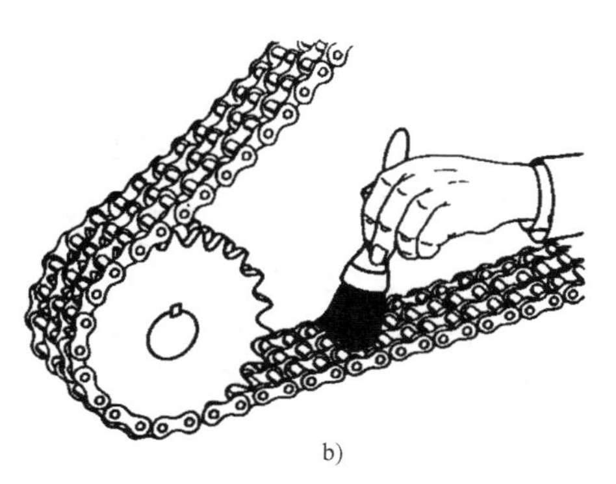

b)

图 8.5-2　人工定期润滑方式。使用刷子和油壶的人工定期润滑方式在低速链润滑中是最简单的方法，且不需要封闭的外壳。崭新的链条在没完全磨合前要每天进行润滑，磨合过后，可以每周进行一次润滑。

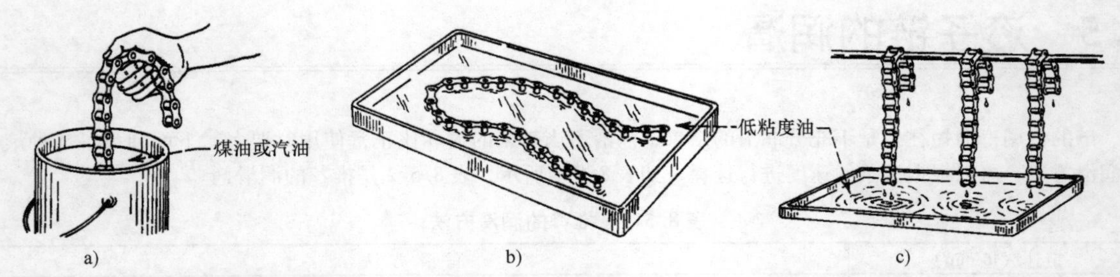

图 8.5-3 对没有罩壳的传动链，可以定期拆下来用煤油清洗，干燥后浸入润滑油中，然后悬挂起来，待多余的油排净后就可以安装使用。

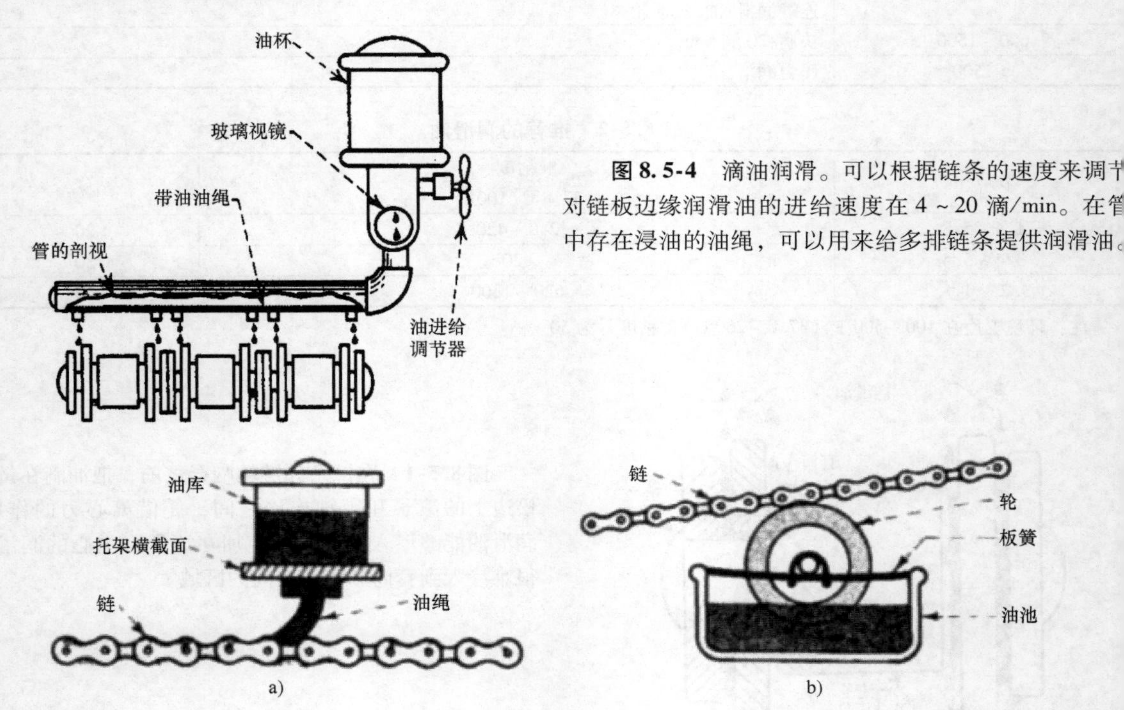

图 8.5-4 滴油润滑。可以根据链条的速度来调节对链板边缘润滑油的进给速度在 4 ~ 20 滴/min。在管中存在浸油的油绳，可以用来给多排链条提供润滑油。

图 8.5-5 开链的连续润滑系统：图 8.5-5a 中的油绳润滑安装成本最低；图 8.5-5b 中，摩擦轮润滑使用的轮外面包裹着软吸收性材料，并且由板簧施加压力。

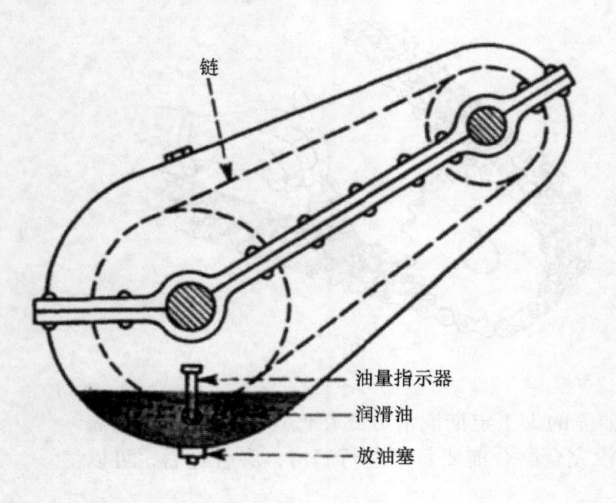

图 8.5-6 油浴润滑，要求采用不漏油的外壳来储存润滑油，低处的链条从油池中通过。为了避免过度搅油带来的损失，油不应浸过链轮底边太多。为了防止链条过热，这种润滑方式不适于高速场合。

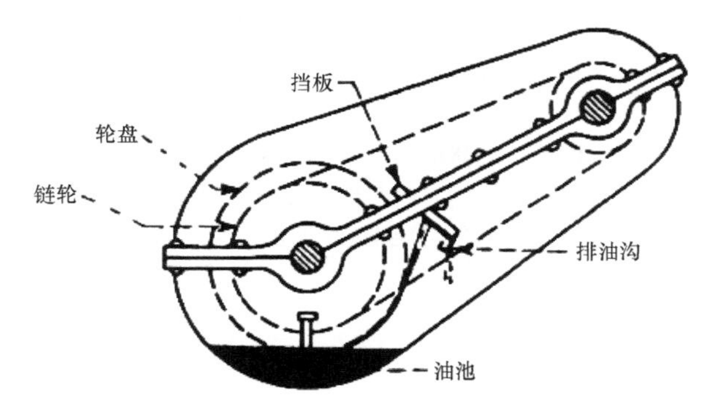

图 8.5-7 圆盘或挡油板可以安装在低端链轮侧边来连续地供应油，甩油盘把油从储油池中带起然后抛到挡板上，油顺着挡板上的槽最后流到链条上。

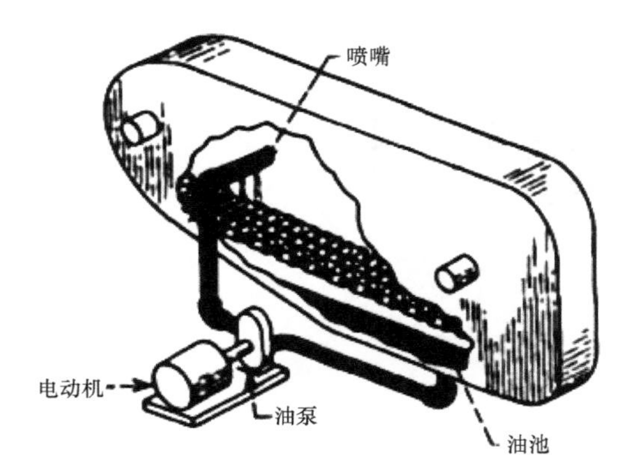

图 8.5-8 压力润滑应用于极高速链的润滑。电动机驱动油泵，在压力作用下油被传递到喷嘴，由喷嘴把油直接喷射到链条上。同时储油池中多余的油可以起到对油的冷却作用。

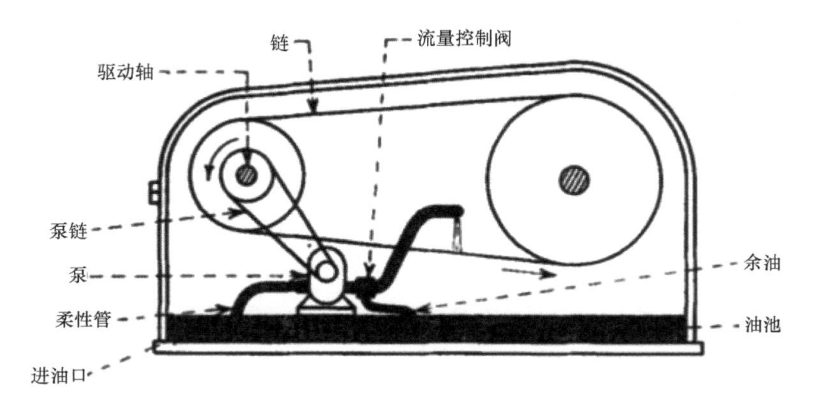

图 8.5-9 链传动压力润滑，油泵靠传动轴来驱动。流量控制阀是在罩壳外面来调节的，多余的油从旁边的支路流回油池。在进油管处有过滤器。油池里的润滑油要定期更换，尤其当油的颜色变成褐色时必须更换。

8.6 薄金属板齿轮、链轮、蜗杆和棘轮

当指定的运动需要间歇而非连续传动且载荷很小时，下面这些钣金齿轮、链轮、蜗杆和棘轮等是非常理想的机构，它们成本低，可以进行大量生产。虽然它们不是一般所认为的精密零件，但棘轮和齿轮零件偏差也能达到 ±0.007in（0.178mm），如果条件要求，可以达到更精密的尺寸。经过变化，它们可以被用于玩具、家用电器和汽车零件。

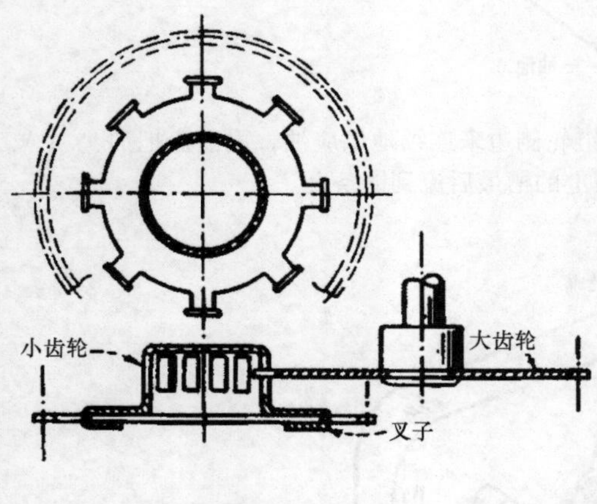

图 8.6-1 小齿轮呈钣金杯状，其上有矩形孔充当齿轮齿。和它啮合的是一个利用特殊成形齿冲裁而成的薄金属板。如图利用叉爪可以把小齿轮安装在另一薄金属板轮中，形成一个传动机构。

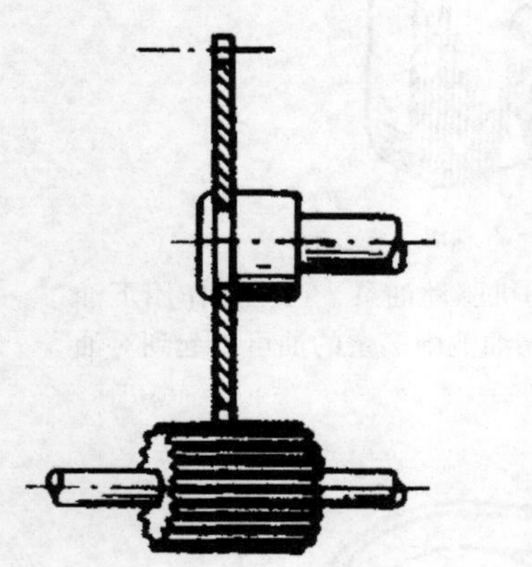

图 8.6-2 薄金属齿轮与一个宽齿小齿轮啮合。这个小齿轮可采用挤压成型或机械加工的方法获得。薄金属齿轮的齿是标准齿型。

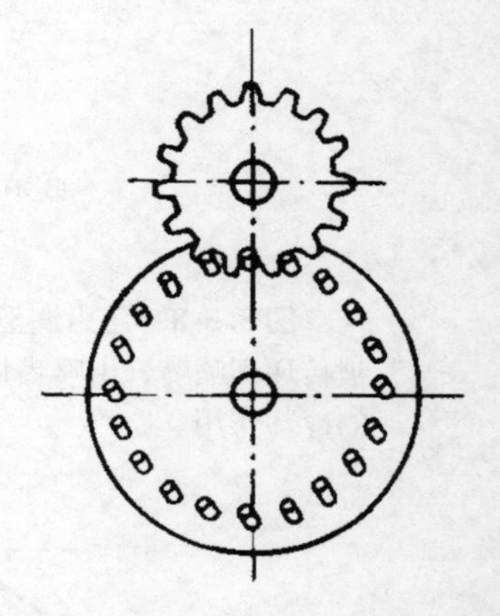

图 8.6-3 小齿轮与圆盘上的圆销配合。这个圆盘由金属、塑料或木头制成。圆销可以铆接或靠螺纹来固定。

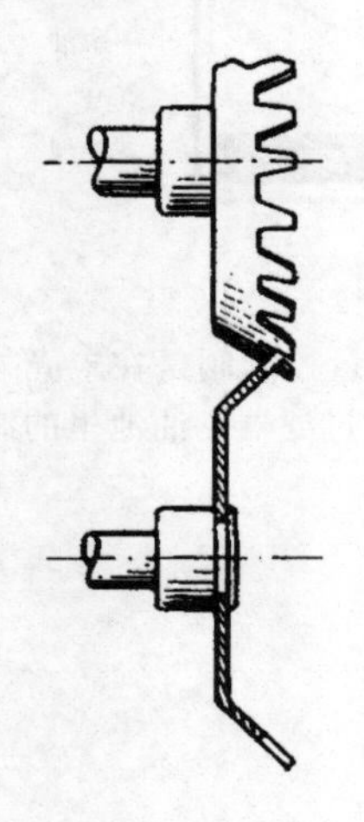

图 8.6-4 两个冲裁得到的锥形齿轮在轴线平行时啮合。它们都有特殊的齿型。

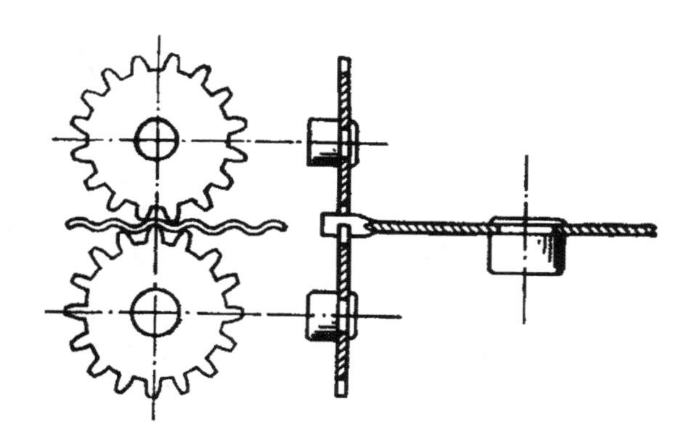

图 8.6-5 在外轮缘带有波浪形齿的圆盘可以和一个或两个钣金小齿轮相互啮合，如图所示，小齿轮有特殊齿型。它们都被安装在相交轴上。

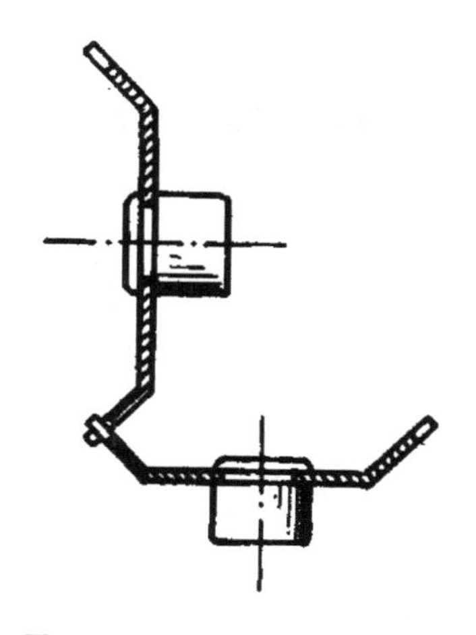

图 8.6-6 两个有特殊齿型的锥形齿轮固定在垂直相交的两个轴上。可以通过铆接将它们安装在轮毂上。

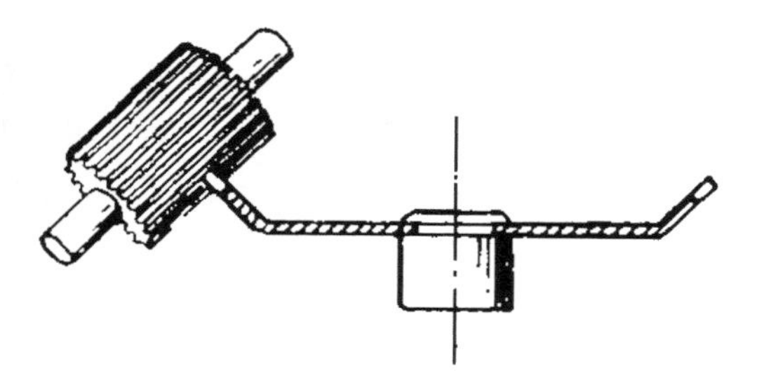

图 8.6-7 冲压成形锥形齿轮和一个机加工或挤压成形的实心小齿轮相互啮合。常规的齿形能够应用到这两种齿轮上面。

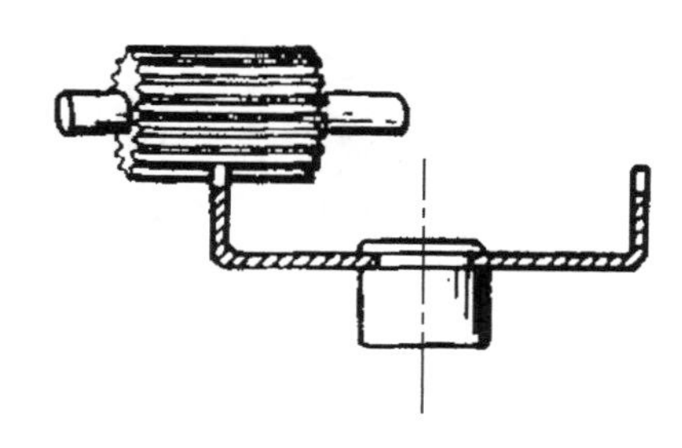

图 8.6-8 冲压得到的筒形齿轮和实心小齿轮啮合，它们的轴线呈 90° 交叉。

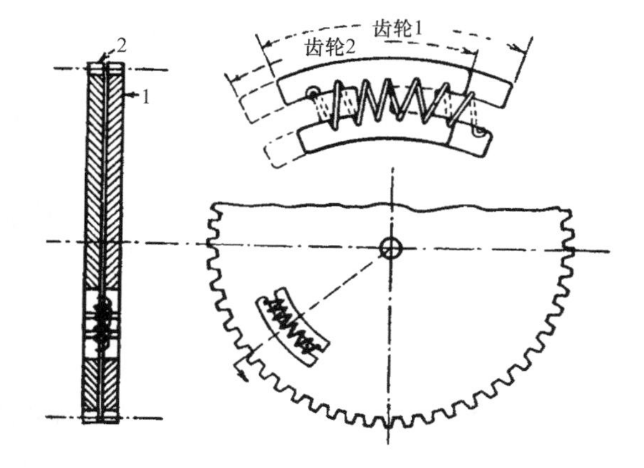

图 8.6-9 把两个相同的模锻齿轮错开一个齿距进行叠加可以消除间隙。在每个齿轮上的弹簧承担的任务是吸收无效的运动。

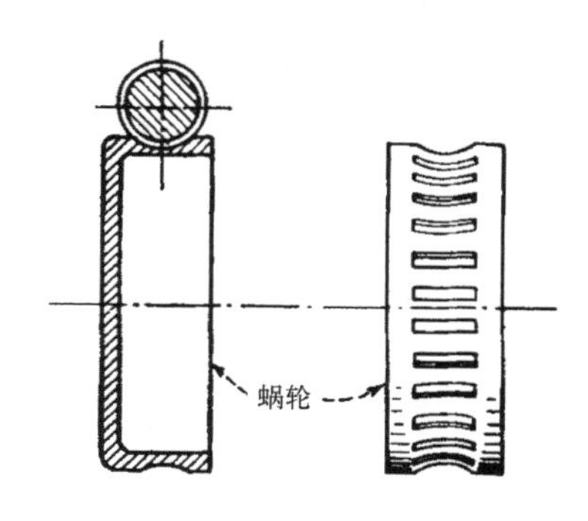

图 8.6-10 如图所示的薄金属筒，利用凹口代替了蜗轮，能够和一个标准的蜗杆相啮合。

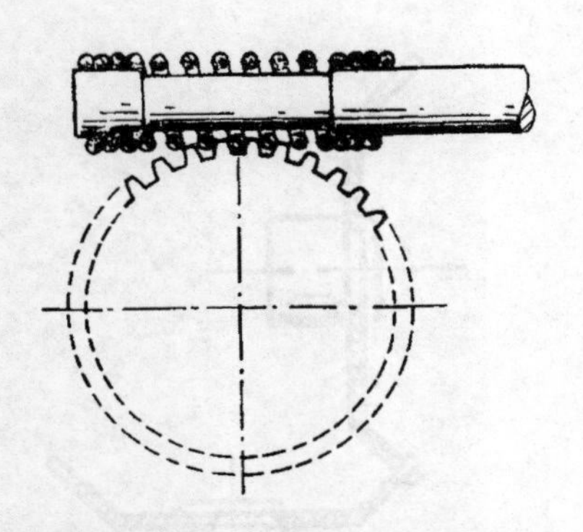

图 8.6-11 带有特殊齿型的齿轮与一个安装在轴上的螺旋弹簧啮合，如图所示，弹簧起到蜗杆的作用。

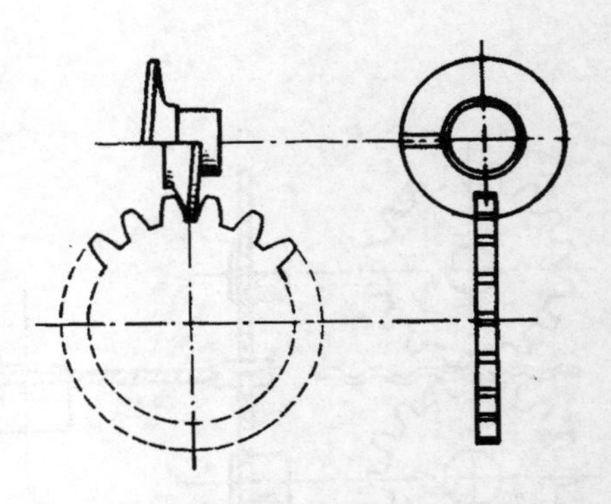

图 8.6-12 蜗轮由一个带有特殊齿型的薄金属板制成。蜗杆是一个断开并形成螺旋形的薄金属圆盘。

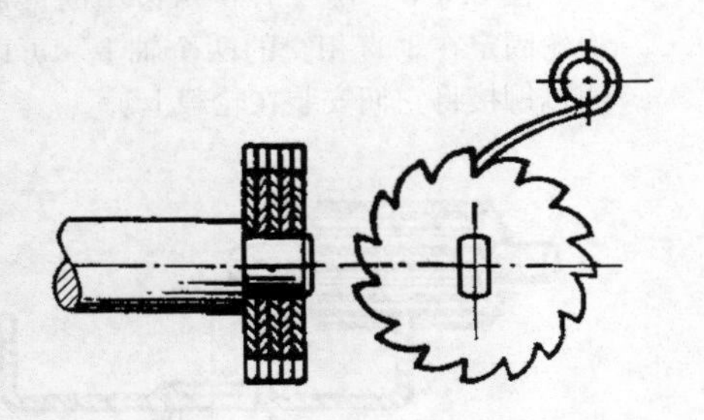

图 8.6-13 当带有单侧齿棘轮的厚度不能满足需要时，可以把多个棘轮叠加起来与一个宽薄金属爪相适应。多个棘轮经过点焊连接在一起，成为棘轮齿轮。

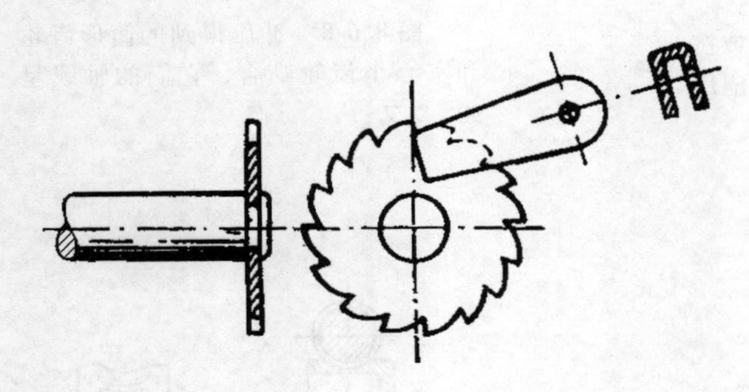

图 8.6-14 为了避免叠加棘轮，可以利用一个 U 形薄金属棘爪与单个棘轮相配合。

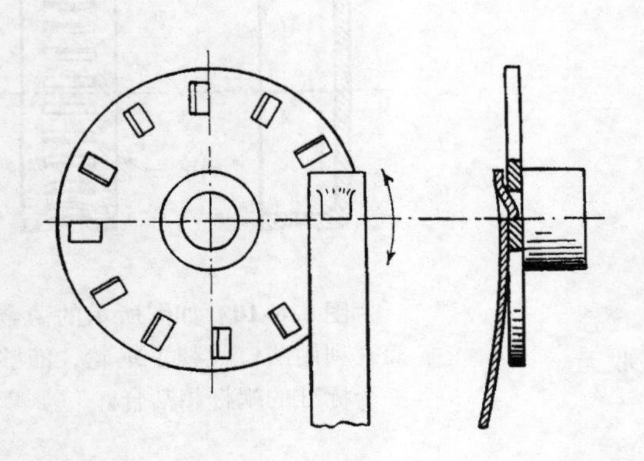

图 8.6-15 上图的棘轮是一个经过冲孔的圆盘，其上的方形孔可以作为齿使用，棘爪是一片弹簧钢。

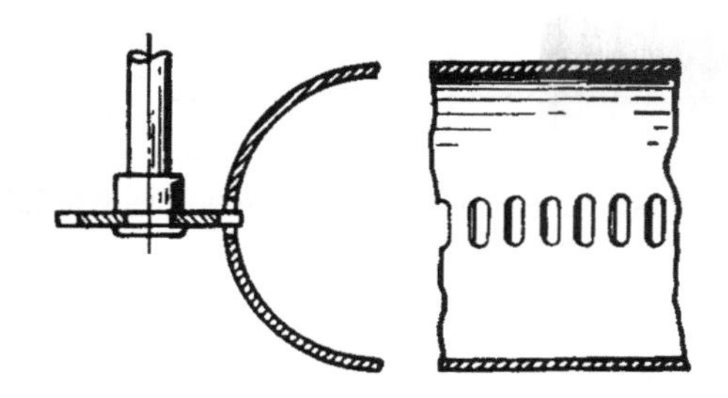

图 8.6-16 金属板冲压成具有特殊齿形的小齿轮，与之啮合的是金属板圆筒上面的孔，它们构成了一个齿轮和齿条的配合。

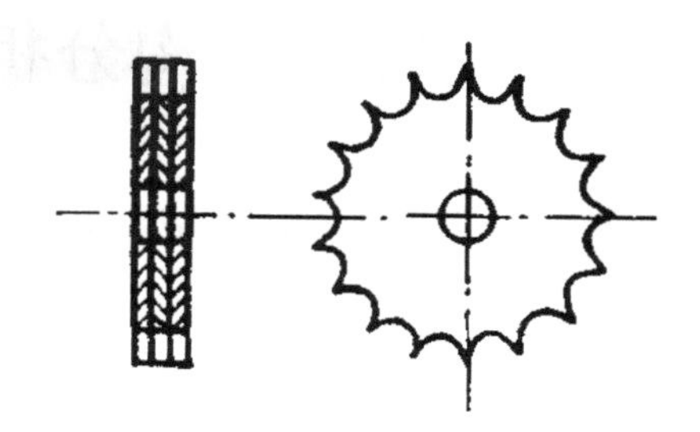

图 8.6-17 如图 8.6-13 的链轮可以由单个的冲压件制成链轮组装在一起。

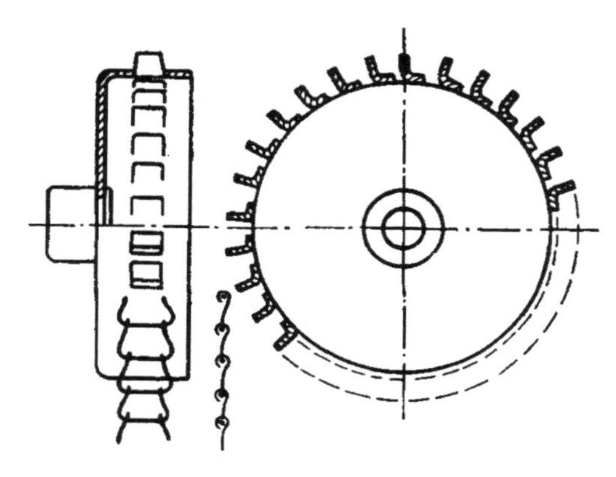

图 8.6-18 为了配合图示的钢丝链，在一个金属圆筒上将冲口部分弯起制成链轮。

8.7 棘轮传动机构分析

在这里，简要介绍设计棘轮传动机构的一些简便的公式和数据，这些公式和数据一般不在设计精密棘轮传动时使用。

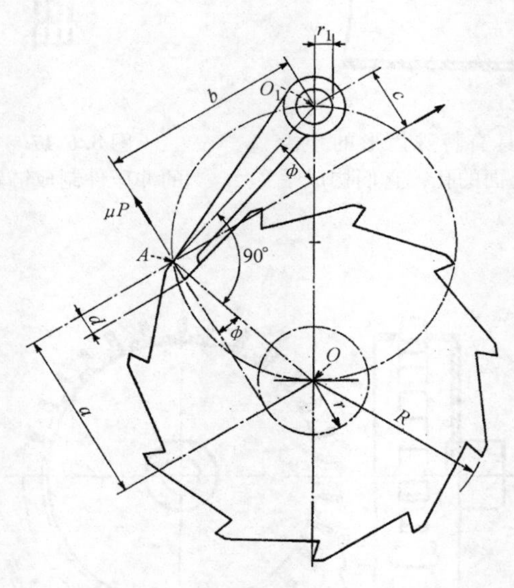

图 8.7-1 受压的棘爪靠齿压力 P 和棘爪的重量产生一个趋于使棘爪啮合的转矩。摩擦力 μP 和支点摩擦力趋向于使棘爪脱离啮合。

图中符号的含义如下：

a 是棘轮转矩的力矩臂；M 是棘爪的重力对 O_1 的力矩；O、O_1 分别为棘轮和棘爪各自的旋转中心；P 是齿压 = 棘轮转矩/a；$P\sqrt{1+\mu^2}$是支点销上所受到的载荷；μ_1、μ_2 是摩擦系数。

其他符号含义见图。

棘轮被广泛地应用于机械中，主要用来传递间歇运动或使轴只能在一个方向上旋转。棘轮轮齿既可以在圆盘的圆周上，也可以在环的内侧边缘上。

与棘轮齿啮合的棘爪是一根一头可转动的杆，另一头被制成与棘轮齿的齿根面相配的形状。通常采用弹簧或配重来使棘轮和棘爪保持持续的接触。

在大多数设计中，常常希望弹簧力尽可能的小。它只要足够克服分离力即可，分离力包括惯性作用、重量和支点上的摩擦力。考虑到啮合的棘爪和使其承担载荷，弹簧力不应过大。

为了保证棘爪自动进入棘轮且不需要弹簧即可保持啮合，有必要设计一个正确的齿根面。

自啮合的必要条件是

$$Pc + M > \mu Pb + P\sqrt{1+\mu^2}\mu_1 r_1$$

忽略重力和支点的摩擦力，有

$$Pc > \mu Pb$$

或

$$c/b > \mu$$

因为 $c/b = r/a = \tan\phi$，$\tan\phi \approx \sin\phi$，所以 $c/b = r/R$

代入上式可得

$$r/R > \mu$$

钢与钢之间是干摩擦，取 $\mu = 0.15$，因此，用

$$r/R = 0.20 \sim 0.25$$

安全系数大，棘爪就会更容易啮合。对 $\phi = 30°$ 的内齿，$c/b = \tan30°$ 或 0.577，这个值大于 μ。所以这个齿可以自啮合。

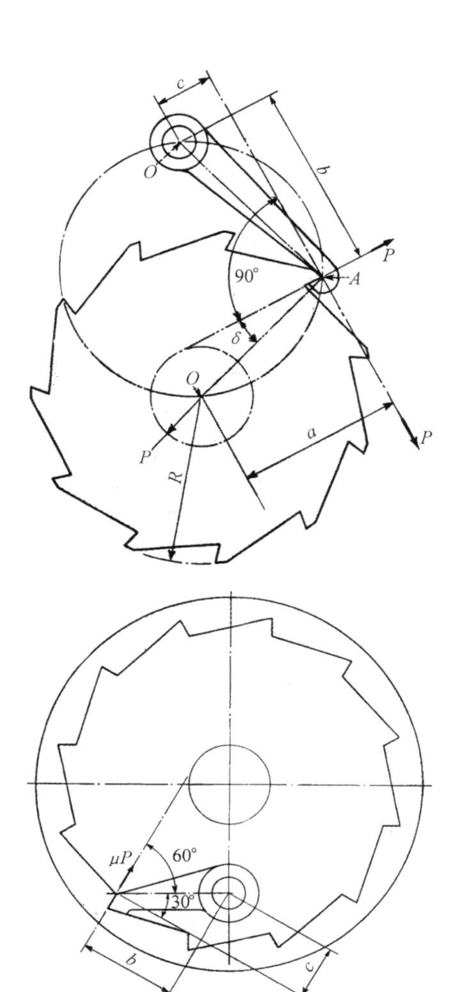

图 8.7-2　像其他结构一样，张紧的棘爪在部件上作用同样的力，可以应用同样的设计原理。

图 8.7-3　内啮合的棘爪和棘轮装配比较紧凑。

在设计棘轮和棘爪的时候，要把点 O、A 和 O_1 定位在同一个圆上。直线 AO 和 AO_1 应该相互垂直，只有这样作用在系统上的力才能达到最小。

棘轮和棘爪尺寸要由设计尺寸和设计应力来控制。如果棘齿不能满足要求，只有齿距的增大才能保证其有足够强度，在这种情况下我们可以设置多个棘爪，这些棘爪应合理的配置以至其中一个棘齿能够在棘轮旋转少于一个齿距时能够啮合棘轮。

通过并排放置多个棘爪可以获得一个精确进给，而对应的棘轮应该进行相应的转动和相互连接。

8.8 无齿棘轮

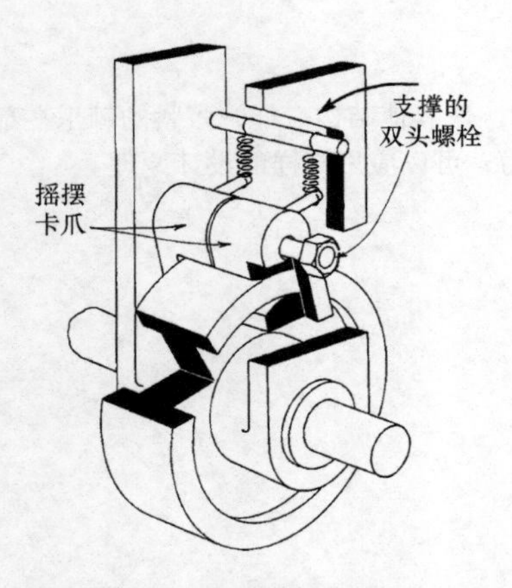

图 8.8-1 当杠杆向前摆动时，摆动棘爪将锁住凸缘，在回程时松开。用于支撑的双头螺栓的孔的尺寸较大是为了确保棘爪的上下表面能完全接触。

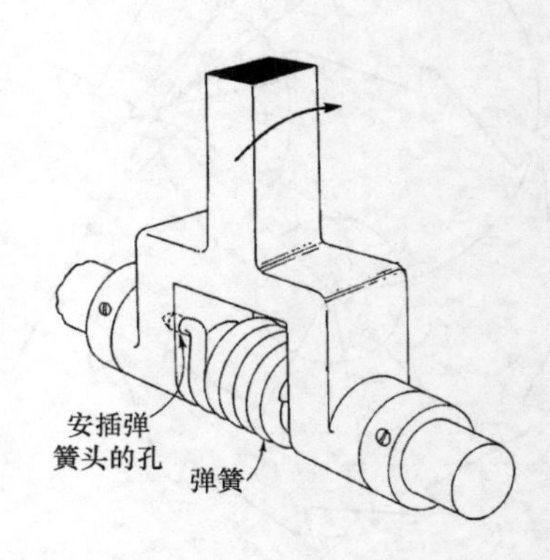

图 8.8-2 由于弹簧内径小于轴的直径，图中的螺旋弹簧紧紧地套在轴上。在向前的冲程中，弹簧卷紧；当回程时，弹簧松开。

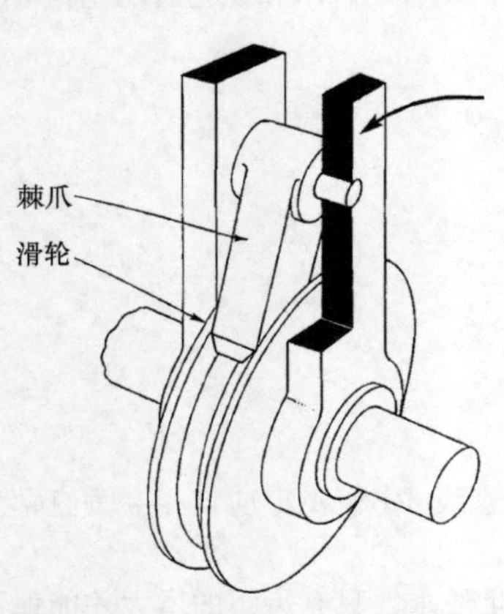

图 8.8-3 当棘爪楔入槽中时，推动 V 带滑轮转动。为了得到密配合，棘爪的底端应该做成像 V 带一样的锥形。

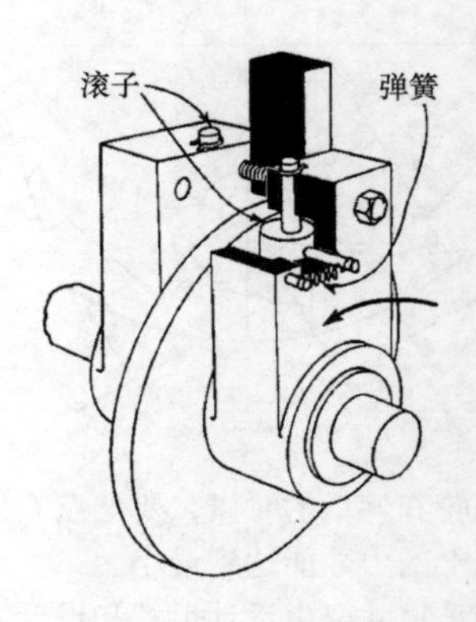

图 8.8-4 在工作行程中偏心滚子挤压圆盘，当回程时，偏心滚子逆转回来，失去了对圆盘的控制。弹簧的作用是维持偏心滚子和圆盘的接触。

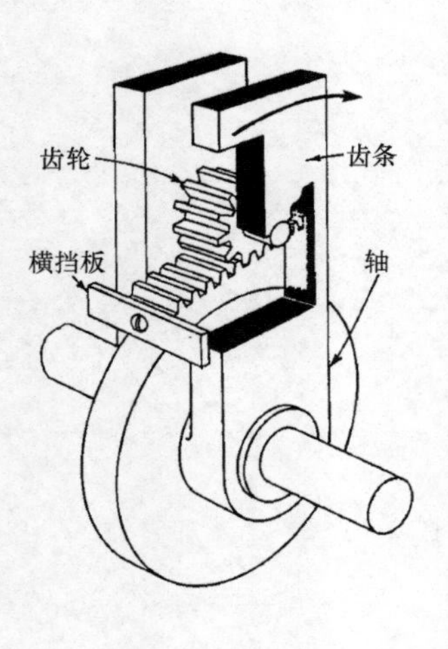

图 8.8-5 齿条应该被设计成楔形的，这样才能卡在滚动齿轮和圆盘之间，从而带动轴的旋转。当传动杆返程运动时，它凭借横挡片把齿条一起带回。

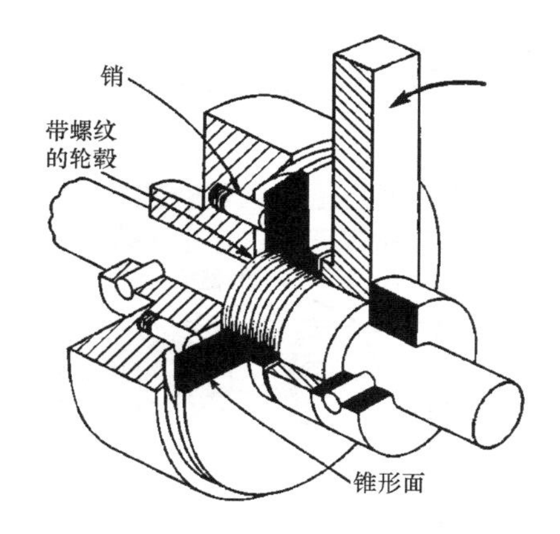

图 8. 8-6 圆锥圆盘可看做一个底座螺母，可以沿着传动杆的螺纹中心轴向前移动。弹簧支撑销的摩擦力可阻止圆盘随着轴一起转动。

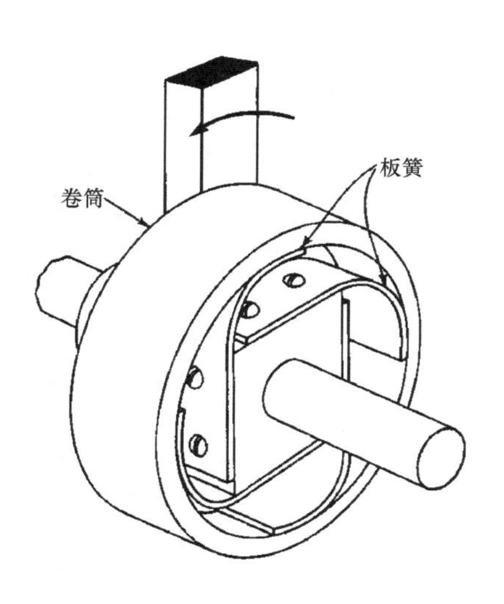

图 8. 8-7 当传动杆单向旋转时，板簧就会被迫张开，紧压在圆筒的内表面。当杆使圆筒以反向旋转时，制动松开。

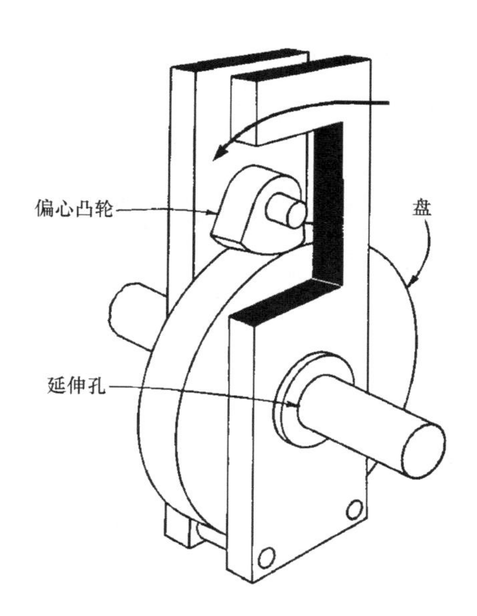

图 8. 8-8 在半个周期的运动中，偏心凸轮把轮卡住成为一体，随传动杆一起转动。传动杆上的延伸孔使凸轮在适当位置自锁得更加紧固。

8.9 单向传动链解决链轮跳齿的方法

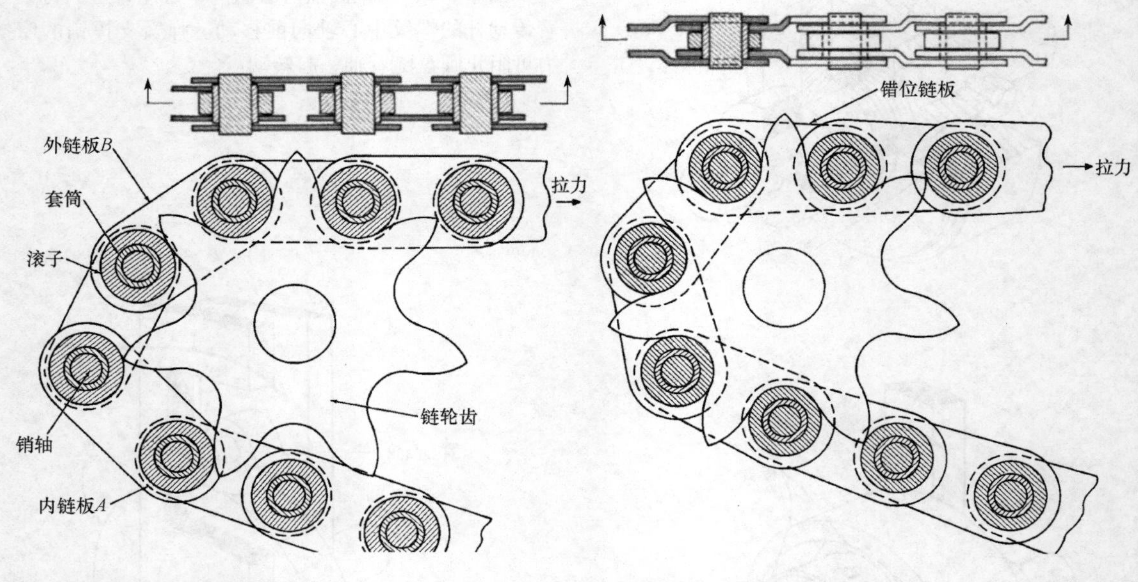

图 8.9-1　普通链板。　　图 8.9-2　错位链板。

在普通链条中（图 8.9-1），链条张力挤压套筒并且迫使下一个链节绕套筒旋转和爬升，导致链节跳过链轮齿。如果所有链节都采用错位的链板（图 8.9-2），正确使用链条，那么跳齿现象就会消失。

在美国恩格尔伍德的 APM Hexseal 公司的董事长弥尔顿莫尔斯（Milton Morse）开发用于自行车的无油污无跳动的 Kleenchain 驱动链时，他当时的观点是要么双倍收益，要么一无所有。依靠使用的设计方法链条驱动要么最好要么最差。莫尔斯希望使用最好的方法并计划快速实现。

图 8.9-1 中内链板 B 与套筒、外链板 A 与销轴用过盈配合固联。套筒与销轴、滚子与套筒之间为间隙配合，销轴可以在套筒内自由地旋转，滚子是套在套筒上面的，当链条和链轮啮合时，滚子沿链轮齿轮廓滚动并保持接触。在张力的作用下，套筒趋于滚动、套筒和滚子之间产生滚动摩擦力。在普通设计中，这种张力使链条产生爬升和跳齿现象。

跳齿仅发生在交替齿处，外链板对链条施加一个张紧力。当套筒在滚子和销轴之间被挤压时，相邻内链板被迫绕着销轴滚动和向上爬升。

无跳动链条。在下一个齿啮合时与套筒配合的链板将拉力传递给链条，仅当链条齿与套筒啮合的时刻滚子被压紧。紧接着连接的销轴不承受压力并能自由地将靠近的链条用较理想的方式穿过周围的链轮齿。不管链轮尺寸多小，链条都不会出现跳动。

因为莫尔斯成功使用了这种错位链板（图 8.9-2）的链条类型，所以他的链条不会出现跳动。链板的一端直接连接套筒，另一端连接销轴。如果使用这种链条，其拉力通过套筒只传给链轮齿，邻近的链条总是通过销来支撑，链条在最小的链轮上自由悬垂。使用的链轮越小，跳动的减少量就可能越多，跳动的阶段越少。

第 9 章

带和带传动装置

9.1 带传动的10种类型

虽然带传动形式有千百种，但以下这10种形式的带传动就可以解决大多数的工业应用。这里只涉及使用电力传输，同时不包含带有牙型的同步带。每个驱动形式都给出了其设计缺陷、速度和承载范围，以及对应用的建议。

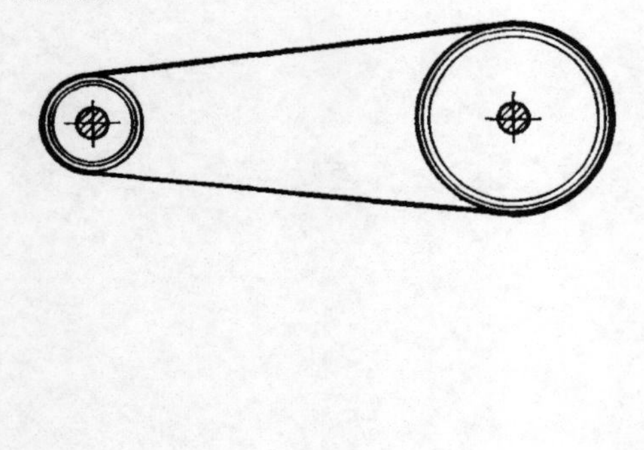

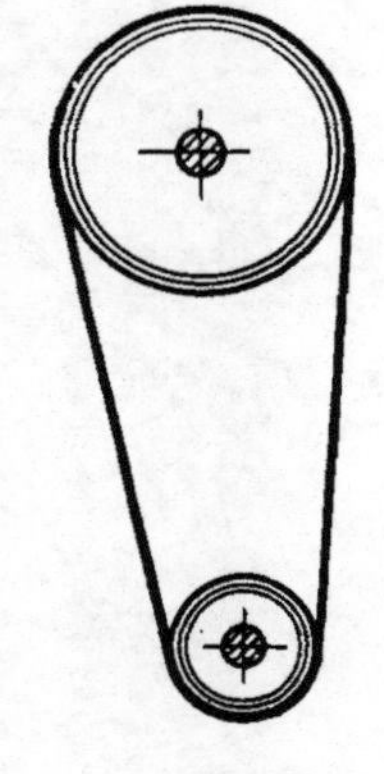

图9.1-1 开口传动（V带、平带、多楔带）。图中的带可以是水平放置或垂直放置的。应用范围从洗涤设备到油井泵机。理论上能传递大的功率，其传动速度的范围比其他任何一种传动类型都大。传动必须提供合适的张紧装置。除了使用有效的带长外，中心距没有最小和最大限制。

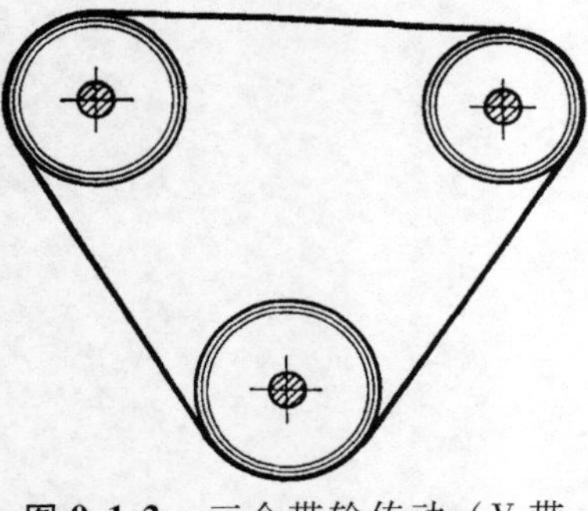

图9.1-2 三个带轮传动（V带、平带、多楔带）。图中由于受到高速小带轮尺寸和张紧装置的限制，其传递功率限制在8～10hp（5.97～7.46kW）。通常带轮使用此装置，如在汽车风扇皮带驱动器中。大带超过铰链连接的功率而被拉伸从而产生松弛。

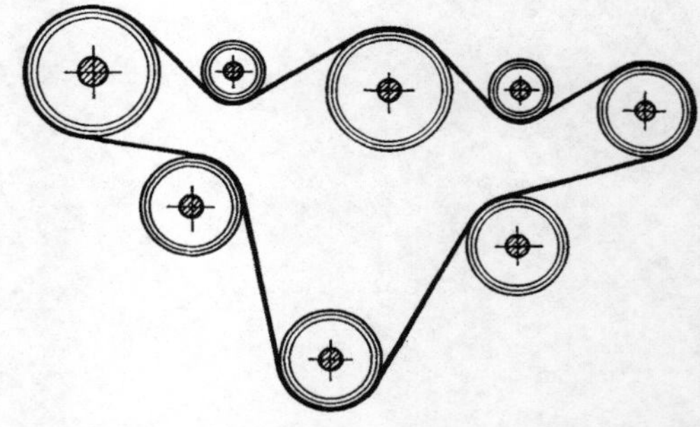

图9.1-3 蛇形传动（V带、平带、多楔带）。从一个中心轴驱动多个传动元件是非常有用的，对这样的传动可以开发Vv形带，也就是类似于两根V带背对背连接成一根带。对于Vv带形式来说，所有的带轮必须有V形槽。对普通V带、多楔带或平带的形式，只有那些通过皮带驱动的带轮需要开槽，其他的带轮是平的，并由带的背部带动的。驱动功率范围为15～25hp（11.19～18.64kW）。这些传动中带轮小、带速低和带的弹性非常高都会影响带的使用寿命。

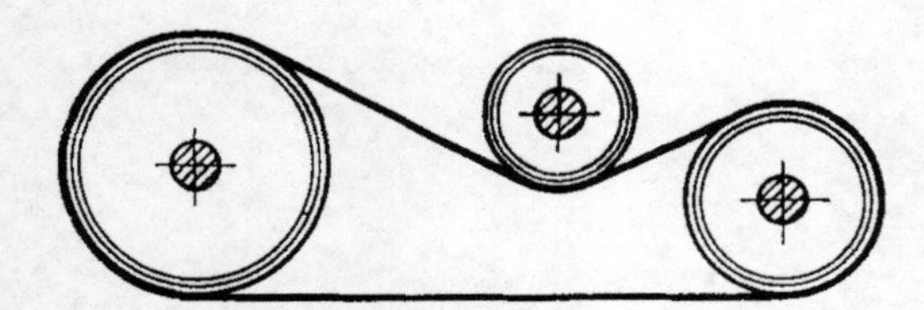

图9.1-4 反向转动的惰带轮（V带、平带、多楔带）。图中安装了驱动轮和从动轮，它们没有预先固定位置。惰轮被安放在带的松边并靠近带离开主动轮处。惰轮增大了包角和接触圆弧。这种带传动装置应用范围很广，如从农业中变速箱传动轴的驱动到机床以及大型油田的装置的驱动。如果传动装置受到冲击，惰轮可产生弹性载荷以保证带的张紧力。为了获得带最大的寿命，使用的惰轮越大，其寿命越好。

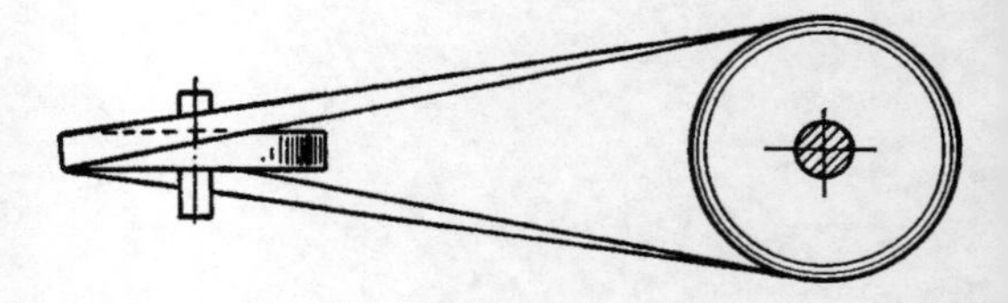

图9.1-5 皮带直角转弯传动（开式）（V带、平带、多楔带）。图中使用的带传动是主动轮和从动轮的轴线相互垂直，带必须绕过水平带轮，反过来绕上垂直面的带轮。带要逐渐弯曲以防止带脱离带轮。V带传动的最小中心距是5.5乘以大带轮的节圆直径与带轮的宽度的和。

对于多楔带来说，其最小中心距等于13乘以小带轮节圆直径，或者等于节圆直径与带宽之和乘以5.5。对于平带来说，其最小中心距等于节圆直径与带宽之和乘以8。V带轮必须有一定深度的V形槽并保证能和V带紧密接合。传递的带速的范围是3000～5000r/min，传递的功率为75～150hp（55.93～111.85kW）。

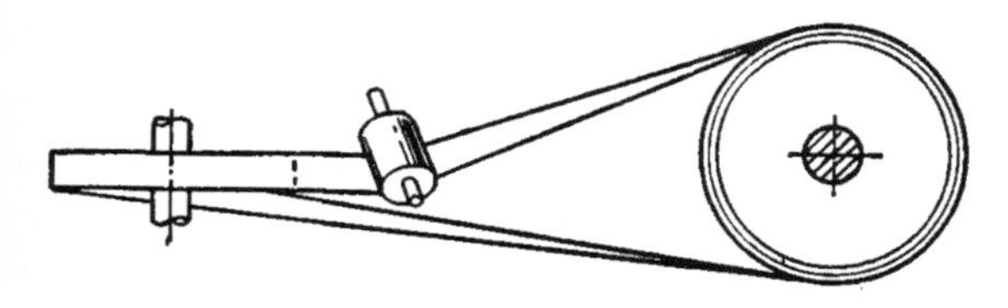

图9.1-6 皮带直角转弯传动（反向转动的惰带轮）（V带、平带、多楔带）。图的带传动与图9.1-5直角转弯传动类似，但该传动具有更高的传递功率、较短的中心距以及较大的包角等优点。如果使用平带，其追踪的轨迹就是一个问题；使用多楔带则传动比很难限制。带绕入角度（带与垂直于带轮端面轴线的夹角）不能大于3°。

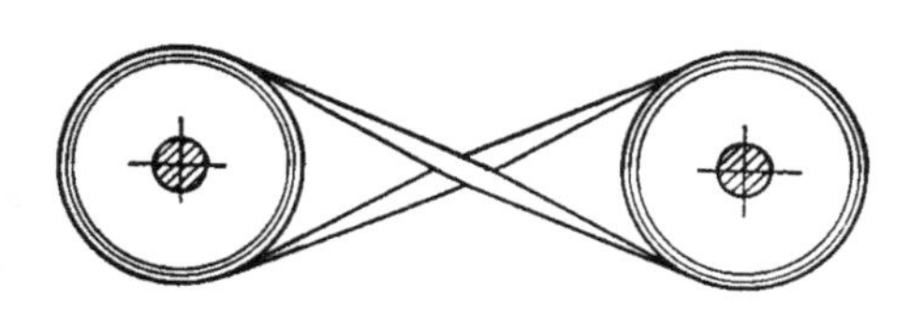

图9.1-7 交叉带传动（只能使用平带）。由于V带或多楔带都会产生摩擦并迅速磨损或烧伤，所以图中使用的带只能限制是平带。通常旋转方向能够反向是比较合适的，比如在刨床、木工加工设备或传动轴驱动中。

图9.1-8 角度传动（V带、平带、多楔带）。当主动轮和从动轮不在同一个平面上时可以使用图中的带传动机构。该传动和直角转弯带传动具有相同的中心距和带绕入角度。如果在任何一端实现张紧装置或使用合适的反向惰带轮，那么该传动就能实现，但注意不能把惰轮放置于内侧。主动轮和从动轮的角度在0°～90°范围内均可。

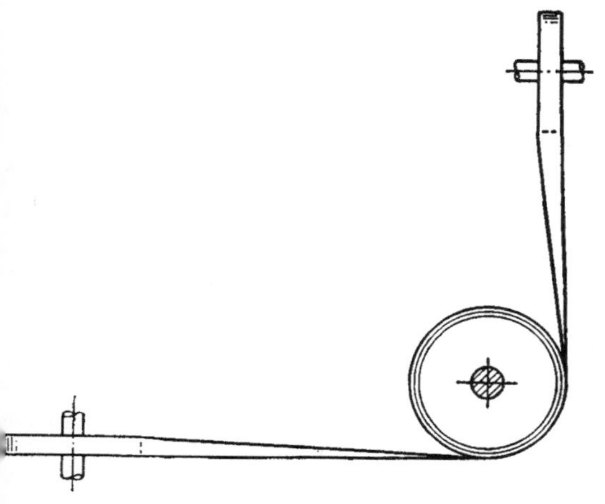

图9.1-9 牵引带传动（V带、平带、多楔带）。在钻床上开发了图中的带传动装置，该装置在主动轮和从动轮轴线共面并互相垂直时有着特别的应用。这个传动机构能绕着拐角或从一个平台到另一个平台进行运动。主动轮和从动轮分别与作为中间惰轮的轴线成90°，其扭曲会影响带的使用寿命。

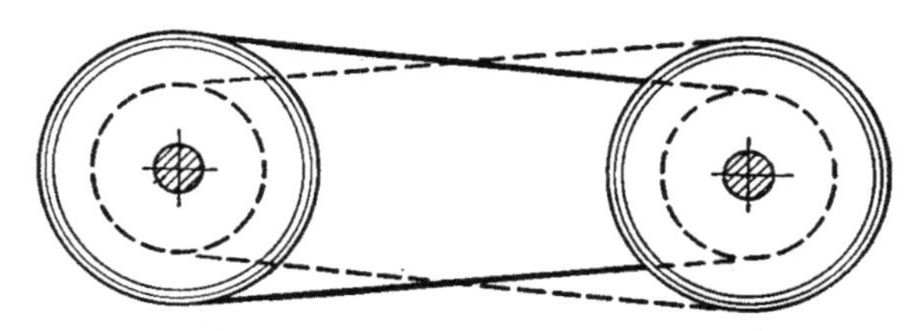

图9.1-10 变速传动装置（仅适用于V带）。图中的传动机构中，带轮必须通过开槽来使其节圆直径改变或可以调节。由于该装置具有两个带轮和一个带，它可能有四种不同的速度范围。这种机构在农业收割机和机床上的推进传动和滚筒传动中有着广泛的应用，该传动和标准开口传动有着相同的高功率和宽的速度范围。它们大多是单根带，带宽为1.25～2in（31.75～50.8mm），小带轮一般不建议使用。大多数应用都需要特殊的可变速缸或牵引带。

9.2 开式和交叉传动的带长计算

下列公式给出了带长的计算答案（图 9.2-1）：

开口传动长度 $L=\pi D+(\tan\theta-\theta)(D-d)$

交叉传动长度 $L=(D+d)[\pi+(\tan\theta-\theta)]$

由下式可得 θ：$\cos\theta=(D-d)/2C$（开式带传动）；$\cos\theta=(D+d)/2C$（交叉传动）。

在计算带传动中心距时，如果有一个根据 $x=(\tan\theta)-\theta$ 能直接给出公式 $y=\cos\theta$ 值的表格，那么中心距的计算过程就比较快。而该表格已经由皮卡汀尼（Picatinny）兵工厂的西德尼·克罗维兹（Sidney Kravitz）编制了。现在为了计算出中心距 C，只需要首先根据公式 $x=[L/(D+d)]-\pi$ 计算出开口传动中的 x 值。

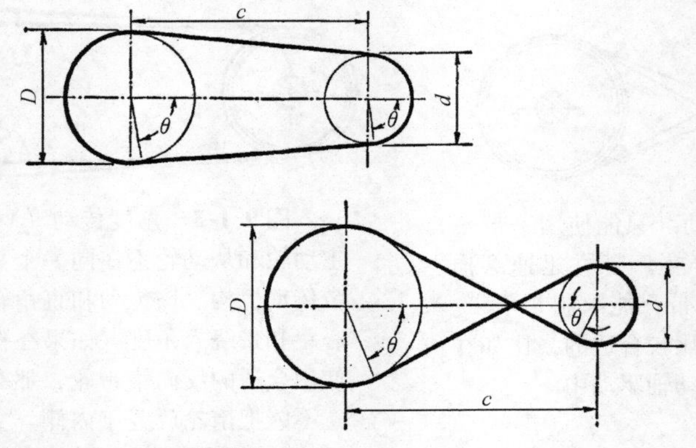

图 9.2-1　带传动参数。

y 数值[①]

x	y									
	0.00	0.01	0.02	0.03	0.04	0.05	0.06	0.07	0.08	0.09
0.0	1.00000	0.95332	0.92731	0.90626	0.88804	0.87175	0.85690	0.84318	0.83039	0.81839
0.1	0.80705	0.79630	0.78606	0.77629	0.76693	0.75795	0.74931	0.74098	0.73295	0.72518
0.2	0.71767	0.71038	0.70332	0.69646	0.68980	0.68332	0.67701	0.67086	0.66487	0.65902
0.3	0.65331	0.64774	0.64230	0.63698	0.63177	0.62668	0.62169	0.61681	0.61202	0.60733
0.4	0.60274	0.59822	0.59380	0.58946	0.58520	0.58101	0.57690	0.57286	0.56889	0.56499
0.5	0.56116	0.55738	0.55367	0.55002	0.54643	0.54289	0.53941	0.53598	0.53260	0.52927
0.6	0.52600	0.52277	0.51958	0.51645	0.51336	0.51031	0.50730	0.50433	0.50141	0.49852
0.7	0.49567	0.49286	0.49009	0.48735	0.48465	0.48198	0.47935	0.47675	0.47417	0.47164
0.8	0.46913	0.46665	0.46420	0.46179	0.45940	0.45703	0.45470	0.45239	0.45011	0.44785
0.9	0.44562	0.44342	0.44123	0.43908	0.43694	0.43483	0.43274	0.43068	0.42863	0.42661
	0.0	0.1	0.2	0.3	0.4	0.5	0.6	0.7	0.8	0.9
1	0.42461	0.40568	0.38850	0.37284	0.35848	0.34526	0.33304	0.32170	0.31115	0.30130
2	0.29208	0.28344	0.27531	0.26766	0.26043	0.25359	0.24712	0.24098	0.23515	0.22960
3	0.22431	0.21926	0.21445	0.20984	0.20544	0.20121	0.19717	0.19328	0.18955	0.18596
4	0.18251	0.17918	0.17598	0.17289	0.16991	0.16703	0.16424	0.16156	0.15895	0.15644
5	0.15400	0.15163	0.14935	0.14712	0.14497	0.14287	0.14084	0.13886	0.13694	0.13508
6	0.13326	0.13149	0.12977	0.12810	0.12646	0.12487	0.12332	0.12181	0.12033	0.11889
7	0.11748	0.11611	0.11477	0.11346	0.11217	0.11092	0.10970	0.10850	0.10733	0.10618
8	0.10506	0.10396	0.10289	0.10183	0.10080	0.09979	0.09880	0.09783	0.09688	0.09594
9	0.09503	0.09413	0.09325	0.09238	0.09153	0.09070	0.08988	0.08908	0.08829	0.08751
	0	1	2	3	4	5	6	7	8	9
10	0.08675	0.07980	0.07389	0.06879	0.06436	0.06046	0.05701	0.05393	0.05116	0.04867
20	0.04641	0.04435	0.04246	0.04073	0.03914	0.03766	0.03629	0.03502	0.03384	0.03273
30	0.03169	0.03072	0.02980	0.02894	0.02812	0.02735	0.02663	0.02594	0.02528	0.02466
40	0.02406	0.02350	0.02296	0.02244	0.02195	0.02148	0.02103	0.02059	0.02018	0.01978
50	0.01939	0.01903	0.01867	0.01833	0.01800	0.01768	0.01737	0.01708	0.01679	0.01651
60	0.01624	0.01598	0.01573	0.01549	0.01525	0.01502	0.01480	0.01459	0.01438	0.01417
70	0.01397	0.01378	0.01359	0.01341	0.01323	0.01310	0.01289	0.01273	0.01257	0.01241
80	0.01226	0.01211	0.01197	0.01183	0.01169	0.01155	0.01142	0.01129	0.01117	0.01104
90	0.01092	0.01080	0.01069	0.01057	0.01046	0.01036	0.01025	0.01015	0.01004	0.00994
100	0.00985 (see note below for $x>100$)									

① 当 $x=(\tan\psi)-\psi$ 时，$y=\cos\psi$。

当 $x>100$ 时，通过公式 $C=L/2-\pi(D+d)/4$ 计算中心距 C，该公式对开口和交叉带传动同时适用。

对交叉传动，有

$$x=L/(D+d)$$

则开口传动：

$$C=(D-d)/2y$$

交叉传动：

$$C=(D+d)/2y$$

例：$L=60.0$，$D=15.0$，$d=10.0$，$x=(L-\pi D)/(D-d)=2.575$，通过上表用线性插值得出 $y=0.24874$，所以 $C=(D-d)/2y=10.051$。

莫顿 P·马修（Morton P. Matthew）在关于分数阶导数的书中描述了读者一些有趣的评论。美国犹他大学的库姆柯夫（Komkov）教授对此也表达了自己的观点。他指出马修先生提出的问题在数学界已经众所周知，但很少被公开：

分数阶导数的定义可以追溯到亚伯，此人在 1840 年左右提出了有趣的小公式：

$$D^s(f)=\frac{\mathrm{d}^s f(x)}{\mathrm{d}x^s}=\frac{1}{\Gamma(-s)}\int_0^\infty(\xi-t)^{(-s-1)}f(t)\,\mathrm{d}t$$

（Γ（n）是欧拉的伽玛函数）。

这个公式在柯朗《微积分学》（第二部分，第 340 页）的例题中得到了初步证明。亚伯宣称虽然无法确保所计算的值的边界范围，但该公式适用 S 所有实值的计算。给定负的 S 值，其亚伯的算子 $D*$ 可转变为另一个积分算子：

$$t^s(f(x))=D^{-s}(f(x))=\frac{1}{\Gamma(-s)}\int_0^\infty(\xi-t)^{s-1}f(t)\,\mathrm{d}t$$

运用亚伯的公式很容易获得马修提出的结论：

这里分数导数存在一个一般的偏微分方程，就是所谓的 Riesz 算法，在一阶情况下，它就可成为亚伯的分数阶导数。

在达夫（Duff）撰写的《偏微分方程式》中，第 10 章解释了 Riesz 算法的详细内容。

作者不知道哪本教科书花上了几页致力于研究更多的分数阶导数问题。然而，在数学期刊上有大量论文来研究这一主题。作者记得在《太平洋数学杂志》上读过一本由约翰巴雷特（John Barrett）教授所写的论文（1947 年），其中讨论的方程：

$$\frac{\mathrm{d}^s y}{\mathrm{d}x^s}+y=0 \qquad 1\leqslant s\leqslant 2$$

这个理论在工程和科学界都有一些有趣的应用。若干年前，作者对为塑料制定的弹性方程公式很感兴趣。作者从来没有完成该调查，但在某些情况下已经确信通过假定应力应变关系塑料的性能可能会得到更好的模拟。

$$l_{\mathrm{ij}}=C_{\mathrm{ijkl}}\frac{\mathrm{d}^s\varepsilon^{kl}}{\mathrm{d}l^s}$$

式中，s 是一些 0 和 1 之间的数，是参考通常的胡克定律的线性理论和牛顿流体性质的假设。在一些橡胶情况下，s 值接近 0.7。

9.3 混合带的同步设计

将皮带、绳索、齿轮和链条富有想象的组合，扩大了轻型同步驱动使用范围。

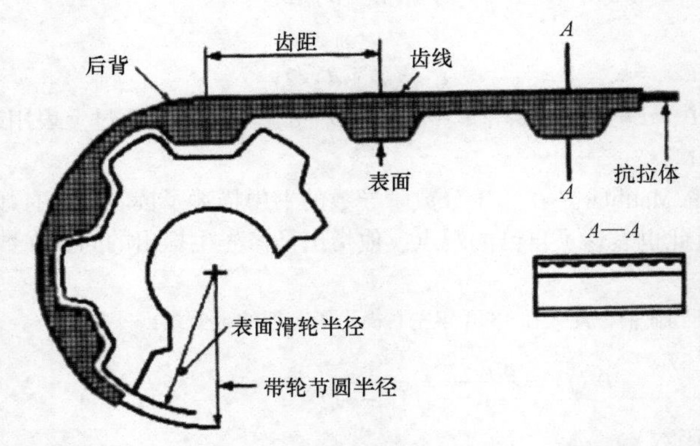

图 9.3-1 传统的同步带抗拉体材料是玻璃纤维或聚酯的，内部为氯丁橡胶或聚氨酯，齿廓面为梯形结构。

带已经被用到传递机械动力上，今天熟悉的平带和 V 带是相对较轻、静且价格低廉的，还可以承受安装误差。它们的功率通过摩擦接触来传递的。在静载下运行最佳中等速度（20.32 ~ 30.48m/s）最为适宜。在低速下它们传递的功率略有下降，离心限制了它们高速的能力。此外，在承受载荷或者启动或制动的情况下，它们倾向于缓冲。即使在恒速下旋转，标准带也会产生打滑。因此，这些驱动器必须在保持的张力下正常工作，这增加了带轮轴的轴承负荷。

另一方面，齿轮和链条在啮合面上通过承受力来传递功率。根据主动轮和从动轮的相对运动，它们不产生滑动和打滑，但当齿轮和链轮啮合和分离的时候它们本身可能会相互滑动。

直接驱动对啮合表面的几何形状也非常敏感。由于齿轮的载荷是由一个或两个齿来承担的，从而加大了齿间误差。链的负载分布更广泛，但主动轮有效半径的弦变化对链速度会产生小的振动。

为了承受这些压力，链和齿轮必须用硬质材料谨慎地制造，并且在运动中应该润滑。不过它们工作噪声很尖锐，配合面间的摩擦也很大。

梯形齿形的齿轮同步带（图 9.3-1）是最有名的带、齿轮和链条的组合。虽然这些行之有效的同步带可处理高功率（高达 596.8kW）传动，但是许多更新的同步传动带的想法已被纳入仪器和商用机器的低功率传动中。

9.3.1 钢带的可靠性

美国国家航空航天局戈达德航天中心的研究人员致力于将钢制的长寿命齿形传送带用于航天器的驱动器上的传动。

美国国家航空航天局的工程师们寻找一个能保留其特有的强度并持续或间歇运行在恶劣的环境（包括极端炎热和寒冷）长期运转的传动带。

这里有两个用钢的传动结构设计。在比较像链形式的传动中（图 9.3-2a），沿带长上运行的钢线每隔一段时间被沿着带运行的重杆缠绕。重杆有两个功能，一是作为连接销工作，二是与链齿轮上切出的圆柱形凹槽相啮合。传动带涂有塑料以减少噪声和磨损。

在第二个设计（图 9.3-2b）中，钢被弯曲成 U 形系列齿。由于钢带需要缠绕在链轮突出横脊上，所以必须足够柔软弯曲，但材料要有抗拉伸性能。这条钢带也要有塑料涂层来减少磨损和噪声。

该机构 V 带最好是由一个连续“不比剃须刀片厚太多”的不锈钢条形成，而不是由若干段简单焊接在一起的。

美国国家航空航天局已经对这两种带传动申请了专利，目前已为商业授权。研究人员预测这两种传送带将

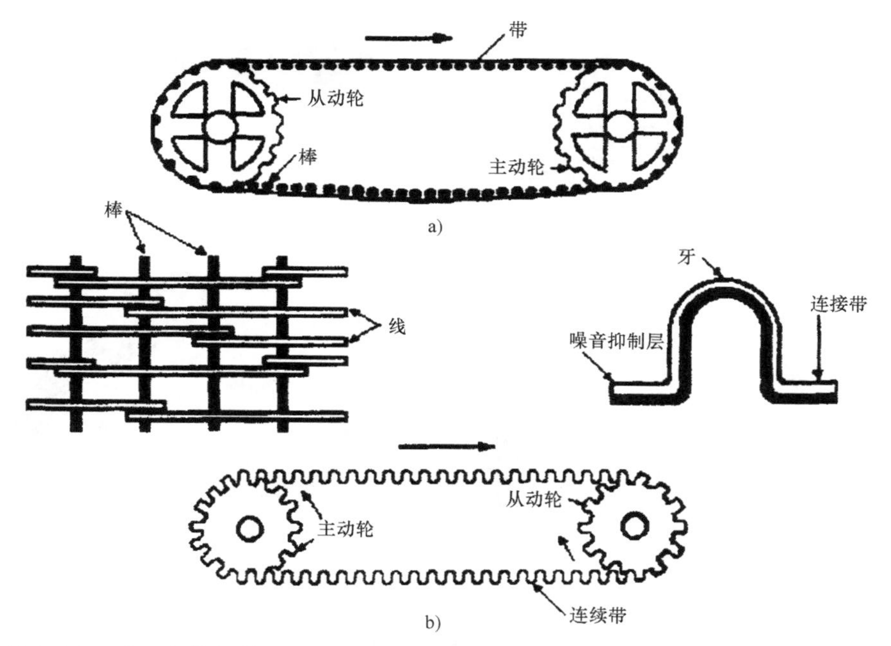

图 9.3-2 美国宇航局使用的金属同步带发挥了不锈钢的强度和弹性，并在表面涂有消音和减摩的塑料。

在那些必须拆卸后才能看到带轮的机械、永久被封装的机械和安装在很偏远地方的机械中特别有用。此外，不锈钢带可能会在高精密仪器驱动器的地方被发现，因为它们既不滑动也不会打滑。

虽然塑料缆带没有美国宇航局钢带的强度和耐用性，但它们也有通用和生产线经济这两个优势。最便宜且适应性最强的是珠链，现在这种链常被用作钥匙链和电灯的开关拉绳。

表 9.3-1 普通同步带。

型　号	节圆/in	工作拉力/宽度/(lb/in)	中心丢失常数 K_c
标准(图 9.3-1)			
MXL	0.080	32	10×10^{-9}
XL	0.200	41	27×10^{-9}
L	0.375	55	38×10^{-9}
H	0.500	140	53×10^{-9}
40DP	0.0816	13	—
大转矩(图 9.3-2)			
3mm	0.1181	60	15×10^{-9}
5mm	0.1968	100	21×10^{-9}
8mm	0.3150	138	34×10^{-9}

驱动产品性能指标

现代珠链，如果可以被称作链的话，没有链节，但它是一个连续的不锈钢的或被聚氨酯覆盖的芳香族聚酰胺纤维的线缆。塑料涂层被做成一定间隔的球形（图 9.3-3a）。形成节长度可控制在 0.025mm 范围内。

绳索在有沟槽的带轮中运行，球正好与带轮表面的圆锥凹槽相啮合。球链的柔性、轴向对称性和可靠传动特性适用于很多普通和特殊的情况。

1）经济、防滑和不需润滑的高速比传动（图 9.3-3b）。与其他链和带相比，球链的承载能力受到它本身抗拉强度（对于单股的钢链来说是 40 ~ 80lbf，即 178 ~ 356N）、速度变化比和链轮或带轮半径的限制。

2）连接未对齐的链轮。如果链轮之间有间隙，或者链轮相互平行但不在同一个平面内，球链最大能补偿 20°的这种不对齐（图 9.3-3c）。

3）交叉轴的角度最大可达到 90°（图 9.3-3d）。

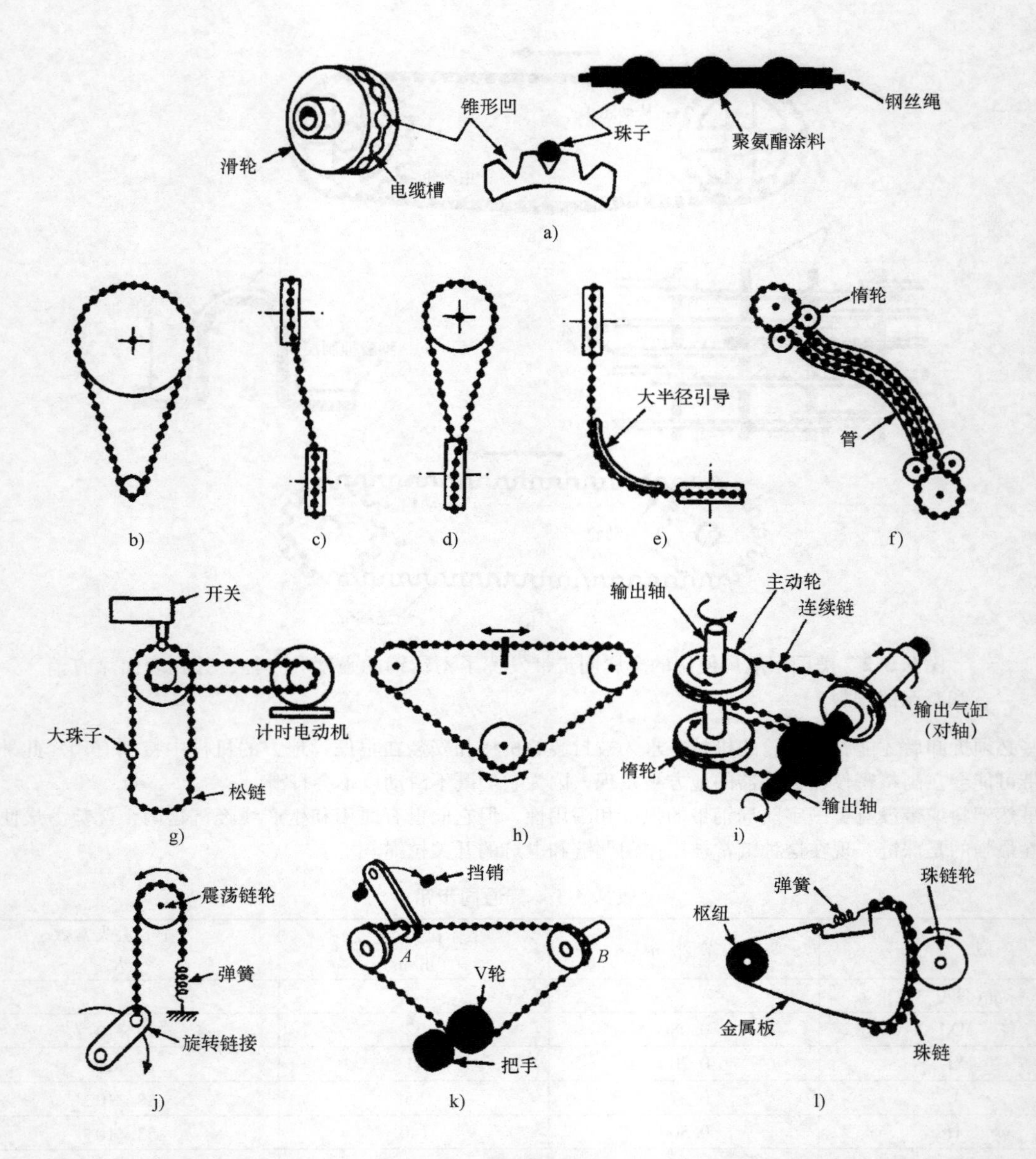

图 9.3-3 具有球和 4 个销连接的覆盖聚氨酯层的钢线链能适应大多数传统带传动和链传动所不适合的条件。

4）用导轨或者导管实现直角和远程传动（图 9.3-3e 和图 9.3-3f）。这些方法只适合低速和低转矩的场合，否则导架和链子之间的摩擦损失将难以接受。

5）在机械设计时，间隔使用大球来控制微型开关（图 9.3-3g）。链子可以被改变或者更换以提供不同的计时规律。

6）精确地从旋转到直线运动的转换（图 9.3-3h）。

7）只用一个单股带即可实现单个输入驱动、两个转向相反的输出（图 9.3-3i）。

8）从旋转到摆动运动的转换（图 9.3-3j）。

9）离合调节（图 9.3-3k）。利用一个没有凹槽的 V 带轮，当它到达预设的限位处时允许链滑动。同时，球的带轮保持输出轴同步。类似的，一个具有浅凹槽的带轮或者链轮允许链子在过载时滑动一个球的位置。

10）廉价的“齿轮”或者扇形齿轮是通过球链绕着一个圆盘的圆周或者金属板的实体的弧形金属板制成的（图 9.3-3f）。于是，链轮的作用就像是一个小齿轮。对于齿轮加工来说采用其他设计效果会更好。

9.3.2　一种更稳定的方法

不幸的是，在重载下类似于凸轮状的球链容易从深的链轮凹槽中被挤出来。在它的最初的改进阶段，球长出“肢”来，两个销的投影与绳索轴是相互垂直的（图 9.3-4）。带轮或链轮看起来像是容纳传送带的带有沟槽的直齿轮，实际上带轮能和具有恰当节圆的普通直齿轮啮合。

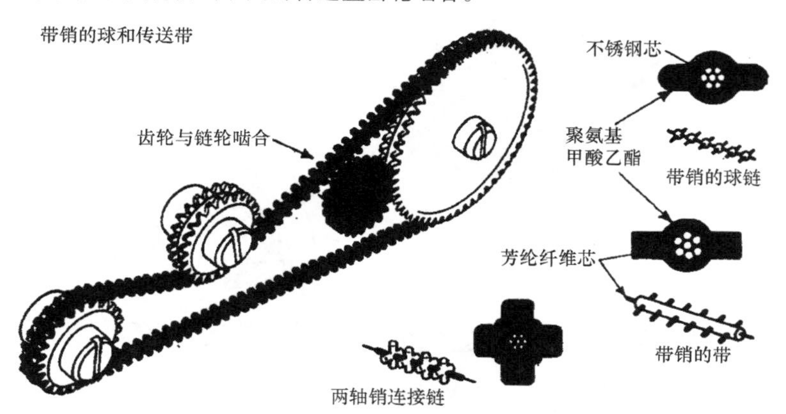

图 9.3-4　塑料销消除了球链从带轮凹槽中滑出的倾向，并且能够在角传动中获得较大的精度。

不同形式的带也可以和两列销一起来使用。一列销的投影是垂直的，另一列销的投影是水平的。这种结构允许装置在一系列垂直的轴之间传动，而不会扭曲绳索，就像球链一样，但没有球链载荷的限制。减小扭曲可以增加传动寿命和可靠性。

利用卷边金属轴环，这些带、绳索和链的混合体可以在应用领域按照需要的尺寸进行连接。并且，所有厂家的拼接体的抗拉强度均不会低于缆绳的一半。

9.3.3　并行绳索传动

并行绳索传动是另外一种空间直接传动，为了提高稳定性和强度而降低了柔性。这里缆绳穿过阶梯，阶梯的表面涂覆塑料涂层，图 9.3-6 中是阶梯的外观图。这样的“阶梯链”也可以和带齿的带轮啮合，并且带轮无须开槽。

一个缆绳、塑料阶梯链是图 9.3-5 中的惠普打印机差分传动的基础。当电动机沿同一转向以同一转速转动时，支架就会向左或向右移动。当电动机沿相反方向但相同转速转动时，支架就保持静止，而打印盘则转动。这个电动机的差分传动可以产生打印盘移动和转动的综合运动。

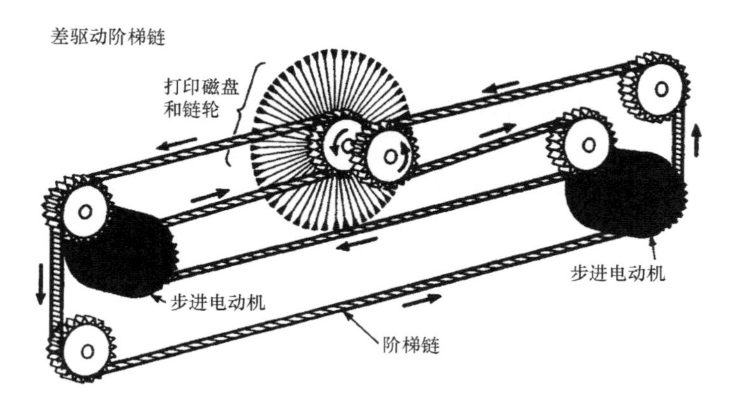

图 9.3-5　在印刷传动中的塑料和绳索阶梯链。在极端条件下这组合链的寿命是钢链的很多倍。

混合式阶梯链也可以和金属盘或带轮上大的直径啮合（图 9.3-6）。这样的齿轮可以和带轮或标准齿距合适的小齿轮进行安静的啮合工作。

另外一种模仿了标准链条的并行缆绳“链”在长度上的质量是1.2oz/ft（0.111g/mm），无须润滑，并且几乎可以无声地工作。

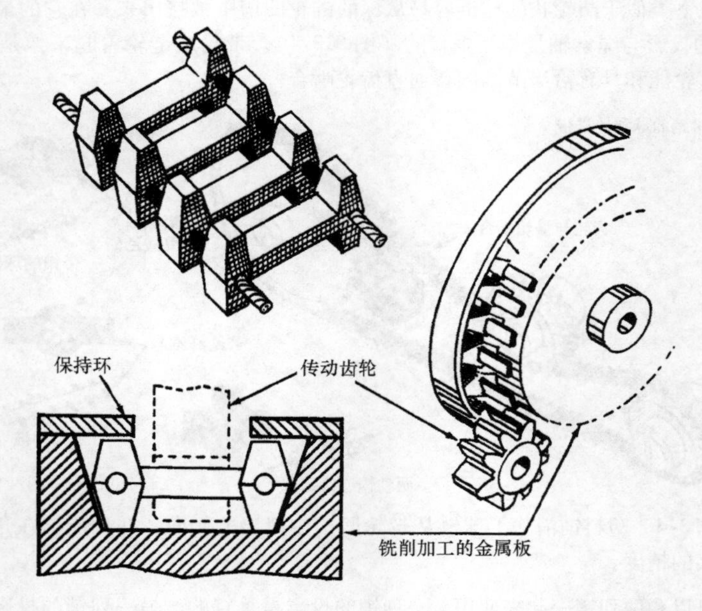

图9.3-6　齿轮链能代替阶梯链、宽V带，或者图示的代替一个齿轮与标准小齿轮啮合。

9.3.4　传统上应用的注意事项

一个新的高性能齿廓已经通过在传统齿轮带上的测试。它有一个标准芯和弹性体结构，有圆弧形齿但不是通常的梯形齿（图9.3-7）。齿距为3mm和5mm的产品都曾有过介绍。

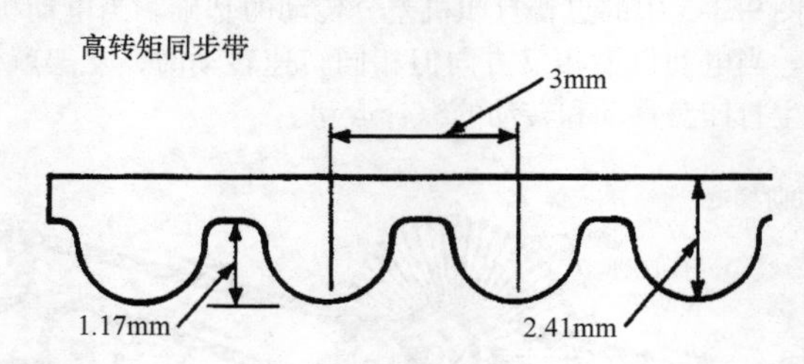

图9.3-7　高转矩齿（节距为3mm和5mm）提高了橡胶带的承载能力。

9.4 带传动中滑动的计算方程

在所有带传动中都要注意，不要把由于过载而引起的滑动和弹性滑动混淆。下面这些方程给出了在各种带轮系统中的滑动率和功率损耗。

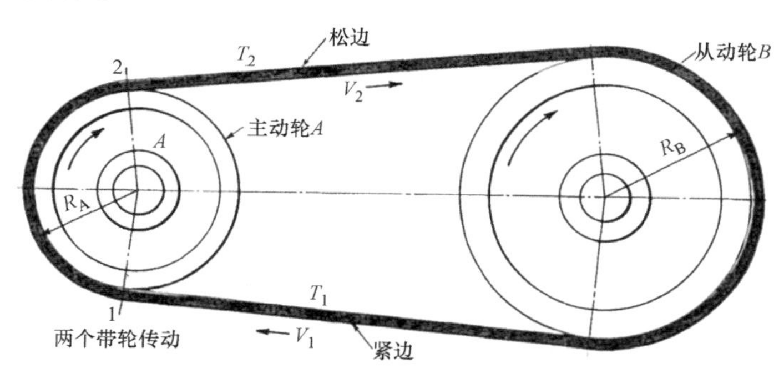

图 9.4-1 带传动。

当带传递功率的时候，带的紧边存在的拉力 T_1 比松边的拉力 T_2 大得多。这是由于皮带和带轮之间存在摩擦。根据平衡规则，最大可能的张力比为 T_1/T_2，这时传动中没有发生打滑，其拉力比方程如下：

$$\left(\frac{T_1}{T_2}\right)_{\max} = e^{\mu\theta} \tag{9.4-1}$$

式中，T_1 是紧边拉力；T_2 是松边拉力；e 是自然底数 =2.71828；μ 是摩擦系数；θ 是包角（rad）。

由于速度远远低于声速，这个方程通过试验得到了验证。考虑到速度极高时产生的影响，对式（9.4-1）进行修改如下，其中包括马赫数 M：

$$\left(\frac{T_1}{T_2}\right)_{\max} = e^{\frac{\mu\theta}{1-M^2}} \tag{9.4-1A}$$

任何比式（9.4-1）中 $e^{\mu\theta}$大的载荷比都将会引起带的打滑，失去同步性并且产生严重磨损。带和绳索的摩擦系数被列在表 9.4-2 中。

这种驱动力矩 τ 和带的拉力之间的关系是

$$\tau = (T_1 - T_2)R_B \tag{9.4-2}$$

这里 R_B = 带轮 B 的半径加带宽的一半。

因此，最初带的张紧力和拉力比 T_1/T_2 可提高到防止滑移而不影响转矩方程（或者更具体地说，不会影响到紧边和松边的拉力差（$T_1 - T_2$）的程度）。在这种情况下的影响因素是带的应力和轴承的承载能力。

然而，即使带没有发生滑移，皮带也会稍稍地落后于带轮，如果传动从来不反向转动时这种影响因素将特别明显。如果不考虑滑动，带轮 A 转动一周，在拉力 T_1 作用下的带将移动 $2\pi R_A$ 英寸。然而当带到达 1 点位置时，拉力将逐渐减小到较低值 T_2，这时带的收缩量为 d，即

$$d = (T_1 - T_2)\frac{2\pi R_A}{K} \tag{9.4-3}$$

这里 K 为带弹性系数。常见的 K 值都包含在表 9.4-2 中。

这种长度上变化引起了带和带轮之间的滑移，而且有功率损耗。因此，带轮 A 每转一转将松开 $2\pi R_A - d$（in），并且带每转向后滞留 d（in）的距离。

9.4.1 *K* 因子

在式（9.4-3）中的 K 因子为带的弹性系数，是指单位应力和单位应变的比值，因此

$$K = \frac{\text{lbf}}{\text{in/in}}$$

选用不同长度的带简化计算 K 值。K 因子对于所有特定材料和特定的横截面的带是常数。对相同的材料和横截面积的带可以很简单地计算出弹性系数的大小。例如，钢质材料横截面为 1/4 ×0.020in 的带，其弹性系

数为

$$K=\frac{F}{FL/AE}$$

式中，A 是带截面面积（in^2）；L 是带长（in）；E 是弹性模量（psi）；F 是拉力。

如果 $L=1in$，那么

$$K=AE$$

或

$$K=(1/4)\times 0.020\times(30\times10^6)=150000lbf/(in/in)$$

叠层带的计算更为复杂。皮带厂商通常对某一种带给出 K 值，但如果他们不给的话也可以通过一个简单的测试得到。

例：30in 的带在一个 20lbf 的载荷下伸长 1/8in，K 值是多少？

解：

$$应变=\frac{伸长量}{长度}=\frac{1/8}{30}in/in=\frac{1}{240}in/in$$

$$K=\frac{20}{1/240}lbf/(in/in)=4800lbf/(in/in)$$

9.4.2 速度关系

反推式（9.4-3）的关系可引入速度。在一个特定的时间 Δt，带轮 A 将旋转一个角位移 θ_A。因此，紧边的速度是

$$V_1=\frac{R_A\theta_A}{\Delta t} \tag{9.4-4}$$

松边的速度是

$$V_2=\frac{R_A\theta_A-R_A\theta_A(T_1-T_2)\frac{1}{K}}{\Delta t} \tag{9.4-5}$$

因此

$$\frac{V_1}{V_2}=\frac{R_A\theta_A/\Delta t}{R_A\theta_A\left[1-(T_1-T_2)\frac{1}{K}\right]/\Delta t}=\frac{1}{1-\frac{T_1-T_2}{K}} \tag{9.4-6}$$

V_1 的速度可以被视为名义上的带速，V_2 等于 V_1 减去滑动率乘以 V_1，或

$$V_2=V_1-V_1C$$

$$\frac{V_2}{V_1}=1-C \tag{9.4-7}$$

这里的滑动率 C 是由于弹性的影响在速度方面产生的小损失。结合式（9.4-6）和式（9.4-7），得

$$1-\frac{T_1+T_2}{K}=1-C$$

$$C_A=\frac{T_1-T_2}{K} \tag{9.4-8}$$

由于施加的转矩为 $\tau=(T_1-T_2)R_B$，则

$$C_A=\frac{\tau}{R_AK} \tag{9.4-9}$$

因子 $1/K$ 指的是带的“柔量”，即每磅的单位应力。因而从式（9.4-9）可以知道滑动率与载荷和柔量的乘积成正比。

9.4.3 功率损耗

忽略偏差和滞后损失（在拉伸和放松的循环中传递给带的能量转变为热量），功率的关系如下：

从动带轮：

$$P_{输入} = T_1V_1 - T_2V_2 \tag{9.4-10}$$

$$P_{输出} = V_2(T_1 - T_2) \tag{9.4-11}$$

功率损耗为

$$P_{损失} = P_{输入} - P_{输出}$$

因而

$$P_{损失} = T_1(V_1 - V_2) \tag{9.4-12}$$

主动带轮：

$$P_{输入} = T_1V_1 - T_2V_2 \tag{9.4-13}$$

一个理想的主动带轮要求能恢复功率 T_2V_1，即输出功率为

$$P_{输出} = T_1V_1 - T_2V_1 \tag{9.4-14}$$

由式（9.4-13）减去式（9.4-14），得到损失的功率为

$$P_{损失} = T_2(V_1 - V_2) \tag{9.4-15}$$

由于拉力 $T_1 >> T_2$，比较式（9.4-15）和式（9.4-12）可以发现从动轮上损失的功率稍微大于主动轮上的损失的功率。

9.4.4 多轮传动带滑动

根据上面相同的方法来处理三个或更多带轮，其结果见下列方程。

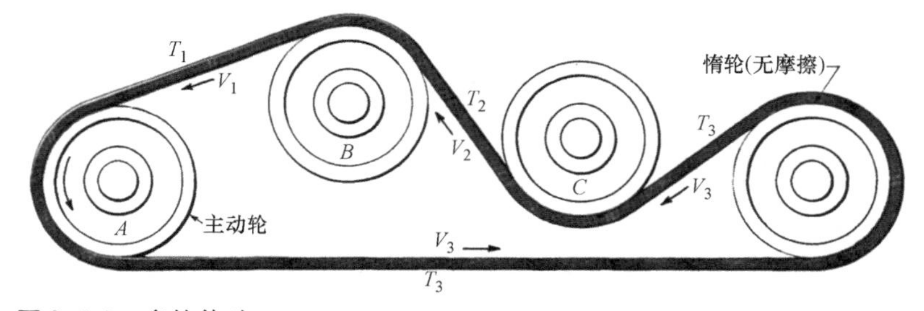

图 9.4-2 多轮传动。

$$\frac{V_1}{V_2} = \frac{1}{1 - C_B} \tag{9.4-16}$$

$$\frac{V_2}{V_3} = \frac{1}{1 - C_C} \tag{9.4-17}$$

这里

$$C_B = \frac{T_1 - T_2}{K} \tag{9.4-18}$$

$$C_C = \frac{T_2 - T_3}{K} \tag{9.4-19}$$

因而

$$V_3 = V_2(1 - C_C) \tag{9.4-20}$$

$$V_2 = V_1(1 - C_B) \tag{9.4-21}$$

所以

$$V_3 = V_1(1 - C_B)(1 - C_C) \tag{9.4-22}$$

而且有

$$V_n = V_1(1 - C_1)(1 - C_2)\cdots(1 - C_{n-1}) \tag{9.4-23}$$

表 9.4-1　符号的含义。

C	滑动因子(无量纲)	t	时间(s)
d	带长的变化量(in)	T	拉力
K	带的弹性系数	V	带的线速度(in/s)
L	带长	VC	滑动速度(in/s)
M	马赫数,在某一介质中物体运动的速度与该介质中的声速之比	θ	包角(rad)
P	功率(lbf·in/s)	θ'	限定的角位移(rad)
R	带轮直径 $+\frac{1}{2}$带宽(in)	τ	施加的转矩(lbf·in)
下标 A、B、C	分别指带轮 A、B、C	μ	摩擦系数

从这个结果可以推断，当一系列皮带被用来带动一个个带轮的时候相对于主动轮的滑动速度将增大。因而，如果传动中多于两个带轮以上（惰轮不算），那么在任何两轮之间都不可能具有常传动比可逆传动。

9.4.5　多带轮的功率损耗

功率的损耗是由于带必须传递不同拉力而导致的滑动区域摩擦所产生的。对于所有的驱动和承载来说，其滑动区域在卷入的切线处开始，结束于另一条切线。

带轮 A（主动带轮）：

$$P_{损失} = T_1(V_1 - V_3)$$

带轮 B（第一个从动带轮）：

$$P_{输入} = T_1V_1 - T_2V_2$$

$$P_{输出} = V_2(T_1 - T_2)$$

$$P_{损失} = T_1(V_1 - V_2)$$

带轮 C（第二个从动带轮）：

$$P_{输入} = T_2V_2 - T_3V_3$$

$$P_{输出} = V_3(T_2 - T_3)$$

$$P_{损失} = T_2(V_2 - V_3)$$

为了加上两个从动轮的功率损失，记 $T_1 > T_2 > T_3$ 和 $V_1 > V_2 > V_3$，因而，有

$$T_1(V_1 - V_2) + T_2(V_2 - V_3) < T_1(V_1 - V_2) + T_1(V_2 - V_3)$$

或

$$T_1(V_1 - V_2) + T_2(V_2 - V_3) < T_1(V_1 - V_3)$$

所以，所有从动轮的功率总损失略大于主动轮的功率损失。

9.4.6 钢带传动

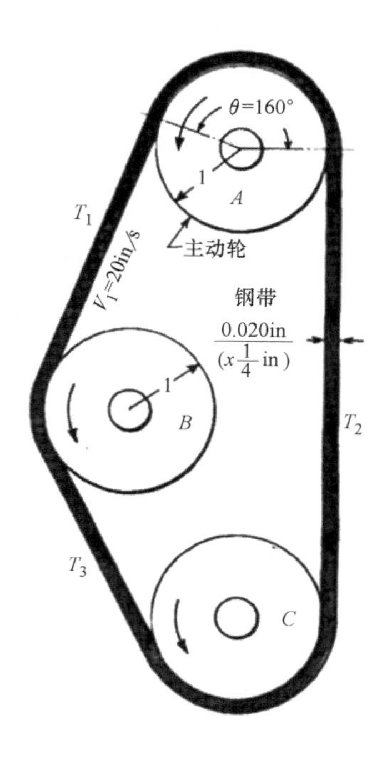

图 9.4-3 钢带传动。

表 9.4-2 带和绳索的特性。

种类	材料	摩擦系数 μ（在钢轮上）	密度/(lb/in³)	弹性模量(lbf/in²)	工作强度(最大张力)/(lbf/in²)
平带	皮革	0.25～0.35	0.035	20000	300～500
	棉布	0.2～0.3	0.035	40000	300～400
	麻绳	0.2～0.3	0.035	30000	300～400
	橡胶	0.3～0.4	0.04	50000	400～500
	胶皮	0.2～0.3	0.045	30000	400～500
	钢	0.15～0.25	0.28	30×10^6	10000
V 带	橡胶织物	0.25～0.35	0.04	35000	400
棉绳带	棉绳	0.2～0.3	$0.28D^2$lb/ft	变量	200
钢丝带	钢绞线	0.15～0.25	$1.5D^2$lb/ft	变量	4000

为了表示所用的设计方程，假定三个带轮传动，钢带的厚度为 0.020×1/4in。为了避免带的应力超限，选用的带轮直径为 2in。

带轮 A：驱动带系统。

带轮 B：与载荷 0.5lbf · in 的指示器连接。

带轮 C：与载荷 5lbf · in 的机构连接。

其他的设计规范如下：

钢带的摩擦系数为 $\mu=0.2$（表 9.4-2）。

带轮 A 的包角为 $\theta=160°$。

带速为 $V_1=20\text{in/s}$。

给带预加载 10lbf（44.5N）的张紧力，因而拉力 T_1 为

$$T_1=\frac{10}{0.020\times0.25}=2000\text{psi}(13.79\text{N/mm}^2)$$

这个数值对正确位置的带来说是足够的。从表 9.4-2 中可以看到钢带的极限拉力为 10000psi（68.95N/mm²）。

计算带的拉力如下：

$$T_2 = T_1 e^{\mu\theta_A}$$

$$T_2 = 10e^{0.2\times2.79}\text{lbf} = 17.5\text{lbf} = 77.88\text{N}$$

这个值是在传动负荷高的张紧边所允许的最大拉力，此时带受的拉力再大一点就要产生滑动。（实际的 T_2 值取决于从动轮承受的载荷，并且应该小于 17.5lb（7.9kg））。因而传动中的拉力差为

$$(T_2 - T_1)_{\max} = 17.5 - 10\text{lbf} = 7.5\text{lbf}$$

因为 $R=1\text{in}$（25.4mm），传递的最大转矩就等于 $1\times7.5=7.5\text{lbf}\cdot\text{in}$，这比需要的总转矩 5.5lbf · in 要大。显而易见，需要正确设计从动轮，两个从动轮也需要进行检测。

1. 带轮 C 的最大承载

为了计算缠绕在带轮 C 上的最小包角，需要方便和保守地通过施加 0.5lbf · in 载荷来忽略拉力差，换句话说，有

$$T_2 = T_1 = 10\text{lbf}$$

为了支持这个观点，有

$$\frac{T_3}{T_1} = e^{\mu\theta_B}$$

这里，$\theta_B=0$，$T_3/T_1=1$。当 θ 为正值时，$\frac{T_3}{T_1}>1$，即 $T_3>T_1$。

反过来分析带轮 C，其最大的转矩为 5lbf · in，或者是每英寸直径 5lbf。因而拉力 T_2 为

$$T_2 = T_3 + 5\text{lbf} = (10+5)\text{lbf} = 15\text{lbf}$$

$$e^{\mu\theta_C} = \frac{T_2}{T_3} = \frac{15}{10} = 1.5$$

$$\mu\theta_C = \ln 1.5 = 0.405$$

$$\theta_C = (0.405/0.2)\text{rad} = 2.02\text{rad} = 115°$$

所以，如果带轮 C 上包角小于 115°，将会产生滑动。

2. 带轮 B 的最小承载

同样的方法：

$$e^{\mu\theta_B} = \frac{0.5+10}{10}$$

$$\theta_B = 0.25\text{rad} = 15°$$

3. 主动轮损失的功率

$$C_A = \frac{\tau}{R_A K} = \frac{5.5}{1\times150000} = 3.7\times10^{-5}$$

这里的 K 值参照前面的计算。

$$\frac{V_2}{V_1} = \frac{1}{1-3.7\times10^{-5}} \approx 1.000037$$

$$P_{损失} = T_1(V_2 - V_1) = 15.5\times20\times(1.000037-1) = 310\times0.37\times10^{-4} = 0.011\text{lbf}\cdot\text{in/s}$$

假定两个从动轮损失的功率接近等于主动轮的损失功率，那么总功率损失近似为 0.022lbf · in/s。输入功率 = 20in/s × 5.5lbf = 110lbf · in/s；因而，带传动传递的效率为

$$\frac{110-0.022}{110} \approx 1 - 0.00022 = 99.98\%$$

这个例子说明了为什么 X-Y 曲线绘图机以及其他仪器经常使用钢制带传动。这种由于具有很高的弹性模量而使传动产生低滑动率的钢带可以用在没有安装任何导向轮也能重复表明传动位置的带传动中。

9.5 带传动张紧力的调整机构

由于带传动中的磨损和拉伸，需要下图所示的一些手动和自动张紧装置。有些装置是用在固定的中心距上的，有些张紧装置可以扩大中心距。许多元件可以如同调整拉力一样对速度进行调整。

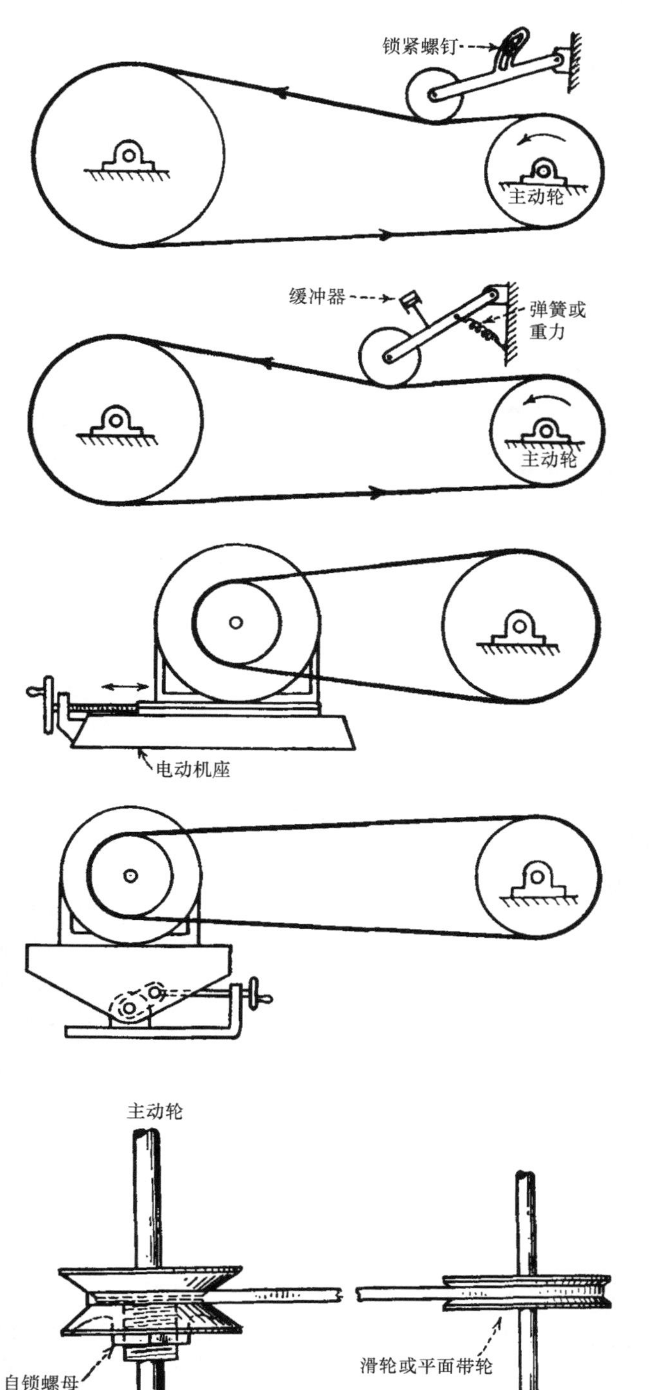

图 9.5-1 手动调整惰轮在链或带的松边运行。速度恒定，载荷均匀并且张紧调整要求不苛刻，当主动轮转动时也能进行调节。传递的功率取决于皮带张紧力大小。

图 9.5-2 弹簧或重物块安装在链或带的松边以实现张紧的自动调整。速度恒定但载荷是均匀或变化的，当主动轮转动时可以做出调整。传动能力受弹簧或重物块的限制。

图 9.5-3 螺杆类型装置为电动机驱动的带或链传动提供法向张紧力。在装置运行或停止时都可以做出大幅度调整。这个装置同样可以用来控制速度和张紧力。

图 9.5-4 旋转螺杆底座可以为电动机驱动装置提供张紧力。和图 9.5-3 一样，这个设计装置能在机器运转或停止时进行调节，并且可以控制速度，比以前的设计调节更简单。

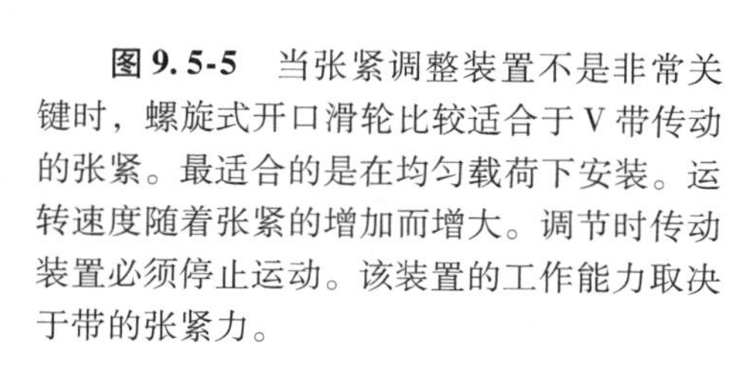

图 9.5-5 当张紧调整装置不是非常关键时，螺旋式开口滑轮比较适合于 V 带传动的张紧。最适合的是在均匀载荷下安装。运转速度随着张紧的增加而增大。调节时传动装置必须停止运动。该装置的工作能力取决于带的张紧力。

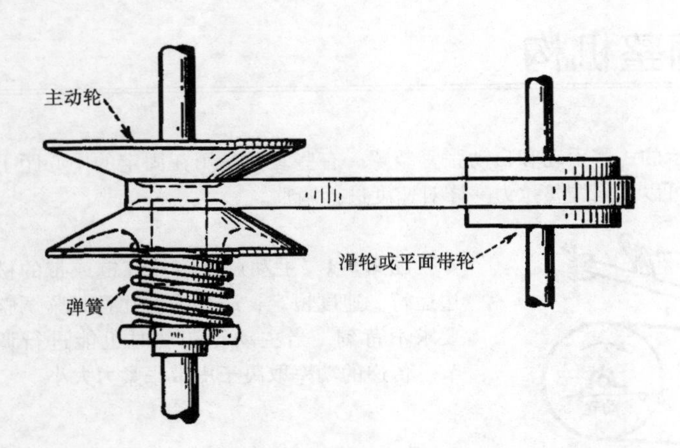

图9.5-6 分裂滑轮适用于V带的张紧自动调节。带上的张紧力保持恒定，带速随着张紧力的增加而增大。弹簧使得驱动转矩有一个最大值，因此可以用来作为一个转矩限制或过载装置。

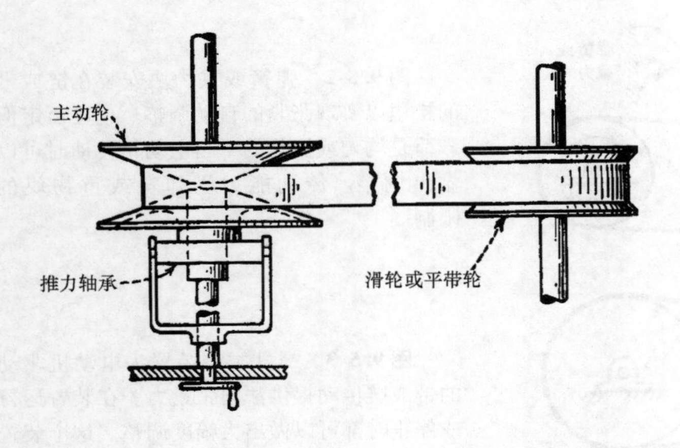

图9.5-7 这是另一个适用于V带传动的手动调节螺栓对裂带轮装置，然而这个装置只能在机构运转时进行调节。其他特性与图9.5-6中相似。像图9.5-6一样，带轮距离可以被调整以保持速度或改变速度。

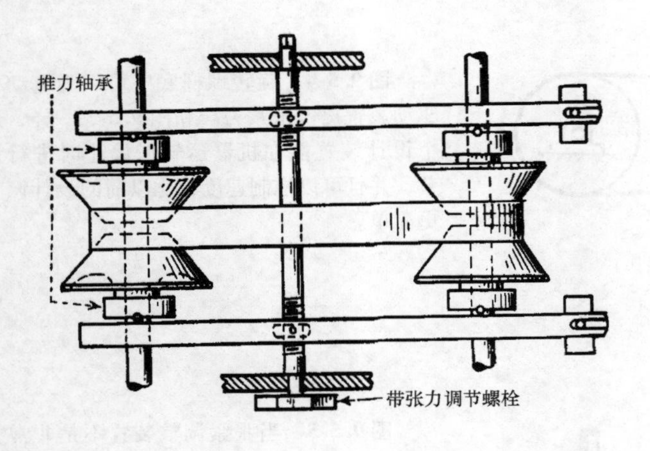

图9.5-8 这是为V带或链精确张紧和速度控制设计的专门对裂带轮。该装置适用于中心距较小的并行轴传动，通过带张力调节螺栓进行手动调节。该装置可改变张紧力但不能改变速度。

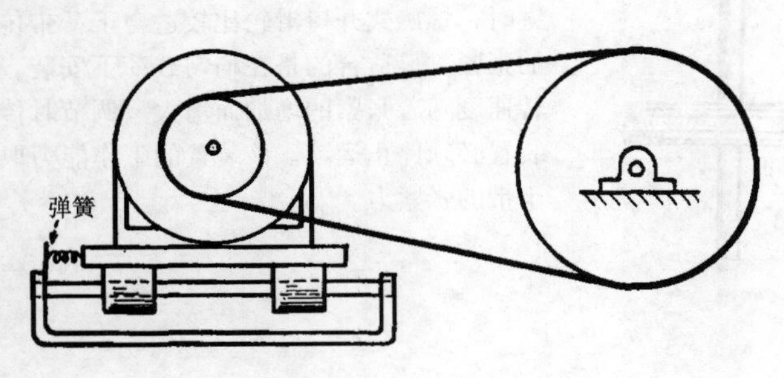

图9.5-9 弹簧驱动一端带轮底座以自动调整带的张紧力。带可以在启动和转矩突然变化的时候打滑，因此可以用来确立带传动功率的安全限制。

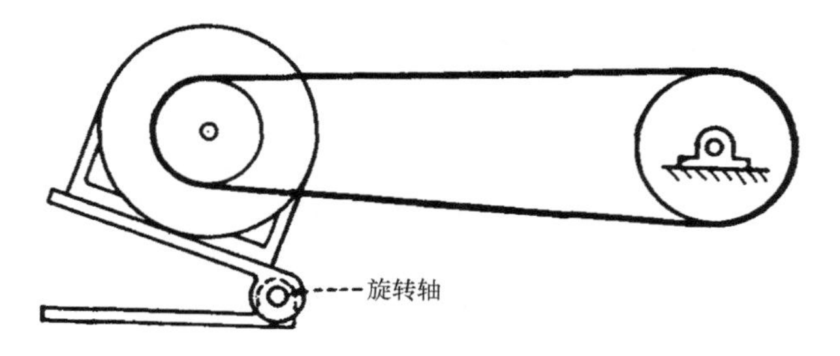

图 9. 5-10 该装置仅仅是利用重物驱动绕轴旋转的电动机底座为带或链提供稳定的张紧力。与图 9. 5-9 中相同，该装置也具有一定的安全和打滑特性。通过调节电动机相对转动轴的位置从而控制电动机能产生带张紧力的有效重力。

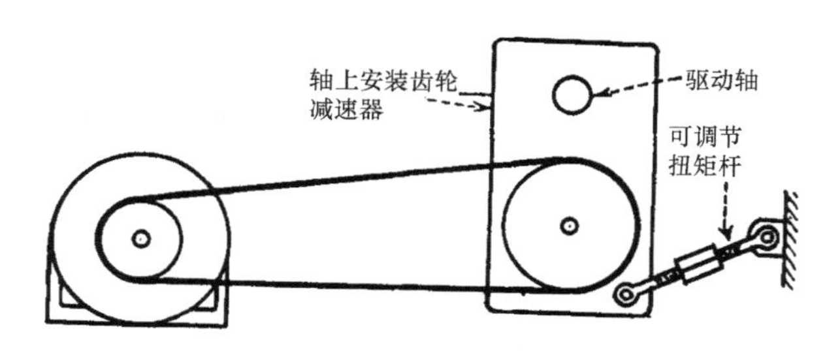

图 9. 5-11 该装置使用可调节的转矩杆且在轴上安装减速装置。这种装置可以用在带或链中对在减速器回转半径内产生的正常磨损和拉伸进行张紧。为了在运转时改变速度，可以在电动机的输出轴上安装弹式对裂带轮。

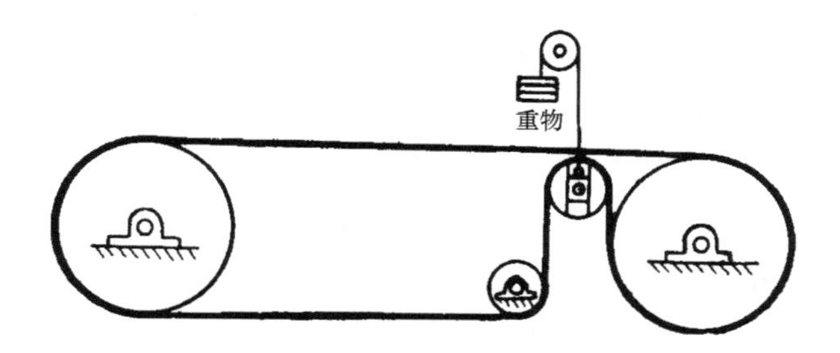

图 9. 5-12 这种装置适用于任何宽度的平带和绳索带的张紧，也用来传递较大的传动功率。重物大小决定了带的张紧力大小，应设定其最大重量以防止带过载。

9.6　带传动的速度与功率损失曲线

曲线范围：带速 0～10000ft/min（0～3048m/min），转速在 435～3450r/min，带轮直径大于 30in（762mm）。

多种带尺寸、张紧力大小和工作条件的电动机额定功率和修正系数已在大多数工程手册或厂商目录中给出，然而这些数据是在不考虑离心力的基础上得到的。下面这个图表适用于任何轴或带轮速度。如图 9.6-1 所示，竖直线与任意四个值正确相接。在相同的结构下，一个直径 12in（304.8mm）转速 1150r/min 的带轮会带来 3620fps（1103.8m/s）的带速，但效率降低 12%。在高速带传动的应用中，要咨询厂家传动带的配合性、效率以及其他因素。

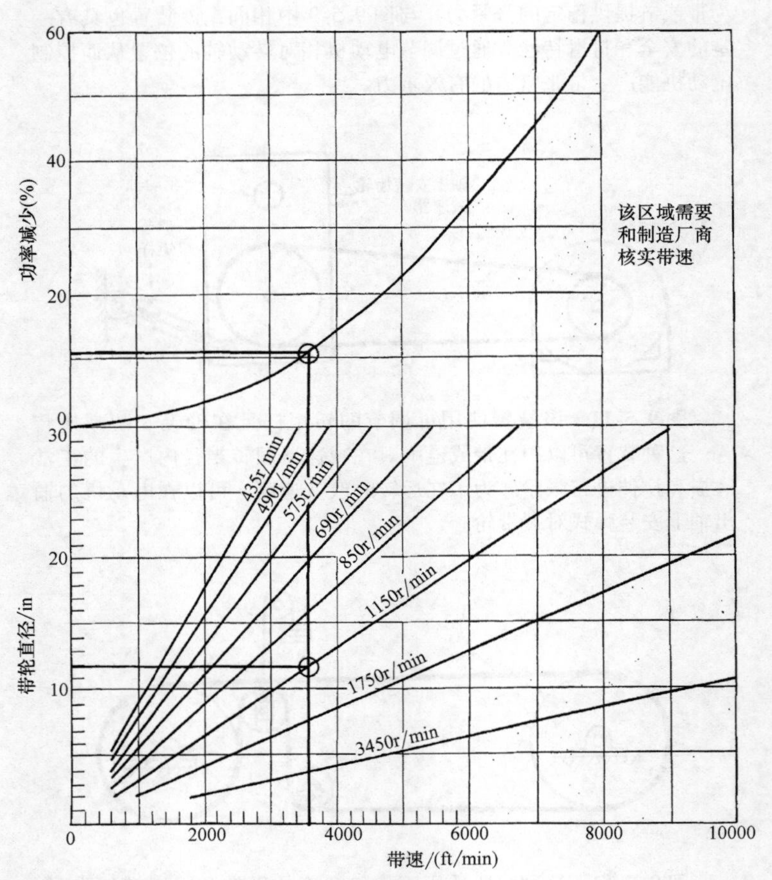

图 9.6-1　带速、带轮直径与功率消耗的关系。

第 10 章

轴与联轴器

10.1 轴与联轴器的概述

10.1.1 轴

轴通常是一种可以旋转的，用以传递功率的圆柱形物体。功率通过外部切向力的作用传递到轴上，使轴上产生扭转力矩。产生的扭转力矩可以传递到其他设备以及与该轴相连的其他零件上。

1. 用法与分类

轴和轴系可以按照日常用途进行分类，在此仅列举几种基本分类以便讨论。

(1) 发动机轴　发动机轴可以描述为可直接连接的一类轴，它能传递发动机的功率。

(2) 发电机轴　发电机轴，同发动机轴和汽轮机轴一起称为动力机组。根据动力传输需要，轴径可以有很多不同的选择。

(3) 汽轮机轴　汽轮机轴有着极其广泛的直径尺寸范围。

(4) 机加工轴　通常使用的轴，直径范围从 0.5in (12.7mm) 到 2.5in (63.5mm)　(每次增量为 1.5875mm), 2.5in (35.9mm) 到 4in (101.6mm) (增加量为 1.5875mm), 4in (101.6mm) 到 6in (152.4mm) (增加量为 1.5875mm)。

(5) 动力轴　动力轴是一类连续的、长的直轴，一般常见于各类工厂、造纸业、钢铁行业，以及各类要求远距离传送功率的车间。常见直轴的长度为 12ft (3657.6mm)、20ft (6096mm)、24ft (7315.2mm)。

(6) 中间轴　中间轴常被用来直接连接功率输出轴和其他从动轴。

(7) 副传动轴　副传动轴安装在动力轴和机器之间，副传动轴主要用来传递动力轴的功率，并将功率传输到从动轴上。

2. 扭转应力

当轴的一端固定，另一端受到切向力作用时，我们就说这根轴受到扭转应力的作用，如图 10.1-1 所示。值得注意的是，轴上的变形只在横截面的圆周上，如角度 ϕ 所示。

当轴仅受扭转应力的作用，或同时受到可以忽略的小弯曲应力的作用时，可以通过式 (10.1-1) 来计算转矩。

$$T=\frac{12\times 33000P}{2\pi N} \tag{10.1-1}$$

式中，P 是功率；N 是圆周速度。

3. 转矩

转矩 T 相当于扭转力的合力 P_r 与力到轴线垂直距离 R 的乘积，如图 10.1-2 所示。

$$T=P_r\times R \tag{10.1-2}$$

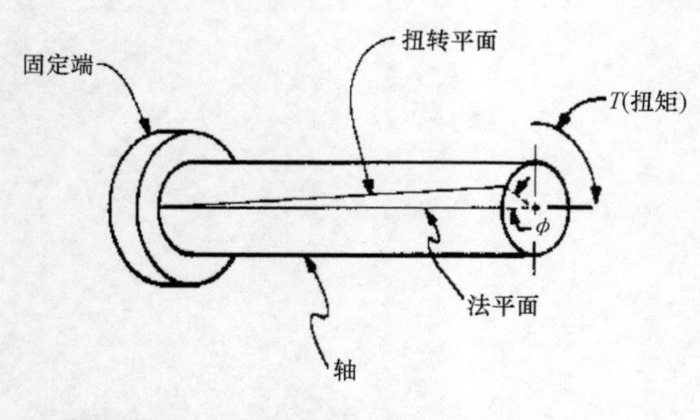

图 10.1-1　受扭转应力作用的轴。

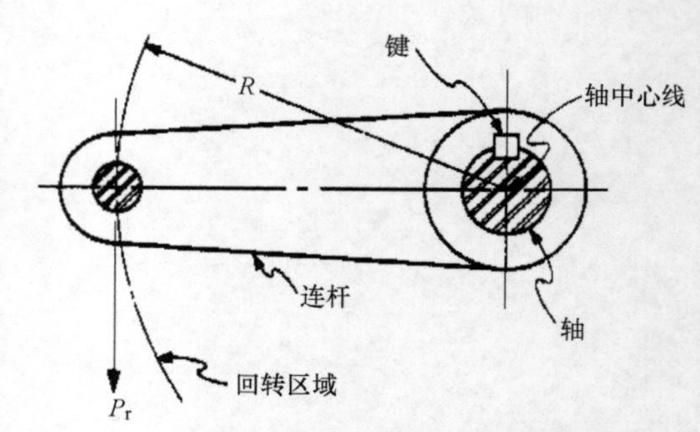

图 10.1-2　典型曲柄受力分析。

4. 阻力矩

阻力矩 T_r 的大小等于作用在轴横截面上的切应力所产生的合力矩，这个合力矩的作用是阻碍扭力作用下轴的旋转。

5. 圆轴的扭转应力公式

如下的扭转公式适用于实心的或者空心的圆柱形轴。所受的力垂直于轴线。并且不超过材料的剪切极限。在达到平衡状态时，所受的扭转力矩应与阻力矩相等。如果扭转力矩 T、实心轴直径 D、空心轴的外径 d

和内径 d_1 均已知时，可以用以下公式计算许用单位面积上的剪切应力 τ

实心轴：

$$\tau=\frac{16T}{\pi D^3} \tag{10.1-3}$$

空心轴：

$$\tau=\frac{16Td}{\pi(d^4-d_1^4)} \tag{10.1-4}$$

6. 剪切应力

用来传送动力的轴，在力的作用下，剪切应力可以按如下公式来计算，P 为要传送功率，N 为每分钟旋转的速度，轴的直径如前所述，最大剪切应力为每平方英寸所受力的大小。

实心轴：

$$\tau=\frac{321000P}{ND^3} \tag{10.1-5}$$

空心轴：

$$\tau=\frac{321000Pd}{N(d^4-d_1^4)} \tag{10.1-6}$$

以上公式除了转矩外没有考虑其他作用力，如轴和轮的重力、带的张紧力等均忽略不计。

7. 轴的临界速度

当轴的转速达到一定范围时，旋转轴会不稳定，可能发生破坏性振动。发生这种现象的最低转速称之为轴的临界速度。

振动问题常发生在转速达到所谓“基波震荡”的临界速度时。以下的公式用来计算两端支撑轴的临界转速。

$$f=\frac{1}{2\pi}\sqrt{\frac{g(W_1y_1+W_2y_2+\cdots)}{W_1y_1^2+W_2y_2^2+\cdots}}\text{r/s} \tag{10.1-7}$$

式中，W_1、W_2是旋转部件的重量；y_1、y_2是各自重量的静态挠度；g 是重力加速度。

对这个问题的深入讨论不在本书的范围内，若读者想要进行更加深入的了解，请参阅其他振动理论方面的书籍。

8. 传送转矩的紧固件

（1）键　键通常是楔状钢制的紧固件，常用于齿轮、链轮、滑轮，以及联轴器等与轴的连接，以保证轴正常传递力矩。键是最有效的，在传递力矩方面键是最常用的紧固件。

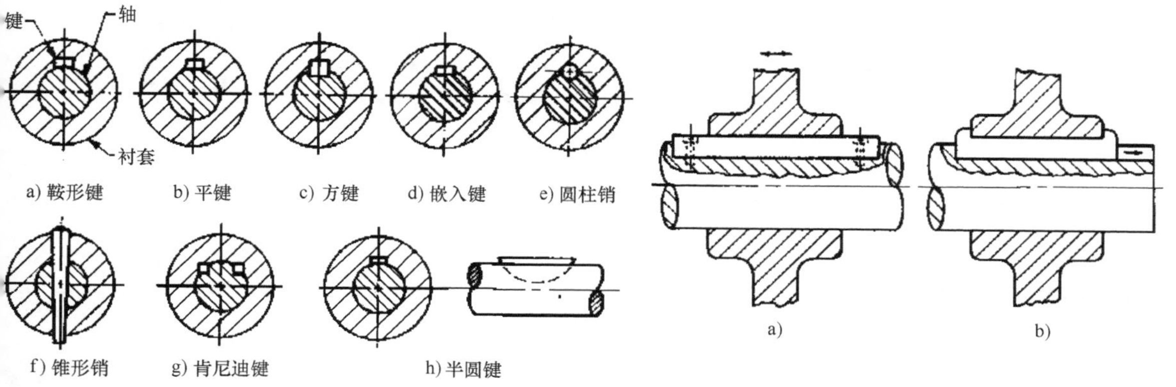

图 10.1-3　键的分类。

图 10.1-4　导向键。

图 10.1-3 列举了一些标准键的样式，以及圆形销、锥形销等。鞍形键（图 10.1-3a）与轴配合时，轴上不开键槽。平键（图 10.1-3b）通常布置在轴的平面上以获得更大的摩擦阻力。以上两种键适用于轻载。方键（图 10.1-3c）和嵌入键（图 10.1-3d）要与键槽配合，一部分在轴内，一部分在毂内，这种结构可以提供最大的传递转矩。圆柱销（图 10.1-3e）和锥形销（图 10.1-3f）同样是连接轴与毂的极好的部件。肯尼迪键（也叫方形切向键）（图 10.1-3g）和半圆键（图 10.1-3h）也有着广泛的应用。图 10.1-4 列举的是导向键，常用于限制毂相对于轴的旋转，而不限制构件沿轴线方向移动的场合。图 10.1-4a 所示的键允许较长距离的轴向移动，

并且键两端要用平顶圆柱螺钉固定在轴上。图 10. 1-4b 所示键是连接在轮毂上的，并且可以同毂一起在轴上的键槽内移动。

关于键的更加深入的讨论请参见第 5 章。

(2) 紧定螺钉　紧定螺钉常用在轻载的情况。紧定螺钉一般为一个无头螺钉，其具体形状为，一边是六边形套筒头，另一边是一个锥形头。图 10. 1-5 所示为合理的设计与不合理设计的对比。紧定螺钉一定要进入毂并与轴固定连接，以实现固定作用。

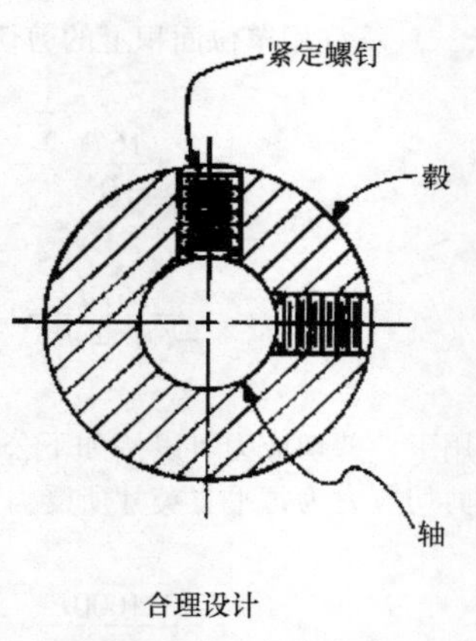

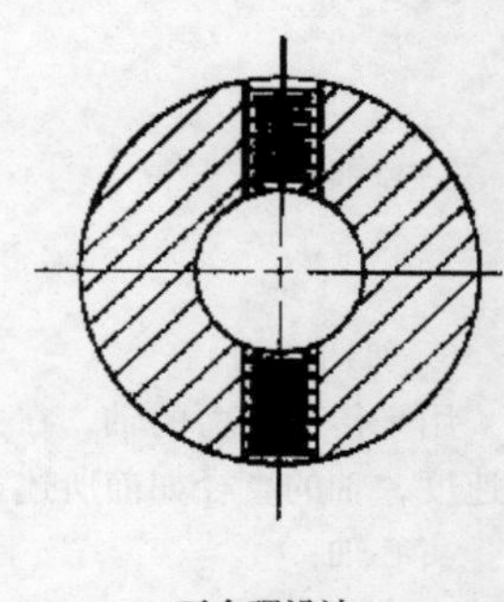

图 10. 1-5　紧定螺钉。

(3) 销　前面已经讨论了圆柱销和圆锥销，但要完整地叙述还应包括槽销、弹簧销、螺旋销以及剪切销的介绍。槽销有一个或多个纵向的凹槽，销插得越深就越紧。弹簧销和管状开口销同是空心的全长沟槽形，具有锥形接头的管状体。当销插入时，这类槽允许销直径适当减小，因此更加适用于不规则形状的孔。螺旋销与弹簧销在应用方面大致相同，它们通过两次金属螺旋组装而成，形成螺旋效果。剪切销，也叫安全销，顾名思义，常应用于薄弱环节处的连接，并且此时外力的性质已知。

9. 花键

花键轴常用作为键的替代品来传递轴与毂之间的能量。花键样条曲线形状常为方形或者渐开线形。

花键是在轴外圆纵向切出齿状的连续凹槽，并且与事先安装好的部件的毂槽紧密配合。当配合是滑动连接时，花键是很适用的，例如农用机械上的动力输出装置连接。

矩形花键被用来做并联花键轴部件时有以下系列——4、6、10 以及 16 系列。

花键适用于重型扭转负载以及重型反向负载，此时花键的最大转矩（lbf · in）可以用下面公式进行计算

$$T = 100NrhL \tag{10.1-8}$$

式中，N 是花键数量；r 是从轴或毂的中心到花键中心的径向距离；h 是花键键槽深；L 是花键支撑面长度。

产生转矩的花键侧压力达到 6MPa。渐开线花键与齿轮齿设计相似，只在轮廓上有些修改。这种渐开线轮廓不仅可以提供足够的强度，而且便于制造。图 10. 1-6 列举了 5 种典型渐开线花键形状。

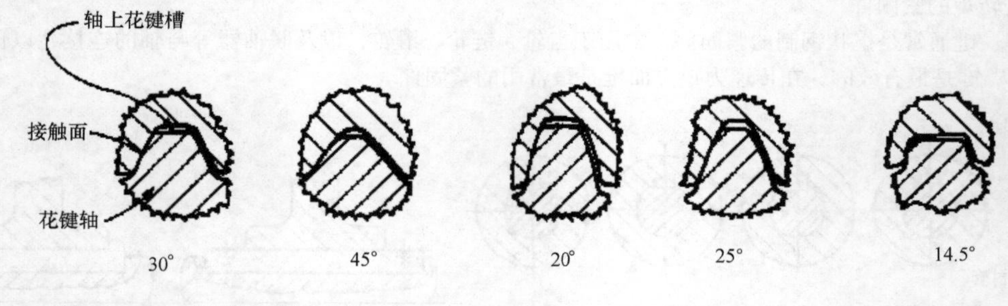

图 10. 1-6　渐开线花键形状。

10. 1. 2　联轴器

在机械设计中，联轴器用来轴向固定或连接两个轴的端部，使它们成为一个整体来传递功率是非常必要的。当需要这种连接参数时，联轴器即可被应用。联轴器有着两种基本分类，一类是刚性的，另一类是挠性的。其中刚性联轴器不具有位移补偿功能，不能够消除振动以及从一轴到另一轴的冲击；而挠性联轴器能够补偿两轴的位移并能在一定程度内缓冲吸振。

1. 套筒联轴器

套筒联轴器，如图 10. 1-7 所示，由简单的空心套筒组成，用于两轴末端的紧固，在此位置用键配合。这是现在使用的最简单的刚性联轴器，因为没有凸出部分，所以使用起来很安全。此外，制造这种联轴器的成本很低。

图 10.1-8 是两种类型的套筒联轴器，使用标准螺钉对每个轴的末端锚定耦合，一种是等直径轴，另一种是两种不同直径的轴相连接。

2. 刚性联轴器

如图 10.1-9 所示的刚性联轴器是强度好、价格低廉、可靠的轴连接件。当需要传递大的转矩的时候，这种刚性联轴器是最好的选择。

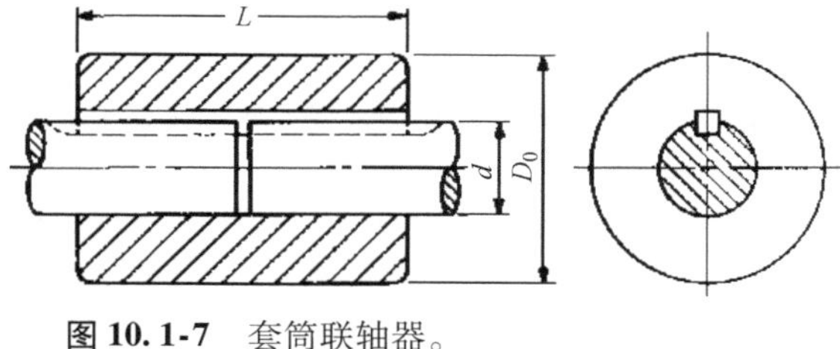

图 10.1-7 套筒联轴器。

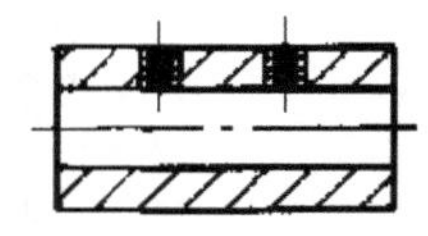

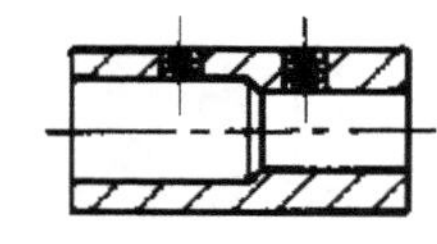

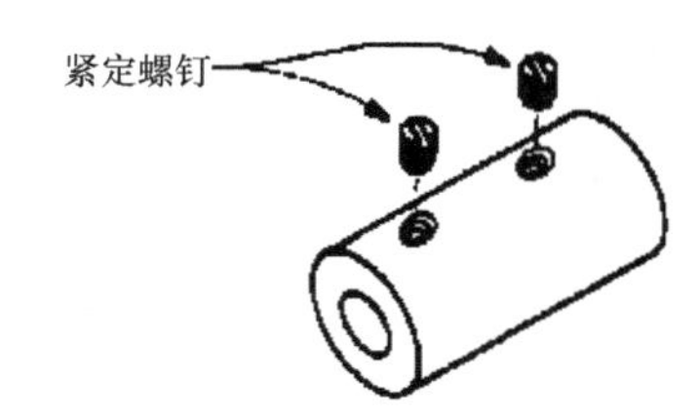

图 10.1-8 套筒轴联轴器。

3. 夹壳或压紧联轴器

如图 10.1-10 所示的刚性联轴器是由简单的套筒联轴器改进的。这种夹壳或压紧联轴器被简单地分成两部分，凹槽是用于双头螺栓的固定或配合件的夹紧，对两轴的连接产生一个压紧力。这种联轴器因为摩擦力比较大所以用于大转矩传递。

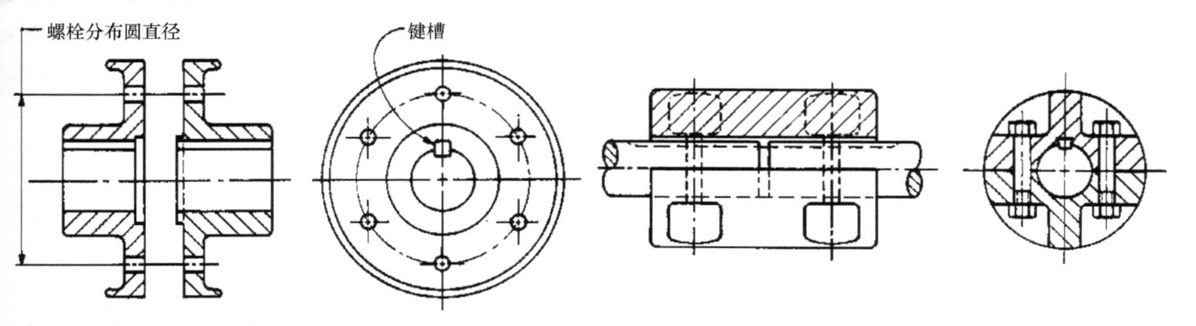

图 10.1-9 刚性联轴器。

图 10.1-10 夹壳或压紧联轴器。

4. 凸缘联轴器

凸缘联轴器是刚性轴接头，也称为刚性联轴器。图 10.1-11 所示是一种典型的结构，这种刚性联轴器由两部分组成，用键连接两轴，用一系列螺栓紧固，以轴为中心平均分布。轮毂的凸缘为螺栓头和螺母提供了安全防护板，这样就增加了总装配的强度。

5. 挠性联轴器

挠性联轴器连接两个有些不关联的轴，当从一个轴传递能量到另一个轴时，这种联轴器会吸收一些冲击和振动。

挠性联轴器的种类很多，图 10.1-12 中一个两部分的铸铁联轴器通过键和螺栓紧固在轴上，这是每个轮毂一半的组成部分，凸耳刚好能够装入圆盘的入口，圆盘是由皮革制成的，通过缝纫连接在一起。这个皮革层叠圆盘在任何方向都具有弹性。不管转速是高还是低，都不会影响这种

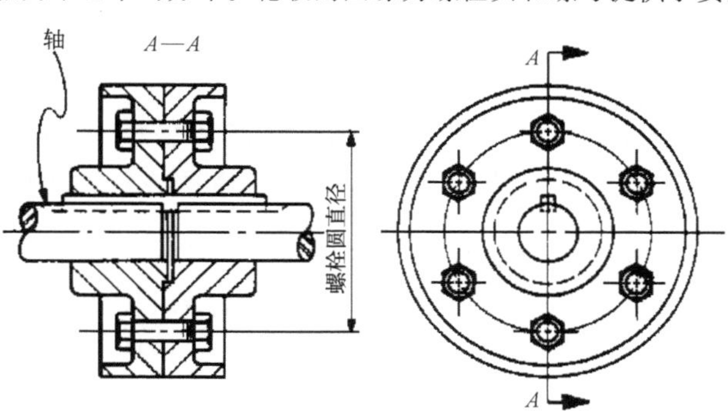

图 10.1-11 凸缘联轴器。

联轴器的功效。

6. 万向联轴器

如果两轴没有相对，却在中性线或者轴线处相交，万向联轴器能够提供很好的连接。图 10.1-13 是一种典型的万向联轴器。

螺栓相互间的角度是合适的，这使万向联轴器具有特殊的功能。轭也可以绕着每个螺栓的轴线旋转这就使相互连接的轴可以调整角度。根据经验，每个联轴器的调整角度应不超过 15°。

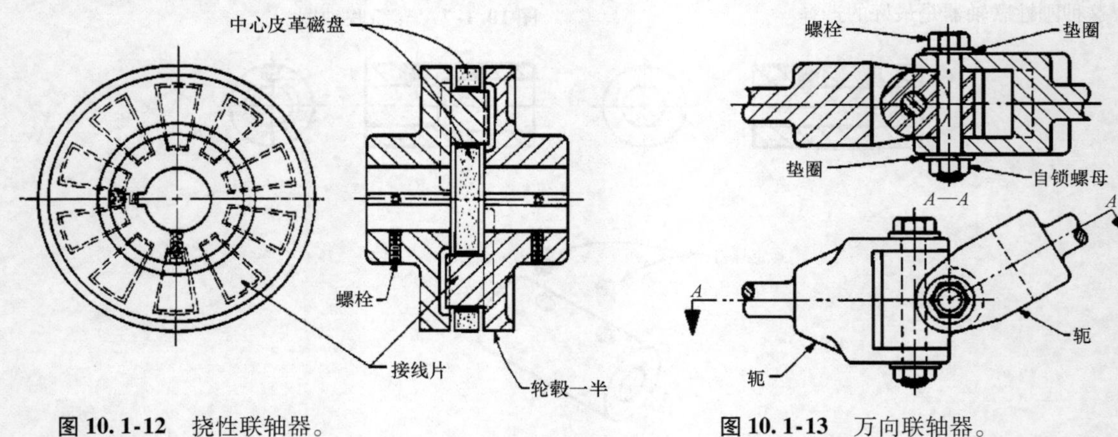

图 10.1-12　挠性联轴器。　　图 10.1-13　万向联轴器。

7. 耦合联轴器

这是刚性联轴器的一种特殊结构。这种联轴器包括两部分，每部分都通过一系列相配合的齿连接在一起，形成很好的连接。紧定螺钉把毂紧固在各自的轴上。这种类型的联轴器不但牢固而且很容易拆卸，如图10.1-14 所示。

8. 十字滑块联轴器

十字滑块联轴器或滑块联轴器是一种为平行的但又不在一条线上的两轴连接设计的一种弹性联轴器。这两个末端的毂分别与各自的轴相连接，表面具有沟槽，可以与中心圆盘的两个弹拨扣片紧密配合在一起。这种结构的槽可以对不重合的轴进行调整。图 10.1-15 所示是一种组装的十字滑块联轴器。

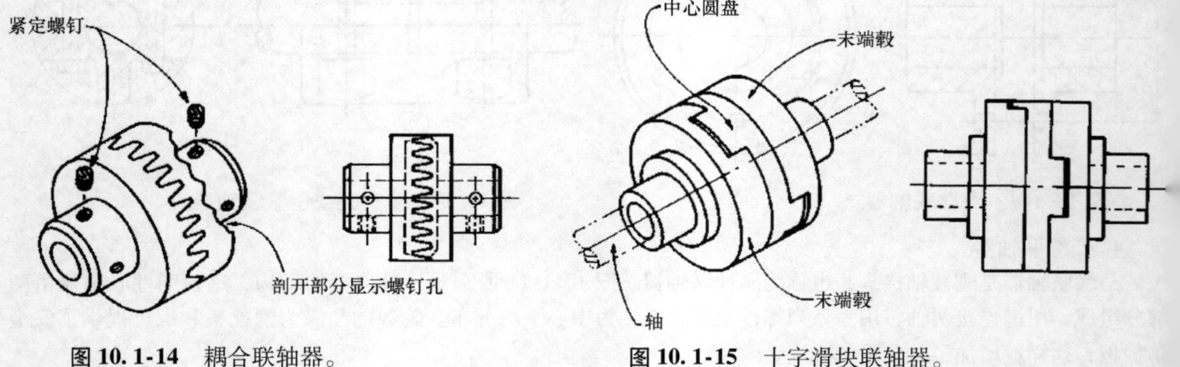

图 10.1-14　耦合联轴器。　　图 10.1-15　十字滑块联轴器。

9. 波纹管联轴器

如图 10.1-16 所示为两种类型的波纹管联轴器，这种联轴器适用于径向载荷较低、严重不重合的轴。最大允许角位移在 5°到 10°之间，取决于制造商的建议。应根据说明书选择最大允许转矩。这种联轴器一般用于小的轻型设备。

10. 螺旋弹簧联轴器

这种联轴器用于减少由于角度与不重合度引起的作用于轴与轴承上的力。

当从一个轴传递到另一个轴的运动是匀速的且无反弹时，必须使用这些联轴器。

螺旋弹簧联轴器通过专利设计达到这些参数，包括经过机加工的一个整体螺纹型凹槽结构环绕其外部直径。拆下这样的线圈或螺旋带将会获得一个具有相当大抗扭强度的柔性元件。如图 10.1-17 是顶丝固定型和夹紧固定型的结构。

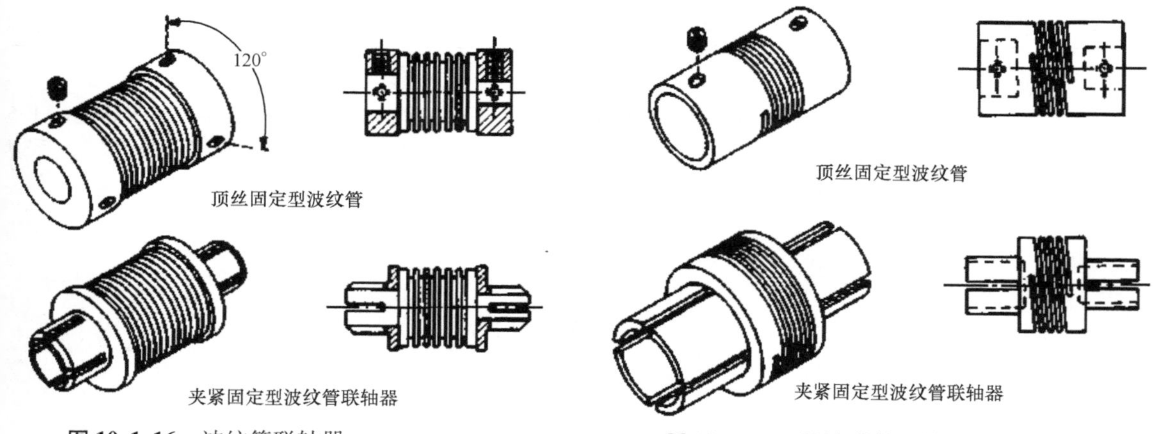

图 10.1-16 波纹管联轴器。

图 10.1-17 螺旋弹簧联轴器。

11. 偏置式联轴器

如图 10.1-18 所示是偏置式联轴器，这种联轴器用来连接平行传动轴，轴在任何方向都可以偏移 ±30°，轴间偏离一般大于 3in（76.2mm）。用紧定螺钉将轴固定在联轴器上。

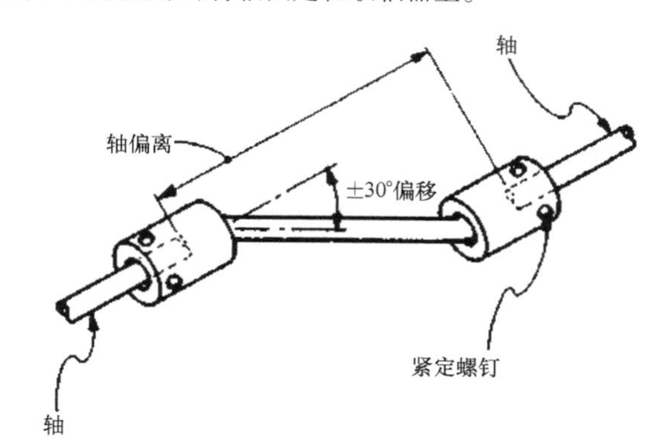

图 10.1-18 偏置式联轴器。

10.2 支撑轴的临界转速

诺模图解决了支撑在轴承上的空轴的临界转速方程问题。当一端轴承固定时，另一端乘以临界转速的 1.5 倍；当两端轴承都固定时，则乘以临界转速的 2.27 倍。轴临界转速的尺度和轴长度的尺度都经过折算。左手边和右手边一起使用。对空心轴和实心轴该图表都是有效的。对实心轴，有 $D_2=0$。

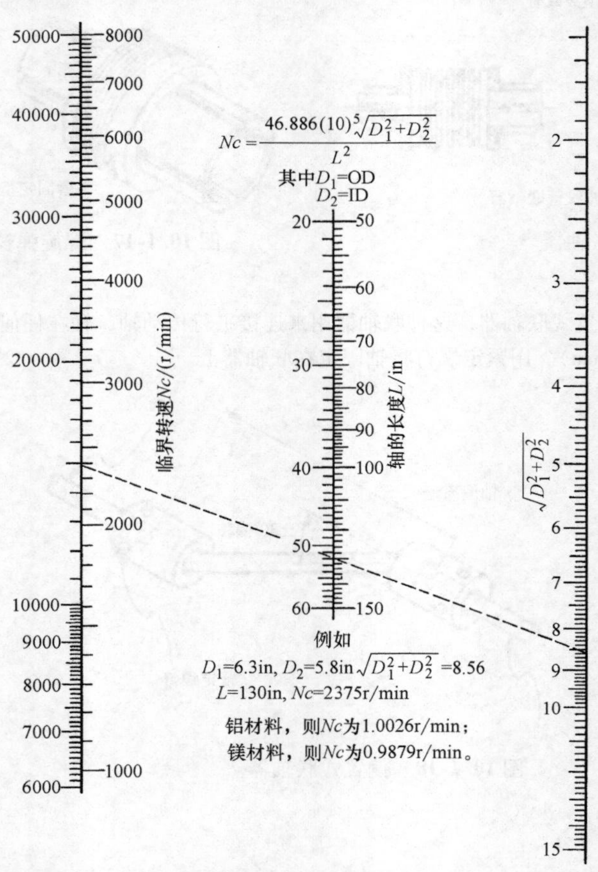

图 10.2-1　轴的临界转速诺模图。

10.3 轴的转矩：由图表查找等效截面

这是一个将实心圆轴转换为等强度的空心圆、椭圆、方形、矩形截面的简单方法。

1. 圆轴和椭圆轴

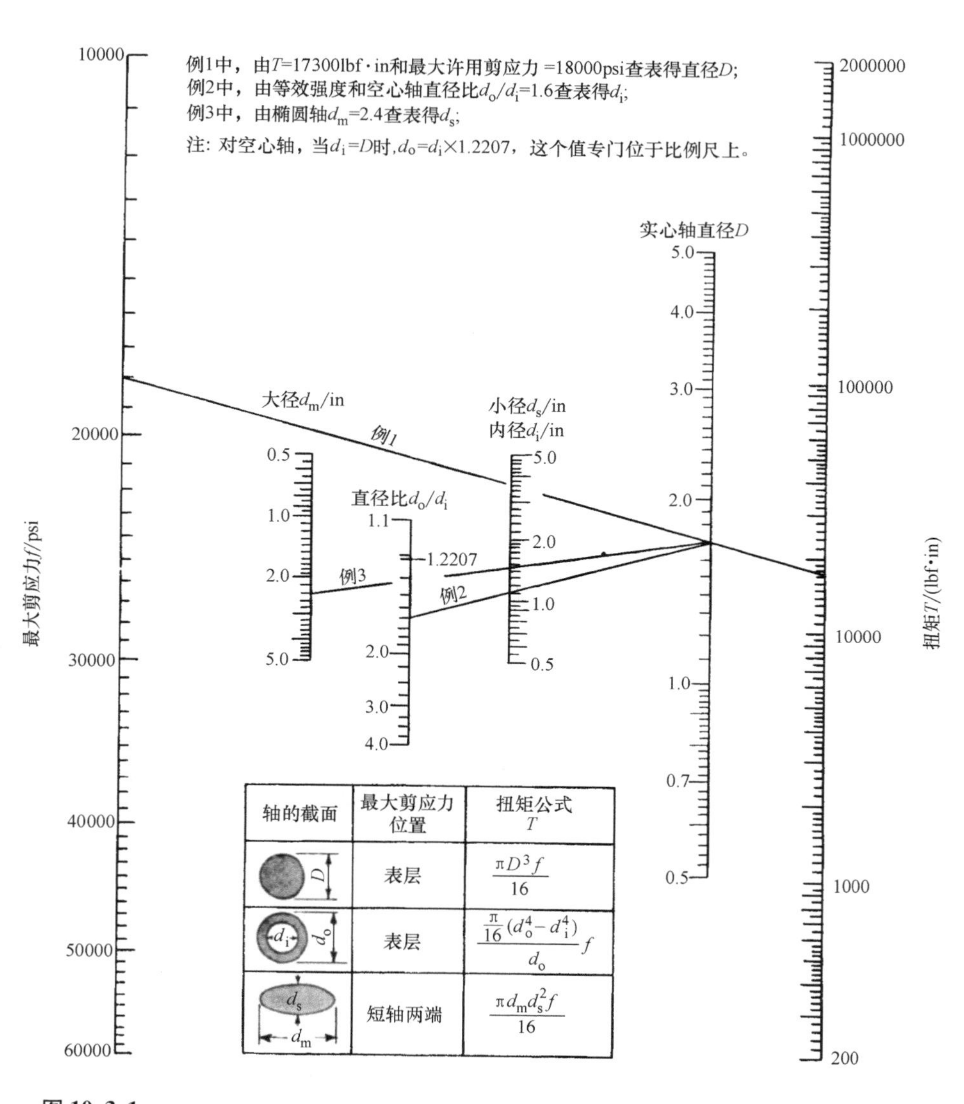

轴的截面	最大剪应力位置	扭矩公式 T
D	表层	$\frac{\pi D^3 f}{16}$
d_i, d_o	表层	$\frac{\frac{\pi}{16}(d_o^4-d_i^4)}{d_o}f$
d_s, d_m	短轴两端	$\frac{\pi d_m d_s^2 f}{16}$

图 10.3-1

2. 方形和矩形轴

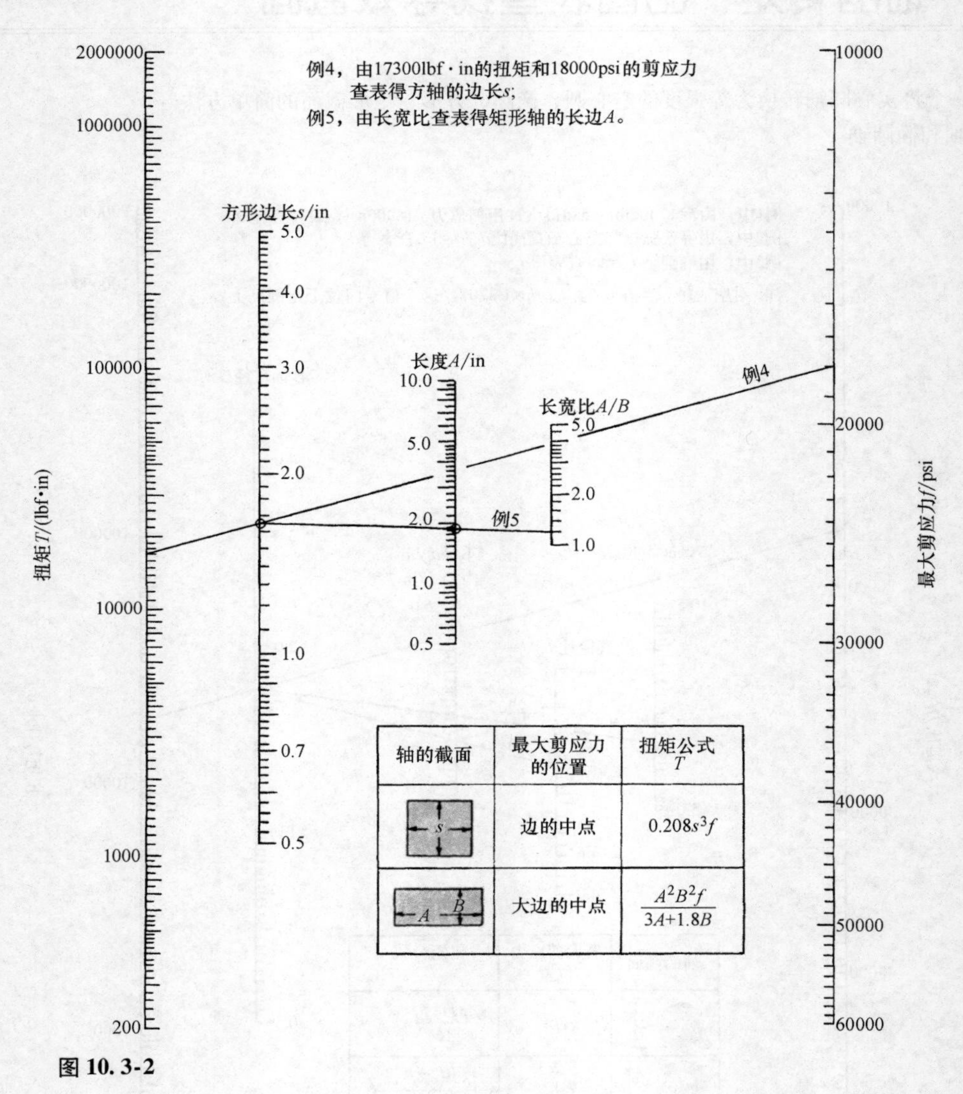

轴的截面	最大剪应力的位置	扭矩公式 T
(方形截面，边长 s)	边的中点	$0.208s^3f$
(矩形截面，$A \times B$)	大边的中点	$\frac{A^2B^2f}{3A+1.8B}$

图 10. 3-2

10.4　用于偏心轴连接的新型连杆机构

这种非传统的但又很简单的圆盘连接形成了多种平行联轴器，这种类型的联轴器本质上是三个圆盘通过六个连杆的连接而统一转动（图 10.4-1），当受载转动时，能够适应更大的轴向位移变化。

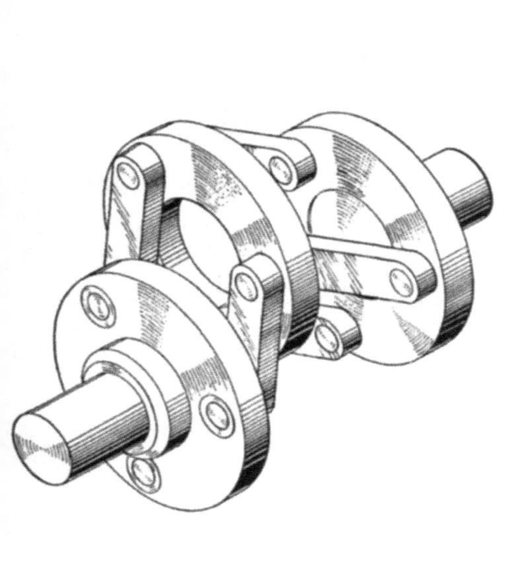

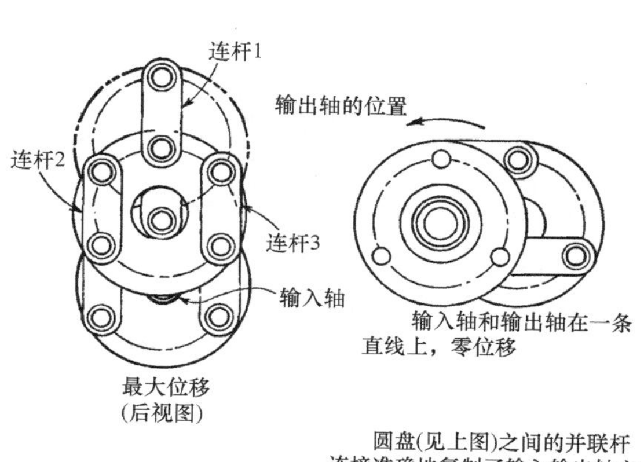

圆盘(见上图)之间的并联杆连接准确地复制了输入输出轴之间的运动——这是这一连接原理的基础。图中也展示了系统中一个轴相对于另一个轴的变动而变动时连杆的三个位置。

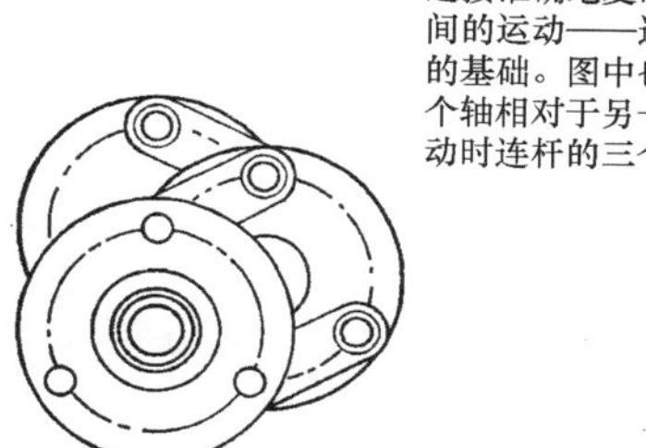

图 10.4-1　偏心轴连接的新型连杆联轴器。

径向位移的变化既不影响输入轴和输出轴之间的恒定速度关系，也不影响最初的可能导致系统不平衡的径向反作用力。由于具有这些特征，这种联轴器在汽车制造、船舶、机床、滚磨机上有着不寻常的应用。

该联轴器的工作原理。该联轴器的发明者——施密特联轴器有限公司理查德·施密特（Richard Schmidt）说：德国的工程师在好几年前就已经知道了一个类似的连杆机构。但是这些工程师并没有进行理论运用，因为他们错误地假设了中心圆盘是靠它自己的轴承支撑的。事实上，施密特发现中心圆盘对它的旋转中心点是自由支撑的。三个圆盘都以相同的速度在运行。

轴承是以等距 120°安装在圆盘上的。它们在分度圆上的直径相等。轴之间的距离可以在零（当轴在一条直线上时）和最大值之间变化，这个距离是连杆长度的两倍（图 10.4-1）。当连接波动时轴之间没有相移。

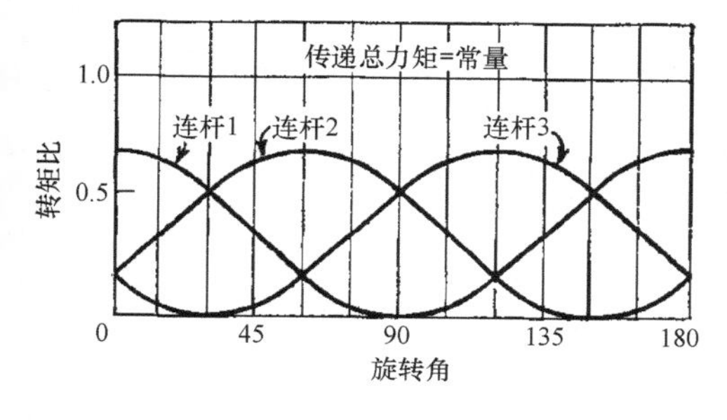

图 10.4-2　一组中的三个连杆传递的转矩在不考虑转角的情况下加在一起是一个定值。

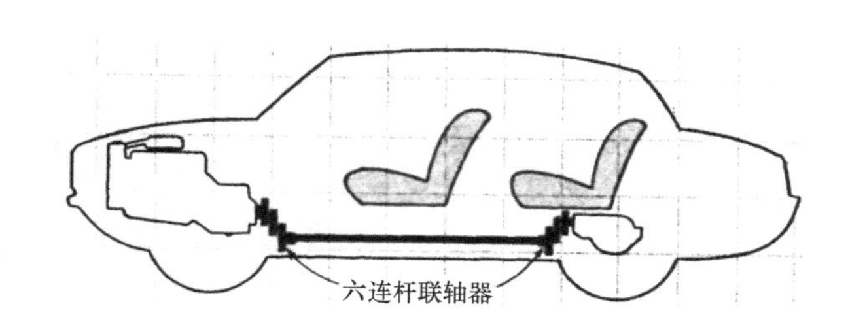

图 10.4-3　通过降低传动轴来避免汽车底板隆起。同样装置还有其他的功能和应用。

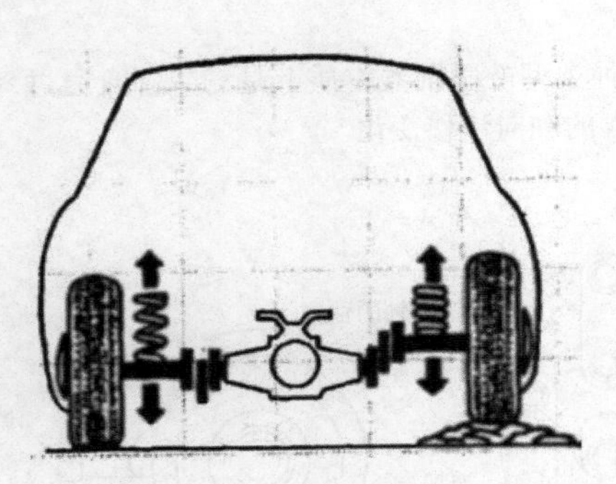

图 10.4-4 汽车差速器可以直接安装在框架上，而联轴器传输驱动力矩，同时允许车轮上下弹跳。这种装置同样使车轮受到冲击时保持垂直。

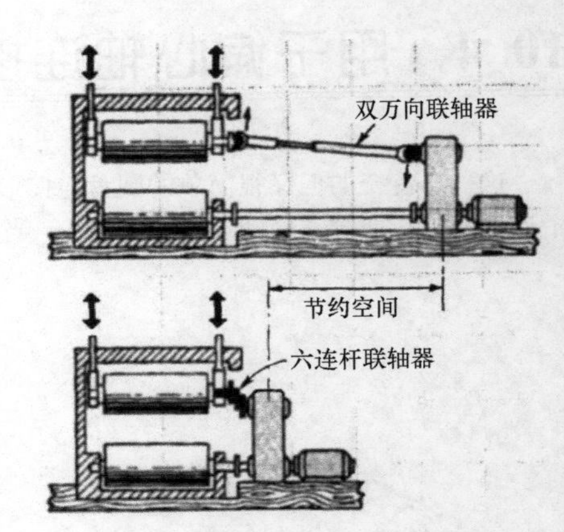

图 10.4-5 通常情况下，在轧机上使用双万向联轴器来调整竖直方向，与六连杆联轴器相比，其在关节处有径向力，同时需要更多的横向空间。

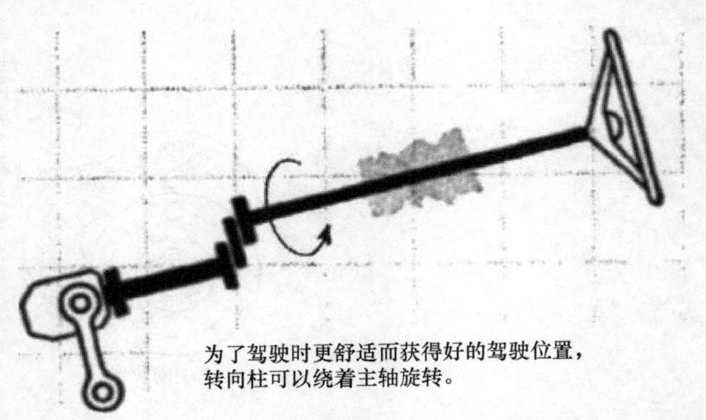

图 10.4-6 采用不平衡轴来产生大振幅振动可以冲击路基，而联轴器则用来防止振动传递到传动装置和床身上。

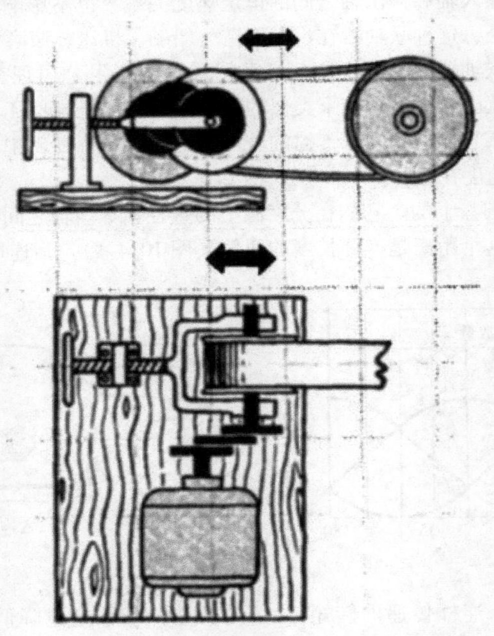

图 10.4-7 为了获得合适的张力可以调整带传动，而不需要移动整个基底。

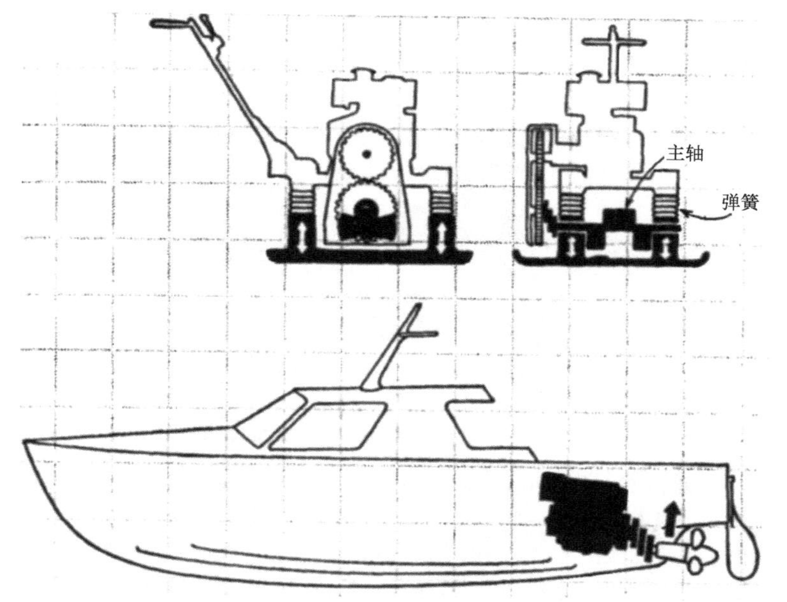

图 10.4-8 内置电动机与螺旋桨的冲击和振动隔离，并且可以安装在更高的位置。

10.5 平行轴连接

连接的平行轴一起旋转是一个普遍的机械设计问题，下图中的几种方法以恒定的1:1传动比运行是很有可能的，而其他许多机构的传动比在转动过程中都会产生一定的波动。一些联轴器连接两轴会使它们发生偏移或相对运动。

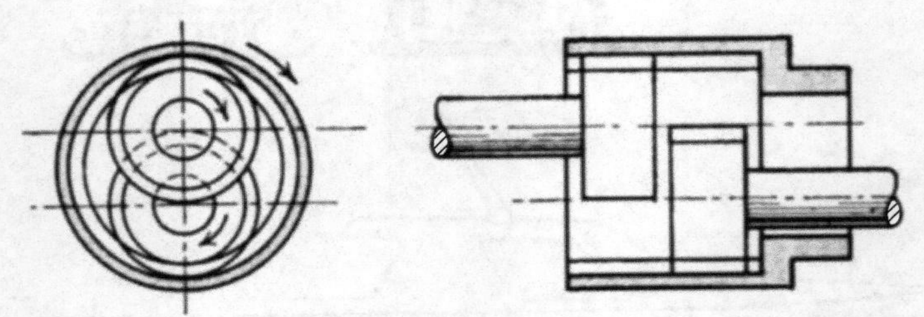

图 10.5-1 一种连接轴的方法。它用齿轮代替了链条、带轮摩擦传动或者其他的一些传动。它主要的限制是需要足够大的中心距；尽管如此，可用一个惰轮来缩短中心距，如图所示。这种齿轮可以是简单的小齿轮，也可以是内齿轮齿圈。它以匀速传递，并且具有轴向自由度。

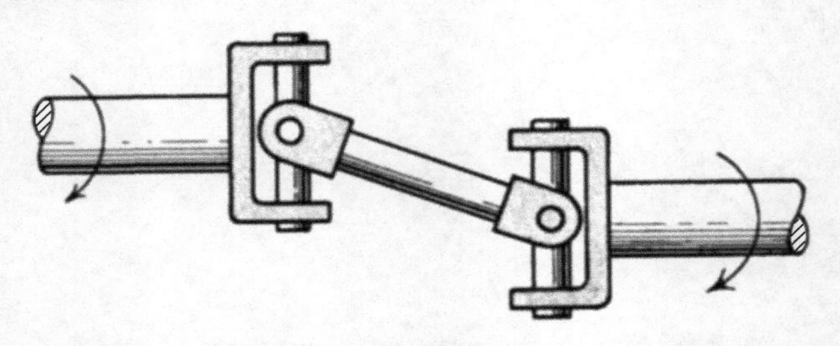

图 10.5-2 这种连接包括了两个万向联轴器和一个短轴。如果输入和输出的两个轴是平行的并且两端的连接是对称设置的，那么速度在输入轴和输出轴之间是匀速传递的。在旋转时中间轴速度的波动以及高速转动还有角度的变化都可能会引起振动。轴的偏心可以改变，但是轴向位移要求其中一个轴是花键连接。

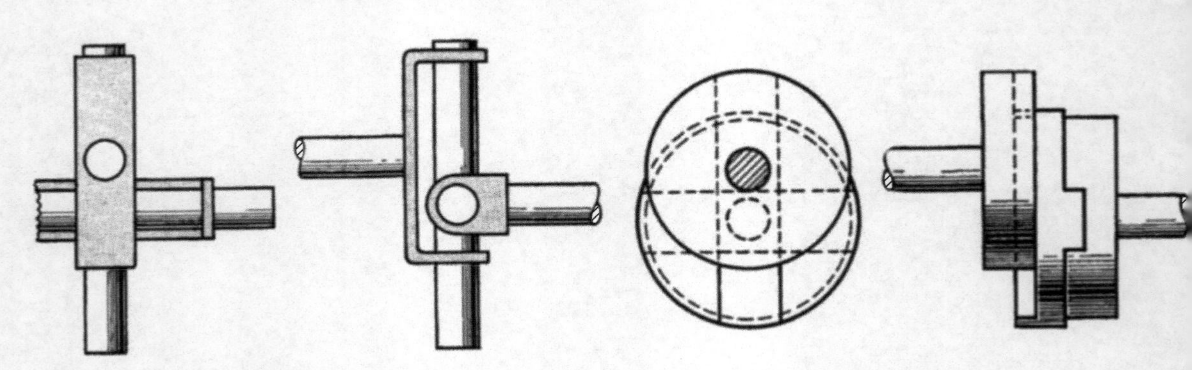

图 10.5-3 这种交叉轴连接是图 10.5-2 所示机构的一个变形。每个轴都有一个连接套，以便它可以沿着刚性交叉构件的杆滑动。传递的速度是匀速的，尽管两轴的偏心大小可变，但是轴必须保持平行。中间的交叉构件形成一个圆形的运动，所以易于受到离心力的作用。

图 10.5-4 另一种联轴器是十字滑块联轴器。中间横梁做匀速圆周运动。轴的偏心可能会变化，但轴必须保持平行。可能会有一个很小的轴向位移。插槽的偏移可能会造成中间构件的倾斜，可以通过增大直径和在同一个端面铣削插槽来消除这种倾斜。

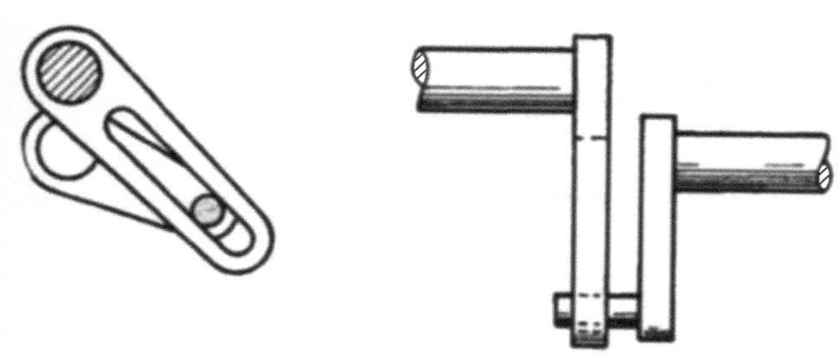

图 10.5-5 如果不要求恒速传动，则可以使用销和槽连接。因为有效工作半径是时刻变化的，所以速度的传递是不规则的。轴之间必须时刻保持平行，除非在槽和销之间放置一个球关节。可以有轴向运动，但是轴之间的任何角度变化都将进一步影响速度的传输。

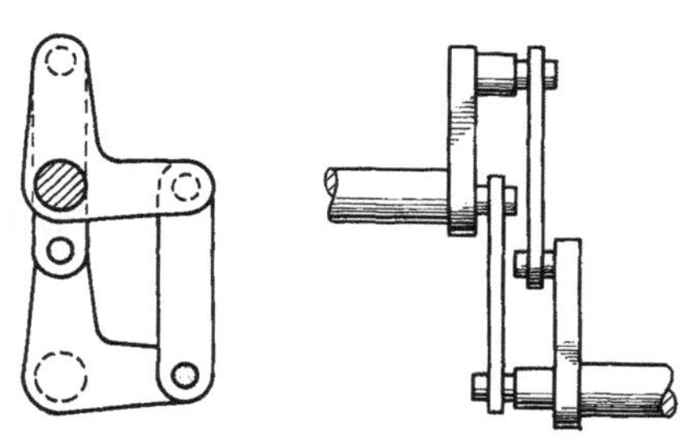

图 10.5-6 这个平行曲柄机构驱动发动机上面的凸轮轴。每个轴上至少有两个连杆连接的曲柄。为了速度恒定和避免死点，每个杆必须完全对称。通过在每个连杆端部安装球关节，曲柄装置部件之间可以有移动。

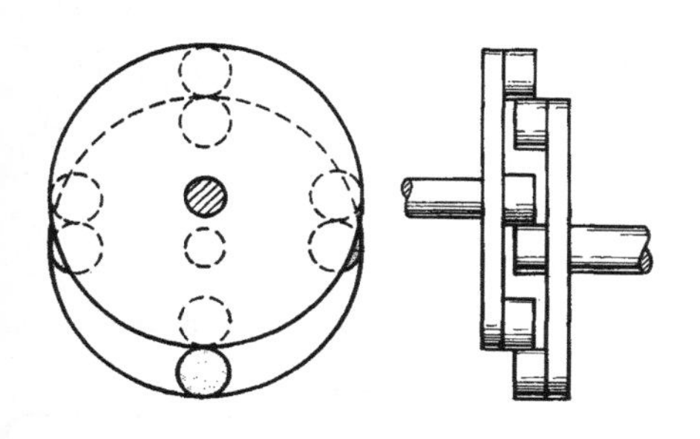

图 10.5-7 这个机构与图 10.5-6 中的机构在运动学上是等效的。它通过两个圆盘和接触销代替连杆而设计得到。每个轴上有一个含有三个或更多的突出销的圆盘。销的半径之和与轴偏心距的大小相等。当联轴器旋转时，每对销的中心线仍然保持平行。销不需要具有相同的直径。该装置能匀速转动并且具有轴向自由度。

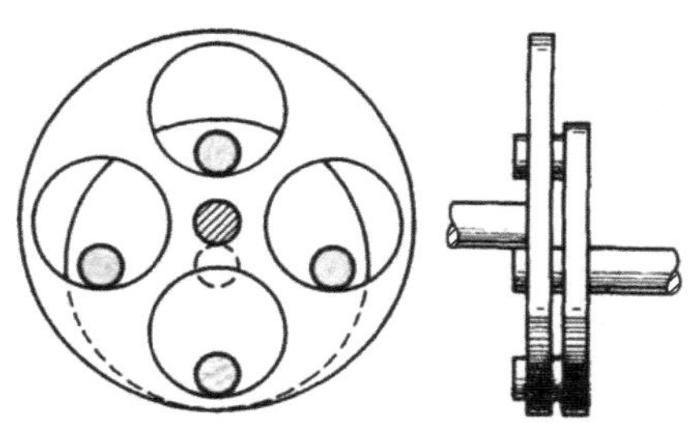

图 10.5-8 这个机构与图 10.5-7 中的机构相似，孔代替了一些突出销。半径之差等于偏心距。该装置能匀速传动并具有轴向自由度，但是在图 10.5-7 中轴心线必须保持不变。这种类型的机构有时用在行星齿轮减速箱。

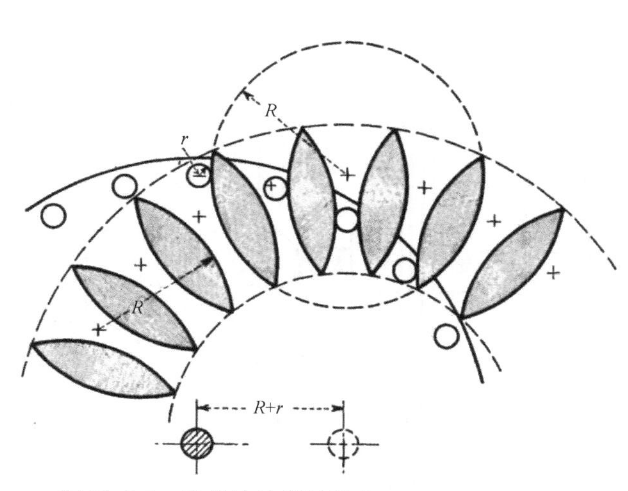

图 10.5-9 这是柱销联轴器的一种特殊变化形式。大多数销与凸棱镜形状的（或盾牌形状的）部分相啮合，这些部分是理论上大销的扇形部分。形成凸棱镜状部分的轴受到联轴器核心点的撞击，距离 $R+r$ 等于轴中心之间的偏心距。该装置匀速传递并具有轴向自由度，但是轴必须保持水平。

10.6 连接小直径轴的简易方法

下面有16个简易的联轴器，分为弹性型和非弹性型两种类型。大部分适用于小直径、低载荷的轴，但是其中的几个也适用于高载荷的轴。目前，它们中有些已经作为标准商用部件使用。

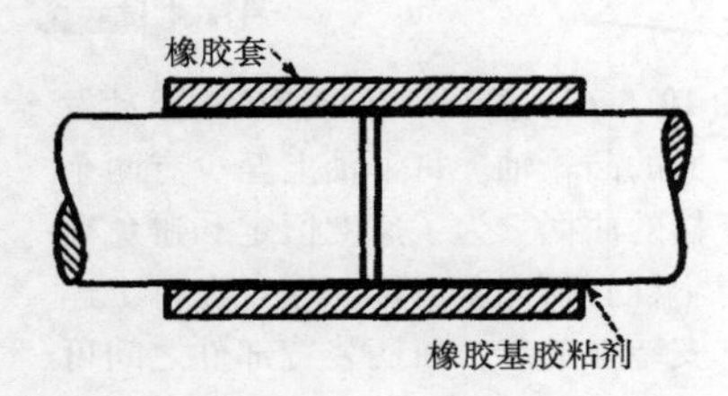

图 10.6-1　橡皮套的内径小于轴径。使用橡胶基胶粘剂可以增加转矩能力。

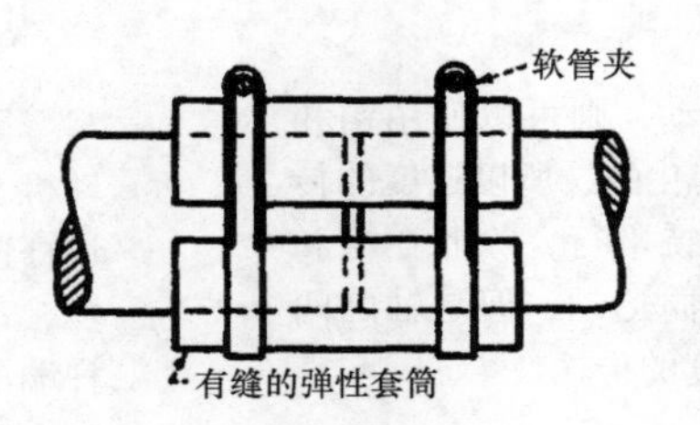

图 10.6-2　有缝橡胶套筒或者其他弹性材料可以由软管夹来固定，具有易于安装、拆卸，吸收振动和冲击载荷的特点。

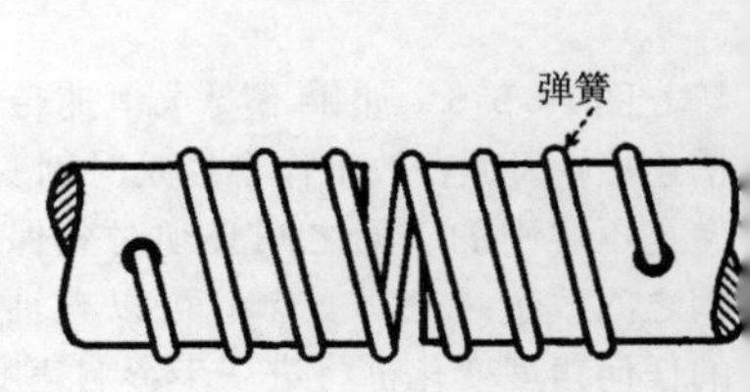

图 10.6-3　弹簧的末端穿过轴孔从而形成连接，弹簧的直径由轴径决定，弹簧丝直径由负载决定。

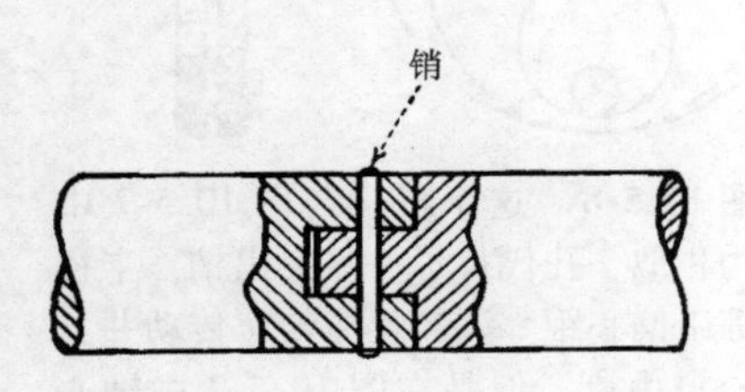

图 10.6-4　轴端的舌槽榫合联轴器用来传递转矩。销钉或紧定螺钉使轴保持正确对齐。

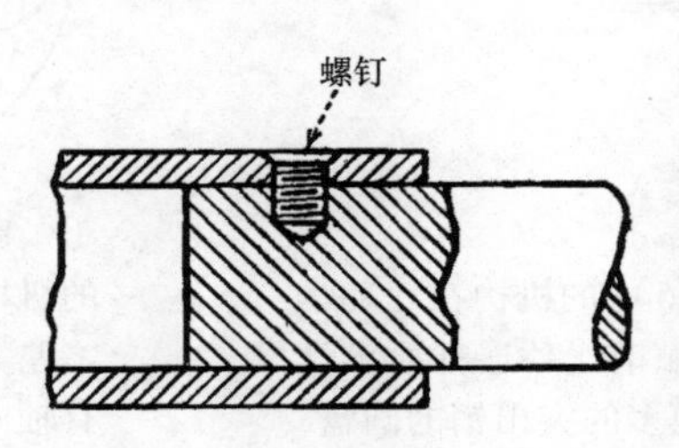

图 10.6-5　螺钉用来紧固空心轴和内部轴。紧定螺钉可用于细轴和通过在内部轴上铣削一个平面来传递较低转矩。

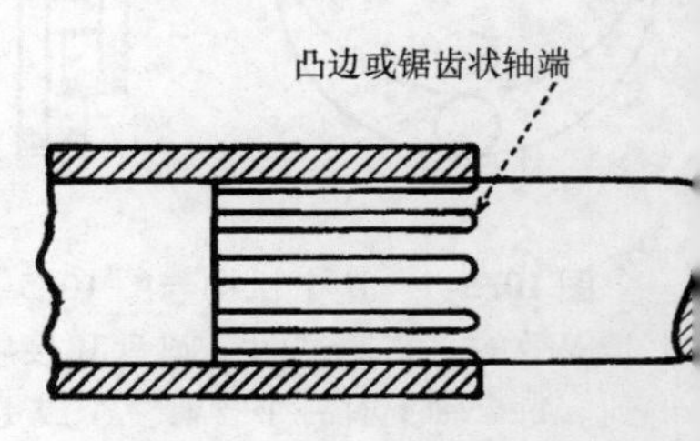

图 10.6-6　凸边或齿状轴端被压入空心轴。必须检查轴线不对中带来的影响，以防止轴承超载。

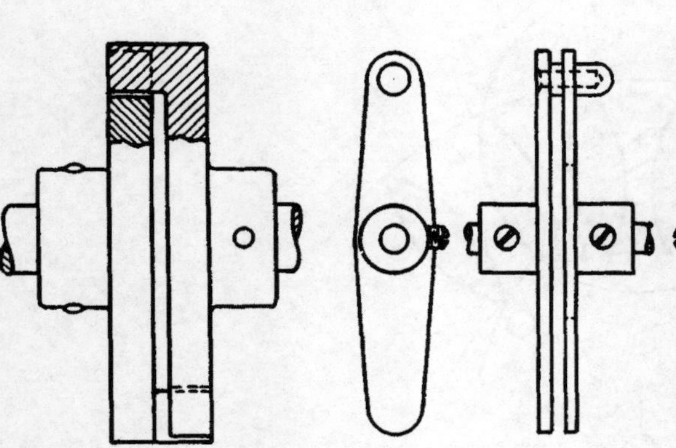

图 10.6-7　用直销来固定牙嵌式联轴器和轴。市场上有销售，在卡爪之间有弹性绝缘体。

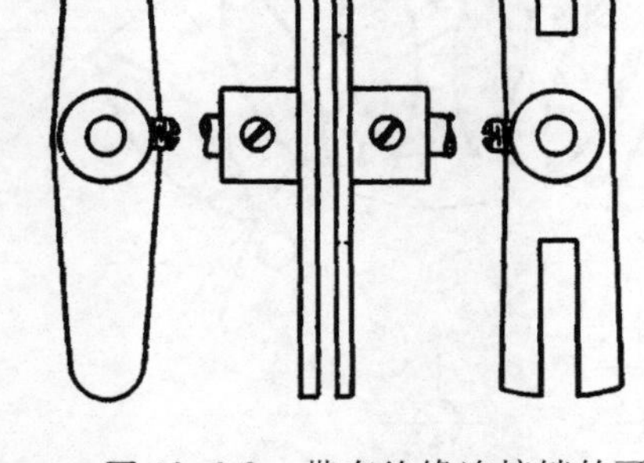

图 10.6-8　带有绝缘连接销的可拆卸式联轴器。每个盖上边缘的紧定螺钉是用来固定轴的。

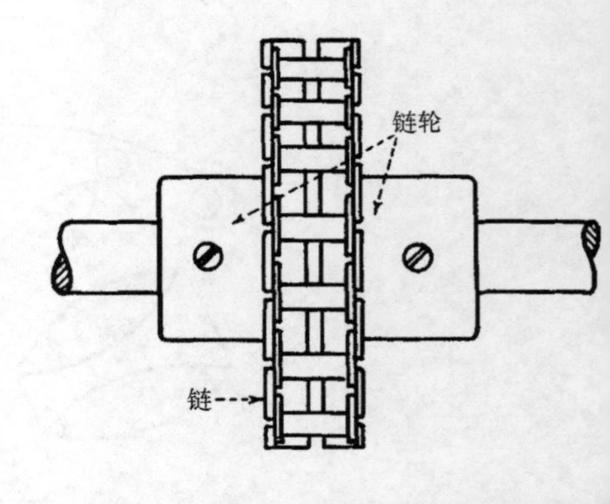

图 10.6-9　安装在轴上的链轮都与滚子链相连接，其抗扭能力强，市场上有销售。

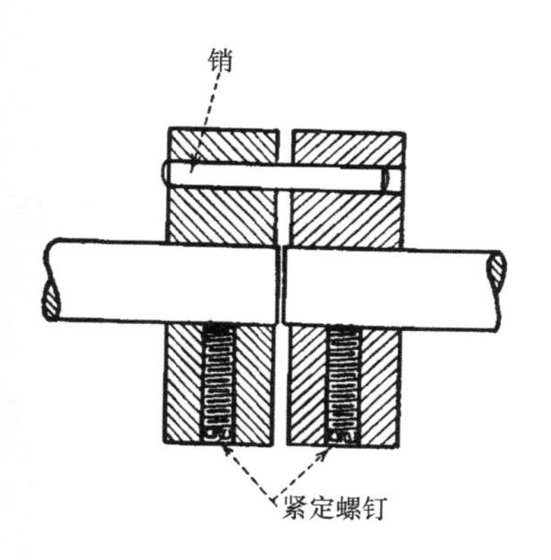

图 10.6-10 联轴器由两个套圈组成，通过紧定螺钉固定在轴上。销钉穿过套圈上的孔。软垫片可以用来作为缓冲器。

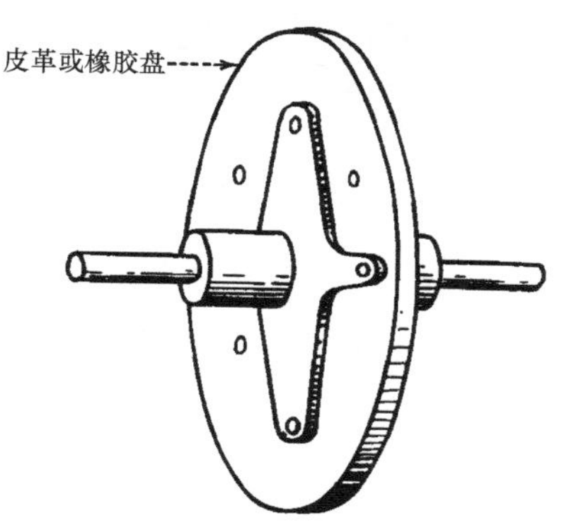

图 10.6-11 联轴器由两个皮革或橡胶盘铆接的法兰盘组成。法兰盘用紧定螺钉固定在轴上。

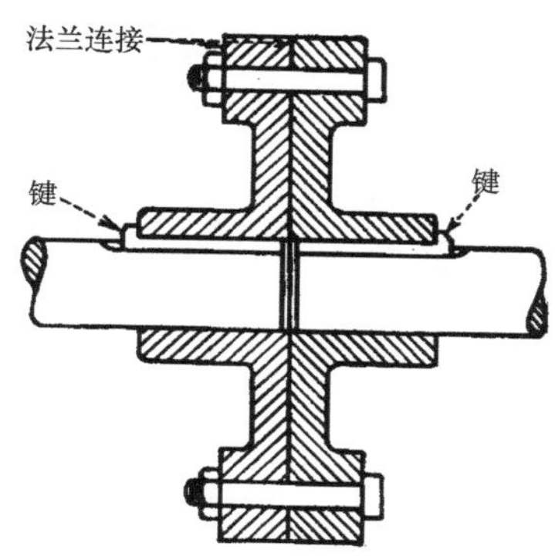

图 10.6-12 螺栓法兰联轴器适用于直径 1 ~ 12in（25.4 ~ 304.8mm）的轴。法兰之间用 4 个螺栓连接，并用键连接到轴上。

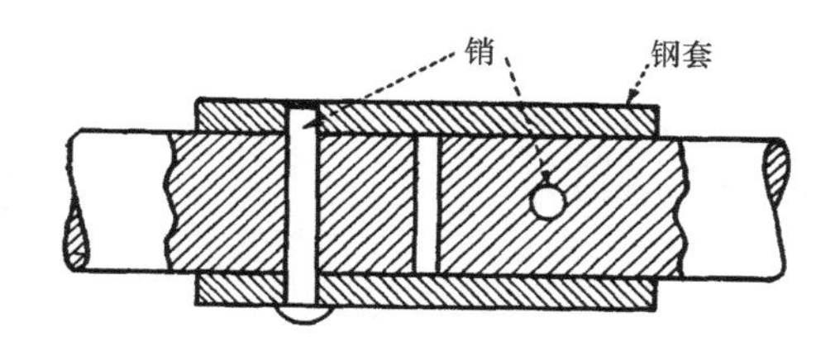

图 10.6-13 钢套用两个直销紧固在轴上，为了减小应力集中，将销之间相互错开 90°。

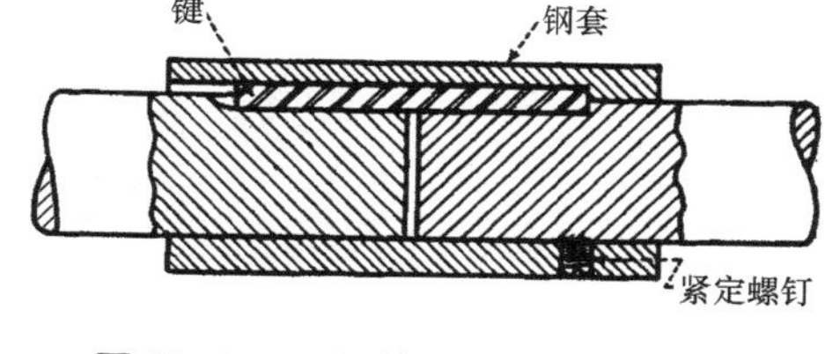

图 10.6-14 用单键来连接轴和钢套，其中钢套用紧固螺钉固定在轴上，为了降低成本，可以省略轴肩。

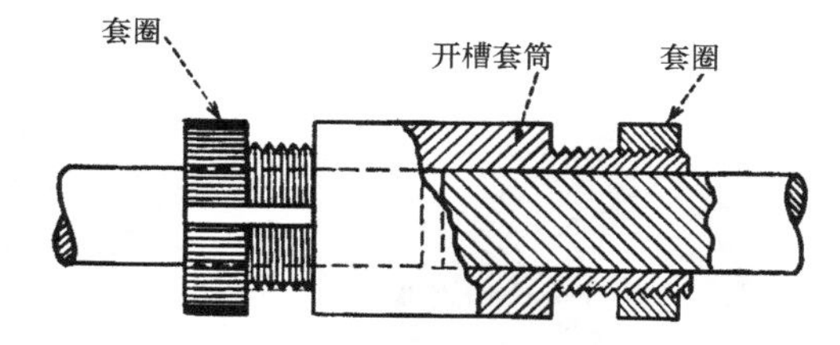

图 10.6-15 将套圈拧在开槽套筒的锥形螺纹上能够加固连接。轻载或细轴的套筒可用塑料材料制成。

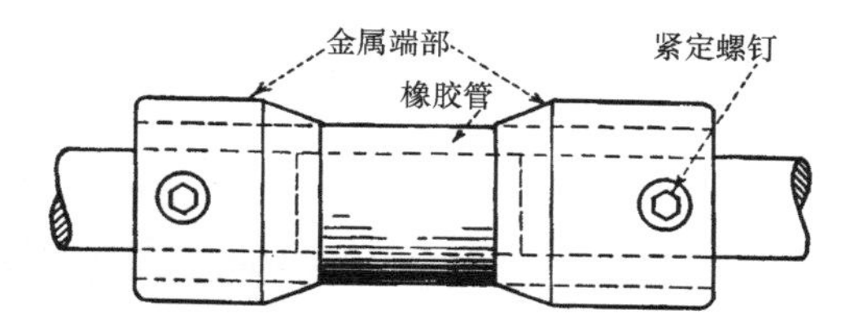

图 10.6-16 整体式弹性联轴器由橡胶管和金属端部组成。金属端部用紧定螺钉固定在轴上。目前有多种商用尺寸和长度。

10.7 连接转轴的典型方法（第一部分）

连接转轴的方法包括从简单的螺栓法兰装配到复杂的弹簧与合成橡胶装配等各种形式。下面介绍一些使用链条、花键、带和滚子的连接方法。

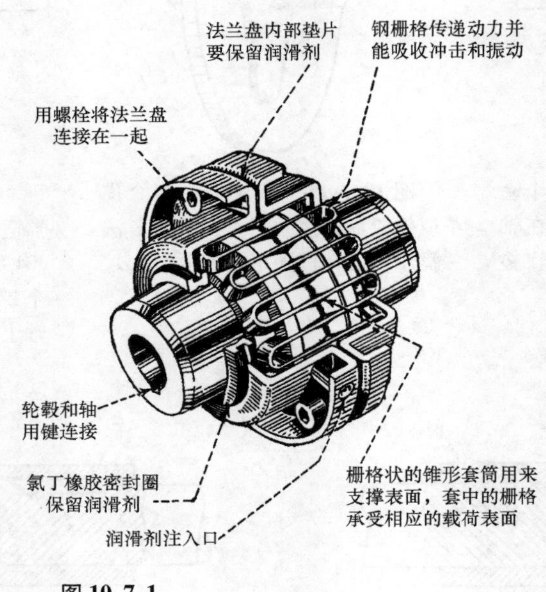

图 10.7-1

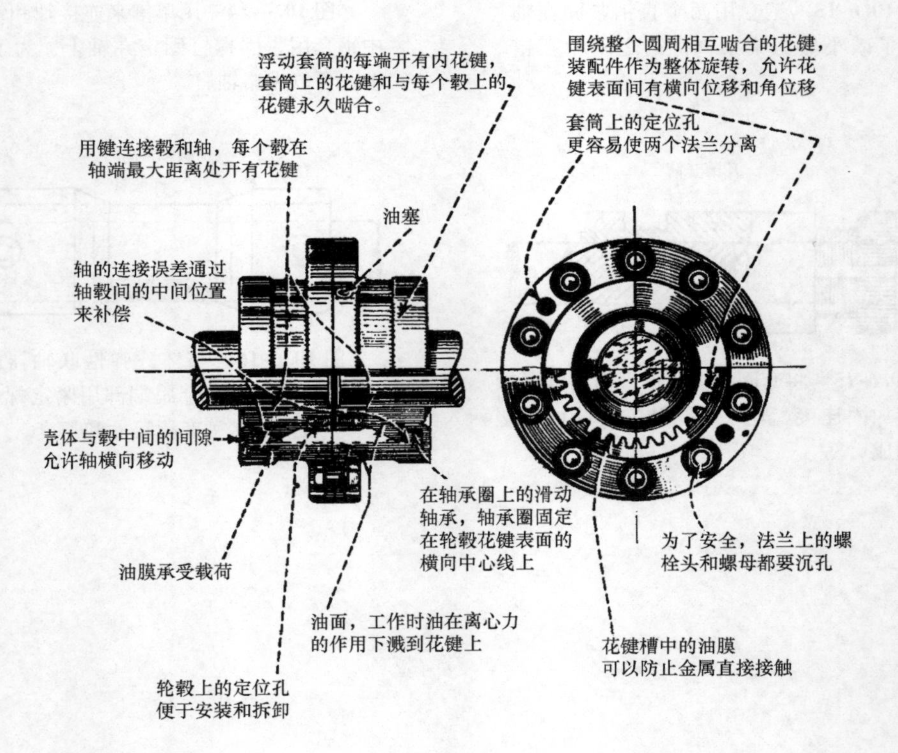

图 10.7-2

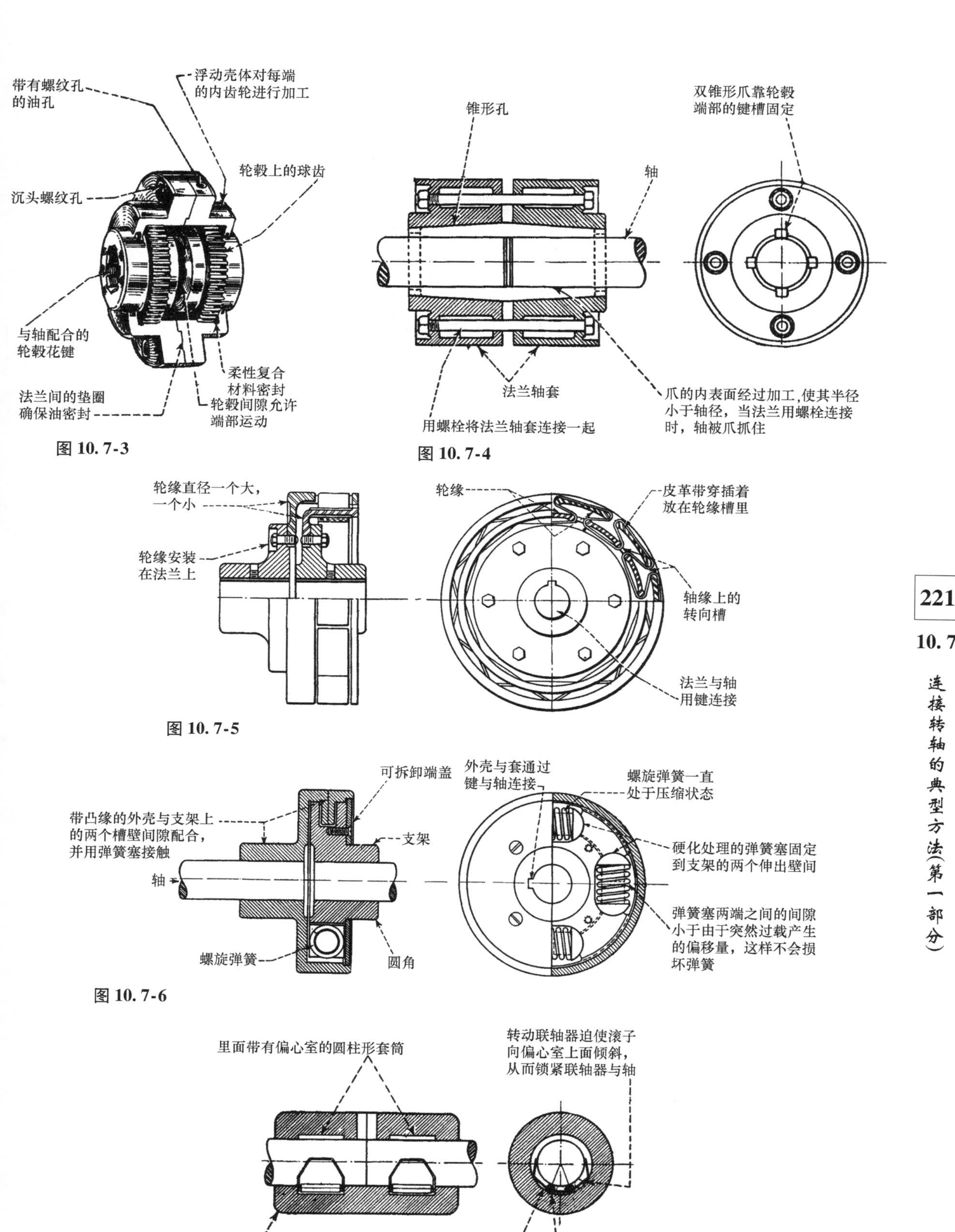

图 10.7-3

图 10.7-4

图 10.7-5

图 10.7-6

图 10.7-7

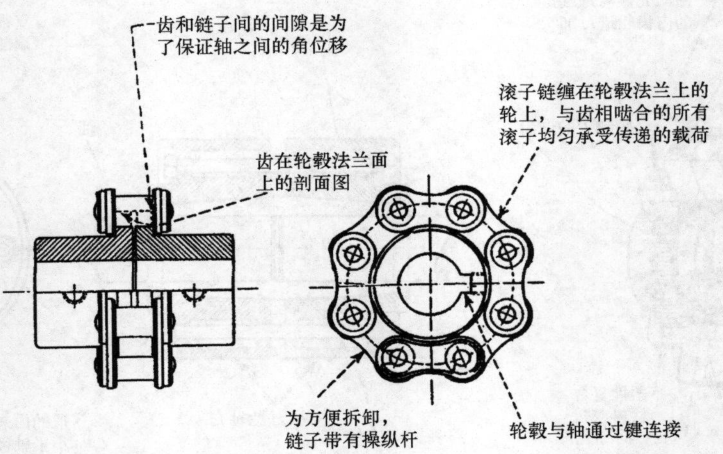

齿和链子间的间隙是为了保证轴之间的角位移

滚子链缠在轮毂法兰上的轮上，与齿相啮合的所有滚子均匀承受传递的载荷

齿在轮毂法兰面上的剖面图

为方便拆卸，链子带有操纵杆

轮毂与轴通过键连接

图 10.7-8

10.8 连接转轴的典型方法（第二部分）

下面介绍几种用来传递转矩且含有内外齿轮、球、销和非金属零件的联轴器。

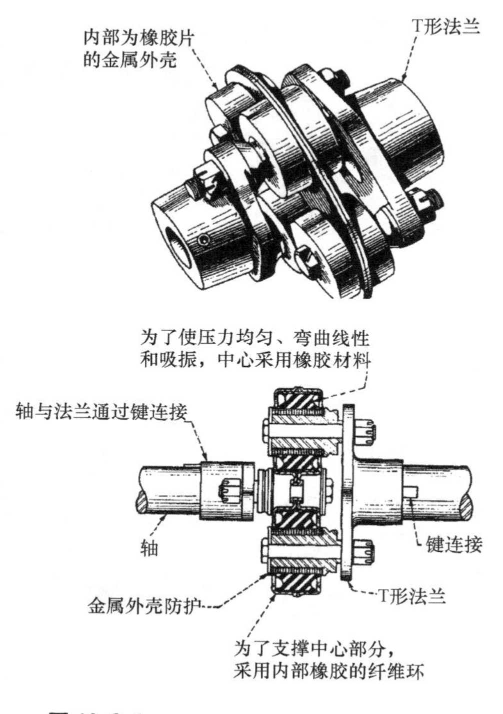

图 10.8-1

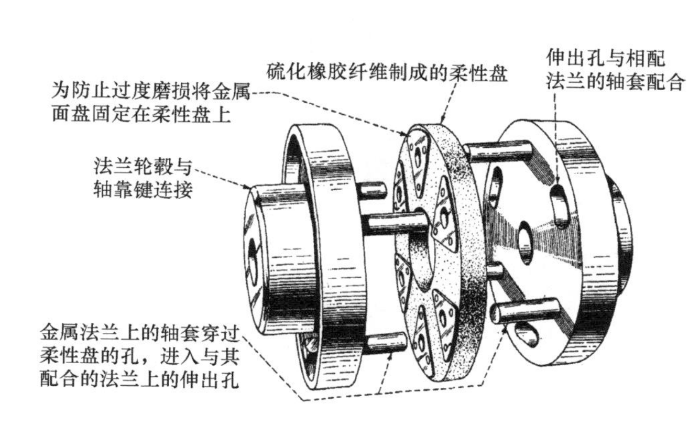

图 10.8-2

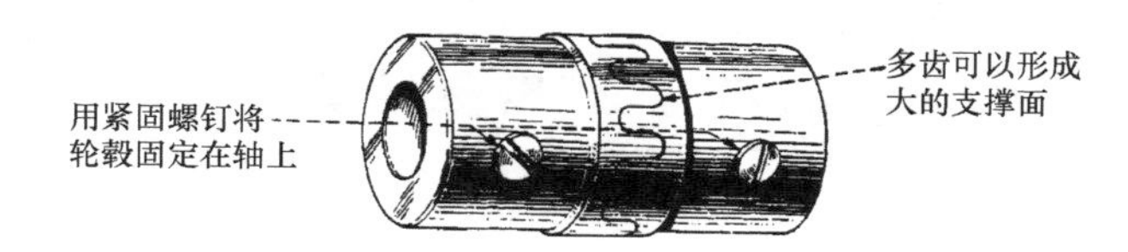

图 10.8-3

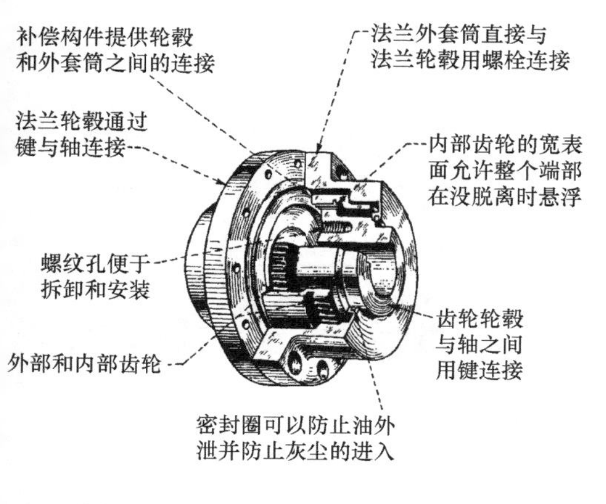

图 10.8-4

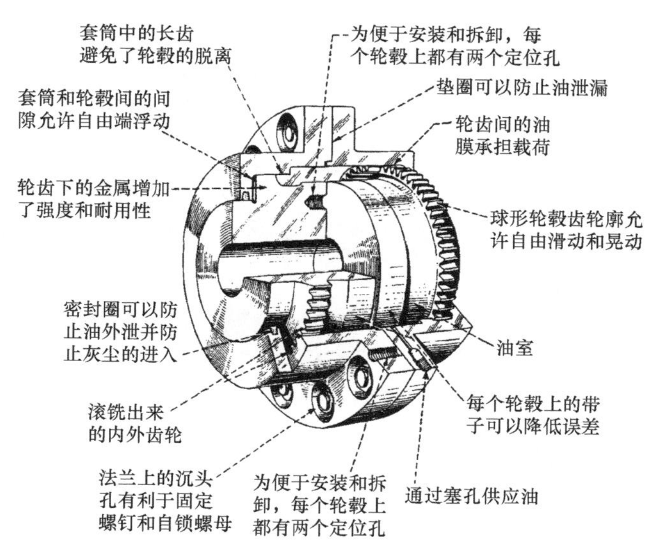

图 10.8-5

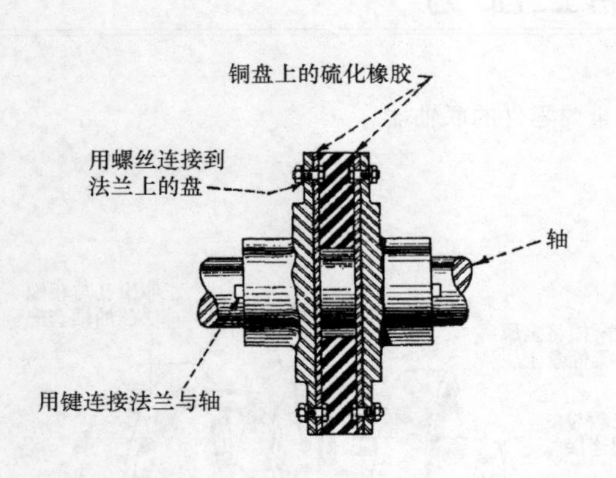

图 10.8-6

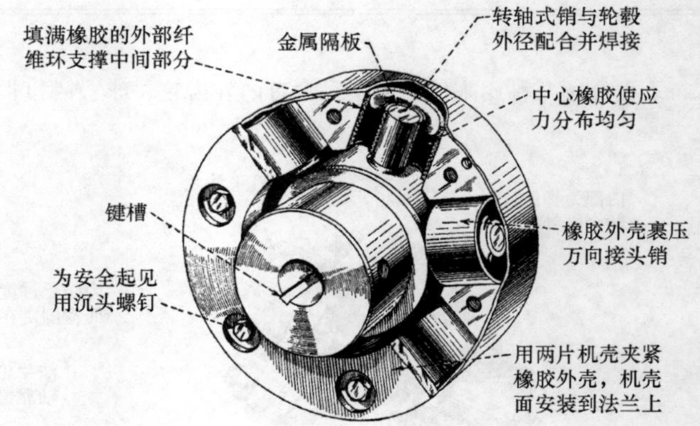

图 10.8-7

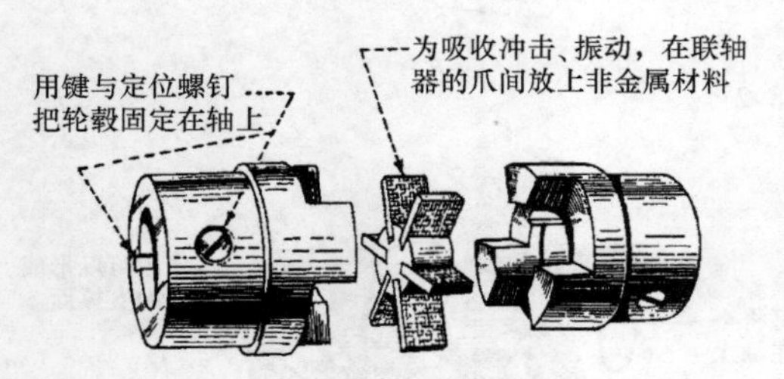

图 10.8-8

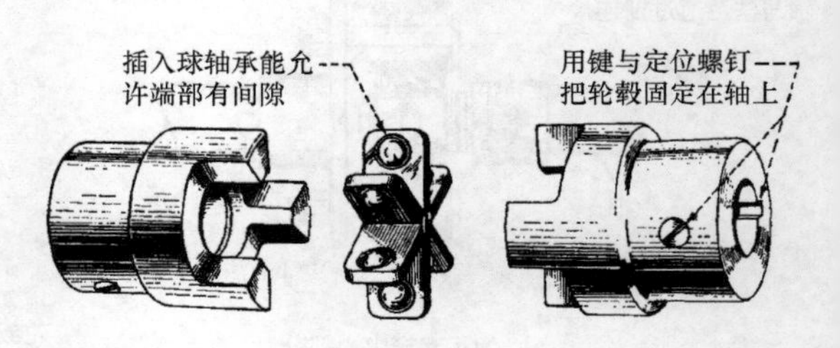

图 10.8-9

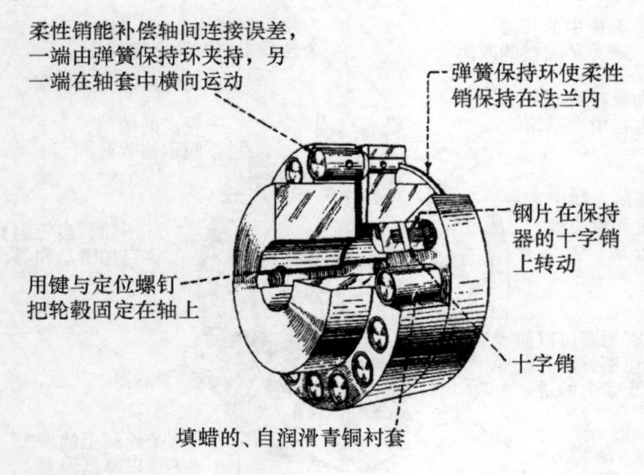

图 10.8-10

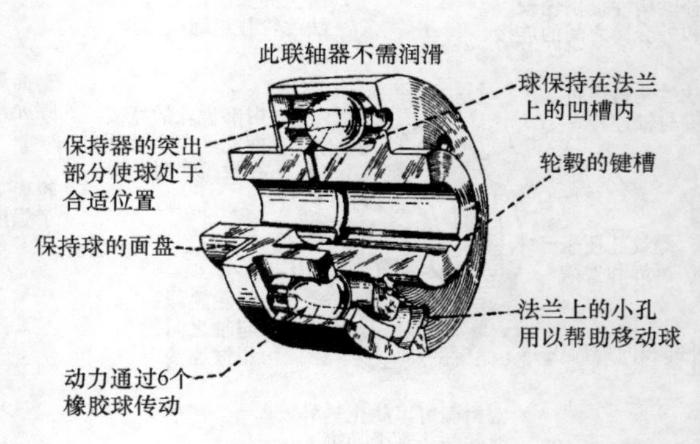

图 10.8-11

10.9 柔性联轴器典型设计（第一部分）

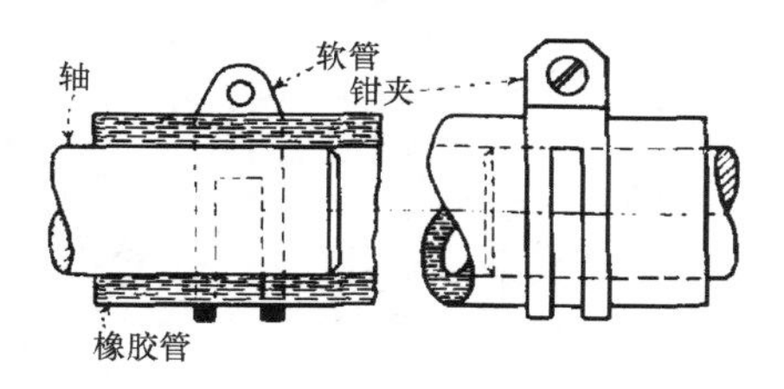

图 10.9-1 一个橡胶管夹紧两个轴。这种联轴器可应用在传递转矩较低并且产生滑移不影响正常工作的地方。这种联轴器安装简单并且在拆卸时也不干涉机构元件。能适应机构间纵向距离的改变。这种联轴器能够吸振，不会受到过载的损坏，没有轴向推力，不需要润滑和角度位移的补偿。

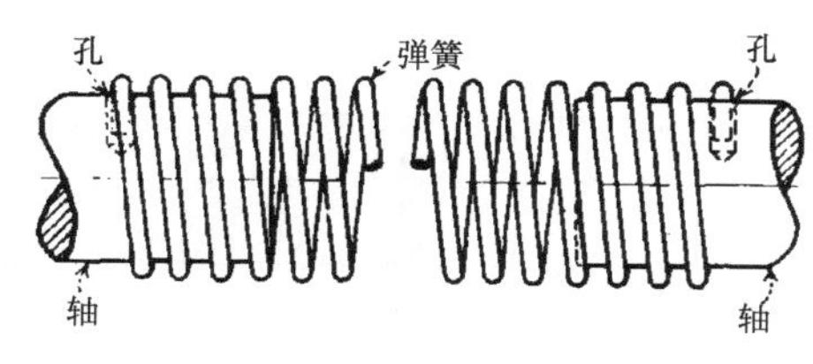

图 10.9-3 使用螺旋弹簧固定在轴上，与软管的作用相同。吸振特性非常好，但是扭转振动还是不可避免的。允许有轴向间隙，但是这种情况会产生轴向力。其他的一些优点如图 10.9-1 和图 10.9-2 所示。在各个方向都有位移补偿。

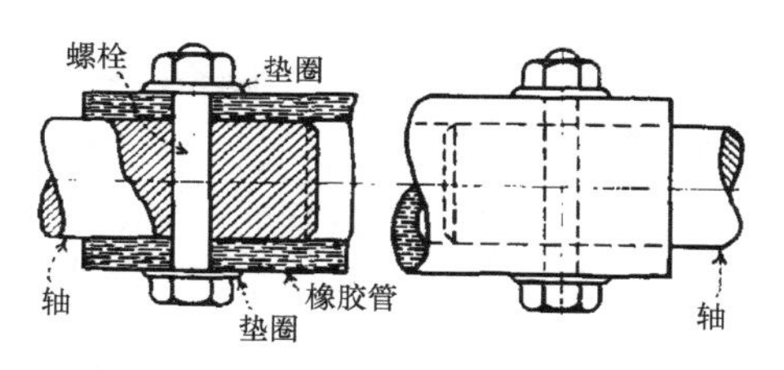

图 10.9-2 该结构与图 10.9-1 相似。但是由轴上的螺栓软管来确定强制转动。除了没有过载保护外，其软管容易破裂，其他与图 10.9-1 在类型上有相同的优点。

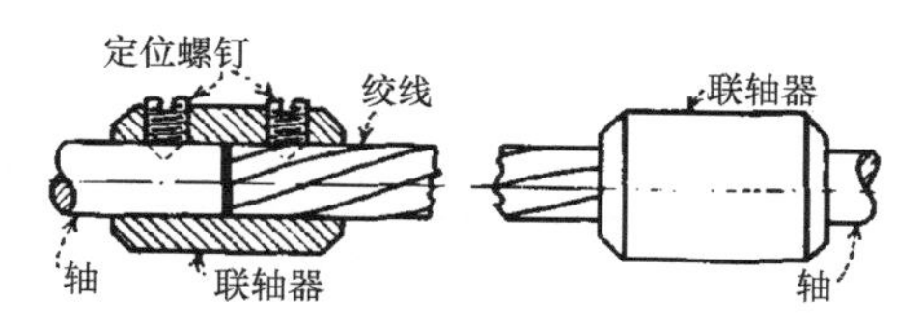

图 10.9-4 为了低的转矩和单向转动，使用一个简单有用的联轴器。绞线提供正传动并且有很好的弹性。转动部分的惯性低。容易安装并且拆卸时也不干涉轴。绞线可以被缠绕起来，也可以伸长，以便实现直角弯曲，例如用在牙钻和速度计上。绞线的两头被焊接或用金属丝捆扎，以防止松散。

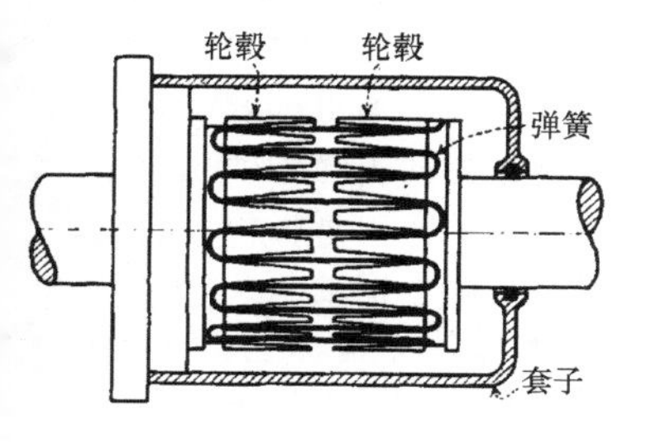

图 10.9-5 蛇形弹簧联轴器与图 10.9-6 所示是同一原理，但是用一个片弹簧代替了一系列的螺旋弹簧。通过在轮毂中使用锥形的插槽获得了高弹性。通过在工件上涂润滑脂保证正常运转。

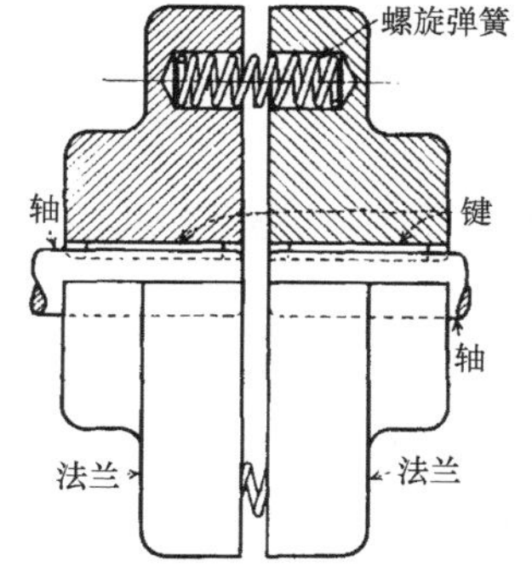

图 10.9-6 两个法兰盘和一系列的螺旋弹簧提供了高弹性。只在轴无自由端时使用。无需润滑、吸振并且具有过载保护，但是会有扭转振动。为了得到任意的柔韧度，弹簧可以是圆的或方的簧丝并且其簧丝直径和弹簧的节圆尺寸也可变化。

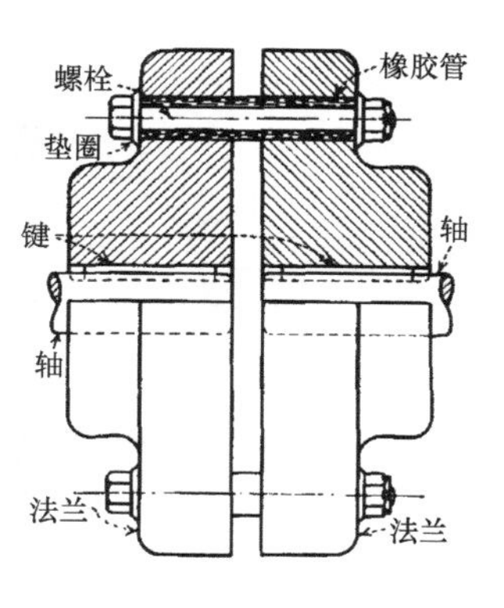

图 10.9-7 该结构与图 10.9-6 相似，除了橡胶管是用螺栓加固的，用来代替螺旋弹簧。结构坚固但是弹性受限制。该结构没有过载保护，螺栓容易被剪断。如果使用较厚的橡胶管则抗振动特性较好。该链接容易拆卸。

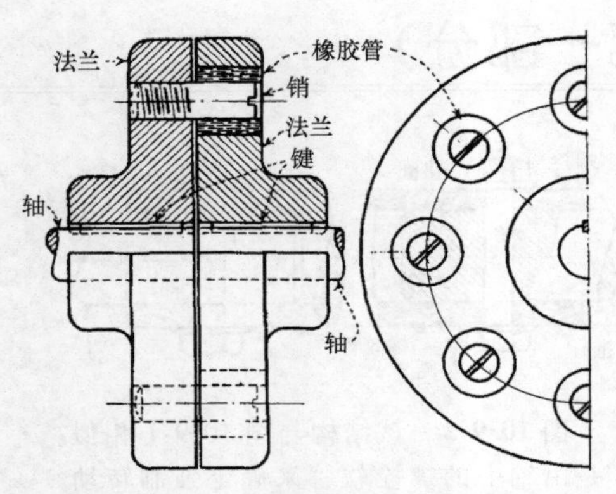

图 10.9-8 一些销把橡胶衬套固定在法兰上。联轴器很容易安装。法兰加工精确并且具有相同的尺寸使得调整精确。允许轴上有较小的轴隙，提供正传动，其传动在各个方向都有很好的弹性。

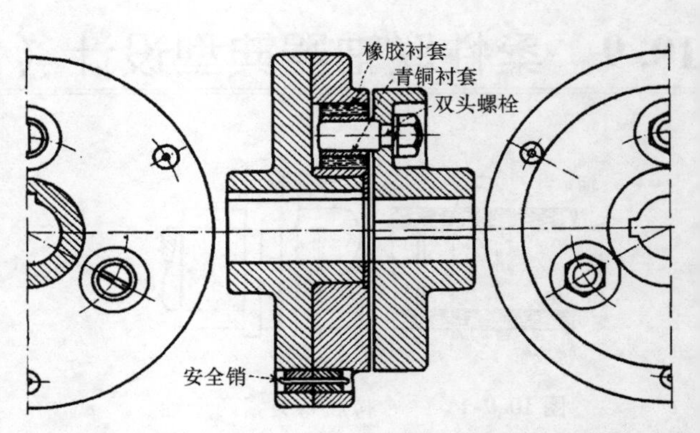

图 10.9-9 该装置是用齿轮工作的挠性联轴器，衬套中有安全销用来提供过载保护。结构中的双头螺栓、橡胶衬套、自动润滑、轴承大体上与 10.9-10 相似。可更换的安全销选择的材料比剪切销管的材料更软。

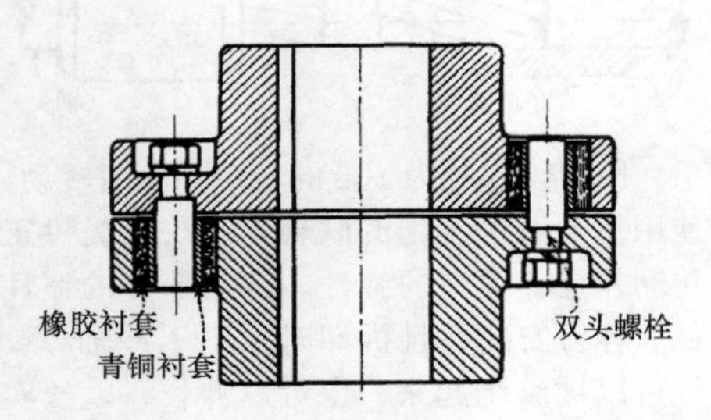

图 10.9-10 该联轴器由 Ajax 柔性联轴器公司设计。双头螺栓与螺母和锁紧垫圈牢固的固定并且可以自动润滑，青铜衬套把两个法兰分开。胶结在两个法兰上的厚橡胶衬套固定在青铜衬套上。由于能自动润滑，所以联轴器的寿命得到了增长。

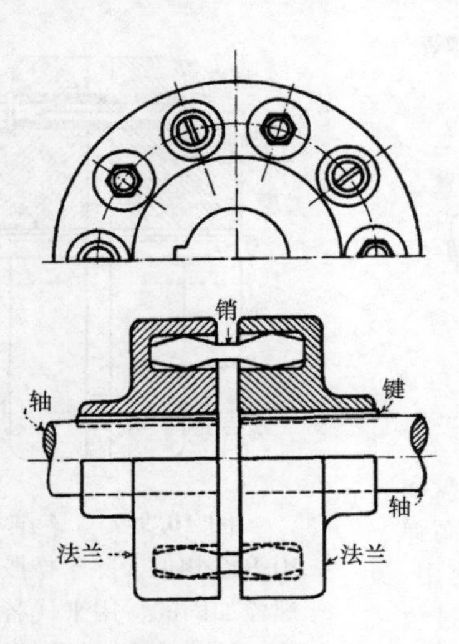

图 10.9-11 该装置是另一种用齿轮工作的联轴器。弹性是通过有金属或纤维制造的成圆锥形的固体销获得的。这种类型的销能够提供正传动，在各个方向都具有弹性。

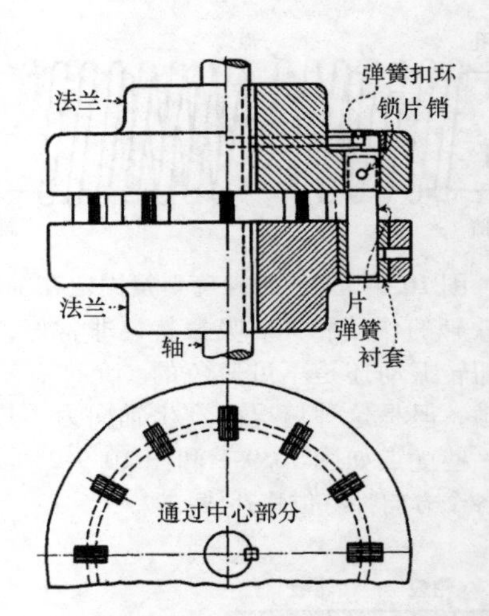

图 10.9-12 这种联轴器弹性是通过层压回火弹簧销叶片获得的。锁片销是弹簧片的支持器。磷青铜轴承条被焊接到外部的弹簧片上，装进经过硬化的刚性矩形小孔，最后装进法兰里。销可以在法兰末端朝上的部分自由滑动，但是在另一个法兰上被弹簧卡环锁紧。这种联轴器适用于海运和陆运中比较严峻的环境下。

10.10 柔性联轴器典型设计（第二部分）

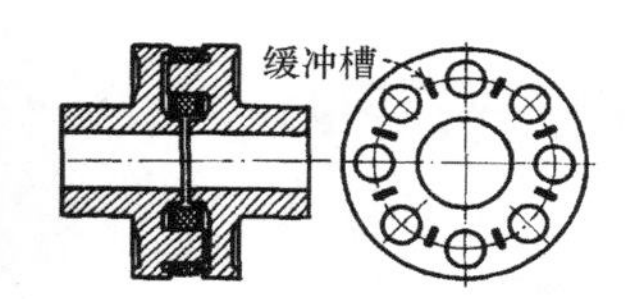

图 10.10-1 布朗工程公司在弹性联轴器层压皮革中增加了缓冲槽。这些槽可以吸收冲击载荷和扭转振动，在平行度偏差或冲击载荷下，缓冲槽能够覆盖它的整个宽度，但是在角度偏差中只能覆盖一面。

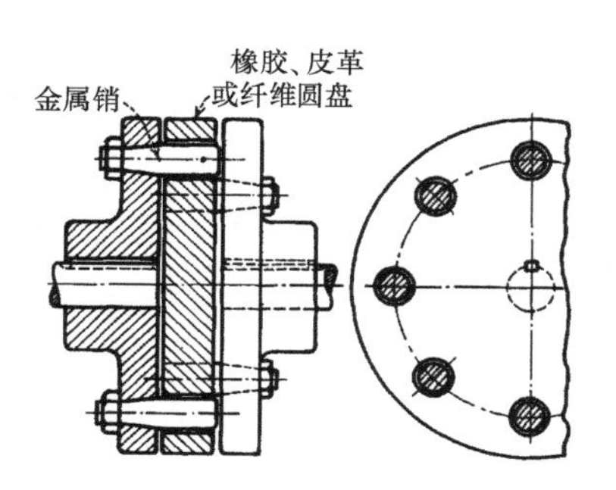

图 10.10-2 在琼斯 W. A. 铸造厂和联轴器机械公司，弹性体是由橡胶、皮革或纤维圆盘的恢复力提供的。柔韧程度受圆盘上销与小孔的空隙以及圆盘恢复力的限制。具有很好的吸振性能，允许轴向间隙，不需要润滑。

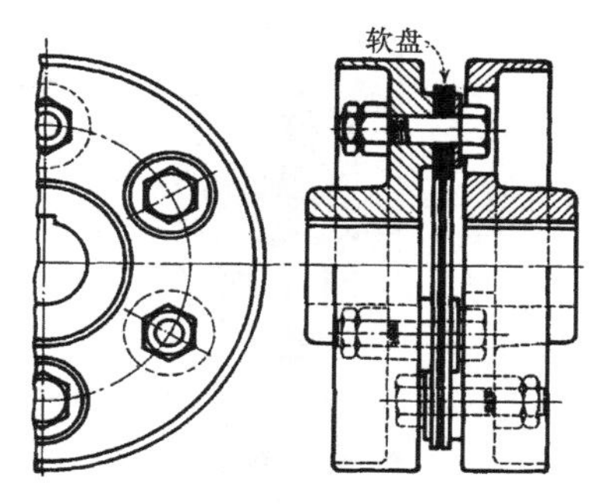

图 10.10-3 由奥德里奇泵公司制造的联轴器与图 10.10-2 相似，除了用螺栓代替销。这种联轴器允许轴末端轻微移动并且允许机构暂时分离而不干涉法兰。为了保护凸出的螺栓，驱动和从动构件带有凸缘。

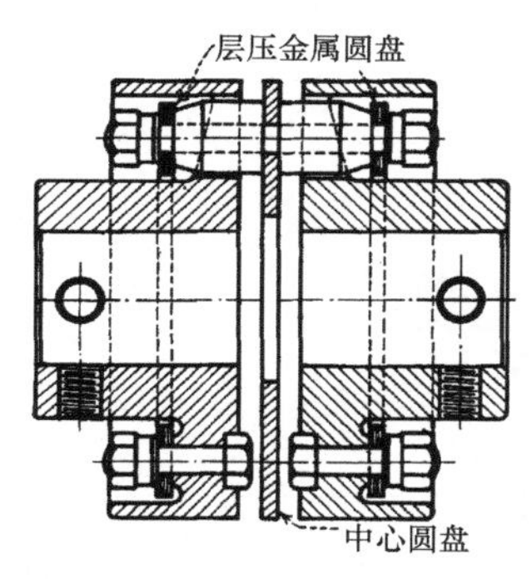

图 10.10-4 在这种联轴器中使用由托马斯弹性联轴器公司制造的层状金属圆盘。圆盘被拴在法兰上通过销彼此连接，由钢制中心圆盘支撑。中心环的弹簧运动允许有扭转柔度，两侧环可以补偿角偏差和位移偏差。这种联轴器在任何一个方向都可以提供正传动，且没有间隙，不需要润滑。

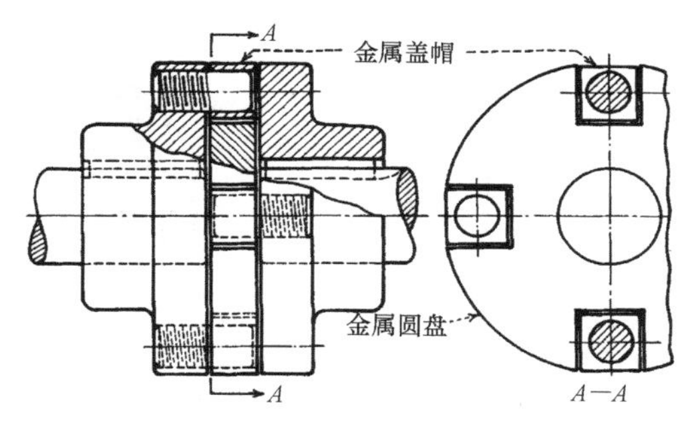

图 10.10-5 由帕尔默-蜂（Palmer-Bee）公司为大转矩设计的一种联轴器。每个法兰装有两个双头螺栓，螺栓被装在方形的金属盖帽上。这个盖帽可以在中心金属圆盘的插槽里滑动。

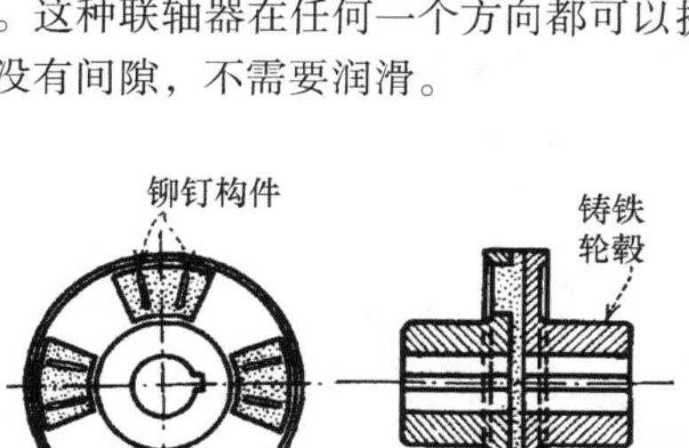

图 10.10-6 在扎尔斯·邦德（Charles Bond）公司设计的联轴器中，一个皮革圆盘在两个一样的法兰之间浮动。驱动器通过四个胶合层压皮革凸耳铆接到皮革圆盘上。在各个方向都有位移补偿，无轴向推力。法兰是由铸铁制造的，驱动凸槽是有芯的。

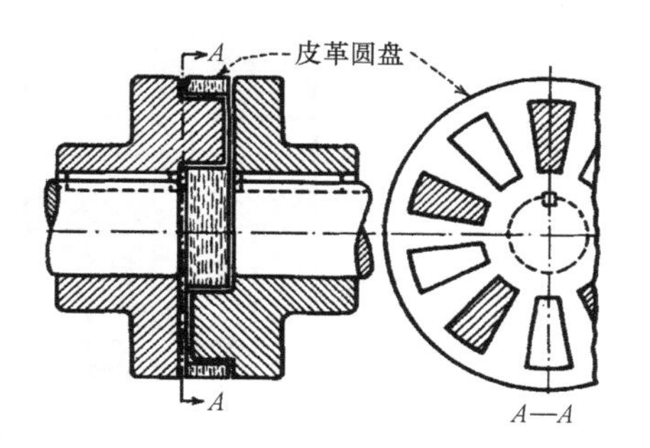

图 10.10-7 T. B. 伍德和桑（T. B. Wood & Sons）公司的联轴器工作原理与图 10.10-6 相同，但是它的驱动凸耳与金属法兰是一个铸造整体。层压皮革圆盘打孔是为了容纳每个法兰的金属驱动凸耳。

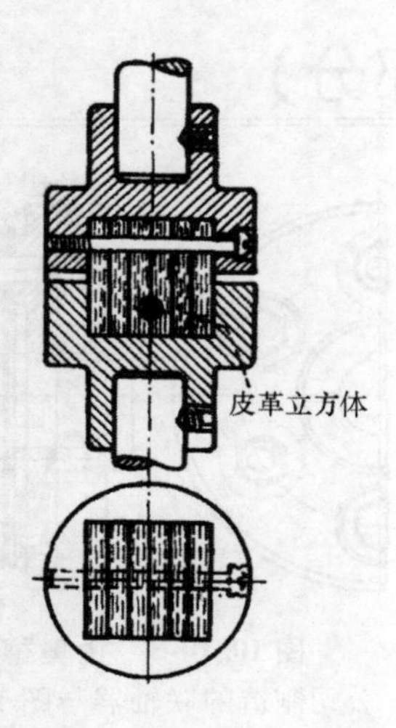

图 10.10-8 另一种联轴器是由扎尔斯·邦德公司设计的。法兰有方形的凹槽，可以在此安装组合的皮革立方体。通过双头螺栓设置的直角可以防止末端的移动。这种联轴器运行平稳，在传递低转矩载荷中使用。铸件可以用于法兰。

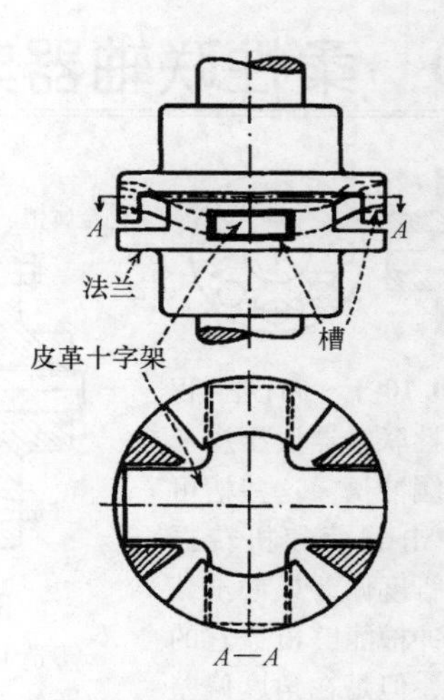

图 10.10-9 该结构与图 10.10-8 相似，运行平稳，在低转矩中使用。这种联轴器仍然是由扎尔斯·邦德公司设计的。浮动部件是由层状金属制成的，其形状就像十字架。中心部件的末端在每个法兰的两个空心槽中。这种联轴器将会承受限定的轴端余隙。

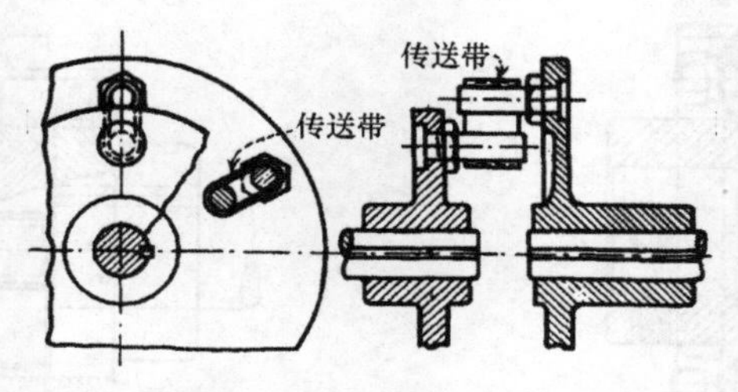

图 10.10-10 安装在法兰上的销通过皮革、帆布或橡皮筋连接。这种联轴器用于传递大转矩时的临时连接，如测试发动机时功率计的驱动。这种联轴器允许各个方向有大的弹性，吸振但是需要经常检查。机构可以被很快地拆卸，尤其是传送带使用输送带扣时。当欠载时，从动构件滞后于驱动器。

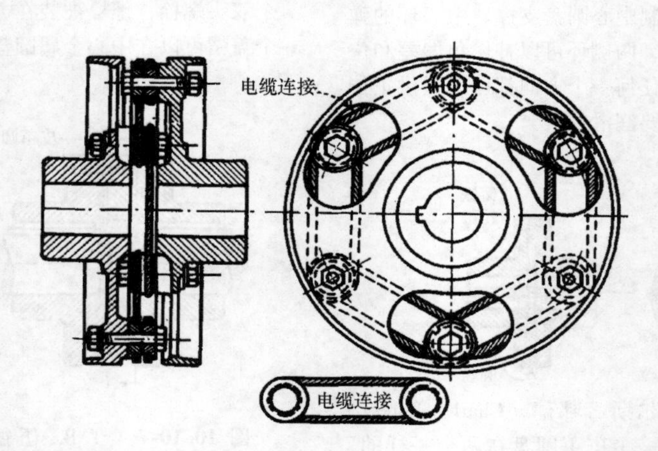

图 10.10-11 布鲁斯·麦克白（Bruce-Macbeth）消防分队使用的联轴器与图 10.10-10 相似，除了使用 6 个“无尽”的电线绳索连接，电线绳索由犁钢丝绳制成。连接小金属的线轴安装在偏心轴套上。通过旋转这些轴套，使链接调整到合适的张力。通过直接连接绳索，载荷从一个法兰传递到另一个。这种联轴器在严峻的工作中使用。

10.11 柔性联轴器典型设计（第三部分）

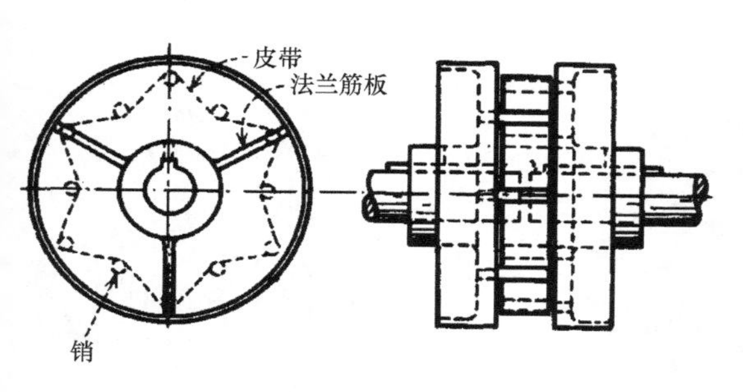

图 10.11-1 韦伯斯特（Webster）制造公司制造的联轴器使用单一的环状带来代替图 10.10-10 中的一系列带。环状带交替缠绕在两个法兰上的销上。由于带的延伸性和销能保证带的循环，所以其具有良好的抗冲击性。

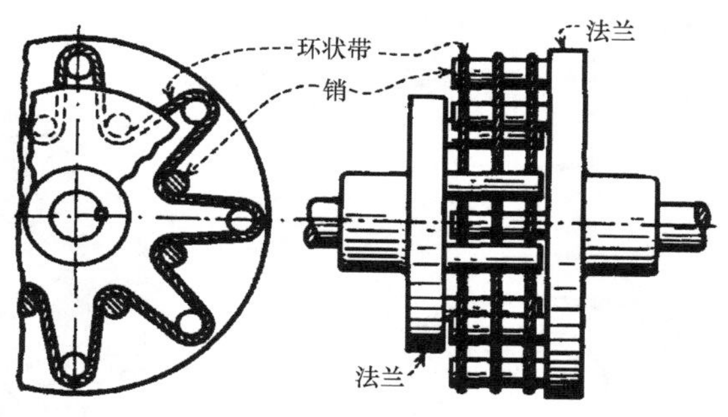

图 10.11-2 韦伯斯特制造公司制造的联轴器，与图 10.11-1 的设计类似，但是其用环状拼接而成的麻绳来代替皮带。在有载荷时的运动与环状带相同。

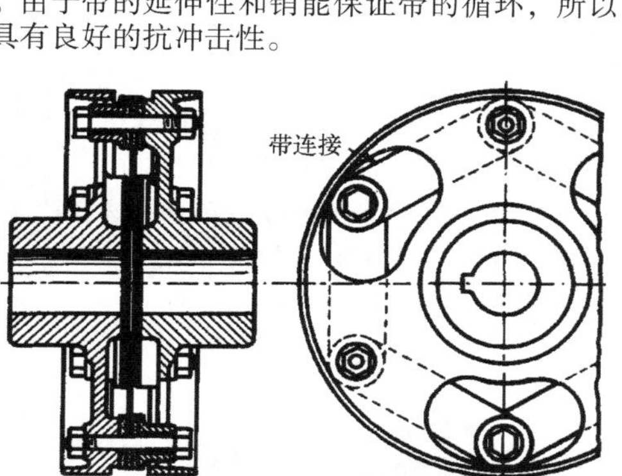

图 10.11-3 布鲁斯·麦克白设计的联轴器，用皮革连接来代替图 10.10-11 中的环状线。负载通过直接拉动连接，在法兰之间传递。其适用于永久安装机构，且安装时需要监督。

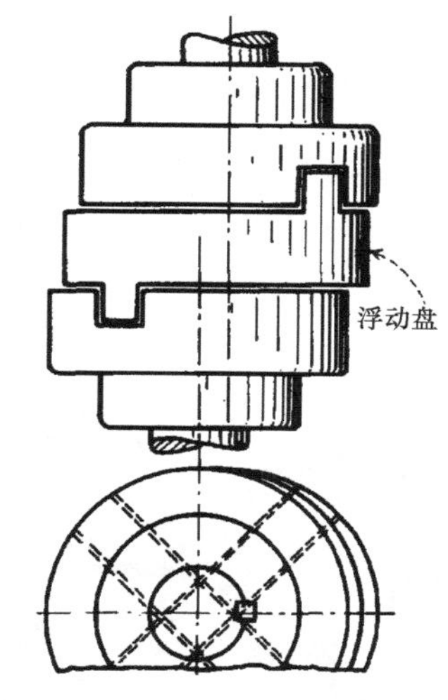

图 10.11-4 由 W. A. 琼斯（W. A. Jones）铸造机械公司制造的奥尔德姆联轴器是由两个金属盘组成的颚式类型。其用于低速重载装置中。

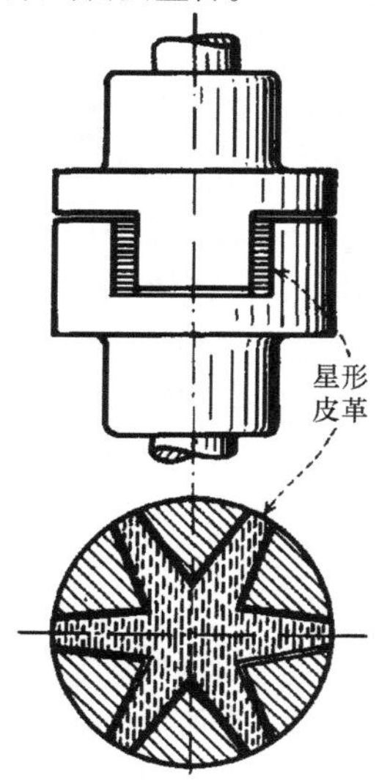

图 10.11-5 扎尔斯·邦德公司生产的星形联轴器与图 10.10-9 中的十字形类似。星形浮动装置由层叠皮革组成。每个法兰上有三个颚，多出的两个颚增加了去额定转矩。这种联轴器的使用受到一定限制。

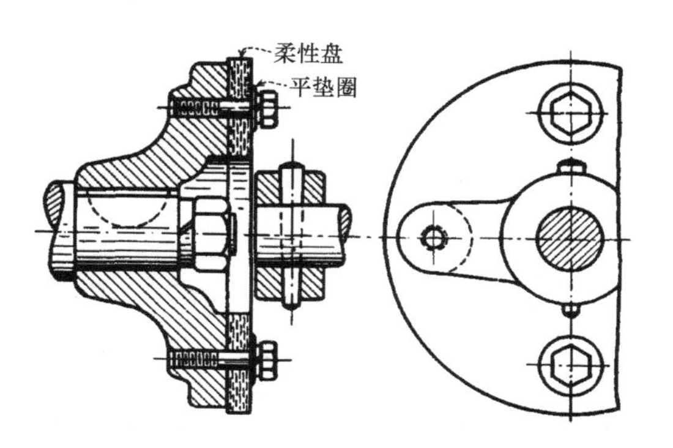

图 10.11-6 用螺栓把橡胶帆布盘固定在两个金属支座上。其广泛用于需要较少的角度偏差补偿的低转矩场合中。其运行平静，不需要润滑以及其他注意事项。偏移错位会缩短柔性盘的寿命。

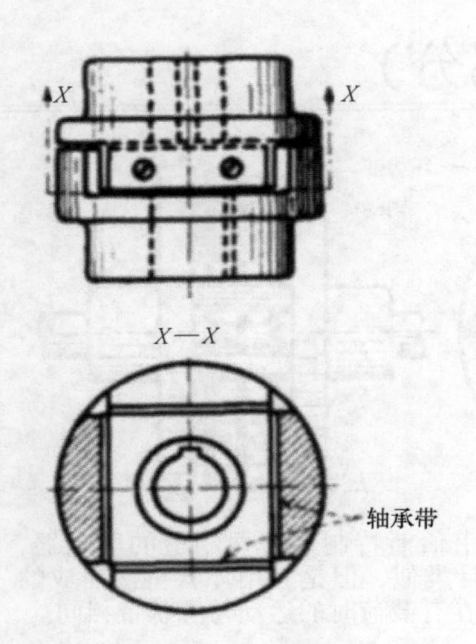

图 10.11-7　一个金属浮动中心块用于美国柔性联轴器公司的设计中。由于采用可拆卸的纤维带和脂润滑，所以其运行平静、安全，并且容易安装。其运行时并不依赖于柔性材料。通过采用没有接触的硬木作为浮动单元可以减小其尺寸。

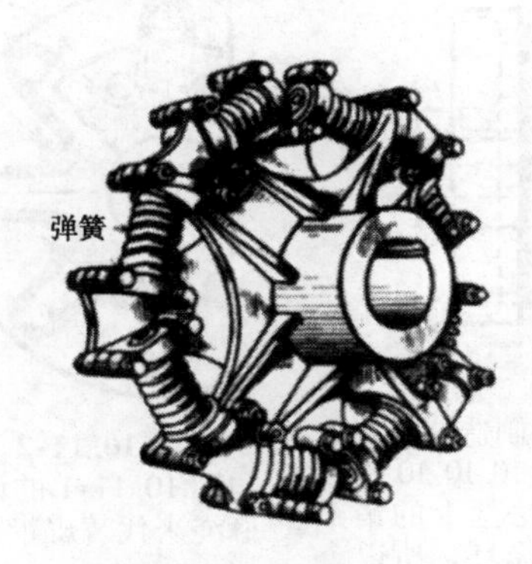

图 10.11-8　西屋纳托尔（Westinghouse Nuttall）公司生产的联轴器是一种具有优良的扭转灵活性的全金属类型。八个弹簧可以补偿位移和角度，允许轴有少许浮动，能在两个方向上进行高转矩传输。另外，此装置需要润滑。

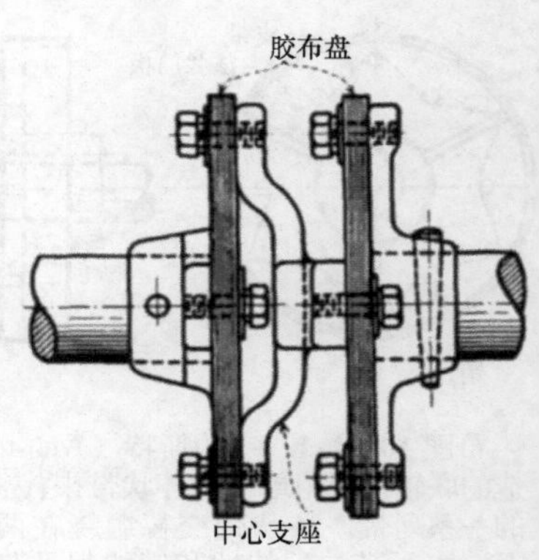

图 10.11-9　结构与图 10.10-8 相似，但是，由于增加了额外的盘，所以将有位移错位。此例中的中心支座是自由浮动的。通过如图所示的橡胶帆布盘，该联轴器可以承受较大的角度偏差。

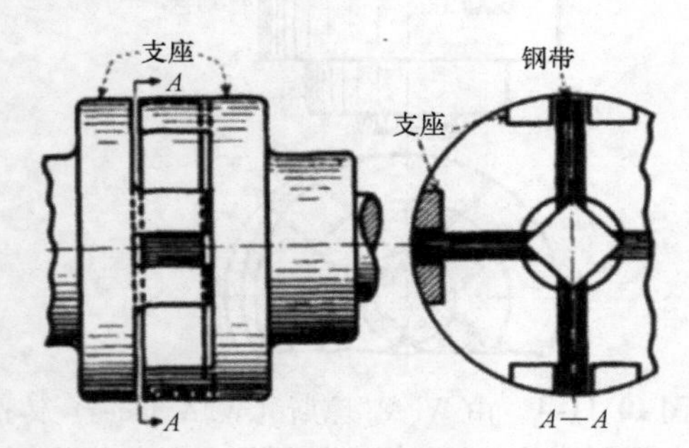

图 10.11-10　史密斯和瑟雷尔（Smith & Serrell）柔性十字联轴器由在两个支座间浮动的层叠钢带组成。层叠辐条由四个模板和法兰组成的凸缘保持住。这种联轴器仅适用于轻载传输。

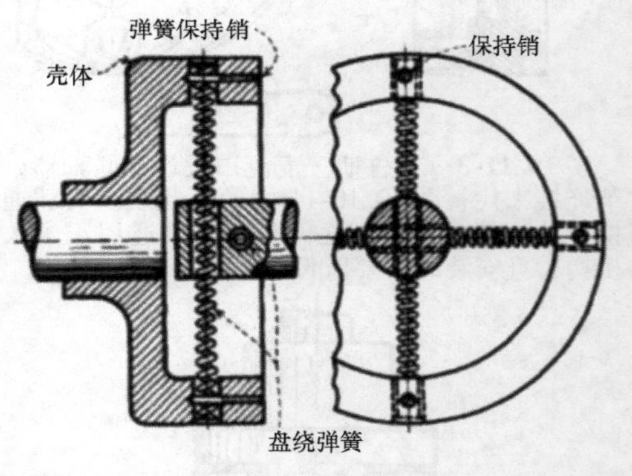

图 10.11-11　这种由布朗工程（Brown Engineering）公司制造的联轴器临时用于实验仪器设备之间和一些类似的临时连接是非常有用的，其能够对每个方向的错位进行补偿。通过改变弹簧大小，可以吸收不同程度的扭转冲击。弹簧由销来保持。弹簧可以滑落或者破损从而达到过载保护。

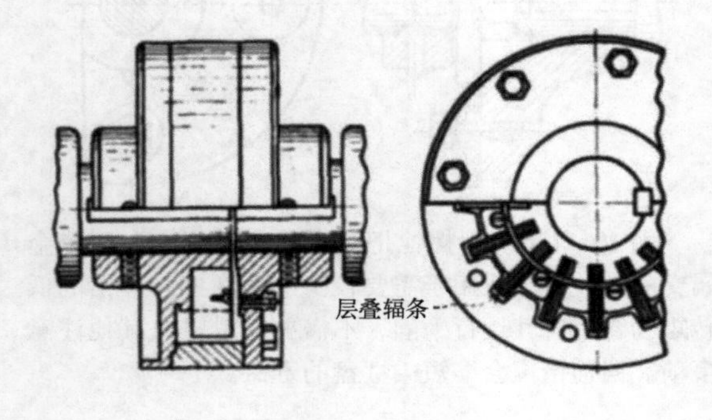

图 10.11-12　另一种由布朗工程公司设计的联轴器，一系列层叠的辐条在两个没有端推力的法兰之间传输动力。这种类型的在联轴器端部可以不工作。其还有以下优点：吸收扭转冲击，无外漏运动部件，在所有的速度下均具有平衡性。易损件可以更换，工作件有防尘保护。

10.12　10种万向联轴器

1. 虎克绞

虎克绞是最常用的万向联轴器。它能够有效地传递转矩，轴间角度最大可达36°。在低速运动的手工机械中，两个轴之间的夹角可以达到45°。虎克绞的装配简单，是靠两个叉形轴的端部与一个十字形零件的连接来完成的。

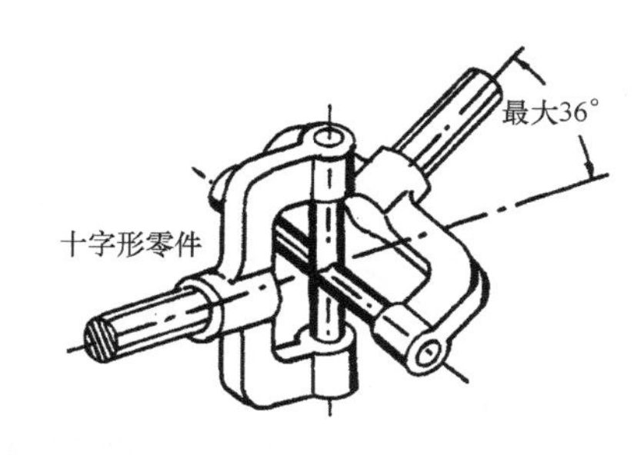

图10.12-1　虎克绞适用于重载传递，经常用到精密的防摩擦轴承。

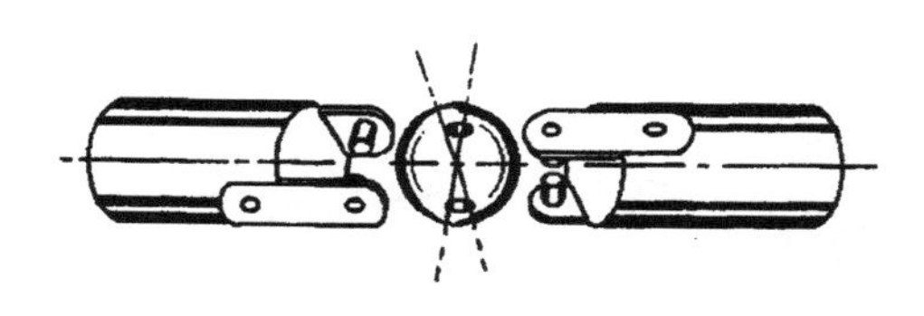

图10.12-2　球销轴连接代替了十字形零件，从而获得更加紧凑的关节。

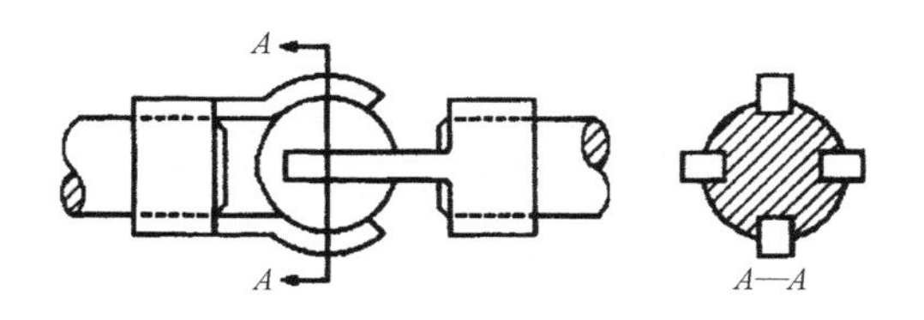

图10.12-3　球槽关节是球销关节的改进。套筒上的转矩传到球上。槽中转矩的滑动接触越大，在传递大转矩和大的轴间角时，关键零件的润滑就更容易。

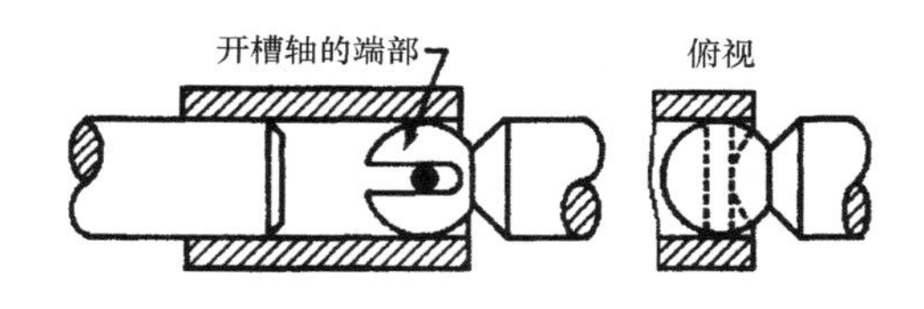

图10.12-4　销筒联轴器固定在一个轴上，并且与另一个轴上开有槽的球形端部相连接，形成一个关节，它也允许有轴向运动。然而，在该例中，轴间的夹角必须很小，而且这个关节也只适用于低转矩传动场合。

2. 恒速联轴器

单虎克绞的缺点是，从动轴的转动速度是变化的。利用驱动轴的转速乘以轴间夹角的余弦的倒数可以得到最大转速，而乘以夹角的余弦则可得到最小转速。举一个速度变化的例子：驱动轴转速为100r/min，轴间夹角为20°。那么最小输出速度为100 × 0.9379r/min = 93.9r/min，最大输出速度为100 × 1.0624r/min = 106.4r/min，两者之差为12.43r/min。当输出速度最大时，输出转矩就会降低，反之亦然。在一些机构中，这是一个需要克服的特性。尽管如此，用一个中间轴来连接两个万向联轴器就解决了这个速度和转矩的问题。

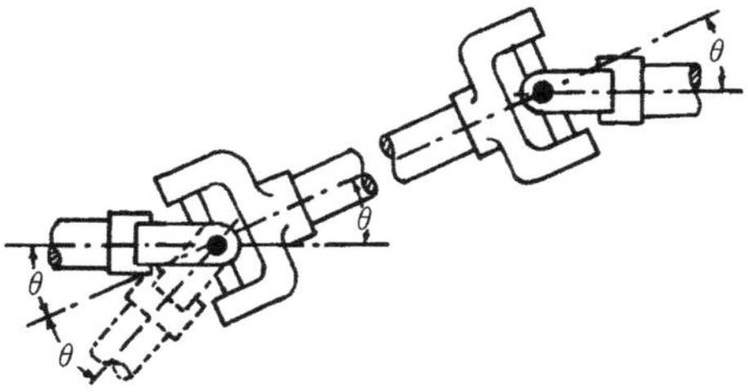

图10.12-5　通过连接两个虎克绞得到一个恒速关节。它们应该具有相等的输入和输出角度才能正常工作。为了使它们在同一平面内，必须装配叉架，这样，它的轴间角就是单关节夹角的两倍。

这个单恒速联轴器是基于两个构件的连接点必须总处于共同的运动平面上的原理（图10.12-6）。因为每一个构件到连接点的半径总是相等的，所以它们的旋转速度就会相等。这个简单的联轴器对于玩具、仪表和其他轻载机构来说是比较理想的。对于像军用车前轮驱动这样的重载情况，可以用图10.12-7中这个更加复杂的联轴器。它用一个滑动构件将两个关节紧密连接。分解图（图10.12-7b）中展示了这些构件。重载万向联轴器还有其他的设计形式，一种是大家所知道的球笼式万向联轴器，它由一个保持六个圆球始终在公共运动屏幕上的支架组成。另一种是恒速联轴器，即邦迪克斯·维斯联轴器，也包含圆球。

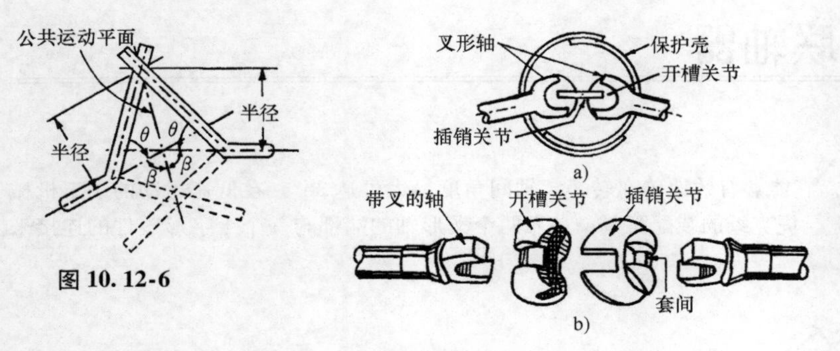

图 10.12-6

图 10.12-7

图 10.12-8 这个柔性轴可以实现任意角。如果轴很长，应避免反冲和打卷。

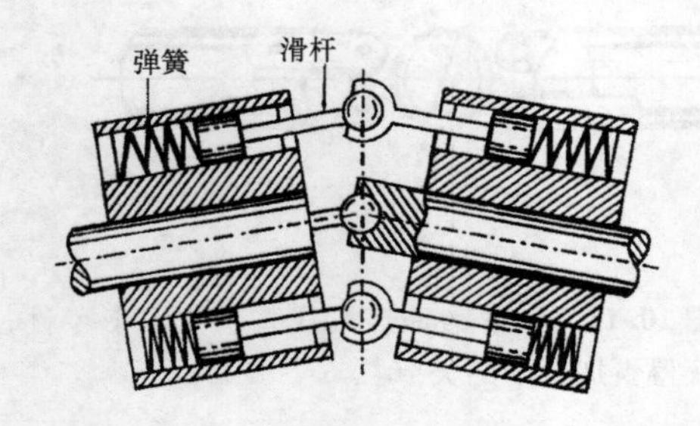

图 10.12-9 这些泵形联轴器的滑杆能够往复运动，滑杆可以是活塞在缸中运动。

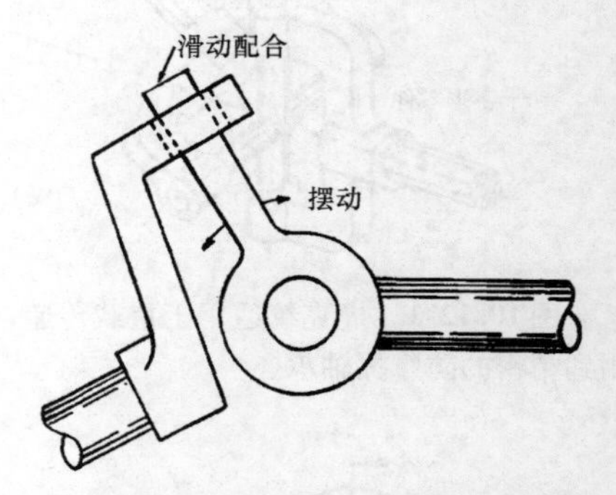

图 10.12-10 这种轻载联轴器对于许多简单、低成本机构来说是比较理想的。滑动摆杆必须时刻保持良好的润滑。

10.13 新型偏心轴联轴器

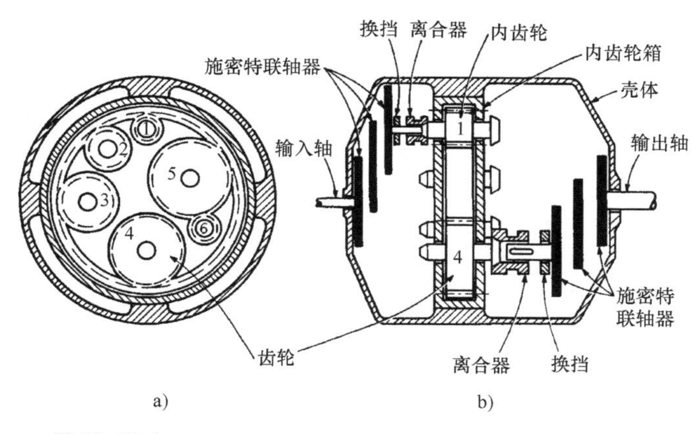

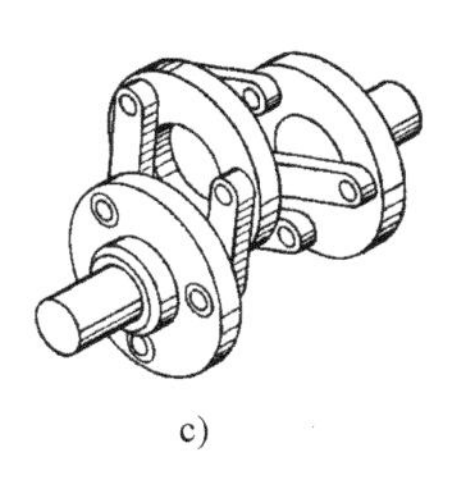

平行四边形联轴器(图c)引用到了一个齿轮传动设计(图a)，可以使输入轴和输出轴直接与六个驱动齿轮中的任何一个产生离合。

图 10.13-1

1. 简化传动设计的新型转移轴联轴器

当轴受力转动时，可以在轴间实现大的轴向位移的一种独特圆盘和连杆联轴器开辟了一种新的传动设计方法。它是由阿拉巴马州麦迪逊的理查德·施密特开发的。

这个联轴器（图 10.13-1c）能在轴间产生轴向相对位移时使输入输出轴之间的转速比恒定。这将使要设计的齿轮和带传动机构采用较少的齿轮和带轮。

2. 节省一半的齿轮

在如图所示的内啮合齿轮传动中，在输入端的一个施密特联轴器能够允许输入轴直接地与六个齿轮中的任何一个相连，这六个齿轮都与内齿轮啮合。

在输出端，当动力通过齿轮传出以后，另一个施密特联轴器允许动力从六个相同的齿轮中的任何一个直接传出。于是，在机构运转时，可以选择 6×6 减去 5（31）个不同速比中的任何一个。传统的设计可能需要两倍多的齿轮。

3. 功率强大的泵

在蜗杆型泵中（图 10.13-2），当输入轴顺时针旋转时，蜗杆转子被迫在齿轮箱内转动，齿轮箱内有一个从一端到另一端的螺旋槽。于是，转子的中心线将沿着逆时针方向转动，产生一个强大的抽吸力以传输大量的液体。

在带传动中（图 10.13-3），施密特联轴器允许传送带移到下面的不同带轮上，而传送带在上面带轮上的位置不变。通常，由于传送带长度不变。最上面的带轮也可以被移动带轮以实现三个不同输出速度的选择。使用这个装置可以得到九种不同的输出转速。

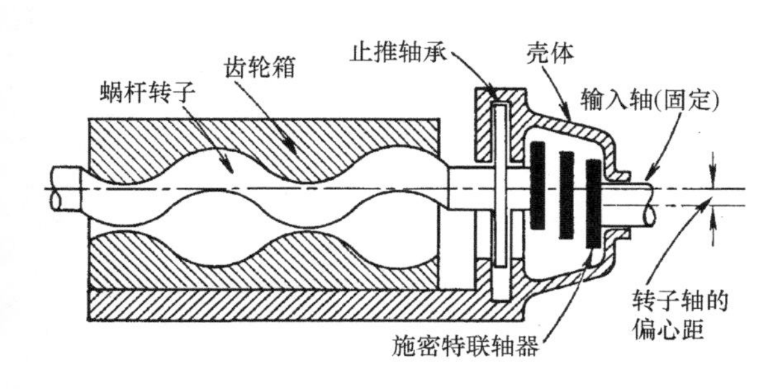

图 10.13-2 为了满足泵抽吸的需要，这个联轴器允许螺旋形的转子进行摆动。

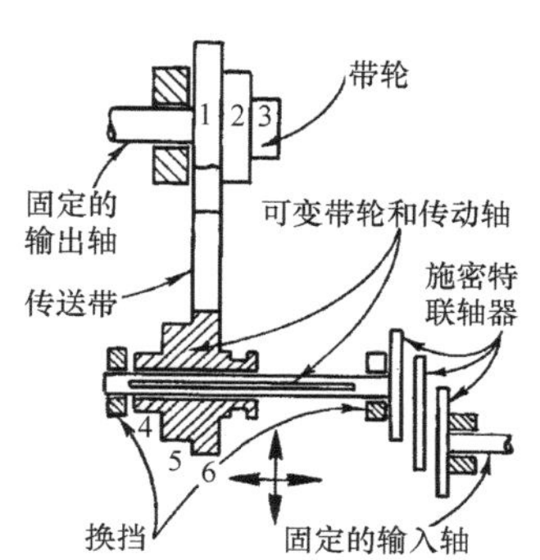

图 10.13-3 当底部带轮移动时，这个联轴器开始减速。

第 11 章

螺纹元件

11.1 螺栓的多种演变结构

特殊的工作场合需要的螺纹称为特殊螺栓装置。下面介绍这些特殊紧固件的工作原理。

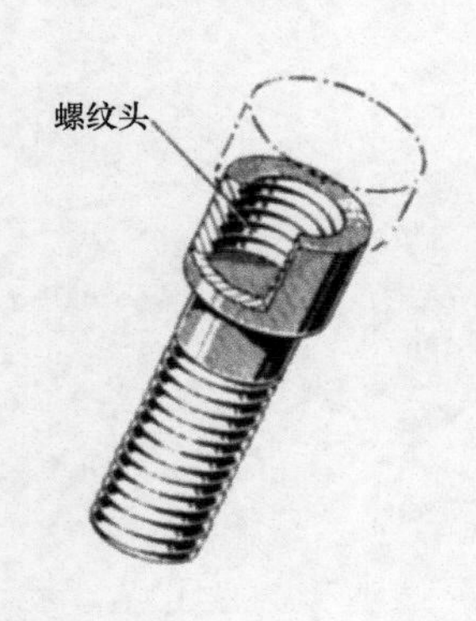

图 11.1-1 头部带有螺纹能够延长杆件。

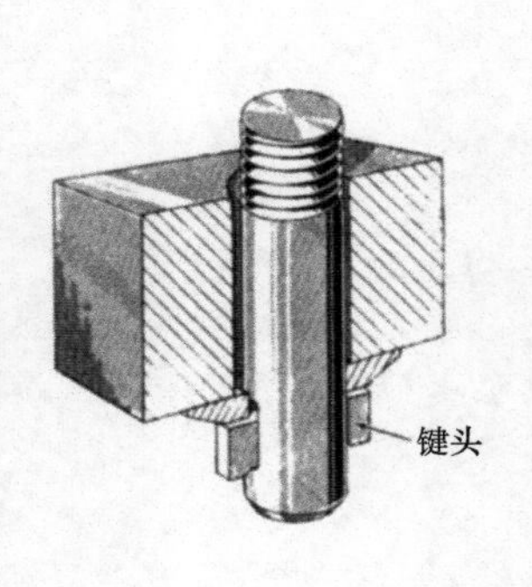

图 11.1-2 头部用键能方便快速拆卸。

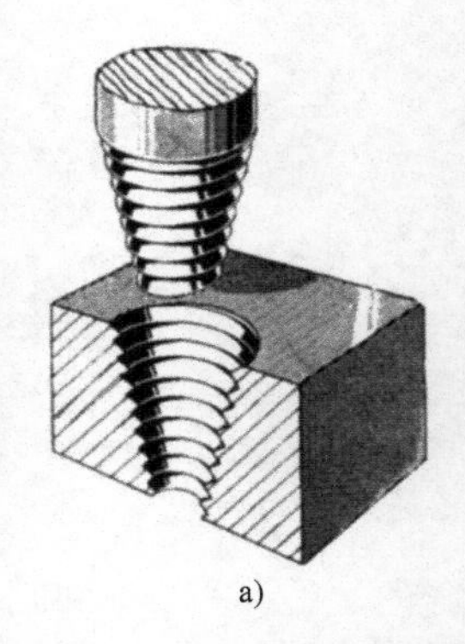

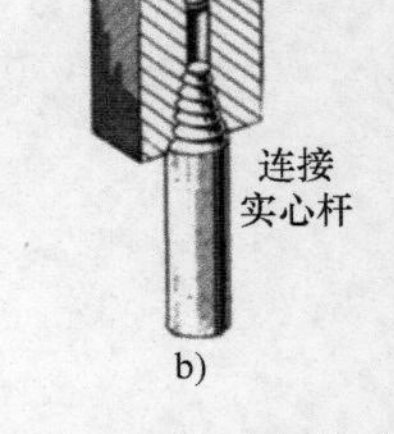

图 11.1-3 锥形螺纹拆装方便，但是工作中易于松动。

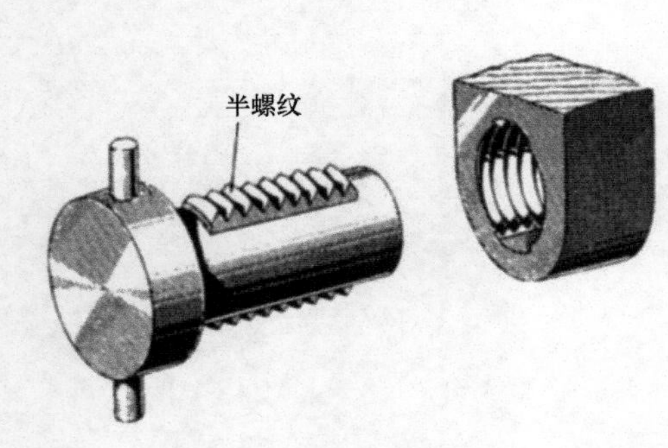

图 11.1-4 半螺纹安装迅速，工作中不容易松动。

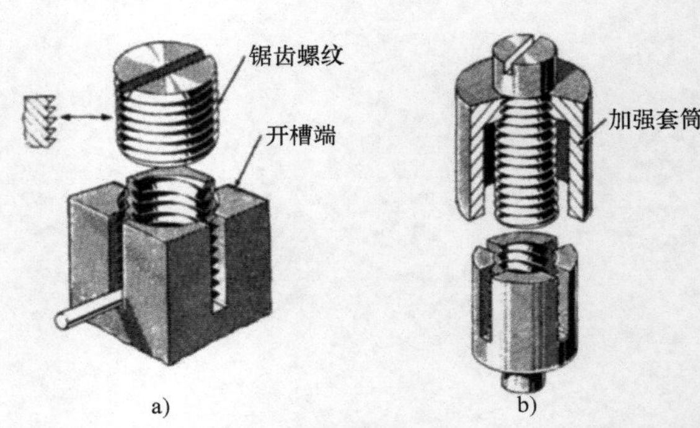

图 11.1-5 锯齿形螺纹（图 11.1-5a）通过开口槽终端能够防止径向力，否则需要一个加强套筒。

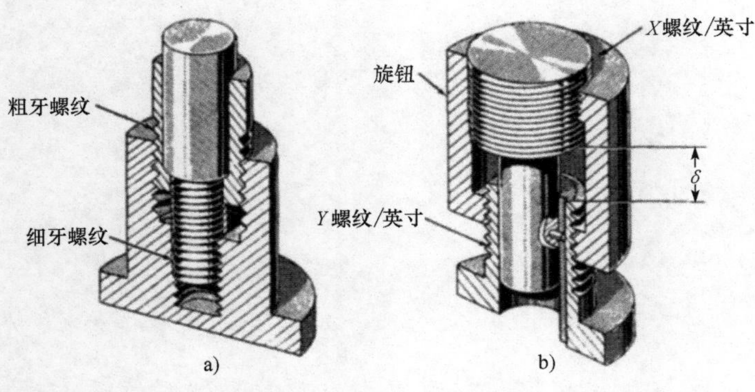

图 11.1-6 不同螺纹的螺纹牙型能产生额外的精密固定（图 11.1-6a），图 11.1-6b 中旋钮每旋转一周会产生额外的较小的相对运动。

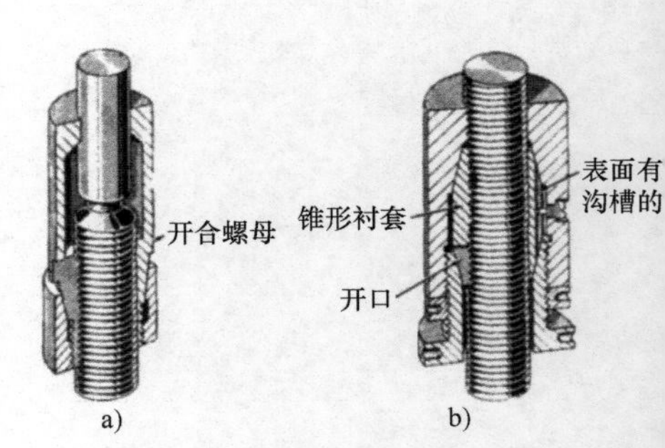

图 11.1-7 开合螺母和锥形衬套（也带有开口）允许无间隙调整。

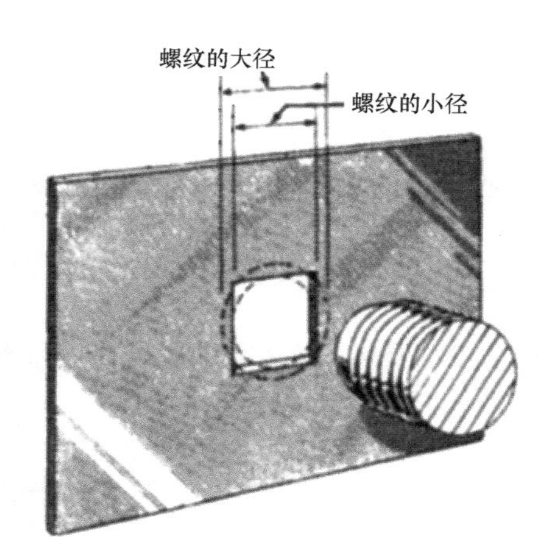

图 11.1-8 在轻金属或者塑料板上开方形槽能够很好地代替螺纹孔。

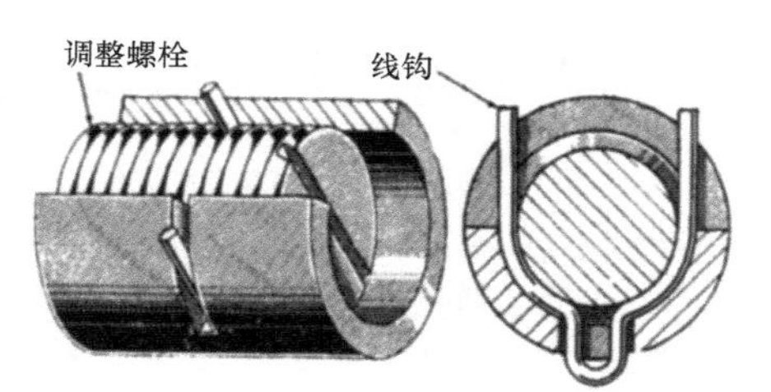

图 11.1-9 在简单的机械装置中，可以用线钩来代替螺母，来形成单线圈螺纹。

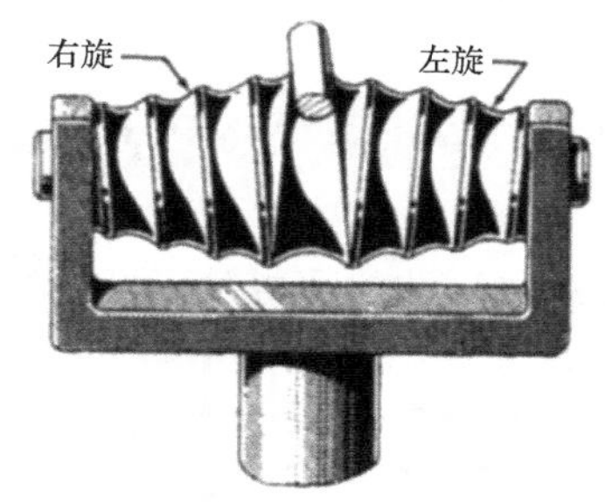

图 11.1-10 双螺纹在针导管或者输出器中可以引导线进入中心。

11.2　20种螺纹的传动应用

还记得如何将螺纹连接变成传动装置中简单、经济的动力元件吗？这里将介绍储存器以及简化的螺母、螺杆、导向装置的附加功能。

这里需要丝杠、螺母，要求其中一个只能转动不能移动，另外一个只能移动不能转动，用这些简单的零件可以达到调整、定位、夹紧等机械设计中所需求的功能。

大部分这些装置不要求太高的加工精度，所以螺纹可以是螺旋线也可是螺纹条，螺母可以是轴上开有凹口的螺纹也可以是开口盘，标准的螺纹和螺母能够补偿误差，成本较低。

11.2.1　一些基本螺纹装置

螺纹连接可能产生的运动转换形式如图11.2-1所示。

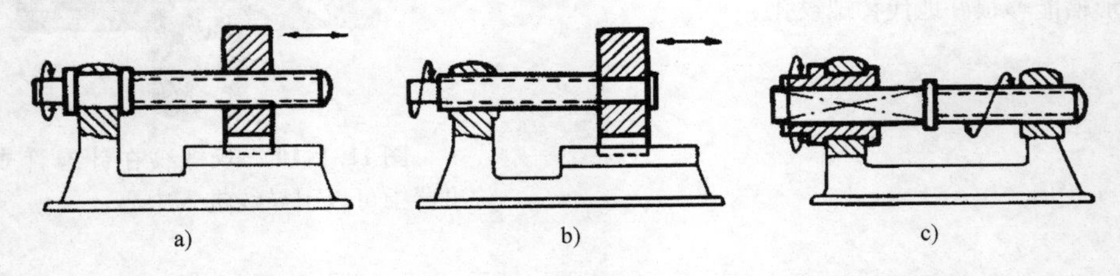

图11.2-1　螺纹的运动转换形式包括：将旋转运动转换成直线运动或者相反（图11.2-1a）；将螺旋运动转化为直线运动或者相反（图11.2-1b）；将旋转运动转化为螺旋运动或者相反（图11.2-1c）。如果螺纹没有自锁的话，这些转换都是可逆的（当螺纹效率超过50%的时候，它是可逆的）。

当然这些螺纹连接件可以和其他零件配合使用，例如四连杆机构（图11.2-2），或者其他多头螺纹力或运动的放大。

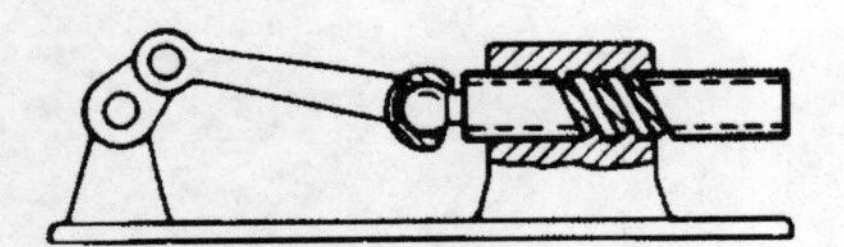

图11-2.2　标准的四连杆机构用螺纹代替了滑块。这样输出的是螺旋运动而不是直线运动。

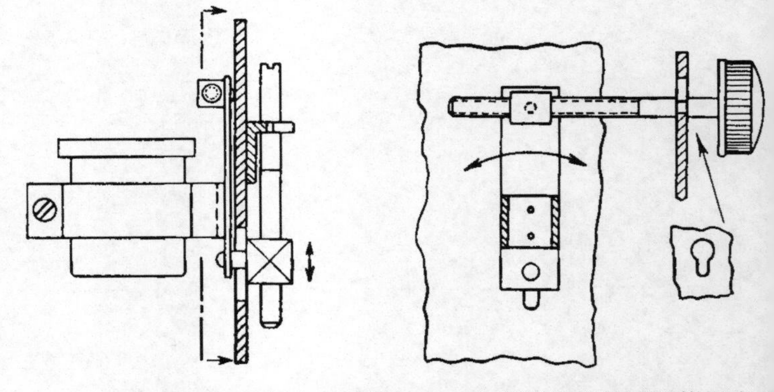

图11.2-3　靠螺纹驱动的灯泡双向调整的机构可以使灯泡上下移动。旋钮（右图）调整灯泡做统一支点的转动。

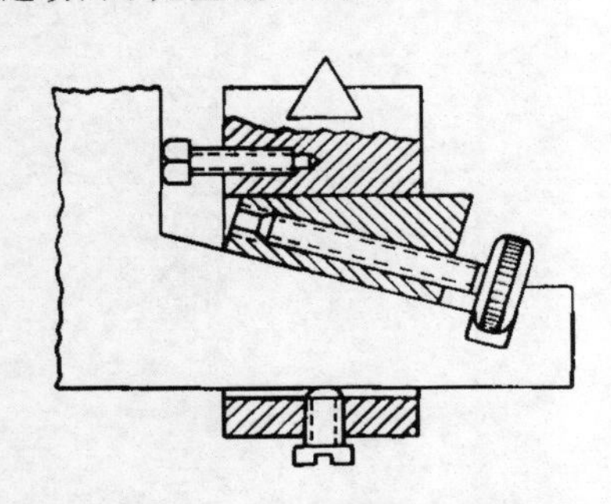

图11.2-4　一个螺纹驱动的楔块可以使锋刃支撑上升或者下降。另两个螺钉一个对锋刃进行侧面定位，另一个使其锁紧。

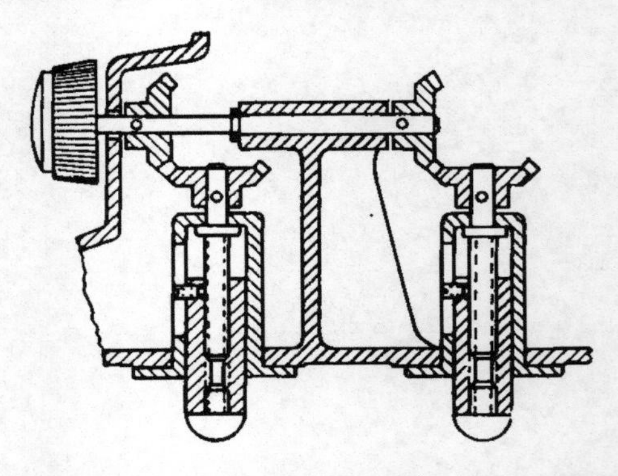

图11.2-5　双螺纹的平行安装结构可以均匀地升高投影仪。

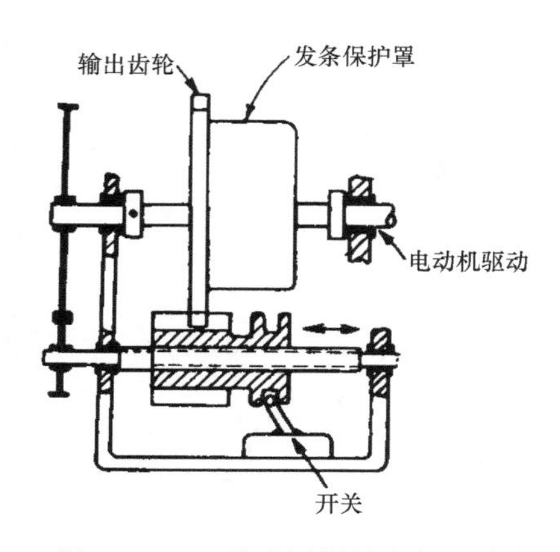

图 11.2-6　通过用螺栓和螺母来控制电动机的开关可以使自动发条一直处于拉紧状态。电动机驱动必须是自锁的，否则只要开关关闭，发条就会松开。

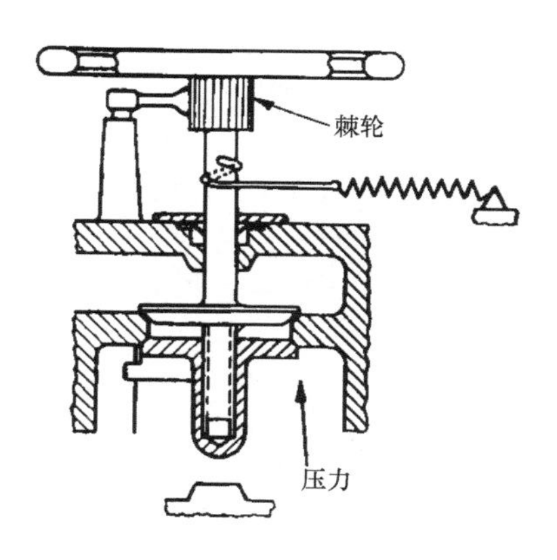

图 11.2-7　阀杆有两个反向移动的阀锥。在打开后，上阀首先向上移动直到接触挡块。阀轮的进一步旋转迫使下阀锥离开它的位置。与此同时弹簧被卷紧。当棘轮松开时，这个弹簧拉着两个阀锥返回到它们原来的位置上。

11.2.2　从直线运动转换为旋转运动

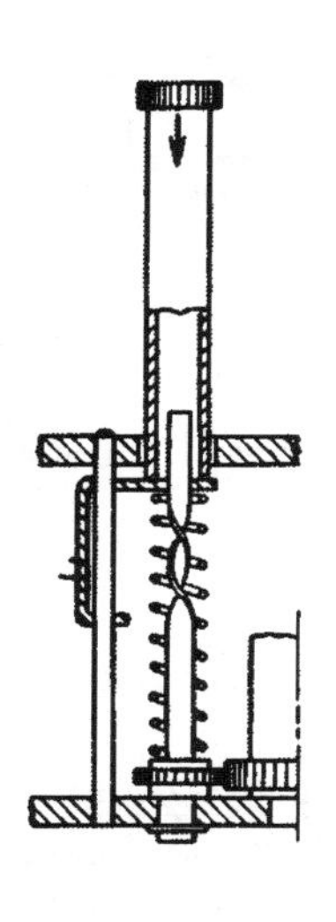

图 11.2-8　金属条或方形杆能够被缠绕做成一个长的导向螺纹，它很适合于把直线运动转换为旋转运动。这里是一个照相机卷胶片的按钮机构。通过改变这个金属条的缠绕，可以很容易地改变转的圈数或者输出齿轮的停顿次数。

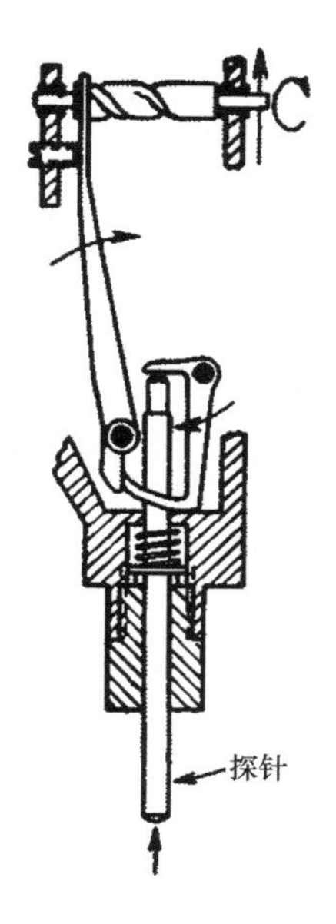

图 11.2-9　探针量规通过一个双连杆机构放大探针的运动，然后转换为旋转运动来移动刻度指针。

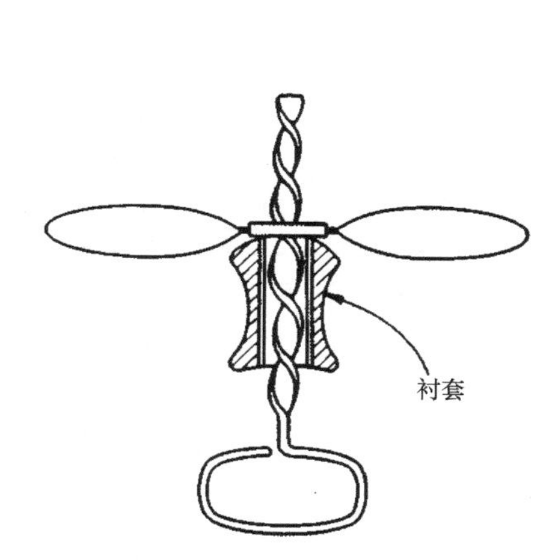

图 11.2-10　通过推动带螺纹的衬套向上并脱离螺纹，这是我们所熟悉的飞行螺旋桨玩具的工作原理。

11.2.3 自锁机构

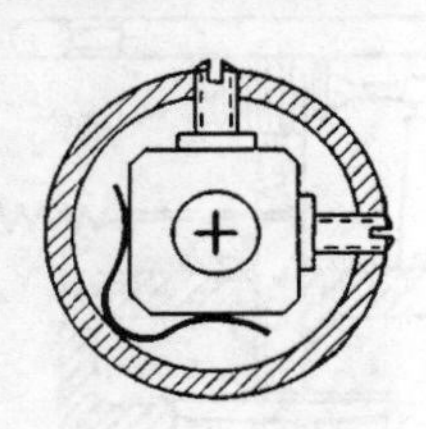

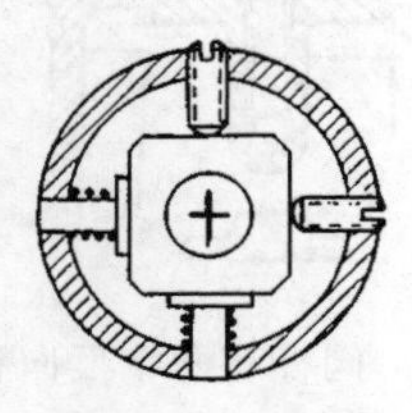

图 11.2-11 对望远镜瞄准器的驱动和弹簧返回的调整有两种可供选择的方法。

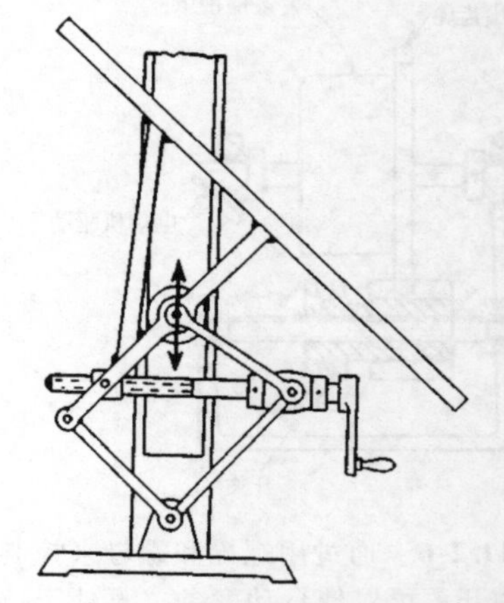

图 11.2-12 对复杂的连杆机构，这种螺钉和螺母能形成自锁驱动。

11.2.4 双螺纹机构

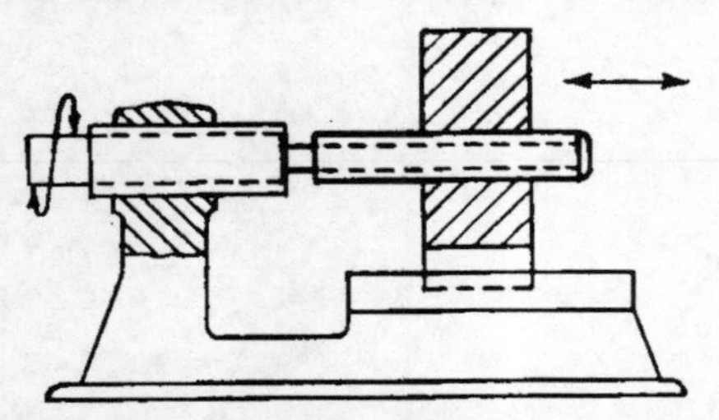

图 11.2-13 当作为差动器使用时，双螺纹螺栓可以用相对低的价格对精密设备进行很好的调整。

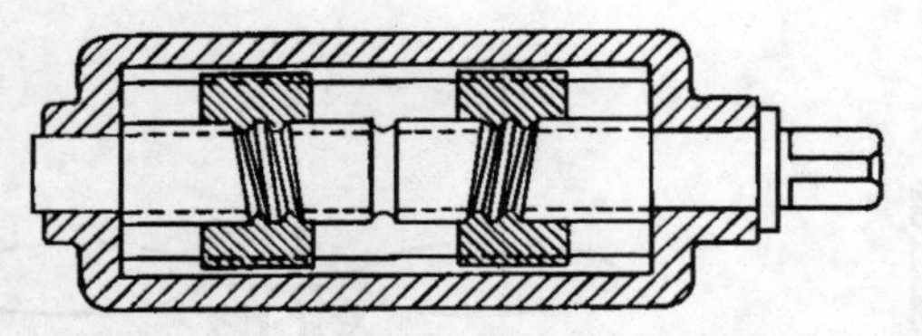

图 11.2-15 两个反向螺纹螺栓可以使两个移动的螺母产生高速的对中夹紧。

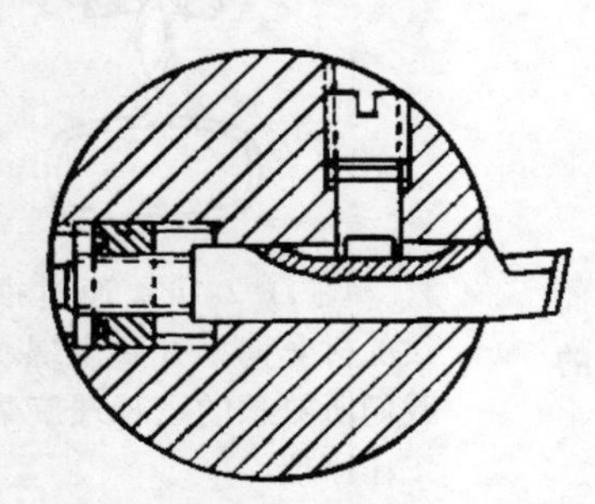

图 11.2-17 通过调整差动螺纹可以调整钻杆里的车刀。用一对特制的销钉扭转中间的螺母，从而在使螺母向前的同时拉紧带螺纹的车刀，然后车刀靠固定螺钉夹紧。

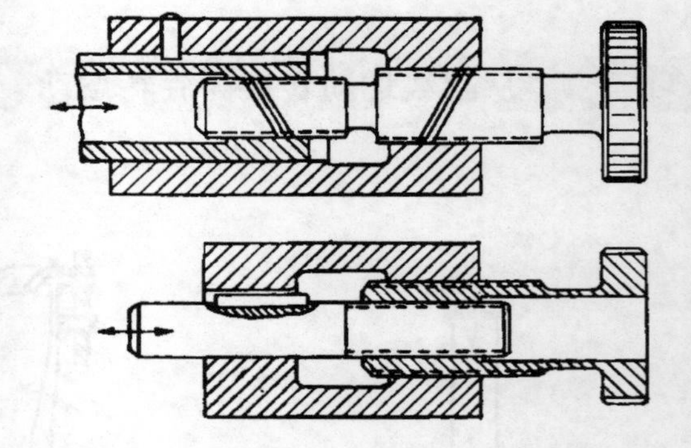

图 11.2-14 差动螺纹机构可以有多种形式。图示两种结构形式中，上面图中是两个反向螺纹在同一个轴上，而下面图中是同向螺纹在两个不同的轴上。

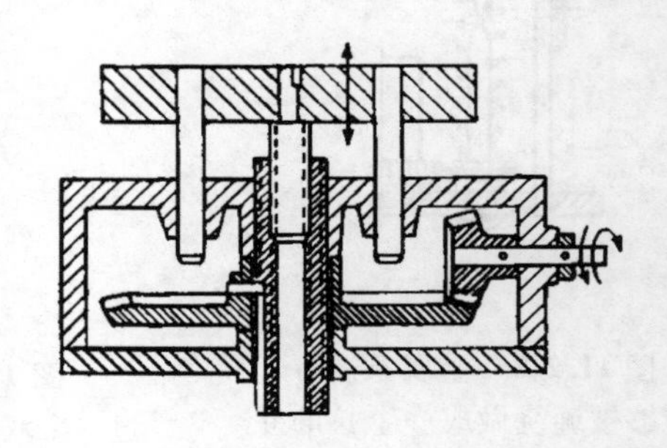

图 11.2-16 输入斜齿轮的转动可以使测量工作台缓慢地上升。在精密螺纹系列中，如果两个螺纹分别是 3/2-12 和 3/4-16，那么输入齿轮每旋转一圈，这个测量工作台将上升大约 0.004in（0.102mm）。

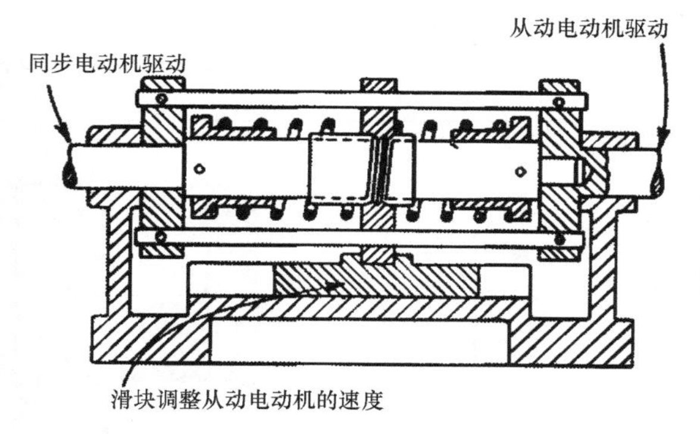

图 11.2-18 两个电动机与两个差动螺纹轴连接，一个是小型同步电动机，另一个将变为变速电动机。当可移动螺母和滑块运动时，将出现两个电动机回转圈数的不同，从而提供供电调速补偿。

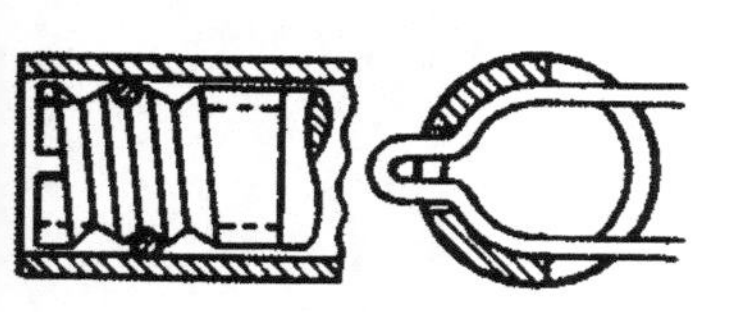

图 11.2-19 在这种简单的螺纹装置中，金属线叉子就是螺母。

图 11.2-20 机械光锥包括一个作为螺钉的弹簧和一个作为螺母的开口环或者金属弯线。

螺纹数学公式的回顾

a：摩擦角，$\tan a = f$；

r：螺纹中径 = 0.5（大径 + 小径）(in)；

l：导程，一周内螺纹线的轴向距离（in）；

b：导程角（°），$\tan b = \dfrac{l}{2\pi r}$；

f：摩擦系数；

P：距离螺纹轴线 r 处作用的等效驱动力（lbf）；

L：轴向载荷（lbf）；

e：效率；

c：牙型角（°）。

矩形螺纹：

$$P = L\tan(b \pm a) = L\frac{(1 \pm 2\pi rf)}{(2\pi r \mp fl)}$$

上面的符号都是沿着轴向载荷的反方向运动的。当 $b \leqslant a$ 时，螺纹自锁。

$$e = \frac{\tan b}{\tan(b + a)}$$ （轴向载荷的反方向运行）

$$e = \frac{\tan(b - a)}{\tan b}$$ （轴向载荷的方向运行）

非矩形螺纹：

$$P = L\frac{(1 \pm 2\pi rf\sec c)}{(2\pi r \mp fl\sec c)}$$

$$e = \frac{\tan b(1 - f\tan b\sec c)}{\tan(b + f\sec c)}$$ （轴向载荷的反方向运行）

$$e = \frac{\tan b - f\sec c}{\tan b(1 + f\tan b\sec c)}$$ （轴向载荷的方向运行）

更多螺纹摩擦系数的详细内容分析请参阅麦格劳-希尔出版公司（McGraw-Hill Book Co.）出版的《机械工程手册符号》一书。

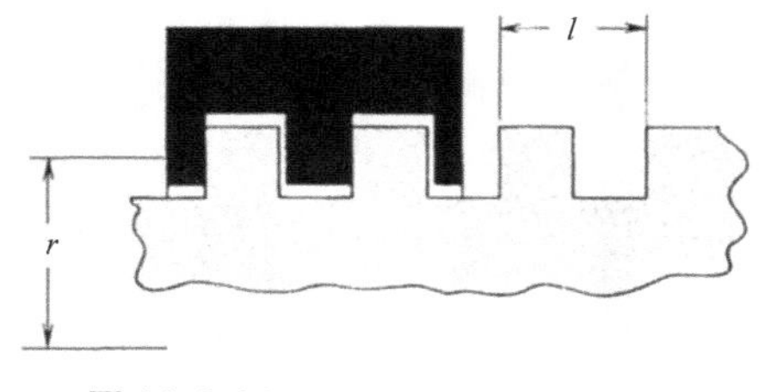

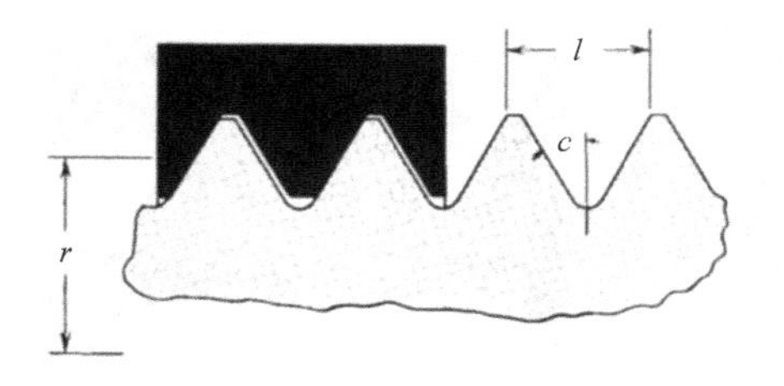

图 11.2-21

备注：机器运作时涉及其他调整、定位、夹紧的解决方案请参照：

《10 种利用螺纹连接的情况》1958.5.26，第 80 页——展示了三种基本的组件：驱动原件，螺纹机构，滑升装置。

《5 种万向联轴器传动装置》1959.9.28，第 66 页——通过合理的安排齿轮形式将旋转运动转化为直线运动。

《5 种直线运动的连接件》1959.10.12，第 86 页——将旋转运动转化为直线运动。

11.3 用螺栓将薄板与平面连接的16种方法

11.3.1 两个平板件

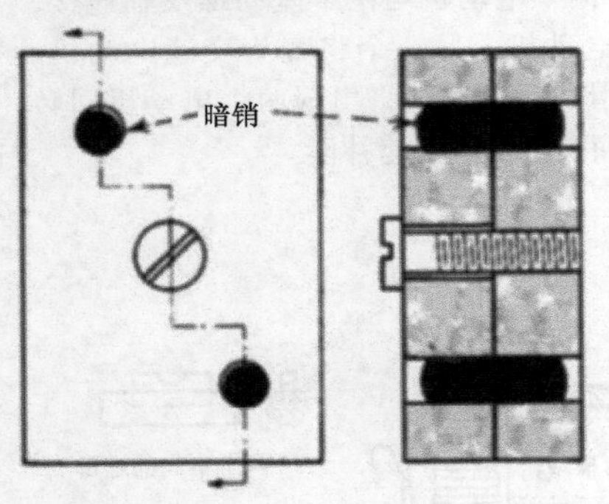

图 11.3-1 暗销。可以将两个板对齐，使用固定螺栓来抵消暗销承受的剪切应力。由于螺栓不能作为调整销进行工作，所以必须使用两个销钉。

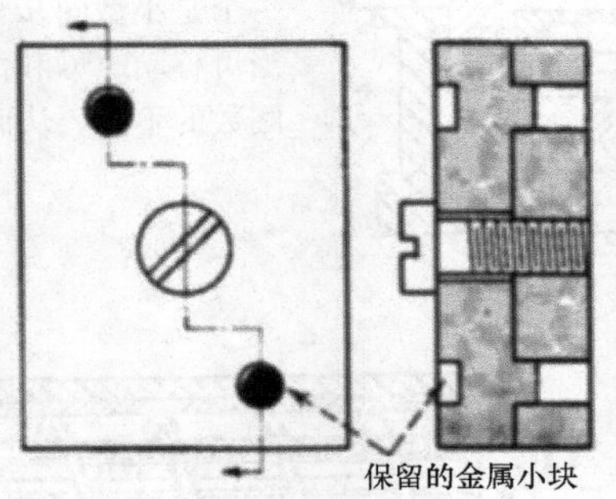

图 11.3-2 保留的金属嵌条。与销钉所起的作用相类似，价格便宜，但没有销钉定位准确。

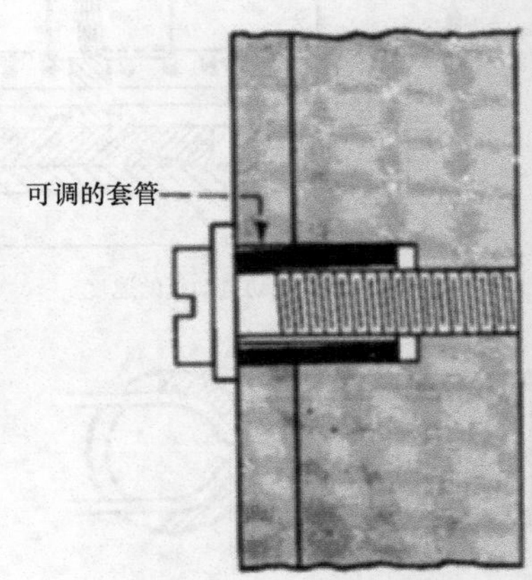

图 11.3-3 可调的套管。与埋头孔相互配合连接两个板，在套管中必须留有螺旋间隙。

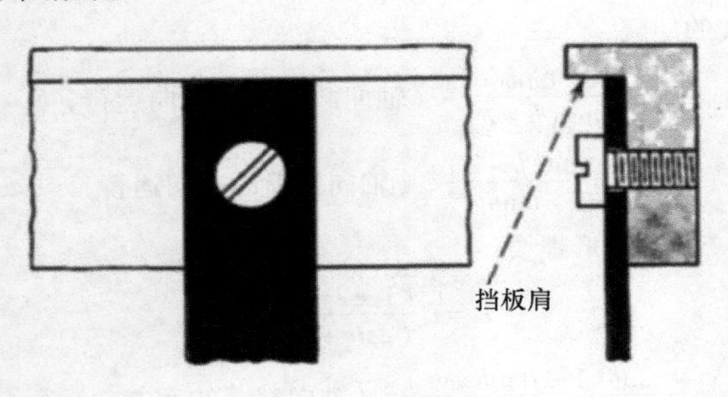

图 11.3-4 挡板肩。能够为长方形板件提供有效的、低成本的对齐方式。

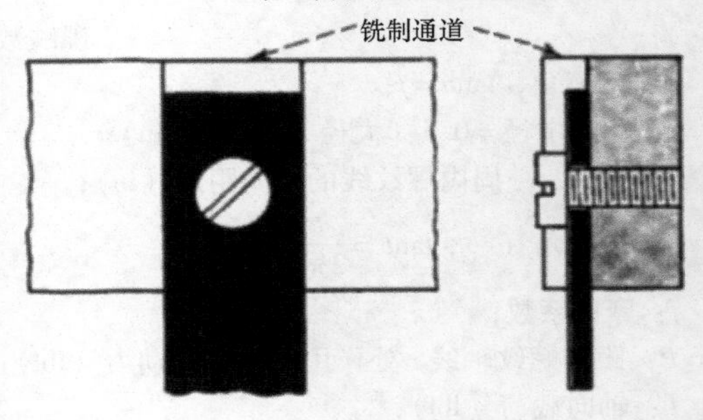

图 11.3-5 铣制通道。将零件与铣制的通道匹配的对齐方法要比前面一个挡板肩方法更有效。

11.3.2 平板件的冲压成形法

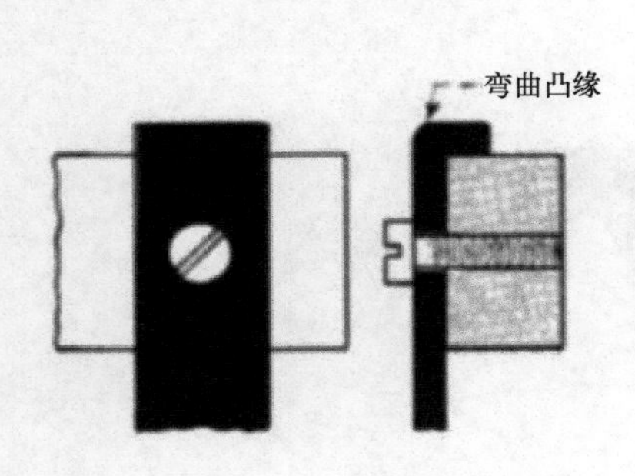

图 11.3-6 与凸台所起的功用相类似，当机加工或者浇注凸台不理想或者不切实际时，应选择将凸缘弯曲。

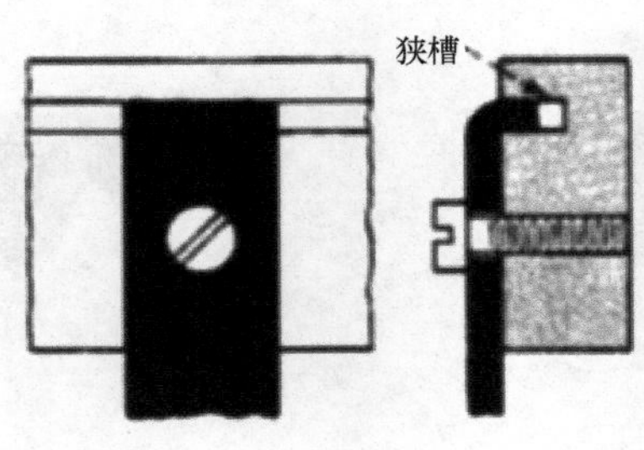

图 11.3-7 狭槽。在薄金属板上有凸缘或者直角边，允许在远离其他零件边缘处与狭槽配合安装。

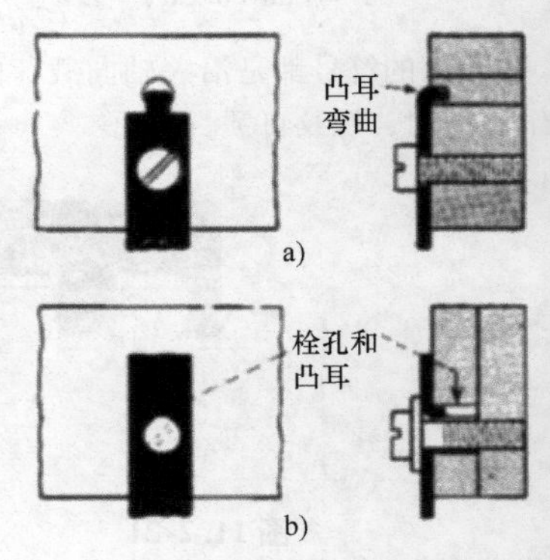

图 11.3-8 弯曲凸耳。(图 11.3-8a) 将凸耳弯曲插入到孔中进行对齐，结构简单、价格低廉。(图 11.3-8b) 通过薄板金属上穿透孔切开形成的凸耳键入到具有栓孔的金属零件中。

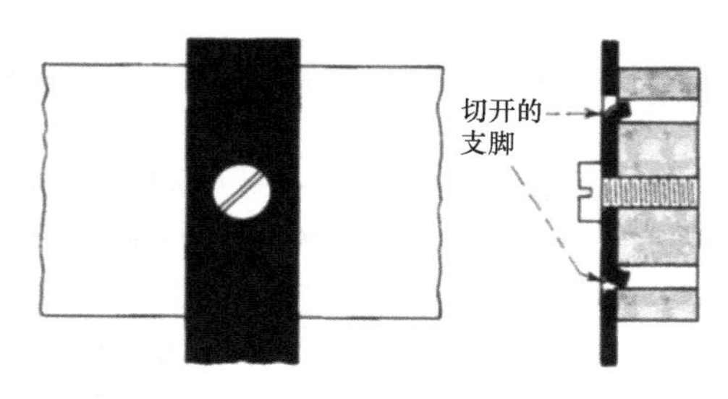

图 11.3-9 两个支脚。通过切开形成的两个支脚对齐零件的方法与图 11.3-2 中保留的金属嵌条方法类似，但是支脚只适用于那些板件太薄而不适合冲压成嵌条的场合。

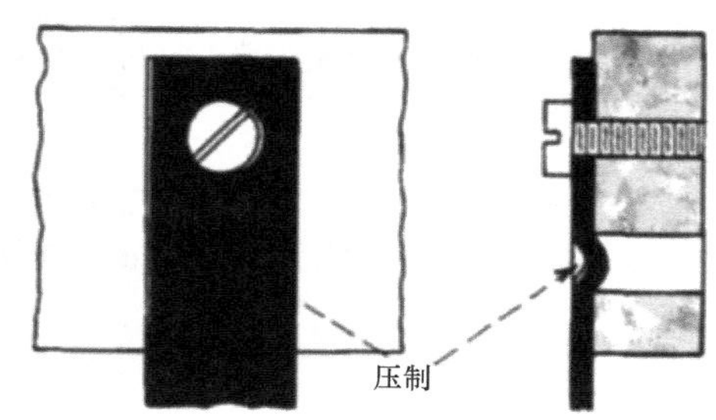

图 11.3-10 对齐凸台。通过切割和滚压的方法形成的凸台是一种很好的定位方式，但是在装配过程中将允许有较大的游动。

11.3.3 平板件和棒料

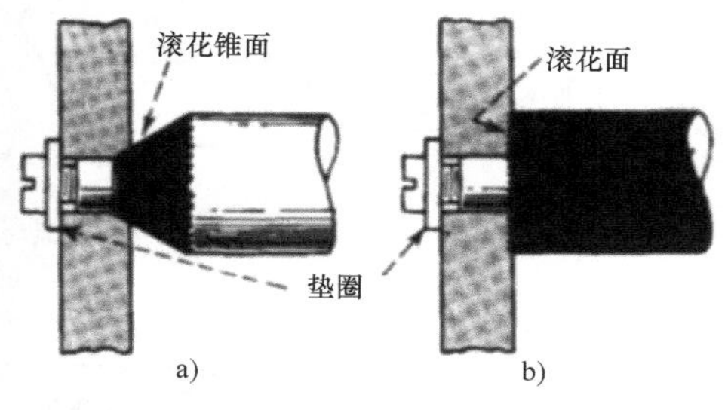

图 11.3-11 滚花轴端。（图 11.3-11a）圆形的杆件轴端呈锥形，当螺钉拧紧的时候插入圆孔内，这样能很好地将板件与杆件定位。（图 11.3-11b）在轴肩部径向滚花能够更好地定位。

图 11.3-12 非圆形轴端。轴端为方形和 D 形轴端，与相似的孔进行配合，螺钉和垫圈将零件连接在一起。

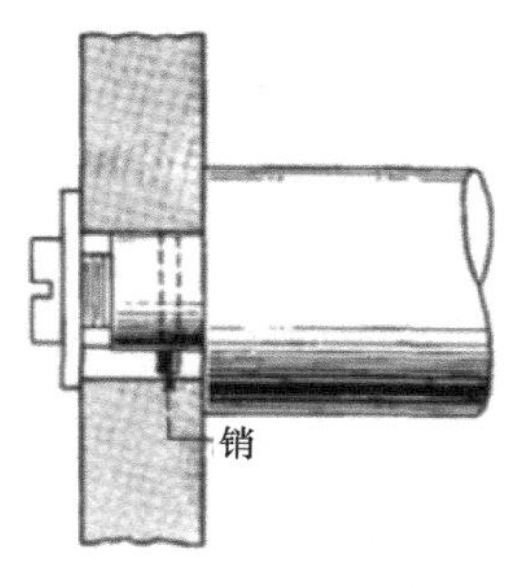

图 11.3-13 横销。在轴端与槽相配合，轴端是圆的但是不能旋转。

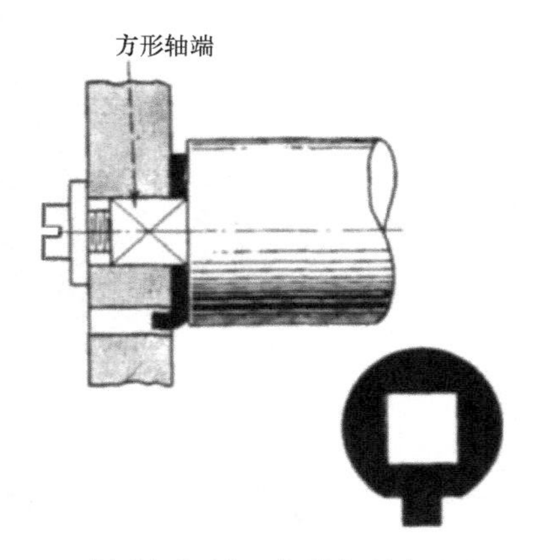

图 11.3-14 方形杆端加垫圈。垫圈的一边弯曲与小孔相配合，垫圈孔是方形的，当三个零件被装配并且通过垫圈和螺栓紧固后，方形孔可以防止产生角运动。

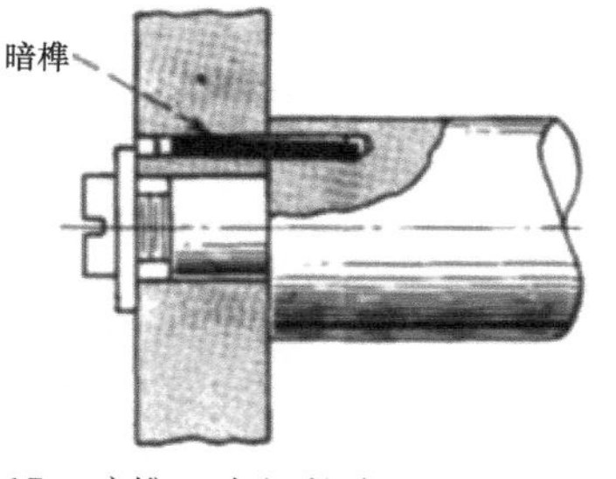

图 11.3-15 暗榫。当杆件直径很大的时候，用这种暗榫是阻止旋转的一种简单、有效的方法。

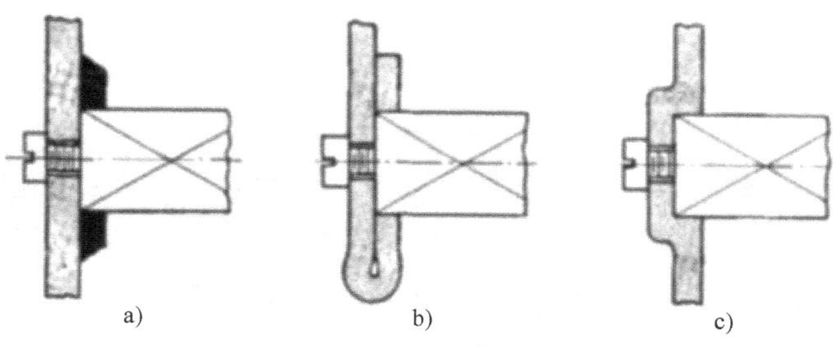

图 11.3-16 双板厚度。在板较薄的情况下允许轴端与板件通过方孔和六角定位孔进行连接，其余部分可以焊接（图 11.3-16a）、折叠（图 11.3-16b）和凸浮（图 11.3-16c）。

11.4　锁紧螺纹零件的各种方法

锁紧装置可分为利用成形零件锁紧和挤紧锁紧。成形零件锁紧是利用零件间的机械作用来锁紧，而挤紧锁紧是利用螺纹连接件之间的摩擦力。它们的工作效果由需要锁紧的转矩来决定，下面将阐述两种方法。

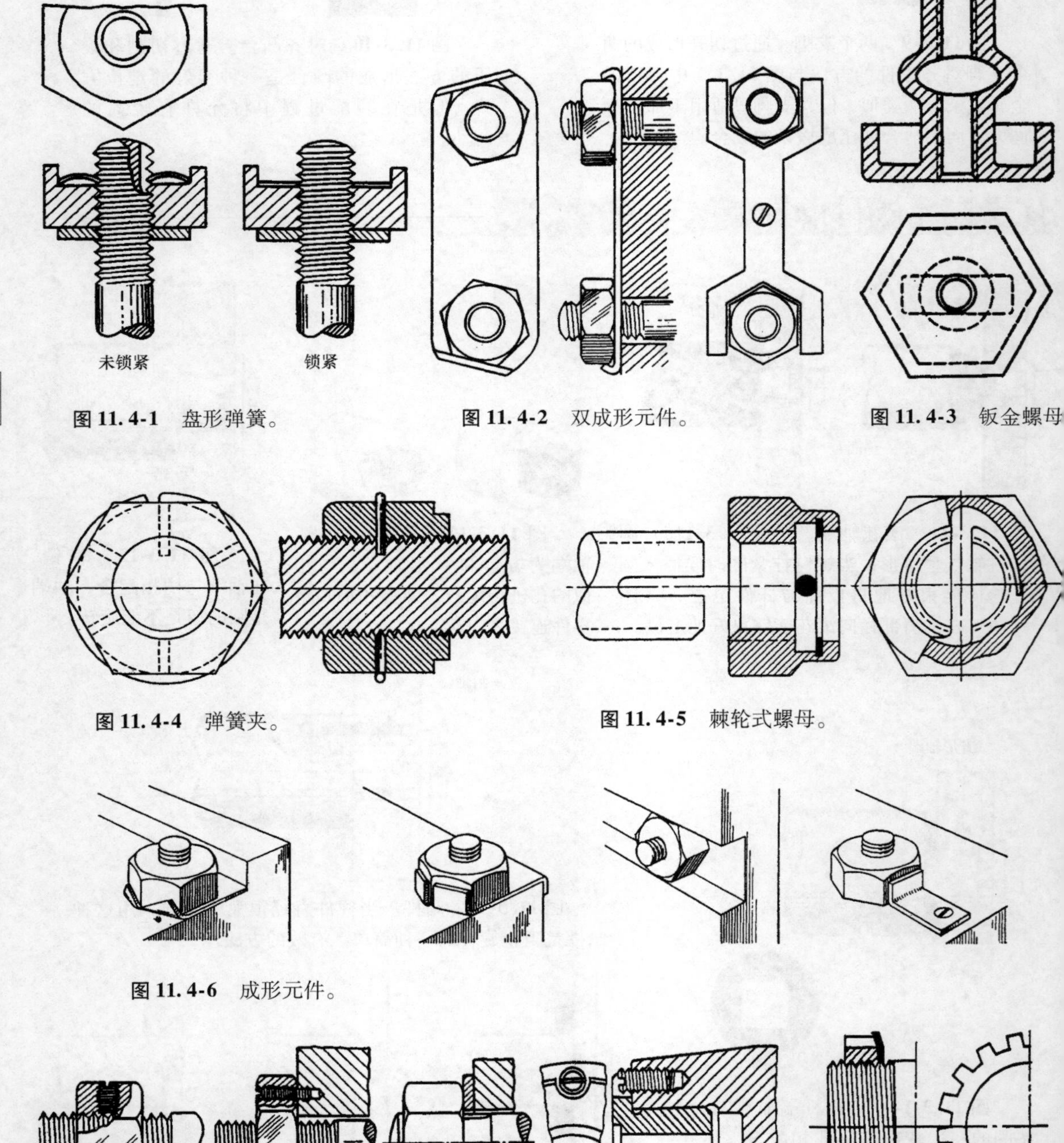

图 11.4-1　盘形弹簧。

图 11.4-2　双成形元件。

图 11.4-3　钣金螺母

图 11.4-4　弹簧夹。

图 11.4-5　棘轮式螺母。

图 11.4-6　成形元件。

图 11.4-7　使用紧定螺钉的方法。

图 11.4-8　弯曲翼片。

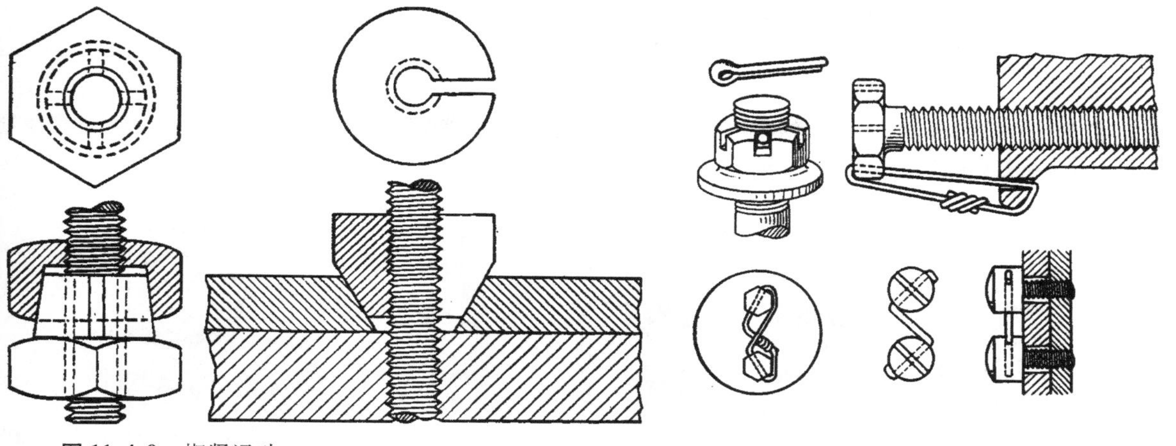

图 11.4-9　楔紧运动。

图 11.4-10　开口销和保险丝。

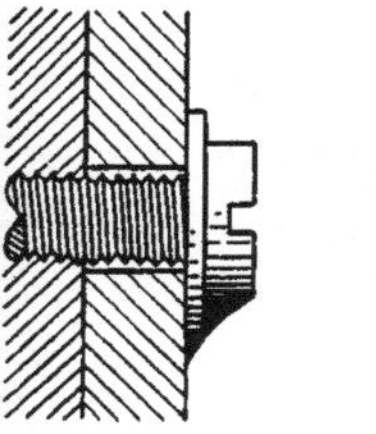
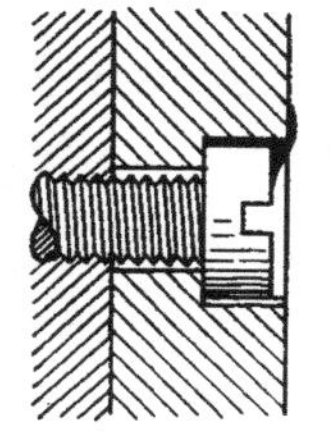
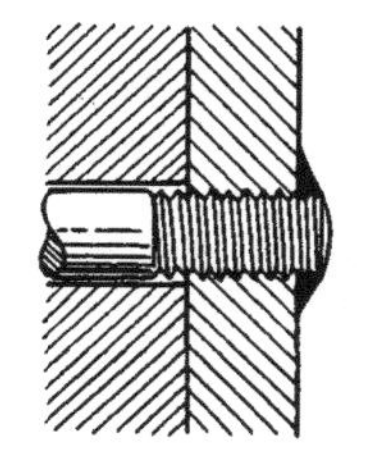
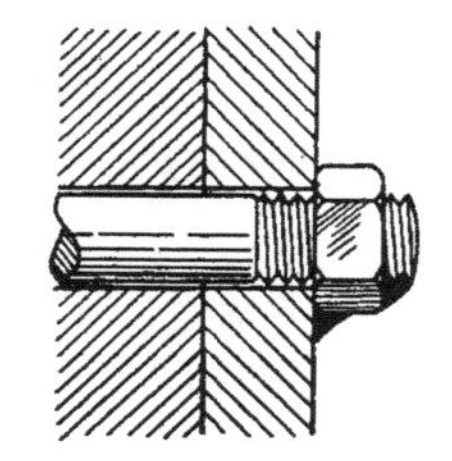

图 11.4-11　胶接剂和焊接剂。

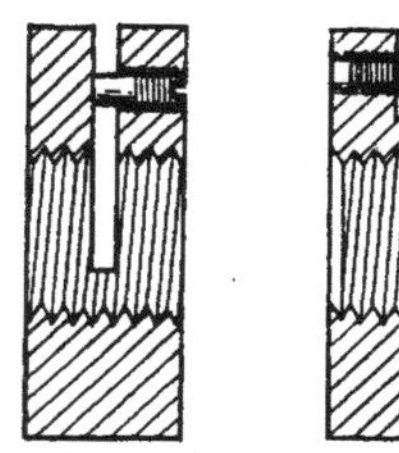

图 11.4-12　开合螺母。

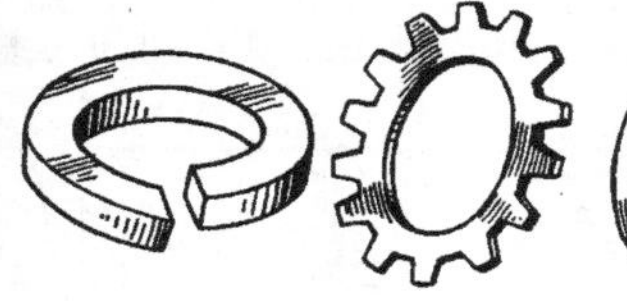

图 11.4-13　弹簧垫圈。

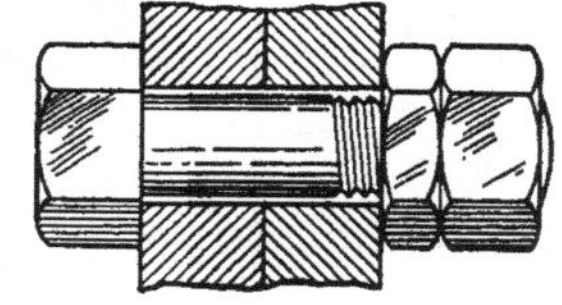

图 11.4-14　止动螺母。

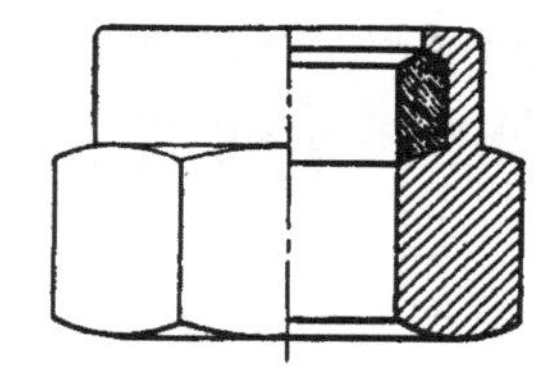

图 11.4-15　尼龙圈锁紧螺母。

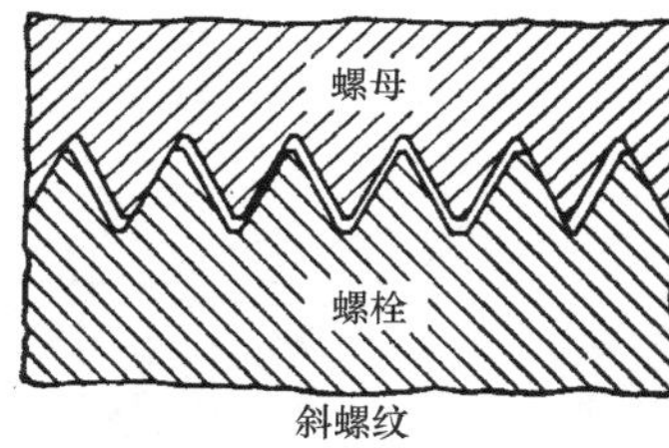

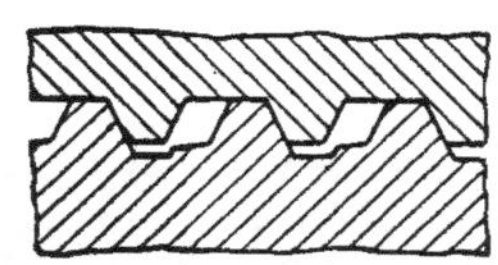
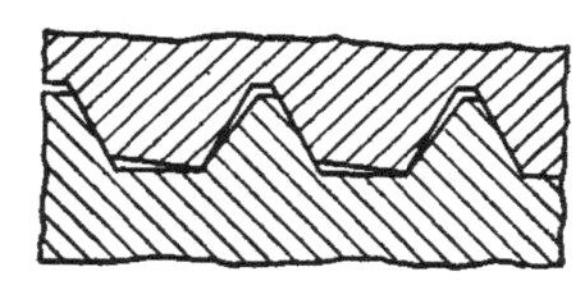

图 11.4-16　自锁螺纹。

图 11.4-17　偏心垫圈。

11.5 调整螺纹件间隙的方法

下面插图都是基于提供空程运动和间隙的两种基本方法。一个是在平行于螺杆轴线所在平面内允许螺杆与螺母之间发生相对运动，另外一个方法是通过径向调整来补偿螺纹倾斜面之间的间隙。

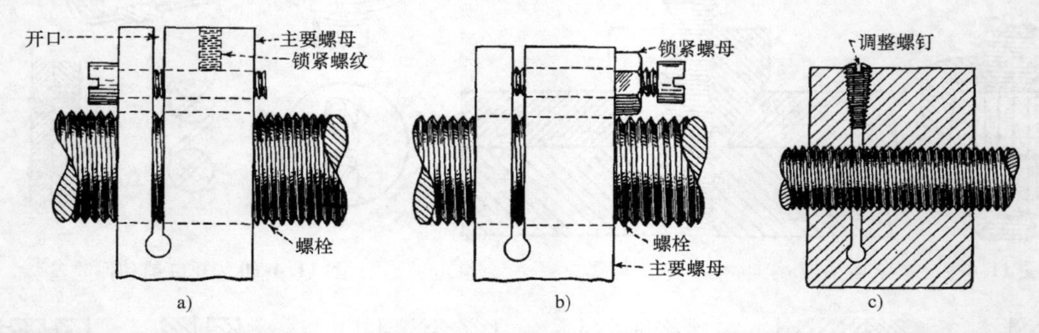

图 11.5-1 开槽螺母的三种使用方法：图 11.5-1a 中螺母断面离得较近，这样迫使左旋螺母的侧面作用于右旋螺杆的侧面上，反之亦然。在图 11.5-1b、c，出于同样的目的，螺母断面被迫分开。

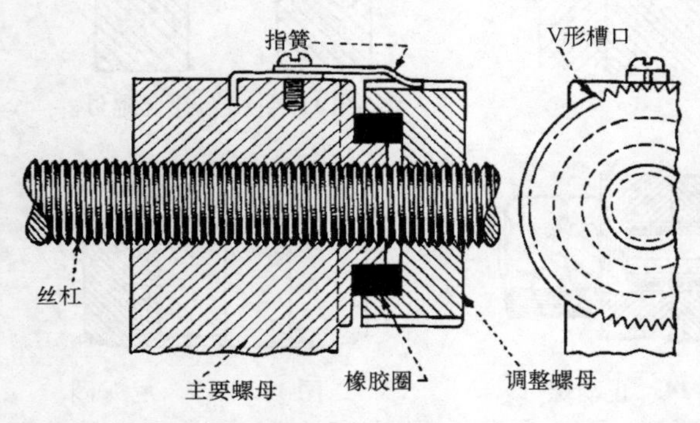

图 11.5-2 间隙调整螺母周围有 V 形槽口与弹簧相配合。为了消除轴端移动，调整螺母需要顺时针旋转。在精确使用时需校准调整螺母和弹簧。

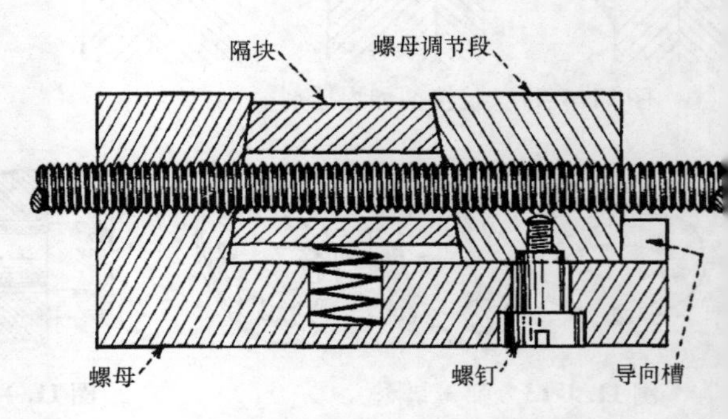

图 11.5-3 自补偿法消除间隙。在螺母上开槽作为调整部分，由螺母加以锁定，弹簧压制锥形隔块向上，致使螺母元件分开，这样来消除间隙。

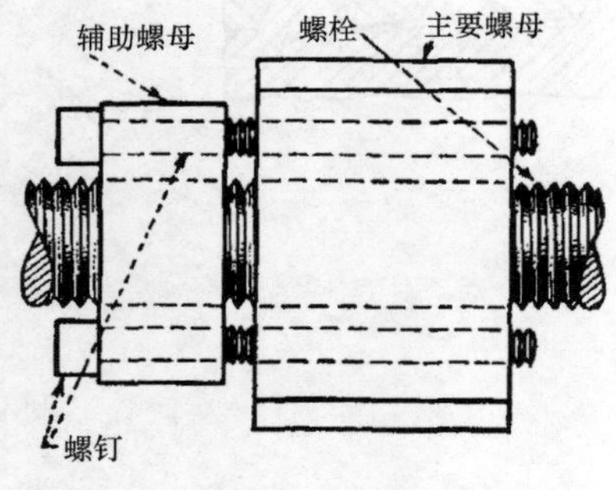

图 11.5-4 螺母与螺母基座是一个整体结构，通过螺栓实现移动。辅助螺母与主螺母之间有一个或者两个螺距，主螺母与辅助螺母通过螺钉连接，螺钉能够自由地通过辅助螺母。

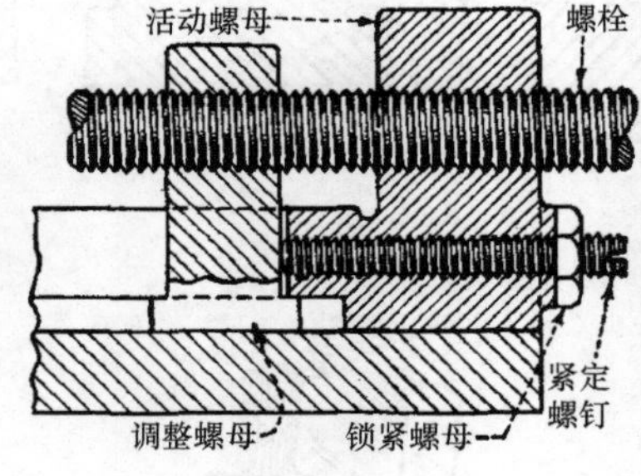

图 11.5-5 另外一种是利用辅助螺母或者调整螺母消除轴向间隙的方法，主螺母与辅助螺母之间的相对运动是通过手动调节螺母到如图所示位置，并加以锁定。

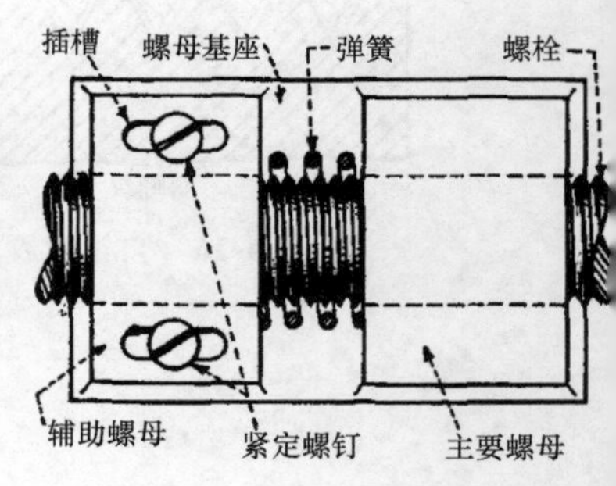

图 11.5-6 压缩弹簧放置在主螺母和辅助螺母之间，将主螺母和辅助螺母分开，弹簧之间的作用力变小，置于螺母基座上。使用紧定螺钉是为了防止调整好之后辅助螺母旋转。

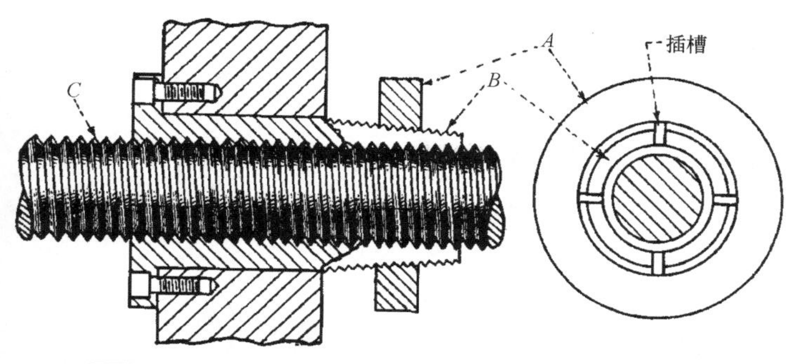

图 11.5-7 螺母 A 与锥形的螺杆 B 相配合，通过螺母上面的四个槽来消除间隙和 B 与 C 之间的磨损。

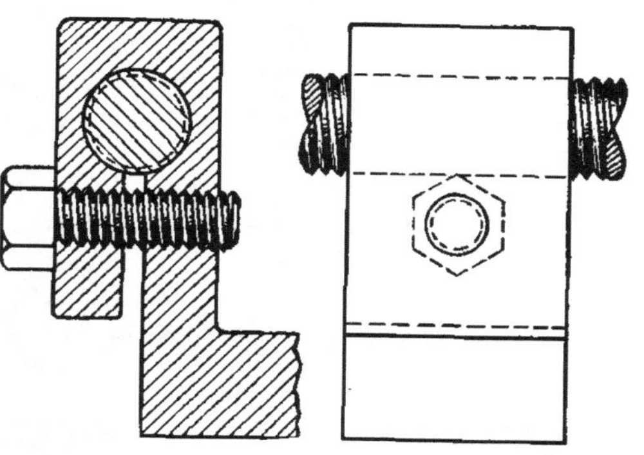

图 11.5-8 另外一种在螺栓周围夹紧螺母消除径向间隙的方法。

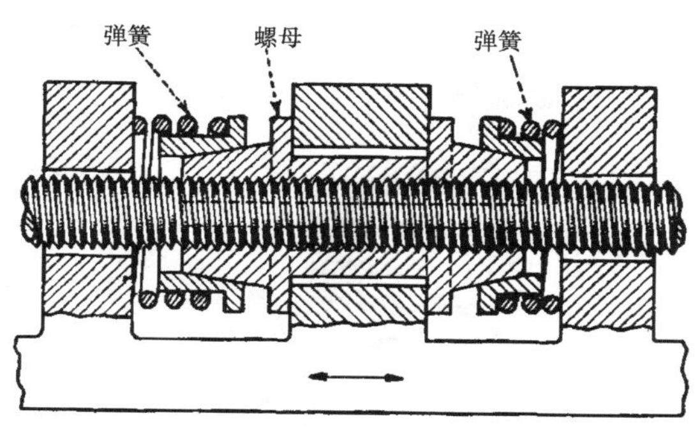

图 11.5-9 自动间隙调整器。螺母的两侧带有凸缘，在凸缘和加工成锥形的槽之间有一个方形输出截面。弹簧能使带槽元件径向移动。

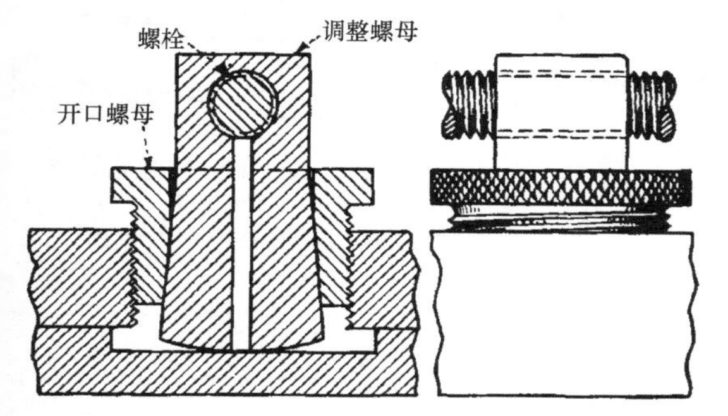

图 11.5-10 开槽螺母是锥形的，底面为圆形是为了保证螺母轴线与底座之间的距离固定。当调整螺母拧紧时，开槽螺母径向向里裂开一点。

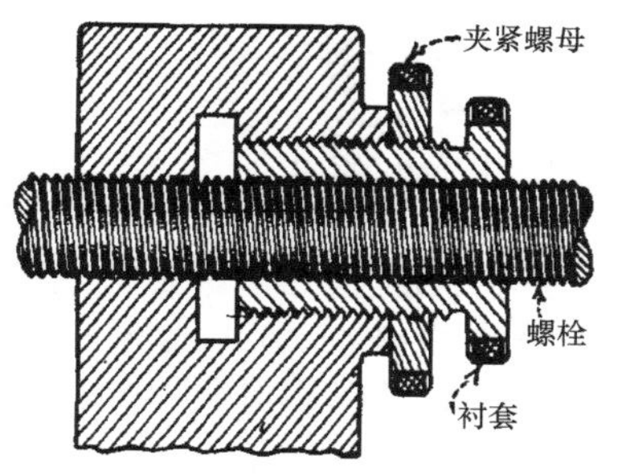

图 11.5-11 锁紧螺母很好地控制调整衬套。衬套外螺纹的螺距与内螺纹的螺距不同。若外螺纹是粗牙螺纹，在转速较低的情况下能消除间隙。

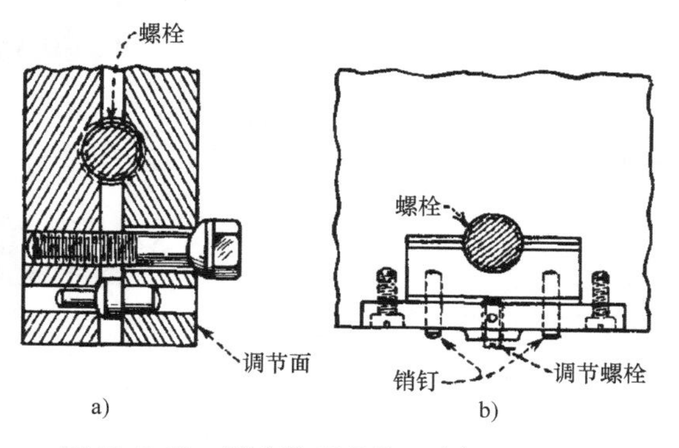

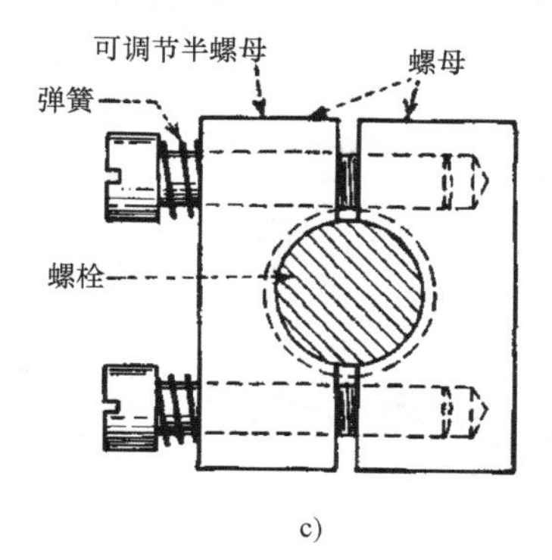

图 11.5-12 图中装置是基于半螺母原则的典型结构。在每种情况下，螺母的公称宽度与调整件的宽度或插入滑动件的宽度相同。在图 11.5-12a 中，螺丝帽与球型垫圈作为调整件。图 11.5-12b 所示，调整螺钉作用于可移动螺母截面上，两个销确保定位准确。图 11.5-12c 与图 11.5-12a 相类似，只是用到了两个调整螺钉。

11.6　7种特殊的螺纹装置

差动螺旋、双螺旋以及其他类型的螺纹能实现缓慢或快速进给、微量调节和定位夹紧等作用。

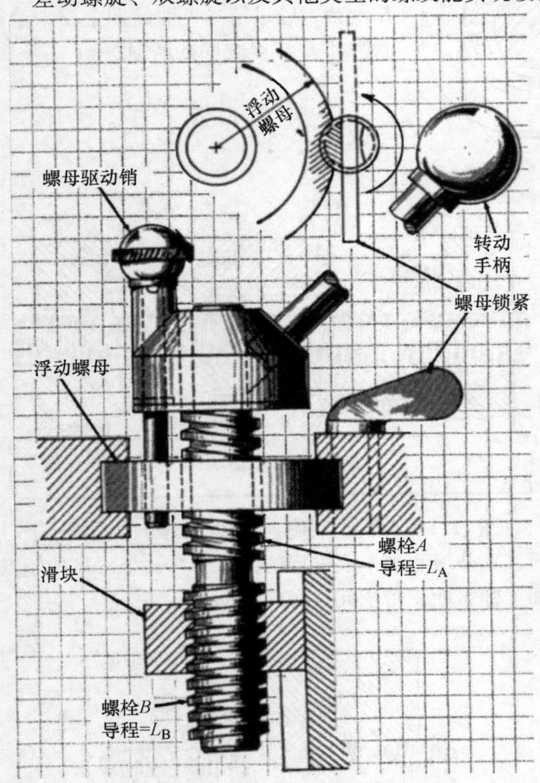

图 11.6-1　快速与缓慢进给机构。根据使用的左旋或右旋螺纹，当螺母固定时每转一转滑块移动的距离为 L_A 与 L_B 之和。当螺母没固定时，则每转一转移动的距离为 L_B。当螺旋是差动螺旋时，将得到较理想的进给速度和较快的返程速度。

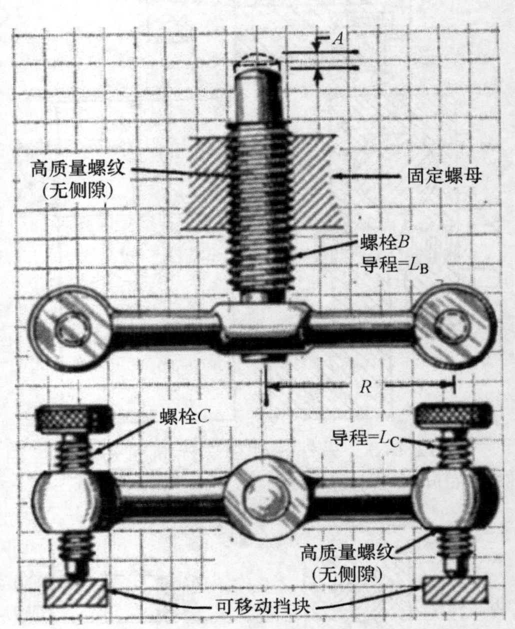

图 11.6-2　极端距离运动。能够微观测量是这台仪器的特点。运动位移 A 等于$\dfrac{N(L_B \times L_C)}{2\pi R}$，$N$ 为螺纹 C 的转速。

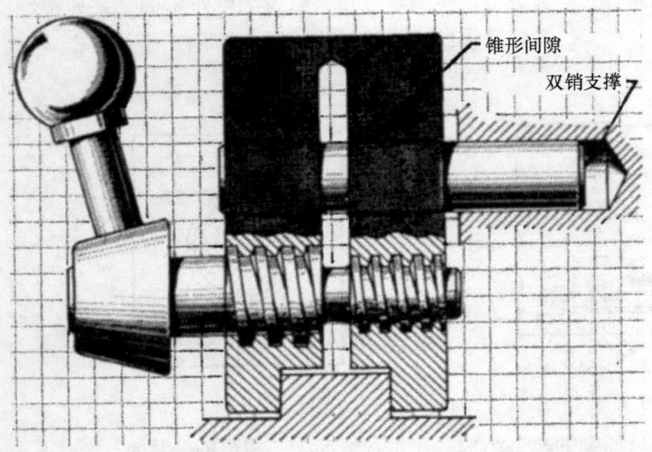

图 11.6-3　差动夹紧装置。这是利用差动螺旋并结合坚固的螺纹和较高的夹紧力去锁紧钳爪的方法。夹紧力的计算公式为 $P = Te/[R(\tan\phi + \tan\alpha)]$，$T$ 为扭转力矩；R 为螺纹公称直径；ϕ 为摩擦角；α 为螺旋升角；e 为螺旋副效率。

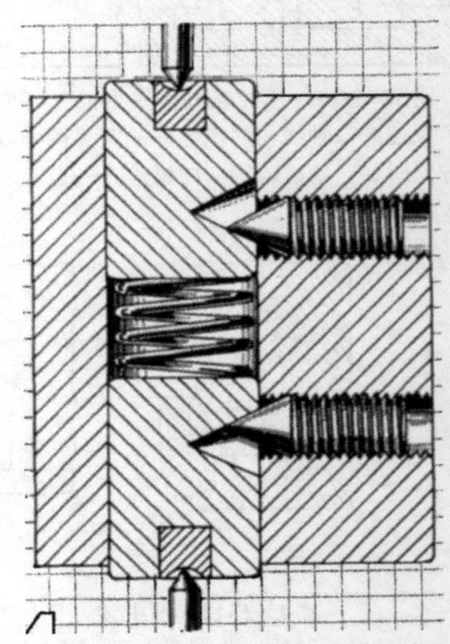

图 11.6-4　支撑调节。这种螺纹连接装置是一种适用于调节支撑和过载保护的便携方法。

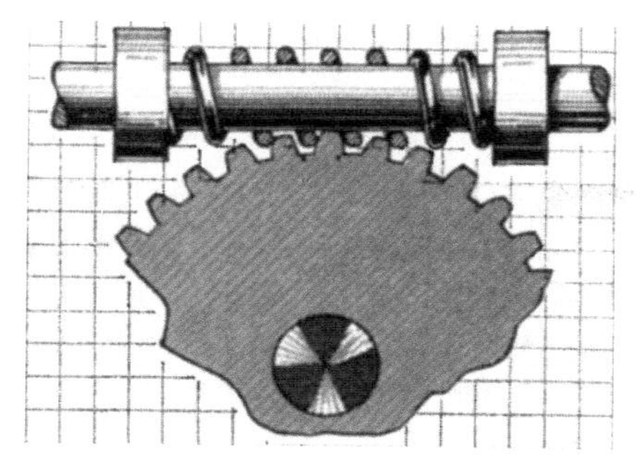

图 11.6-5 吸振螺纹。当弹簧线圈应用于蜗轮蜗杆连接，且载荷较小的情况时，具有缓冲吸振的特性。

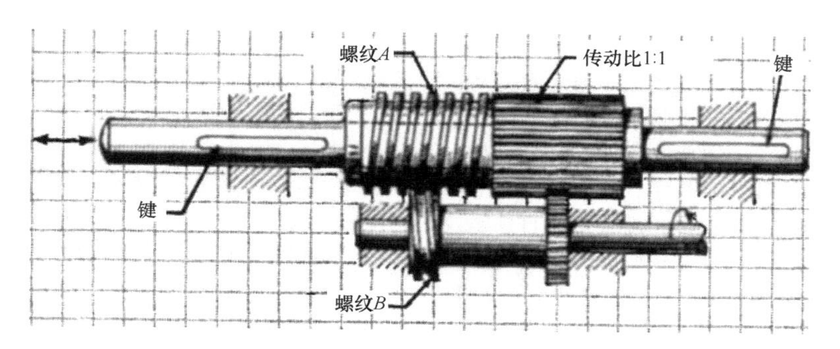

图 11.6-6 这个装置能实现旋转运动到直线运动的高传动比。一般适用于有效作用力较小的情况下。当螺纹旋向为一左一右时，导程 $L_A = L_B$，加上或者减去微小的增量。当 $L_B = 1/10$ 和 $L_A = 1/10.05$ 时，螺杆 A 的线速度将是 0.05in/r。当螺纹的旋向一致时，直线速度等于 $L_A + L_B$。

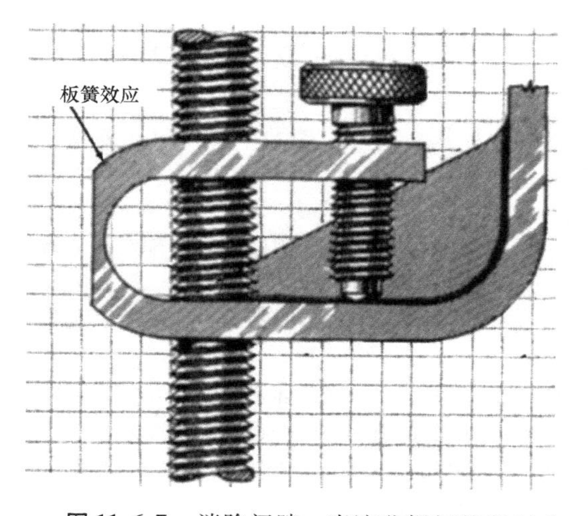

图 11.6-7 消除间隙。当滚花螺钉拧紧时大螺栓被拧紧，且所有间隙都被消除。通过手指转矩就足够拧紧滚花螺钉。

11.7 自锁螺钉

螺钉和销的自锁性能将被更多的产品所应用，这是因为现在的工业很侧重于安全和可靠性能。

紧固件的自锁性能确实很重要，紧固件的松动会带来很多不必要的麻烦，因此，生产商愿意花费更多的时间和金钱来保证紧固件的安全和可靠性，机械设计工程师更侧重于紧固螺母与紧固螺钉的挑选。

紧定螺母比紧定螺钉价格低，而且紧定螺母不需要太多的特殊零件去设计和更换，紧定螺钉与标准的紧定螺母相匹配，使用起来更加安全，即使在最初配对的紧定螺母丢失的情况下也是如此。

下面的内容包括很多新型的自锁螺母和自锁螺杆，即使在条件恶劣的情况下也能够更好地连接。还包括一些特殊的柄和头部的设计以及弹性元件和密封装置来提高自锁性能。

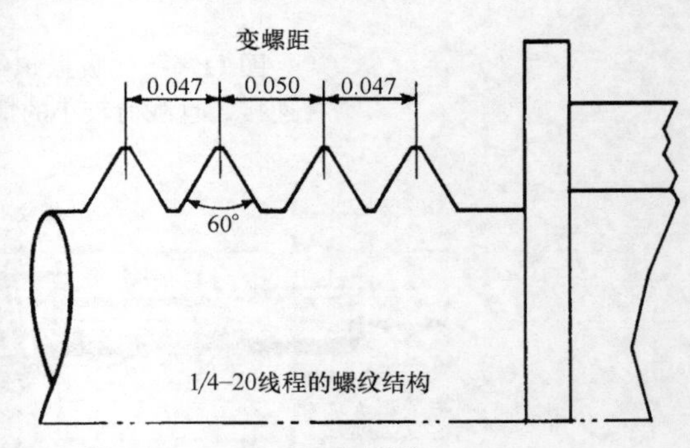

图 11.7-1　Leed-Lok 螺纹。

1. 变螺距的螺纹

如果一个螺纹的节距在最大和最小值之间变动，那么它在振动和冲击的情况下能很好地防止松动。由综合产业重点国家锁紧固件部所提供的以转矩占主导地位的 Leed-Lok 螺纹（图 11.7-1）采用变螺距，使螺纹侧面上产生相互作用力。并不需要在整个螺纹长度上都是自锁螺纹，只需要在某些特殊的点上就可以。例如 1/2-20 的螺纹，它的节距可能是 0.047、0.050、0.047。值得注意的是节距突然增大能够增大扭转摩擦，但不可以使配对的螺纹变形而超出其弹性极限。

2. 倾斜螺纹

另外一种产生干涉的方法是在加工螺栓时在螺线旋转中将其偏转和轻微变形。采用 Everlock 部（特洛伊美国密歇根州）关于 E-Lok 螺纹（图 11.7-2）的缩小影印文件，这个过程是将 60°牙型角从法线向轴线偏转一定数量的角度（大约 10°）。一般来说，在所选择的螺栓上，每两个倾斜螺纹后面就有两个直（标准）的螺纹。

普通螺纹

E–Lok螺纹

图 11.7-2　E-Lok 螺纹。

3. 部分位置偏移螺纹

在这种螺纹中，每条螺旋线的一部分发生变形，其变形处平行于螺纹螺旋线的轴线（图 11.7-3）。例如，由拉塞尔（Russell）、波萨尔（Burdsall）和沃德（Ward）（曼托，俄亥俄州）所生产的 Vibresist 螺纹能够根据脆弱或坚固的需要来提供一种持续作用的转矩。配对的内螺纹嵌入到两个偏移的螺纹之间由于具有自锁性能，弹力增强。这里正如其他变行程螺纹一样，依靠金属的弹塑性，螺纹在高温下并不会松弛。锁定的线程可以指定为相邻的头部与螺纹孔锁定，沿螺纹线长度的中间部位在螺纹孔中锁定，在螺纹末端与标准螺母进行锁定。

克利夫兰帽螺钉（美国俄亥俄州克利夫兰的 SPS 技术部）所提出的 Tru-Flex 螺纹（图 11.7-4）与一些变形螺纹相类似。在应用过程中，在螺栓末端部的螺纹有一个特别的变形，主要指小于 180°的圆弧变形。当与常规的螺母相配合的时候，锁定螺纹从螺纹根部到螺纹顶部重新定位，并会产生一种抗力矩。可以发现在紧固件圆周的 180°范围内重新对螺旋线整形，这导致了，在节距上有微小的变化就会产生很大的转矩。

4. 弹性肋螺纹

OrIo 螺纹在不受作用力的螺旋面内部分是或整周都有冷冲压成型的弹性肋条。当 OrIo 螺纹的螺栓旋入到螺孔内时，肋条就像弹簧一样被压缩，迫使螺旋面侧部与相啮合的螺旋面相抵制，这样提高了对因振动或冲击而产生的回转力的抵抗。肋条这种弹簧式作用将允许这种螺栓反复使用。OrIo 螺纹已经被 Holo-Krome 公司（美国的西哈特福市）、Pioneer Screw & Nut（美国加利福尼亚州埃尔克格罗夫）应用到螺栓上。

5. 楔紧牙根

这种内螺纹称之为 Spiralock 螺纹（图 11.7-6），应用于锁紧螺母和向标准螺栓提供锁紧特征的螺纹孔。它的创新之处是在传统 60°螺纹的牙根处增加了一个 30°的斜坡。当螺栓位置固定时，螺杆牙顶部与斜面相接触，

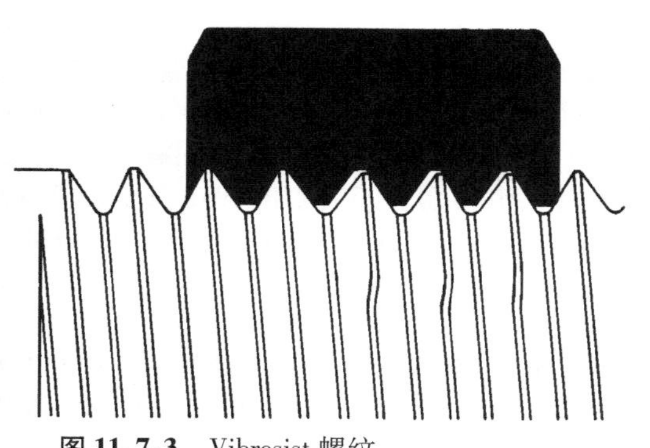

图 11.7-3　Vibresist 螺纹。

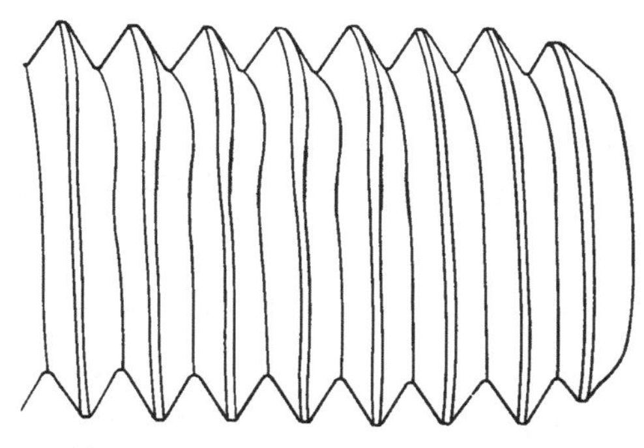

图 11.7-4　Tru-Flex 螺纹。

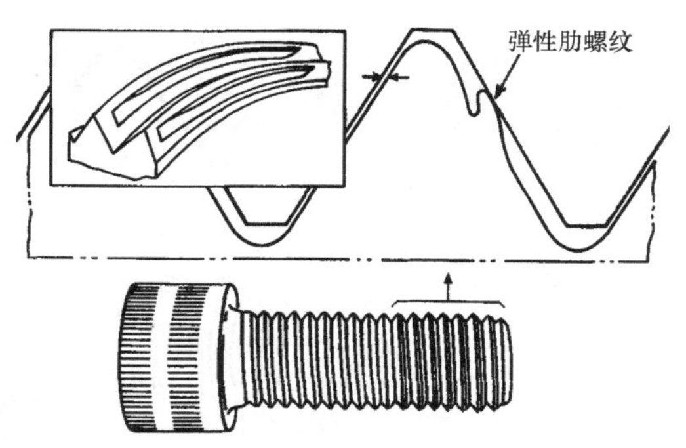

图 11.7-5　OrIo 螺纹。

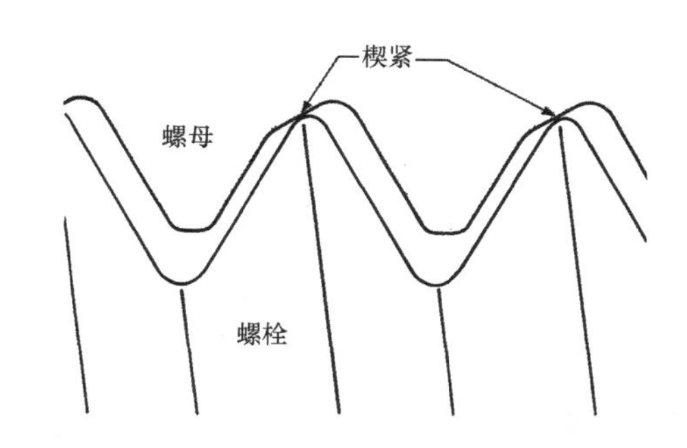

图 11.7-6　Spiralock 螺纹。

并且在整个螺母或螺纹孔上都处于金属与金属接触。事实上这种特殊的螺纹形式允许螺栓有较大的螺纹间隙。这种 Spiralock 锁紧螺母可以在 Greer and the Kaynar divisions of Microdot（格林尼治，美国康涅狄格州）购得，加工螺纹的丝锥可以在底特律丝锥和工具公司（沃伦，密歇根州）购得。

这种特殊的楔紧根部的螺纹还可以用在螺栓上。在能够从锁紧螺纹公司和国家锁紧固件部购买到的 Lok-Thred 螺纹（图 11.7-7）中，螺栓上的螺纹本身有自锁性能。这种外螺纹比较浅，有足够大的半径，牙底较宽并倾斜一定的角度。这种自锁齿根一直汇集到齿顶处。一个 Lok-Thred 螺栓很容易旋入普通的螺孔中一定的匝数，当接触到螺杆底部时就会产生阻力，而且通过锻压加工使螺母的螺纹重新变形以完全与螺栓楔紧根部配合。在实际使用中，大部分的夹紧力由锥形齿根来承载，随着载荷增加，楔入到牙顶能牢固的锁紧。含有这种牙型的螺栓比正常螺栓的内径要大，该螺纹增强张紧力、转矩、剪切力，也提高了承载极限。

6. 自锁牙根

一个自锁螺母是基于螺旋线侧面与内螺母侧面（图 11.7-8）相互作用力来产生夹紧力的，而且其所产生的转矩是常数。由 Lamson & Sessions（美国俄亥俄州克利夫兰）所设计的 Lamcolock 螺旋线适用于任何螺栓或者螺母。这种螺纹在给定的螺线宽度上使用了内凹的整圆弧的牙底和缩小的螺纹外径。缩小外径尺寸将给材料流入牙根凹槽的空间，从而避免了可能产生的擦伤。

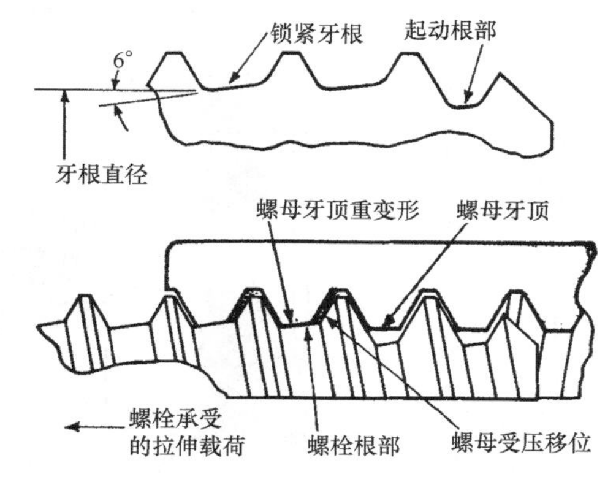

图 11.7-7　Lok-Thred 螺纹。

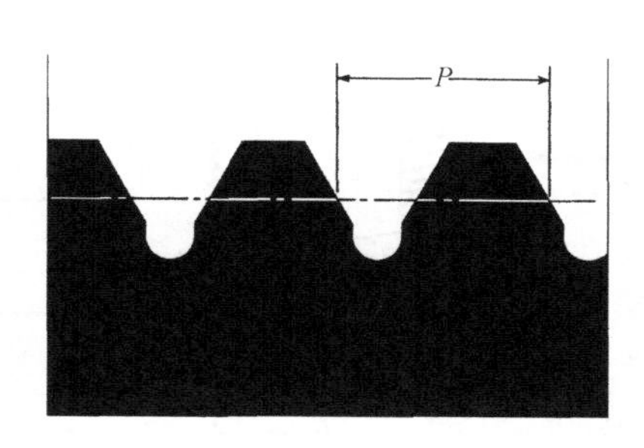

图 11.7-8　Lamcolok 螺纹。

7. 锁紧牙顶

通过60°-30°牙形与三角形螺纹截面相结合，加强了Powerlok螺纹（图11.7-9）的自锁性能。自锁是通过螺栓扭转力臂上最外层半径获得，然而，大多数螺栓是在较小半径处产生阻力的。Powerlok螺纹的牙型比较深与相同尺寸普通螺纹相比其外径尺寸有所增大，这些因素都增加了螺纹锁紧能力。事实上，在螺纹30°受压的地方螺母螺纹的金属材料已经发生弹性变形。Powerlok螺纹在许多紧固件制造厂家均能获得，其中包括Continental Screw公司（美国马萨诸塞州新贝德福德）、Midland Screw公司（芝加哥）、Central Screw Division of Microdot，和Elco实业公司（罗克福德）。

8. 弹性凸起

在Chexoff螺纹一边的几个螺纹进行变形以形成凸起部，当螺栓是单线螺纹时，受控的螺纹将会引起干涉从Central Screw公司（美国德斯普兰斯）能获得这种特殊带有凸起的螺纹，通过在配合螺纹的对面施加压力会产生类似楔形的效应。为了能够在外围产生合理的作用力，这些凸缘可以在同一直线上或者错开分布。

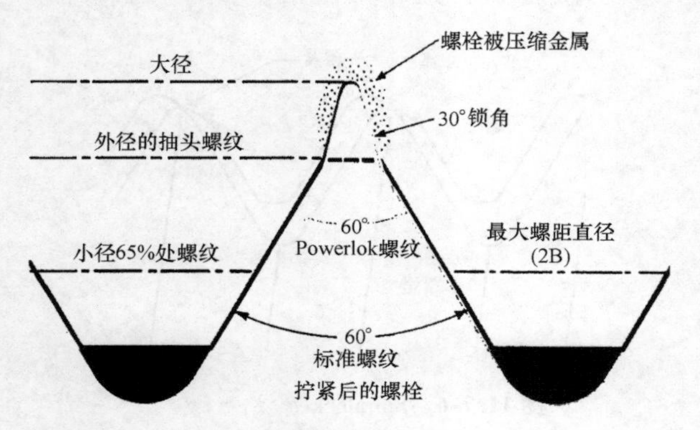

图11.7-9　Powerlok螺纹。

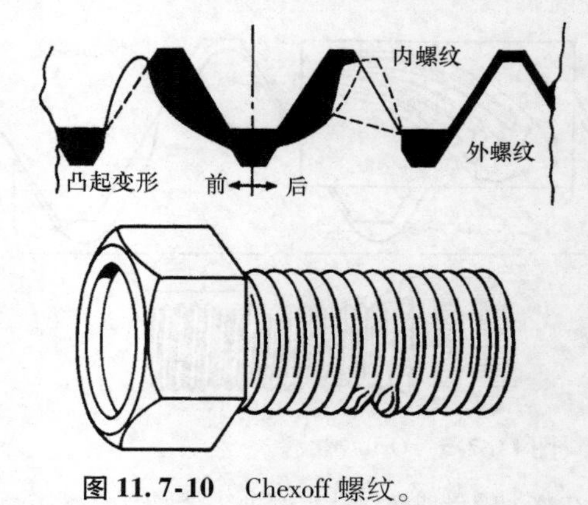

图11.7-10　Chexoff螺纹。

在另外一种设计中，Deutsch紧固件公司在螺栓的一边设计了弹性凸起部分（图11.7-11），这种方法提高了具有同样设计的螺栓与之配对时螺纹间的摩擦力。在螺纹加工中将精密球压入与螺纹小径尺寸很接近的孔中挤压形成凸起部分。

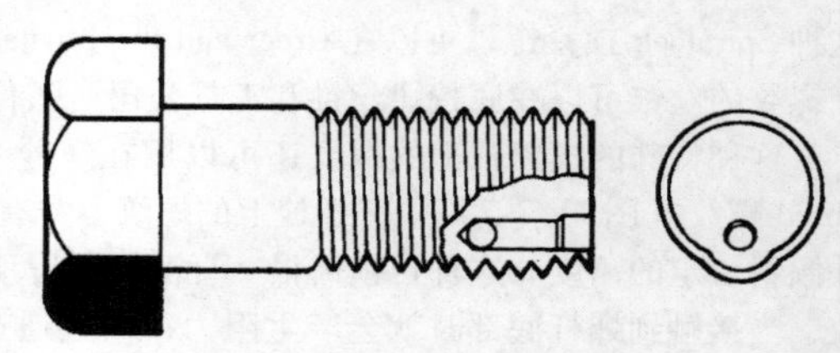

图11.7-11　弹性凸起螺纹。

9. 正弦波螺纹

另外一种提高螺栓自锁性能的方法是采用正弦波螺纹。Valley-Todeco公司所生产的正弦自锁干涉型螺纹（图11.7-12）就是其中一种，螺栓的上半部分通常是直柄，下半部分通常还有普通螺纹。在装配过程中，螺栓上有修正过的正弦螺纹的螺栓直柄，旋转穿过两个被装配的孔，取代简单的被压入孔。同时，穿孔上面也开有正弦波螺纹，螺栓凸出的部分由标准螺母拧紧，这种螺母有双重的作用，即还能防松。

10. 锥形螺杆

提高螺杆在装配过程中张紧力的另外一种方法是让螺杆有一定的锥度，如由Voi-Shan Division of VSI公司（美国加州帕萨迪纳市）生产的锥杆螺钉（图11.7-13）。虽然每一英尺直线的长度通常会有0.25in的锥形，但

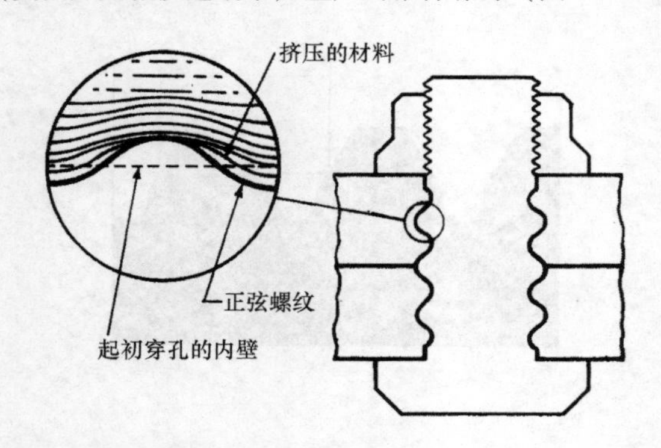

图11.7-12　Sine-Lok螺栓杆。

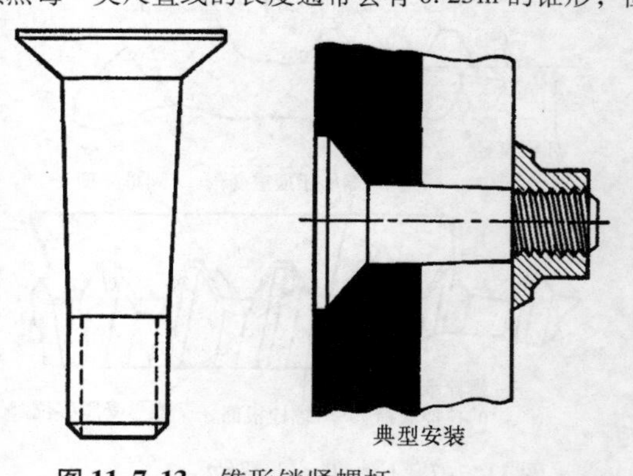

图11.7-13　锥形锁紧螺杆。

是这个锥度提供了紧密的过盈配合，能够使结合部位的材料产生弹性变形并压紧在孔的周围，产生预紧作用。

11. 头部锁紧螺栓

许多新型螺栓头部形状设计有助于抵抗结合部位的振动松动。由 Continental Screw 公司（美国马萨诸塞州新贝德福德）开发的 Uniflex 螺栓头弥补了公司生产的滚压三角螺纹的线性问题，这种螺栓头有一个近似垫圈和起伏不平的表面。当三个高低交替的表面与装配的连接件锁紧时，松弛部分与滚压三角螺纹凸缘上的静应力点相对齐。正是由于这个原因，增加旋合的螺纹牙数目将会阻止螺栓松开。

由 Eaton 公司所生产的 Tensilock screws 能够提供较大的锁紧力和夹紧力（图 11.7-15）。螺栓头部有 24 个嵌入式的同心圆，经过渗碳处理，有外同心凹槽允许头部产生弯曲。由 SPS Technology's Cleveland Cap Screw 所提供的 Durlok 夹紧件在承载面边缘同样有棘轮状的齿（图 11.7-16）。为了防止配合表面渗透和磨损，这些锯齿表面被光滑的外承载面所包围。

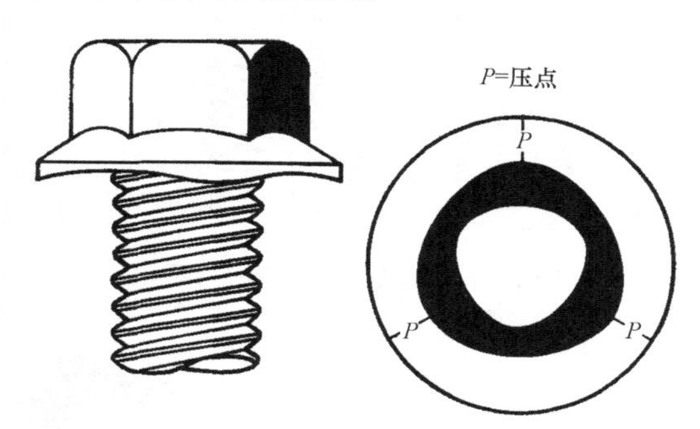

图 11.7-14 Uniflex 螺纹头。

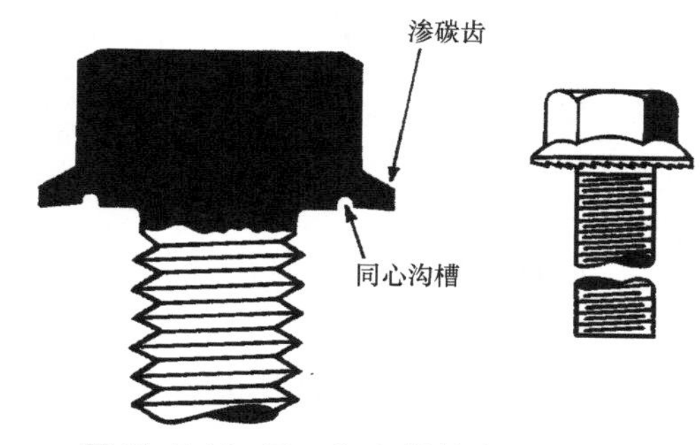

图 11.7-15 Tensilock 螺栓头。

自锁螺栓的头部的部分牙型是一种预留垫圈的形式，包括由 Elco 实业公司所生产的 Melgrip 螺栓（图 11.7-17）和能够从一些制造商中购买的 Sems 螺栓，这些制造商包括伊利诺伊州的防振部、罗克福德的国家锁紧固件部和螺纹设计中心（图 11.7-18）。Melgrip's 的自锁性能来源于螺杆头部下方的齿和垫圈上表面的齿相配对，以及垫圈周边上的双向夹紧齿与工件材料的相互作用，因此垫圈不能打滑或者划伤。

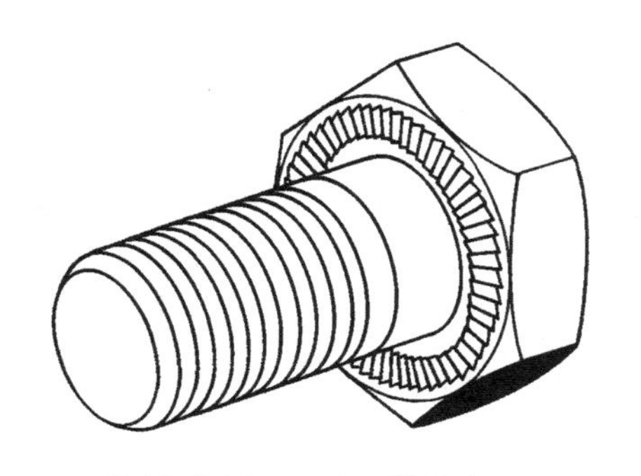

图 11.7-16 Durlok 螺栓头。

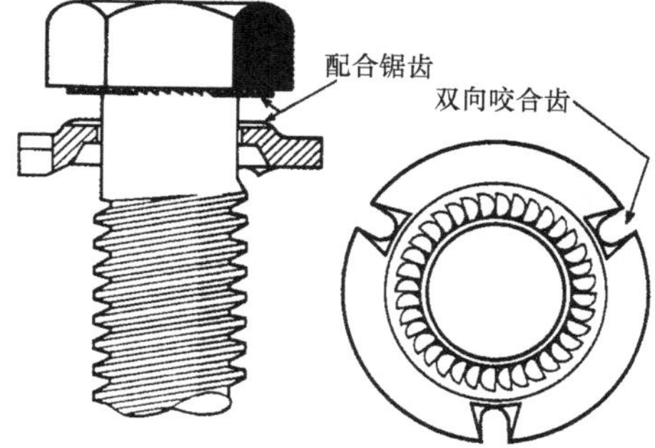

图 11.7-17 Melgrip 垫圈螺栓头。

Sems 螺栓用很多的垫圈提供弹性张紧力来改善防松阻力或弥合过大尺寸的孔，或者用来隔热和保护材料。

12. 尼龙芯棒

自锁螺母是用弹性尼龙芯棒穿过螺杆中心来产生自锁转矩的（图 11.7-19）。在一百多年前已经有类似的产品，尼龙芯棒被压入到螺杆中，穿过螺杆，当螺杆和螺母相互配合时，由于横向力的作用，螺杆保持在固定位置，这种技术也可以用在螺母和双头螺栓上，这种螺母在 Nylok Fastener Division of USM 公司（美国新泽西州帕拉默斯市）和 ND 实业公司（美国纽约州特洛伊）生产。

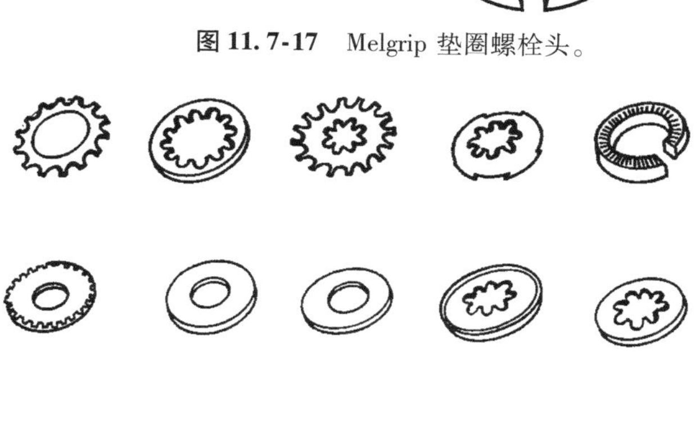

图 11.7-18 Sems 垫圈形式。

13. 尼龙融合补片

另外一种有效而且方便的预防螺纹连接松动的方法是用弹性锁定补片，这是融合在螺杆上一定大小的补片(图 11.7-20)。这种尼龙融合补片在螺纹的中间部分比较厚，能够与相配合的外螺纹逐渐融合。由于配合的外螺纹压制补片，这时会阻止螺旋的转动，而且与金属有很好的粘接性能。这种螺纹可以在以下公司购得：the Esna Division of Amerace 公司，Long-Lok Fasteners 公司，Holo-Krome 公司，the Unbrako Division of SPS 实业公司。

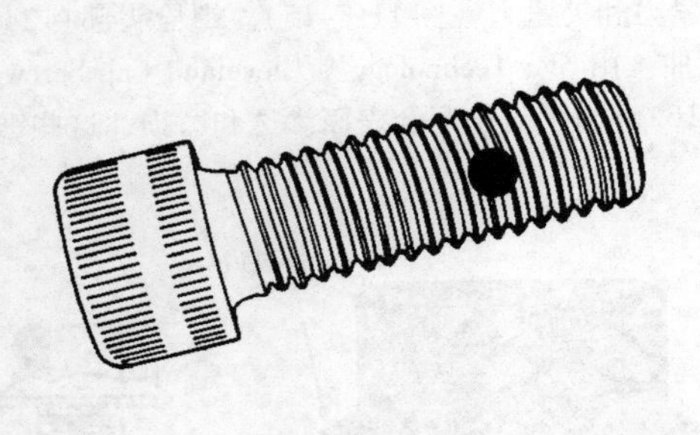

图 11.7-19　尼龙芯螺栓。

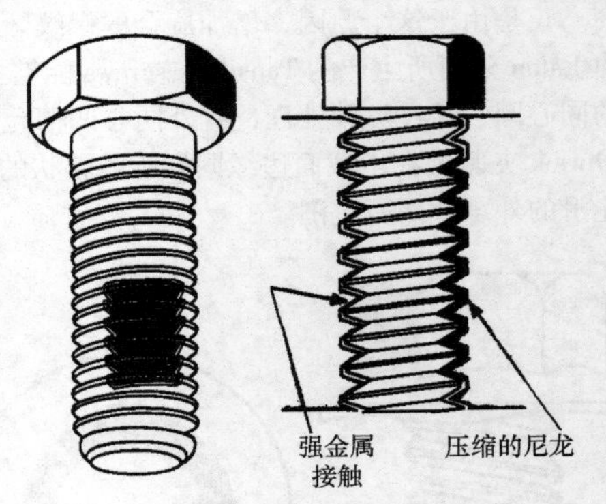

图 11.7-20　尼龙融合补片螺栓。

14. 粘接螺纹锁紧

环氧胶、厌氧胶和强力粘接剂用于螺母螺杆连接的锁紧元件现在非常流行。由两部分粘接剂所组成的环氧胶以可更换的窄条或者微型胶囊形式应用在螺钉连接紧固件中。一旦使用，环氧胶就会凝固（图 11.7-21），直到相配对的螺纹连接件相互配合才会起作用。虽然在 24h 内会产生很好的粘接效果，但这种发生粘接作用的化学反应也会持续几天。粘接技术不具有可重复性。带有粘接剂的螺栓可以从 ND 实业公司、克里夫兰螺帽和 Camcar Division of Textron 处购买。

图 11.7-21　粘接锁紧螺栓。

高强度粘接剂如由 ND 产业所提供的 Vibra-Tite 和 Oakland 公司既能够使零件自锁，又能使零件进行调整，达到双重的效果。使用者可以用一个刷子来涂抹这种胶，类似于胶水。然而 Vibra-Tite 不是一种粘接剂，最初并不提供重载锁紧能力，而是用于锁定件的拆装和调整。

15. 有效转矩

大多数自锁螺母是靠摩擦力来抵制轴向或者横向振动的。横向振动比较难控制，因为作用力会使微观截面上产生瞬时滑移从而使螺钉松动。在使用之前应该进行试验。

第 12 章

销

12.1 带槽弹性圆柱销的应用

弹性圆柱销在压力的作用下进行装配，能够提供较大的紧固力，将零件定位和固定在一起。

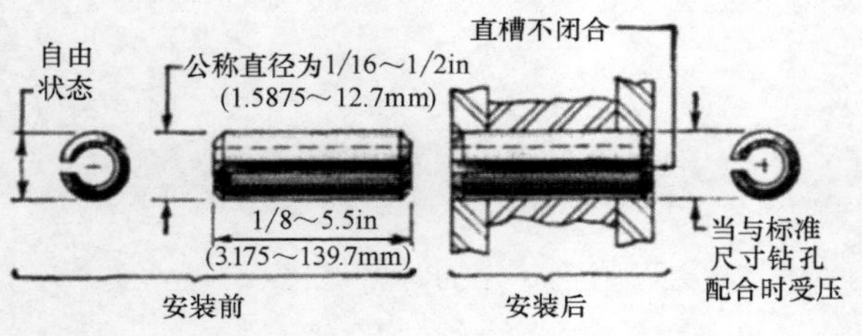

图 12.1-1　弹性圆柱销最基本的功能是连接工件。

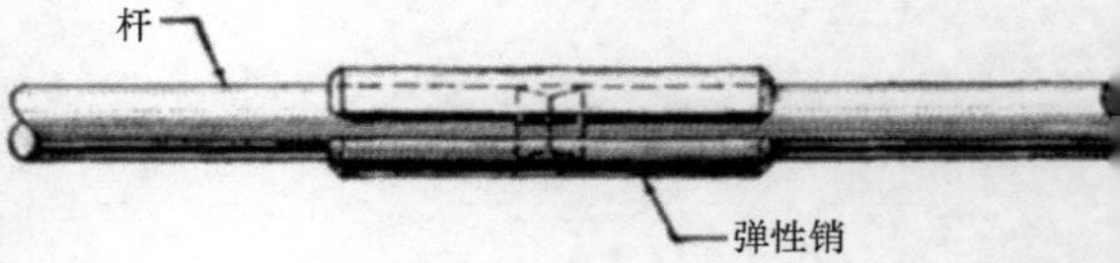

图 12.1-2　对于外部连接起到夹紧套的作用。

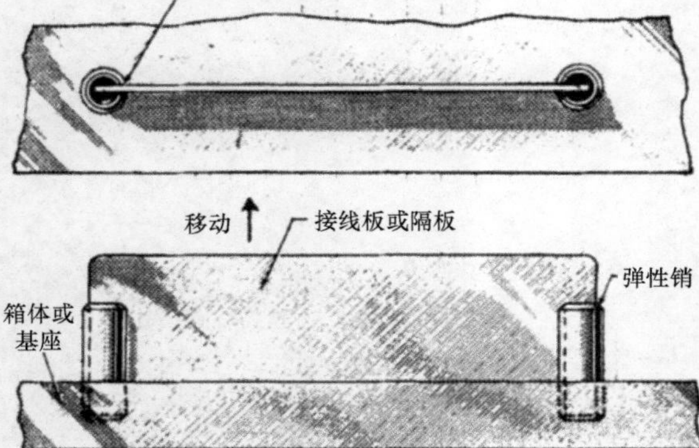

图 12.1-3　低成本的薄板支撑。

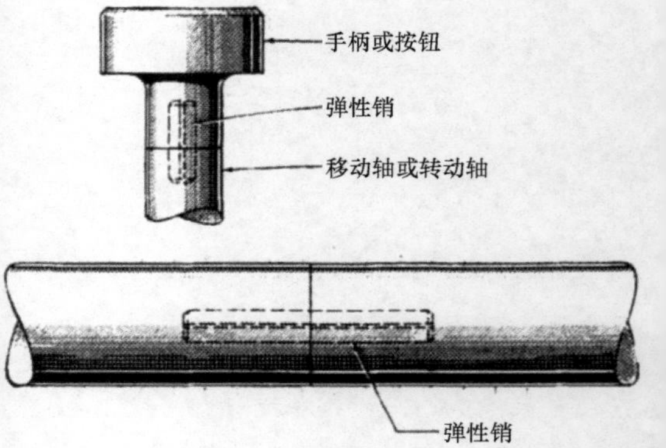

图 12.1-4　低转矩轴连接或者按钮装配。

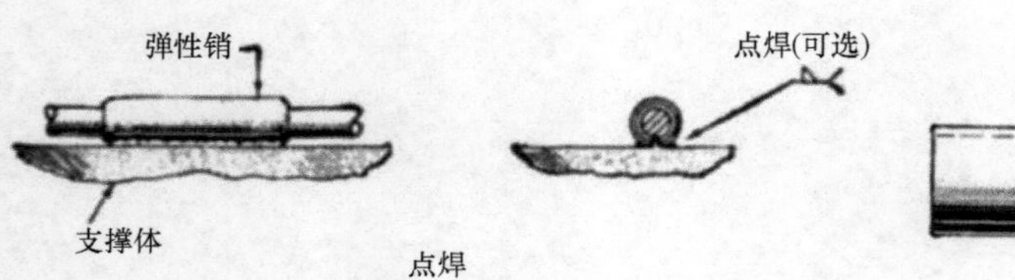

图 12.1-5　低成本的轴支撑方法：键；点焊。

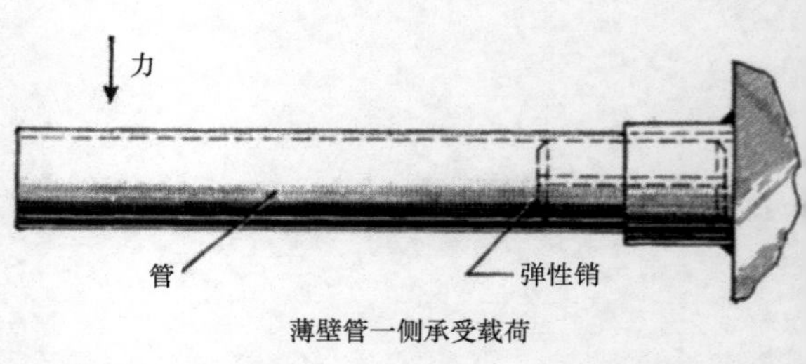

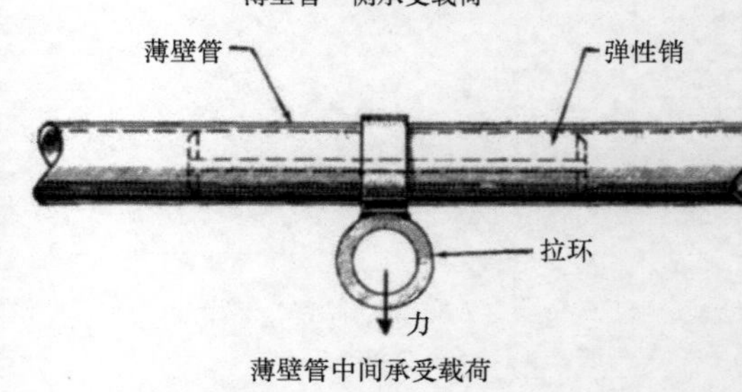

图 12.1-6　薄壁管承受载荷较大处用弹性销来加强

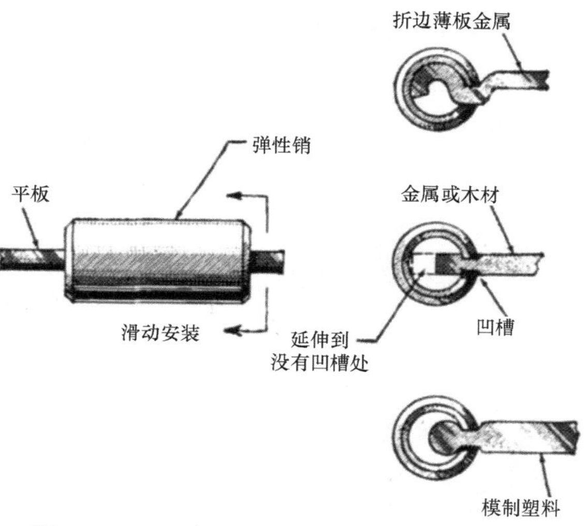

图 12.1-7 凸缘保护。

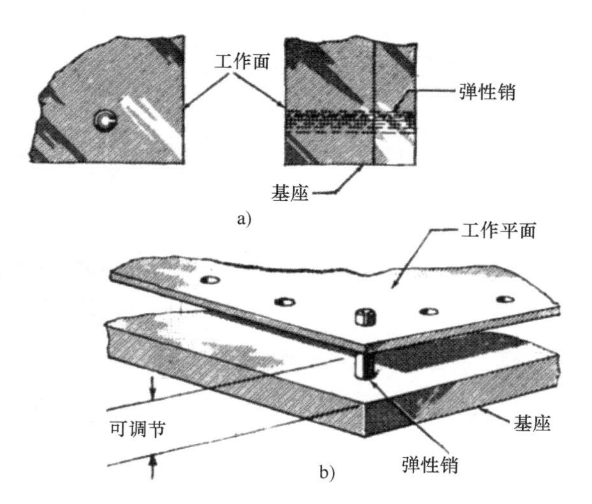

图 12.1-8 图 12.1-8a 弹性销起到支撑定位杆的作用；图 12.1-8b 调节作用。

12.2 弹性销的8种特殊应用

在下面这些万能装配设备中可以获得很高的价值。

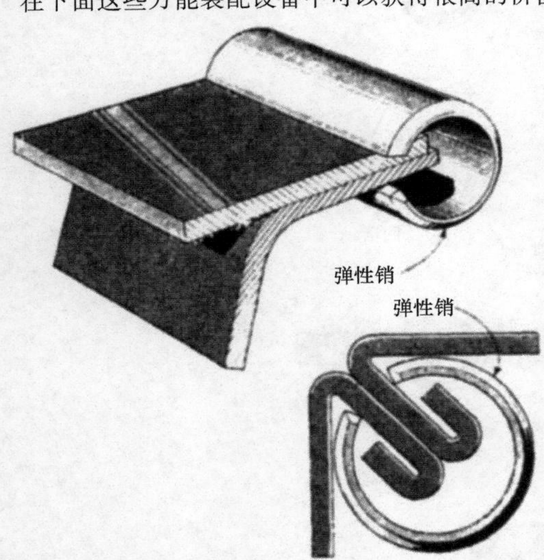

图 12.2-1 开口销起到锚固装置的作用，能够把两个零件固定在一起。可以是临时的连接也可以是长期的连接，被连接件的材料可以是金属的也可以是非金属的。

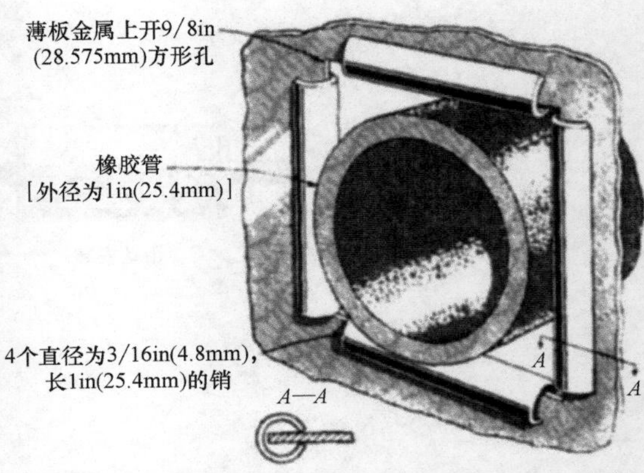

图 12.2-2 当电线或者液压管接触到机壳的边缘时，为了保护电线或者液压管不受损，用销将机壳的边缘包围。这里所用的弹性销的尺寸比较小。

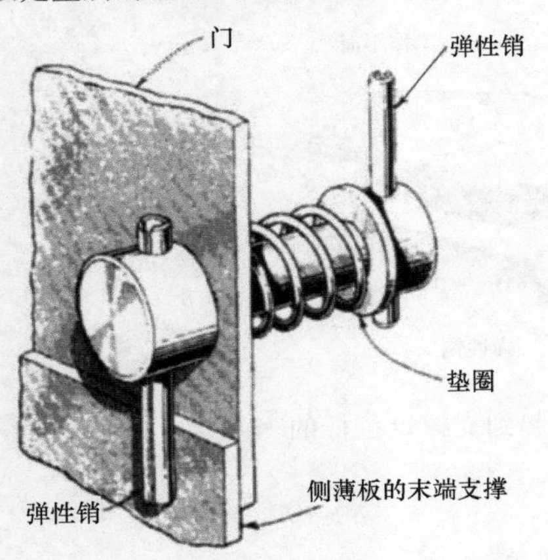

图 12.2-3 利用两个销钉可以制成把手和门锁，成本低，可以代替昂贵的锻造把手和金属锁片。

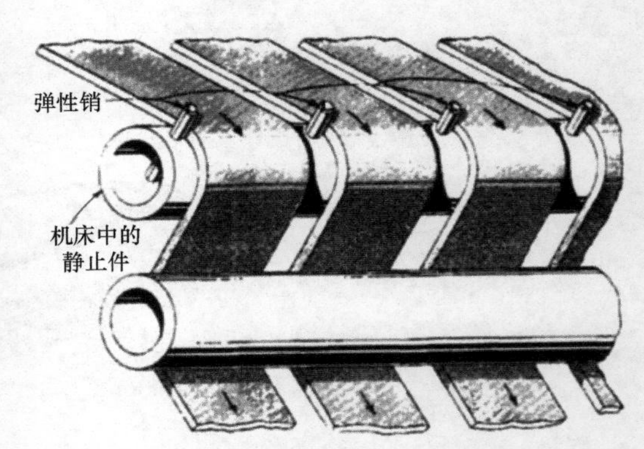

图 12.2-4 对带传动的导轨，弹性销消除了对成型垫片或昂贵的间隔环的需要。

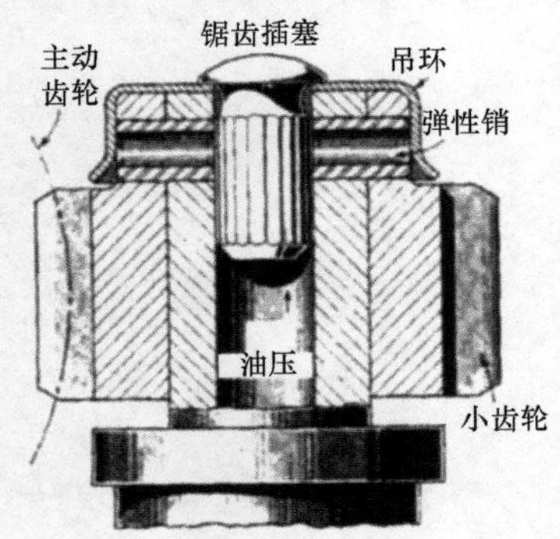

图 12.2-5 润滑油通道与定位销的组合用于齿轮装置。另外，吊环不但能够完成起吊功能，而且还能够改善外观结构。

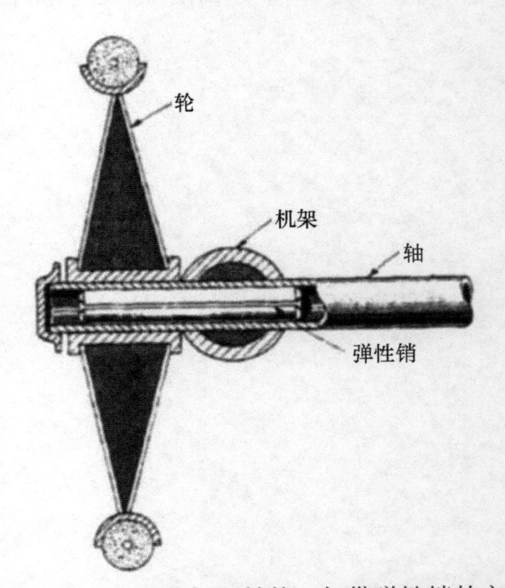

图 12.2-6 硬化轻型结构。如带弹性销的空心轴，这些装置安装简单，装配后具有很大的强度。

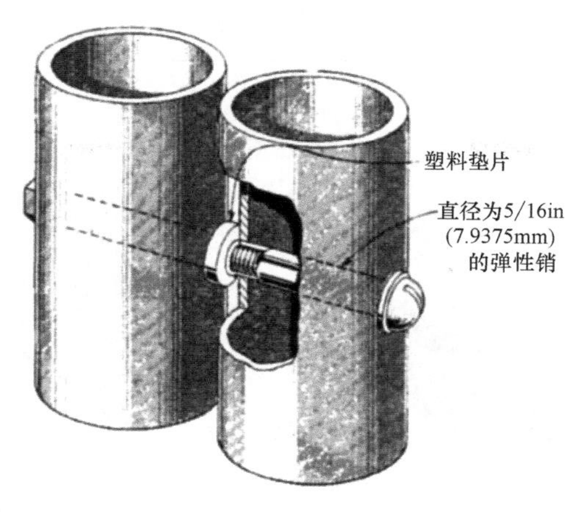

图 12.2-7 在枢纽螺钉外加上淬火钢套筒，可以使折叠桌的桌腿更耐用，同时保持较低的成本。

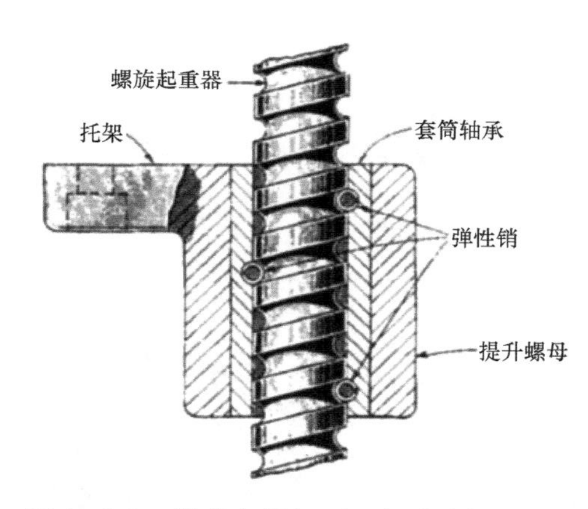

图 12.2-8 低成本螺杆可以与升降螺母相配合使用，将弹性销安装在适当的节点位置。旋转的销可以降低磨损。

12.3 弹性销用于电气控制的8种情况

将这些简易的装置作为终端机、连接器、末端执行器来使用。

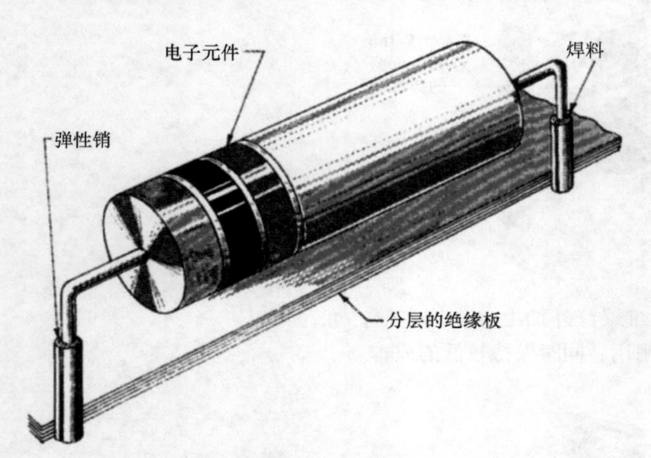

图 12.3-1 将两个直径为 1/16in（1.588mm）的锡倾斜弹性销钉插入到酚醛板中制成低成本的终端机。板的厚度应该为 3/32in（2.381mm）。

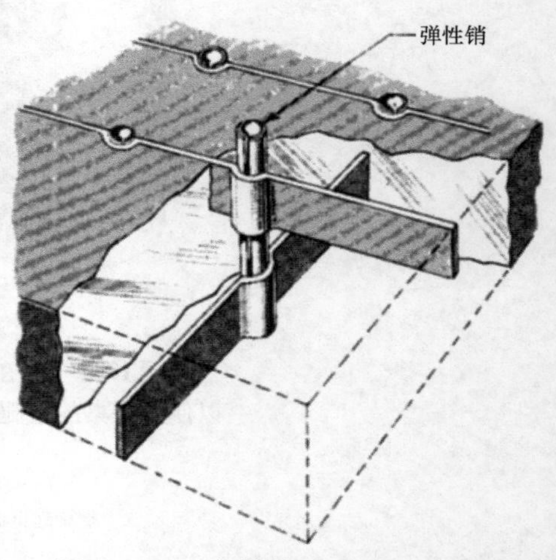

图 12.3-2 在接线板上用于连接电路，销钉具有足够的导电能力，通过布置不同的销钉可以选择不同的电路形式。

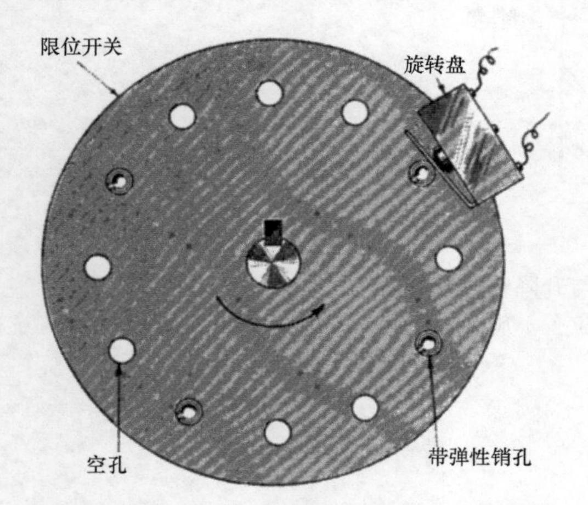

图 12.3-3 开关传感器能在采用弹性销的情况下很快地旋转，销钉的材料具有很好的抗磨损性能。

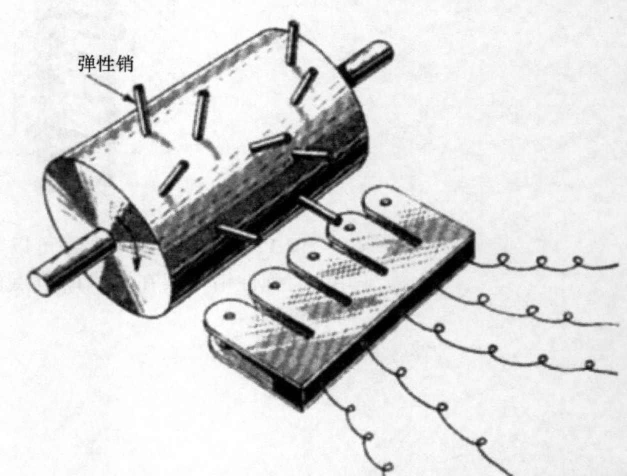

图 12.3-4 滚筒式传感器：工作原理与图 12.3-3 相类似，销钉凸出的部分非常重要但是可以调整。

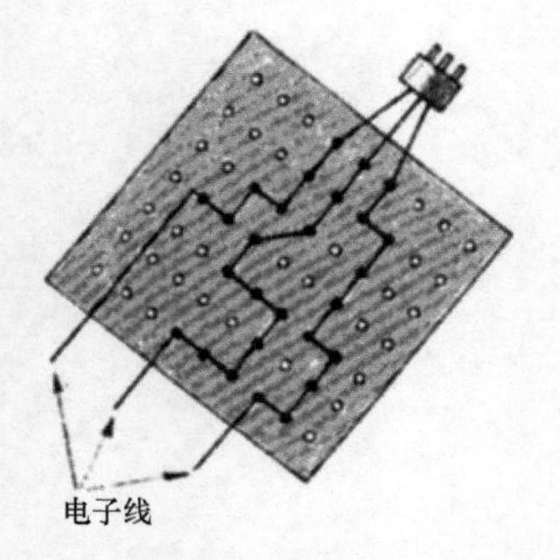

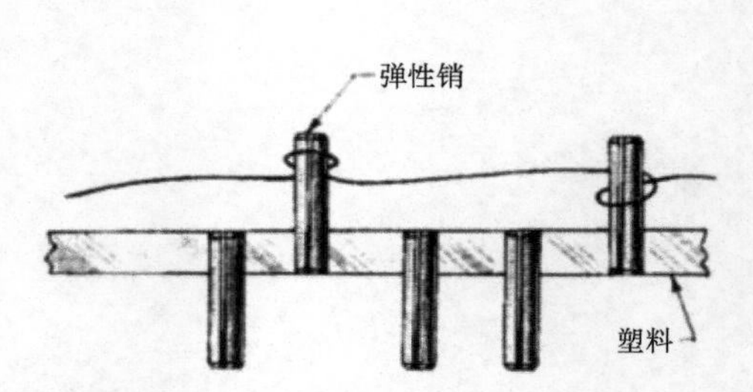

图 12.3-5 当电子线束的形式需要调整时，可以用销钉来布置。塑料板上的销钉孔的直径为 1/4in（6.35mm）。

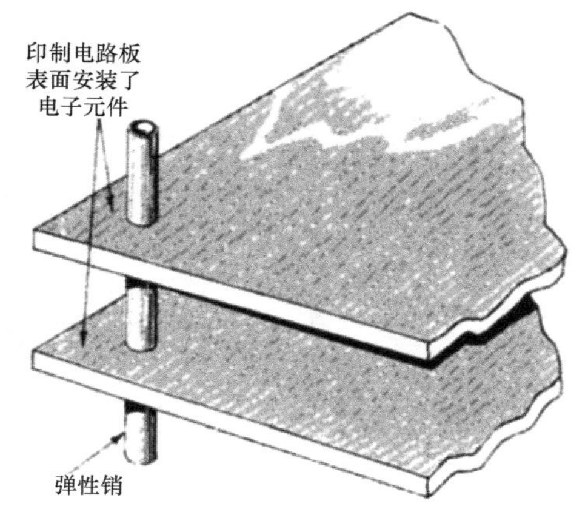

图 12.3-6 弹性销可以将印制电路板分开。根据板之间所需要的距离选择销的长度。

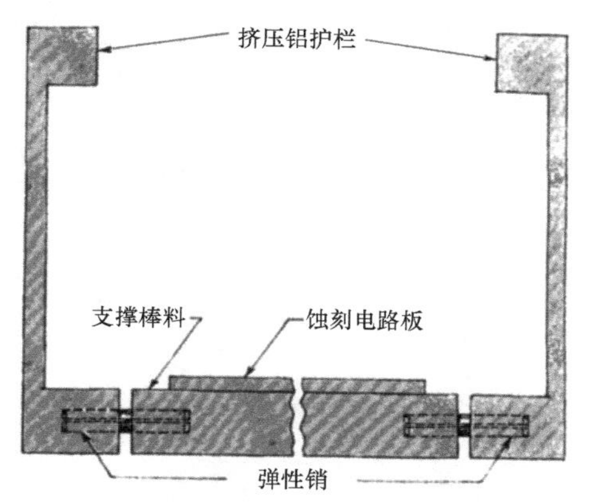

图 12.3-7 电子元件上的支撑杆通过弹性销相连，能够很容易、快速地插入滑动底盘，不需要闭合公差。

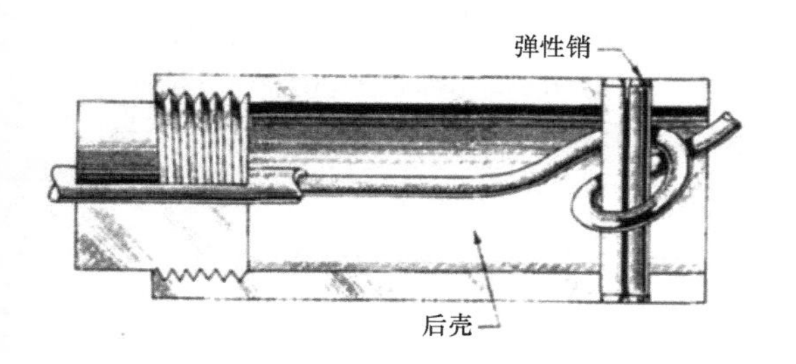

图 12.3-8 在电路连接中，将电线所承受的应力降低，安装过程中不会滑落，松弛的电线绕在弹性销外壳上，固定在一定的位置。

12.4 弹性销的 8 种其他应用

下面这些在压力的作用下装配阀的方法都能够用来锁紧定位工件，它们甚至可以作为阀控制流体。

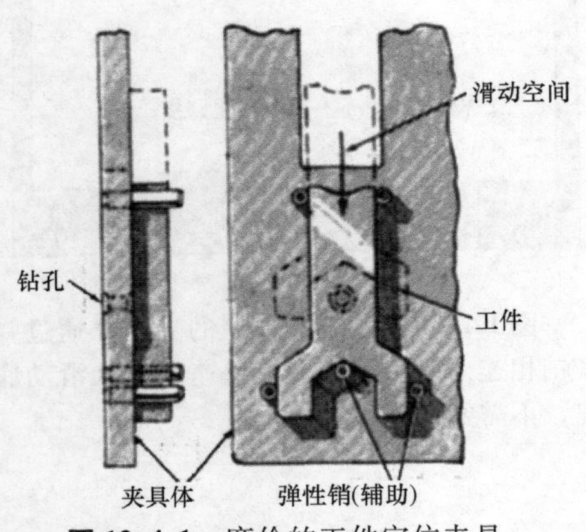

图 12.4-1 廉价的工件定位夹具。

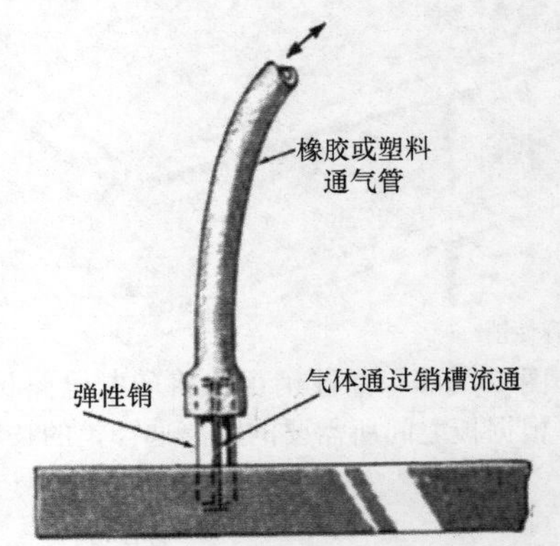

图 12.4-2 弹性通气管与销相连，避免管的摆动，与移动的机器部件保持一定的距离。

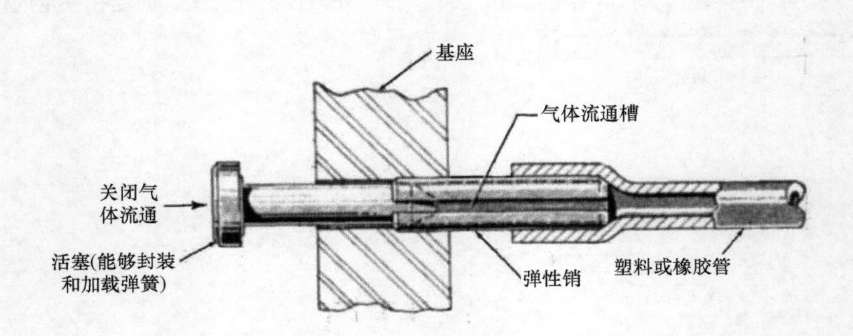

图 12.4-3 简单高效的空气阀。

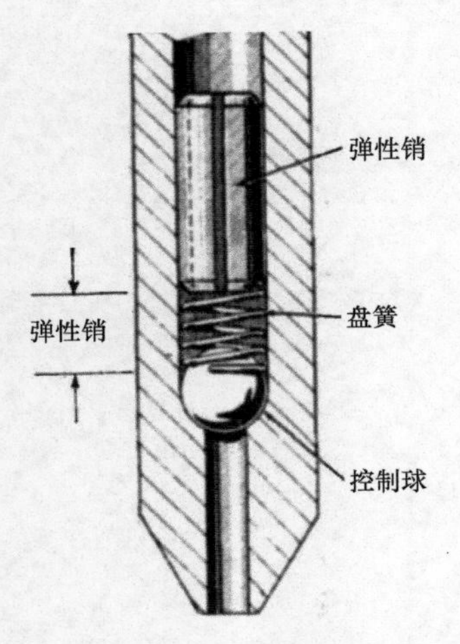

图 12.4-4 弹簧固定单向阀允许最大限度的流量，该装置容易调整。

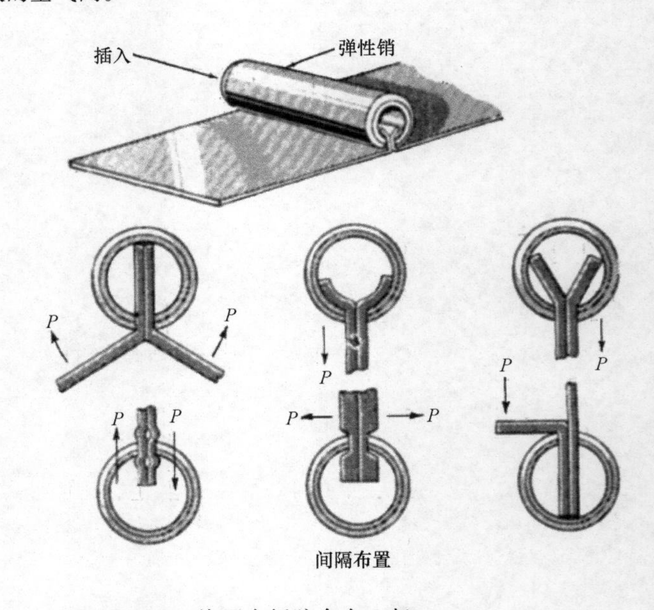

图 12.4-5 将两个板胶合在一起。

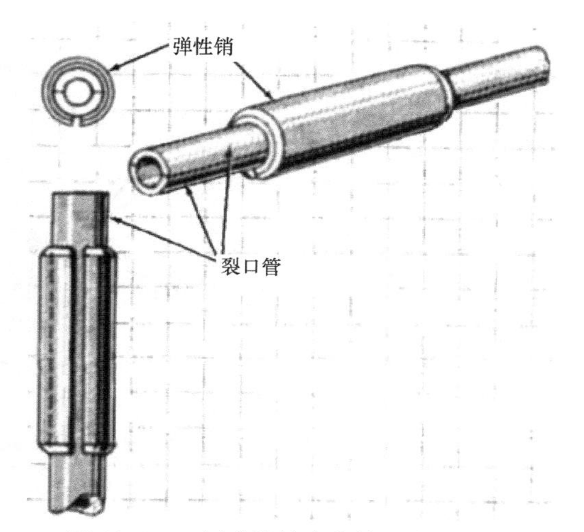

图 12.4-6 用弹簧销来夹持滑动杆。

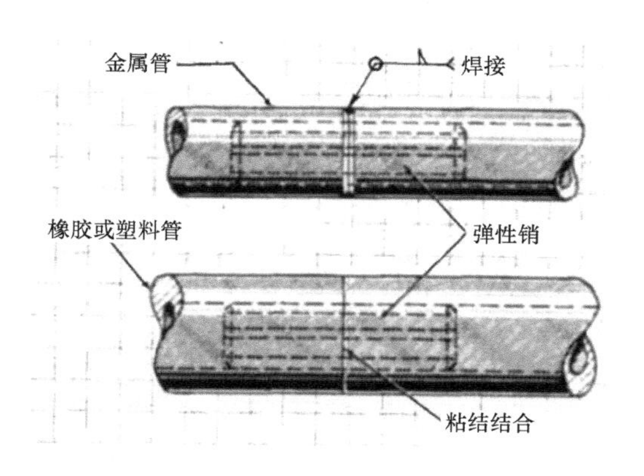

图 12.4-7 对齐管粘接，内装弹性销可以增强连接强度。

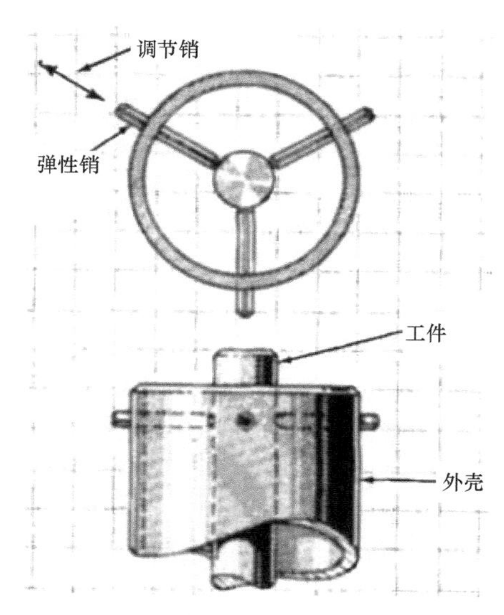

图 12.4-8 很容易调整同心位置或者偏心位置。

12.5 开口销的应用

下面将阐述利用开口销简化夹具的方法。这些销都很容易拆卸。

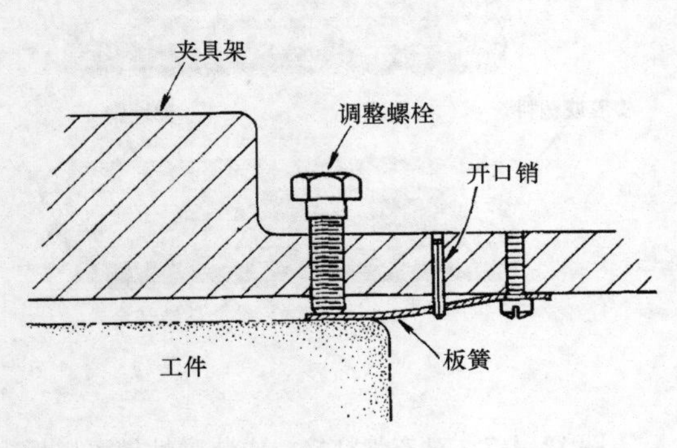

图 12.5-1 防止弹簧移动。

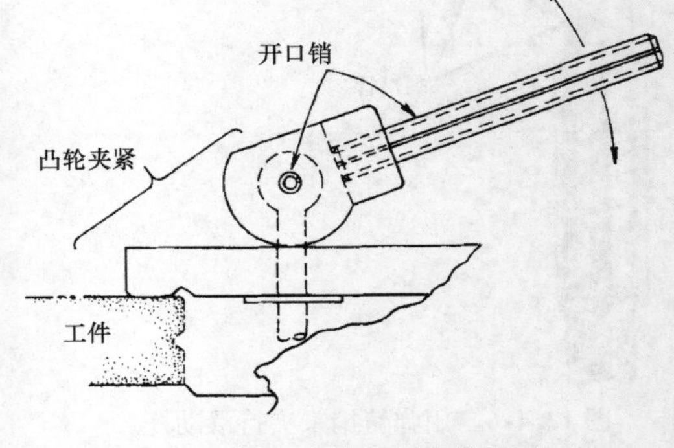

图 12.5-2 作为凸轮支点或者把手。

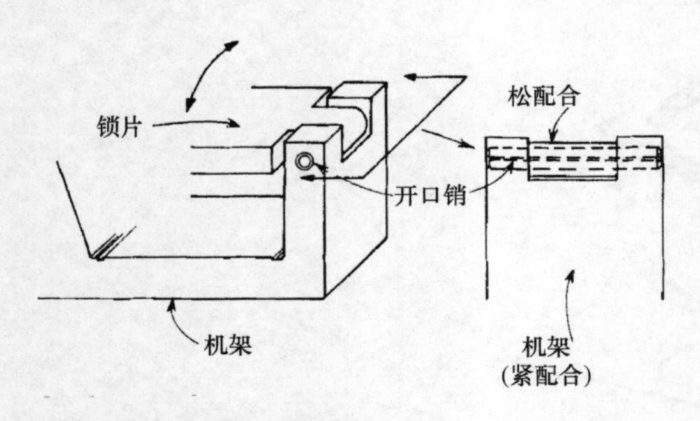

图 12.5-3 夹具支点。

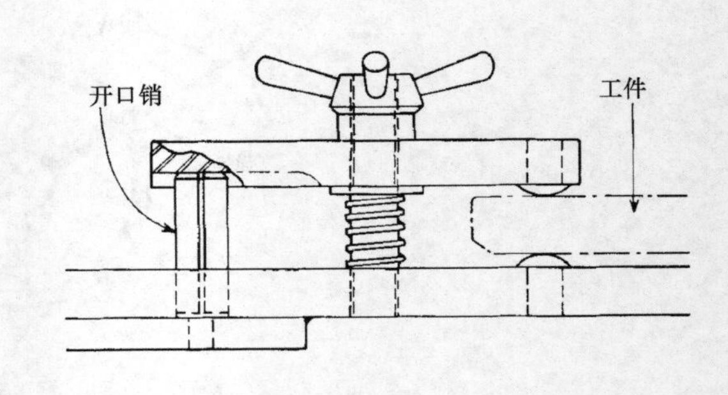

图 12.5-4 支撑杆。

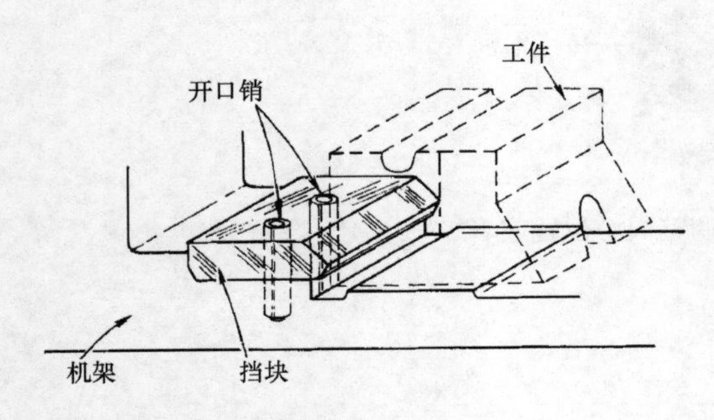

图 12.5-5 固定挡块。

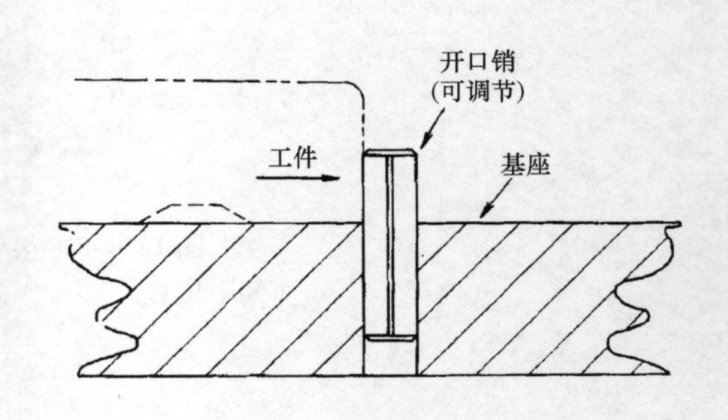

图 12.5-6 起到定位止动作用。

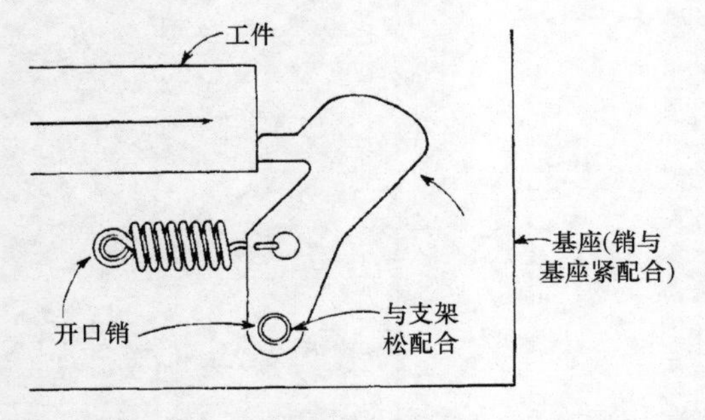

图 12.5-7 固定弹簧并作为力臂支点。

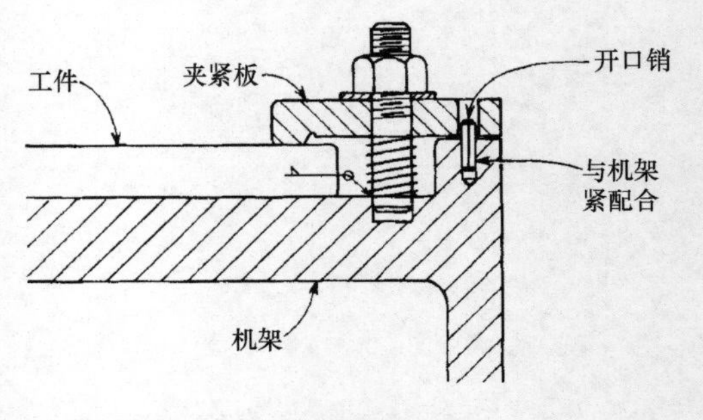

图 12.5-8 稳定夹紧板。

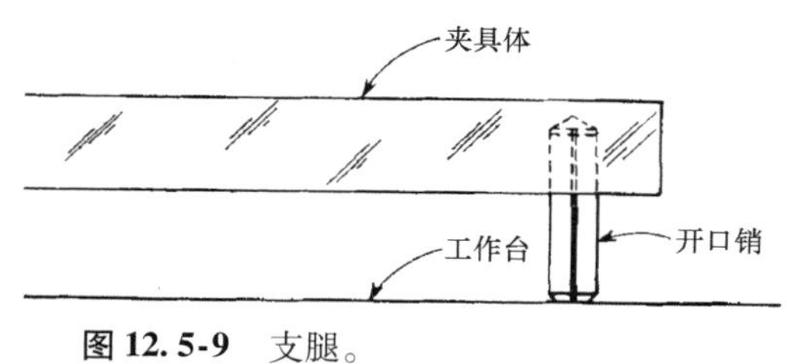

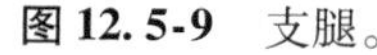

图 12.5-9 支腿。

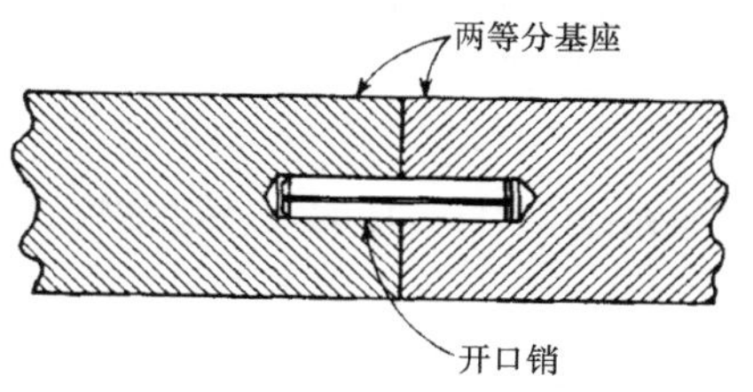

图 12.5-10 固定夹具体的暗销。

开槽管销在力的作用下固定在预定的位置，那么销的原始直径应该大于孔的直径，这样当销插入孔后，孔和销之间有径向作用力，能够防止转动。作用力的大小由销自由状态下的间隙的大小来决定。当销作为支点时，与之配合的孔的长度大于销的长度，那样销不会从孔里松脱。这些销可以由热处理碳钢、耐腐蚀钢、铍铜合金制成。

12.6　螺旋销的设计

螺旋销在直径和长度上多种多样，它们的应用范围是无限的，这里介绍其中 8 种。

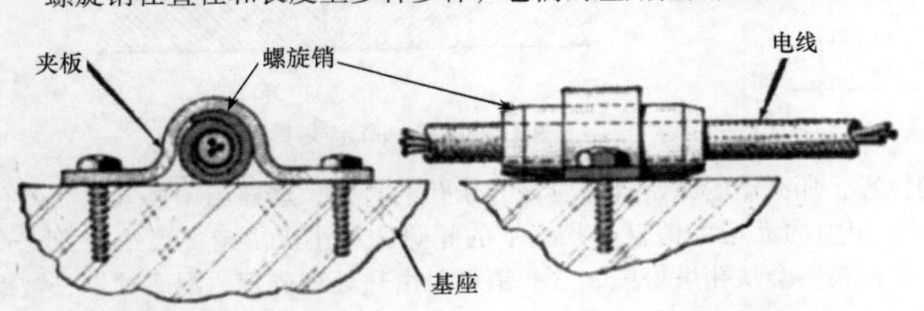

图 12.6-1　用来固定导线。当夹具夹紧之后，螺旋销将导线固定在相应的位置上。

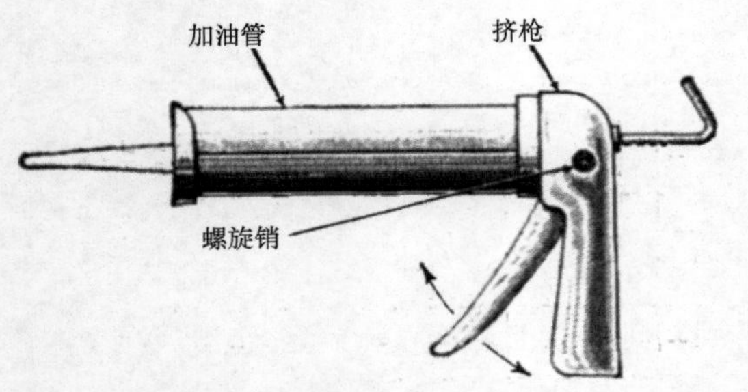

图 12.6-2　支点销把手的外壳是紧配合，并可作为扳机的支点。

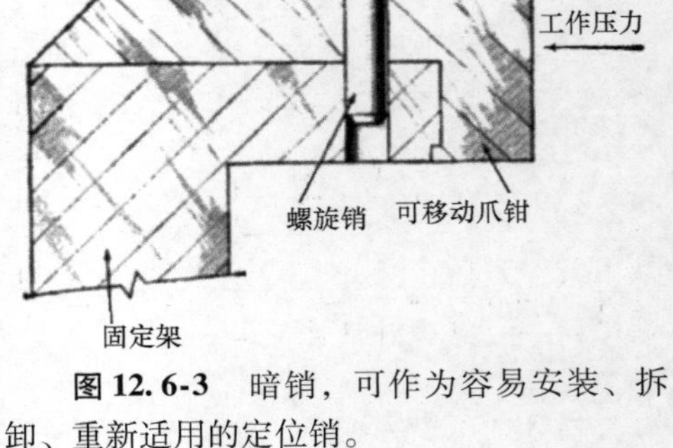

图 12.6-3　暗销，可作为容易安装、拆卸、重新适用的定位销。

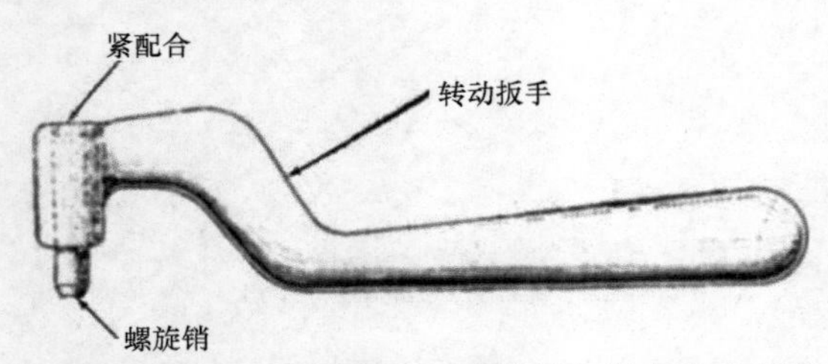

图 12.6-4　用于扳手的螺旋销，销与孔之间允许较大的间隙。

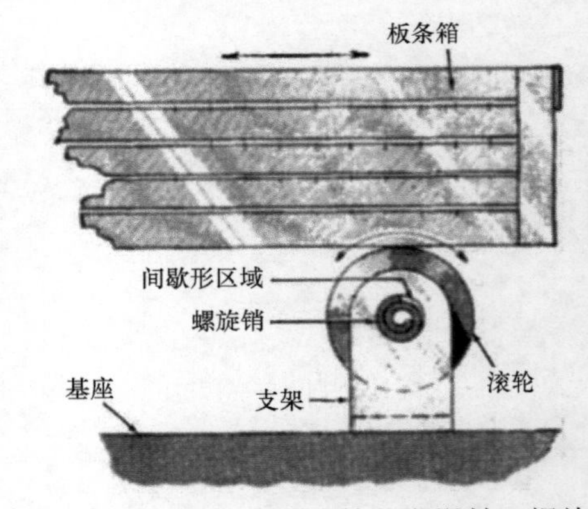

图 12.6-5　作为滚筒的润滑轴，螺旋轴的旋转槽能够容纳更多的润滑油。

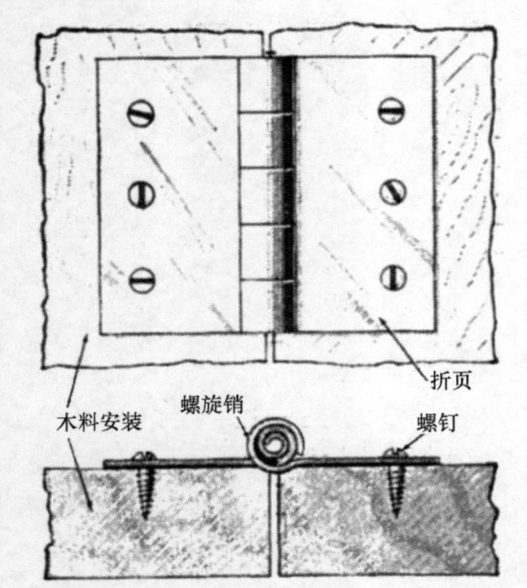

图 12.6-6　折页销。如果被连接的两个孔的尺寸不一致，那么折页很容易拆开，如果两个孔的尺寸一致，就会导致折页孔间产生摩擦。

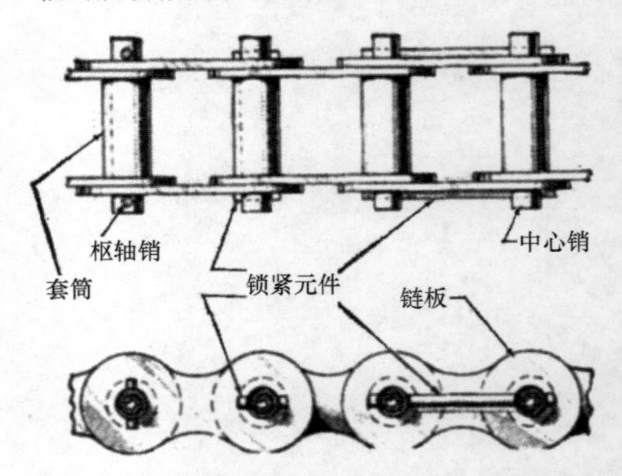

图 12.6-7　螺旋销用于链条连接。销作为支点或者锁定元件。优点是容易拆装和可重复使用。

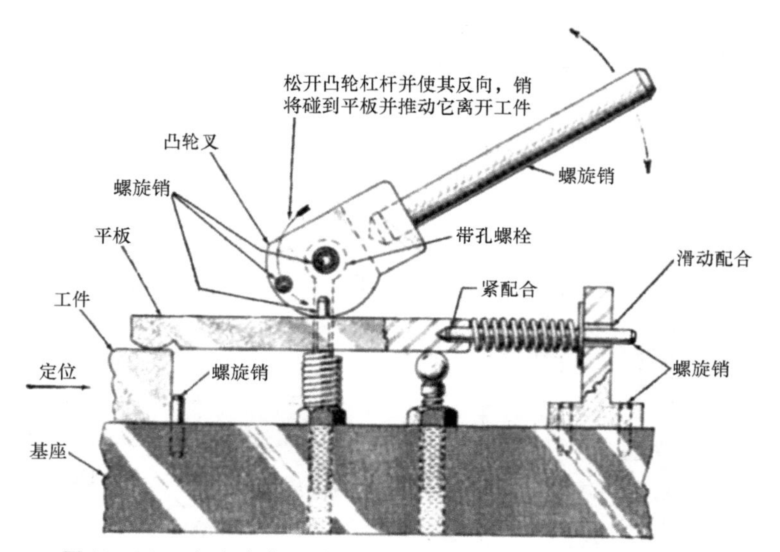

图 12.6-8 在这个夹具中，销钉可作为支点、止动元件、润滑元件、把手、定位元件。销钉可以压入或者滑入，如果位置需要调整，销钉可以移走，重新使用。

12.7 便宜的连接头：开口销

开口销使用方便、价格便宜，是电气控制中最好的连接件。

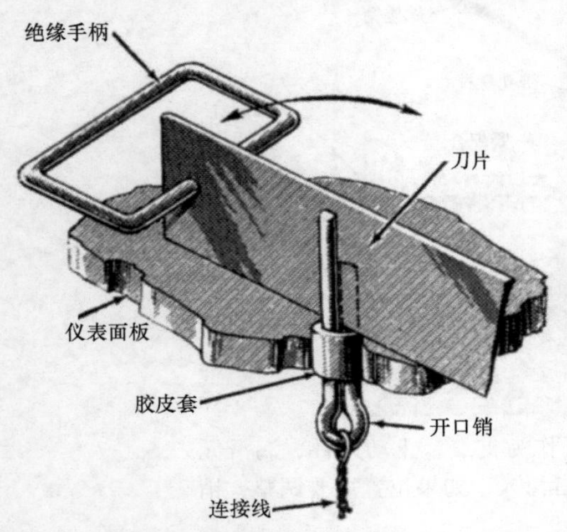

图 12.7-1 用于连接刀片。

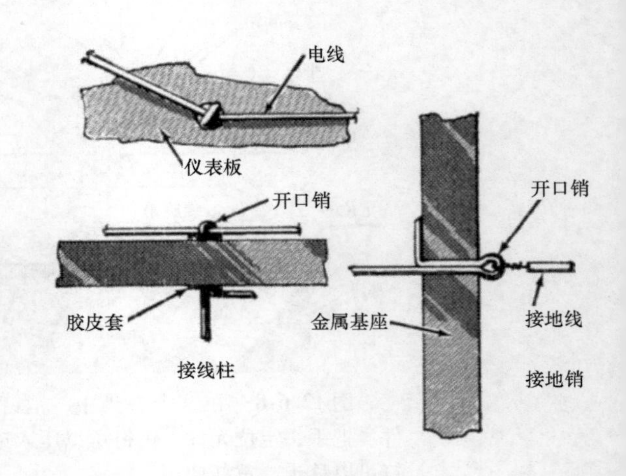

图 12.7-2 接线柱和接地连接。

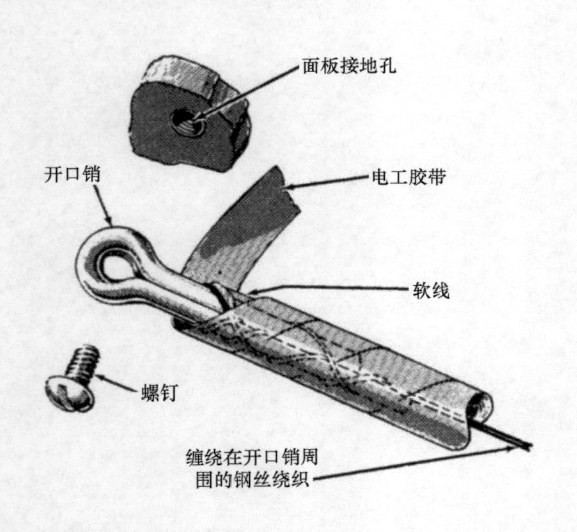

图 12.7-3 末端固定元件。

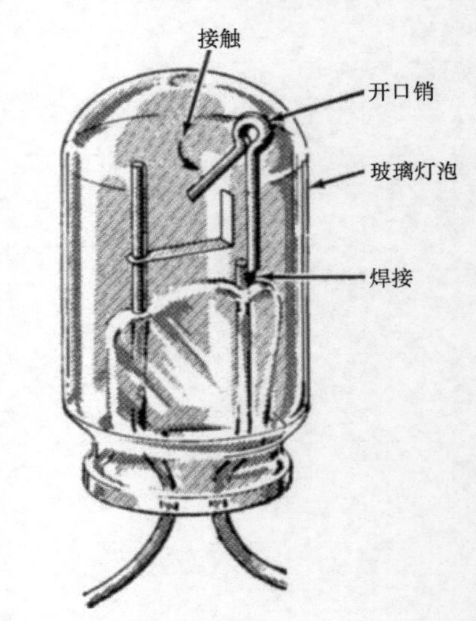

图 12.7-4 发光开关。

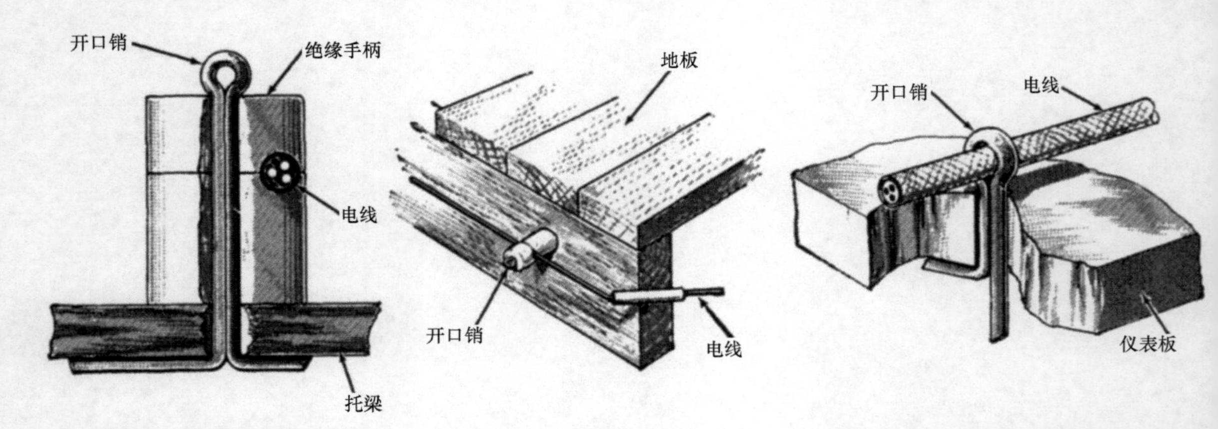

图 12.7-5 手柄定位销。

图 12.7-6 导线孔。

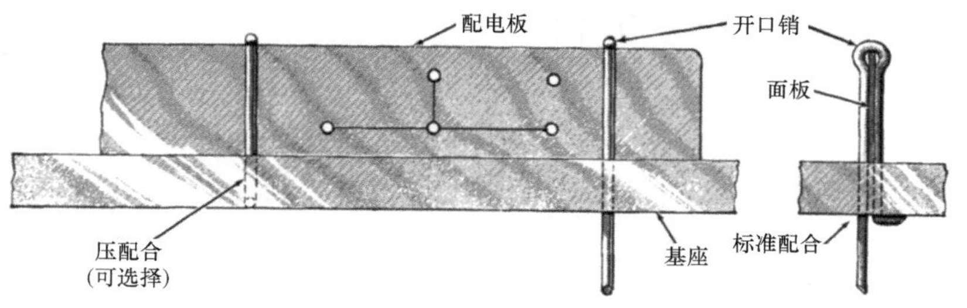

图 12.7-7　固定电路板。

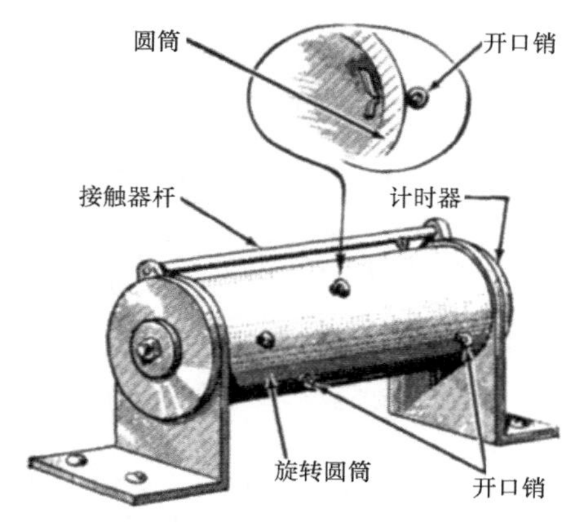

图 12.7-8　气缸电流接触器。

12.8 带槽弹性销的标准

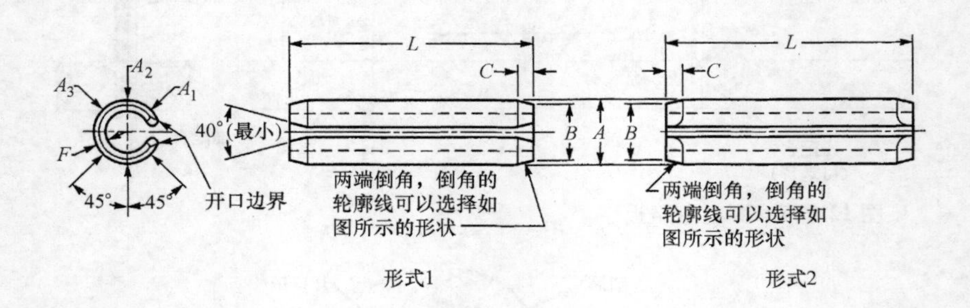

图 12.8-1

表 12.8-1 带槽弹性销的尺寸。

基本销的标准直径①		A 销的直径		B 倒角部分的直径	C 倒角部分的长度		F 材料厚度	圆孔的建议尺寸		双向剪切力最小的情况下 材料		
		最大值②	最小值③	最大值	最大值	最小值	基本值	最大值	最小值	SAE 1070-1095 and SAE 51420④	SAE 30302 and 30304	铍铜合金
1/16	0.062	0.069	0.066	0.059	0.028	0.007	0.012	0.065	0.062	430	250	270
5/64	0.078	0.086	0.083	0.075	0.032	0.008	0.018	0.081	0.078	800	460	500
3/32	0.094	0.103	0.099	0.091	0.038	0.008	0.022	0.097	0.094	1150	670	710
1/8	0.125	0.135	0.131	0.122	0.044	0.008	0.028	0.129	0.125	1875	1090	1170
9/64	0.141	0.149	0.145	0.137	0.044	0.008	0.028	0.144	0.140	2175	1260	1350
5/32	0.156	0.167	0.162	0.151	0.048	0.010	0.032	0.160	0.156	2750	1600	1725
3/16	0.188	0.199	0.194	0.182	0.055	0.011	0.040	0.192	0.187	4150	2425	2600
7/32	0.219	0.232	0.226	0.214	0.065	0.011	0.048	0.224	0.219	5850	3400	3650
1/4	0.250	0.264	0.258	0.245	0.065	0.012	0.048	0.256	0.250	7050	4100	4400
5/16	0.312	0.330	0.321	0.306	0.080	0.014	0.062	0.318	0.312	10800	6300	6750
3/8	0.375	0.395	0.385	0.368	0.095	0.016	0.077	0.382	0.375	16300	9500	10200
7/16	0.438	0.459	0.448	0.430	0.095	0.017	0.077	0.445	0.437	19800	11500	12300
1/2	0.500	0.524	0.513	0.485	0.110	0.025	0.094	0.510	0.500	27100	15800	17000
5/8	0.625	0.653	0.640	0.608	0.125	0.030	0.125	0.636	0.625	46000	18800	…
3/4	0.750	0.784	0.769	0.730	0.150	0.030	0.150	0.764	0.750	66000	23200	…

注：关于弹簧销其他的要求请参阅原始文件《弹簧销通用数据》中的第27、29和30页。

名称　单位

直线度　—

直径　ϕ

① 这里标准尺寸以小数形式表示，小数点前面的0应该省略。

② 最大直径应该用环规进行测量。

③ 最小直径应该取三次（如图中 A_1、A_2、A_3）测量的平均值，$A_{min}=(A_1+A_2+A_3)/3$。

④ 标准直径尺寸在0.625in以上的销应该由SAE 6150H合金钢制成，而不是由SAE1070-1095碳钢制成。

12.9 螺旋式弹性销的标准

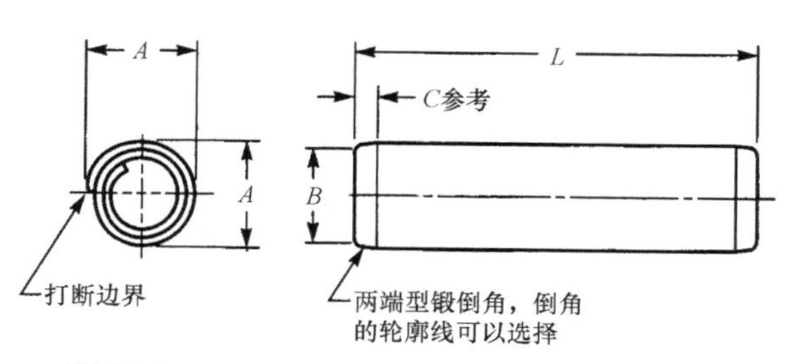

图 12.9-1

表 12.9-1 螺旋式弹性销的尺寸。

基本销直径的标准尺寸①		A						B	C	圆孔的建议尺寸							
		销的直径						倒角				标准载荷		重载		轻载	
												材料					
		标准载荷		重载		轻载		宽度	长度			SAE 1070-1095 和 SAE 51420④,⑤	SAE 30302 和 30304	SAE 1070-1095 和 SAE 51420⑤	SAE 30302 和 30304	SAE 1070-1095 和 SAE 51420	SAE 30302 和 30304
		最大值②	最小值③	最大值②	最小值③	最大值②	最小值③	最大值	最小值	最大值	最小值						
1/32	0.031	0.035	0.033	…	…	…	…	0.029	0.024	0.032	0.031	90	65	…	…	…	…
	0.039	0.044	0.041	…	…	…	…	0.037	0.024	0.040	0.039	135	100	…	…	…	…
3/64	0.047	0.052	0.049	…	…	…	…	0.045	0.024	0.048	0.047	190	145	…	…	…	…
	0.052	0.057	0.054	…	…	…	…	0.050	0.024	0.053	0.051	250	190	…	…	…	…
1/16	0.062	0.072	0.067	0.070	0.066	0.073	0.067	0.059	0.028	0.065	0.061	330	265	475	360	205	160
5/64	0.078	0.088	0.083	0.086	0.082	0.089	0.083	0.075	0.032	0.081	0.077	550	425	800	575	325	250
3/32	0.094	0.105	0.099	0.103	0.098	0.106	0.099	0.091	0.038	0.097	0.093	775	600	1150	825	475	360
7/64	0.109	0.120	0.114	0.118	0.113	0.121	0.114	0.106	0.038	0.112	0.108	1050	825	1500	1150	650	500
1/8	0.125	0.138	0.131	0.136	0.130	0.139	0.131	0.121	0.044	0.129	0.124	1400	1100	2000	1700	825	650
5/32	0.156	0.171	0.163	0.168	0.161	0.172	0.163	0.152	0.048	0.160	0.155	2200	1700	3100	2400	1300	1000
3/16	0.188	0.205	0.196	0.202	0.194	0.207	0.196	0.182	0.055	0.192	0.185	3150	2400	4500	3500	1900	1450
7/32	0.219	0.238	0.228	0.235	0.226	0.240	0.228	0.214	0.065	0.224	0.217	4200	3300	5900	4600	2600	2000
1/4	0.250	0.271	0.260	0.268	0.258	0.273	0.260	0.243	0.065	0.256	0.247	5500	4300	7800	6200	3300	2600
5/16	0.312	0.337	0.324	0.334	0322	0.339	0.324	0.304	0.080	0.319	0.308	8700	6700	12000	9300	5200	4000
3/8	0.375	0.403	0.388	0.400	0.386	0.405	0.388	0.366	0.095	0.383	0.370	12600	9600	18000	14000	…	…
7/16	0.438	0.469	0.452	0.466	0.450	0.471	0.452	0.427	0.095	0.446	0.431	17000	13300	23500	18000	…	…
1/2	0.500	0.535	0.516	0.532	0.514	0.537	0.516	0.488	0.110	0.510	0.493	22500	17500	32000	25000	…	…
5/8	0.625	0.661	0.642	0.658	0.640	…	…	0.613	0.125	0.635	0.618	35000	…	48000	…	…	…
3/4	0.750	0.787	0.768	0.784	0.766	…	…	0.738	0.150	0.760	0.743	50000	…	70000	…	…	…

注：1. 关于弹性销一般数据的其他要求请参阅原始文件《弹簧销通用数据》中的27、29和30页。

2. 轻型的SAE 1070和1075型销的生产直径不小于3/32in。

名称　　符号

直线度　　—

直径　　ϕ

① 以小数的形式表示标称尺寸，小数点前边的0应该省略。

② 最大直径用环规进行测量。

③ 最小直径用非环规进行测量。

④ 标准直径尺寸在0.031~0.052in范围内的弹性销不适合使用SAE 1070—1095碳钢来生产。

⑤ 标准直径尺寸在0.625in以上的弹性销应该由SAE 6150H合金钢制成，而不是由SAE 1070-1095碳钢制成。

12.10 开槽销的标准

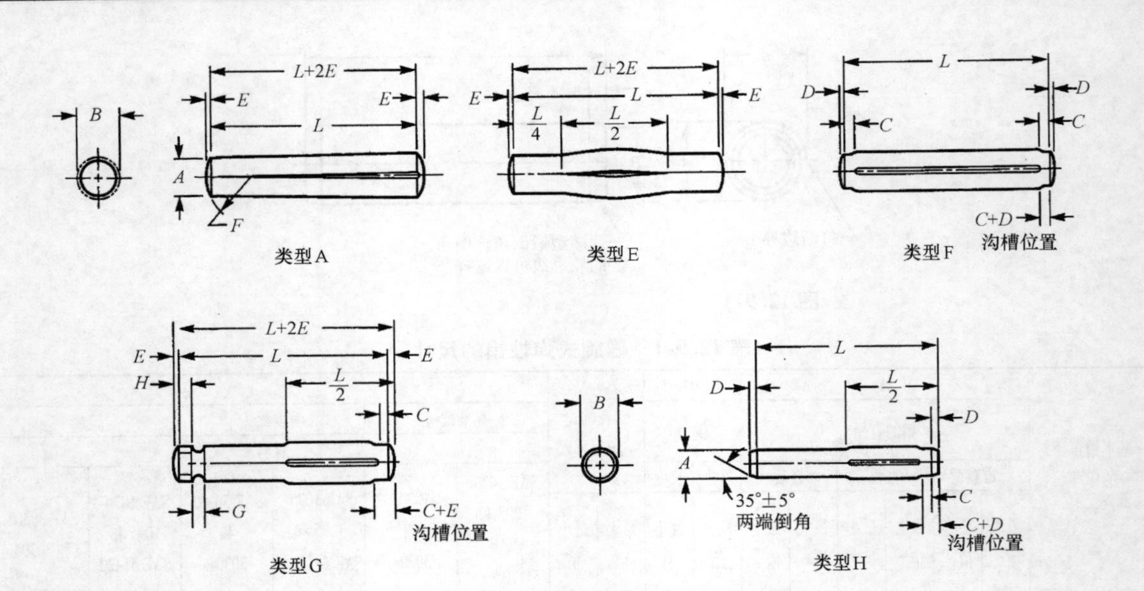

图 12.10-1

表 12.10-1　开槽销的尺寸①

基本销直径的标准尺寸②		A 销的直径		C 引导长度	D③ 倒角长度	E③ 冒的高度	F③⑤ 冒的半径		G 颈部宽度		H④ 肩部长度		J 颈部半径	K 颈部直径	
		最大值	最小值	参考值	最小值	一般值	最大值	最小值	最大值	最小值	最大值	最小值	参考值	最大值	最小值
1/32⑥	0.0312	0.0312	0.0297	0.015	…	…	…	…	…	…	…	…	…	…	…
3/64⑥	0.0469	0.0469	0.0454	0.031	…	…	…	…	…	…	…	…	…	…	…
1/16	0.0625	0.0625	0.0610	0.031	0.005	0.0065	0.088	0.068	…	…	…	…	…	…	…
5/64⑥	0.0781	0.0781	0.0766	0.031	0.005	0.0087	0.104	0.084	…	…	…	…	…	…	…
3/32	0.0938	0.0938	0.0923	0.031	0.005	0.0091	0.135	0.115	0.038	0.028	0.041	0.031	0.016	0.067	0.057
7/64⑥	0.1094	0.1094	0.1074	0.031	0.005	0.0110	0.150	0.130	0.038	0.028	0.041	0.031	0.016	0.082	0.072
1/8	0.1250	0.1250	0.1230	0.031	0.005	0.0130	0.166	0.146	0.069	0.059	0.041	0.031	0.031	0.088	0.078
5/32	0.1563	0.1563	0.1543	0.062	0.005	0.0170	0.198	0.178	0.069	0.059	0.057	0.047	0.031	0.109	0.099
3/16	0.1875	0.1875	0.1855	0.062	0.016	0.0180	0.260	0.240	0.069	0.059	0.057	0.047	0.031	0.130	0.120
7/32	0.2188	0.2188	0.2168	0.062	0.016	0.0220	0.291	0.271	0.101	0.091	0.072	0.062	0.047	0.151	0.141
1/4	0.2500	0.2500	0.2480	0.062	0.016	0.0260	0.322	0.302	0.101	0.091	0.072	0.062	0.047	0.172	0.162
5/16	0.3125	0.3125	0.3105	0.094	0.031	0.0340	0.385	0.365	0.132	0.122	0.104	0.094	0.052	0.214	0.204
3/8	0.3750	0.3750	0.3730	0.094	0.031	0.0390	0.479	0.459	0.132	0.122	0.135	0.125	0.062	0.255	0.245
7/16	0.4375	0.4375	0.4355	0.094	0.031	0.0470	0.541	0.521	0.195	0.185	0.135	0.125	0.094	0.298	0.288
1/2	0.5000	0.5000	0.4980	0.094	0.031	0.0520	0.635	0.615	0.195	0.185	0.135	0.125	0.094	0.317	0.307

注：额外的要求和推荐选择的孔径可参见原始文件的第 7 部分。

① 由耐腐蚀钢和蒙乃尔合金制成的大直径的销，参见 12.8 节表中 B 型销。其他材料的销，参见 12.8 节表中 A 型销。

② 指定的标准尺寸用小数表示，小数点以前和第四位小数上的 0 应该省略。

③ 在 1/32 和 3/62in 之内的任何长度和所有长 1/4in 的销，无论是标准长度还是稍短一点（参见《弹簧销通用数据》中的参数 7 和 4），都不应该加冠或者倒角。所有合金钢销都应该倒角，倒角的形式如 F 型销。

④ H 型的销可以代替 B 型销和 D 型销参见 ANSI B 18.8.2—1978（美国国家标准）。

⑤ F 型的销可以代替 C 型销参见 ANSI B 18.8.2—1978（美国国家标准）。

⑥ 非库存项目——不建议用于新的设计。

12.11 圆头开槽销的标准

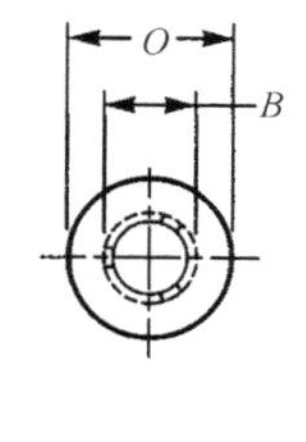

图 12.11-1

表 12.11-1 圆头开槽销的尺寸。

销的尺寸号和基本柄的直径[1]		A 柄部直径		O 头部直径		P 头部高度		B 增大的直径值 ±0.002 销的名义长度[2]								K 倒角
		最大值	最小值	最大值	最小值	最大值	最小值	1/8	3/16	1/4	5/16	3/8	1/2	5/8	3/4	最小值
0	0.067	0.067	0.065	0.130	0.120	0.050	0.040	0.074	0.074	0.074						0.005
2	0.086	0.086	0.084	0.162	0.146	0.070	0.059	0.096	0.096	0.095						0.005
4	0.104	0.104	0.102	0.211	0.193	0.086	0.075		0.115	0.113	0.113					0.005
6	0.120	0.120	0.118	0.260	0.240	0.103	0.091			0.132	0.130	0.130				0.005
7	0.136	0.136	0.134	0.309	0.287	0.119	0.107				0.147	0.147	0.144			0.005
8	0.144	0.144	0.142	0.309	0.287	0.119	0.107					0.155	0.153	0.153		0.005
10	0.161	0.161	0.159	0.359	0.334	0.136	0.124					0.173	0.171	0.171		0.016
12	0.196	0.196	0.194	0.408	0.382	0.152	0.140						0.206	0.204	0.204	0.016
14	0.221	0.221	0.219	0.457	0.429	0.169	0.156						0.234	0.232	0.232	0.016
16	0.250	0.250	0.248	0.472	0.443	0.174	0.161						0.263			0.016

注：有关额外的要求以及推荐选择的孔径可参见原始文件《开槽销通用数据》，以及第 18、19、26 和 27 页的《开口驱动螺柱》和《T 形头开口销》。

① 这里螺柱的尺寸用小数形式来表示，小数点前面的 0 和第四位小数上的 0 应该省略。

② 在表格中尺寸和长度下，表格中 B 值是以碳钢为材料时获得的数据，其他尺寸和长度组合以及其他材料情况下的具体数据请咨询制造商。

表 12.11-2 圆头开槽销的引导长度尺寸。

标准长度	标准型号 0 引导长度 M		2		4		6		7		8		10		12		14		16	
	最大值	最小值	最大值	最小值	最大值	最小值	最大值	最小值	最大值	最小值	最大值	最小值	最大值	最小值	最大值	最小值	最大值	最小值	最大值	最小值
1/8	0.051	0.031	0.051	0.031																
3/16	0.067	0.047	0.067	0.047	0.067	0.047														
1/4	0.082	0.062	0.082	0.062	0.082	0.062	0.082	0.062												
5/16					0.098	0.078	0.098	0.078	0.098	0.078										
3/8					0.114	0.094	0.114	0.094	0.114	0.094	0.114	0.094	0.114	0.094						
1/2									0.14	0.12	0.14	0.12	0.14	0.12	0.14	0.12	0.14	0.12	0.14	0.12
5/8											0.18	0.16	0.18	0.16	0.18	0.16	0.18	0.16		
3/4															0.20	0.18	0.20	0.18		

注：为了找到标注为 L 的总试点的长度，可以使用下一个稍短的螺柱，转载自 ASME B 18.8.2—2000。

12.12 T形头带槽开口销的标准

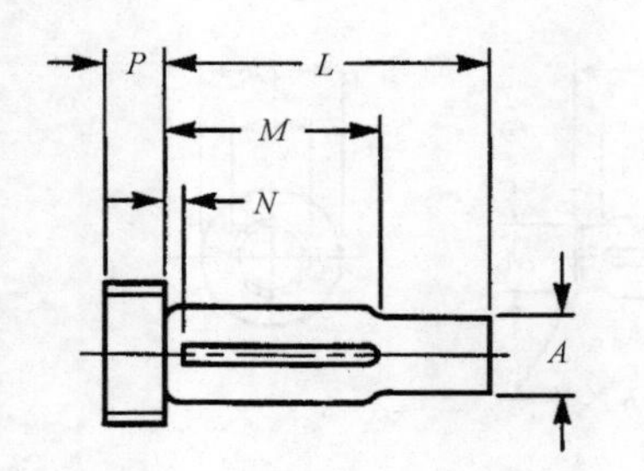

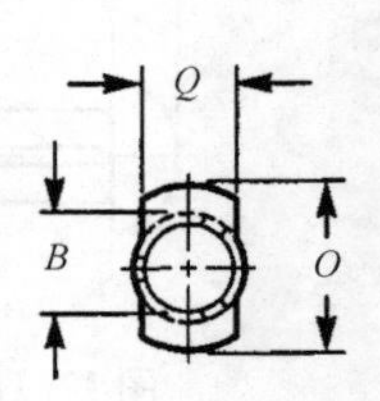

图 12.12-1

表 12.12-1 T形头带槽开口销的尺寸[①]。

标准型号或基本柄的直径[②]		A 销柄直径		B 增大的销柄直径		N 长度	O 头部直径		P 头部高度		Q 头部宽度		圆孔的建议尺寸	
		最大值	最小值	最大值	最小值	最大值	最大值	最小值	最大值	最小值	最大值	最小值	最大值	最小值
5/32	0.156	0.154	0.150	0.168	0.163	0.08	0.26	0.24	0.11	0.09	0.18	0.15	0.161	0.156
3/16	0.187	0.186	0.182	0.201	0.195	0.09	0.30	0.28	0.13	0.11	0.22	0.18	0.193	0.187
1/4	0.250	0.248	0.244	0.265	0.258	0.12	0.40	0.38	0.17	0.15	0.28	0.24	0.257	0.250
5/16	0.312	0.310	0.305	0.326	0.320	0.16	0.51	0.48	0.21	0.19	0.34	0.30	0.319	0.312
23/64	0.359	0.358	0.353	0.375	0.369	0.18	0.57	0.54	0.24	0.22	0.38	0.35	0.366	0.359
1/2	0.500	0.498	0.493	0.520	0.514	0.25	0.79	0.76	0.32	0.30	0.54	0.49	0.508	0.500

注：有关额外的要求可参见原始文件《开槽销通用数据》，以及第 18、19、26 和 27 页的《开口驱动螺柱》和《T形开口销》。

① 沟槽的长度 M 应该在销的长度范围内变化。

② 这里标称尺寸用小数表示，在小数点以前的 0 和第四位小数上的 0 应该省略。

表 12.12-2 T形头带槽开口销的长度尺寸。

标准长度	标准型号 5/32		3/16		1/4		5/16		23/64		1/2	
	引导长度 M[①]											
	最大值	最小值	最大值	最小值	最大值	最小值	最大值	最小值	最大值	最小值	最大值	最小值
3/4	0.50	0.48	0.50	0.48								
7/8	0.50	0.48	0.50	0.48								
1	0.62	0.60	0.62	0.60	0.62	0.60						
1 1/8	0.68	0.66	0.68	0.66	0.68	0.66	0.68	0.66				
1 1/4			0.75	0.73	0.75	0.73	0.75	0.73	0.75	0.73		
1 1/2					0.88	0.86	0.88	0.86	0.88	0.86		
1 3/4							1.00	0.98	1.00	0.98		
2							1.25	1.23	1.25	1.23	1.25	1.23
2 1/4											1.31	1.29
2 1/2											1.50	1.48
2 3/4											1.62	1.60
3											1.85	1.83

① 表格中的长度和尺寸所对应的 M 值在一般情况下是适用的，对于其他长度和尺寸的具体情况请咨询制造商。

12.13　开口销的标准

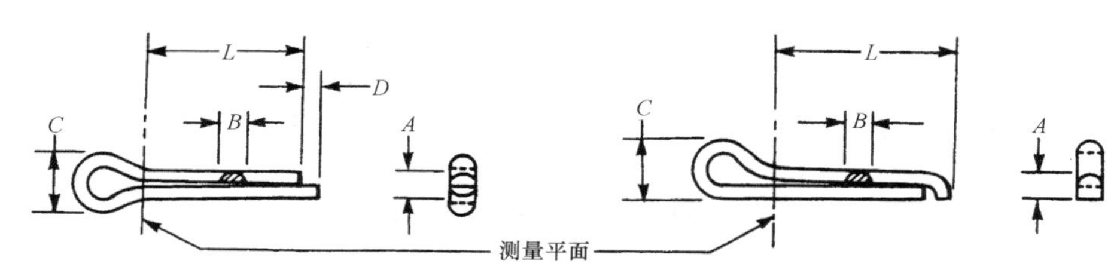

销的一支相对延长，截断面为方形　　　　锤锁形式

图 12.13-1

表 12.13-1　开口销的尺寸。

标准尺寸的①②次方或者基本销的直径		整个销柄的直径 A③		线宽 B		头部直径 C	延长部分的长度 D	空的测量直径 ±0.001
		最大值	最小值	最大值	最小值	最大值	最小值	
1/32	0.031	0.032	0.028	0.032	0.022	0.06	0.01	0.047
3/64	0.047	0.048	0.044	0.048	0.035	0.09	0.02	0.062
1/16	0.062	0.060	0.056	0.060	0.044	0.12	0.03	0.078
5/64	0.078	0.076	0.072	0.076	0.057	0.16	0.04	0.094
3/32	0.094	0.090	0.086	0.090	0.069	0.19	0.04	0.109
7/64	0.109	0.104	0.100	0.104	0.080	0.22	0.05	0.125
1/8	0.125	0.120	0.116	0.120	0.093	0.25	0.06	0.141
9/64	0.141	0.134	0.130	0.134	0.104	0.28	0.06	0.156
5/32	0.156	0.150	0.146	0.150	0.116	0.31	0.07	0.172
3/16	0.188	0.176	0.172	0.176	0.137	0.38	0.09	0.203
7/32	0.219	0.207	0.202	0.207	0.161	0.44	0.10	0.234
1/4	0.250	0.225	0.220	0.225	0.176	0.50	0.11	0.266
5/16	0.312	0.280	0.275	0.280	0.220	0.62	0.14	0.312
3/8	0.375	0.335	0.329	0.335	0.263	0.75	0.16	0.375
7/16	0.438	0.406	0.400	0.406	0.320	0.88	0.20	0.438
1/2	0.500	0.473	0.467	0.473	0.373	1.00	0.23	0.500
5/8	0.625	0.598	0.690	0.598	0.472	1.25	0.30	0.625
3/4	0.750	0.723	0.715	0.723	0.572	1.50	0.36	0.750

注：额外的要求可参见原始文件一部分和第三部分中的《开口销通用数据》。

① 这里标称尺寸用小数的形式表示，小数点前边的 0 应该省略。

② 5/64、7/32、7/16 和 3/4 不适合应用于新设计。

③ 总柄直径 A 的尺寸是单根线直径的 2 倍，A 值是在销的末端没有缝隙处测量的。

12.14　等强度的销和轴

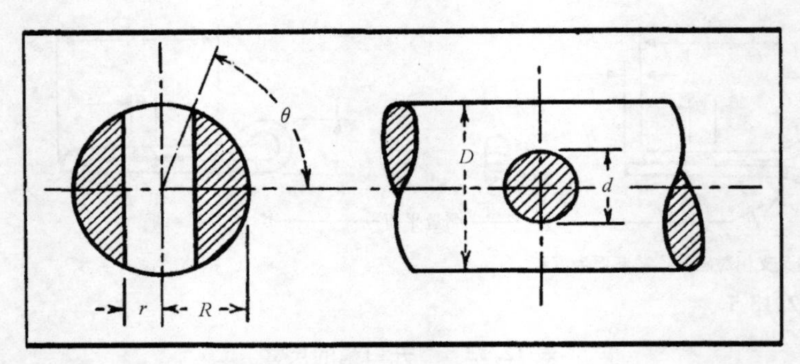

图 12.14-1　销和轴。

表 12.14-1　相同材料制成的等强度的销和轴。

轴的直径 D/in	销的直径 d/in	极惯性矩 J	极截面模数 J/R	1200lbf/in² (8.27N/mm²) 的剪切应力下的转矩 T/lbf · in	销一端的载荷 /lbf P = T/D	销一端的截面积/in²
1/4	0.100	0.000244	0.001952	23.5	94	0.00785
5/16	0.125	0.000597	0.003820	45.8	146	0.01277
3/8	0.150	0.001236	0.006579	79	210	0.01767
7/16	0.175	0.002290	0.01047	125	286	0.02405
1/2	0.200	0.003906	0.01562	187	374	0.03142
5/8	0.250	0.009537	0.03051	366	590	0.04909
3/4	0.300	0.01977	0.05273	635	845	0.07069
7/8	0.350	0.03663	0.08374	1010	1160	0.09621
1	0.400	0.06250	0.1250	1500	1500	0.1257
5/4	0.500	0.1526	0.2442	2940	2350	0.1963
3/2	0.600	0.3164	0.4218	5100	3400	0.2827
7/4	0.700	0.5862	0.6700	8000	4570	0.3848
2	0.800	1.0000	1.0000	12000	6000	0.5027
9/4	0.900	1.6018	1.4238	17000	7550	0.6362
5/2	1.00	2.4414	1.9531	23400	9350	0.7854
11/4	1.10	3.5745	2.6000	31200	11350	0.9500
3	1.20	5.0625	3.3750	40500	13500	1.131
7/2	1.40	9.3789	5.3593	64000	18200	1.539
4	1.60	16.000	8.0000	96000	24000	2.011
9/2	1.80	25.629	11.390	125000	27700	2.545
5	2.00	39.062	15.625	187000	37500	3.142
11/2	2.20	57.191	20.797	240000	43750	3.801
6	2.40	81.000	27.000	324000	54000	4.524
7	2.80	150.062	42.875	515000	73500	6.158
8	3.20	256.000	64.000	770000	96000	8.042
9	3.60	410.062	91.125	1090000	121000	10.18
10	4.00	625.000	125.000	1500000	150000	12.57
11	4.40	915.062	166.375	2000000	182000	15.21
12	4.80	1296.000	216.000	2600000	216000	18.10

所附表格给出了圆柱驱动销和圆柱轴杆的尺寸，圆柱轴杆上有钻孔，用来与圆柱形驱动销配合，当销和轴杆的制造材料相同时，他们的剪切力是相等的。

作者发现当销的直径等于轴杆直径的40%时，销和轴杆上的剪切力相等，并且钻孔轴杆的惯性极距等于轴杆半径的四次幂。

表格中“转矩”和“销一端的载荷”两列中剪切应力的数据经计算为 1200lbf/in^2（8. 27N/mm^2）。销端部的载荷等于销的横截面积乘以许用剪切应力，转矩等于销端部的载荷乘以轴杆的直径。

R 是轴杆的半径（in）；

r 是销的半径（in）；

S_a是轴杆的剪切应力（lbf/in^2）；

S_p是销的剪切应力（lbf/in^2）；

J 是通过销轴孔的轴截面的极惯性矩；

T_s是轴杆的转矩（lbf · in）；

T_p是销传递的转矩（lbf · in）；

θ 是由部分圆弧的弦的一半或者钻轴与圆弧围成的中心角。

$$T_p = 2\pi r^2 R S_p$$

$$T_s = J S_a / R$$

$$r = \sqrt{J} / (R \sqrt{2\pi})$$

$$J = R^4 \theta - r^4 \left(\frac{\sin\theta}{3\cos^2\theta} + \frac{2\tan\theta}{3} \right)$$

$$r = \frac{1}{R\sqrt{2\pi}} \left[R^4 \theta - r^4 \left(\frac{\sin\theta}{3\cos^3\theta} + \frac{2\tan\theta}{3} \right) \right]^{1/2}$$

第 13 章
弹簧

13.1　弹簧的12种应用方式

通过变速比设计、滚子定位、节省安装空间以及其他一些灵巧方式高效利用弹簧。

图13.1-1　通过限制弹簧低速范围内的拉伸情况可获得由轻载荷到重载荷之间的突变速率。

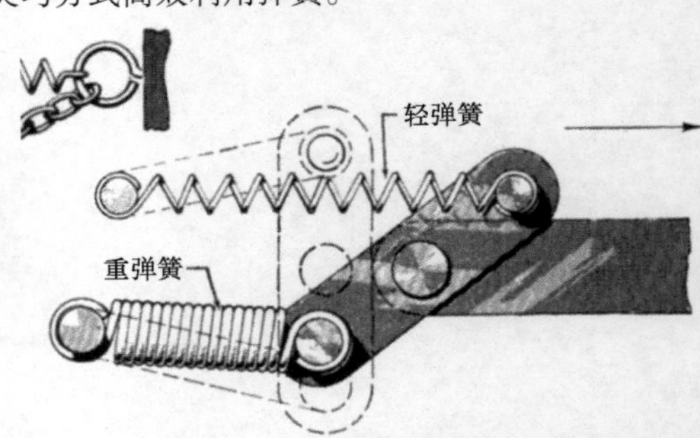

图13.1-2　差速连杆机构使执行机构的冲程在开始时处于低张力状态，之后张力逐渐增加。

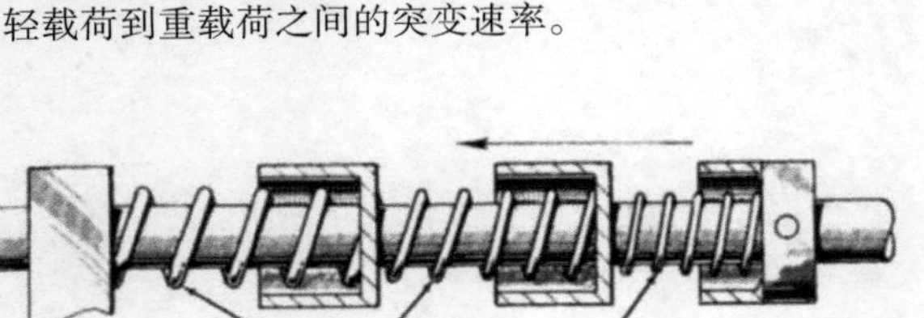

图13.1-3　这个机构能够在预订位置提供三个阶段的速率变化。较轻的弹簧无论在什么位置都总是首先发生压缩。

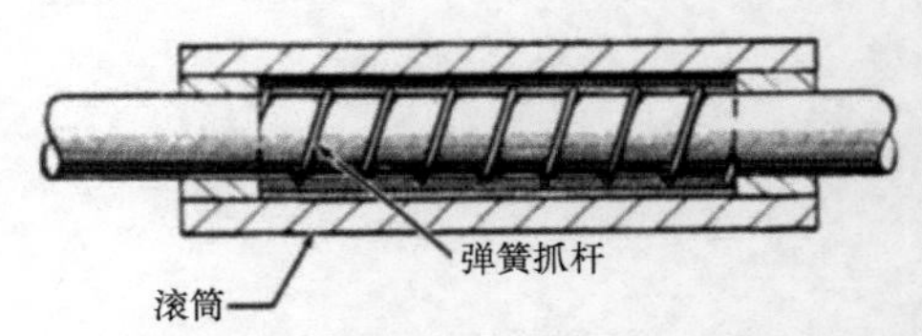

图13.1-4　在这个装置中，靠在轴上缠紧的弹簧实现滚筒的定位。滚筒将在轴向推力作用下滑动。

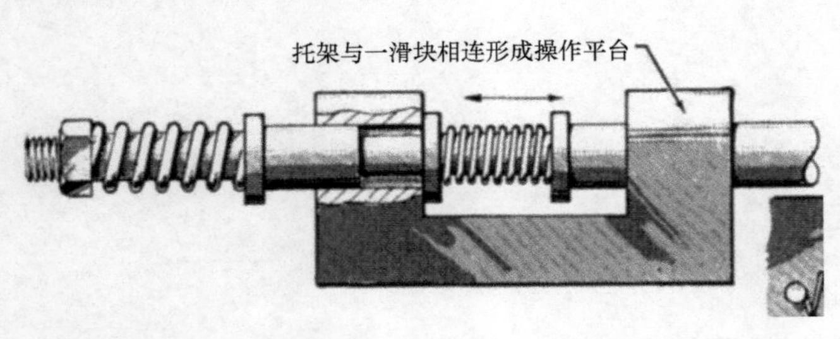

图13.1-5　这种压缩机构在双向压缩时提供两种速率。在一个方向上压力高，而在相反方向上压力低。

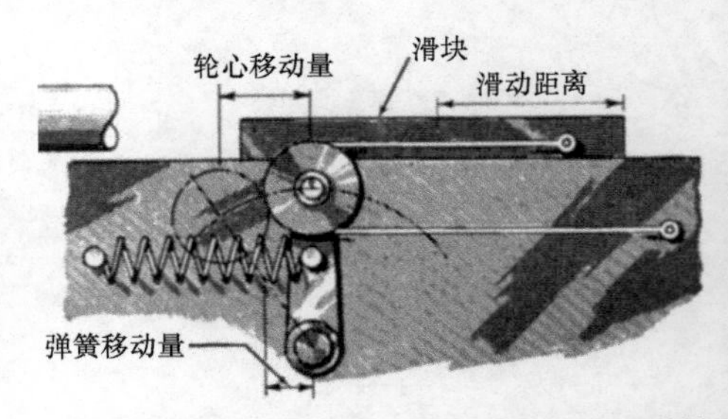

图13.1-6　滑块长距离的移动引起弹簧短距离的伸展，从而维持弹簧张紧力，在最大值与最小值之间变动。

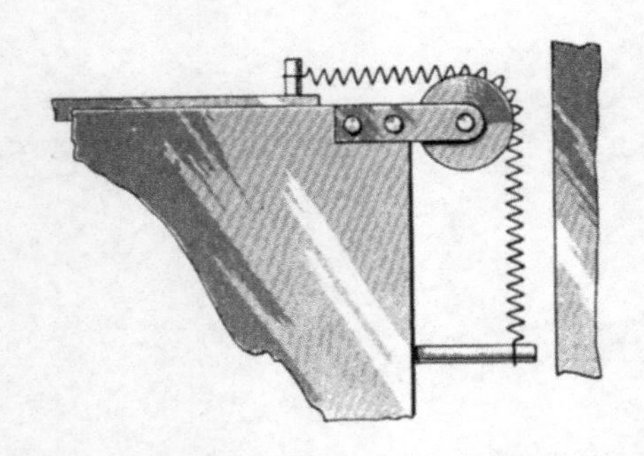

图13.1-7　弹簧轮使弹簧在拐角处偏转时得到支撑，提高了弹簧的疲劳强度和使用寿命。

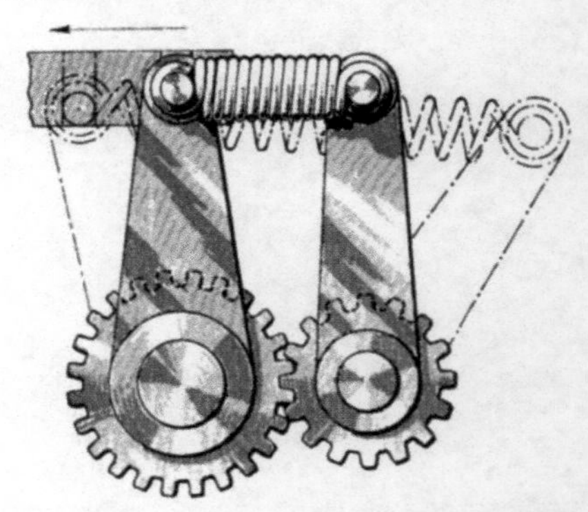

图13.1-8　对于同一运动可以通过提供一个可移动的弹簧底座和齿轮连接其他可移动的杠杆传动装置来增加张力。

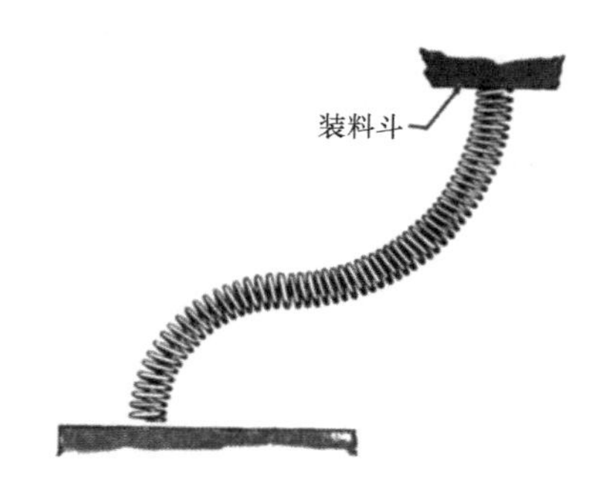

图 13.1-9 密封缠绕弹簧被连接到料斗，当被用作非颗粒材料可移动输送管道时它不会发生弯曲。

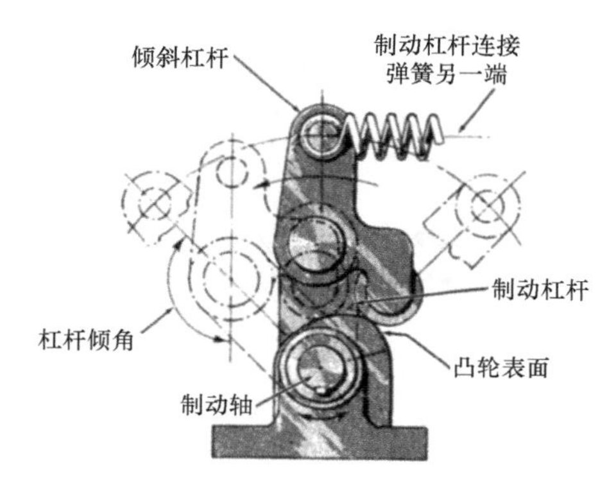

图 13.1-11 当制动杆件到达图示位置时，张紧力以不同速度发生变化。倾斜杆倾斜时速度会降低。

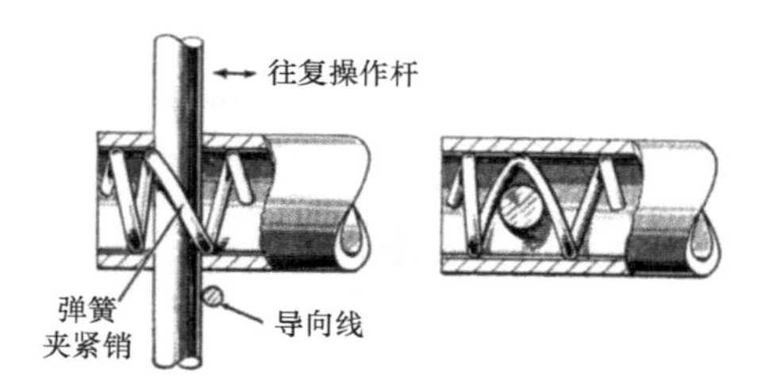

图 13.1-10 销夹紧机构是通过弹簧销的摩擦力来控制末端移动或旋转运动的，不用工具即可以使销复位。

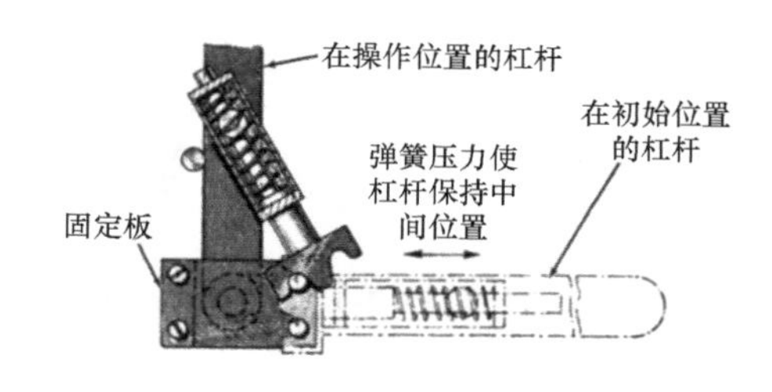

图 13.1-12 此处的触发器作用是用来确保变速杆不会突然越过中间位置。

13.2 螺旋弹簧的多种应用

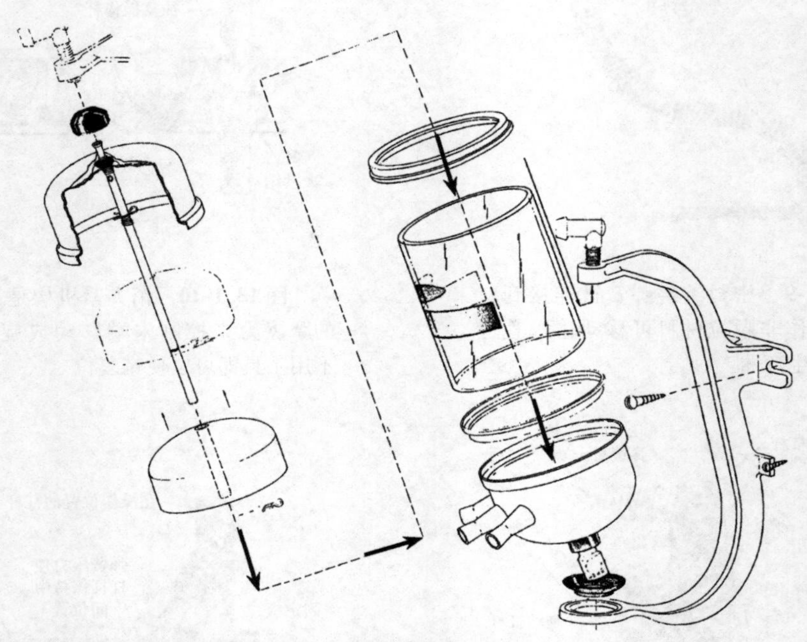

图 13.2-1 螺旋弹簧用在乳杯清洗装置中缓和冲击。

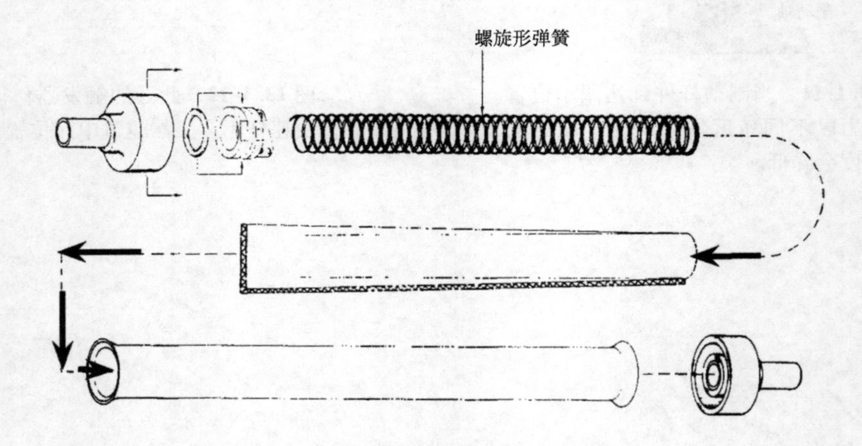

图 13.2-2 在牛奶过滤装置中使用螺旋弹簧来强化过滤器垫。

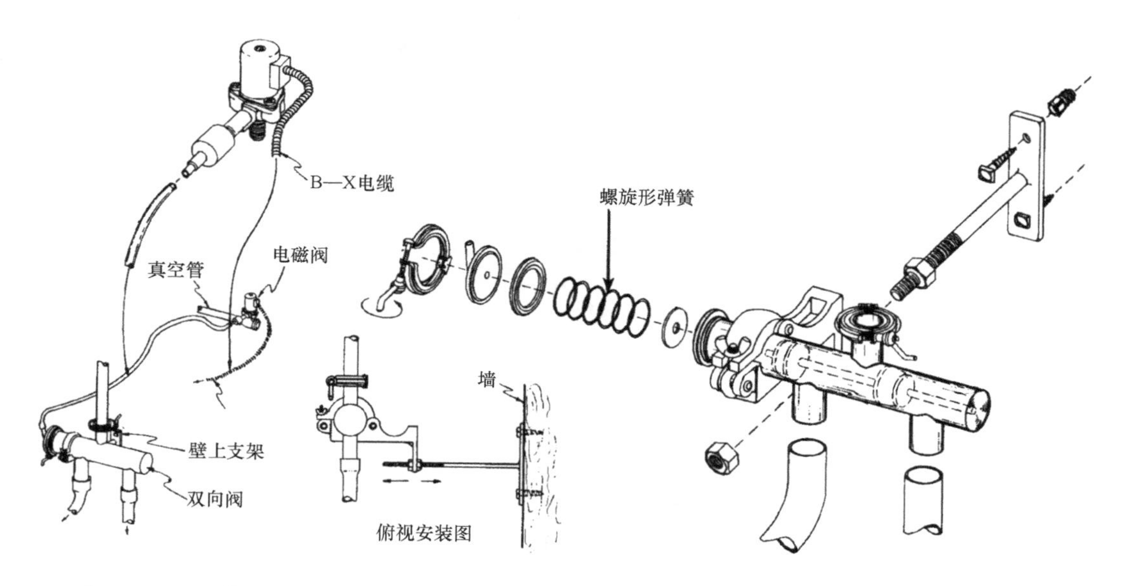

图 13.2-3　螺旋弹簧在双向阀装配中用来稳定其元件（来源于 Bender 机械有限公司）。

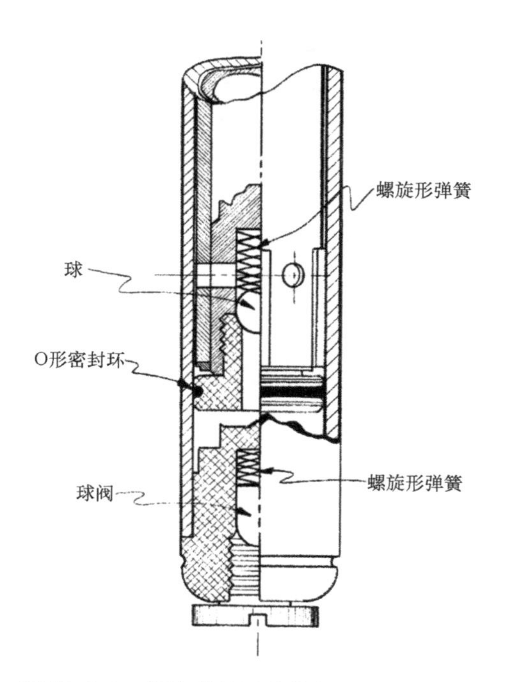

图 13.2-4　螺旋弹簧用来控制针状阀和球阀。

13.3　利用螺旋弹簧控制起动注油器工作行程

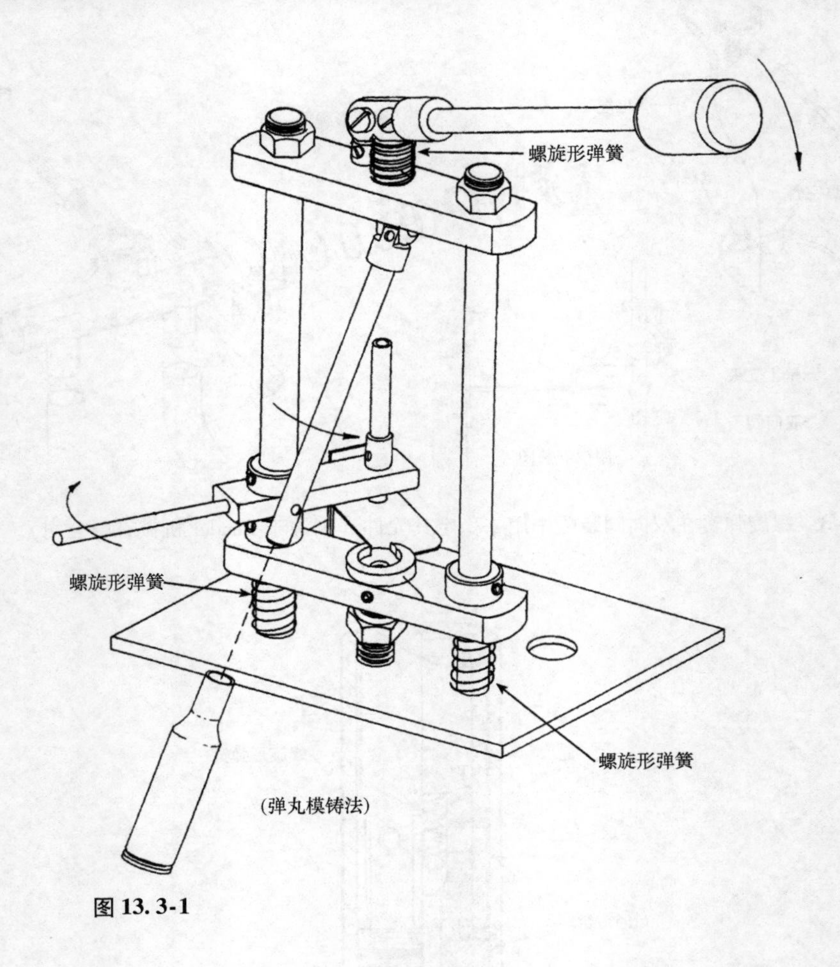

图 13.3-1

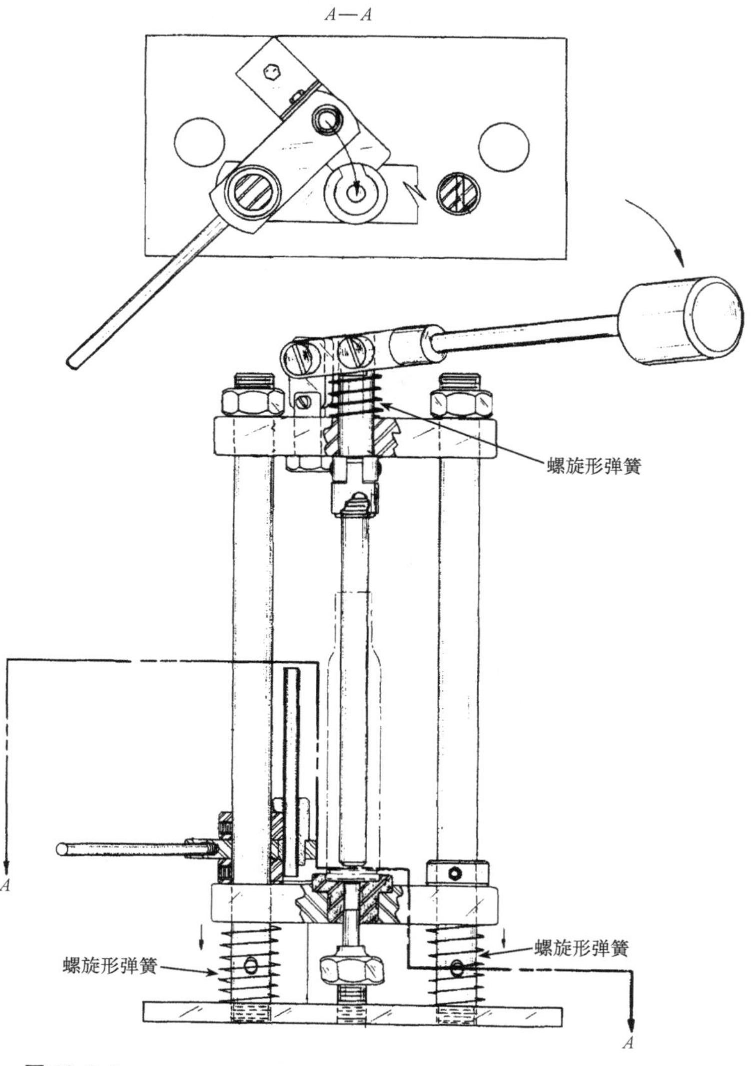

图 13.3-2

13.4 利用一个弹簧使手柄弹回的设计

这 7 个设计只需要一个简单的弹簧就能实现压缩、伸展、变平或扭转。

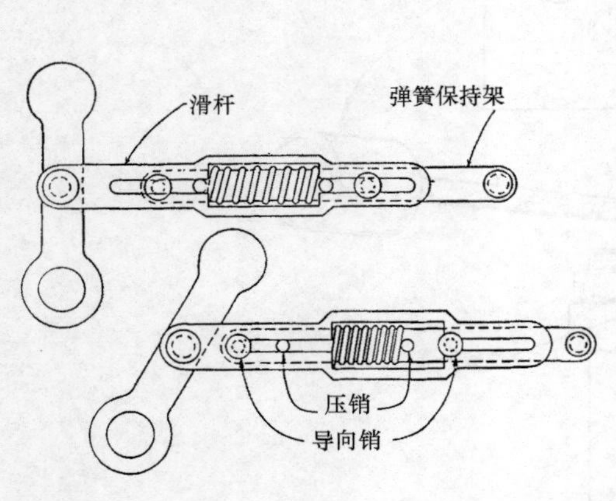

图 13.4-1 滑杆与压簧杆连接，通过压力销紧压在弹簧上实现任意方向的运动。弹簧保持架中的导向销触碰到沟槽的末端来限制滑杆运动。

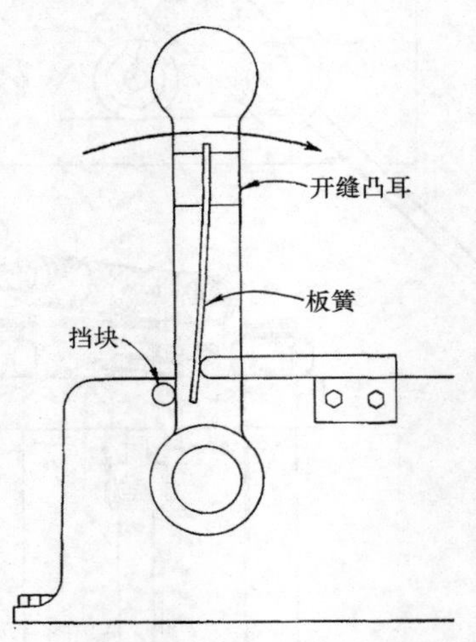

图 13.4-2 平板弹簧具有初始张紧力，即使很小的杆运动都会正确返回原位。

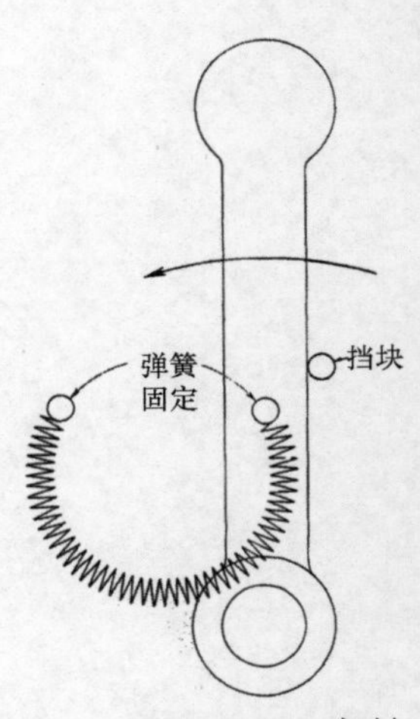

图 13.4-3 密封缠绕螺旋弹簧给出了一个恒定的返程力。锚柱可以用作弹簧的挡块。

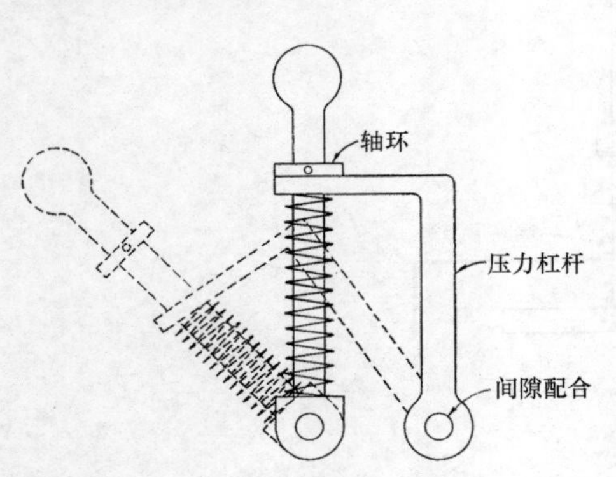

图 13.4-4 因为压力杠杆能绕不同的中心旋转，所以压力杆回复到手杆位置。轴环设置在起始位置。

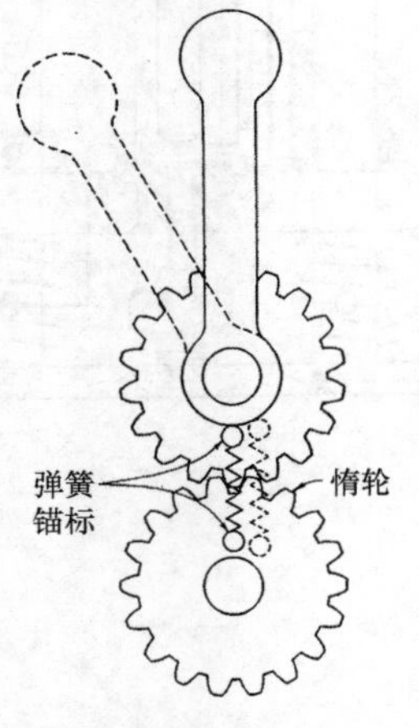

图 13.4-5 当杆在任何方向转动超过 180°时，齿轮将拉伸弹簧。

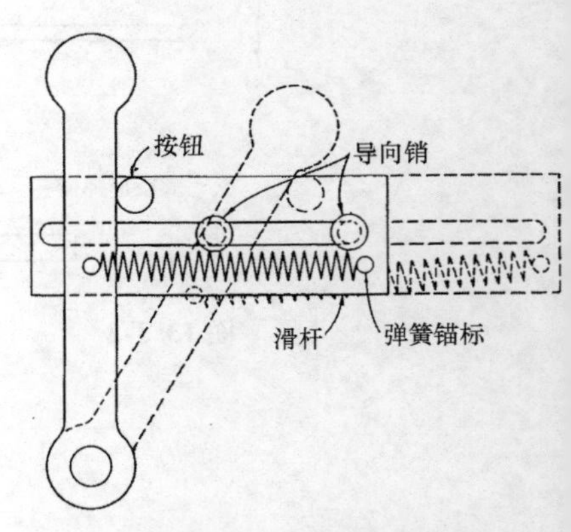

图 13.4-6 随着刚刚推动导向销向右运动，滑杆沿着导向销滑行。被拉伸的弹簧将拉动滑杆，反向带动杠杆返回到垂直位置。

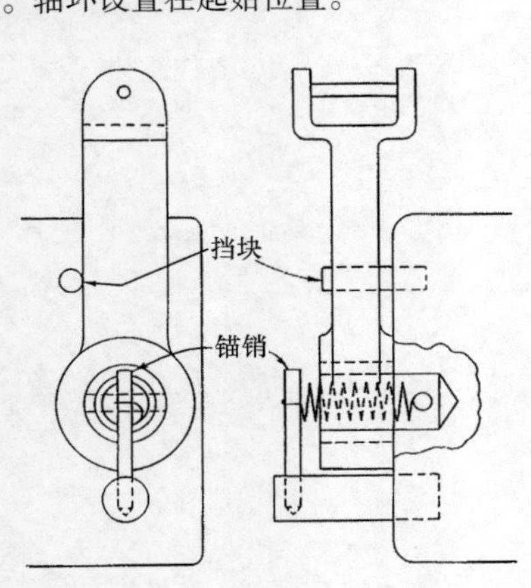

图 13.4-7 开式绕制螺旋弹簧延伸到手柄轴里。线圈必须沿着移动方向缠绕以便在杠杆转动时使弹簧变紧而非变松。

13.5　利用一个弹簧使手柄弹回的另外6个设计

板簧、扭簧或螺旋弹簧单独工作。

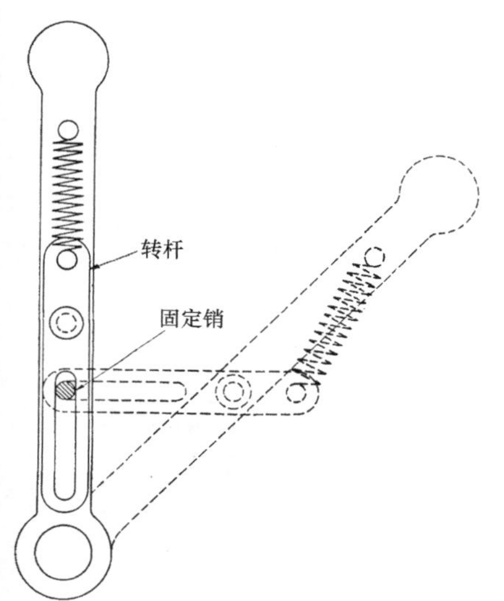

图 13.5-1　在固定销上滑动的转杆利用弹簧能返回的手柄位置。转杆中的沟槽是运动方向的限位挡块。

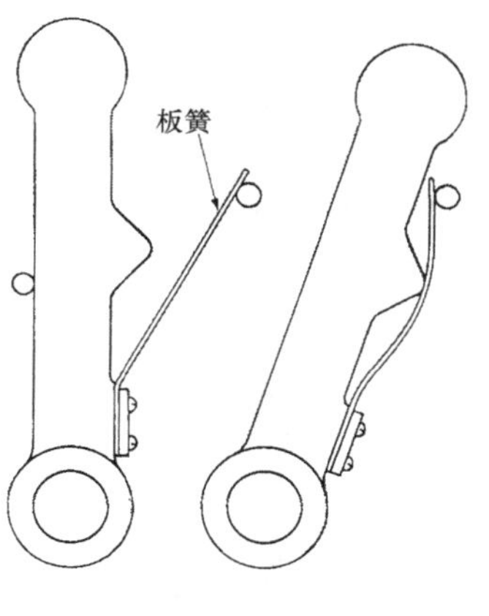

图 13.5-2　当投射物体冲击板簧时板簧产生很高的弹性，并警告操作者他已经接触到运动的极位，并且要确保快速分离。

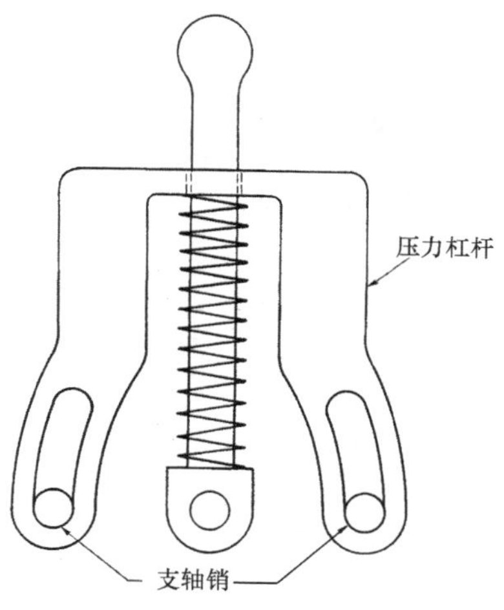

图 13.5-3　双压力杆从两个方向通过压簧使手柄返回中心位置。杠杆随着一个销运动，碰到另一个销停止。

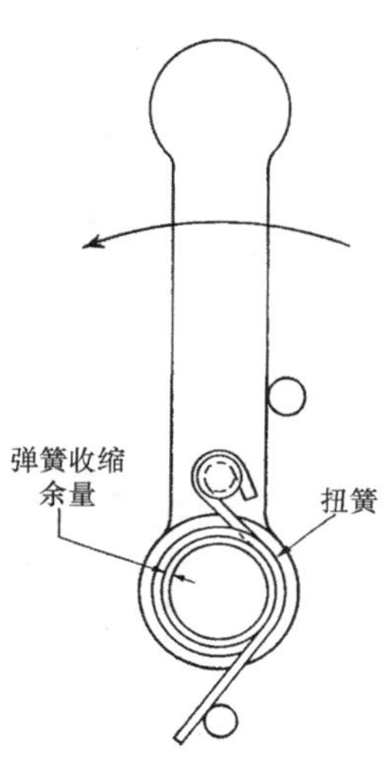

图 13.5-4　扭簧线圈直径必须大于轴的直径，以致在弹簧卷绕过程中允许其收缩。

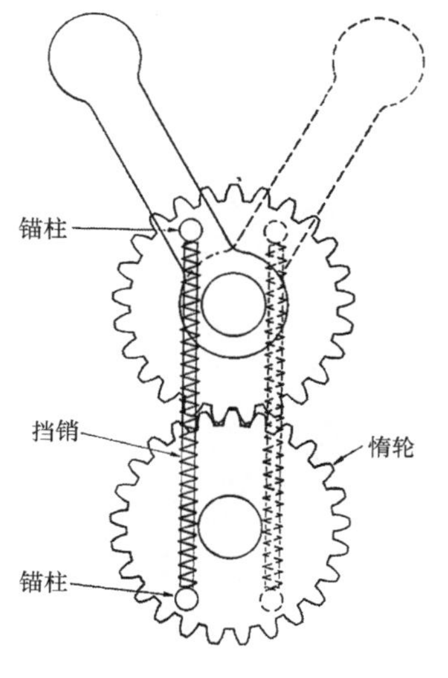

图 13.5-5　杠杆在弹簧拉力作用下逐渐停止，在弹簧里面的挡销将限制其运动。

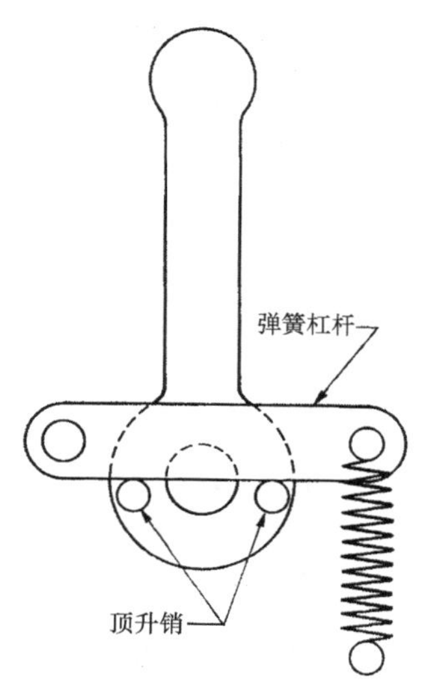

图 13.5-6　一旦弹簧被释放，自动定心手柄就回到垂直位置。任何运动都可以提升弹簧杠杆并且产生一个复原力。

13.6 如何利用弹簧加强波纹管

橡胶波纹管是许多产品的重要组成部分。此处介绍 8 种利用弹簧进行加强、缓冲和稳定波纹管的方法。

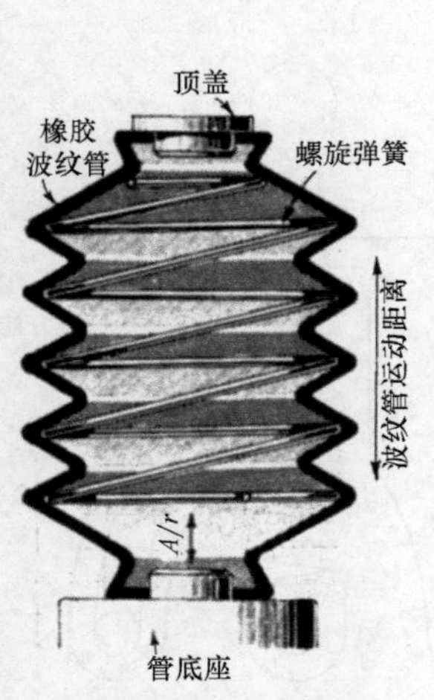

图 13.6-1 内部螺旋弹簧加强和增加了垂直稳定性。为了安装弹簧，应通过“硬拉”弹簧到达正确位置上。

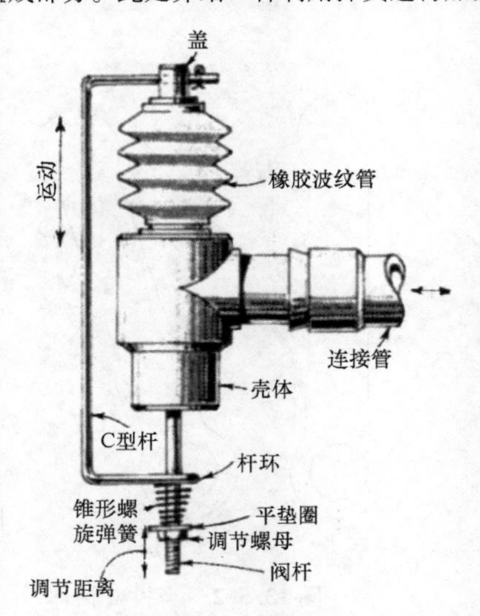

图 13.6-2 带有螺旋弹簧缓冲波纹管的支撑杆。提供调节装置，并根据布置波纹管得到了加强。

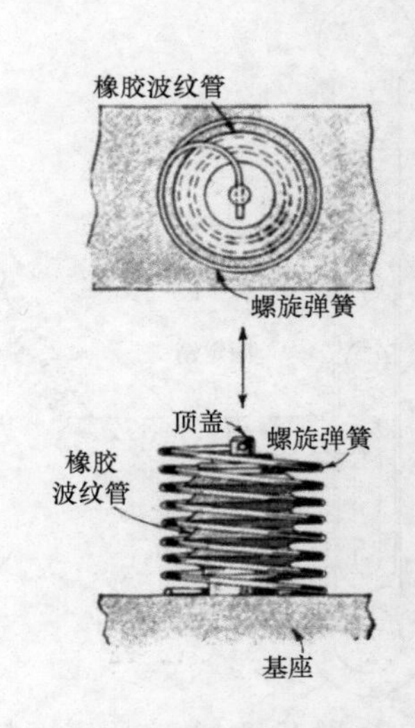

图 13.6-3 如果通过增加简单装配保证外部稳定性，也使波纹管得到了加强。

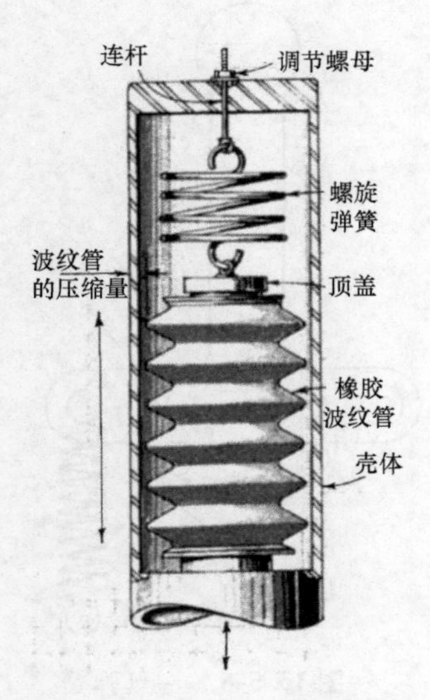

图 13.6-4 调节拉簧使得波纹管封闭在铸模中，也可以实现外部调节。

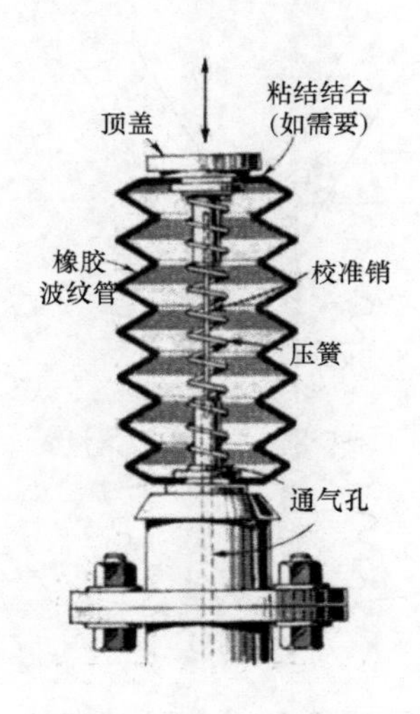

图 13.6-5 通过图示内部安装螺旋弹簧使得波纹管获得最好的抗压强度。

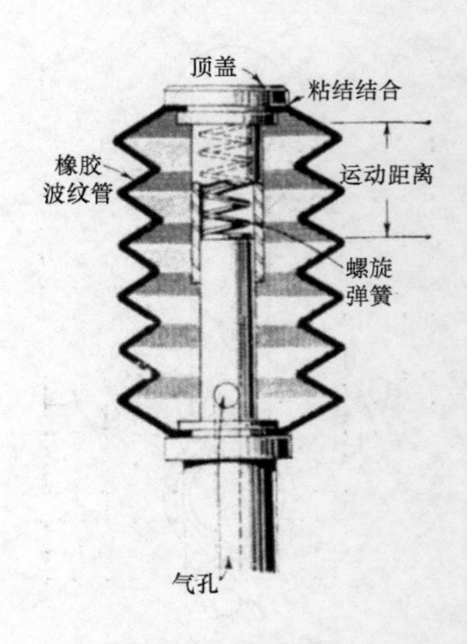

图 13.6-6 通过配合的顶杆和装有压簧的套筒提供波纹管的内部刚度。

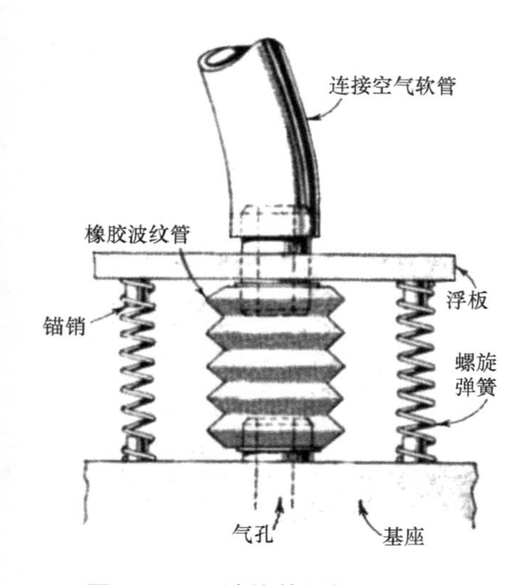

图 13.6-7 波纹管的加劲板和稳定器有时可以用一个平台和四个安装弹簧组合来实现。

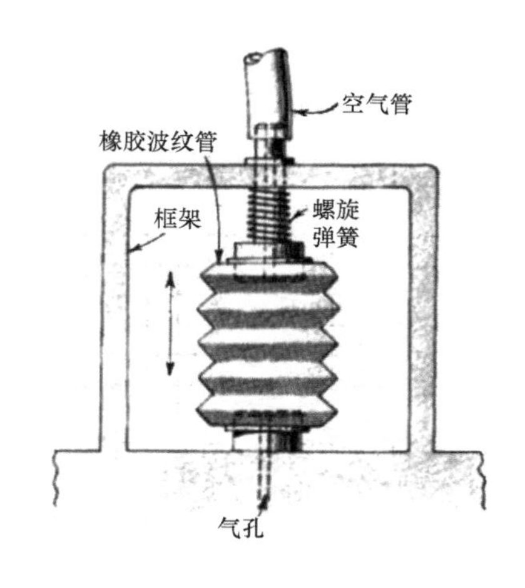

图 13.6-8 封装强化装置可以和底座连同波纹管的弹簧作用一起来强化软管连接。

13.7 依靠弹簧设计变速比机构

以下 16 个图显示了在弹簧拉伸或压缩过程中，挡块、凸轮、连杆机构与其他一些机构是如何改变负载与偏转比的。

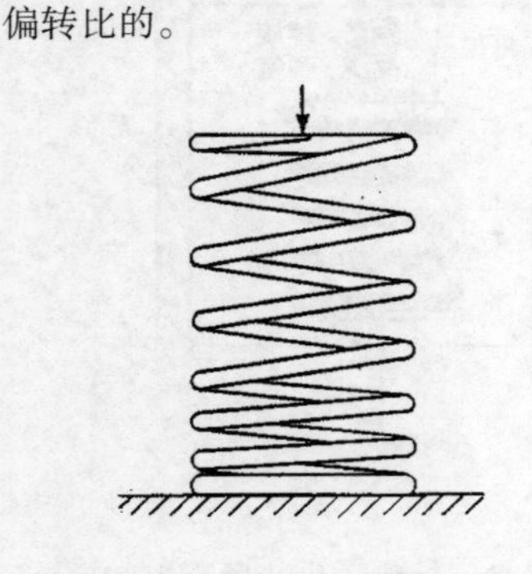

图 13.7-1 变螺距弹簧，有效线圈数量随着挠度（线圈底部）的变化而逐渐变化。

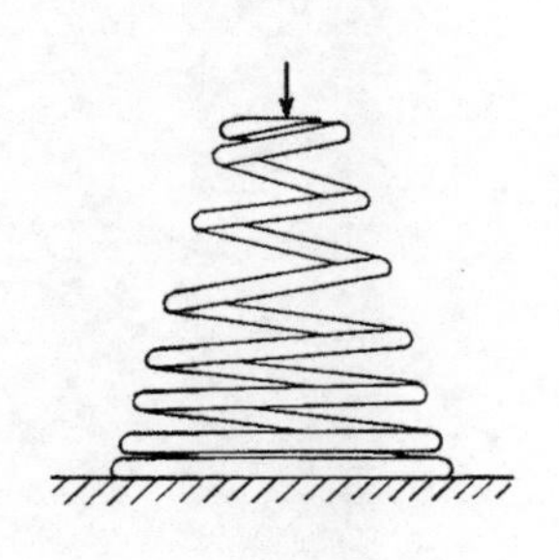

图 13.7-2 弹簧外径和螺距渐变，两者结合产生类似的效果，只有这种弹簧锥形外径有更小的实心高度。

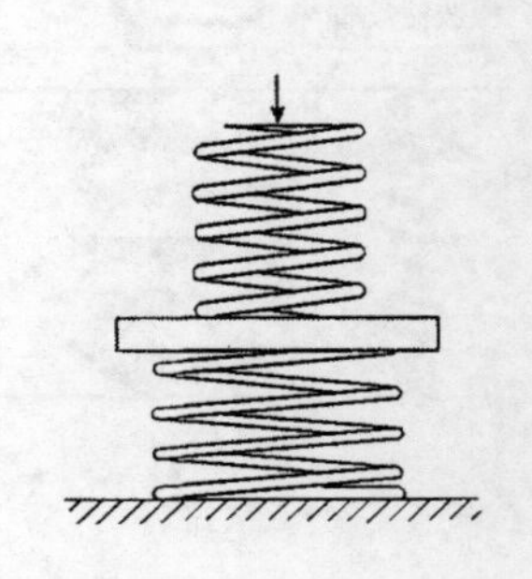

图 13.7-3 双体弹簧，一个弹簧在另一个弹簧之前已完全收缩。

挡块可用在压缩或伸展弹簧中（图 13.7-4、图 13.7-5）。

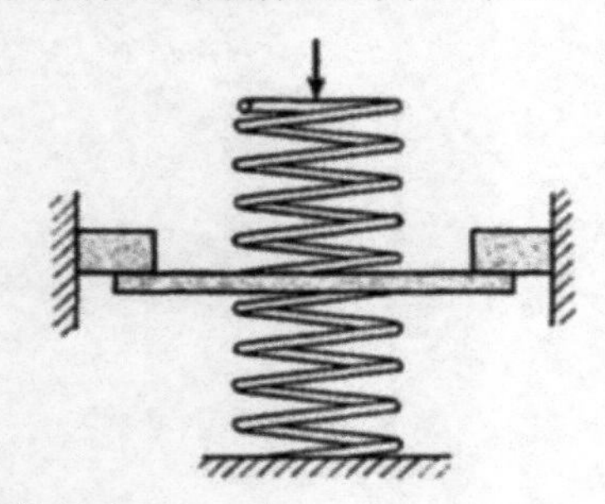

图 13.7-4

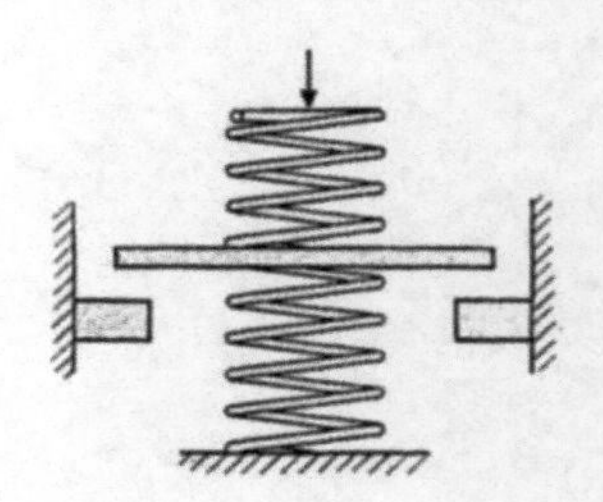

图 13.7-5

片簧的合理安装可以使它们的有效长度随着挠度的改变而改变（图 13.7-6 ~ 图 13.7-8）。

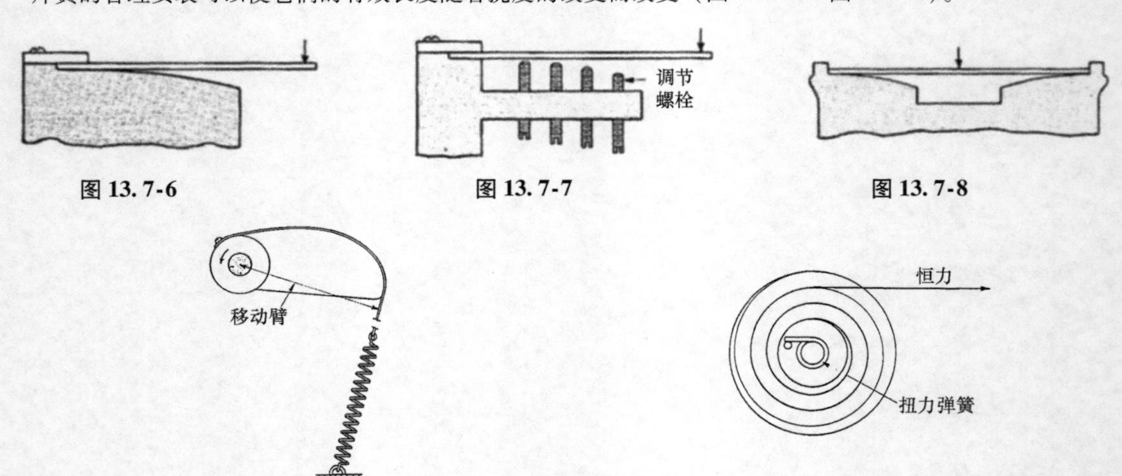

图 13.7-6

图 13.7-7

图 13.7-8

图 13.7-9 凸轮弹簧机构，在旋转时随着力臂的变化可以引起转矩关系的变化。

图 13.7-10 扭力弹簧与变半径滑轮结合产生恒力。

图 13.7-11 与图 13.7-12 所示为连杆型装置，常被用于转矩控制或所需要的抗振动的减振机构上。

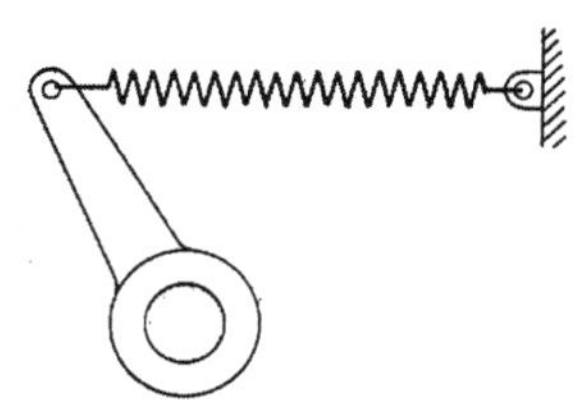

图 13.7-11

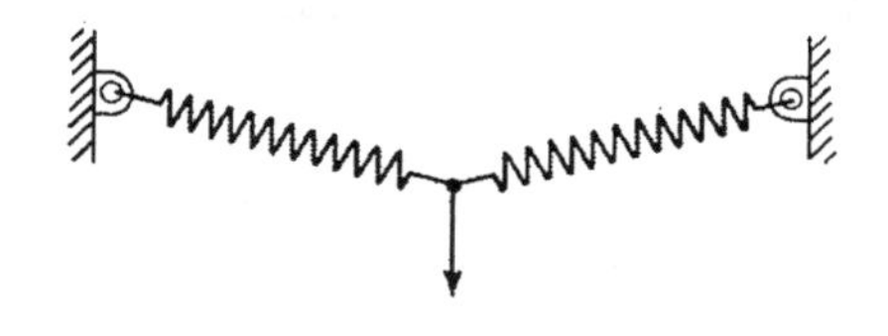

图 13.7-12

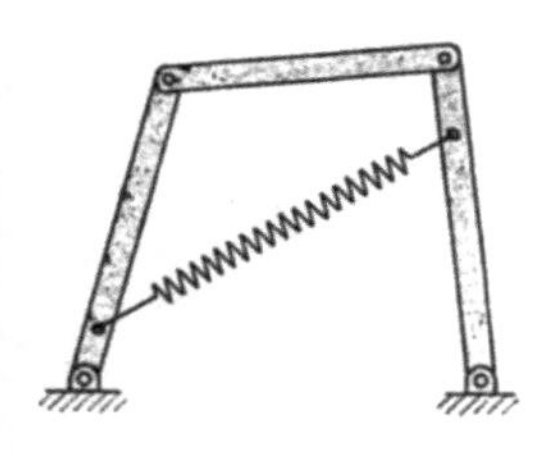

图 13.7-13 四杆机构连同一个弹簧具有大量的负载/挠度特性。

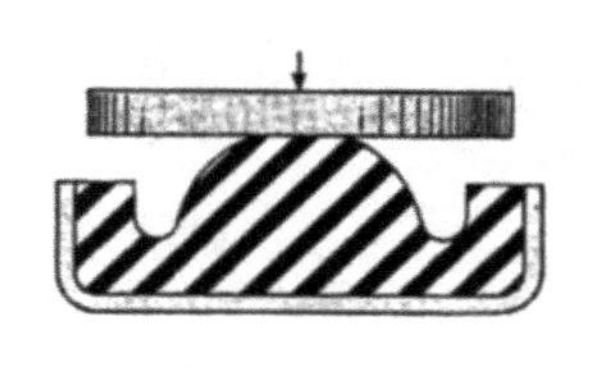

图 13.7-14 成形橡胶弹簧挠度特性随着它的形状变化而变化。

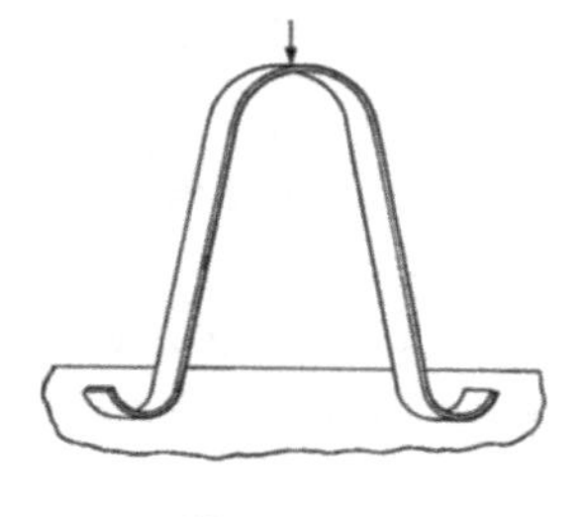

图 13.7-15 弓形片簧在如图所示形状时几乎产生恒力。

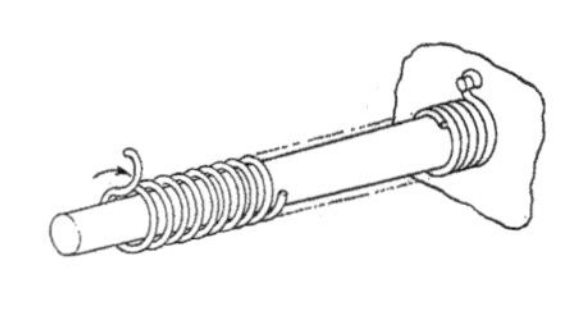

图 13.7-16 锥形轴和扭力弹簧。有效的线圈数量随扭转变形而减少。

13.8　可调拉伸弹簧

拉簧或牵引簧端部的设计采用拉环与弹簧合为一体的结构，这种结构常常无法满足要求。因为许多弹簧发生故障的地方在环部，最经常发生在与弹簧相连的环的底部。使用下列方法将降低破损以及机器的故障时间，特别是在张力和长度需要调节的地方。

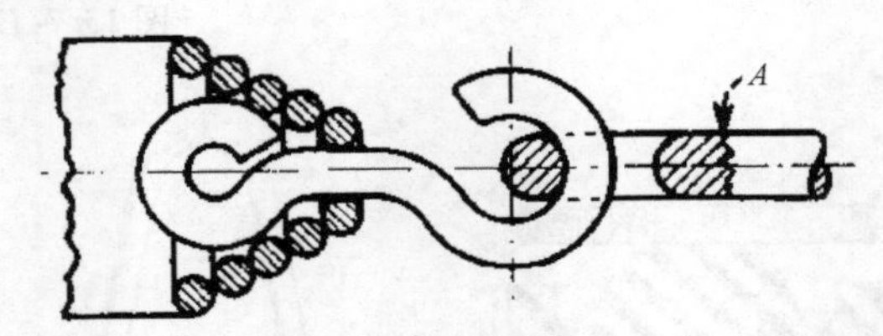

图 13.8-1　弹簧尾部被缩减成锥形，拉环直径较大，有时拉环使用的材料比弹簧的材质软。金属线的上端也形成了一个拉环，拉环开口且尺寸稍大，能连接连杆末端或铰接螺栓 A。

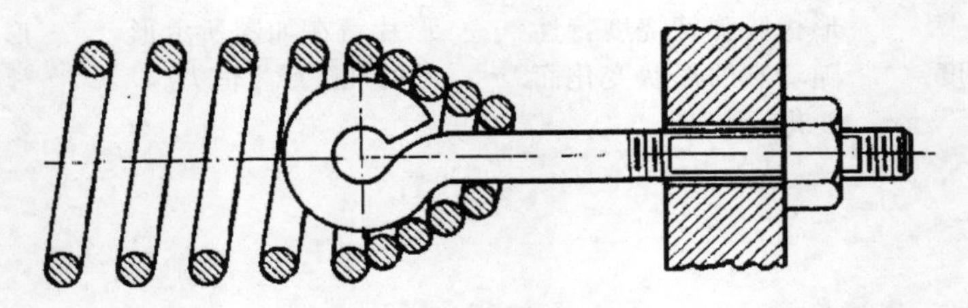

图 13.8-2　在低碳钢拉杆末端形成的一个环，另一端穿过六角调节螺母。若有需要，杆末端用普通螺纹替代。

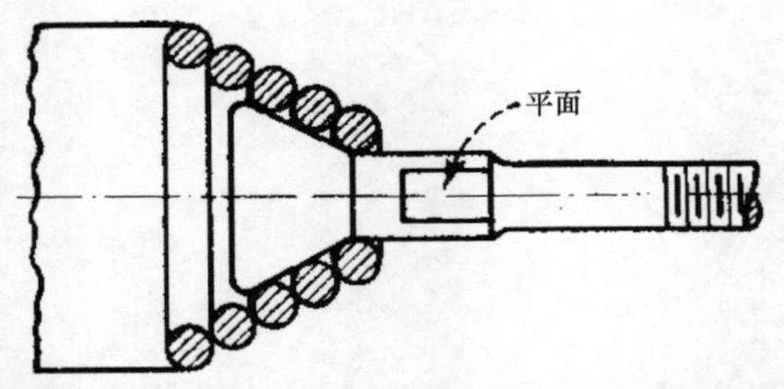

图 13.8-3　调整螺栓的末端在外形上设计成圆锥形头，与弹簧末端锥形相一致。在螺栓杆的平面使用扳手很容易调整螺栓，除非弹簧的初始张力特别大。

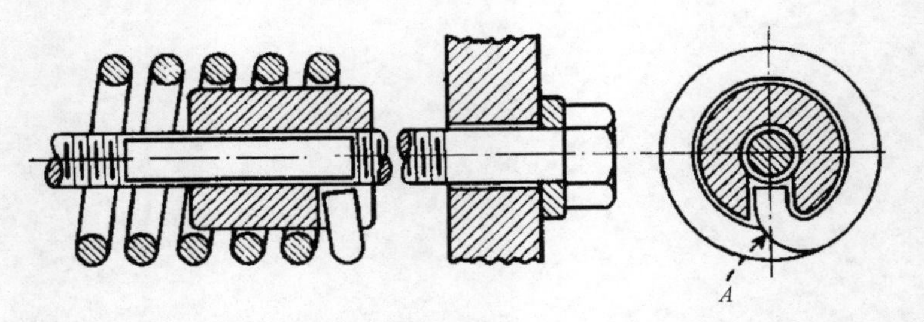

图 13.8-4　弹簧的最后线圈在内部弯曲形成卡箍 A，其位于螺母的一个槽里。这是一个灵巧简单的设计，但所有的弹簧张力集中在钩的一个点上，而且有时弹簧轴会稍微偏心，所以在重负载时不推荐使用。

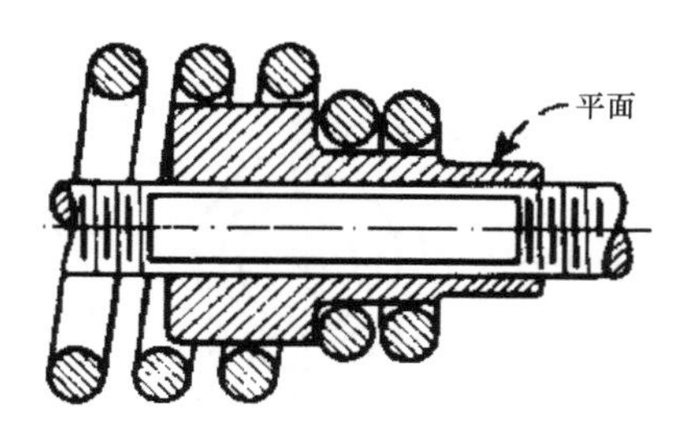

图 13.8-5 针对图 13.8-4 又提出了一种改进的方法。带凸肩的螺母可容纳两个末端线圈，螺母处的缠绕要比弹簧体小。在调节过程中，螺母上的平面可供螺旋扳手使用。

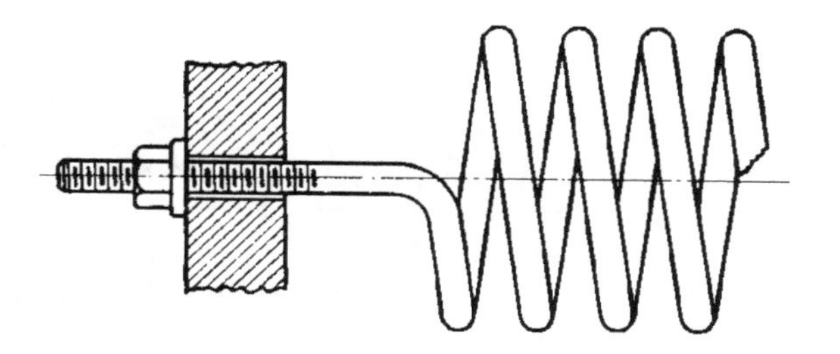

图 13.8-6 在金属线尺寸允许的情况下，弹簧末端可以用直线和螺纹调整。如图所示，由于螺母型号小，必须使用垫片。

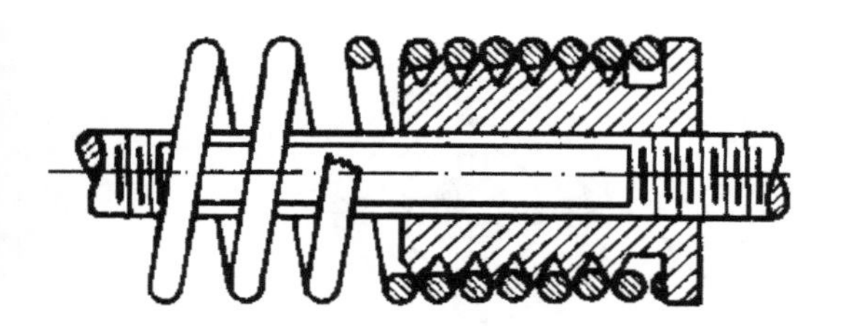

图 13.8-7 带凸肩的螺母拧在一个粗糙的 V 形螺纹上，且被拧紧在弹簧的末端。螺纹两侧与弹簧丝切线夹角成 30°，以避免弹簧圈被拉出来。弹簧的头部呈正方形，这是为了产生足够的摩擦力使得旋转调整螺钉时螺母不用被固定。

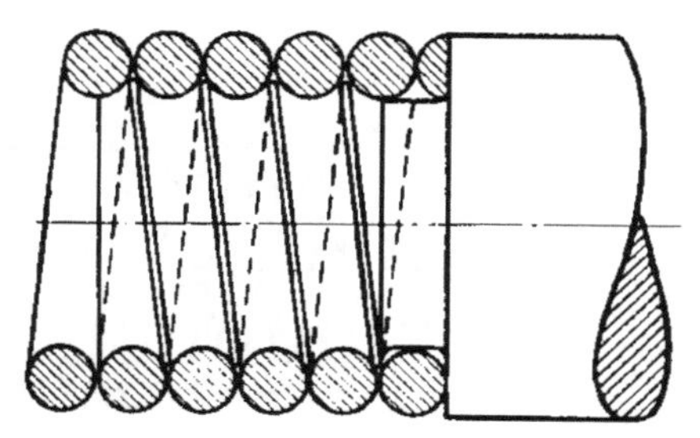

图 13.8-8 对封闭缠绕拉伸弹簧，杆的末端被加工成浅槽螺纹，根部具有与弹簧丝相同的曲率。这种在螺纹顶部加工成尖形可以使弹簧和螺纹实现更好的配合接触。

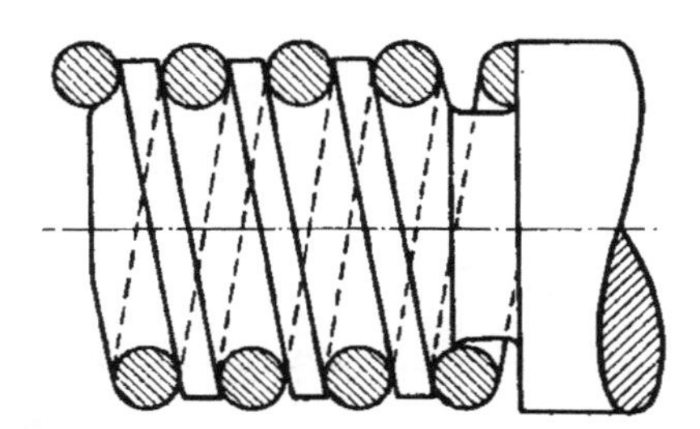

图 13.8-9 在更重的负载下，杆上的螺纹比图 13.8-8 中加工更深。整个弹簧是密封绕制的，但当被拧在调节杆上时，线圈将会发生扩展，从而产生更大的摩擦力，具有更好的支持力。弹簧用螺丝拧紧来抵制轴肩的松弛。

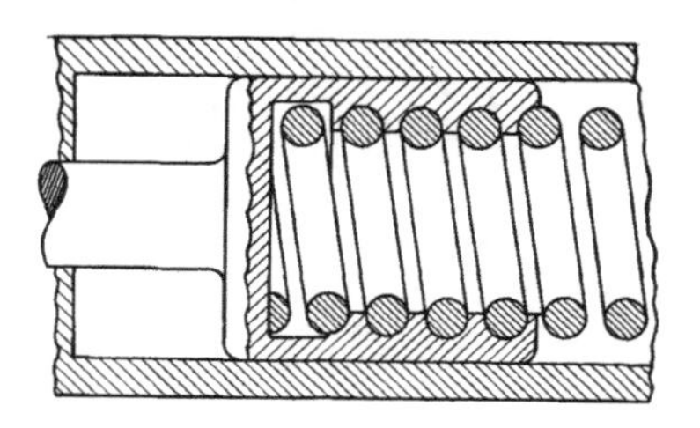

图 13.8-10 当设计所需要的腔体弹簧时，调整杆应可在内部旋转。同时，在装配时密封绕制弹簧圈是伸展开的。除非腔体的孔比调整杆凸肩的直径更大，否则给这个封闭弹簧提供足够的可用空间，而在图 13.8-8 和图 13.8-9 中显示的方法比较便宜。

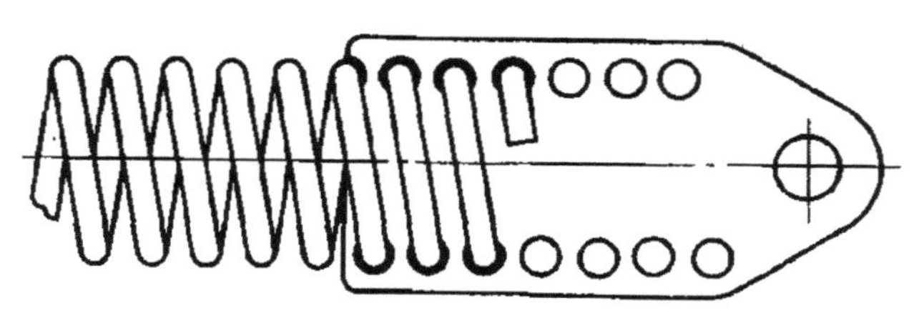

图 13.8-11 在一块薄的冷拔钢上钻一系列比弹簧钢丝稍微大点的孔，使得弹簧线圈精确定位。三或四个线圈用螺丝拧紧到钢板中，其上有额外的孔作进一步的调整。容易看到所有线圈将会不活动或者变成死圈。

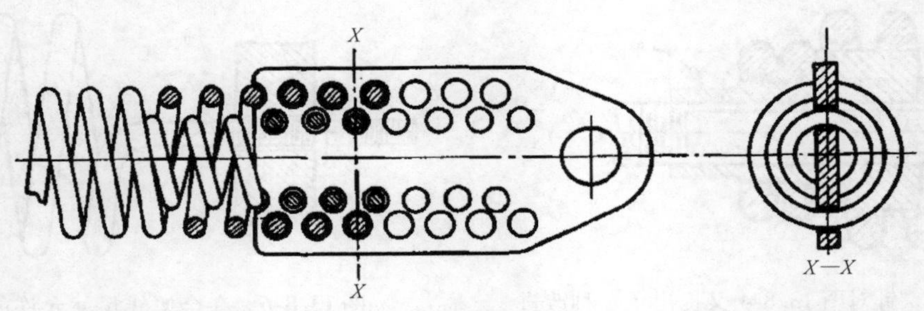

图 13.8-12　与图 13.8-11 的设计类似，除了一个更小的弹簧放置在比较大的弹簧里面。为了便于调整两个弹簧缠绕成相同程度的节距，通过这些交错的孔，内弹簧的外径将近似接近外弹簧的内径，如果需要第三个弹簧的话也有足够的空间。

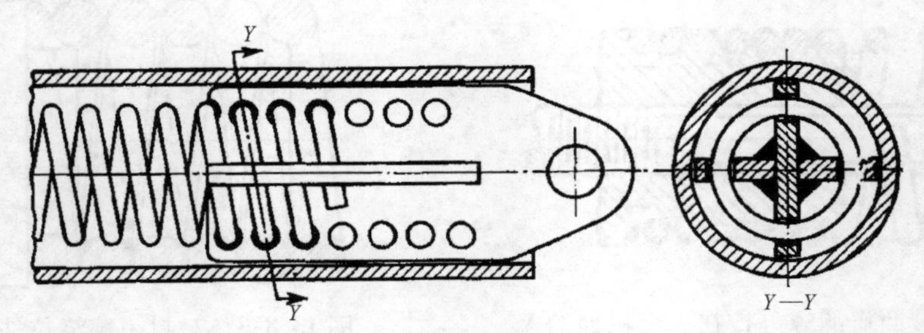

图 13.8-13　当弹簧要被保护，或者防止弹簧附件在保护罩内缠绕时，将在端面设计如图所示的横截面。两个额外的叶片焊接到固定叶片上。每个叶片上连续均布的孔系可确保弹簧位置可占据$\frac{1}{4}$节距。

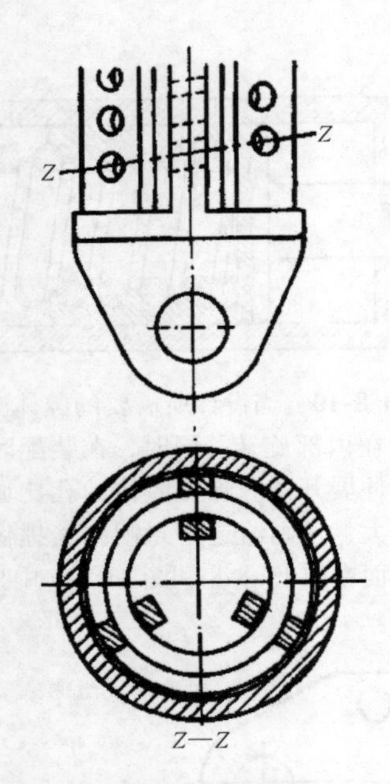

图 13.8-14　这个弹簧尾端有三个叶片，且在采用焊接设备不方便时可对固体圆料件处进行车削、钻削、铣削。大量生产时，可使用铸钢件而阻止加工棒料。带有孔的一端铣削到大约 6.35mm 厚以方便弹簧的调节。

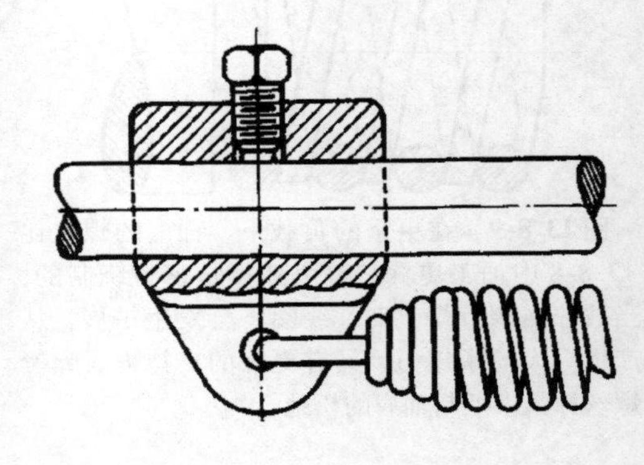

图 13.8-15　一个调整弹簧张力和长度的简单方法。弹簧锚沿着一个平的圆棒滑行并被一个方头紧定螺钉和黄铜夹具固定在任何位置上。弹簧末端的吊环穿过锚上的一个孔。

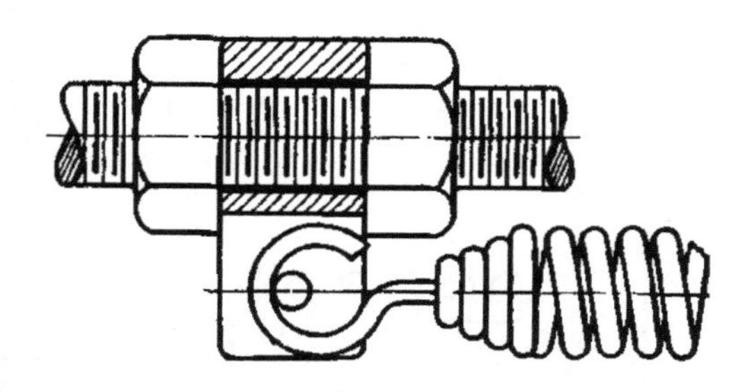

图 13.8-16 一块开槽的冷拔钢通过插入圆柱销来容纳弹簧吊环。在这块钢板上钻比螺纹杆稍大的孔，并在两侧由两个六角螺母调整和定位。

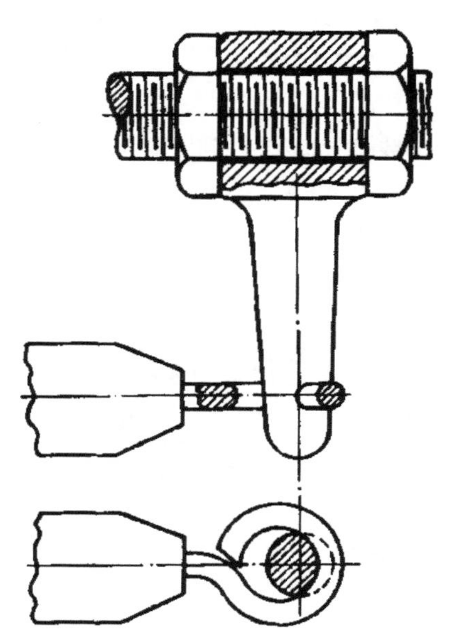

图 13.8-17 与图 13.8-16 的结构类似。弹簧夹外面末端有凹槽，便于连接弹簧的吊环。在以上所介绍的最后三个方法中，如果必要的话，调整构件都能被加工成容纳两个或三个弹簧。

13.9　压簧的调节方法一

在许多装配中都会使用到压簧，而且经常需要调节弹簧的张力。下面这些方法结合了螺栓和螺母调节的不同设计以及许多类型的弹簧对中心的方法以防止压曲，也包含了一些减小零件之间摩擦力以方便调节的设计，特别针对大直径和重簧丝的弹簧。

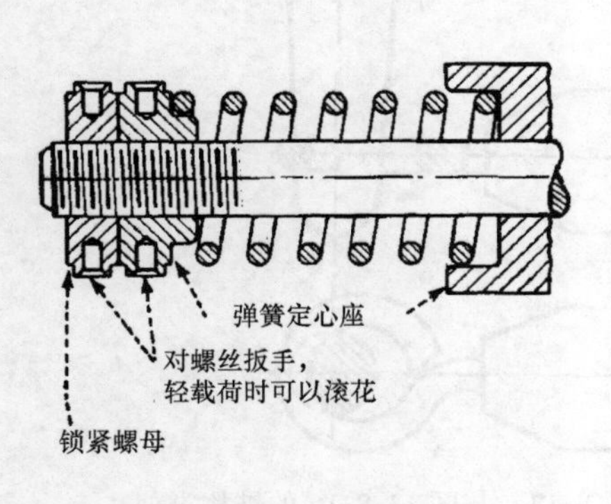

图 13.9-1

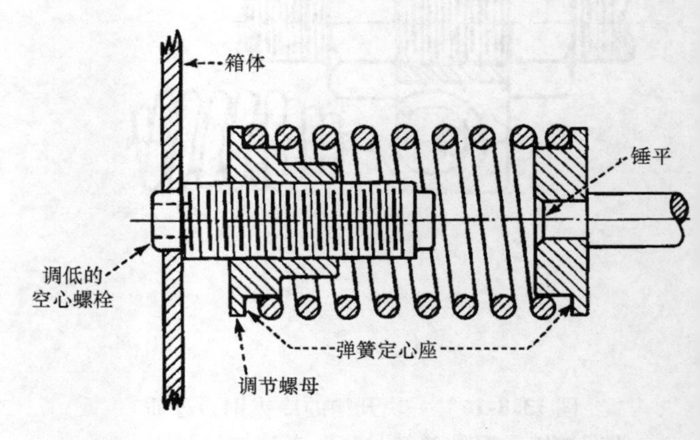

图 13.9-2

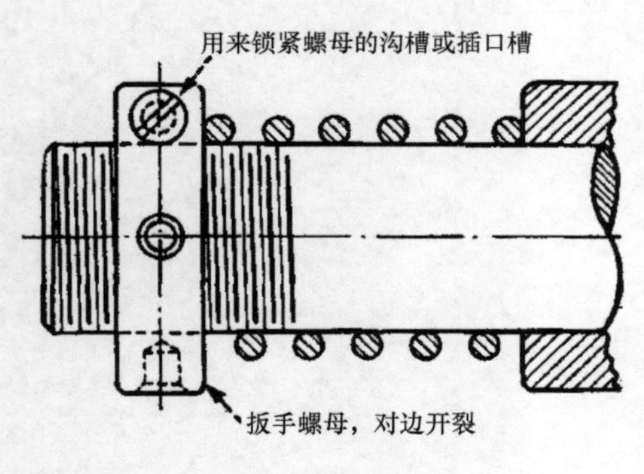

图 13.9-3

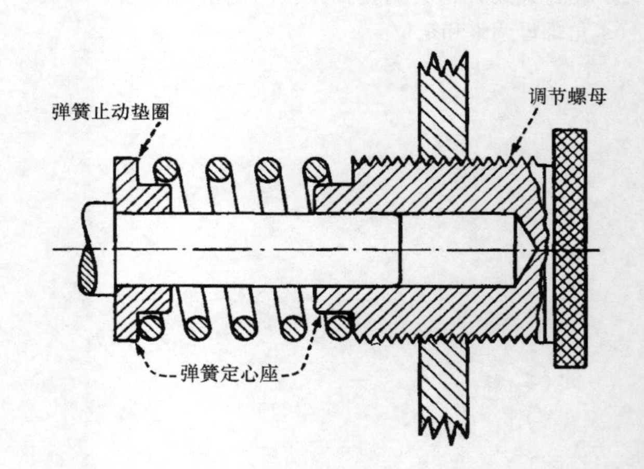

图 13.9-4

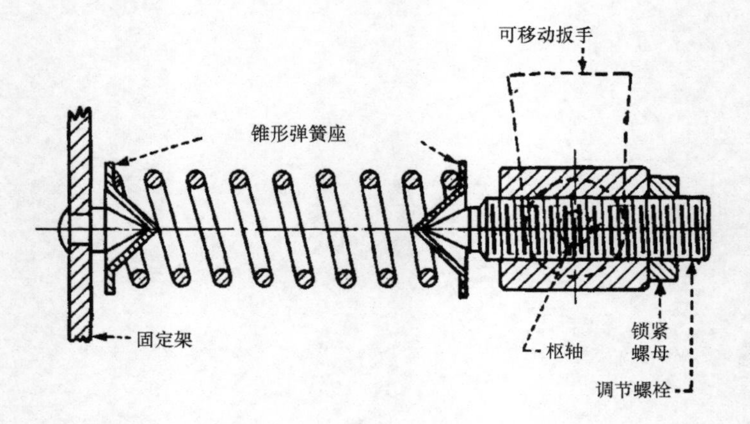

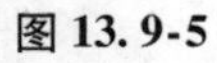

图 13.9-5

销
静止的轴套
调节螺母
可移动凸缘
可调节弹簧座

图 13.9-6

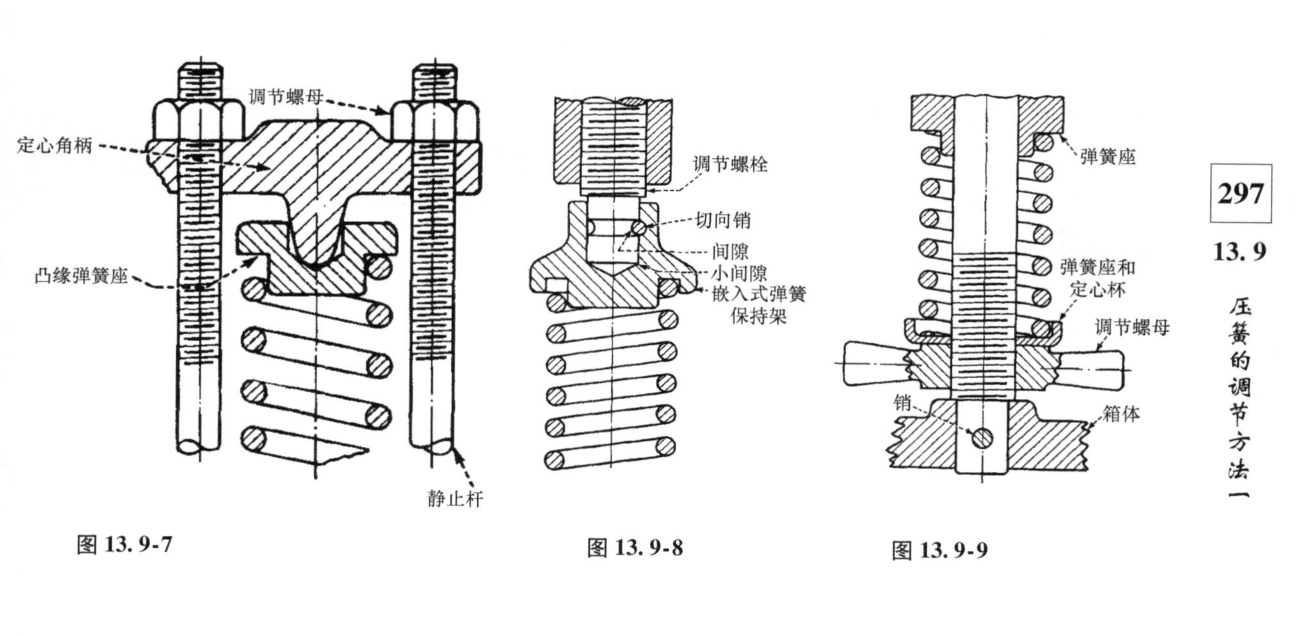

图 13.9-7　　图 13.9-8　　图 13.9-9

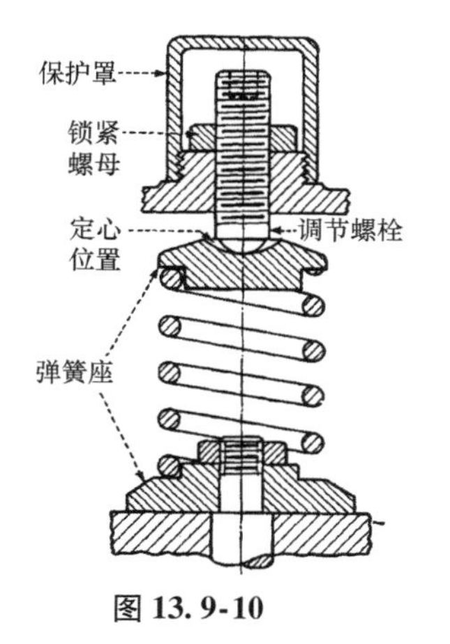

图 13.9-10

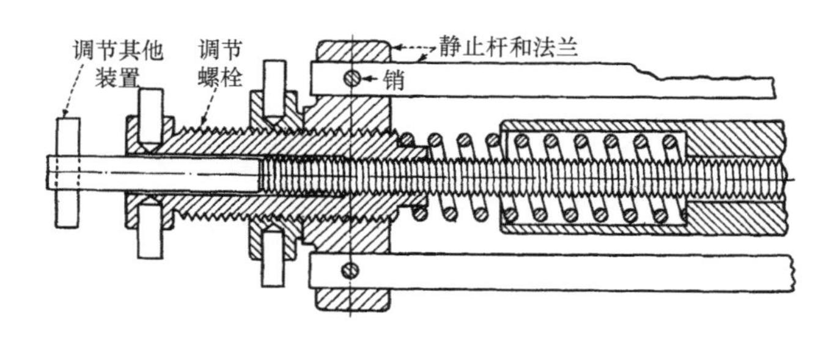

图 13.9-11

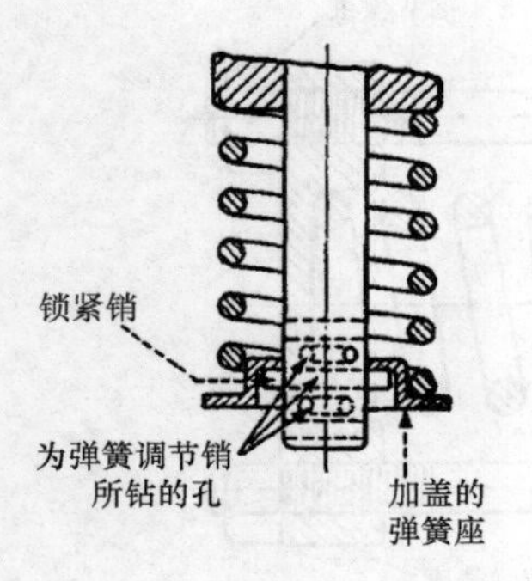

图 13.9-12

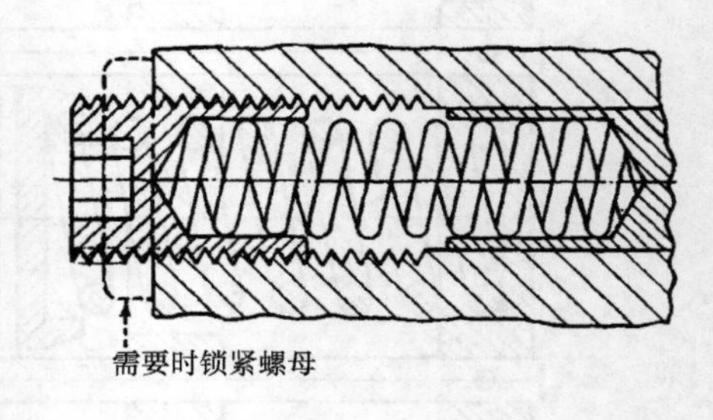

图 13.9-13

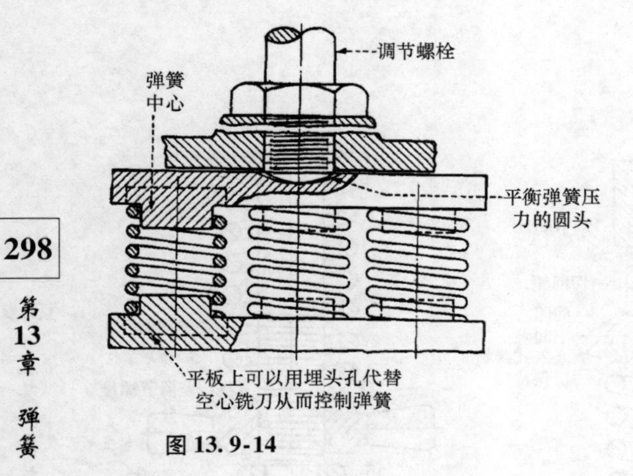

图 13.9-14

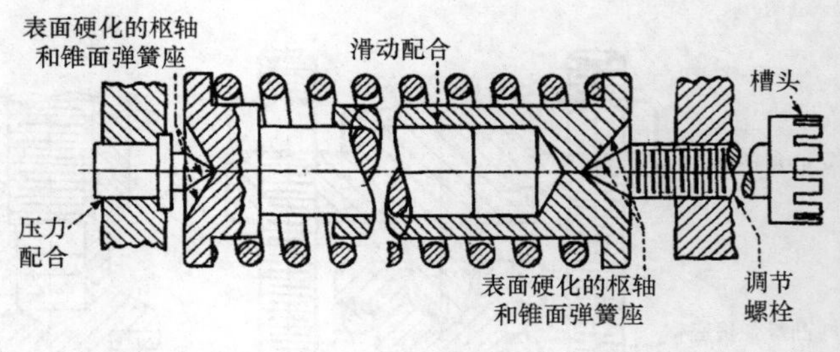

图 13.9-15

13.10 压簧的调节方法二

在这个最后的可调压缩弹簧组中，使用这几种抗磨装置将使调节装置更加简化。推力作用在单个球或多个球上，后者包括商业止推球轴承。双弹簧调整装置和其他非传统的调节方法也在这里做了说明。

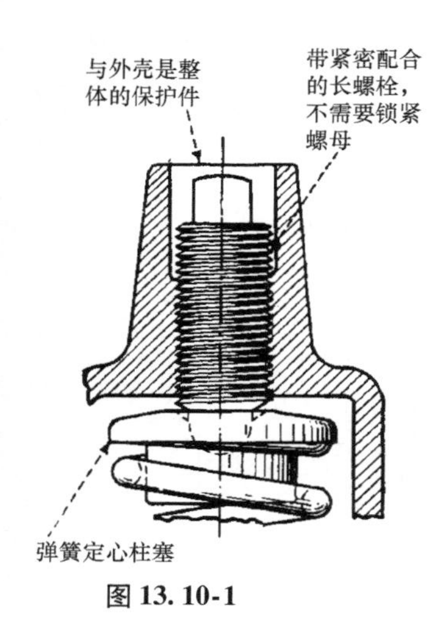

图 13.10-1

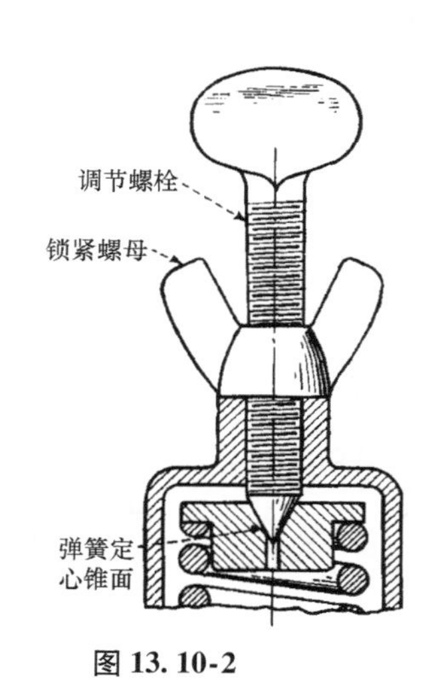

图 13.10-2

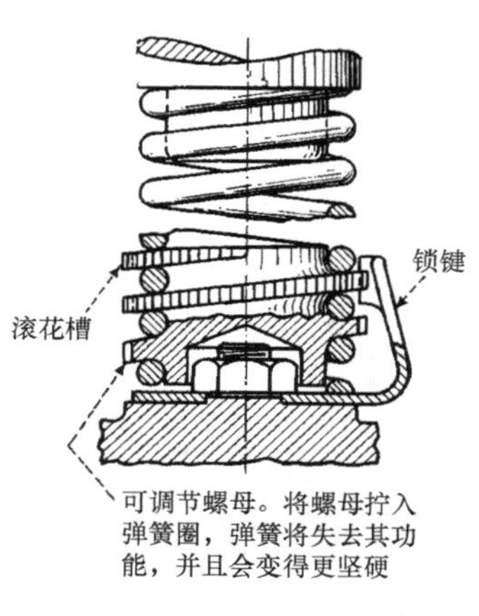

图 13.10-3

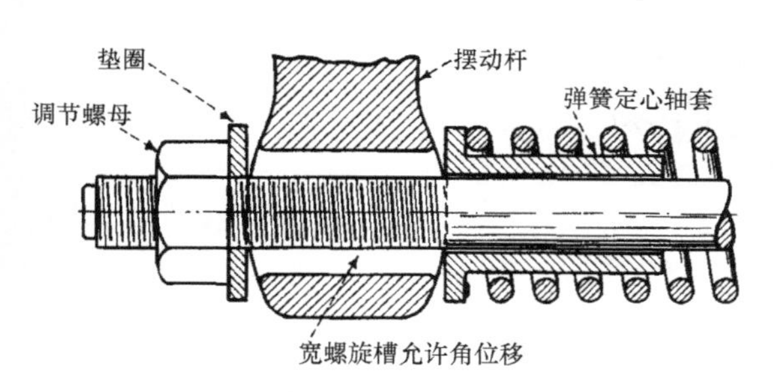

图 13.10-4

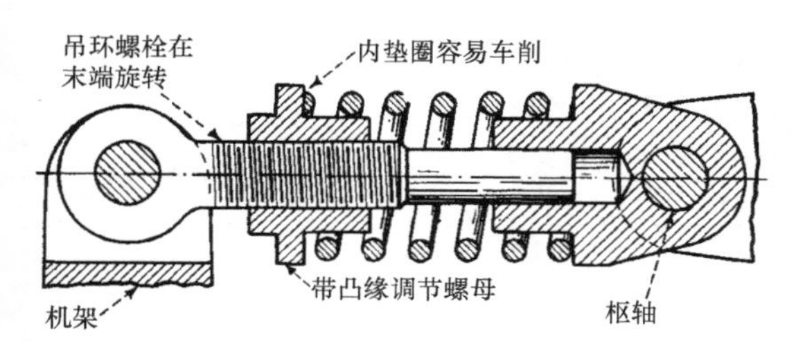

图 13.10-5

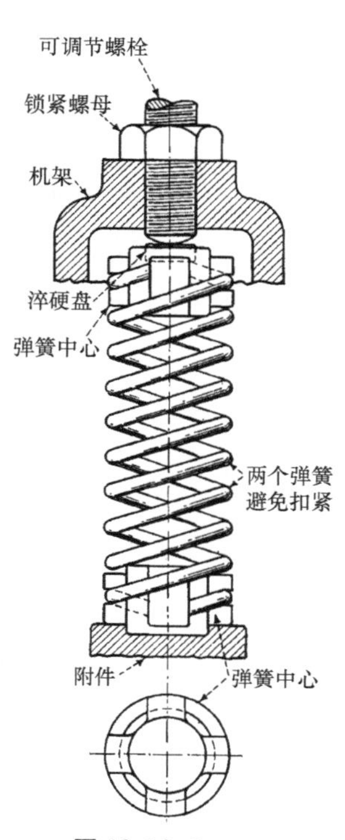

图 13.10-6

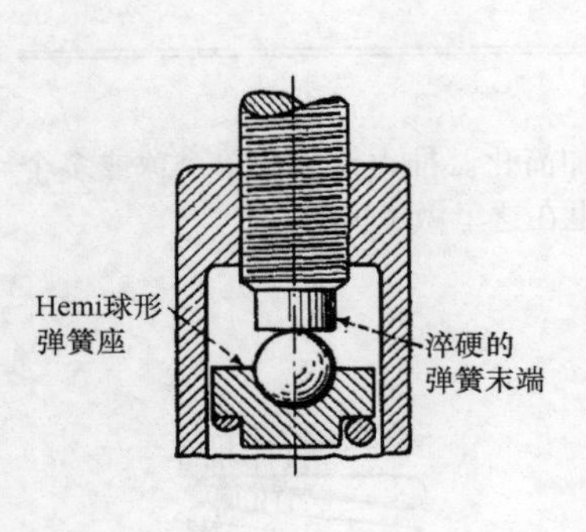

图 13.10-7

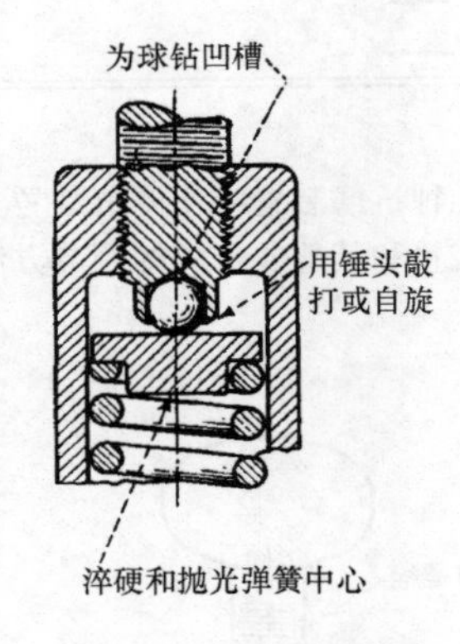

图 13.10-8

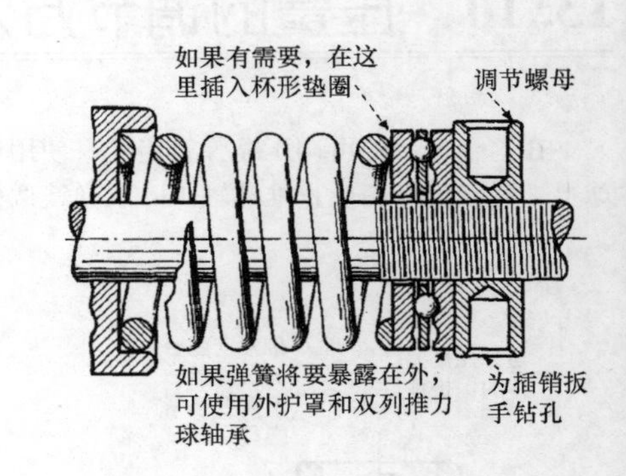

图 13.10-9

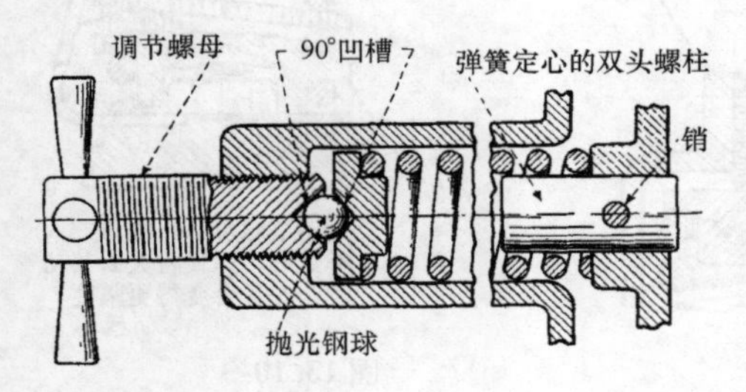

图 13.10-10

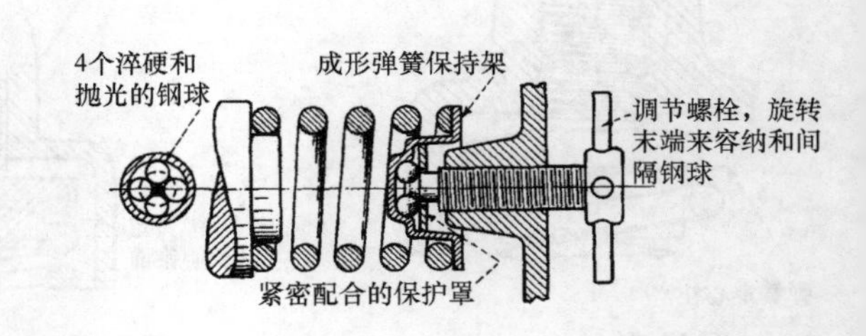

图 13.10-11

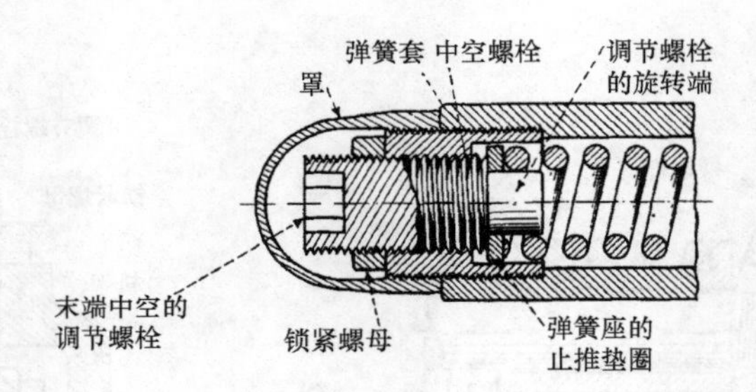

图 13.10-12

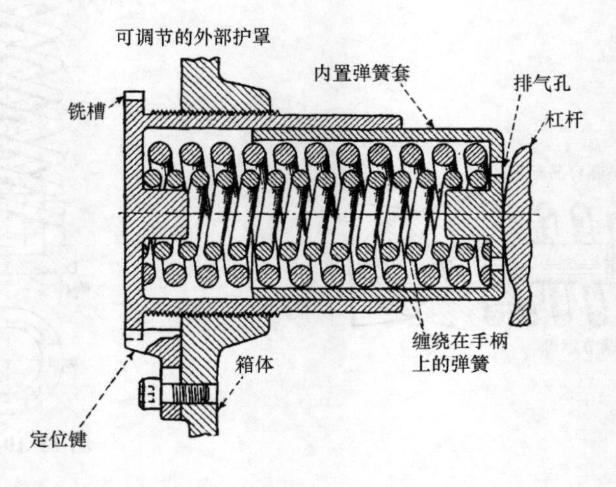

图 13.10-13

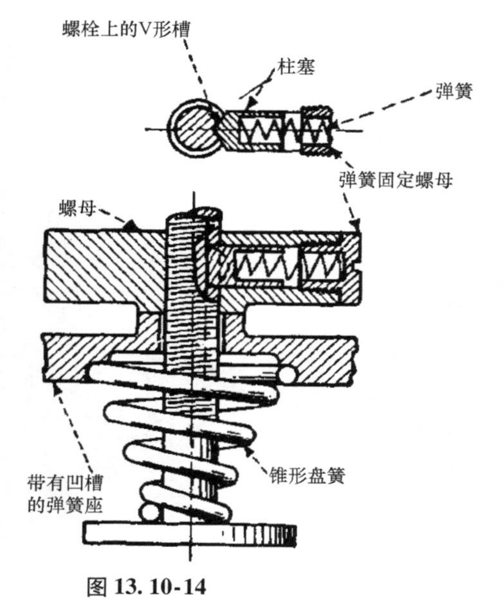

图 13.10-14

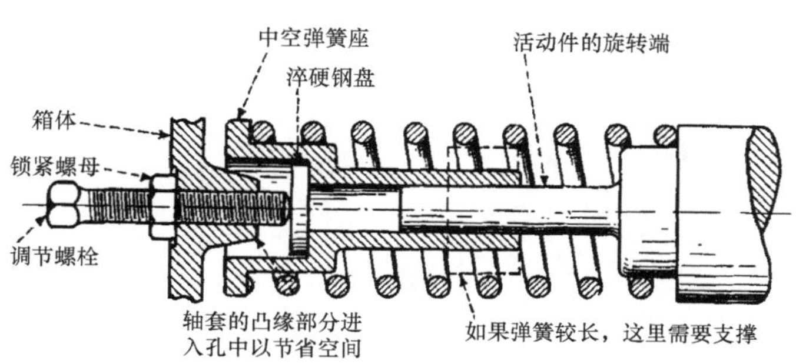

图 13.10-15

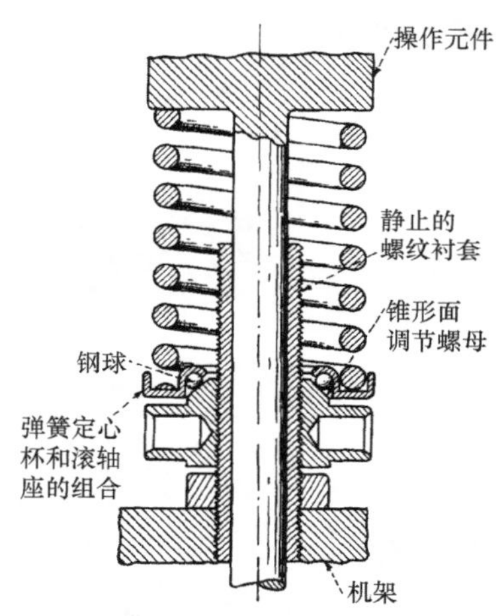

图 13.10-16

13.11　平板弹簧在机构中的应用

这些设备都依赖于平板弹簧来进行有效率运动，否则将需要更复杂的配置。

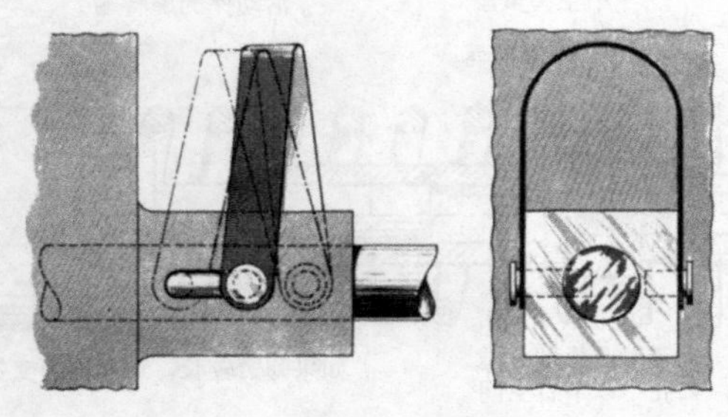

图 13.11-1　合适长度的 U 形弹簧可使这个装置获得近似的恒力。两个销钉不能在同一直线上，否则弹簧将脱落。

图 13.11-2　平的线形挡圈在装配旋钮前是平直的，装配旋钮后，张紧力将有助于挡圈单向的锁紧。

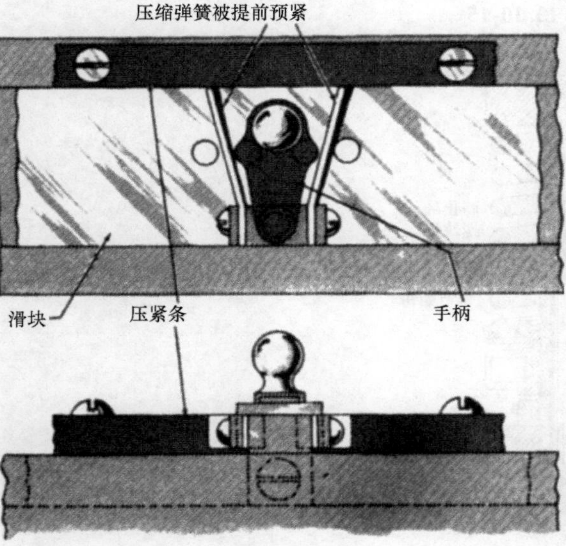

图 13.11-3　当手柄销推动压紧弹簧与压紧条脱离接触时，使滑块定位就很容易。

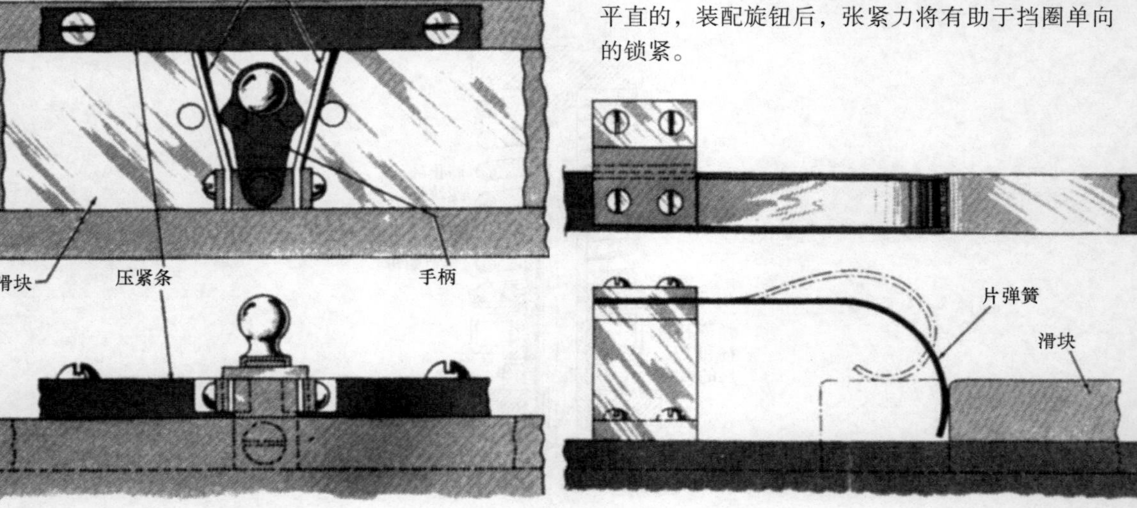

图 13.11-4　靠弹簧加载的滑块总是要返回它的初始位置，除非它一直挤压弹簧将弹簧挤出去。

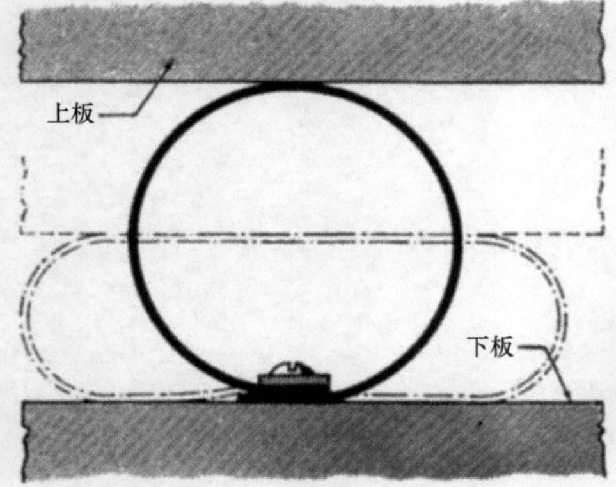

图 13.11-5　当增加上、下板上的载荷时，板间增加的支撑区靠一个环形弹簧来提供。

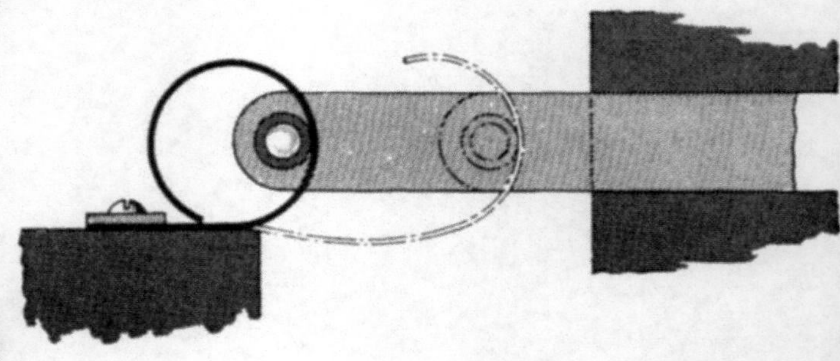

图 13.11-6　弹簧中近似恒定的张紧力和作用在滑块上的力都是由一个单线圈弹簧来提供的。

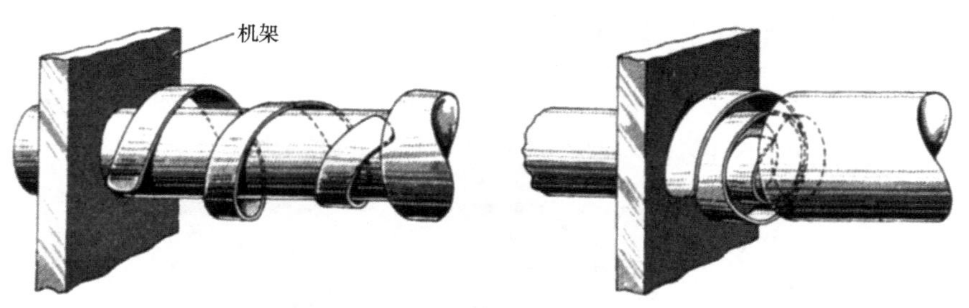

图 13.11-7　这个螺旋形弹簧使轴向机架方向移动，从而得到最大的轴向位移。

13.12　平板弹簧的其他应用

下面5个附加的例子说明平板弹簧在机械装置中可以完成更重要的工作。

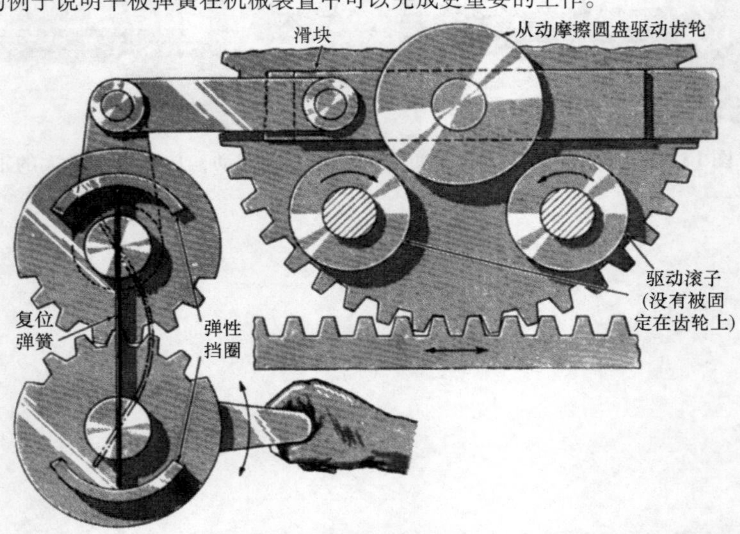

图13.12-1　复位簧保证了双向驱动的操作手柄将总是返回到中间位置。

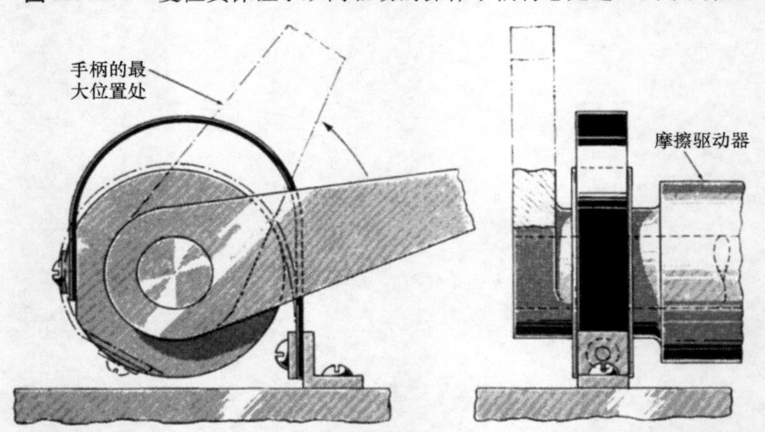

图13.12-2　当旋转手柄推动摩擦驱动器时，这个靠弹簧固定的圆盘将改变其中心位置。此圆盘也可以充当内置的挡块。

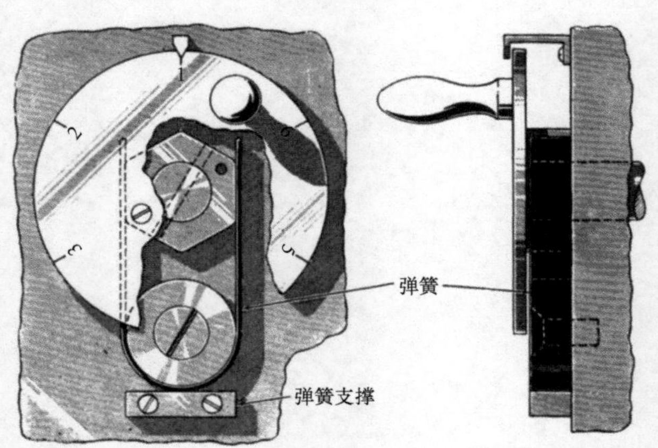

图13.12-3　借助于图中平板弹簧的安装，分度可以在简单、有效和价格便宜的情况下实现。

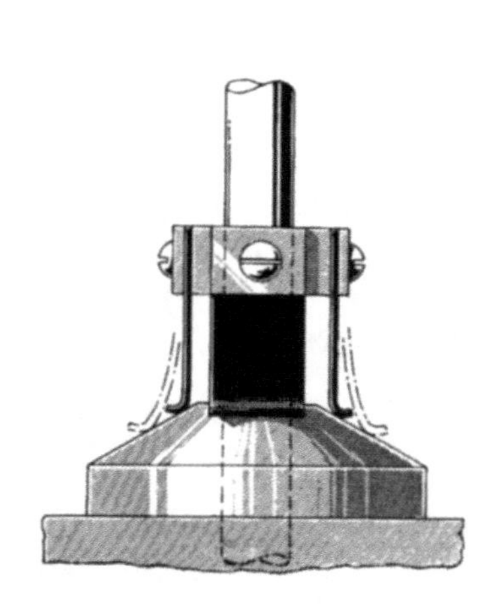

图 13.12-4 因为锥角很小，所以这个缓冲器装置能迅速增加弹簧张紧力。这个装置的反弹也是最小的。

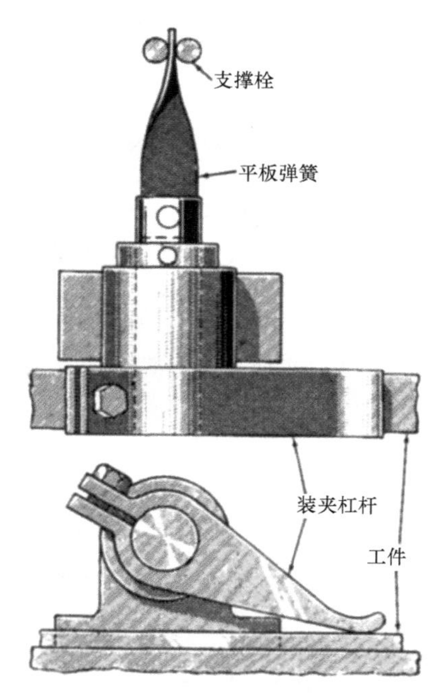

图 13.12-5 这个压力装夹装置中的平板弹簧在装配时有个预先弯曲，以便可以对薄零件提供夹紧力。

13.13 气动弹簧的增强设计

一个典型气动弹簧，从根本上说是一柱密闭的空气和气体，是利用上述的空气或气体的压力来实现装置的单个弹簧支撑运动。该密闭空气的可压缩性诠释了气动弹簧的弹性和灵活性。

目前有许多气动弹簧的设计，其中包括液压气动，气动弹簧/减振器，气缸，活塞，定容量、定质量和可充气的囊袋。可充气的囊袋型是最基本的设计之一。这种气动弹簧一般由橡胶或塑料薄膜组成而没有任何的整体加固（图 13.13-1）。

一种低成本的加固薄膜的方法是利用螺旋弹簧作为外部支撑，图 13.13-2 说明了这个设计概念。弹簧尺寸是否合适对于在弯曲运动和静止阶段避免膜的过度的压力和自压缩来说是非常必要的。

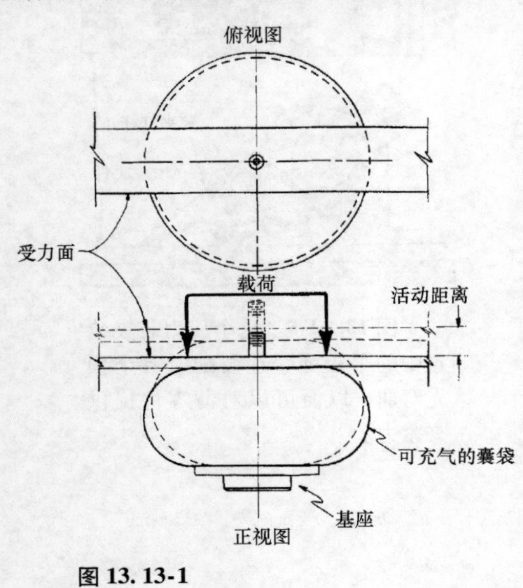

图 13.13-1

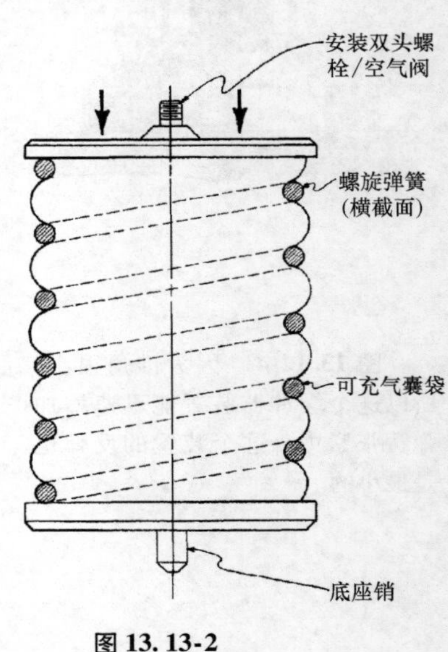

图 13.13-2

第 14 章

凸轮

14.1 凸轮曲线的生成

通常我们不会花钱来设计一个不是很容易加工的复杂凸轮曲线，所以在进行凸轮机构设计之前，应该检查该凸轮机构。

如果必须在一块金属毛坯上不利用主凸轮来加工凸轮曲线，你希望能获得什么样的加工精度。这主要取决于你所用机构使刀具在金属毛坯中进给的精度。这里所说的机构已经根据实用性精心挑选。它们可以被用来直接加工凸轮，或者加工主凸轮，再利用这些主凸轮进行其他凸轮的生产。

凸轮曲线经常被用于自动进给机构和螺纹加工中。下面将按照以下顺序介绍凸轮曲线：圆形凸轮、等速凸轮、简谐凸轮、摆线运动凸轮、修正摆线凸轮和圆弧凸轮。

14.1.1 圆形凸轮

由于凹槽容易加工，圆形凸轮在机构中比较常见。图 14.1-1a 中凸轮有一个圆形凹槽，其中心 A 与凸轮平面中心 A_0 之间的距离为 a，或者可以简化为一个用弹簧使从动件与凸轮保持接触的平面凸轮（图 14.1-1b）。

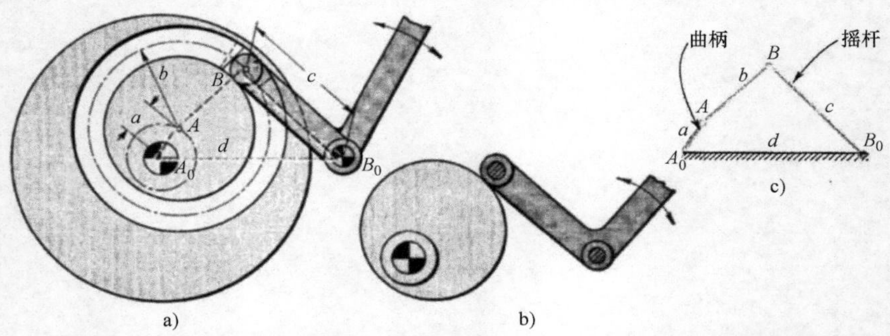

图 14.1-1 通过在转向架上偏心地安装平板，可以很容易地在转塔车床上加工出圆形凸轮槽。在图 14.1-1b 中，带加载弹簧从动件的平板凸轮能够产生相同的输出运动。很多设计者没有意识到这种类型的凸轮和图 14.1-1c 所示的具有等效杆长的四杆机构具有相同的输出运动。因此，当用凸轮来代替连杆时，很容易获得凸轮曲线。

有趣的是，这种凸轮可以很容易的演变为四杆联动机构（图 14.1-1c），在图 14.1-1c 中，摇杆 BB_0 即图 14.1-1a 中摆动的从动件 BB_0。

凸轮是通过在车床上偏心地安装板材来进行加工的，这样就能加工出一个接近公差的凸轮凹槽，并且具有很好的加工表面。

如果凸轮是低速运转的，那么可以用弧形滑块来代替滚子，这样可以使传递力增大。这种“动力凸轮”的优化设计通常需要长时间的计算，但是最近出版的一些相关图表简化了这方面的设计。

圆弧凸轮的缺点（或者是优点）是，当凸轮从一个给定点运行时，能够比其他等效的凸轮曲线达到更大的加速度。

14.1.2 等速凸轮

等速凸轮的轮廓可以通过凸轮盘的转动以及滚子的直线运动来生成，并且两者都是匀速运动，随后，从动件将沿着路径运动（图 14.1-2a）。至于摆动从动件，相当于把滚子作用点放在一个长度等于滚动从动件的摆臂上（图 14.1-2b）。

14.1.3 简谐凸轮

通过凸轮匀速旋转以及苏格兰轭（一种将曲柄的旋转运动变成导杆正弦运动的机构）装置上刀具的移动来生成这种凸轮，其中苏格兰轭通过齿轮带动凸轮旋转。图 14.1-3a 是沿径向驱动从动件的原理图。同样，该原理可用于滚子从动件的偏置运动和摆动。压力角（进给和回程的角度）由齿轮的传动比和苏格兰轭上曲柄的长度所决定。

对于谐波运动的圆柱凸轮来说，图 14.1-3b 中的夹具很容易在加工中安装。这里，凸轮在旋转时发生轴向移动，同时靠重力载荷（或加载弹簧）来加工圆柱。

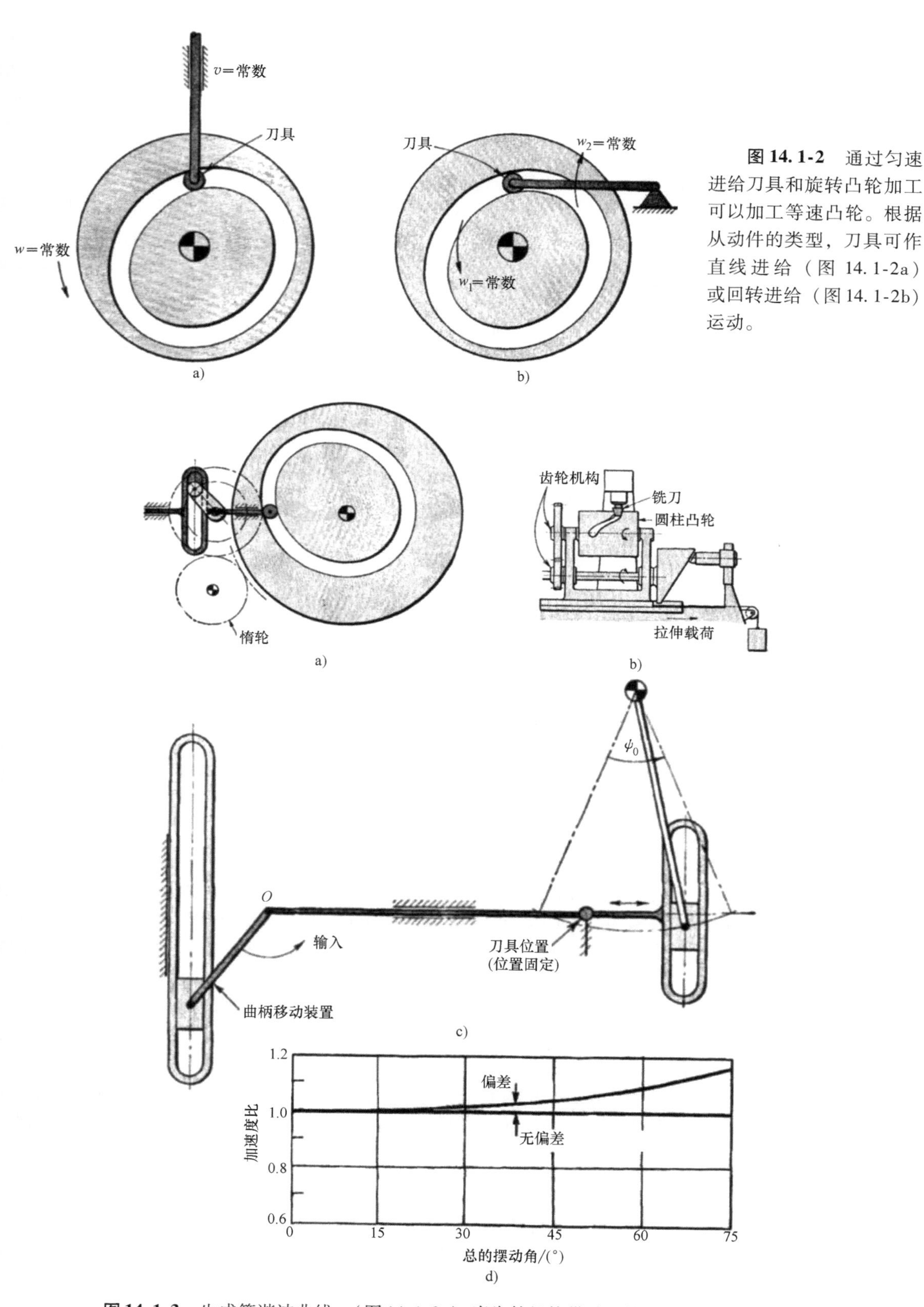

图 14.1-2 通过匀速进给刀具和旋转凸轮加工可以加工等速凸轮。根据从动件的类型，刀具可作直线进给（图 14.1-2a）或回转进给（图 14.1-2b）运动。

图 14.1-3 生成简谐波曲线：（图 14.1-3a）当齿轮机构带动凸轮转动时，曲柄移动装置使刀具进给；（图 14.1-3b）将圆柱滑块加工成圆柱凸轮；（图 14.1-3c）用反向的曲柄移动连杆机构代替齿轮装置；（图 14.1-3d）用摆动从动件代替滑移从动件时，加速度增加。

在图 14.1-3c 中，用反向的苏格兰轭装置来代替图 14.1-3a 中的齿轮装置，当凸轮有一个摆动滚子从动件时，将加工出近似简单的谐波运动曲线；而当凸轮有径向或偏置的滚子从动件时，将加工出精确的曲线。带槽部件安装在机架上，曲柄绕着 O 点转动，这样将使连杆以简单的谐波运动来回摆动。滑块带动被加工的凸轮，同时凸轮以恒速绕着中心转动。摆臂的长度和实际凸轮机构的从动摆动滚子的长度一样，并且调整滑块的极限位置位于连杆中心线上。

刀具固定安装在连杆的中心线上，如果用径向或偏置的从动件滚子，滑块将固定在连杆上。

当凸轮有一个摆动从动件时，那么简谐运动的偏差将使加速度在 0% ~8% 之间变化，变化的多少取决于从动件的摆角。注意，当摆角为 45°时，加速度大约增加 5%。

14.1.4 摆线运动凸轮

由于摆线运动凸轮具有良好的加速度特性，所以它的曲线可能是设计者们最希望获得的。幸运的是，这种曲线比较容易获得，在选择机构之前应该深入了解摆线理论，因为它不仅产生摆线运动，而且还产生一个类似的曲线。

这种摆线是经过正弦曲线的偏移而形成的（图 14.1-4），因为在 C、V、D 点的曲率半径是无限大的（曲线在这些点是水平的）。无论滚子指向哪个方向，如果这个曲线是凸轮的凹槽曲线并且在 CVD 的连线方向移动，由这个凸轮所驱动的滚子在 C、V、D 点的加速度将为零。

如果凸轮在 CE 方向上移动并且从动件在 CE 连线垂直的方向运动时，那么从动件在 C、V、D 三点的加速度仍为零。现在这个曲线已经成为基本的摆线，它被当作具有确定振幅（在垂直方向测量）的正弦曲线，其振幅与匀速运动时的直线是重合的。

因为摆线具有动载荷小，冲击和振动小的特性，所以是公认的最好标准凸轮轮廓。具有这些显著特性的凸轮可以在循环转动期间避免加速度突变。另外，通过对摆线进行一些修正，也能够改进凸轮的性能。

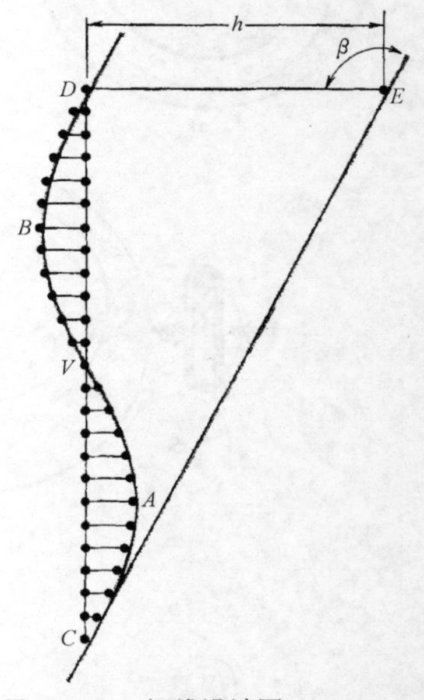

图 14.1-4　摆线设计图

14.1.5 修正摆线

为了获得修正后的摆线，只需改变幅值的方向和大小，同时保持 C、V、D 点的曲率半径不变。

在图 14.1-5 中比较了一些常用的修正曲线，图 14.1-5a 是凸轮的真正摆线。应该注意到被添加到匀速线上的正弦幅值与机体是垂直的。在图 14.1-5b 中给出了 Alt 修正曲线（德国人 Hermann Alt 首先分析了这个曲线，并以他的名字命名）。正弦幅值垂直于等速线。这个结果降低了速度特性（图 14.1-5d），但提高了加速度的幅值（图 14.1-5e）。

在距离 $T/2$ 点 0.57 处选择一点 w，然后通过穿过 op 中点的 yp 来画直线 wp，则使正弦曲线的基线与 yw 垂直，从而获得 Wildt 修正摆线（以 Paul Wildt 的名字命名）。这种修正可以得到 $5.88\mathrm{h/T^2}$ 的最大加速度。相反，标准摆线具有 $6.28\mathrm{h/T^2}$ 的最大加速度，所以修正后最大加速度减小 6.8%。

通过特定点 P 来构造一个摆线曲线是一个技巧。P 点可以是图 14.1-5c 中方框限度范围内的任意一点，即 P 点是在一定范围内选取的。对这种修正摆线有着日益增长的需求，而为满足这些需求，一种简单的新图形技术将在下节进行介绍。

14.1.6 修正摆线的产生

少数能够产生修正摆线的机构包括一对支架和齿条机构（图 14.1-6a）。

凸轮体能够绕主轴转动，主轴安装在可移动的支架Ⅰ上，刀具中心是固定的。如果在丝杠的驱动下，支架沿箭头方向匀速移动，钢带 1 和 2 也能使凸轮体转动。凸轮的转动和移动将产生一个螺旋槽。

对于修正摆线来说，为了补偿与真正摆线的误差，应该给凸轮施加第二个运动，即增加第二条钢带。当支架Ⅰ移动时，钢带 3 使偏心轮旋转。由于机架是固定的，绕偏心轮的滑块水平运动。因为滑块是支架Ⅱ的一部分，所以可以使凸轮产生正弦曲线运动。

为了与图 14.1-5b 和图 14.1-5c 中的 β 角相互匹配，支架Ⅰ可以设定为不同的 β 角，也可以通过修改这种机构来加工带有摆动从动件的凸轮。

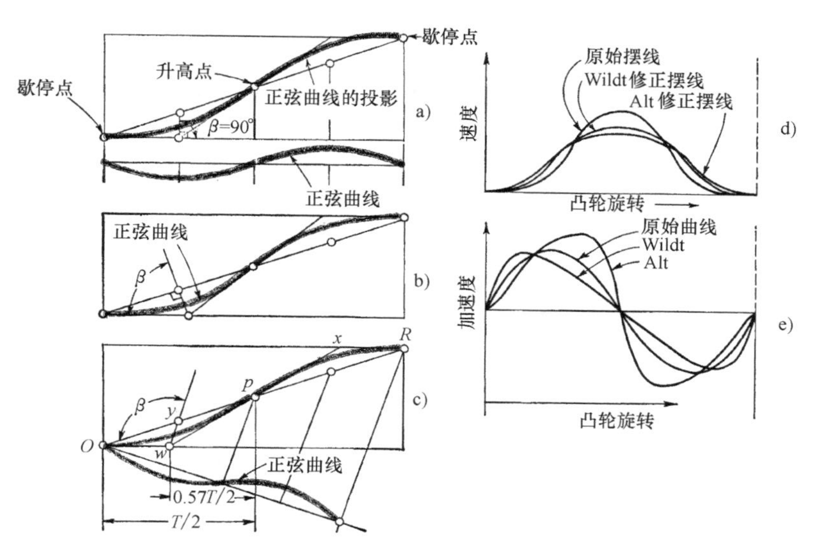

图 14.1-5 多种摆线：（图 14.1-5a）标准摆线运动；（图 14.1-5b）Alt 修正摆线；（图 14.1-5c）Wildt 修正摆线；（图 14.1-5d）速度曲线比较；（图 14.1-5e）加速度曲线比较

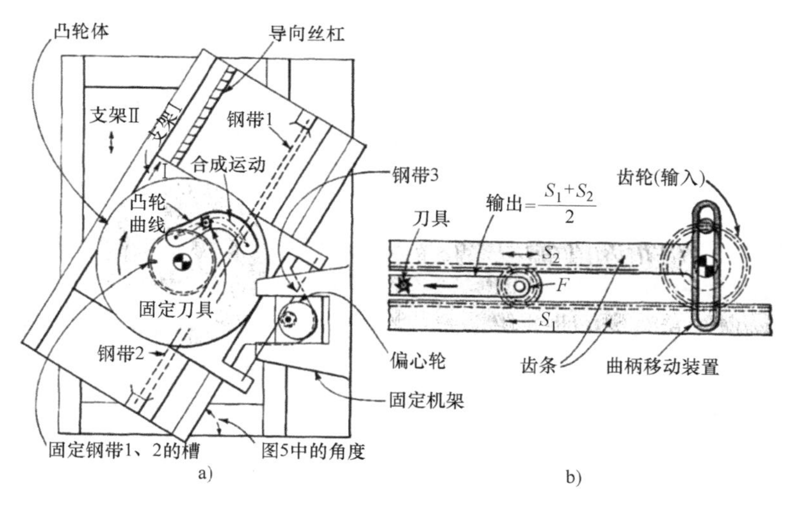

图 14.1-6 轮廓生成机构：（图 14.1-6a）修正摆线；（图 14.1-6b）基本摆线

14.1.7 圆弧凸轮

近年来，虽然摆线和其他相似的曲线的使用非常普遍（尤其适用于低转速的时候），但是圆弧曲线凸轮仍然能够满足很多需求，这种凸轮由圆弧或者圆弧和直线组成。对比较小的凸轮，使用图 14.1-7 中的加工技术可以精确加工。

假如凸轮轮廓是由以下部分组成：以 O_2 为圆心的圆弧 12，以 O_3 为圆心的圆弧 3-4，以 O_4 为圆心的圆弧 56，以 O_1 为圆心的圆弧 71，以 O_1 为圆心的圆弧 45 以及直线段 23 和 67。这种方法涉及钻孔、车削和模具的组合加工。

首先在 O_1、O_3、O_4 点钻直径尺寸为 2.54mm 的孔，然后以 O_2 为圆心，r_2 为半径钻孔。下一步，以 O_1 为旋转中心，把凸轮安装在车床上。把钢板加工成一个直径为 $2r_5$ 的圆。其中需要考虑到较大的凸半径。通过铣床铣削来加工直线 67 和 23。

最后，对较小的凸圆弧，可以车削成为半径为 r_1、r_3、r_4 的小圆。图 14.1-7 中给出了这样一个例子。模板中有几个中心，适合于在 O_1、O_3 和 O_4 钻孔。接着以硬模板为导向，锉削圆弧 71、34、56。最后对 O_1 进行扩孔，其尺寸能使轮毂和凸轮相配合。

这种方法通常比从图样中复制或从凸轮锉削出扇形要好。凸轮上的很多点是通过计算得到的。

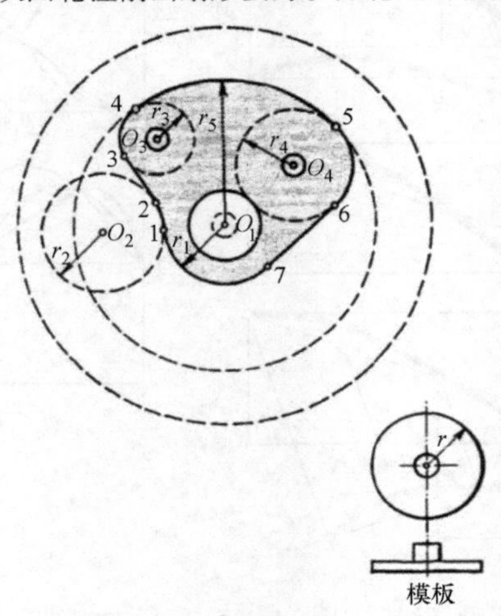

图 14.1-7 加工圆弧凸轮的技术：在机床上加工半径为 r_2、r_5 的圆，用硬化模板配合手锉加工半径为 r_1、r_3、r_4 的圆。

14.1.8 歇停补偿

除了圆弧凸轮之外，上述机构的缺点是，在凸轮的升降周期内不包括停歇期，而这种机械在上升的最后阶段必须是非接触的，且在下降周期开始点，凸轮必须以精确的角度转动，从而可能增加误差以及降低生产率。机构在上升到终点后必须为脱离状态，同时凸轮要旋转准确的角度到下降周期开始的地方，这就增加了误差，也降低了生产速度。

有两个设备，然而，允许在特定的停歇周期进行自动加工：即双槽轮驱动和双偏心机构。

14.1.9 差动的双槽轮

假设在上升和下降中期望的输出值有停歇（特定的持续时间），如图 14.1-8a 所示。正在逆时针旋转的槽轮会产生类似于图 14.1-8b 所示的间歇运动：上升—停歇—上升—停歇…这些上升的区段用简单的谐波曲线描述有所失真，但在许多的应用中已被证明足够接近理论曲线。

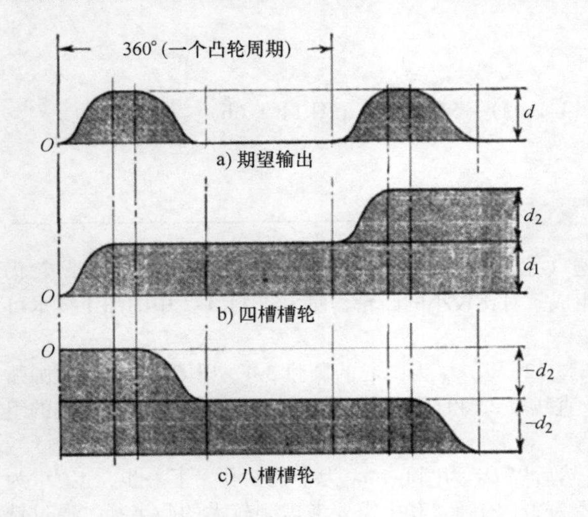

图 14.1-8 有差速器的双槽轮是为了获得长时间的停歇而设计的。凸轮特征的期望输出值（图 14.1-8a）的期望输出值是通过将一个四槽槽轮图 14.1-8b 和八槽槽轮（图 14.1-8c）的运动叠加得到的。有差分器的槽轮机械布局如图 14.1-8d 所示，实际的设备如图 14.1-8e 所示。各种各样间歇的输出通过改变槽轮上驱动曲柄间的角度来获得图 14.1-8f。

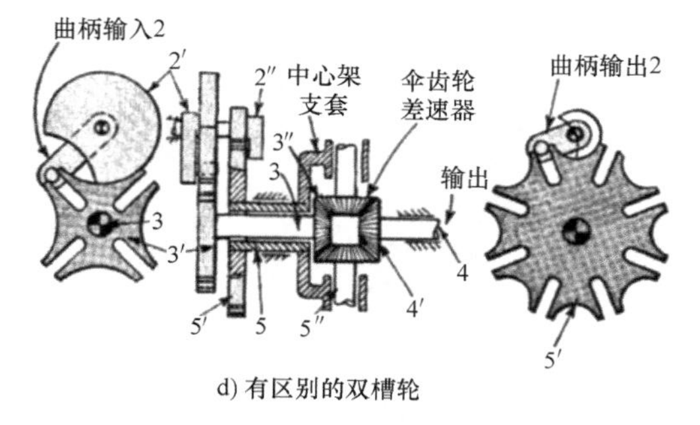

d) 有区别的双槽轮

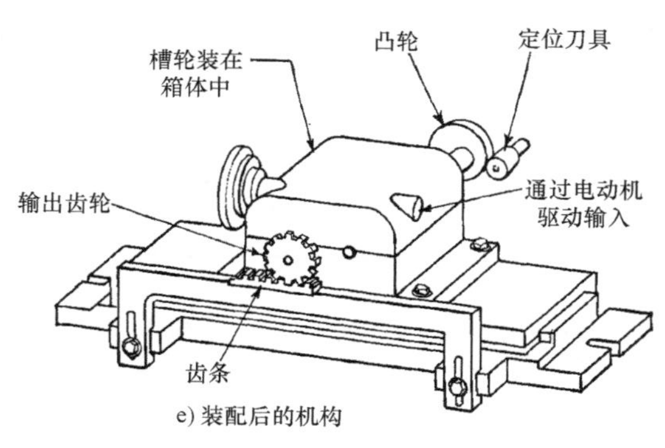

e) 装配后的机构

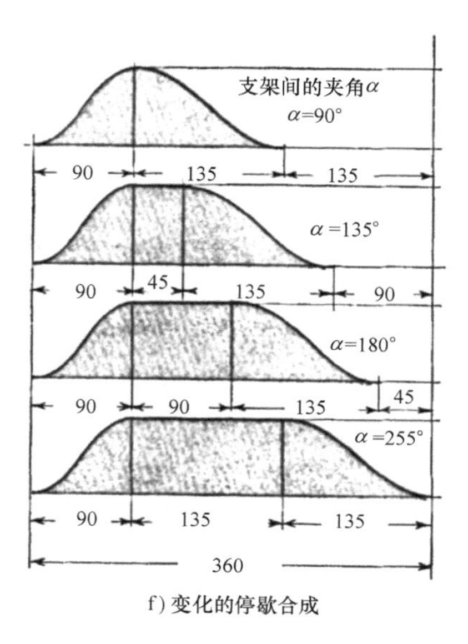

f) 变化的停歇合成

图 14.1-8 有差速器的双槽轮是为了获得长时间的停歇而设计的。凸轮特征的期望输出值（图 14.1-8a）的期望输出值是通过将一个四槽槽轮图 14.1-8b 和八槽槽轮（图 14.1-8c）的运动叠加得到的。有差分器的槽轮机械布局如图 14.1-8d 所示，实际的设备如图 14.1-8e 所示。各种各样间歇的输出通过改变槽轮上驱动曲柄间的角度来获得图 14.1-8f。（续）

如果另外一个槽轮运动，图 14.1-8c 所示是逆时针方向旋转曲线，图 14.1-8d 所示是用差分器增加一个顺时针槽轮，然后就会得到图 14.1-8a 所示的期望曲线。这个机构的停歇时间靠改变槽轮上两个输入曲柄的相对位置来改变。

机械机构的布局如图 14.1-8d 所示。两个传动轴由传动装置（未画出）驱动，一个输入从四槽槽轮通过 3 轴到差分器；另一个输入从八槽槽轮开始通过三脚架。输出是从差分器开始，通过 4 轴附加了两个输入。

实际的设备如图 14.1-8e 所示，刀盘在空间上被固定。输出是从安装在齿条上的齿轮开始的。凸轮是由电动机驱动的，电动机同时也驱动封闭的槽轮。因此整个装置在滑轨上往复运动以将凸轮正确地送到刀盘处。

14.1.10 通过耦合器驱动槽轮

当一个槽轮由一个速度恒定的曲柄驱动时，如图 14.1-8d 所示，它在分度循环（如曲柄进入或离开一个插槽）的开始和结束时有一个突变的加速。这些突变可以采用四连杆机构和曲柄耦合来避免。耦合部件 C（图 14.1-9）可以顺利进入槽轮槽中。

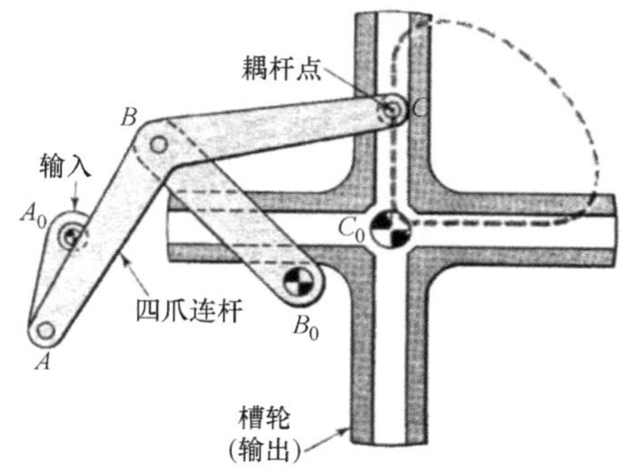

图 14.1-9 四杆耦合机构用来取代槽轮上的曲柄以获得更稳定的加速性能。

14.1.11 双偏心驱动器

这是另外一种靠停歇自动加工凸轮的设备，曲柄 A 通过连杆 B 将使摇杆 C 产生摆动，并且在两个极限位置有长时间的停歇。安装在摇杆上的凸轮依靠链传动实现旋转，这样就将凸轮送到刀盘的正确位置。例如，在摇杆的停歇期，所产生的停歇是为了加工凸轮。

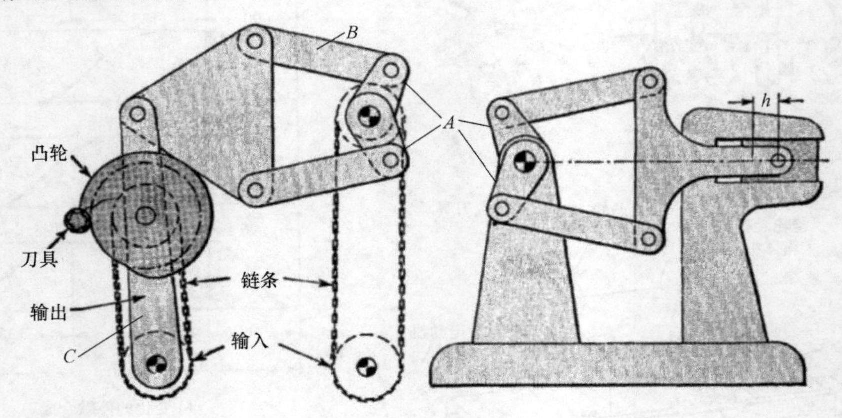

图 14.1-10 双偏心驱动。用于有停歇的自动加工凸轮设备中。凸轮由摇杆带动旋转和摆动，要看在摆动极限位置处的停歇时间与加工凸轮所需的停歇周期是相一致的。

14.2 凸轮和齿轮的协调运动

棘爪和棘轮在这一设计中被忽略，这是为了适应最小或最大的要求；此机构可以在低成本下提供多种输出选择。

一个新颖且通用的机构可以实现一定规律的简单又经济的输出旋转运动，它被广泛应用于灌装、称重、切割、钻孔及自动售货机上。

该机构使用重叠的齿轮和凸轮（图 14.2-1），是纳舒厄的西奥多·辛普森（Theodore Simpson）设计的。

基于一些专利观点可以获得一些新的机构。如同机构的称谓 PRIM（程序化旋转的间歇运动）可以满足较小仪器设备的要求而无需采用弹簧棘轮或棘爪。

在手表中该机构可以做得足够小，同时也可根据需要做得足够大。

通用输出。辛普森叙述了该机构的主要优点：

1）输入和输出在一个同心轴上。

2）能够提供不同程度的运动或每一循环中不同间歇时间的输出。

3）在一些连续的循环中，输出运动和间歇是可以改变的。

4）多动力单元可以被装在一根轴上以提供无限级数的运动输出和间歇。

5）可以停歇输出，然后突然恢复运转。

工作原理。基本的模型（图 14.2-1 左）重置了输出形式，在每个输入都是旋转输入的情况下，它可以被做得更复杂。

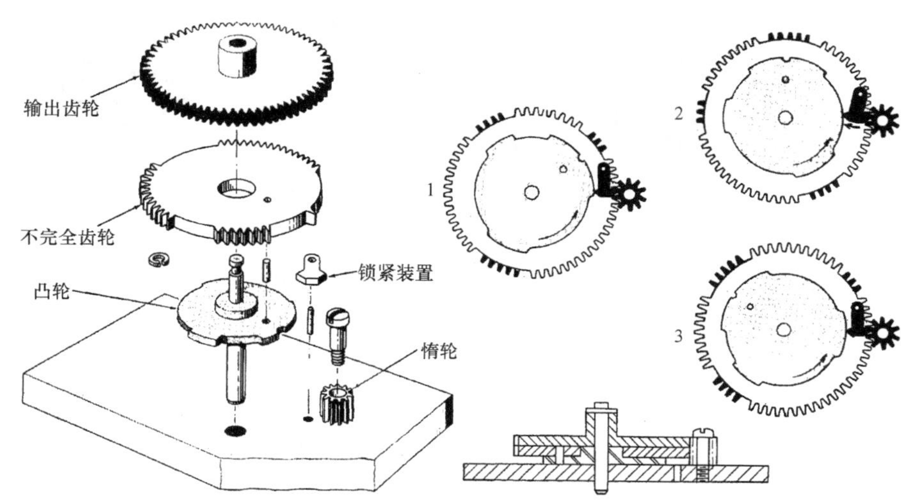

图 14.2-1 左图中的基本间歇运动机构按照右侧序号的顺序进行旋转运动。

凸轮外圆柱表面的切除部分给出运动的数量、运动的程度和预期的停歇时间。不完全齿轮中的齿和凸轮切除部分相配合。

辛普森设计了锁紧杆，一边随着凸轮转动，另一边脱开或者啮合，与惰轮锁紧或松开并实现输出。不完全齿轮和凸轮需要对齐，轮齿与凸轮的切槽也要对齐，然后齿轮和凸轮都要固定到输入轴上。输出齿轮在同一轴上自由旋转，还有一个惰轮和输出齿轮和不完全齿轮齿部分相啮合。

当输入轴旋转时，不完全齿轮的轮齿和惰轮相啮合。同时，凸轮释放连锁杆并允许惰轮自由旋转，从而驱动输出齿轮。

每当到达一个停歇部分，不完全齿轮的轮齿从惰轮上脱开，凸轮在杆上空转锁住惰轮，同时输出齿轮停止转动直到不完全齿轮的轮齿和惰轮再次啮合。

停歇时间是由不完全齿轮轮齿间的距离决定的。输出的旋转次数不一定和输入的次数一样。改变惰轮的尺寸不会影响输出，但是几个惰轮与输出齿轮配合可以增加或减少运动的程度以达到设计的要求。

例如，一个降速组与输出齿轮配合可以减少几分之一的运动，或者一个增速组与输出齿轮配合可以增加几圈的输出。

突然动作。另一个凸轮和一个弹簧用于快速复位（图 14.2-2）。在这里，凸轮都有相同的切槽部分。

一个凸轮固定在输入轴上，另一个凸轮与不完全齿轮校准固定。每个凸轮在适当的位置都有开尾销来连接弹簧；输入凸轮上的开尾销插入不完全齿轮上的插槽，以此来起到止动销的作用。

两个凸轮随着输入轴转动，直到一个不完全齿轮的轮齿与可以锁定和使齿轮停止转动的惰轮啮合。此时，不完全凸轮处于解除自锁的位置，但是不重合的外部切除部分阻止它这样做。

随着输入凸轮的继续转动，它增加弹簧上的转矩直到两个凸轮上的切除部分对齐。这种布置可以解除惰轮和输出的锁定，同时叠加在弹簧上的转矩可以瞬时释放掉。当止动销允许时，它使不完全齿轮突然间动作；这个运动实现了旋转输出。

尽管要求这两个凸轮释放锁紧杆和实现输出，不完全凸轮将只能重新锁定输出，这显示了方便和高效率的特点。

在快速回复和输出重新锁定后，不完全齿轮和凸轮随着输入轴和输入凸轮继续转动，直到一个不完全齿轮的轮齿与惰轮啮合时再次停止，同时又开始循环。

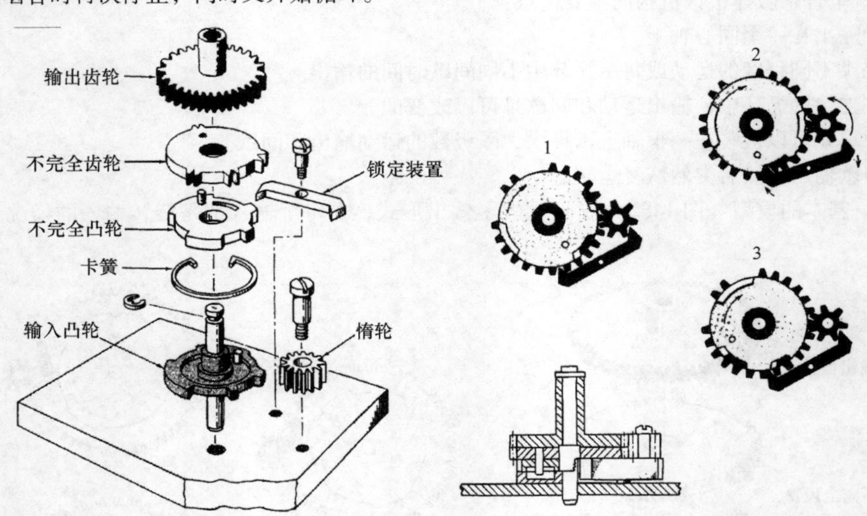

图 14.2-2 具有弹簧和固定不完全齿轮的第二个凸轮的瞬时动作机构按照图中排列的序号进行运动。

14.3 与轴连接的球面凸轮

欧洲的球面凸轮设计在国外被广泛使用，但在美国却很少有人知道。现在一个德国工程教授到这讲述经历，激起了人们很高的兴趣。

现实中存在这样一个问题，一个机器的两轴之间传递运动时，由于空间的限制，轴可能会相互交叉。对此的一个解决方法是使用球形凸轮机构，这对于大多数美国工程师来说不是很熟悉，但在欧洲却被广泛应用于多种在农业、纺织和印刷机械中的运动。

最近，德国亚琛理工学院的 W. Meyer zur Cappellen 教授访问美国，并向设计师们描述球面凸轮机构是如何工作的，同时也说明了如何设计它们。他和他在亚琛的运动学助手 G. Dittrich 博士展示了复杂形状的球面凸轮的实验和解决加工它们的问题。

基本原理。球面凸轮机构（图 14.3-1）的主要部分可以被看做是在球面上定位。这个球的中心是输入旋转轴和从动凸轮相交的那点。

在应用中的一个典型配置（图 14.3-2）中可以看出输入和从动凸轮间在厚度上多了一个锥形滚子表面。摇杆或从动件引导滚子沿输入凸轮锥形表面运动。

球形凸轮机构原理图（图 14.3-3）展示了从动件是如何沿着轴线上升和下降的。在同样的设计类型（图 14.3-4）中，从动件是弹簧载荷。设计者也可采用一个摆动滚子作从动件（图 14.3-5），这个从动件相对一根轴摆动，而这根轴依次与其他轴相交。

作为无转动锥形从动件和球形从动件的球形凸轮设计，这些带有锥形滚子的球形凸轮机构都具有相同的输出运动特点。如图 14.3-6 所示，绕一根轴转动的平面从动件是接触面而不是平面环的中心。平面环从动件在平面运动学中相当于平面从动件。

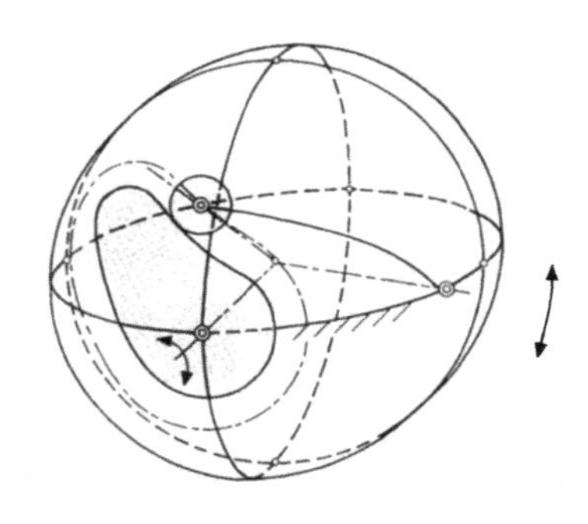

图 14.1-1 在球体上的径向滚子从动件。

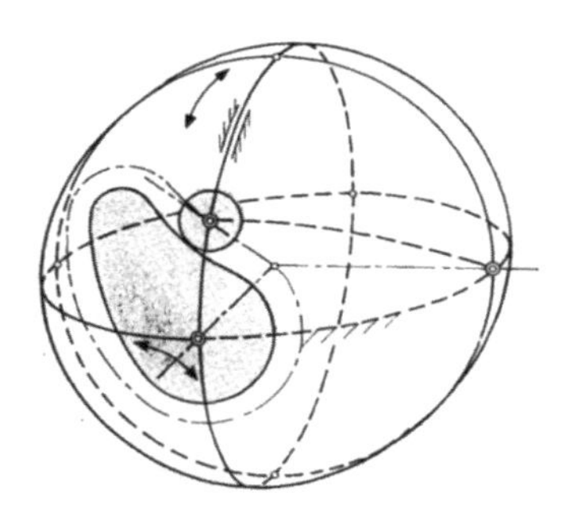

图 14.1-2 在球体上带径向滚子从动件机构。

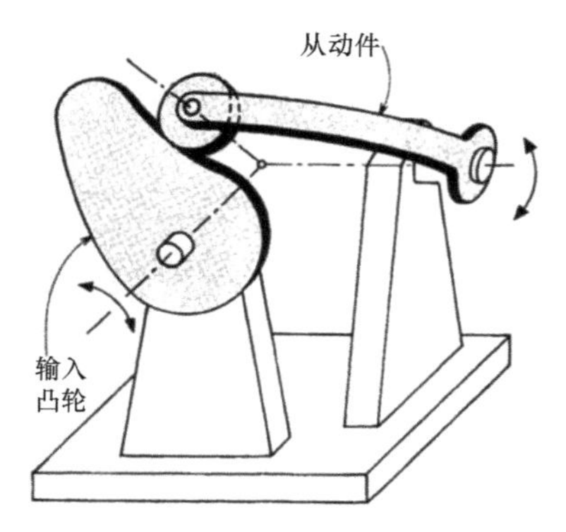

图 14.3-3 带径向从动件的球形凸轮机构。

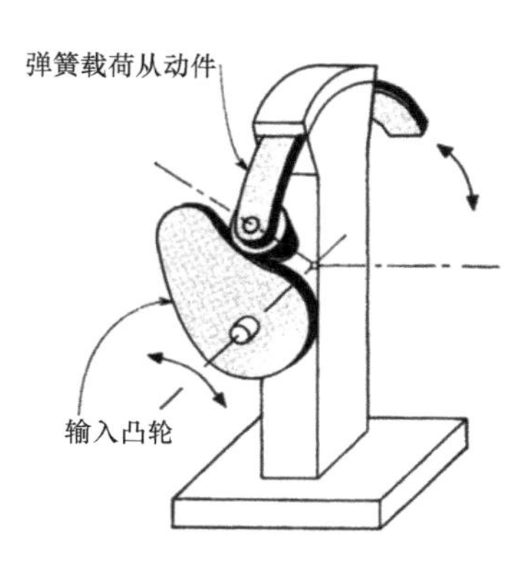

图 14.3-4 带摆动滚子从动件的凸轮机构。

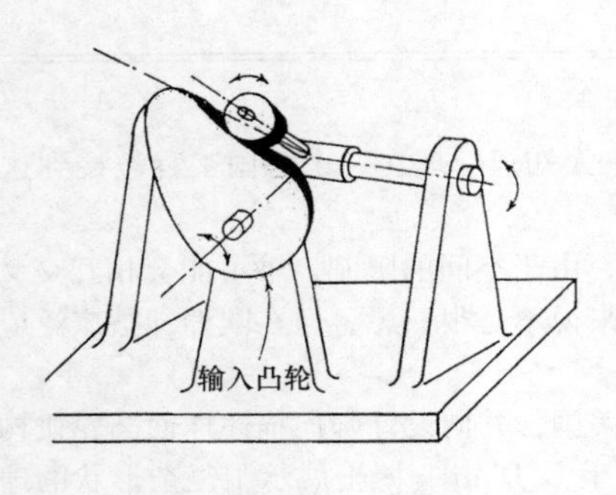

图 14.3-5　径向从动件球面机构。

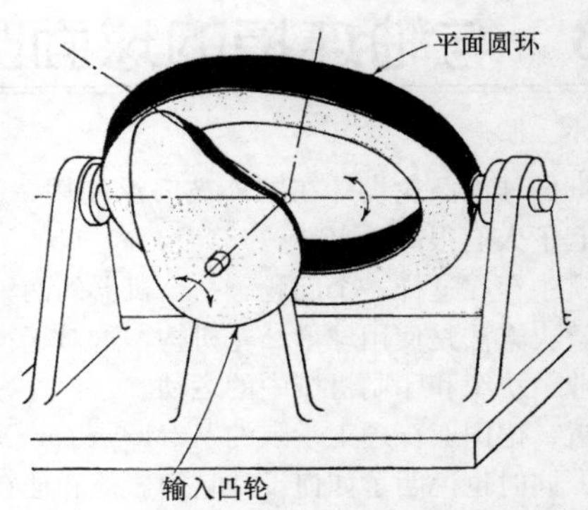

图 14.3-6　平底从动件凸轮机构。

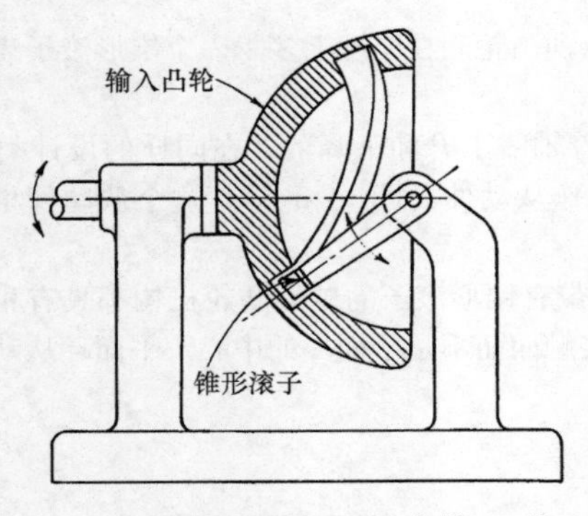

图 14.3-7　空心球体凸轮机构。

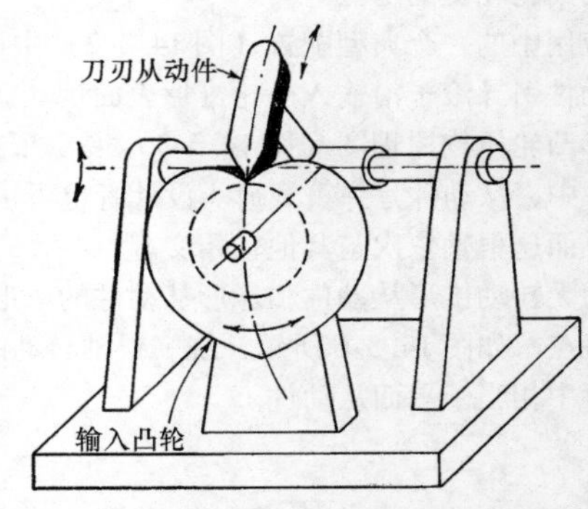

图 14.3-8　带阿基米德蜗线的机构：刀刃从动件。

封闭导轨。如图 14.3-4 中，除了包括从动件外，还可以设计球形凸轮机构，因此在从动件上的锥形滚子沿着凸轮体被引导。例如，在图 14.3-7 中，锥形滚子沿着已经被加工过的输入凸轮球形内表面的槽运动。然而，这种类型的导轨在遇到困难时，除非导轨被精心加工过，锥形滚子很容易卡住。

虽然锥形滚子因为在输入和输出之间有更好的运动转换性能而被推荐，但是应用它们时的一些运动类型是禁用的。

例如，为了获得如图 14.3-8 所示的运动，锥形滚子不得不沿着那个表面运动，那个表面在凹下部分有任何的变化都会被滚子的直径限制，否则输出运动会被打断。而刀刃从动件的使用理论上在凸轮的形状上没有限制，但是刀刃从动件的一个缺点是它们不像锥形从动件滑动和滚动那样快。

制造方法。球形凸轮通常是用模具复制的方法制造。凸轮形状工具能从模具上复制。正常来说，凸轮是被铣出来的，但在一些特殊情况下是被磨削出来的。

以下三种加工方法被用于制造模具：

1）电子控制的点对点铣削。

2）导轨运动加工。

3）手工制造。

不推荐最后一种方法，因为其没有其他两种方法精确。

14.4 凸轮基本类型的改型和应用

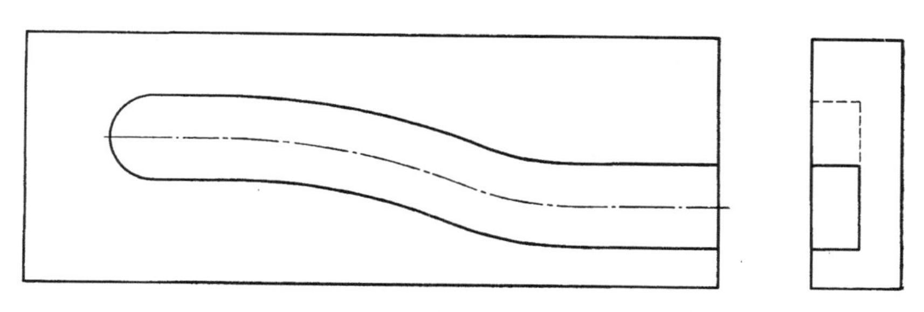

图 14.4-1　平板凸轮。本质是一个位移凸轮，用它能产生从一点到另一点沿任何所需轮廓的运动，经常用来替代车床上用来形成回转的拔销附件。为了在枪管上车削外部轮廓，一些平板凸轮已经被加工到 4575mm 长。这些凸轮能在铣床和仿形机床上加工。

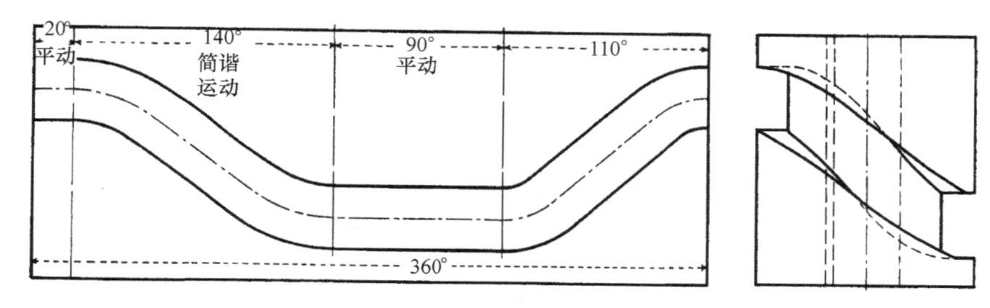

图 14.4-2　桶形凸轮。有时叫做圆柱凸轮。从动件在平面方向向凸轮轴运动时，擒纵机构是往复运动的。正如其他类型的凸轮一样，其基本曲线能被改变成任何所需的运动。该曲线对内部和外部圆柱凸轮一样都是适用。一个限制是，直径小于 279.4mm 的内部凸轮是很难在凸轮磨床上加工出来的。

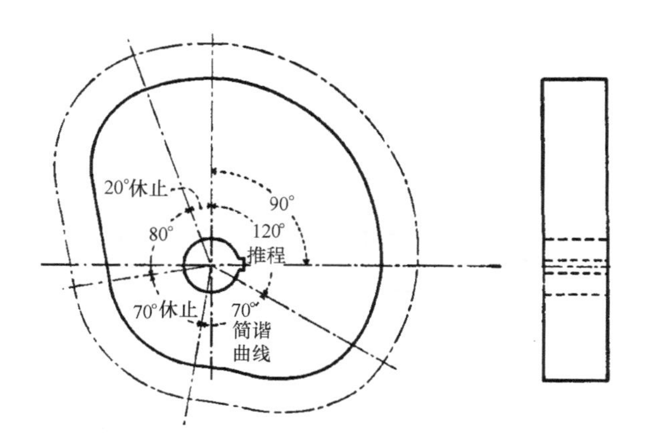

图 14.4-3　不均匀平面凸轮。有时叫做盘形凸轮。从动件可以是一个六角形滚子或者尖状棒。轮廓能从直线、改进的直线、谐波线、抛物线或者不规则基本曲线中得到。一般来说，由一个在直线基本线上设计的凸轮所产生的振动是不需要的。虽然液压或气动载荷也是符合要求的，但从动件通常是重载弹簧。

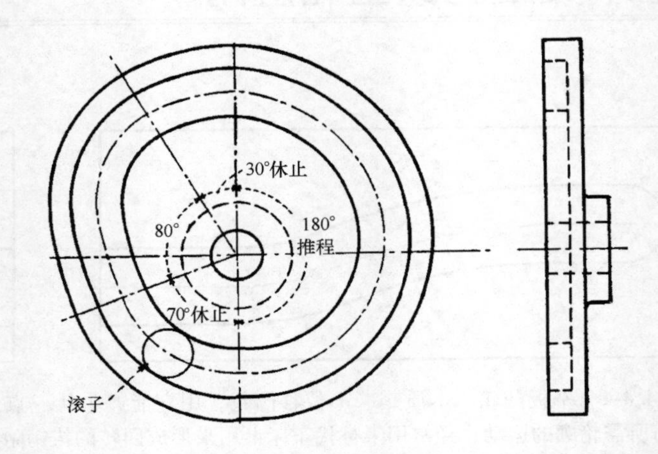

图 14.4-4 箱式凸轮。在两个方向上提供正运动。一个轮廓可以基于任何所需要的基本曲线来获得，例如平面凸轮，但需要一个凸轮磨床加工它。然而，使用平面凸轮很可能用到带砂轮和圆盘砂轮。从动件不需要弹簧、气动或液压载荷。这种类型的凸轮比平面凸轮需要更多的材料，但并不昂贵。

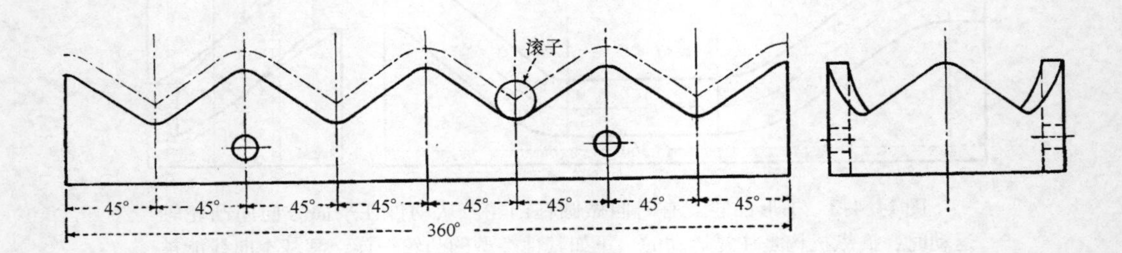

图 14.4-5 单侧凸轮。本质是只有一侧的桶形凸轮。根据要求和操作的速度，能设计成任何类型的运动。可以使用尖头或者滚子类型的弹簧或重型载荷从动件。垂直或平行安装都是允许的，虽然直径 609.6mm 的大凸轮是用 177.8mm 的刀具加工的，但凸轮轮廓的加工通常是在铣床或凸轮铣床上用小直径刀具完成的。

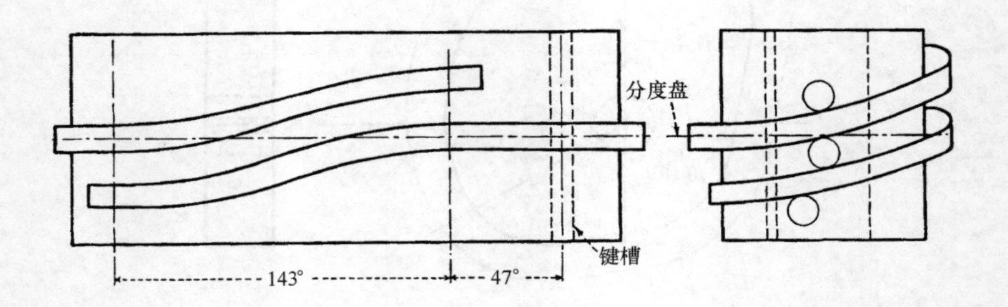

图 14.4-6 分度凸轮。在一定范围内，这种凸轮可以根据任何需要的加速、减速和歇停时来进行设计。在高速凸轮上可以根据需要设计一个短时间内的加速，例如应用在拉链制造设备上的凸轮，在这些设备上每分钟将发生 1200 ~ 1500 次的分度。这种类型的凸轮也能设计成有 4 个或更多的分度位。

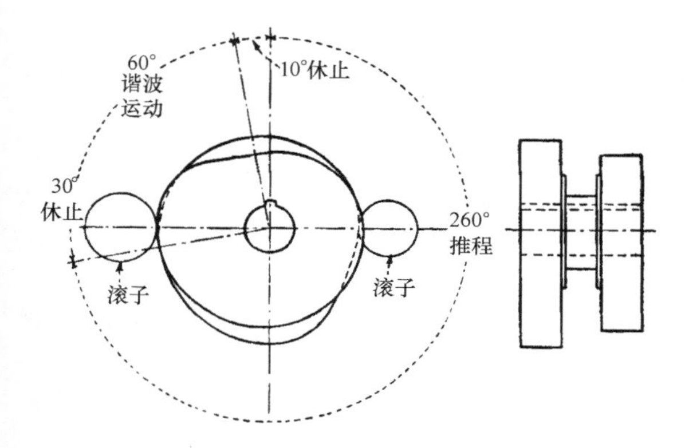

图 14.4-7 双面凸轮。它除了提供在两个方向的正向直线运动外，和单面凸轮是相似的。滚子的支撑叉能被单独或在两个平面之间安装。如果叉的支点延伸超过了中心点，凸轮能被用于振荡运动中。使用这种凸轮，机床的回程能比进给时走得更快。此凸轮比箱式凸轮花费更多。

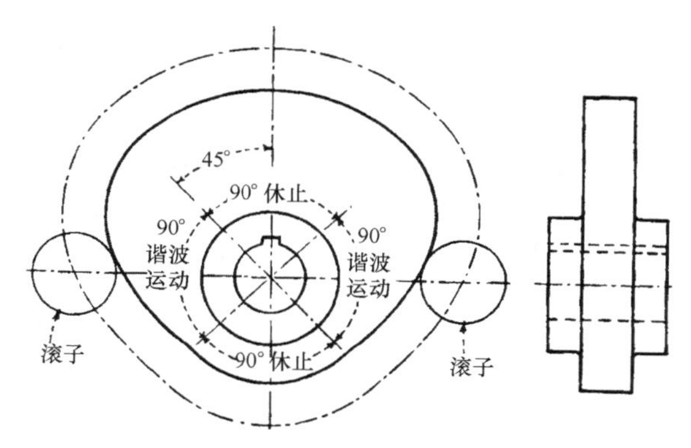

图 14.4-8 有两个从动件的单面凸轮。在运动上与箱式或双面凸轮类似，只是灵活性比后一种类型小。凸轮进行进给和回程运动的动作必须与凸轮防松的动作是一样的。用箱式或双面凸轮保护平面，替代单面凸轮可以给滚子从动件提供更多的确定运动。

14.5 带有移动从动件的抛物线凸轮列线图

理论上正确凸轮轮廓的设计通常是复杂和费时的。凸轮在应用上既实现不了高速也传递不了足够大的力，这样的工作是毫无意义的。在这些应用中，抛物线和重力凸轮通常可以满足要求。

一个凸轮机构的工作效率主要取决于压力角，它是通过在从动臂上测量的最大侧推力获得的，最大压力角必须被确定，因为它决定了凸轮的实际尺寸。

当压力角减小时，有用功从凸轮轴到从动件的传递增加，这是因为在从动件方向的分力与压力角的余弦成正比。

因此，为了实现最大的工作效率，设计包括凸轮最小、最大压力角相对凸轮及相邻部件的机械限制的实验和误差平衡。下面的列线图最大限度地减少了上述的设计工作量，并对一个已经完成的设计提供快速检验。

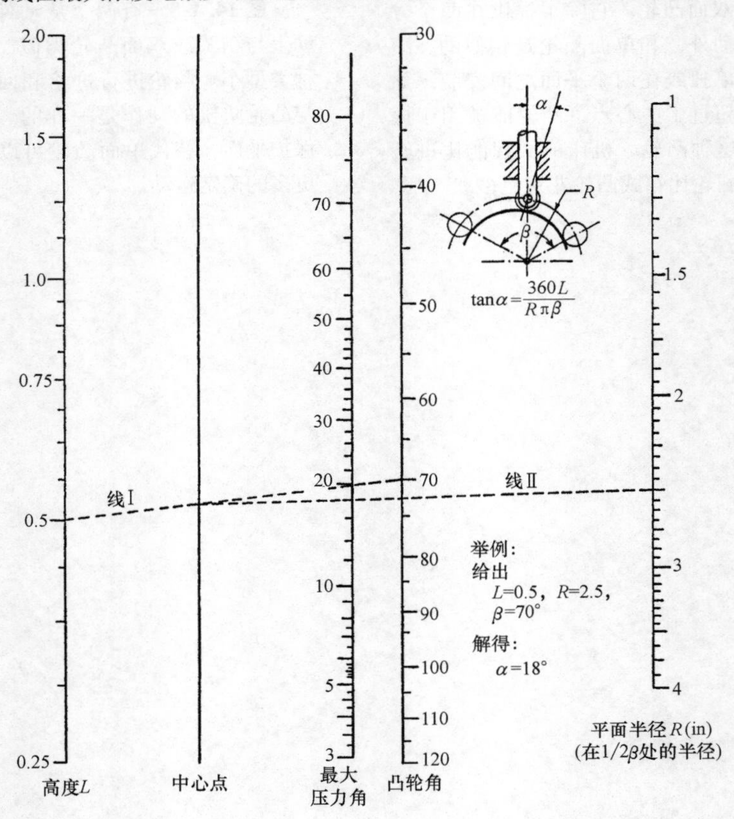

图 14.5-1

第 15 章

橡胶垫圈、垫片和衬套

15.1　橡胶垫圈的新应用

小的元件往往忽略细节上的设计。这里介绍垫圈的 8 个常见的用途。

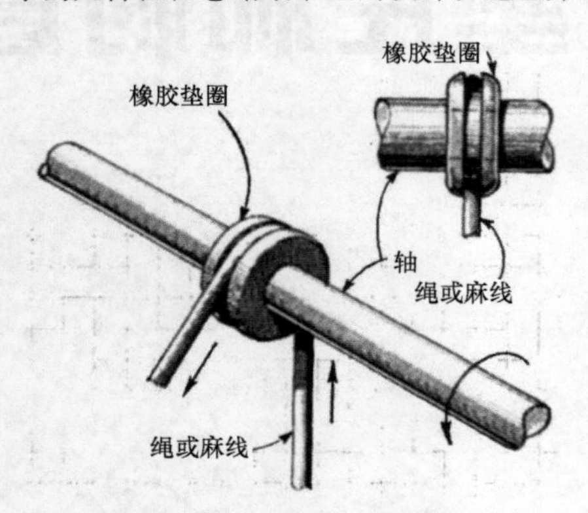

图 15.1-1　低速旋转的滑轮。

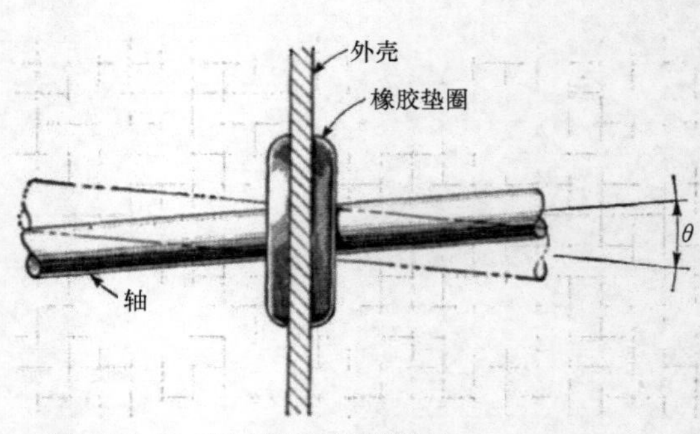

图 15.1-2　不同轴的把手手柄。

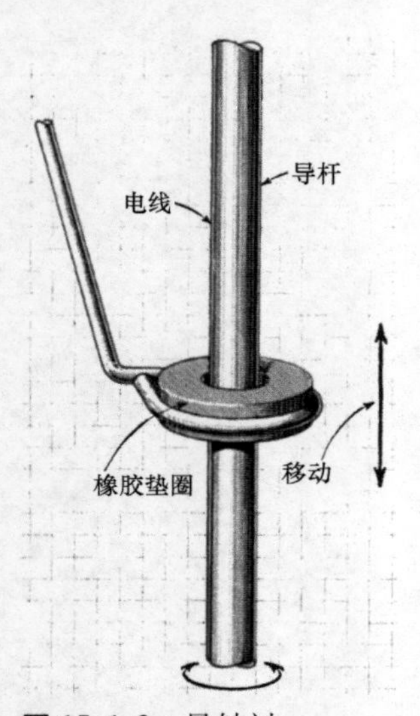

图 15.1-3　导轴衬。

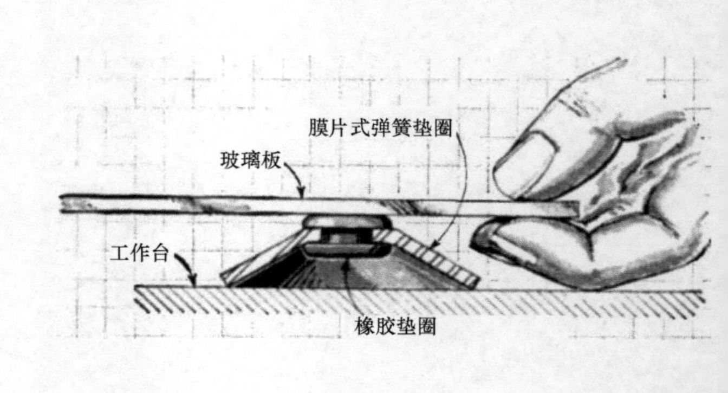

图 15.1-4　支撑易碎的工件板。

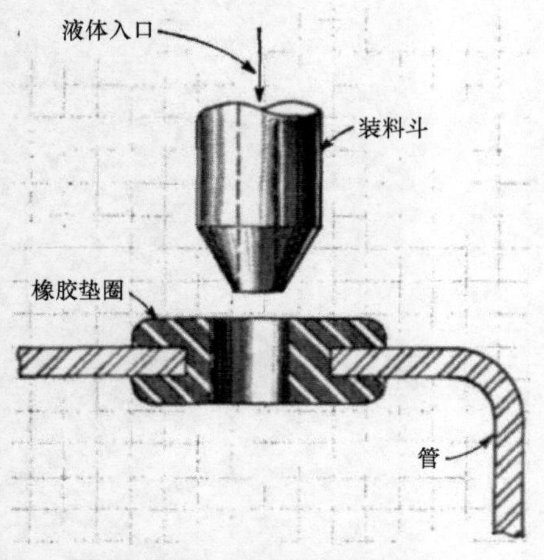

图 15.1-5　液体填充的密封。

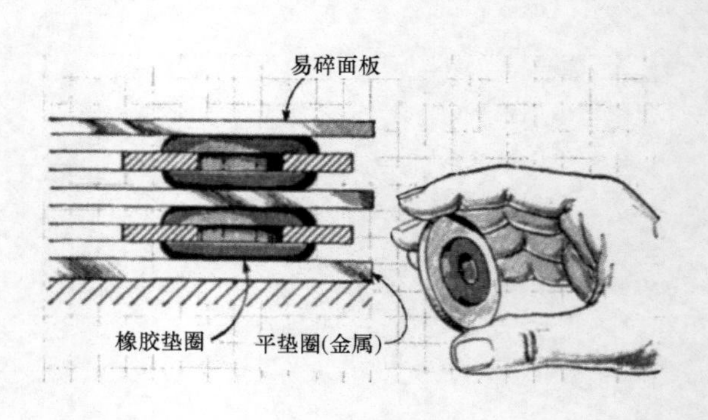

图 15.1-6　加垫圈的间隔期。

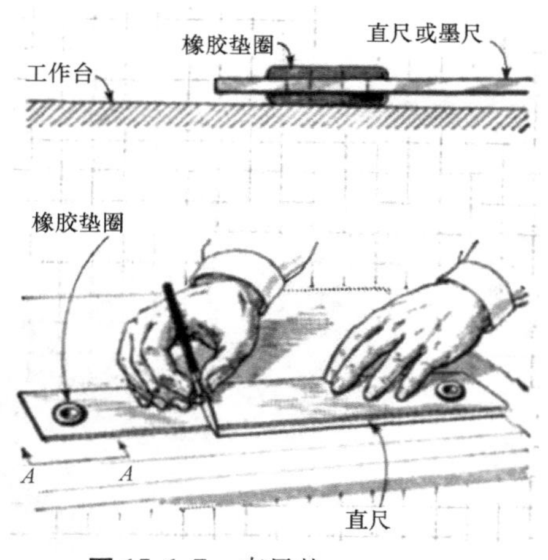

图 15.1-7 直尺垫。

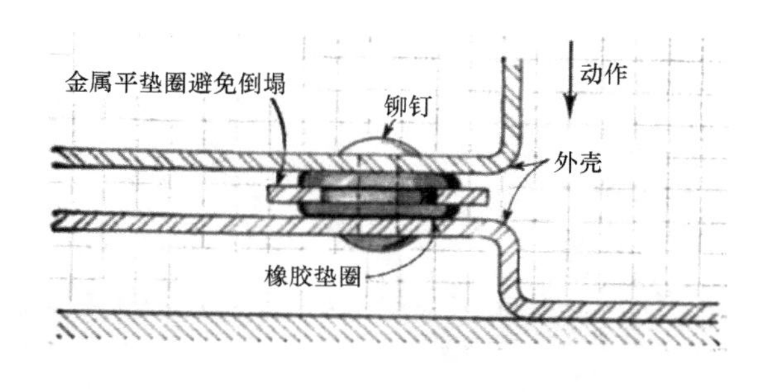

图 15.1-8 吸振器。

15.2 可调节垫片

橡胶、金属弹簧、顶丝，支撑块和滑动楔板都是可以在装配后进行调整的。

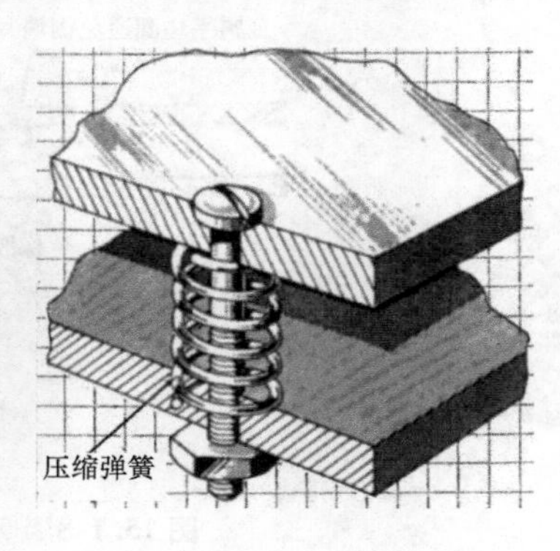

图 15.2-1 对于空间调整和减振来说，管状橡胶垫片是成本低、效率高的零件。

压缩弹簧

图 15.2-2 压缩弹簧应该紧密配合在调整螺栓上，以避免弹簧脱节。

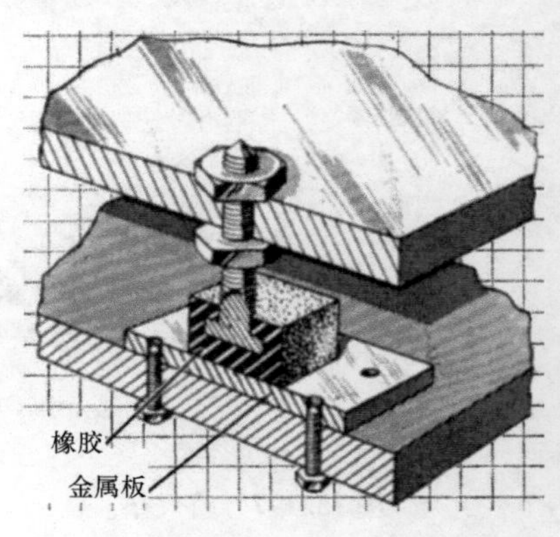

图 15.2-3 橡胶支撑螺柱附在金属板上。用这个装配来支撑重负载。

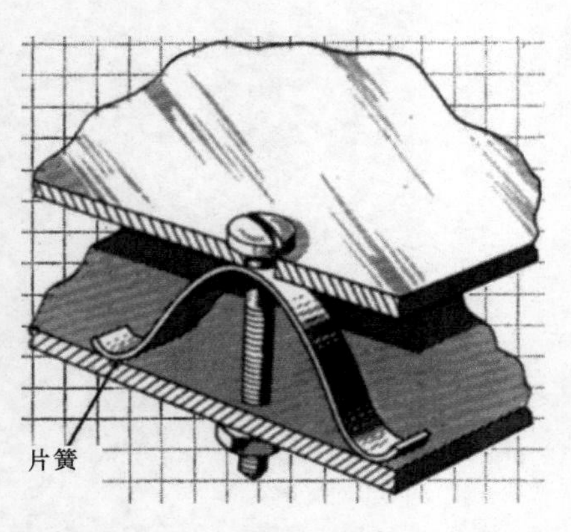

图 15.2-4 卷起片簧的两端以防止它们插入底部零件，这样可以避免调整。

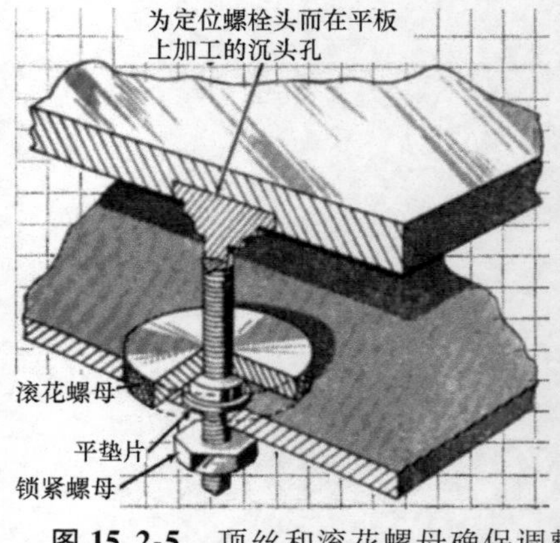

图 15.2-5 顶丝和滚花螺母确保调整精确。这里的上部浮动件要易于拆卸。

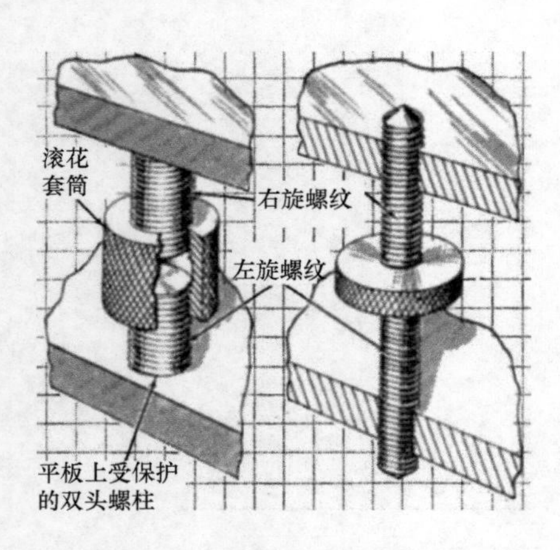

图 15.2-6 反向螺纹的双头螺柱装置用来移动两个零件，通过一个调节运动就能精确实现相同的移动距离。

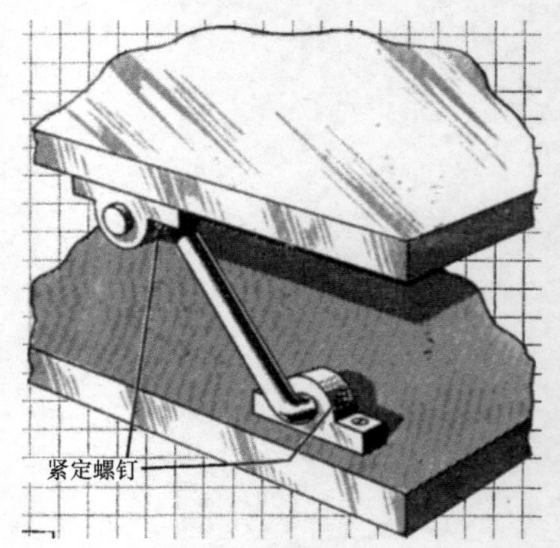

图 15.2-7 绕轴旋转棒料允许大范围调整，夹紧点的转矩足够低，可以被紧紧抓住。

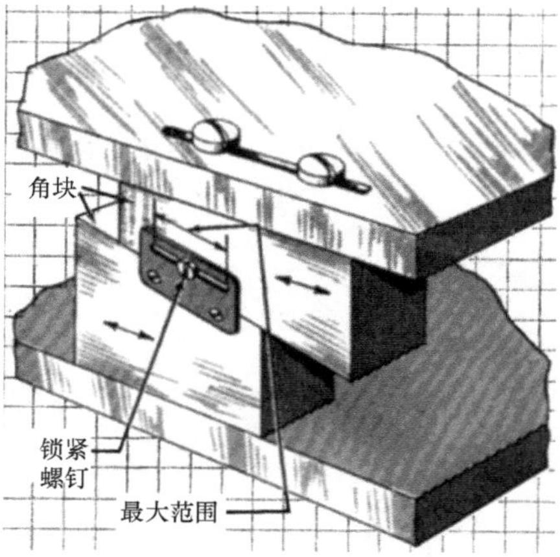

图 15.2-8 滑动角块允许零件在水平和垂直调整的同步性上具有较高的精度。

15.3 橡胶蘑菇形缓冲器的特殊用途

蘑菇形缓冲器通常以低成本、高性能为人们所熟知，但它们还有其他的用途，这里介绍 7 种特殊用途。

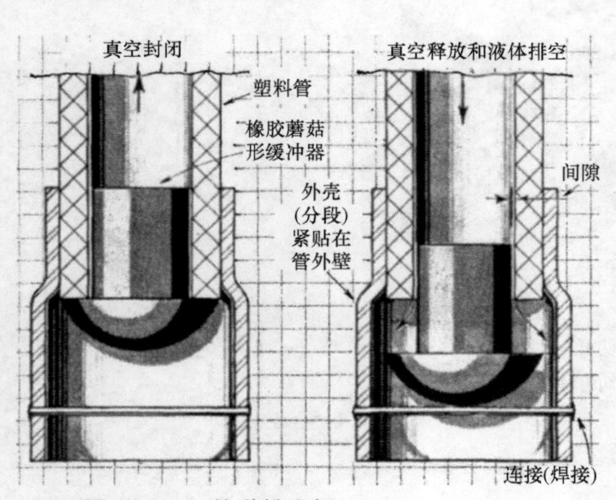

图 15.3-1　管道排出阀。

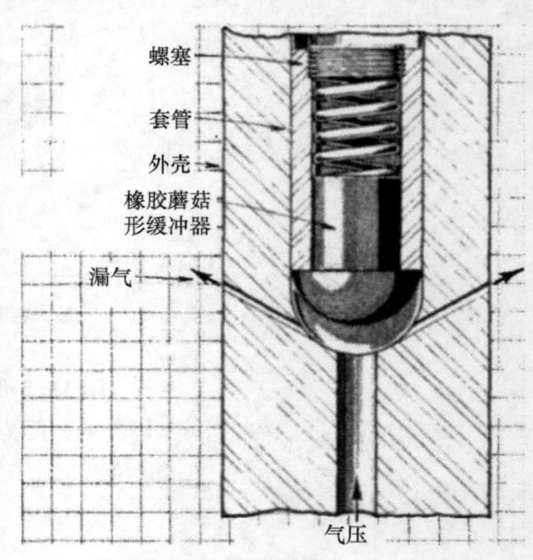

图 15.3-2　气压阀。

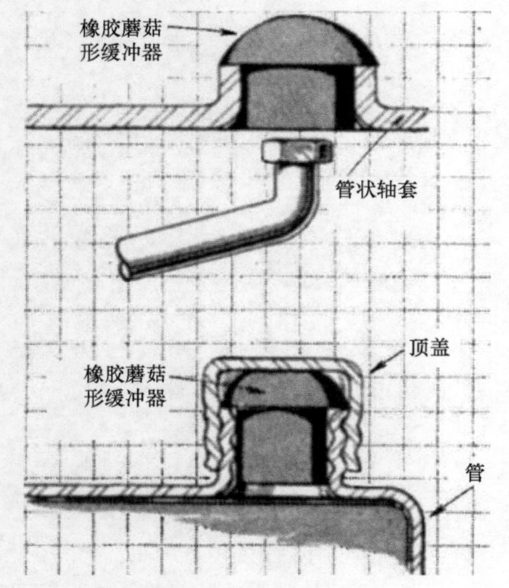

图 15.3-3　管塞。

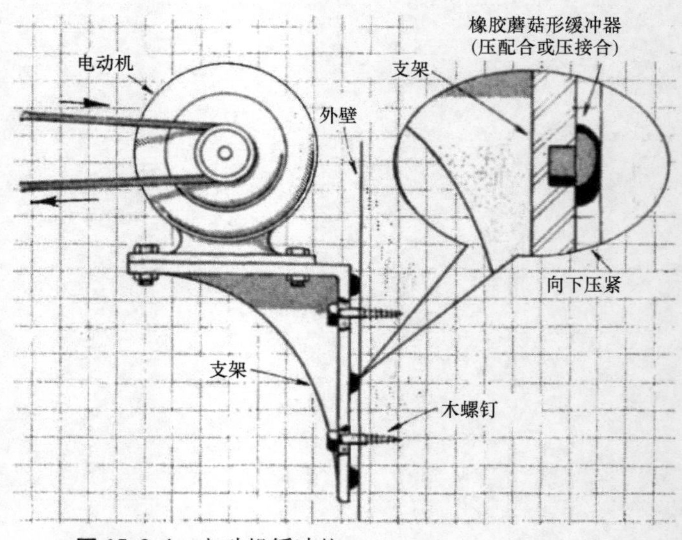

图 15.3-4　电动机缓冲垫。

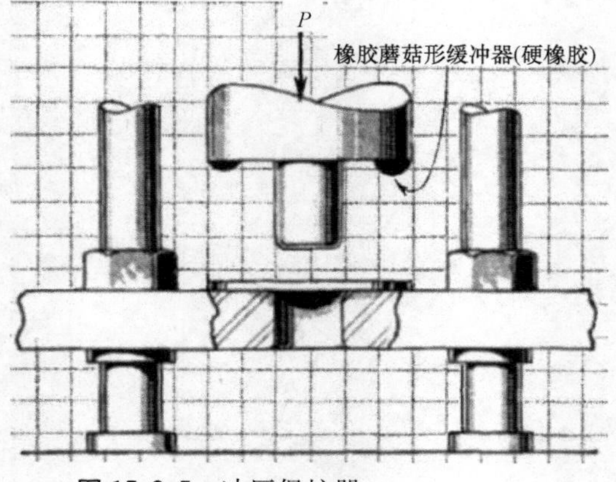

图 15.3-5　冲压保护器。

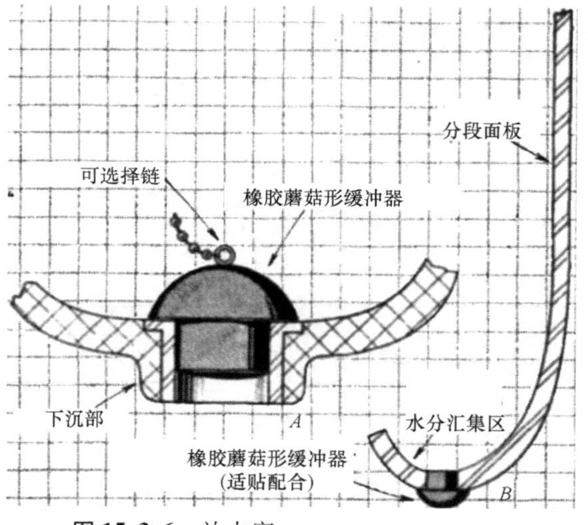

图 15.3-6　放水塞。

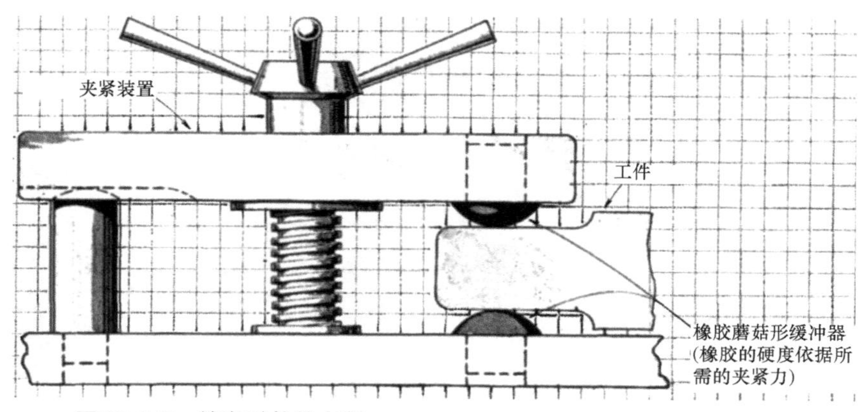

图 15.3-7　精密零件的夹紧。

15.4 夹具上使用的支撑销

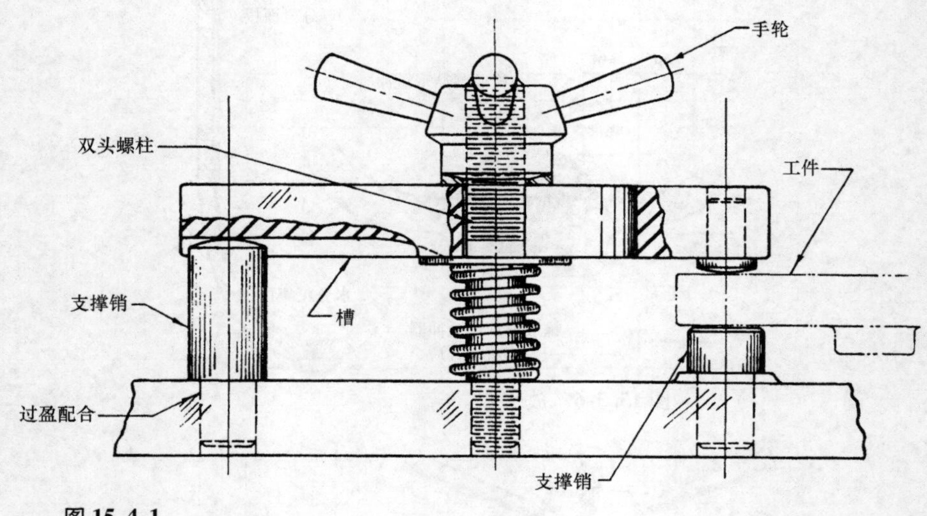

图 15.4-1

15.5 用法兰衬套使多冲程、重复加载的压力机稳定

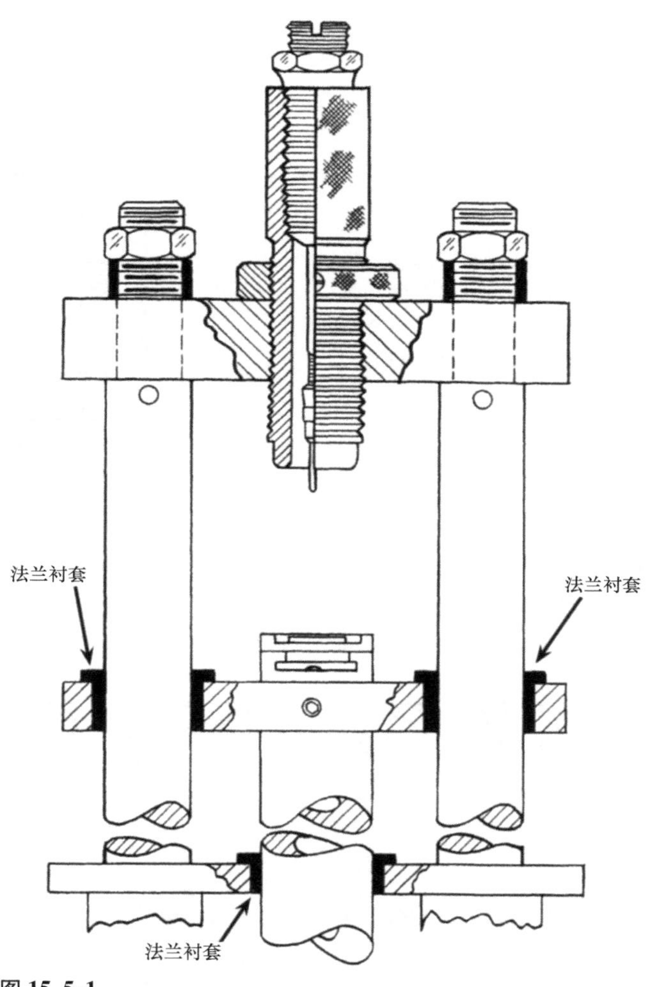

图 15.5-1

15.6 适用于塑料零件的金属衬套

塑料越来越多地应用于汽车和电气行业，因此一些主要的公司制定了下面这些数据。

任何衬套的四周设计成模塑件都是非常必要的，这项工作在选择了复合物之后完成。使用衬套是因为下面两个基本原因：

1）增加塑料零件的强度或控制它的收缩。有时是为了装饰或避免损伤。

2）给热度和电流的电导系数的控制提供一个附加的方法。

不需要为了使衬套不受与造型材料有关运动的影响而保留特殊的手段。圆棒料的粗糙菱形滚花的和带沟槽的衬套在转矩和张力下提供最强的支撑。一个大的单一的凹槽（图 15.6-1）比两个或更多个凹槽以及较小的滚花区要好一些。

衬套由压力或过盈配合来紧固。

衬套可以通过压配合或过盈配合紧固在塑料上，这两种方法都依赖于塑料体的收缩，其在移走模具后即刻达到最大收缩量。在塑料冷却且其收缩已经发生后，要保证得到的零件有所需的紧密度。过盈量的大小取决于使用中涉及的尺寸、硬度和刚度。容纳配合件的孔应该是圆形的并带有埋头孔。此外，配合件应有倒棱和倒角，以便正确安装和减小应力集中。

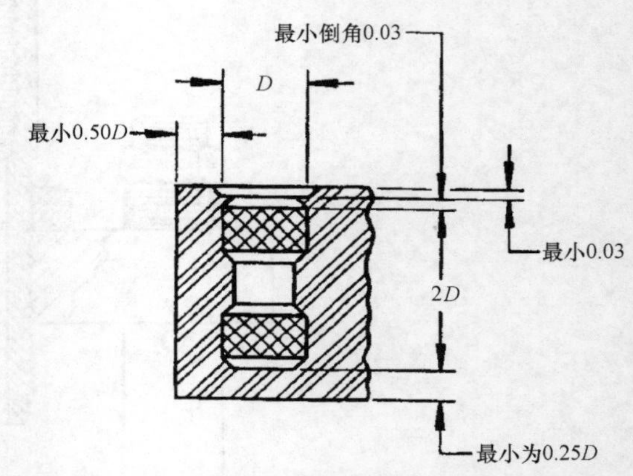

图 15.6-1 滚花的深度大约为 0.0254mm，最好是单槽。

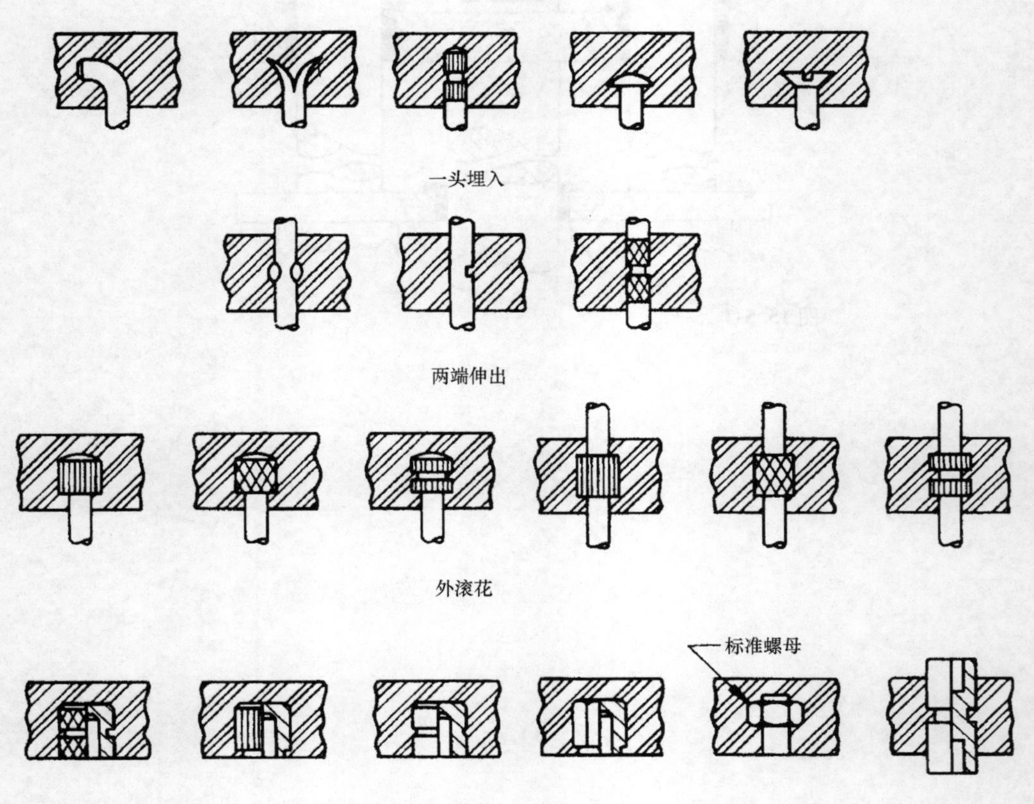

图 15.6-2 外形滚花零件时常用的衬套。

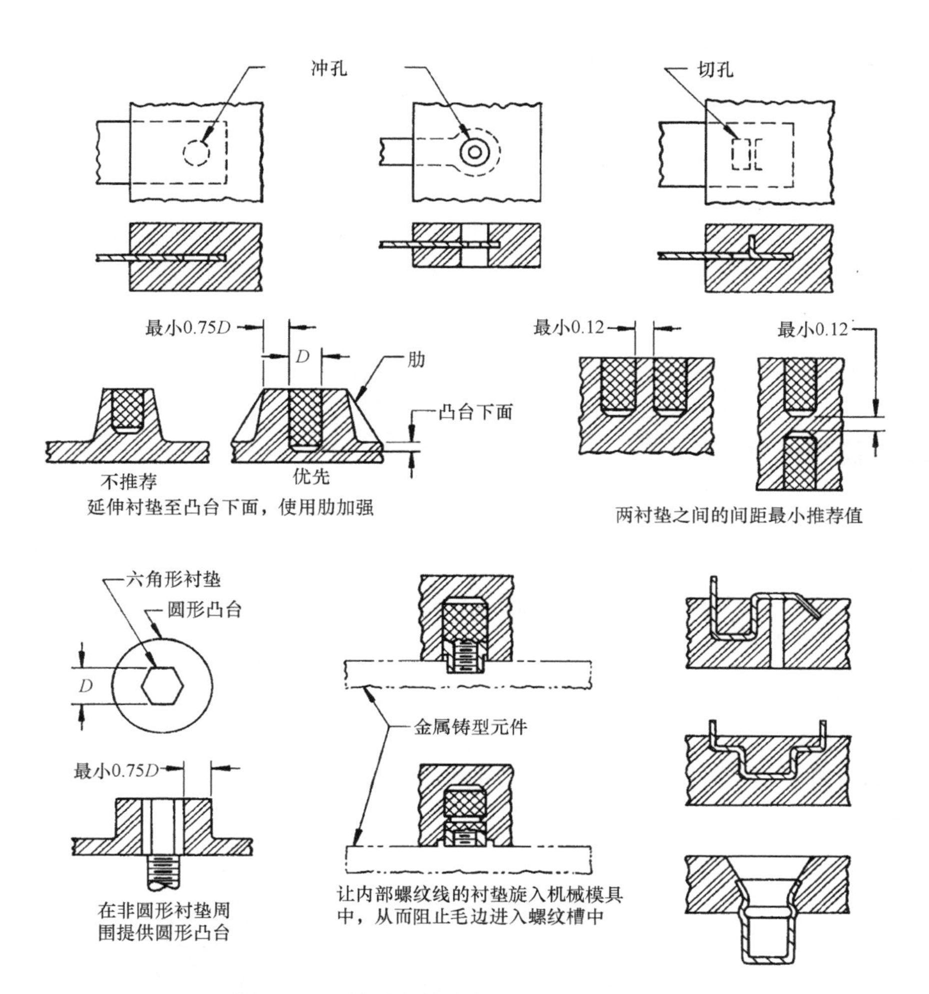

图 15.6-3 薄板金属和特殊的衬套如同滚花衬套一样提供连接和闭合。

15.7　螺纹衬套的选择方法

为什么使用螺纹衬套？什么型号可以使用？什么因素决定螺纹衬套的选择？如何来决定一个特殊的衬套是否满足需要的强度以及选择哪一个最经济？

当设计方案需要轻质材料如铝、镁和塑料时，由于这些材料的抗剪强度较低，所以螺纹孔的加工成了一个难题。为了将这些零件通过螺栓连接到其他机器零件上，螺纹孔必须很深，以提高其拉拔强度，或者它们必须具有较粗糙的螺纹来增加抗剪切面积。

当这些零件需要经常拆卸来进行检查和维修时，设计将变得更加复杂化。这也有可能导致过多的螺纹磨损，阻碍一些符合要求的螺纹与螺栓接合，特别是一些高强度的细牙螺纹螺栓。旋合螺纹深度要求很高，以至于消除了材料质轻的优势。为了解决这些问题，高强度的螺套常常被使用。

15.7.1　可使用的螺纹衬套

可使用的螺纹衬套有下面三种主要形式：

1）钢丝螺纹衬套。钢丝螺纹衬套是菱形丝精确成形的不锈钢螺旋线圈。这些螺纹丝排列成一个螺纹孔，螺纹衬套具有与螺栓或双头螺柱配合的高强度、高精度的标准内螺纹。这些螺纹衬套的直径一般比内螺纹的直径大11% ~30%，其中具有精细螺纹的衬套，即细牙螺纹衬套，特别适用于航空发动机。螺套丝的拉拔强度取决于螺纹外部尺寸上的剪切面。

2）整体自攻螺纹衬套。自攻螺纹衬套仅需要一个钻孔和一个零件上的埋头孔，具有以下两个基本形式：一个整体自攻螺纹衬套有60%的外螺纹接近于美国国家标准的形式，即统一的外直径从起初的2导程延长到2.5导程。这些导程被轻微地切去顶端是为了给自攻提供必需的切削运动。切屑通过在削去的螺纹头部上内壁所钻孔的一边排除。第二个形式是有与标准丝锥的引导螺纹类似的导螺纹。这些螺线逐渐地变成缩短的螺纹并一直延伸到轴套的整个长度上，除了最后三个螺纹线外都是标准的。

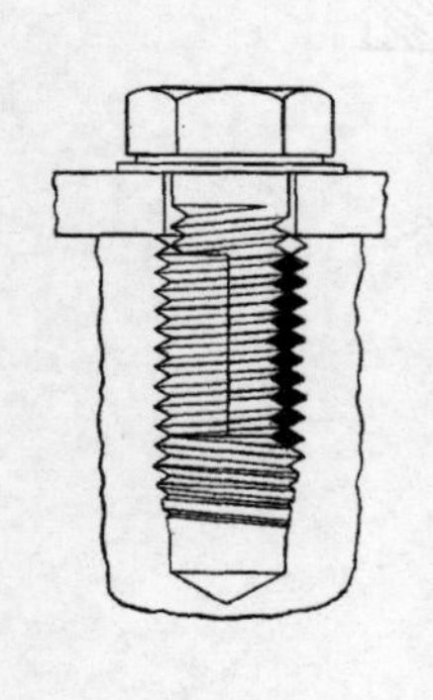

图 15.7-1　钢丝纹衬套是菱形不锈钢丝制作而成的。材料的拉拔强度取决于内外螺纹的剪切面之比。

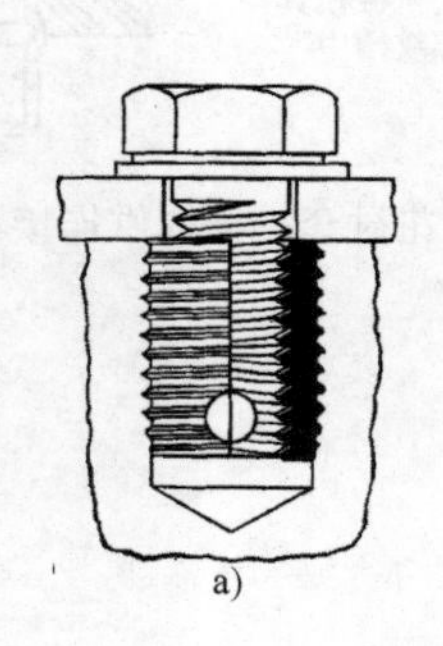

图 15.7-2　整体自攻螺纹衬套有两个形式：（图 15.7-2a）切屑从侧孔排除；（图 15.7-2b）带有提供切削运动的缩短的螺纹头和两三个角槽。

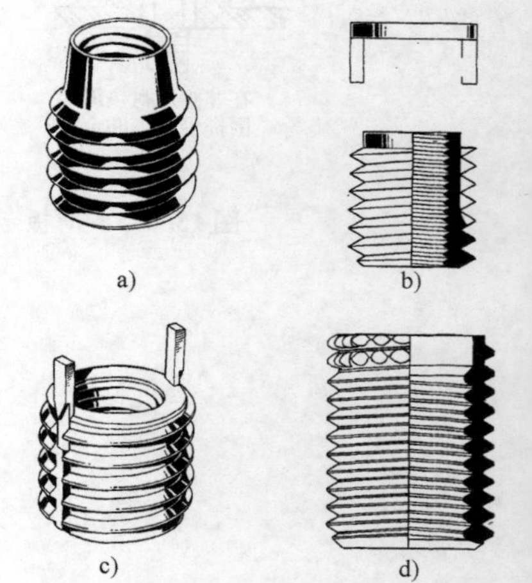

图 15.7-3　用于预锥孔的整体自攻螺纹衬套具有许多类型。最受欢迎的几种：（图 15.7-3a）用于干涉和锁紧动作的改进外部螺纹；（图 15.7-3b）用于锁紧动作的具有键环的上下两件的轴套；（图 15.7-3c）用于锁紧动作的整体键；（图 15.7-3d）具有外部锯齿的可张开轴环。

3）带有攻丝孔的螺纹衬套。带有攻丝孔的螺纹衬套也分为两种类型。第一种是使用改进的外螺纹，其与母材形成交接，并提供锁紧功能。第二种类型有许多变型，但共同的特征是具有标准的内外螺纹，并通过不同类型的销或键将螺纹衬套与母材锁紧。最经常使用的类型中有以下几种：

一种是上下两件的衬套，具有一个锁紧环和在上面外螺纹槽中配合的两个键。当衬套旋合到螺纹孔中后锁紧环被压入，它穿过母材的螺纹线并提供正向锁紧。在螺纹孔中需要为锁紧环设置埋头孔，但可以用标准工具来进行装配和更换。

另一种整体螺纹衬套具有两个整体的键，当安装的衬套与母材齐平时该键可充当拉刀。锁紧销通过外螺纹的沟槽压入螺纹孔的底部。

还有一种整体螺纹衬套，它有标准的内外螺纹和一个突出的上部轴环，在其外表面上有细齿，从而可以锁紧母材上的螺纹衬套。

15.7.2 影响选择的因素

在选择最适用的衬套类型时，必须考虑以下几个因素：

- 母材的剪切强度；
- 工作温度；
- 需要载荷；
- 振动载荷；
- 装配工具——安装的可靠性和便利性；
- 相对价值。

螺纹衬套一般要求母材的剪切强度在 275.763N/mm^2 以下。这包括大多数的铝合金、所有的镁合金和塑料材料，但也必须考虑其他的一些因素。

高的工作温度会影响材料的剪切强度，即减小了母材的强度，螺纹衬套需要很大的剪切面积。

螺栓的载荷经常要求其使用螺纹衬套。例如，如果需要施加一个 861.702N/mm^2 的拉拔强度，就可能需要螺纹衬套来提高剪切面积，从而减小有效的剪切应力。

振动载荷可能减小螺栓的预紧力，也需要螺纹衬套来提高有效的剪切面积。否则振动可能引起蠕变、擦伤和过度磨损，也需要具有内外螺纹的螺纹衬套以及螺纹的锁紧特征。

螺纹衬套的拉伸能力是投射剪切面积的一个函数，它等于螺栓的抗拉强度，这意味着螺纹衬套的抗拉强度应该比螺栓转矩的抗拉强度大。

在钢丝螺纹衬套中，每个螺纹丝的投射剪切面积相对很小，提高整体投射剪切面积的方法是提高螺纹线圈的数量。另一个方法是，通过增大螺纹衬套外径来提高整体螺纹衬套或自攻螺纹衬套的投射剪切面积，而且保持相同螺栓外径。

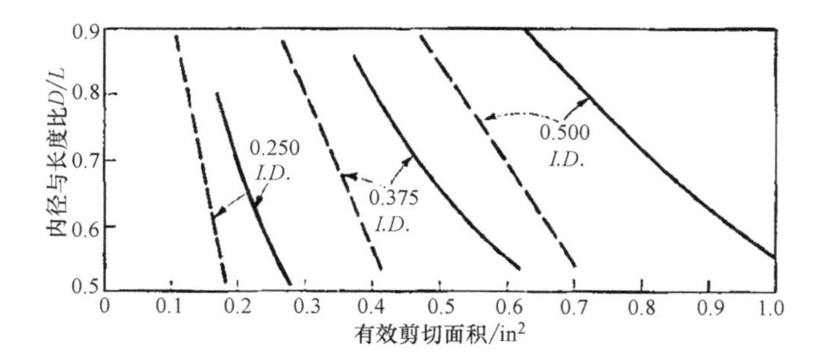

图 15.7-4 有效剪切面积与螺纹衬套内径和长度比 D/L的关系曲线图。从图中可得出需要的螺纹衬套长度或拉拔强度。实线是自攻螺纹衬套，虚线是钢丝螺纹衬套。

一个适当确定拉拔强度的方法是根据母材上有效的剪切面积来绘制对应的外径和螺纹衬套长度之比。通过将母材拉拔出螺纹衬套的实验，得出了自攻螺套和钢丝螺套三个尺寸的关系曲线，如图 15.7-4 所示。研究其他类似的曲线也能确定其他任何类型的螺纹衬套所需要的长度。

例如，假设一个承受极限载荷为 5000lbf（22250N）的螺栓，其选择材料的剪切强度为 20000psi（137.895N/mm^2）。需要的剪切面积为 5000/20000in^2 = 0.25in^2（161.29mm^2）。从相应图 15.7-4 中曲线来看，$D/L=0.57$，螺纹衬套的长度 $L=(0.25/0.57)\text{in}=0.438\text{in}$（11.125mm）。

用同样的曲线通过类似的计算方法也能确定螺纹衬套的长度是否足够承受必要数量的蠕变强度。母材的蠕变强度可以由上面计算剪切强度的公式来代替。

另外，如果螺纹衬套的长度被限制，这些计算将能给出可利用的拉拔强度，其强度随螺纹衬套的剪切面积的改变而变化。这些分析被用来确定要求螺纹衬套长度还是拉拔强度，并且从这方面来看，母材的厚度与其最小质量和成本有关系。

与钢丝螺纹衬套具有有限的剪切面积相比，整体螺纹衬套可以使用一个较短的螺栓。由于在一个装配中使用大量的紧固件，减少母材来节省的重量要远远大于通过使用整体螺纹衬套而增加的小的额外重量。

另一个选择螺纹衬套的重要因素是装配使用工具、使用可靠性、相对成本以及安装便利性。这些因素已经在由美国费城的通用导弹和太空交通工具部的 W. 默斯科唯茨（W. Moskowitz）编制的柱形图中进行了评价，如图 15.7-5 所示。图 15.7-5 中的 5 个类型使用的是内螺纹。部分数据资料是以操作人员对装配次数、安装中需要的公差以及安装的相对容易程度等进行估计为基础的。

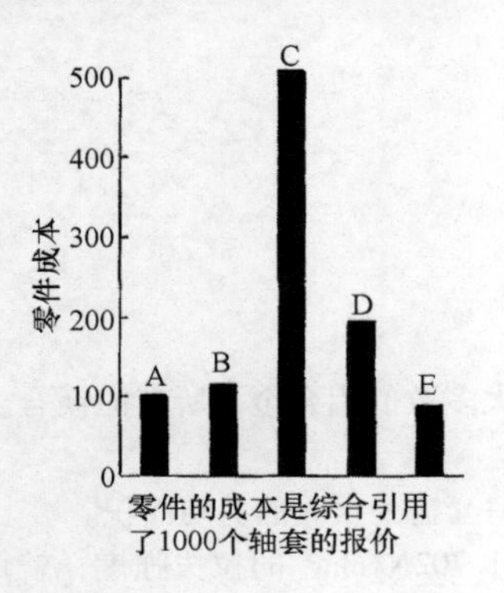

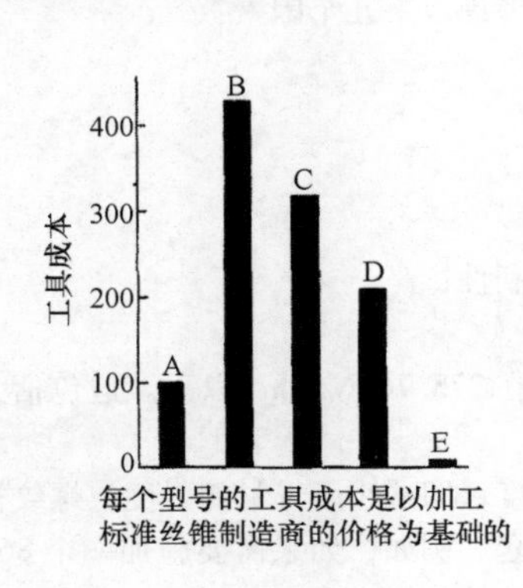

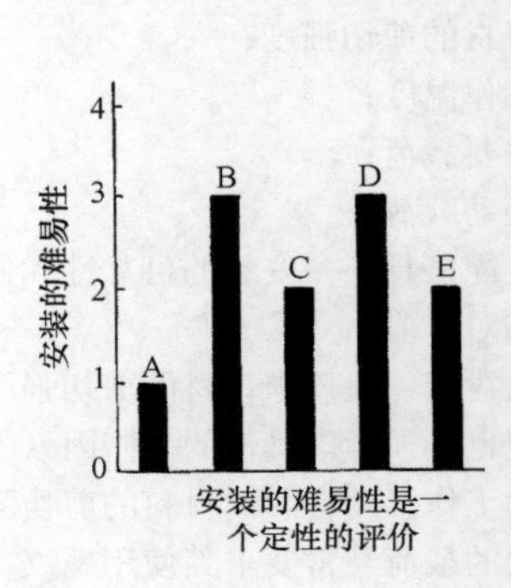

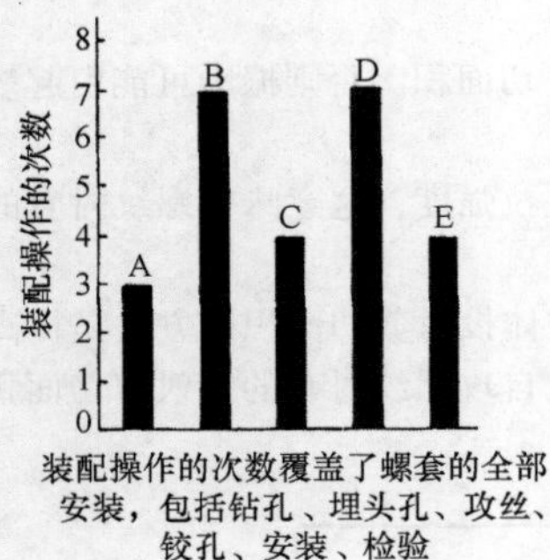

图 15.7-5　5 种螺套的相对评定。

15.8　螺旋钢丝衬套的应用

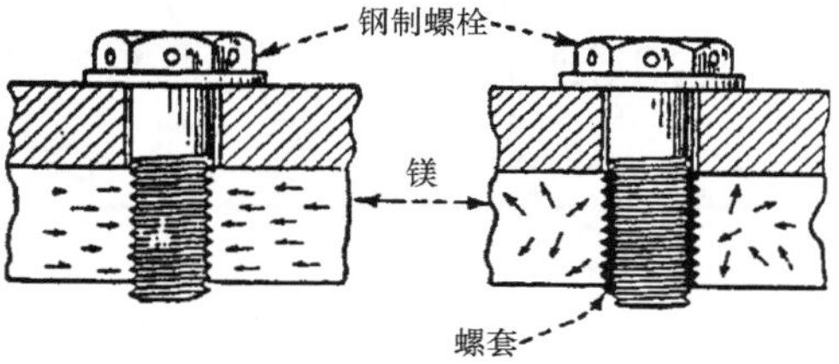

图 15.8-1　钢制螺栓和镁制零件（左图）间的电化腐蚀作用损坏螺纹从而导致零件失效。使用不锈钢丝衬套加强了螺纹强度，将上述的电蚀作用降低到可忽略不计的数量。

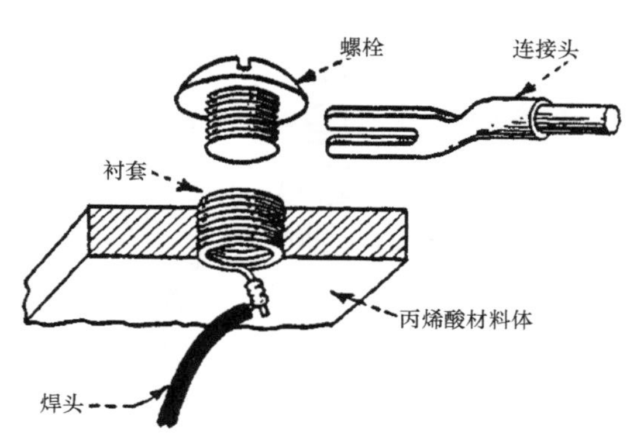

图 15.8-2　将钢丝衬套用于电路连接时，其具有螺纹一样的加强作用。钢丝衬套旋进塑料，钢丝头被弯曲成接线片。

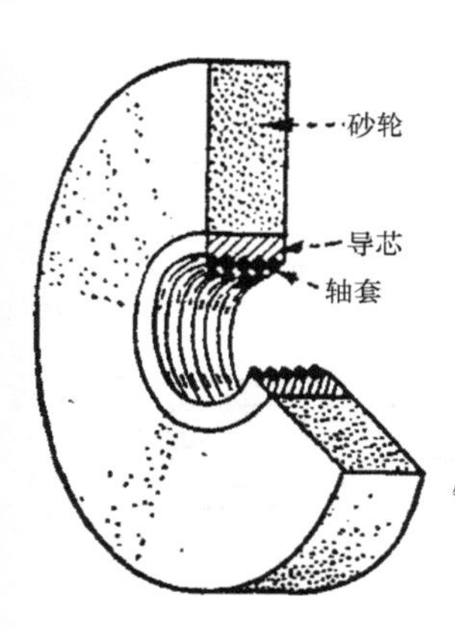

图 15.8-3　用钢丝衬套把磨轮直接连接在螺纹轴上，不用垫圈和螺母，因而简化了装配。

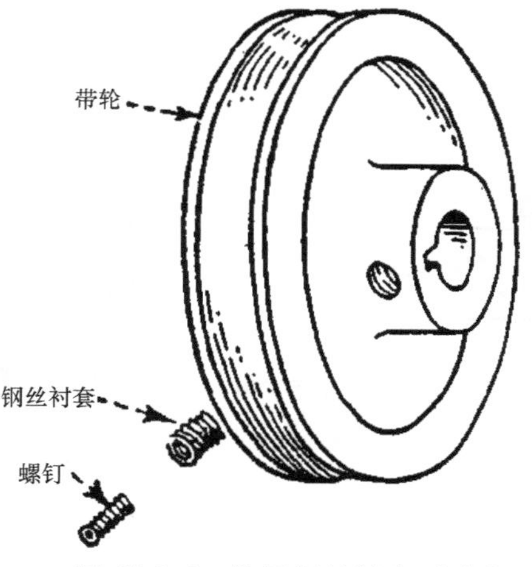

图 15.8-4　使用钢丝衬套可减少由于振动引起的固定螺钉松脱。当滑轮是由软金属铸模获得的时候，螺钉拧得过紧经常破坏螺纹，使用钢丝衬套可以避免这种现象发生。

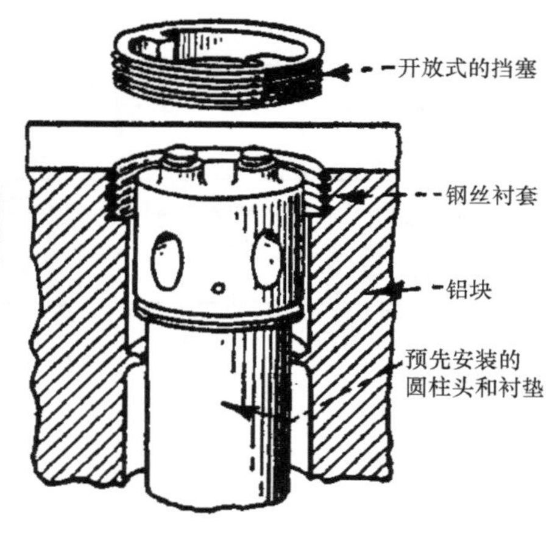

图 15.8-5　钢丝衬套可抵御柴油机气缸的燃烧推力，并阻止热量在螺纹活塞上传导，这就使得更换气缸的工作变得容易。

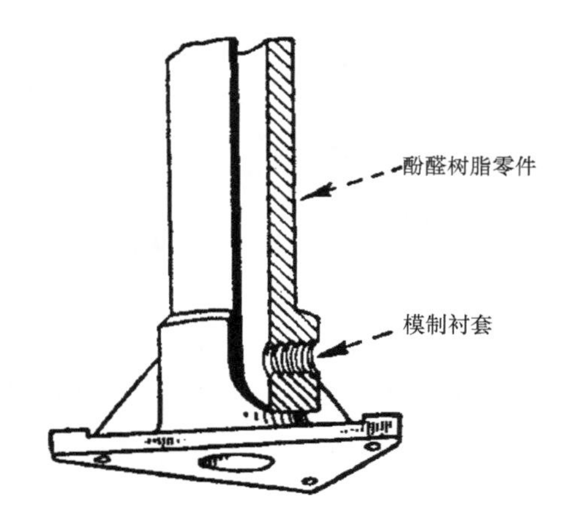

图 15.8-6　酚醛树脂零件衬套不需要攻螺纹和钻孔就能形成强固的螺纹。衬套有一定的弹性，不会出现酚醛树脂裂纹或者产生局部应力集中。

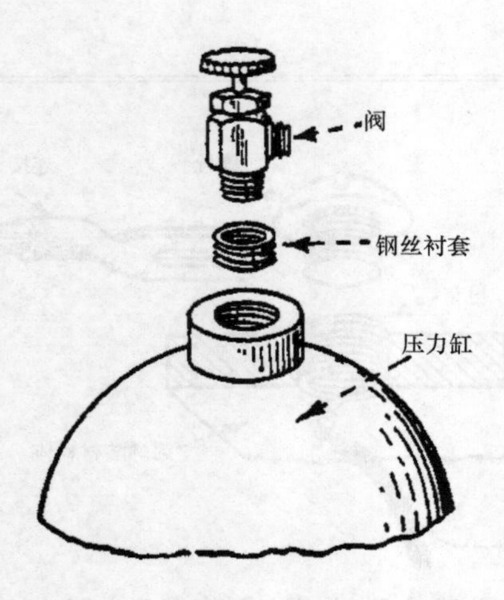

图 15.8-7　由于经常检查和更换管道配件而导致压力容器颈部的锥管螺纹扩大，使用钢丝衬套将使这种扩大降低到最低程度。

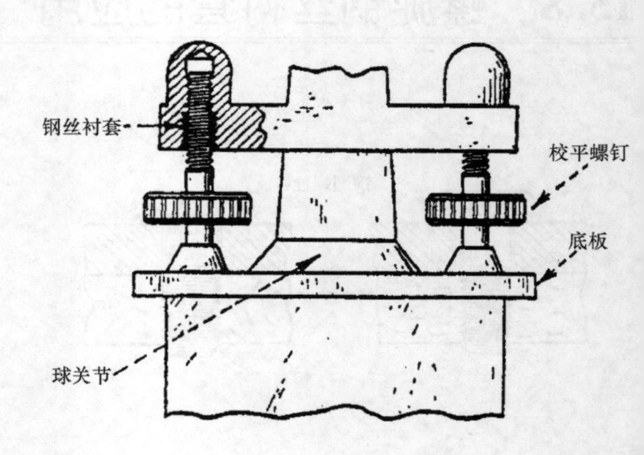

图 15.8-8　调节螺栓可以减少磨损和间隙；不需要很强的夹紧力，但调整螺纹移动间隙可增强机构的强度。

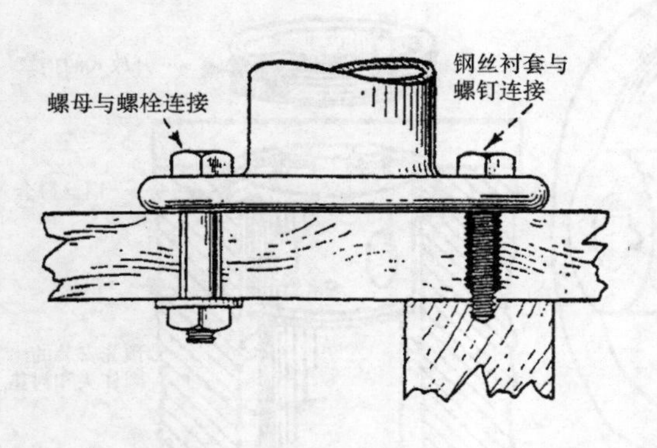

图 15.8-9　钢丝衬套和内六角螺钉的组合可以使机器和其他装置在木地板和墙壁上进行安装。螺钉进入到木板的另一端不需要其他零件、托梁等来与之配合。

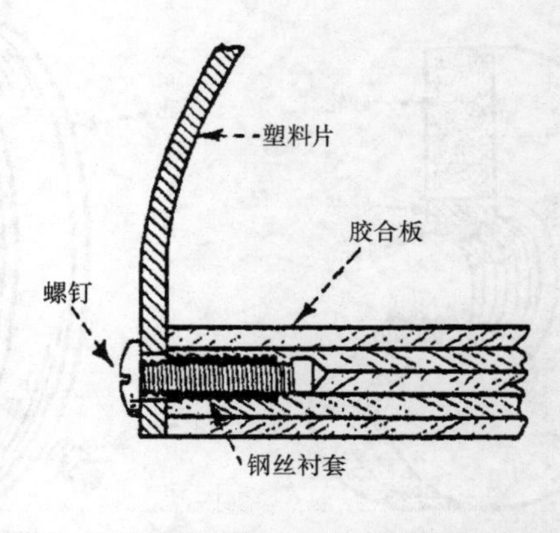

图 15.8-10　钢丝衬套用于塑料和木材的连接件。重复装拆并不会影响木制零件或者塑料零件上的螺纹。

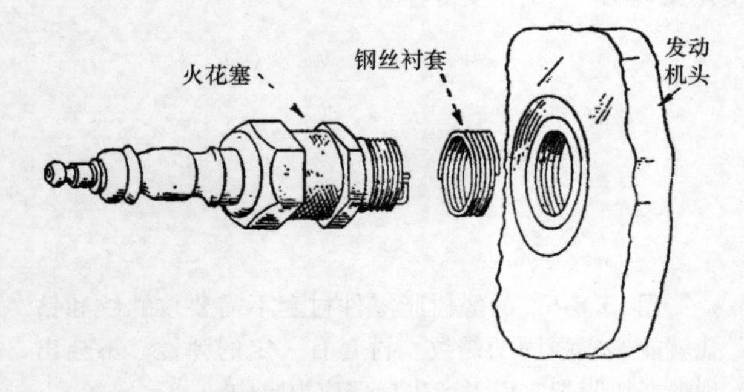

图 15.8-11　新的铝制发动机头部使用钢丝衬套可以避免螺纹被损坏。而且钢丝衬套还可以用来修复发动机头部已磨损的火花塞孔。

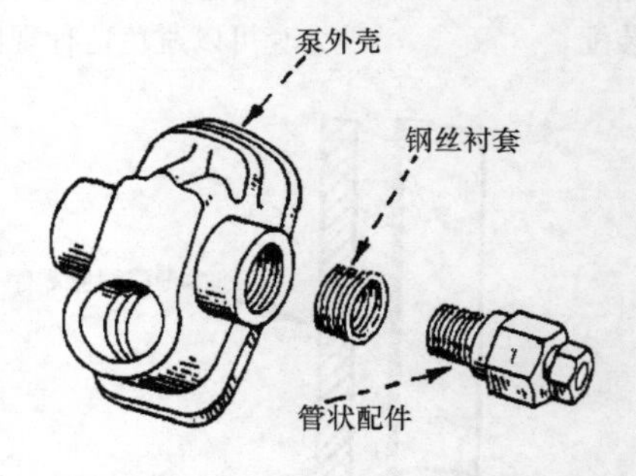

图 15.8-12　钢丝衬套可以避免管道配件由于攻螺纹产生的切屑。切屑进入螺纹线中将可能引起故障。

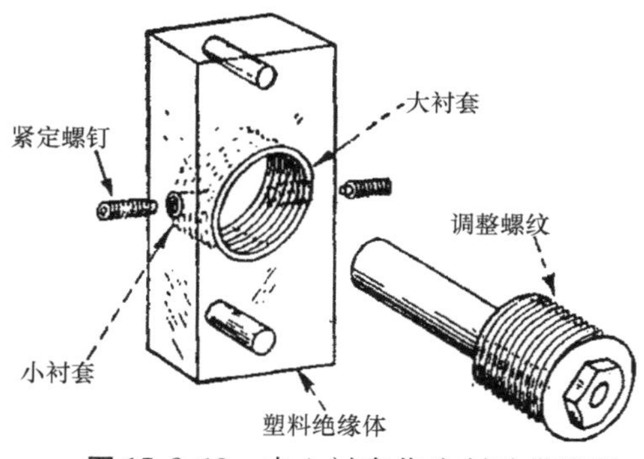

图 15.8-13 中心衬套作为制动带锁紧可调节衬套。当受力后，较小的衬套可使紧定螺钉不会从塑料中脱离；同样调整螺纹也不会被紧定螺钉的头损坏。

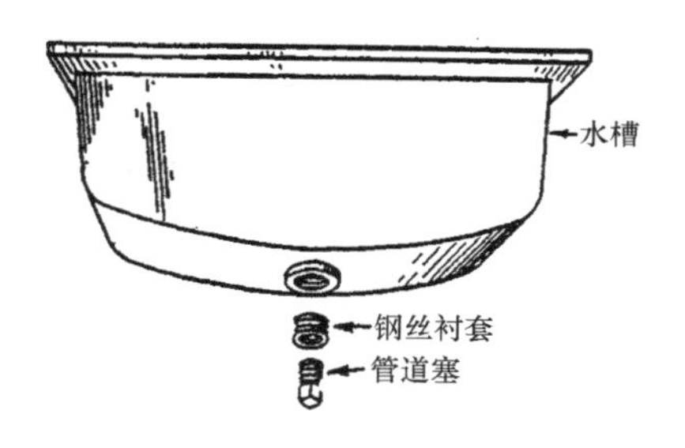

图 15.8-14 使用钢丝衬套可以防止燃料润滑罐、管道、管道配件、泵和锅炉等中的管螺纹在受压条件下的咬粘和腐蚀。

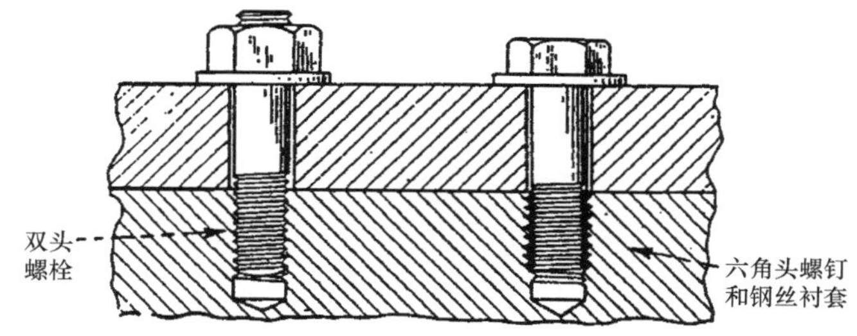

图 15.8-15 双头螺栓（左）在拧入螺纹孔和螺栓另一头与螺母拧紧时都会对螺纹产生磨损，在内螺纹孔中的配合必须是过盈配合。钢丝衬套（右）可以避免磨损，并没有必要使用双头螺栓而是使用成本很低的六角螺钉即可。

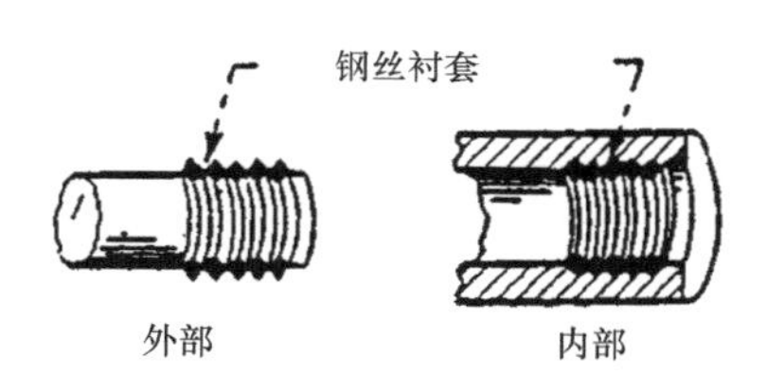

图 15.8-16 可以将特殊螺纹转变为标准螺纹，也可以将精细的螺纹变成粗糙的螺纹，反之亦然，或者万一出现产品误差需要通过重新钻孔和重新攻螺纹来改正时。那么使用钢丝衬套就可以得到所需要的螺纹。

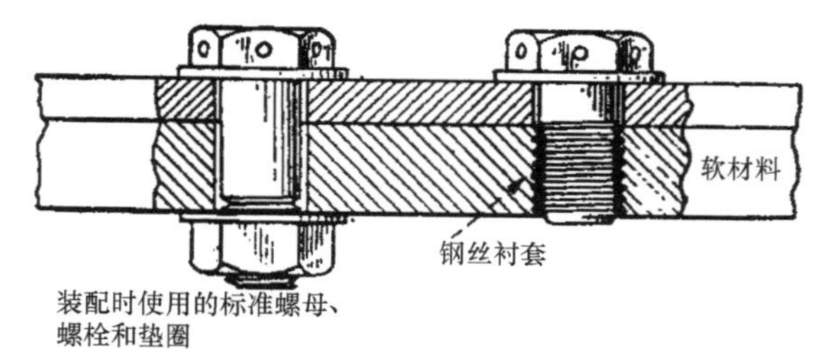

图 15.8-17 装配体重量可以减轻。左边视图是连接压缩机的前部和中间支架的标准方法，装配结束后要用到垫片。右边视图是新的装配方法，这种方法可以减轻重量和节约空间。

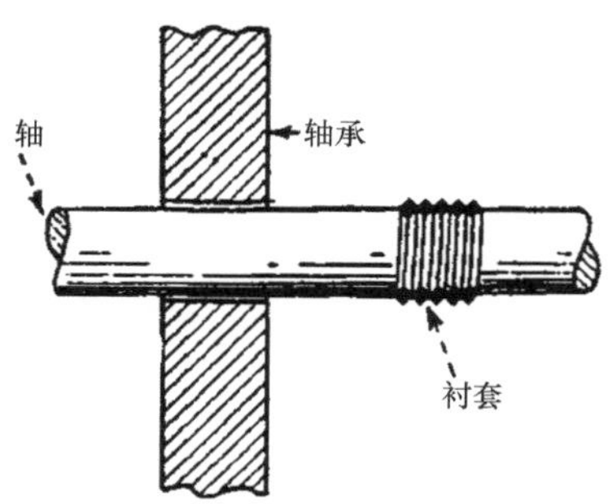

图 15.8-18 穿过轴承轴的装配可以通过在加工螺纹轴上增加衬套使装配简化，也不需要加工整个轴长。

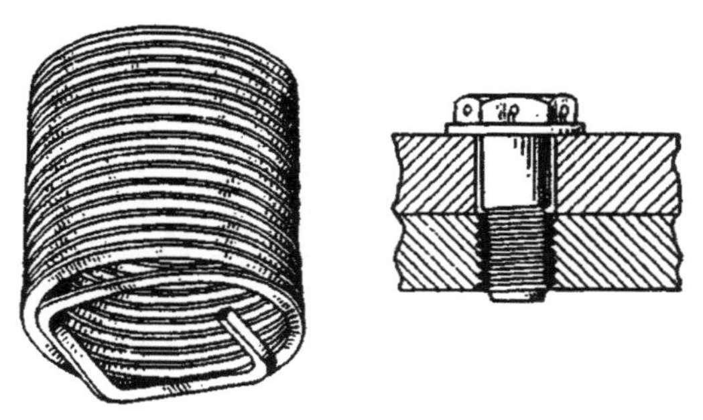

图 15.8-19 方形柄脚钢丝衬套称为螺旋锁，即自动锁紧螺栓，这样就不需要锁住垫圈、螺母或者线圈。不需要销、环或者铆接，钢丝衬套就可将自身锁紧在母材上。

第 16 章

垫圈

16.1 平垫圈的应用

平垫圈的用途比想象中要多，这里介绍它的 10 种用途，如果需要一种简单、快速、便宜的设计时，使用平垫圈可以节省很多时间。

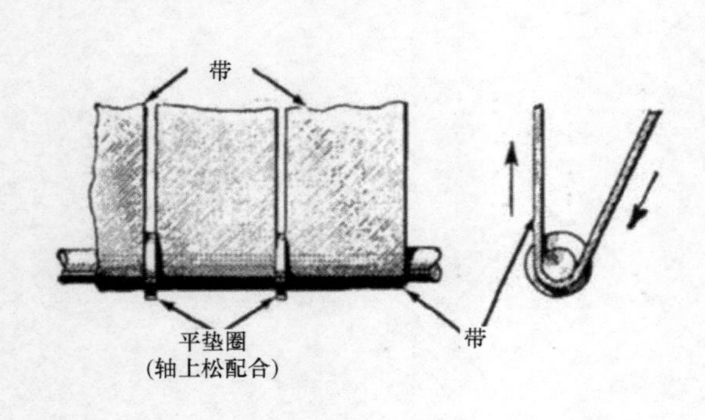

图 16.1-1 带重叠时把平垫圈套在轴上就可以把它们分开。

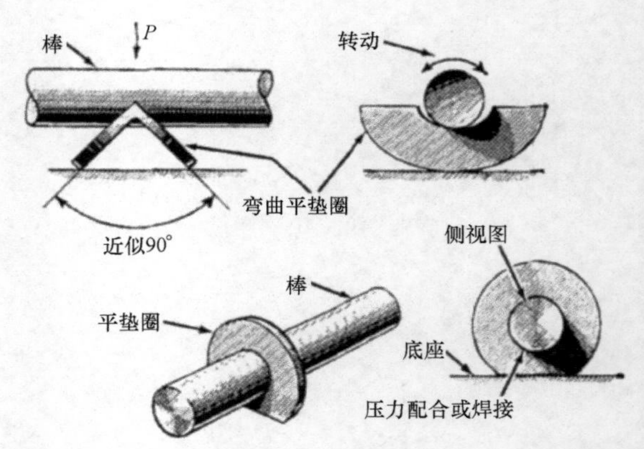

图 16.1-2 支撑棒料。一个弯曲的垫圈容易产生波动，如果垫圈被焊接，支撑是稳定的。

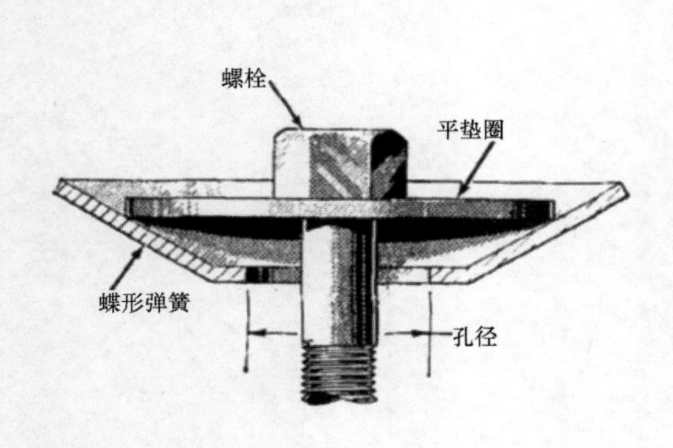

图 16.1-3 支撑不规则零件。使用一个平垫圈和一个蝶形弹簧可以形成一个简单的固定装置。

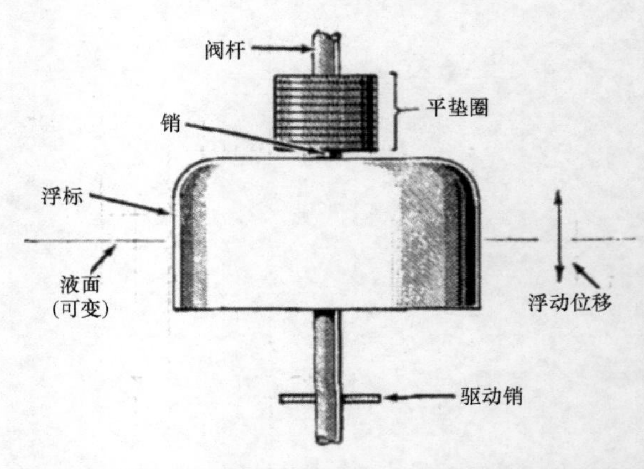

图 16.1-4 遇到重量问题时，该装置通过加上或减去平垫圈能够很好地控制浮动。

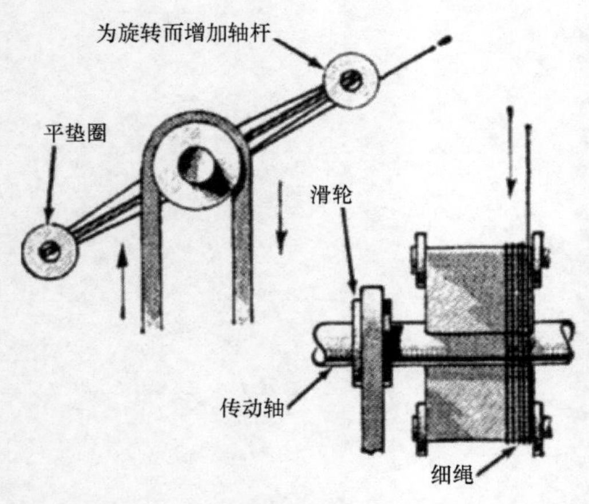

图 16.1-5 使用一些简单的法兰。这里使用垫圈引导细绳，让细绳一直处于控制之下。

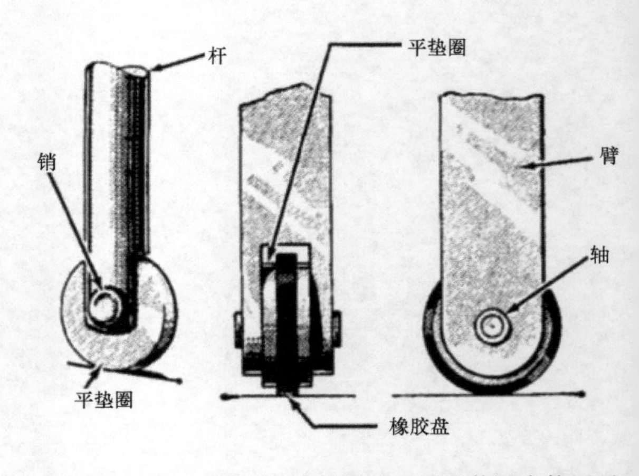

图 16.1-6 需要一些轮子时，图示装置中使用平垫圈充当轮子，中间的橡胶盘使配合更加稳定。

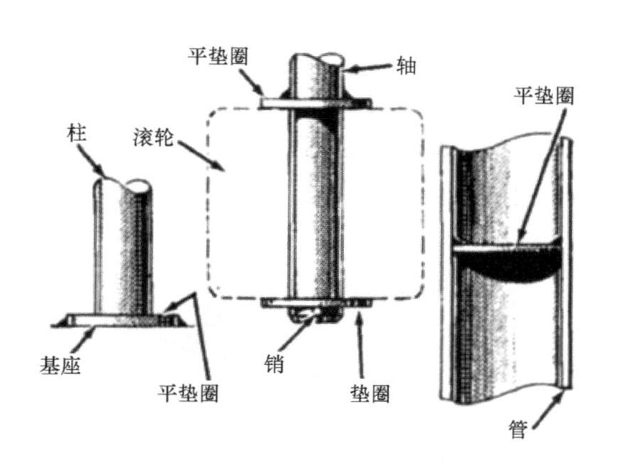

图 16.1-7 垫圈可以制作成锚，避免使用轴肩，甚至可以减小管材内径。

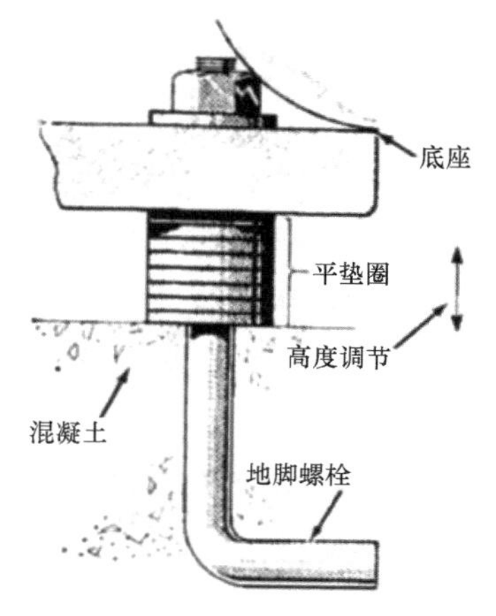

图 16.1-8 地面倾斜。堆叠垫圈可以使机器变得水平，或给予一个稳定的高度调节。

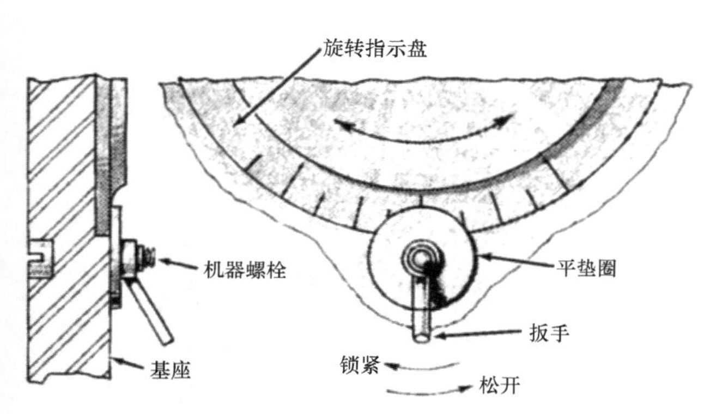

图 16.1-9 这是一个简单夹紧装置。螺栓、垫片、蝶形螺母或杠杆螺母的组合可以制作一个牢固的夹具。

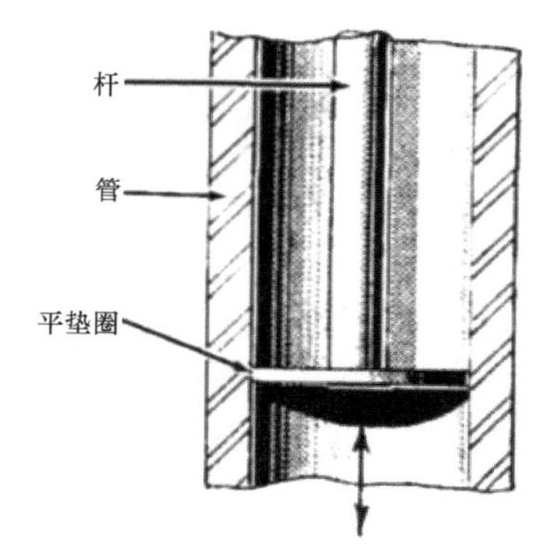

图 16.1-10 在急需一个活塞时，只需要一根管材、一根棒料和一个平垫圈的组合就完全可以实现简单的活塞用途。

16.2　万能平垫圈的各种特殊应用

垫圈通常被认为是支撑而被放置在螺栓头下面。其实垫圈有很多种使用方法，可以简化设计，或可以立即安装使用直到设计的零件能够供使用。

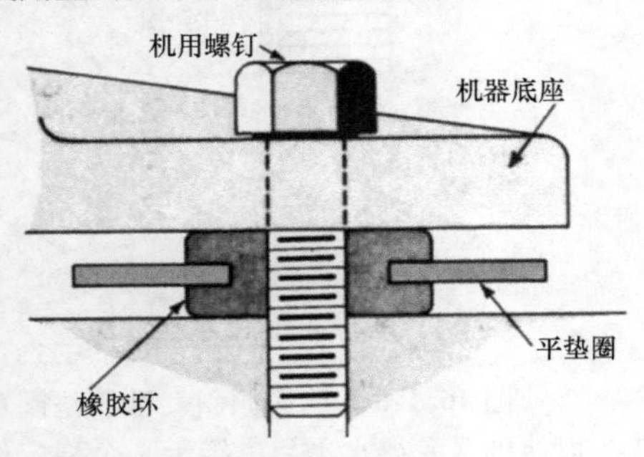

图 16.2-1　加固机器底座。

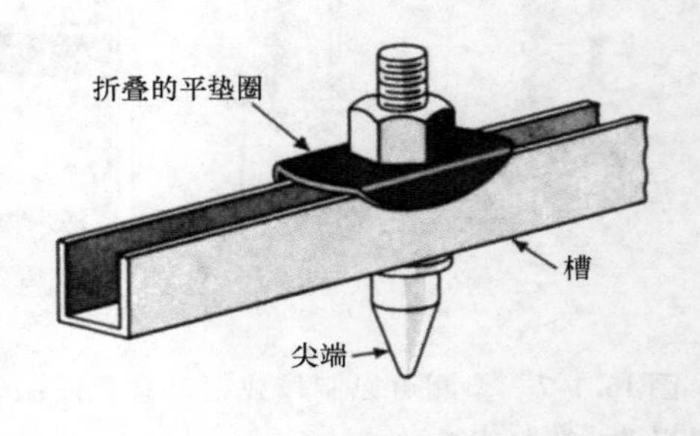

图 16.2-2　尖端稳固。

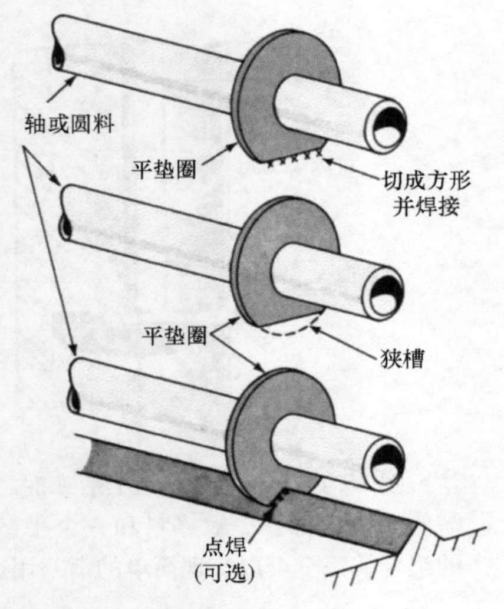

图 16.2-3　轴支撑。

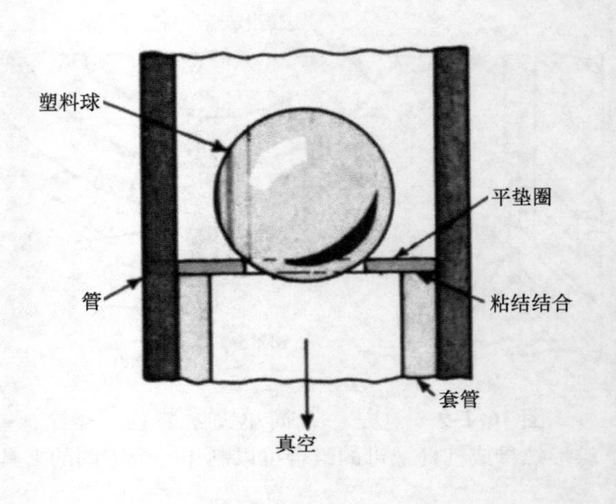

图 16.2-4　充当阀座。

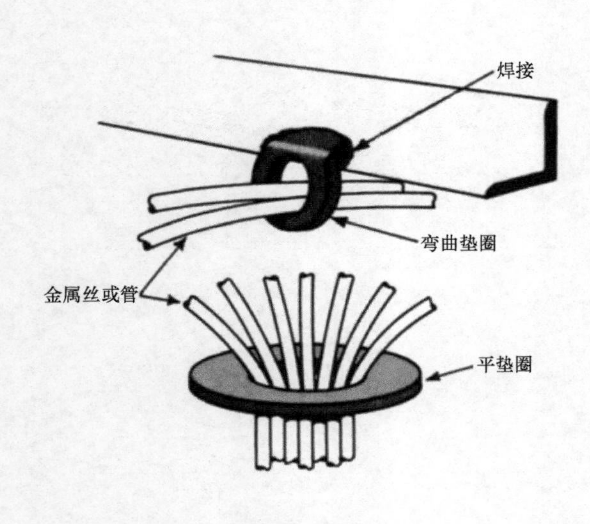

图 16.2-5　金属丝或管的导引。

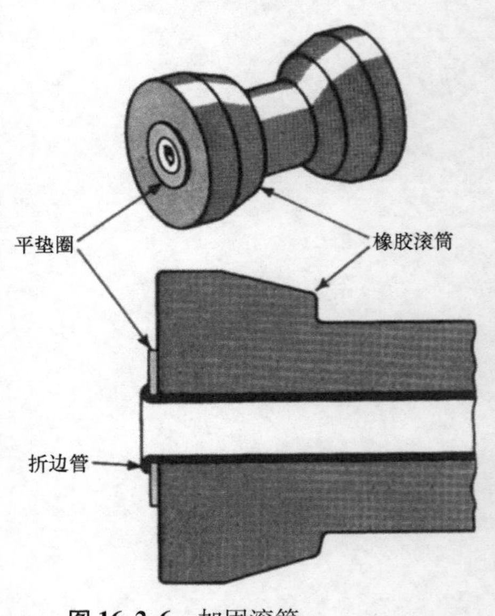

图 16.2-6　加固滚筒。

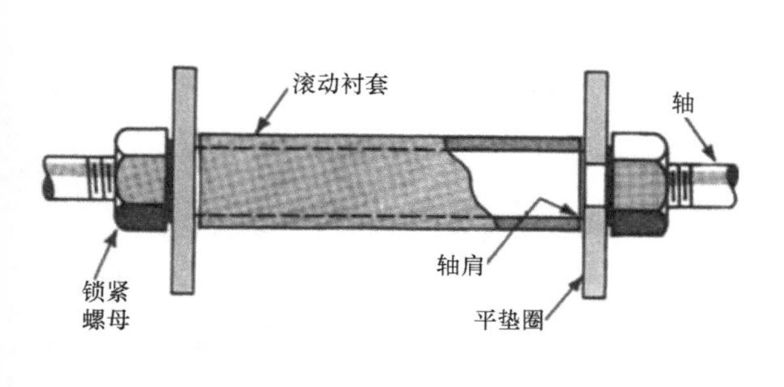

图 16.2-7　充当滑轮的法兰。

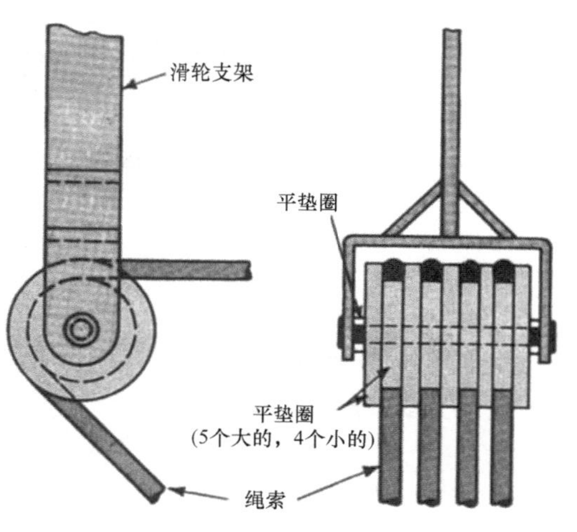

图 16.2-8　形成滑轮。

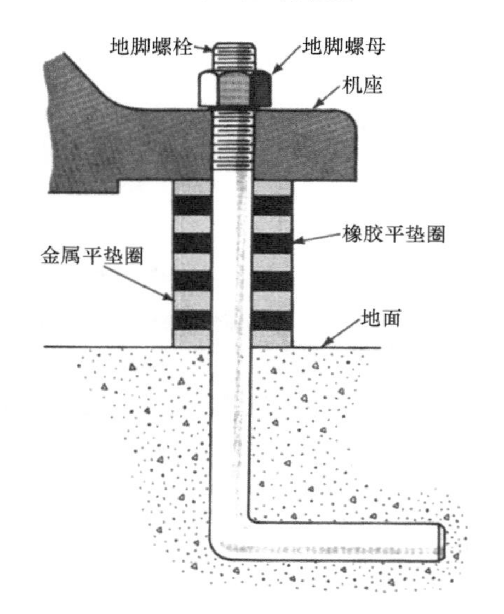

图 16.2-9　充当缓冲器。

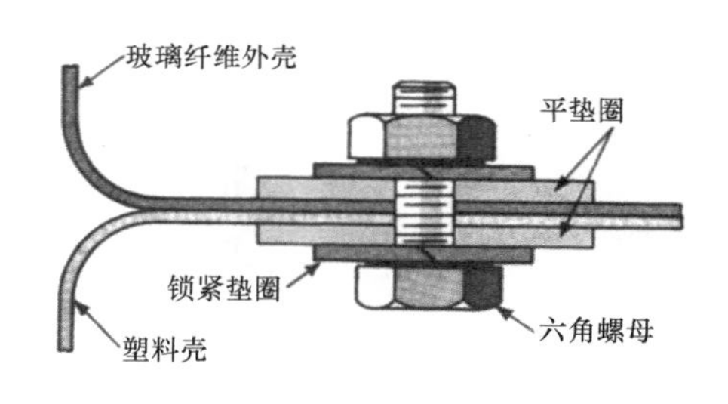

图 16.2-10　充当支撑面。

16.3 橡胶平垫圈的用途

橡胶平垫圈的用途比想象的要多。这里有一些零散的用途，有助于设计工作。

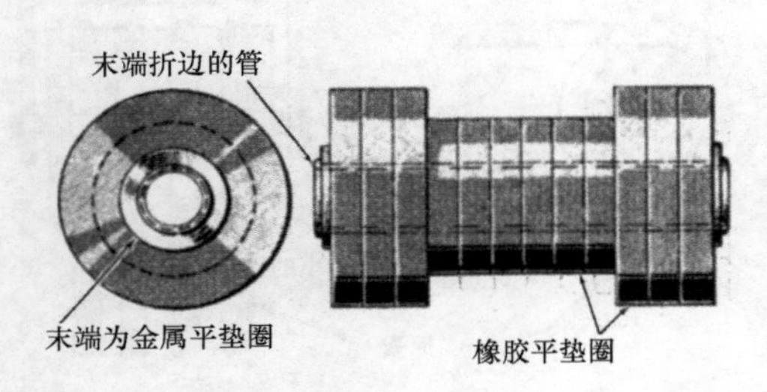

图 16.3-1　阶梯滚轮。

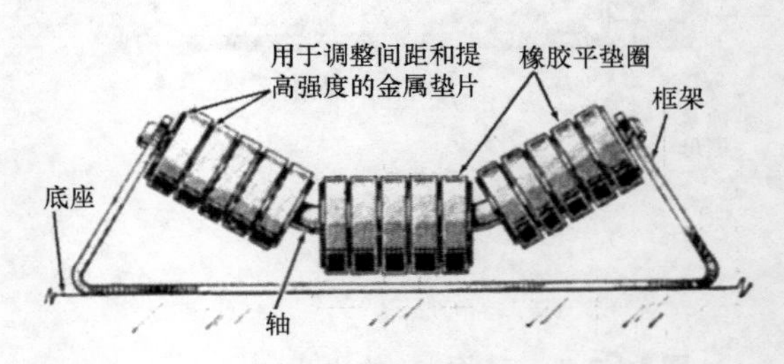

图 16.3-2　吸收冲击的导辊。

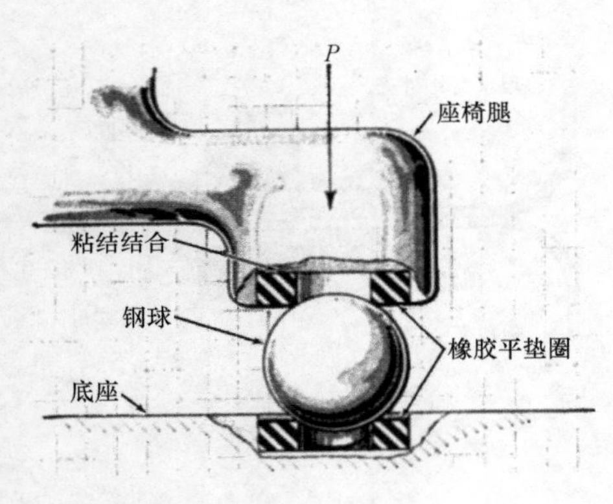

图 16.3-3　受压底座。

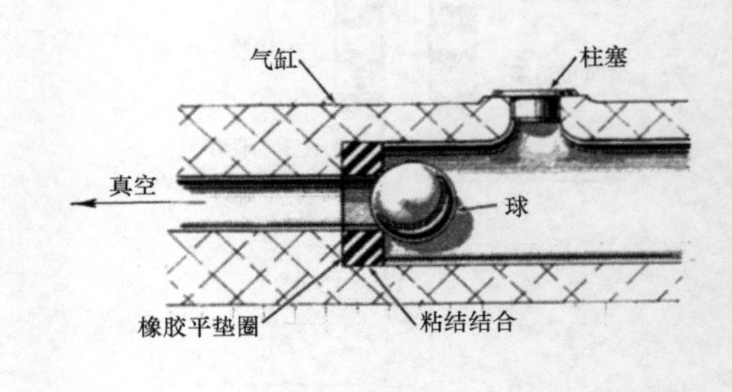

图 16.3-4　压缩球座。

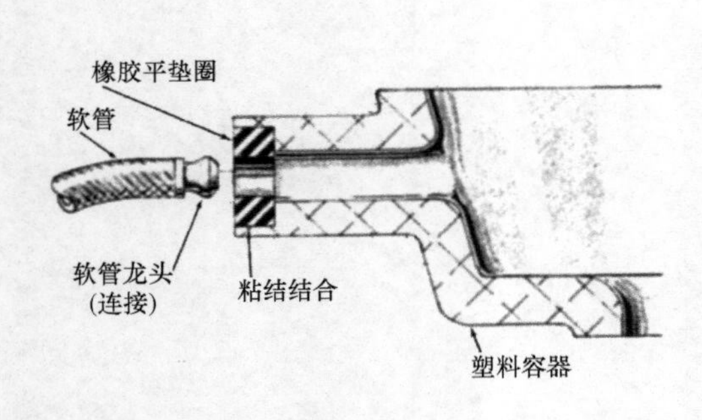

图 16.3-5　软管龙头固定器。

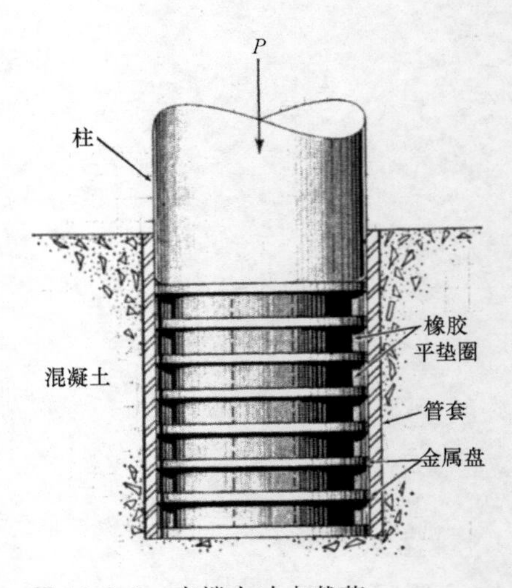

图 16.3-6　支撑大冲击载荷。

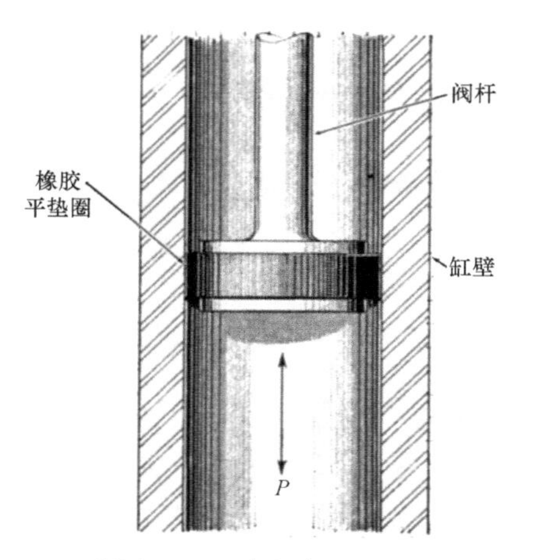

图 16.3-7　气缸阀。

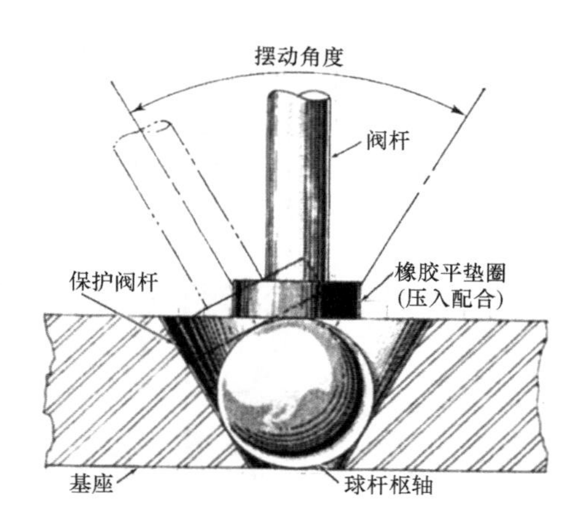

图 16.3-8　受保护的保险杠。

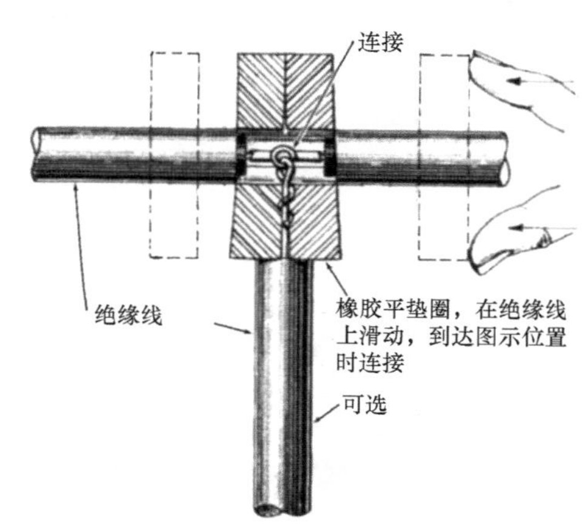

图 16.3-9　扩展绝缘体。

16.4　锯齿垫圈的应用

锯齿形垫圈也是常备零件，具有各种尺寸大小。稍微思考就可以发现它们有很多种用途，这里仅介绍 8 种用途。

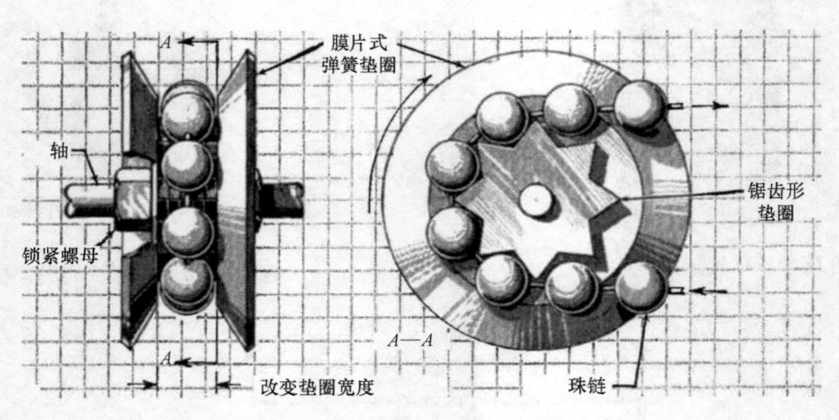

图 16.4-1　用于珠链的齿轮或链轮。

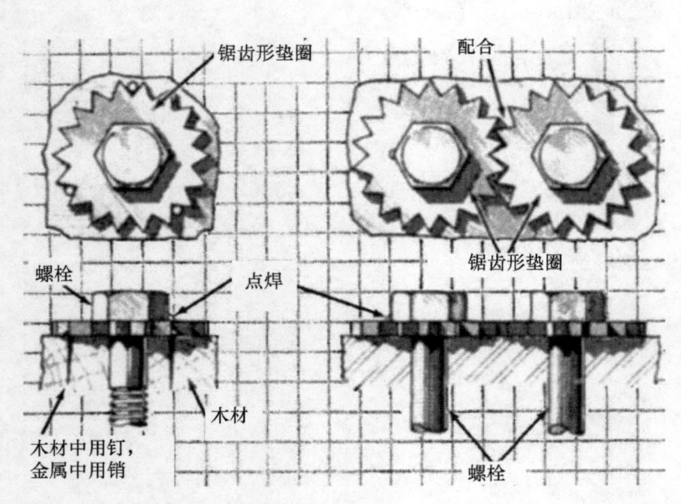

图 16.4-2　螺栓或销阻止旋转。

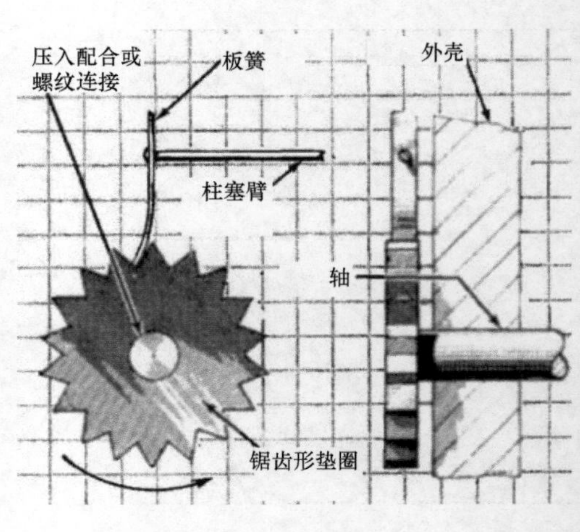

图 16.4-3　定时齿轮。

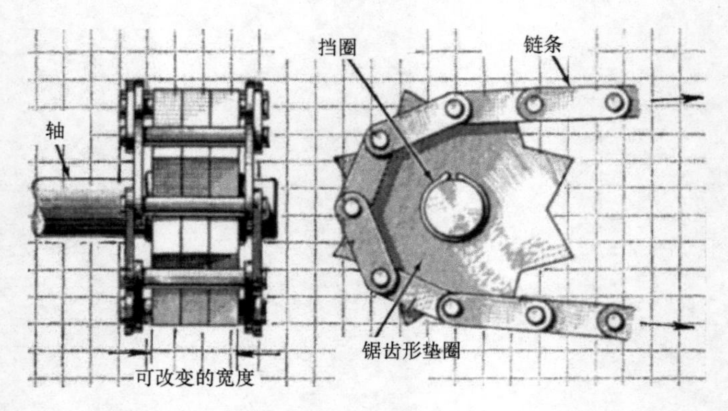

图 16.4-4　链轮。

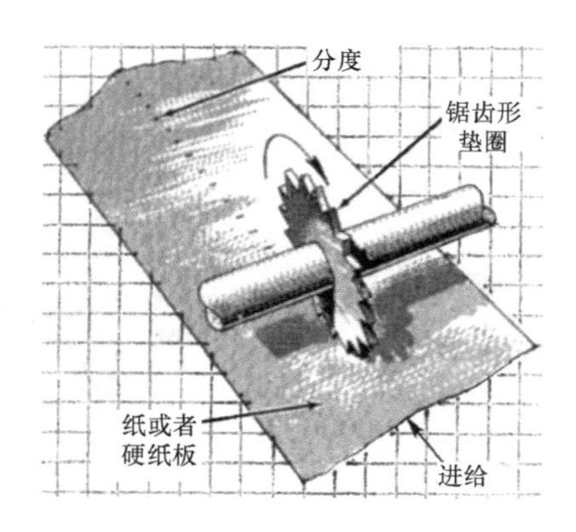

图 16.4-5 布料或纸的驱动或进给。

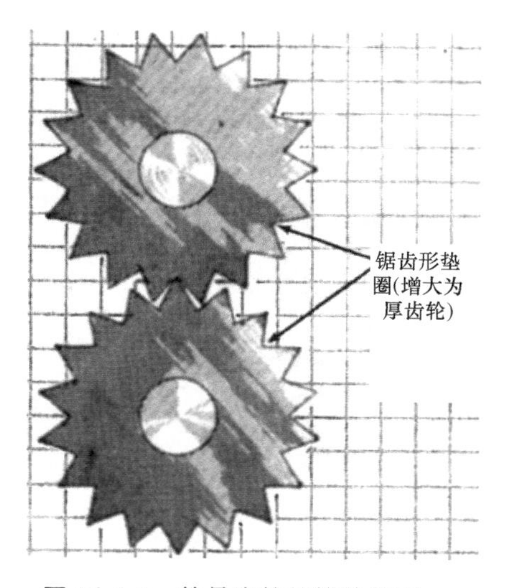

图 16.4-6 简易齿轮的简单应用。

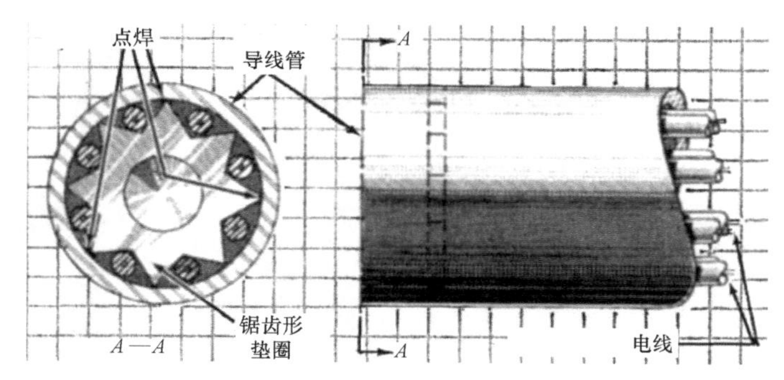

图 16.4-7 避免电线缠绕的内衬。

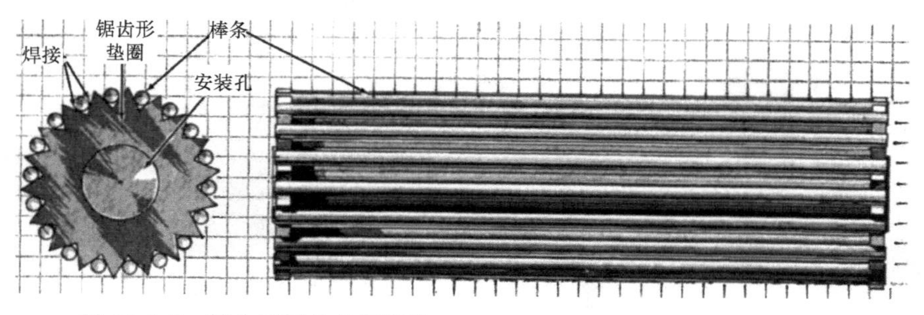

图 16.4-8 简化滚筒的末端安装。

16.5 多功能碟形垫圈的应用

下面的构思可以刺激设计创意。有时用商用碟形垫圈比较适合，也可以自己制作蝶形垫圈。

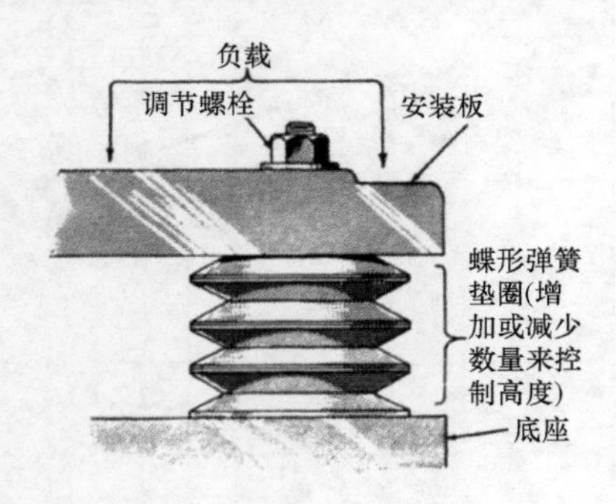

图 16.5-1 高度调节。

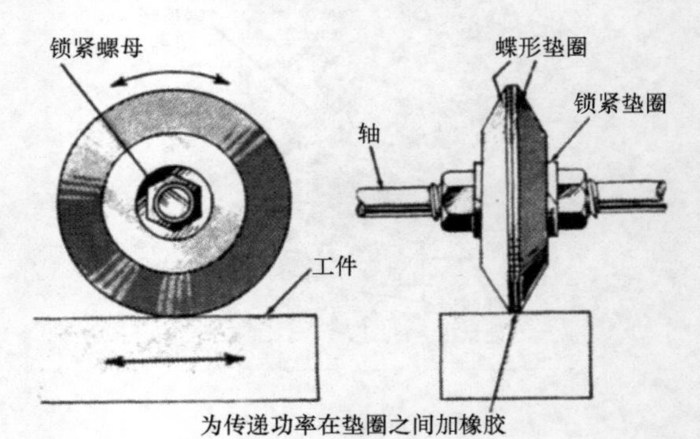

图 16.5-2 导轮。

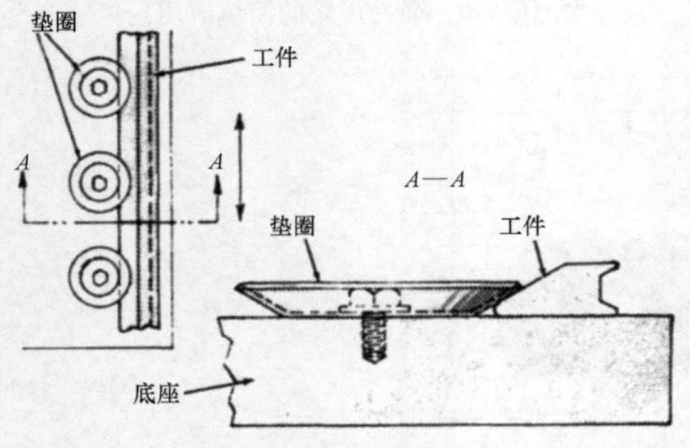

图 16.5-3 校准按钮：如果控制的螺栓是带轴肩的，那么垫圈就可以旋转。

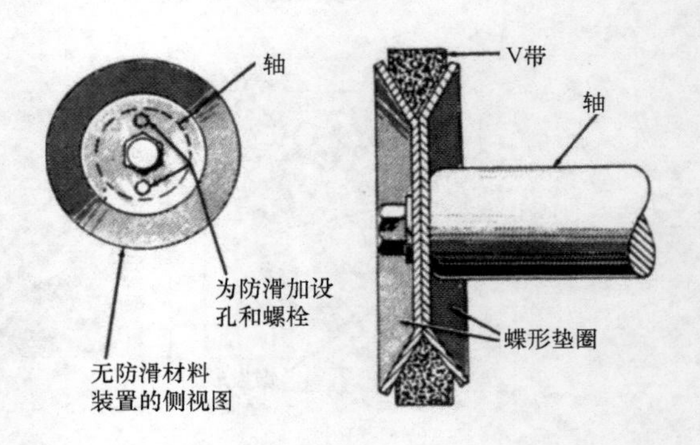

图 16.5-4 V 带轮。

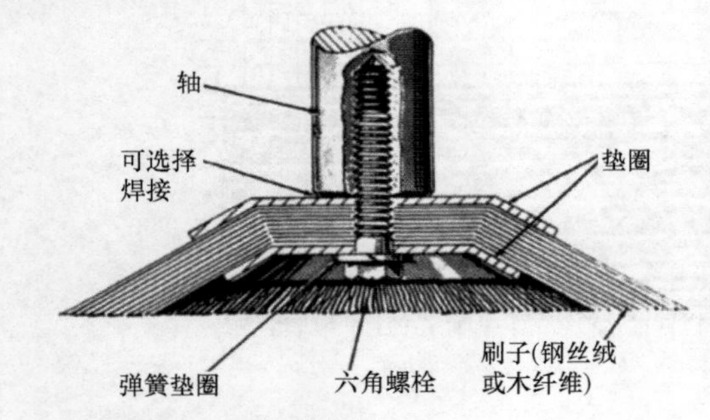

图 16.5-5 刷子固定架。

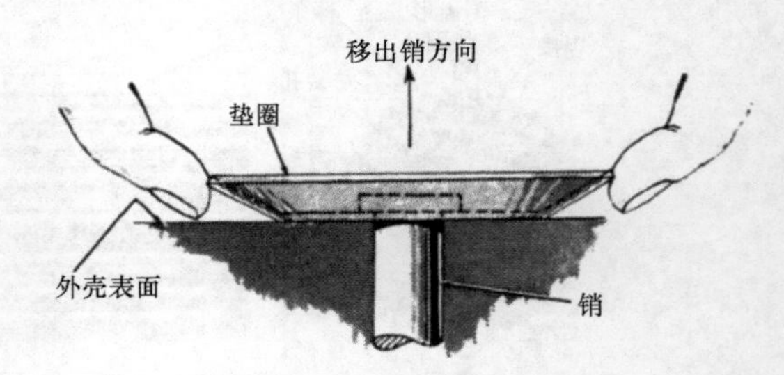

图 16.5-6 容易取销的装置。

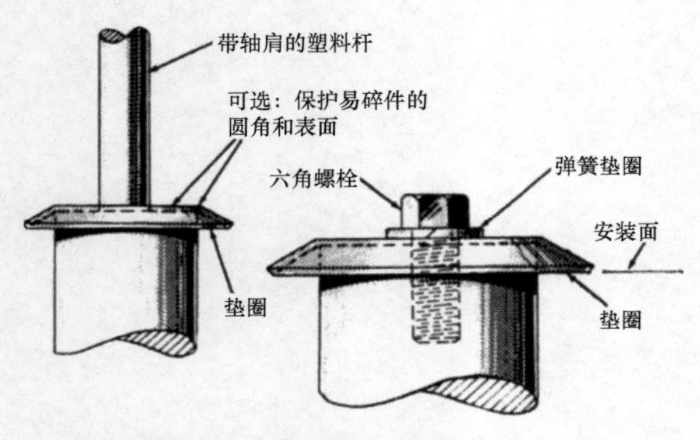

图 16.5-7 轴端和拐角的保护装置。

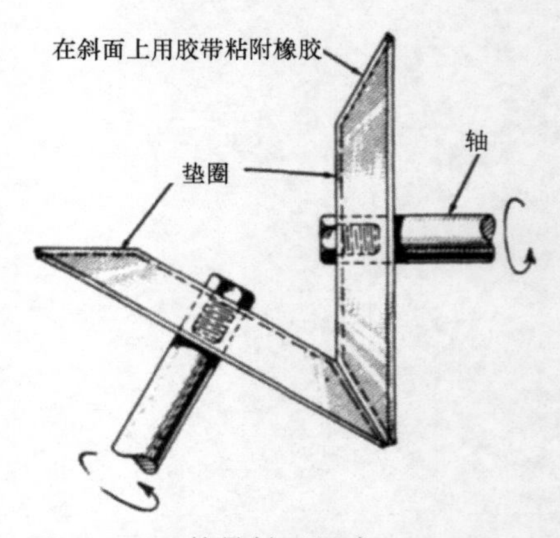

图 16.5-8 简易斜面驱动。

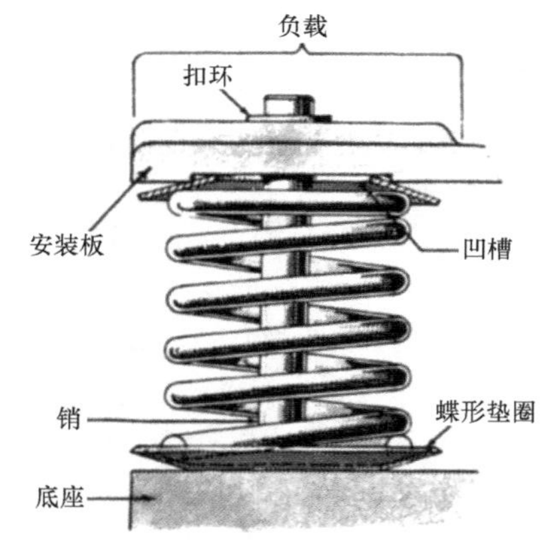

图 16.5-9 螺旋弹簧稳定装置。

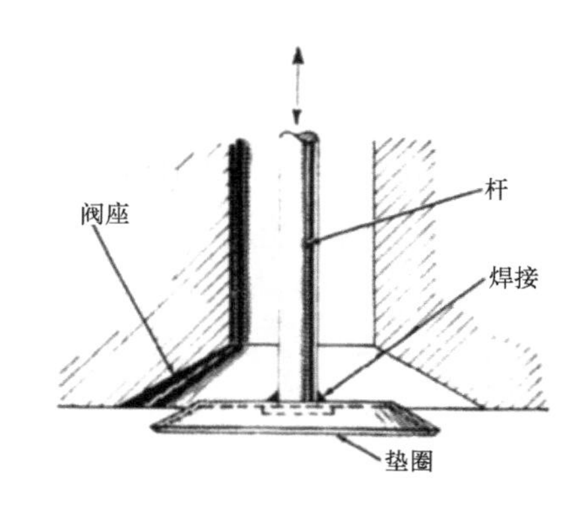

图 16.5-10 简易阀。

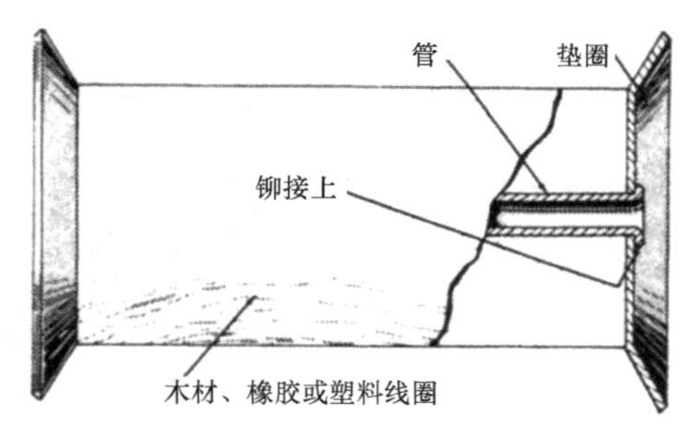

图 16.5-11 喇叭口线轴法兰。

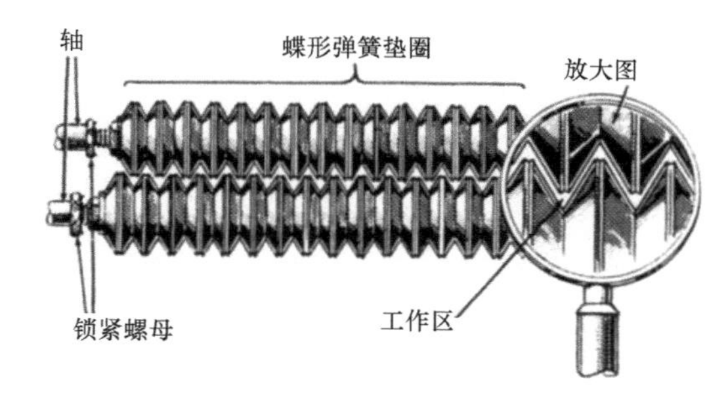

图 16.5-12 使用纸或硬纸板的波纹滚轮。

16.6 蝶形弹簧垫圈解决设计问题

碟形弹簧是通用组件，具有广泛的用途。很多地方可以使用这些组件，而且在面对一个急需解决的设计问题时，可以考虑利用碟形弹簧通用组件。

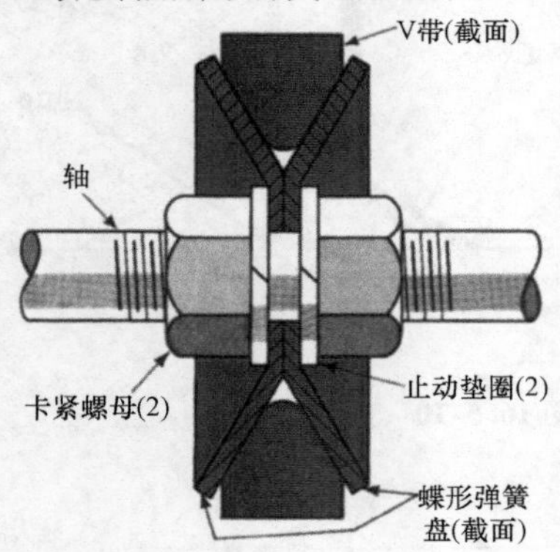

图 16.6-1 带轮组装。

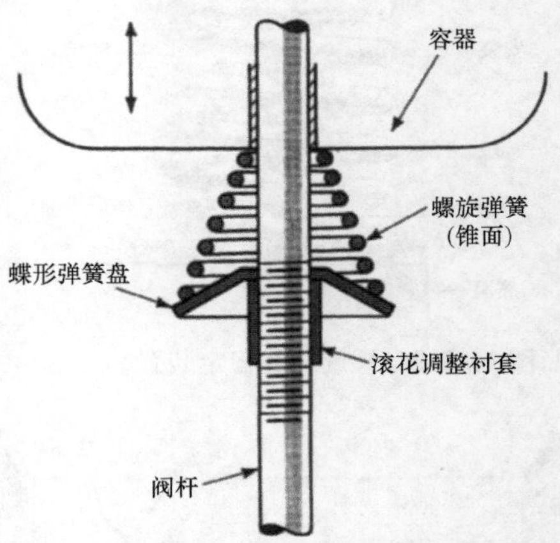

图 16.6-2 保持锥面螺旋弹簧装置。

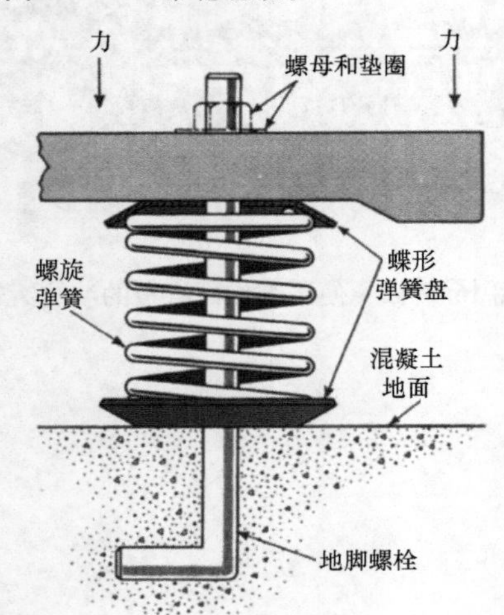

图 16.6-3 安装弹簧稳定装置。

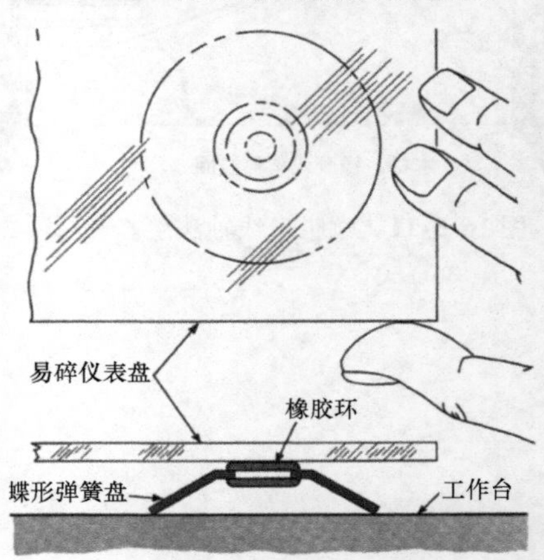

图 16.6-4 垫环座。

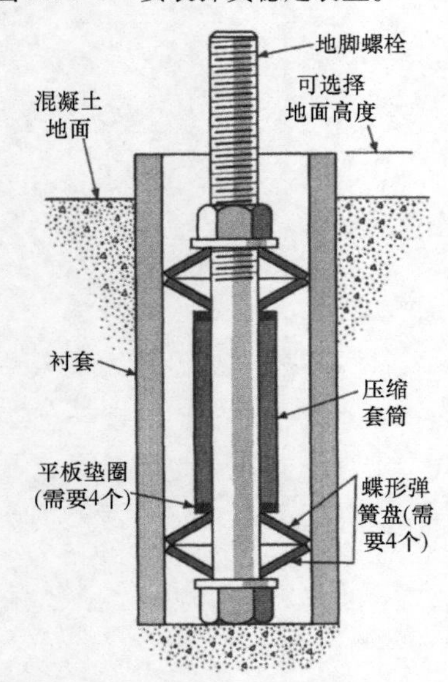

图 16.6-5 加固的地脚螺栓。

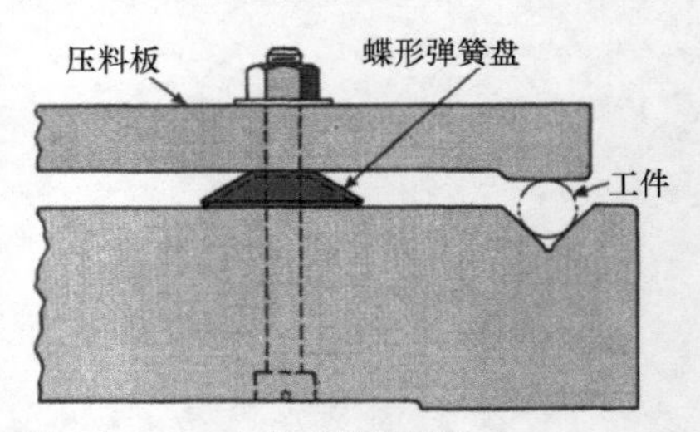

图 16.6-6 夹具夹紧弹簧。

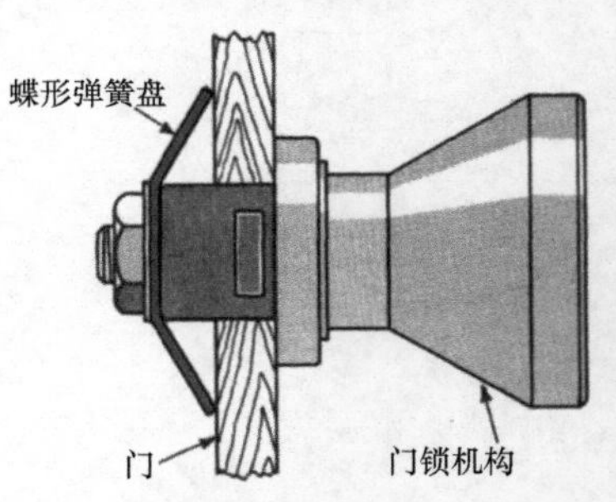

图 16.6-7 锁头。

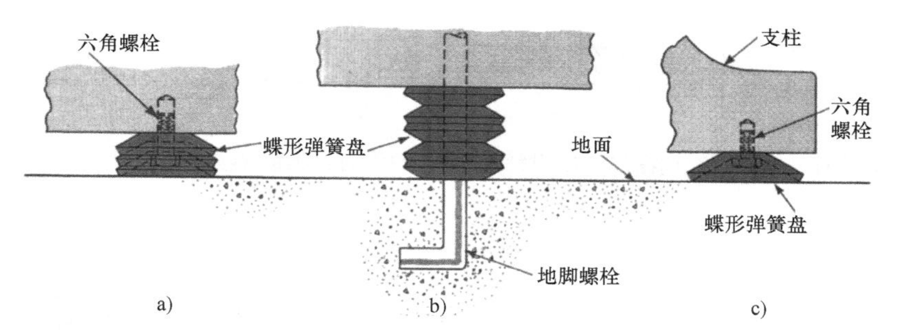

图 16.6-8 机器支架的弹簧安装。

16.7 杯形垫圈的创新设计

一个标准的现成的组件要比经过深思熟虑设计的组件有更多的用途。

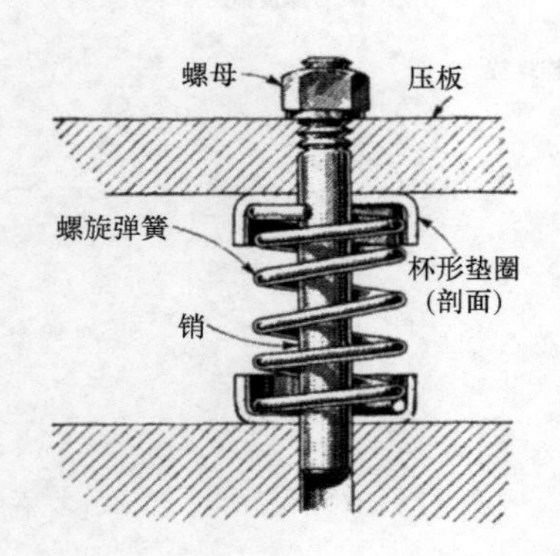

图 16.7-1 螺旋弹簧稳定装置或压缩制动装置。

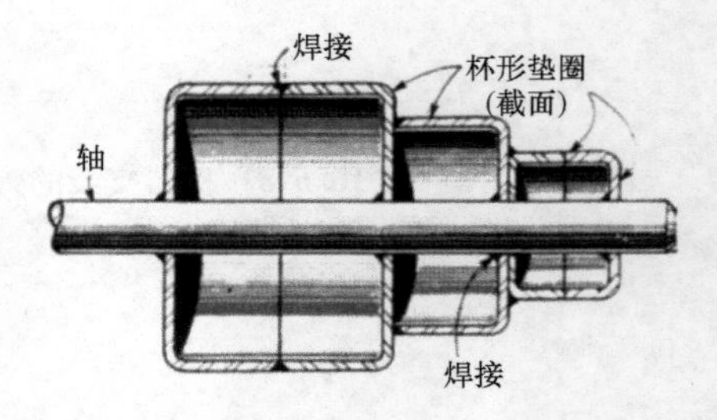

图 16.7-2 简易级轮。

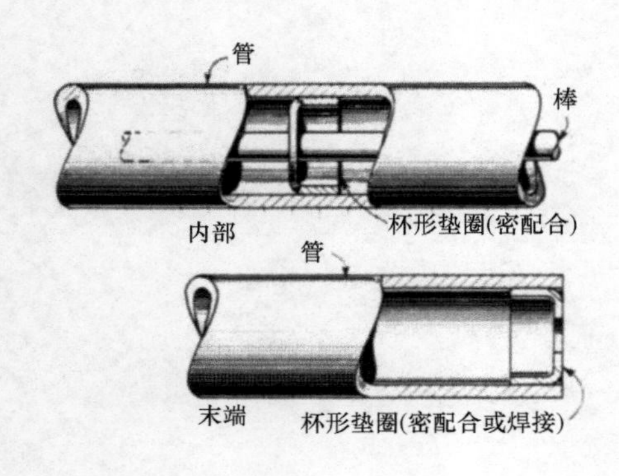

图 16.7-3 棒料调整和管道末端支撑。

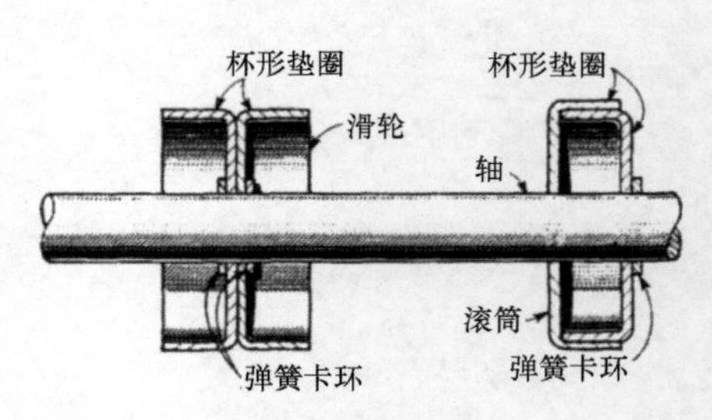

图 16.7-4 简易带轮和滚轮。

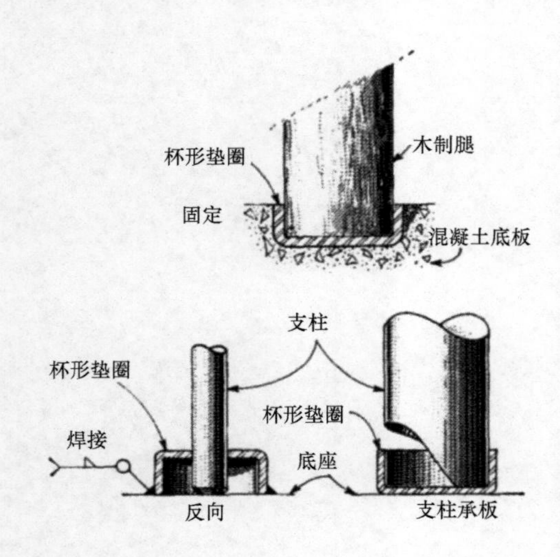

图 16.7-5 支柱固定和支撑装置。

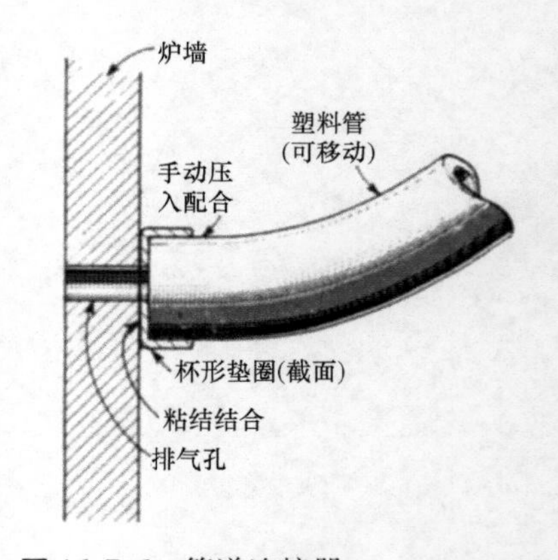

图 16.7-6 管道连接器。

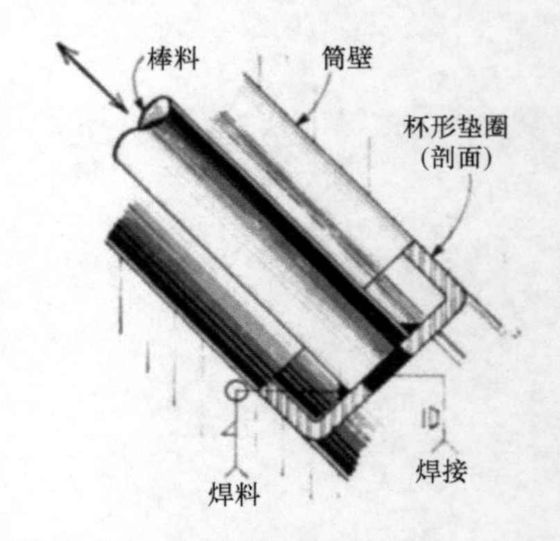

图 16.7-7 简易的气缸活塞。

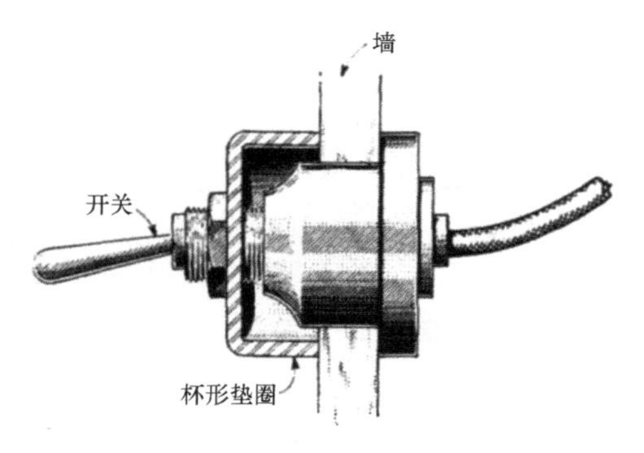

图 16.7-8　箱盖拨动开关装置。

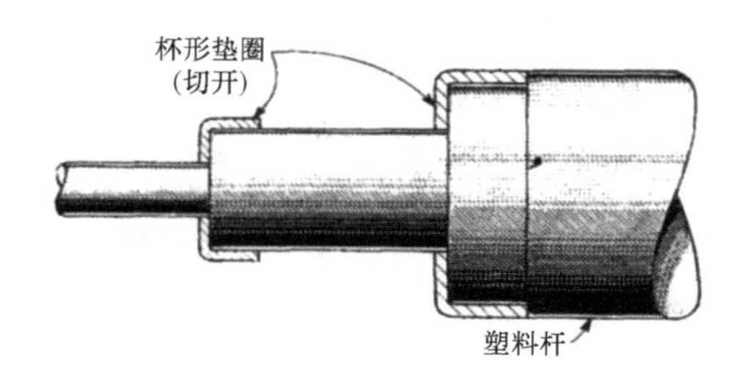

图 16.7-9　阶梯轴的保护装置。

16.8 组合件应用

当在螺钉连接中使用开口的锁紧垫圈时，平垫圈常常是必要的。装配它们的方式见表 16.8-1，在军用特殊规格电子设备中有严格的要求。商用要求通常是依赖设计师的决定或由产品成本的限制确定。然而，为了获得良好的品质和可靠的服务，还是要依靠下面展示的紧固方法。

表 16.8-1　平垫圈和分离的锁紧垫圈的装配。

平垫圈应该被放置在金属表面（不管抛光与否）与锁紧垫圈之间	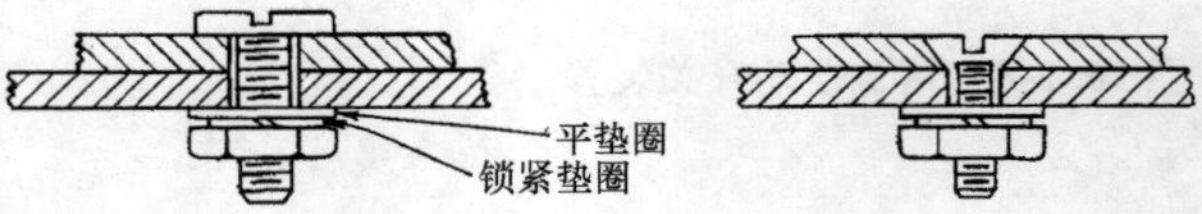 平垫圈 锁紧垫圈
平垫圈应该被放置在非金属表面和锁紧垫圈之间	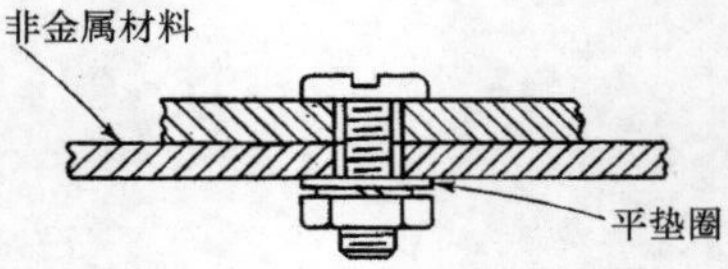 非金属材料 平垫圈
平垫圈应该被放置在螺钉头和非金属表面之间	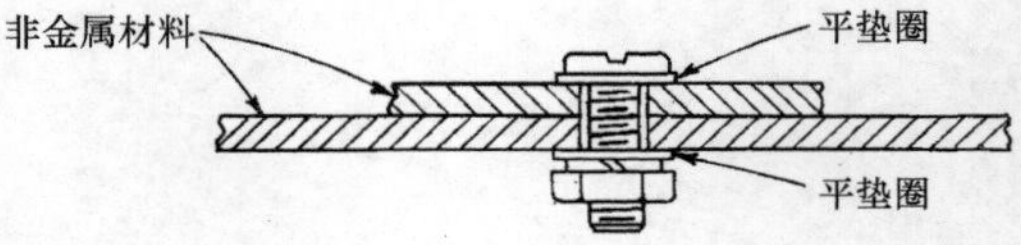 非金属材料 平垫圈 平垫圈
平垫圈应该被放置在螺钉头和厚度为 0.032in（0.8128mm）或更薄的金属之间	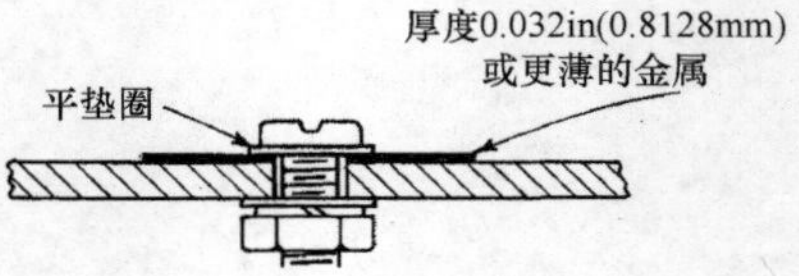 厚度0.032in(0.8128mm)或更薄的金属 平垫圈
平垫圈应该被放置在螺钉头和扩大或细长的通孔之间	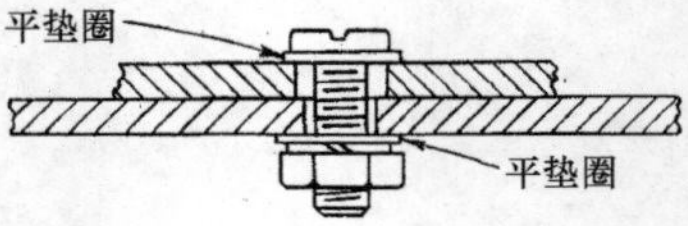 平垫圈 平垫圈
平垫圈应该被放置在锁紧垫圈和扩大或细长的通孔之间	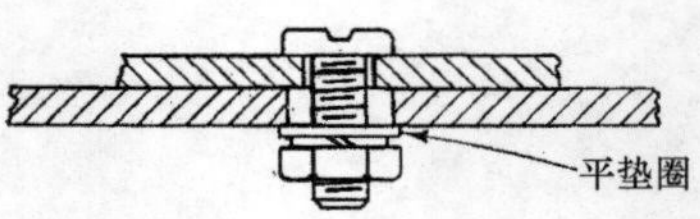 平垫圈

16.9 组合件标准数据

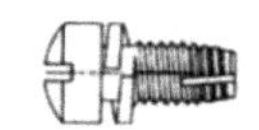

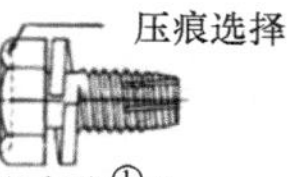
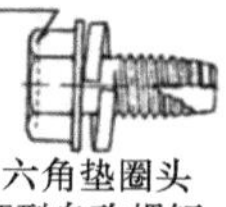
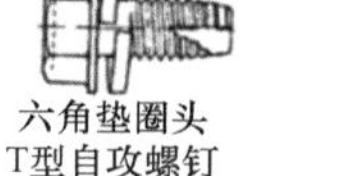
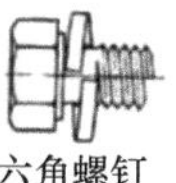

图 16.9-1 螺旋弹簧锁紧垫圈组合件的典型实例。

表 16.9-1 用于机械和自攻的组合螺钉的螺旋弹簧锁紧垫圈的尺寸与机械螺纹中径尺寸的关系。

公称尺寸②或者公称螺栓直径		垫圈的内径		平头螺栓				圆头螺钉				六角头、螺钉				六角垫圈头螺钉			
				垫圈的截面尺寸		垫圈的外径		垫圈的截面尺寸		垫圈的外径		垫圈的截面尺寸		垫圈的外径		垫圈的截面尺寸		垫圈的外径	
				宽度	厚度			宽度	厚度			宽度	厚度			宽度	厚度		
		最大值	最小值	最小值	最小值	最大值	最小值	最小值	最小值	最大值	最小值	最小值	最小值	最大值	最小值	最小值	最小值	最大值	最小值
2	0.0860	0.080	0.075	0.035	0.020	0.156	0.145	0.030	0.020	0.146	0.135	0.030	0.020	0.146	0.135	0.035	0.020	0.156	0.145
3	0.0990	0.091	0.086	0.040	0.025	0.178	0.166	0.035	0.020	0.168	0.156	0.035	0.020	0.168	0.156	0.040	0.025	0.178	0.166
4	0.1120	0.106	0.101	0.047	0.031	0.208	0.195	0.035	0.020	0.184	0.171	0.040	0.025	0.192	0.181	0.047	0.031	0.208	0.195
5	0.1250	0.118	0.113	0.047	0.031	0.220	0.207	0.035	0.020	0.196	0.183	0.047	0.031	0.220	0.207	0.047	0.031	0.220	0.207
6	0.1380	0.129	0.124	0.062	0.034	0.261	0.248	0.047	0.031	0.231	0.218	0.047	0.031	0.231	0.218	0.062	0.034	0.261	0.248
8	0.1640	0.155	0.149	0.078	0.031	0.319	0.305	0.047	0.031	0.257	0.243	0.055	0.040	0.271	0.259	0.078	0.031	0.319	0.305
10	0.1900	0.179	0.173	0.093	0.047	0.373	0.359	0.055	0.040	0.297	0.283	0.062	0.047	0.311	0.297	0.093	0.047	0.373	0.359
12	0.2160	0.203	0.196	0.109	0.062	0.429	0.414	0.062	0.047	0.335	0.320	0.070	0.056	0.351	0.336	0.109	0.062	0.429	0.414
1/4	0.2500	0.238	0.230	0.125	0.062	0.496	0.480	0.077	0.063	0.400	0.384	0.109	0.062	0.464	0.448	0.125	0.062	0.496	0.480
5/16	0.3125	0.298	0.290	0.156	0.078	0.618	0.602	0.109	0.062	0.524	0.508	0.125	0.078	0.556	0.540	0.156	0.078	0.618	0.602
3/8	0.3750	0.361	0.353	0.171	0.093	0.711	0.695	0.125	0.062	0.619	0.603	0.141	0.094	0.651	0.635	0.171	0.093	0.711	0.695
7/16	0.4375	0.420	0.411	—	—	—	—	—	—	—	—	0.156	0.109	0.740	0.723	—	—	—	—
1/2	0.5000	0.482	0.473	—	—	—	—	—	—	—	—	0.171	0.125	0.834	0.815	—	—	—	—

表 16.9-2 B 型自攻螺纹的中径与用于组合螺钉的螺旋弹簧锁紧垫圈的尺寸。

公称尺寸②或者公称螺栓直径		垫圈的内径		平头螺栓				圆头自攻螺钉				六角头自攻螺钉				六角垫圈头自攻螺钉			
				垫圈的截面尺寸		垫圈的外径		垫圈的截面尺寸		垫圈的外径		垫圈的截面尺寸		垫圈的外径		垫圈的截面尺寸		垫圈的外径	
				宽度	厚度			宽度	厚度			宽度	厚度			宽度	厚度		
		最大值	最小值	最小值	最小值	最大值	最小值	最小值	最小值	最大值	最小值	最小值	最小值	最大值	最小值	最小值	最小值	最大值	最小值
4	0.1120	0.101	0.096	0.047	0.031	0.201	0.190	0.035	0.020	0.179	0.166	0.040	0.025	0.187	0.176	0.047	0.031	0.201	0.190
5	0.1250	0.112	0.107	0.050	0.034	0.218	0.207	0.035	0.020	0.190	0.177	0.047	0.031	0.214	0.201	0.050	0.034	0.218	0.207
6	0.1380	0.121	0.116	0.062	0.034	0.253	0.240	0.047	0.031	0.223	0.210	0.047	0.031	0.223	0.210	0.062	0.034	0.253	0.240
7	0.1510	0.136	0.130	0.062	0.034	0.267	0.254	0.047	0.031	0.237	0.224	0.047	0.031	0.237	0.224	0.062	0.034	0.267	0.254
8	0.1640	0.144	0.138	0.078	0.031	0.308	0.294	0.047	0.031	0.246	0.232	0.055	0.040	0.262	0.248	0.078	0.031	0.308	0.294
10	0.1900	0.162	0.156	0.081	0.056	0.332	0.318	0.055	0.040	0.280	0.266	0.062	0.047	0.294	0.280	0.081	0.058	0.332	0.318
12	0.2160	0.188	0.181	0.081	0.056	0.358	0.343	0.062	0.047	0.320	0.305	0.070	0.056	0.336	0.321	0.081	0.058	0.358	0.343
1/4	0.2500	0.217	0.209	0.120	0.062	0.465	0.449	0.077	0.063	0.379	0.353	0.109	0.062	0.443	0.427	0.120	0.062	0.465	0.449
5/16	0.3125	0.278	0.270	0.125	0.078	0.536	0.520	0.109	0.062	0.504	0.488	0.125	0.078	0.536	0.520	0.126	0.078	0.536	0.520
3/8	0.3750	0.338	0.330	0.141	0.094	0.628	0.612	0.125	0.062	0.596	0.580	0.141	0.094	0.628	0.612	0.141	0.094	0.628	0.612
7/16	0.4375	0.397	0.388	…	…	…	…	…	…	…	…	0.156	0.108	0.716	0.700	…	…	…	…
1/2	0.5000	0.460	0.451	…	…	…	…	…	…	…	…	0.171	0.125	0.812	0.793	…	…	…	…

注：1. 如有附加要求，请参考 16.2 节和 16.3 节。

2. 螺旋弹簧锁紧垫圈的应用尺寸不推荐用于新的设计，圆形螺钉、凹形螺钉和 A 型自攻螺钉的组合可以在相应的文献中查阅。

① 六角头螺栓的定期修整或翻转需要申请使用图示的垫圈。当购买者需要指定大的六角头螺栓尺寸为表中 No.4、No.5、No.8、No.12 和 1/4in 时，则相应六角垫圈头螺栓的垫圈尺寸也应该被采用。请参考 ASME B18.6.4 标准中六角头自攻螺钉的相关表格。

② 这里详细列出的带有小数的公称尺寸，在小数点前和小数点第四个位置上的零被省略。

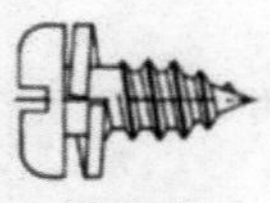

平头AB型
自攻螺钉

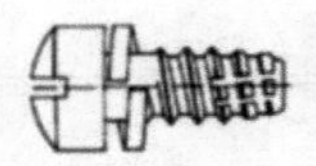

圆头BF型
自攻螺钉

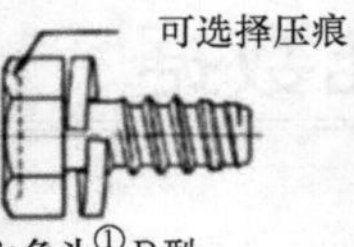

六角头①B型
自攻螺钉

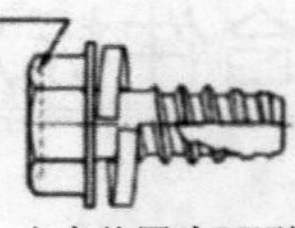

六角垫圈头BT型
自攻螺钉

图 16.9-2 螺旋弹簧锁紧垫圈组合件的典型实例。

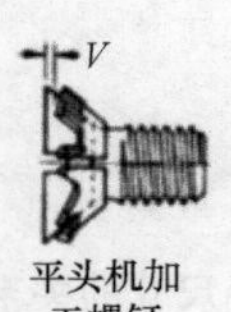

平头机加
工螺钉

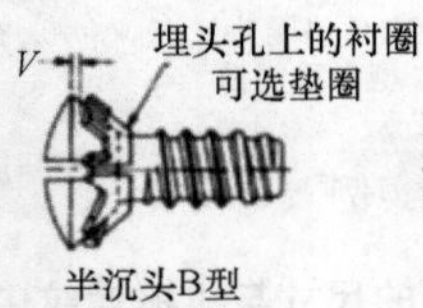

半沉头B型
自攻螺钉

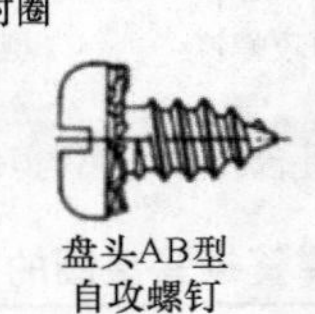

盘头AB型
自攻螺钉

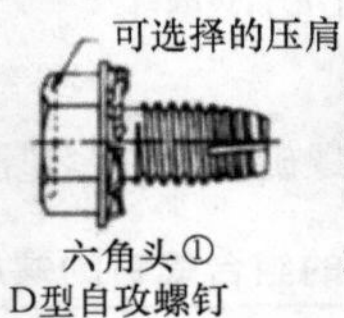

六角头①
D型自攻螺钉

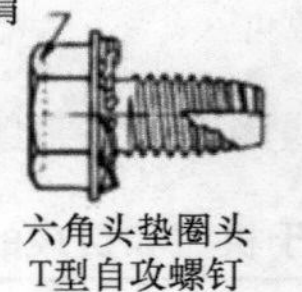

六角头垫圈头
T型自攻螺钉

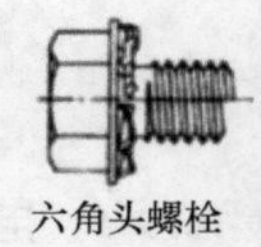

六角头螺栓

图 16.9-3 外齿锁紧垫圈的典型实例。

表 16.9-3 外齿锁紧垫圈的尺寸。

螺钉的公称尺寸②或基本直径		平头或沉头螺钉			盘头螺钉				内六角和外六角螺钉①				六角垫圈头螺钉			
		垫圈厚度		V	垫圈厚度		垫圈外径		垫圈厚度		垫圈外径		垫圈厚度		垫圈外径	
		最大	最小	负偏差	最大	最小	最大	最小	最大	最小	最大	最小	最大	最小	最大	最小
2	0.0860	…	…	…	0.016	0.010	0.180	0.170	0.016	0.010	0.180	0.170	0.016	0.010	0.180	0.170
3	0.0990	0.014	0.009	0.019	0.016	0.010	0.205	0.195	0.016	0.010	0.205	0.195	0.016	0.010	0.205	0.195
4	0.1120	0.014	0.009	0.022	0.018	0.012	0.230	0.220	0.018	0.012	0.230	0.220	0.018	0.012	0.230	0.220
5	0.1250	0.019	0.015	0.024	0.020	0.014	0.255	0.245	0.020	0.014	0.255	0.245	0.020	0.014	0.255	0.245
6	0.1380	0.020	0.016	0.026	0.022	0.016	0.285	0.270	0.022	0.016	0.285	0.270	0.022	0.016	0.317	0.306
7	0.1510	0.020	0.016	0.047	0.022	0.016	0.285	0.270	0.022	0.016	0.285	0.270	0.022	0.016	0.317	0.306
8	0.1640	0.020	0.016	0.030	0.023	0.018	0.320	0.305	0.023	0.018	0.320	0.305	0.023	0.018	0.317	0.306
10	0.1900	0.025	0.019	0.036	0.024	0.018	0.381	0.365	0.024	0.018	0.381	0.365	0.024	0.018	0.406	0.395
12	0.2160	0.025	0.019	0.041	0.027	0.020	0.410	0.395	0.027	0.020	0.410	0.395	0.027	0.020	0.406	0.395
1/4	0.2500	0.025	0.019	0.047	0.028	0.023	0.510	0.494	0.028	0.023	0.475	0.460	0.028	0.023	0.580	0.567
5/16	0.3125	0.028	0.023	0.060	0.034	0.028	0.610	0.588	0.034	0.028	0.580	0.567	0.034	0.028	0.654	0.640
3/8	0.3750	0.034	0.028	0.072	0.040	0.032	0.760	0.740	0.040	0.032	0.660	0.640	0.040	0.032	0.760	0.740

表 16.9-4 内齿锁紧垫圈的尺寸。

螺钉的公称尺寸③或基本直径		平头、圆头、六角头①和六角垫圈②头螺钉			
		垫圈厚度		垫圈外径	
		最大	最小	最大	最小
2②	0.0860	0.016	0.010	0.185	0.175
3②	0.0990	0.016	0.010	0.225	0.215
4②	0.1120	0.018	0.012	0.268	0.258
5②	0.1250	0.018	0.012	0.268	0.258
6	0.1380	0.022	0.016	0.288	0.278
7	0.1510	0.022	0.016	0.288	0.278
8	0.1640	0.023	0.018	0.338	0.327
10	0.1900	0.024	0.018	0.383	0.372
12	0.2160	0.027	0.020	0.408	0.396
1/4	0.2500	0.028	0.023	0.478	0.466
5/16	0.3125	0.034	0.028	0.610	0.597
3/8	0.3750	0.040	0.032	0.692	0.678

注：1. 如有附加要求，请参考16.2节和16.4节。

2. 内齿锁紧垫圈的应用尺寸不推荐用于新的设计，圆形螺钉、凹形螺钉和A型、C型自攻螺钉的组合可以在相应的文献中查阅。

① 六角头螺栓的定期修整或翻转需要申请使用图示的垫圈。当购买者需要指定大的六角头螺栓尺寸为表中除了No.4、No.5、No.8、No.12和1/4in外时，则相应六角垫圈头螺栓的垫圈尺寸也应该被采用。六角头机加螺钉和自攻螺钉请分别参考ASME B18.6.3和ASME B18.6.4的相关表格。外六角螺钉参考ASME B18.2.1标准中的相关表格。

② 六角垫圈头组合螺钉小于No.6的尺寸时无法使用。

③ 这里详细列出的带有小数的公称尺寸，在小数点前和小数点第四个位置上的零被省略。

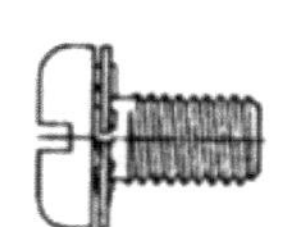

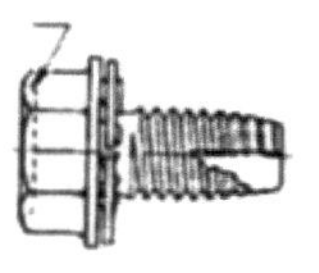

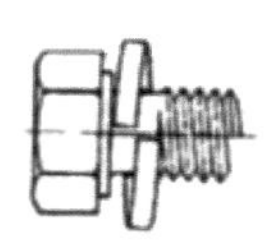

图 16.9-4 内齿锁紧垫圈的典型实例。

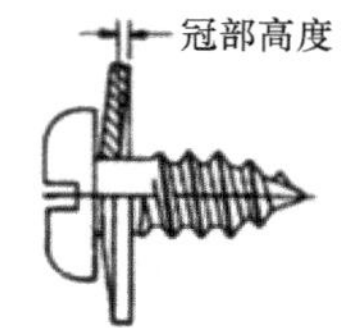

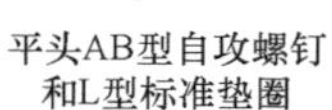

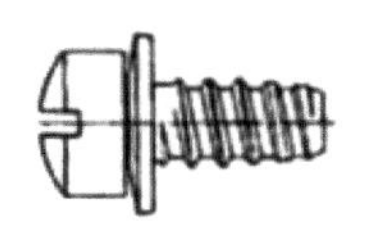

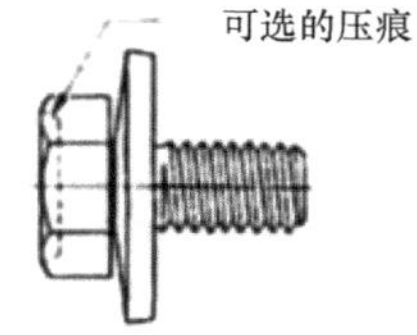

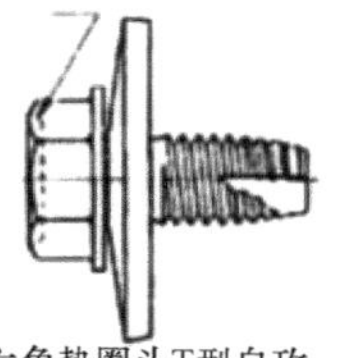

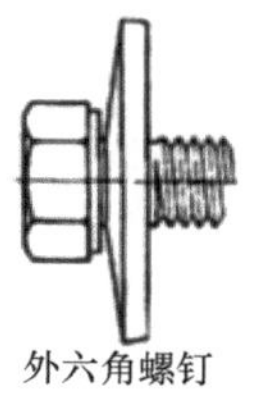

图 16.9-5 锥形弹簧垫圈的典型实例。

表 16.9-5 锥形弹簧垫圈的典型尺寸。

公称直径②或基本螺栓直径		平头、圆头、六角①六角垫圈头和外六角螺钉												
		垫圈系列	垫圈外径		L 型垫圈					H 型垫圈				
					厚度			冠部高度		厚度			冠部高度	
			最大值	最小值	基本值	最大值	最小值	基本值	最小值	基本值	最大值	最小值	基本值	最小值
6	0.1360	窄标准宽度	0.320	0.307	0.025	0.029	0.023	0.025	0.015	0.035	0.040	0.033	0.025	0.015
			0.446	0.433	0.030	0.034	0.028	0.025	0.015	0.040	0.046	0.037	0.025	0.015
			0.570	0.557	0.030	0.034	0.028	0.031	0.021	0.040	0.046	0.037	0.029	0.019
8	0.1640	窄标准宽度	0.383	0.370	0.035	0.040	0.033	0.025	0.015	0.040	0.045	0.037	0.025	0.015
			0.508	0.495	0.035	0.040	0.033	0.030	0.020	0.045	0.050	0.042	0.026	0.016
			0.640	0.620	0.035	0.040	0.033	0.037	0.027	0.045	0.050	0.042	0.040	0.030
10	0.1900	窄标准宽度	0.446	0.433	0.035	0.040	0.033	0.025	0.015	0.050	0.056	0.047	0.025	0.015
			0.570	0.557	0.040	0.046	0.037	0.027	0.017	0.055	0.060	0.052	0.026	0.016
			0.765	0.743	0.040	0.046	0.037	0.036	0.026	0.055	0.060	0.052	0.034	0.024
12	0.2160	窄标准宽度	0.445	0.433	0.040	0.046	0.037	0.025	0.015	0.055	0.060	0.052	0.025	0.015
			0.640	0.620	0.040	0.046	0.037	0.033	0.023	0.055	0.060	0.052	0.028	0.016
			0.890	0.868	0.045	0.050	0.042	0.044	0.034	0.064	0.071	0.059	0.033	0.023
¼	0.2500	窄标准宽度	0.515	0.495	0.045	0.050	0.042	0.025	0.015	0.054	0.071	0.059	0.025	0.015
			0.765	0.743	0.050	0.056	0.047	0.033	0.023	0.079	0.087	0.074	0.032	0.022
			1.015	0.993	0.055	0.060	0.052	0.040	0.030	0.079	0.087	0.074	0.039	0.029
3/16	0.3125	窄标准宽度	0.640	0.620	0.055	0.060	0.052	0.026	0.016	0.079	0.087	0.074	0.026	0.016
			0.890	0.868	0.064	0.071	0.059	0.041	0.031	0.095	0.103	0.090	0.029	0.019
			1.140	1.118	0.064	0.071	0.059	0.044	0.034	0.095	0.103	0.090	0.040	0.030
⅜	0.3750	窄标准宽度	0.765	0.743	0.071	0.079	0.056	0.025	0.015	0.095	0.103	0.090	0.025	0.015
			1.015	0.993	0.071	0.079	0.066	0.042	0.033	0.118	0.125	0.112	0.033	0.023
			1.265	1.243	0.079	0.087	0.074	0.047	0.037	0.118	0.126	0.112	0.045	0.035
7/16	0.4375	窄标准宽度	0.890	0.869	0.079	0.087	0.074	0.028	0.018	0.128	0.136	0.122	0.026	0.016
			1.140	1.118	0.095	0.103	0.090	0.041	0.031	0.128	0.136	0.122	0.038	0.028
			1.530	1.493	0.095	0.103	0.090	0.059	0.049	0.132	0.140	0.126	0.049	0.039
½	0.5000	窄标准宽度	1.015	0.993	0.100	0.108	0.094	0.031	0.021	0.142	0.150	0.135	0.030	0.020
			1.265	1.243	0.111	0.120	0.106	0.043	0.033	0.142	0.150	0.135	0.037	0.027
			1.780	1.743	0.111	0.120	0.106	0.062	0.052	0.152	0.160	0.145	0.052	0.042

① 六角头螺栓的定期修整或翻转需要申请使用图示的垫圈。当购买者需要指定大的六角头螺栓尺寸为表中除了 NO.4、NO.5、NO.8、NO.12 和 1/4in 外时，则相应六角垫圈头螺栓的垫圈尺寸也应该被采用。六角头机加螺钉请参考 ASME B18.6.3 的标准的合适表格。

② 这里详细列出的带有小数的公称尺寸，在小数点前和小数点第四个位置上的零被省略。

第 17 章

O 形密封圈

17.1 O 形密封圈的 8 种特殊应用

O 形密封圈有着许多不同的用途，例如可用作保护装置、孔衬垫、浮动止块及其他关键的设计零件。

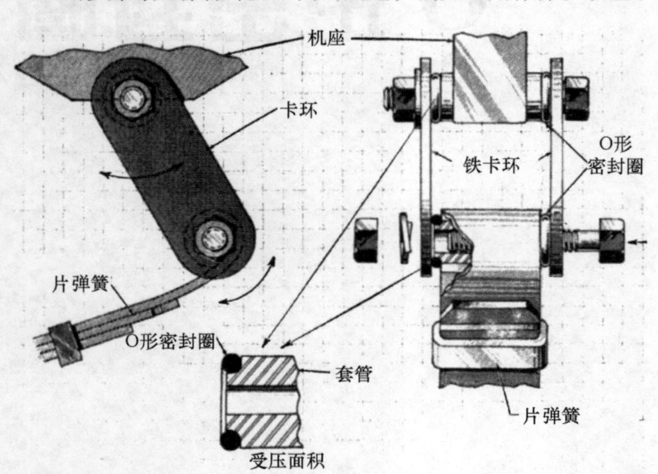

图 17.1-1 在较小的相对运动中，O 形密封圈起到保护金属表面的作用。

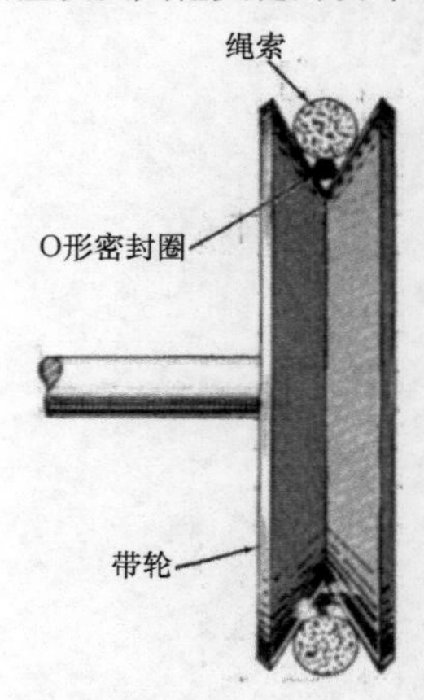

图 17.1-2 在 V 带轮中 O 形密封圈起到缓和绳索冲击的作用。

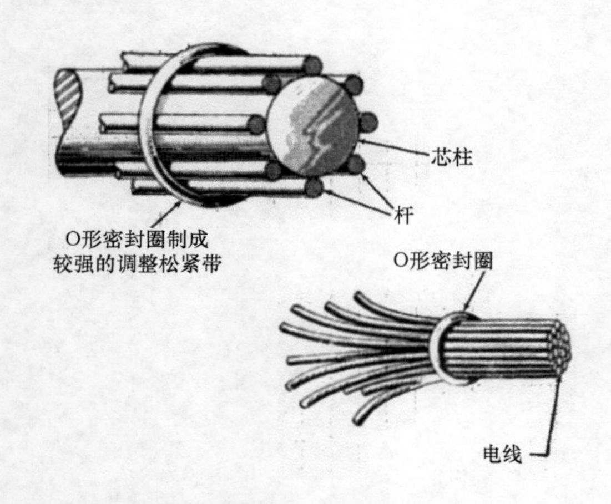

图 17.1-3 O 形密封圈捆绑零件或导线。

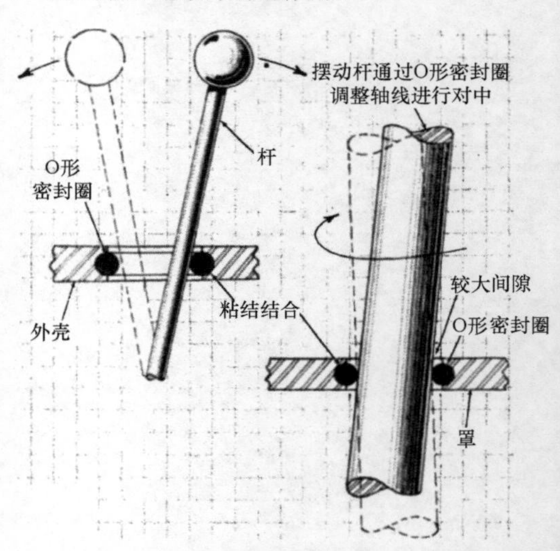

图 17.1-4 O 形密封圈靠在孔中缓和杠杆的冲击（左图），以及在大孔中稳固轴。

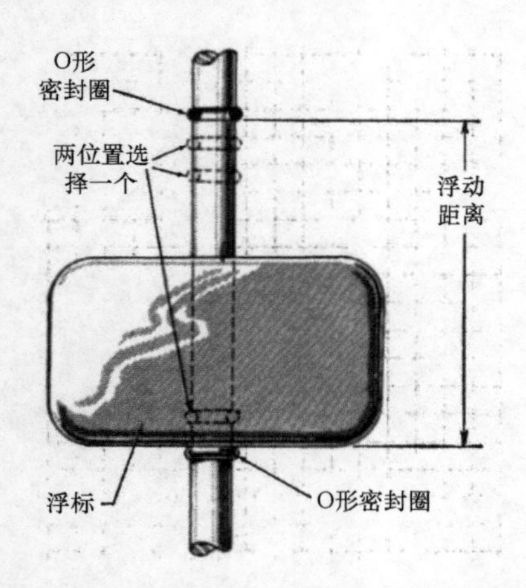

图 17.1-5 O 形密封圈充当快速调整浮标止动块。

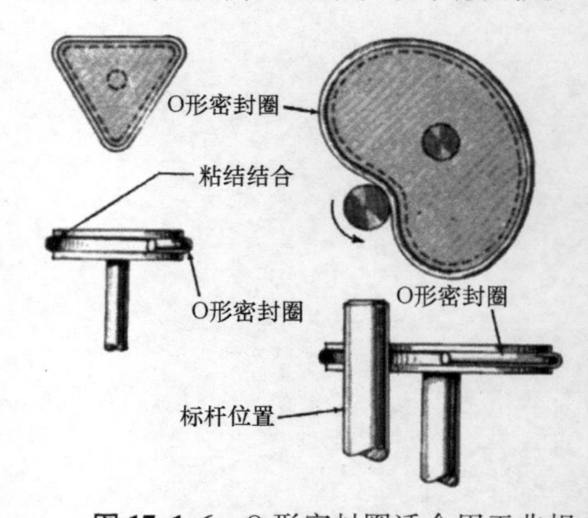

图 17.1-6 O 形密封圈适合用于非规则的轮廓面。

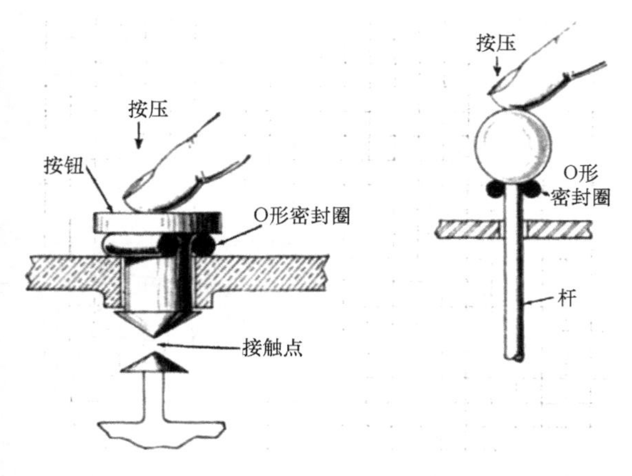

图 17.1-7　O 形密封圈起到缓和压力按钮的作用。

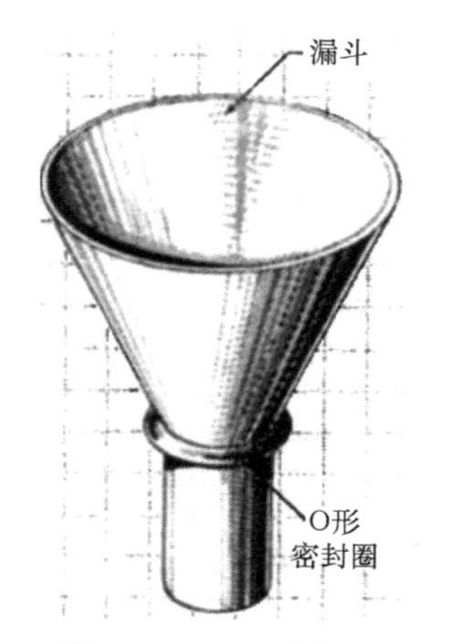

图 17.1-8　O 形密封圈密封和缓冲漏斗。

17.2 O 形密封圈的其他 16 种特殊应用

这种小巧的零件在水泵、驱动器、气封、防振器、关节点、按钮、阀门和密封等中一般都能被看见。

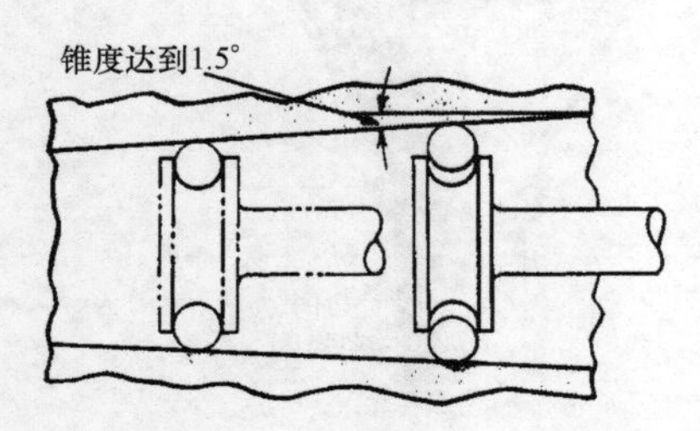

图 17.2-1　锥孔。在压铸中，宽大的 O 形密封圈和低成本的泵适用于低压使用场合。例如汽化加速泵。

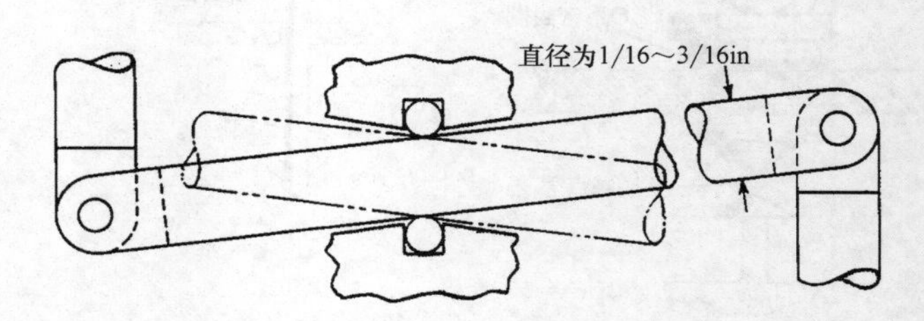

图 17.2-2　密封转轴。允许多方向的传输、液压驱动的机械运动或者气动隔离系统。对于高温密封来说，使用硅橡胶通常可以解决这个难题，但要防止硅胶过多。

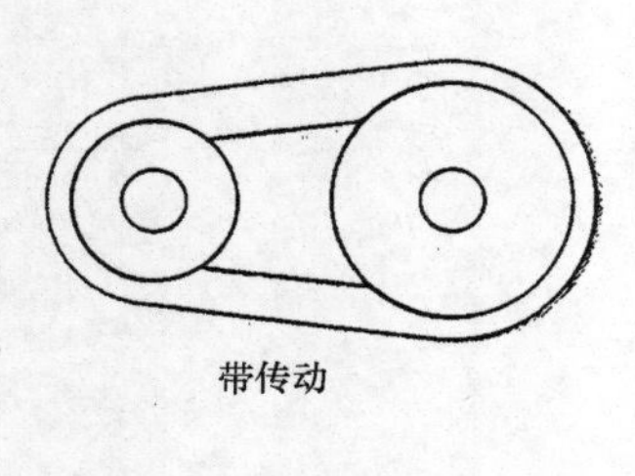

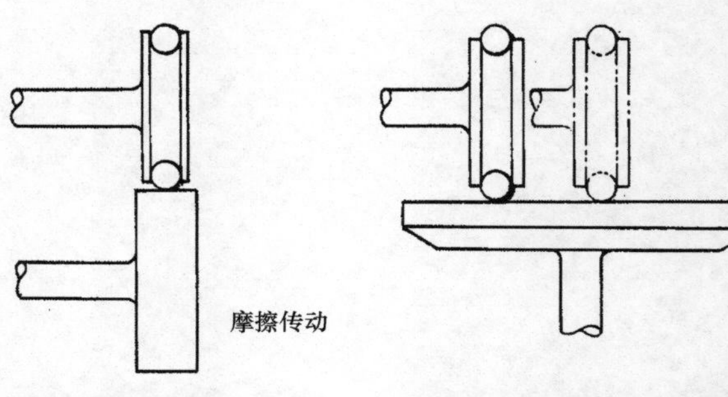

图 17.2-3　简单驱动。该装置不但使用 O 形密封圈，也利用了其高摩擦力和弹性的物理特性。

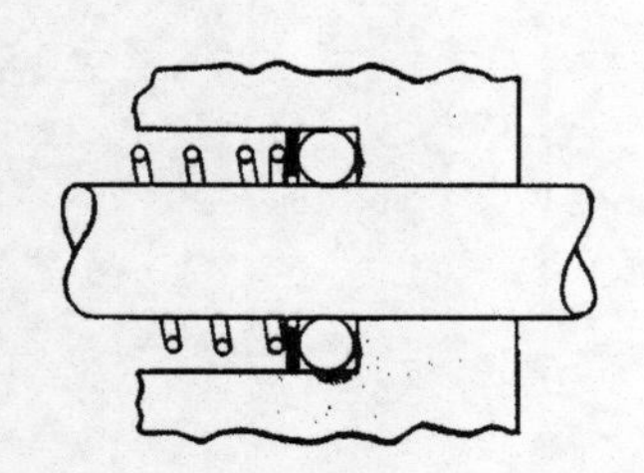

图 17.2-4　单环填料盖。对于低压和高粘度的液体来说是比较理想的，如有必要可以安装其他的环。

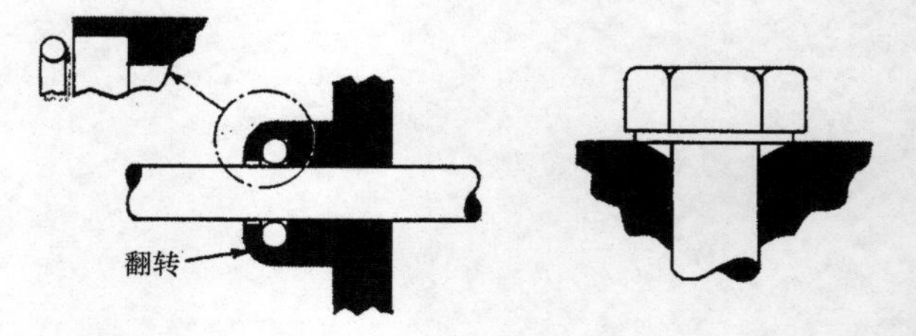

图 17.2-5　轴封。可以通过在 O 形密封圈上转动薄壁件来实现轴封控制。当螺栓拧紧时，螺栓密封圈挤在埋头孔中。由于模塑橡胶限位后几乎是不可压缩的，所以埋头孔的横截面积必须不能小于 O 形密封圈的横截面积。

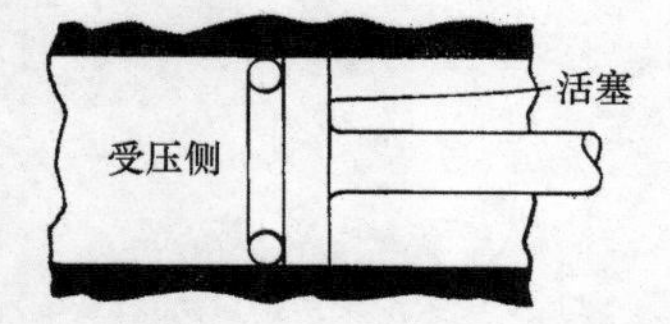

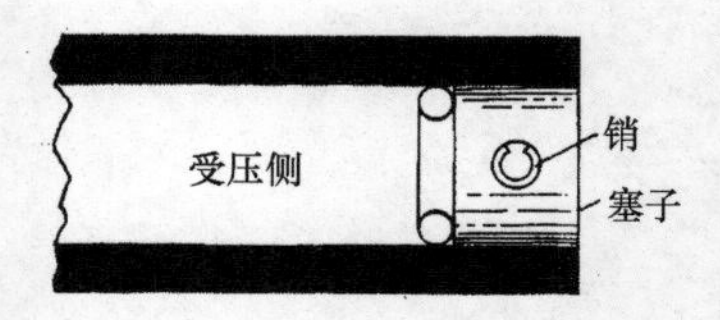

图 17.2-6　单向压力。在受压侧通过 O 形密封圈支撑实现单向压力。密封是可以移动的，如用在注油枪中；或是静态的，如用在管道塞中。固定环对活塞的意义是获得更大的方便和可靠性。

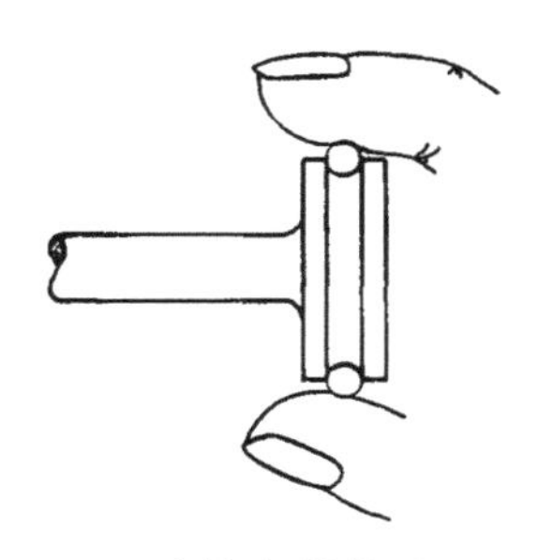

图 17.2-7 摩擦夹紧装置。O 形密封圈用在旋钮上充当摩擦夹紧装置不仅可以更好地实现夹紧，而且可以隔绝热和电。它也可以改变实物模型和工作模型的外观。

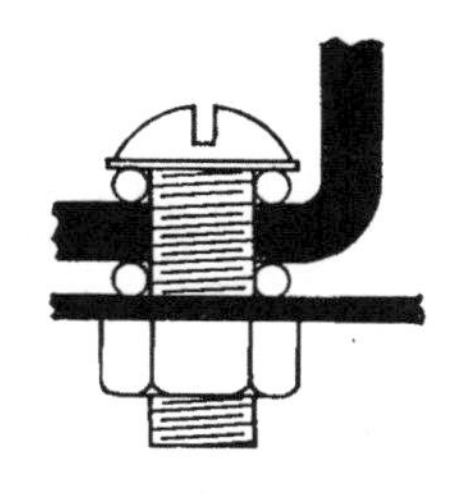

图 17.2-8 微型防振器。根据粘弹性材料的性能，这种微型防振器将使装置隔离振动。

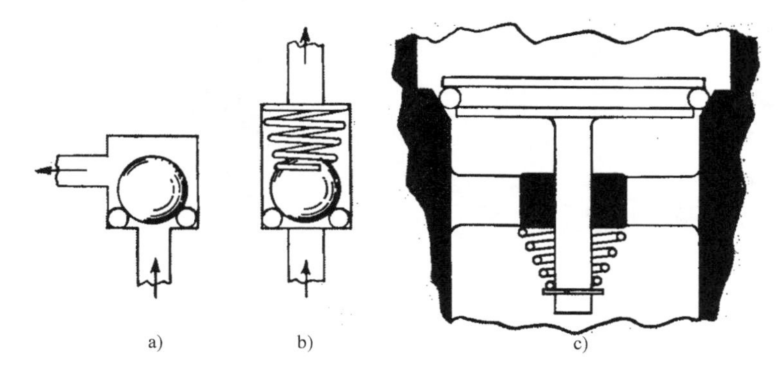

图 17.2-9 止回阀。止回阀中可能有自由球（17.2-9a）或者弹簧负载（17.2-9b）。如果首先重力帮助球定位于阀座上，那么回压将始终把球保持在球座上。如果有必要关闭其他配件，打开重型止回阀（图 17.2-9c）从而将回压释放。

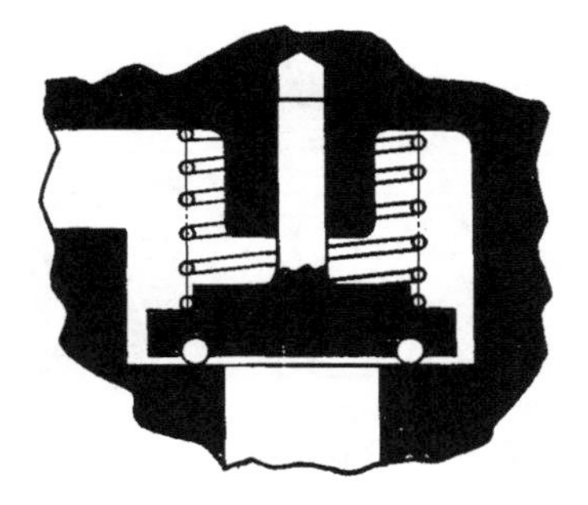

图 17.2-10 高压止回阀。该装置不允许释放回压，但通过让阀杆伸出就能方便地通过修改来实现释放。

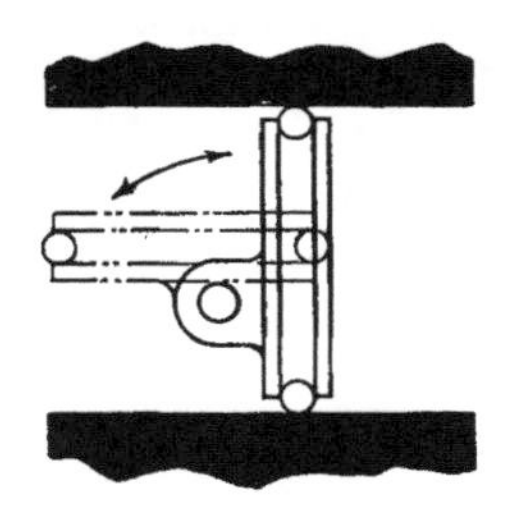

图 17.2-11 蝶形阀。蝶形阀如果不平衡则将转变为止回阀，否则其成为标准的双向阀。

17.3　O 形密封圈的多功能性

O 形密封圈还可以做各种各样的其他工作，如同五金器具中的精密件。

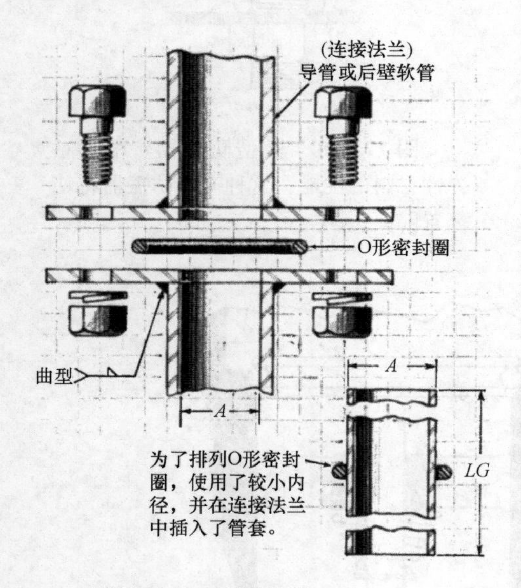

图 17.3-1　密封垫片。

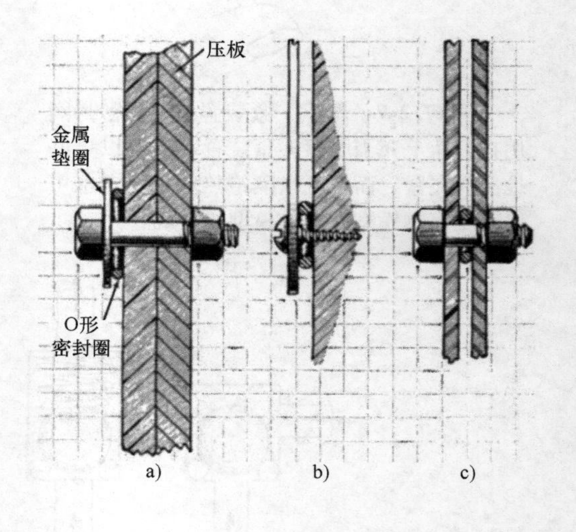

图 17.3-2　防止损坏。

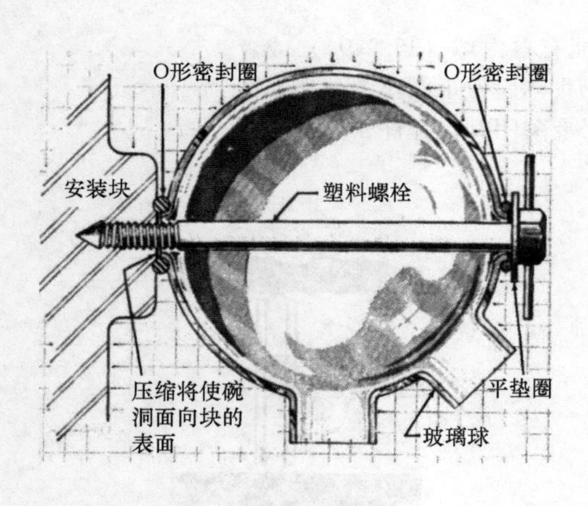

图 17.3-3　碗密封。

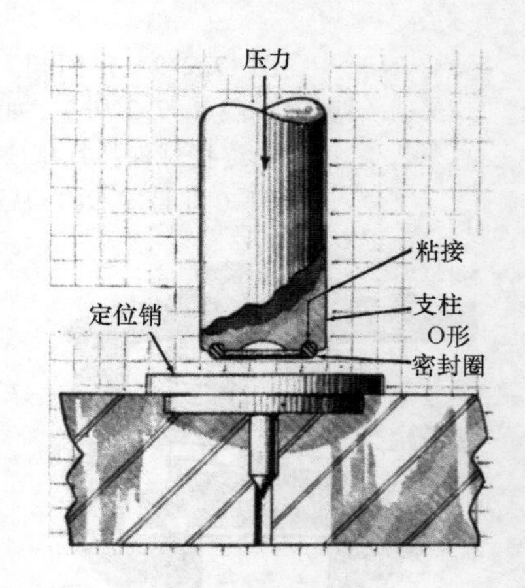

图 17.3-4　吸振装置。

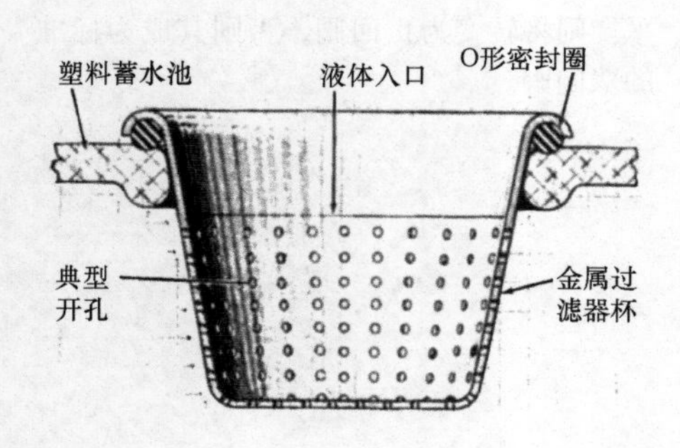

图 17.3-5　过滤杯支架和过滤器密封。

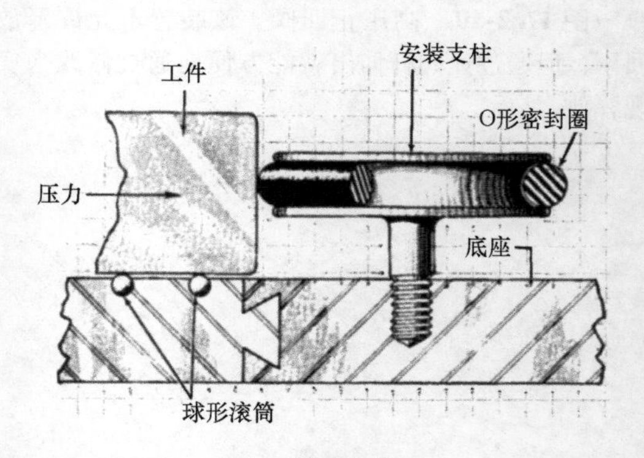

图 17.3-6　校准缓冲器。

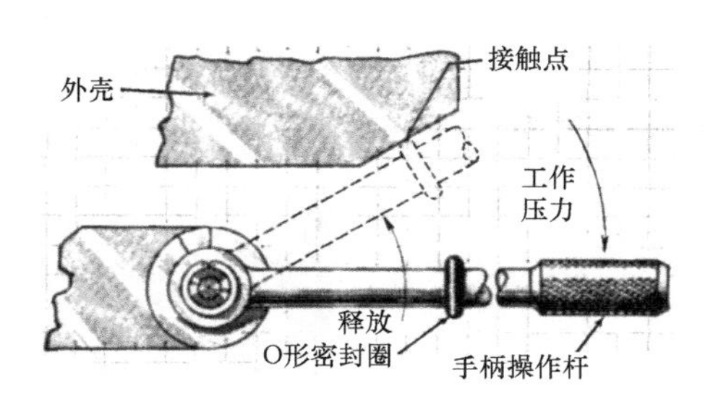

图 17.3-7　杠杆制动器。

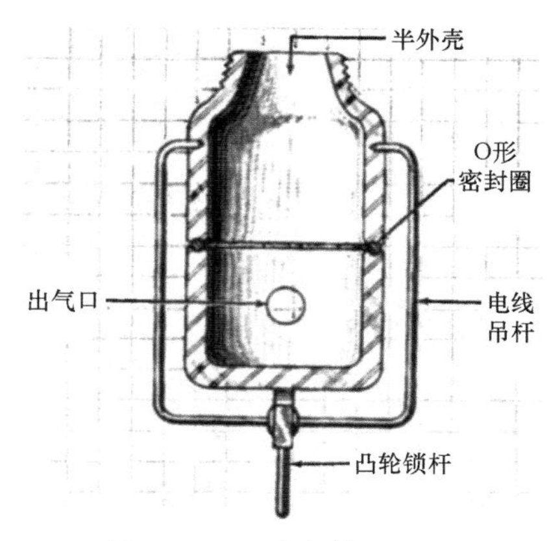

图 17.3-8　腔密封。

17.4 O形密封圈解决设计问题之一

橡胶密封圈可以热膨胀、保护表面、密封管道末端和连接、防止滑动。

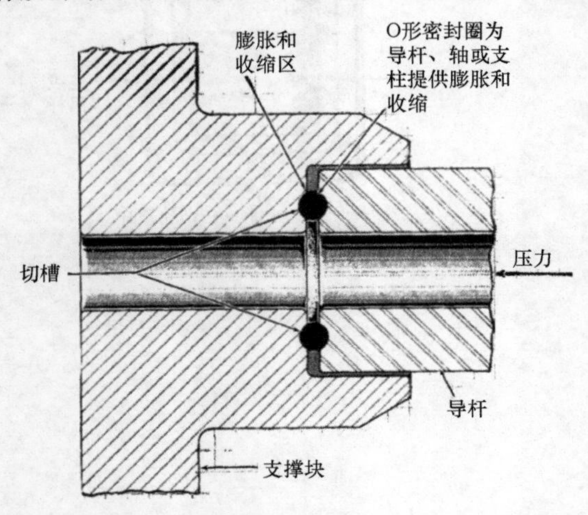

图 17.4-1　吸收膨胀。

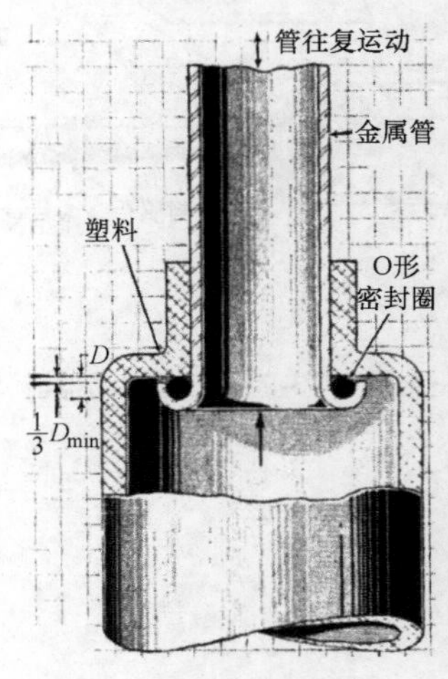

图 17.4-2　保护塑料。

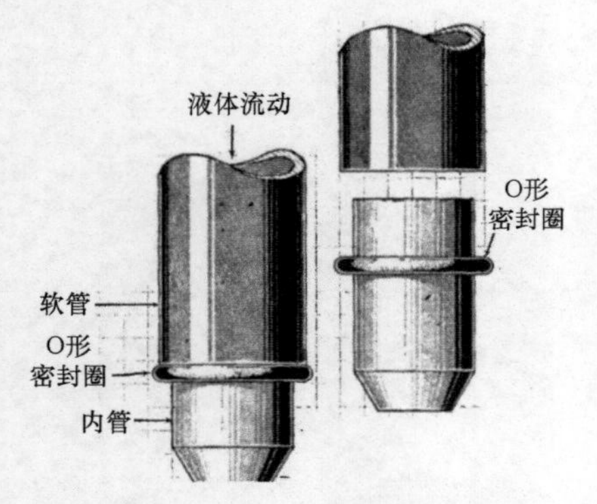

图 17.4-3　填充蒸汽时的密封。

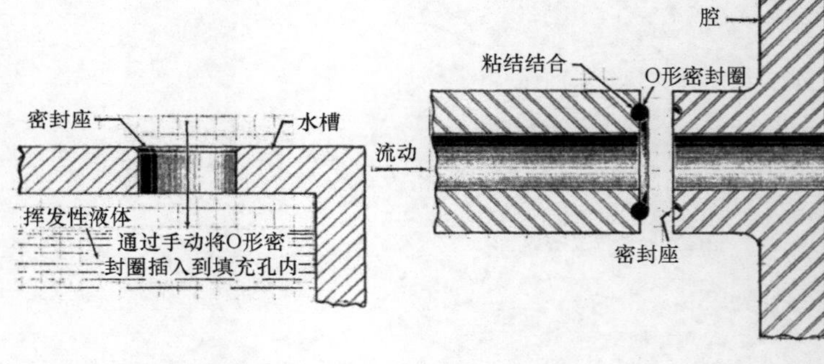

图 17.4-4　分割流动密封。

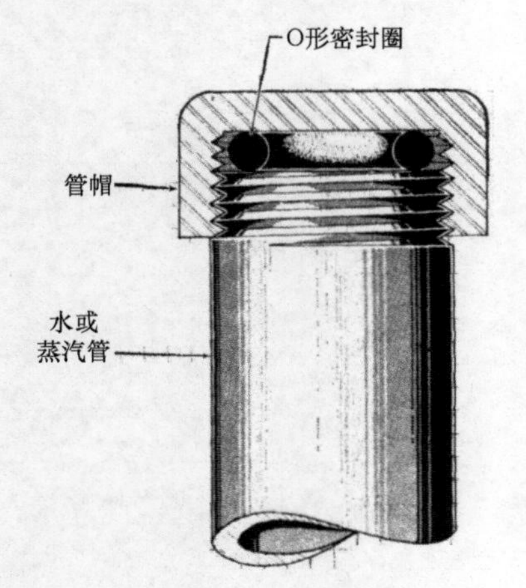

图 17.4-5　密封管端。

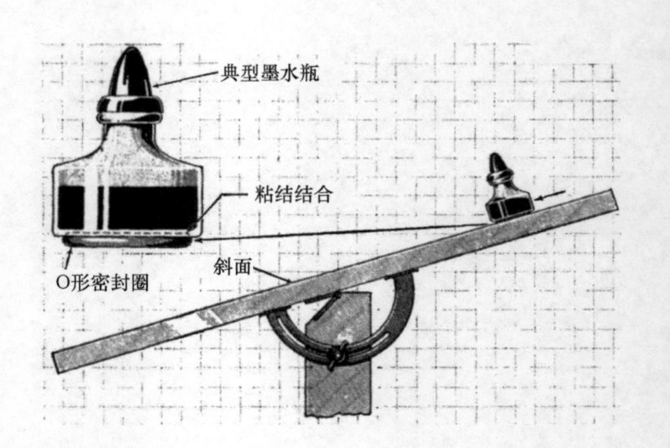

图 17.4-6　阻止滑动。

17.5 O 形密封圈解决设计问题之二

此处提供更多的例子说明橡胶密封圈是如何给轴、盖、接管和弯头提供密封的，以及如何保护转角和金属表面。

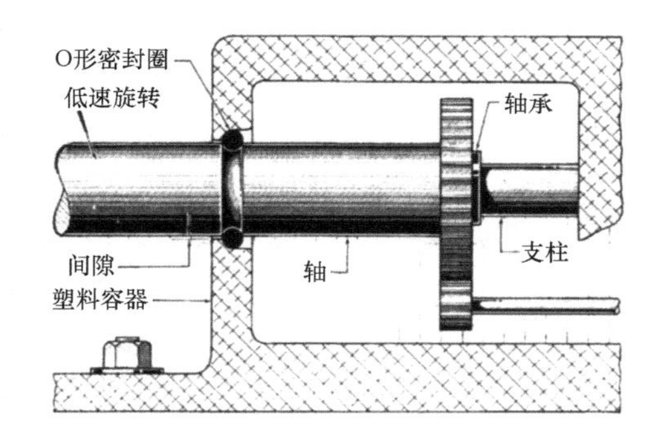

图 17.5-1 低速旋转轴的密封。

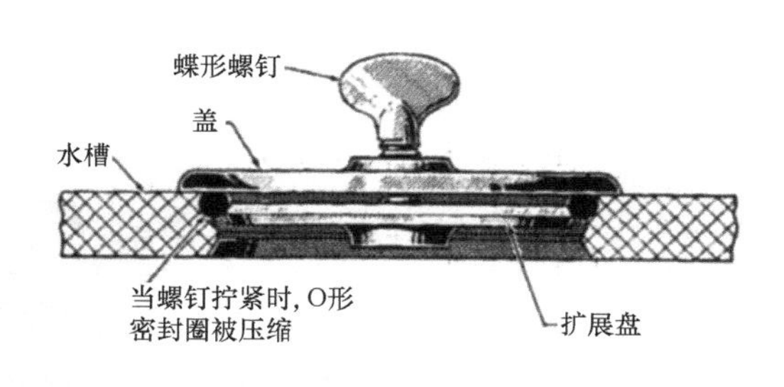

图 17.5-2 安装盖的锁紧密封。

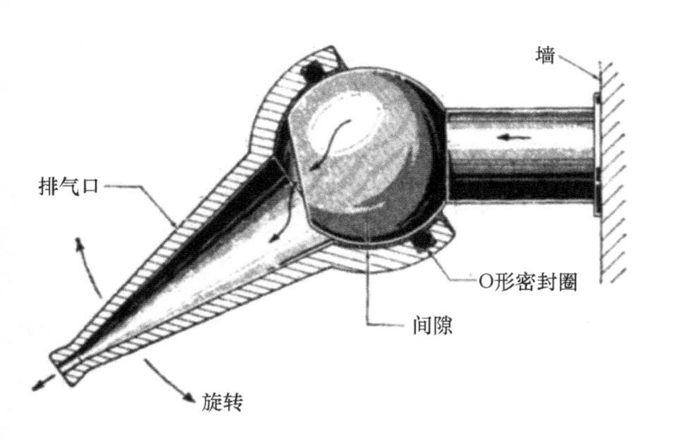

图 17.5-3 液体或气体喷嘴密封。

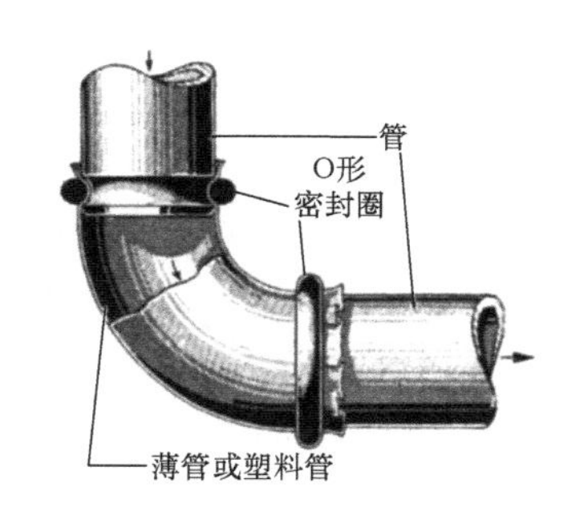

图 17.5-4 管和管连接的护圈。

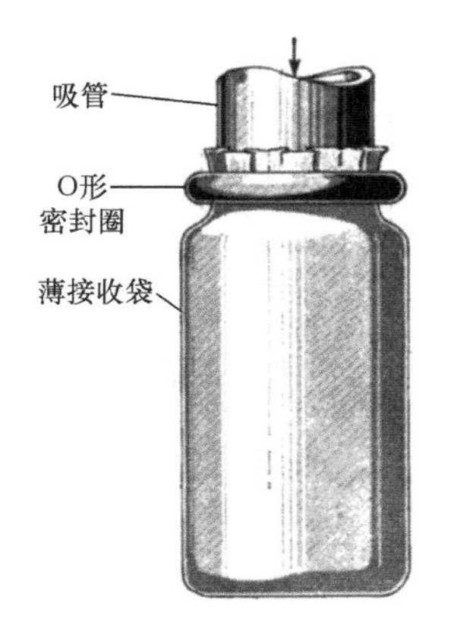

图 17.5-5 用于简单袋附件的夹布。

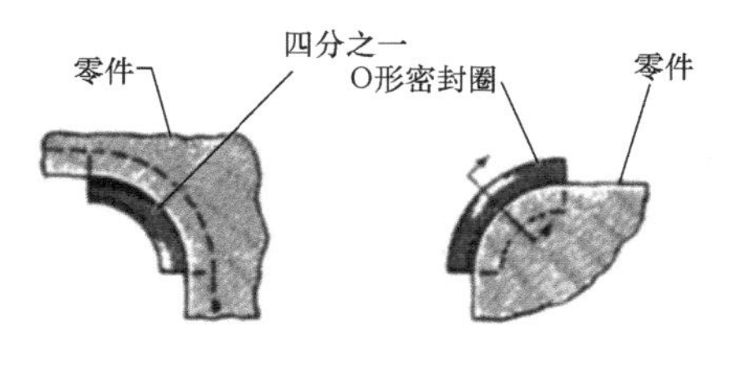

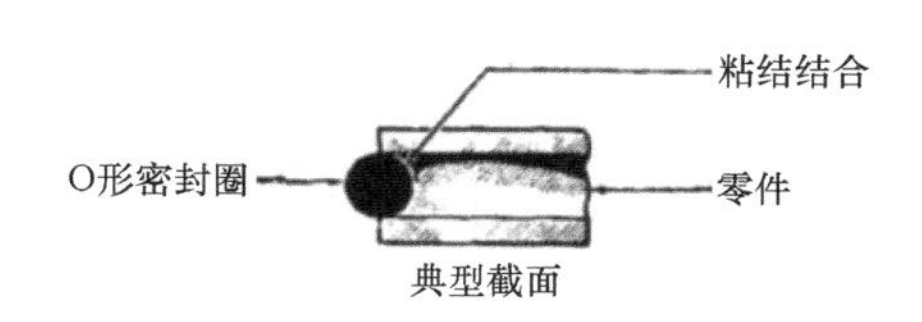

图 17.5-6 由分段 O 形密封圈制作的模型保护。

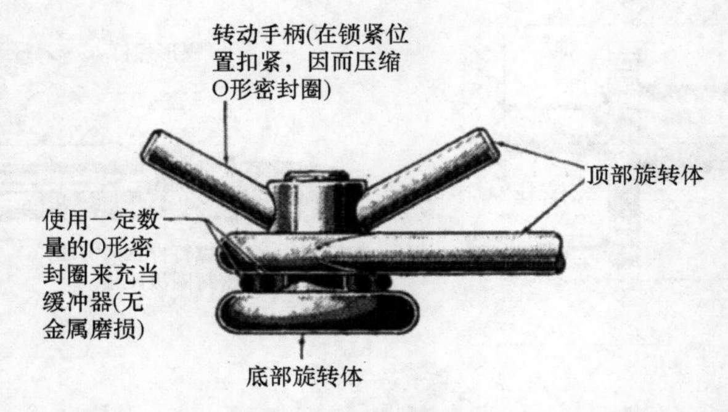

图 17.5-7 用于转椅座架或轻型旋转组件的缓冲密封。

17.6 O 形密封圈的 7 个其他应用

除了上述应用外，O 形密封圈还可以应用在阀门、导向滑轮以及缓冲器上。

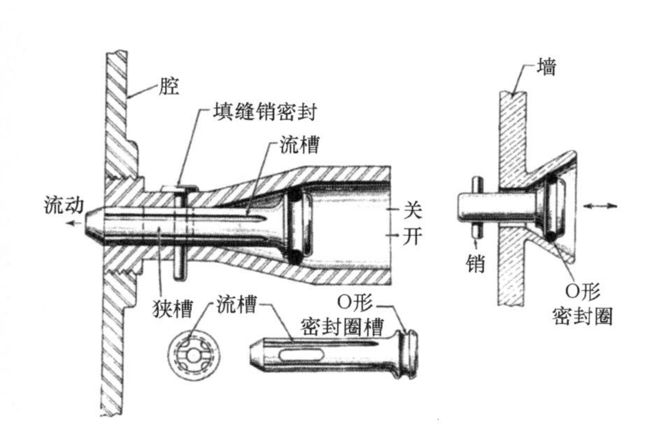

图 17.6-1 低成本的阀很容易更换 O 形密封圈、堵头和插销（左图）。越简单的阀（右图）成本越低。

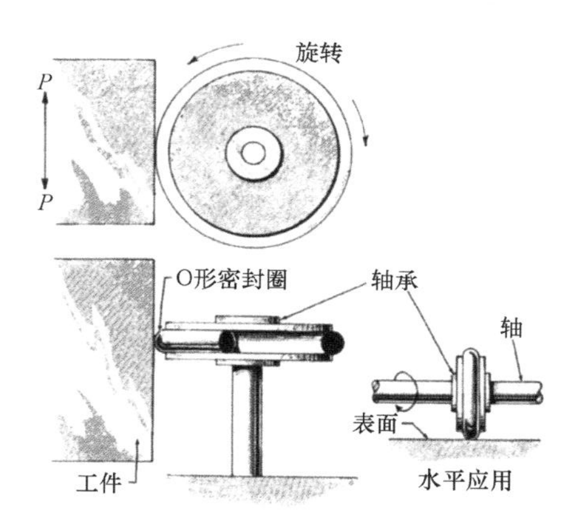

图 17.6-2 引导轮的保护常常需要引导、移动和调整。这里 O 形密封圈不仅提供了摩擦，还提供了保护。

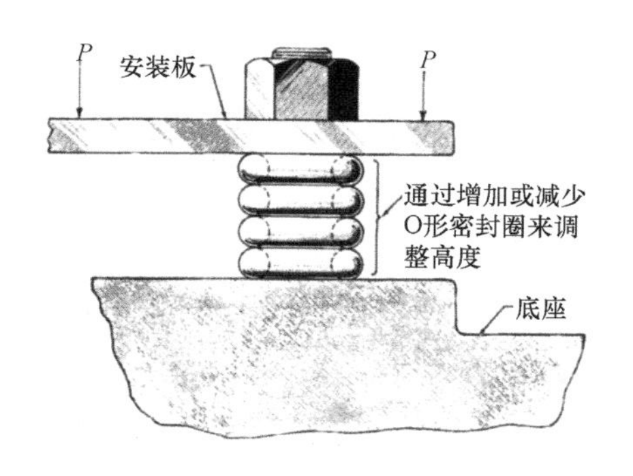

图 17.6-3 通过增加或减少 O 形密封圈的数量，很快实现缓冲垫的隔振或调整。

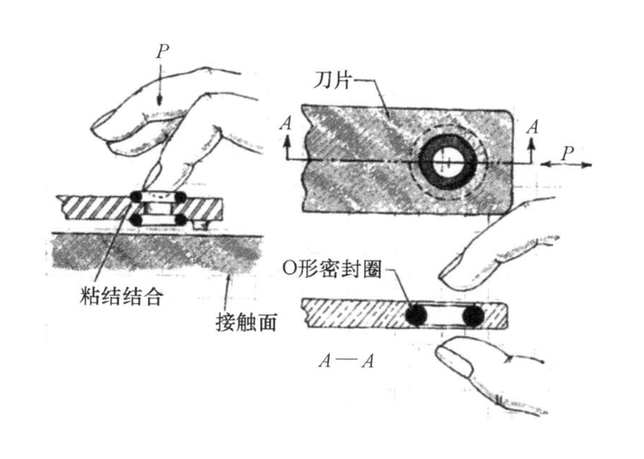

图 17.6-4 保护垫圈防止推拉或按下等动作时被电击，保护手指与金属表面接触。

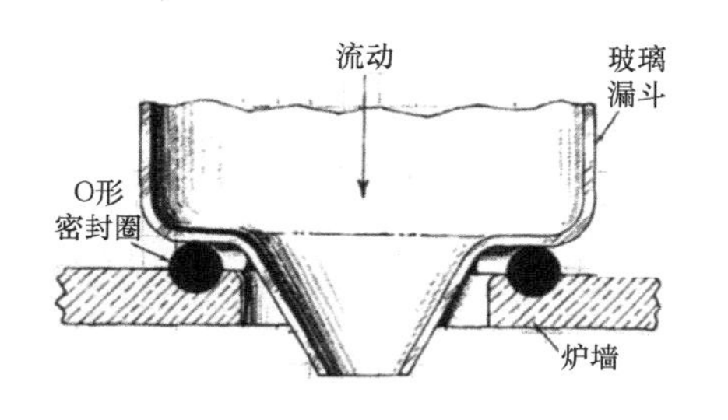

图 17.6-5 当垫燃料容器和类似玻璃容器的垫子损坏时，使用可置换的密封，防止酸飞溅。

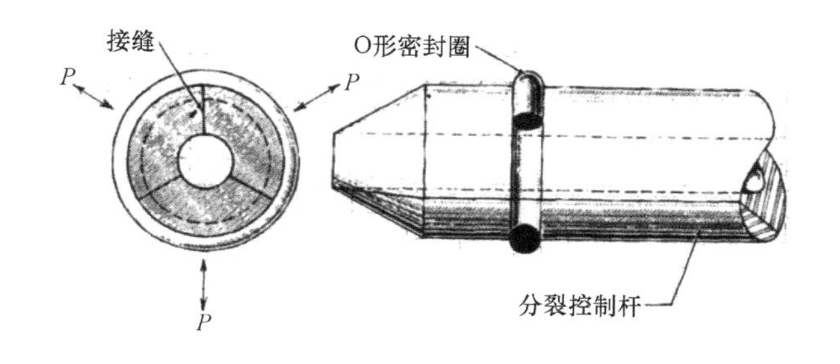

图 17.6-6 用一个合适尺寸的 O 形密封圈可以将分裂控制杆固定得很牢固。在分裂杆的不同位置可以放一个或多个密封圈。

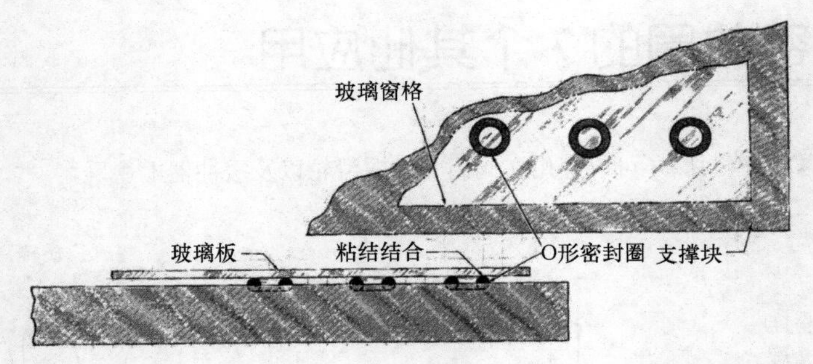

图 17.6-7 存放玻璃或其他易碎材料等的工作台在表面或其他位置设有密封圈支撑块。

17.7　O 形密封圈的设计建议

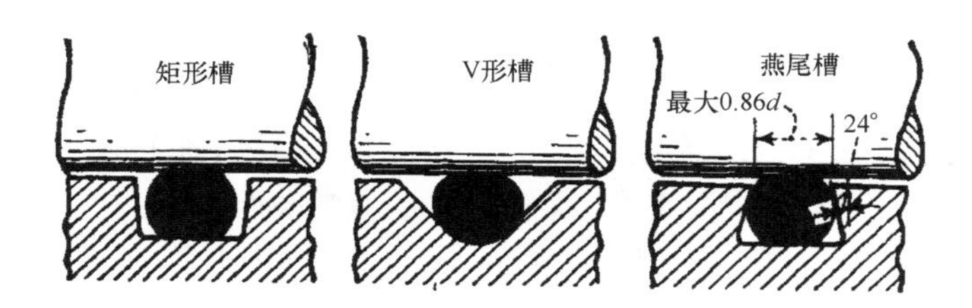

图 17.7-1　无论是静态还是动态的情况，大多数应用中都推荐使用矩形槽。轻微的倾斜（5°以内）便于成形刀具的加工。在实际使用中，由于杆或圆筒需要承受 O 形密封圈的作用力，所有沟槽的表面都应该有相同的表面粗糙度。V 形槽通常被用作静态密封，在低压时特别有效。燕尾槽可以减小工作摩擦力并且使启动摩擦力最小化。槽密封是否有效的关键取决于压力、密封圈、切口的角度等。一般来说，槽的体积应该至少超过最大密封圈体积的 15%。

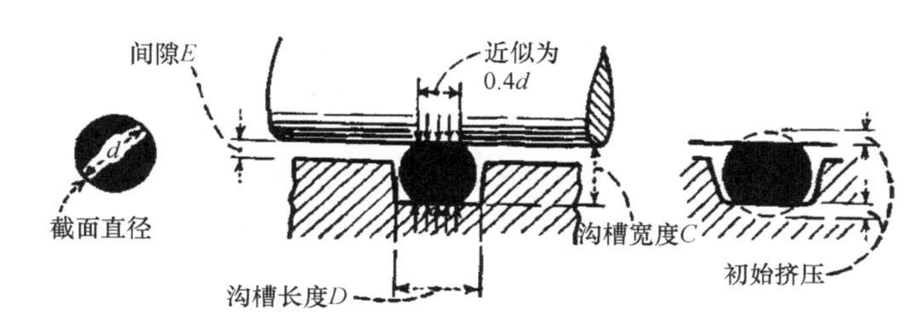

图 17.7-2　对于好的密封来说，足够的预压力或过盈配合是至关重要的。通常，挤压量大约是 O 形密封圈横截面积直径 d 的 10%。挤压导致了距离的变化，使在零压力时有 40% 的横截面积接触，并根据不同的压力和密封圈组合可以逐渐增加到横截面积的 80%。通过减小挤压量使启动摩擦减少，但是这种密封只有在大气压在 3.4MPa 以上才有效。表 17.7-1 列出了在静态和动态应用下推荐的 O 形密封圈槽的规格。

表 17.7-1　标准的 AN 和 J. I. C 的 O 形环和密封圈尺寸数据。　（单位：in）

AN 6227 的规格或 J. I. C 的 O 形密封圈零件编号	密封圈截面的公称尺寸	实际截面直径 d	静态密封		动态密封		槽长 D②	最小半径 R	直径间隙（最大）$2E$	偏心率（最大）
			径向挤压量（最小）①	槽宽 C +0.000 −0.005	径向挤压量（最小）①	槽宽 C +0.000 −0.001				
1 ~ 7	1/16	0.070 ± 0.003	0.015	0.052	0.010	0.057	3/32	1/64	0.005	0.002
8 ~ 14	3/32	0.103 ± 0.003	0.017	0.083	0.010	0.090	9/64	1/64	0.005	0.002
15 ~ 27	1/8	0.139 ± 0.004	0.022	0.113	0.012	0.123	3/16	1/32	0.006	0.003
28 ~ 52	3/16	0.210 ± 0.005	0.032	0.173	0.017	0.188	9/32	3/64	0.007	0.004
53 ~ 88	1/4	0.275 ± 0.006	0.049	0.220	0.029	0.240	3/8	1/16	0.008	0.005
AN 6230 or J. I. C 密封 1 ~ 52	1/8	0.139 ± 0.004	0.022	0.113	—	—	3/16	1/32	0.006	0.003

① 径向挤压量是 O 形密封圈横截面直径 d 和压盖宽度 C 之间的最小间隙。

② 如果空间受限制，沟槽长度 D 减小的距离等于 O 形密封圈直径 d 加上静态密封挤压量。

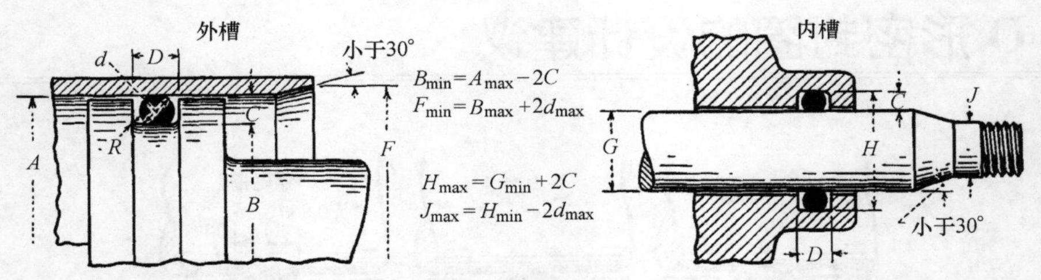

图 17.7-3 在小直径情况下，为便于加工，O 形密封槽应位于轴上而不是内孔表面。对大直径，槽可以用任何方式加工。一个重要的因素就是摩擦的表面必须十分光滑。在表 17.7-1 中推荐的尺寸和所列的动态密封通常使用这种应用。所有的圆筒和杆应该有一个平缓的锥度以阻止在装配过程中对 O 形密封圈的破坏。计算内外槽尺寸的方程见图。

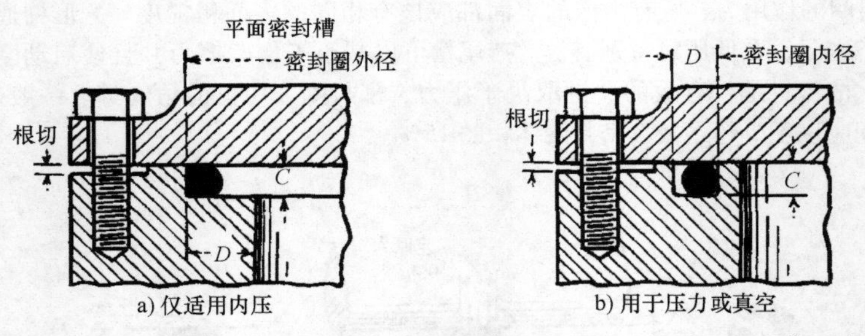

图 17.7-4 对静态的平面密封，两种类型的槽展示如图。a 图类型由于加工简单被广泛地使用。槽的深度在表 17.7-1 中列出，适用于静态密封。在高压密封时，采用钢制法兰盘。在一个面上少量的根切有助于减少对密封圈的挤压。

图 17.7-5 径向间隙不应超过推荐 O 形密封圈挤压量的一半，即使在滑动件之间也不需要紧密配合。在这种情况下，如果轴偏心（图 17.7-5a），密封圈仍将保持它的密封性接触。过多的间隙（图 17.7-5b）将导致 O 形密封圈的密封性损失。

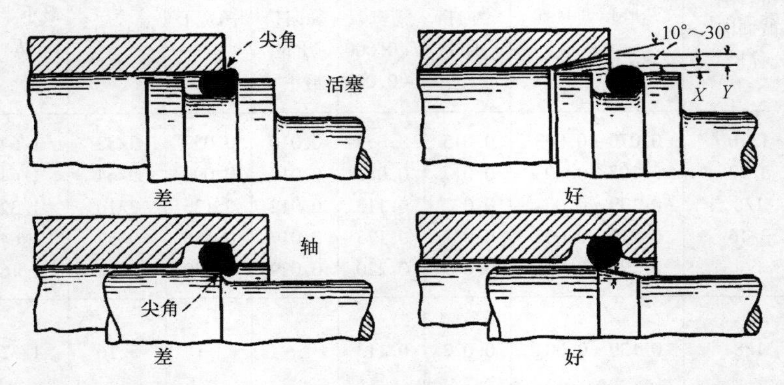

图 17.7-6 为便于装配，所有穿过 O 形密封圈的零件都应该有一个小于 30° 的倒角；另一个方法是有足够大的半径。这种细节可以有效地阻止在装配过程中对 O 形密封圈的破坏。

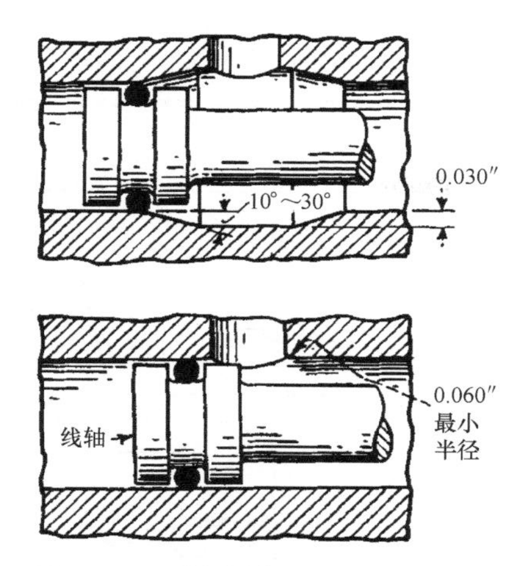

图 17.7-7 削平所有的尖角，或者钻通密封圈穿过的孔。当承受压力时，密封圈不应该超越端口或槽。

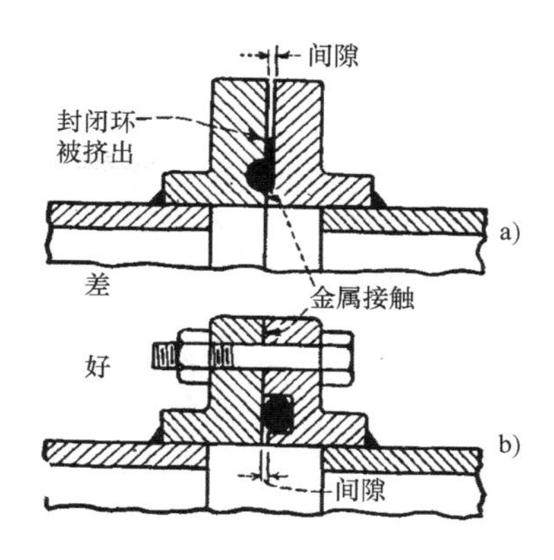

图 17.7-8 应该避免金属之间的内部配合接触（图 17.7-8a）。间隙只被允许出现在内表面上（图 17.7-8b）。

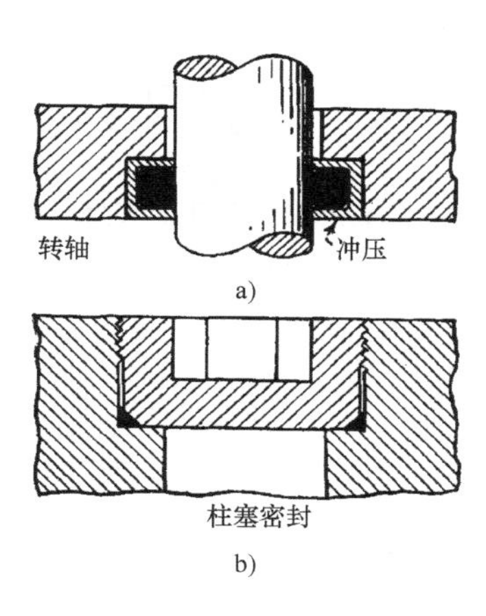

图 17.7-9 在低压和低速情况下，使用简单的冲压件（图 17.7-9a）压入内部。柱塞倒角（图 17.7-9b）变成了 O 形密封圈的凹槽。

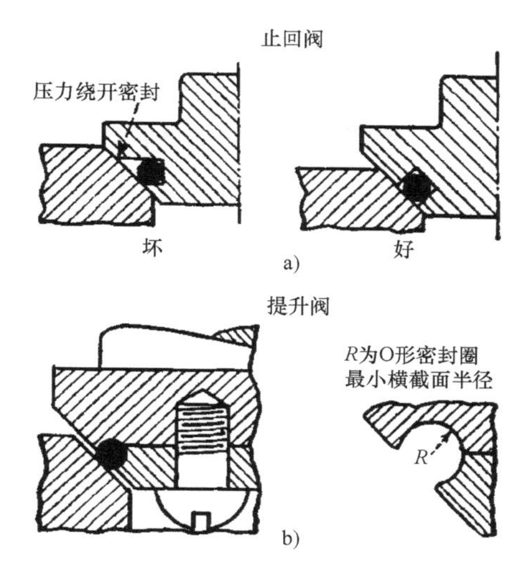

图 17.7-10 矩形槽（图 17.7-10a）对密封表面是标准的。特殊槽（图 17.7-10b）在压力波动期间可以避免对密封圈的冲击。

17.8 用于泵阀的 O 形密封圈

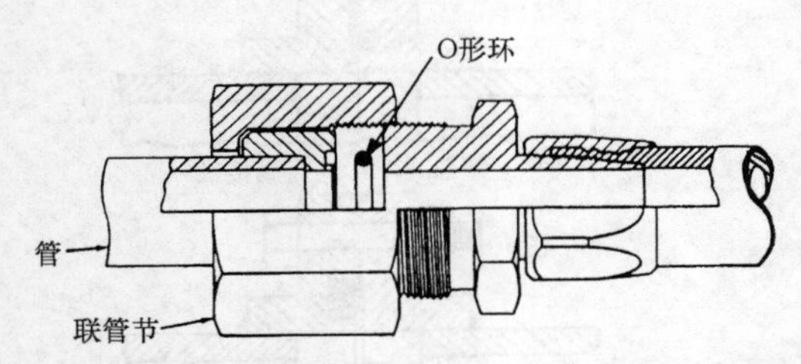

图 17.8-1 组合泵阀。CPV 的 O 形环密封接头表面上使用了一个插入包装压盖凹槽的 O 形环或在管的末端进行银钎焊的联管节。联管节和管有时被称为“尾端件”。

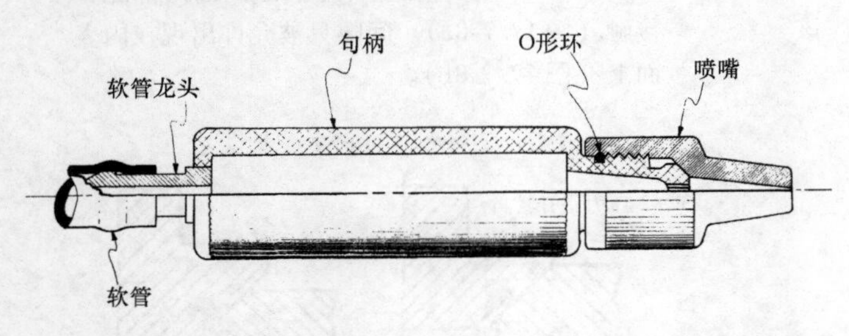

图 17.8-2 手动调节泵喷嘴。这个轻便泵装置的出料端（喷嘴头）能通过旋转喷嘴头进行喷嘴的调节。O 形环对任何一个调节位置都能维持正确的不透水密封效果。

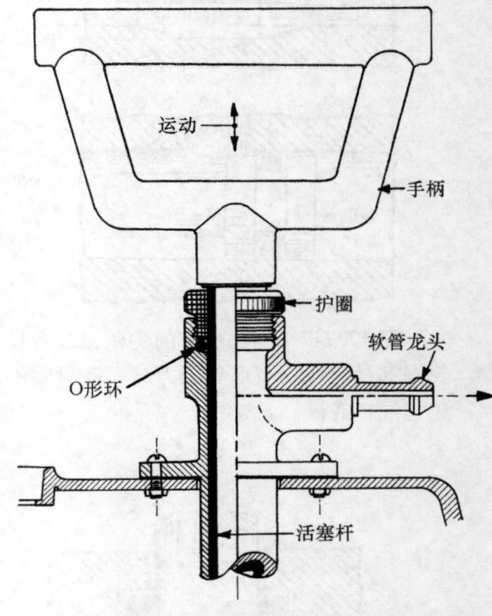

图 17.8-3 手动泵密封。通过螺纹护圈安装的 O 形环在活塞杆做上下运动时能起到防水密封作用。

第 18 章

挡圈

18.1 挡圈与典型紧固件的比较

下述各种各样的基础应用展示了挡圈是怎样简化设计和降低成本的。

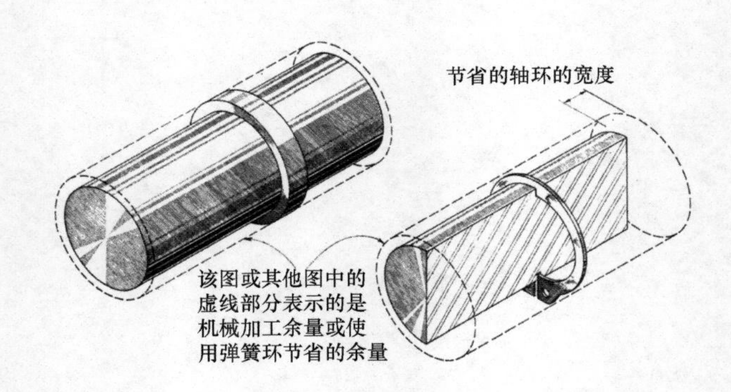

图 18.1-1 加工的轴肩用挡圈代替，将节省材料、刀具和加工时间。在对工件切断或其他加工过程中需要加工用于安装挡环的沟槽。

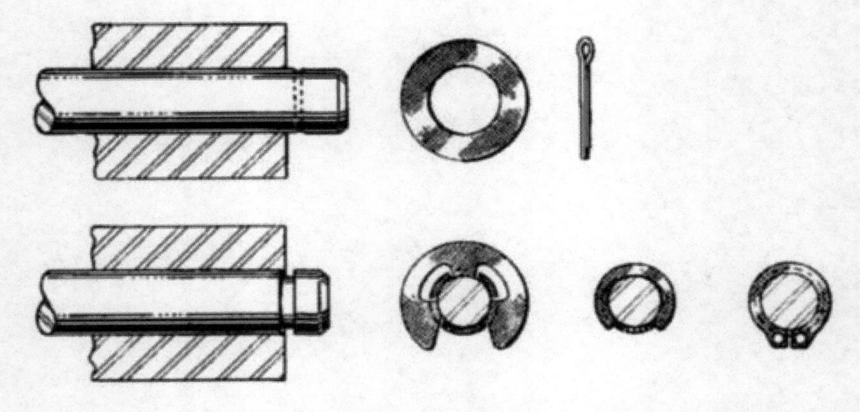

图 18.1-2 由于只需要一个零件而且不需要对销进行操作，所以使用挡圈取代开口销和垫圈是比较经济的，而且缩短了加工时间和成本。

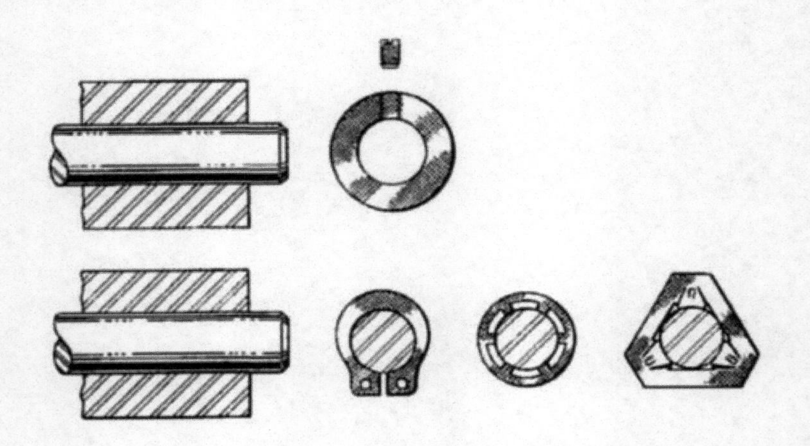

图 18.1-3 当轴环和紧定螺钉被挡圈代替后，螺钉振动松开的危险将会得到避免。而且轴也不会出现损坏，如果使用螺钉就经常出现损坏。

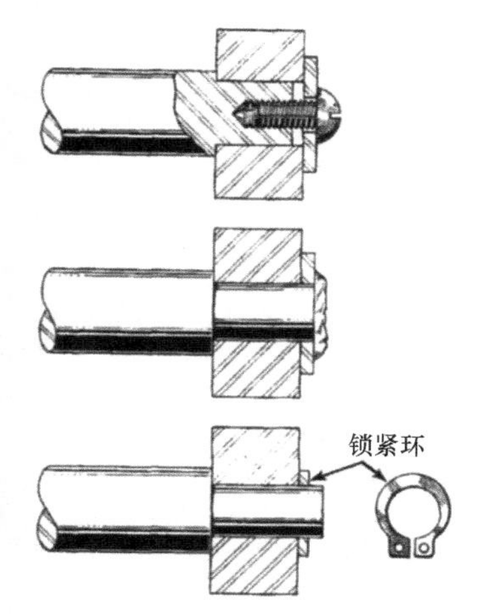

图 18.1-4 在压铸件上使用一个简单通用的锁紧环来紧固零部件。轴端容易产生打滑现象，锁紧环产生摩擦力来控制轴产生轴向位移。

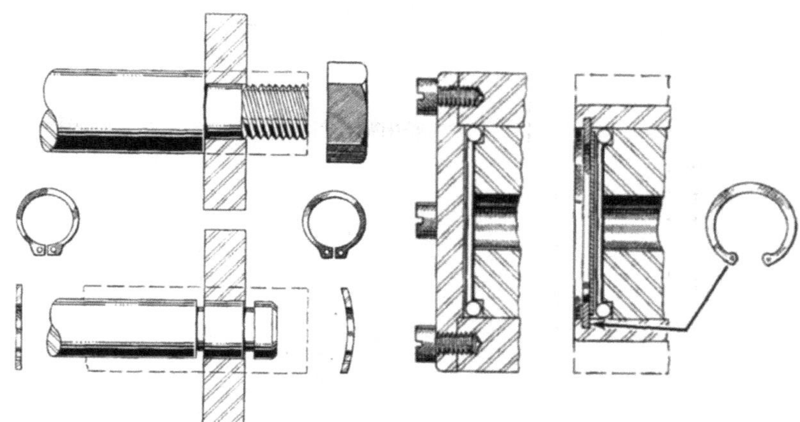

图 18.1-5 轴肩和螺母用两个挡圈替代。平面挡圈取代轴肩，弓形挡圈控制轴上零件保持一定的轴向游隙。

图 18.1-6 左图中装配的盖板需要重新设计以避免使用螺栓和加工盖板。如使用挡圈则可以使用不能钻孔或攻螺纹的薄板。

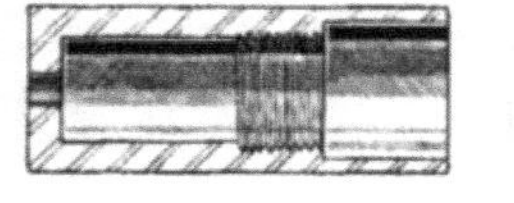

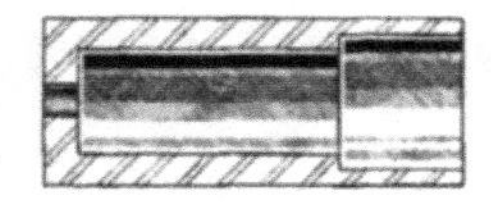

图 18.1-7 由于加工内螺纹较贵，所以内螺纹紧固件的代价很高。图中使用自锁挡圈取代内螺纹结构，使结构装置得到了简化。

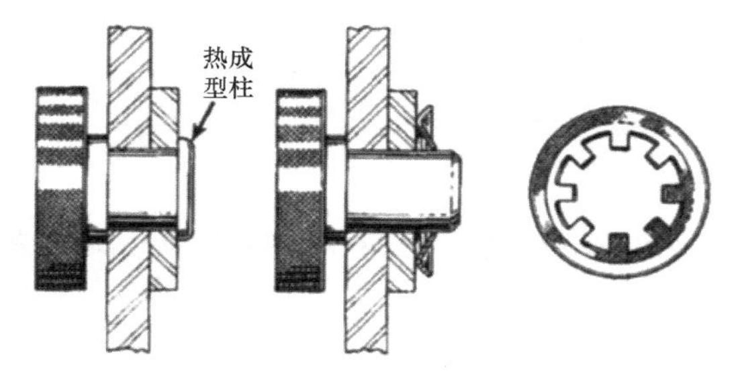

图 18.1-8 热成型柱提供一个轴肩来定位零件，但是如果零件需要拆除来进行维修，则必须将该柱毁掉。使用自锁挡圈就能容易地进行拆卸。

18.2 挡圈的辅助安装之一

充当轴肩和作为锁定装置，这些通用紧固件在装配时将减少零件的加工次数、数量和复杂性。

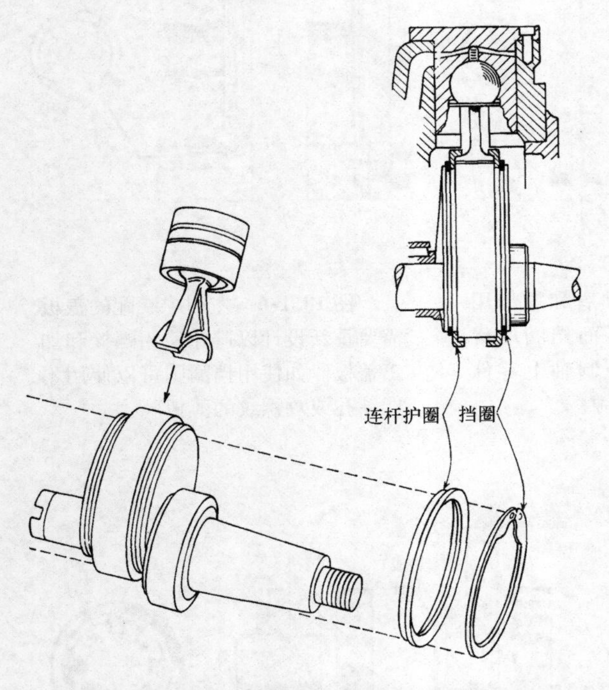

图 18.2-1　液压发动机的慢速运动活塞通过两个护圈装配到曲拐上。通过两个装配在曲拐槽内的挡圈对活塞进行定位。

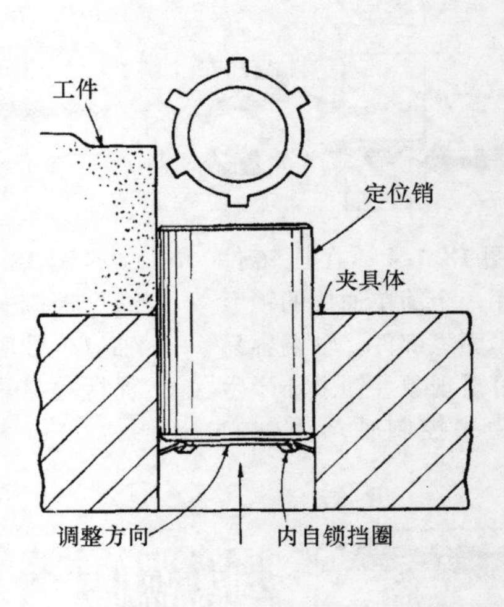

图 18.2-2　内自锁挡圈支撑定位销。销的高度只能在进入的方向上进行改变，但不能全部下推到夹具体中。

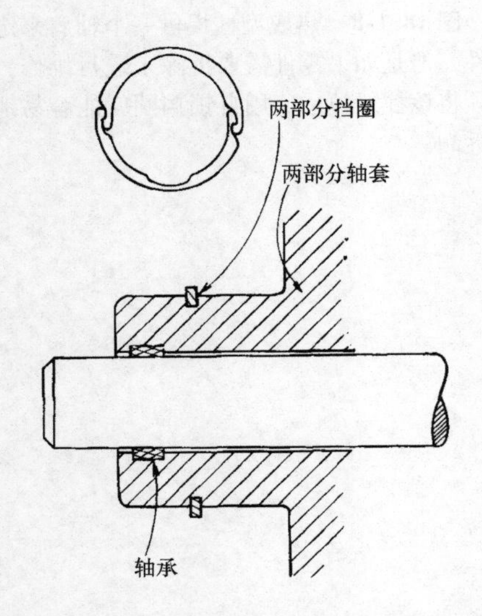

图 18.2-3　两件构成一件的连锁挡圈用来在旋转轴上控制上下两件的装配。该装置比使用螺纹帽、一对有头螺钉或其他装配方法都要简单。

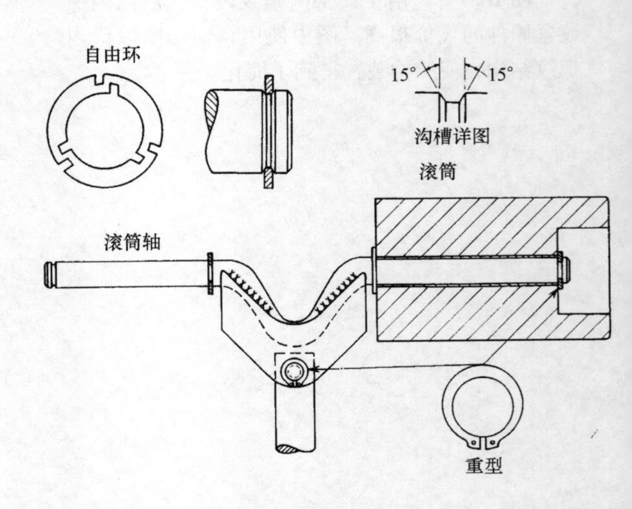

图 18.2-4　两个类型的挡环可用在一个装配中。永久性的轴肩挡圈为每一个滚轴提供了统一的阶梯轴，不需要使用点焊接或类似的方法。重负载垫圈把滚轴保持在一定的位置上。

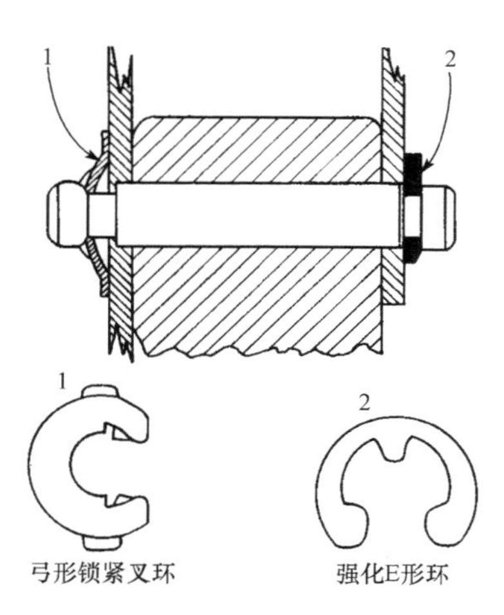

图 18.2-5 使用两个挡圈对带有型芯孔的铸件的侧面装配是安全的：①类似弹簧的垫圈有很大的推力，避免使用弹簧、弓形垫圈等；②使用螺钉旋具（螺丝刀）可以拆卸充当轴肩或头的强化 E 形挡圈。

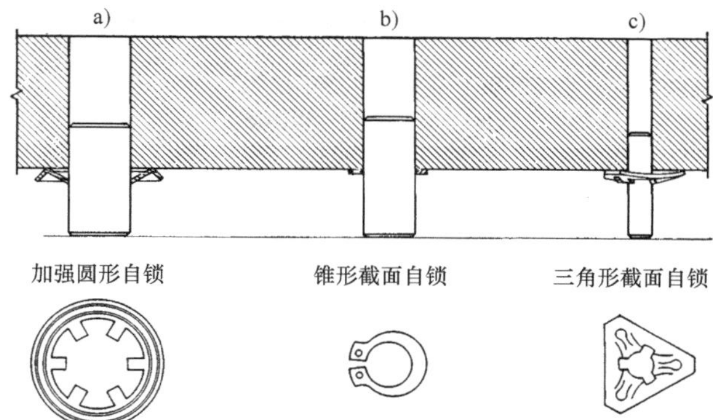

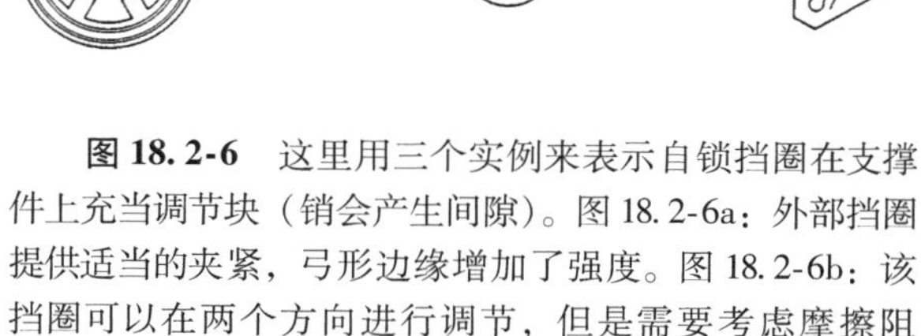

图 18.2-6 这里用三个实例来表示自锁挡圈在支撑件上充当调节块（销会产生间隙)。图 18.2-6a：外部挡圈提供适当的夹紧，弓形边缘增加了强度。图 18.2-6b：该挡圈可以在两个方向进行调节，但是需要考虑摩擦阻力。图 18.2-6c：碟样带有三个叉形的三角形挡圈将抵抗极大的推力。图 18.2-6a 和图 18.2-6c 环都只能在一个方向上进行调节。

三角形螺母

图 18.2-7 三角形锁紧螺母消除了攻螺纹孔以及使用大螺母和垫圈的必要性。用这种方法可以安全安装小型电动机和设备。

18.3 挡圈的辅助安装之二

这里介绍挡圈的8个富有创见的用途。

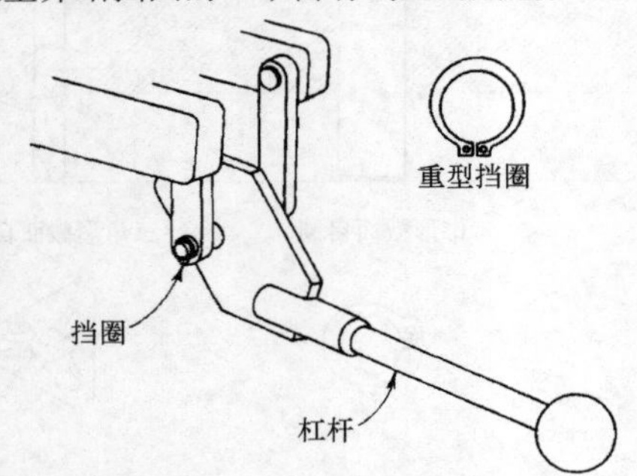

图 18.3-1 用一个重型环固定控制杆的轴销，使装配灵巧牢固。

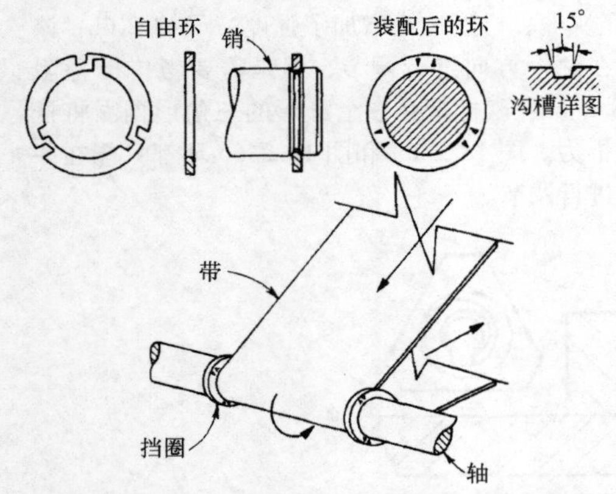

图 18.3-3 用固定的双肩挡圈确保带的对齐。将挡圈弯曲固定到轴槽里形成一个永久、干净和便宜的法兰。这种类型的挡圈能承受较大的轴向载荷。

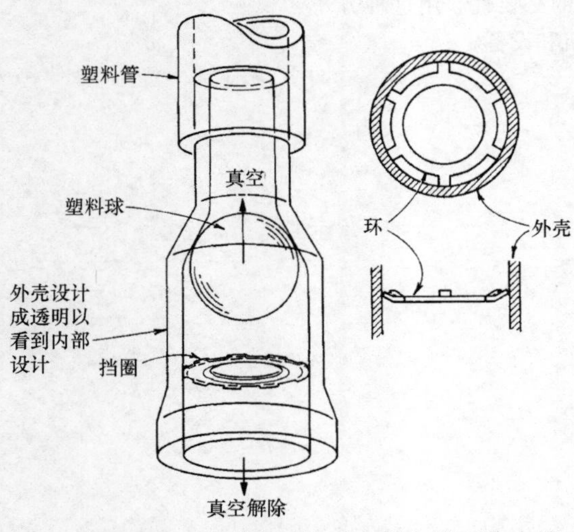

图 18.3-5 在真空释放后内部自锁环将支撑塑料球阀，因而在“关闭”状态提供支撑。当阀球处于静止时，空气或液体从阀中被释放并通过环固定点间的间隙释放或流出，环在入口位置处是可以调节的。

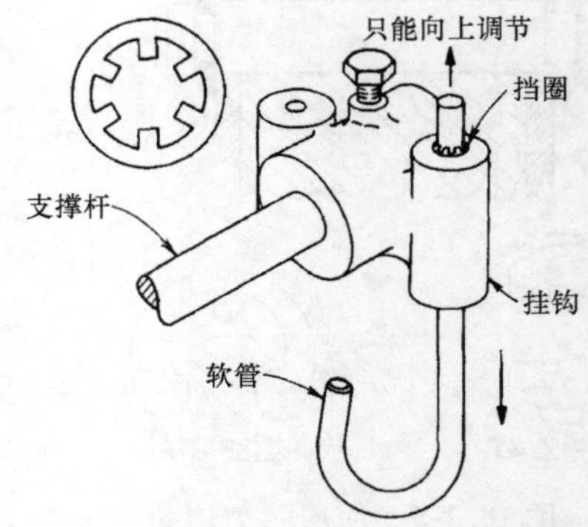

图 18.3-2 用一个自锁的外部挡圈把挂钩固定在一个需要的高度。可以毫无问题地进行许多调整。

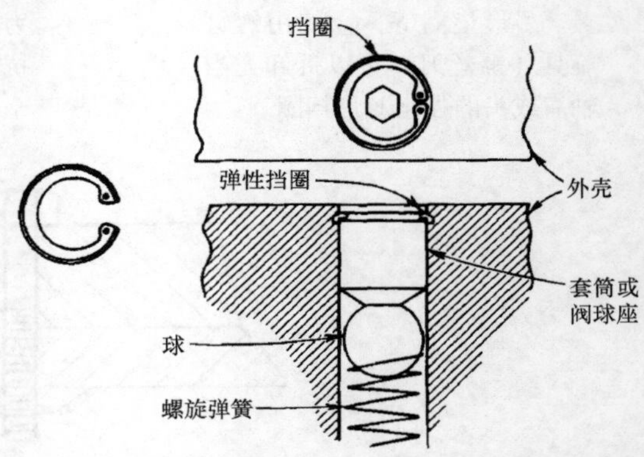

图 18.3-4 套筒或阀球座依靠挡圈固定，挡圈如同一个楔块插入外部凹槽内。该装置能实现严格的轴向拉紧。

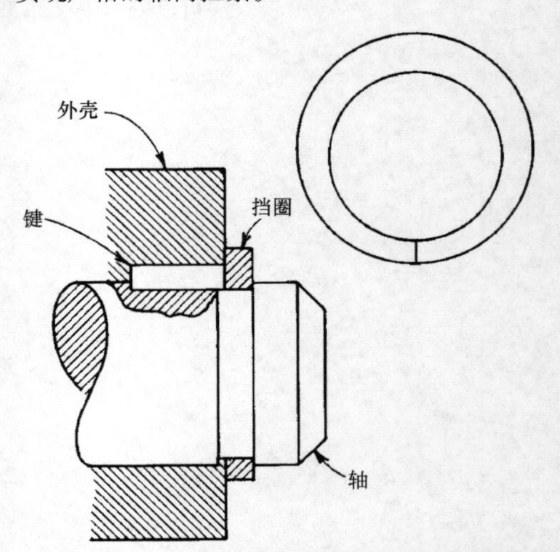

图 18.3-6 用于外壳连接轴的防干扰锁紧挡圈提供轴的定位，同时也能固定键。在这种应用中体现了挡圈大的轴向载荷和键的永久固定双重价值。

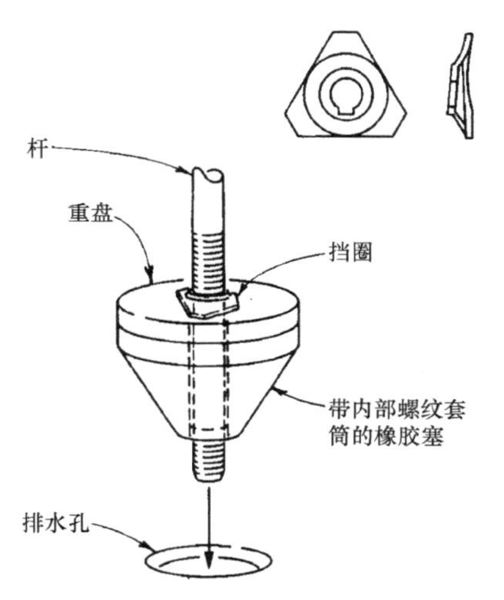

图 18.3-7 三角锁紧螺母定位和与排放口部件的装配一致。三角螺母排除了大标准螺母和锁定垫圈或弹簧类型组件的需要，简化了设计。

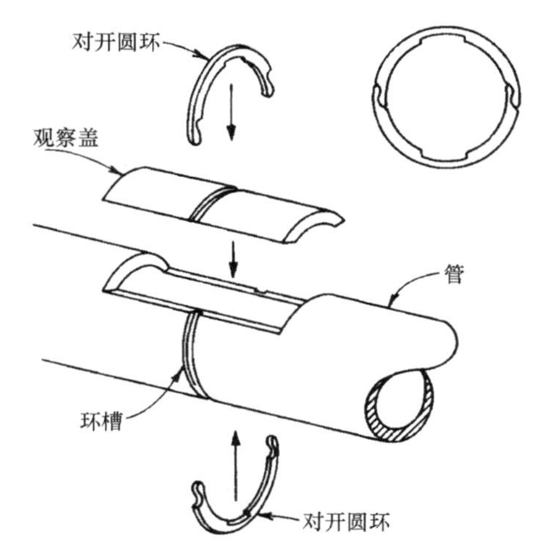

图 18.3-8 通过导管上开设观察盖可以随意检验内部的线路。对开式的弹簧卡环有两个相同的半圆环并在其两末端通过互锁叉尖连接而组成。

18.4 利用挡圈实现轴的连接

这些简单的紧固件能对某些设计障碍提供一个独特的解决方法。例如，这里有 8 种方法用来解决轴的连接问题。

1. 销、套筒和环

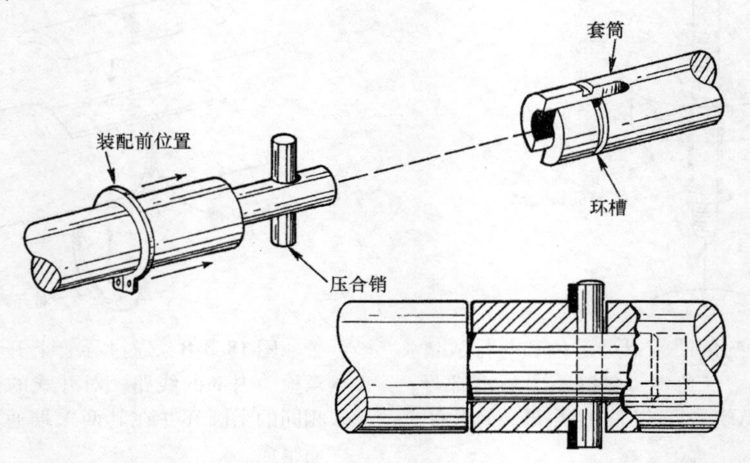

图 18.4-1 这种便宜的连接是用在小转矩和不需要精确定位并且有中等载荷的地方。用一个重型环来抵抗高冲击和重载荷。

2. 套筒、键和环

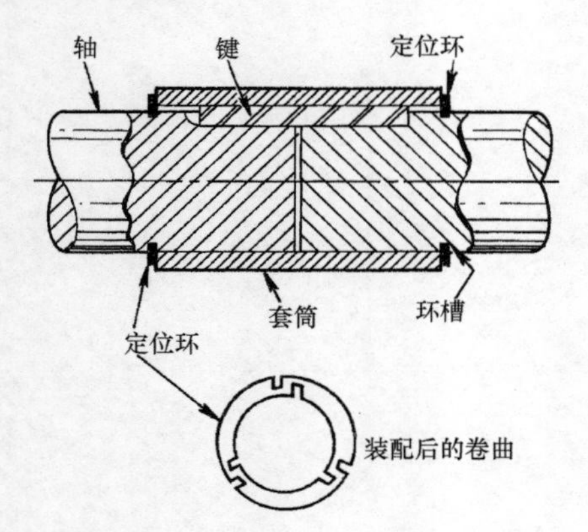

图 18.4-2 把挡圈固定在环槽中得到了一个固定的、简单的和干净的连接。这种方法避免了在贵重材料和允许更小的轴上加工轴肩。当环被压进一个 V 形槽中时，那些凹口永久地变形到小三角形中，导致内部和外部环直径的减小。因此，这个紧固件紧紧地夹在槽中，在轴上提供了一个 360° 的轴肩。这个连接提供了良好的扭转强度和高的轴向载荷能力。

3. 双轴接头

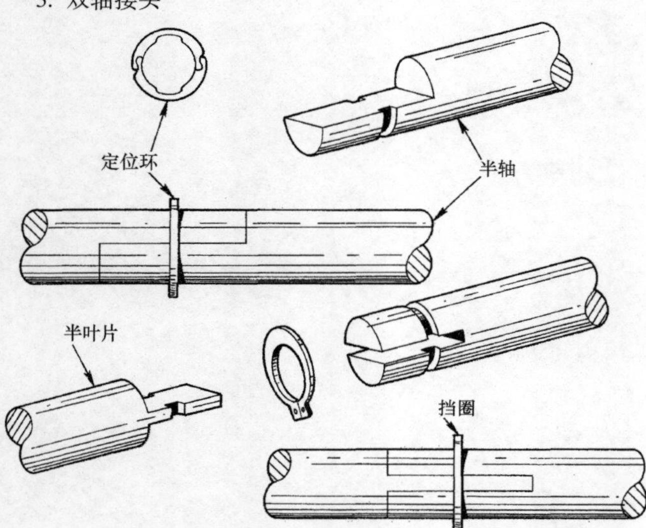

图 18.4-3 一个平衡的两部分挡圈除了承受高转速和重轴向载荷外，还提供了一个美观的表面。上下连在一起的环在一个高转矩设计下保护了轴，如图 18.4-4 所示。

4. 末端法兰连接

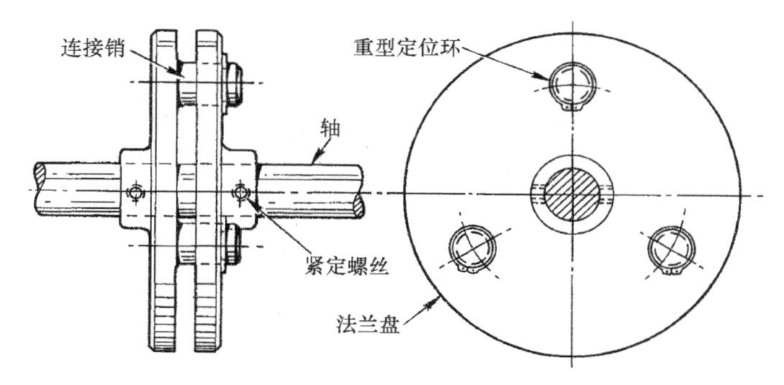

图 18.4-4 这种为了重载荷服务的装配需要最小的加工。环的厚度应该增加，同时也要求环的截面高度满足需要。

5. 轴套、环和螺纹轴

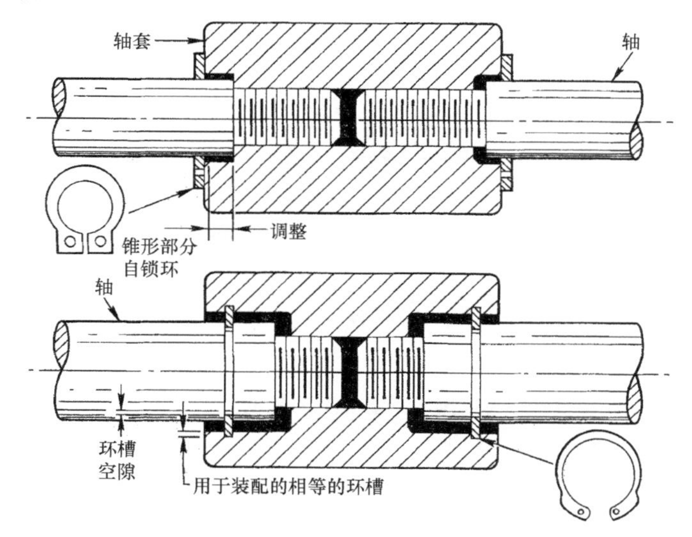

图 18.4-5 对一个需要轴向调整的连接，自锁环不能加工槽，如上图。可以用下图的方法来代替，把一个反向凸起的环固定在内部槽中。此外，环凸出截面的高度提供了一个很好的轴肩。环与外壳和轴是同轴的。

6. 联轴器和环

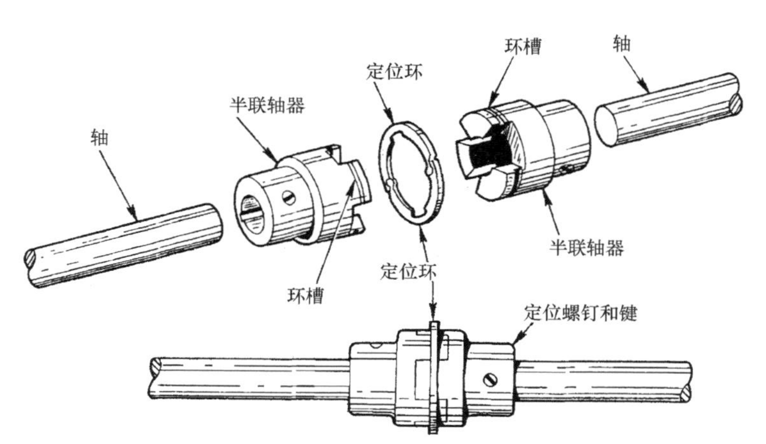

图 18.4-6 在可靠的自锁装置上需要美观表面的地方可以使用这种联轴器和环。

7. 有锥形螺纹的沟槽套筒

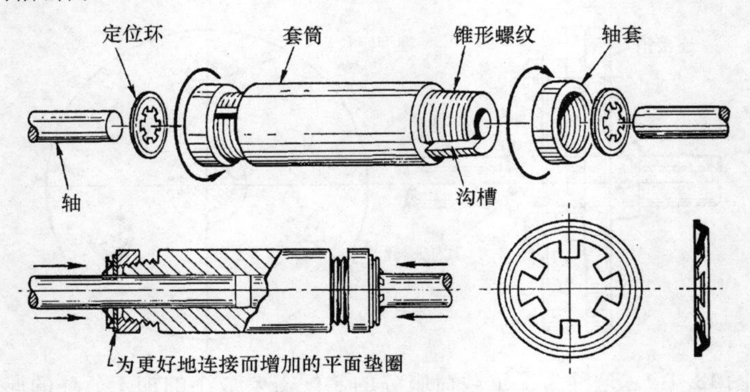

图 18.4-7 用带锥形螺纹的沟槽套筒连接那些不能加工的轴。在挡圈上的尖头提供了轴的抓紧使轴套停止运动。弓形边缘则提供了额外的强度。

8. 轮毂联轴器和环

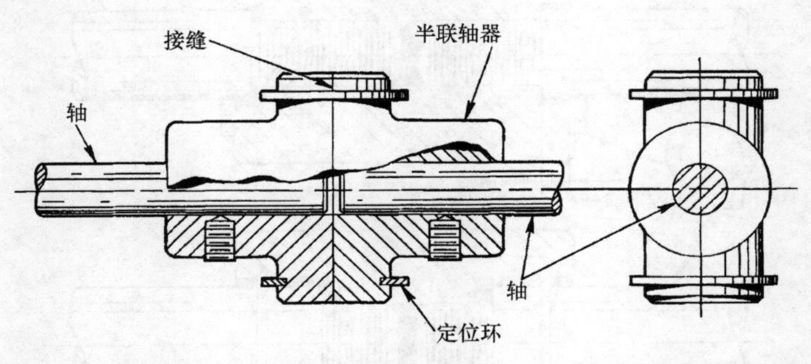

图 18.4-8 为连接不需要加工的轴的一个替换方法是使用锁紧挡圈和轮毂半联轴器。

18.5 万能挡圈

在这里介绍挡圈的一些不常见的应用。

每个工程师在生产装配中都对使用挡圈很熟悉。这种类型夹紧机构从微电子组件到重型设备都有应用。尽管这种应用很广泛，但许多利用这种万能夹紧机构的机会被忽略了。然而，当一个有价值的工程学方法被采用以及作为简单的装配定位和锁定设备的挡圈的基本功能清晰地出现在脑中时，可以发现这些简单的紧固件能给困难的装配问题提供一种独特的解决方案。

这 8 个不一样的应用阐述了不同类型的挡圈是怎么被用来简化装配和减少生产成本的。在每个图下面的标题都对实例进行了详细说明。

在开发这些装配设计时得到了 Truarc Retaining Rings Division of Waldes Kohinoor 公司的合作，在此表示非常感谢。

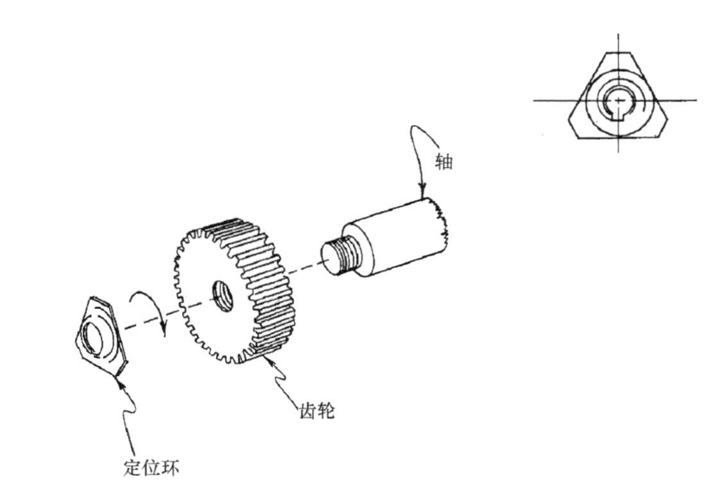

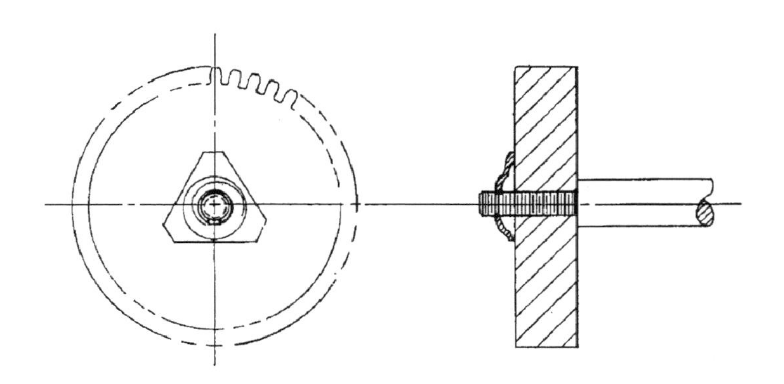

图 18.5-1 一个无轮毂齿轮和一根螺纹轴的装配靠使用一个三角形螺母固定组件也许可以实现，这种组合用来排除使用大标准螺母和锁紧垫圈或其他弹性类型零件的需要。蝶形三角形螺母体在转矩作用下将齿轮锁定在轴上。

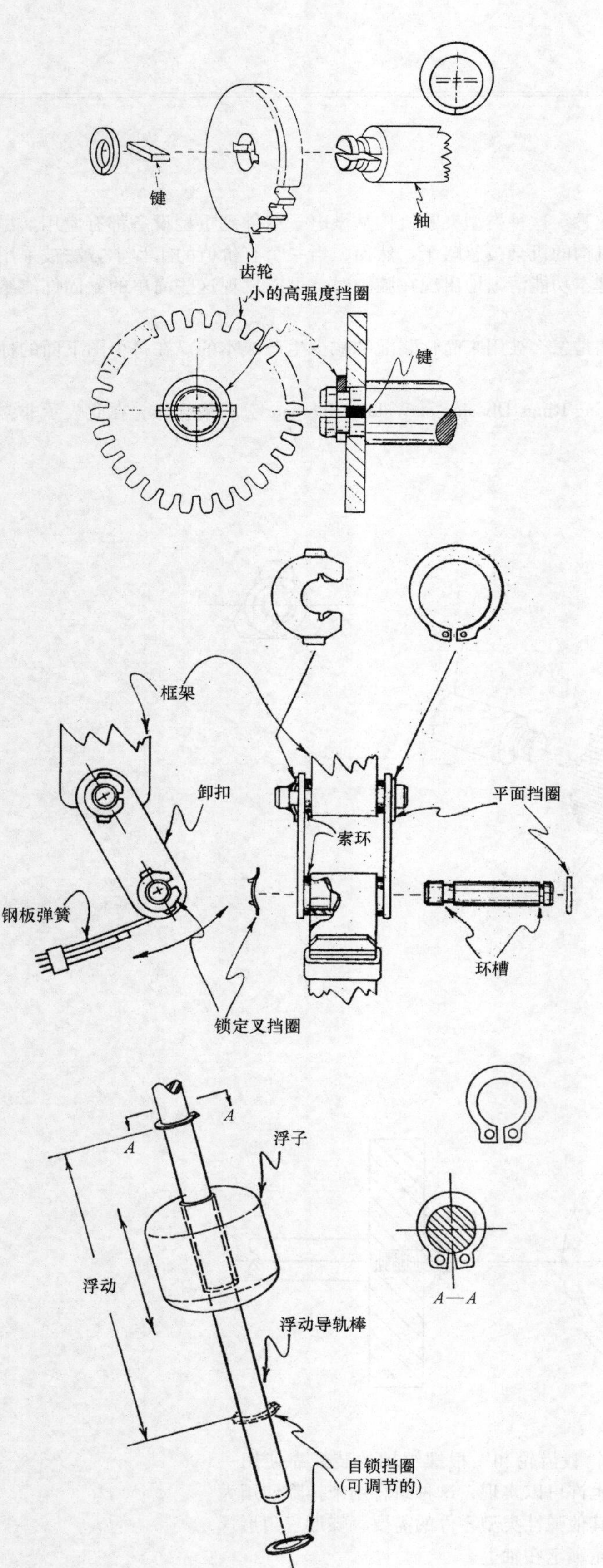

图 18.5-2 这个重型无轮毂齿轮和轴是为高转矩和高轴向推力设计的。挡圈固定在一个方槽中，在槽中的键提供了一个防止摆动的锁定。这种设计被推荐用在那些挡圈可能受到单侧或双侧轴向载荷的永久装配中。

图 18.5-3 两种不同类型的挡圈被应用到该装置中，其中还包括了板簧和卸扣的装配。锁紧叉形挡圈为弓形并有一定的弹性，叉尖充当紧固件用来保护轴枢螺栓。平面或标准外部环用作法兰或螺栓头。

图 18.5-4 自锁挡圈被用在为浮子提供停靠点的应用上。这种挡圈在导轨棒上是可调节的，靠重型弹簧的压力使轴向位移在轻质空心浮子中产生摩擦力是不可能的。

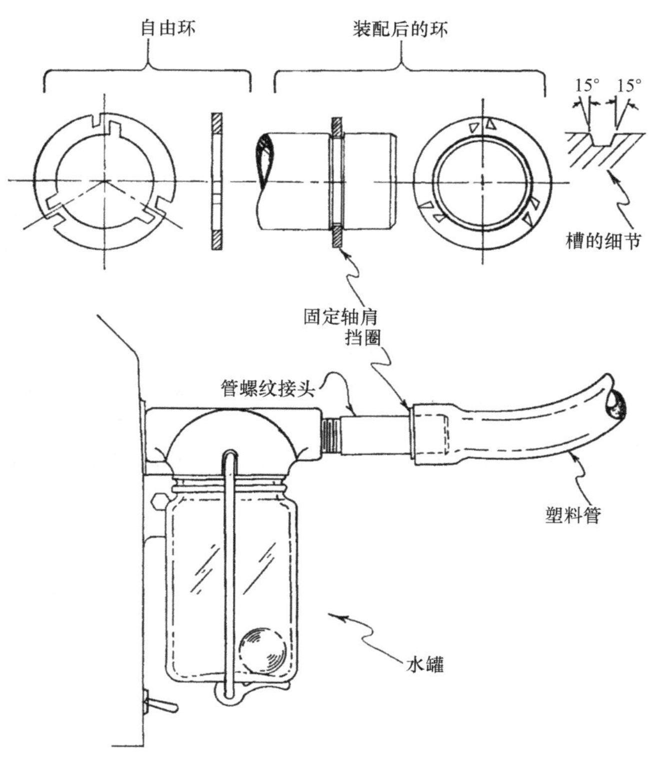

图 18.5-5　挡圈为小直径零件提供了相同的轴肩，如图中所示的管接头。在这个例子中挡圈轴肩用来作为塑料管的挡块。螺纹接头的壁厚应该至少是槽深的三倍。当把挡圈装配到槽中时，螺纹接头应该用一个嵌入的心轴或棒固定住。

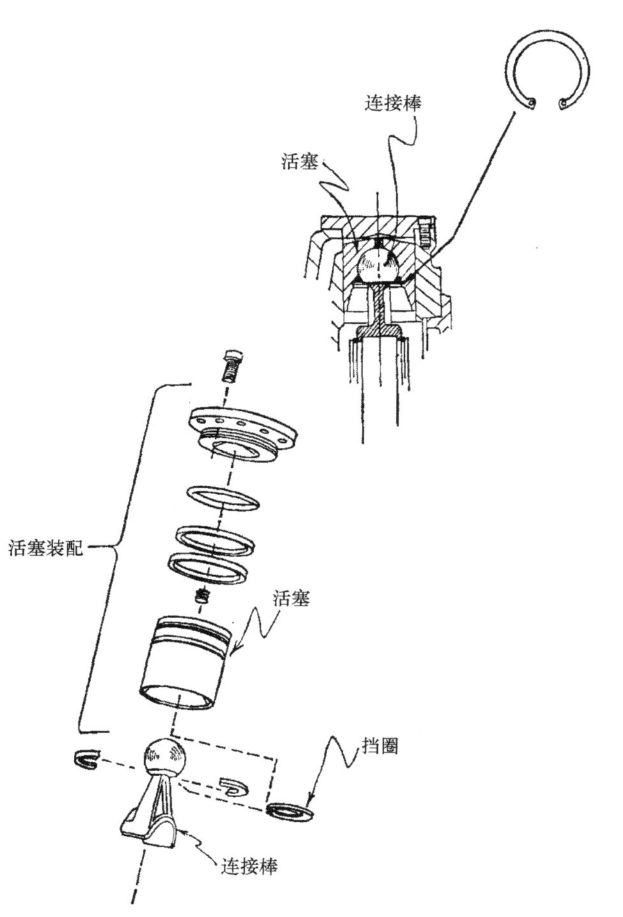

图 18.5-6　这个内置挡圈在为液压马达装配连接棒和活塞时是一个关键零件。使用合适的钳子时，挡圈的凸缘孔使得快速装配和拆卸成为可能。在这个例子中，活塞装配是慢慢移动的且不会受到重型循环载荷。

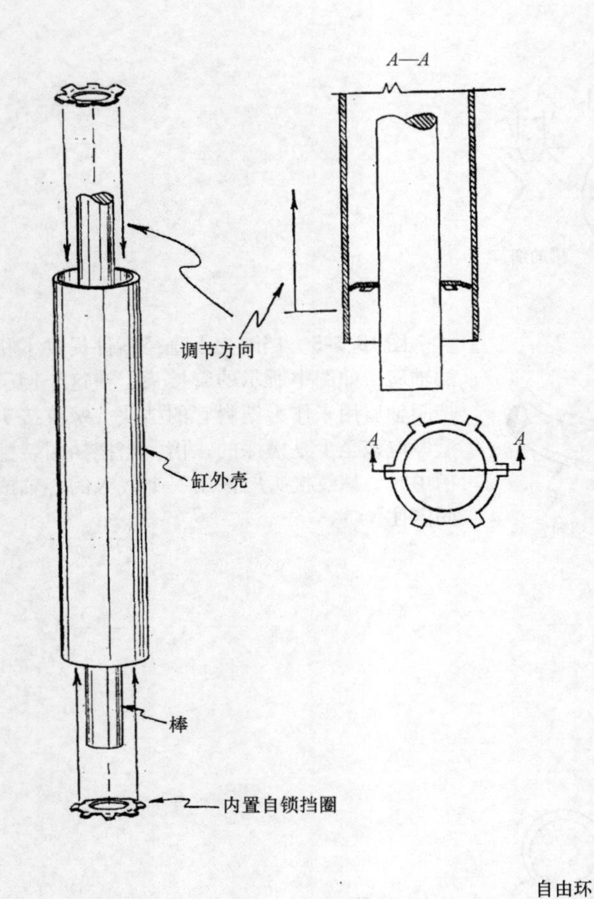

图 18.5-7　当套筒或缸外壳的外径太大而不能置于中心以及不能使小棒或导管稳定时，内置挡圈可能作为一个支撑载体。挡圈仅在入口方向是可调的，然而，使用合适数量的挡圈可用来保护那根棒件。

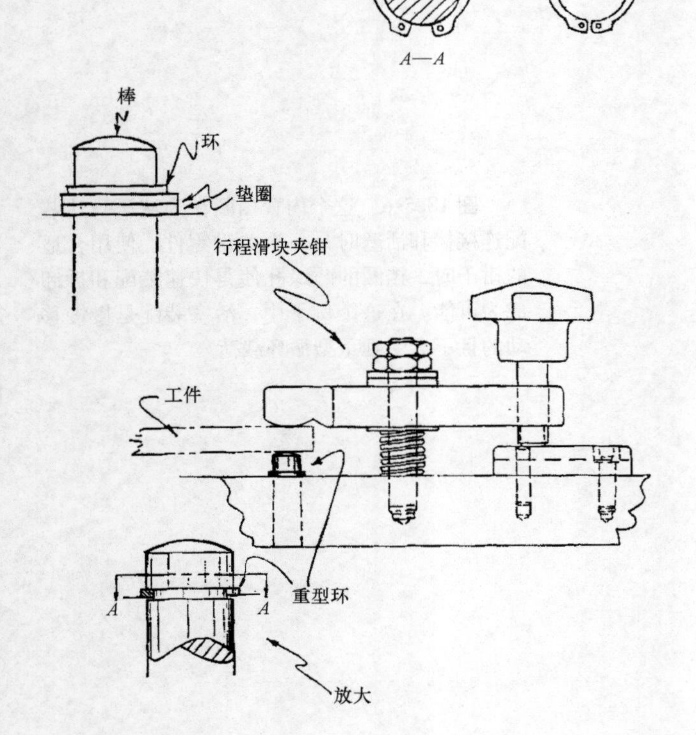

图 18.5-8　如图所示的重型内置挡圈在一个固定夹具上控制高度和支柱的位置。对于极端载荷条件下的重型环应用来说，这种类型的挡圈是理想的。通过增加挡圈下的垫圈高度来调节支柱的高度。

18.6 多用途挡圈

在装配工作中把挡圈应用到工件上的10种不常见方法。

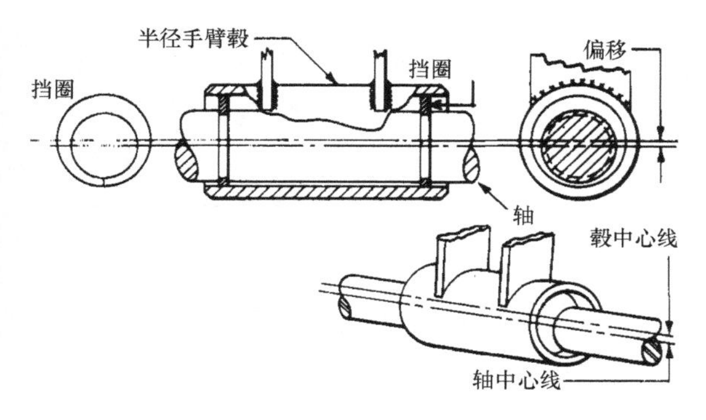

图18.6-1 外部的特殊无耳环被用到轴的偏移中心线上，该中心线是固定的或者在毂或轴颈上慢慢转动。

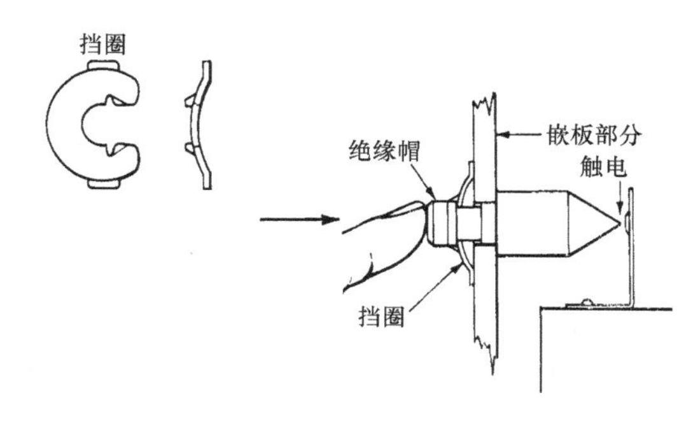

图18.6-2 带锁定点的弯曲环为电气上的按钮充当扣紧部分和弹簧。

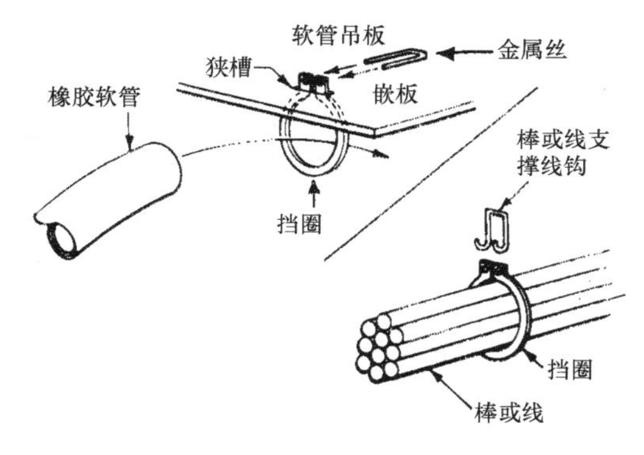

图18.6-3 在耳部带孔的标准外部类型环为钳子装配提供一个实际的挂钩或为软管、棒和线提供支撑。

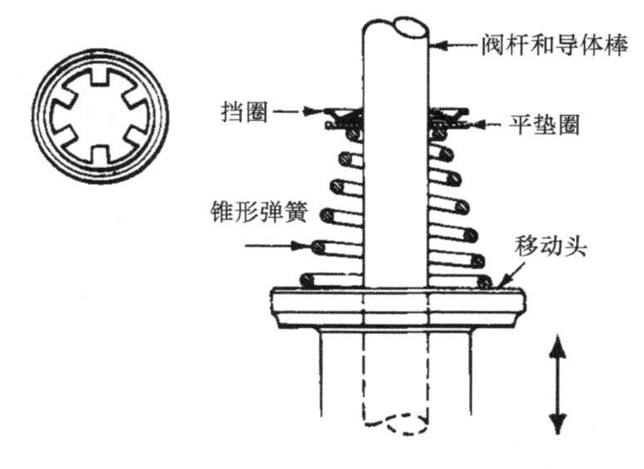

图18.6-4 自锁外部挡圈与平垫圈一起使用，为弹簧运动的控制提供可调节轴肩。

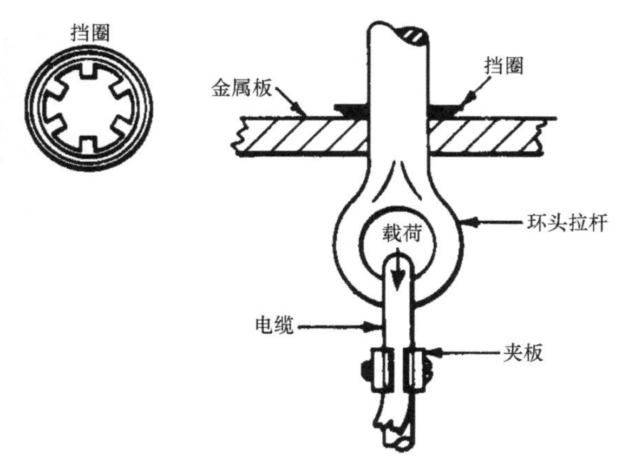

图18.6-5 自锁外部环在一个可调节电缆挂钩装置上控制环头拉杆位置。

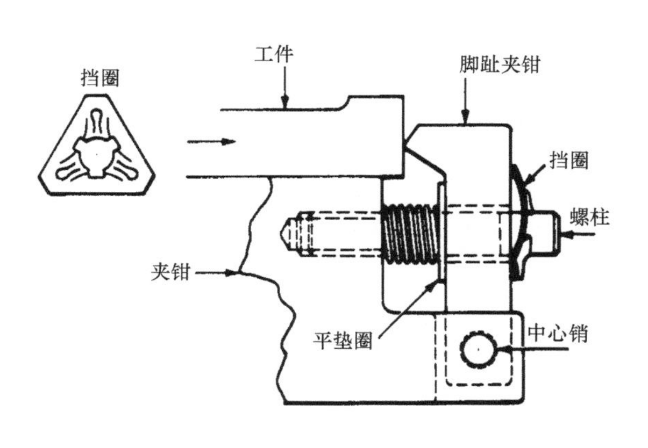

图18.6-6 在摆动弹簧夹上的重载挡圈固定双头螺柱。

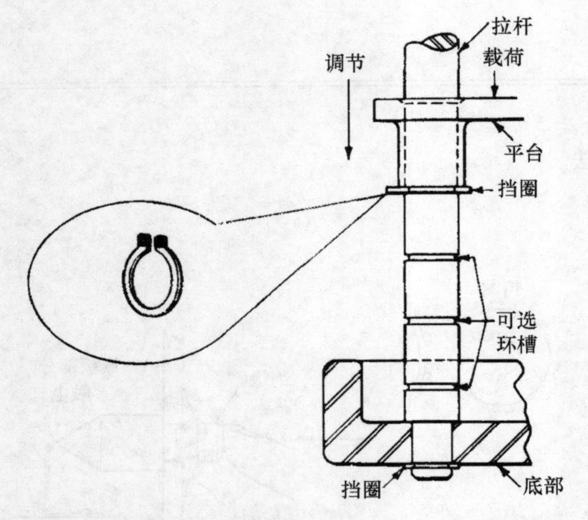

图 18.6-7　标准外部类型环为在标杆或轴上的定位套筒组件充作可调挡块或轴肩。拉杆本身被挡圈锁定在底部。

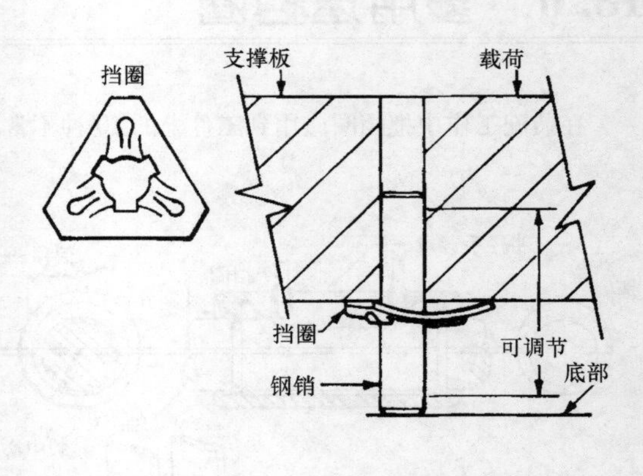

图 18.6-8　在销上的重型自锁环充作可调挡块，为金属板部分提供支撑。

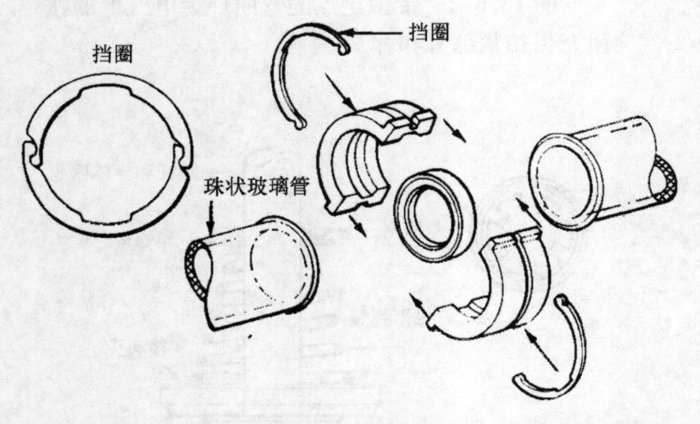

图 18.6-9　连锁外部环为连接玻璃管部分的连接充当锁紧元件。

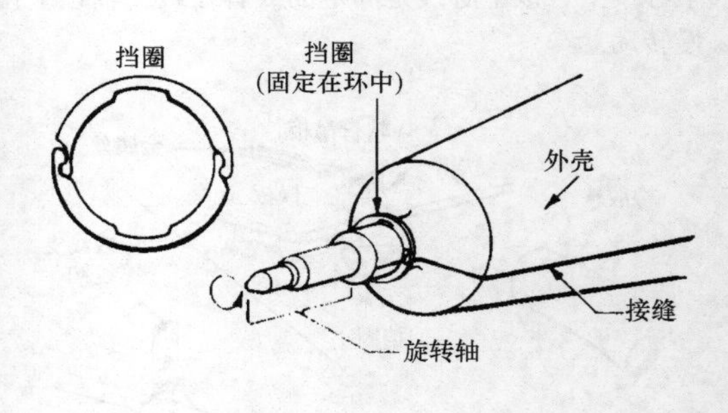

图 18.6-10　连锁外部环锁住与一个转轴配合的两工件外壳。

18.7 圆形挡圈的更多应用

为了锁定轴或其他零件，可以试一下这种低成本紧固件，其像轴承的轴阶梯和开关的驱动环一样同样能工作。

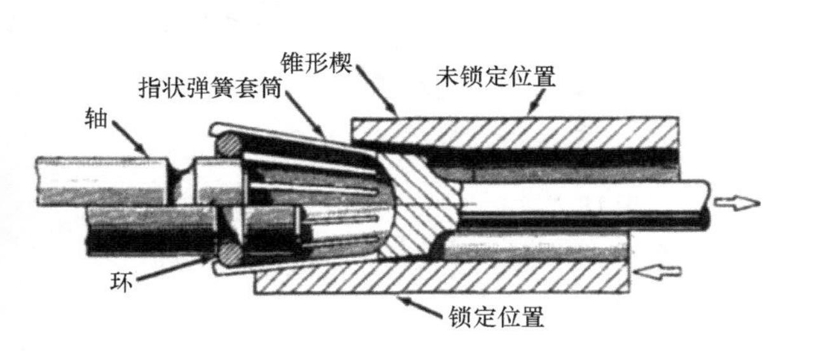

图 18.7-1 用压紧在槽中的挡圈锁定一根轴。在锁定位置上，用锥形楔驱动指状弹簧套筒。

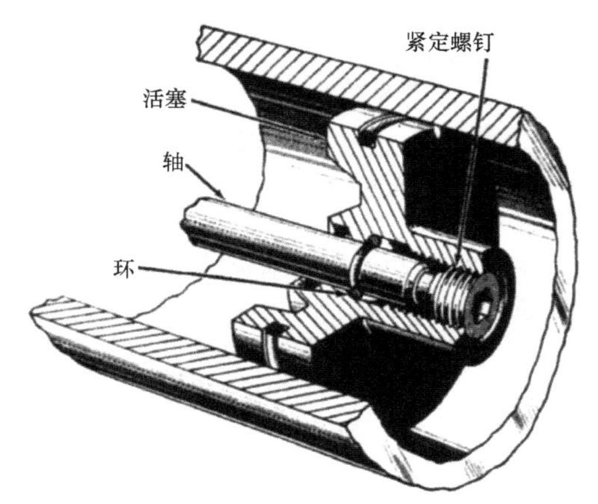

图 18.7-2 当定位螺钉旋到位置时，活塞被锁定在杆上。在移动时，先滑动活塞离开挡圈，然后移动挡圈。

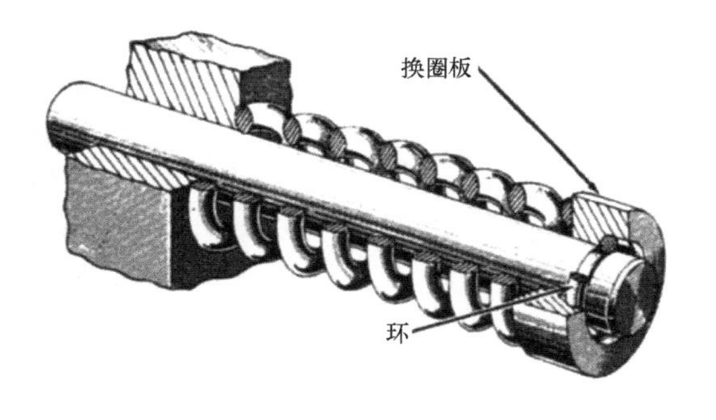

图 18.7-3 这种弹簧支撑轴锁是挡圈的一种基本应用。圆弹簧环最适合的大小可从供应者那里得到。

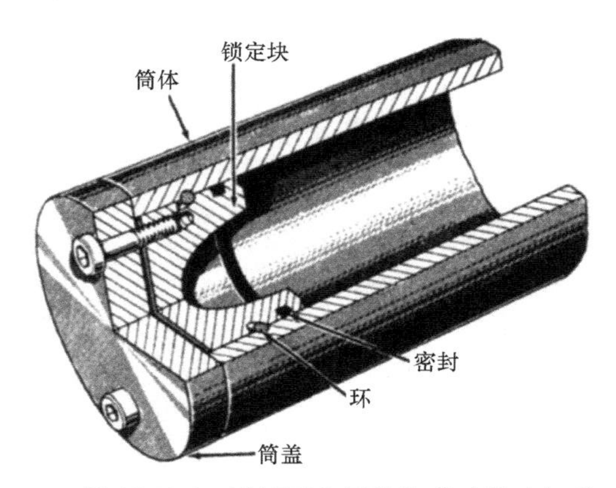

图 18.7-4 用挡圈和压块给薄壁装配缸盖和类似零件。拧紧螺栓扩张了挡圈。

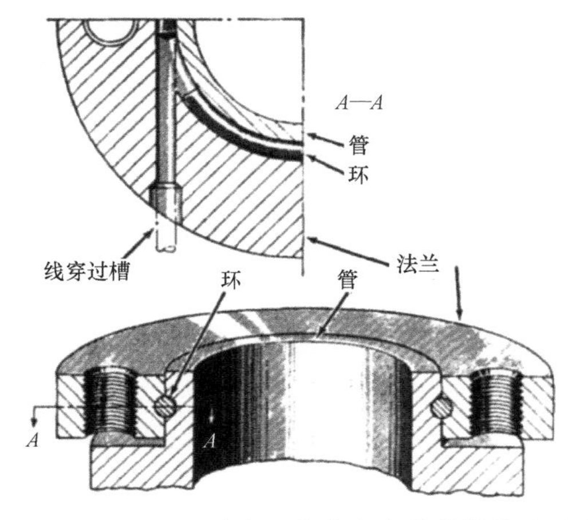

图 18.7-5 通过法兰穿进配套槽的线将法兰永久装配。如果线不伸出来那么法兰将可以转动。

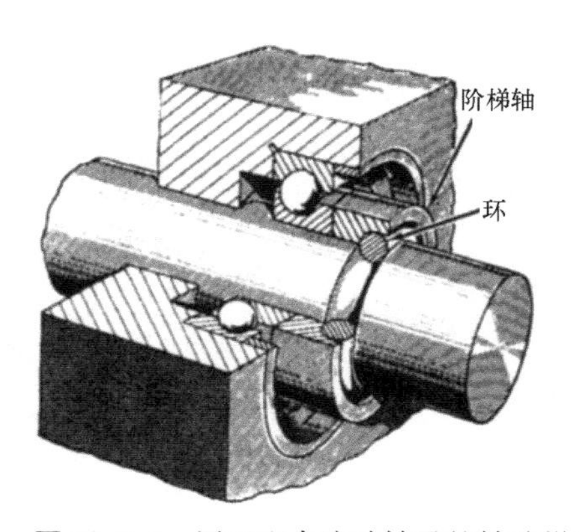

图 18.7-6 用于配合滚动轴承的轴阶梯通过在轴上快速和简单地加工沟槽来容纳弹性挡圈。轴阶梯与埋头孔配合。

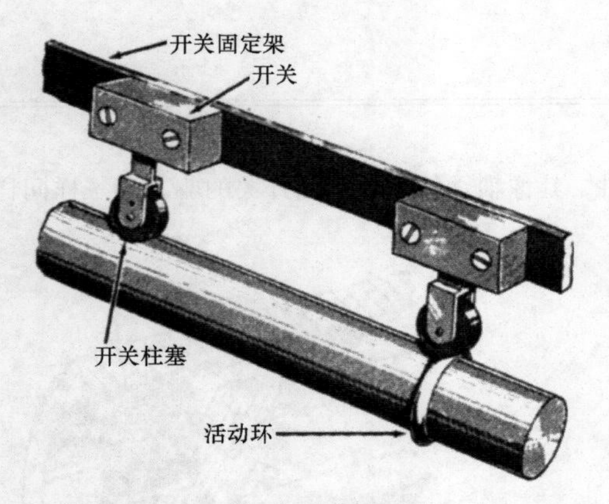

图 18.7-7　当固定轴阶梯存在装配问题时，带有圆形挡圈的开关制动器提供了一个简单的解决方法。封闭制动环的间隙。

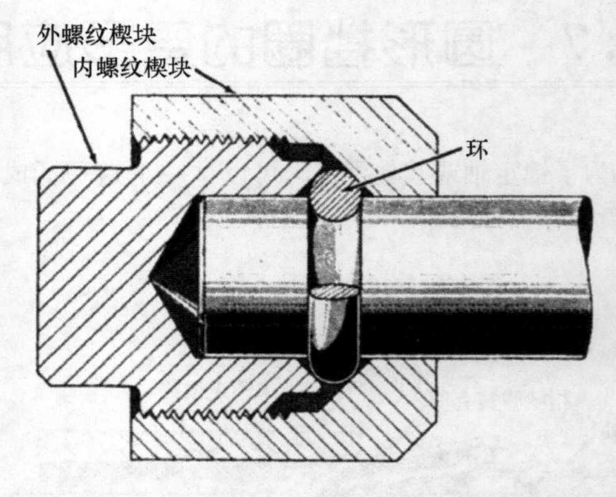

图 18.7-8　三件套楔能使轴自由移动，直到楔块被螺纹旋进而固定。然后圆形挡圈在力的作用下被压入槽中。

18.8 垂直载荷下开口圆环的偏转计算

根据垂直于开口圆环平面的载荷施加在开口圆环上的不同位置，给出了开口圆环偏转计算公式。下面论述了公式推导的过程。

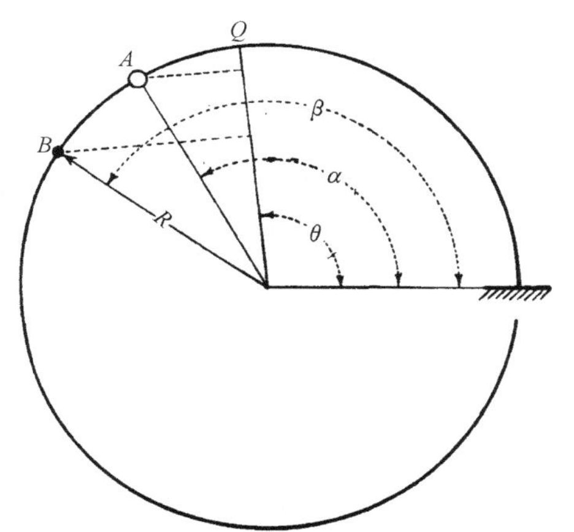

图 18.8-1 一个力垂直作用在开口圆环 B 点上的载荷，在 A 点偏转 Δ 可以被估算出来。

如图 18.8-1 所示，一个开口统一的圆环半径为 R，负载力 P 作用在垂直环面上的 B 点。在 Q 点，由于载荷 P 的作用，弯矩 M 和转矩 T 分别为

$$M = PR\sin(\beta - \theta) \tag{18.8-1}$$

$$T = PR[1 - \cos(\beta - \theta)] \tag{18.8-2}$$

同样，如果有一个单位载荷作用于 A 点，由于单位载荷的作用，在 Q 点也会产生弯矩 m 和转矩 t。由下面的公式给出

$$m = R\sin(\alpha - \theta) \tag{18.8-3}$$

$$t = R[1 - \cos(\alpha - \theta)] \tag{18.8-4}$$

从应变能考虑，A 点的偏转 Δ 可用公式表示。如果 E 是弹性模量，I 是关于横截面中心轴的转动惯量，J 是横截面的弹性模量，则公式为

$$\Delta = \int_0^{\phi} \frac{MmR\mathrm{d}\theta}{EI} + \int_0^{\phi} \frac{TtR\mathrm{d}\theta}{GJ} \tag{18.8-5}$$

角 ϕ 取 α 和 β 中的较小值。把式（18.8-1）、式（18.8-2）、式（18.8-3）和式（18.8-4）代入式（18.8-5）得

$$\Delta = PR^3 \int_0^{\phi} \left\{ \frac{\sin(\alpha - \theta)\sin(\beta - \theta)}{EI} + \frac{[1 - \cos(\alpha - \theta)][1 - \cos(\beta - \theta)]}{GJ} \mathrm{d}\theta \right\}$$

从三角恒等式，得

$$\sin(\alpha - \theta)\sin(\beta - \theta) = \frac{1}{2}[\cos(\alpha - \beta) - \cos(\alpha + \beta - 2\theta)]$$

$$\cos(\alpha - \theta)\cos(\beta - \theta) = \frac{1}{2}[\cos(\alpha - \beta) + \cos(\alpha + \beta - 2\theta)]$$

偏转的公式 Δ 的公式变为

$$\Delta = \frac{PR^3}{2EI}\left[\int_0^{\phi}\cos(\alpha - \beta)\mathrm{d}\theta - \int_0^{\phi}\cos(\alpha + \beta - 2\theta)\mathrm{d}\theta\right] +$$
$$\frac{PR^3}{2GJ}\left[\int_0^{\phi}\cos(\alpha - \theta)\mathrm{d}\theta - \int_0^{\phi}\cos(\alpha + \beta - 2\theta)\mathrm{d}\theta + \int_0^{\phi}[1 - \cos(\alpha - \theta)]\mathrm{d}\theta - \int_0^{\phi}\cos(\beta - \theta)\mathrm{d}\theta\right] \tag{18.8-6}$$

整合公式（18.8-6），得

$$\Delta = \frac{PR^3}{EI}\left[\frac{\phi\cos(\alpha-\beta)}{2}+\frac{\sin(\alpha+\beta-2\phi)-\sin(\alpha-\beta)}{4}\right]+$$
$$\frac{PR^3}{GJ}\left[\frac{\phi\cos(\alpha-\beta)}{2}-\frac{\sin(\alpha+\beta-2\phi)-\sin(\alpha+\beta)}{4}+\phi+\sin(\alpha-\phi)-\sin\alpha+\sin(\beta-\theta)-\sin\beta\right] \tag{18.8-7}$$

从公式（18.8-7）可以得到点 A 和点 B 不同位置所产生的偏转 Δ。

下面给出了点 A 和点 B 的不同位置的公式。

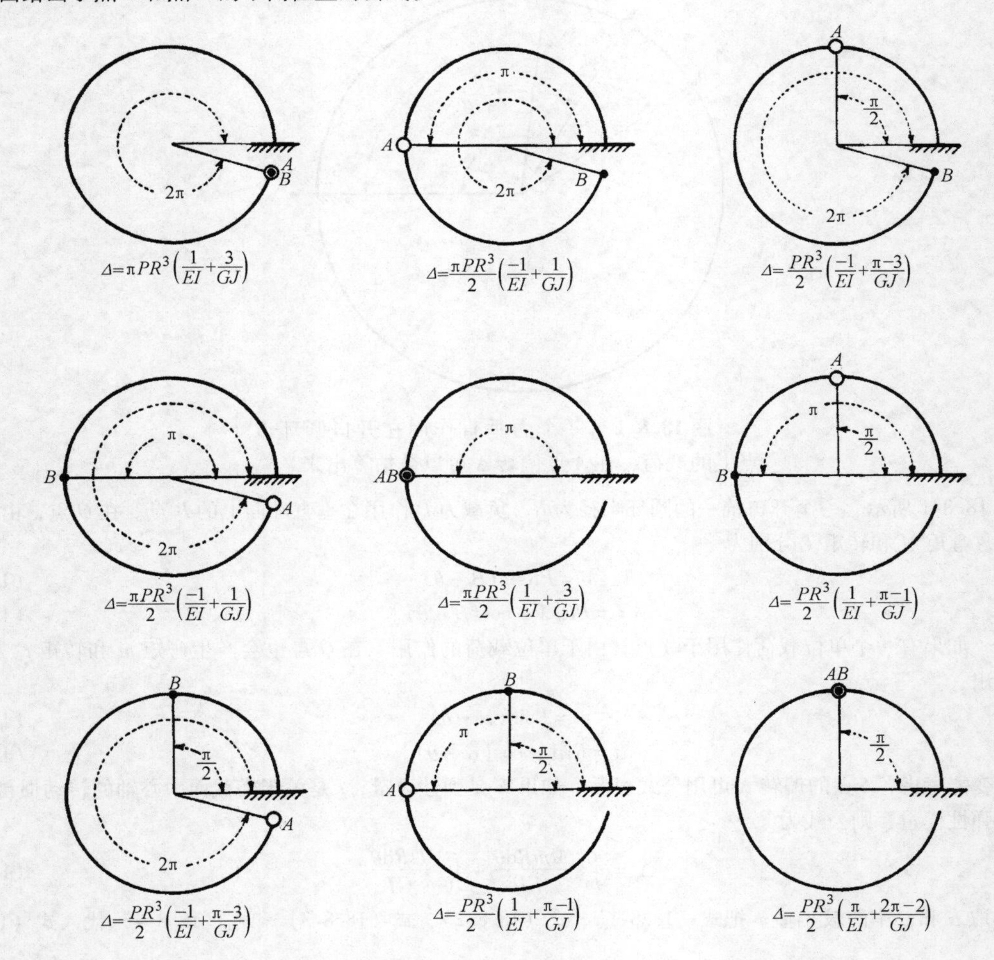

Δ—在A点的偏转；G—剪切模量；P—在B点的载荷；J—横截面的惯性矩；R—环的半径；I—横截面中心轴的转动惯量；E—弹性模量。

图 18.8-2

18.9 用挡圈辅助机械设计

在这里用图说明了 Waldes Kohinoor 提供的挡圈的装配。根据图中的原设计和新设计，分析挡圈的作用。靠用挡圈改变设计实现了这些优点：

1）六个有斜面的环——在三个轴孔的末端——代替二十四个六角头螺栓和避免在铸造外壳上钻孔和攻螺纹。

2）需要在端盖和外壳之间提供密封的特殊垫圈已经被更便宜的标准 O 形垫圈取代。在铸造外部的六个面操作需要的密封垫圈已经被消除了。（O 形环槽是一个重新设计的覆盖板上的内置部分。）

3）十二个外部环——六个弯曲，六个扁平——保护轴承的内环。环被装配在加工过的槽中，同时用轴的横切断面和倒角操作。它们代替了六个环形螺母和锁紧垫圈，消除了在轴上的十二个研磨直径操作、六个车螺纹操作和六个键槽。

4）安装在外壳加工过的槽中的六个基本内部环，消除了六个加工轴肩和消除了在轴承孔和端盖上控制轴向公差的需要。

零件拆卸后可重复使用，用特殊的钳子装配挡圈，也能从工作现场移走。

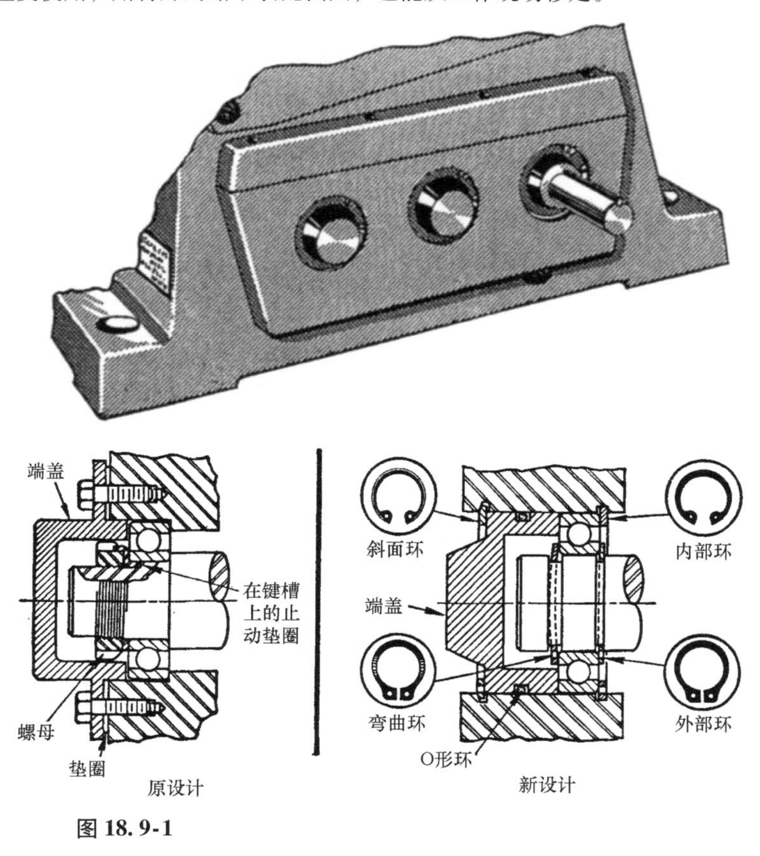

图 18.9-1

第 19 章

滚珠

19.1　滚珠的12种工作方式

滚珠是轴承、制动器、阀门、轴向运动、夹具和其他一些装置的关键元件。

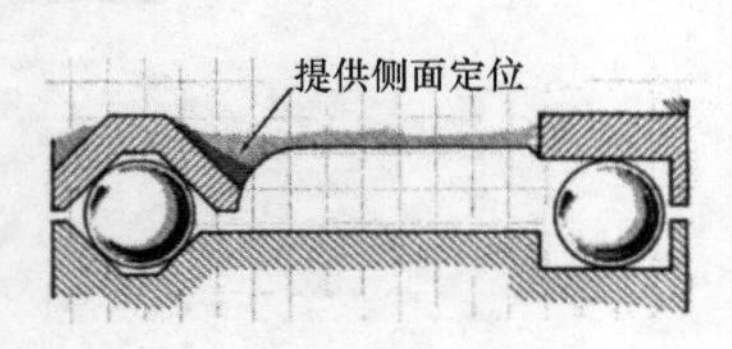

图 19.1-1　有滚动轴承的机构的摩擦力小。

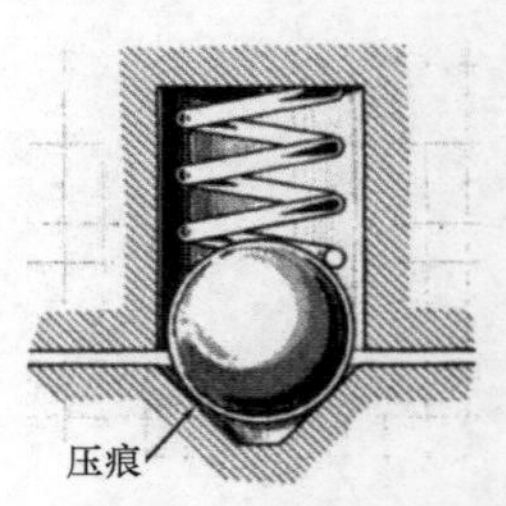

图 19.1-2　棘爪的工作能力由弹簧的强度和压痕的深度决定。

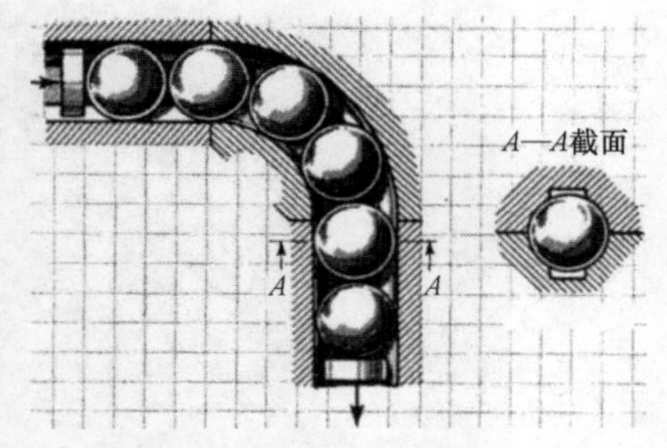

图 19.1-3　滚珠轴向力沿着曲线传输。

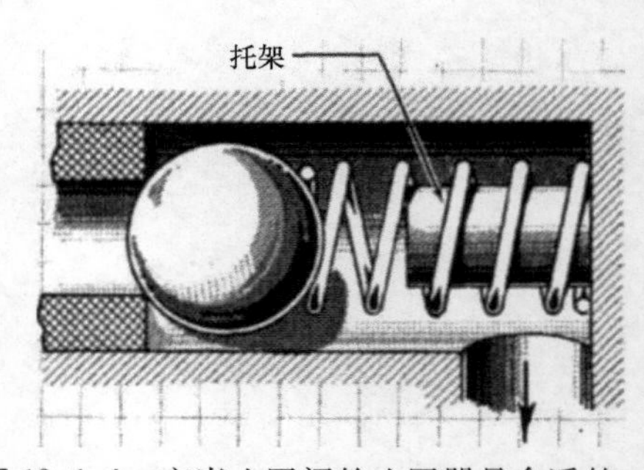

图 19.1-4　充当止回阀的止回器是合适的。

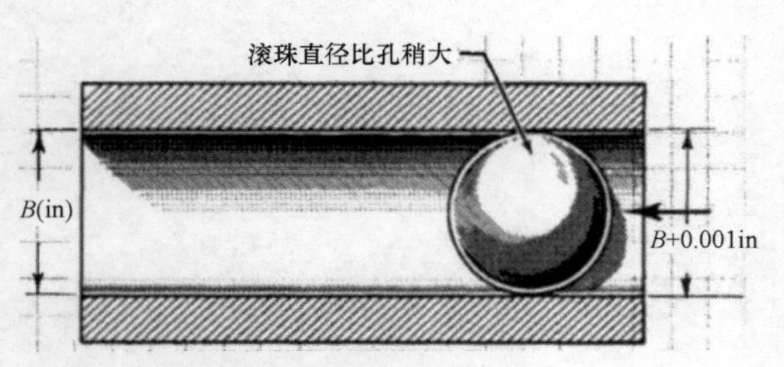

图 19.1-5　滚珠精修套管内孔。

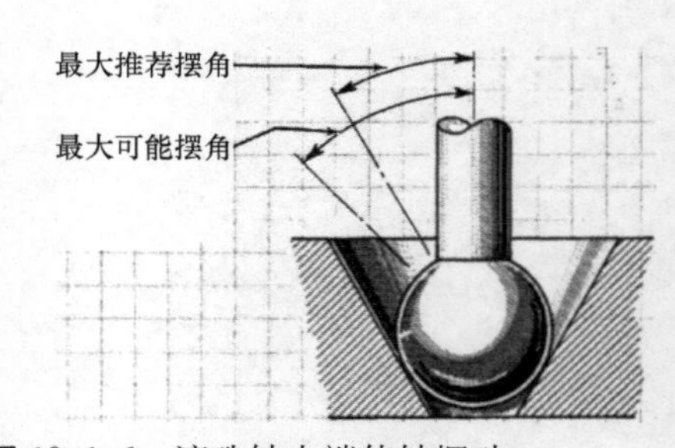

图 19.1-6　滚珠轴末端使轴摆动。

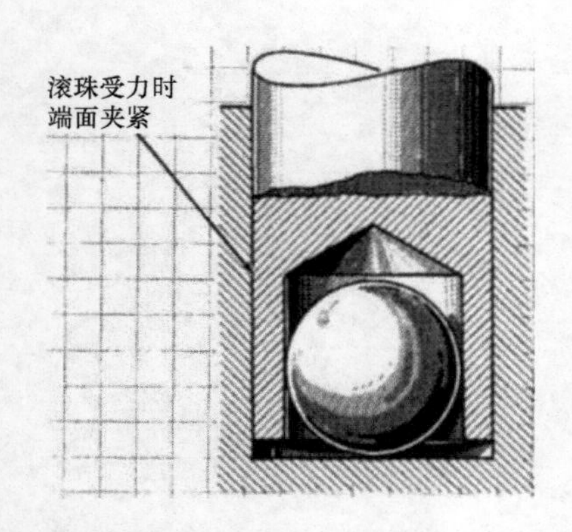

图 19.1-7　滚珠锁在盲孔中使螺栓紧固。

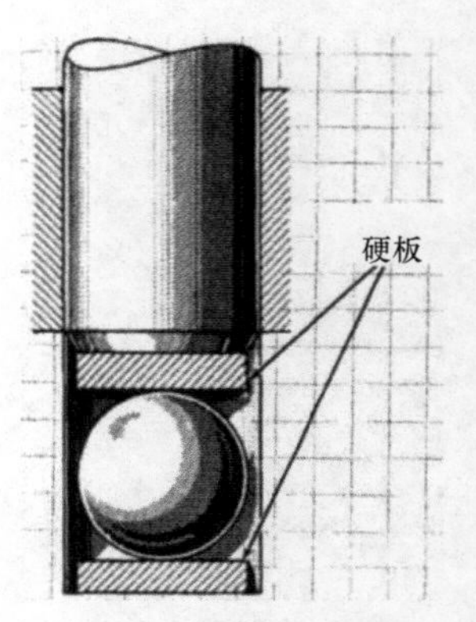

图 19.1-8　推力轴承承受轻载荷。

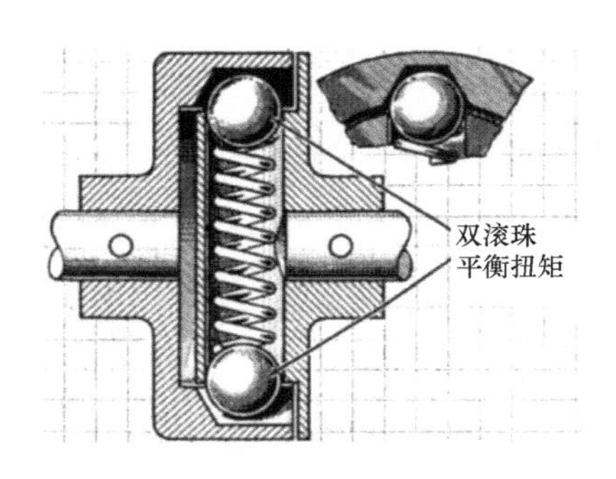

图 19.1-9 离合器具有力矩限制传递装置。

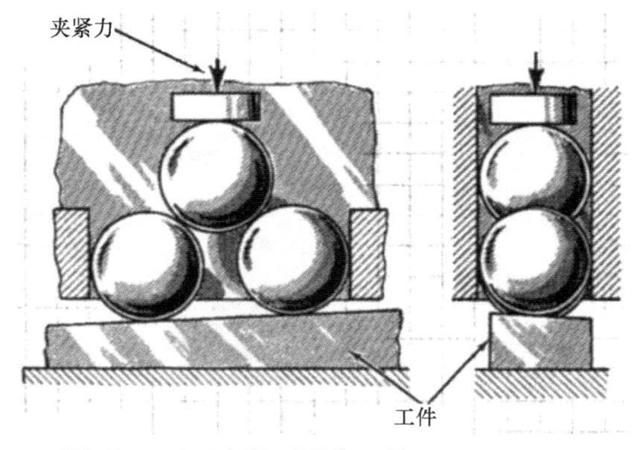

图 19.1-10 夹紧不平衡工件。

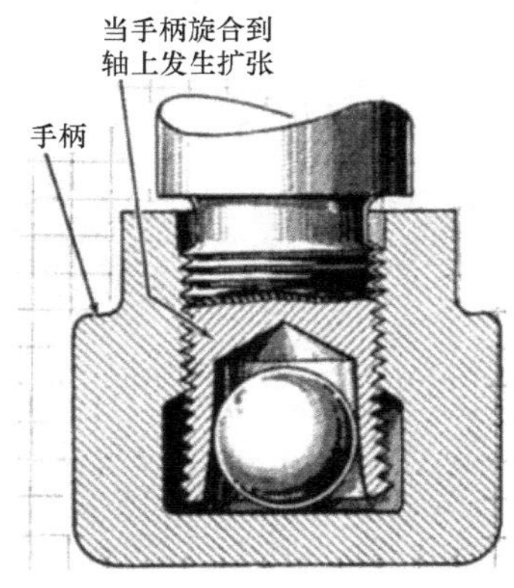

图 19.1-11 滚珠锁保护轴的手柄。

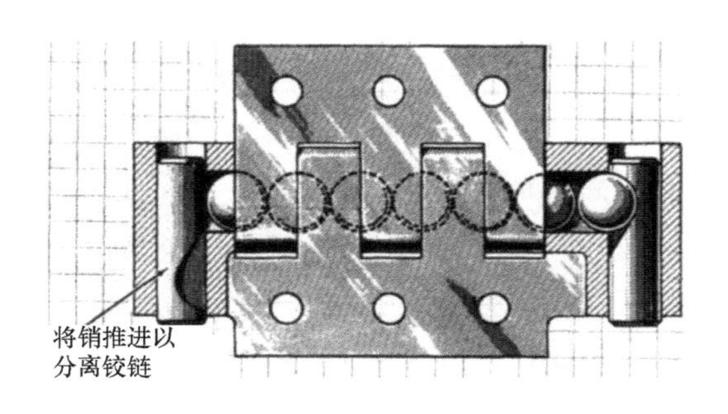

图 19.1-12 铰链销是可分的。

19.2 柔性滚珠简单设计的原理

柔性材料制作的滚珠能够用作锁存器、指示盘的挡块、价格便宜的阀和用于压缩弹簧的缓冲器。

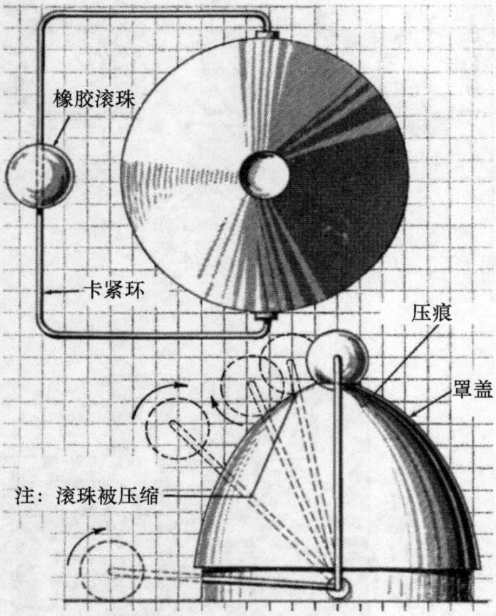

图 19.2-1 用于滚珠锁的滚筒和锚栓。

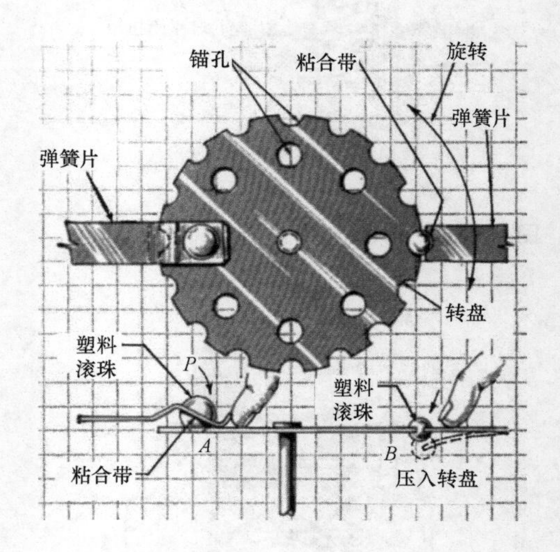

图 19.2-2 指示盘的止动块。

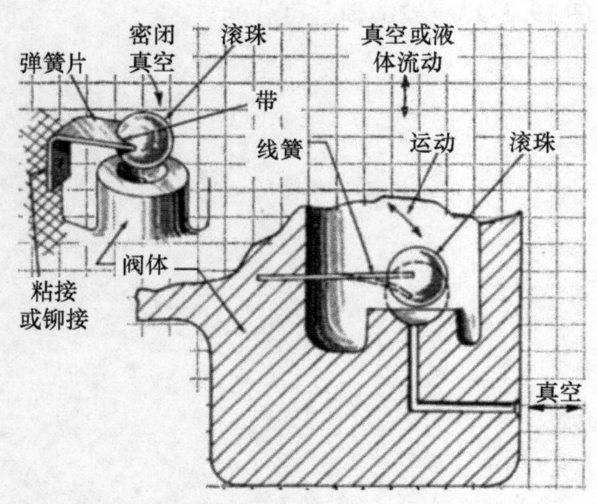

图 19.2-3 低成本止回阀。

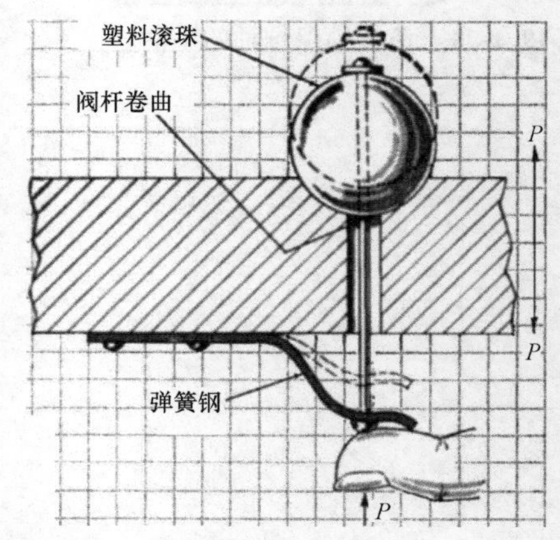

图 19.2-4 手动减压阀。

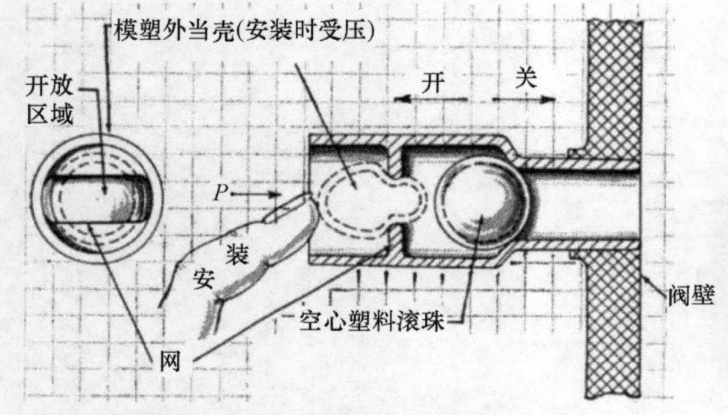

图 19.2-5 止回阀滚珠是永久安装。

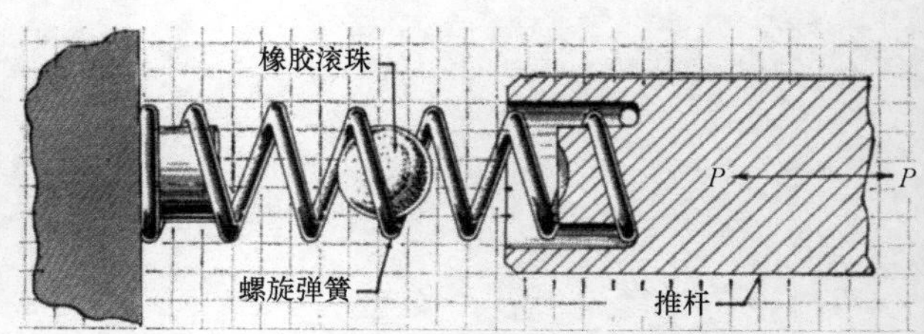

图 19.2-6 用于压缩弹簧的弹簧缓冲器。

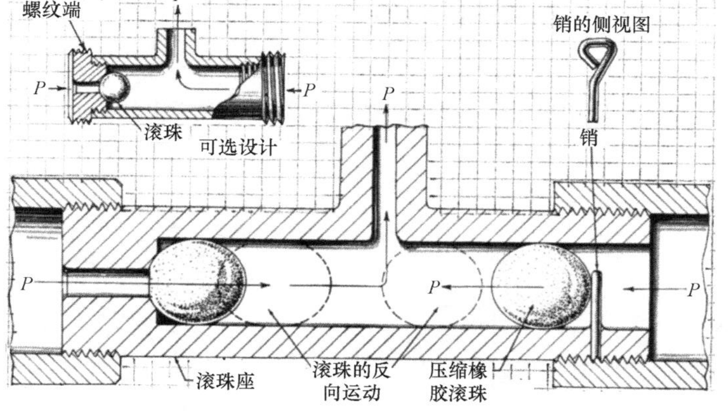

图 19. 2-7　用于压力改变的双向阀。

19.3 橡胶滚珠的多种用途

在许多设备中，无论是实体还是空心的塑料和橡胶滚珠都有许多的重要的应用。

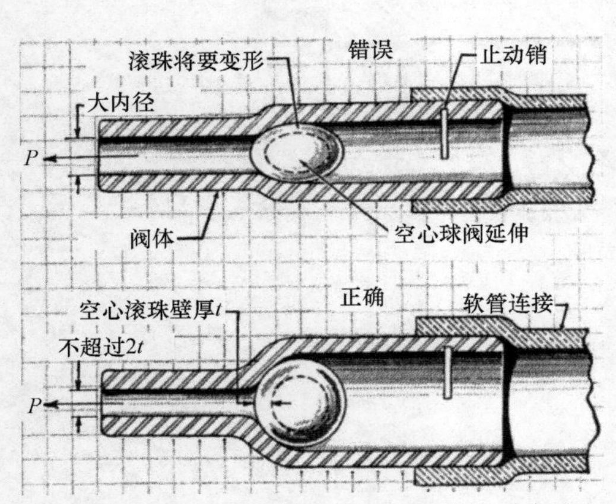

图 19.3-1 离心式模塑滚珠可以用在高效率低成本的密封阀中，但要选用合适的尺寸以免变形。

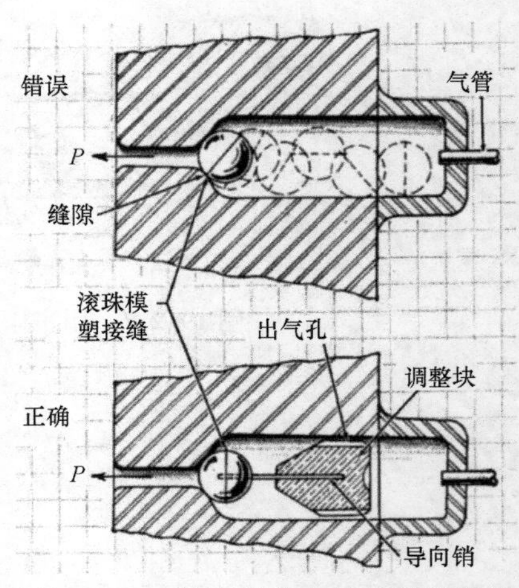

图 19.3-2 固体滚珠上的模塑接缝需要被控制在流向线的法向，以避免产生不完整的密封和随之而来的缝隙。

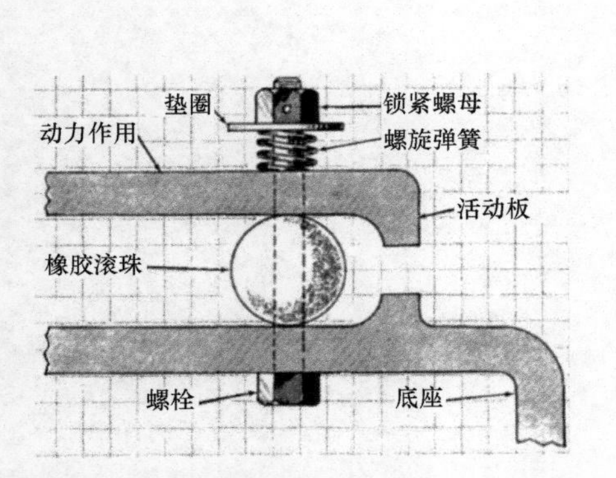

图 19.3-3 橡胶滚珠作为缓冲衬垫和减振器，可以承载动态载荷或吸收振动力。

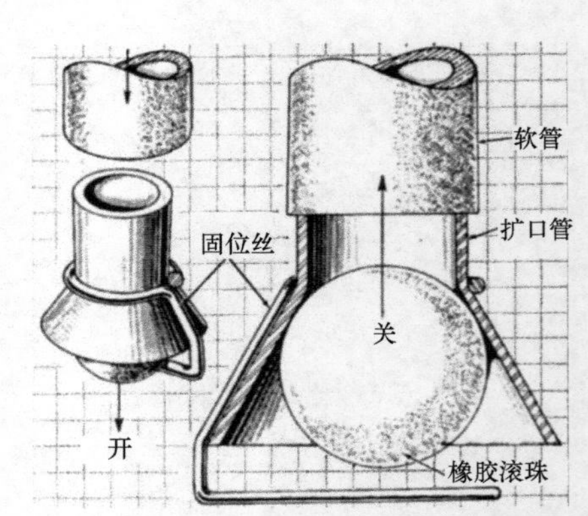

图 19.3-4 排放阀是在软管末端控制液体排放流量的一个有效方法，这里的抽吸是没有必要或有害的。

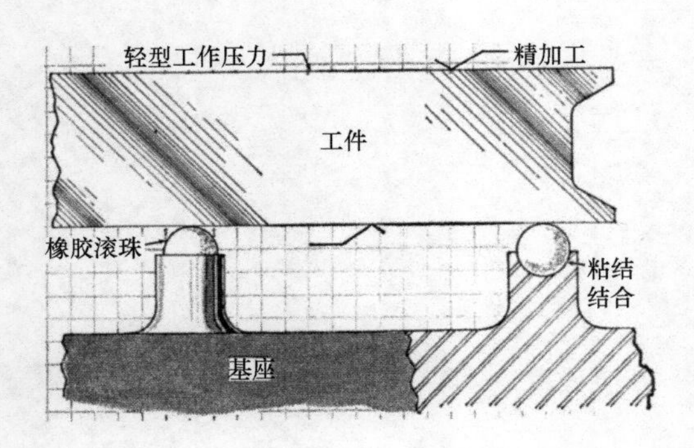

图 19.3-5 将易碎工件对齐放置在与基柱结合的橡胶滚珠上。通过精密加工提供了充足的保护作用，同时摩擦提供牢固的夹紧力。

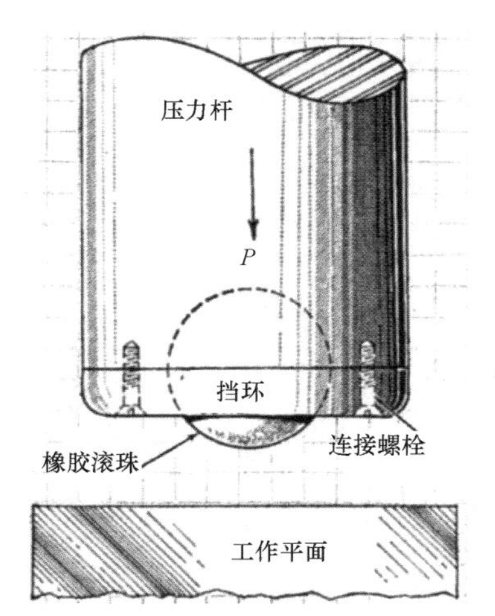

图 19.3-6 垂直压力杆持有固体滚珠，比较容易取代挡圈。在装配过程中滚珠能保护工件的加工表面。

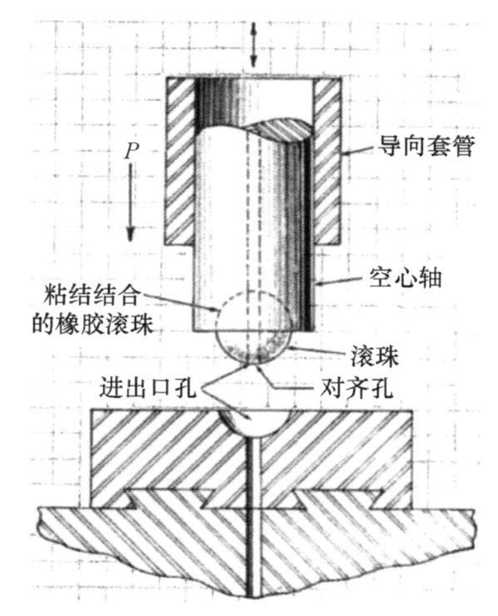

图 19.3-7 空心轴密封室拥有胶合剂粘接的橡胶滚珠，滚珠上带有进出口孔。该装置能获得防油和其他液体泄漏的快速连接装置。

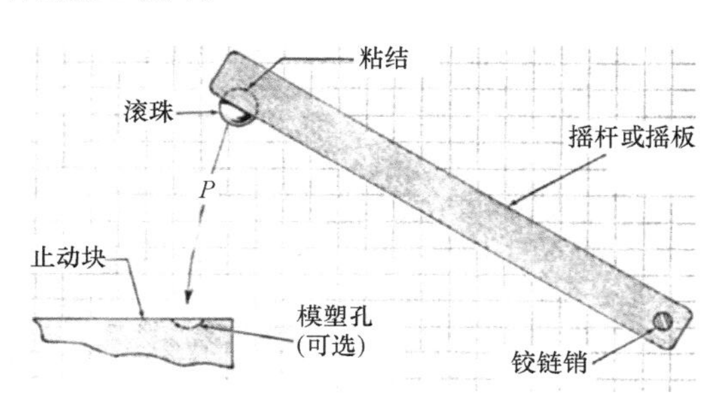

图 19.3-8 缓冲止动块是使用橡胶滚珠保护表面或零件的另一个简单而有效的实例。

19.4 滚珠在牛奶输送系统中的多种用途

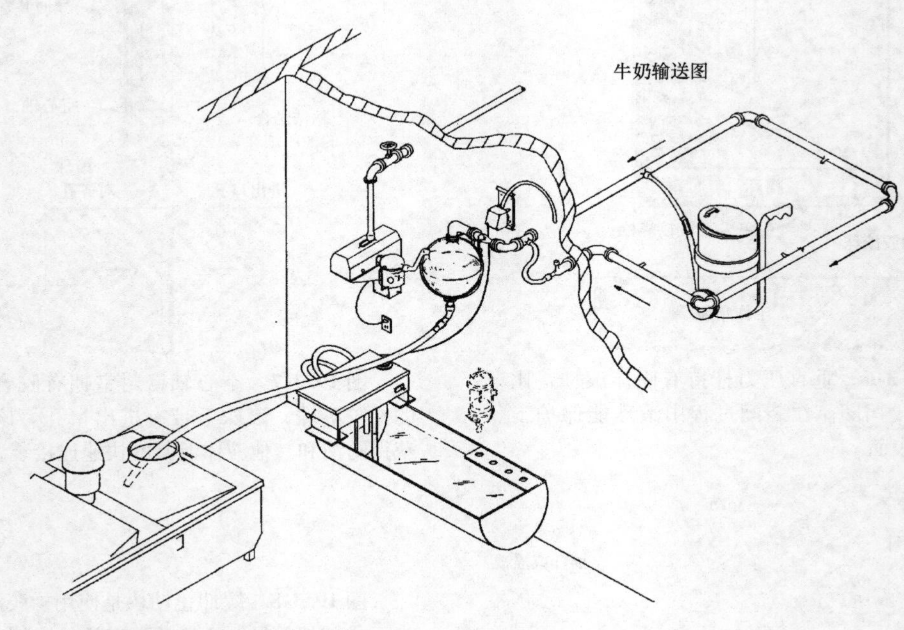

图 19.4-1　牛奶输送系统。

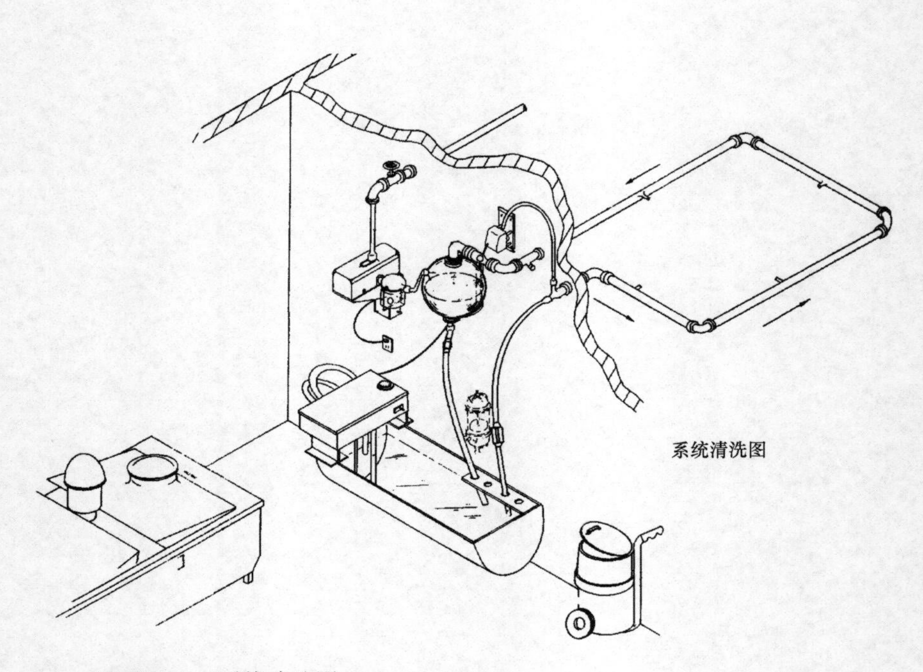

图 19.4-2　系统清洗图。

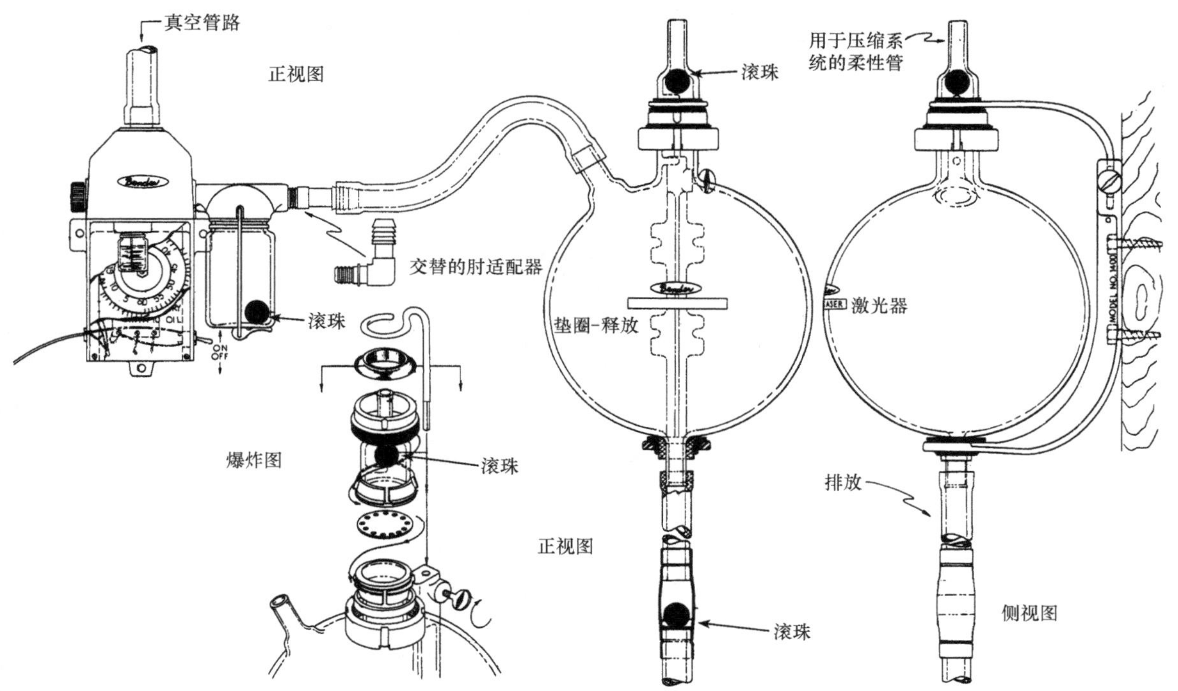

图 19.4-3 四个塑料滚珠处于系统的关键位置，当它们对真空脉动作出反应时，它们起到正向止回阀的作用。

19.5　滚珠在可反复加载的压力机中的应用

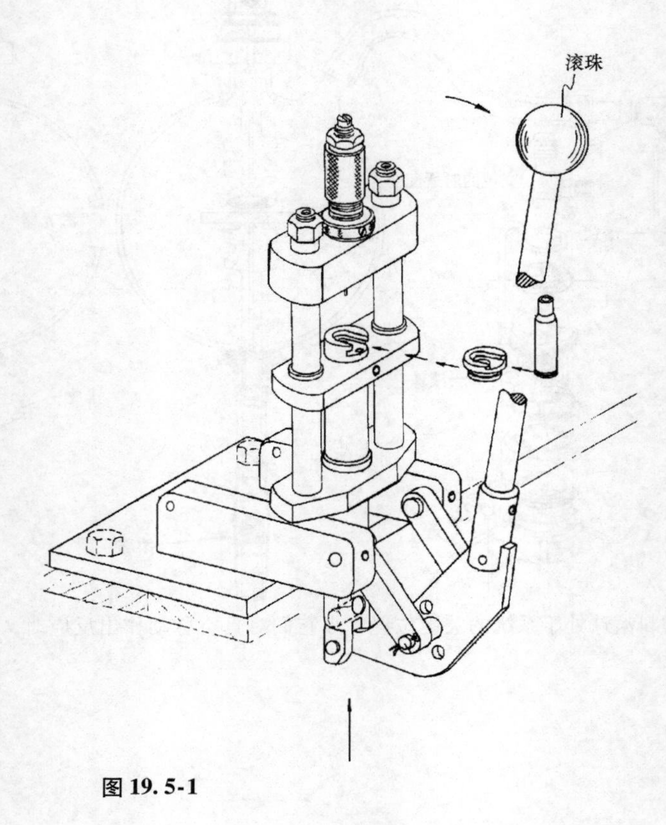

图 19.5-1

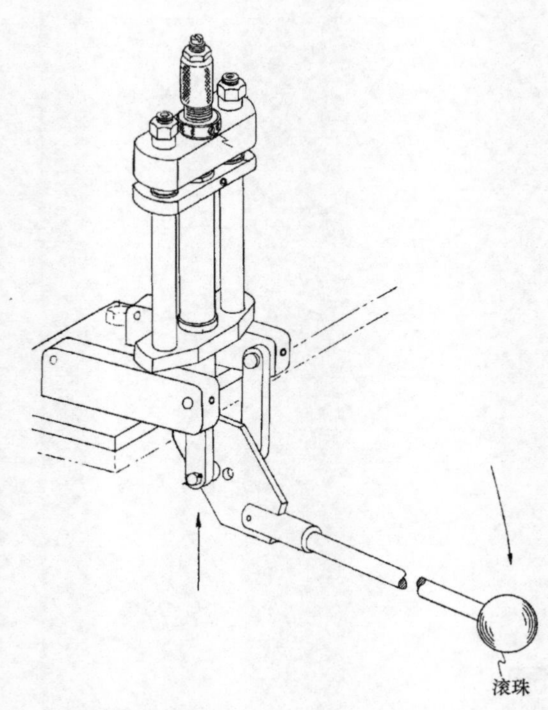

图 19.5-2

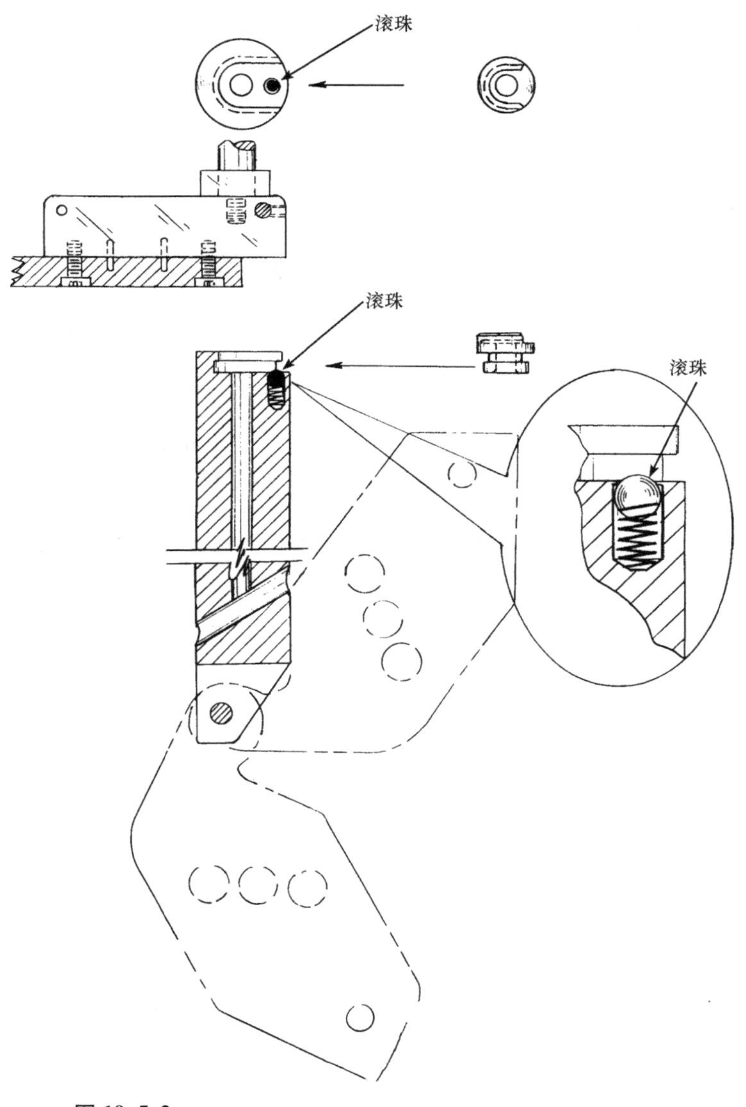

图 19.5-3

19.6 滚珠用于线性运动的9种滑动类型

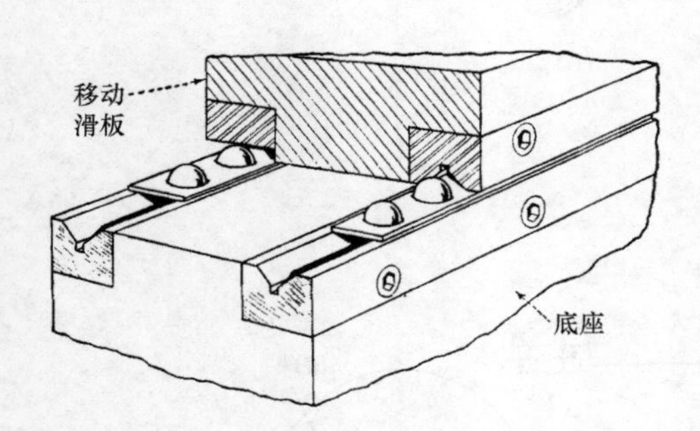

图 19.6-1　V形槽和平板表面使结构简单的水平滚珠滑板实现了往复运动，没有侧向力，但需要重型滑板控制滚珠连续接触。滚子保持架确保了每一个滚子之间有足够的间距，接触表面需进行硬化和研磨处理。

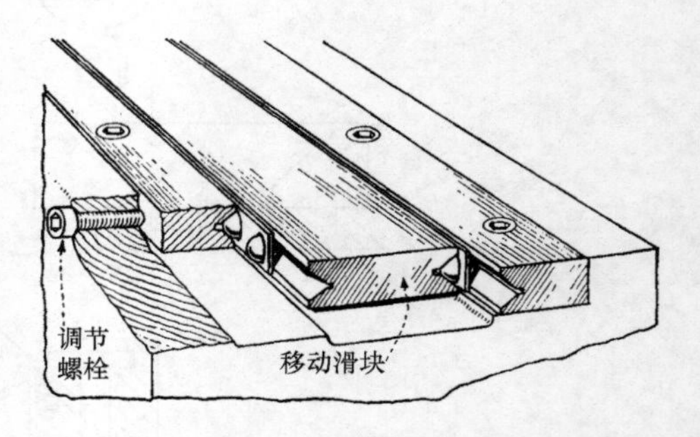

图 19.6-2　当滑板处于垂直位置或者承受横向载荷时，使用双V形槽是非常必要的。调节螺栓或弹簧力的要求来减小滑板中的松动。滚珠和槽之间的金属与金属接触确保了运动的准确性。

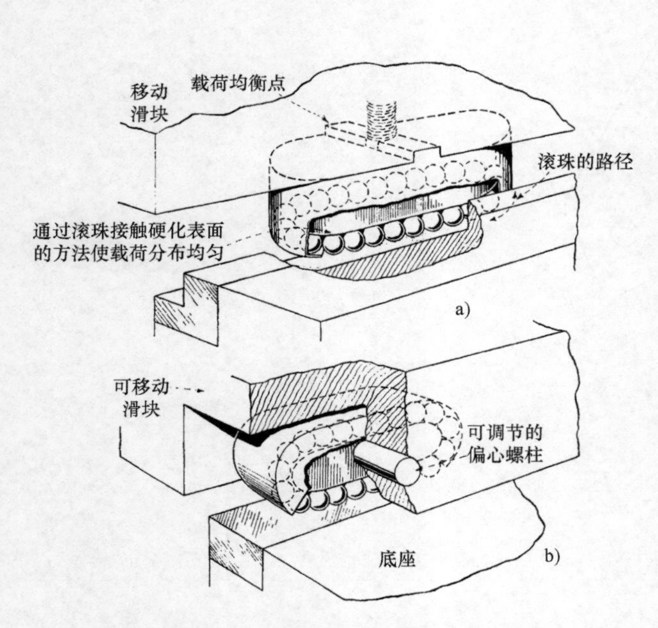

图 19.6-3　由于滚珠能自由地循环运动，滚珠盒有无限制循环运动的优点。该暗盒最适合承受垂直载荷。图 19.6-3a 中也可以承受侧向载荷，这种类型在侧边预加载荷下使用。图 19.6-3b 中，由于装置作平面运动，所以暗盒能容易进行调节。

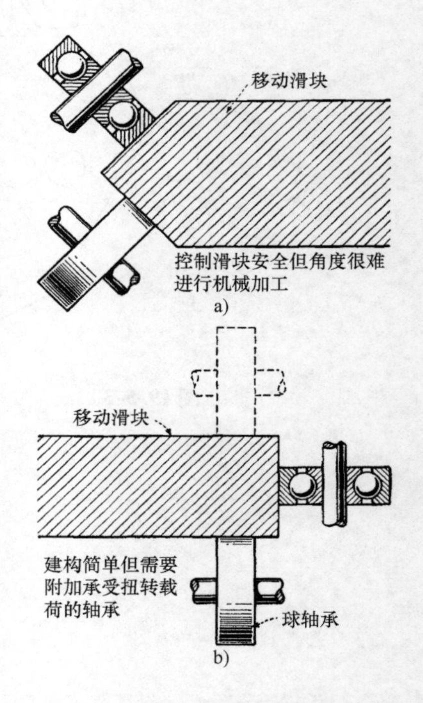

图 19.6-4　商用的球轴承能被用来制作往复运动的滑块。采取必要的调节以防止滑块的松动。图 19.6-4a 中的滑块末端带有斜面。图 19.6-4b 为矩形滑块。

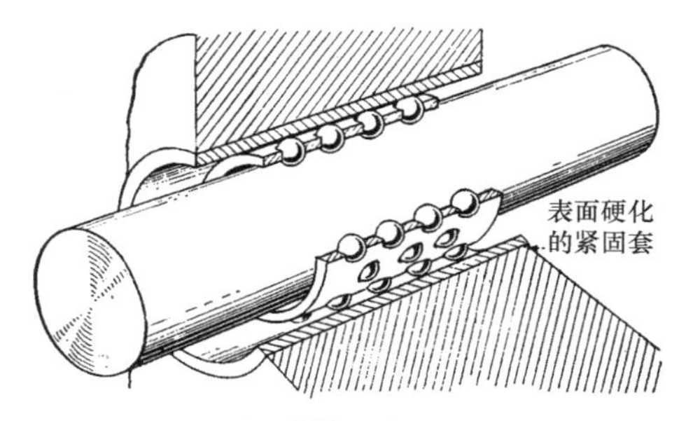

图 19.6-5 滑动轴承由一个表面硬化的衬套、滚珠和保持架组成，能做往复直线运动，也能来回摆动。和图19.6-6类似，其运动行程也受限，这种型号能在任何方向承受横向载荷。

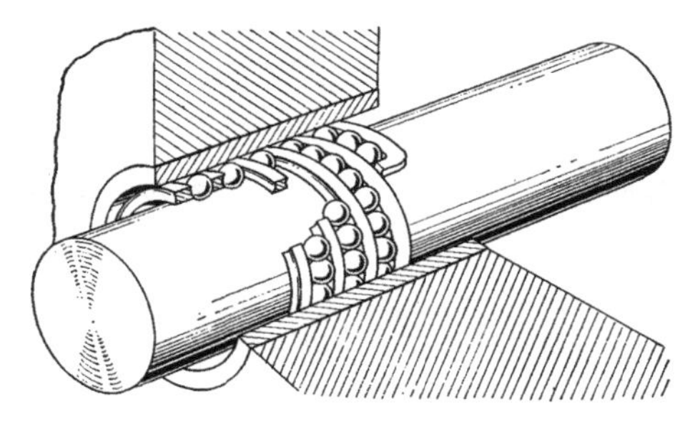

图 19.6-6 往复式球轴承是针对旋转、往复和振荡运动设计的。成型保持架控制滚珠作螺旋轨迹运动。冲程等于外套筒和保持架长度之差的两倍。

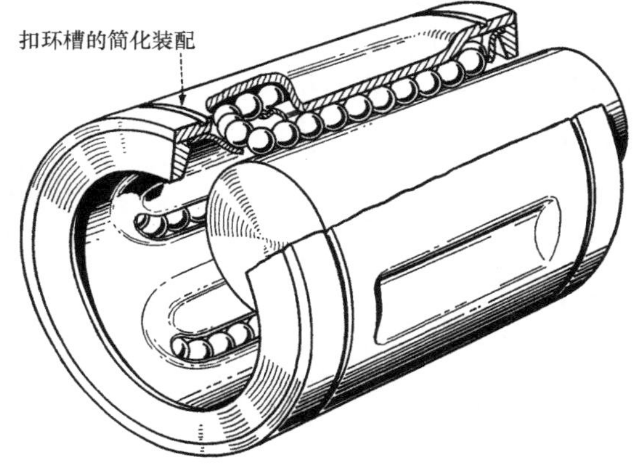

图 19.6-7 带有能作往复循环运动球的套筒允许无限的直线运动。该套筒简单、结构紧凑，并需要安装用的一个定位孔。如果传递的功率较大，则需要一个表面硬化的轴。

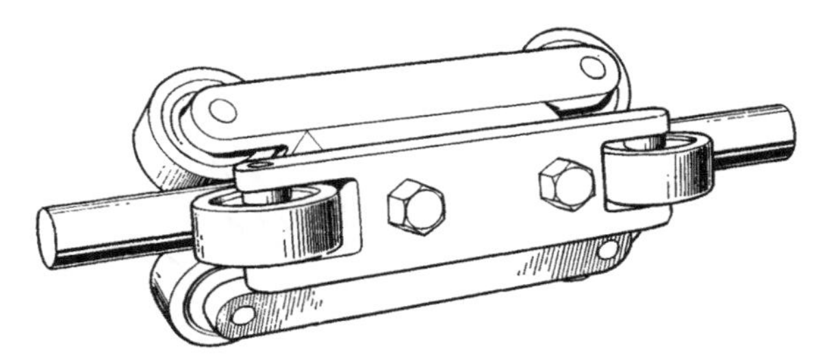

图 19.6-8 通过商业的球轴承来控制圆柱形轴，滚珠用来装配成导轨。这些轴承必须紧紧控制在轴上，以防止松动。

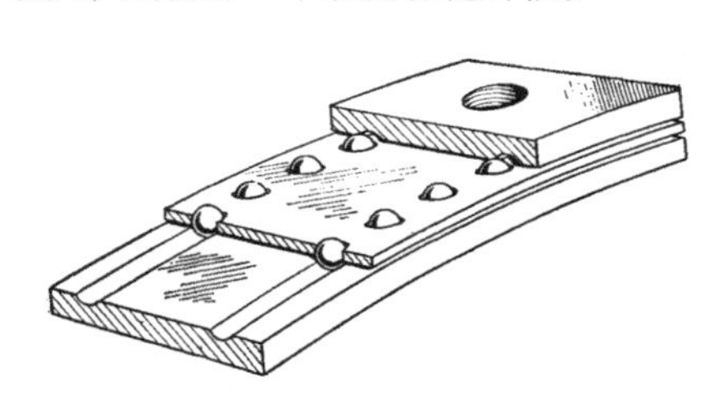

图 19.6-9 用这个装置在平板上实现曲线运动是可能的，并且可以采用很大的曲率半径。然而，沟槽之间的间距均匀是非常重要的。采用圆形截面槽可以减小接触应力。

19.7 轴承滚珠上的应力

当轴承座形状为球形或平面、材料为钢或铝时，轴承所允许的压力如图 19.7-1 中曲线所示。

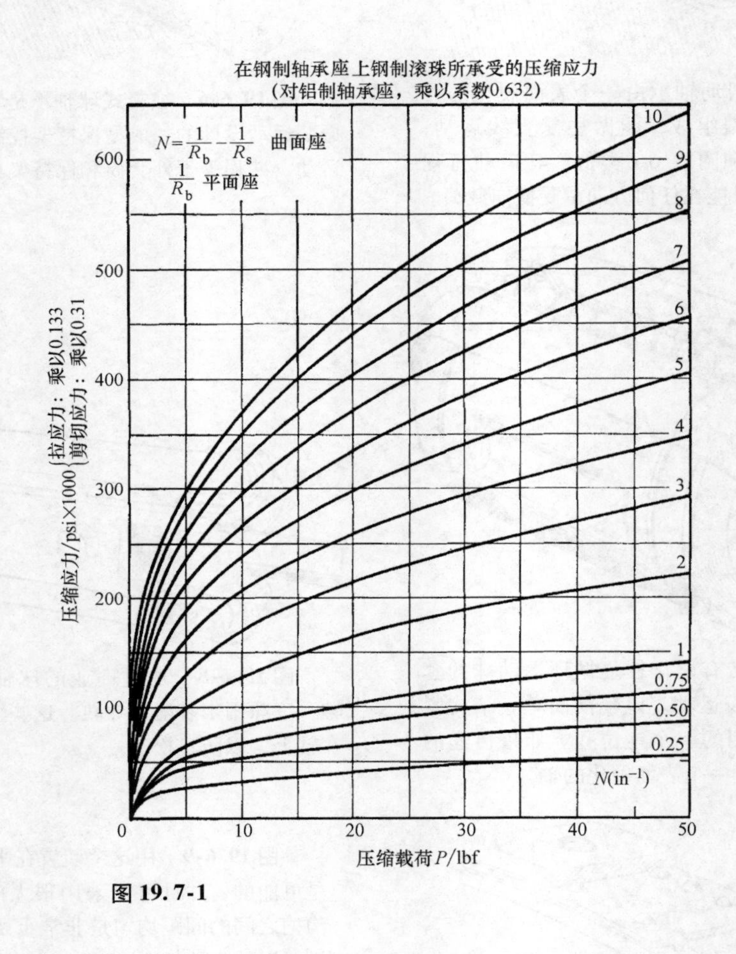

图 19.7-1

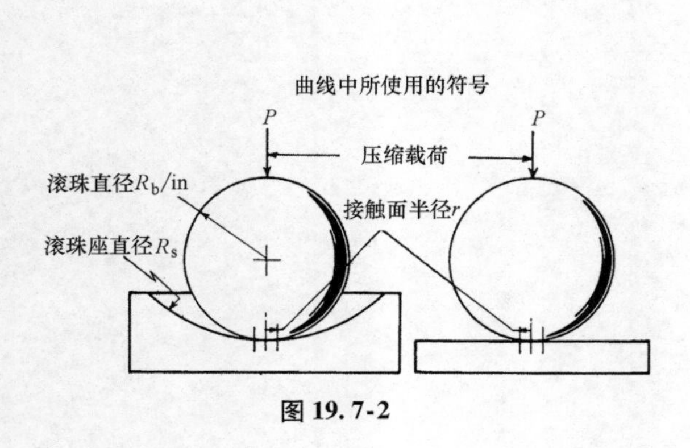

图 19.7-2

当一个设计方案采用钢轴承滚珠以承受负荷时，知道产生什么样的压力是非常重要的，本页中绘制了相应的图表。在下一页中是一张识别符号的图表，可以应用在轴承座是球形或平面的情况，而且，这张图表有助于计算最大允许载荷。

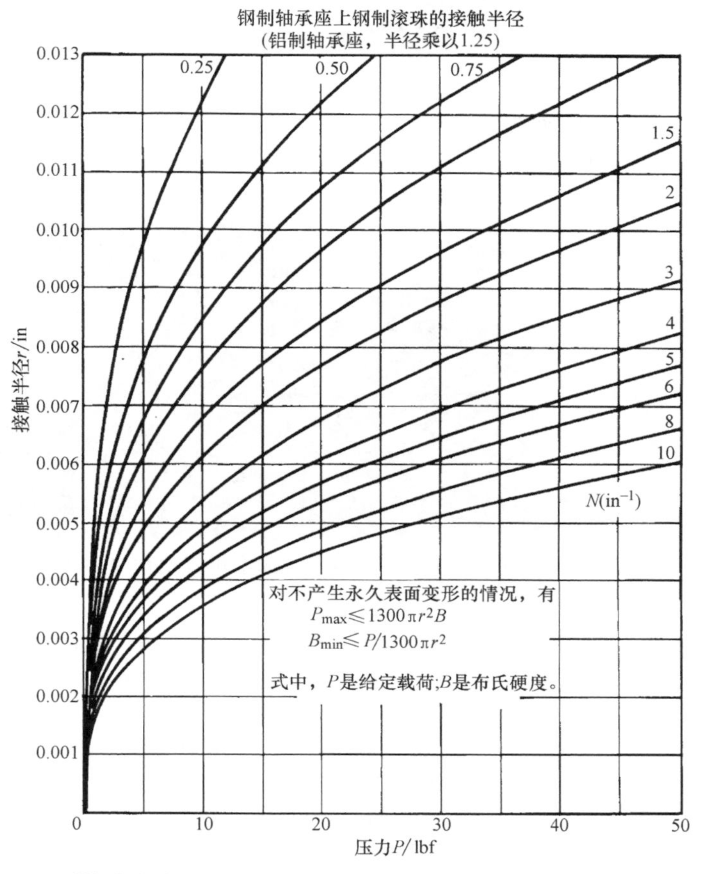
钢制轴承座上钢制滚珠的接触半径
(铝制轴承座，半径乘以1.25)
0.25
0.50
0.75
1.5
2
3
4
5
6
8
10
N(in⁻¹)
对不产生永久表面变形的情况，有
$P_{max} \leqslant 1300\pi r^2 B$
$B_{min} \leqslant P/1300\pi r^2$
式中，P是给定载荷;B是布氏硬度。
接触半径r/in
压力P/lbf
0.013
0.012
0.011
0.010
0.009
0.008
0.007
0.006
0.005
0.004
0.003
0.002
0.001
0
10
20
30
40
50

图 19.7-3

19.8　简易的滚珠传输单元

滚珠传送装置的滚珠在每个方向都承受载荷。

一种利用滚珠来承受移动荷载的改进装置正应用于飞机航空货运（图 19.8-1）以及其他方面的工作，它能服务于输送表、管材、棒材和零件的生产线。

图 19.8-1　滚珠传送装置在机场地面上可以使货物输送变得容易。

滚珠传送装置的用途受一定的限制，主要应用在家具和其他普通的地方。新的设计可以充分利用它的多方向传送和能任意改变传送方面的优点，滚珠传送单元可以看做是另一个基本类型的耐磨轴承。改进的方案由纽约的 West Nyack 轴承公司提供的。

图 19.8-2　图中大直径的滚珠由隐藏的 70 个小直径滚珠支撑。

工作原理。从本质上讲，其工作原理是，输送设备在任何给定的平面上把全方位的直线运动转化成滚动运动并产生了无数的轴运动。每一个单位的一个大球都会绕自身的中心旋转。这个大球是由一圈小的滚珠组成的，这些滚珠在荷载作用下形成一个循环的无止境的滚动链。

这些单元被设计成“上升滚珠”或“下降滚珠”。在“下降滚珠”设计中，必须提供一个有效的方法使得滚珠在重力的作用下下落。

变化。可以根据客户特定的需求提供不同的配置。碳钢滚珠是最常用的，但在需要考虑锈蚀问题的时候就需要用到不锈钢滚珠。滚珠传送装置能通过密封来避免污垢。

在要求一定数量的滚珠必须同时接触承载面时，弹簧的技术就得到了应用。每个滚珠输送下都是弹簧，在过载时它会发生偏斜，其他滚珠可以来分担载荷。这个概念在过载时对每一个滚珠都起到了保护作用。

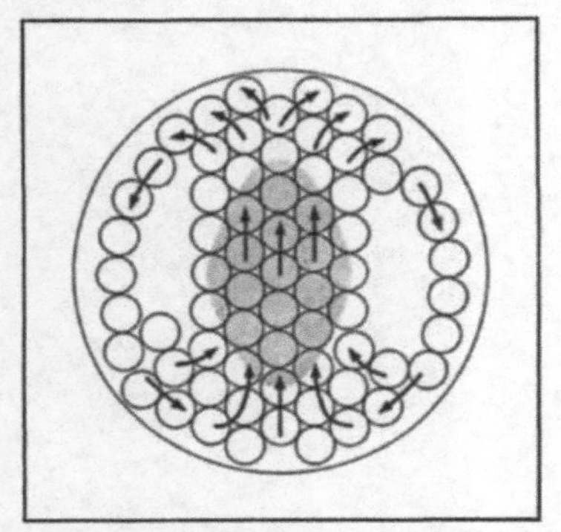

图 19.8-3　阴影面积是指从上面施加载荷，箭头表示滚珠的流动方向。

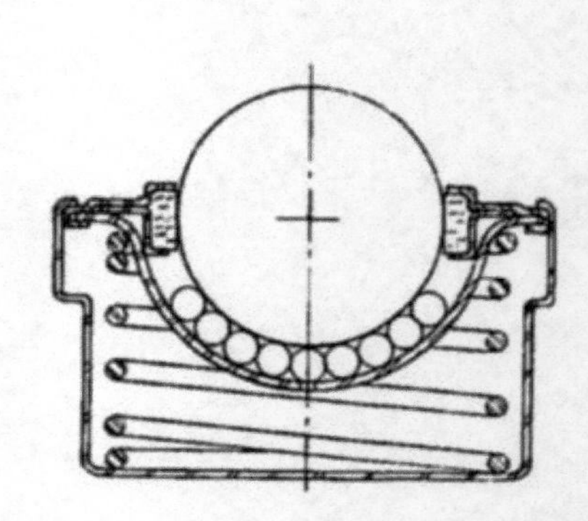

图 19.8-4　弹簧施加载荷确保每一个滚珠的载荷分布。

19.9 浮球在阀门中的典型应用

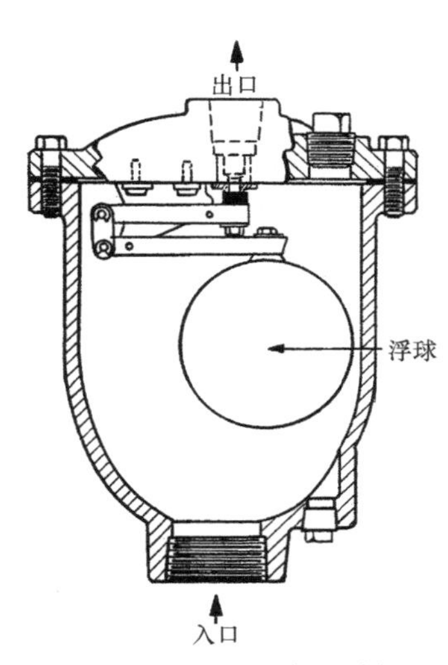

图 19.9-1　空气释放阀。

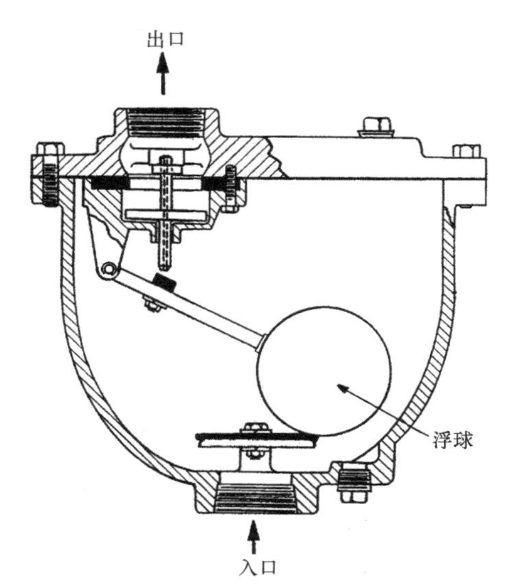

图 19.9-2　空气压缩阀。

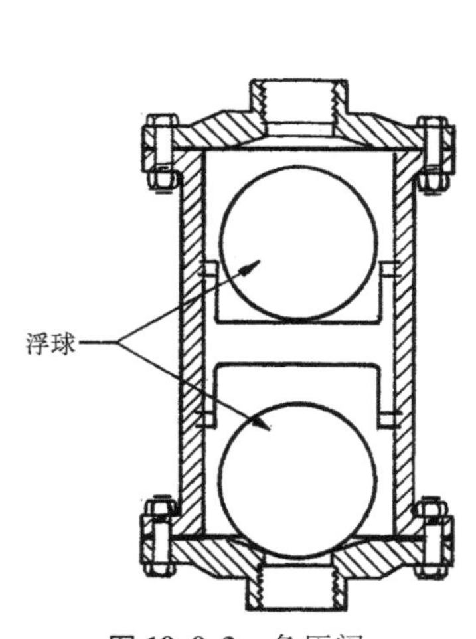

图 19.9-3　负压阀。

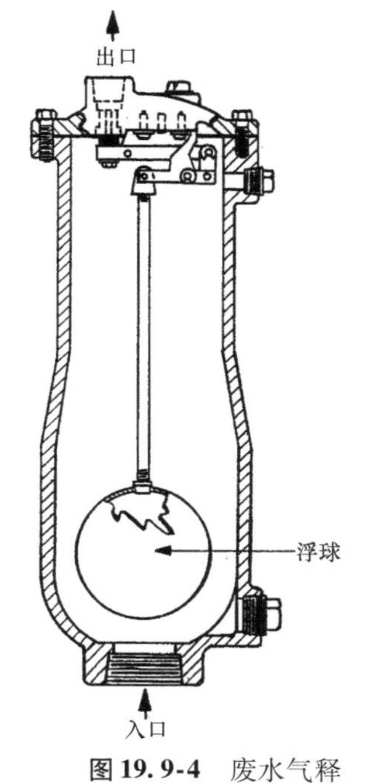

图 19.9-4　废水气释放阀。

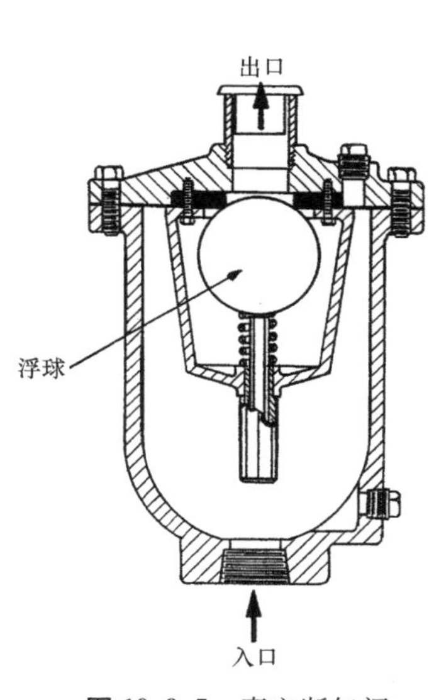

图 19.9-5　真空断气阀。

第 20 章

轴套与轴承

20.1 法兰轴套的应用

这些烧结轴套有各种用途，并且有 88 种尺寸规格，内径范围为 1/8 ~ 13/8in（3.175 ~ 41.275mm）。

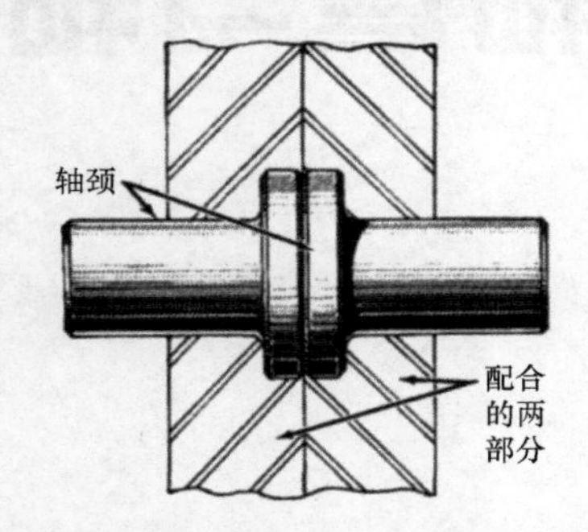

图 20.1-1　在适当位置锁紧轴承。

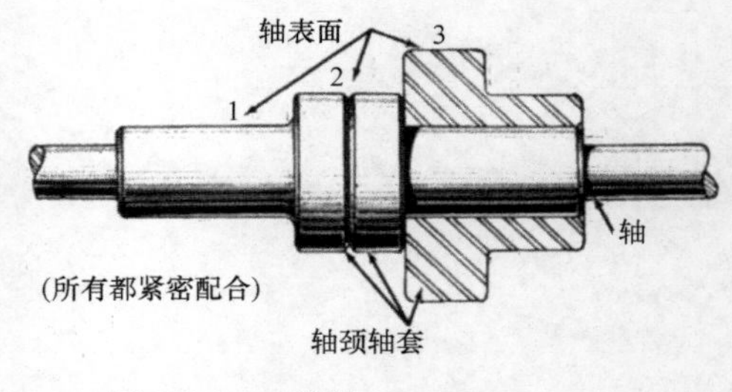

图 20.1-2　塔轮。

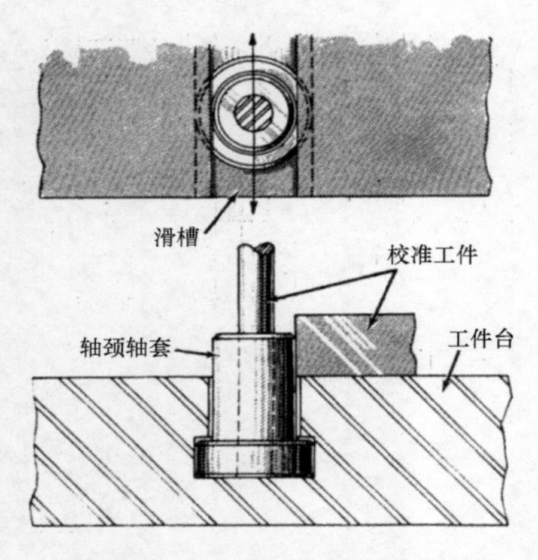

图 20.1-3　标杆或定位销的支持架。

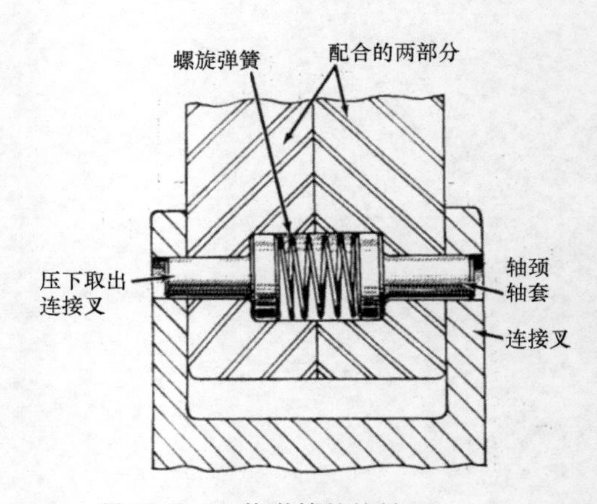

图 20.1-4　装弹簧的柱销。

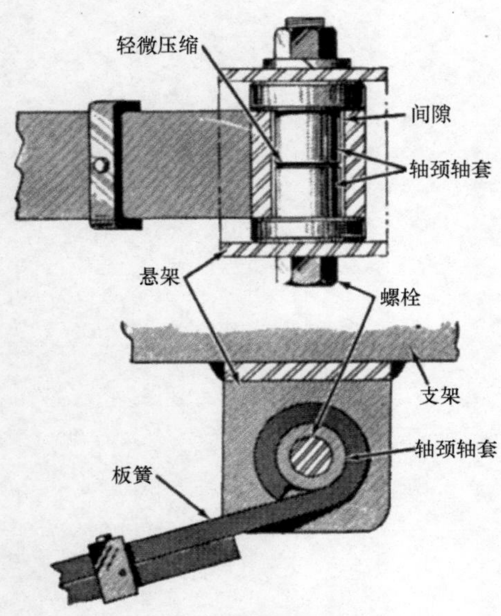

图 20.1-5　板簧吊环轴承。

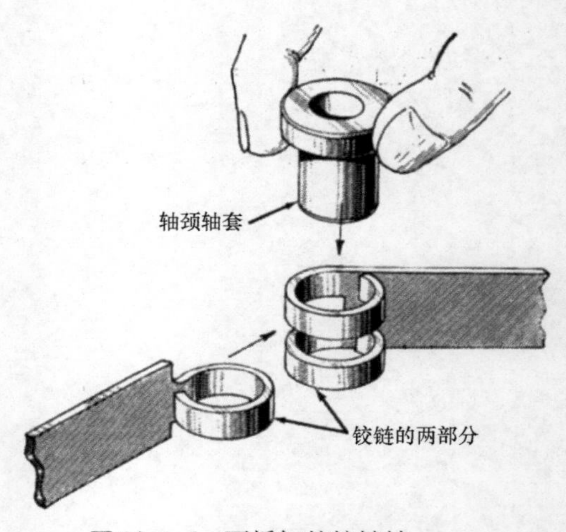

图 20.1-6　可拆卸的铰链销。

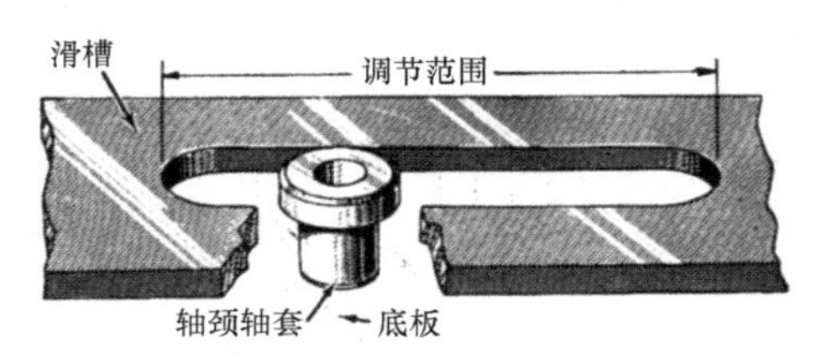

图 20.1-7　自润滑的滑动销。

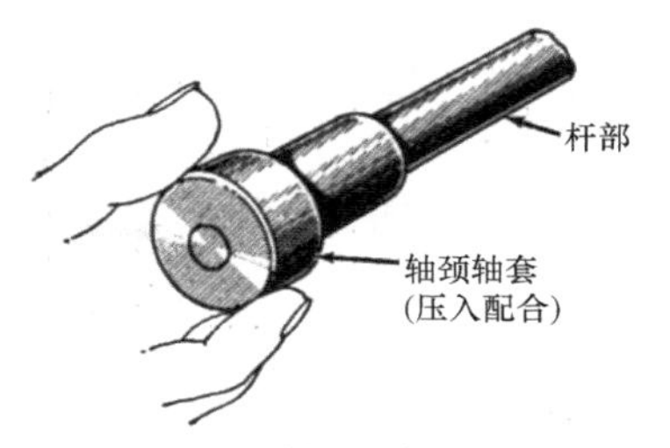

图 20.1-8　手柄或旋钮。

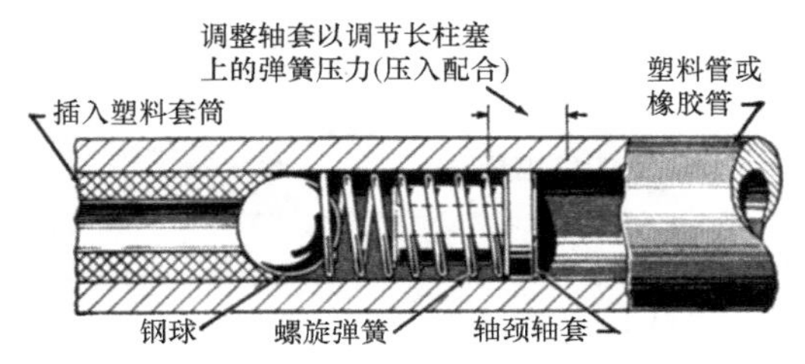

图 20.1-9　单向阀。

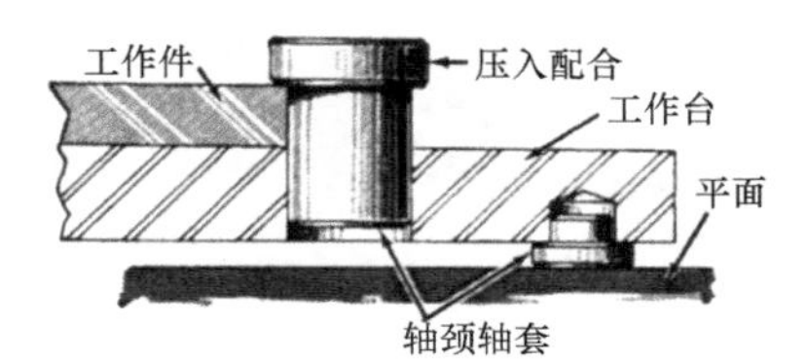

图 20.1-10　定位元件，包括支撑。

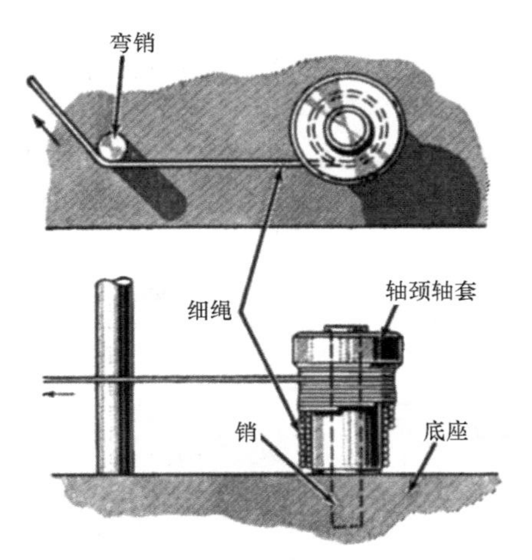

图 20.1-11　缠线管。

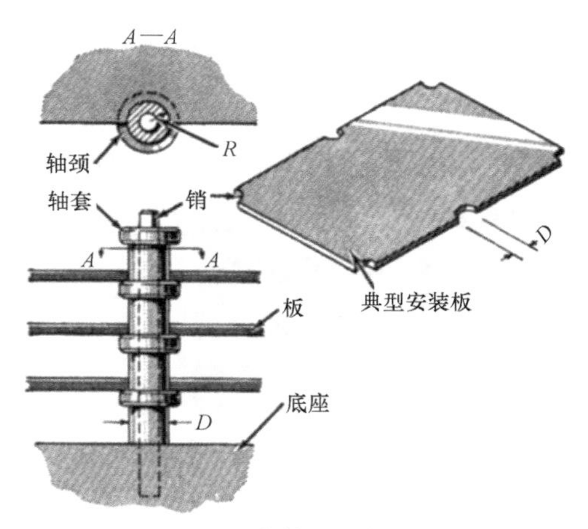

图 20.1-12　支撑板的杆。

20.2 法兰橡胶轴套的 7 种创新应用

它们简单、便宜，同时也经常被忽略。遇到设计问题时，橡胶衬套可能是一个解决的方案。

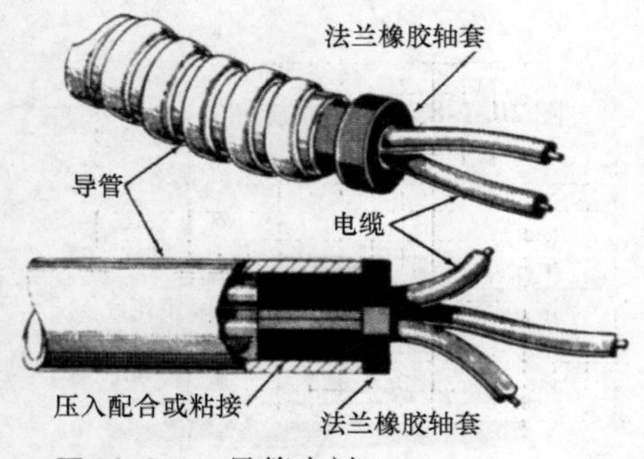

图 20.2-1　导管内衬。

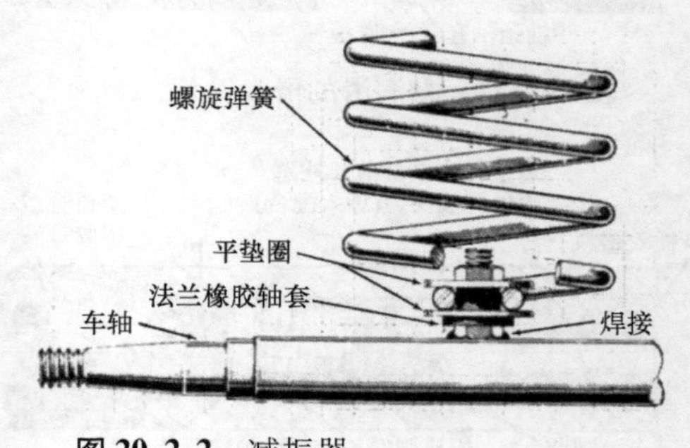

图 20.2-2　减振器。

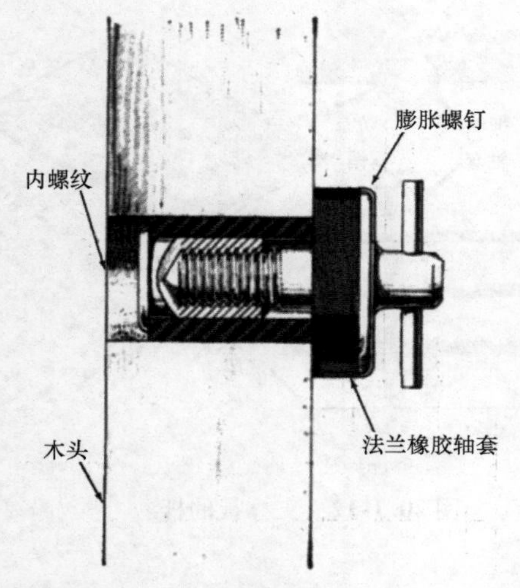

图 20.2-3　密封扩张器。

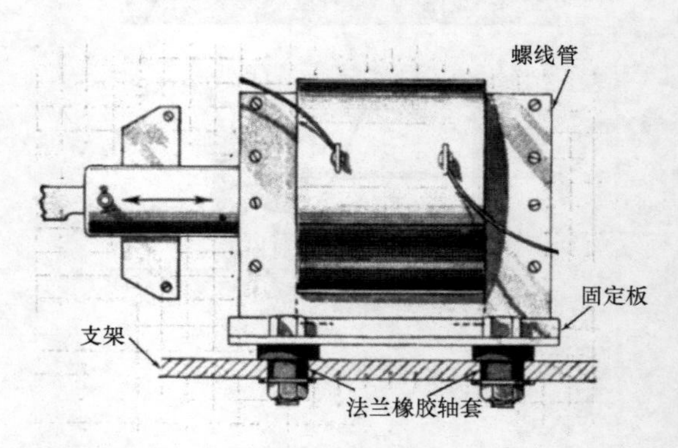

图 20.2-4　缓冲垫和噪声吸收器。

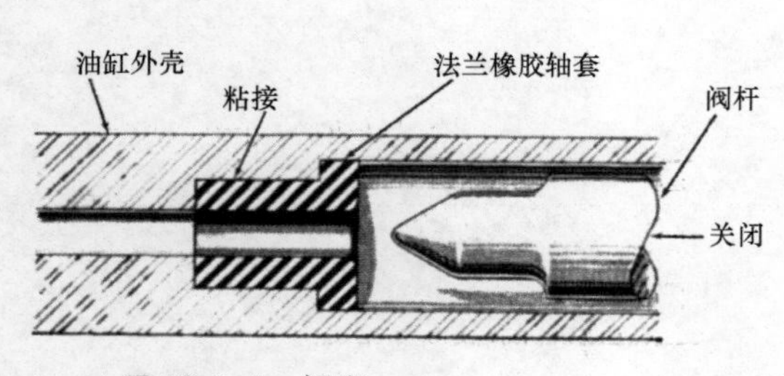

图 20.2-5　阀座。

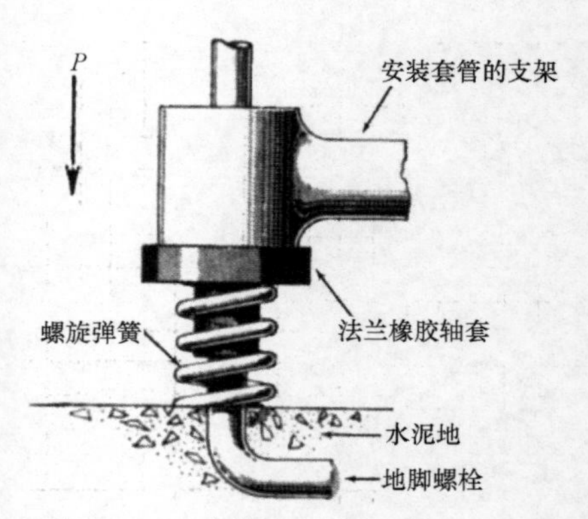

图 20.2-6　弹簧支架。

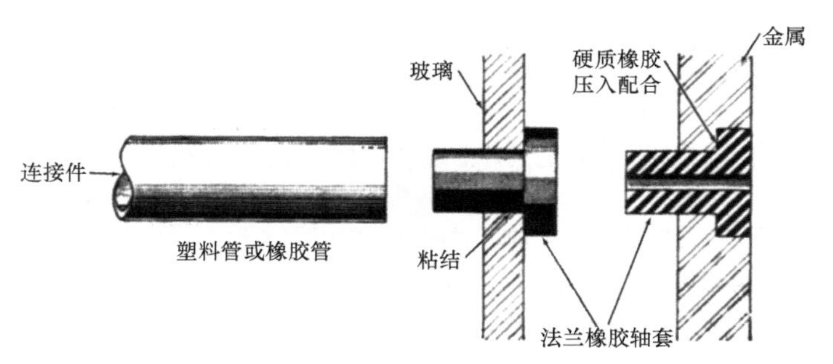

图 20. 2-7　接头。

20.3 旋转直线轴承

旋转直线轴承可以承受高温和冲击。新的设计发现第一次应用于炼钢转炉，因为那里高温会导致扩张和轴开裂。

一种特地为炼钢设备所设计的新颖的双向轴承或许可以应用在高温和重负载的环境中。在此设计中，线性倾斜会导致滚子轴承座翻转（图2），而不是传统设计上的滑动。

由于所展示的可靠性，这种轴承和支座的装配已被应用于全美国的钢厂，它是由位于斯坦福德 Norma-HofTmann 轴承公司的工程师卡尔 L. 德林格尔（Carl L. Dellinger）设计的，由他主持克服了随着热膨胀而导致的摩擦问题。

高温、重负载。新设计的主要用途是支撑炼钢炉耳轴，在炼钢过程中，250t 温度为 3200℉（1760℃）的熔融钢水被倒入转炉中，支撑耳轴的轴承要承受高温和重负载。支撑转炉的轴因温度的升高而膨胀，导致轴承滑入轴承座中。

由这种情况引发的摩擦是很糟糕的，这就意味着在执行隔离氧气操作时轴的旋转要耗费额外的能量来克服摩擦，然而，更糟糕的是当滑动导致表面出现磨损时，轴承将会被卡住。

单面。支撑转炉的一对水平轴中只有一个装配了新的轴承组件，这个轴和轴承开始膨胀。另一根轴是由普通的耳轴轴承支撑着。

所有的轴承都被加入了包含二硫化钼和特殊的挤压添加剂的润滑脂，以此来保证轴承在内部温度高达 200℉（93.3℃）的温度下正常工作，润滑脂在轴承座中由一个丁腈橡胶密封圈密封以阻挡污物。

高温和冲击。随着轴的膨胀，轴上的最后一个调心滚子轴承在封闭和能沿倾斜直线运动的支座上翻转，这些线性轴承相对于轴线能倾斜 20°，德林格尔发现，如果正常线路允许在轴心线以上交叉，轴承座将能承受更大的转矩载荷。

在转炉中，在清除钢渣（敲碎在转炉中的钢水被倒出后凝结在转炉中冷却的金属）时会产生巨大的扭转载荷，为了清除这层钢渣，转炉要一直旋转直到它击中底座时发出像一辆卡车撞上墙的声音。这个冲击可以把钢渣弄出转炉，但同时也会对支撑轴承造成损伤。

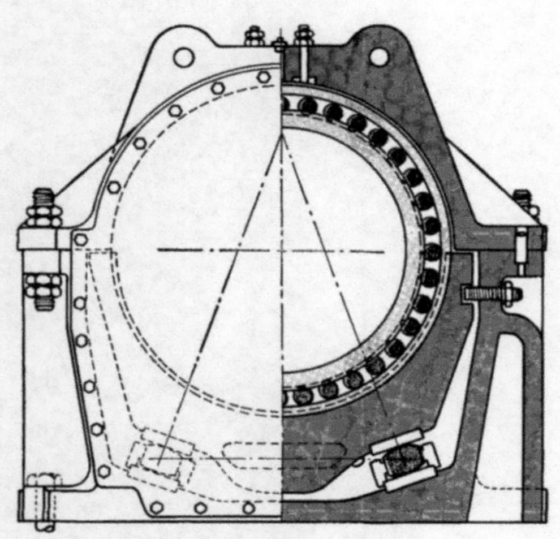

图 20.3-1 球形和直线运动的轴承都在密封的轴承座内，直线轴承在稳定扭转载荷下趋于稳定。

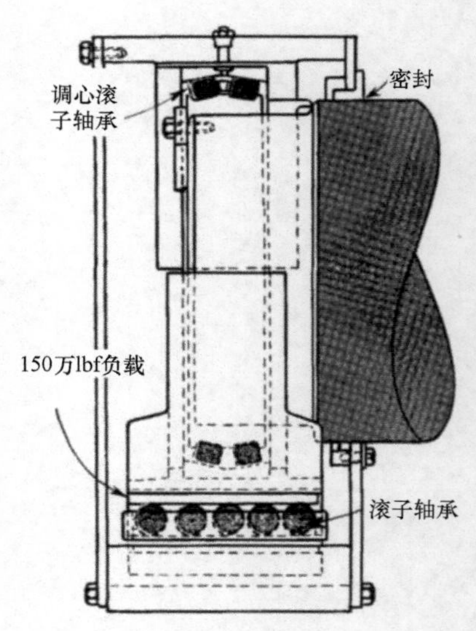

图 20.3-2 线性滚子轴承占据了轴和轴承座膨胀的空间，以此来消除滑动。

20.4　微型轴承的特殊应用

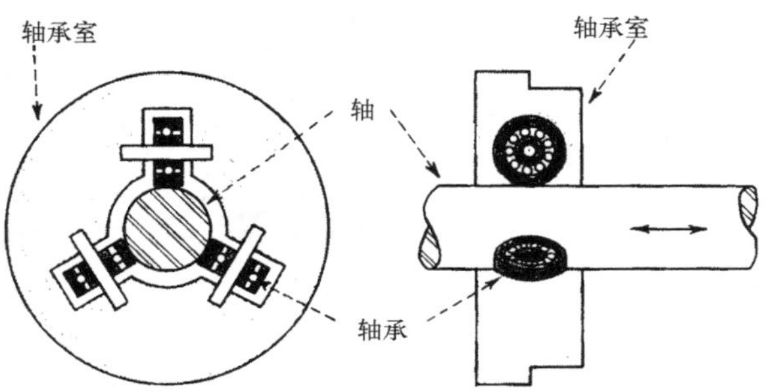

图 20.4-1　球轴承的滑动。六个微型轴承准确地支撑一个电位器轴来达到低摩擦直线运动，在每一个轴承座的末端，三个轴承都呈 120° 角分布以确保电位器轴的自由度和校准。

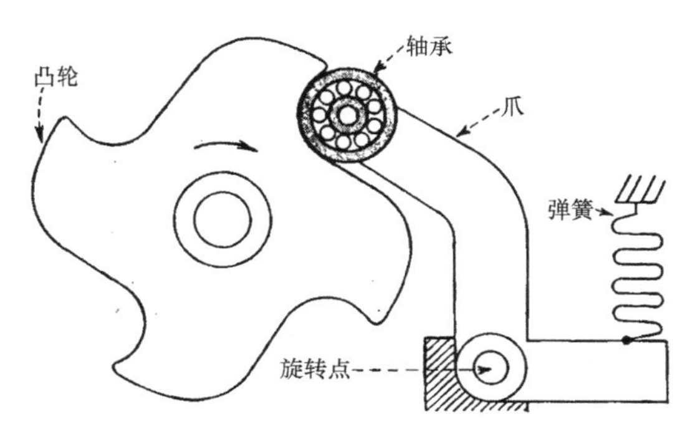

图 20.4-2　凸轮滚子。分度棘轮在频繁地转换开关过程中将轴承作为滚子来使用，轴承通过弹簧加载于凸轮可以减少磨损，以此来增加凸轮的使用寿命，这也保留着原来的掣爪在棘轮转动时摆动的准确性。

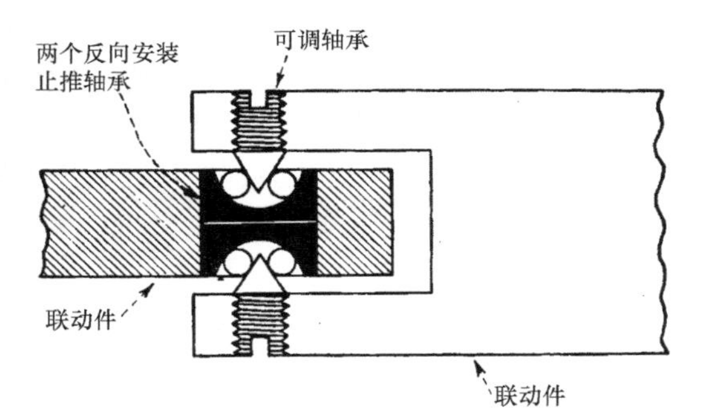

图 20.4-3　枢轴支座。枢纽型轴承可以减小联动时的摩擦，尤其是在手动操作中，例如在缩放仪机构中，通过调整螺锥来得到最小间隙和最大精度，机构被用来支持金刚石触针以在枪械瞄准镜中刻出瞄准线。

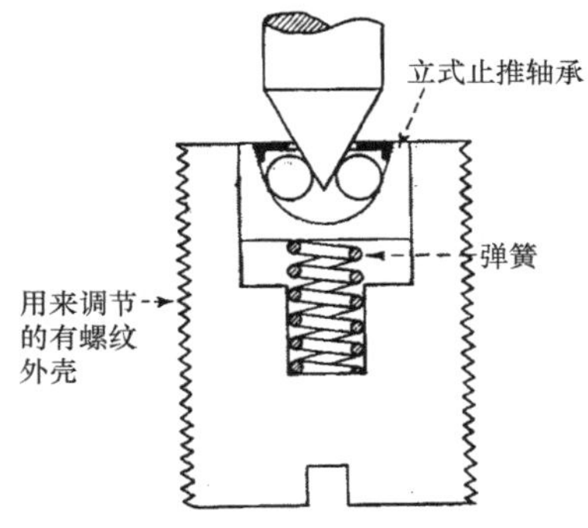

图 20.4-4　减振支点。具有球形支座的轴承在弹簧上作为一个支点时吸收轻微冲击载荷，它用于温度控制的电位器记录中，弹簧应用于短距离的均布载荷中，同时将统一的力传给力传感器，轴承与轴承座的紧密配合是必需的。

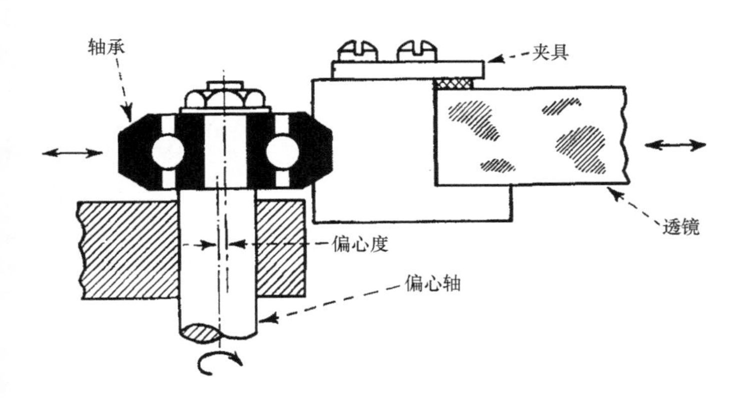

图 20.4-5　精确的径向调整。通过旋转偏心轴来移动轴承的位置，轴承具有特殊轮廓的外圈和标准的内圈，应用在航测相机中镜头栅格的调整中。

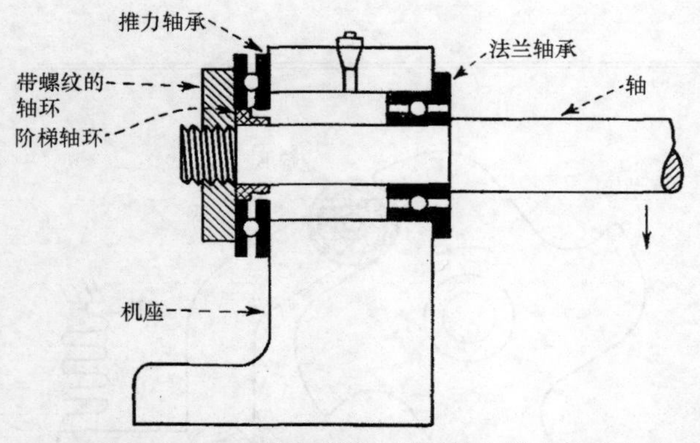

图 20.4-6 支撑悬臂梁。通过结合推力轴承和凸缘轴承获得对悬臂梁的支撑。阶梯轴的轴环为推力轴承提供了定位，但不影响轴旋转时推力轴承的固定外圈。

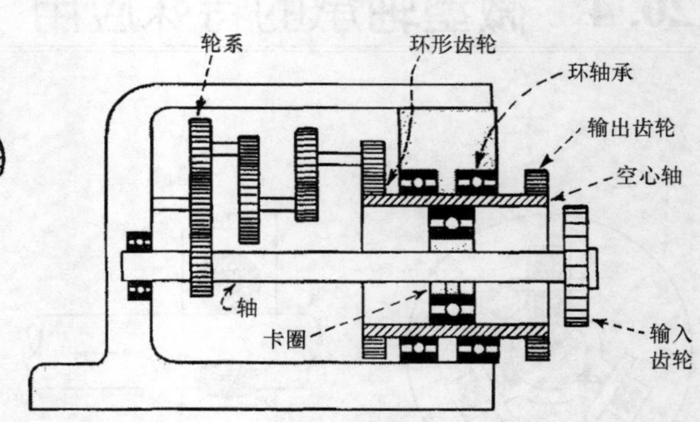

图 20.4-7 齿轮减速装置。通过将输入和输出轴放在装置的同一端部来减小空间，输出轴是一个两端都有环形齿轮的圆筒，圆筒与小型的环形轴承配合，这些轴承有较大的内径与外径比。

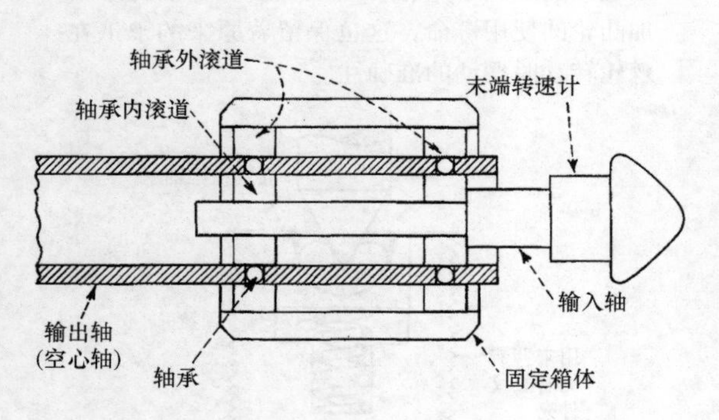

图 20.4-8 作为齿轮使用的轴承。手动的转速表读数时必须达到 6000r/min 的速度，一个 10 到 1 的降速通过两个轴承获得，其中一个作为轴承，另一个作为行星齿轮。输入轴带动轴承内圈旋转，使输出轴在外围滚珠的速度下旋转。为了防止滚珠从滚道向支座外滑动，轴承要有预加载荷，定位球的直径必须仔细精确地测量以获得准确的降速。

20.5　滚动轴承装配组件

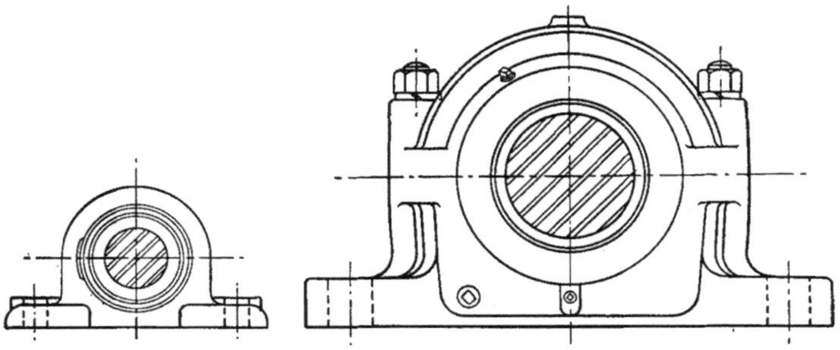

图 20.5-1　轴承座用来支撑与安装表面平行的轴，轴承座同时能提供密封与润滑，装配和拆卸都很简单。这种安装不适合精确的要求。

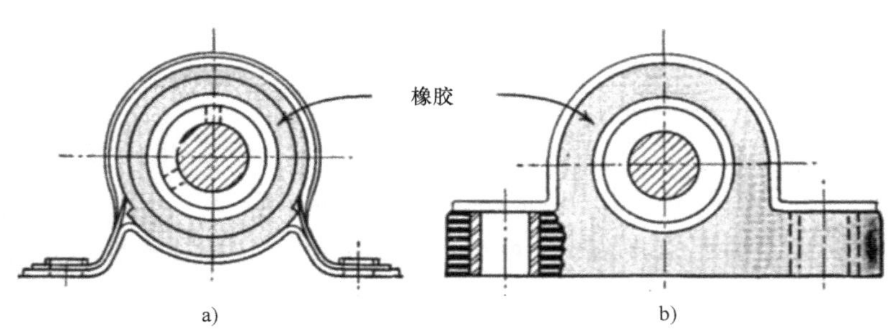

图 20.5-2　轴承座被设计用于防止支撑时的噪声，一种设计是用橡胶来装配轴承，橡胶一次由一个钢壳坚固的支撑着（图 20.5-2a）。另外一种设计由合成橡胶组成，合成橡胶支座额外的刚度可以由在周围用螺栓固定的钢板来得到（图 20.5-2b）。

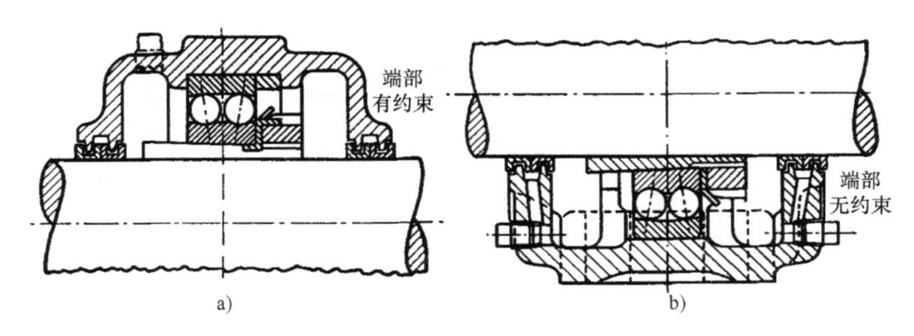

图 20.5-3　温度是伴随着轴长度的变化而变化的，为了弥补长度的变化，支撑轴一边的轴承座被设计成允许轴承移动位置的轴承座，而另一端的轴承支座不允许轴承的纵向移动。

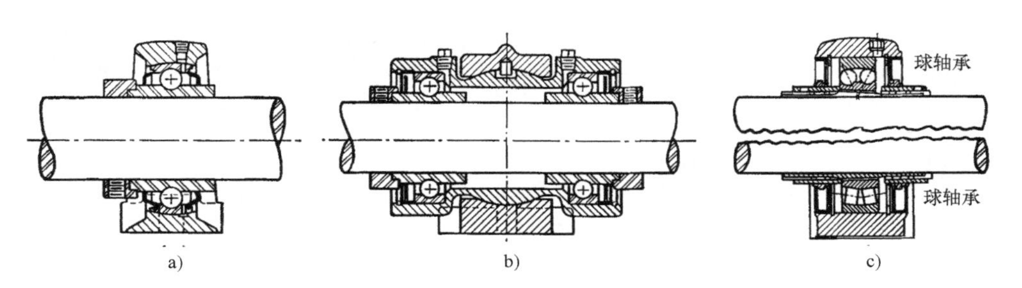

图 20.5-4　轴承座可以用不同的方式来进行的偏差补偿，一种设计（图 20.5-4a）是在轴外圈外表面使用一个球面钢套；一种设计（图 20.5-4b）是使用两个轴承室，球型接头可以补偿偏差；另一种设计（图 20.5-4c）是在轴承外圈内表面使用一个球面钢套。

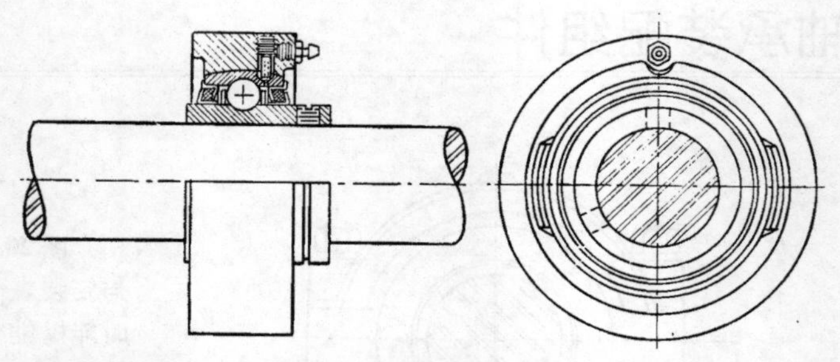

图 20.5-5　圆柱形套筒适用于各类机械，它在装配中是作为一个直孔的推入配合的配件，在轴承室中有轴肩为好，但并不是必须的，初步设计和装配的轴承座同样适用。

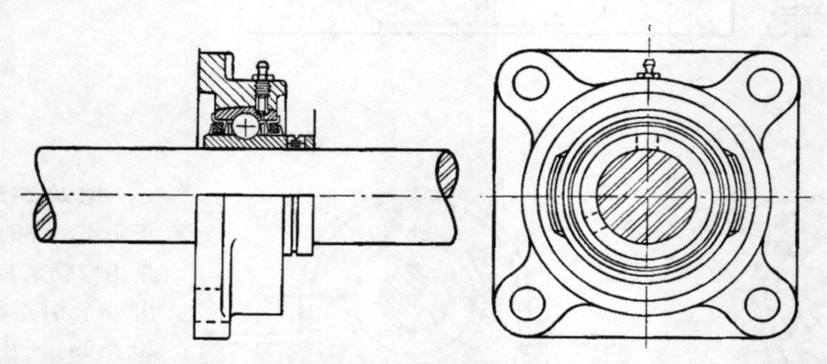

图 20.5-6　凸缘架通常在机架和主轴垂直时使用，它可以在轴套没有特殊使用要求的情况下装配，只是在安装时插入到轴承座中。

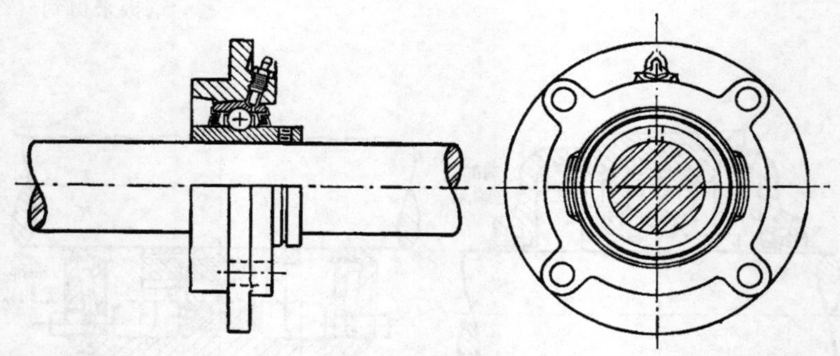

图 20.5-7　在外壳中设计法兰式轴承箱座，并通过法兰用螺栓连接到固定位子。外壳中的凸出部分将吸收轴承的大部分载荷。圆柱表面的进一步使用是固定单元相对于轴承座的位置。

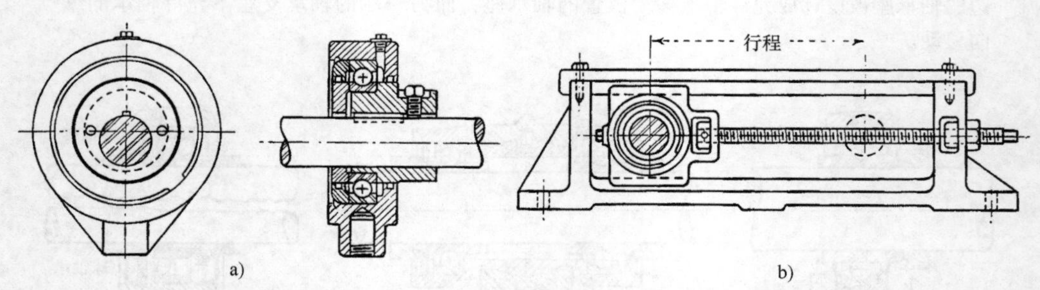

图 20.5-8　专门的装配元件，如被特殊应用于棉花籽油机械和机械振荡器的偏心机构（图 20.5-8a）以及可以调节输送机主轴位置的收缩装置（图 20.5-8b），还有许多其他的特殊滚动轴承。

20.6　球轴承的 11 种润滑方式

润滑油被应用于球轴承的方式在很大程度上取决于球表面的转动速度，在低速的地方，当前的油量是不重要的，只要足够就行。在低速度下过分的润滑不可能造成任何严重的温升，然而，随着速度的升高，必须避免由搅动引起的流体摩擦。这个问题的解决依赖于减少润滑油的供应量和在轴承室有一个好的循环管路。在高速和轻载情况下，润滑油的供应只需是很均匀的薄雾。

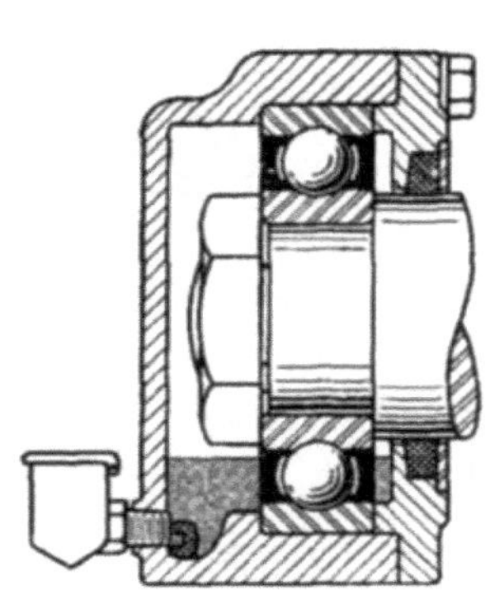

图 20.6-1　油位系统。在一般的速度下，轴承室中润滑油的填充至少应覆盖轴承内圈的最低点，油杯的定位应能保证这个供应水平。当新的润滑油进入时油芯作为一个过滤器使用，该系统需要定期检查。

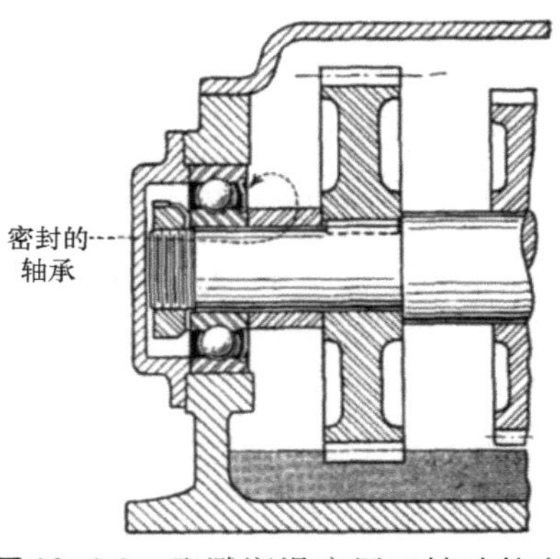

图 20.6-2　飞溅润滑应用于转动件有自己润滑方式的地方。飞溅润滑不推荐用于高速润滑，因为它可能引起润滑油的搅动，轴承应该使用轴安装的挡油圈和防护罩来防止碎片和其他外来物质。

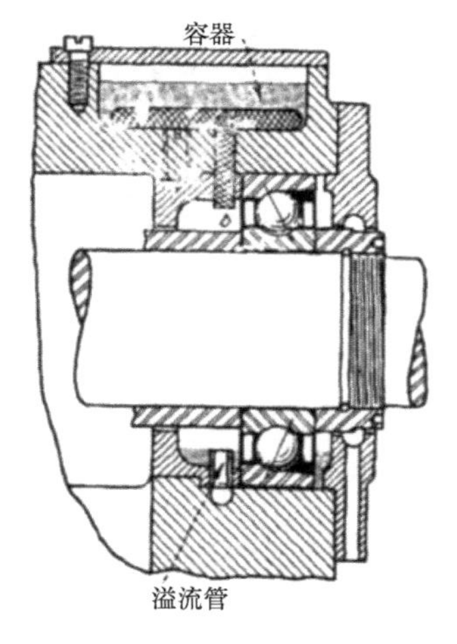

图 20.6-3　滴油润滑。润滑油可以由加油工目测或是由一个上方的储存器和油芯来一滴一滴地滴入，排油管路要能将多余的油排出，用一个短的溢出测试管可以保证油位合适，同时，即使储存器是空的，也应该保留少量的油。

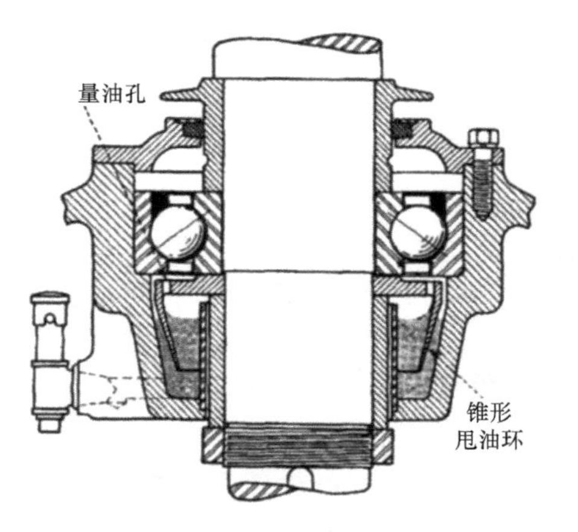

图 20.6-4　喷油润滑。在较高的速度下，明确控制进入轴承的油量是很重要的，因为漏油这个问题对于垂直轴承来说解决较困难。一种方法是使用一个锥形甩油环将油甩到轴承上，油的流量由孔的直径、锥度和油的粘度决定。

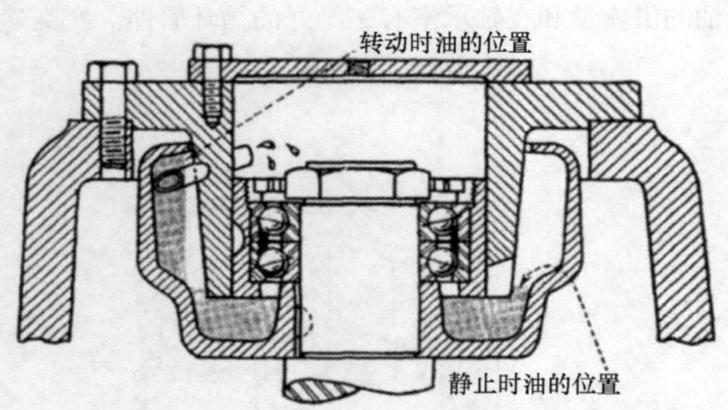

图 20.6-5 循环润滑。大多数循环系统有点复杂和昂贵，但从可靠性和耐用性来看是可行的，储油器连接在轴上，当轴转动时，在轴上冲出的凹坑处迫使油向上，流经和流入轴承。

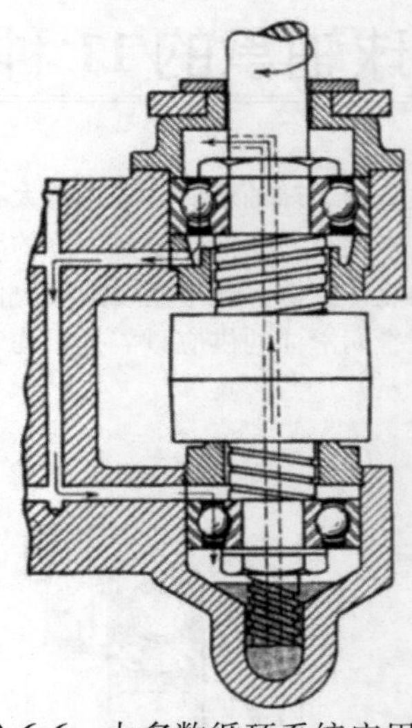

图 20.6-6 大多数循环系统应用在立轴和滚珠相对转速较高的地方，一个系统包含一个外部螺杆，它可将润滑油通过空心的主轴泵到顶部轴承的每个点上。

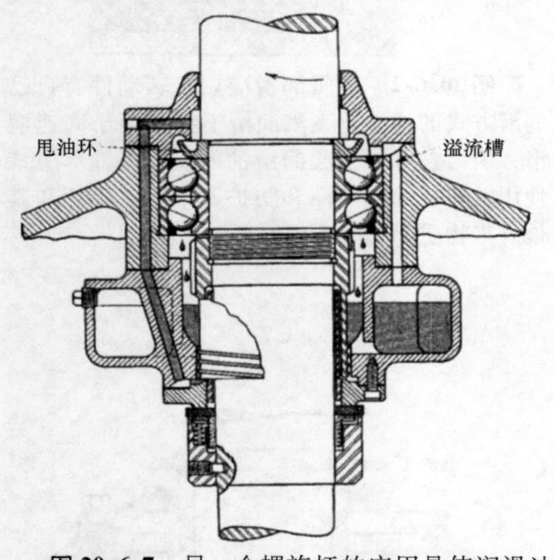

图 20.6-7 另一个螺旋杆的应用是使润滑油通过表面的螺旋槽向上运动。当主轴停止转动的时候，杯状挡油圈将一部分润滑油储存起来，开始运转时，这些润滑油被注入轴承中，以避免轴承在初期运转时出现干摩擦。

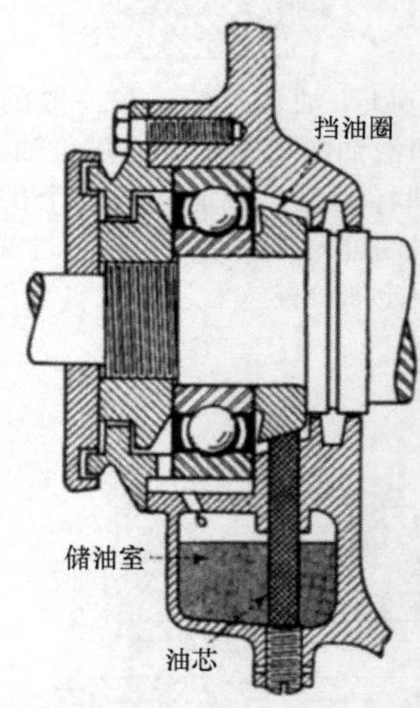

图 20.6-8 油芯过滤和输送润滑油到一个可以喷洒油雾到轴承的精整和旋转的锥形部件中，油芯应与挡油环有轻微的联系，否则油芯可能变得光滑或烧焦的样子，一个轻载弹簧经常用于为油芯提供适当的拉力。

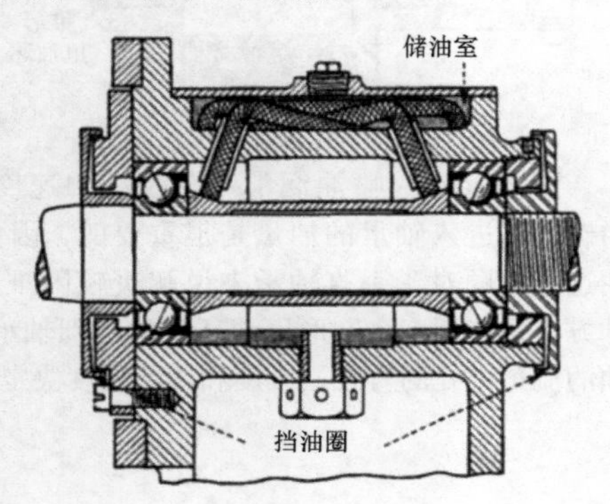

图 20.6-9 油芯润滑常被用于轻载高速和要求少量的润滑油（均匀雾状）的地方。外部夹紧的挡油圈使油雾通过轴承。

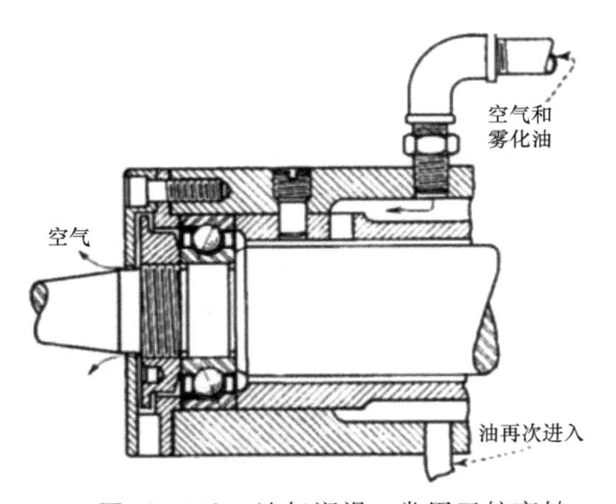

图 20. 6-10 油气润滑。常用于较高转速和轴承载荷相对较小的场合，油气润滑系统已在许多的应用中被证明是成功的，消耗很少的润滑油的同时，也将空气的流动用于轴承的冷却。

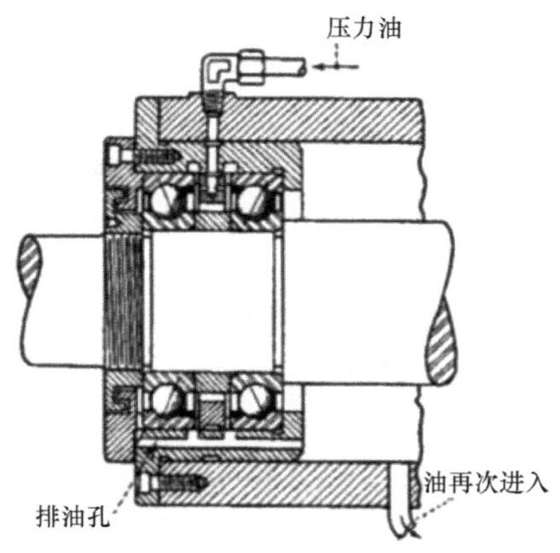

图 20. 6-11 压力喷油润滑。在高速重载场合下，润滑油经常被作为一种冷却剂。这种方式中用结实的喷嘴直接将冷却的润滑油喷入轴承，所以充分的引流是十分重要的。油嘴可以预先与外部加工成为一体。

20.7　小型轴承的润滑

下面给出了一些在小型轴承上润滑的典型实例。这些设计的共同特点是都没有考虑需要长时间润滑。它们中的几个展示了通过多孔青铜衬套的应用可以实现长期的润滑。

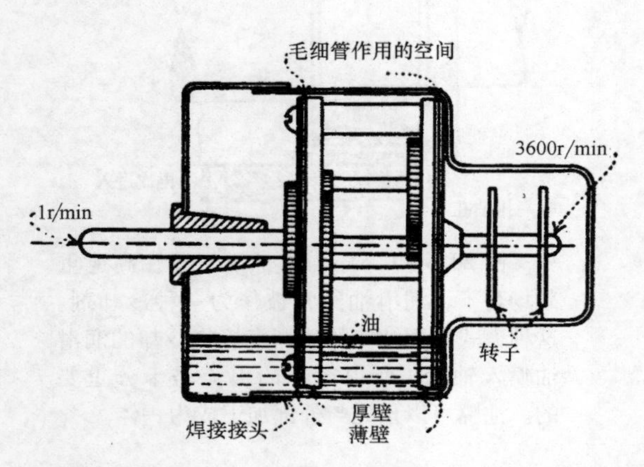

图 20.7-1　这个时钟机械装置被密封在不透油的箱体中，在主轴转速仅为 1r/min 的情况中，这个主轴的轴套考虑得很充分，因此无论怎么倾斜，润滑油的油位都低于其内端头。图中通过钢板之间的毛细管作用进行供油，并沿着轴消耗。

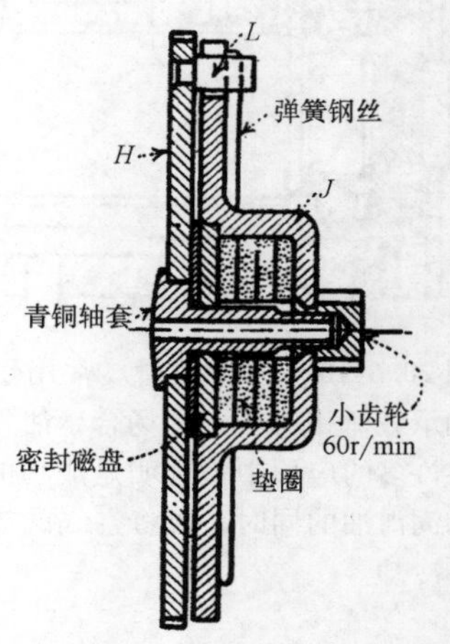

图 20.7-2　在这个设计中，因为电磁的吸引，旋转体的主要转盘 H 停留在同一个地方。中间的青铜轴套在主旋转板是压入式配合，同时随着它转动。在轴套的外面装配着一个冲压成杯状的飞轮 J，齿轮、密封磁盘还有一系列的已在油中浸泡过的油鞣革垫圈，润滑油慢慢地从轴套的孔中渗出，再慢慢到达轴承面。

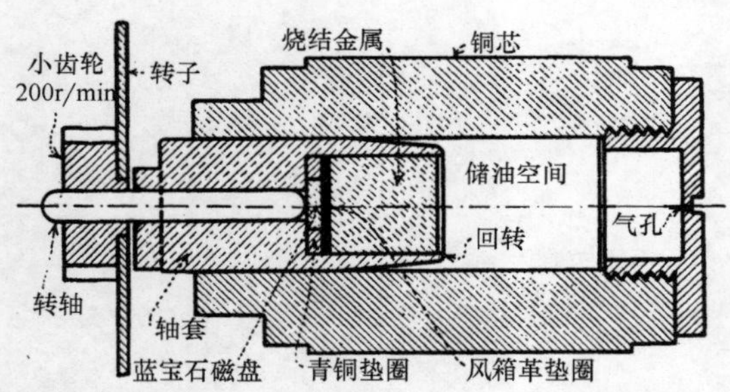

图 20.7-3　转轴在一个压入电动机不锈钢芯的磷青铜轴套中转动。润滑油通过多孔圆柱塞微量输送，通过风箱革垫圈推动宝石轴承或蓝宝石磁盘，最后在转轴转动时通过轴套的孔。轴承游隙的大小保持在 0.00762～0.02032mm 范围内。

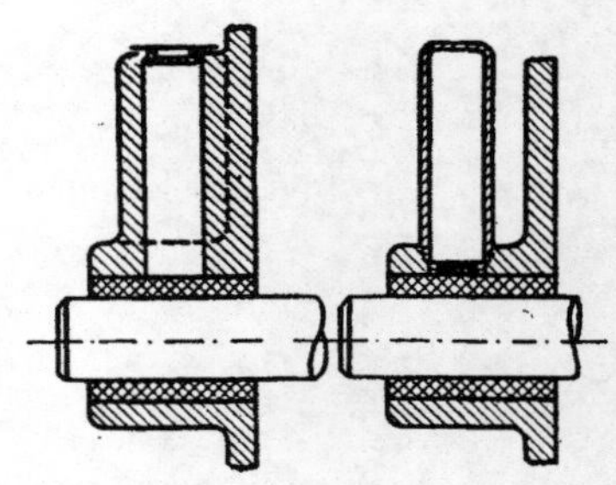

图 20.7-4　左边是一个铸造为一体的润滑油储存器；右边是将一个轧制的金属壳拧在轴套上面。在这两种设计中，润滑油都是通过多孔金属轴套送进的。因为轴承膨胀和润滑油流动性的增加，轴承温度的升高会把多余的润滑油带到轴承表面。

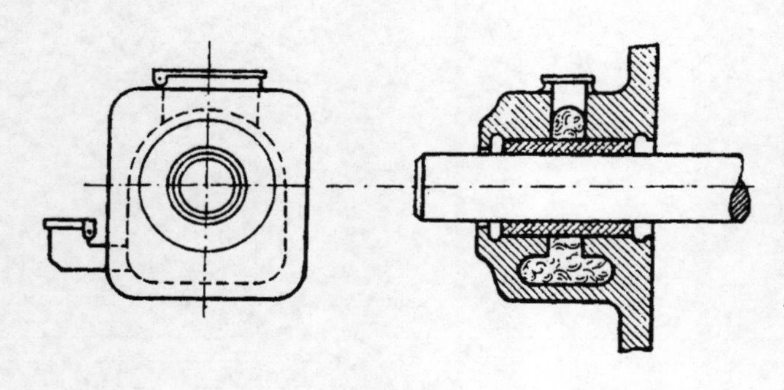

图 20.7-5　在此设计中，在轴承座中为润滑油或不稠的润滑脂开一个环形槽。浸油毛毡圈能被挤在凹进去的地方，多孔轴套两端的同心凹槽是为了最终防止任何的泄漏。一种改进是增加孔的数量，这样会使油流回储油箱中，底部额外的注油器是可选的。

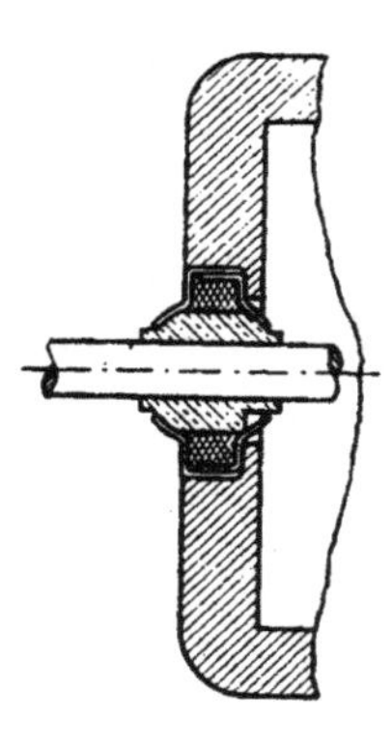

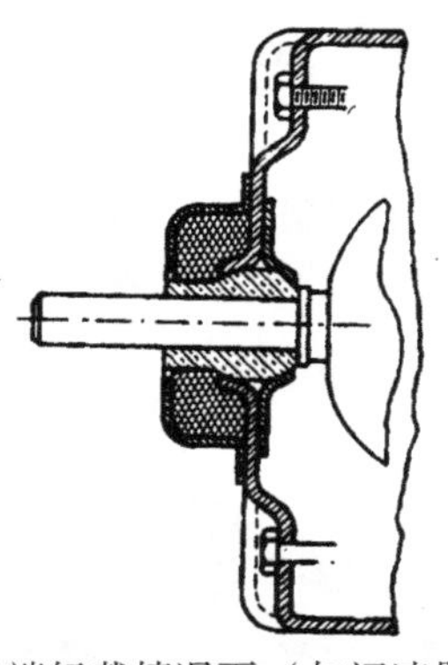

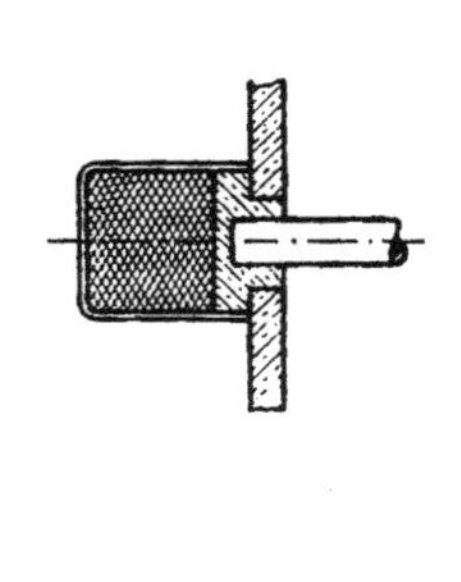

图 20.7-6　三种在极端轻载情况下（如记速器和计量器）轴承的设计。左边是一个自位轴承，它有一个多孔轴套固定在上下两片镀镉的厚钢板上，这个轴套也包含一个浸满油的毡垫圈来持续一年或更长时间的润滑。中间是在冲压的钢架中为多孔轴承制作了一个球形支座。一个薄的冲压件附上浸油毡垫圈为电动机提供足够长时间的润滑。右边是轴承在电子钟中工作，小巧的杯形冲压件包含浸油毡圈压在轴承边缘上。在这些设计中，毡圈中的润滑油对电动机的寿命来说都是足够的。

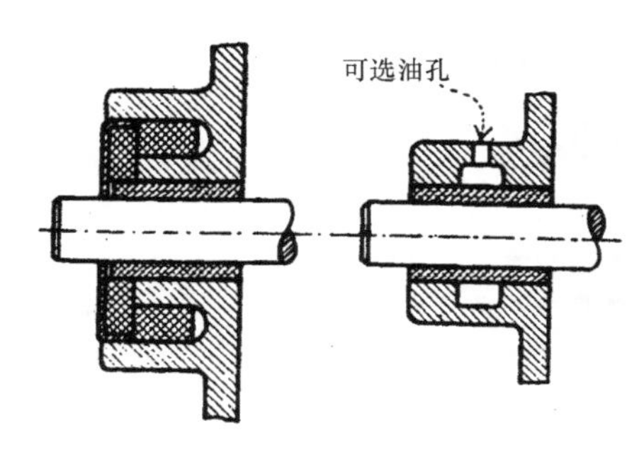

图 20.7-7　一个杯状的冲压件将浸油毛毡填充在外壳中，它同时也作为一个防尘罩使用。轴承的润滑油通过用粉末金属冲压的多孔轴套。润滑油经常通过轴套的外壁供应，在此轴套的作用如同油芯。右边是一个可选的结构，是在轴承室中开螺旋槽以作为储油器。

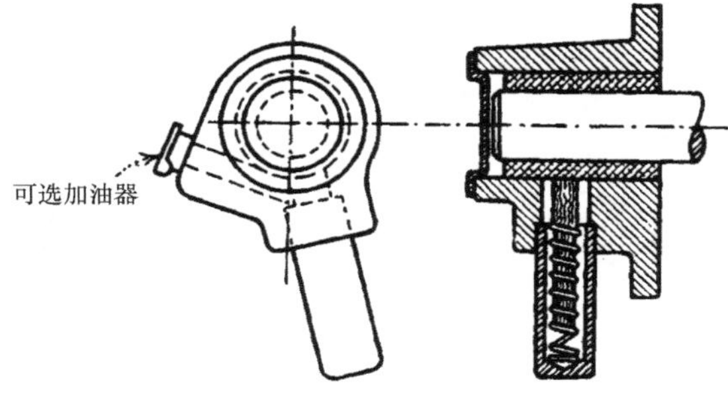

图 20.7-8　在这个用油芯输送润滑油或润滑脂的设计中，依靠毛细管作用把润滑油供应到多孔轴套表面，杯中只要有足够的润滑油就可以持续很长一段时间，维护十分容易。侧视图中的加油器是为了使加油工可以方便地加油，注意要有金属防护罩。

20.8 保持架使轴承保持在一条直线上并被有效润滑

轴承中滚珠与滚珠间的摩擦会产生热，这会限制速度和缩短直线滑轨的寿命。为了解决这些问题，THK 公司的工程师们设计了一个系统使滚子在护圈或保持架中循环运动，这样使滚子分离，同时和轴承成一直线。保持架在空间上对轴承产生了一个束缚，或者涂润滑脂来保持润滑和防止滚珠相互接触。

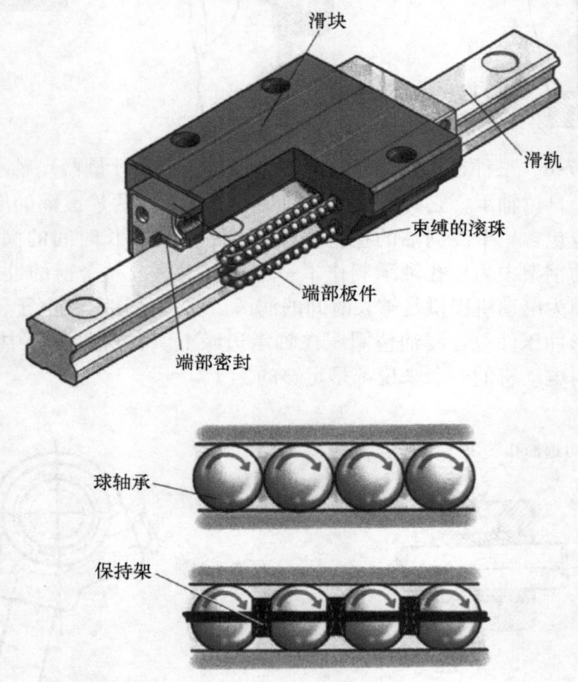

图 20.8-1

滚珠分离有几个好处，由于滚珠不再相互接触，在运转的时候噪声就会小许多。滚珠与滚珠间接触的减少也降低了磨损，同时有了润滑的空间，这两个因素共同促进了轴承的长期免维护运转。

同时，噪声和振动的减少也就意味着滚动阻力更均匀，保持运动和直线导轨轨迹一致。再减少温升和低的轴承应力可以使直线导轨在更高的速度下移动。

根据 THK 公司所说，用保持架固定滚珠的技术特别适合于医疗设备和半导体的检测，而且这种技术也可应用在各种直线导轨类型中。

图书在版编目（CIP）数据

机械设计零件与实用装置图册/（美）帕姆利（Parmley，R. O.）主编；邹平译. —北京：机械工业出版社，2013.2（2025.2 重印）
ISBN 978-7-111-41253-3

Ⅰ.①机… Ⅱ.①帕…②邹… Ⅲ.①机械元件-机械设计-图集 ②机械元件-装配（机械）-图集 Ⅳ.①TH13-64

中国版本图书馆 CIP 数据核字（2013）第 015346 号

机械工业出版社（北京市百万庄大街 22 号 邮政编码 100037）
策划编辑：李万宇 责任编辑：李万宇 高依楠
版式设计：霍永明 责任校对：纪 敬 常天培
封面设计：鞠 杨 责任印制：邓 博
北京盛通数码印刷有限公司印刷
2025 年 2 月第 1 版第 11 次印刷
184mm×260mm · 28 印张 · 2 插页 · 700 千字
标准书号：ISBN 978-7-111-41253-3
定价：85.00 元

凡购本书，如有缺页、倒页、脱页，由本社发行部调换

电话服务 网络服务
服务咨询热线：010-88361066 机 工 官 网：www.cmpbook.com
读者购书热线：010-68326294 机 工 官 博：weibo.com/cmp1952
010-88379203 金 书 网：www.golden-book.com
封面无防伪标均为盗版 教育服务网：www.cmpedu.com

图书在版编目（CIP）数据

[illegible]

ISBN 978-7-111-41253-3

[illegible]

中国版本图书馆CIP数据核字（2013）第[illegible]号

[illegible]

[illegible]
[illegible] http://www.cmpbook.com
[illegible] http://weibo.com/[illegible]
[illegible] http://www.golden-book.com
[illegible] http://www.cmpedu.com